集成电路系列丛书·集成电路设计

# 射频集成电路设计

李松亭　编著

電子工業出版社
Publishing House of Electronics Industry
北京·BEIJING

## 内 容 简 介

本书立足一个完整的通信系统，从信号处理的角度逐步引出射频集成电路设计中的相关方法学，具体内容包括射频集成电路设计基础知识，阻抗匹配及稳定性，频域分析，射频通信基础与链路预算，射频集成电路架构，低噪声放大器，射频混频器，功率放大器，射频振荡器，锁相环，频率综合器，射频收发机设计实例。本书配套提供了晶体管级射频收发机工程设计供读者参考。

本书适合有意愿从事或正在从事射频集成电路设计的本科高年级学生、硕士和博士研究生学习使用，也适合企事业工程技术人员、高校和研究所相关科研人员阅读。



**图书在版编目（CIP）数据**

射频集成电路设计 / 李松亭编著. —北京：电子工业出版社，2023.12
（集成电路系列丛书. 集成电路设计）
ISBN 978-7-121-47143-8

Ⅰ. ①射…　Ⅱ. ①李…　Ⅲ. ①射频电路-集成电路-电路设计　Ⅳ. ①TN710

中国国家版本馆 CIP 数据核字（2023）第 255048 号

责任编辑：刘海艳
印　　刷：北京捷迅佳彩印刷有限公司
装　　订：北京捷迅佳彩印刷有限公司
出版发行：电子工业出版社
　　　　　北京市海淀区万寿路 173 信箱　邮编　100036
开　　本：720×1000　1/16　印张：48.75　字数：1068.6 千字
版　　次：2023 年 12 月第 1 版
印　　次：2024 年 12 月第 2 次印刷
定　　价：299.00 元

凡所购买电子工业出版社图书有缺损问题，请向购买书店调换。若书店售缺，请与本社发行部联系，联系及邮购电话：（010）88254888，88258888。

质量投诉请发邮件至 zlts@phei.com.cn，盗版侵权举报请发邮件至 dbqq@phei.com.cn。

本书咨询联系方式：lhy@phei.com.cn。

## “集成电路系列丛书”编委会



## 编委会秘书处



## 出版委员会

# “集成电路系列丛书·集成电路设计”编委会

# “集成电路系列丛书”主编序言

# 培根之土 润苗之泉 启智之钥 强国之基

王国维在其《蝶恋花》一词中写道：“最是人间留不住，朱颜辞镜花辞树”，这似乎是自然界无法改变的客观规律。然而，人们还是通过各种手段，借助于各种媒介，留住了人们对时光的记忆，表达了人们对未来的希冀。

图书，尤其是纸版图书，是数量最多、使用最悠久的记录思想和知识的载体。品《诗经》，我们体验了青春萌动；阅《史记》，我们听到了战马嘶鸣；读《论语》，我们学习了哲理思辨；赏《唐诗》，我们领悟了人文风情。

尽管人们现在可以把律动的声像寄驻在胶片、磁带和芯片之中，为人们的感官带来海量信息，但是图书中的文字和图像依然以它特有的魅力，擘画着发展的总纲，记录着胜负的苍黄，展现着感性的豪放，挥洒着理性的张扬，凝聚着色彩的神韵，回荡着音符的铿锵，驰骋着心灵的激越，闪烁着智慧的光芒。

《辞海》中把书籍、期刊、画册、图片等出版物的总称定义为“图书”。通过林林总总的“图书”，我们知晓了电子管、晶体管、集成电路的发明，了解了集成电路科学技术、市场、应用的成长历程和发展规律。以这些知识为基础，自20世纪50年代起，我国集成电路技术和产业的开拓者踏上了筚路蓝缕的征途。进入21世纪以来，我国的集成电路产业进入了快速发展的轨道，在基础研究、设计、制造、封装、设备、材料等各个领域均有所建树，部分成果也在世界舞台上拥有一席之地。

为总结昨日经验，描绘今日景象，展望明日梦想，编撰“集成电路系列丛书”（以下简称“丛书”）的构想成为我国广大集成电路科学技术和产业工作者共同的夙愿。

2016年，“丛书”编委会成立，开始组织全国近500名作者为“丛书”的第一部著作《集成电路产业全书》（以下简称《全书》）撰稿。2018年9月12日，《全书》首发式在北京人民大会堂举行，《全书》正式进入读者的视野，受到教育界、科研界和产业界的热烈欢迎和一致好评。其后，《全书》英文版 *Handbook of Integrated Circuit Industry* 的编译工作启动，并决定由电子工业出版社和全球最大的科技图书出版机构之一——施普林格（Springer）合作出版发行。

受体量所限，《全书》对于集成电路的产品、生产、经济、市场等，采用了千余字“词条”描述方式，其优点是简洁易懂，便于查询和参考；其不足是因篇幅紧凑，不能对一个专业领域进行全方位和详尽的阐述。而“丛书”中的每一部专著则因不受体量影响，可针对某个专业领域进行深度与广度兼容的、图文并茂的论述。“丛书”与《全书》在满足不同读者需求方面，互补互通，相得益彰。

为更好地组织“丛书”的编撰工作，“丛书”编委会下设了 14 个分卷编委会，分别负责以下分卷：

☆ 集成电路系列丛书·集成电路发展史话

☆ 集成电路系列丛书·集成电路产业经济学

☆ 集成电路系列丛书·集成电路产业管理

☆ 集成电路系列丛书·集成电路产业、教育和人才

☆ 集成电路系列丛书·集成电路发展前沿与基础研究

☆ 集成电路系列丛书·集成电路产品与市场

☆ 集成电路系列丛书·集成电路设计

☆ 集成电路系列丛书·集成电路制造

☆ 集成电路系列丛书·集成电路封装测试

☆ 集成电路系列丛书·集成电路产业专用装备

☆ 集成电路系列丛书·集成电路产业专用材料

☆ 集成电路系列丛书·化合物半导体的研究与应用

☆ 集成电路系列丛书·集成微纳系统

☆ 集成电路系列丛书·电子设计自动化

2021 年，在业界同仁的共同努力下，约有 10 部“丛书”专著陆续出版发行，献给中国共产党百年华诞。以此为开端，2021 年以后，每年都会有纳入“丛书”的专著面世，不断为建设我国集成电路产业的大厦添砖加瓦。到 2035 年，我们的愿景是，这些新版或再版的专著数量能够达到近百部，成为百花齐放、姹紫嫣红的“丛书”。

在集成电路正在改变人类生产方式和生活方式的今天，集成电路已成为世界大国竞争的重要筹码，在中华民族实现复兴伟业的征途上，集成电路正在肩负着新的、艰巨的历史使命。我们相信，无论是作为“集成电路科学与工程”一级学科的教材，

还是作为科研和产业一线工作者的参考书，"丛书"都将成为满足培养人才急需和加速产业建设的"及时雨"和"雪中炭"。

科学技术与产业的发展永无止境。当 2049 年中国实现第二个百年奋斗目标时，后来人可能在 21 世纪 20 年代书写的"丛书"中发现这样或那样的不足，但是，仍会在"丛书"著作的严谨字句中，看到一群为中华民族自立自强做出奉献的前辈们的清晰足迹，感触到他们在质朴立言里涌动的满腔热血，聆听到他们的圆梦之心始终跳动不息的声音。

书籍是学习知识的良师，是传播思想的工具，是积淀文化的载体，是人类进步和文明的重要标志。愿"丛书"永远成为培育我国集成电路科学技术生根的沃土，成为润泽我国集成电路产业发展的甘泉，成为启迪我国集成电路人才智慧的金钥，成为实现我国集成电路产业强国之梦的基因。

编撰"丛书"是浩繁卷帙的工程，观古书中成为典籍者，成书时间跨度逾十年者有之，涉猎门类逾百种者亦不乏其例：

《史记》，西汉司马迁著，130 卷，526500 余字，历经 14 年告成；

《资治通鉴》，北宋司马光著，294 卷，历时 19 年竣稿；

《四库全书》，36300 册，约 8 亿字，清 360 位学者共同编纂，3826 人抄写，耗时 13 年编就；

《梦溪笔谈》，北宋沈括著，30 卷，17 目，凡 609 条，涉及天文、数学、物理、化学、生物等各个门类学科，被评价为"中国科学史上的里程碑"；

《天工开物》，明宋应星著，世界上第一部关于农业和手工业生产的综合性著作，3 卷 18 篇，123 幅插图，被誉为"中国 17 世纪的工艺百科全书"。

这些典籍中无不蕴含着"学贵心悟"的学术精神和"人贵执着"的治学态度。这正是我们这一代人在编撰"丛书"过程中应当永续继承和发扬光大的优秀传统。希望"丛书"全体编委以前人著书之风范为准绳，持之以恒地把"丛书"的编撰工作做到尽善尽美，为丰富我国集成电路的知识宝库不断奉献自己的力量；让学习、求真、探索、创新的"丛书"之风一代一代地传承下去。

王阳元

2021 年 7 月 1 日于北京燕园

# “集成电路系列丛书·集成电路设计”主编序言

集成电路是人类历史上最伟大的发明之一，六十多年的集成电路发展史实际上是一部持续创新的人类文明史。集成电路的诞生，奠定了现代社会发展的核心硬件基础，支撑着互联网、移动通信、云计算、人工智能等新兴产业的快速发展，推动人类社会步入数字时代。

集成电路设计位于集成电路产业链的最上游，对集成电路产品的用途、性能和成本起到决定性作用。集成电路设计环节既是产品定义和产品创新的核心，也是直面全球市场竞争的前线，其重要性不言而喻。党的“十八大”以来，在党中央、国务院的领导下，通过全行业的奋力拼搏，我国集成电路设计产业在产业规模、产品创新和技术进步等方面取得了长足发展，为优化我国集成电路产业结构做出了重要贡献。

为全面落实《国家集成电路产业发展推进纲要》提出的各项工作，加快推进我国集成电路设计技术和产业的发展，满足蓬勃增长的市场需求，在王阳元院士的指导下，我国集成电路设计产业的专家、学者共同策划和编写了“集成电路系列丛书·集成电路设计”分卷。“集成电路设计”分卷总结了我国近年来取得的研究成果，详细论述集成电路设计领域的核心关键技术，积极探索集成电路设计技术的未来发展趋势，以期推动我国集成电路设计产业实现从学习、追赶，到自主创新、高质量发展的战略转变。在此，衷心感谢“集成电路设计”分卷全体作者的努力和贡献，以及电子工业出版社的鼎力支持！

正如习近平总书记所言：“放眼世界，我们面对的是百年未有之大变局。”面对复杂多变的国际形势，如何从集成电路设计角度更好地促进我国集成电路产业的发展，是社会各界共同关注的问题。希望“集成电路系列丛书·集成电路设计”分卷不仅成为业界同仁展示成果、交流经验的平台，同时也能为广大读者带来一些思考和启发，从而吸引更多的有志青年投入到集成电路设计这一意义重大且极具魅力的事业中来。

魏少军

2021 年 7 月 28 日于北京清华园

# 前　言

人类对高质量信息的获取和需求是无止境的，为各种通信方式和通信标准的酝酿和产生提供了深厚的必要条件。纵观无线电技术的演变历程，除了顶层通信协议的不断丰富和深化，作为通信载体的终端硬件设备的发展更值得关注，从分立元器件到集成电路，从小规模集成电路到超大规模集成电路，每次的演进都伴随射频集成电路理论的一次革新。尤其是随着通信标准更新迭代周期的缩短、持续逼近香农极限的多样化通信制式的涌现，以及先进工艺条件下制造成本的飞速上涨，单模式、单频段、单功能的定制类射频集成电路正在逐步被具有向下兼容能力的多模式、多频段、多功能兼容的软件定义无线电类射频集成电路所取代。另一个值得注意的问题是，随着高通量通信需求的激增和 Sub-6 GHz 频谱资源的日趋紧张，微波、毫米波和太赫兹射频集成电路的设计理论和方法也被逐步挖掘和充盈。射频集成电路的多样异构化发展也必将为各种更先进通信协议的推广和规模应用提供支撑载体。

本书立足一个完整的通信系统，从信号处理的角度逐步引出射频集成电路设计中的相关方法学，以期帮助读者建立一个完备而收敛的知识体系。同时本书还配套提供了晶体管级射频收发机设计文件，从工程实现的角度帮助读者掌握射频集成电路的设计原理。本书具有广泛的读者受众，可帮助射频集成电路初学者建立系统概念、理清思路，聚焦重点，快速入门提高；增强具有一定设计基础和理论概念的入门者分析问题的能力，提升工程设计技能；强化具有丰富实践经验和深厚理论基础的射频集成电路设计者的理论功底，温故而知新。

本书具备 3 个典型的特征：

（1）立足通信和频域分析，对射频集成电路的设计上溯至通信的源头，帮助读者建立宏观的系统概念，知其然知其所以然，并提供大量丰富的三维频域分析图，帮助读者直观地理解射频集成电路设计中的架构选择及核心模块作用。

（2）全面深入挖掘影响射频集成电路性能的关键因素，对必要的片上校准算法和相应的具体电路展开分析和设计，如直流偏移校准、滤波器带宽校准、偶阶非线性失真校准、I/Q 失配校准、谐波抑制校准、频率综合器的自动频率校准和稳定性校准、发射链路的载波泄漏补偿、发射泄漏补偿、功率放大器的数字预失真补偿等。另外，本书还重点介绍了具有较强工艺置换性的全数字频率综合器、数字功率放大器和多架构全数字发射链路，缩小数模融合 SoC 设计的工艺鸿沟。

（3）射频集成电路设计是一门非常复杂且需要相当经验和创新能力的工程和学术有效结合的技术。设计能力的提升除必须具备相当宽泛的学科背景、基础原理/架构/电路模块的深厚理解程度外，还必须从实际的工程实现中逐步发现问题，纠正理解偏差，反哺理论理解，最终实现设计进阶。本书专门针对此问题提供了一个基于低中频架构实现的完整晶体管级射频收发机设计案例，并提供了多个基于数模混合设计的片上校准技术。同时，针对全数字频率综合器的设计，本书还配套提供了基于Simulink 搭建的锁相环型全数字频率综合器以及锁频环型全数字频率综合器仿真模型，帮助读者建立直观印象，加深理解，快速进阶。

特别感谢电子工业出版社和丛书编委会！特别感谢电子工业出版社电子信息出版分社柴燕社长在本书出版过程中给予的大力支持！特别感谢电子工业出版社电子信息出版分社刘海艳编辑在本书编辑过程中所做的细致入微、精益求精的工作！

五年的写作时间，几乎翻阅了已经出版的所有射频集成电路书籍，阅读了近千篇学术论文，编写了百余个 MATLAB 代码。从目录框架到每一节，凭借着对射频集成电路的执着和热爱，逐一敲下了每一个字和每一行代码，绘制了每一幅图表，细琢了每一个公式。编写过程有过无数次想放弃的念头，又在内容逐渐丰富和充盈中庆幸坚持了下来。成书的那一刻，深刻地感受到建立一个完整知识体系的不易和艰辛！多次的重读和勘误中，仍能清晰复现每个段落甚至句子写作时所处的环境和当时的心情。此期间，家人的无条件支持给了我最大的写作动力！

本书配套提供的晶体管级射频收发机工程文件可在华信教育资源网（https://www.hxedu.com.cn）免费下载。

愿此书能够为我国半导体行业的发展带来些许助力！

限于作者学术水平、设计经验以及工程实践经验，书中难免存在表述不妥甚至错误之处，恳请读者批评指正。

李松亭
2023 年 10 月于长沙国防科技大学

……………………☆☆☆ 作 者 简 介☆☆☆……………………

**李松亭**，国防科技大学空天科学学院副研究员，国防科技大学天拓系列卫星物联网载荷主任设计师，主要从事天基物联网、模拟射频及混合信号集成电路设计等方面的研究。先后研发出多款星基物联网载荷、多款多模导航射频芯片、射频基带一体化 SoC 芯片、具有自主知识产权的超高频 RFID 标签芯片、电源管理芯片等。承担和参与各类国家、省部级项目 20 余项，发表学术论文 30 余篇，授权国家发明专利 30 余项，出版专著 1 部。获军队科技进步奖一等奖 1 项，天津市科技进步奖特等奖 1 项。

# 目 录

# 第1章 射频集成电路基础知识

## 1.1 增 益

在信号接收和发射的过程中，考虑到接收信号的微弱性和发射信号的强功率特性，通常接收和发射模块均需要提供一定的增益。接收通路需要提供的增益一般必须超过单位增益以放大信号便于后端的模数转换；发射通路需要提供的增益一般小于单位增益以避免功率放大器的非线性饱和。衡量系统增益的指标通常通过输出电压/输入电压、输出电流/输入电流或输出功率/输入功率的比值得到，当然也会存在如跨导增益（电压至电流）或跨阻增益（电流至电压）的表示形式。

由于射频信号在传输过程中通常存在天线效应，因此如果传输距离过长[“过长”是指传输距离大于传输信号载波波长的 1/10，如 PCB 上天线输出端口至第一级低噪声放大器（Low Noise Amplifier，LNA）之间的距离]，就需要通过传输线来完成(传输线的特征阻抗通常设计为 50Ω)。同时，考虑到天线输出端或射频滤波器（频率选择滤波器或镜像抑制滤波器）的输出端均需要接入具有一定阻抗（通常为 50Ω）的负载（只有接入要求的负载，滤波器才能发挥最佳的滤波性能），因此像低噪声放大器或混频器（Mixer）等需要和天线或滤波器直接相连接的模块必须进行阻抗的匹配设计。而其他集成在芯片内部的模块，或分立的中频模块，由于传输距离相较于波长可以忽略，且不存在如天线或射频滤波器等的负载阻抗需求，无须进行阻抗匹配设计，每个模块的输入端可以设计成阻抗为无穷大的形式（如信号通过晶体管栅极进入该模块）。

无线通信过程习惯采用功率传输的概念，但是在射频集成电路内部，由于不需要进行阻抗匹配，且大部分模块的输入阻抗为无穷大，显然不存在输入功率的概念。为了解决这一问题，通常对模块输入端和输出端的电压相对于射频系统的匹配阻抗进行功率归一化得到相应的功率信号。例如，对于匹配阻抗为 50Ω的射频系统，如果要求输入或输出的信号功率为 0dBm，对于一个单音信号，意味着其输入或输出电压峰值为 0.316V。

这种归一化方式可以有效地将发射机天线端的发射功率（功率与匹配阻抗相关）、接收机天线端的接收功率（功率与匹配阻抗相关）、电路中的功率增益（归一化功率，功率与匹配阻抗相关）、电路中的电压增益等效起来，设计过程中仅需关注输入端和输出端的电压信号（电压信号便于仿真和时域直观观察）及其电压增益，即可完成电路的增益设计。

**例 1-1** 如图 1-1 所示，发射机提供的发射功率为 $P_T$，经过衰减值为 $L_S$ 的自由空间衰减后到达接收机。已知接收机的第一级电路模块的输入端进行了阻抗匹配设计，输出端接入第二级电路模块的晶体管栅极。分别计算功率归一化前后第一级电路模块的功率增益与电压增益的关系。

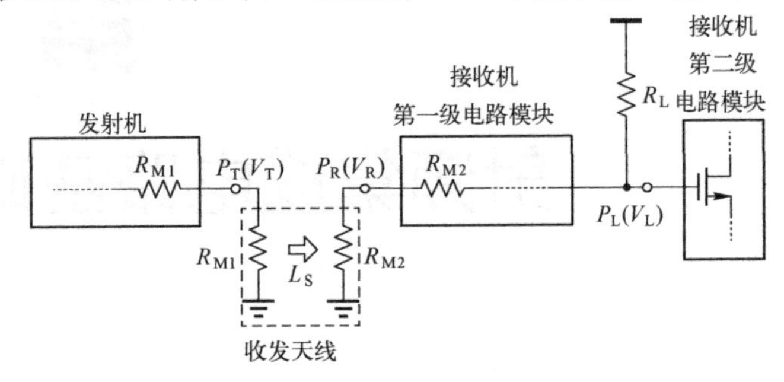


图 1-1 功率增益与电压增益

**解**：假设接收天线的增益为 0dBi，则经过自由空间衰减后接收端天线接收到的信号功率 $P_R = P_T/L_S$。由于接收机第一级电路模块进行了阻抗匹配设计，因此第一级电路模块的输入信号功率同样为 $P_R$，则第一级电路模块的输入端电压 $V_R = \sqrt{2P_R R_{M2}}$。令第一级电路模块的输出端电压为 $V_L$，则输出端功率 $P_L = V_L^2/(2R_L)$。功率归一化前第一级电路模块的功率增益 $G_{PB} = P_L/P_R = V_L^2 R_{M2}/(V_R^2 R_L)$。功率归一化前的功率增益不仅与电压增益有关，还与输入端和输出端的阻抗有关，功率增益与电压增益无法有效统一起来。对功率进行归一化后，第一级电路模块在计算输出功率时的负载阻抗为 $R_{M2}$，功率增益 $G_{PA} = V_L^2/V_R^2$，可以有效地将功率增益和电压增益统一起来。

# 1.2 非线性效应

实际工作中，晶体管受到沟长调制效应和背栅效应（或称体效应）的影响导致系统存在非线性效应。由泰勒级数展开式可建立非线性系统的工作模型：

$$y(t) = f[x(t)] = a_0 + a_1x(t) + a_2x^2(t) + a_3x^3(t) + \cdots \tag{1-1}$$

式中，$a_0$ 为直流项；$a_1$ 为系统线性增益；$a_n, n = 2,3,4,\cdots$，为各高阶项增益系数。

## 1.2.1 谐波现象

谐波现象是非线性系统频率增生效应的一个典型结果，一个单音信号 $x(t) = A\cos(\omega t)$ 输入至一个非线性系统后，可得如下结果：

$$\begin{aligned} y(t) &= a_0 + a_1A\cos(\omega t) + a_2A^2\cos^2(\omega t) + a_3A^3\cos^3(\omega t) + \cdots \\ &= a_0 + \frac{a_2A^2}{2} + \left[a_1A + \frac{3a_3A^3}{4}\right]\cos(\omega t) + \frac{a_2A^2}{2}\cos(2\omega t) + \frac{a_3A^3}{4}\cos(3\omega t) + \cdots \end{aligned} \tag{1-2}$$

相较于输入信号，经过非线性系统后的输出信号额外增加了包括直流在内的各次谐波成分。式（1-2）中的$\cos(\omega t)$项被称为基波项，是系统线性性能的体现。谐波现象在射频集成电路的设计中并不是一个主要的考虑因素，因为谐波频率项会被本级的寄生极点产生的低通滤波效应和后级的低通或带通滤波器有效地压制，不会对链路造成太大影响。而且对于单音信号，不论是基波项还是非线性效应产生的谐波项，均没有引入额外的相位值。但是，如果输入信号不是单音信号，非线性效应引入的谐波项会通过混频在带内增生出额外的频率项，而且此频率项的相位与混频信号之间的相位差有关，因此对于宽频信号，非线性效应带来的不同频率项之间的混频会同时改变带内某频率处有效信号功率的幅度和相位，严重影响系统的噪声性能。同时考虑幅度和相位因素后，干扰频率项与原有效信号的叠加会从标量相加变至矢量相加，对系统的影响均是增大了带内噪声，因此后续的定性分析中仅考虑幅度因素。

### 1.2.2　增益压缩

增益压缩产生的原因很容易理解，任何一个实际系统都有一个工作的输入幅度极限，超过该极限，即使输入幅度继续增大，受限于电源电压的影响，输出幅度也会在一定的范围内稳定下来，系统增益幅度持续下降。该现象可以根据式（1-2）中的线性项进行直观的解释。只考虑线性项，可知系统提供的增益为

$$G = a_1 + \frac{3a_3A^2}{4} \tag{1-3}$$

式中，系数$a_1$的符号与$a_3$的符号相反（在射频集成电路设计领域，如以 CMOS 晶体管为基础进行的各种电路设计，几乎都存在增益压缩的情况：如果$a_1$的符号与$a_3$的符号相同，则增益随着输入幅度的增大呈现指数增长的形式，与实际不符；如果$a_1$的符号与$a_3$的符号相反，则随着输入幅度的增大会逐渐出现增益压缩的现象）。随着输入幅度的增大，三阶项的增大速度较快，逐渐占据优势，因此系统的增益幅度呈现明显的下降趋势。为了衡量系统的增益压缩性能，通常引入 1dB 输入增益压缩点作为衡量参数。1dB 输入增益压缩点定义为当系统增益下降 1dB 时对应的输入信号幅度。理想情况下，系统的增益为$a_1$，假设输入信号的幅度为$A_{1\text{dB}}$时，系统的增益幅度下降了 1dB，则有

$$20\lg\left|a_1 + \frac{3a_3A_{1\text{dB}}^2}{4}\right| = 20\lg|a_1| - 1 \tag{1-4}$$

因此可得

$$A_{1\text{dB}} = \sqrt{0.145\left|\frac{a_1}{a_3}\right|} \tag{1-5}$$

1dB 输入增益压缩点是射频集成电路设计中一个非常重要的指标，其通常限制了所设计电路能够承受的最大输入信号幅度。1dB 输入增益压缩点设计得越大，电路能够承受的动态范围也会越大。在进行实际射频芯片 1dB 输入增益压缩点的定量化测试时，经常采用在某一频率处注入单音信号绘制增益曲线的方式进行，如图 1-2 所示。1dB 输入增益压缩点通常采用功率化的方式来表示，符号标记为 IP1dB，则有

$$\text{IP1dB} = 10\lg\left(\frac{A_{1\text{dB}}^2}{2Z_0}\right)\ \text{dBW} \tag{1-6}$$

式中，$Z_0$为信号源输出电阻，典型情况下为50Ω，也是射频集成电路的阻抗匹配值。

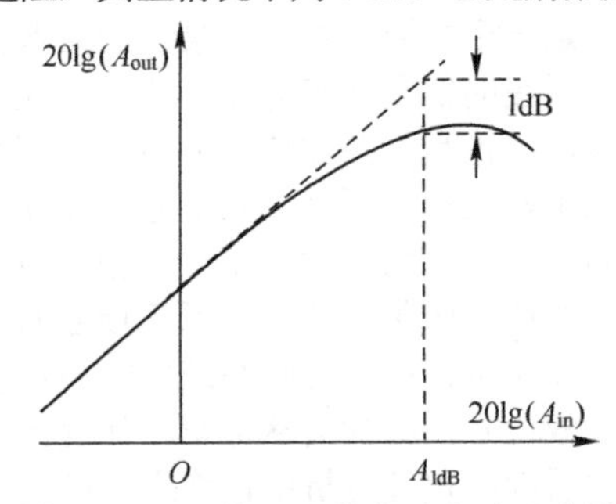


图 1-2 1dB 输入压缩点的定义示意图

### 1.2.3 减敏（阻塞）现象

减敏现象是指系统对输入有效信号的响应敏感度下降，或者说变得迟钝，这种情况通常发生在存在较大阻塞信号时。例如，存在两个不同频率的单音信号同时输入至一个系统中，输入信号的表达式为

$$x(t) = A_1\cos(\omega_1 t) + A_2\cos(\omega_2 t) \tag{1-7}$$

式中，$\omega_1$频率项代表有效信号；$\omega_2$频率项代表阻塞信号。将式（1-7）代入式（1-1）可得

$$y(t) = \cdots + \left[a_1A_1 + \frac{3}{4}a_3A_1^3 + \frac{3}{2}a_3A_1A_2^2\right]\cos(\omega_1 t) + \cdots \tag{1-8}$$

阻塞信号的幅度通常远大于有效信号的幅度，即$A_2 \gg A_1$，则式（1-8）可化简为

$$y(t) = \cdots + \left[a_1A_1 + \frac{3}{2}a_3A_1A_2^2\right]\cos\left(\omega_1 t\right) + \cdots \tag{1-9}$$

1.2.2 节已经提到过，$a_1$的符号与$a_3$的符号相反，因此在存在较大阻塞信号的情况下，系统的线性增益会被明显地压缩，此现象称为减敏现象或阻塞现象。为了极力避免减敏现象的出现，射频集成电路的前端通常需要接入一个频带选择滤波器对带外强干扰信号进行滤除，保证射频集成电路工作的正常性。减敏现象也可以通过增益压缩的概念来解释，较强的阻塞信号（带外干扰信号）会导致系统产生增益压缩现象致使系统对外的增益下降，因此会降低系统对有效信号响应的敏感度。

频带选择滤波器对相邻频带的抑制比需要根据实际的设计需求来确定。如果要求即使存在最大功率为$P_{I,max}$的干扰信号，系统在有效信号最小功率为$P_{S,min}$的情况下也不能发生阻塞（此处阻塞的含义为信号被完全压制），则有（假设$a_1$的符号为正，$a_3$的符号为负）

$$a_1A_1 + \frac{3}{4}a_3A_1^3 + \frac{3}{2}a_3A_1A_2^2 > 0 \Rightarrow \frac{a_1}{a_3} + \frac{3}{4}A_1^2 + \frac{3}{2}A_2^2 < 0 \tag{1-10}$$

式（1-10）是在没有考虑频带选择滤波器的情况下得出的，假设频带选择滤波器对干扰信号所处频带（通常为相邻频带）的抑制比为$L$（幅度抑制比），并将式（1-5）有关1dB输入增益压缩点的计算结果代入式（1-10），可得

$$L > \sqrt{\frac{3}{2}A_2^2 \Big/ \left[\frac{A_{1dB}^2}{0.145} - \frac{3}{4}A_1^2\right]} \tag{1-11}$$

式中，$A_1^2 = 2Z_0 P_{S,min}$；$A_2^2 = 2Z_0 P_{I,max}$。同时，式（1-11）也可以作为 IP1dB 的一个设计约束，当给定了 $P_{I,max}$、$P_{S,max}$ 和抑制比 $L$ 后，便可以得到 IP1dB 的最小需求值，综合考虑有效信号的最大输入功率，两者取最大值，便可得到 IP1dB 最终的设计目标。

### 1.2.4　互调现象

互调现象是指如果干扰信号存在幅度调制的情况，则系统的非线性效应会将此幅度调制现象“搬移”至有效信号的幅度项中。此现象可以由式（1-9）清晰地观察到，如果干扰信号的幅度项 $A_2$ 被调制，则有效信号项的幅度同样也会被调制。对于一个存在较强幅度调制干扰信号的输入信号：

$$x(t) = A_1 \cos(\omega_1 t) + \left[1 + m\cos(\omega_m t)\right] A_2 \cos(\omega_2 t) \tag{1-12}$$

式中，$m$ 为幅度调制系数；$\omega_m$ 为幅度调制频率。将式（1-12）代入式（1-9）可得

$$y(t) = \cdots + \left\{a_1 + \frac{3}{2}a_3 A_2^2\left[1 + \frac{m^2}{2} + \frac{m^2}{2}\cos(2\omega_m t) + 2m\cos(\omega_m t)\right]\right\} A_1 \cos(\omega_1 t) + \cdots \tag{1-13}$$

可以看出，干扰信号中的幅度调制效应被“搬移”到了有效信号的幅度项中，并且增生出了 $2\omega_m$ 频率项。这种现象在通信系统中是经常发生的。为了节省通信带宽并避免多径效应，也常使用 OFDM/QAM 的调制方式，多频同时通信，且每个频带内均存在幅度调制现象，导致互调现象通常无法有效地避免。相位或频率调制是否也存在互调现象？由于相位调制为频率调制的积分，因此两者可以等价分析。假设输入信号中包含一个相位调制的干扰信号：

$$x(t) = A_1 \cos(\omega_1 t) + A_2 \cos(\omega_2 t + \phi) \tag{1-14}$$

代入式（1-1），可得如下等式（仅保留有效信号项）：

$$y(t) = \cdots + \left[a_1 A_1 + \frac{3}{2}a_3 A_1 A_2^2\right]\cos(\omega_1 t) + \cdots \tag{1-15}$$

由式（1-15）可知，对于相位调制的干扰信号，不会在有效信号处产生互调现象。因此在 OFDM 通信系统或其他多工多频的通信模式中，为了避免互调现象的出现，调制方式可以采用具有恒幅性质的相位调制或频率调制方式。

### 1.2.5　交调现象

射频集成电路中的交调现象是由各输入频率谐波项（系统的非线性引起的）经过混频（此处的混频不是混频器引入的，而是非线性引入的混频现象）引入的。交调项包括二阶交调项、三阶交调项、四阶交调项等，但是仅有二阶交调项和三阶交调项会对射频系统产生影响。和谐波项一样，其他更高阶的交调项会被本级的寄生极点产生的低通滤波效应和后级的低通或带通滤波器有效地压制。仍假设输入信号如式（1-7）所示，经过非线性系统后的各输出频率项（只考虑基波项、二阶项和三阶项）见表 1-1，在频域展开如图 1-3 所示。

表 1-1 非线性系统交调响应产生的各频率项（只包含基波项、二阶项和三阶项）

| 频率项 | 表达式 |
|---|---|
| $\omega_1$ | $\left[a_1A_1+\frac{3}{4}a_3A_1^3+\frac{3}{2}a_3A_1A_2^2\right]\cos(\omega_1 t)$ |
| $\omega_2$ | $\left[a_1A_2+\frac{3}{4}a_3A_2^3+\frac{3}{2}a_3A_2A_1^2\right]\cos(\omega_2 t)$ |
| $\omega_1\pm\omega_2$ | $a_2A_1A_2\cos[(\omega_1+\omega_2)t]+a_2A_1A_2\cos[(\omega_1-\omega_2)t]$ |
| $2\omega_1\pm\omega_2$ | $\frac{3a_3A_1^2A_2}{4}\cos[(2\omega_1+\omega_2)t]+\frac{3a_3A_1^2A_2}{4}\cos[(2\omega_1-\omega_2)t]$ |
| $2\omega_2\pm\omega_2$ | $\frac{3a_3A_2^2A_1}{4}\cos[(2\omega_2+\omega_1)t]+\frac{3a_3A_2^2A_1}{4}\cos[(2\omega_2-\omega_1)t]$ |

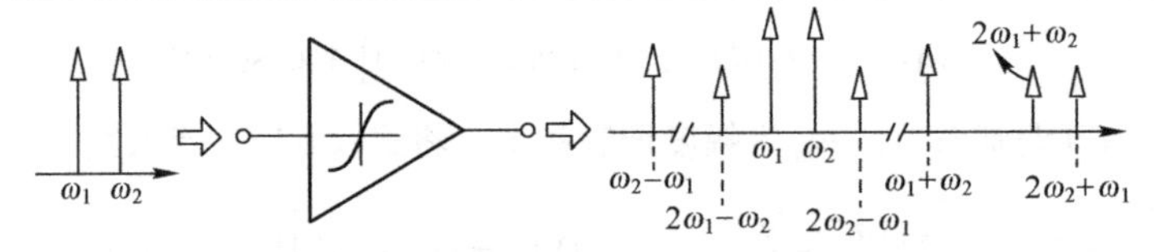


图 1-3 非线性系统中的交调现象

在强调交调现象时，需要结合射频集成电路的系统架构来分析（见第 5 章），一般情况下，二阶交调产生的频率项（$\omega_1\pm\omega_2$）对零中频架构接收机的影响比较明显，而三阶交调对接收机的影响与系统架构无关。

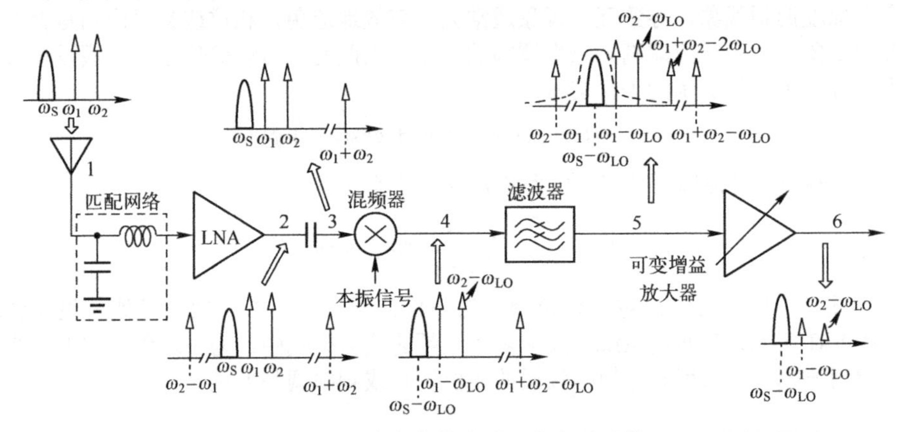


图 1-4 低中频架构中的二阶交调现象

分别以低中频架构和零中频架构为例对二阶交调和三阶交调现象进行说明。可以这样简单理解：低中频架构的输出部分包含中频载波成分，而零中频架构的输出仅包含基带部分，即其中心频点在直流处。

低中频架构中的二阶交调现象如图 1-4 所示。零中频架构中的二阶交调现象如图 1-5 所示。低中频/零中频架构中的三阶交调现象如图 1-6 所示。可以看出，在 $\omega_1$ 和 $\omega_2$ 的频率差较小时，如果中频频率选取合适的话，低中频架构基本不会受到二阶交调现象的干扰[低噪声放大器（LNA）产生的二阶交调项会被交流耦合电容滤除，混频器可以近似等效为一个频率搬移过程，下变频后的频率项经过中频滤波后，除了有效中频部分，其他项均会被极大地压制，滤波器本身也会产生二阶交调项，但是同样也会被滤除，可编程增益放大器（PGA）的输入端基本不存在干扰项的频率成分，可以不用考虑其二阶交调性能]。但是，对于零中频结构，由于不存在中频载波，二阶交调项会落入基带信号的有效带宽内而无法滤除，零中频架构中对二阶交调性能要求较高的主要是滤波器。另外，混频器的二阶交调性能也必须考虑其中（图 1-5 中没有画出，仅将混频器作为一个频率搬移模块，实际上如果混频器中的开关管存在不匹配的情况，二阶交调现象会变得比较明显。在第 7 章介绍混频器时会详细讨论此部分内容）。对于三阶交调现象，零中频/低中频架构均无法避免，在设计过程中，低噪声放大器、混频器和滤波器的三阶交调性能有时必须仔细设计才能满足系统的设计要求。可编程增益放大器由于滤波器的带外抑制功能，三阶交调性能并不明显。其实对可编程增益放大器的线性性能要求主要在 IP1dB 上，毕竟经过前几级的放大，即使再微弱的射频信号，到达可编程增益放大器的输入端，也会变得比较明显，需要避免其进入增益压缩状态。

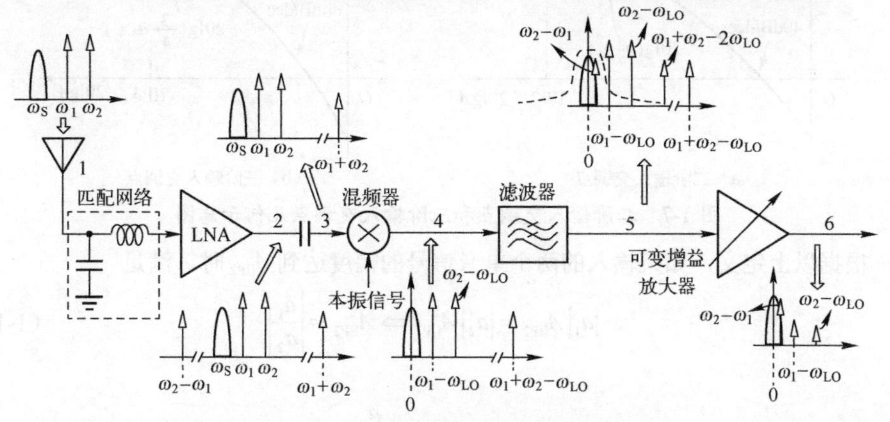


图 1-5 零中频架构中的二阶交调现象

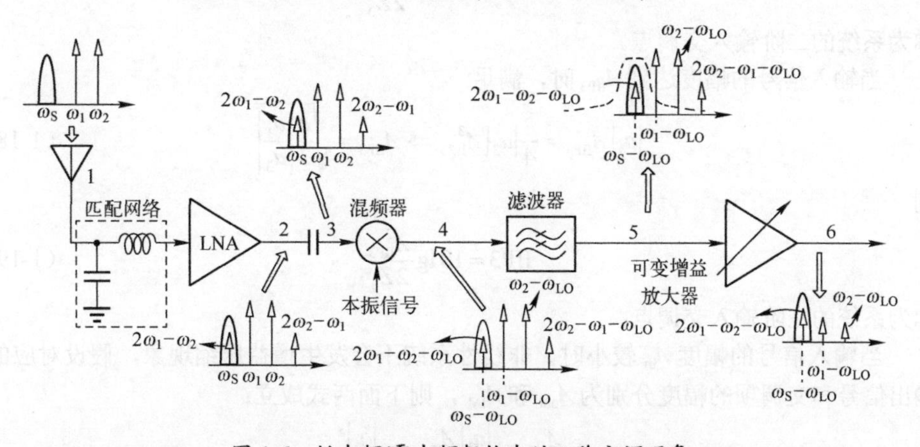


图 1-6 低中频/零中频架构中的三阶交调现象

为了衡量系统的二阶交调和三阶交调性能，需要引入两个量化指标：二阶输入交调点（Input 2nd order Intercept Point，IIP2）和三阶输入交调点（Input 3rd order Intercept Point，IIP3）。二阶输入交调点/三阶输入交调点是指两个幅度相等的单音信号（基波）通过一个非线性系统后，如果产生的二阶交调项/三阶交调项的幅度与输出单音信号的幅度相等，此时的输入单音信号对应的功率便被称为二阶输入交调点/三阶输入交调点。但是任何非线性系统对于基波频率均存在增益压缩现象，且随着输入信号的增大，基波项和高阶项受限于系统本身的有限电压幅度，也会逐渐进入输出幅度饱和状态，如图 1-7 所示，导致基波项和高阶项在几何空间上没有交点。因此，为了便于交调性能的量化，通常取基波与高阶交调项线性部分的延长线交点处对应的输入信号功率作为二阶输入交调点和三阶输入交调点；也可以采用二阶输出交调点（OIP2）和三阶输出交调点（OIP3）的概念来衡量系统的交调性能，输出交调点等于输入交调点与系统增益的乘积。

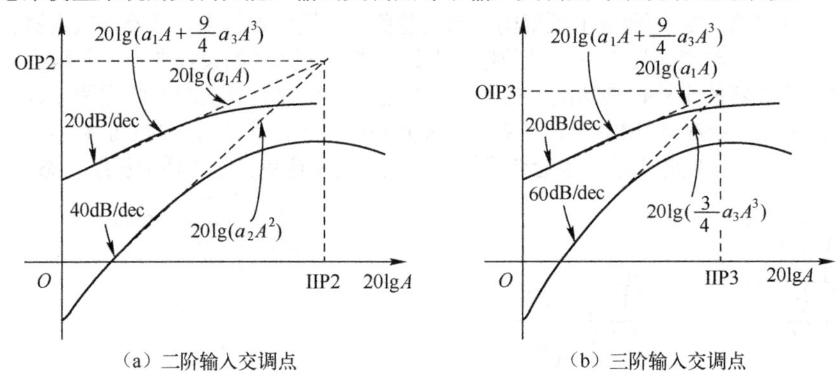


（a）二阶输入交调点　　（b）三阶输入交调点

图 1-7 二阶输入交调点和三阶输入交调点几何示意图

根据以上定义，如果输入的两个单音信号的幅度达到 $A_{\text{IIP2}}$ 时，满足

$$|a_1|A_{\text{IIP2}} = |a_2|A_{\text{IIP2}}^2 \Rightarrow A_{\text{IIP2}} = \left|\frac{a_1}{a_2}\right| \tag{1-16}$$

则

$$\text{IIP2} = 20\lg\frac{A_{\text{IIP2}}^2}{2Z_0} \tag{1-17}$$

称为系统的二阶输入交调点。

当输入信号的幅度达到 $A_{\text{IIP3}}$ 时，满足

$$|a_1|A_{\text{IIP3}} = \frac{3}{4}|a_3|A_{\text{IIP3}}^3 \Rightarrow A_{\text{IIP3}} = \sqrt{\frac{4}{3}\left|\frac{a_1}{a_3}\right|} \tag{1-18}$$

则

$$\text{IIP3} = 10\lg\frac{A_{\text{IIP3}}^2}{2Z_0} \tag{1-19}$$

称为系统的三阶输入交调点。

当输入信号的幅度 $A_{\text{in}}$ 较小时，非线性系统不会发生增益压缩现象，假设对应的输出信号和交调项的幅度分别为 $A_{\text{out}}$ 和 $A_{\text{IM}}$，则下面两式成立：

$$\frac{A_{\text{out}}}{A_{\text{IM2}}} = \frac{|a_1|A_{\text{in}}}{|a_2|A_{\text{in}}^2} = \frac{|a_1|}{|a_2|A_{\text{in}}} \tag{1-20}$$

式中，$A_{\text{IM2}}$ 为二阶输出交调项。

$$\frac{A_{\text{out}}}{A_{\text{IM3}}} = \frac{|a_1|A_{\text{in}}}{3|a_3|A_{\text{in}}^3/4} = \frac{4|a_1|}{3|a_3|A_{\text{in}}^2} \tag{1-21}$$

式中，$A_{\mathrm{IM3}}$ 为三阶输出交调项。

将式（1-16）代入式（1-20），可得

$$\frac{A_{\mathrm{out}}}{A_{\mathrm{IM2}}}=\frac{A_{\mathrm{IIP2}}}{A_{\mathrm{in}}}\Rightarrow 20\lg A_{\mathrm{IIP2}}=20\lg A_{\mathrm{out}}-20\lg A_{\mathrm{IM2}}+20\lg A_{\mathrm{in}} \tag{1-22}$$

将式（1-18）代入式（1-21）可得

$$\frac{A_{\mathrm{out}}}{A_{\mathrm{IM3}}}=\frac{A_{\mathrm{IIP3}}^2}{A_{\mathrm{in}}^2}\Rightarrow 20\lg A_{\mathrm{IIP3}}=\frac{1}{2}(20\lg A_{\mathrm{out}}-20\lg A_{\mathrm{IM3}})+20\lg A_{\mathrm{in}} \tag{1-23}$$

转换为功率表达可得

$$\mathrm{IIP2}\big|_{\mathrm{dBm}}=P_{\mathrm{out}}\big|_{\mathrm{dBm}}-P_{\mathrm{IM2}}\big|_{\mathrm{dBm}}+P_{\mathrm{in}}\big|_{\mathrm{dBm}} \tag{1-24}$$

$$\mathrm{IIP3}\big|_{\mathrm{dBm}}=\frac{1}{2}(P_{\mathrm{out}}\big|_{\mathrm{dBm}}-P_{\mathrm{IM3}}\big|_{\mathrm{dBm}})+P_{\mathrm{in}}\big|_{\mathrm{dBm}} \tag{1-25}$$

由式（1-24）可得出二阶输入交调点的直观测试方法，由式（1-25）可得出三阶输入交调点的直观测试方法：在系统的输入端注入等幅的差频信号（频率分别记为 $\omega_1$、$\omega_2$），通过频谱仪记录各频率成分（包括基波项、二阶项和三阶项），如图 1-8 所示，并分别代入式（1-24）和式（1-25）可计算出二阶输入交调点和三阶输入交调点。

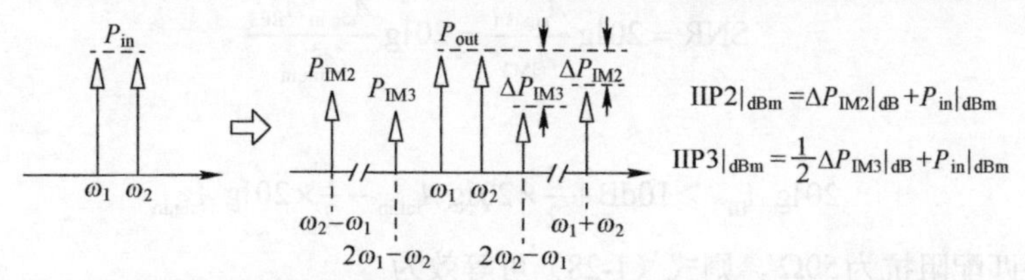


图 1-8　二阶输入交调点和三阶输入交调点的测试计算示意图

另外，通过图 1-8 所示的测试结果以及图 1-9 所示的二阶输入交调点和三阶输入交调点几何示意图（相关参数已标注图中），同样可以得到式（1-24）和式（1-25）的表达结果，在此不再赘述。

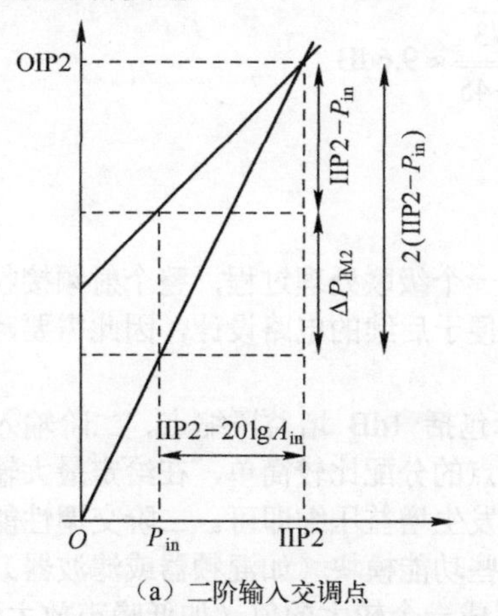


（a）二阶输入交调点

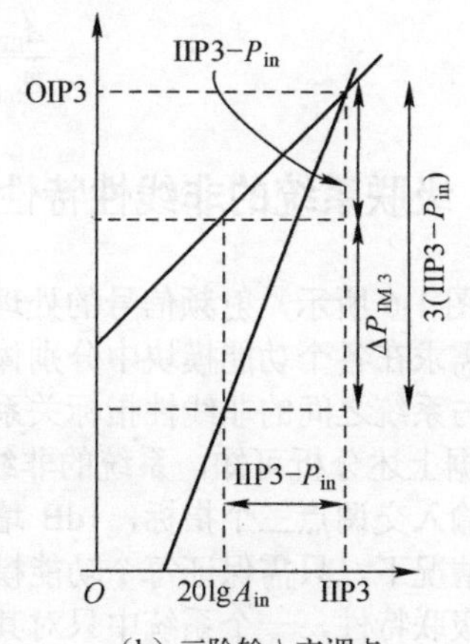


（b）三阶输入交调点

图 1-9　二阶输入交调点和三阶输入交调点几何示意图

交调项会对系统的信噪比造成严重影响，因此在设计过程中，必须仔细考虑各项干扰情况，设计出合适的交调性能，满足信噪比需求。以三阶交调为例，如图 1-10 所示，其中$\omega_S$为有效信号项，$\omega_1$和$\omega_2$为干扰项，且满足$2\omega_1-\omega_2\approx\omega_S$。假设此非线性系统对输入信号的灵敏度需求为$P_{sig,in}=-80\text{dBm}$，干扰项的功率$P_{int,in}=-40\text{dBm}$，通过非线性系统后，为了保证输出信号的信噪比$\text{SNR}\geqslant 20\text{dB}$，系统必须具备合适的三阶交调性能。在忽略增益压缩的情况下，下式成立。

$$\frac{A_{sig,out}}{A_{sig,in}}=\frac{A_{int,out}}{A_{int,in}} \tag{1-26}$$

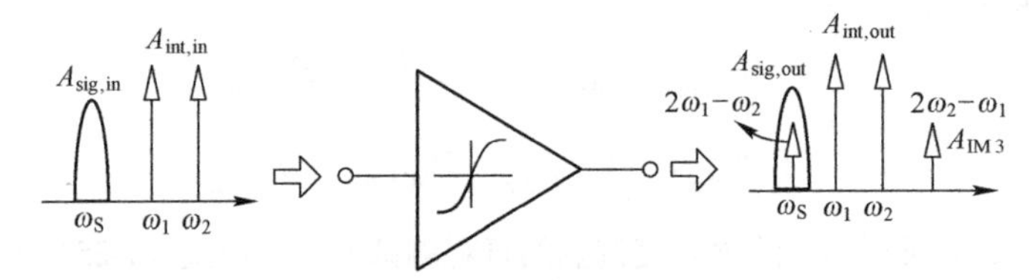


图 1-10 三阶交调项对信噪比的影响

将式（1-23）代入式（1-26）可得

$$\text{SNR}=20\lg\frac{A_{sig,out}}{A_{IM3}}=20\lg\frac{A_{sig,in}A_{IIP3}^2}{A_{int,in}^3} \tag{1-27}$$

则有

$$20\lg A_{IIP3}\geqslant 10\text{dB}+\frac{3}{2}\times 20\lg A_{int,in}-\frac{1}{2}\times 20\lg A_{sig,in} \tag{1-28}$$

如果匹配阻抗为50Ω，则式（1-28）可等效为

$$\text{IIP3}\big|_{\text{dBm}}\geqslant\frac{3}{2}P_{int,in}\Big|_{\text{dBm}}-\frac{1}{2}P_{sig,in}\Big|_{\text{dBm}}-10=-30\text{dBm} \tag{1-29}$$

另外，由式（1-5）和式（1-18）可知，三阶输入交调点与 1dB 增益压缩点存在如下关系：

$$\frac{A_{IIP3}}{A_{1dB}}=\frac{\sqrt{4/3}}{\sqrt{0.145}}\approx 9.6\text{dB} \tag{1-30}$$

## 1.2.6 级联系统的非线性特性

如图 1-6 所示，射频信号的处理过程是一个级联处理过程，整个射频接收机的线性性能需求在各个功能模块中分别体现，以便于后续的电路设计，因此需要建立各功能模块与系统之间的非线性指标关系。

根据上述分析可知，系统的非线性指标包括 1dB 增益压缩点、二阶输入交调点和三阶输入交调点三个指标，1dB 增益压缩点的分配比较简单，在给定最大输入信号功率的情况下，只需保证每个功能模块均不发生增益压缩即可。二阶交调性能不具备明显的级联特性，一个系统中只对其中的某些功能模块（如混频器或滤波器）有严格要求，对不作要求的模块可以将该指标设置成一个较大的值（如低噪声放大器），进而可以分析其级联特性。三阶交调性能具有明显的级联特性（对滤波器后级的电路模块，由于干扰信号被滤波器的阻带抑制，对三阶交调的性能要求大大降低了）。本节主要对三阶交调性能进行详细的分析，同时对二阶交调的级联性能进行简要说明。

两级非线性级联系统的三阶交调效应如图 1-11 所示，其中两级级联系统的输出和输入分别满足

$$y_1(t)=a_0+a_1x(t)+a_2x^2(t)+a_3x^3(t)+\cdots \tag{1-31}$$

$$y_2(t)=b_0+b_1y_1(t)+b_2y_1^2(t)+b_3y_1^3(t)+\cdots \tag{1-32}$$

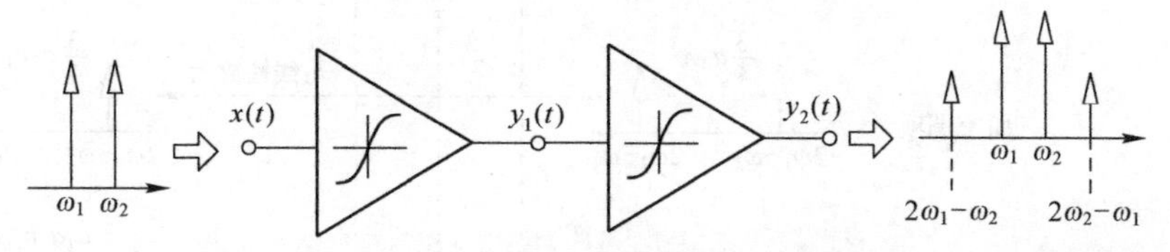


图 1-11　两级非线性级联系统的三阶交调效应

对于式（1-31）和式（1-32），考虑二次谐波效应、二阶交调效应和三阶交调效应三种非线性效应，每级对应的相应频率项系数见表 1-2，其中 $A_1$、$A_2$ 分别为输入的两个单音信号对应的信号幅度。忽略增益压缩效应，可直观得出如图 1-12 所示的结果。

**表 1-2　两级级联系统各频率项系数**

| 频率项 | 第一级 | 第二级 |
| --- | --- | --- |
| 二次谐波项 | $\frac{a_2A_{1/2}^2}{2}$ | $\frac{b_2A_{1/2}^2}{2}$ |
| 二阶交调项 | $a_2A_1A_2$ | $b_2A_1A_2$ |
| 三阶交调项 | $\frac{3a_3A_1^2A_2}{4}$ | $\frac{3b_3A_1^2A_2}{4}$ |
| 基波项 | $a_1A_{1/2}$ | $b_1A_{1/2}$ |

图 1-12 中的第一级非线性模块主要提供了基波项、三阶交调项、二阶交调项和二次谐波项。第二级非线性模块针对第一级非线性模块的基波进行线性放大得到最终的基波项信号，而最终的三阶交调项分别是通过对第一级输出的三阶交调项进行线性放大，对第一级输出的基波项和二阶交调项进行二阶交调，对第一级输出的基波项和二次谐波项进行二阶交调，对第一级输出的基波项进行三阶交调得到的，最终的表达式为（仅列出基波项和三阶交调项）

$$\begin{aligned}y_2(t)&=a_1b_1A[\cos(\omega_1t)+\cos(\omega_2t)]+\\&\left[\frac{3a_3b_1}{4}+\frac{3a_1a_2b_2}{2}+\frac{3a_1^3b_3}{4}\right]A^3[\cos(2\omega_1-\omega_2)t+\cos(2\omega_2-\omega_1)t]+\cdots\end{aligned} \tag{1-33}$$

由图 1-12 可知，三阶交调项系数的中间项是通过两个二阶项系数的乘积得到的，相较于左右两项可以被忽略，因此当输入信号幅度达到级联系统的三阶输入交调点时，下式成立：

$$\frac{1}{A_{\mathrm{IIP3}}^2}\approx\frac{3}{4}\frac{\left|a_3b_1+a_1^3b_3\right|}{\left|a_1b_1\right|}=\frac{1}{A_{\mathrm{IIP3,1}}^2}+\frac{a_1^2}{A_{\mathrm{IIP3,2}}^2} \tag{1-34}$$

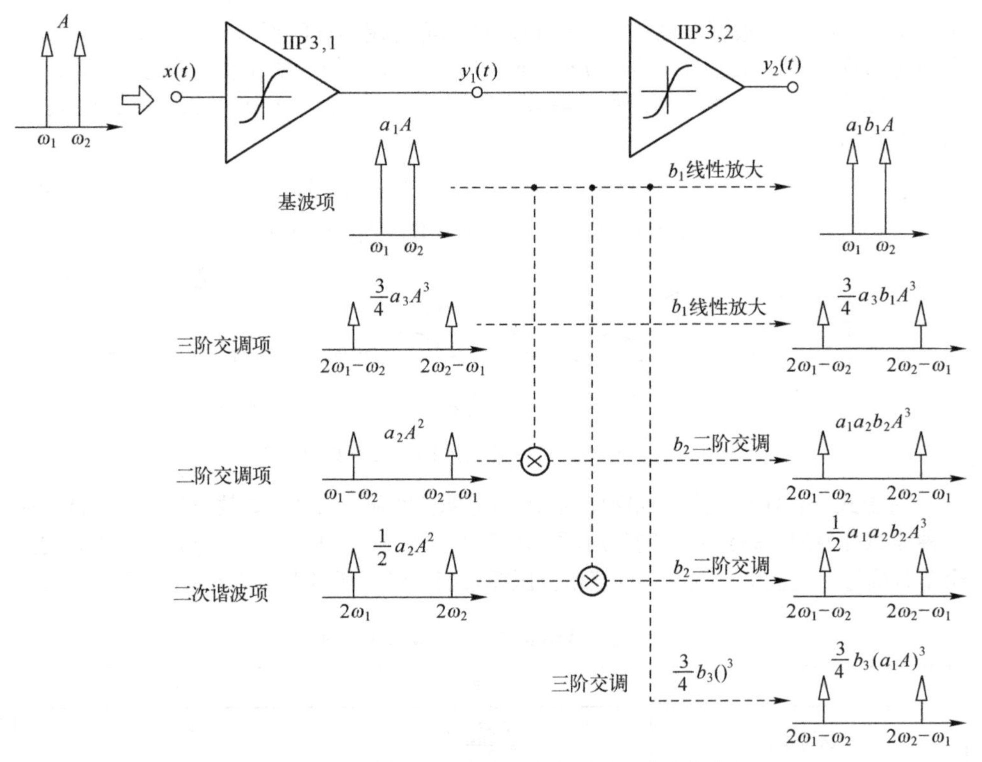


图 1-12　两级级联系统的三阶交调效应产生机制

式（1-34）表示为功率（单位为 W）的形式可得

$$\frac{1}{\mathrm{IIP3}}=\frac{1}{\mathrm{IIP3,1}}+\frac{a_1^2}{\mathrm{IIP3,2}} \tag{1-35}$$

式中，$a_1$ 为第一级非线性模块的空载线性电压增益，是一个倍数值，具体可参考 1.3.6 节中对电压增益的定义。

同理，对于多级级联系统，其三阶输入交调点的级联特性为

$$\frac{1}{\mathrm{IIP3}}=\frac{1}{\mathrm{IIP3,1}}+\frac{a_1^2}{\mathrm{IIP3,2}}+\frac{a_1^2 b_1^2}{\mathrm{IIP3,3}}+\cdots \tag{1-36}$$

可以看出，由于存在前级增益，为了提升系统的线性性能，必须仔细优化设计后级功能模块的线性度。模块在系统中的位置越是靠后，对其线性性能的要求往往越高。但是对于图 1-6 中的可编程增益放大器来说，由于基波项大部分被滤波器的阻带抑制掉了，因此对可编程增益放大器三阶交调性能的要求不是很强烈，在设计过程中，需要特别注意 1dB 输入压缩点的设计。

对于二阶交调效应，由图 1-12 可以得出两级级联系统的二阶交调效应产生机制，如图 1-13 所示，则有

$$\begin{aligned}y_2(t)=&a_1b_1A\left[\cos(\omega_1 t)+\cos(\omega_2 t)\right]+\\&\left[\frac{a_1a_3b_2A^4}{4}+a_2b_1A^2+\frac{a_2^2b_2A^4}{2}+b_2(a_1A)^2\right]\left[\cos(\omega_2-\omega_2)t+\cos(\omega_1+\omega_2)t\right]+\cdots\end{aligned} \tag{1-37}$$

同样忽略高阶系数项产生的二阶交调项，可得当输入信号幅度达到级联系统的二阶输入交调点时，下式成立：

$$\frac{1}{A_{\mathrm{IIP2}}} \approx \left|\frac{a_2}{a_1}\right| + \left|\frac{a_1 b_2}{b_1}\right| = \frac{1}{A_{\mathrm{IIP2,1}}} + \frac{|a_1|}{A_{\mathrm{IIP2,2}}} \tag{1-38}$$

式中，$a_1$ 为第一级非线性系统的空载线性电压增益，二阶输入交调点采用单位为伏特（V）的电压形式表示。

同理，对于多级级联系统，其二阶输入交调点的级联特性为

$$\frac{1}{A_{\mathrm{IIP2}}} = \frac{1}{A_{\mathrm{IIP2,1}}} + \frac{|a_1|}{A_{\mathrm{IIP2,2}}} + \frac{|a_1 b_1|}{A_{\mathrm{IIP2,3}}} + \cdots \tag{1-39}$$

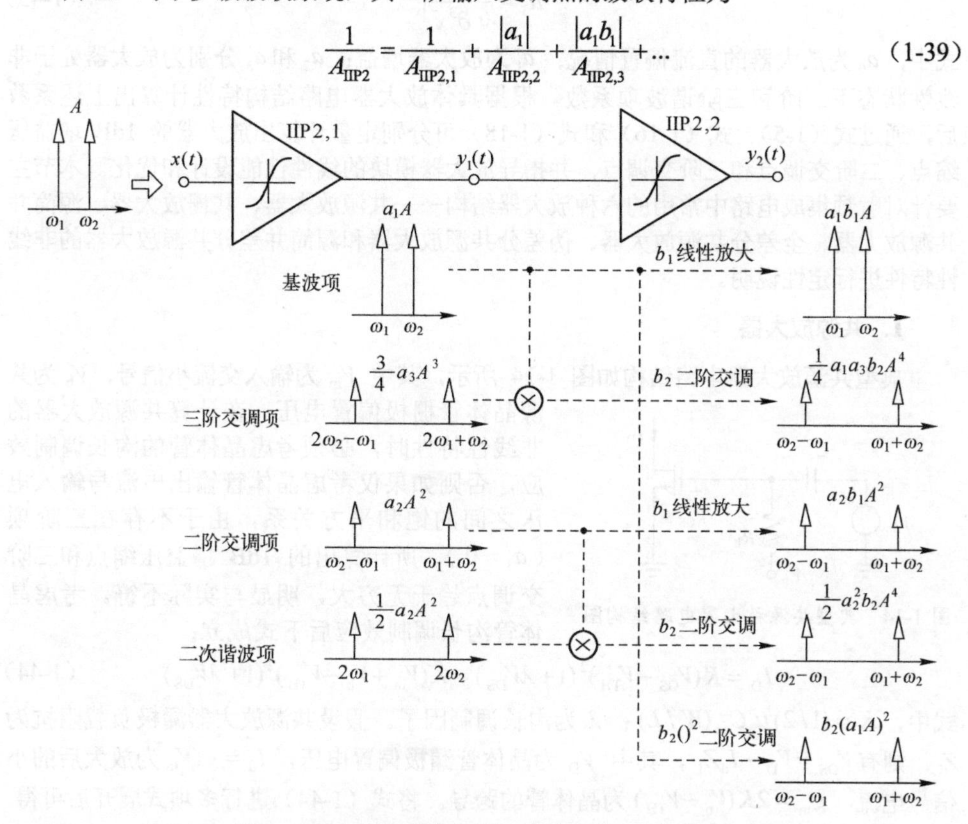


图 1-13 两级级联系统的二阶交调效应产生机制

## 1.2.7 典型放大器结构的非线性表征

放大器是射频集成电路信号链路中的关键模块。微弱的射频信号必须通过放大器的放大作用才能进入模数转换器（Analog to Digital Converter，ADC）的动态范围完成数字化过程，同时较大幅度的信号还可以弥补 ADC 精度不高带来的信噪比恶化问题。但是过大的信号极易导致放大器中的晶体管脱离饱和区进入非线性状态从而恶化信噪比，因此需要根据通信系统的实际需求来进行各放大器线性性能的设计和优化，并通过反复的迭代过程完成最终设计。为了完成上述工作，必须具备直观优化各类型放大器线性性能的能力。对于任意类型的放大器而言，其输入与输出之间呈现如

式（1-1）所示的泰勒级数展开形式，可以分别计算出：

$$a_0 = y|_{x=0} \tag{1-40}$$

$$a_1 = \frac{\partial y}{\partial x}|_{x=0} \tag{1-41}$$

$$a_2 = \frac{1}{2}\frac{\partial^2 y}{\partial^2 x}|_{x=0} \tag{1-42}$$

$$a_3 = \frac{1}{6}\frac{\partial^3 y}{\partial^3 x}|_{x=0} \tag{1-43}$$

式中，$a_0$ 为放大器的直流偏置情况；$a_1$ 为放大器增益；$a_2$ 和 $a_3$ 分别为放大器处于非线性状态下二阶和三阶谐波项系数。根据具体放大器电路结构特性计算出上述系数后，通过式（1-5）、式（1-16）和式（1-18）可分别定量计算出放大器的 1dB 增益压缩点、二阶交调点和三阶交调点，并指导放大器模块的线性性能设计和优化。本节主要针对射频集成电路中常用的六种放大器结构——共源放大器、共栅放大器、源简并共源放大器、全差分共源放大器、伪差分共源放大器和源简并差分共源放大器的非线性特性进行定性说明。

### 1. 共源放大器

典型共源放大器电路结构如图 1-14 所示，其中 $V_{in}$ 为输入交流小信号，$V_b$ 为共源晶体管栅极偏置电压。在计算共源放大器的非线性特性时，必须考虑晶体管的沟长调制效应，否则如果仅考虑晶体管输出电流与输入电压之间的饱和平方关系，由于不存在三阶项（$a_3 = 0$），所计算出的 1dB 增益压缩点和三阶交调点趋于无穷大，明显与实际不符。考虑晶体管沟长调制效应后下式成立：

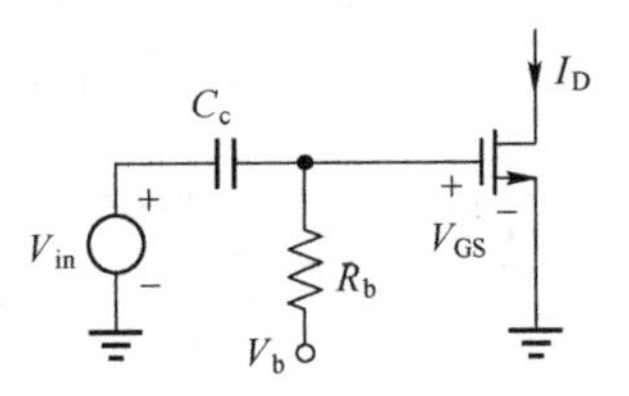

图 1-14 典型共源放大器电路结构图

$$I_D = K(V_{GS} - V_{TH})^2(1+\lambda V_{DS}) = K(V_{in} + V_b - V_{TH})^2(1+\lambda V_{DS}) \tag{1-44}$$

式中，$K = (1/2)\mu_n C_{ox}(W/L)$；$\lambda$ 为沟长调制因子。假设共源放大器漏极负载阻抗为 $Z_L$，则有 $V_{DS} = V_D - I_d Z_L$，其中 $V_D$ 为晶体管漏极偏置电压，$I_d = g_m V_{in}$ 为放大后的小信号电流，$g_m = 2K(V_b - V_{TH})$ 为晶体管的跨导。将式（1-44）进行多项式展开后可得

$$\begin{aligned} I_D &= K(V_{GS} - V_{TH})^2(1+\lambda V_{DS}) = K(V_{in} + V_b - V_{TH})^2[1+\lambda(V_D - g_m Z_L V_{in})] \\ &= K(1+\lambda V_D)(V_b - V_{TH})^2 + [2K(V_b - V_{TH}) - K\lambda g_m Z_L (V_b - V_{TH})^2]V_{in} + \\ &\quad [K(1+\lambda V_D) + 2K\lambda g_m Z_L (V_b - V_{TH})^2]V_{in}^2 - K\lambda g_m Z_L V_{in}^3 \end{aligned} \tag{1-45}$$

由于 $\lambda << 1$，则式（1-45）可简化为

$$I_D = K(V_b - V_{TH})^2 + 2K(V_b - V_{TH})V_{in} + KV_{in}^2 - K\lambda g_m Z_L V_{in}^3 \tag{1-46}$$

对比式（1-1）可得共源放大器漏极直流偏置电流为

$$a_0 = K(V_b - V_{TH})^2 = I_{D0} \tag{1-47}$$

共源放大器的跨导为

$$a_1 = 2K(V_b - V_{TH}) = g_m \tag{1-48}$$

共源放大器的二阶谐波项系数为

$$a_2 = K \tag{1-49}$$

三阶谐波项系数为

$$a_3 = -K\lambda g_m Z_L \tag{1-50}$$

可以看出，三阶谐波项系数与基波系数（跨导）的符号是相反的，这与上述的分析相符，是导致电路能够产生1dB增益压缩的本质原因。

因此，共源放大器的1dB增益压缩点、二阶交调点和三阶交调点分别为

$$A_{1dB} = \sqrt{0.145\left|\frac{a_1}{a_3}\right|} = \sqrt{\frac{0.145}{K\lambda|Z_L|}} \tag{1-51}$$

$$A_{IIP2} = \left|\frac{a_1}{a_2}\right| = \frac{g_m}{K} = 2(V_b - V_{TH}) \tag{1-52}$$

$$A_{IIP3} = \sqrt{\frac{4}{3}\left|\frac{a_1}{a_3}\right|} = \sqrt{\frac{4}{3K\lambda|Z_L|}} \tag{1-53}$$

可以看出，共源放大器如果要获得更好的线性性能，可以从两个方面进行设计考虑：一是在寄生效应允许的情况下增大晶体管的沟道长度，降低沟长调制效应对三阶交调性能的影响，并在增益允许的情况下降低负载阻抗；二是在功耗允许的情况下适当提高晶体管的过驱动电压，提升共源放大器的二阶交调性能。

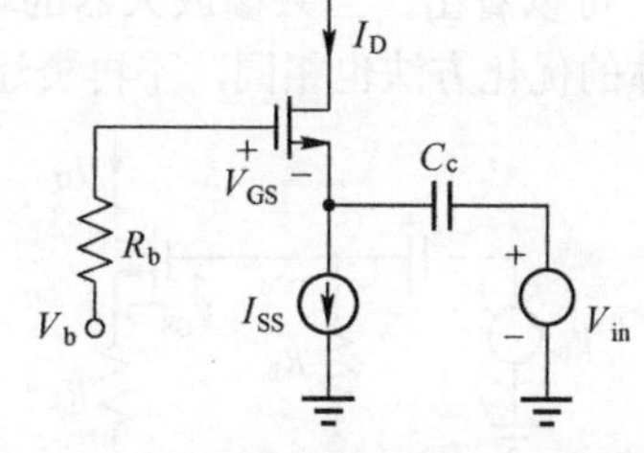

图1-15 典型共栅放大器电路结构图

**2. 共栅放大器**

典型共栅放大器电路结构如图1-15所示，其中 $V_{in}$ 为输入交流小信号，$V_b$ 为共栅晶体管栅极偏置电压。考虑沟长调制效应后，晶体管的漏极电流为

$$I_D = K(V_{GS} - V_{TH})^2(1+\lambda V_{DS}) = K(V_b - V_S - V_{in} - V_{TH})^2(1+\lambda V_{DS}) \tag{1-54}$$

式中，$V_S$ 为晶体管源极偏置电压；同时假设共栅放大器漏极的负载阻抗为 $Z_L$，则有 $V_{DS} = V_D + I_d Z_L - V_S - V_{in}$，$V_D$ 为晶体管漏极偏置电压，$I_d = g_m V_{in}$ 为放大后的小信号电流，$g_m = 2K(V_b - V_S - V_{TH})$ 为晶体管的跨导。将式（1-54）进行多项式展开后可得

$$\begin{aligned} I_D &= K(V_{GS0} - V_{TH} - V_{in})^2[1+\lambda(V_{DS0} + g_m Z_L V_{in} - V_{in})] \\ &= K(1+\lambda V_{DS0})(V_{GS0} - V_{TH})^2 - [2K(V_{GS0} - V_{TH}) - K\lambda(g_m Z_L - 1)(V_{GS0} - V_{TH})^2]V_{in} + \\ &\quad [K(1+\lambda V_{DS0}) + 2K\lambda(g_m Z_L - 1)(V_{GS0} - V_{TH})^2]V_{in}^2 + K\lambda(g_m Z_L - 1)V_{in}^3 \end{aligned} \tag{1-55}$$

式中，$V_{GS0} = V_b - V_S$，$V_{DS0} = V_D - V_S$。同理，式（1-55）可以简化为

$$I_D = K(V_{GS0} - V_{TH})^2 - 2K(V_{GS0} - V_{TH})V_{in} + KV_{in}^2 + K\lambda(g_m Z_L - 1)V_{in}^3 \tag{1-56}$$

对比式（1-1）可得共栅放大器的直流偏置电流为

$$a_0 = K(V_{GS0} - V_{TH})^2 = I_{D0} = I_{SS} \tag{1-57}$$

共栅放大器的跨导为

$$a_1 = -2K(V_{GS0} - V_{TH}) = -g_m \tag{1-58}$$

符号之所以与式（1-48）相反，主要是因为共源放大器与共栅放大器的增益相位差为 180°。

共栅放大器的二阶谐波项系数为

$$a_2 = K \tag{1-59}$$

三阶谐波项系数为

$$a_3 = K\lambda(g_m Z_L - 1) \tag{1-60}$$

同样，三阶谐波项系数与跨导的符号是相反的。因此，共栅放大器的 1dB 增益压缩点、二阶交调点和三阶交调点分别为

$$A_{1dB} = \sqrt{0.145\left|\frac{a_1}{a_3}\right|} = \sqrt{0.145\frac{g_m}{K\lambda|g_m Z_L - 1|}} \tag{1-61}$$

$$A_{IIP2} = \left|\frac{a_1}{a_2}\right| = \frac{g_m}{K} = 2(V_{GS0} - V_{TH}) \tag{1-62}$$

$$A_{IIP3} = \sqrt{\frac{4}{3}\left|\frac{a_1}{a_3}\right|} = \sqrt{\frac{4}{3}\frac{g_m}{K\lambda|g_m Z_L - 1|}} \tag{1-63}$$

可以看出，当共栅放大器的增益 $g_m Z_L >> 1$ 时，其线性性能与共源放大器相同，具体的优化方法也相同，不再赘述。

### 3．源简并共源放大器

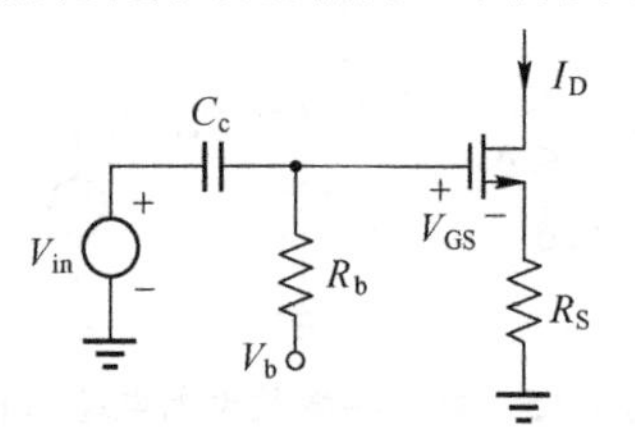


图 1-16 典型源简并共源放大器电路结构图

典型源简并（源极负反馈）共源放大器电路结构如图 1-16 所示，其中 $V_{in}$ 为输入交流小信号，$V_b$ 为共源晶体管栅极偏置电压。忽略沟长调制效应后（源简并结构可以在电流展开式中引入三阶谐波项，因此可以忽略沟长调制效应，不会对最后的推导结果引入较大的误差），晶体管的漏极电流 $I_D$ 为

$$I_D = K(V_{GS} - V_{TH})^2 = K(V_b + V_{in} - I_D R_S - V_{TH})^2 \tag{1-64}$$

将式（1-64）的两边分别对 $V_{in}$ 进行微分可得

$$\frac{\partial I_D}{\partial V_{in}} = 2K(V_b + V_{in} - I_D R_S - V_{TH})\left[1 - R_S\frac{\partial I_D}{\partial V_{in}}\right] \tag{1-65}$$

由式（1-41）可得源简并共源放大器的等效跨导为

$$a_1 = \frac{\partial I_D}{\partial V_{in}}\bigg|_{V_{in}=0} = \frac{2K(V_b - I_{D0}R_S - V_{TH})}{1 + 2K(V_b - I_{D0}R_S - V_{TH})R_S} = \frac{g_m}{1 + g_m R_S} \tag{1-66}$$

将式（1-65）的两边分别再次对 $V_{in}$ 进行微分可得

$$\frac{\partial^2 I_D}{\partial^2 V_{in}} = 2K\left[1 - R_S\frac{\partial I_D}{\partial V_{in}}\right]^2 - 2KR_S(V_b + V_{in} - I_D R_S - V_{TH})\frac{\partial^2 I_D}{\partial^2 V_{in}} \tag{1-67}$$

由式（1-42）可得源简并共源放大器的二阶谐波项系数为

$$a_2 = \frac{1}{2}\frac{\partial^2 I_D}{\partial^2 V_{in}}\bigg|_{V_{in}=0} = \frac{K}{(1 + g_m R_S)^3} \tag{1-68}$$

将式（1-67）两边再次对 $V_{in}$ 进行微分，可得针对源简并共源放大器漏极电流的

三阶导数方程为

$$\frac{\partial^3 I_D}{\partial^3 V_{in}}=-2KR_S\left[1-R_S\frac{\partial I_D}{\partial V_{in}}\right]\frac{\partial^2 I_D}{\partial^2 V_{in}}-2KR_S(V_b+V_{in}-I_D R_S-V_{TH})\frac{\partial^3 I_D}{\partial^3 V_{in}} \tag{1-69}$$

由式（1-43）可得源简并共源放大器的三阶谐波项系数为

$$a_3=\frac{1}{6}\frac{\partial^3 I_D}{\partial^3 V_{in}}\Big|_{V_{in}=0}=-\frac{2K^2 R_S}{(1+g_m R_S)^5} \tag{1-70}$$

因此，源简并共源放大器的1dB增益压缩点、二阶交调点和三阶交调点分别为

$$A_{1dB}=\sqrt{0.145\left|\frac{a_1}{a_3}\right|}=\sqrt{0.145\frac{g_m}{2R_S}\frac{(1+g_m R_S)^2}{K}} \tag{1-71}$$

$$A_{IIP2}=\left|\frac{a_1}{a_2}\right|=\frac{g_m(1+g_m R_S)^2}{K} \tag{1-72}$$

$$A_{IIP3}=\sqrt{\frac{4}{3}\left|\frac{a_1}{a_3}\right|}=\sqrt{\frac{2g_m}{3R_S}\frac{(1+g_m R_S)^2}{K}} \tag{1-73}$$

可以看出，增大源级负反馈能力或增大共源晶体管的过驱动电压均可以有效地改善源简并共源放大器的线性性能。由式（1-66）可知，过大的反馈能力会严重恶化放大电路的增益，设计时需要折中考虑。

**4．全差分共源放大器**

采用差分结构可以有效地抵消电路中的偶阶非线性项，因此差分结构具有非常高的偶阶线性性能，即其二阶交调性能可以设计得足够高，满足绝大部分通信系统需求，尤其适用于零中频架构接收机（见第 5 章），但是晶体管之间的失配会恶化差分结构的二阶交调性能（见第 7 章）。本节主要考虑两种典型的差分结构：全差分共源放大器结构与伪差分共源放大器结构。

典型全差分共源放大器电路结构如图1-17所示。

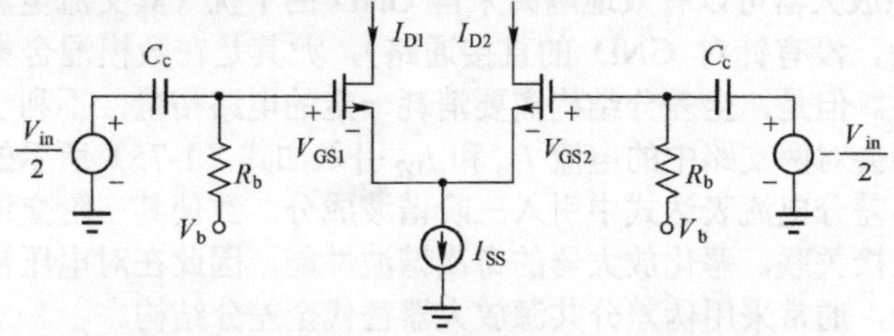


图1-17　典型全差分共源放大器电路结构图

由图可知以下两式成立：

$$\begin{aligned}I_{D1}-I_{D2}&=K\left[V_b-V_{TH}-V_S+\frac{V_{in}}{2}\right]^2(1+\lambda V_{DS1})-K\left[V_b-V_{TH}-V_S-\frac{V_{in}}{2}\right]^2(1+\lambda V_{DS2})\\&=2K(V_b-V_{TH}-V_S)(1+\lambda V_D)V_{in}-K\lambda g_m Z_L\left[(V_b-V_{TH}-V_S)^2+\frac{V_{in}^2}{4}\right]V_{in}\\&\approx 2K(V_b-V_{TH})V_{in}\end{aligned} \tag{1-74}$$

$$I_{D1}+I_{D2}=I_{SS}=K\left[V_b-V_S-V_{TH}+\frac{V_{in}}{2}\right]^2+K\left[V_b-V_S-V_{TH}-\frac{V_{in}}{2}\right]^2=2K\left[(V_b-V_S-V_{TH})^2+\frac{V_{in}^2}{4}\right] \tag{1-75}$$

式中，$V_S$为差分对源极偏置电压；$Z_L$为负载偏置电阻。联立式（1-74）和式（1-75）可得

$$I_{D1}-I_{D2}=KV_{in}\sqrt{\frac{2I_{SS}}{K}-V_{in}^2} \tag{1-76}$$

在电路正常工作的情况下$V_{in}^2<<2I_{SS}/K$成立，当满足$\xi<<1$时，$\sqrt{1-\xi}\approx1-\xi/2$成立，则式（1-76）可以重新表示为

$$I_{D1}-I_{D2}\approx KV_{in}\sqrt{\frac{2I_{SS}}{K}}\left[1-\frac{KV_{in}^2}{4I_{SS}}\right]=\sqrt{2KI_{SS}}V_{in}-K^{3/2}\sqrt{\frac{1}{8I_{SS}}}V_{in}^3 \tag{1-77}$$

对比式（1-1）可得全差分共源放大器的跨导$a_1$为

$$a_1=\sqrt{2KI_{SS}}=g_m \tag{1-78}$$

全差分共源放大器的三阶谐波项系数$a_3$为

$$a_3=-K^{3/2}\sqrt{\frac{1}{8I_{SS}}} \tag{1-79}$$

同样$a_1$与$a_3$的符号相反。全差分共源放大器的三阶交调点为

$$A_{IIP3}=\sqrt{\frac{4}{3}\left|\frac{a_1}{a_3}\right|}=4\sqrt{\frac{I_{SS}}{3K}}=\frac{4}{\sqrt{3}}\left(V_{GS0}-V_{TH}\right) \tag{1-80}$$

同理，可以计算出全差分共源放大器的 1dB 增益压缩点，相较于三阶交调点，降低大约 9.6dB。另外，可以明显地看出，全差分结构不存在偶阶交调干扰，且三阶交调干扰可以通过提高晶体管的过驱动电压获得改善，这与直观印象是吻合的。

### 5. 伪差分共源放大器

全差分共源放大器可以有效地隔离来自 GND 的干扰（其交流电流仅在两个差分支路中往复运动，没有针对 GND 的直接通路），尤其是在数模混合集成电路的设计中显得更加重要。但是，全差分结构需要消耗一定的电路裕量，不利于低电压设计，同时尾电流源还会对两支路中的电流$I_{D1}$和$I_{D2}$引入如式（1-75）所示的约束条件，该约束条件会在其差分电流表达式中引入三阶谐波成分，致使其三阶交调性能与晶体管的过驱动电压直接关联，恶化放大器的奇次谐波性能，因此在对电压裕量和线性性能要求较高的场合，通常采用伪差分共源放大器替代全差分结构。

典型伪差分共源放大器电路结构如图 1-18 所示。伪差分结构通过引入直接电流对地通路，避免了约束条件式（1-75）的出现，大大缓解了差分结构的非线性性能。采用类似于共源放大器的分析方法，考虑沟长调制效应后，式（1-74）可以重新表达为

$$\begin{aligned}I_{D1}-I_{D2}&=K\left[V_b-V_{TH}+\frac{V_{in}}{2}\right]^2(1+\lambda V_{DS1})-K\left[V_b-V_{TH}-\frac{V_{in}}{2}\right]^2(1+\lambda V_{DS2})\\&=2K(V_b-V_{TH})(1+\lambda V_D)V_{in}-K\lambda g_m Z_L\left[(V_b-V_{TH})^2+\frac{V_{in}^2}{4}\right]V_{in}\\&\approx2K(V_b-V_{TH})V_{in}-\frac{K\lambda g_m Z_L}{4}V_{in}^3\end{aligned} \tag{1-81}$$

式中，$V_{DS1}=V_D-g_mV_{in}Z_L/2$、$V_{DS2}=V_D+g_mV_{in}Z_L/2$，为伪差分对的漏源电压；$V_D$ 为伪差分对的漏极偏置电压；$g_m=2K(V_b-V_{TH})$，为伪差分对的跨导；$Z_L$ 为负载阻抗。伪差分共源放大器的三阶交调点为

$$A_{IIP3}=\sqrt{\frac{4}{3}\left|\frac{a_1}{a_3}\right|}=\sqrt{\frac{16}{3K\lambda|Z_L|}} \tag{1-82}$$

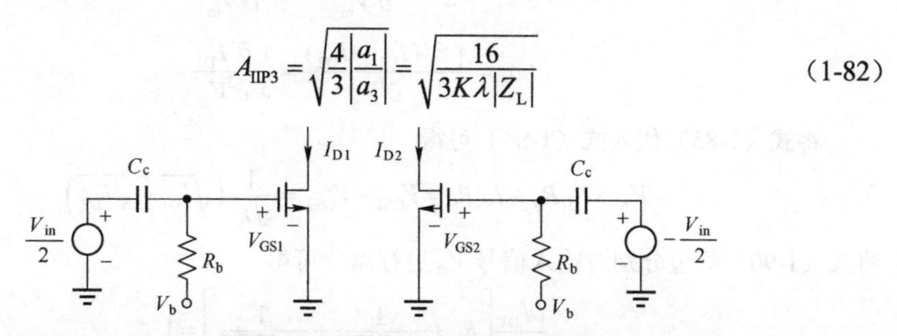


图 1-18　典型伪差分共源放大器电路结构图

相较于单端共源放大器，伪差分共源放大器的三阶谐波项系数更小（增加了一个 1/4 因子），三阶交调性能也更优。同时伪差分共源放大器与晶体管的过驱动电压也无关，仅与沟长调制因子有关，在选取长沟道晶体管的条件下，具有非常优异的线性性能。只是伪差分结构易受地面干扰的影响，尤其是差分地不对称的情况下，因此在进行版图设计时需要格外留意。

### 6. 源简并差分共源放大器

源简并差分共源放大器是射频集成电路中可编程增益放大器常用的前级电路结构，其具有电路结构简单、功耗较低的特点且可以提供足够的线性性能。典型源简并差分共源放大器电路结构如图 1-19 所示。由图可知以下各式成立：

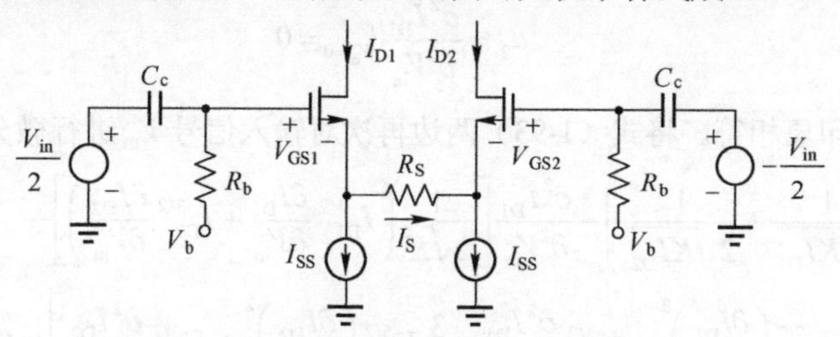


图 1-19　典型源简并差分共源放大器电路结构图

$$I_{D1}+I_{D2}=2I_{SS} \tag{1-83}$$

$$\frac{V_{in}}{2}+V_b-V_{GS1}-I_SR_S=V_b-\frac{V_{in}}{2}-V_{GS2} \tag{1-84}$$

$$I_S=I_{D1}-I_{SS} \tag{1-85}$$

由式（1-83）可得

$$\frac{\partial(I_{D1}-I_{D2})}{\partial V_{in}}=2\frac{\partial I_{D1}}{\partial V_{in}} \tag{1-86}$$

因此，

$$a_1=\frac{\partial(I_{D1}-I_{D2})}{\partial V_{in}}=2\frac{\partial I_{D1}}{\partial V_{in}} \tag{1-87}$$

$$a_2=\frac{1}{2}\frac{\partial^2(I_{D1}-I_{D2})}{\partial^2 V_{in}}=\frac{\partial^2 I_{D1}}{\partial^2 V_{in}} \tag{1-88}$$

$$a_3=\frac{1}{6}\frac{\partial^3(I_{D1}-I_{D2})}{\partial^3 V_{in}}=\frac{1}{3}\frac{\partial^3 I_{D1}}{\partial^3 V_{in}} \tag{1-89}$$

将式（1-85）代入式（1-84）可得

$$V_{in}-I_{D1}R_S+I_{SS}R_S=V_{GS1}-V_{GS2}=\frac{1}{\sqrt{K}}\left(\sqrt{I_{D1}}-\sqrt{I_{D2}}\right) \tag{1-90}$$

将式（1-90）两边分别对输入信号 $V_{in}$ 进行微分可得

$$\frac{\partial I_{D1}}{\partial V_{in}}\left[R_S+\frac{1}{2\sqrt{KI_{D1}}}+\frac{1}{2\sqrt{KI_{D2}}}\right]=1 \tag{1-91}$$

当 $V_{in}=0$ 时，$I_{D1}=I_{D2}=I_{SS}$，则由图 1-19 可得源简并差分共源放大器的等效跨导为

$$a_1=2\frac{\partial I_{D1}}{\partial V_{in}}\bigg|_{V_{in}=0}=\frac{g_m}{1+g_m R_S/2} \tag{1-92}$$

将式（1-91）两边分别对输入信号 $V_{in}$ 进行微分可得

$$\frac{\partial^2 I_{D1}}{\partial^2 V_{in}}\left[R_S+\frac{1}{2\sqrt{KI_{D1}}}+\frac{1}{2\sqrt{KI_{D2}}}\right]-\frac{\partial I_{D1}}{\partial V_{in}}\left[\frac{1}{4\sqrt{K}}\left(I_{D1}^{-3/2}\frac{\partial I_{D1}}{\partial V_{in}}+I_{D2}^{-3/2}\frac{\partial I_{D2}}{\partial V_{in}}\right)\right]=0 \tag{1-93}$$

由式（1-86）可知 $\partial I_{D1}/\partial V_{in}=-\partial I_{D2}/\partial V_{in}$，且在 $V_{in}=0$ 的条件下，$I_{D1}=I_{D2}=I_{SS}$，则有

$$a_2=\frac{\partial^2 I_{D1}}{\partial^2 V_{in}}\bigg|_{V_{in}=0}=0 \tag{1-94}$$

此结论与直观印象相符。将式（1-93）两边再次对输入信号 $V_{in}$ 进行微分可得

$$\begin{aligned}&\frac{\partial^3 I_{D1}}{\partial^3 V_{in}}\left(R_S+\frac{1}{2\sqrt{KI_{D1}}}+\frac{1}{2\sqrt{KI_{D2}}}\right)-\frac{\partial^2 I_{D1}}{\partial^2 V_{in}}\left[\frac{1}{2\sqrt{K}}\left(I_{D1}^{-3/2}\frac{\partial I_{D1}}{\partial V_{in}}+I_{D2}^{-3/2}\frac{\partial I_{D2}}{\partial V_{in}}\right)\right]-\\&\frac{1}{4\sqrt{K}}\frac{\partial I_{D1}}{\partial V_{in}}\left[-\frac{3}{2}I_{D1}^{-5/2}\left(\frac{\partial I_{D1}}{\partial V_{in}}\right)^2+I_{D1}^{-3/2}\frac{\partial^2 I_{D1}}{\partial^2 V_{in}}-\frac{3}{2}I_{D2}^{-5/2}\left(\frac{\partial I_{D2}}{\partial V_{in}}\right)^2+I_{D2}^{-3/2}\frac{\partial^2 I_{D2}}{\partial^2 V_{in}}\right]=0\end{aligned} \tag{1-95}$$

将式（1-91）、式（1-92）和式（1-94）分别代入式（1-95）可得其三阶谐波项系数为

$$a_3=\frac{1}{3}\frac{\partial^3 I_{D1}}{\partial^3 V_{in}}\bigg|_{V_{in}=0}=-\frac{g_m^3(1-g_m R_S/2)}{4I_{SS}^2(1+g_m R_S/2)^4} \tag{1-96}$$

则源简并差分共源放大器的三阶交调点为

$$A_{IIP3}=\sqrt{\frac{4}{3}\left|\frac{a_1}{a_3}\right|}=4g_m I_{SS}\sqrt{\frac{(1+g_m R_S/2)^3}{3(1-g_m R_S/2)}} \tag{1-97}$$

可以看出，在保证功耗不变的情况下，当满足 $g_m = 2/R_S$ 时，源简并差分共源放大器具有最优的三阶交调性能。

## 1.3 噪　声

噪声可以广义地理解为除有用信号以外的任何其他信号成分。噪声的存在使信号在传输过程中天然存在信噪比约束，且随着距离的增大，信噪比逐渐降低，当低于香农极限时，便无法实现任何调制形式的正确解调。这也是无线通信中为什么总是存在距离限制的原因，否则通信中经常存在的发射功率、码速率、调制方式和通信距离等各参数之间的折中便不复存在，通信系统的设计会被大大简化。

噪声的产生是一个典型的随机过程，无法准确地进行定量描述，只能使用统计学的概念进行近似的定量化。在射频通信中，大部分的信号处理过程均是在频域进行分析和计算的，信号的传输、放大等过程均采用功率标识，因此通常使用平均功率谱密度（Power Spectral Density，PSD）来量化噪声的对外输出量。射频集成电路中出现的几乎所有噪声类型均可以等效为高斯白噪声类型，其功率谱密度为一常数（无数实验结果已经证明了这一点，其最高截止频率可以高达 100GHz，对于绝大多数通信系统已经足够精确），这种常数化的近似为系统级设计提供了极大的便利。本节主要讨论射频集成电路中几种主要的噪声源，并在此基础上详细地介绍系统设计过程中的噪声量化指标和各功能模块产生的噪声对级联系统的定量影响。

### 1.3.1 电阻热噪声

电阻热噪声主要是由电子的热运动造成的，又称奈奎斯特（Nyquist）噪声[1]或约翰逊（Johnsen）噪声[2]（奈奎斯特通过一个思想实验证明了电阻热噪声的平均功率谱密度值，而约翰逊则通过实验手段实际测量出电阻热噪声的平均功率谱密度）。电阻热噪声的模型可以基于奈奎斯特思想推导出来，如图 1-20 所示，两个阻值均为 $R$ 的电阻通过长度为 $x$ 的传输线相互连接，传输线的特征阻抗为 $Z_0 = R$ 。假定传输线是无损的（即传输线本身不会产生额外的噪声，也不会消耗任何能量），则当图 1-20 所示系统达到热平衡后，根据热力学第二定律可知，两端的电阻不会再存在能量交换过程，即两端电阻吸收的能量与释放的能量达到了平衡状态。

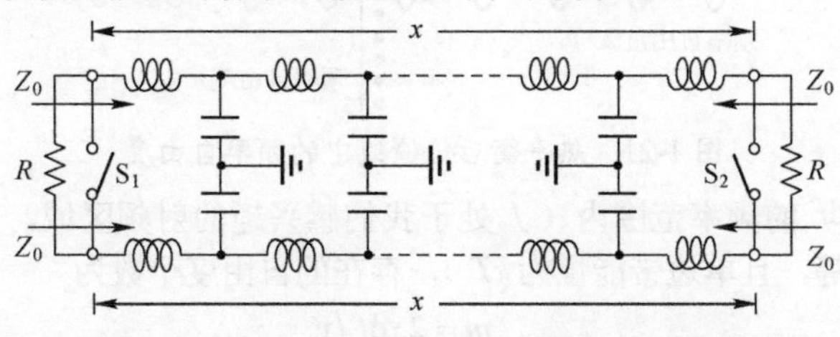


图 1-20　电阻热噪声平均功率谱密度推导模型

对电阻的热噪声而言，我们关心的是其会对通信系统中的信噪比造成多大的影响，因此衡量的是电阻热噪声的传输能力，即噪声对外做功能力。图 1-20 所示的系统达到热平衡后，两端电阻的热噪声对外做功过程就完成了，其做功负载与自身阻抗相同。此时将开关$S_1$和$S_2$闭合，两端电阻由于负载发生了变化（由$Z_0=R$变成了$Z_0=0$），会重新对外做功，但是对外做功的能量会被全部反射回来，不会对传输线中存储的能量造成任何影响。由于传输线是无损的，因此当开关闭合后，由于没有外部能量的注入，传输线中的能量保持不变，而这些保持在传输线中的能量均是由两端电阻的热噪声对外做功注入的，这部分能量是我们最关心的。

传输线中的能量形式为电磁波形式（传输线的模型可以等效为串联电感与并联电容的级联，电感中存储磁能，电容中存储电能）。电磁波在传输线中是以磁能与电能之间的持续性转化进行存储的，这就意味着电磁波在传输线中是一个闭环的传播过程。为了保证稳定性，电磁波在闭环距离为$2x$的传输线中必须周期性地闭环传播。假设电磁波在传输线中的传输速度为$v$，为了保证周期性传播，电磁波的传播频率只能为$\frac{nv}{2x},n=0,1,2,\cdots$，如图 1-21 所示。每个频率对应一个电磁波的传播自由度，根据热力学中的能量均分定理可知，在没有任何限制的情况下，每个自由度存在的平均能量为$kT$（$kT$为单边带平均能量，如果考虑双边带，则平均能量为$kT/2$），其中$k$为玻尔兹曼常数，$T$为开尔文温度。由上述分析可知，传输线中可以存在无数个自由度，也就是说传输线中存储的能量为无穷大。但是，在实际情况中，如果频率超过了某一个阈值，则对应自由度的能量会逐渐下降，并使传输线中的总能量逐渐收敛。

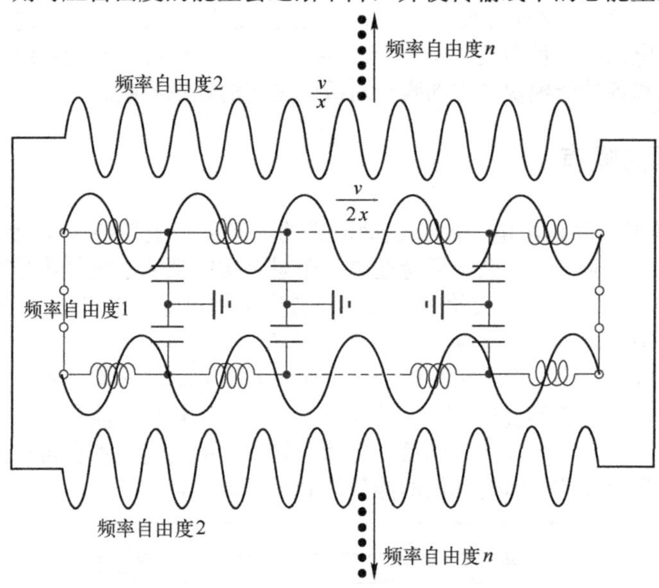


图 1-21 热平衡后传输线中的频率自由度

在$f$至$f+\mathrm{d}f$的频率范围内（$f$处于我们感兴趣的射频区域，每个频率自由度的平均能量均相等，且单边带能量为$kT$），存在的自由度个数为

$$m=2x\mathrm{d}f/v \tag{1-98}$$

在此频率范围内的总平均能量为

$$J=2xkT\mathrm{d}f/v \tag{1-99}$$

两端的电阻将能量传输至传输线中需要耗时$t=x/v$，则两端的电阻热噪声在$\mathrm{d}f$

频率范围内对阻抗 $Z_0 = R$ 的负载做功的功率为

$$P = J/t = 2kT\mathrm{d}f \tag{1-100}$$

则单个电阻在 $\mathrm{d}f$ 频率范围内对阻抗 $Z_0 = R$ 的负载做功的功率为 $kT\mathrm{d}f$，其中单位频率范围（1Hz）内的能量值 $kT$ 称为电阻热噪声对外做功的平均功率谱密度，该值在射频集成电路设计，尤其是灵敏度设计等方面具有非常重要的作用。

如果两个电阻的阻值不相等的话，是否可以得到同样的结果？答案是肯定的。假设图 1-20 左端的电阻阻值为 $R_1$，右端的电阻阻值为 $R_2$，传输线的特征阻抗为 $Z_0$，则由传输线的固有性质（传输线不会改变电磁波传播过程中的反射系数）可知，两端的电阻在向传输线做功时具有相同的反射系数（与两端的电阻值无关）。在热平衡后，将开关 $S_1$ 和 $S_2$ 闭合，此时传输线中存储的能量保持不变，自由度情况仍与上述相同，但是每个自由度的能量由于驻波（电磁波的反射引起的）的存在会减小，导致传输线中的总能量减小。减小的量与电阻对外做功的反射量相同，因此每个电阻的对外做功功率仍为 $kT\mathrm{d}f$，与阻值无关，只是传输至负载上的有效功率由于反射的原因减小了。

因此可以建立电阻热噪声模型，如图 1-22 所示（单位频率范围内），分别为电阻热噪声的戴维南等效模型和诺顿等效模型（以均方电压和均方电流的形式表示），是分析电阻对系统噪声贡献的常用模型。可以看出，当图 1-22 所示的电阻热噪声模型接入一个阻抗为 $R$ 的负载时，电阻热噪声传输至负载的功率为 $kT$，由于不存在反射，可以肯定的是，该输出功率是任意阻值的电阻能够对外做功的最大值；当负载阻抗不为 $R$ 时，由于反射的存在（阻抗不匹配导致的，在不考虑传输距离的情况下，也可以通过基尔霍夫电压定律进行计算），电阻热噪声对负载的传输功率小于 $kT$。

图 1-23 是一个通信系统收发示意图。发射机经发射天线发射的射频信号功率为 $P_{\text{out}}$，经过空中无线传输后，路径损耗为 $L$，则到达接收机天线口的信号功率 $P_{\text{in}} = P_{\text{out}} - L$。假设接收天线的增益为 $G_{\text{A}}$，则在天线的内阻上产生的有用信号功率为 $P_{\text{in}} + G_{\text{A}}$，由于接收机的输入阻抗是与天线内阻匹配的，因此天线内阻 $R$ 上产生的信号功率会无反射地传输至接收机中。在阻抗匹配的情况下，天线内阻 $R$ 产生的热噪声输入至接收机的噪声功率为 $kT\Delta f$，因此接收机在接收端具有的信噪比为

$$\begin{aligned}\text{SNR} &= P_{\text{out}} - L + G_{\text{A}} - 10\lg(kT\Delta f)\\ &= P_{\text{out}} - L + G_{\text{A}} + 174 - 10\lg(\Delta f)\ \text{dB}\end{aligned} \tag{1-101}$$

式中，$\Delta f$ 为有效信号基带带宽。

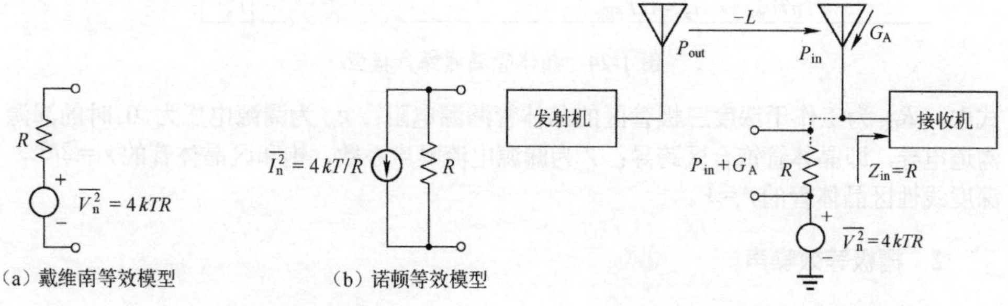


图 1-22 电阻热噪声模型　　图 1-23 通信系统收发示意图

## 1.3.2 晶体管噪声

晶体管中产生的热噪声原理与电阻相同，主要是由于晶体管在本质上可以等同于电压控制的电阻。尤其是当晶体管工作在三极管区域时，其产生的热噪声与电阻的热噪声表达式相同（阻值与晶体管的漏源电阻相等）。当晶体管工作于深度三极管区时，其漏源电流为（以 NMOS 晶体管为例）

$$I_{DS}=\mu_n C_{ox}\frac{W}{L}\left[(V_{GS}-V_{TH})V_{DS}-\frac{1}{2}V_{DS}^2\right] \tag{1-102}$$

其漏源电阻近似为

$$R_{DS}\approx\frac{1}{g_{d0}}=\frac{1}{\mu_n C_{ox}\frac{W}{L}\left(V_{GS}-V_{TH}\right)} \tag{1-103}$$

式中，$g_{d0}$ 为漏源电压为 0 时的漏源沟道电导。由电阻热噪声的诺顿等效模型可知，工作于深度线性区的 NMOS 晶体管的漏源噪声电流 $\overline{I_n^2}=4kTg_{d0}$。

在射频集成电路设计时，主电路结构（如低噪声放大器、混频器、各种放大器、滤波器、频率综合器和各种偏置电路）中的晶体管主要工作于饱和区，因此主要讨论晶体管工作在饱和区域时的各种热噪声。

### 1. 漏源电流噪声

如图 1-24 所示，晶体管的漏源沟道并没有完全导通（沟道靠近漏极处处于断开状态），其漏源电阻较大（与沟长调制因子和电流的乘积成反比）。如果按照电阻热噪声的产生机理，晶体管的漏源等效电流将会非常小，然而实验表明，工作于饱和区的晶体管漏源电流噪声与工作于深度三极管区的晶体管漏源电阻成反比。因此，工作于饱和区的晶体管可以采用工作于深度三极管区的晶体管漏源电阻的热噪声模型进行等效，其等效噪声电流为[3]

$$\overline{I_{nd}^2}=4kT\gamma/R_{DS}=4kT\gamma g_m \tag{1-104}$$

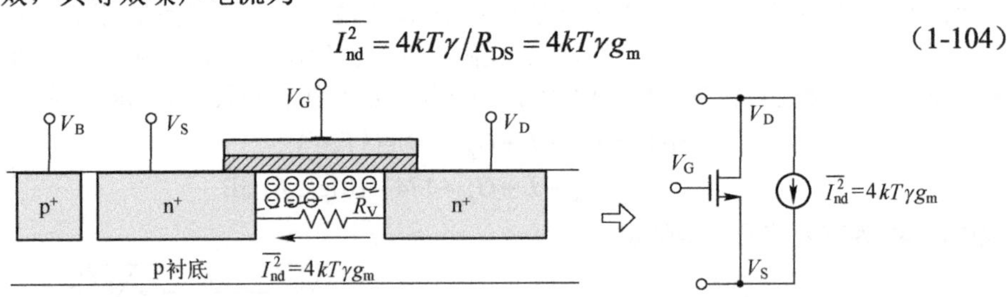


图 1-24 晶体管漏源噪声模型

式中，$R_{DS}$ 为工作于深度三极管区的晶体管漏源电阻；$g_m$ 为漏源电压为 0 时的漏源沟道电导，即晶体管饱合区跨导；$\gamma$ 为漏源电流噪声系数，饱和区晶体管的 $\gamma=2/3$，深度线性区晶体管的 $\gamma=1$。

### 2. 栅极等效噪声

除漏源噪声电流外，晶体管由于栅极的多晶电阻也会引入一个等效栅极噪声电压，同时，漏源沟道中高频电子的耦合效应（通过栅极和沟道之间的寄生电容耦合至晶体管栅极）也会在晶体管栅极产生一个等效栅极噪声电流，如图 1-25 所示。栅极噪声电压可以采用电阻热噪声的戴维南等效模型来近似，实验表明，等效噪声电压为

$$\overline{V_n^2} = 4kTR_G \tag{1-105}$$

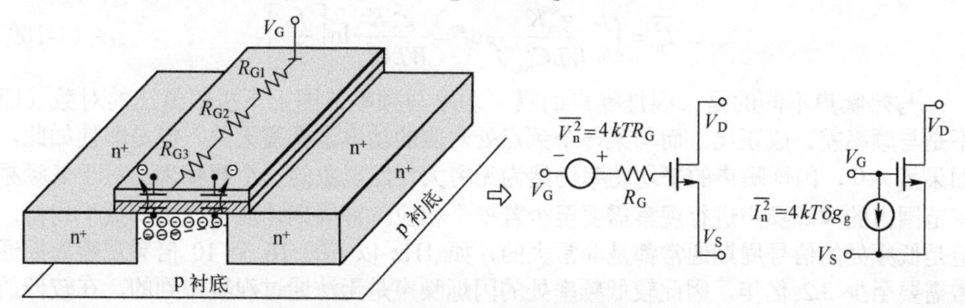


图 1-25　MOS 晶体管栅极噪声模型

对于宽度为$W$，长度为$L$的晶体管，$R_G = WR_{\square}/3L$，其中$R_{\square}$为方块电阻。栅极噪声电流为[4]

$$\overline{I_n^2} = 4kT\delta g_g \tag{1-106}$$

式中，$\delta$为栅极电流噪声系数，在长沟道情况下$\delta \approx 4/3$。$g_g$参数的表达式为

$$g_g = \frac{\omega^2 C_{GS}^2}{5g_{d0}} \tag{1-107}$$

通常情况下，晶体管的栅极等效噪声电压远低于漏源噪声电流在栅极产生的等效噪声电压，可以忽略不计。由于晶体管的栅极等效噪声电流与输入信号的频率成正比，大多数情况下均需要考虑，尤其是在高频情况下该噪声成分还会占据主导地位。

**3. 闪烁噪声**

晶体管还面临着一个非常棘手的低频噪声成分——闪烁噪声（Flicker Noise，也称$1/f$噪声）。闪烁噪声对零中频架构接收机有着严重的影响。闪烁噪声的形成机理与热噪声完全不同，通常认为是由于材料内部的不完整性（存在缺陷）对电子的随机捕获而产生的，尤其是在不同材料间的接触层，闪烁噪声更加明显。MOS 晶体管闪烁噪声模型如图 1-26 所示，闪烁噪声通常出现在较低的频率上，并随着频率变化出现涨落现象。

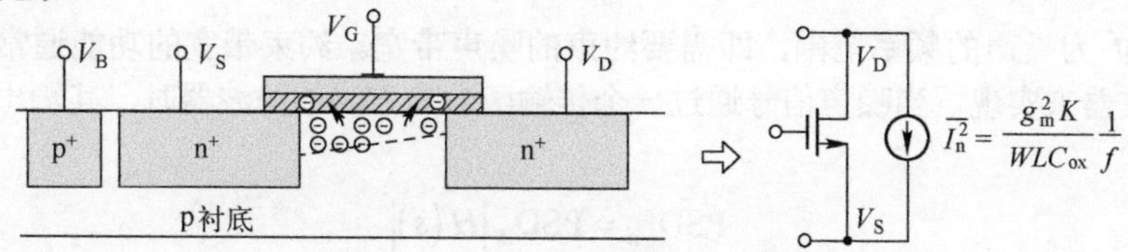


图 1-26　MOS 晶体管闪烁噪声模型

晶体管闪烁噪声产生的漏源等效噪声电流为

$$\overline{I_n^2} = \frac{g_m^2 K}{WLC_{ox}^2}\frac{1}{f} \tag{1-108}$$

式中，$K$ 为一个与工艺有关的常量。式（1-108）存在一个疑惑的地方：在 DC 点的等效噪声电压为无穷大，这显然是与实际情况不相符的。式（1-108）实际表示的是单位频率范围内的均方电流，实际的射频系统中均具有一定的带宽范围，因此射频系统中的等效噪声电流为

$$\overline{I_{\mathrm{n}}^2}=\int_{f_{\mathrm{L}}}^{f_{\mathrm{H}}}\frac{g_{\mathrm{m}}^2K}{WLC_{\mathrm{ox}}^2}\frac{1}{f}\mathrm{d}f=\frac{g_{\mathrm{m}}^2K}{WLC_{\mathrm{ox}}^2}\ln\left[\frac{f_{\mathrm{H}}}{f_{\mathrm{L}}}\right] \tag{1-109}$$

与热噪声不同的是，闪烁噪声的噪声功率与频率范围上下极限值比的对数（而不是与频率差）成正比，而与某一个频点处对应的功率谱密度无关。但是即使如此，如果 $f_{\mathrm{L}}=0$，闪烁噪声的平均功率仍然为无穷大。此现象的一个解释为：对于低频频率范围内的闪烁噪声进行观察需要至少若干个相应时钟周期才能估计出有效平均值，但是低频处的信号周期通常都是非常大的，如 1Hz 以下的 16 个 10 倍频观察周期通常需要至少 3.2 亿年，因此较低频率处的闪烁噪声是无法通过观察得到的，在较低的频率范围内（靠近 DC 点），闪烁噪声通常呈现平坦特性。

PMOS 晶体管的闪烁噪声性能通常要好于 NMOS 晶体管。NMOS 晶体管的 $K$ 值约为 PMOS 晶体管的 50 倍。造成此现象的原因是 NMOS 的沟道中多是电子在运动，距离沟道上方的氧化物层距离非常近，极易被捕获，引入闪烁噪声；而 PMOS 晶体管沟道中是空穴在运动，电子距离氧化物层距离较远，不易被捕获，因此引入的闪烁噪声也较小。

另外，由式（1-108）可知，较大的晶体管尺寸会引入更小的闪烁噪声，这主要是因为较大的晶体管尺寸会使栅极与导电沟道之间的寄生电容变大，而此寄生电容会抑制沟道中的电荷量波动，减小闪烁噪声的影响。

通常还会引入闪烁噪声拐角频率来衡量晶体管的闪烁噪声性能。在拐角频率处，闪烁噪声的功率谱密度与晶体管热噪声的功率谱密度相等。晶体管的典型拐角频率范围为几十千赫兹至几兆赫兹。

### 1.3.3 噪声通过滤波器系统

在信号处理过程中，ADC 有限的动态范围和解调信噪比需求要求接收机必须提供有限的带宽以限制噪声功率。我们知道当一个系统的输入阻抗与源阻抗匹配时（实数域相等，复数域共轭），传输至系统中的噪声功率谱密度为 $kT$（仅考虑电阻热噪声），噪声的功率为

$$P_{\mathrm{n}}=kT\Delta f \tag{1-110}$$

式中，$\Delta f$ 为噪声的频率范围，即需要约束的噪声带宽。约束带宽的功能通常采用专门的滤波器来实现。当噪声信号通过一个传输函数为 $H(s)$ 的滤波器时，其输出功率谱密度为

$$\mathrm{PSD_{out}}=\mathrm{PSD_{in}}\left|H(s)\right|^2 \tag{1-111}$$

可很容易解释式（1-111）：当一个信号通过一个系统时，在时域相当于输入的信号与系统传输函数的卷积，在频率为两者频谱的乘积，功率谱密度（$\mathrm{PSD_{in}}$）可以表示为频谱幅度的平方，具体示意图如图 1-27 所示（噪声通过一个低通滤波系统）。

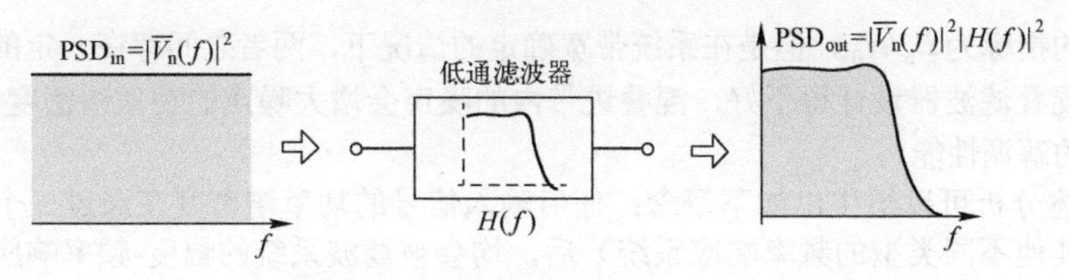


图 1-27　噪声通过低通滤波器系统

由图 1-27 可知，噪声的有效频率范围被低通滤波器明显地限制住了，低通滤波器的带宽越窄，噪声的有效频率范围也就越窄，在不损失信号功率的前提下，信噪比就会得到提升。以简单的一阶 RC 滤波器进行说明，如图 1-28 所示，在不存在滤波网络的情况下，电阻热噪声的功率谱密度为（用电压平方的形式表示）

$$\overline{V_{\mathrm{n}}^2}=4kTR \tag{1-112}$$

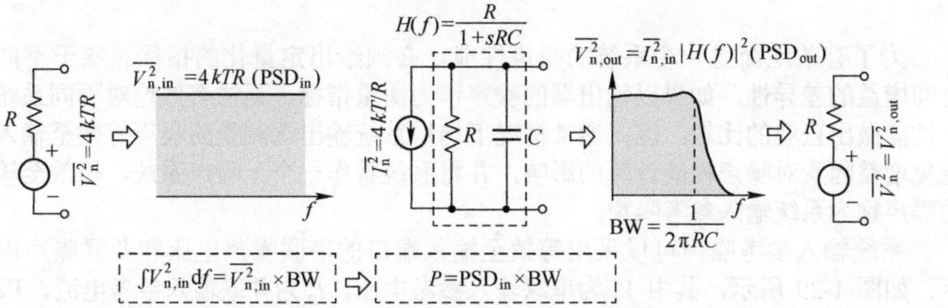

图 1-28　一阶 RC 滤波器噪声功率受限

该功率谱密度在全频率范围内恒定。单位频率范围内对外传输的最大功率为$kT$，加入滤波网络后，功率谱密度为

$$\overline{V_{\mathrm{n,out}}^2}=\frac{4kT}{R}\left|\frac{R}{1+\mathrm{j}\omega RC}\right|^2 \tag{1-113}$$

在全频率范围内的功率为

$$P=\int_0^{\infty}\overline{V_{\mathrm{n,out}}^2}\,\mathrm{d}f=\int_0^{\infty}\frac{4kT}{R}\left|\frac{R}{1+\mathrm{j}2\pi fRC}\right|^2\mathrm{d}f=\frac{kT}{C} \tag{1-114}$$

此功率值为一有限值，可以近似用电阻热噪声的功率谱密度与滤波器的带宽相乘得到。

$$P=\frac{kT}{C}\approx\overline{V_{\mathrm{n,in}}^2}\times\mathrm{BW}=4kTR\times\frac{1}{2\pi RC}=\frac{2kT}{\pi C} \tag{1-115}$$

通过一个滤波系统后，噪声功率与滤波器的带宽成正比，因此合理设计的滤波器可以提升系统的信噪比性能。

滤波器在射频系统中的作用主要是抗混叠和压低噪声功率，以避免噪声叠加降低信噪比和 ADC 长时间饱和。在一个完整的射频通信系统中，存在信号模式转换（模拟域转变为数字域或数字域转变为模拟域）、抽取和内插（均在数字域进行处理）等过程（三个过程中的采样时钟均需要满足采样定理要求，否则会产生混叠现象），每一个过程的操作均需要加入一个滤波器以避免带外噪声或数字域的周期性频谱干扰有效信号。所有滤波器的作用均是最大限度地保证系统的信噪比需求（实际解调过程中需要的指标为$E_b/N_0$，但是在系统带宽确定的情况下，两者之间存在一定的转换关系，抗混叠滤波器设计得不好，混叠进带内的噪声会增大噪声的功率谱密度$N_0$，影响系统的解调性能）。

上述分析可以衍生出如下概念：任何输入信号的功率谱密度在通过一个滤波系统（或其他不同类型的频率响应系统）后，均会被滤波系统的幅度-频率响应曲线塑形。因此射频系统中的滤波器设计必须满足如下条件：①通带带宽必须大于有效信号的带宽，但也不能超过太多，否则噪声功率过高会导致后端 ADC 饱和；②滤波器的阻带设计必须能够避免 ADC 采样过程带来的频谱混叠效应，低通滤波器的阻带带宽必须小于采样频率的一半（通常需要更小以便于数字基带滤波器的设计）。只要满足这两个条件，滤波器的设计便是成功的。

### 1.3.4 输入参考噪声

为了有效地衡量一个系统的噪声性能，必须给出定量化的指标。鉴于不同系统之间增益的差异性，如果以输出端的噪声作为衡量指标，无法有效地对不同系统的噪声性能做出直观的比较，因此通常情况下均将系统输出端测量的噪声等效至输入端，避免增益因素对噪声性能计算的影响，并将系统看作一个无噪声系统，等效至输入端的噪声称为系统输入参考噪声。

系统输入参考噪声可以采用等效至输入端口的串联噪声电压和并联噪声电流表示，如图 1-29 所示，其中$V_n$为串联输入参考电压，$I_n$为并联输入参考电流，$V_S$为输入信号源，$R_S$为信号源内阻，$V_{Sn}$为信号源内阻产生的等效串联噪声电压，$Z_{in}$为系统的输入阻抗。仅考虑有噪声系统的输入参考噪声源，忽略信号源内阻产生的串联噪声电压，可知下式成立：

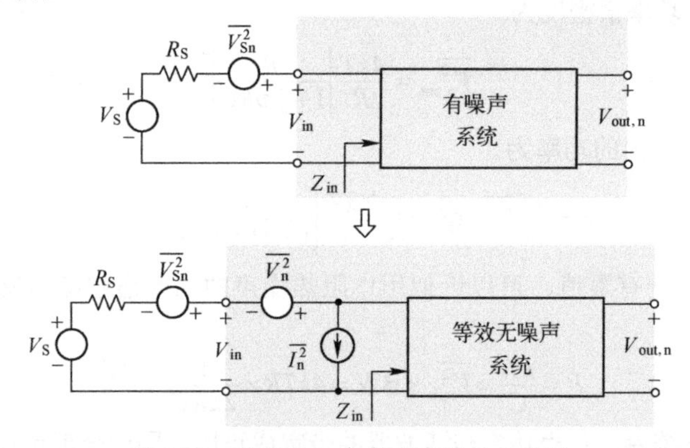


图 1-29 系统输入参考噪声等效示意图

$$G_n\left[V_n\frac{Z_{in}}{Z_{in}+R_S}+I_n\frac{Z_{in}R_S}{Z_{in}+R_S}\right]=V_{out,n} \tag{1-116}$$

式中，$G_n$为有噪声系统的电压增益；$V_{out,n}$为有噪声系统等效至输出端的等效输出噪声电压。

取两个边界条件，当$R_S=0$时，式（1-116）可以转换为

$$G_nV_n=V_{out,n} \tag{1-117}$$

此时，并联输入噪声电流源被短路，对比图 1-29 中的上下两图可知，串联输入参考噪声电压通过等效无噪声系统后产生的输出噪声与输入端短路时有噪声系统产生的输出噪声相同。

当 $R_S=\infty$ 时，式（1-116）可以转换为

$$G_n Z_{in} I_n = V_{out,n} \tag{1-118}$$

此时，串联输入噪声电压源被断路，并联输入参考噪声电流通过等效无噪声系统后产生的输出噪声与输入端开路时有噪声系统产生的输出噪声相同。

在 CMOS 射频集成电路的设计中，有噪声元器件通常包含晶体管和电阻。电阻的等效噪声模型如图 1-22 所示，在电路噪声性能的定量化计算过程中很容易建立等效模型。晶体管的等效情况却较为复杂，不同的放大结构等效至图 1-29 所示的串联噪声电压和并联噪声电流相差较大。本节主要基于晶体管的等效漏源噪声电流在共源放大器结构、源简并共源放大器结构和共栅放大器结构中的等效模型进行定量说明。

**1. 共源放大器中晶体管等效输入参考噪声模型**

共源放大器中共源晶体管等效漏源噪声电流如图 1-30 所示。共源晶体管小信号等效模型如图 1-31 所示。晶体管栅极短接时，如图 1-31（a）所示，$V_{GS}=0$，晶体管的漏极电流等于晶体管的漏源噪声电流，即 $I_D=I_{nd}$，保持漏极电流不变，则漏源噪声电流等效至输入端后的串联输入参考噪声电压为

$$V_n = I_D/g_m = I_{nd}/g_m \tag{1-119}$$

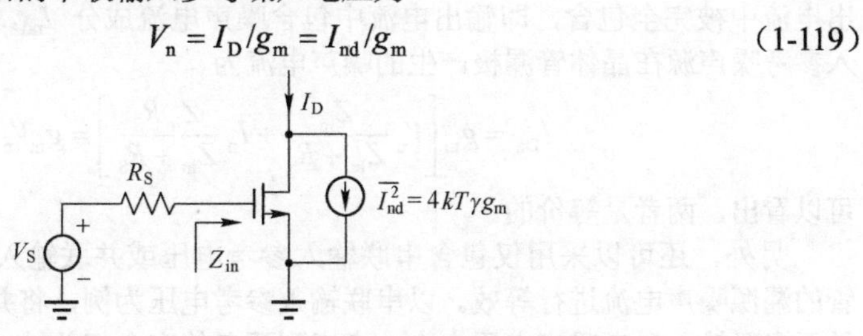


图 1-30　共源放大器中共源晶体管等效漏源噪声电流

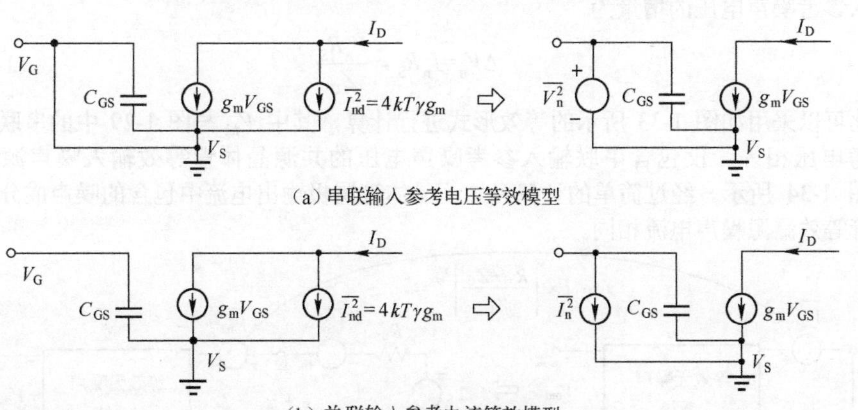


图 1-31　共源晶体管小信号等效模型

晶体管栅极开路时，如图 1-31（b）所示，寄生电容 $C_{GS}$ 中无电流流过，

$V_{GS}=0$，晶体管的漏极电流同样等于晶体管的漏源噪声电流，即$I_D=I_{nd}$，保持漏极电流不变，漏源噪声电流等效至输入端后的并联输入参考噪声电流为

$$I_n=I_D sC_{GS}/g_m=I_{nd}sC_{GS}/g_m \tag{1-120}$$

共源放大器等效输入参考噪声模型如图 1-32 所示。其中，从栅极看进去的共源放大器输入阻抗$Z_{in}$为

$$Z_{in}=1/(sC_{GS}) \tag{1-121}$$

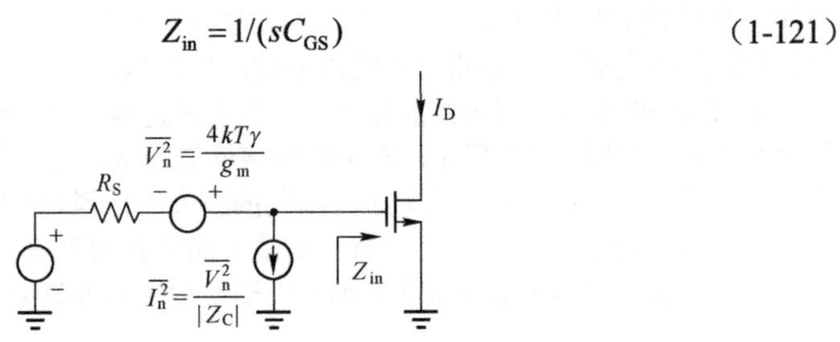


图 1-32 共源放大器等效输入参考噪声模型

串联输入参考噪声电压与并联输入参考噪声电流之间的相关阻抗$Z_C$为（注意，输入阻抗与相关阻抗不一定相等）

$$Z_C=V_n/I_n=1/(sC_{GS}) \tag{1-122}$$

观察图 1-30 和图 1-32 两种等效噪声源电路，前者晶体管漏源噪声源在晶体管漏极输出电流中被完全包含，即输出电流中包含噪声电流成分 $I_{nd}$，后者等效至输入端的输入参考噪声源在晶体管漏极产生的噪声电流为

$$I_{Dn}=g_m\left[V_n\frac{Z_{in}}{Z_{in}+R_S}+I_n\frac{Z_{in}R_S}{Z_{in}+R_S}\right]=g_mV_n=I_{nd} \tag{1-123}$$

可以看出，两者是等价的。

另外，还可以采用仅包含串联输入参考电压或并联输入参考电流的形式对晶体管的漏源噪声电流进行等效。以串联输入参考电压为例，将并联输入参考噪声电流等效至串联输入参考噪声电压中去，考虑到两者的完全相关性，可以直接相加，则串联输入参考噪声电压的增量为

$$\Delta V_n=I_nR_S=\frac{V_nR_S}{Z_C} \tag{1-124}$$

因此可以采用如图 1-33 所示的等效形式进行计算，其中 $V_{n1}$与图 1-29 中的串联输入参考电压相等。仅包含串联输入参考噪声电压的共源晶体管等效输入噪声源模型如图 1-34 所示。经过简单的计算可知，晶体管漏极输出电流中包含的噪声成分与晶体管等效漏源噪声电流相同。

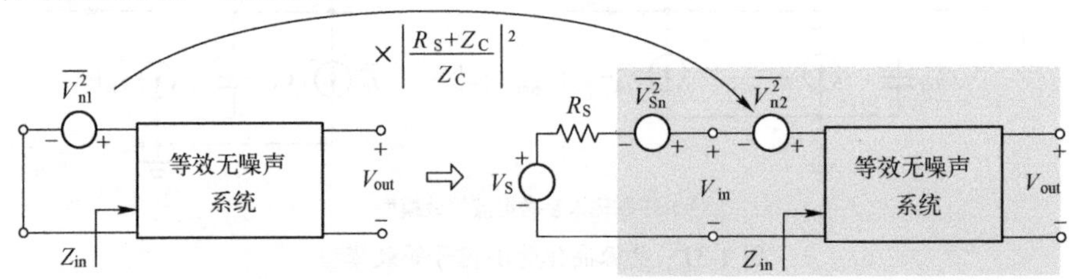


图 1-33 输入参考噪声之间的转换

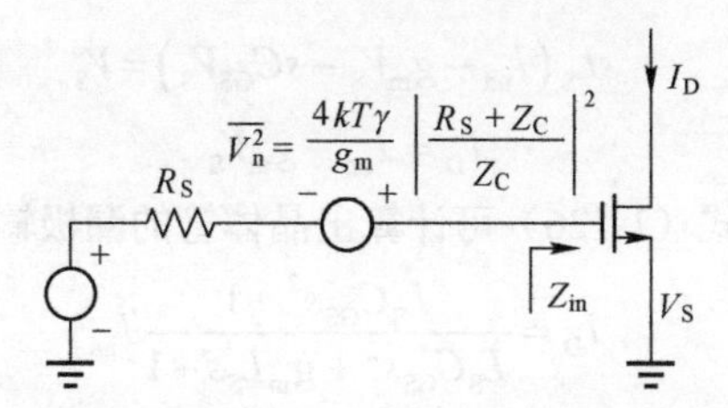


图 1-34　仅包含串联输入参考噪声电压的共源晶体管等效输入噪声源模型

## 2. 源简并共源放大器中晶体管等效输入参考噪声模型

源简并共源放大器中源简并共源晶体管等效输入参考噪声模型如图 1-35 所示。本节主要针对电感源简并模式（窄带低噪声放大器设计的典型结构见第 6 章）讲解。按照图 1-29 的输入参考噪声等效方式和过程，得出源简并共源晶体管的串联输入参考噪声电压和并联输入参考噪声电流小信号等效模型分别如图 1-36（a）和图 1-36（b）所示。

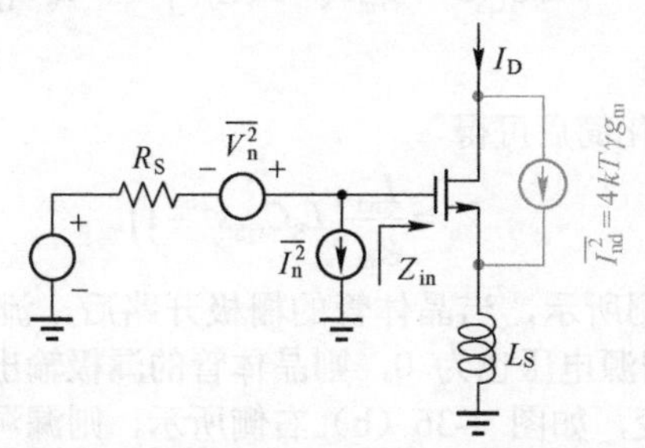


图 1-35　源简并共源放大器中源简并共源晶体管等效输入参考噪声模型

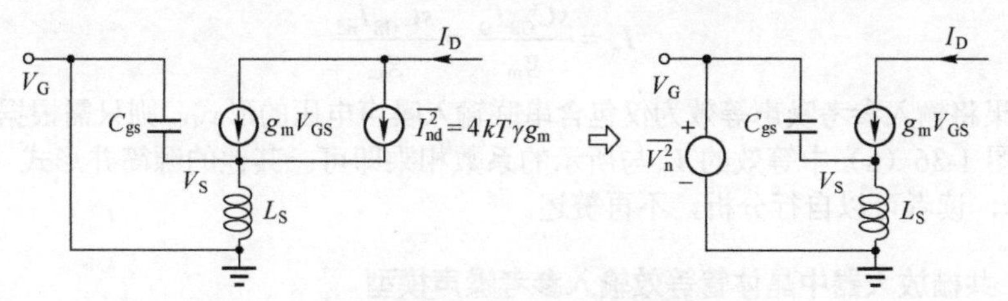


（a）串联输入参考电压等效模型

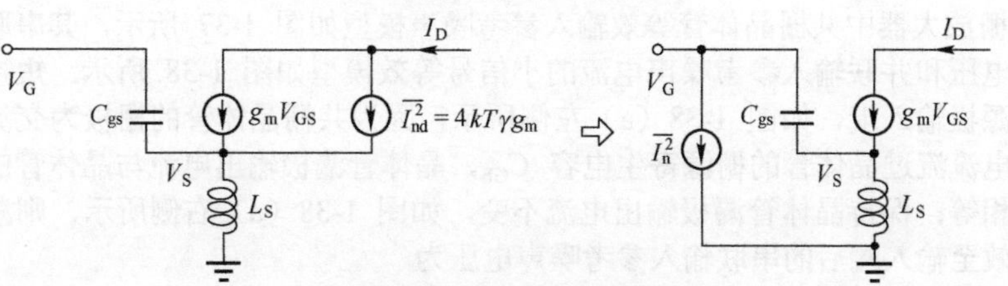


（b）并联输入参考电流等效模型

图 1-36　源简并共源晶体管噪声小信号等效模型

如图 1-36（a）左侧所示，当短接晶体管的栅极后，根据其小信号等效电路可知下式成立：

$$sL_S\left(I_{nd}-g_mV_S-sC_{GS}V_S\right)=V_S \tag{1-125}$$

$$I_D=I_{nd}-g_mV_S \tag{1-126}$$

联立式（1-125）和式（1-126）可计算出晶体管的漏极输出噪声电流为

$$I_D=\frac{L_SC_{GS}s^2+1}{L_SC_{GS}s^2+g_mL_Ss+1}I_{nd} \tag{1-127}$$

保持晶体管漏极输出电流不变，如图 1-36（a）右侧所示，漏源噪声电流等效至输入端后的串联输入参考噪声电压为

$$V_n=(I_D+sC_{gs}V_{GS})sL_S+V_{GS} \tag{1-128}$$

式中，$V_{GS}=I_D/g_m$ 为源简并共源晶体管的栅源电压。将式（1-127）代入式（1-128）可得

$$\left[\frac{L_SC_{GS}s^2+1}{L_SC_{GS}s^2+g_mL_Ss+1}I_{nd}+sC_{GS}\frac{L_SC_{GS}s^2+1}{L_SC_{GS}s^2+g_mL_Ss+1}\frac{I_{nd}}{g_m}\right]sL_S+\frac{L_SC_{GS}s^2+1}{L_SC_{GS}s^2+g_mL_Ss+1}\frac{I_{nd}}{g_m}=V_n \tag{1-129}$$

展开式（1-129）并化简后可得

$$V_n=\frac{I_{nd}}{g_m}\left(L_SC_{GS}s^2+1\right) \tag{1-130}$$

如图 1-36（b）左侧所示，当晶体管的栅极开路后，流过晶体管栅源寄生电容 $C_{GS}$ 的电流为 0，因此栅源电压也为 0，则晶体管的漏极输出噪声电流与漏源噪声电流相等。保持该电流不变，如图 1-36（b）右侧所示，则漏源噪声电流等效至输入端后的并联输入参考噪声电流与流过寄生电容 $C_{GS}$ 的电流相等，即

$$I_n=\frac{sC_{GS}I_D}{g_m}=\frac{sC_{GS}I_{nd}}{g_m} \tag{1-131}$$

如果将输入参考噪声等效为仅包含串联输入噪声电压的形式，则只需根据图 1-33 所示将图 1-36（a）中等效的 $V_n$ 与所示的系数相乘即可。其他的源简并形式（如电阻源简并），读者可以自行分析，不再赘述。

### 3．共栅放大器中晶体管等效输入参考噪声模型

共栅放大器中共栅晶体管等效输入参考噪声模型如图 1-37 所示，其串联输入参考噪声电压和并联输入参考噪声电流的小信号等效模型如图 1-38 所示。短接共栅晶体管的源极输入端，如图 1-38（a）左侧所示，因为共栅晶体管的栅极为交流地，所以没有电流流过晶体管的栅源寄生电容 $C_{GS}$，晶体管漏极输出电流与晶体管的漏源噪声电流相等；保持晶体管漏极输出电流不变，如图 1-38（a）右侧所示，则漏源噪声电流等效至输入端后的串联输入参考噪声电压为

$$V_n=-\frac{I_D}{g_m}=-\frac{I_{nd}}{g_m} \tag{1-132}$$

当共栅晶体管的源极开路后，如图 1-38（b）左侧所示，其小信号电路图与图 1-36（a）左侧相同，因此共栅晶体管的漏极输出电流为

$$I_{\mathrm{D}}=\frac{L_{\mathrm{S}}C_{\mathrm{GS}}s^{2}+1}{L_{\mathrm{S}}C_{\mathrm{GS}}s^{2}+g_{\mathrm{m}}L_{\mathrm{S}}s+1}I_{\mathrm{nd}} \tag{1-133}$$

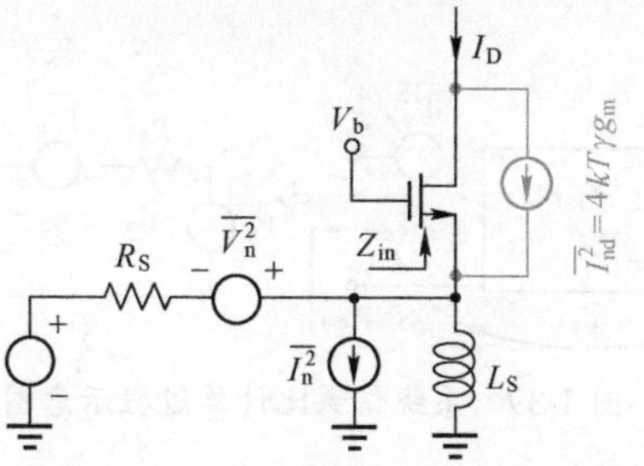

图 1-37 共栅放大器中共栅晶体管等效输入参考噪声模型

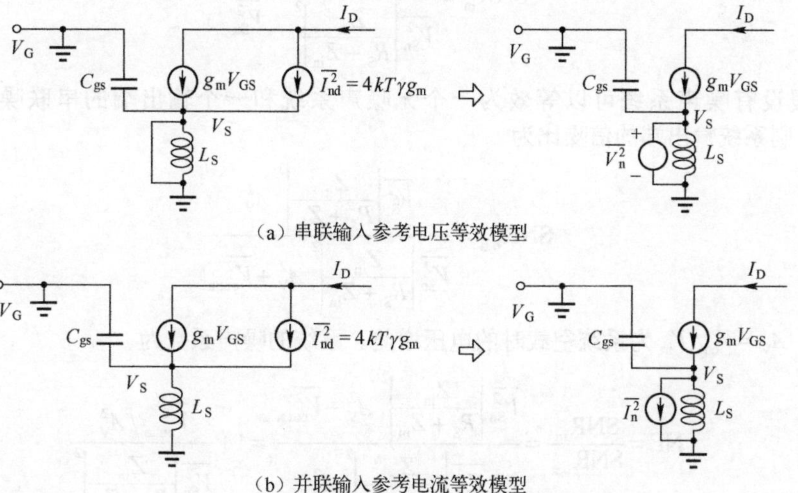


（a）串联输入参考电压等效模型

（b）并联输入参考电流等效模型

图 1-38 共栅晶体管噪声的小信号等效模型

保持晶体管漏极输出电流不变，如图 1-38（b）右侧所示，可以计算出晶体管源极电压 $V_{\mathrm{S}}$ 为

$$V_{\mathrm{S}}=-\frac{I_{\mathrm{D}}}{g_{\mathrm{m}}}=-\frac{I_{\mathrm{nd}}}{g_{\mathrm{m}}} \tag{1-134}$$

则漏源噪声电流等效至输入端后的并联输入参考噪声电流为

$$I_{\mathrm{n}}=I_{\mathrm{D}}-\frac{V_{\mathrm{S}}}{sL_{\mathrm{S}}}-sC_{\mathrm{GS}}V_{\mathrm{S}}=\frac{L_{\mathrm{S}}C_{\mathrm{GS}}s^{2}+1}{g_{\mathrm{m}}L_{\mathrm{S}}s}I_{\mathrm{nd}} \tag{1-135}$$

## 1.3.5 噪声系数

噪声系数（Noise Factor，NF）是衡量一个系统噪声性能的关键指标，可以将系统对输入信号信噪比的恶化程度进行量化，定义为系统输入信噪比与输出信噪比的比值。如图 1-39 所示，假设上一级系统对外的输出阻抗为 $R_{\mathrm{S}}$，空载时的输出有效信号

电压为$V_S$，仅考虑上一级系统中的电阻热噪声，则当级联一个输入阻抗为$Z_{in}$且含有噪声的系统后，在系统输入端$V_{in}$处的输入信噪比为（噪声用单位频率范围内的功率表示）

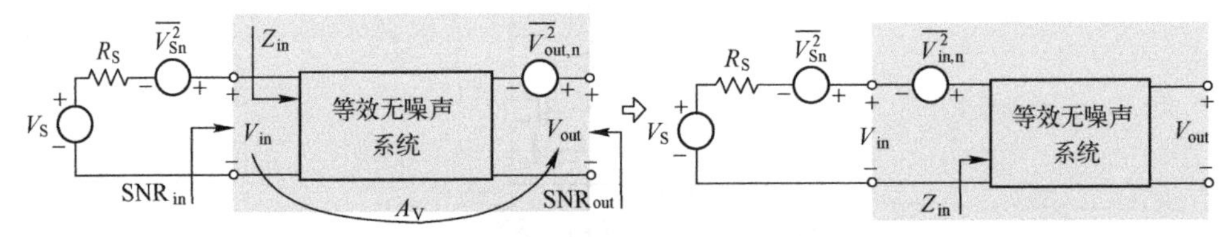


图 1-39 系统信噪比计算过程示意图

$$\mathrm{SNR_{in}}=\frac{\overline{V_S^2}\left|\dfrac{Z_{in}}{R_S+Z_{in}}\right|^2}{\overline{V_{Sn}^2}\left|\dfrac{Z_{in}}{R_S+Z_{in}}\right|^2}=\frac{\overline{V_S^2}}{\overline{V_{Sn}^2}} \tag{1-136}$$

假设有噪声系统可以等效为一个无噪声系统和一个输出端的串联噪声电压$V_{out,n}$，则系统输出端的信噪比为

$$\mathrm{SNR_{out}}=\frac{\overline{V_S^2}\left|\dfrac{Z_{in}}{R_S+Z_{in}}\right|^2 A_V^2}{\overline{V_{Sn}^2}\left|\dfrac{Z_{in}}{R_S+Z_{in}}\right|^2 A_V^2+\overline{V_{out,n}^2}} \tag{1-137}$$

式中，$A_V=V_{out}/V_{in}$为系统空载时的电压增益。系统的噪声系数为

$$\mathrm{NF}=\frac{\mathrm{SNR_{in}}}{\mathrm{SNR_{out}}}=\frac{\overline{V_{Sn}^2}\left|\dfrac{Z_{in}}{R_S+Z_{in}}\right|^2 A_V^2+\overline{V_{out,n}^2}}{\overline{V_{Sn}^2}\left|\dfrac{Z_{in}}{R_S+Z_{in}}\right|^2 A_V^2}=1+\frac{\overline{V_{out,n}^2}/A_V^2}{\overline{V_{Sn}^2}\left|\dfrac{Z_{in}}{R_S+Z_{in}}\right|^2} \tag{1-138}$$

由图 1-33 可知，有噪声系统的等效输出噪声电压还可以转换至输入端的串联等效噪声电压，可得系统以输入端等效串联噪声电压为参考时的噪声系数为

$$\mathrm{NF}=\frac{\mathrm{SNR_{in}}}{\mathrm{SNR_{out}}}=1+\frac{\overline{V_{in,n}^2}}{\overline{V_{Sn}^2}} \tag{1-139}$$

其中

$$V_{in,n}=\frac{(Z_C+R_S)V_n}{Z_C} \tag{1-140}$$

$$V_{out,n}=\frac{Z_{in}V_nA_V}{Z_{in}+R_S}+\frac{Z_{in}R_SI_nA_V}{Z_{in}+R_S} \tag{1-141}$$

式中，$V_n$和$I_n$分别为有噪声系统等效至输入端的串联噪声电压和并联噪声电流；$Z_C$为相关阻抗。

由式（1-138）、式（1-139）所示的两种噪声系数计算方法可知，一个有噪声系统的噪声系数除与自身的设计参数有关外，还与源端阻抗或上一级的输出阻抗有关。假设在源端阻抗为$R_{SA}$的情况下系统的噪声系数为$\mathrm{NF_A}$，在源端阻抗为$R_{SB}$的情况下

系统的噪声系数为 $NF_B$，将有噪声系统的噪声按照图 1-29 所示的形式等效为串联输入噪声电压和并联输入噪声电流，则有

$$NF_A = 1 + \frac{\left|V_n + I_n R_{SA}\right|^2}{V_{SAn}^2} \tag{1-142}$$

$$NF_B = 1 + \frac{\left|V_n + I_n R_{SB}\right|^2}{V_{SBn}^2} \tag{1-143}$$

式中，$V_{SAn}$ 和 $V_{SBn}$ 分别为不同源阻抗对应的输入噪声源。因为有噪系统等效至输入端的噪声电压和噪声电流仅与其本身的设计参数有关，所以联立式（1-142）和式（1-143）可得

$$(NF_A - 1)V_{SAn}^2 \left|\frac{Z_C}{Z_C + R_{SA}}\right| = (NF_B - 1)V_{SBn}^2 \left|\frac{Z_C}{Z_C + R_{SB}}\right| \tag{1-144}$$

在射频集成电路中，通常情况下 $|Z_C| >> R_{SA}$ 和 $|Z_C| >> R_{SB}$ 成立，则式（1-144）可简化为

$$(NF_A - 1)V_{SAn}^2 \approx (NF_B - 1)V_{SBn}^2 \tag{1-145}$$

### 1.3.6　级联系统的噪声系数

与交调性能类似，系统的噪声性能同样具有级联特性，对系统噪声性能的级联特性进行分析是正确进行系统噪声指标分配的必要过程。图 1-40 为一个二级噪声级联系统。为了简化分析，均采用唯一的串联输入参考噪声电压形式等效有噪声系统中的噪声，其中 $\overline{V_{in1,n}^2}$ 为第一级系统的等效输入串联噪声电压，$\overline{V_{in2,n}^2}$ 为第二级系统的等效输入串联噪声电压，$A_{V1}$ 和 $A_{V2}$ 分别为第一级系统和第二级系统的空载电压增益，$Z_{in1}$ 和 $Z_{in2}$ 分别为第一级系统和第二级系统的输入端阻抗，$Z_{out1}$ 为第一级系统的输出端阻抗。该系统在二级级联系统输出端的噪声功率为

$$\overline{V_{out2,n}^2} = a_1^2 A_{V1}^2 a_2^2 A_{V2}^2 (\overline{V_{Sn}^2} + \overline{V_{in1,n}^2}) + a_2^2 A_{V2}^2 \overline{V_{in2,n}^2} \tag{1-146}$$

其中

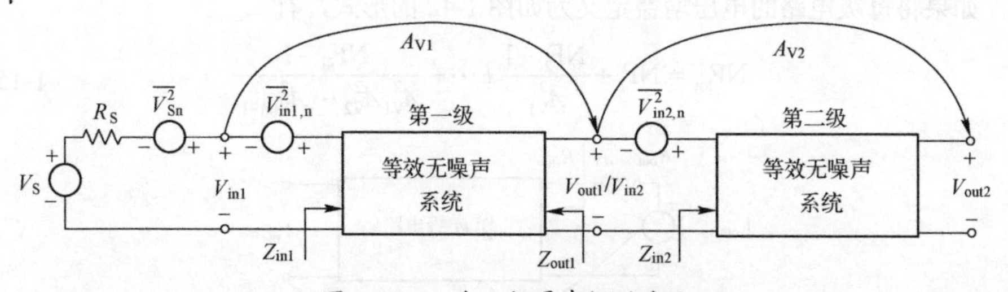


图 1-40　一个二级噪声级联系统

$$a_1 = \frac{Z_{in1}}{R_S + Z_{in1}},\ a_2 = \frac{Z_{in2}}{Z_{out1} + Z_{in2}} \tag{1-147}$$

二级级联系统（从 $V_S$ 至第二级输出）的总增益为

$$A_{V,tot} = a_1 A_{V1} a_2 A_{V2} \tag{1-148}$$

二级级联系统的噪声系数为

$$\mathrm{NF_{tot}}=\frac{\overline{V_{\mathrm{out2,n}}^2}}{A_{\mathrm{V,tot}}^2\overline{V_{\mathrm{Sn}}^2}}=1+\frac{\overline{V_{\mathrm{in1,n}}^2}}{\overline{V_{\mathrm{Sn}}^2}}+\frac{\overline{V_{\mathrm{in2,n}}^2}}{a_1^2A_{\mathrm{V1}}^2\overline{V_{\mathrm{Sn}}^2}} \tag{1-149}$$

第二级系统的噪声系数计算示意如图 1-41 所示。令噪声系数为 $\mathrm{NF}_2'$，则有

$$\overline{V_{\mathrm{in2,n}}^2}=4kT\mathrm{RE}(Z_{\mathrm{out1}})(\mathrm{NF}_2'-1) \tag{1-150}$$

式中，$\mathrm{RE}(Z_{\mathrm{out1}})$为输出阻抗的实数部分，即电阻部分。在射频集成电路的设计过程中，如果本级电路噪声系数的仿真均以上一级电路的输出阻抗为参考，无疑会增大设计工作量，因此可以定义每个系统噪声系数的仿真均以固定的源阻抗为参考，通常选择 $R_{\mathrm{S}}=50\Omega$的情况作为源阻抗参考（与第一级中的信号源阻抗相同），并假设其噪声系数为 $\mathrm{NF}_2$。联立式（1-145）和式（1-150）可得

$$\overline{V_{\mathrm{in2,n}}^2}=4kTRE(Z_{\mathrm{out1}})(\mathrm{NF}_2'-1)=4kTR_{\mathrm{S}}(\mathrm{NF}_2-1) \tag{1-151}$$

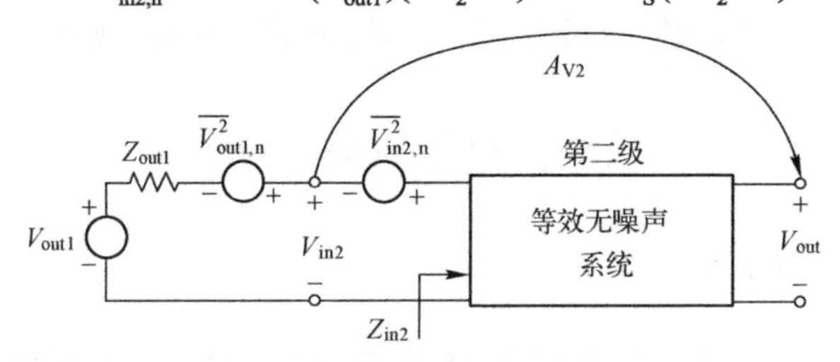


图 1-41 第二级系统噪声系数计算示意图

将式（1-151）代入式（1-149）可得

$$\mathrm{NF_{tot}}=1+\frac{\overline{V_{\mathrm{in1,n}}^2}}{\overline{V_{\mathrm{Sn}}^2}}+\frac{4kTR_{\mathrm{S}}(\mathrm{NF}_2-1)}{a_1^2A_{\mathrm{V1}}^2 4kTR_{\mathrm{S}}}=\mathrm{NF}_1+\frac{\mathrm{NF}_2-1}{a_1^2A_{\mathrm{V1}}^2} \tag{1-152}$$

对于 $m$ 级级联系统，有

$$\mathrm{NF_{tot}}=\mathrm{NF}_1+\frac{\mathrm{NF}_2-1}{a_1^2A_{\mathrm{V1}}^2}+\cdots+\frac{\mathrm{NF}_m-1}{a_1^2A_{\mathrm{V1}}^2a_2^2A_{\mathrm{V2}}^2\cdots a_{(m-1)}^2A_{\mathrm{V}(m-1)}^2} \tag{1-153}$$

如果将每级电路的电压增益定义为如图 1-42 的形式，有

$$\mathrm{NF_{tot}}=\mathrm{NF}_1+\frac{\mathrm{NF}_2-1}{A_{\mathrm{V1}}^2}+\cdots+\frac{\mathrm{NF}_m-1}{A_{\mathrm{V1}}^2A_{\mathrm{V2}}^2\cdots A_{\mathrm{V}(m-1)}^2} \tag{1-154}$$

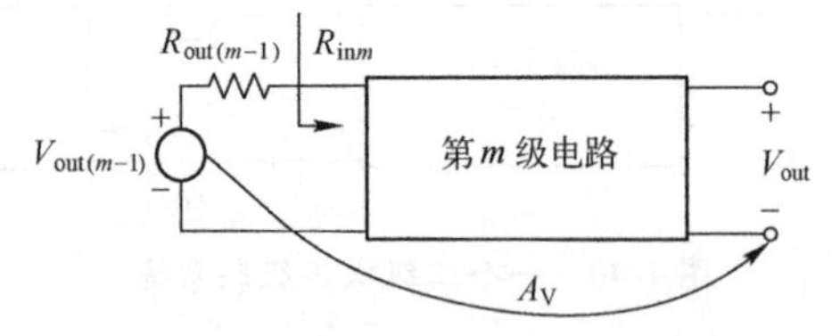


图 1-42 计算级联系统噪声系数时每级电路电压增益示意图

由级联系统的噪声系数表达式可知，越是前级的电路对系统的噪声性能影响就会越大，因此通常情况下，射频集成电路均是将低噪声放大器作为电路的第一级，在提供较小噪声系数的情况下，尽可能提供合理的较高的增益（低噪声放大器的增益也

不能设计得太高，否则由系统的非线性级联特性可知，系统的线性性能会恶化）以抑制后端电路产生的噪声。需要注意的是，由于射频接收集成电路中低噪声放大器的输入端通常需要进行阻抗匹配设计，因此图 1-42 电压增益 $A_V$ 是低噪声放大器实际增益的一半。

### 1.3.7　有损系统的噪声系数

有损系统也称为插损系统，是指有一定功率损失的系统。常见的有损系统多为滤波器系统，在射频集成电路的系统级规划中起到关键的作用，例如经常使用的声表面波（Surface Acoustic Wave，SAW）滤波器便是其中的典型。如图 1-43 所示，声表面波滤波器通常位于天线与低噪声放大器或者低噪声放大器与混频器之间，起到频带选择和镜像抑制的作用，由于声表面波滤波器无法在射频集成电路中进行集成，通常都是采用外置的方式，且其上一级的输出阻抗与下一级的输入阻抗必须满足声表面波滤波器所需的匹配条件才能保证其最佳工作性能。因此如果射频集成电路的射频前端采用如图 1-43 所示的设计形式，则低噪声放大器的输入和输出阻抗以及混频器的输入阻抗均需要进行阻抗匹配设计。阻抗匹配通常需要匹配至 50Ω，因此图 1-43 中各电路模块的输入和输出阻抗均采用纯电阻的形式表示，且满足

$$R_S = R_{in1} = R_{out1} = R_{in2} = R_{out2} = R_{in3} = R_{out3} = R_{in4} = 50\Omega \tag{1-155}$$

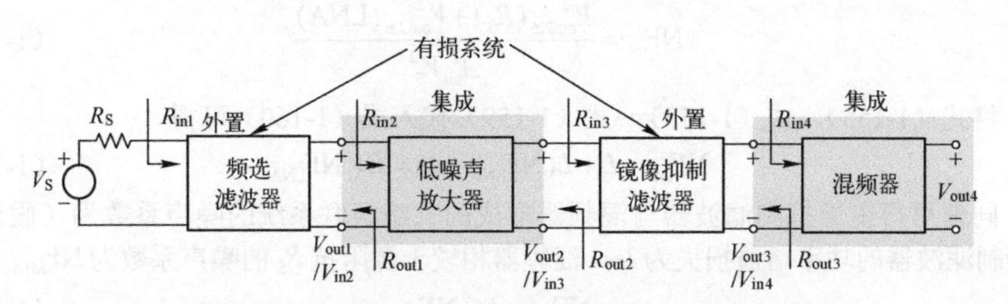


图 1-43　有损系统在射频集成电路中的位置及作用

考虑两级级联，如图 1-44 所示，对于有损系统，首先需要定义“有损”的含义。通常情况下，有损指当有损系统接入源极阻抗和负载阻抗（均匹配）时，输入 $V_{in}$ 至输出 $V_{out}$ 的功率增益损失，记为 $L$。

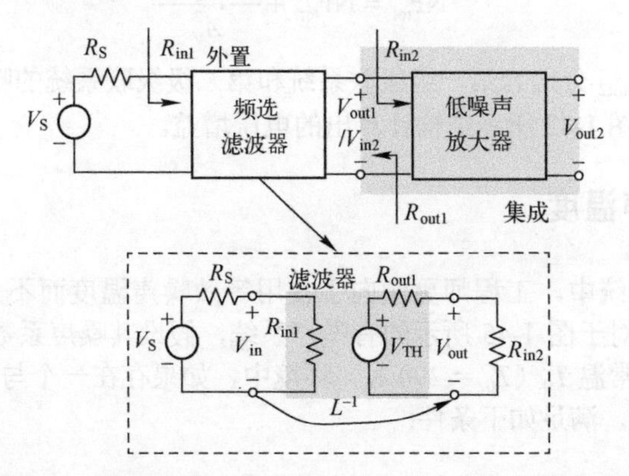


图 1-44　带有损滤波器的级联系统噪声系数计算示意图

$$L=\frac{\overline{V_{\mathrm{S}}^{2}}\left|\frac{R_{\mathrm{in1}}}{R_{\mathrm{S}}+R_{\mathrm{in1}}}\right|^{2}}{\overline{V_{\mathrm{TH}}^{2}}\left|\frac{R_{\mathrm{in2}}}{R_{\mathrm{out1}}+R_{\mathrm{in2}}}\right|^{2}}=\frac{\overline{V_{\mathrm{S}}^{2}}}{\overline{V_{\mathrm{TH}}^{2}}} \tag{1-156}$$

考虑到从滤波器的输出端向滤波器方向看去的输出阻抗与源阻抗相等，假设低噪声放大器的电压增益（从 $V_{\mathrm{in2}}$ 至 $V_{\mathrm{out2}}$）为 $A_{\mathrm{LNA}}$，噪声系数为 $\mathrm{NF_{LNA}}$，可知源阻抗 $R_{\mathrm{S}}$ 在低噪声放大器的输出端产生的输出噪声功率为

$$\overline{V_{\mathrm{out2,n}}^{2}}(R_{\mathrm{S}})=4kTR_{\mathrm{out1}}\left|\frac{R_{\mathrm{in2}}}{R_{\mathrm{in2}}+R_{\mathrm{out1}}}\right|^{2}A_{\mathrm{LNA}}^{2} \tag{1-157}$$

低噪声放大器在其输出端产生的噪声功率为

$$\overline{V_{\mathrm{out2,n}}^{2}}(\mathrm{LNA})=\overline{V_{\mathrm{S}}^{2}}(\mathrm{NF_{LNA}}-1)\left|\frac{R_{\mathrm{in2}}}{R_{\mathrm{in2}}+R_{\mathrm{out1}}}\right|^{2}A_{\mathrm{LNA}}^{2} \tag{1-158}$$

图 1-44 所示的两级级联系统（从 $V_{\mathrm{S}}$ 至 $V_{\mathrm{out2}}$）的电压增益为

$$A_{\mathrm{tot}}=\left|\frac{R_{\mathrm{in1}}}{R_{\mathrm{S}}+R_{\mathrm{in1}}}\right|L^{-1/2}A_{\mathrm{LNA}} \tag{1-159}$$

系统的级联噪声系数为

$$\mathrm{NF_{tot}}=\frac{\overline{V_{\mathrm{out2,n}}^{2}}(R_{\mathrm{S}})+\overline{V_{\mathrm{out2,n}}^{2}}(\mathrm{LNA})}{A_{\mathrm{tot}}^{2}\overline{V_{\mathrm{S}}^{2}}} \tag{1-160}$$

将式（1-155）、式（1-157）～式（1-159）代入式（1-160）可得

$$\mathrm{NF_{tot}}=L+L(\mathrm{NF_{LNA}}-1)=L\times\mathrm{NF_{LNA}} \tag{1-161}$$

同理可得镜像抑制滤波器与混频器形成的二级级联系统的噪声系数为（假设镜像抑制滤波器的功率增益损失为 $L$，混频器相较于源阻抗 $R_{\mathrm{S}}$ 的噪声系数为 $\mathrm{NF_{MIX}}$）

$$\mathrm{NF_{tot}}=L\times\mathrm{NF_{MIX}} \tag{1-162}$$

对于图 1-43 所示的带有损滤波器的四级级联系统，在计算其噪声系数时，可以将其分为两部分，第一部分为频选滤波器与低噪声放大器形成的二级级联系统，第二部分为镜像抑制滤波器与混频器形成的二级级联系统。该四级级联系统的噪声系数为

$$\mathrm{NF_{tot}}=\mathrm{NF_{tot1}}+\frac{\mathrm{NF_{tot2}}-1}{A_{\mathrm{V}}^{2}} \tag{1-163}$$

式中，$\mathrm{NF_{tot1}}$ 和 $\mathrm{NF_{tot2}}$ 分别为第一级级联系统和第二级级联系统的噪声系数；$A_{\mathrm{V}}$ 为第一级级联系统根据图 1-42 所示结构计算出的电压增益。

### 1.3.8 等效噪声温度

在卫星通信系统中，工程师更倾向于使用等效噪声温度而不是噪声系数来表征系统的噪声性能。对于图 1-45 所示的有噪声系统，假设其噪声系数为 NF，且源电阻及有噪声系统处于常温 $T_0$（$T_0$ = 290 K）环境中，如果存在一个与源电阻阻值相同且温度为 $T_{\mathrm{e}}$ 的热电阻，满足如下条件：

$$\mathrm{NF}=1+\frac{\overline{V_{\text{in,n}}^2}}{\overline{V_{\text{Sn}}^2}}=1+\frac{4kT_{\text{e}}R_{\text{S}}}{4kT_0R_{\text{S}}}=1+\frac{T_{\text{e}}}{T_0} \tag{1-164}$$

则称 $T_{\text{e}}$ 为有噪声系统的等效噪声温度。

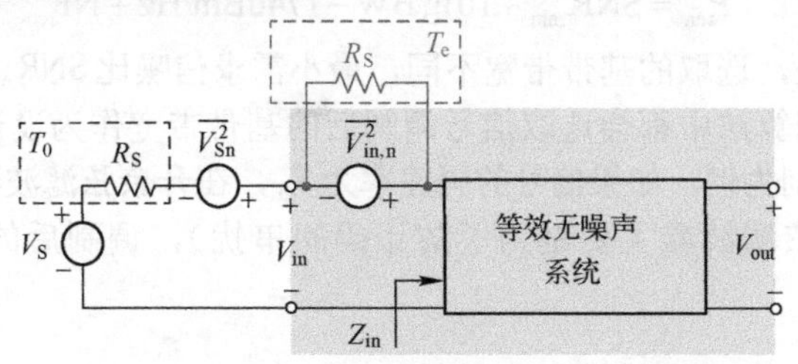


图 1-45　有噪系统等效噪声温度计算示意图

将式（1-164）代入式（1-154）可得 $m$ 级级联等效噪声温度为

$$T_{\text{e,tot}}=T_{\text{e1}}+\frac{T_{\text{e2}}}{A_{\text{V1}}^2}+\cdots+\frac{T_{\text{e}m}}{A_{\text{V1}}^2A_{\text{V2}}^2\cdots A_{\text{V}(m-1)}^2} \tag{1-165}$$

式中，$T_{\text{e,tot}}$ 为整个级联系统的等效噪声温度；$T_{\text{e}n}$, $n=1,2,3,\cdots,m$，为各级电路的等效噪声温度；$A_{\text{V}n}$, $n=1,2,3,\cdots,m$，为各级电路根据图 1-42 所示计算出的电压增益。

# 1.4 灵　敏　度

灵敏度是射频接收机中的一个关键指标，是指在一定的解调误码率要求下，接收机能够处理的最小有效信号功率。在发射功率相同的情况下，接收机灵敏度越高，收发距离就可以越远，也就是说在相同的距离条件下，发射功率可以降低。

灵敏度与射频接收机的噪声系数以及在射频通信中采用的调制方式有关（也与是否采用前向纠错编码等有关，本书中仅考虑不同的调制方式），假设接收机灵敏度为 $P_{\text{sen}}$，系统噪声系数为 $\text{NF}_{\text{rec}}$，采用的调制方式在满足需求的误码率条件下需要的最小 $E_{\text{b}}/N_0$（单个码能量与单位频率范围内噪声功率之比）为 $E_{\text{b}}/N_0|\min$。由图 1-23 可知，在阻抗匹配的情况下，天线的源电阻会产生 $kT$ 的噪声功率（单位频率范围）输出至射频接收机，且源电阻中感应出的有效信号功率 $P_{\text{sen}}$ 在阻抗匹配的情况下也会无损（不存在反射）传输至射频接收机中，因此输入至射频接收机的信噪比为（均以 dBm 形式表示，其中噪声为单位频率范围内的功率）$P_{\text{sen}}-10\lg kT$。根据噪声系数的定义可知，经过射频接收机后的输出信噪比为 $P_{\text{sen}}-\text{NF}_{\text{rec}}-10\lg kT$。假设发射信号的比特率为 $R_{\text{b}}$，则正常解调情况下需要的最小信噪比为 $E_{\text{b}}/N_0|\min+10\lg R_{\text{b}}$，因此下式成立：

$$P_{\text{sen}}=E_{\text{b}}/N_0|\min+10\lg R_{\text{b}}+10\lg kT+\text{NF}_{\text{rec}} \tag{1-166}$$

在常温条件下，式（1-166）可以变换为（噪声用单边带功率谱表示）

$$P_{\text{sen}}=E_{\text{b}}/N_0|\min+10\lg R_{\text{b}}-174\ \text{dBm/Hz}+\text{NF}_{\text{rec}} \tag{1-167}$$

式（1-167）也可以通过最小需求信噪比 $\text{SNR}_{\min}$ 的方式重新表达，由于

$$\mathrm{SNR}_{\min} = E_b/N_0\big|\min \times \frac{R_b}{\mathrm{BW}} = E_b/N_0\big|\min + 10\lg R_b - 10\lg \mathrm{BW} \tag{1-168}$$

式中，BW为信号的基带带宽，代入式（1-167）中可得

$$P_{\mathrm{sen}} = \mathrm{SNR}_{\min} + 10\lg \mathrm{BW} - 174\mathrm{dBm/Hz} + \mathrm{NF}_{\mathrm{rec}} \tag{1-169}$$

需要注意的是，选取的基带带宽不同，最小需求信噪比$\mathrm{SNR}_{\min}$也会不同，通常情况下，基带解调算法中都会选取信号调制后的基带带宽作为设计的低通滤波器带宽。以QPSK调制为例，如果信号的码速率为$R_b$，在升余弦滤波器的滚降因子为$\alpha$的情况下（升余弦滤波器主要是为了防止码间串扰），调制后的信号基带带宽为$(1+\alpha)R_b/2$。

# 1.5 链路预算

在设计射频集成电路时，级联指标的分配显得尤为重要，这是决定一个系统能否满足设计需求的必经阶段。级联指标主要包括各级增益、动态范围的确定，以及分配、线性度、噪声。接收机增益$G_{\max}$的计算主要是通过两方面来确定，一个是接收机灵敏度$P_{\mathrm{sen}}$，另一个是ADC的最大输入信号幅度$V_{\mathrm{pp}}$。动态范围的计算主要是基于以下几个因素：PVT对接收机增益的影响$\Delta G_1$，采用的接收天线的增益变动范围$\Delta G_2$，是否允许外接其他的模块$\Delta G_3$（可以提供增益或者具有一定的插损），允许的通信距离引入的信号功率衰减范围$\Delta G_4$，等等。根据计算出的增益和动态范围合理分配各级模块的增益及动态范围即可。

噪声主要是通过噪声系数来量化，线性度指标主要通过各模块产生的非线性干扰来衡量。在进行线性度系统级指标规划时一般主要考虑一阶（1dB增益压缩点IP1dB；单音强干扰信号的阻塞效应，即减敏现象）、二阶（二阶输入交调点IIP2）和三阶（三阶输入交调点IIP3）三种情况。更高阶的影响通常比上述三种情况小很多，可以忽略。IP1dB主要是针对输入信号的上限进行了限制，减敏性能主要是对单音强干扰信号的幅度进行了限制。IIP2和IIP3一般是在多音干扰信号或者诸如OFDM等多载波调制方式存在的情况下衡量接收机线性性能的主要指标。一阶性能的计算主要是针对大信号而言，强干扰信号可以位于带内也可以位于带外，而二阶和三阶性能主要是针对带外的强干扰而言。在进行指标确定时可采用如下方法：首先确定一阶线性性能，确保接收机不会因为输入信号过强或者单音强干扰的存在而出现非线性，这时的接收机可近似线性处理；然后再确定二阶和三阶线性性能，此时需要知道接收机灵敏度$P_{\mathrm{sen}}$和ADC要求的最小信噪比$\mathrm{SNR}_{\min}$或$E_b/N_0\big|\min$；最后通过线性度级联方程确定每个模块相应的二阶和三阶交调性能。

需要综合考虑噪声系数、二阶和三阶交调性能的计算，以及链路预算，否则设计出的接收机往往会出现灵敏度上升的问题。究其原因，无论是热噪声，还是由于系统非线性引入的非线性失真，相对于信号而言在本质上均为噪声，因此两者的计算不能分割开来。通常采用基于无失真动态范围（Spurious-Free Dynamic Range，SFDR）的设计方法[5]，主要考虑将由于系统的非线性所产生的二阶或三阶交调干扰信号与系统中固有的热噪声等同起来进行综合设计。噪声和线性度指标的计算和级联指标的分

配需要考虑四种不同的情况。

（1）不存在干扰信号或干扰信号较小

此种情况基本可以忽略二阶和三阶交调项对系统噪声性能的影响，只需根据系统需要的灵敏度 $P_{sen}$ 和 ADC 要求的最小信噪比 $SNR_{min}$ 或 $E_b/N_0|min$ 根据如下两式分别计算系统的噪声系数和级联分配情况即可。

$$NF = P_{sen} - E_b/N_0|\min - 10\lg R_b - 10\lg kT \tag{1-170}$$

式中，$R_b$ 为有效信号的比特率。

$$NF_{tot} = NF_1 + \frac{NF_2 - 1}{a_1^2 A_{V1}^2} + \cdots + \frac{NF_m - 1}{a_1^2 A_{V1}^2 a_2^2 A_{V2}^2 \cdots a_{(m-1)}^2 A_{V(m-1)}^2} \tag{1-171}$$

对系统的二阶和三阶交调性能不做过多要求，但是一阶线性性能的设计必须能够在信号允许的动态范围内保持系统的良好的线性性能，通常情况下需要 $IP1dB \geqslant P_{max}$，其中 $P_{max}$ 为信号的最大输入功率。

（2）接收机只存在三阶交调干扰

在确定系统噪声系数和线性度指标时需要明确的是，接收机由三阶交调引起的非线性失真与接收机本身的热噪声对系统性能的影响相同。因此在确定系统噪声系数 NF 时所采用的灵敏度必须比系统要求值 $P_{sen}$ 小 3dB，即

$$NF = P_{sen} - 3 - E_b/N_0|\min - 10\lg R_b - 10\lg kT \tag{1-172}$$

由式（1-169）可知，在有效信号的带宽范围内，系统的热噪声功率为

$$P_n = P_{sen} - 3 - SNR_{min} + G = 10\lg kT + 10\lg BW + NF + G \tag{1-173}$$

式中，$G$ 为系统增益（单位为 dB）。由于系统的非线性而产生的三阶交调项需要与式（1-173）中的热噪声项相等，由式（1-25）可知，系统的三阶输入交调点为

$$IIP3 = \frac{1}{2}(G + 3P_{int} - P_n) \tag{1-174}$$

式中，$P_{int}$ 为输入干扰信号功率。

（3）接收机只存在二阶交调干扰

此种情况下，噪声系数和热噪声功率的计算同式（1-173）和式（1-173）相同。由式（1-24）可知，系统的二阶输入交调点为

$$IIP2 = G + 2P_{int} - P_n \tag{1-175}$$

式中，$G$ 为系统增益（dB）；$P_{int}$ 为输入干扰信号功率。

（4）接收机同时存在三阶交调干扰和二阶交调干扰

三阶交调和二阶交调同时存在时，两个交调项的噪声功率分别为式（1-173）的一半，代入式（1-174）和式（1-175）可分别计算出系统需要的三阶输入交调点和二阶输入交调点。

通过上述计算可以将噪声系数和线性性能通过 SFDR 的概念建立起内部联系。按照该指标进行的链路预算，实测值与设计值并没有太多出入，能够反映系统的真实性能。当然，对于三阶交调和二阶交调并存的情况，并不一定迫使两者产生的交调项相等，只是相等的结果便于计算，如果计算出的结果较难实现，可以对其进行调节，但总的失真值需要与热噪声量相符。

## 参考文献

[1] NYQUIST H. Thermal agitation of electric charge in conductors [J]. Phys. Rev., 1928, 32(1): 110-113.

[2] JOHNSON J B. Thermal agitation of electricity in conductors [J]. Phys. Rev., 1928, 32(1): 97-109.

[3] ZIEL A V. Thermal noise in field effect transistors [J]. Proc. IEEE, 1962: 1801-1812.

[4] ZIEL A V. Noise in solid state devices and circuits [M]. New York: Wiley Press, 1986.

[5] LEE T H. CMOS 射频集成电路设计 [M]. 2 版. 余志平, 周润德, 译. 北京: 电子工业出版社, 2009.

# 第2章

# 射频集成电路阻抗匹配及稳定性

对于很多射频与微波的从业人员来讲，阻抗匹配是一个“最熟悉”也是“最陌生”的名词。“最”意味着频次和程度——经常接触、信手拈来，却又非常迷惑，云里雾里。很多射频集成电路设计者往往把注意力集中在电路设计理论方法学上，即尽可能地高效“摆弄”晶体管和无源元件的各种组合，根据基尔霍夫电压定律（Kirchhoff Voltage Law，KVL）和基尔霍夫电流定律（Kirchhoff Current Law，KCL）建立各式方程作为理论支撑，以同时达到功耗、面积和性能的最佳折中。在进行射频集成电路设计时，阻抗匹配不是必要的，任何一个模块的输出通常都是通过金属导线连接下一级模块的晶体管栅极进行理论上电压的无损传输（如果下级模块的输入阻抗较小，则可以进行电流的无损传输）。但遗憾的是，电压/电流的无损传输却无法在天线的输出端和射频集成电路的接收端，或者射频集成电路的发射端和天线的输入端加以应用。通常需要利用电感和电容这些无源元件或者微带线形成的阻抗匹配网络搭建一个功率无损传输的桥梁[严格来说，功率放大器（Power Amplifier，PA）的匹配网络一般是为了保证发射效率和发射功率最高，但不影响从功率传输的角度来理解]。阻抗匹配在射频集成电路中的典型应用如图 2-1 所示。

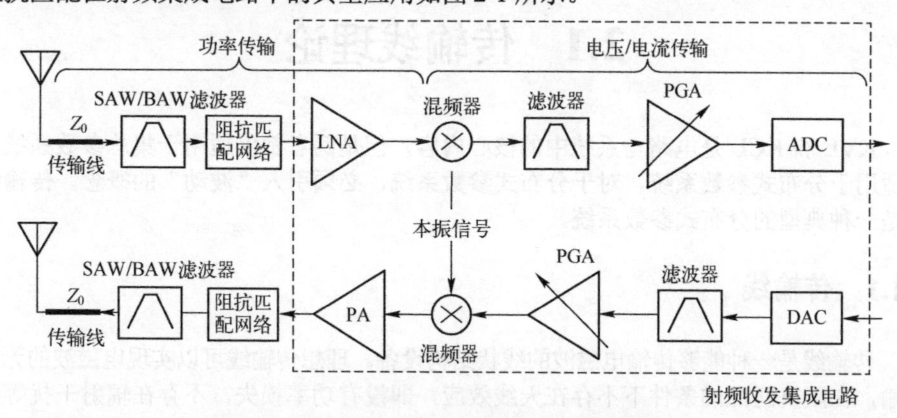


图 2-1　阻抗匹配在射频集成电路中的典型应用

本章内容主要围绕图 2-1 展开：对于射频接收机，天线接收的射频信号通过一定长度的传输线（同轴线、微带线、带状线等）和射频滤波器（SAW/BAW 滤波器）馈入由无源元件形成的匹配网络中，与低噪声放大器的输入阻抗进行匹配，保证功率的最大传输。同理，发射机功率放大器输出端通过阻抗匹配网络、射频滤波器、传输线与天线输入端口进行阻抗匹配，以保证最大发射功率及发射效率。而射频集成电路内部电路模块，诸如混频器、滤波器、可变增益放大器（Programmable Gain Amplifier，PGA）、ADC、数模转换器（Digital to Analog Converter，DAC）等，则按照KVL和KCL进行电压/电流的无损传输。

图2-1所示典型的射频集成电路连接方式主要基于以下几方面的考虑：

① 射频收发集成电路与天线输出/输入端的连接距离通常较远，采用普通的金属导线会导致天线效应的产生（金属导线没有经过特殊的设计，其分布式特征阻抗通常与系统设计的匹配阻抗不符。在长度可观的情况下，导线上可能出现较强的驻波电流，从而引起对外辐射）。传输线的分布式特征阻抗是与系统需求阻抗严格匹配的，因此信号在传输线上的传输不会引入驻波，也就不会产生明显的天线效应。

② 传输线是具有固定特征阻抗的信号导线。接入不同的输入阻抗，可在输出端呈现不同的输出阻抗。输出阻抗与传输线长度有关，可以用来进行阻抗匹配设计。

③ 天线和SAW/BAW滤波器大多是独立元件，在通信频带内存在固定的输入阻抗（通常设计为50Ω）。为了保证其工作性能（如通信频带内恒定的增益及较小的增益波动），输出端也需要接入在通信频带内具有恒定阻抗（一般也是50Ω）的电路模块。因此射频集成电路的输入端必须在有效的通信频带内提供一个恒定的输入阻抗。

④ 功率放大器在最大输出功率及效率的情况下要求的负载阻抗通常与天线端或SAW/BAW滤波器的输入阻抗不一，因此同样需要通过匹配网络进行阻抗之间的变换，保证高质量的发射。

⑤ 芯片内部的物理尺寸较小，模块与模块之间的通信距离相较于通信波长可以忽略不计，不会存在天线效应（通信距离为通信波长的1/4才会存在明显的天线效应），无须使用传输线，只需根据KVL和KCL定律进行级间的电压或电流传输即可。但是当通信频段延伸至微波频段甚至是太赫兹频段时，模块间的匹配网络通常也是不可或缺的。甚至由于强寄生效应的存在，即使是电路内部的节点也需要设计阻抗匹配网络。

# 2.1 传输线理论

KVL和KCL是电路与系统中的核心内容，但是两者都仅适用于集总参数系统，不适用于分布式参数系统。对于分布式参数系统，必须引入“波动”的概念。传输线便是一种典型的分布式参数系统。

## 2.1.1 传输线

传输线是一种能够传输电磁波的线状结构设备。理想传输线可以实现电磁波的无损传输，在阻抗匹配的条件下不存在天线效应，即没有功率损失，不存在辐射干扰等现象。在射频电路中，常用的传输线包括同轴线、微带线和带状线三种，如图2-2所示。

## 2.1.2 集总参数系统与分布参数系统

集总参数系统和分布式参数系统的核心区别在于是否在空间上存在波动。波动主要是指电压、电流和阻抗（导纳）随距离的分布情况。首先从麦克斯韦方程组定性理解“距离”二字的含义。麦克斯韦方程组的微分形式为

$$\nabla\cdot\mu_0\boldsymbol{H}=0 \tag{2-1}$$

$$\nabla\cdot\varepsilon_0\boldsymbol{E}=\rho \tag{2-2}$$

$$\nabla\times\boldsymbol{H}=\boldsymbol{J}+\varepsilon_0\frac{\partial\boldsymbol{E}}{\partial t} \tag{2-3}$$

$$\nabla\times\boldsymbol{E}=-\mu_0\frac{\partial\boldsymbol{H}}{\partial t} \tag{2-4}$$

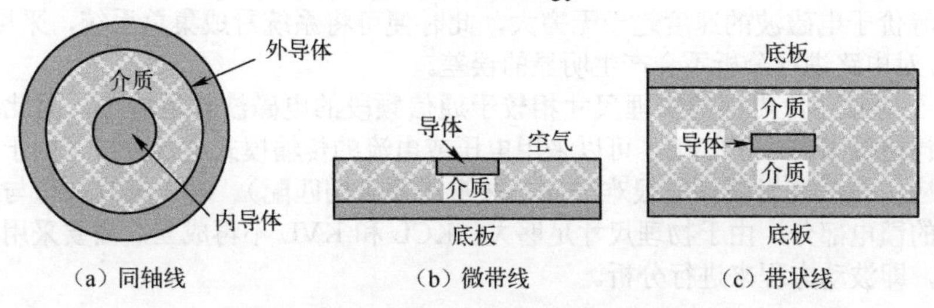


图 2-2　射频电路中常用传输线截面图

式中，$\nabla\cdot$ 为散度；$\nabla\times$ 为旋度；$\boldsymbol{H}$ 为磁感应强度；$\boldsymbol{E}$ 为电场强度；$\rho$ 为电荷密度；$\boldsymbol{J}$ 为电流密度；$\varepsilon_0$ 为介质介电常数；$\mu_0$ 为介质磁导率。从字面意思来理解，“散”表示发散、辐射，“旋”表示旋转，可以理解为在闭合曲线的某点的电场或磁感应强度。

式（2-1）说明不存在纯粹的磁荷，也就是没有磁单极子。这个方程只是一种经验的假设，至少在目前还没有发现磁荷的情况下是正确的。

式（2-2）意味着存在纯粹的电荷，也就是存在电单极子，如正电荷和负电荷，电荷是电场散度的来源。

式（2-3）是麦克斯韦在安培定律的基础上进行的开创性工作，增加了等号右边的第二项，即位移电流项，预言了电磁波的存在。直观观察可以发现：变化的电场会产生旋转的磁场，即改变磁场的旋度。

式（2-4）是法拉第定律，也是发电机的原理，即变化的磁场可以引起电场的旋度。

波动行为的产生可以这样来理解：变化的电场产生磁场，变化的磁场产生电场，而这种互感应是伴随着距离而拓展的，周而复始，产生波动。波动的产生会改变一些经验型理解。例如，经常使用的 KVL、KCL 甚至欧姆定律都会被限制在一定的使用范围内，而这个限制的因素便是“距离”，也是“集总”和“分布”的本质区别。

现在进行一下简单的分析来帮助理解。对式（2-3）两边分别取散度可得

$$\nabla\cdot\boldsymbol{J}=\nabla\cdot(\nabla\times\boldsymbol{H})-\nabla\cdot\varepsilon_0\frac{\partial\boldsymbol{E}}{\partial t}=-\nabla\cdot\varepsilon_0\frac{\partial\boldsymbol{E}}{\partial t} \tag{2-5}$$

可以看出，当满足 $\partial\boldsymbol{E}/\partial t=0$ 时，即处于静电场模式时，$\nabla\cdot\boldsymbol{J}=0$，KCL 成立。

同理，由式（2-4）可知，当满足 $\partial\boldsymbol{H}/\partial t=0$ 时，即处于静磁场模式时，$\nabla\times\boldsymbol{E}=0$，KVL 成立。

或者可以这样假设，即使电场和磁场均处于波动模式，如果满足 $\varepsilon_0=\mu_0=0$，

KCL 和 KVL 同样也会成立，但是此时电磁波的速度趋于无穷大，波动的波长趋于0，即不存在波动现象。我们往往忽略这样一个事实：麦克斯韦方程中的微分形式均为偏微分，意味着电场强度和磁感应强度除了和时间有关，还和其他变量有关，其中至少要包含“距离”因素，这也是电磁波能够向远处传播所带来的必然结果。既然波动可以影响 KCL 和 KVL 的成立，如果波动的距离足够短，在波动距离范围内，可以将电场和磁场等效为静场，此时 KCL 和 KVL 近似成立。距离足够短是相对于电磁波的波长而言的，也可以这样理解，如果波动距离与电磁波的波长相比非常小（通常要求要小于电磁波波长的 1/10），那么电磁波通过这段距离所需的时间就可以忽略不计，等价于电磁波的速度趋于无穷大，此时便可将系统看成集总系统，采用 KVL 和 KCL 对电路进行分析不会产生明显的误差。

由于射频芯片内部的物理尺寸相较于通信频段的电磁波长足够小，因此芯片内部的设计遵循 KCL 和 KVL，可以采用电压或电流的传输模式进行分析（由于较强的寄生效应，微波毫米波频段很难成立，通常需要级间匹配）。对于天线端口与射频芯片之间的馈电部分，由于物理尺寸足够大，KCL 和 KVL 不再成立，需要采用分布式的概念，即波动方程来进行分析。

### 2.1.3 传输线波动方程

本节从分布的角度来研究传输线中的电压、电流和阻抗（导纳）随距离的变化情况。

如果将传输线进行无限分割，那么传输线可以看作无数集总元件的集合，这些集总元件就是传输线中任意小段的串联寄生电感和并联寄生电容。如果考虑到损耗，还需要加入串联寄生电阻和并联寄生电导。

传输线电路和等效模型如图 2-3 所示。为了分析的简便，只针对无损模式进行分析，也就是忽略图 2-3（b）中的串联电阻 $R$ 和并联电导 $G$，如图 2-3（c）所示。在一小段长度$\Delta z$ 中，串联电感的集总参数为 $L\Delta z$，并联电容的集总参数为 $C\Delta z$，利用 KVL 和 KCL 可得到如下方程。

$$v(t,z+\Delta z)-v(t,z)=-L\Delta z\frac{\partial i(t,z)}{\partial t} \tag{2-6}$$

$$i(t,z+\Delta z)-i(t,z)=-C\Delta z\frac{\partial v(t,z+\Delta z)}{\partial t} \tag{2-7}$$

两边同除以$\Delta z$，并令$\Delta z\to 0$，可得

$$\frac{\partial v(t,z)}{\partial z}=-L\frac{\partial i(t,z)}{\partial t} \tag{2-8}$$

$$\frac{\partial i(t,z)}{\partial z}=-C\frac{\partial v(t,z)}{\partial t} \tag{2-9}$$

需要强调的是，传输线是一种线性设备，输出信号相比于输入信号，不会产生除输入频率外其他的频率成分，只是相关参数（如电压和电流）的幅度和相位随传播距离的变化呈现一种分布状态。不失一般性，以单音信号作为输入信号来分析，电压和电流为

$$v(t,z)=f(z)\mathrm{e}^{\mathrm{j}\varphi_{\mathrm{v}}(z)}\mathrm{e}^{\mathrm{j}\omega t}=V(z)\mathrm{e}^{\mathrm{j}\omega t} \tag{2-10}$$

$$i(t,z)=g(z)\mathrm{e}^{\mathrm{j}\varphi_{\mathrm{i}}(z)}\mathrm{e}^{\mathrm{j}\omega t}=I(z)\mathrm{e}^{\mathrm{j}\omega t} \tag{2-11}$$

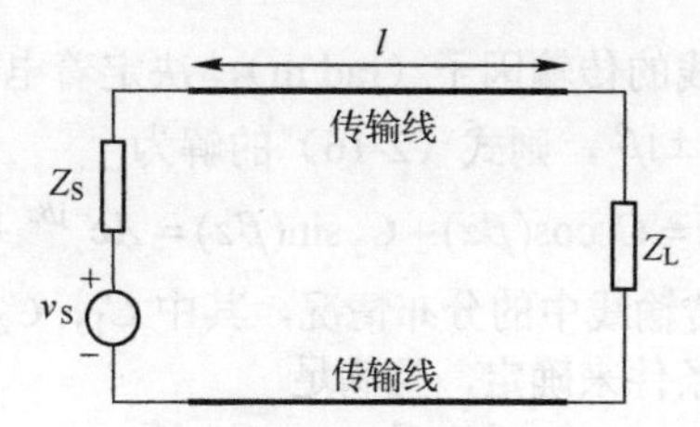


（a）长度为$l$的传输线电路

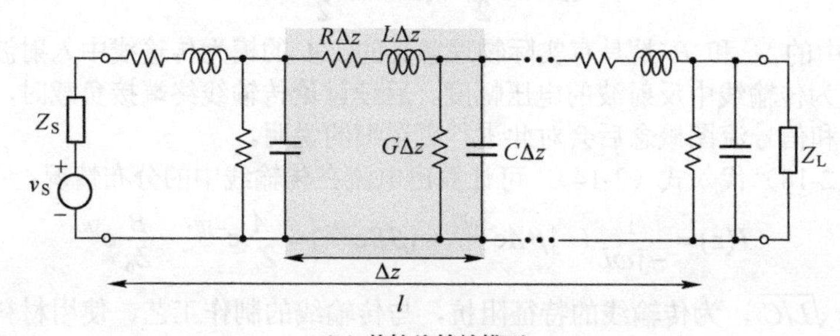


（b）传输线等效模型

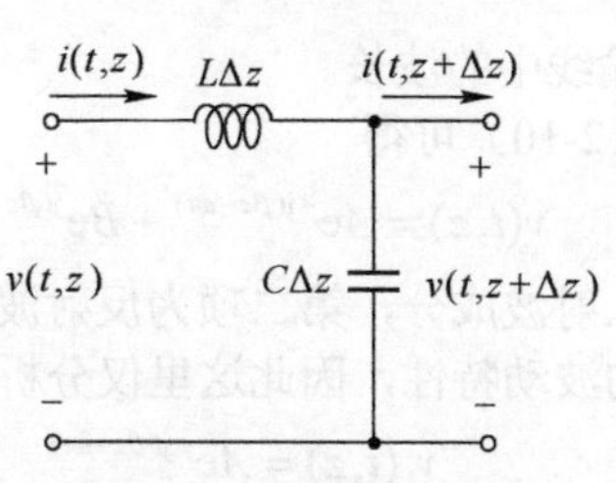


（c）长度为$\Delta z$的无损传输线模型

图 2-3　传输线电路和等效模型

式中，$f(z)$ 为电压幅度随距离的分布情况；$\varphi_v(z)$ 为电压相位随距离的分布情况；$g(z)$ 为电流幅度随距离的分布情况；$\varphi_i(z)$ 为电流相位随距离的分布情况。将式（2-10）和式（2-11）代入式（2-8）和式（2-9），可得

$$\frac{\partial v(t,z)}{\partial z}=\frac{\mathrm{d}V(z)}{\mathrm{d}z}\mathrm{e}^{\mathrm{j}\omega t}=-L\frac{\partial i(t,z)}{\partial t}=-\mathrm{j}\omega LI(z)\mathrm{e}^{\mathrm{j}\omega t} \tag{2-12}$$

$$\frac{\partial i(t,z)}{\partial z}=\frac{\mathrm{d}I(z)}{\mathrm{d}z}\mathrm{e}^{\mathrm{j}\omega t}=-C\frac{\partial v(t,z)}{\partial t}=-\mathrm{j}\omega CV(z)\mathrm{e}^{\mathrm{j}\omega t} \tag{2-13}$$

则

$$\frac{\mathrm{d}V(z)}{\mathrm{d}z}=-\mathrm{j}\omega LI(z) \tag{2-14}$$

$$\frac{\mathrm{d}I(z)}{\mathrm{d}z}=-\mathrm{j}\omega CV(z) \tag{2-15}$$

将式（2-15）代入式（2-14），可得

$$\frac{\mathrm{d}^2V(z)}{\mathrm{d}z}=-\mathrm{j}\omega L\frac{\mathrm{d}I(z)}{\mathrm{d}z}=-\omega^2 LCV(z) \tag{2-16}$$

式（2-16）属于二阶常系数微分方程，其特征方程为

$$x^2+\beta^2=0 \tag{2-17}$$

式中，$\beta=\omega\sqrt{LC}$ 为传输线的传输因子（rad/m），决定着电磁波在传输线中的传输速度。式（2-17）的解为$x=\pm \mathrm{j}\beta$，则式（2-16）的解为

$$V(z)=C_1\cos(\beta z)+C_2\sin(\beta z)=A\mathrm{e}^{-\mathrm{j}\beta z}+B\mathrm{e}^{\mathrm{j}\beta z} \tag{2-18}$$

式（2-18）反映了电压在传输线中的分布情况，其中 $C_1$、$C_2$、$A$ 和 $B$ 可以通过传输线的输入端和输出端的边界条件来确定，且满足

$$A=\frac{C_1-C_2}{2}, B=\frac{C_1+C_2}{2}$$

式（2-18）中的 $A$ 和 $B$ 是具有实际物理意义的，$A$ 的模为传输线中入射波的电压幅度，$B$ 的模为传输线中反射波的电压幅度。后续讨论传输线终端接负载时，以及引入双端口网络和信号流图概念后会对此进行更详细的说明。

将式（2-18）代入式（2-14），可计算出电流在传输线中的分布情况：

$$I(z)=\frac{1}{-\mathrm{j}\omega L}(-\mathrm{j}\beta A\mathrm{e}^{-\mathrm{j}\beta z}+\mathrm{j}\beta B\mathrm{e}^{\mathrm{j}\beta z})=\frac{A}{Z_0}\mathrm{e}^{-\mathrm{j}\beta z}-\frac{B}{Z_0}\mathrm{e}^{\mathrm{j}\beta z} \tag{2-19}$$

式中，$Z_0=\sqrt{L/C}$，为传输线的特征阻抗，与传输线的制作工艺、使用材料和具体结构有关。

下面推导电磁波在传输线中的波长。

将式（2-18）代入式（2-10）可得

$$v(t,z)=A\mathrm{e}^{-\mathrm{j}(\beta z-\omega t)}+B\mathrm{e}^{\mathrm{j}(\beta z+\omega t)} \tag{2-20}$$

式中，等号右边第一项为入射波成分，第二项为反射波成分。由于反射波和入射波在传输线中传播时具有等效的波动特性，因此这里仅分析入射成分，令

$$v_1(t,z)=A\mathrm{e}^{-\mathrm{j}(\beta z-\omega t)} \tag{2-21}$$

如果传输线足够短，可以将传输线看作集总元件。此时 $z$ 为固定值，也就是入射波仅在固定点随时间做上下摆动，摆动频率为$\omega$。如果传输线足够长，$z$ 便不再固定，入射波在传输线上呈现波动特性，即波形会在传输线上进行传播。假设入射波传播到距离 $z_1$ 时，时间为 $t_1$，到达距离 $z_2$ 时，时间为 $t_2$，则有

$$v_1(t_1,z_1)=v_1(t_2,z_2) \tag{2-22}$$

即

$$\beta z_1-\omega t_1=\beta z_2-\omega t_2 \Rightarrow \frac{z_2-z_1}{t_2-t_1}=\frac{\mathrm{d}z}{\mathrm{d}t}=v_\mathrm{p}=\frac{\omega}{\beta} \tag{2-23}$$

式中，$v_\mathrm{p}$ 为电磁波在传输线中的传播速度，也叫相位传播速度。从外部来看，传输线上的每一个点都在以周期频率 $2\pi/\omega$ 振动，因此电磁波在传输线上的传播周期同样为 $2\pi/\omega$，则电磁波在传输线中传播时的波长为

$$\lambda_\mathrm{p}=v_\mathrm{p}\frac{2\pi}{\omega}=\frac{2\pi}{\beta} \tag{2-24}$$

波长由传输因子$\beta$决定。对于绝大多数的传输线，电磁波在其中的传播速度与光速近似。

### 2.1.4 传输线终端接负载

本节主要讨论传输线终端挂接负载的情况。

将传输线的坐标进行变换，如图 2-4 所示，令 $d=l-z$，即传输线的终端接负载处是坐标原点，朝向源端的方向为坐标正方向，这样更加有利于分析，则有

$$V(d)=A_1\mathrm{e}^{\mathrm{j}\beta d}+B_1\mathrm{e}^{-\mathrm{j}\beta d} \tag{2-25}$$

$$I(d)=\frac{A_1}{Z_0}\mathrm{e}^{\mathrm{j}\beta d}-\frac{B_1}{Z_0}\mathrm{e}^{-\mathrm{j}\beta d} \tag{2-26}$$

式中，$A_1=A\mathrm{e}^{\mathrm{j}\beta l}$；$B_1=B\mathrm{e}^{\mathrm{j}\beta l}$。

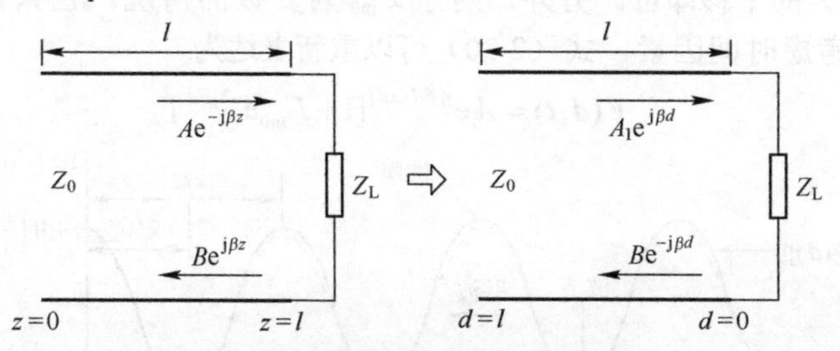


图 2-4　传输线坐标变化示意图

定义反射系数$\varGamma_{\mathrm{in}}$为反射波与入射波的比值，则传输线上任意一点的反射系数为

$$\varGamma_{\mathrm{in}}(d)=\frac{B_1\mathrm{e}^{-\mathrm{j}\beta d}}{A_1\mathrm{e}^{\mathrm{j}\beta d}}=\frac{B_1}{A_1}\mathrm{e}^{-2\mathrm{j}\beta d} \tag{2-27}$$

两边取模可得

$$\left|\varGamma_{\mathrm{in}}(d)\right|=\left|\frac{B_1}{A_1}\mathrm{e}^{-2\mathrm{j}\beta d}\right|=\left|\frac{B_1}{A_1}\right|=\left|\frac{B}{A}\right| \tag{2-28}$$

这也解释了式（2-18）的具体物理意义。再令 $d=0$，可得

$$\varGamma_{\mathrm{in}}(0)=\frac{B_1}{A_1}\Rightarrow\varGamma_{\mathrm{in}}(d)=\varGamma_{\mathrm{in}}(0)\mathrm{e}^{-2\mathrm{j}\beta d} \tag{2-29}$$

当初始条件确定后，$\varGamma_{\mathrm{in}}(0)$为一固定值，也就是说传输线中反射系数的模始终是固定的，用$\varGamma_{\mathrm{in0}}$来替代，则

$$V(d)=A_1\mathrm{e}^{\mathrm{j}\beta d}[1+\varGamma_{\mathrm{in0}}\mathrm{e}^{-2\mathrm{j}\beta d}] \tag{2-30}$$

$$I(d)=\frac{A_1}{Z_0}\mathrm{e}^{\mathrm{j}\beta d}[1-\varGamma_{\mathrm{in0}}\mathrm{e}^{-2\mathrm{j}\beta d}] \tag{2-31}$$

由式（2-30）和式（2-31）可得传输线上任意一点的传输阻抗为

$$Z_{\mathrm{in}}(d)=\frac{V(d)}{I(d)}=Z_0\frac{1+\varGamma_{\mathrm{in0}}\mathrm{e}^{-2\mathrm{j}\beta d}}{1-\varGamma_{\mathrm{in0}}\mathrm{e}^{-2\mathrm{j}\beta d}} \tag{2-32}$$

由图 2-4 可知，在传输线终端，即负载端，$d=0$，阻抗为负载阻抗本身 $Z_{\mathrm{L}}$，则有

$$Z_{\mathrm{in}}(0)=Z_{\mathrm{L}}=Z_0\frac{1+\varGamma_{\mathrm{in0}}}{1-\varGamma_{\mathrm{in0}}} \tag{2-33}$$

因此，

$$\varGamma_{\mathrm{in0}}=\frac{Z_{\mathrm{L}}-Z_0}{Z_{\mathrm{L}}+Z_0} \tag{2-34}$$

将式（2-34）代入式（2-32）可得传输线上任一点的阻抗为

$$Z_{\text{in}}(d)=Z_0\frac{Z_{\text{L}}+\text{j}Z_0\tan\beta d}{Z_0+\text{j}Z_L\tan\beta d} \tag{2-35}$$

由式（2-30）可知，$A_1\text{e}^{\text{j}\beta d}$为电压的导行波项，即功率的无损传输项，方括号内为调幅项，即驻波项，其波腹为$1+|\varGamma_{\text{in0}}|$，波节项为$1-|\varGamma_{\text{in0}}|$，如图 2-5 所示（图示针对$\varGamma_{\text{in0}}\geqslant 0$且为实数的情况，对于$\varGamma_{\text{in0}}\leqslant 0$的情况，只需要进行$\lambda/4$（$\lambda$为传输线中电磁波的波长）的平移即可。另外，对于$\varGamma_{\text{in0}}$为复数的情况，也只需进行简单的平移即可）。考虑时间因素，式（2-30）可以重新表达为

$$V(d,t)=A_1\text{e}^{\text{j}(\beta d+\omega t)}[1+\varGamma_{\text{in0}}\text{e}^{-2\text{j}\beta d}] \tag{2-36}$$

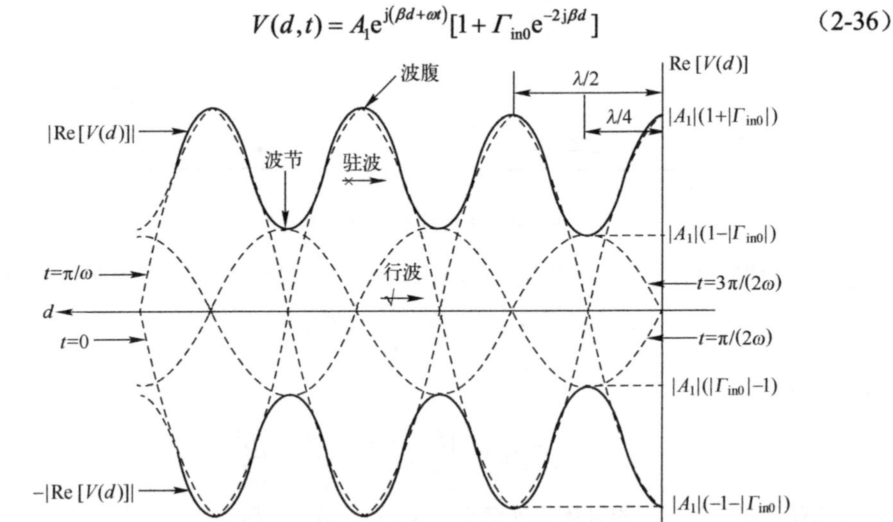


图 2-5　电压在传输线上的传输

因为传输线中传输的信号为实数域信号，因此仅考虑式（2-36）的实数部分（也可以仅考虑虚数部分，原理等同。$A_1$和传输线长度$l$有关，但不会改变电压在传输线上的传输形状，仅产生振动相移。因此可以忽略掉$l$的影响，令传输线长度$l$为传输波长的整数倍）。考虑$t$为 0、$\pi/(2\omega)$、$\pi/\omega$、$3\pi/(2\omega)$四种情况，如图 2-5 所示。传输线上传输的波形可以分为两部分：驻波和行波。驻波主要是由入射波和反射波的叠加而产生的一种限幅行为（图 2-5 中的实线波形，波腹和波节均具有周期性，周期为$\lambda/2$，且相邻波腹和波节相差$\lambda/4$）。在$t$为 0、$\pi/\omega$时刻，虽然信号幅度仍然可以达到$|A_1|(1+|\varGamma_{\text{in0}}|)$，但是并不会产生波形的传播。在$t$为$\pi/(2\omega)$、$3\pi/(2\omega)$时刻，由于没有限幅（振动幅度小于驻波的限幅幅度），波形存在传播行为，称为行波。对于电流的传播，波形同电压传播相同，只是存在90°的相移（$\lambda/4$）。

现在来分析一下驻波和行波是如何影响功率传输的。首先为了衡量驻波的大小，需要引入一个参量，电压驻波比（Voltage Standing Wave Ratio，VSWR），并定义为波腹幅度与波节幅度之比：

$$\text{VSWR}=\frac{1+|\varGamma_{\text{in0}}|}{1-|\varGamma_{\text{in0}}|} \tag{2-37}$$

可以看出，VSWR 总是大于或等于 1，其值越大，反射系数越大，驻波成分越

高；其值越小，反射系数越小，驻波成分越小。传输至负载端的功率为

$$P(d=0)=\frac{1}{T}\int_0^T V(0,t)I(0,t)\mathrm{d}t=\frac{|A_1|^2}{2Z_0}\left(1-|\Gamma_{\mathrm{in0}}|^2\right)=\frac{|A_1|^2}{2Z_0}\left[1-\frac{1-\frac{1}{\mathrm{VSWR}}}{1+\frac{1}{\mathrm{VSWR}}}\right]^2 \tag{2-38}$$

式中，$T$ 为行波周期。针对图 2-3（a）进行分析，并令 $Z_{\mathrm{S}}=Z_0$（实际情况就是如此），$|A_1|$便是无损传输的电压项，$\frac{|A_1|^2}{2Z_0}$是指无损传输的功率项，它是由源端功率决定。由式（2-38）可知，反射系数越大，驻波成分越高时，传输到负载端的功率越小。当$\Gamma_{\mathrm{in0}}=0$、$\mathrm{VSWR}=1$时，功率无损传输；当$\Gamma_{\mathrm{in0}}=1$、$\mathrm{VSWR}=\infty$时，不存在功率传输。

接下来针对三种典型的情况进行分析：

（1）终端负载阻抗为$Z_0$

终端负载阻抗为$Z_0$时，$\Gamma_{\mathrm{in0}}=0$，代入式（2-30）、式（2-31）和式（2-35）可得

$$V(d)=A_1\mathrm{e}^{\mathrm{j}\beta d}\Rightarrow V(d,t)=A\mathrm{e}^{\mathrm{j}(\omega t+\beta d-\beta l)} \tag{2-39}$$

$$I(d)=\frac{A_1}{Z_0}\mathrm{e}^{\mathrm{j}\beta d}\Rightarrow I(d,t)=\frac{A}{Z_0}\mathrm{e}^{\mathrm{j}(\omega t+\beta d-\beta l)} \tag{2-40}$$

$$Z_{\mathrm{in}}(d)=Z_0 \tag{2-41}$$

因此对于终端负载与传输线自身特征阻抗匹配的情况来说，在传输线上任何一点看向负载的阻抗均为 $Z_0$，其表现为在传输线上一个完全的行波，不存在驻波成分，功率、电压和电流均可无损传输。通常将该种情况称为功率阻抗匹配传输，是射频集成电路输入端进行阻抗匹配的理论依据。

（2）终端短路

终端短路时，$Z_{\mathrm{L}}=0$，负载处反射系数$\Gamma_{\mathrm{in0}}=-1$，传输线处于全反射状态，有

$$V(d)=2\mathrm{j}A_1\sin(\beta d)\Rightarrow V(d,t)=2A\sin(\beta d)\mathrm{e}^{\mathrm{j}(\omega t-\beta l+\pi/2)} \tag{2-42}$$

$$I(d)=2\frac{A_1}{Z_0}\cos(\beta d)\Rightarrow I(d,t)=2\frac{A}{Z_0}\cos(\beta d)\mathrm{e}^{\mathrm{j}(\omega t-\beta l)} \tag{2-43}$$

$$Z_{\mathrm{in}}(d)=\mathrm{j}Z_0\tan(\beta d) \tag{2-44}$$

电压和电流在传输线上随距离均呈现波动特性，由于此时 VSWR=∞，在负载端不存在功率传输。该结论也可以通过式（2-42）得到，在负载端 $d=0$，电压处于驻波波节处，为 0，也就是说终端短路系统不会进行功率和电压传输。观察式（2-43）可知，此种情况电流是可以进行无损传输的。这个和我们在集总系统中的直观印象也是相通的。集总系统中可以假设传输线长度 $l=0$，如果将上一级模块的输出端接地，则可以将原先流过负载中的电流无损抽取出来。电阻值随传输线距离成正切分布，周期为$\lambda/2$波长，式（2-44）是进行微带线阻抗匹配的一个重要依据。

（3）终端开路

终端开路时，$Z_{\mathrm{L}}=\infty$，负载处反射系数$\Gamma_{\mathrm{in0}}=1$，传输线处于全反射状态，有

$$V(d)=2A_1\cos(\beta d)\Rightarrow V(d,t)=2A\cos(\beta d)\mathrm{e}^{\mathrm{j}(\omega t-\beta l)} \tag{2-45}$$

$$I(d)=2\mathrm{j}\frac{A_1}{Z_0}\sin(\beta d)\Rightarrow I(d,t)=2\frac{A}{Z_0}\sin(\beta d)\mathrm{e}^{\mathrm{j}(\omega t-\beta l+\pi/2)} \tag{2-46}$$

$$Z_{\text{in}}(d) = \frac{-\text{j}Z_0}{\tan(\beta d)} \tag{2-47}$$

该情况与传输线终端短路情况类似，不同的是，终端开路可以进行电压无损传输，不可以进行功率和电流无损传输。式（2-45）与集总系统中的开路情况是相同的，只需将传输线的长度看作 0，便可以得到类似的结论。

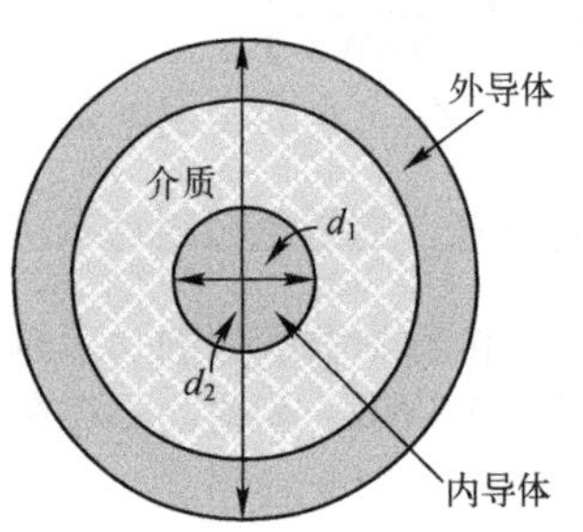


图 2-6 同轴线截面图

## 2.1.5 传输线特征阻抗

以同轴线为例来分析传输线特征阻抗的取值问题。

参考图 2-6，同轴线的内导体直径为 $d_1$，外导体直径为 $d_2$，中间绝缘层介质介电常数为$\varepsilon_r$。在高频段，由于趋肤效应，同轴线的传输损耗为

$$L_T \propto \frac{(1/d_1 + 1/d_2)}{Z_0} \tag{2-48}$$

式中，$Z_0$为同轴线的特征阻抗。

$$Z_0 = \frac{60}{\sqrt{\varepsilon_r}}\ln(d_2/d_1) \tag{2-49}$$

式（2-49）从直观上很好理解，增大外导体直径 $d_2$（外导体厚度不变）会增大介质层厚度，减小内外导体之间的并联寄生电容，从而使特征阻抗增大；减小内导体直径 $d_1$，一方面会增大介质层厚度，减小寄生电容，另一方面还会增大内导体的串联寄生电感，从而增大特征阻抗。介电常数越小，内外导体之间的寄生电容也会越小，特征阻抗相应增大。

将式（2-49）代入式（2-48）可得

$$L_T \propto \frac{\sqrt{\varepsilon_r}}{60}\frac{1}{d_2}\frac{(1+d_2/d_1)}{\ln(d_2/d_1)} \tag{2-50}$$

式中，内外导体之间介质的介电常数是固定值，变量有两个，即内外导体直径 $d_1$ 和 $d_2$。考虑到可制造性、便于使用性和外观，$d_2$ 一般都会预先选取好，因此式（2-50）中仅剩下 $d_2/d_1$ 项。改变 $d_2/d_1$ 的值并观察 $L_T$，当 $d_2/d_1 = 3.6$ 时，$L_T$最小，即传输损耗最小。对一条用空气（$\varepsilon_r = 1$）作绝缘层的同轴线来说，在最小衰减点处对应的阻抗约为 77Ω，但如果使用固体聚乙烯（$\varepsilon_r = 2.3$）作绝缘层的话，最小衰减点对应的阻抗约为 51Ω（人们习惯取整为 50Ω）。目前在射频通信中，大部分的同轴线都是采用聚乙烯作为绝缘材料的，因此 50Ω的特征阻抗便作为一个标准值被确定了下来。

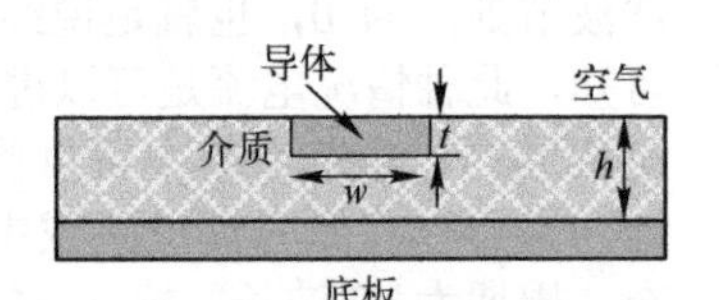


图 2-7 微带线截面图

对于微带线（见图 2-7），假设导体带的厚度 $t$ 相对于介质的厚度 $h$ 可以忽略不计（$t/h < 0.01$）。窄微带线（$w/h < 1$）的特征阻抗为

$$Z_0 = \frac{60}{\sqrt{\varepsilon_e}}\ln\left(\frac{8h}{w} + \frac{w}{4h}\right) \tag{2-51}$$

式中，$\varepsilon_e$为有效介电常数。

$$\varepsilon_{\mathrm{e}}=\frac{\varepsilon_{\mathrm{r}}+1}{2}+\frac{\varepsilon_{\mathrm{r}}-1}{2}\left[\left(1+\frac{12h}{w}\right)^{-1/2}+0.041\left(1-\frac{w}{h}\right)^{2}\right] \tag{2-52}$$

宽微带线（$w/h>1$）的特征阻抗为

$$Z_0=\frac{120\pi/\sqrt{\varepsilon_{\mathrm{e}}}}{\left[\frac{w}{h}+1.393+0.667\ln\left(\frac{w}{h}+1.444\right)\right]} \tag{2-53}$$

式中，$\varepsilon_{\mathrm{e}}$为效介电常数。

$$\varepsilon_{\mathrm{e}}=\frac{\varepsilon_{\mathrm{r}}+1}{2}+\frac{\varepsilon_{\mathrm{r}}-1}{2}\left(1+\frac{12h}{w}\right)^{-1/2} \tag{2-54}$$

在射频集成电路中，微带线的使用局限性较大，通常都是在 PCB 上用于连接射频集成电路输入端阻抗匹配网络与天线输出端挂接的同轴线。对于 PCB 来说，介质材料和厚度一般都是事先固定好的，因此微带线特征阻抗的设计只需要调整导体的宽度，并按照式（2-51）～式（2-54）进行即可。

# 2.2　双端口网络理论和信号流图

射频微波电路的设计通常都是非常复杂的，涉及有源器件（双极型晶体管、MOS 晶体管等）、无源元件（电阻、电感、电容等）甚至分布式元件（微带线等）。简洁高效地分析这些电路，就需要用到双端口网络这个理论工具。双端口网络分析就是完全屏蔽掉电路内部信息，仅利用输入端口和输出端口的一些表征参数来代替整个电路进行分析。这些参数主要用来表征输入/输出端的阻抗匹配性能，以及源端和负载端匹配时的电路前向增益和后向隔离度。对于存在输入源和输出负载情况下的功率传输、电压传输和电流传输等涉及系统性能的核心指标计算，还需要借助信号流图来进行分析。信号流图是一种非常有用的分析工具，除了广泛应用于射频微波电路设计，在低频模拟领域进行有源滤波器设计时，也是一个必不可少的辅助手段[1]。

## 2.2.1　双端口网络

对于一个完整的射频微波电路，将中间电路结构打包封闭，仅剩余输入端口和输出端口，形成一个双端口网络，并通过特征阻抗为 $Z_0$ 的传输线，将源连接至双端口网络的输入端口，将负载连接至双端口网络的输出端口，组成一个完整的功率传输系统，如图 2-8 所示。

由式（2-38）可知，驻波不会产生功率的传输，即只有行波才能进行功率传输。反射波成分越多，驻波越明显，传输的功率越小，因此可以把功率理解为一个一维线性矢量，入射功率和反射功率便是两个符号相反的功率值。在式（2-25）中，令

$$V^{+}(d)=A_1\mathrm{e}^{\mathrm{j}\beta d} \tag{2-55}$$

$$V^{-}(d)=B_1\mathrm{e}^{-\mathrm{j}\beta d} \tag{2-56}$$

则

$$V(d)=V^{+}(d)+V^{-}(d) \tag{2-57}$$

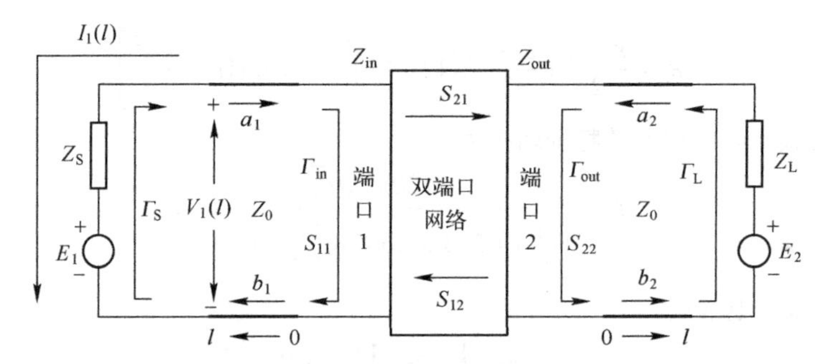


图 2-8 基于双端口网络的功率传输系统

且

$$I(d) = I^+(d) + I^-(d) = \frac{V^+(d)}{Z_0} - \frac{V^-(d)}{Z_0} \tag{2-58}$$

联立式（2-57）和式（2-58），可得

$$V^+(d) = \frac{1}{2}[V(d) + Z_0 I(d)] \tag{2-59}$$

$$V^-(d) = \frac{1}{2}[V(d) - Z_0 I(d)] \tag{2-60}$$

$$I^+(d) = \frac{V^+(d)}{Z_0} = \frac{1}{2}\left[\frac{V(d)}{Z_0} + I(d)\right] \tag{2-61}$$

$$I^-(d) = \frac{V^-(d)}{Z_0} = \frac{1}{2}\left[\frac{V(d)}{Z_0} - I(d)\right] \tag{2-62}$$

对比图 2-8 中所标注参量，并令

$$b_i(d) = V_i^+(d) \tag{2-63}$$

$$a_i(d) = V_i^-(d) \tag{2-64}$$

式中，$i = 1,2$。当 $i = 1$ 时式（2-63）和式（2-64）分别表示输入端口的入射电压和反射电压，当 $i = 2$ 时式（2-63）和式（2-64）分别表示输出端口的入射电压和反射电压。由于双端口网络两边的对称性，下面仅针对源端进行分析，结果可以等同到负载端。观察图 2-8 的源端，有

$$V_1(l) = E_1 + Z_S I_1(l) \tag{2-65}$$

针对一种典型的情况 $Z_S = Z_0$ 进行分析，将式（2-65）代入式（2-60），可得

$$a_1(l) = V^-(d) = \frac{E_1}{2} \tag{2-66}$$

由式（2-18）可得

$$a_1(0) = a_1(l)\mathrm{e}^{-\mathrm{j}\beta l} \tag{2-67}$$

双端口网络的输入端反射系数为$\Gamma_{in0}$，则

$$b_1(0) = a_1(0)\Gamma_{in0} = a_1(l)\Gamma_{in0}\mathrm{e}^{-\mathrm{j}\beta l} \tag{2-68}$$

当源端与传输线特征阻抗匹配时，传输至双端口网络输入端的功率为

$$P_{in} = \frac{1}{2Z_0}\left(|a_1(0)|^2 - |b_1(0)|^2\right) = \frac{E_1^2}{8Z_0}\left(1 - |\Gamma_{in0}|^2\right) \tag{2-69}$$

这是一个很有意义的结论。对比式（2-38），不难看出，当源阻抗与传输线特征阻抗匹配时，传输线中的入射功率始终等于源端的最大传输功率。实际传输功率还需要从中减去一部分反射功率。反射功率取决于输入端口的输入阻抗与传输线特征阻抗的匹配性能。

上面的分析均是基于传输线的波动特性进行的推导。为了更好地利用双端口网络理论来简化射频微波电路的复杂分析，考虑一个完整功率传输系统的所有因素，定义如下：

（1）源端反射系数$\Gamma_S$

源端反射系数$\Gamma_S$主要衡量信号源内阻 $Z_S$ 与传输线特征阻抗 $Z_0$ 的匹配程度。根据 2.1.4 节的分析可得

$$\Gamma_S = \frac{a_1(l)}{b_1(l)} = \frac{Z_S - Z_0}{Z_S + Z_0} \tag{2-70}$$

式中，$b_1$ 为从输入端口（端口 1）到源端的入射电压；$a_1$ 为从源端到输入端口的反射电压。

（2）负载端反射系数$\Gamma_L$

负载端反射系数$\Gamma_L$ 主要衡量负载 $Z_L$ 与传输线特征阻抗 $Z_0$ 的匹配程度。

$$\Gamma_L = \frac{a_2(l)}{b_2(l)} = \frac{Z_L - Z_0}{Z_L + Z_0} \tag{2-71}$$

式中，$b_2$ 为从输出端口（端口 2）到负载端的入射电压；$a_2$ 为从负载端到输出端口的反射电压。

（3）输入端口反射系数$\Gamma_{in}$

输入端口反射系数$\Gamma_{in}$ 主要衡量输入端口（端口 1）的输入阻抗 $Z_{in}$ 与传输线特征阻抗 $Z_0$ 的匹配程度，是一个系统级的表征参数，不对其他匹配作要求，可得

$$\Gamma_{in} = \frac{a_1(0)}{b_1(0)} = \frac{Z_{in} - Z_0}{Z_{in} + Z_0} \tag{2-72}$$

式中，$a_1$ 为从源端到输入端口的入射电压；$b_1$ 为从输入端口到源端的反射电压。该反射系数和上述分析中的$\Gamma_{in0}$ 相同。

（4）输出端口反射系数$\Gamma_{out}$

输出端口反射系数$\Gamma_{out}$ 主要衡量输出端口（端口 2）的输出阻抗 $Z_{out}$ 与传输线特征阻抗 $Z_0$ 的匹配程度，是一个系统级的表征参数，不对其他匹配作要求，可得

$$\Gamma_{out} = \frac{a_2(0)}{b_2(0)} = \frac{Z_{out} - Z_0}{Z_{out} + Z_0} \tag{2-73}$$

式中，$a_2$ 为从负载端到输出端口的入射电压；$b_2$ 为从输出端口到负载端的反射电压。

下面对双端口网络的四个表征参数进行定义，统一称它们为 $S$ 参数或散射因子。散射因子的定义需要一定的系统级匹配条件，包括源端和负载端必须与传输线特征阻抗匹配，即 $Z_S = Z_0$ 或 $Z_L = Z_0$。

（5）输入端口散射因子 $S_{11}$

当负载阻抗与传输线特征阻抗匹配时，散射因子 $S_{11}$ 等于输入端口的反射系数$\Gamma_{in}$，可表述为

$$S_{11} = \frac{a_1(0)}{b_1(0)}\bigg|_{a_2=0} = \frac{Z_{in} - Z_0}{Z_{in} + Z_0}\bigg|_{a_2=0} \tag{2-74}$$

（6）输出端口散射因子 $S_{22}$

当源阻抗与传输线特征阻抗匹配时，散射因子 $S_{22}$ 等于输出端口的反射系数 $\Gamma_{\text{out}}$，可表述为

$$S_{22}=\frac{a_2(0)}{b_2(0)}\bigg|_{a_1=0}=\frac{Z_{\text{out}}-Z_0}{Z_{\text{out}}+Z_0}\bigg|_{a_1=0} \tag{2-75}$$

（7）输入端口到输出端口散射因子 $S_{21}$

当负载阻抗与传输线特征阻抗匹配时，散射因子 $S_{21}$ 通常也被称为负载匹配电路前向增益，可表述为

$$S_{21}=\frac{b_2(0)}{a_1(0)}\bigg|_{a_2=0} \tag{2-76}$$

（8）输出端口到输入端口散射因子 $S_{12}$

当源阻抗与传输线特征阻抗匹配时，散射因子 $S_{12}$ 通常也被称为源端匹配电路后向隔离度，可表述为

$$S_{12}=\frac{b_1(0)}{a_2(0)}\bigg|_{a_1=0} \tag{2-77}$$

之所以在不同的条件下定义反射系数和散射因子，主要是因为反射系数只能对系统的一端（源端或负载端）进行分析，无法建立源端、电路和负载端三者之间的内在联系。例如，输入端反射系数$\Gamma_{\text{in}}$和输出端反射系数$\Gamma_{\text{out}}$可以分别反映输入端阻抗和输出端阻抗与传输线特征阻抗的匹配程度，却无法建立起详细的数学模型来指导设计，尤其电路的稳定性设计。但是通过引入散射因子，可以基于数学模型建立起三者之间的内在联系，进而指导电路设计。

由式（2-69）可知，当源阻抗或负载阻抗与传输线特征阻抗匹配时，针对双端口网络的入射电压 $a_i(0), i=1,2$，均是在最大功率传输情况下的一个电压值，幅度为 $E_i/2$，因此在测量 $S_{21}$ 和 $S_{12}$ 时，可以将源和负载均设计为与传输线特征阻抗匹配，此时源端电源和负载端电源可以作为输入参考。对于输出参考，由于源阻抗和负载阻抗均与传输线特征阻抗匹配，因此可以直接通过仿真或测量源阻抗和负载阻抗获得输出电压，进而计算出前向增益 $S_{21}$ 和后向隔离度 $S_{12}$，再将所得增益增大 6dB 即可（在进行带有匹配网络的低噪声放大器设计时，经常会使用该方法）。对于 $S_{11}$ 和 $S_{22}$，只需在负载端和源端匹配时分别仿真或测试其输入阻抗和输出阻抗即可求得。

需要说明的是，在进行射频集成电路设计时，由于尺寸和面积问题，大部分情况下都是不会集成微带线结构的，因此在射频集成电路领域，只需令传输线长度 $l=0$ 即可，上述参数和结论不受影响。

### 2.2.2 信号流图

本节主要介绍信号流图方法，并基于此建立源端、电路和负载端三者之间的内在联系，给出具体的数学模型。

大部分情况下，由于 PVT（工艺、电压和温度）的影响，所设计电路的阻抗匹配性能均存在一定的偏差。也就是不管是源端内阻还是负载端负载均与传输线特征阻抗 $Z_0$ 存在出入，此时双端口网络的输入端口散射因子 $S_{11}$ 和输出端口散射因子 $S_{22}$ 需要使用输入端口反射系数$\Gamma_{\text{in}}$和输出端口反射系数$\Gamma_{\text{out}}$来替代。下面通过信号流图来建

立反射系数和散射因子之间的关系。

当负载端存在失配时，传输至负载的入射波 $b_2$ 会存在一定的反射 $a_2$，由于端口 2 的反射效应，传输至端口 2 的入射波 $a_2$ 也会存在一定的反射进而影响 $b_2$。一段时间之后，$b_2$ 和 $a_2$ 肯定存在一个稳定的状态，只需将不匹配的负载等效为一个匹配负载和一个电源的串联即可，电源的发射电压和 $a_2(l)$相同，如图 2-8 所示。源端负载同样可以用这种方法等效。因此对于图 2-8 所示的功率传输系统，相对于双端口网络，在观察反射波 $b_1$ 时，可以看成两部分的叠加。一部分由源端电源 $E_1$ 引起（$E_1$ 中包含由失配引入的等效电源部分），一部分由负载端电源 $E_2$ 引起（$E_2$ 主要是用来等效负载的不匹配部分），则

$$b_1(0) = S_{11}a_1(0) + S_{12}a_2(0) \tag{2-78}$$

同理可得

$$b_2(0) = S_{22}a_2(0) + S_{21}a_1(0) \tag{2-79}$$

为了更加直观地描述代数方程，S. J. 梅森于 1953 年提出了信号流图方法。信号流图方法是借助拓扑图形求线性方程组解的一种方法，由一系列的节点和方向支线组成，能将各有关变量的因果关系在图中明显地表示出来。对于式（2-78）和式（2-79），可用信号流图表示为图 2-9。

由图 2-8 可知，$a_2$ 是负载端的反射波（由电源 $E_2$ 等效产生），其和负载端反射系数$\Gamma_L$、负载端入射波 $b_2$ 的关系为

$$a_2(l) = \Gamma_L b_2(l) \tag{2-80}$$

对于源端来说，式（2-65）成立，联立式（2-58）可得

$$a_1(l) + b_1(l) = E_1 + \left[\frac{b_1(l)}{Z_0} - \frac{a_1(l)}{Z_0}\right] Z_S \tag{2-81}$$

简化后为

$$a_1(l) = b_s + \Gamma_S b_1(l) \tag{2-82}$$

其中

$$b_s = \frac{E_1 Z_0}{Z_0 + Z_S} \tag{2-83}$$

则整个功率传输系统的信号流图如图 2-10 所示。

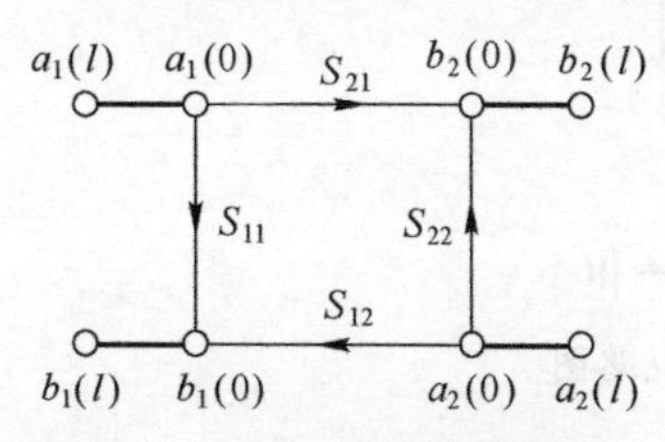


图 2-9 双端口网络信号流图

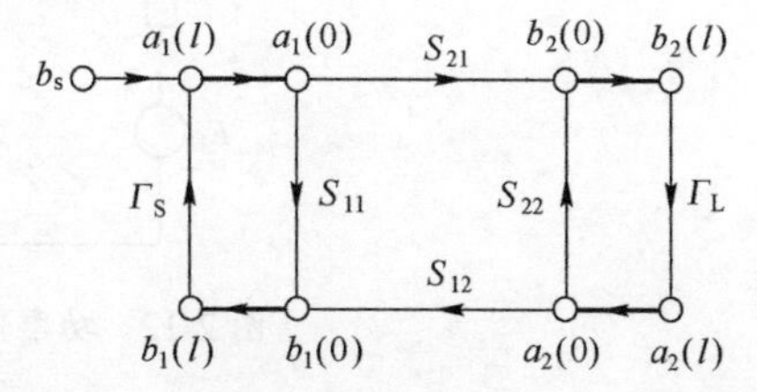


图 2-10 功率传输系统信号流图（包含传输线）

根据式（2-18）传输线波动方程，式（2-82）可以变换为

$$a_1(0)e^{j\beta l} = b_s + \Gamma_S b_1(0)e^{-j\beta l} \Rightarrow a_1(0) = b_s e^{-j\beta l} + \Gamma_S e^{-2j\beta l} b_1(0) \tag{2-84}$$

对于负载端，

$$\Gamma_{\mathrm{L}}=\frac{a_2(l)}{b_2(l)}=\frac{a_2(0)\mathrm{e}^{\mathrm{j}\beta l}}{b_2(0)\mathrm{e}^{-\mathrm{j}\beta l}} \Rightarrow \Gamma_{\mathrm{L}}\mathrm{e}^{-2\mathrm{j}\beta l}=\frac{a_2(0)}{b_2(0)} \tag{2-85}$$

根据式（2-84）和式（2-85），图 2-10 可以变换为图 2-11 的形式。根据图 2-11 可以计算出双端口网络的输入端口反射系数$\Gamma_{\mathrm{in}}$和输出端口反射系数$\Gamma_{\mathrm{out}}$。这两个系数是判断一个功率传输系统是否稳定的重要判据，后续会讲到该问题。

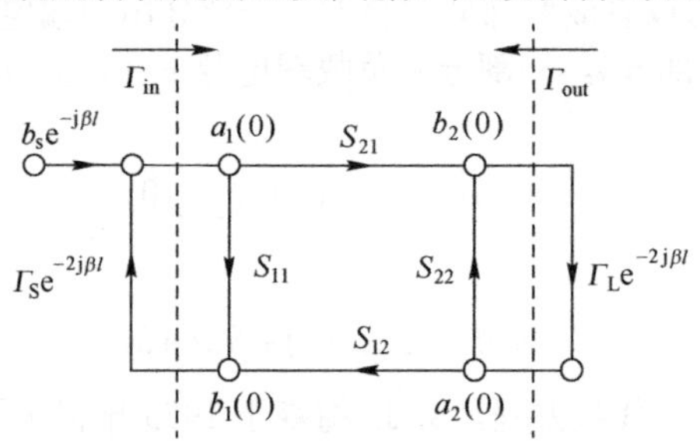


图 2-11 功率传输系统信号流图（不包含传输线）

由图 2-11 可得

$$\Gamma_{\mathrm{in}}=\frac{b_1(0)}{a_1(0)}=S_{11}+\frac{S_{21}S_{12}\Gamma_{\mathrm{L}}\mathrm{e}^{-2\mathrm{j}\beta l}}{1-S_{22}\Gamma_{\mathrm{L}}\mathrm{e}^{-2\mathrm{j}\beta l}} \tag{2-86}$$

同理，

$$\Gamma_{\mathrm{out}}=\frac{b_2(0)}{a_2(0)}=S_{22}+\frac{S_{21}S_{12}\Gamma_{\mathrm{S}}\mathrm{e}^{-2\mathrm{j}\beta l}}{1-S_{11}\Gamma_{\mathrm{S}}\mathrm{e}^{-2\mathrm{j}\beta l}} \tag{2-87}$$

如果功率传输系统中不存在传输线，只需令传输线长度 $l=0$ 即可。需要强调的是，在计算反射系数和散射因子时，参考阻抗 $Z_0$ 仍然设定为 50Ω，这并不影响计算的结果，在此情况下，参考阻抗设定为其他值也可，结论并不会改变，只是已经习惯采用 50Ω来计算。

**例 2-1** 采用集总和分布两种方法计算图 2-12 中负载的接收功率（其中 $Z_{\mathrm{S}}$ 和 $Z_{\mathrm{L}}$ 均为实数）。

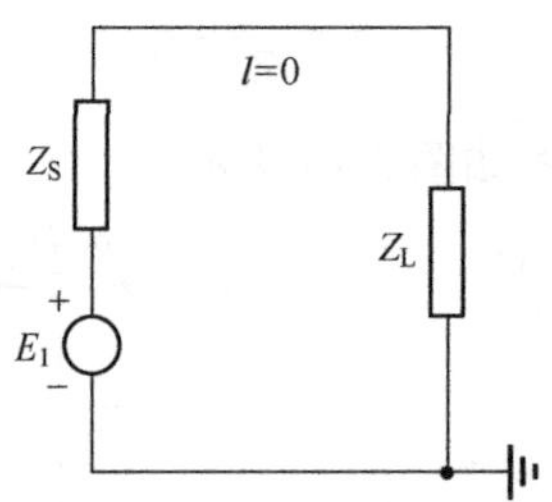


图 2-12 功率传输系统电路图

**解：**

方法 1：集总参数方法

利用 KVL 可得负载电阻 $Z_{\mathrm{L}}$ 上的电压为

$$V_{\rm L}=\frac{E_1 Z_{\rm L}}{Z_{\rm S}+Z_{\rm L}} \tag{2-88}$$

则其接收功率为

$$P_{\rm L}=\frac{V_{\rm L}^2}{2Z_{\rm L}}=\frac{E_1^{\ 2}Z_{\rm L}}{2\left(Z_{\rm S}+Z_{\rm L}\right)^2} \tag{2-89}$$

方法 2：分布参数方法

分布系统存在信号的波动，即存在信号的入射和反射现象。利用信号流图方法（其中传输线长度 $l=0$）重绘图 2-12，如图 2-13 所示。由上述分析可知，$S_{11}$ 的测量是在 $Z_{\rm L}=Z_0$ 情况下进行的，因此 $S_{11}=0$；同理 $S_{22}=0$。在测量 $S_{21}$ 和 $S_{12}$ 时，可以同时令 $Z_{\rm S}=Z_{\rm L}=Z_0$，测得 $S_{21}=S_{12}=1$。

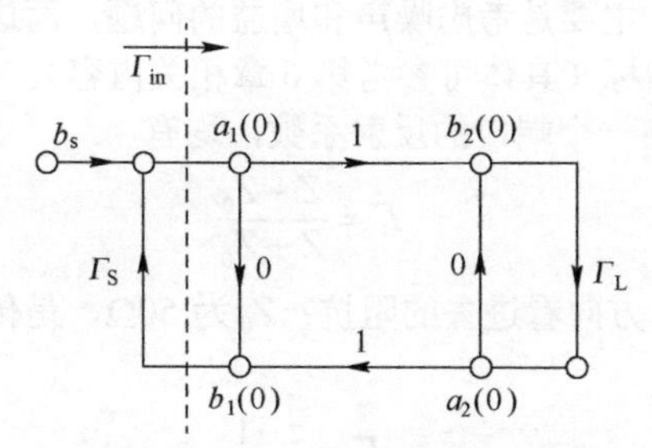


图 2-13　图 2-12 所示功率传输系统的信号流图

将散射因子代入式（2-86）可得 $\Gamma_{\rm in}=\Gamma_{\rm L}$，该结果由图 2-12 也可以直观地看出。回到图 2-13，以下两式成立：

$$b_1(0)=\Gamma_{\rm L}a_1(0) \tag{2-90}$$

$$a_1(0)=b_{\rm s}+\Gamma_{\rm S}b_1(0) \tag{2-91}$$

式中，$b_{\rm s}$ 如式（2-83）所示，则有

$$a_1(0)=\frac{b_{\rm s}}{1-\Gamma_{\rm S}\Gamma_{\rm L}}=\frac{E_1(Z_0+Z_{\rm L})}{2(Z_{\rm S}+Z_{\rm L})} \tag{2-92}$$

则传输至负载的功率为

$$P_{\rm L}=\frac{1}{2Z_0}\left[a_1^{\ 2}(0)-b_1^{\ 2}(0)\right]=\frac{E_1^{\ 2}Z_{\rm L}}{2(Z_{\rm S}+Z_{\rm L})^2} \tag{2-93}$$

由式（2-93）可知，传输的功率部分与传输线特征阻抗无关，这也印证了传输线阻抗的随意性，只是为了保证损耗最小才选取了 50Ω。由本例和上述分析可知，集总系统是分布式系统的一个子集，当电路尺寸相较于传输信号的波长可以忽略时，基于 KVL 和 KCL 的集总参数系统是成立的。

## 2.3　Smith 圆图理论

在射频集成电路中，天线端与射频集成电路的输入端一般都存在一定长度的传输线，同时考虑到天线端、SAW/BAW 滤波器输出端的负载阻抗需求，为了避免反射导致功率浪费，射频集成电路的输入阻抗、传输线特征阻抗均需与上述负载阻抗相匹

配，即 50Ω的典型值，才能保证功率的无损传输。

需要说明的是，射频集成电路的输入阻抗在电路设计完成后多数情况下并不能满足阻抗匹配条件，需要加入专门的匹配网络来实现功率的无损传输。阻抗匹配网络除了采用较为复杂的计算方法进行设计，还有一个更简单直观的方法——Smith 圆图，它是进行阻抗匹配的一个十分有用的工具。当然阻抗匹配也仅是 Smith 圆图的主要功能之一，利用 Smith 圆图还可以进行如电路稳定性设计等一些和电路功能性能相关的参数设计。

Smith 圆图是一种图形结构，是 Phillip Smith 于 1939 年发明的[2]，它的原理很简单，就是建立阻抗平面或导纳平面与反射系数平面的一一对应关系，就如同常用的直角坐标系和极坐标系一样。之所以要经过如此大费周章地设计而不是直接在输入端或输出端并联 50Ω的电阻，主要是考虑噪声和增益的问题，而这两个指标在射频集成电路设计时是两个核心的指标（具体可参考第 6 章相关内容）。

已知，对于电路任何一个端口的反射系数，均有

$$\varGamma = \frac{Z - Z_0}{Z + Z_0} \tag{2-94}$$

式中，$Z$ 为从外部向端口方向看进去的阻抗；$Z_0$ 为 50Ω，是传输线的特征阻抗。归一化后有

$$\varGamma = \frac{z - 1}{z + 1} \tag{2-95}$$

式中，$z = Z/Z_0$。$Z$ 通常情况下都是复数，不仅有电阻成分，还有电抗成分。即使 $Z$ 是实数，也可以将其看成一个虚部为 0 的复数，因此可以令

$$z = r + \mathrm{j}x \tag{2-96}$$

式中，$r$ 为归一化电阻部分；$x$ 为归一化电抗部分。同样，对于反射系数$\varGamma$而言，也可以表达为

$$\varGamma = \varGamma_{\mathrm{r}} + \mathrm{j}\varGamma_{\mathrm{i}} \tag{2-97}$$

将式（2-96）和式（2-97）代入式（2-95）可得

$$\varGamma_{\mathrm{r}} = \frac{r^2 - 1 + x^2}{(r+1)^2 + x^2} \tag{2-98}$$

$$\varGamma_{\mathrm{i}} = \frac{2x}{(r+1)^2 + x^2} \tag{2-99}$$

联立式（2-98）和式（2-99），并分别消去 $x$ 和 $r$ 可得

$$\left[\varGamma_{\mathrm{r}} - \frac{r}{r+1}\right]^2 + \varGamma_{\mathrm{i}}^2 = \left[\frac{1}{r+1}\right]^2 \tag{2-100}$$

$$\left(\varGamma_{\mathrm{r}} - 1\right)^2 + \left[\varGamma_{\mathrm{i}} - \frac{1}{x}\right]^2 = \left[\frac{1}{x}\right]^2 \tag{2-101}$$

式（2-100）和式（2-101）是两组圆方程，一个与端口阻抗的实数部分有关，一个与端口阻抗的虚数部分有关，它们是生成 Smith 圆图的两组基本方程。将阻抗平面的坐标值根据这两个式子转换到反射系数平面，如图 2-14 所示（不考虑负阻情况，负阻是电路的一种振荡情况，需要极力避免）。在反射系数平面，式（2-100）所示的等电阻圆由一系列在坐标点(1, 0)相切的横向圆组成，当电阻为无穷大时，反射系数

圆圆心在(1, 0)处，半径为 0。逐渐减小电阻，圆心左移，圆半径逐渐增大。当电阻减小到 0 时，圆心位于(0, 0)处，半径为 1。式（2-101）所示的等电抗圆图由一系列在坐标点(1, 0)相切的纵向圆组成。当电抗为正无穷大时，反射系数圆圆心在(1, 0 )处，半径为 0。逐渐减小电抗，圆心上移，半径增大。当电抗减小为 0 时，圆心纵坐标为正无穷大，半径同样为无穷大，反射系数圆无限接近反射系数平面的横轴。当电抗为负无穷大时，反射系数圆圆心在(1, 0)处，半径为 0。逐渐减小电抗，圆心下移，半径增大。当电抗减小为 0 时，圆心纵坐标为负无穷大，半径同样为无穷大，反射系数圆无限接近反射系数平面的横轴。

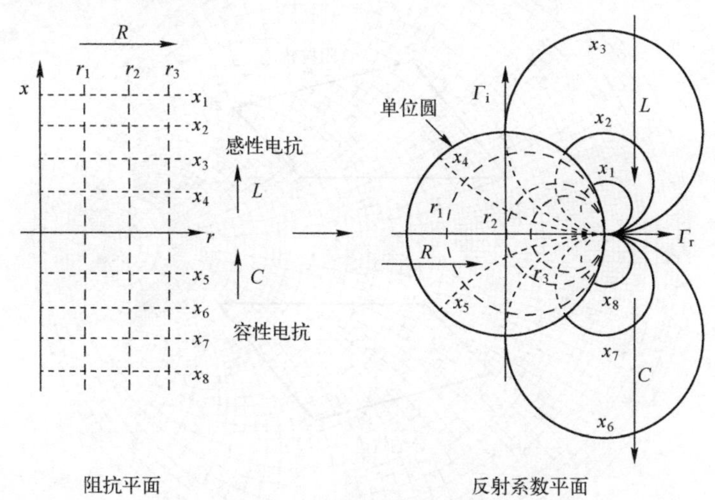


图 2-14　Smith 阻抗圆图

由于反射系数$\Gamma$的模值不会超过 1，因此反射系数平面中的有效范围均在单位圆内，如图 2-14 中的虚线部分所示。在反射系数平面的单位圆内，包含了所有的阻抗取值情况。可以看出，任何横向圆上的电阻相同，任何纵向圆上的电抗相同。对于等电阻圆，即横向圆，顺时针旋转代表电抗增大，即串联电感，逆时针旋转代表电抗减小，即串联电容。

Smith 阻抗圆图可以用来直观化地表征进行阻抗匹配时的各种参数，除了已经讨论过的阻抗圆图，还有反射系数圆图（包括功率反射系数、电压/电流反射系数和回波损耗）、功率传输系数、电压/电流传输系数、驻波比、传输线对阻抗影响的参数表征和稳定性圆图等。

在 Smith 阻抗圆图中，对归一化阻抗圆的电阻和电抗均进行了标注，这些标注的值虽然精度不是很高，但是在进行阻抗匹配时，已经足够使用了（当然这些标注的值主要是为了进行手动绘制匹配网络，在计算机技术尤其发达的今天，已经出现了非常多的 Smith 圆图软件，可以帮助我们进行自动化的阻抗匹配设计）。

在进行阻抗匹配网络设计时，为了不影响电路噪声性能，匹配网络通常采用串联或并联无源电抗或电纳元件来实现。对于串联电抗元件，可以通过阻抗圆图来追踪加入匹配网络后阻抗的变化。但是对于并联电纳元件，还需要进行电纳到电抗的转化才可以使用阻抗圆图。

首先推导一下导纳和反射系数之间的关系。对于归一化导纳 $y$，下式成立：

$$\Gamma=\frac{z-1}{z+1}=\frac{1/y-1}{1/y+1}=-\frac{y-1}{y+1} \tag{2-102}$$

因此在阻抗圆图上同样可以表示导纳，只是需要旋转 180°，也就是阻抗圆图与导纳圆图关于反射系数平面的原点对称。如图 2-15 所示，导纳的运动轨迹和阻抗的运动轨迹关于原点对称。

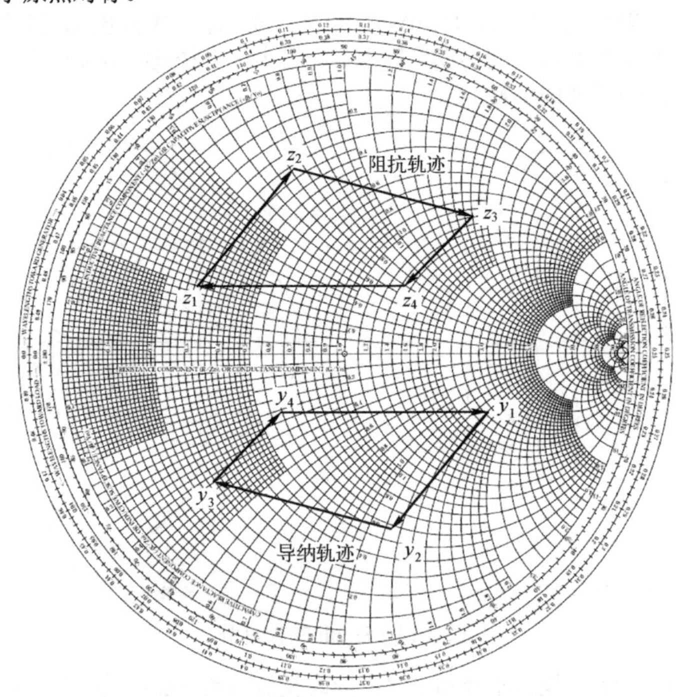


图 2-15 阻抗和导纳在阻抗圆图中的关系

在进行阻抗匹配设计时，为了充分利用 Smith 圆图的直观性，一般都会在阻抗圆图的基础上加入导纳圆图。阻抗圆图和导纳圆图关于原点对称，据此可以给出一个完整的 Smith 圆图，既包含阻抗圆图也包含导纳圆图，如图 2-16 所示。此时在阻抗圆图中的阻抗路径和导纳圆图中的导纳路径相同。在进行阻抗匹配网络的设计时，这种方式可以极大地便利相应的计算过程。同时对于导纳圆图，在等电导圆上顺时针旋转相当于并联电容，逆时针旋转相当于并联电感。由于阻抗轨迹和导纳轨迹在 Smith 圆图中是重叠的，因此对于阻抗或导纳沿传输线的波动情况也是相同的。

根据 Smith 圆图进行阻抗匹配设计需要重点关注以下 5 个方面。

① Smith 圆图包含阻抗圆图和导纳圆图两种，两者根据平面原点对称。Smith 圆图中的任何一点在阻抗圆图中代表归一化阻抗，在导纳圆图中代表归一化导纳，可以从 Smith 圆图中分别读取。

② 由于匹配网络均是由无源电抗或电纳类元件组成的，因此匹配只需要在等电阻圆或等电导圆上移动即可，然后根据移动的电抗或电纳归一化数值计算出相应的去归一化电抗或电纳元件值。需要注意的是，在等电阻圆上移动，意味着串联电抗，在等电导圆上移动，意味着并联电纳。在等电阻圆上顺时针移动，意味着串联电感，逆时针移动意味着串联电容；在等电导圆上顺时针移动，意味着并联电容，逆时针移动

意味着并联电感。

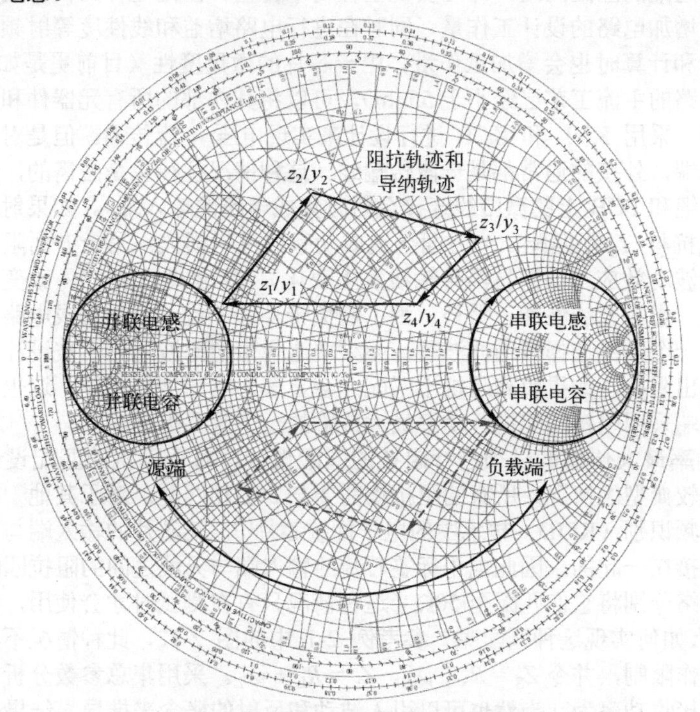


图 2-16　包含阻抗圆图和导纳圆图的完整版 Smith 圆图

③ 反射平面中的原点是最佳匹配点，此时功率无损传输。

④ 对于阻抗圆图，平面右半部分代表电阻部分大于 $Z_0$（典型情况为 50Ω），左半部分代表电阻部分小于 $Z_0$，上半部分电抗为正，下半部分电抗为负。

⑤ 对于导纳圆图，平面右半部分代表电导部分小于 $1/Z_0$，左半部分代表电导部分大于 $1/Z_0$，上半部分电纳为负，下半部分电纳为正。

# 2.4　基于无源匹配网络或微带线的功率传输理论

功率传输理论是寻找系统最大功率传输的一种方法。一个理想的最大功率传输系统可以简单概括为图 2-8 所示：包括源端、源端与电路输入端口的传输线部分、电路部分（双端口网络）、电路输出端口与负载端的传输线部分，以及负载端。其中，源端、电路输入端口、电路输出端口和负载端均应被设计为特征阻抗 $Z_0 = 50\Omega$。

在射频集成电路的设计中，通常是按照图 2-1 所示的架构进行信号传输的，这个传输过程包括功率传输（射频集成电路的输入部分）和电压/电流传输（射频集成电路内部）两部分。电压/电流传输部分在 2.6 节进行分析，本节先讨论功率传输。

大部分读者或许都会有这样的疑问：射频集成电路中信号的传输方式为什么不统一起来，如都用功率传输或都使用电压传输？回答是可以的，如都使用功率传输，只需要按照图 2-8 所示将射频集成电路内部电路模块两端分别设计出在需要频率范围内满足阻抗匹配的匹配网络，即可实现全程功率传输。但是这样的代价是匹配网络的设计会大大增加电路的设计工作量，同时在进行电路增益和线性度等射频集成电路核心指标设计和计算时也会增加工作量。由于芯片的微尺度性（目前更是如此，CMOS射频集成电路的主流工艺已经小于 55nm），可以将其内部的所有元器件和互连导线视为集总模型，采用 KVL 和 KCL 进行设计来实现电压/电流传输。但是对于射频集成电路的输入端，外接的通常都是一段传输线（这种情况往往也是必需的，天线输出端经过同轴电缆和 PCB 上的微带线连接至射频集成电路的输入端）。如果射频集成电路的输入端阻抗与 $Z_0$ 不匹配，一方面会造成功率的反射损失；另一方面阻抗还会在传输线上形成波动效应（即阻抗沿传输线发生变化），参考式（2-35），改变天线输出端口的负载值，影响天线性能。另外，为了避免带外强干扰，射频集成电路一般还会在接收端加入一个频率选择带通滤波器，而频率选择带通滤波器通常被设计为具有 50Ω的输入和输出阻抗，如果负载阻抗不匹配，会显著影响滤波器性能，这也是在射频集成电路输入端采用阻抗匹配进行功率最大传输的一个重要因素。

确保功率最大传输就必须进行阻抗的匹配设计。对于阻抗的匹配设计，上述讨论的都是比较典型的情况，所有的阻抗均需要与 50Ω相匹配。对于其他一些射频集成电路，如射频识别（RFID）技术中的电子标签芯片[3]，其芯片的输入端与天线是通过焊点直接焊接在一起的，因此电子标签芯片的输入端与天线之间的阻抗匹配就不可能通过匹配网络分别将它们匹配至 50Ω（这种情况只有在测试时才会使用，如灵敏度测试等）。那么如何实现这种匹配呢？参考例 2-1 中的图 2-12，此种情况不再对源阻抗和负载阻抗作限制，并令 $Z_S = R_S + jX_S$，$Z_L = R_L + jX_L$。采用集总参数分析方法可以计算出负载端接收功率为（当然也可以引入波动和反射的概念来推导，结果是一样的）

$$P_L = \frac{1}{2}II^*R_L = \frac{E_1^2 R_L}{2(Z_S + Z_L)(Z_S + Z_L)^*} \tag{2-103}$$

为了计算传输功率的极限值，令

$$\frac{\partial P_L}{\partial R_L} = \frac{\partial P_L}{\partial X_L} = 0 \tag{2-104}$$

可得，当满足 $R_S = R_L$，且 $X_S = -X_L$ 时，负载端可以获得最大功率传输。因此在进行标签芯片的阻抗匹配设计时，需要首先测量出标签芯片的输入阻抗，再通过特殊的制作过程将天线的输出阻抗设计为与其共轭匹配。但是需要强调的是，仍然需要设计匹配网络将标签芯片的输入阻抗匹配至 50Ω以方便准确测量各种性能参数。

在这里，有必要强调一下何为最大功率传输，这也是很多初学者刚接触阻抗匹配时比较模糊的地方。这里的"最大"其实就是无反射，是相对于入射功率而言的。由式（2-69）可知，入射功率就是在满足阻抗匹配条件下源阻抗中存在的功率。对于图 2-12 所示功率传输系统，当源阻抗和传输线特征阻抗匹配时，入射功率为 $E_1^2/(8Z_0)$；当负载阻抗与传输线特征阻抗匹配时，反射系数为 0，负载端接收功率等于入射功率，实现了最大功率传输。

**例 2-2** 对于某一射频电路，如果其输入阻抗为 $Z_{in}$，考虑如下两种情况：①天线的输出阻抗为 $Z_{in}^*$；②天线的输出阻抗为 $R_S$，经过匹配网络后的输出阻抗为 $Z_{in}^*$。将两种情况分别接入该射频电路的输入端，如图 2-17 所示，试证明如果到达天线端的信号入射功率是相等的，且天线的增益也相同，那么上述两种情况下传输至射频模块的功率也是相同的。

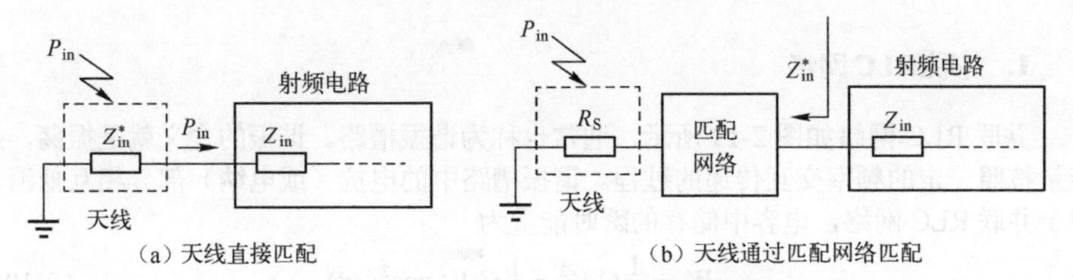


图 2-17　天线与射频电路的匹配情况

**解**：可以采用两种方法进行说明。

① 从功率传输的角度来看，两种匹配方式均会导致功率的无损传输。由于匹配网络通常采用无源元件实现（匹配网络是无损的），因此天线端接收的功率均会无损传输至射频模块中。

② 利用无源网络的互易定理进行求解。

在电路完全匹配的情况下，电路中的无源元件可以忽略（共轭匹配导致电路不受无源元件的影响）。对于天线直接匹配情况而言，天线接收的信号功率均集中在 $\mathrm{Re}(Z_{in}^*)$ 部分，假设天线直接匹配电路中天线的等效模型如图 2-18（a）所示，则完全匹配模式下传输至射频部分的电压幅度为 $E_1/2$，因此可得 $E_1^2=8P_{in}\mathrm{Re}(Z_{in}^*)$。同理将天线通过匹配网络进行匹配的电路进行等效，如图 2-18（b）所示，并假设天线的等效电流源 $I_S$ 从端口 1 流入无源网络，端口 2 为输出端口，端口电压为 $E_2$，根据无源网络互易性定理，当电流源 $I_S$ 从端口 2 流入，则端口 1 的输出电压也为 $E_2$。由于从端口 2 向左看进去的输入阻抗为 $Z_{in}^*$，则无源网络消耗的功率为 $I_S^2\mathrm{Re}(Z_{in}^*)/2$。由于匹配网络不消耗功率，则从端口 2 向左看进去的功耗均集中在电阻 $R_S$ 上，因此 $I_S^2\mathrm{Re}(Z_{in}^*)/2=E_2^2/(2R_S)$，则有 $E_2^2=I_S^2\mathrm{Re}(Z_{in}^*)R_S$。在阻抗匹配的情况下，流经 $R_S$ 的电流为 $I_S/2$，因此 $I_S^2=8P_{in}/R_S$。可以看出，上述两种情况下 $E_1$ 和 $E_2$ 完全相同，因此两种情况下的戴维南等效电路也相同，传输至射频模块的功率也相等。

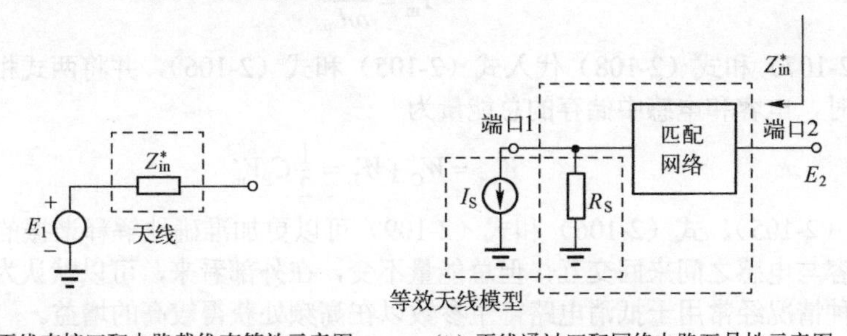


图 2-18　天线匹配电路的戴维南等效和互易性

## 2.4.1　无源 RLC 网络

在进行阻抗匹配设计时，典型情况都是串联或并联电感、电容来实现的，目标是将电路模块的输入阻抗匹配至 50Ω。电路模块的输入阻抗通常为复数，包括电阻部分和电抗部分，与匹配网络共同形成一个无源 RLC 网络，因此有必要首先对两种不同类型的 RLC 网络进行分析，主要目的是帮助读者建立更加直观的概念。

### 1. 并联 RLC 网络

并联 RLC 网络如图 2-19 所示，通常也称为谐振槽路。谐振的含义就是振荡，是能量按照一定的频率交互传递的过程。谐振槽路中的电抗（或电纳）部分相互抵消。对于并联 RLC 网络，电容中储存的瞬时能量为

$$W_C = \frac{1}{2}C_P V_{in}^2 = \frac{1}{2}C_P V_m^2 \cos^2(\omega t) \tag{2-105}$$

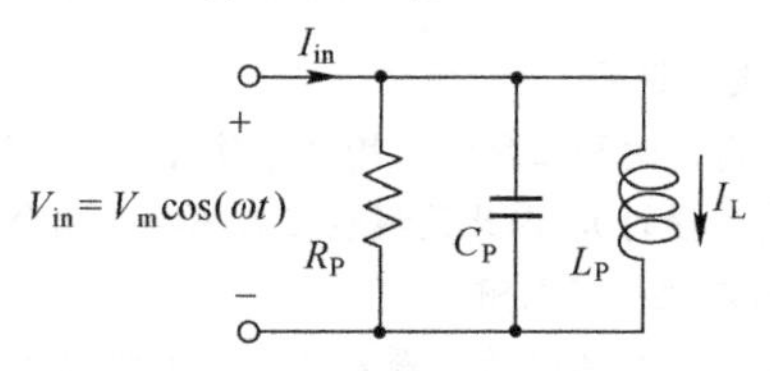


图 2-19 并联 RLC 网络

电感中储存的瞬时能量为

$$W_L = \frac{1}{2}L_P I_L^2 = \frac{1}{2}L_P I_m^2 \sin^2(\omega t) \tag{2-106}$$

式中，电流中的 sin 项主要是由于纯电抗或电纳元件相对于输入电压具有 90°的相移。

对于谐振槽路，振荡频率可以表示为

$$\omega^2 = \omega_0^2 = \frac{1}{L_P C_P} \tag{2-107}$$

电流幅度与电压幅度的关系为

$$I_m = \frac{V_m}{\omega L_P} \tag{2-108}$$

将式（2-107）和式（2-108）代入式（2-105）和式（2-106），并将两式相加，可知网络谐振时，电容和电感中储存的总能量为

$$W_{tot} = W_C + W_L = \frac{1}{2}C_P V_m^2 \tag{2-109}$$

式（2-105）、式（2-106）和式（2-109）可以更加准确地解释谐振的含义，即能量在电容与电感之间来回交互，但总能量不变，在外部看来，可以默认为一个开路元件。这种情况经常用于抵消电路寄生参数以在高频处获得较高的增益。

既然电容和电感是用来储能的，那么电阻就是用来耗能的，其功率（每秒钟耗能量）为

$$P_R = \frac{V_m^2}{2R_P} \tag{2-110}$$

为了衡量网络性能的好坏，定义谐振网络的品质因子 $Q$ 为在频率为 $\omega_0$ 的信号激励下网络储存的能量与每秒耗能之比，并与谐振频率成正比。

$$Q = \omega_0 \frac{W_{tot}}{P_R} = \omega_0 R_P C_P = \frac{R_P}{\omega_0 L_P} = \frac{R_P}{\sqrt{L_P / C_P}} \tag{2-111}$$

$\sqrt{L_P / C_P}$ 的量纲是 Ω，因此 $Q$ 是无量纲的。和传输线中一样，通常称 $\sqrt{L_P / C_P}$

为网络的特征阻抗。可以发现，在网络谐振时，特征阻抗等于容抗或感抗。另外，非常重要的是，品质因子可以衡量一个谐振网络的频率选择特性，并且在阻抗的匹配过程中扮演转换因子的角色。

先来讨论一下 $Q$ 与谐振网络频率选择特性之间的关系，并联 RLC 网络的导纳为

$$Y = G_{\mathrm{P}} + \mathrm{j}\left[\omega_0 C_{\mathrm{P}} - \frac{1}{\omega_0 L_{\mathrm{P}}}\right] \tag{2-112}$$

式中，$G_{\mathrm{P}}$ 为并联电阻的电导。在低频和高频处，该网络相当于一个信号通路，在谐振频率 $\omega_0$ 处，相当于一个纯电阻 $R_{\mathrm{P}}$。现在来考察一下谐振网络在频率稍稍偏离谐振时的特性。首先，令 $\omega = \omega_0 + \Delta\omega$，然后把导纳表达式重写为

$$Y = G_{\mathrm{P}} + \frac{\mathrm{j}C_{\mathrm{P}}}{\omega_0}\left[2\Delta\omega\omega_0 + (\Delta\omega)^2\right] \tag{2-113}$$

当 $\Delta\omega << \omega_0$ 时，这个表达式可以简化为

$$Y \approx G_{\mathrm{P}} + \mathrm{j}2C_{\mathrm{P}}\Delta\omega \tag{2-114}$$

可以很直观地看出，这个导纳的特性完全与一个阻值为 $R_{\mathrm{p}}$ 的电阻和一个容值为 $2C_{\mathrm{p}}$ 的电容并联时的特性相同。由于 $\Delta\omega$ 是在谐振频率 $\omega_0$ 左右摆动的，也就是说如果 $|\Delta\omega| > 0$，则其并联导纳幅度必定增大，意味着阻抗幅度减小，令阻抗幅度减小 3dB 处为其基带带宽，则其基带带宽 BBW 为 $1/(2R_{\mathrm{P}}C_{\mathrm{P}})$，带通带宽 BPW 为基带带宽的 2 倍，因此带通带宽为 $1/(R_{\mathrm{P}}C_{\mathrm{P}})$。如果把带通带宽归一化到谐振频率，会发现一个比较有趣的结果：

$$\frac{\mathrm{BPW}}{\omega_0} = \frac{1}{\omega_0 R_{\mathrm{P}} C_{\mathrm{P}}} = \frac{1}{Q} \tag{2-115}$$

由式（2-115）可知，$Q$ 决定着谐振网络的频率选择特性，较大的 $Q$ 值意味着较好的频率选择性。在进行窄带阻抗匹配时，往往需要追求大的 $Q$ 值。

下面再来分析一下 $Q$ 在阻抗变换时所起的作用。在射频集成电路中，进行阻抗匹配的目的很明确，就是通过阻抗匹配网络将目标阻抗匹配至 50Ω。很明显的，如果将并联 RLC 网络中的电阻和电容变为串联的，并维持对外特性不变，如图 2-20（a）所示，此时流过电感 $L$ 的电流为

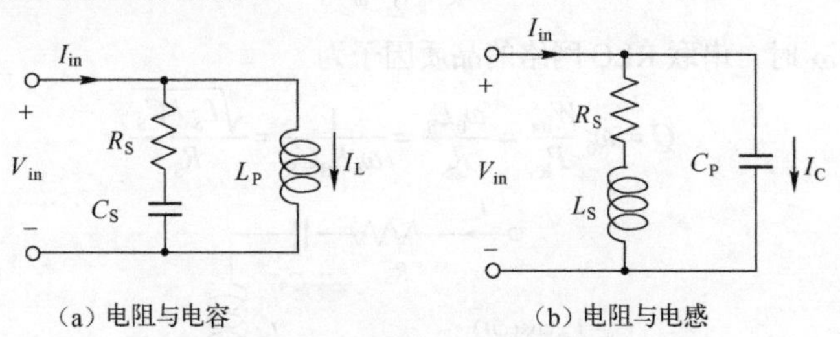


图 2-20　并联至串联阻抗变换

$$I_{\mathrm{L}} = -\mathrm{j}\frac{V_{\mathrm{in}}}{\omega_0 L_{\mathrm{P}}} = -\mathrm{j}\frac{V_{\mathrm{in}} R_{\mathrm{P}}}{\omega_0 L_{\mathrm{P}} R_{\mathrm{P}}} = -\mathrm{j}QI_{\mathrm{in}} \tag{2-116}$$

则下式成立：

$$(I_{in}-I_L)\left[\frac{1}{j\omega_0 C_S}+R_S\right]=V_{in} \tag{2-117}$$

将式（2-116）代入式（2-117）并展开，令实部和虚部分别相等，可得

$$R_S=\frac{R_P}{1+Q^2} \tag{2-118}$$

$$C_S=\frac{1+Q^2}{Q^2}C_P \tag{2-119}$$

当 $Q$ 较大时，有 $R_S\approx R_P/Q^2$，$C_S\approx C_P$。由式（2-118）和式（2-119）可知，通过并联转串联，电阻值变小，电容值近似固定不变（只针对 $Q$ 较大的情况）。对于电感的情况，如图 2-20（b）所示，采用相同的方法进行推导，可得

$$R_S=\frac{R_P}{1+Q^2} \tag{2-120}$$

$$L_S=\frac{Q^2}{1+Q^2}L_P \tag{2-121}$$

为了保证形式的统一性，可以采用如下通用形式来表示电容和电感的并联转串联过程。

$$X_S=\frac{Q^2}{1+Q^2}X_P \tag{2-122}$$

式中，$X$ 为阻抗的虚数部分。

### 2．串联 RLC 网络

串联 RLC 网络（见图 2-21）与并联 RLC 网络的分析方法类似。在串联 RLC 网络发生谐振时，电抗对外相当于短路，能量同样在电容与电感之间来回交互，谐振通路中储存的能量为

$$W_{tot}=\frac{1}{2}L_S I_m^2 \tag{2-123}$$

式中，$I_m$ 为输入电流幅度。电阻 $R_S$ 每秒钟耗能量为

$$P_R=\frac{1}{2}I_m^2 R_S \tag{2-124}$$

则谐振频率为 $\omega_0$ 时，串联 RLC 网络的品质因子为

$$Q=\omega_0\frac{W_{tot}}{P_R}=\frac{\omega_0 L_S}{R_S}=\frac{1}{\omega_0 R_S C_S}=\frac{\sqrt{L_S/C_S}}{R_S} \tag{2-125}$$

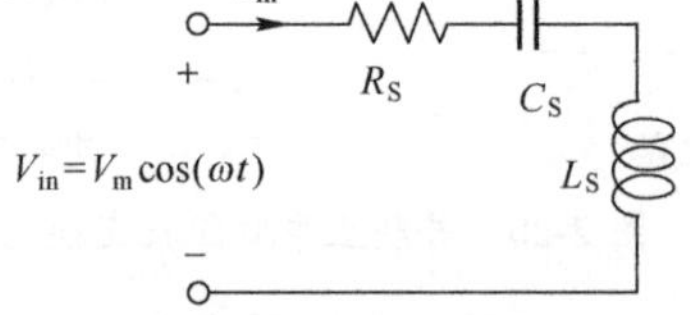

图 2-21 串联 RLC 网络

可以看出，串联 RLC 网络和并联 RLC 网络的品质因子互为倒数，当然这种互为倒

数仅是形式上的。此外，网络的特征阻抗依然和其中的容抗和感抗相关。串联 RLC 网络的品质因子同样也可以衡量网络的频率选择性，并且在阻抗匹配中提供转换因子。

在低频和高频处，串联 RLC 网络相当于开路。在谐振频率附近，且频率偏移 $\Delta\omega \ll \omega_0$ 时，可以将串联 RLC 网络看成一个阻值为 $R_S$ 的电阻和一个电感值为 $2L_S$ 的电感串联，表示为

$$Z \approx R_S + j2L_S\Delta\omega \tag{2-126}$$

$\Delta\omega$ 是在谐振频率 $\omega_0$ 附近左右摆动的，如果 $|\Delta\omega| > 0$，则串联阻抗幅度必定增大。令阻抗幅度增大 3dB 处为串联 RLC 网络基带带宽，则基带带宽为 $R_S/(2L_S)$。带阻带宽 BRW 为基带带宽的 2 倍，因此带阻带宽为 $R_S/L_S$，且有

$$\frac{\text{BRW}}{\omega_0} = \frac{R_S}{\omega_0 L_S} = \frac{1}{Q} \tag{2-127}$$

由上述分析可知，并联 RLC 网络的频率选择特性是带通形式的，而串联 RLC 网络的频率选择特性是带阻形式的。同样，对于二者而言，较大的 $Q$ 意味着更好的频率选择特性。

在进行阻抗匹配变换时，经常遇到的情况除了并联转串联以减小电阻，还经常使用串联转并联以增大电阻的情况，如图 2-22（a）所示。数学推导过程和图 2-20 所示的变换过程相似，只是将建立等式的变量进行互换即可（即电流和电压互换）。同样可得变换后的电阻和电容为

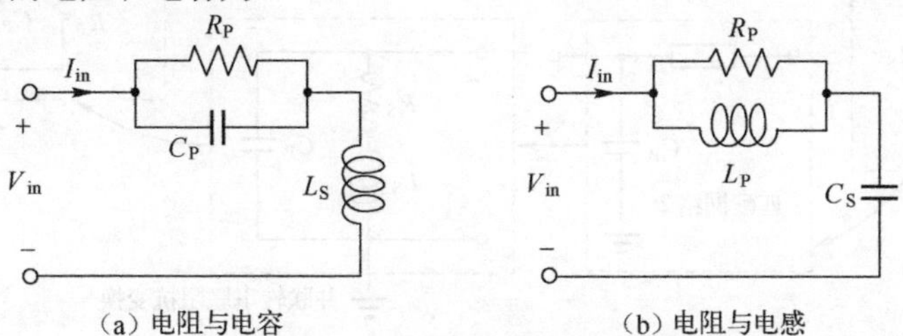


图 2-22　串联至并联阻抗变换

$$R_P = (1+Q^2)R_S \tag{2-128}$$

$$C_P = \frac{Q^2}{1+Q^2}C_S \tag{2-129}$$

对于电感的情况，如图 2-22（b）所示，同理可得

$$R_P = (1+Q^2)R_S \tag{2-130}$$

$$L_P = \frac{1+Q^2}{Q^2}L_S \tag{2-131}$$

电容与电感统一格式后，可表达为

$$X_P = \frac{1+Q^2}{Q^2}X_S \tag{2-132}$$

式中，$X$ 为阻抗的虚数部分。

### 3. 匹配网络

上述已经详细分析了并联 RLC 网络和串联 RLC 网络，再次强调两点：一是高的

品质因子对频率具有更好的选择性（带宽更窄）；二是并联到串联的转换会使电阻减小，串联到并联的转换会使电阻增大，在品质因子较大的情况下，电抗成分近似不变。这两点是进行阻抗匹配网络设计的重要依据，据此可以推导出三种不同的阻抗匹配网络：L 型阻抗匹配网络、T 型阻抗匹配网络和π型阻抗匹配网络。

下面根据上述两点从定性的角度把三种阻抗匹配网络的拓扑结构搭建出来。定量设计需要依靠 Smith 圆图来完成。

在进行阻抗匹配设计时，有两个已知量：频率和目标匹配阻抗（一般为 50Ω）。对于任意给定的阻抗，均可以表示成电阻和电抗的串联或并联两种形式，如图 2-23 和图 2-24 中的负载阻抗所示。目标是通过匹配网络的作用，将负载阻抗变换为图示中的目标阻抗。目标阻抗在给定频率处对外呈现的阻抗为 50Ω。目标阻抗的形式只有两种，如图 2-19 和图 2-21 中所示的并联 RLC 网络和串联 RLC 网络。下面具体介绍匹配网络的拓扑结构。

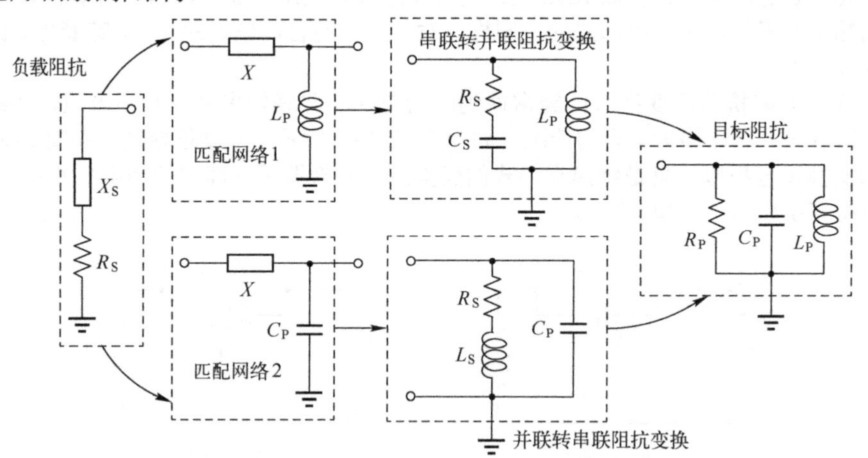


图 2-23 串联形式负载阻抗至并联谐振 RLC 网络的变换过程

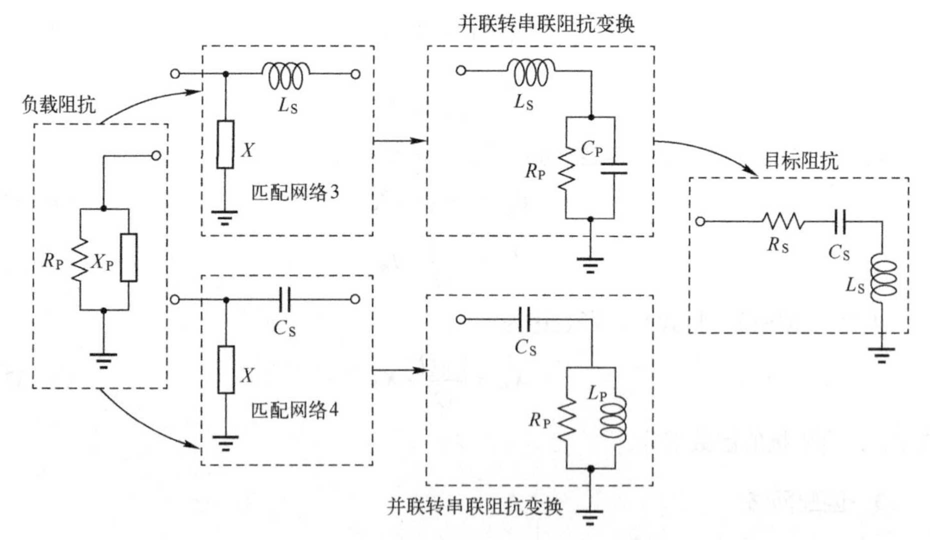


图 2-24 并联形式负载阻抗至串联谐振 RLC 网络的变换过程

采用反推的方法来进行，也就是已知目标阻抗，根据给定的频率要求，反推出匹配网络拓扑图。先来讨论图 2-23 中的变换过程，目标阻抗为并联 RLC 网络，其中 $R_P = 50\Omega$，假设谐振网络的品质因子为 $Q$，则经过并联转串联阻抗变换后，$R_S$ 和 $R_P$ 的关系便由式（2-118）建立起来，$C_S$ 和 $C_P$ 的关系由式（2-119）建立起来。同理，$L_S$ 和 $L_P$ 的关系由式（2-121）建立起来。负载阻抗和两个匹配网络相结合分别形成串联转并联阻抗变换图中的上下两个拓扑结构，因为负载阻抗中的电阻和电抗是预先知道的，且频率也已知，所以根据式（2-118）可以确定品质因子 $Q$，进而根据式（2-111）分别计算出 $C_P$ 和 $L_P$，再由式（2-119）和式（2-121）得出 $C_S$ 和 $L_S$，最后根据负载阻抗中电抗成分的值计算得出两个匹配网络中的电抗，匹配网络中的 $L_P$ 和 $C_P$ 与并联谐振网络中的 $L_P$ 和 $C_P$ 相同。对于图 2-24 中的情况，可以根据相同的方法确定其拓扑结构及对应的元件数值。

已知并联转串联意味着电阻值的减小，串联转并联意味着电阻值的增大，因此当负载阻抗为串联形式时，其中的电阻部分 $R_S$ 必须小于 50Ω；当负载阻抗为并联形式时，其中的电阻部分 $R_P$ 必须大于 50Ω。对于串联时电阻大于 50Ω和并联时电阻小于 50Ω的情况上述并没有分析。其实不难发现，对于第一种情况，先将串联形式转换为并联形式（阻值进一步增大），再利用图 2-24 所示的匹配网络进行并联转串联阻抗变换（通过增大 $Q$ 将阻抗变换至 50Ω）；对于第二种情况，先将并联形式转换为串联形式，再采用图 2-23 所示的匹配网络进行串联转并联阻抗变换即可完成匹配。

因此，阻抗变换过程已经变得非常简单了，即只需要四种不同的拓扑网络便可以完成阻抗的变换，又因为四种不同拓扑中的电抗成分存在正负两种情况，正值对应电感，负值对应电容，因此匹配网络共有 8 种结构。因为匹配网络的 8 种结构从形状上和字母“L”相似，所以通常称为 L 型匹配网络。上述分析还漏掉一种情况，即当串联或并联负载阻抗中的电阻值等于 50Ω时，匹配网络拓扑结构是否会受影响？答案是否定的，只需要在给定频率下在串联结构和并联结构中分别串联和并联适当的电抗形成串联 RLC 谐振网络和并联 RLC 谐振网络即可。此时的 L 型拓扑结构依然适用，只需开路匹配网络 1/2 中的 $C_P$ 和 $L_P$，短路匹配网络 3/4 中的 $L_S$ 和 $C_S$ 即可。

由此可以得出以下结论。对于射频集成电路的输入端，只需在 PCB 上预留出 L 型拓扑的元器件位置，通过仪器测出其输入阻抗，便可以进行匹配网络中元件值参数的计算和确定，最终搭建出所需的匹配网络。对于功率放大器的输出端，在电路设计过程中需要预先知道其输出端的目标负载阻抗（通过负载拉牵引技术确定），通过 L 型匹配网络将天线端或滤波器端的 50Ω输入阻抗通过匹配网络进行阻抗变换（上述变换的反向过程）。

不过，L 型匹配网络虽然简单，但是却存在一个较大的缺点：在对频率选择性能较严苛的情况下往往不能满足要求。主要是因为当负载阻抗中的电阻值确定后，由式（2-118）和式（2-130）可知，品质因子也被确定下来了。如果负载阻抗与目标阻抗中的电阻值相差不大，$Q$ 值就会非常小，导致频率选择性较差。

有效的解决方法就是增加设计的自由度，使品质因子可控。引入一个新的概念：节点品质因子。节点品质因子就是在阻抗变换过程中所产生的中间阻抗具有的品质因子。对于 L 型匹配网络，如果负载阻抗需要经过两次变换才能到目标阻抗网络，那么中间阻抗便是 L 型匹配网络的节点阻抗。不难证明，在一个简单的功率传输系统中（包括源端、匹配网络和负载端），如果采用 L 型匹配网络，功率传输系统的品质因子等于节点品质因子的 1/2（电抗不变：对于并联谐振网络，系统电阻值为节点电阻值的

1/2；对于串联谐振网络，系统电阻值为节点电阻值的 2 倍）。因此如果可以提高节点品质因子，系统的品质因子也会提升，频率选择性就会更好，但是对于 L 型匹配网络，对于确定的负载阻抗，节点品质因子通常是固定的，导致系统品质因子不可控。

需要建立这样的设计直觉：一个系统的品质因子由最大节点品质因子决定。因为信号在系统中的传递是通过系统节点来完成的，这就相当于串联起来工作的滤波器，系统带宽由频率响应最严格（带宽最窄）的滤波器决定。

观察图 2-23 和图 2-24 中的四个匹配网络，匹配网络 1 和 2 可以放大负载阻抗中的电阻值，匹配网络 3 和 4 可以缩小负载阻抗中的电阻值，因此可以将四个匹配网络分别进行如图 2-25 和图 2-26 所示变换，先将阻抗放大再缩小，或者先缩小再放大，引入一个自由度来控制节点的品质因子，进而达到控制系统品质因子的目的。根据形状，分别称匹配网络为 T 型匹配网络和π型匹配网络。另外，由于 L 型匹配网络存在两种不同的拓扑结构，因此如果事先不能确定阻抗情况的话，在 PCB 上是很难确定具体的 L 型匹配拓扑结构的。同时，对于串联时阻抗大于 50Ω（对应图 2-23 中负载阻抗形式）和并联时阻抗小于 50Ω（对应图 2-24 中负载阻抗形式）的情况，L 型匹配网络结构是无法实现阻抗匹配功能的。但是对于 T 型匹配网络和π型匹配网络，由于额外引入了一个自由度，不会存在此类问题，因此一般情况下，PCB 上预留的匹配网络拓扑形状都是这两种类型之一。

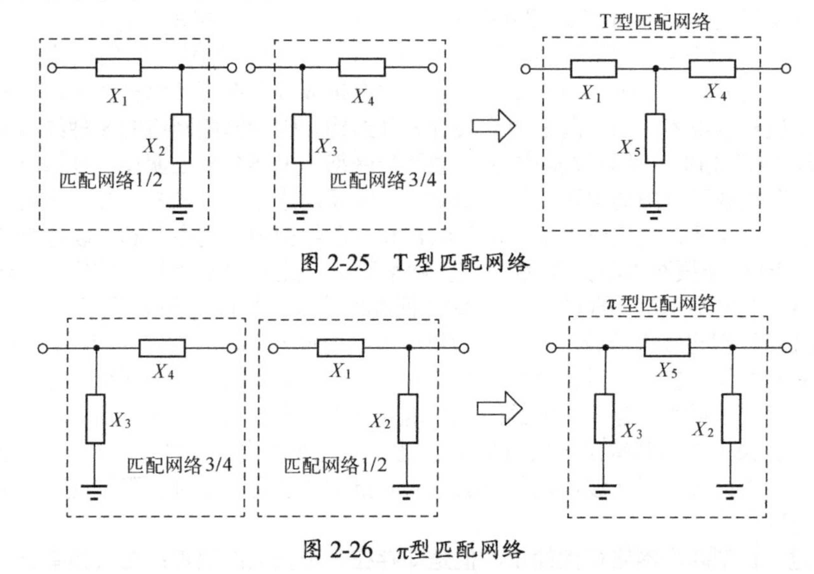


图 2-25 T 型匹配网络



图 2-26 π型匹配网络

可以肯定的是，高性能的匹配网络基本都是使用无源电抗元件搭建出来的，一方面不会引入额外噪声，另一方面也不会产生额外的功耗。需要说明的是，节点品质因子与系统品质因子之间仅具有关联的趋势，无法根据节点品质因子准确地判断系统品质因子，如果对系统匹配的频率选择性带宽有特殊的要求，还需要借助一些滤波器设计工具来进行匹配网络的设计。

## 2.4.2 基于 Smith 圆图的 L 型匹配网络设计

虽然 L 型匹配网络有诸多限制，但是却是理解阻抗匹配最基本的配置方法，因此有必要掌握相关设计方法。进行L型匹配网络设计的具体流程如下：

① 对目标阻抗$Z_0$和负载阻抗$Z_L$归一化，在阻抗圆图中记为$z_0$和$z_L$。

② 分别画出经过$z_0$和$z_L$的等电阻圆和等电导圆。

③ 负载$z_L$等电阻圆/等电导圆与目标阻抗$z_0$等电导圆/等电阻圆的交点个数为L型匹配网络的不同组合个数。从负载阻抗点$z_L$出发，经过交点处，至目标阻抗点$z_0$结束，根据等电阻圆和等电导圆特性分别绘制出不同的L型匹配拓扑结构。

④ 根据运动轨迹和相应等电抗/等电纳圆表征参数，分别记录串并联电抗/电纳元件的归一化数值。

⑤ 去归一化，并根据要求的工作频率，确定L型匹配网络中元件的具体数值。

**例2-3**　已知负载阻抗$Z_L=(20+j65)\Omega$，试采用L型匹配网络将负载阻抗$Z_L$在1GHz频率下匹配至目标阻抗$Z_0=50\Omega$。

① 对负载阻抗和目标阻抗分别进行归一化，有$z_L=Z_L/Z_0=0.4+j1.3$，$z_0=Z_0/Z_0=1$。

② 分别画出经过$z_L$和$z_0$的等电阻圆和等电导圆，共计4个，如图2-27所示。

③ 从交点个数可知，存在四个不同结构的L型匹配网络，可概括为：

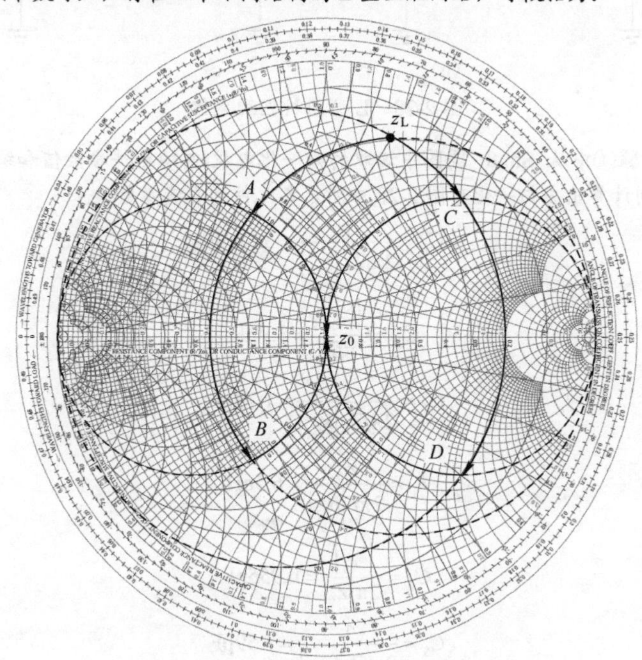


图2-27　L型阻抗匹配网络轨迹图

- 从$z_L$点到$A$点，根据等电阻圆特性为串联电容$C_1$；从$A$点到$z_0$点，根据等电导圆特性为并联电容$C_2$。
- 从$z_L$点到$B$点，根据等电阻圆特性为串联电容$C_3$；从$B$点到$z_0$点，根据等电导圆特性为并联电感$L_1$。
- 从$z_L$点到$C$点，根据等电导圆特性为并联电容$C_4$；从$C$点到$z_0$点，根据等电阻圆特性为串联电容$C_5$。
- 从$z_L$点到$D$点，根据等电导圆特性为并联电容$C_6$；从$D$点到$Z_0$点，根据等电阻圆特性为串联电感$L_2$。

4种L型匹配网络如图2-28所示。

④ 根据运动轨迹和相应等电抗/等电纳圆表征参数，分别记录：

a. 从$z_L$点到$A$点，归一化电抗变量为$x_{C1} = j0.48 - j1.3 = -j0.82$，从$A$点到$Z_0$点，归一化电导变量为$b_{C2} = 0 - (-j1.225) = j1.225$；

b. 从$z_L$点到$B$点，归一化电抗变量为$x_{C3} = -j0.48 - j1.3 = -j1.78$，从$B$点到$Z_0$点，归一化电导变量为$b_{L1} = 0 - (j1.225) = -j1.225$；

c. 从$z_L$点到$C$点，归一化电导变量为$b_{C4} = -j0.4 - (-j0.7) = j0.3$，从$C$点到$z_0$点，归一化电抗变量为$x_{C5} = 0 - (j2.0) = -j2.0$；

d. 从$z_L$点到$D$点，归一化电导变量为$b_{C6} = j0.4 - (-j0.7) = j1.1$，从$D$点到$z_0$点，归一化电抗变量为$x_{L2} = 0 - (-j2.0) = j2.0$。

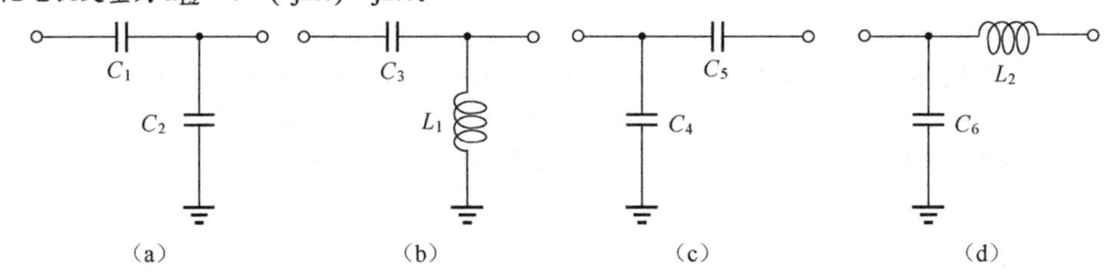


图2-28 L型阻抗匹配网络

⑤ 根据步骤④中从Smith圆图中读取的归一化电抗/电纳元件参数值和给定的频率$f_0$ = 1GHz，可以分别计算出去归一化后图2-28中所示各元件的真实参数值。

$$C_1 = \frac{1}{2\pi f Z_0 \left| x_{C_1} \right|} = 3.88\text{pF}$$

$$C_2 = \frac{\left| b_{C_2} \right|}{2\pi f Z_0} = 3.9\text{pF}$$

$$C_3 = \frac{1}{2\pi f Z_0 \left| x_{C_3} \right|} = 1.79\text{pF}$$

$$L_1 = \frac{Z_0}{2\pi f \left| b_{L_1} \right|} = 6.5\text{nH}$$

$$C_4 = \frac{\left| b_{C_4} \right|}{2\pi f Z_0} = 0.955\text{pF}$$

$$C_5 = \frac{1}{2\pi f Z_0 \left| x_{C_5} \right|} = 1.59\text{pF}$$

$$C_6 = \frac{\left| b_{C_6} \right|}{2\pi f Z_0} = 3.5\text{pF}$$

$$L_2 = \frac{Z_0 \left| x_{L_2} \right|}{2\pi f} = 15.92\text{nH}$$

由图2-27可知：如果负载阻抗处于经过$z_0$的等电阻圆或等电导圆之中，按照上述设计步骤可以很容易地发现，此时等电阻圆与等电导圆仅有两个交点，且L型匹配网络的拓扑结构相同（先并联后串联，或者直接串联），只是元件类型和数值不同。但是如果负载阻抗与目标阻抗处于不同等电阻圆或等电导圆之中，L型匹配网络的拓扑结构则是不同的（先串联后并联或先并联后串联），因此如果事先不知道负载阻抗的具体数值，在设计匹配网络时，就不能确定最终的 L 型匹配网络，在 PCB 上也无法预留确定的焊接空间。

在 2.4.1 节中还提到 L 型匹配网络品质因子无法控制的问题，本节借助 Smith 圆图更直观地对其进行讨论。对于已知的一个节点阻抗，$Z=R+\mathrm{j}X$ 或 $Y=G+\mathrm{j}B$，定义其节点阻抗为

$$Q_{\mathrm{Z}}=\frac{|X|}{R} \tag{2-133}$$

或

$$Q_{\mathrm{Y}}=\frac{|B|}{G} \tag{2-134}$$

联立式（2-98）、式（2-99）、式（2-133），并抵消掉阻抗表达式的实部和虚部，可得

$$\Gamma_{\mathrm{r}}^{2}+\left[\Gamma_{\mathrm{i}}\pm\frac{1}{Q_{\mathrm{Z}}^{2}}\right]^{2}=1+\frac{1}{Q_{\mathrm{Z}}^{2}} \tag{2-135}$$

式中，当节点阻抗的电抗部分为正值时括号中的符号取“+”，当电抗部分为负值时取“–”。

由式（2-135）可以画出 Smith 圆图中的等品质因子圆，如图 2-29 所示。可以证明的是节点阻抗和节点导纳的等品质因子圆是相同的。

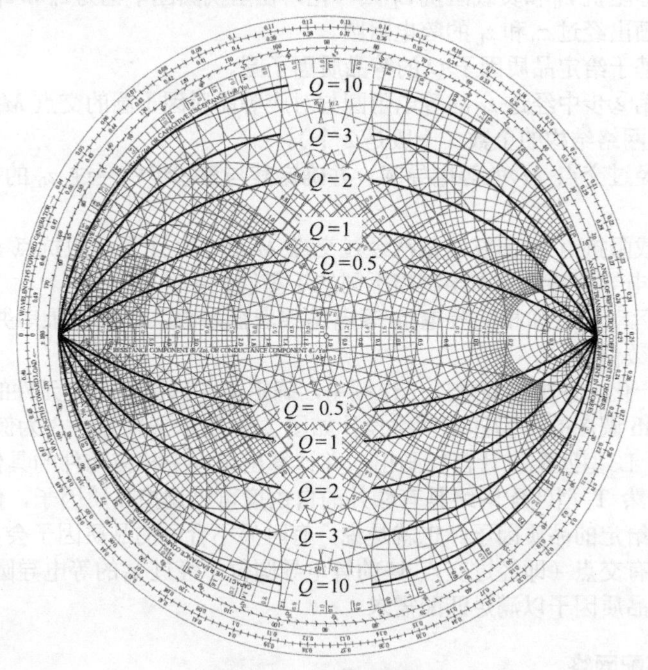


图 2-29　等品质因子圆

由图 2-29 可知，对于例 2-4 的 L 型匹配网络，$A$、$B$ 两点的节点阻抗具有相同的品质因子，$C$、$D$ 两点的节点阻抗具有相同的品质因子。对于给定的负载阻抗，$A$、

$B$、$C$、$D$ 四点的节点品质因子都是固定点的，无法改变，因此 L 型匹配网络的品质因子不具备可调性。

### 2.4.3 基于 Smith 圆图的 T 型匹配网络和π型匹配网络设计

相比于 L 型匹配网络，T 型匹配网络和π型匹配网络具有更高的自由度，可以实现对节点阻抗品质因子的控制，进而使系统的品质因子具备可调性。另外，这两种匹配网络拓扑结构可以实现任意负载阻抗向目标阻抗的匹配变换，因此在大多数射频集成电路的 PCB 应用板上（尤其是没有严格带宽要求的应用中）都会预留这两种拓扑结构的焊接空间。

T 型匹配和π型匹配可以通过对电阻值的增大再减小或减小再增大（增加一个额外的自由度）来控制系统的品质因子，最终控制匹配网络的频率选择特性，目前是进行匹配网络设计的两个主流拓扑结构。T 型匹配网络和π型匹配网络的设计需要预先给出如下条件：负载阻抗 $Z_L$、目标阻抗 $Z_0$、响应频率 $f$ 和系统品质因子 $Q$（节点最高品质因子）。

**1. T 型匹配网络**

T 型匹配网络的拓扑结构如图 2-25 所示，其中的三个元件可能是电容也可能是电感。基于 Smith 圆图进行的 T 型匹配网络设计可以遵循如下步骤进行。

① 对目标阻抗 $Z_0$ 和负载阻抗 $Z_L$ 归一化，在阻抗圆图中记为 $z_0$ 和 $z_L$。

② 分别画出经过 $z_0$ 和 $z_L$ 的等电阻圆。

③ 画出基于给定品质因子 $Q$ 的等品质因子圆。

④ 确定第②步中经过 $z_L$ 的等电阻圆与对应等品质因子圆的交点 $M$，交点的个数决定 T 型匹配网络结构的个数（一般是 2 个）。

⑤ 画出经过交点 $M$ 的等电导圆，并确定其与第②步中经过 $z_0$ 的等电阻圆的交点 $N$。

⑥ 从负载阻抗点 $z_L$ 出发，依次经过交点 $M$ 和 $N$，至目标阻抗点 $z_0$ 结束，根据等电阻圆和等电导圆特性分别绘制出不同的 T 型匹配拓扑结构。

⑦ 根据运动轨迹和相应等电抗/等电纳圆表征参数，分别记录串并联电抗/电纳元件的归一化数值。

⑧ 去归一化，并根据要求的工作频率，确定 T 型匹配网络中元件的具体数值。

基于 Smith 圆图的 T 型匹配网络设计如图 2-30 所示（以 $Q = 3$ 为例），相关拓扑结构可以参考 L 型匹配设计自行画出，并计算出结构中相应元件的具体数值。需要强调的是，虽然 T 型匹配网络具有额外的自由度可以调控品质因子，但是其并不是可以适配任意给定的品质因子。也就是说，有时候不合适的品质因子会导致上述步骤中的第⑤步没有交点（即经过交点 $M$ 的等电导圆位于经过 $z_0$ 的等电导圆的内部），需要适当地调整品质因子以满足匹配需求。

**2. π型匹配网络**

π型匹配网络的拓扑结构如图 2-26 所示，其中的三个元件可能是电容也可能是电感。基于 Smith 圆图进行的π型匹配网络设计可以遵循如下步骤进行。

① 对目标阻抗 $Z_0$ 和负载阻抗 $Z_L$ 归一化，在阻抗圆图中记为 $z_0$ 和 $z_L$。

② 分别画出经过 $z_0$ 和 $z_L$ 的等电导圆。

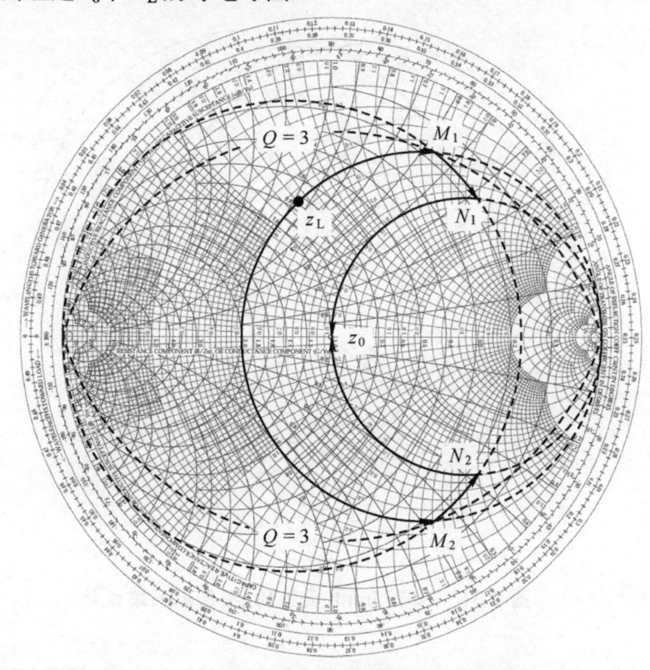


图 2-30　基于 Smith 圆图的 T 型匹配网络设计

③ 画出基于给定品质因子 $Q$ 的等品质因子圆。

④ 确定第②步中经过 $z_L$ 的等电导圆与对应等品质因子圆的交点 $M$，交点的个数决定π型匹配网络结构的个数（一般是 2 个）。

⑤ 画出经过交点 $M$ 的等电阻圆，并确定其与第②步中经过 $z_0$ 的等电导圆的交点 $N$。

⑥ 从负载阻抗点 $z_L$ 出发，依次经过交点 $M$ 和 $N$，至目标阻抗点 $z_0$ 结束，根据等电阻圆和等电导圆特性分别绘制出不同的π型匹配拓扑结构。

⑦ 根据运动轨迹和相应等电抗/等电纳圆表征参数，分别记录串并联电抗/电纳元件的归一化数值。

⑧ 去归一化，并根据要求的工作频率，确定 T 型匹配网络中元件的具体数值。

基于 Smith 圆图的π型匹配网络设计如图 2-31 所示（以 $Q = 3$ 为例），相关拓扑结构读者可以参考 L 型匹配设计自行画出，并计算出结构中相应元件的具体数值。需要强调的是，同 T 型匹配网络类似，π型匹配网络同样不可以适配任意给定的品质因子。也就是说，有时候不合适的品质因子会导致上述步骤中的第⑤步没有交点（即经过交点 $M$ 的等电阻圆位于经过 $z_0$ 的等电阻圆的内部，读者可以自行分析），就需要适当地调整品质因子以满足匹配需求。

至此，在射频集成电路中经常用到的匹配结构便介绍完毕。掌握这三种结构和基本原理，基本可以解决射频集成电路中的大多数匹配问题。当然，上述介绍的三种匹配形式都具有带通的特性，对于频率响应需要低通响应类型或给定具体的带通带宽的一些匹配电路设计，就需要其他的匹配设计方法，有时甚至需借助一些滤波器的设计工具，此处不再赘述。

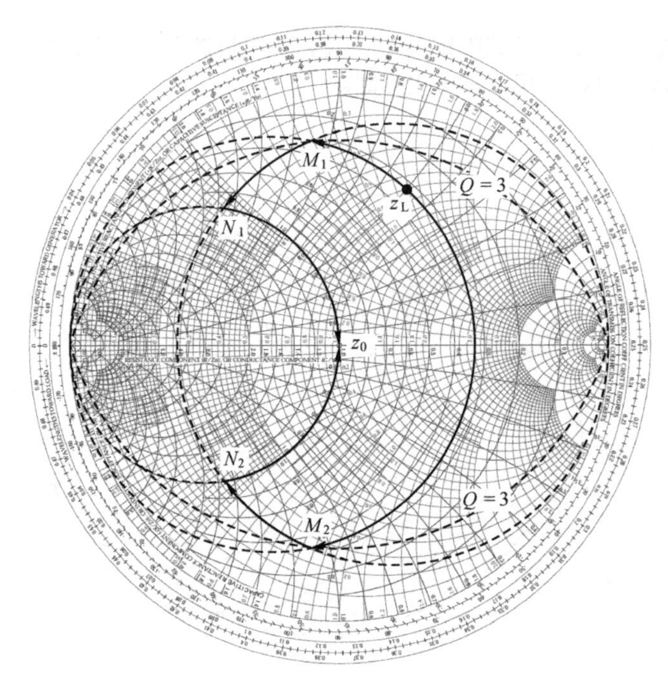


图 2-31 基于 Smith 圆图的π型匹配网络设计

# 2.5 基于 Smith 圆图的微带线匹配网络设计

在射频和微波电路中，微带线匹配是一种经常使用的方法，尤其是处理信号的频率较高时。由于电感和电容元件的寄生效应，在高频处会极大地恶化匹配网络的性能，甚至失去匹配功能，这时可以考虑采用分布式元件来完成阻抗匹配功能，也就是微带线。

与采用集总的电感和电容元件设计匹配网络一样，使用微带线同样具有三种常用的匹配网络拓扑结构：L 型、T 型和π型。设计过程中只需要找到微带线与相应串联或并联电感和电容之间的一一对应关系，并知道微带线参数的计算方法，便可以完成相关匹配设计。

由式（2-44）和式（2-47）可知，可以用终端短路或开路的微带线来模拟并联的电感和电容（短路和开路之间相差λ/4 的传输线长度）。并联终端短路或开路的传输线的阻抗在 Smith 圆图中的运动轨迹与并联集总电感和电容相同，均是沿等电导圆运动，运动方向同样遵循等电导圆特性。

由式（2-35）可知，一个给定的阻抗经过一段传输线后，对外输出阻抗会发生变化，类似于串联电感和电容特性。对于串联集总电感和电容元件，阻抗运动轨迹为一个等电阻圆。但是对于传输线来说，运动轨迹可由式（2-29）反映出来，为一等反射系数圆。因此两者具有很大的差异性，这就决定了在向目标阻抗 $Z_0$ 进行匹配时，最终的一段匹配结构就不能使用传输线进行传输（等反射系数圆与 $Z_0$ 不存在交点）。

也就是说，L 型匹配网络中的并串结构（图 2-24 中的匹配网络拓扑结构）不适用于采用传输线进行匹配的情况，同样 T 型匹配网络也不适用。但是，这并不意味着 L 型匹配网络中的并串结构和 T 型匹配网络不可以用于传输线匹配网络中，如果

目标匹配阻抗不是 $Z_0$，而是其他情况的话，上述结构同样是可以使用的，只是本节中只针对目标匹配阻抗为 $Z_0$ 的情况。

在设计之前，先描述一下使用 Smith 圆图进行微带线阻抗匹配的一些关键点：

① 当匹配方向为负载端向源端时，阻抗沿等反射系数圆顺时针运动，传输线长度可从最外层表征参数值中读取。

② 标识传输线长度的最外层表征参数长度为 $\lambda/2$，正好是一个波动周期。

③ 对于终端为短路的传输线，其阻抗起始点位于单位圆的左极点，导纳起始点位于单位圆的右极点；对于终端为开路的传输线，其阻抗起始点位于单位圆的右极点，导纳起始点位于单位圆的左极点。

设计步骤如下：

① 对目标阻抗 $Z_0$ 和负载阻抗 $Z_L$ 归一化，在阻抗圆图中记为 $z_0$ 和 $z_L$。

② 分别画出经过 $z_L$ 的等反射系数圆和经过 $z_0$ 的等电导圆。

③ 确定第②步中经过 $z_L$ 的等反射系数圆与经过 $z_0$ 的等电导圆的交点 $M$，交点的个数决定微带线 L 型匹配网络的个数（一般为 2 个）。

④ 通过原点分别向 $z_L$ 和交点 $M$ 作直线并延长，并记录下对应的微带线长度表征参数值，依次计算出顺时针旋转的长度，并记为 $l$。$l$ 的计算方法如下：

假设记录的 $z_L$ 点和交点 $M$ 对应的微带线长度分别为 $l_z$ 和 $l_M$，如果 $l_M > l_z$，则微带线长度为 $l = l_M - l_z$；如果 $l_M < l_z$，则微带线长度为 $\lambda/2 - (l_z - l_M)$。$\lambda$ 由式（2-24）表述。

⑤ 从交点 $M$ 出发，到目标阻抗 $z_0$ 结束，根据运动轨迹和相应等电纳圆表征参数，记录并联电纳元件的归一化数值。

⑥ 确定第⑤步中的电纳值在导纳圆图上的位置，并标注其对应的微带线长度 $l_b$。对于终端为短路的微带线，起始位置位于单位圆左极点（微带线长度表征参数为 0）；对于终端为开路的微带线，起始位置位于单位圆右极点（微带线长度表征参数为 $\lambda/4$）。按照第④步的方法计算出从起点位置至 $l_b$ 的顺时针旋转长度。

针对上述设计步骤的设计及匹配网络拓扑结构如图 2-32 所示（具体的计算读者可以自行进行，图示中相关参量已经标注，并联元件用的是终端开路的微带线，对于短路情况，读者也可以自行设计并计算）。同理，基于微带线的 L 型匹配网络的品质因子同样不可调，为了实现品质因子可控，可采用π型网络拓扑结构以增加设计自由度。

微带线π型网络拓扑结构设计过程同采用电感电容的设计过程类似，同样需要预先设定品质因子。下面给出其具体设计过程：

① 对目标阻抗 $Z_0$ 和负载阻抗 $Z_L$ 归一化，在阻抗圆图中记为 $z_0$ 和 $z_L$。

② 分别画出经过 $z_0$ 和 $z_L$ 的等电导圆。

③ 画出基于给定品质因子 $Q$ 的等品质因子圆。

④ 确定第②步中经过 $z_L$ 的等电导圆与对应等品质因子圆的交点 $M$，交点的个数决定π型匹配网络结构的个数（一般是交点个数的 2 倍，即 4 个）。

⑤ 画出经过交点 $M$ 的等反射系数圆。

⑥ 确定第⑤步中经过交点 $M$ 的等反射系数圆与经过 $z_0$ 的等电导圆的交点 $N$，交点的个数决定后面 L 型匹配网络结构的个数（一般是 2 个）。

⑦ 从 $z_L$ 出发，经过 $M$、$N$，到目标匹配阻抗 $z_0$ 结束，分别计算三段微带线的长度。具体计算方法可以参考微带线 L 型匹配网络设计步骤中的④、⑤和⑥。

针对上述设计步骤的设计及匹配网络拓扑结构如图 2-33 所示（并联元件采用的是终端开路的微带线）。与基于电感电容的 T 型或π型匹配网络不同，基于微带线的π

型匹配网络可以适配任意给定的品质因子，主要是因为等反射系数圆与经过 $z_0$ 的等电导圆永远都会有相交点。

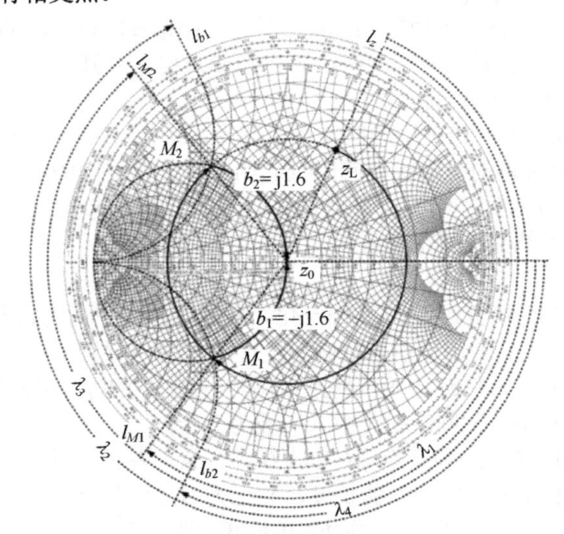


（a）微带线L型匹配网络设计

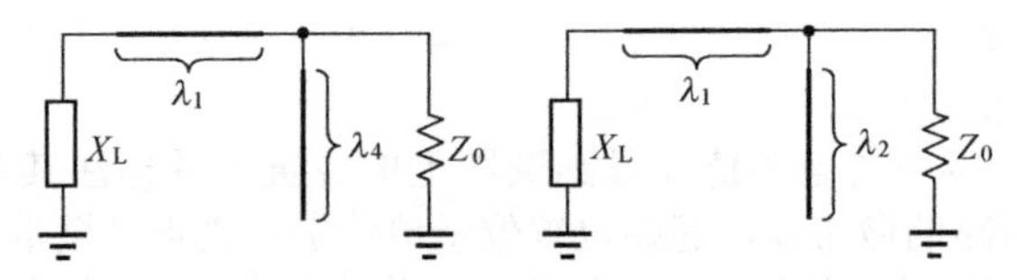


（b）微带线L型匹配网络拓扑结构

图 2-32　微带线 L 型匹配网络

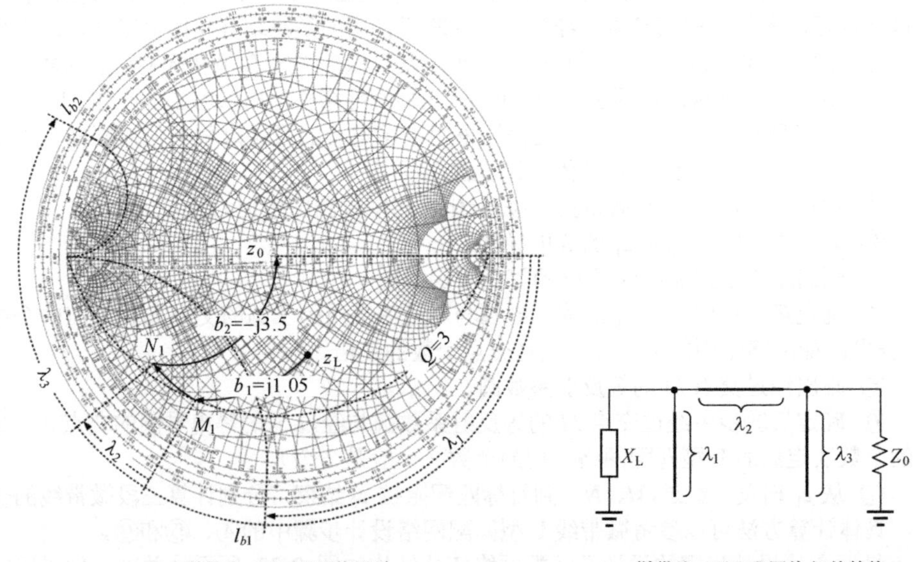


（a）微带线π型匹配网络设计　　（b）微带线π型匹配网络拓扑结构

图 2-33　微带线π型匹配网络

$\lambda/4$ 传输线在射频开关[4]、阻抗匹配等方面具有非常大的优势。在微波领域，由于传输线的长度相对较短，$\lambda/4$ 传输线可以有效地集成在芯片之中。但是，当通信频段降低到厘米波领域，由于物理尺度的限制，很难在芯片内部实现集成时，可以采用π型集总方案替代$\lambda/4$ 传输线，如图 2-34 所示。采用等效集总模型后，从右端向左看进去的阻抗为

$$Z_{\text{in}} = \frac{L/C}{Z_{\text{L}}} \tag{2-136}$$

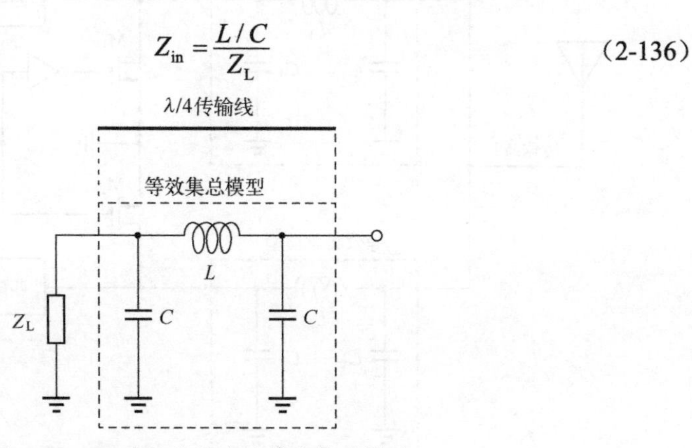


图 2-34　$\lambda/4$ 波长传输线的等效集总模型

将 $d=\lambda/4$ 代入式（2-35）可得

$$Z_{\text{in}}(d) = \frac{Z_0^2}{Z_{\text{L}}} \tag{2-137}$$

当满足 $L/C = Z_0^2$ 时，上述集总模型与$\lambda/4$ 传输线等效。当满足 $Z_{\text{L}}=0$（终端短路）、$Z_{\text{L}}=\infty$（终端开路）时，集总模型的输入阻抗分别呈现开路和短路状态，与$\lambda/4$ 传输线相同。

**例 2-4**　$\lambda/4$ 波长传输线是设计射频开关的有效元件，如图 2-35 所示，试采用集总元件对射频开关中的传输线进行等效。

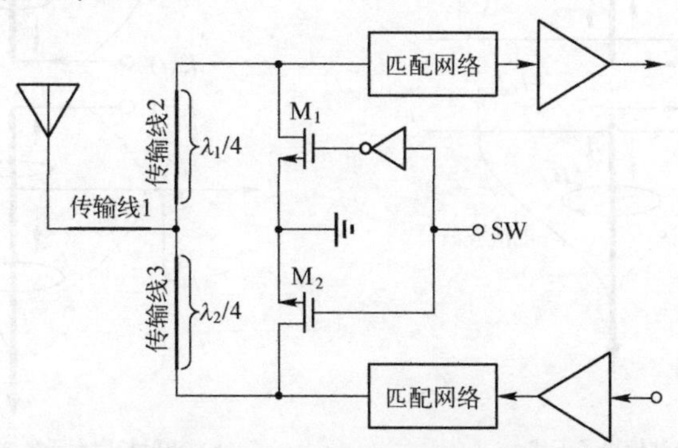


图 2-35　通过$\lambda/4$ 波长传输线搭建的射频开关电路

**解：** 传输线 1 通常为用于馈电的同轴电缆线。传输线 2 和传输线 3 的物理尺度均为$\lambda/4$（接收链路的传输线波长以接收频率为准，发射链路的传输线波长以发射链路为准）。当开关信号为高电平，传输线 3 的下端为短路，上端近似为开路，因此天线信号经传输线 2 无损传输至接收链路。当开关信号为低电平时，传输线 4 的上端为短路，下端近似为开路，因此发射链路

的发射信号经传输线 3 发送至天线，从而实现收发开关的工作功能。在射频频率较低时，由于波长较长，传输线很难在芯片内部集成，可采用集总方案进行替代，如图 2-36 所示。具体原理不再赘述。

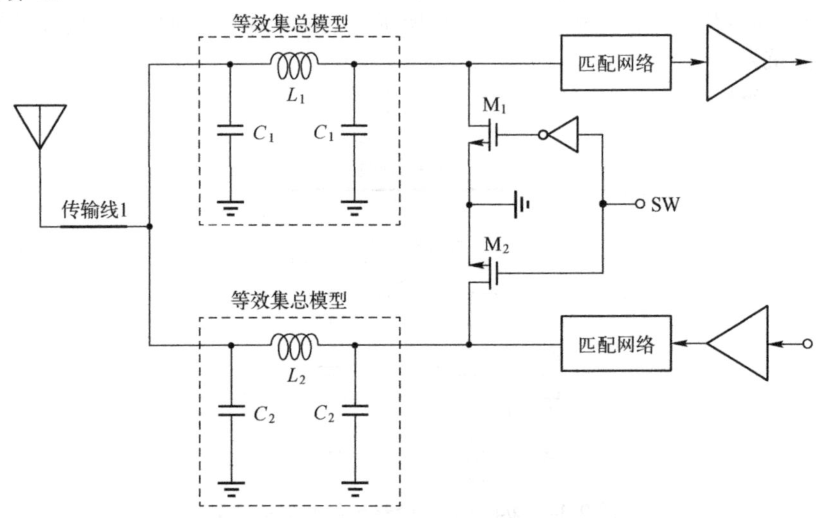


图 2-36 通过$\lambda/4$传输线等效$\pi$型集总模型搭建的射频开关电路

**例 2-5** 偶极子天线辐射图如图 2-37 所示。试说明半波偶极子天线具有最优的对外辐射性能，较长或较短均会降低天线的辐射效果。

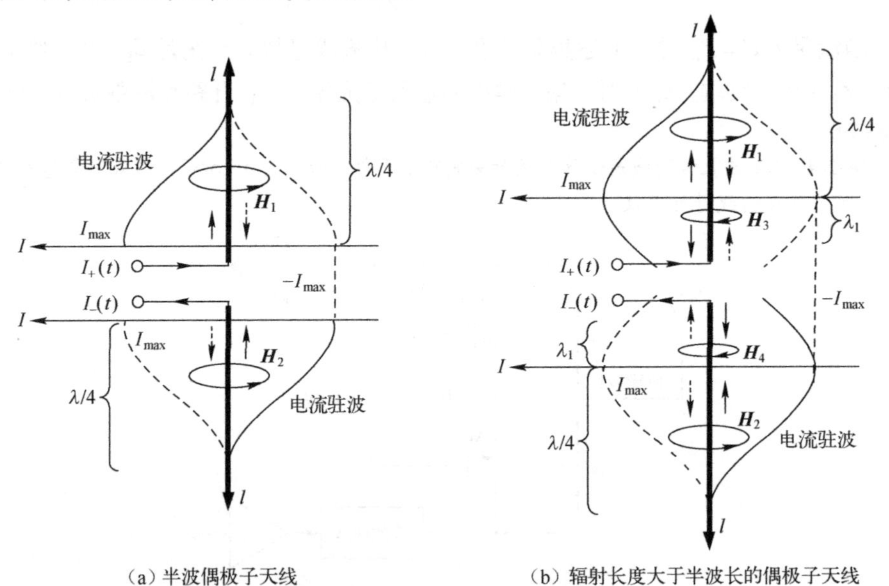


(a) 半波偶极子天线　　(b) 辐射长度大于半波长的偶极子天线

图 2-37 偶极子天线辐射图

**解：** 从直观的角度进行说明：半波偶极子天线的示意图如图 2-37（a）所示。由于半波偶极子天线的上下两端均处于开路状态，根据波动理论，偶极子天线的上下两端电流驻波位于波节状态，中间的两端位于波腹状态，电流流向均为自下向上，产生的磁场 $\boldsymbol{H}_1$ 和 $\boldsymbol{H}_2$ 均为逆时针旋转。如果延长半波偶极子天线的辐射长度，如图 2-37（b）所示，偶极子天线的上下两部分$\lambda/4$ 处与半波偶极子辐射性能相同，但是剩余部分由于驻波的作用会导致相反的电流流向，产生的额外磁场部分 $\boldsymbol{H}_3$ 和 $\boldsymbol{H}_4$ 与 $\boldsymbol{H}_1$ 和 $\boldsymbol{H}_2$ 的旋转方向相反，削弱了天线的辐射作用。

需要说明的是，半波偶极子天线的输入阻抗是一个恒定的常数：$73+\mathrm{j}42.5\Omega$，为了对外提供 50Ω的阻抗，可采取两种措施：①将半波偶极子天线折成“V”字形以减小实部电阻；②由式（2-47）可知，适当地裁剪偶极子天线的长度引入容性电抗抵消输入阻抗中的感性电抗。

# 2.6 射频集成电路中的电压/电流传输理论

本节主要讨论射频集成电路内部的信号传输方式。射频集成电路内部的信号传输方式很少采用功率传输的方式，而是基于电压或电流的传输。这一点是很多射频集成电路的初学者甚至是有一定工程经验的工程师都比较迷惑的地方。

一种简单的解释是，射频集成电路内部元器件和导线都是一种微观尺度元器件。相比于一定频率电磁波的波长，这种微观尺度基本可以忽略不计（1GHz 频率下，电磁波的波长$\lambda = 30\text{cm}$）。因此可以将它们都看成集总元器件，可以采用 KVL、KCL 等对电路之间的互联进行设计和计算，最简单的办法就是开路电压传输和短路电流传输。

本节从分布式传输线理论中波动的角度对电压/电流传输理论进行分析，这也是射频集成电路内部能够进行电压/电流传输的本质原因。下面以电压传输为例进行说明。

在射频集成电路内部，本级电路的输出端通常接下一级电路的晶体管栅极，理想情况下其栅极阻抗为∞，相当于在传输线的终端接了一个阻抗为∞的负载（集成电路内部可以将传输线的长度 $l$ 假设为 0，但这不影响分析）。由图 2-5 和式（2-45）可知，$d = l = 0$，且终端的反射系数$\varGamma_{\text{in0}}$为 1，则在下一级的晶体管栅极产生的电压波动幅度为 $2|A_1|$，频率为输入信号频率。

将电压传输模型简化表达为图 2-12 所示，其中 $Z_\text{S}$ 为本级电路模块输出阻抗，$Z_\text{L}$ 为下一级电路的输入阻抗（近似∞）。回顾一下例 2-1 中的方法 1，可知$|A_1| = |a_1(0)| = E_1/2$，则下一级晶体管栅极的波动电压幅度为 $E_1$。这个结论和直观概念是一样的（采用 KVL 同样可以获得）。

由于晶体管是一个压控电流器件，因此栅极波动的电压产生漏极波动的电流，并在负载端恢复波动的电压，且提供一定的增益。

接下来给出一个直观的 Smith 圆图（见图 2-38）来说明为什么射频集成电路的输入端和输出端不能进行电压的传输，而必须设计复杂的匹配网络进行功率传输的原因。前述已经提到，射频集成电路与天线之间的通信往往都是通过传输线来完成的，中间有时候还需要接入品质因子较高的带通滤波器进行频率预选择。而目前不论是天线还是滤波器，都要求负载端必须接入阻抗为 $Z_0$（一般为 50Ω）的负载，否则它们的性能会大打折扣。也就是说，阻抗为 $Z_0$ 的负载不仅可以保证功率的无损传输，更重要的也是功能电路的一部分。而对于电压传输来说，下一级的输入阻抗一般都接近

∞。经过传输线传输以后，对外阻抗会沿等反射系数圆运动，和 $Z_0$ 相距甚远，此时电路基本已经失去了基本功能。

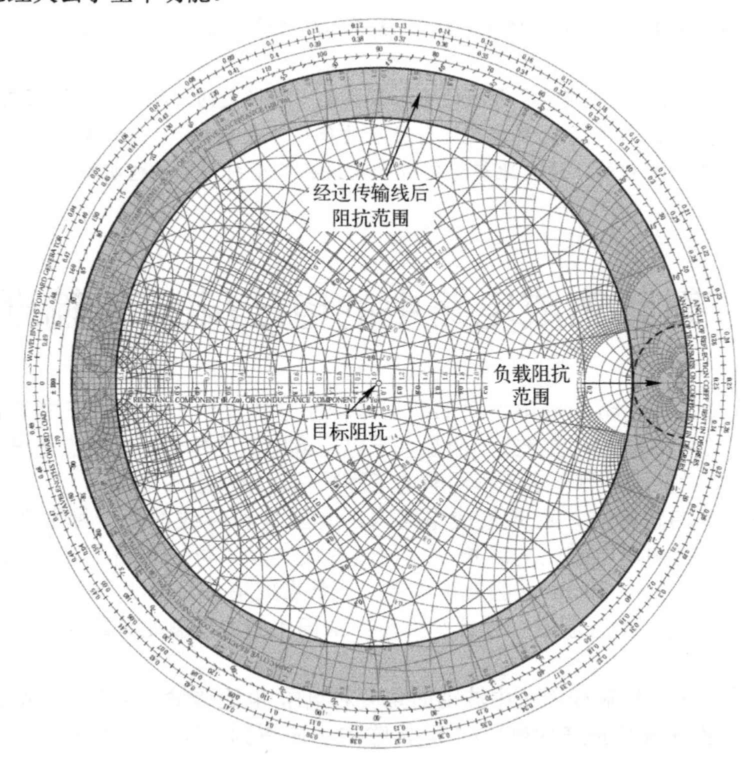


图 2-38　阻抗接近∞时经过传输线后的输出阻抗

# 2.7　射频集成电路稳定性

电路的不稳定性通常都是存在于闭环系统中的，换句话说，绝对开环的电路是绝对稳定的电路。但是，在设计低噪声放大器等射频电路时，也经常用到“稳定性”这个词。令人困惑之处在于：低噪声放大器是开环电路，何来稳定性问题？如果低噪声放大器是一个绝对开环电路的话，那么确实不会存在稳定性问题，但遗憾的是，在设计电路时，输出与输入之间的隔离度并不是无穷大的，尤其是在高频率情况下，串联寄生电容会直接恶化电路的隔离度，引入一个反馈回路，从而引起“开环电路”的稳定性问题。

在设计低频电路时，如运算放大器，以波特图中的增益裕度或相位裕度来衡量运算放大器在闭环后的稳定性问题。这时的运算放大器是绝对开环的（内部寄生效应引入的反馈支路可忽略不计），但是在射频集成电路内部，一般存在较差的隔离度，不可能再按照低频模式下的设计思路，况且对于低噪声放大器这样的电路模块，有时候为了增大阻抗匹配频率范围，还会采用反馈方式来设计，因此需要另外一种方法来评估射频集成电路模块的稳定性问题。

本节主要基于 2.2 节介绍的双端口网络和信号流图理论来评估射频集成电路的稳定性问题，即从信号入射和反射的角度来分析问题，将射频集成电路模块等价为一个双端口网络。对于射频微波电路，即使下一级电路输入端匹配良好，那也仅仅是在一定的频率范围内，在其他频率范围，肯定存在失配甚至是严重失配的情况，因此负载端的信号反射在所难免，所以在进行电路设计时，为了保证绝对稳定，必须刻意地提高隔离度。对于射频集成电路，由于内部采用电压传输，负载端反射系数为 1，因此更好的隔离度设计显得更加的必要。当然这都是一些宏观方面的分析，也是一种有关稳定性的直观解释。

还有一套定量的分析方法来衡量射频电路的稳定性问题，重写式（2-86）和式（2-87），并令传输线长度 $l=0$，则

$$\varGamma_{\text{in}} = S_{11} + \frac{S_{21}S_{12}\varGamma_{\text{L}}}{1-S_{22}\varGamma_{\text{L}}} \tag{2-138}$$

$$\varGamma_{\text{out}} = S_{22} + \frac{S_{21}S_{12}\varGamma_{\text{S}}}{1-S_{11}\varGamma_{\text{S}}} \tag{2-139}$$

可以看出，如果提高隔离度，$S_{12}$ 就会减小，输入/输出反射系数就会近似等于输入/输出散射因子，系统就会更加稳定，因此这个结论是合理的。从定量的角度来分析，设计目标就是让式（2-138）和式（2-139）中的输入反射系数和输出反射系数的模值都小于 1。由反射系数公式（2-34）可知，电路的输入/输出阻抗呈现一个正的电阻值，电路是耗能的，不会自由振荡；但是如果两个反射系数模值大于 1，则输入/输出阻抗呈现一个负的电阻值，电路是产能的，肯定会自由振荡，最终由于入射和反射的平衡，稳定振荡在一个振荡频率点上。

因此，对于一个绝对稳定的射频微波电路或射频集成电路，必须满足如下条件：

$$\left|\varGamma_{\text{in}}\right| < 1 \tag{2-140}$$

$$\left|\varGamma_{\text{out}}\right| < 1 \tag{2-141}$$

临界条件为

$$\left|\varGamma_{\text{in}}\right| = \left|S_{11} + \frac{S_{21}S_{12}\varGamma_{\text{L}}}{1-S_{22}\varGamma_{\text{L}}}\right| = 1 \tag{2-142}$$

$$\left|\varGamma_{\text{out}}\right| = \left|S_{22} + \frac{S_{21}S_{12}\varGamma_{\text{S}}}{1-S_{11}\varGamma_{\text{S}}}\right| = 1 \tag{2-143}$$

对于一个双端口网络，在某一频率点处的散射因子均是固定的，因此能够影响电路稳定性的因素就是源端和负载端的反射系数。可以证明式（2-142）和式（2-143）表示了两条圆曲线，分别是两个临界条件$|\varGamma_{\text{in}}| = 1$ 和$|\varGamma_{\text{out}}| = 1$ 在$\varGamma_{\text{L}}$ 平面和 $\varGamma_{\text{S}}$ 平面的映射圆，称为输出稳定性圆和输入稳定性圆。其中，输出稳定性圆由负载阻抗决定，反映的是双端口网络输入端的稳定性情况，输入稳定性圆由源端内阻决定，反映的是双端口网络输出端的稳定性情况。

输出稳定性圆，$|\varGamma_{\text{in}}| = 1$，$C_{\text{L}}$ 为圆心坐标，$r_{\text{L}}$ 为半径。

$$C_{\text{L}} = \frac{(S_{22} - \varDelta S_{11}^{*})^{*}}{\left|S_{22}\right|^{2} - \left|\varDelta\right|^{2}} \tag{2-144}$$

$$r_L = \left| \frac{S_{12}S_{21}}{|S_{22}|^2 - |\Delta|^2} \right| \tag{2-145}$$

输入稳定性圆，$|\Gamma_{out}| = 1$，$C_S$ 代表圆心坐标，$r_S$ 代表半径。

$$C_S = \frac{(S_{11} - \Delta S_{22}^*)^*}{|S_{11}|^2 - |\Delta|^2} \tag{2-146}$$

$$r_S = \left| \frac{S_{12}S_{21}}{|S_{11}|^2 - |\Delta|^2} \right| \tag{2-147}$$

其中

$$\Delta = S_{11}S_{22} - S_{12}S_{21} \tag{2-148}$$

输出/输入稳定性圆与$\Gamma_L/\Gamma_S$平面中$|\Gamma_L| = |\Gamma_S| = 1$等反射系数圆的4种相交情况如图2-39所示。

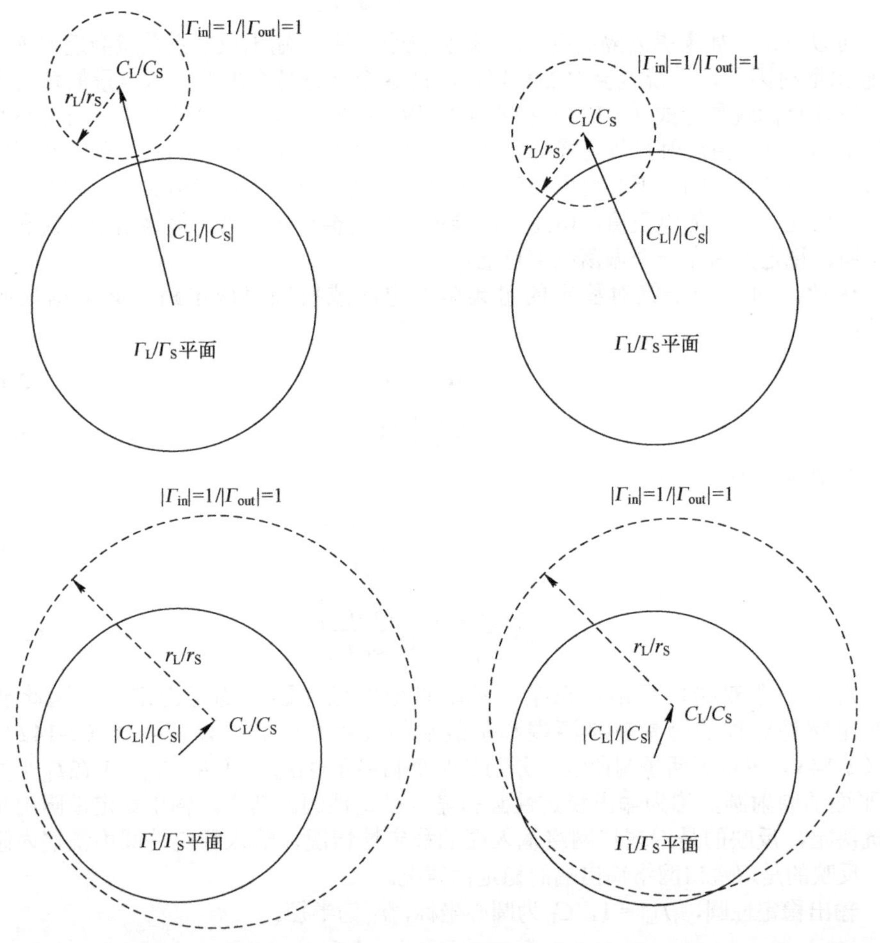


图 2-39 输出/输入稳定性圆与$\Gamma_L/\Gamma_S$平面中$|\Gamma_L| = |\Gamma_S| = 1$等反射系数圆的4种相交情况

对于双端口网络，默认$|S_{11}| < 1$与$|S_{22}| < 1$恒成立，该条件在绝大多数情况下都是

满足的。因此，在$\Gamma_L/\Gamma_S$平面原点处，$|\Gamma_L| = |\Gamma_S| = 0$、$|\Gamma_{in}| = |S_{11}| < 1$和$|\Gamma_{out}| = |S_{22}| < 1$，可以据此判定：如果输出/输入稳定性圆不包含$\Gamma_L$、$\Gamma_S$平面原点，则输出/输入稳定性圆内部属于不稳定区域，外部属于稳定区域；如果输出/输入稳定性圆包含$\Gamma_L/\Gamma_S$平面原点，则输出/输入稳定性圆内部属于稳定区域，外部属于不稳定区域。图 2-39 中所示 4 种情况，只有左上和左下两种情况属于无条件稳定情况。据此可以列出满足电路输入/输出无条件稳定的充分必要条件为

$$|C_L| - r_L > 1,\quad |C_S| - r_S > 1 \tag{2-149}$$

或

$$r_L - |C_L| > 1,\quad r_S - |C_S| > 1 \tag{2-150}$$

两个条件均可以推导出同一个结果，即

$$|\Delta| = |S_{11}S_{22} - S_{12}S_{21}| < 1 \tag{2-151}$$

$$K = \frac{1 - |S_{11}|^2 - |S_{22}|^2 + |\Delta|^2}{2|S_{12}||S_{21}|} > 1 \tag{2-152}$$

式中，$K$为稳定性判别因子。

上述已经讨论过，双端口网络的相关散射因子在设计时是可以通过仿真获得的。如果计算量足够，可以遍历足够宽的频率范围（不同的频率往往散射因子不同，因此在进行稳定性设计时，有必要对频率进行扫描），仿真在不同频率下电路的潜在不稳定性，并有针对性地解决。常用的方法是在电路输入端或输出端串联或联一定阻值的电阻，下面举例说明。

如图 2-40 所示，在某一频率下仿真的输入稳定性圆与$\Gamma_L/\Gamma_S$平面中$|\Gamma_L| = 1$的等反射系数圆有交点，电路在该频点下处于有条件稳定，试通过在输出端串联或并联一个电阻使电路在该频率下变为无条件稳定。

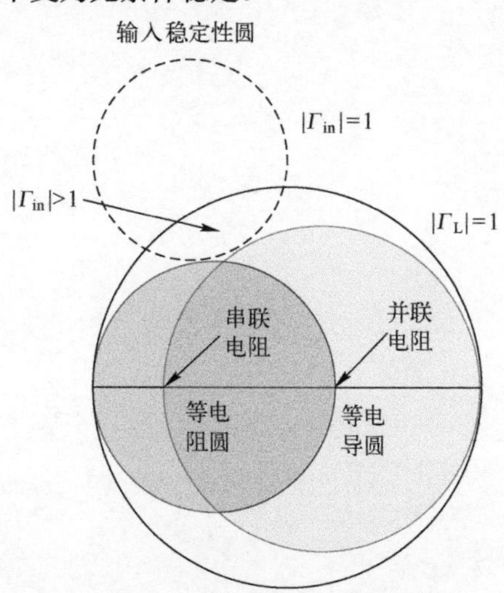


图 2-40　串联或并联电阻改善电路稳定性

由图示可知，在某一频率下，输入稳定性圆与$\Gamma_L$平面中$|\Gamma_L| = 1$的等反射系数圆存在交叠范围，意味着如果负载阻抗在该频率下正好落入这一区间，电路便会自激振

荡起来。为了避免该情况的出现，假设负载阻抗是无源的，则有 $\mathrm{Re}(Z_L) \geqslant 0$。如果通过串联一定的阻抗可以使$|\Gamma_L|$均落入图示中的等电阻圆内（等电阻圆与输出稳定性圆相切），系统便会无条件稳定，此时等电阻圆对应的电阻值便是要串联的电阻值。同理对于并联电阻的形式，可以通过计算等电导圆（同样与输出稳定性圆相切）对应的电阻值来计算。

需要说明的是，上述做法会恶化电路性能，如恶化噪声系数，降低电路增益等。并且在窄带匹配情况下，还会明显地改变电路的 $Q$ 值，从而改变匹配带宽。因此在窄带设计时，为了追求更好的稳定性，通常都会在电路输出端采用并联的 RLC 网络作增益负载，在谐振频率处，增益最大，在其他频率处，通过进一步降低增益来提升电路稳定性。

## 参考文献

[1] 王淑艳. 全集成连续时间有源滤波器的设计 [D]. 天津: 天津大学, 2005.

[2] SMITH P H. An improved transmission line calculator [J]. Electronics, 1944, 17(1): 130.

[3] LI S T, LI C, YAN D, et al. A -20 dBm passive UHF RFID Tag IC with MTP NVM in 0.13-μm CMOS process [J]. IEEE Transactions on Circuits and Systems-I: Regular Papers, 2020, 67(12): 4566-4579.

[4] 池保勇, 马凯学, 虞小鹏. 硅基毫米波集成电路与系统 [M]. 北京: 科学出版社, 2020.

# 第3章 射频集成电路频域分析

我们看到的世界都以时间标定和贯穿，日出日落、花开花谢、春夏秋冬、生命代谢都很直观地和时间建立起了联系。我们称这种以时间作为参照来观察动态世界的方法为时域分析。我们也想当然地认为，世间万物都在随着时间不停地改变，并且永远不会静止下来。如果换一个角度观察，就会发现世界也可以是永恒不变的。任何时域的动态行为都会存在一定的规律性（即使是完全随机的行为也可以采用统计学的方法找出规律性）。这个规律性组成了一个完全不同于时域的静止世界。这个静止世界通常可以在频域获得。频域最重要的性质是，它不是真实的，是一个遵循特定规则的数学范畴。频域分析可以将动态的时域分析静态化，可以更加直观地捕捉一个复杂系统的本质。

在信号处理领域，频域是一个基本域，可以清晰反映信号与响应系统之间的作用结果。在进行射频集成电路设计、仿真及测试时，多数都是从频域角度出发，包括射频收发机的架构选取及频率规划、滤波器的带宽选取和结构设计、噪声系数的计算、线性性能的分析等。具备立足频域的射频集成电路分析及设计能力就显得尤为重要。

本章试图用较为通俗的语言和简单的数学模型建立时域和频域之间的桥梁，尽量避开晦涩的数学推导过程，呈现内含的基本物理意义，帮助读者建立基于频域的射频集成电路设计概念。

## 3.1 系统

在信号处理理论中，系统是指能加工、变换信号的实体。一个典型的系统通常至少包含输入和输出两个端口。根据输入与输出之间的关系，系统可分为线性时不变系统、线性时变系统、非线性时不变系统和非线性时变系统。

线性系统是指同时满足叠加性和均匀性（又称齐次性）的系统。叠加性是指当多个输入信号共同作用于系统输入端时，总的输出等于每个输入单独作用时产生的输出之和。均匀性是指当输入信号增大若干倍时，输出也相应增大同样的倍数。

线性系统叠加性和均匀性的数学模型可描述如下：存在若干个输入信号 $x_1(t) \sim x_n(t)$， $n \in \mathbb{Z}$，经过线性系统后的输出为 $y_1(t) \sim y_n(t)$，即

$$y_m(t)=T[x_m(t)], m=1,2,\cdots,n \tag{3-1}$$

将输入信号分别乘以系数 $a_1 \sim a_n$ ，累加后输入至线性系统，线性系统的输出为

$$y(t)=T\left[\sum_{m=1}^{n}a_m x_m(t)\right]=\sum_{m=1}^{n}a_m y_m(t) \tag{3-2}$$

时不变系统是指特性不因时间变化而变化的系统。时不变系统的输出响应仅与输入信号有关，与输入信号注入时刻无关，即输入的延时对应输出的等长延时。时变系统是指输入信号中一个或一个以上的参数随时间变化，导致输出响应也随时间而变化的系统。时变系统的输出响应不仅与输入信号有关，也与输入信号注入时刻有关。

时不变系统的等长延时性数学模型：存在输入信号 $x_1(t)$ ，经过时不变系统后的输出响应为 $y_1(t)$ ，即

$$y_1(t)=T[x_1(t)] \tag{3-3}$$

将输入信号进行适当延时 $t_0$ ，输入至时不变系统，时不变系统的输出为

$$y(t)=T[x_1(t-t_0)]=y_1(t-t_0) \tag{3-4}$$

线性系统强调叠加性和均匀性，时不变系统强调等长延时性。在进行射频集成电路设计时，绝大部分电路模块均可以看作线性时不变系统。线性时不变系统的最大特点是频率成分的完全复制性，就是既不存在频谱增生或减少，也不存在频率搬移的情况。这是进行射频集成电路架构设计和频率规划的基础。当然射频集成电路不是一个完全的线性时不变系统，其内部需要一个非线性或时变系统模块来完成上/下变频功能。由于非线性系统通常会导致频谱增生效应，因此一般情况下均采用线性时变模块来完成变频功能。

# 3.2 系统响应与传输函数

线性时不变系统的响应为单位冲激响应，即当单位冲激信号作用于输入端时，输出端在时域的表现形式。

对于模拟域连续时间系统，单位冲激信号具有如下特性：

$$\int_{-\infty}^{+\infty}\delta(t)\mathrm{d}t=1;\ \delta(t)=0, t\neq 0 \tag{3-5}$$

对于数字域离散时间系统，单位冲激信号可以用单位脉冲信号来表示，具有如下特性：

$$\delta(n)=1, n=0;\ \delta(n)=0, n\neq 0;\ n\in\mathbb{Z} \tag{3-6}$$

离散时间系统的单位冲激信号是对采样周期进行归一化后的结果（见附录 1，各种连续域的时频变换在离散域均需要对采样周期进行归一化）。为了更加形象地解释系统的单位冲激响应，本章避免采用纯粹的数学推导过程，以图形为主进行说明。以一个经过采样保持的连续时间三角脉冲信号 $x(t)$ 为例，其采样保持过程等效示意图如图 3-1 所示。经过采样保持后的三角脉冲信号可以分为 9 部分，每部分均可以等价为一个时间宽度为 $T_0$ 的脉冲信号，其中 $T_0$ 为采样周期。以第一个采样保持脉冲作为 0 时刻时间参考，并令 $u(t)$ 为单位脉冲响应，有

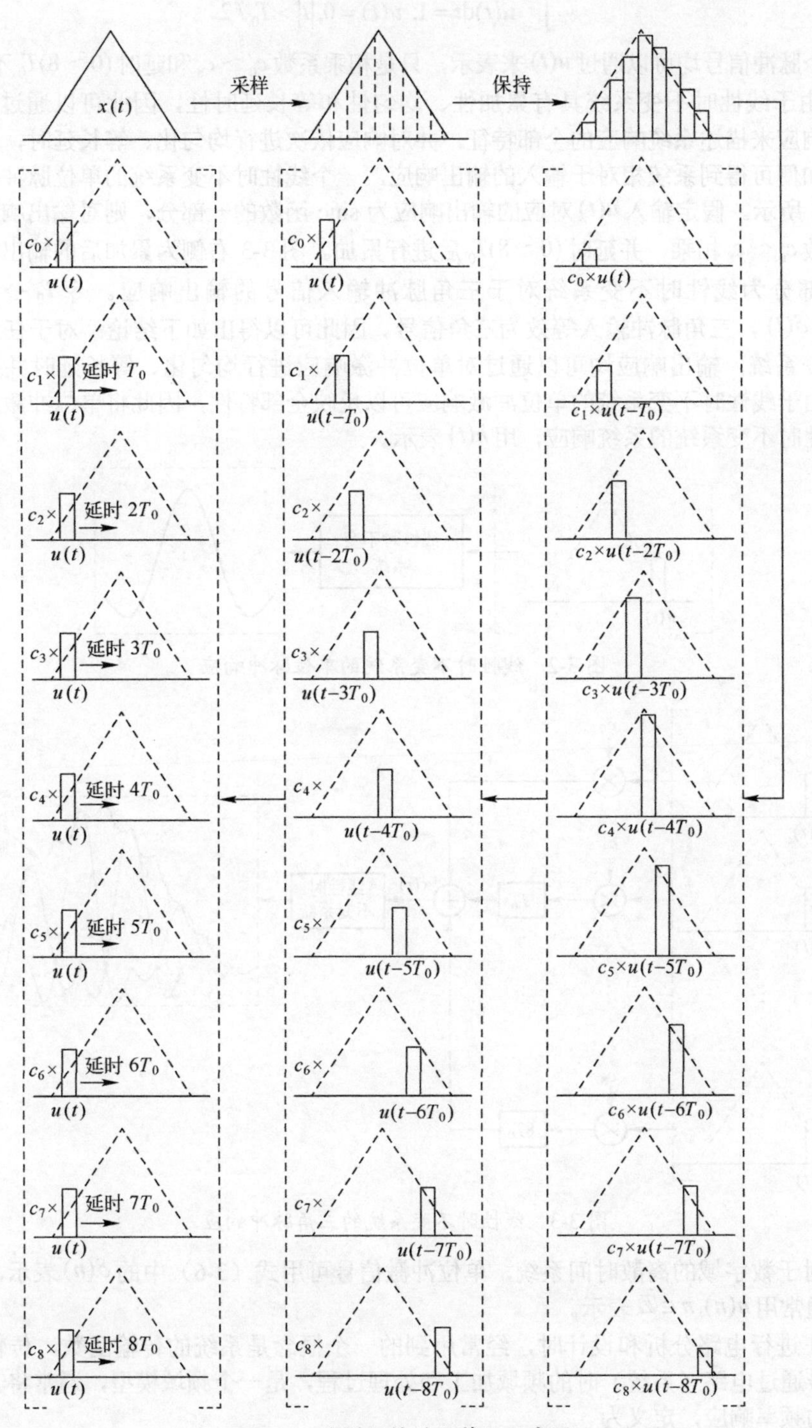


图 3-1 采样保持过程等效示意图

$$\int_{-\infty}^{+\infty} u(t)\mathrm{d}t = 1;\ u(t) = 0, |t| > T_0/2 \tag{3-7}$$

即 9 个脉冲信号均可以通过$u(t)$来表示，只是相乘系数$c_0 \sim c_8$和延时$(0\sim8)T_0$不同。

由于线性时不变系统具有累加性、均匀性和等长延时性，因此可以通过$u(t)$的输出响应来描述系统响应的全部特征，并对响应依次进行均匀化、等长延时，最终进行累加便可得到系统相对于输入的输出响应。一个线性时不变系统的单位脉冲响应如图 3-2 所示。假定输入$u(t)$对应的输出响应为 sinc 函数的一部分，则对输出响应分别与系数$c_0 \sim c_8$相乘，并延时$(0\sim8)T_0$后进行累加。图 3-3 右侧为累加后的输出响应，虚线部分为线性时不变系统对于三角脉冲输入信号的输出响应。令$T_0 \to 0$，有$u(t) = \delta(t)$，三角脉冲输入等效为三角信号。因此可以得出如下结论：对于任意线性时不变系统，输出响应均可以通过对单位冲激响应进行均匀化、等长延时并累加得到。由于线性时不变系统的单位冲激响应可以反映全部特性，因此将单位冲激响应称为线性时不变系统的系统响应，用$h(t)$表示。

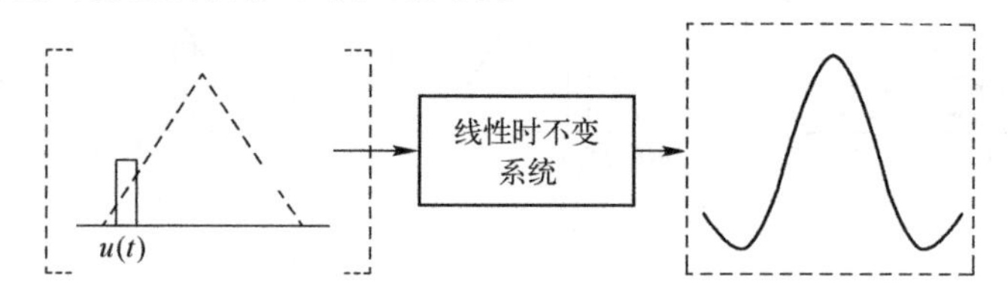


图 3-2 线性时不变系统的单位脉冲响应

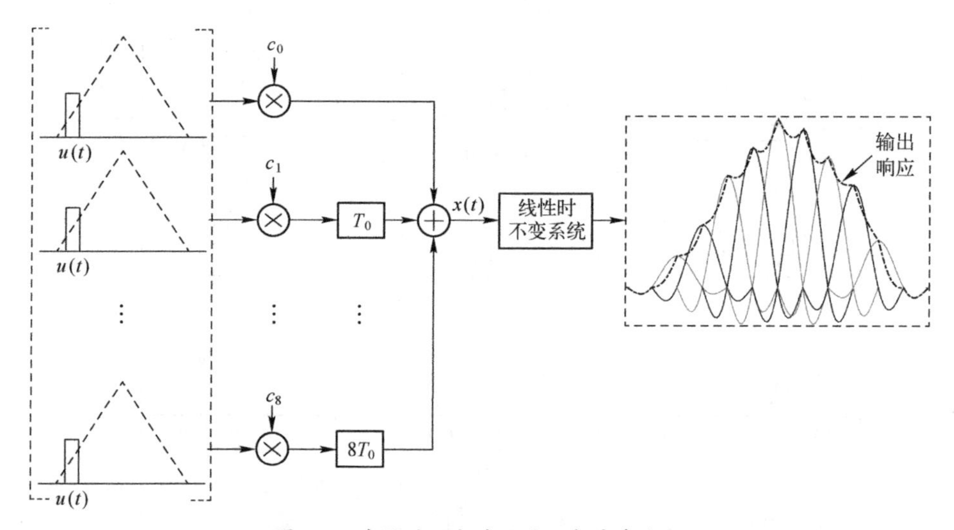


图 3-3 线性时不变系统的三角脉冲响应

对于数字域的离散时间系统，单位冲激信号可用式（3-6）中的$\delta(n)$表示，系统响应通常用$h(n), n \in \mathbb{Z}$表示。

在进行电路分析和设计时，经常用到的一个概念是系统的传输函数。传输函数为信号通过电路（系统）时的频域加工和处理过程，是一个频域模型，通常将其称为系统的频率响应，定义为

$$F_h(\omega) = \mathbb{F}[h(t)],\ F_h(s) = \mathbb{L}[h(t)] \tag{3-8}$$

式中，$\mathbb{F}$ 和 $\mathbb{L}$ 分别代表傅里叶变换和拉普拉斯变换。对于数字域的离散时间系统，系统的频率相应可表示为

$$F_h(z) = \mathbb{Z}\left[h(n)\right] \tag{3-9}$$

式中，$\mathbb{Z}$ 代表 $Z$ 变换。

至此，上面已经讨论了系统响应和传输函数（系统频率响应），它们均可表征一个线性时不变系统的全部特性，只是一个在时域进行描述，一个在频域进行描述。定义系统响应和传输函数的目的是期望输出响应能够分别与输入信号的时域和频域表达式通过数学运算建立联系，通过这种联系可以直接计算对应的输出响应在时域和频域的表达式。

# 3.3　卷积和乘积

图 3-3 通过图示方式说明了一个给定信号输入至线性时不变系统时的具体计算过程。该过程虽然便于理解，但是并不容易提炼出一个具体的数学表达式来建立输入信号和系统响应之间的联系，输出响应也就无从得知。不妨换一个角度，从数字域的离散时间系统着手分析。

线性时不变离散时间系统的单位冲激响应如图 3-4 所示。假设输出端存在 7 个有限的响应值，分别为 $h[0]\sim h[6]$。不失一般性，仅讨论三角脉冲的前三个离散采样点 $x[0]\sim x[2]$，其中

$$x[n] = \sum_{m=0}^{2} x[m]\times\delta[n-m] \tag{3-10}$$

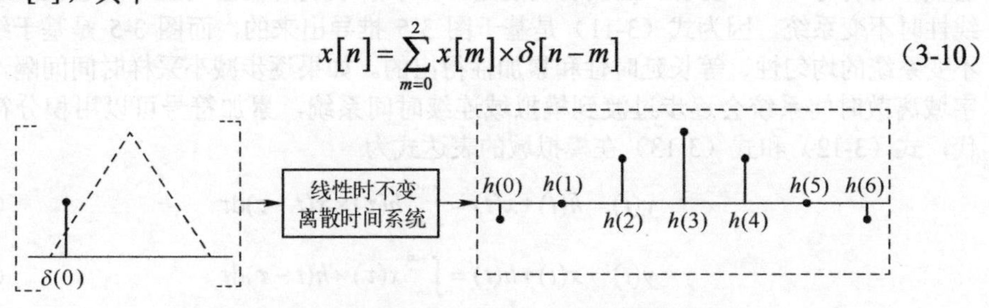


图 3-4　线性时不变离散时间系统的单位冲激响应

式中，$n,m\in[0,1,2]$。经过线性时不变离散时间系统后，具体响应过程如图 3-5 所示。其中，$Z^{-1}$ 和 $Z^{-2}$ 分别表示延时 1 个和 2 个采样时钟周期。令 $y(n)$ 代表系统的输出响应，则

$$\begin{aligned}
y[0] &= x[0]\times h[0] \\
y[1] &= x[0]\times h[1] + x[1]\times h[0] \\
y[2] &= x[0]\times h[2] + x[1]\times h[1] + x[2]\times h[0] \\
&\cdots \\
y[6] &= x[0]\times h[6] + x[1]\times h[5] + x[2]\times h[4] \\
y[7] &= x[1]\times h[6] + x[2]\times h[5] \\
y[8] &= x[2]\times h[6]
\end{aligned} \tag{3-11}$$

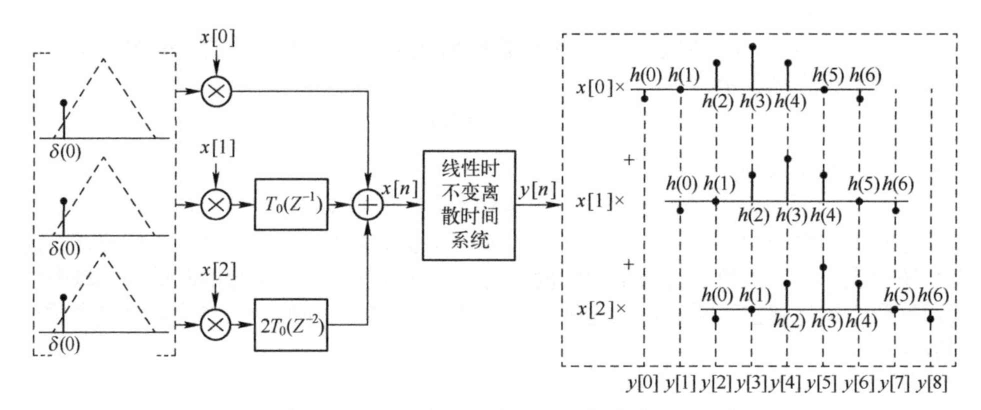


图 3-5 线性时不变离散时间系统的三角脉冲响应（部分）

根据式（3-11），可以得到如下表达式：

$$y[n]=\sum_{m=-\infty}^{+\infty}h[m]\times x[n-m] \tag{3-12}$$

或

$$y[n]=\sum_{m=-\infty}^{+\infty}x[m]\times h[n-m] \tag{3-13}$$

式中，$m,n\in\mathbb{Z}$，且上述两式等价。通常将式（3-12）和式（3-13）的数学运算称为卷积，用符号“*”表示。应该明确的是，在求解系统的输出响应时，卷积只适用于线性时不变系统，因为式（3-11）是基于图 3-5 推导出来的，而图 3-5 是基于线性时不变系统的均匀性、等长延时性和累加性得出的。如果逐步减小采样时间间隔，则数字域离散时间系统会逐步过渡到模拟域连续时间系统，累加符号可以用积分符号替代，式（3-12）和式（3-13）在模拟域的表达式为

$$y(t)=h(t)*x(t)=\int_{-\infty}^{+\infty}h(\tau)\times x(t-\tau)\mathrm{d}\tau \tag{3-14}$$

$$y(t)=x(t)*h(t)=\int_{-\infty}^{+\infty}x(\tau)\times h(t-\tau)\mathrm{d}\tau \tag{3-15}$$

至此，通过卷积的数学运算形式建立起了线性时不变系统中输入和输出响应之间的联系，在求解系统的输出响应时便有了严格的数学模型。

在进行射频集成电路设计时，采用时域卷积的方式获得系统的输出响应是非常烦琐的，对式（3-14）和式（3-15）分别进行时域到频域的转化，可得

$$Y(\omega)=\mathbb{F}[y(t)]=\mathbb{F}[h(t)*x(t)]=\mathbb{F}[h(t)]\times\mathbb{F}[x(t)]=F_h(\omega)\times F_x(\omega) \tag{3-16}$$

$$Y(\omega)=\mathbb{F}[y(t)]=\mathbb{F}[x(t)*h(t)]=\mathbb{F}[x(t)]\times\mathbb{F}[h(t)]=F_x(\omega)\times F_h(\omega) \tag{3-17}$$

拉普拉斯变换和 $Z$ 变换具有同样的结论。可以看出，时域复杂的卷积运算转换到频域后只需要进行简单的乘积即可，大大降低了电路的分析难度。例如，在进行滤波器设计时，只要确定了系统架构和频率规划，根据具体的输入信号功率谱便可以预估滤波器应具备的频率响应，据此得出滤波器的时域模型和相关参数。

时域的乘积对应频域的卷积，表达式为

$$Y(\omega)=\mathbb{F}[y(t)]=\mathbb{F}[h(t)\times x(t)]=\frac{1}{2\pi}\mathbb{F}[h(t)]*\mathbb{F}[x(t)]=\frac{1}{2\pi}F_h(\omega)*F_x(\omega) \tag{3-18}$$

$$Y(\omega)=\mathbb{F}[y(t)]=\mathbb{F}[x(t)\times h(t)]=\frac{1}{2\pi}\mathbb{F}[x(t)]*\mathbb{F}[h(t)]=\frac{1}{2\pi}F_x(\omega)*F_h(\omega) \tag{3-19}$$

应该强调的是，式（3-18）和式（3-19）中的$h(t)$仅表示一个函数项，与式（3-16）和式（3-17）中的$h(t)$不同，不特指线性时不变系统的系统响应。时域卷积在射频集成电路设计时针对线性时不变系统（模块），时域乘积对应线性时变系统（模块）。例如，在进行滤波器设计时，通常是基于时域卷积频域乘积原理确定滤波器带宽；在进行混频器设计时，时域卷积不再成立，混频器一般都会被设计为一个线性时变系统用以提供输入信号频谱搬移的功能，不具备卷积运算时的等长延时性。

混频器时域模型如图 3-6 所示。两个 NMOS 管模拟理想开关 SW1 和 SW2；当栅极电压为高电平时，开关闭合；当栅极电压为低电平时，开关断开。根据该模型可以写出时域表达式：

$$y(t)=x(t)\times\text{sgn}[\sin(\omega_0 t)]*Z_\text{F}(t)=x(t)\times\frac{4}{\pi}\sum_{n=1}^{+\infty}\frac{1}{n}\sin(n\omega_0 t)*Z_\text{F}(t) \tag{3-20}$$

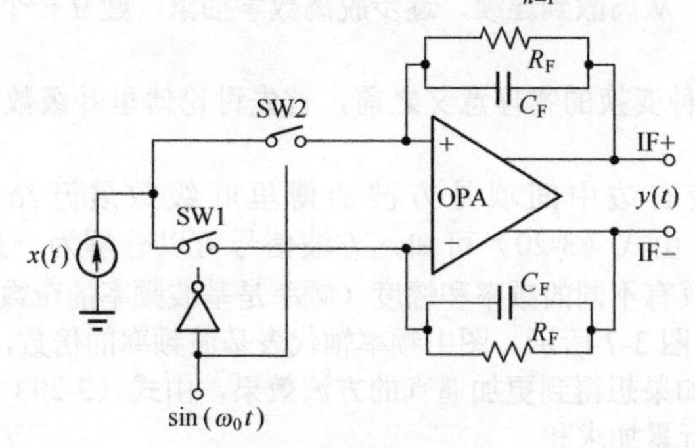


图 3-6 混频器时域模型

式中，sgn 函数表示取符号运算；$Z_\text{F}$为并联电阻$R_\text{F}$和电容$C_\text{F}$的时域单位电流冲激响应。式（3-20）最右边表达式的中间项是方波信号进行傅里叶级数展开后的表达式，$n$为奇数，由线性时变系统的开关效应产生，不属于输入信号。如果对输入信号进行一定的延时，延时为$t_0$，则有

$$\begin{aligned}y'(t)&=x(t-t_0)\times\frac{4}{\pi}\sum_{n=1}^{+\infty}\frac{1}{n}\sin(n\omega_0 t)*Z_\text{F}(t)\\&\neq y(t-t_0)=x(t-t_0)\times\frac{4}{\pi}\sum_{n=1}^{+\infty}\frac{1}{n}\sin[n\omega_0(t-t_0)]*Z_\text{F}(t)\end{aligned} \tag{3-21}$$

式中，$n\omega_0 t_0\neq 2\pi$。因此混频器是一个时变系统。对式（3-20）进行傅里叶变换（见 3.5 节）可得

$$F_y(\omega)=F_x(\omega)*\frac{2}{\pi}\sum_{n=-\infty}^{+\infty}\frac{1}{n}\delta(\omega-n\omega_0)\times Z_\text{F}(\omega) \tag{3-22}$$

式中，$\delta(\omega)$为频域的单位冲激函数；$n$为奇数。式（3-22）可以另外表达为

$$F_y(\omega)=\frac{2}{\pi}\sum_{n=-\infty}^{+\infty}\frac{1}{n}F_x(\omega-n\omega_0)\times Z_\text{F}(\omega) \tag{3-23}$$

由式（3-23）可知，混频器只是对输入信号的频谱进行了奇数倍开关频率的频谱

搬移，并对相应的奇数倍谐波搬移提供了 $\frac{2}{n\pi}$ 的增益，混频过程中不需要的高次谐波频谱搬移量，可通过后续的滤波器滤除。

# 3.4 傅里叶级数

连续时域向连续频域的转换离不开傅里叶变换和拉普拉斯变换，离散时域向离散频域的转换离不开离散傅里叶变换和Z变换。很多读者之所以对傅里叶变换、拉普拉斯变换、离散傅里叶变换和Z变换感到困惑，除较烦琐的计算过程外，最主要的原因是没有深刻理解它们具体的物理意义和之间的联系。要想彻底掌握傅里叶变换、拉普拉斯变换和Z变换的具体物理意义、区别及联系，必须从傅里叶级数开始，从具体到抽象，从离散到连续，逐步脱离数学抽象，建立一个清晰的物理概念和模型。

在具体讲解四种变换的物理意义之前，首先讨论傅里叶级数，并逐步向四种变换过渡。

式（3-20）最右边中间项是方波的傅里叶级数展开结果，方波由函数 $\mathrm{sgn}[\sin(\omega_0 t)]$ 产生。由式（3-20）可知，方波信号可以分解为一系列正弦信号的叠加。这些正弦信号具有不同的频率和幅度（频率是基波频率的奇数倍，幅度与基波频率倍数成反比），如图3-7所示。图中频率轴代表基波频率的倍数，并给出了1～9次谐波的累加效果。如果想得到更加逼真的方波效果，由式（3-20）可知，需要更多个幅度不一的谐波进行累加求和。

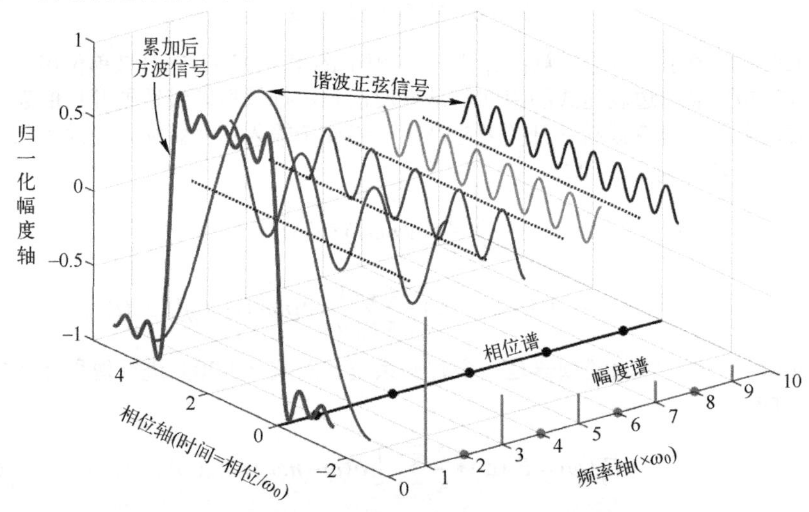


图3-7 方波信号的傅里叶级数展开（正弦信号）

傅里叶级数的展开是有前提条件的：信号必须是周期性的。这一前提条件虽然大大限制了傅里叶级数的应用，但并不影响傅里叶级数的重要意义，因为任意信号时域至频域的转换都是基于傅里叶级数衍生出来的。

将式（3-20）的具体推导过程放在后面讲解，先强调一个客观存在：方波信号

（周期信号）可以分解为无数个具有一定规律的正弦信号的叠加。这个规律由三个方面决定：正弦信号的幅度、频率和相位，且具有如下特征。

① 频率是离散的，且均为基波频率 $\omega_0$（方波周期的倒数）的倍数。

② 不同频率正弦信号叠加幅度不同。

③ 每个正弦信号的相位依赖于初始时间，不同的初始时间会产生不同的相位。

可以这样来概括周期信号傅里叶级数展开的物理意义：任何一个时域上的周期信号，均可以表示为不同幅度、不同频率、不同相位正弦信号的叠加。其中，正弦信号的频率为离散值，且均为基波频率（周期信号周期的倒数）的倍数。

上述定义已经蕴含了傅里叶级数可以实现时域到频域的转换。每个正弦信号代表一个频率信息，对应的幅度表示在该频率处的振幅大小，据此可以得到周期信号的频域幅度谱。方波信号的幅度谱见图 3-7（图中方波信号的平均幅度为 0）。可以看到，时域动态变化的信号在频域变成了静止信号，极大便利了对信号的处理过程。例如，在时域存在两个不同频率正弦信号的叠加：如果要剥离其中的一个频率信号，在时域基本是无法进行的；如果转移到频域，则只需要拿掉其中的一个幅度谱线，这也是滤波器设计的基本原理。仅有幅度谱还不能完全描述一个正弦信号，一个完整正弦信号必须具备三要素：幅度、频率和相位。在频域要讨论的是信号的幅度和相位，频域幅度谱虽然可以基于图 3-7 所示的方法描述，但是相位谱不是固定的，需要选取参考点。仍以方波为参考对象，通常选取 $t=0$ 时刻作为时间参考点，任一谐波（包括基波）在该时刻的初始相位均被称为该谐波的相位。方波信号的具体相位谱可参考图 3-7（图中方波信号相较于时间轴奇对称），均为 0 相位。由于偶次谐波的幅度为 0，因此相位谱线中忽略掉了偶次谐波项。

式（3-20）中的 sgn 函数还可以表示为

$$\operatorname{sgn}[\sin(\omega_0 t)] = \frac{4}{\pi}\sum_{n=1}^{+\infty}\frac{1}{n}\cos(n\omega_0 t - \pi/2) \tag{3-24}$$

可以看出，如果采用余弦信号对方波信号进行傅里叶级数展开，则具有与正弦信号同样的幅度谱，每个谐波的相位谱均相差 $-\pi/2$。也就是说，如果同时考虑幅度和相位因素，则正弦信号 $\sin(n\omega_0 t)$ 与余弦信号 $\cos(n\omega_0 t)$ 的频谱是正交的。这一点在信号处理过程（包括射频集成电路架构的频率规划）中是非常重要的。之所以容易被忽略，主要原因是实际测试过程中的测试设备（如频谱仪）仅显示幅度谱，容易产生正弦信号与余弦信号在频域上无差别的错觉。

为了理解正交的概念，首先了解一下欧拉公式：

$$e^{jx} = \cos x + j\sin x \tag{3-25}$$

欧拉公式可以通过泰勒级数展开得到。欧拉公式建立了指数、复数和三角函数之间的定量关系，可以将三角函数用复指数的形式来表达，这也是后续进行傅里叶变换的基础。在此仅讨论如何借助欧拉公式来描述正弦和余弦函数的频域幅度谱和相位谱。

固定频率 $\omega_0$ 处复指数函数 $e^{j\omega_0 t}$ 和 $e^{-j\omega_0 t}$ 的旋转叠加示意图如图 3-8 所示。复指数函数 $e^{j\omega_0 t}$ 所处的平面是一个复平面，具有矢量特征。复指数函数 $e^{j\omega_0 t}$ 在沿圆周运动时，在实轴上的投影为余弦函数，在虚轴上的投影为正弦函数。假设有两个运动方向相反、起始位置相同（起始位置在 1 处）的复指数函数 $e^{j\omega_0 t}$ 和 $e^{-j\omega_0 t}$ 同时运动，可以很直观地看出，本来沿圆周运动的两个点，叠加后运动轨迹都会集中在实轴上。如果将复指数函数$e^{j\omega_0 t}$和$e^{-j\omega_0 t}$的起始位置逆时针旋转$\pi/2$（起始位置在 2 处），叠加轨迹会集中在虚轴上。同理，如果起始位置在 3 处，叠加后的轨迹就会位于与起始运动方向垂直的轴线上。可以这样理解：运动本身在频域对应的是旋转频率的单位冲激函数，虽然是一个标量，但是冲激指向却由运动的起始位置决定。

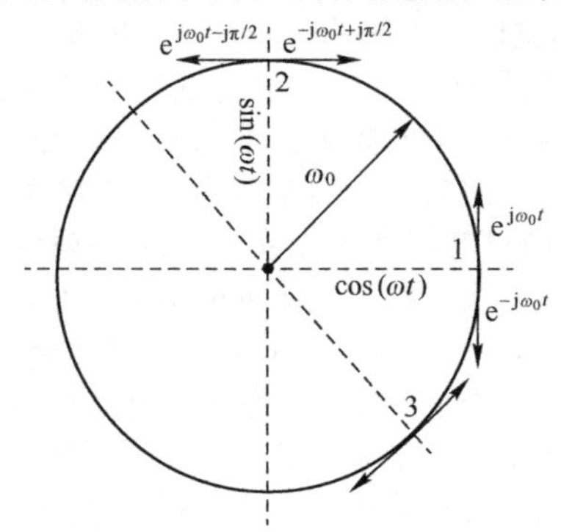


图 3-8 固定频率$\omega_0$处复指数函数$e^{j\omega_0 t}$和$e^{-j\omega_0 t}$的旋转叠加示意图

根据上述描述，可以分别得到如下表达式：

$$\cos(\omega t)=\frac{1}{2}(e^{j\omega_0 t}+e^{-j\omega_0 t}) \tag{3-26}$$

$$\sin(\omega t)=\frac{1}{2}[e^{j(\omega_0 t-\pi/2)}+e^{-j(\omega_0 t-\pi/2)}]=\frac{1}{2j}(e^{j\omega_0 t}-e^{-j\omega_0 t}) \tag{3-27}$$

式（3-26）和式（3-27）也可由式（3-25）经过数学推导得到，上述描述只是从物理意义的角度帮助理解。可以看到，正弦和余弦函数均可以通过两个反向运行的复指数函数$e^{j\omega_0 t}$和$e^{-j\omega_0 t}$叠加得到，也就是说，正弦和余弦函数同时具有正频率成分和负频率成分，只是由于起始位置不同，在正负频率处产生了不同的幅度指向。在正频率处，正弦幅度指向超前余弦幅度指向$\pi/2$（正弦至余弦逆时针旋转$\pi/2$）；在负频率处，正弦幅度指向滞后余弦幅度指向$\pi/2$（正弦至余弦顺时针旋转$\pi/2$）。

**例 3-1** 同时考虑幅度谱和相位谱，试画出信号$a_n\cos(n\omega_0 t)-a_n\sin(n\omega_0 t)$，$n=1,3,5$，$a_1>a_3>a_5$的频谱图。

**解：** 多频信号$a_n\cos(n\omega_0 t)-a_n\sin(n\omega_0 t)$的旋转叠加示意图如图 3-9 所示。由于正弦和余弦函数之间的正交性，频谱图通常采用更加直观的三轴来表示，分别为频率轴、余弦方向轴（实轴）、正弦方向轴（虚轴）。由图 3-9 可知，假设余弦函数$\cos(n\omega_0 t)$，$n=1,3,5$，在正负频率处均指向实轴的正方向（指向方向可以随意假设，不影响最终的结论），对应正负频率处的幅度分别为$a_1$、$a_3$、$a_5$，则正弦函数$\sin(n\omega_0 t)$，$n=1,3,5$，在正频率处幅度指向滞后余弦幅度指向$\pi/2$。因此，正频率处正弦函数$-\sin(n\omega_0 t)$的幅度指向为虚轴的正方向，负频率处幅度指向超前余弦幅度指向$\pi/2$，负频率处正弦函数$-\sin(n\omega_0 t)$的幅度指向为虚轴的负方向，对应正负频率处的幅度分别为$a_1$、$a_3$、$a_5$。具体可参考图 3-10。

可以概括：在时域，正弦函数或余弦函数的相位差代表延时，相位超前，时间滞后，相位滞后，时间超前；在频域，相位差代表幅度谱线的旋转，相位超前，超前信号相对于滞后信号逆时针旋转，相位滞后，滞后信号相对于超前信号顺时针旋转。

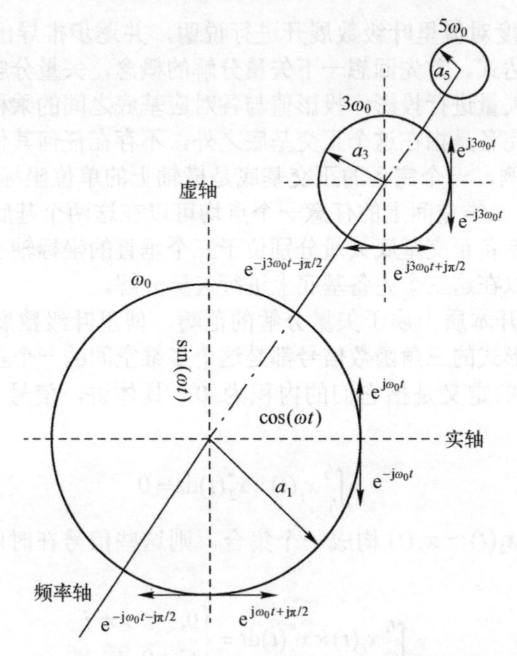


图 3-9　多频正弦和余弦信号旋转叠加示意图

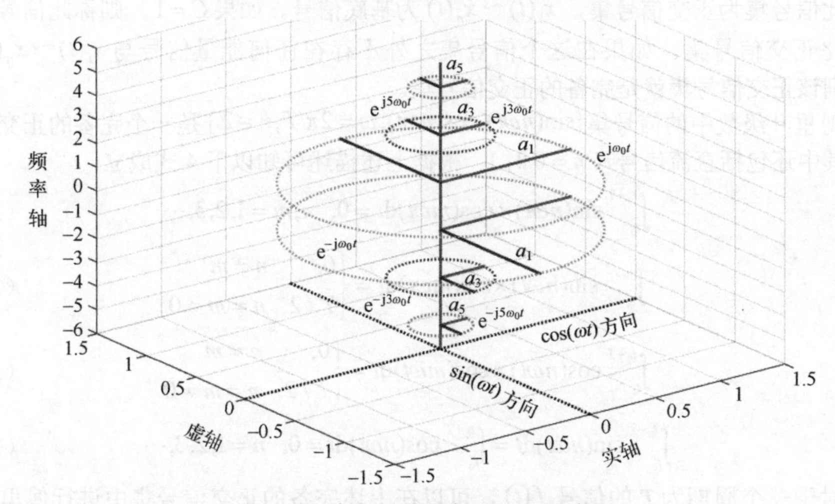


图 3-10　多频正弦和余弦信号频谱图

需要特别说明的是，在信号处理或射频集成电路频率规划过程中，采用正负频率对正弦和余弦信号进行频谱表征可以带来极大的便利。第 5 章在介绍射频集成电路架构设计时将充分利用这一便利。这个结论由式（3-23）也可得出，在混频过程中，正弦信号对输入信号频谱的搬移是双向的，即正频率方向和负频率方向均有（图 3-7 是将正弦信号的负频率处频谱折叠至正频率处）。混频过程中的双向频谱搬移会带来严重的镜像干扰（可参考 5.1.1 节），如果将混频过程中的本振信号变换为 $e^{j\omega t}$ 或 $e^{-j\omega t}$，则输入信号的频谱仅向正频率方向或负频率方向搬移，可以有效避免镜像信号对输入信号的干扰。频谱的单方向搬移涉及复数域信号处理的概念，见 3.10 节。

现在从数学角度对傅里叶级数展开进行说明，并逐步推导出傅里叶级数与正负频率直接相关的表达式。首先回想一下矢量分解的概念，矢量分解是在一组完备的正交基底上对待分解矢量进行投影，投影值与各对应基底之间的乘积之和被称为待分解矢量的矢量分解。完备是指在这个正交基底之外，不存在任何其他基底与这个基底正交。以二维空间为例，一个完备的正交基底是横轴上的单位坐标点(0, 1)和纵轴上的单位坐标点(1, 0)，二维空间上的任意一个点均可以在这两个基底上进行矢量分解。同理，三维空间的完备正交基底矢量分别位于三个垂直的坐标轴上，三维空间中的任意一个矢量值均可以在这三个完备基底上进行矢量分解。

傅里叶级数展开本质上属于矢量分解的范畴。傅里叶级数展开属于多维展开，每一个不同频率和形式的三角函数信号都是这个多维空间的一个基底，它们相互正交且完备。信号正交的定义是指它们的内积为 0。具体讲，信号 $x_1(t)$ 与 $x_2(t)$ 在区间 $[t_1,t_2]$ 正交，则

$$\int_{t_1}^{t_2} x_1(t)\times x_2^*(t)\mathrm{d}t = 0 \tag{3-28}$$

如果 $n$ 个信号 $x_1(t)\sim x_n(t)$ 构成一个集合，则这些信号在时间区间 $[t_1,t_2]$ 满足以下条件：

$$\int_{t_1}^{t_2} x_i(t)\times x_j^*(t)\mathrm{d}t = \begin{cases} 0, & i\neq j \\ C\neq 0, & i=j \end{cases} \tag{3-29}$$

则称此信号集为正交信号集，$x_1(t)\sim x_n(t)$ 为基底信号。如果 $C=1$，则称此信号集为归一化正交信号集。如果在这个信号集之外不存在任何能量信号与 $x_1(t)\sim x_n(t)$ 正交，则该正交信号集就是完备的正交信号集。

傅里叶级数中的信号集 $[\sin(n\omega t),\cos(n\omega t),\omega=2\pi/T,n\in\mathbb{Z}]$ 是一个完备的正交信号集，其中还包括直流信号（$n=0$ 时）。根据上述描述可知以下 4 式成立：

$$\int_{t_0}^{t_0+T} \sin(n\omega t)\times\cos(m\omega t)\mathrm{d}t = 0,\ \ n,m=1,2,3,\cdots \tag{3-30}$$

$$\int_{t_0}^{t_0+T} \sin(n\omega t)\times\sin(m\omega t)\mathrm{d}t = \begin{cases} 0, & n\neq m \\ T/2, & n=m\neq 0 \end{cases} \tag{3-31}$$

$$\int_{t_0}^{t_0+T} \cos(n\omega t)\times\cos(m\omega t)\mathrm{d}t = \begin{cases} 0, & n\neq m \\ T/2, & n=m\neq 0 \end{cases} \tag{3-32}$$

$$\int_{t_0}^{t_0+T} \sin(n\omega t)\mathrm{d}t = \int_{t_0}^{t_0+T} \cos(n\omega t)\mathrm{d}t = 0,\ \ n=1,2,3,\cdots \tag{3-33}$$

对于一个周期为 $T$ 的信号 $f(t)$，可以在上述完备的正交信号集中进行傅里叶级数展开，展开式可表达如下：

$$\begin{aligned} f(t) &= a_0 + a_1\cos(\omega t) + a_2\cos(2\omega t) + \cdots + b_1\sin(\omega t) + b_2\sin(\omega t) + \cdots \\ &= a_0 + \sum_{n=1}^{+\infty}\left[a_n\cos(n\omega t) + b_n\sin(n\omega t)\right] \end{aligned} \tag{3-34}$$

式中，$\omega=1/T$。将式（3-34）两边分别乘以 1、$\cos(n\omega t)$、$\sin(n\omega t)$ 后，在 $[t_0,t_0+T]$ 区间积分，并利用式（3-30）～式（3-33）的结果，可得出

$$a_0 = \frac{1}{T}\int_{t_0}^{t_0+T} f(t)\mathrm{d}t \tag{3-35}$$

$$a_n = \frac{2}{T}\int_{t_0}^{t_0+T} f(t)\times\cos(n\omega t)\mathrm{d}t,\ n=1,2,3,\cdots \tag{3-36}$$

$$b_n = \frac{2}{T}\int_{t_0}^{t_0+T} f(t)\times\sin(n\omega t)\mathrm{d}t,\ n=1,2,3,\cdots \tag{3-37}$$

根据三角函数公式，可以将同频率的正弦和余弦信号合并，式（3-34）可以变为

$$f(t) = c_0 + \sum_{n=1}^{+\infty} c_n \cos(n\omega t + \theta_n) \tag{3-38}$$

$$\begin{aligned} c_0 &= a_0 \\ c_n &= \sqrt{a_n^2 + b_n^2}, \quad n=1,2,3,\cdots \\ \theta_n &= \arctan\left[-\frac{b_n}{a_n}\right],\ n=1,2,3,\cdots \end{aligned} \tag{3-39}$$

式（3-38）同样还可以表达为正弦信号的形式。可以看出：任何一个时域上的周期信号，均可表示为不同幅度、不同频率、不同相位正弦（余弦）信号的叠加。其中，正弦信号的频率为离散值，且均为基波频率（周期信号周期的倒数）的倍数。

完备正交基底不仅仅只有三角函数这一种类型。傅里叶级数之所以选择三角函数这一完备的正交基底，主要是基于三角函数在频域上的单一性。正是这种单一性，大大简化了时域到频域的转换过程。

在实际的理论分析和工程设计时，不经常采用式（3-34）的表达形式，经常采取复指数形式的傅里叶级数展开（每个复指数项有且仅代表一个正或负频率项，便于信号的频谱分析）。已知 $[\sin(n\omega t),\cos(n\omega t),\omega=2\pi/T,n\in\mathbb{Z}]$ 是一个完备的正交集，由于式（3-25）的欧拉公式建立了复指数函数和三角函数之间的关系，因此 $[\mathrm{e}^{\mathrm{j}n\omega t},\omega=2\pi/T,n=0,\pm1,\pm2,\cdots]$ 也是一个完备的正交集，傅里叶级数展开还可以表达为复指数的形式：

$$f(t) = \sum_{n=-\infty}^{+\infty} F_n \mathrm{e}^{\mathrm{j}n\omega t} \tag{3-40}$$

根据式（3-29），可以得出式（3-40）展开式中的系数：

$$F_n = \frac{1}{T}\int_{t_0}^{t_0+T} f(t)\mathrm{e}^{-\mathrm{j}n\omega t}\mathrm{d}t \tag{3-41}$$

式中，$F_n$ 代表频率分量为 $\mathrm{e}^{\mathrm{j}n\omega t}$ 的复振幅。

现在分析傅里叶级数基于复指数函数进行展开的必要性，充分理解这一点，可以快速有效地掌握射频集成电路架构设计中的一些核心处理过程。

将复指数形式的傅里叶级数展开进行如下变形：

$$\begin{aligned} f(t) &= F_0 + \sum_{n=1}^{+\infty} F_n \mathrm{e}^{\mathrm{j}n\omega t} + \sum_{n=-\infty}^{-1} F_n \mathrm{e}^{\mathrm{j}n\omega t} = F_0 + \sum_{n=1}^{+\infty} F_n \mathrm{e}^{\mathrm{j}n\omega t} + \sum_{n=1}^{+\infty} F_{-n} \mathrm{e}^{-\mathrm{j}n\omega t} \\ &= F_0 + \sum_{n=1}^{+\infty} [(F_n + F_{-n})\cos(n\omega t) + \mathrm{j}(F_n - F_{-n})\sin(n\omega t)] \end{aligned} \tag{3-42}$$

将式（3-41）代入式（3-42）可得

$$F_0 = \frac{1}{T}\int_{t_0}^{t_0+T} f(t)\mathrm{d}t = a_0 \tag{3-43}$$

$$F_n+F_{-n}=\frac{1}{T}\int_{t_0}^{t_0+T}f(t)\mathrm{e}^{-\mathrm{j}n\omega t}\mathrm{d}t+\frac{1}{T}\int_{t_0}^{t_0+T}f(t)\mathrm{e}^{\mathrm{j}n\omega t}\mathrm{d}t=\frac{2}{T}\int_{t_0}^{t_0+T}\frac{1}{2}f(t)(\mathrm{e}^{-\mathrm{j}n\omega t}+\mathrm{e}^{\mathrm{j}n\omega t})\mathrm{d}t$$
$$=\frac{2}{T}\int_{t_0}^{t_0+T}f(t)\cos(n\omega t)\mathrm{d}t=a_n \tag{3-44}$$

$$\mathrm{j}(F_n-F_{-n})=\frac{\mathrm{j}}{T}\int_{t_0}^{t_0+T}f(t)\mathrm{e}^{-\mathrm{j}n\omega t}\mathrm{d}t-\frac{\mathrm{j}}{T}\int_{t_0}^{t_0+T}f(t)\mathrm{e}^{\mathrm{j}n\omega t}\mathrm{d}t=\frac{2\mathrm{j}}{T}\int_{t_0}^{t_0+T}\frac{1}{2}f(t)(\mathrm{e}^{-\mathrm{j}n\omega t}-\mathrm{e}^{\mathrm{j}n\omega t})\mathrm{d}t$$
$$=\frac{2}{T}\int_{t_0}^{t_0+T}f(t)\sin(n\omega t)\mathrm{d}t=b_n \tag{3-45}$$

联立式（3-43）、式（3-44）和式（3-45）可得

$$F_n=|F_n|\mathrm{e}^{-\mathrm{j}\theta_n},\ F_{-n}=|F_{-n}|\mathrm{e}^{\mathrm{j}\theta_n}$$
$$|F_n|=|F_{-n}|=\frac{1}{2}\sqrt{a_n^2+b_n^2},\ \theta_n=\arctan\left[\frac{b_n}{a_n}\right] \tag{3-46}$$

由此可知，式（3-42）和式（3-34）具有等价性，式（3-42）的表达形式更有利于进行信号的分析。由式（3-42）～式（3-46）可知，任何一个周期信号的频谱成分都包含三部分：直流部分（$F_0$）、正频率部分（$F_n$）、负频率部分（$F_{-n}$）。正负频率部分幅度谱相同，相位谱旋转方向相反，如图 3-11 所示（假设$\theta_1>0,\theta_2<0,\theta_3>0$）。

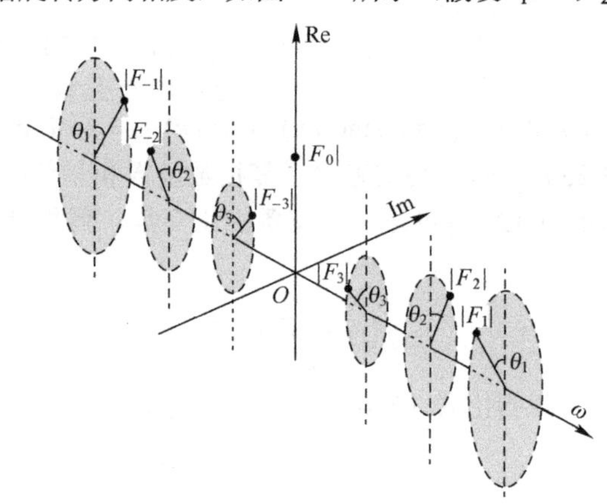


图 3-11 周期函数$f(t)$的傅里叶级数展开频域图示

需要注意的是，正负频率部分均包含信号$f(t)$的全部信息，因为对于式（3-42）中的任一正频率项$F_n\mathrm{e}^{\mathrm{j}n\omega t}$均可分解为

$$a_n\cos(n\omega t)+b_n\sin(n\omega t)+\mathrm{j}[a_n\sin(n\omega t)-b_n\cos(n\omega t)]$$

的形式，仅需在信号处理过程中取出实数或虚数部分便可恢复初始信号$f(t)$的全部信息。这也是低中频架构（见第 5 章）和半边带调制方式能够正常工作的理论基础。同理，负频率部分同样也包含信号$f(t)$的全部信息。如果信号$f(t)$是一个不带载波的基带信号（如周期脉冲信号），则通常将正频率或负频率部分所占据的带宽称为基带带宽，正频率部分和负频率部分共同占用的带宽称为带通带宽，后者是前者的 2 倍。基带带宽的概念通常应用于零中频架构。例如，抗混叠低通滤波器的带宽以基带信号的基带带宽为设计依据，在射频或中频域，带通滤波器带宽的设计必须参考基带

信号的带通带宽，这是因为基带信号经过频谱搬移后，正频率部分和负频率部分会随着调制的载波一起搬移。

# 3.5　傅里叶变换

傅里叶级数展开虽然意义重大，但仅针对周期信号，在实际信号处理过程中，绝大多数信号都不是周期的，只能借助傅里叶变换来实现信号时域到频域的转换。

傅里叶变换是基于傅里叶级数演变来的。一个周期矩形脉冲信号的时域波形如图 3-12 所示。按照式（3-34）的形式对该信号进行傅里叶级数展开：

$$f(t)=\frac{A\tau}{T}+\frac{2A\tau}{T}\left[\operatorname{sinc}\left[\frac{\omega\tau}{2}\right]\cos(\omega t)+\cdots+\operatorname{sinc}\left[\frac{n\omega\tau}{2}\right]\cos(n\omega t)+\cdots\right] \tag{3-47}$$

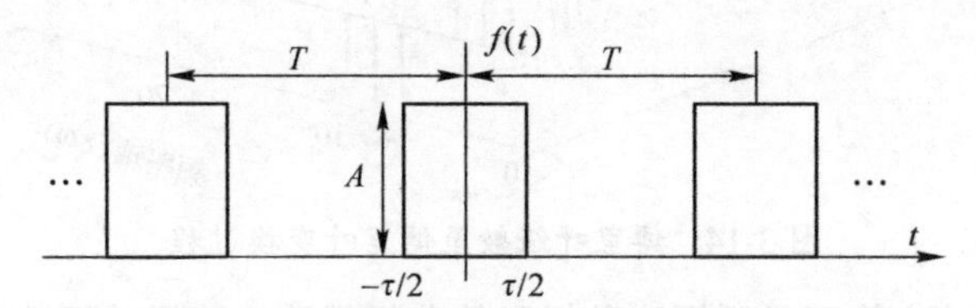


图 3-12　周期矩形脉冲信号的时域波形

式中，$\operatorname{sinc}(x)=\sin(x)/x$；$\omega=2\pi/T$ 为基波角频率；$A\tau/T$ 为直流分量。为了图形描述的简单化，仍只考虑正频率部分，并令 $A=1$、$T=4\tau$，则周期矩形脉冲信号的傅里叶级数展开可以用图 3-13 来描述，其中频谱部分已经考虑了相位因素的影响（相位 π 代表旋转 180°）。

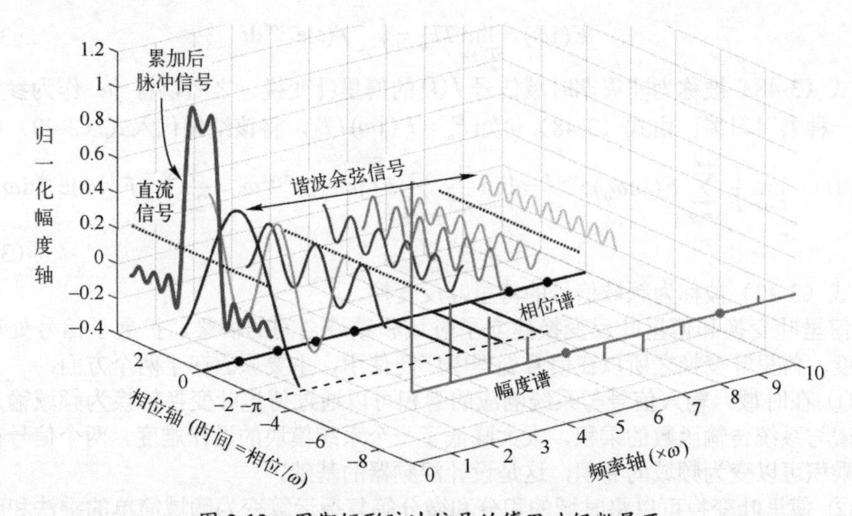


图 3-13　周期矩形脉冲信号的傅里叶级数展开

如果增大周期 $T$，如增大一倍，则周期矩形脉冲信号的基波频率变小，可以发现式（3-47）中会相应地增加一些离散的频率点，相当于在原来离散频点的基础上内插了一些频率点。如果继续增大周期 $T$，内插的点数会继续增多，直至 $T$ 变为无穷大，离散的频域幅度谱线就会变成一条连续的幅度谱线。具体过程可以参考图 3-14（图中对所有谱线的幅度针对周期 $T$ 作了归一化处理）。

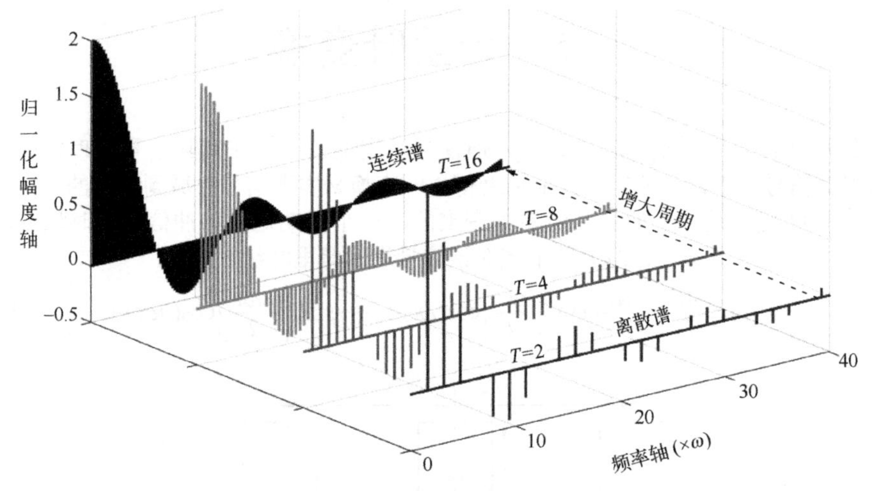


图 3-14　傅里叶级数至傅里叶变换过程

其实，傅里叶变换正是采用这种极限的分析思路由傅里叶级数演变来的，周期信号的周期趋于无穷大，则周期信号也就变成非周期信号了，累加符号可以等效用积分符号取代。通常傅里叶变换采取对周期时间 $T$ 进行归一化处理，并将归一化后的频域幅度和相位谱结果视为傅里叶变换的结果。

对周期 $T$ 进行归一化后，考虑到起始时间 $t_0$ 的随意性，式（3-41）可以重新表示为

$$F(\mathrm{j}\omega)=\lim_{T\to\infty}TF_n=\int_{-\infty}^{+\infty}f(t)\mathrm{e}^{-\mathrm{j}\omega t}\mathrm{d}t \tag{3-48}$$

式（3-48）被称为非周期时域信号 $f(t)$ 的傅里叶变换。之所以将 $\mathrm{j}\omega$ 作为参数，只是一种书写习惯。由式（3-48）可知 $F_n=F(\mathrm{j}\omega)/T$，将该结果代入式（3-40）可得

$$f(t)=\lim_{T\to\infty}\frac{1}{T}\sum_{n=-\infty}^{+\infty}F(\mathrm{j}n\omega_0)\mathrm{e}^{\mathrm{j}n\omega_0 t}=\lim_{T\to\infty}\frac{1}{2\pi}\sum_{n=-\infty}^{+\infty}F(\mathrm{j}n\omega_0)\mathrm{e}^{\mathrm{j}n\omega_0 t}\omega_0=\frac{1}{2\pi}\int_{-\infty}^{+\infty}F(\mathrm{j}\omega)\mathrm{e}^{\mathrm{j}\omega t}\mathrm{d}\omega \tag{3-49}$$

式（3-49）被称为频域信号的傅里叶反变换。

傅里叶变换和傅里叶反变换建立了时域和频域之间的桥梁，扩展了信号处理的自由度。傅里叶变换之所以在信号处理中广泛使用，主要原因在于两个方面：

① 在时域，输入信号与系统响应的卷积可以通过傅里叶变换转换为频域输入信号频谱与系统传输函数的乘积，大大降低了一个系统模块的设计难度。两个信号在时域的乘积可以变为频域的卷积，这是设计混频器的基础。

② 傅里叶变换可以将时域的积分和微分等复杂运算变为频域简单的乘法和除法运算。射频集成电路中往往会包含较多的电容和电感，经过电容和电感的电流会以积分和微分的形式在电容和电感两端产生电压。时域的信号处理过程太过烦琐，如果在频域进行处理，积分和微分方程便会化简为代数方程，可大大简化信号处理过程。后

续有关锁相环和频率综合器的稳定性设计，以及对压控振荡器的建模也需要用到积分器的这一频域变换性能，具体见例3-3和第10章。

积分器和微分器的单位冲激响应（系统响应）如图3-15所示，将积分器的系统响应代入式（3-48）中可计算出积分器的系统频率响应：

$$H_{\mathrm{i}}(\mathrm{j}\omega)=\int_{-\infty}^{+\infty}\left[\int_{-\infty}^{t}\delta(\tau)\mathrm{d}\tau\right]\mathrm{e}^{-\mathrm{j}\omega t}\mathrm{d}t=\int_{-\infty}^{+\infty}u(t)\mathrm{e}^{-\mathrm{j}\omega t}\mathrm{d}t=\pi\delta(\omega)+\frac{1}{\mathrm{j}\omega} \tag{3-50}$$

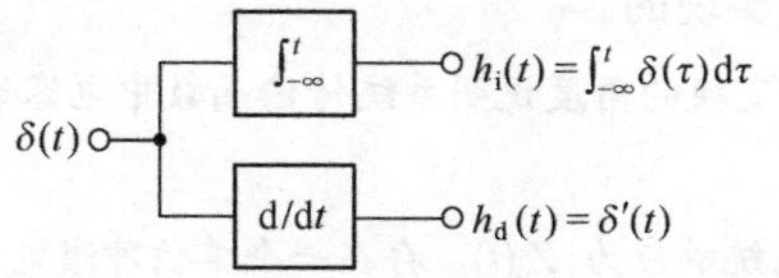

$\delta(t)$ → $\int_{-\infty}^{t}$ → $h_{\mathrm{i}}(t)=\int_{-\infty}^{t}\delta(\tau)\mathrm{d}\tau$

$\delta(t)$ → d/d$t$ → $h_{\mathrm{d}}(t)=\delta'(t)$

图3-15 积分器和微分器的单位冲激响应

当输入信号 $f(t)$ 经过积分器时，输出信号的频域表达式为

$$\mathbb{F}[f(t)*h_{\mathrm{i}}(t)]=F(\mathrm{j}\omega)\times H_{\mathrm{i}}(\mathrm{j}\omega)=\pi F(0)\delta(\mathrm{j}\omega)+\frac{F(\mathrm{j}\omega)}{\mathrm{j}\omega} \tag{3-51}$$

对于微分器而言，式（3-52）成立：

$$\delta(t)=\int_{-\infty}^{t}h_{\mathrm{d}}(\tau)\mathrm{d}\tau \tag{3-52}$$

根据式（3-51）的结论，并分别对式（3-52）的两边进行傅里叶变换，有

$$1=\pi H_{\mathrm{d}}(0)\delta(\mathrm{j}\omega)+\frac{H_{\mathrm{d}}(\mathrm{j}\omega)}{\mathrm{j}\omega} \tag{3-53}$$

因此微分器的系统频率响应为

$$H_{\mathrm{d}}(\mathrm{j}\omega)=\mathrm{j}\omega-\mathrm{j}\omega\pi H_{\mathrm{d}}(0)\delta(\mathrm{j}\omega)=\mathrm{j}\omega \tag{3-54}$$

傅里叶变换也有局限性：傅里叶变换存在的前提是待变换信号必须是可积的，也就是必须能量有限；通过对系统响应进行傅里叶变换得到的系统传输函数无法反映闭环系统是否稳定，而系统稳定性是运算放大器、频率综合器等模块设计的前提条件；通过傅里叶变换推导出的闭环系统传输函数无法对稳定性进行判断。

# 3.6 拉普拉斯变换

拉普拉斯变换可以有效补充傅里叶变换的局限性。任何信号都具有拉普拉斯变换的结果，包括能量无限信号。拉普拉斯变换是对傅里叶变换的一种补充，更具通用性。它的核心思想是先对任意给定信号 $f(t)$ 乘以一个具有时域衰减特性的指数函数 $\mathrm{e}^{-\sigma t}$，强制信号能量有限，再进行傅里叶变换得到拉普拉斯变换结果。可以看出，傅里叶变换是拉普拉斯变换的一个特殊形式，当 $\sigma=0$ 时，拉普拉斯变换就会转变为傅里叶变换。

根据式（3-48）的傅里叶变换形式可以推导出拉普拉斯变换的结果，将信号 $f(t)$ 乘以指数函数 $\mathrm{e}^{-\sigma t}$ 后进行傅里叶变换可得

$$F(\mathrm{j}\omega)=\int_{-\infty}^{+\infty}f(t)\mathrm{e}^{-\sigma t}\mathrm{e}^{-\mathrm{j}\omega t}\mathrm{d}t=\int_{-\infty}^{+\infty}f(t)\mathrm{e}^{-(\mathrm{j}\omega+\sigma)t}\mathrm{d}t \tag{3-55}$$

令$s = \mathrm{j}\omega + \sigma$，可得拉普拉斯变换的具体形式为

$$F(s) = \int_{-\infty}^{+\infty} f(t)\mathrm{e}^{-st}\mathrm{d}t \tag{3-56}$$

可以看出，拉普拉斯变换将频率从一个轴线扩展到了一个复频率面，在复频率面的拉普拉斯变换对频率轴进行投影便可得到傅里叶变换。傅里叶变换的一些固有性质都可以等价转换到拉普拉斯变换上。在进行射频集成电路设计时，时域到频域的转换都是基于拉普拉斯变换实现的。

**例 3-2** 试从拉普拉斯变换的角度说明系统传输函数中电容容抗的表达式为$\dfrac{1}{sC}$、电感感抗的表达式为$sL$。

**解：** 假设电容容抗的系统响应为$Z_{\mathrm{c}}(t)$，存在一个单位冲激电流源$\delta_{\mathrm{i}}(t)$对电容充电，电流通过电容后的输出响应为电容两端的电压，则有

$$\delta_{\mathrm{i}}(t) * Z_{\mathrm{C}}(t) = \frac{1}{C}\int_{-\infty}^{t} \delta_{\mathrm{i}}(\tau)\mathrm{d}\tau = \frac{u(t)}{C} \tag{3-57}$$

由式（3-50）可知，电容容抗的系统传输函数为

$$Z_{\mathrm{C}}(s) = \mathbb{L}\left[\frac{u(t)}{C}\right] = \frac{1}{C}\left[\frac{1}{s} + \pi\delta(\omega)\right] \tag{3-58}$$

因为$\pi\delta(\omega)$项仅在$\omega = 0$时才产生能量，而此时电容为开路，可以忽略对电容容抗的影响，所以电容容抗在频域的表达式为$\dfrac{1}{sC}$。

对于电感而言，在单位冲激电流的作用下，电感的输出响应与通过电感的磁通量变化率成正比，而电感的磁通量表达式为$L\delta_{\mathrm{i}}(t)$，则电感感抗的表达式为

$$\delta_{\mathrm{i}}(t) * Z_{\mathrm{L}}(t) = L\frac{\mathrm{d}\delta_{\mathrm{i}}(t)}{\mathrm{d}t} \tag{3-59}$$

由于时域中的微分在频域的表达式为$s$，因此电感感抗在频域的表达式为$sL$。

**例 3-3** 试推导锁相环电路中压控振荡器的系统传输函数。

**解：** 锁相环电路中的压控振荡器是一个频率受控、电压调谐的电路结构，输出频率-电压的时域表达式$\omega_{\mathrm{out}} = K_{\mathrm{VCO}}V_{\mathrm{LF}}(t)$，其中$\omega_{\mathrm{out}}$为压控振荡器的输出频率，$K_{\mathrm{VCO}}$为电压-频率增益，$V_{\mathrm{LF}}$为锁相环电路中环路滤波器的输出调谐电压。由于锁相环电路是以相位作为参考变量的，因此压控振荡器的输出相位时域表达式为

$$\varphi_{\mathrm{out}}(t) = \int_{-\infty}^{t} K_{\mathrm{VCO}}V_{\mathrm{LF}}(t)\mathrm{d}t \tag{3-60}$$

对式（3-60）两边进行拉普拉斯变换并利用式（3-50）的结果，可得

$$\varphi_{\mathrm{out}}(s) = \pi\delta(s)K_{\mathrm{VCO}}V_{\mathrm{LF}}(s=0) + \frac{K_{\mathrm{VCO}}V_{\mathrm{LF}}(s)}{s} = \frac{K_{\mathrm{VCO}}V_{\mathrm{LF}}(s)}{s} \tag{3-61}$$

由于$\pi\delta(s)K_{\mathrm{VCO}}V_{\mathrm{LF}}(s=0)$代表的是直流相位，即初始相位，在锁相环的动态锁定过程中，初始相位在锁定过程中会被快速补偿，不会对锁相环路造成影响，因此锁相环中压控振荡器的系统频率响应可以采用$K_{\mathrm{VCO}}/s$进行等效。

系统稳定的判定存在两种方式：一种是首先对系统闭环响应进行拉普拉斯变换求出传输函数，然后根据极点的位置判断系统的稳定性；另一种是求出系统的开环传输函数，并根据系统的波特图计算增益裕量或相位裕量来判断系统的稳定性。这两种方法是完全等价的，互为充分必要条件。只是第一种方式需要复频率平面作为支撑，必须采用拉普拉斯变换，而第二种方式仅通过频率轴就可以确定，采用傅里叶变换或

拉普拉斯变换均可以。不过正如上述所说，傅里叶变化是拉普拉斯变换的一种特殊情况，所以已经习惯在信号处理过程中采用拉普拉斯变换了。

**例 3-4** 如果一个闭环系统的传输函数为

$$T(s)=\frac{1}{(s+1)(s+2)} \tag{3-62}$$

试分析该闭环系统的稳定性。

**解：** 式（3-62）可表示为

$$T(s)=\sum_{n=1}^{m}\frac{K_n}{s-p_n} \tag{3-63}$$

式中，$p_n$ 为系统传输函数的极点。对式（3-63）进行拉普拉斯反变换后的时域响应为

$$f(t)=\sum_{n=1}^{m}K_n\mathrm{e}^{p_n t} \tag{3-64}$$

可以看出，如果系统传输函数的极点均位于复频率平面的左半平面（时域为衰减振荡），则系统就是稳定的。回到本例，系统传输函数存在两个极点：−1 和−2，均位于复频率平面的左半平面，因此系统是稳定的。此例可以很好地阐述拉普拉斯变换的物理意义：对于用拉普拉斯变换表示的系统传输函数，其极点可以直观地反映该系统时域响应是否存在衰减或递增项，从而高效地判断系统的稳定性。

# 3.7 离散傅里叶变换

傅里叶变换主要应用于信号的前端处理（射频模拟部分）。离散傅里叶变换主要针对基带部分，完成数字信号时域至频域的转换。这在后端的数字信号处理中应用非常广泛。

首先明确一个概念：信号在时域的离散化采样对应频谱的周期性延拓，信号在时域的周期性延拓对应频谱的离散化采样。一个既有周期性延拓又有离散化采样的时域信号必然对应一个既有周期性延拓又有离散化采样的频谱。

接下来对离散傅里叶变换进行简单的说明和推导。

一个连续时域信号 $f(t)$ 经过理想采样后（周期为 $T$ ）的表达式为

$$f_{\mathrm{s}}(t)=\sum_{n=-\infty}^{+\infty}f(t)\delta(t-nT) \tag{3-65}$$

将式（3-65）代入式（3-48）可得

$$F'(\mathrm{e}^{\mathrm{j}\Omega T})=\int_{-\infty}^{+\infty}\sum_{n=-\infty}^{+\infty}f(t)\delta(t-nT)\mathrm{e}^{-\mathrm{j}\Omega t}\mathrm{d}t=\sum_{n=-\infty}^{+\infty}[f(nT)\mathrm{e}^{-\mathrm{j}n\Omega T}T] \tag{3-66}$$

式中，$\Omega$ 为模拟角速度；$T$ 为采样周期。对采样周期 $T$ 进行归一化可得

$$F(\mathrm{e}^{\mathrm{j}\Omega T})=F'(\mathrm{e}^{\mathrm{j}\Omega T})/T=\sum_{n=-\infty}^{+\infty}f(nT)\mathrm{e}^{-\mathrm{j}n\Omega T} \tag{3-67}$$

称式（3-67）为时域离散信号的傅里叶变换。由于是一个离散序列，因此可以用 $f(n)$ 代替 $f(nT)$，并令 $\omega=\Omega T$ （等效于对采样周期归一化），则有

$$F(e^{j\omega}) = \sum_{n=-\infty}^{+\infty} f(n)e^{-jn\omega} \tag{3-68}$$

之所以使用$e^{j\omega}$作为参数，主要是考虑到周期性问题。由式（3-68）可知，时域离散信号的傅里叶变换是一个周期函数，周期为$2\pi$，在频域上可以表示为以$2\pi/T$为基频的周期性延拓。

现在的问题是，式（3-67）所表示的频域成分仍然是连续的，无法在数字域进行描述。为了便于进行频域的数字信号处理，必须将频域也离散化。频域离散，时域会进行周期性延拓，频域两点之间的时间间隔等于时域的延拓周期。为了避免时频域混叠，时频域的有效信号离散化后必须是有限长的。在进行数字信号处理时，考虑到时域和频域都是采用同一个采样时钟，因此一般都会选取时频域单位周期内的数据长度相同（快速傅里叶变换及反变换模块通常也要求输入输出点数相同）。如果两者的长度确实不一，则可以通过内插补零的方式进行扩充。

离散傅里叶变换的时域为周期性的，与傅里叶级数展开相同，只是在表达形式上存在时域离散和频域的周期性。可以根据式（3-41）推导出离散傅里叶变换的形式。

假设时域离散信号单位周期内的数据长度为$N$，由于$\omega_0 = \dfrac{2\pi}{NT}$，因此式（3-41）的离散傅里叶变换形式为

$$F(e^{jk(2\pi/N)}) = \frac{1}{NT}\sum_{n=0}^{N-1}\left[f(nT)\times e^{-jk\frac{2\pi}{NT}nT}\times NT\right] = \sum_{n=0}^{N-1} f(n)e^{-j\frac{2\pi}{N}kn} \tag{3-69}$$

令以$N$为周期的周期函数$W_N^{kn} = e^{-j(2\pi/N)kn}$，$\widetilde{F}(k) = F(e^{jk(2\pi/N)})$，$\widetilde{f}(n)$为序列$f(n)$以$N$为周期的延拓，则式（3-69）可以表达为

$$\widetilde{F}(k) = \sum_{n=0}^{N-1} \widetilde{f}(n)W_N^{kn} \tag{3-70}$$

根据傅里叶级数展开的性质，时域为周期性的信号可以由无穷多个成谐波关系的复指数函数加权得到。对于任何周期为$N$的离散时间信号的傅里叶级数，只需要由$N$个成谐波关系的复指数函数加权得到。要了解这一点，应当注意到成谐波关系的复指数对于相差$N$的值均是相同的，即$W_N^{-kn} = W_N^{-n(k+N)}$，时域周期离散的信号$\widetilde{f}(n)$具有如下形式：

$$\widetilde{f}(n) = \sum_{k=0}^{N-1} \widetilde{F}(k)W_N^{-kn} \tag{3-71}$$

将式（3-71）代入式（3-70），发现等号右边项是左边项的$N$倍（计算过程需要用到周期复指数函数的正交性）。为了保持正反变换的对应性，离散傅里叶反变换的最终表达式为

$$\widetilde{f}(n) = \frac{1}{N}\sum_{k=0}^{N-1} \widetilde{F}(k)W_N^{-kn} \tag{3-72}$$

离散傅里叶变换理论实现了频域的离散化，开辟了用数字技术在频域处理信号的新途径，推进了信号的频谱分析技术向更深更广的领域发展。在数字信号处理中经常用到的快速傅里叶变换和反变换就是基于上述理论实现的。

# 3.8 Z 变换

时域采样实现了信号时域的离散化，促使可以用数字技术在时域对信号进行处理。在频域用数字技术对信号进行处理时，需要用到离散傅里叶变换。离散傅里叶变换要求时域具有周期性。大部分在时域处理的信号都不是周期的，仅在时域对信号进行了离散化处理。因此在数字域进行数字信号处理时，大部分使用的还是式（3-68）的时域离散信号的傅里叶变换形式。

与模拟域傅里叶变换一样，由于时域离散信号的傅里叶变换同样也存在是否收敛的问题，因此仍采用与拉普拉斯变换一样的方式，将离散化处理后的信号 $f(n)$ 乘以一个具有时域衰减特性的指数函数 $\mathrm{e}^{-n\sigma}$，强制信号能量有限，则式（3-68）可以另外表达为

$$F(\mathrm{e}^{\mathrm{j}\omega+\sigma})=\sum_{n=-\infty}^{+\infty}f(n)\mathrm{e}^{-n\sigma}\mathrm{e}^{-\mathrm{j}n\omega} \tag{3-73}$$

式中，$\mathrm{e}^{-n\sigma}$ 表示对 $\mathrm{e}^{-\sigma t}$ 的采样。令 $z=\mathrm{e}^{\mathrm{j}\omega+\sigma}$，并考虑系统的因果属性，有

$$F(z)=\sum_{n=0}^{+\infty}f(n)z^{-n} \tag{3-74}$$

上述变换被称为 $Z$ 变换，是数字信号处理中常用的频域方程。将采样时刻延迟 $n_1 \leqslant n$ 个时钟周期可得

$$F(z)=\sum_{n=n_1}^{+\infty}f(n-n_1)z^{-n}=z^{-n_1}\sum_{m=0}^{+\infty}f(m)z^{-m}=z^{-n_1}\sum_{n=0}^{+\infty}f(n)z^{-n} \tag{3-75}$$

由式（3-75）可知，$Z$ 变换中的 $z^{-n}$ 项在 $z$ 频域仅代表延时运算，而延时运算在数字域中通过简单的寄存器即可实现，非常适合用于数字域的信号处理过程。

**例 3-5** 一个离散时间系统的单位冲激响应为 $h(0)\sim h(2)$，如果一个输入离散时间信号 $x(0)\sim x(2)$通过该系统，试分别给出输出响应信号的时域和 $z$ 频域表达式。

**解：** 根据式（3-74）可得该离散时间系统和输入离散时间信号的 $z$ 频域传输函数为

$$F_h(z)=\sum_{n=0}^{2}h(n)z^{-n} \tag{3-76}$$

$$F_x(z)=\sum_{n=0}^{2}x(n)z^{-n} \tag{3-77}$$

则输出响应的 $z$ 频域表达式为

$$\begin{aligned}F_y(z)=F_h(z)F_x(z)=&h(0)x(0)+[h(0)x(1)+h(1)x(0)]z^{-1}+\\&[h(0)x(2)+h(1)x(1)+h(2)x(0)]z^{-2}+\\&[h(1)x(2)+h(2)x(1)]z^{-3}+h(2)x(2)z^{-4}\end{aligned} \tag{3-78}$$

由于 $Z$ 变换中的 $z^{-n}$ 表示时域中的延时，因此输出响应的时域项为

$$
\begin{aligned}
y(0) &= h(0)x(0) \\
y(1) &= h(0)x(1) + h(1)x(0) \\
y(2) &= h(0)x(2) + h(1)x(1) + h(2)x(0) \\
y(3) &= h(1)x(2) + h(2)x(1) \\
y(4) &= h(2)x(2)
\end{aligned}
\tag{3-79}
$$

**例 3-6** 画出例 3-5 在数字域的物理实现框图。

**解：** 根据式（3-79）可得例 3-5 中 $Z$ 变换的数字域物理实现框图，如图 3-16 所示。

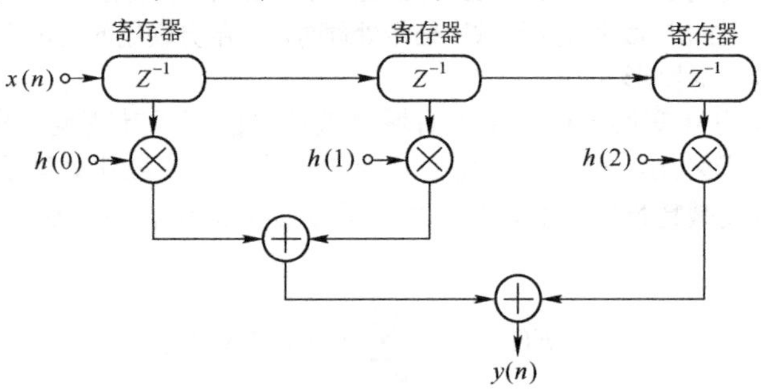


图 3-16　Z 变换数字域物理实现框图

数字信号处理中经常使用的有限脉冲响应（Finite Impulse Response，FIR）滤波器就是基于上述原理实现的。$Z$ 变换是将傅里叶变换压缩至一个复平面中的单位圆内，并呈现直观的周期性（时域离散对应频域的周期），也可以非常容易地判断系统的稳定性。如果一个闭环离散时间系统的 $z$ 频域传输函数中所有的 $z$ 极点均位于单位圆内，满足 $\sigma<0$，则意味着固有的离散时间系统在时域中是随着时间衰减的，该闭环系统是稳定的，否则会存在振荡的可能性。

# 3.9　功率谱密度与频谱

信噪比是通信链路和射频集成电路设计中一个核心的参数，是有效信号功率与噪声功率之间的比值。在频域分析中，频谱无法标定信号和噪声的功率，也就无法准确地进行通信链路预算（通信距离、调制方式、发射功率、接收机灵敏度等）和射频集成电路参数设计（如噪声系数等）。

为了建立频域功率的概念，需要首先引入功率谱密度。功率谱密度表示信号功率在频域上的分布。为了更加直观地理解功率谱密度，本节采用定性分析方式建立此概念。首先观察一个周期性时域信号 $f(t)$，由式（3-42）可知，在不同的谐波频率上（包括直流和基波频率）均存在一定的幅度谱和相位谱，由于各谐波频率之间均建立在正交基的基础之上，因此每个谐波频率处的信号功率均是不相关的，每个谐波处的功率表达式为

$$
S(n\omega) = |F_n|^2 \tag{3-80}
$$

式中，$|F_n|$ 代表频率 $n\omega$ 的幅度谱。如果信号 $f(t)$ 表示的是测量电压信号，则式（3-80）可以看作对电阻进行了归一化后的功率。将周期信号拓展为非周期信号，

则式（3-80）可表示为

$$S(\omega)=\left|F(\mathrm{j}\omega)\right|^2 \tag{3-81}$$

式（3-81）通常被称为信号 $f(t)$ 的功率谱密度。在通信过程中，调制信号 $f(t)$ 通常具有一定的随机性。对于广义平稳随机信号（该条件通常是满足的），可以采用取平均值的方式计算平均功率谱密度，以维持功率谱密度的稳定性。

当信号 $f(t)$ 通过一个系统响应为 $h(t)$ 的线性时不变系统时，输出响应的功率谱密度为

$$S_{\text{out}}(\omega)=\left|F(\mathrm{j}\omega)H(\mathrm{j}\omega)\right|^2=\left|F(\mathrm{j}\omega)\right|^2\left|H(\mathrm{j}\omega)\right|^2=S(\mathrm{j}\omega)\left|H(\mathrm{j}\omega)\right|^2 \tag{3-82}$$

由式（3-81）和式（3-82）可知，即使采用可测量的功率谱密度概念，也不会改变信号的带宽及线性时不变系统的响应带宽。

**例 3-7**　如果 $h(t)$ 为一个滤波器的系统响应，提供的功率增益为 1，通带范围为 $\omega_1\sim\omega_2$，信号 $f(t)$ 的功率谱密度 $S(\mathrm{j}\omega)$ 为单边带功率谱密度，试计算信号通过滤波器后的输出功率。

**解：**信号的功率是功率谱密度在一定频率范围内的积分，信号 $f(t)$ 通过滤波器后仅在频率 $\omega_1\sim\omega_2$ 范围内存在信号功率，$f(t)$ 通过滤波器后的输出信号功率为

$$P_{\text{out}}=\int_{\omega_1}^{\omega_2}S(\mathrm{j}\omega)\mathrm{d}\omega \tag{3-83}$$

白噪声由于具有完全随机性的特点，平均功率谱密度是一个常值，因此在通信系统中，噪声功率通常仅受限于接收设备的最小滤波器带宽。

# 3.10　频域概念在射频集成电路设计中的应用

频域概念的建立为信号处理打开了另一扇窗，不但将时域复杂的卷积运算转变为频域的乘积运算，而且在频域建立的系统传输函数还可以通过零极点的概念快速有效地分析系统的各项性能。在典型情况下，射频集成电路的设计和分析（也包括后端的基带信号处理部分）基本都是在频域进行的。

在进行射频集成电路设计时，需要建立以下概念：

① 对于一个给定的实数基带信号 $f(t)$，其有效频域幅度谱包含正负频率两部分（见图 3-11），两者通常不是对称的：正负频率谱的幅度成分是相同的；相位谱却不同；正负频率谱线的旋转方向相反，如图 3-17 所示。正负频率部分均包含信号的全部信息，由于受限于滤波器的物理实现方法，因此两者通常同时存在（即使在半边带调制中也同时存在）。

② 负频率部分是真实存在的，只是 $f(t)$ 为一个基带信号，在物理世界进行观察时，例如频谱仪，都是在正频率轴上进行显示，而且是平面显示。通过频谱仪观察到的频谱是正负频率部分的一种叠加形式，不包含相位信息。如果对信号 $f(t)$ 进行载波调制，则可以通过频谱仪观察信号 $f(t)$ 的负频率部分。

③ 正弦信号和余弦信号的幅度谱线相互垂直：在正频率处，正弦幅度指向超前余弦幅度指向 $\pi/2$；在负频率处，正弦幅度指向滞后余弦幅度指向 $\pi/2$，如图 3-18（a）所示。复指数函数 $\mathrm{e}^{\mathrm{j}\omega t}$ 仅在频率 $\omega$ 具有单一幅度谱线，如图 3-18（b）所示。这一点在进行信号的频谱搬移时非常有用。

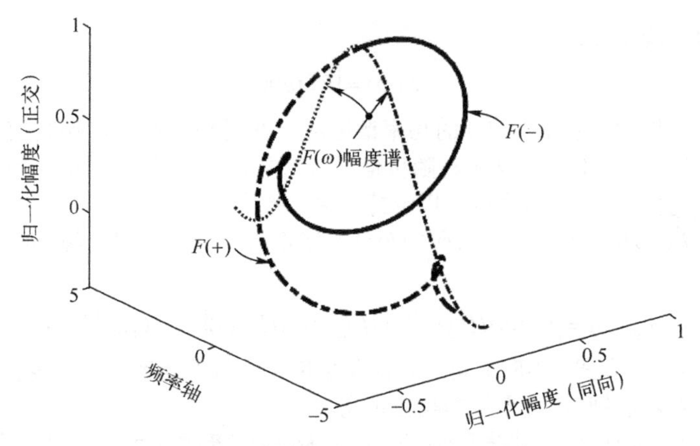


图 3-17 考虑相位谱后的信号频谱图

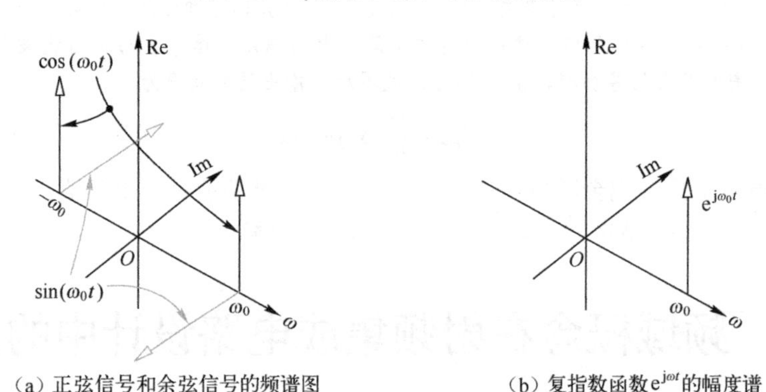


（a）正弦信号和余弦信号的频谱图　　（b）复指数函数$e^{j\omega t}$的幅度谱

图 3-18 频谱图与幅度谱

④ 对于实数基带信号$f(t)$而言，假设频域幅度谱如图 3-19 所示（为了简化起见，只画出了幅度谱成分，没有考虑相位谱。考虑了相位谱后，真实的频谱情况类似图 3-11 或图 3-17 的形式）。图 3-19 分别给出了实数信号$f(t)$经正弦和余弦信号变频后的频域幅度谱。可以看出，任何实数信号均包含两个等价的部分：一部分位于调制的正频率处；另一部分位于调制的负频率处。这两部分之所以等价，主要是由于它们均包含实数信号$f(t)$的正负频率部分。

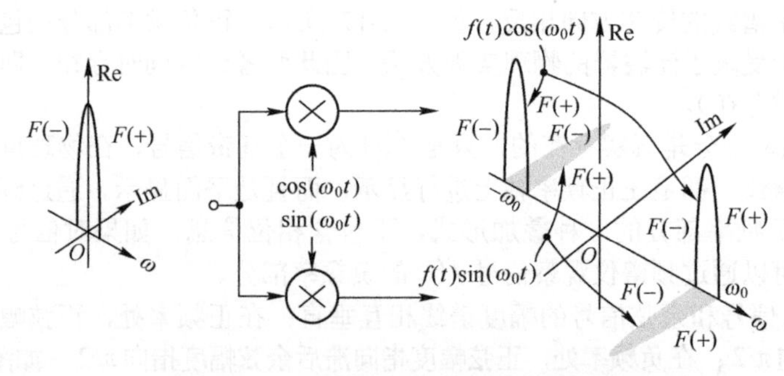


图 3-19 非周期信号 $f(t)$ 的调制信号频谱

延伸说明一下：在信号调制过程中，经常提到的半边带（上边带或下边带）调制指的就是仅保留信号 $f(t)$ 正频率处的正频率部分和负频率处的负频率部分，或者仅保留正频率处的负频率部分和负频率处的正频率部分。上边带调制示意图如图 3-20 所示。全边带调制和半边带调制均可作为发射机的调制模式（发射时所需的射频带宽不同），半边带调制虽然可以节省一倍的带宽资源，但是解调算法必须采用相干算法（预估出载波相位），否则会导致无法恢复信号 $f(t)$。

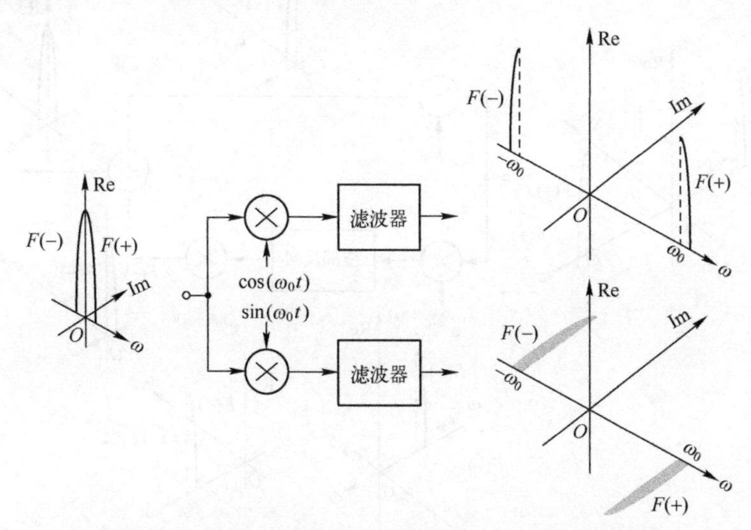


图 3-20　半边带调制示意图（上边带调制，不考虑相位因素）

半边带（上边带）调制的解调示意图如图 3-21 所示。如果实现载波相位的正确估计（$\varphi_0=0$，载波同步，相干解调），则解调过程可无损恢复信号 $f(t)$ 的频谱，否则解调后的信号频谱正负频率部分会存在部分相位差，相位差的存在会导致信号各频率处的群延时不同，从而导致时域波形的畸变。

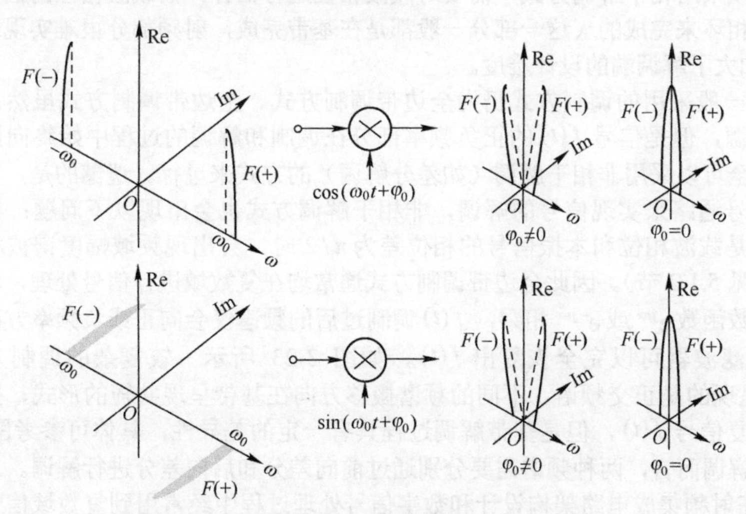


图 3-21　半边带（上边带）调制的解调示意图

对于较为复杂的调制方式（如 QAM、OFDM 等，见第 4 章），其频谱本身属于正交频谱，如图 3-22 所示。其解调过程需要两路复数域信号处理：上支路实现信号 $f(t)$ 正频率部分的下变频；下支路同时提供信号 $f(t)$ 负频率部分的下变频和正交支路的反向。两路复数域处理结果合路后，恢复信号 $f(t)$ 的完整频谱。

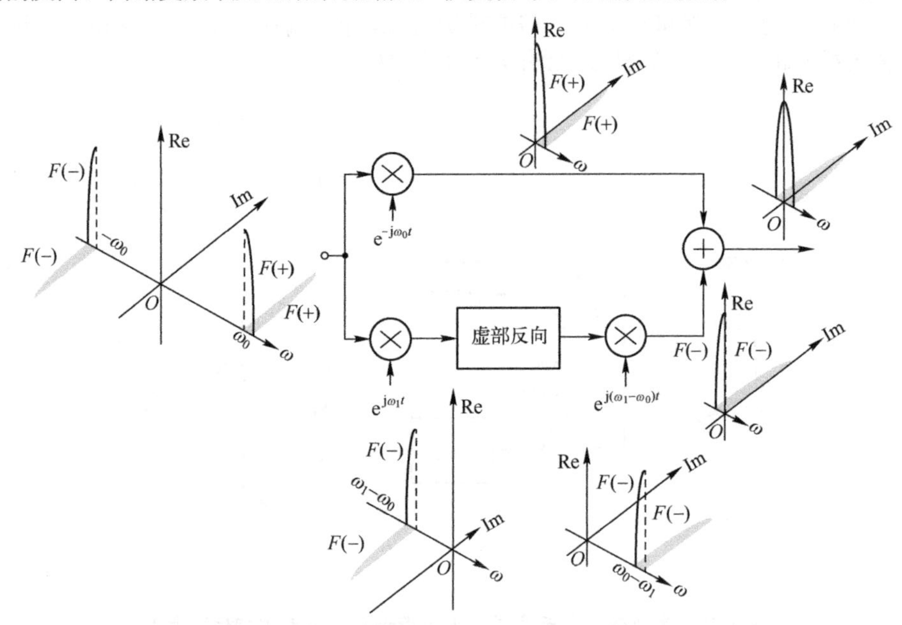


图 3-22 复杂调制方式（具有正交频谱）解调示意图

半边带调制方式虽然可以成倍提升频谱利用效率，但是实现方式过于复杂，尤其是对滤波器阻带性能的陡峭性要求非常严格，通常不具备物理实现性（半边带调制过程也可采用基于希尔伯特变换的移相法实现，可以避免滤波器的使用）。另外，解调过程必须采用相干解调方式，需要对载波相位进行估计，而载波相位的估计一般都是通过锁相环来完成的（这一部分一般都是在基带完成，射频部分很难实现载波相位估计），加大了解调端的设计难度。

因此一般采用的调制方式仍为全边带调制方式。全边带调制方式虽然占据较多的带宽资源，但是信号 $f(t)$ 的正负频率部分在调制和解调的过程中始终向同一方向旋转，完全可以采用非相干解调（如差分解调）的方式来进行。遗憾的是，如果仅采用单路信号通路来实现信号的解调，非相干解调方式也会出现以下问题：极端情况下，也就是载波相位和本振信号的相位差为 $\pi/2$ 时，会出现频域幅度谱被相互抵消的情况（见 5.1.2 节）。因此全边带调制方式通常均在复数域进行信号处理，将输入信号与复指数函数 $e^{j\omega t}$ 或 $e^{-j\omega t}$ 相乘，$f(t)$ 调制过后的频谱仅会向正或负频率方向搬移，通过低通滤波器可以完全恢复出 $f(t)$，如图 3-23 所示。较复杂的调制方式（如 QPSK）呈现的是正交频谱，不同的频谱搬移方向在基带呈现共轭的形式，虽然也可以完全恢复信号 $f(t)$，但是基带解调过程具有一定的差异性，具体可参考图 3-26。对于差分解调而言，两种频谱需要分别通过前向差分和后向差分进行解调。

⑤ 在射频集成电路架构设计和数字信号处理过程中经常用到复数域信号处理，复数域信号处理如何在电路层级实现呢？

首先观察两个复数信号：$\boldsymbol{a}=x+\mathrm{j}y$ 和 $\boldsymbol{b}=m+\mathrm{j}n$，将 $\boldsymbol{a}$ 与 $\boldsymbol{b}$ 相加后可得

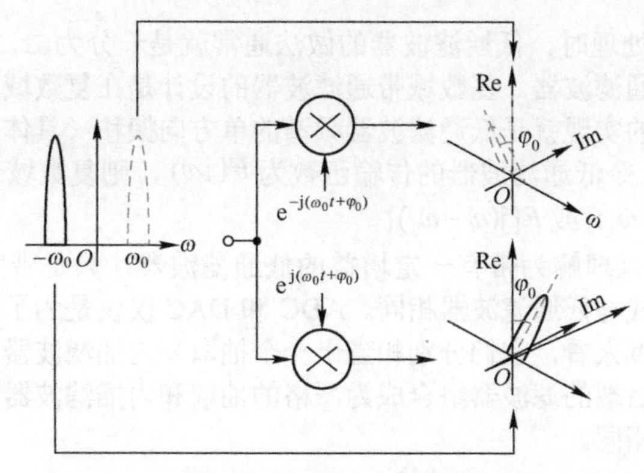


图 3-23 全边带调制方式的复数域频谱搬移过程

$$\boldsymbol{a}+\boldsymbol{b}=x+m+\mathrm{j}(y+b) \tag{3-84}$$

将 $\boldsymbol{a}$ 与 $\boldsymbol{b}$ 相乘后可得

$$\boldsymbol{a}\times\boldsymbol{b}=xm-yn+\mathrm{j}(xn+ym) \tag{3-85}$$

加法运算较简单，不再赘述。复数域乘法运算电路结构如图 3-24 所示，共需要四个乘法器和两个加法器。

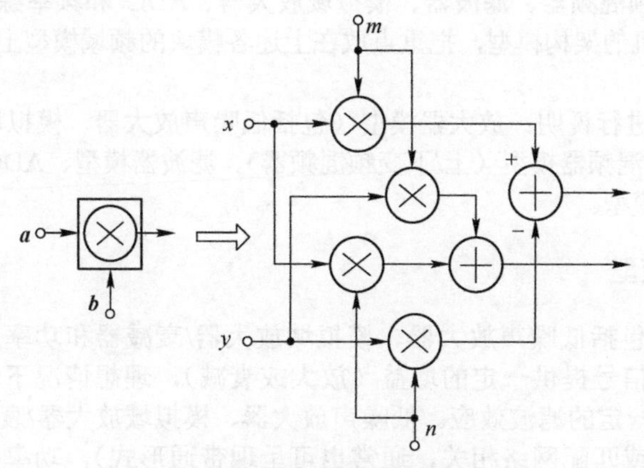


图 3-24 复数域乘法运算电路结构图

在进行射频集成电路设计时，经常需要在复数域进行设计的模块包括混频器、滤波器、放大器、ADC 和 DAC。需要说明的是，射频集成电路设计中用到的复数域处理都是在严格正交条件下实现的，也就是实部信号和虚部信号幅度相等，相位差为 $\pi/2$（通常称它们为同向支路和正交支路，即 I 支路和 Q 支路）。

对于混频器而言，输入信号是一个实数域信号（主要和收发天线的单端性有关），可以令图 3-24 中的 $y=0$， $m=\cos(\omega t)$， $n=\pm\sin(\omega t)$ 来完成复数域的混频器设计（$n$ 的符号由频谱搬移的方向决定）。

滤波器的设计分为低通和带通两种。低通滤波器的频域幅度谱类似于图 3-11 的形式，只是低通滤波器的频域幅度谱是连续的，且由于低通滤波器的群延时为一个常数，在正负频率处的幅度谱旋转角度呈现线性分布。任意一个信号 $f(t)$ 的正频率部分和负频率部分必须同时存在。即使进入复数域，低通滤波器的频域幅度谱仍保持不变。在复数域进行处理时，低通滤波器的做法通常就是一分为二，也就是 I 路和 Q 路均接入相同的低通滤波器。复数域带通滤波器的设计是在复数域低通滤波器的基础上进行设计的，它的实现就是低通滤波器频谱的单方向搬移（具体搬移方向和接收机的架构规划有关）。令低通滤波器的传输函数为$F(\mathrm{j}\omega)$，则复数域带通滤波器的系统传输函数为$F[\mathrm{j}(\omega+\omega_0)]$或$F[\mathrm{j}(\omega-\omega_0)]$。

由于放大器可以理解为带有一定增益的低通滤波器，只是带宽范围较宽，因此在复数域的表现形式与低通滤波器相同。ADC 和 DAC 仅仅是为了实现信号的格式转化，从系统级的角度来看，它们分别相当于一个抽取和内插滤波器，只不过均具有全通特性，可以与前后端的滤波器组合成为严格的抽取和内插滤波器，复数域形式与放大器和低通滤波器相同。

# 3.11 射频集成电路频域模型

射频集成电路分为发射机和接收机两种。一般情况下，发射机中包括 DAC、模拟域衰减器、滤波器、上变频混频器、功率放大器和频率综合器；接收机中包括低噪声放大器、下变频混频器、滤波器、模拟域放大器、ADC 和频率综合器。本节不讨论发射机和接收机的架构模型，把重点放在上述各模块的频域模型上，为后续的分析打下基础。

分以下几类进行说明：放大器模型（包括低噪声放大器、模拟域放大器/衰减器和功率放大器）、混频器模型（上/下变频混频器）、滤波器模型、ADC 模型、DAC 模型、频率综合器模型。

### 1. 放大器模型

放大器模型包括低噪声放大器、模拟域放大器/衰减器和功率放大器。放大器的功能是向输入信号提供一定的增益（放大或衰减），理想情况下对全频段有效，实际情况下呈现一定的滤波效应。低噪声放大器、模拟域放大器/衰减器通常呈现低通特性（与负载或匹配网络相关，通常也可呈现带通形式），功率放大器呈现带通特性。以低噪声放大器为例，低噪声放大器通常包括跨导放大器和负载阻抗两部分。跨导放大器将输入电压转换为电流，电流流经负载阻抗产生输出电压。先从时域进行系统响应函数的求解，然后通过拉普拉斯变换求出传输函数。

假设跨导放大器的跨导为$g_{\mathrm{m}}$，负载的电阻值和寄生电容值分别为 $R$ 和 $C$，输入电压为$v_{\mathrm{in}}(t)$，则以下两式成立：

$$\frac{1}{C}\int_{-\infty}^{t} i_1 \mathrm{d}t = i_2 R \tag{3-86}$$

$$i_1 + i_2 = g_{\mathrm{m}} v_{\mathrm{in}}(t) \tag{3-87}$$

式中，$i_1$、$i_2$分别为流过电容支路和电阻支路的电流。联立上述两式，可得

$$\frac{1}{C}\int_{0}^{t}[g_{\mathrm{m}} v_{\mathrm{in}}(t) - i_2]\mathrm{d}t = i_2 R \tag{3-88}$$

因此

$$R\frac{\mathrm{d}i_2}{\mathrm{d}t}+\frac{1}{C}-\frac{g_{\mathrm{m}}v_{\mathrm{in}}(t)}{C}=0 \tag{3-89}$$

将 $v_{\mathrm{in}}(t)=\delta(t)$ 代入式（3-89），不考虑直流项，求解一阶常系数微分方程，可得

$$i_2=\frac{g_{\mathrm{m}}}{RC}\mathrm{e}^{-\frac{1}{RC}t} \tag{3-90}$$

输出电压 $v_{\mathrm{out}}(t)$ 为

$$v_{\mathrm{out}}(t)=i_2R=\frac{g_{\mathrm{m}}}{C}\mathrm{e}^{-\frac{1}{RC}t} \tag{3-91}$$

式（3-91）为低噪声放大器的系统响应，对其进行拉普拉斯变换，可得低噪声放大器的频域传输函数为

$$H(s)=\mathbb{L}[v_{\mathrm{out}}(t)]=\frac{g_{\mathrm{m}}R}{1+sRC} \tag{3-92}$$

由式（3-92）可知，低噪声放大器呈现低通滤波器的特性，主要是由负载电阻和寄生电容引入的极点导致的。如果寄生电容可以忽略，则低噪声放大器的传输函数为

$$H(s)=g_{\mathrm{m}}R \tag{3-93}$$

式中，$g_{\mathrm{m}}R$ 也被称为低噪声放大器的增益。同理，也可以先对式（3-89）进行拉普拉斯变换，先求得 $i_2$ 的频域表达式，与电阻 $R$ 相乘后，也可计算出低噪声放大器的系统传输函数，再通过拉普拉斯反变换计算系统响应函数。

当然，还可以参考例 3-2，分别在频域对跨导级和负载级（将电容 $C$ 的阻抗看作 $\frac{1}{sC}$ 即可）进行拉普拉斯变换并相乘计算系统的传输函数，这也是在设计射频集成电路时典型的计算方法。后续会提到，功率放大器虽然是一个大信号处理装置，存在一定的 AM/PM 失真，具有一定的记忆效应，但是在进行系统分析时，仍可采用上述模型进行等效。

**2. 混频器模型**

混频器包括上/下变频混频器。由于混频器是一个时变模块，因此计算混频器的系统响应和系统传输函数显然是没有任何意义的。混频器在时域相当于一个乘法器，共有两个输入端口：一个是输入信号端口；另一个是本振信号端口（通常为方波信号控制的开关管）。时域的乘积在频域相当于频谱之间的卷积，方波信号的频谱为一系列具有不同谐波频率的单位冲激函数，卷积的结果相当于对输入信号进行了频谱搬移，实现上/下变频功能。

**3. 滤波器模型**

为了简化计算过程，以一阶有源 RC 低通滤波器（见图 3-25）为例，计算过程与放大器模型计算过程相同，这里直接给出时域系统响应和频域传输函数的结果。

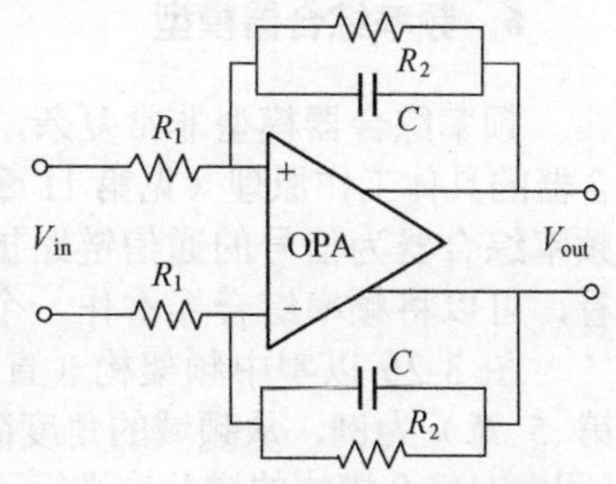


图 3-25　一阶有源 RC 低通滤波器

时域系统响应为

$$v_{\text{out}}(t) = -\frac{1}{R_1 C} \mathrm{e}^{-\frac{1}{R_2 C} t} \tag{3-94}$$

频域传输函数为

$$H(s) = \mathbb{L}[v_{\text{out}}(t)] = -\frac{R_2 / R_1}{1 + sR_2 C} \tag{3-95}$$

式中，$R_2/R_1$ 为低通滤波器的增益；$1/(R_2C)$ 为−3dB 带宽。

#### 4．ADC 模型

ADC 的作用相当于一个抽取滤波器。这个抽取滤波器是一个全通滤波器，可以实现模拟域到数字域的转换。为了避免混叠，抽取后的速率必须满足奈奎斯特采样定理。由于 ADC 存在输入端口和输出端口外的第三方端口（抽取控制端口，或称采样端口），因此不是一个线性时不变系统，同样不能采用系统响应和系统传输函数的概念来分析。与混频器类似，可以用乘法器进行模拟，抽取控制端口可以采用一串离散的单位脉冲模拟，即 $\delta(t-nT), n=-\infty \sim +\infty$。其中，$\delta$ 函数采用数字域的表达形式，$T$ 为采样时钟周期。该离散的单位脉冲在时域表现为对单位直流信号的周期性采样，采样后，在频率的表现形式为周期性延拓的单位冲激函数，可以表示为 $\delta(\omega - n\omega_{\text{S}}), n=-\infty \sim +\infty$。其中，$\omega_{\text{S}}$ 为采样时钟频率。ADC 的目的就是将模拟信号离散化，方便后端的数字信号处理，只是在数字域，信号的频谱被周期化了。

#### 5．DAC 模型

DAC 的作用与 ADC 的作用相反。DAC 不能使信号真正模拟化，只是将数字域离散的数字信号转换为具有阶跃性质的模拟信号，信号的离散属性没有彻底改变。由于 DAC 仍存在第三方端口（采样端口），因此 DAC 也不是一个线性时不变系统，不能用时域系统响应和频域系统传输函数的概念分析。DAC 的本质是将离散信号阶跃化，没有改变频谱的周期性延拓属性，引入的阶跃效应会对周期性延拓的频谱进行滤波成型，具体工作原理可参考本章附录 2。

#### 6．频率综合器模型

频率综合器模型非常复杂，在本节的时频分析中，不准备大篇幅地介绍频率综合器的具体工作原理（见第 11 章），仅立足信号通信链路来分析频率综合器的作用。频率综合器为信号的通信链路提供用于上/下变频的本地振荡信号，从这个角度来看，可以将频率综合器看作一个单音信号源，直接提供给混频器使用。

图 3-26 以零中频架构（直接变频机制，基带信号不带载波，具体工作原理见第 5 章）为例，从频域的角度简要分析了射频集成电路设计中信号的具体处理过程（图中对每个模块的增益均进行了归一化）。

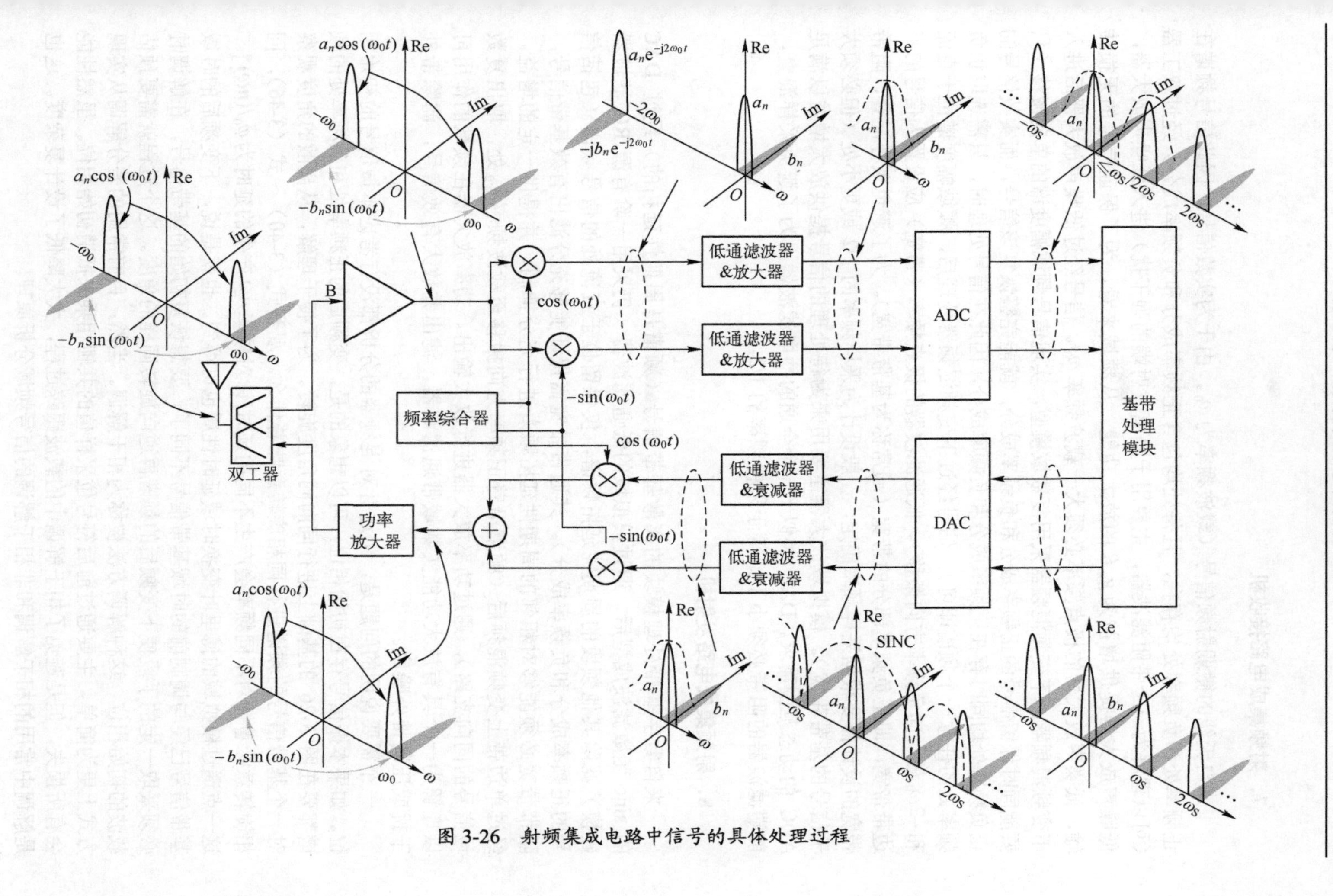


图 3-26 射频集成电路中信号的具体处理过程

**7．射频集成电路接收机**

来自天线的微弱射频信号（载波频率为$\omega_0$，由于为实数信号，因此信号频谱在正频率处和负频率处均存在，且每处均包含正频率成分和负频率成分）经过双工器（可以理解为一个带阻滤波器，主要用于隔离发射端的强干扰）进入低噪声放大器，低噪声放大器提供增益为$g_mR$的放大功能。从频域来看，为了保证信号的无损传输，低噪声放大器的极点频率必须大于载波频率$\omega_0$。信号经过低噪声放大器后进入下变频混频器。下变频混频器采用复数域模型，实现信号频域幅度谱的单向搬移（只要能同时保留信号的正频率成分和负频率成分，就能完整恢复该信号，而实数信号的正负频率处均同时存在正频率成分和负频率成分，因此在信号处理时，只需选取正负频率处的任意一个频谱即可）。信号经过下变频混频器处理后，频域幅度谱位于直流和$-2\omega_0$处（向负频率方向搬移）。低通滤波器的极点频率（带宽）应设置为信号的半边带带宽，即正负频率部分的带宽（通常称为基带带宽）。为了避免采样混叠，阻带带宽的设计需要根据采样频率确定，一般设计为采样频率的 1/2 或更小处（但必须大于信号的基带带宽）。模拟域放大器主要用来为待处理的信号提供放大增益以满足ADC 的动态范围需求。DAC 类似于一个全通的抽取滤波器，为了避免采样混叠，前端滤波器的阻带必须小于或等于采样频率的 1/2。

**8．射频集成电路发射机**

来自数字基带处理模块的离散基带信号（频谱是周期性延拓的）经过 DAC 的 sinc 函数滤波成型后，通过模拟域的低通滤波器（仍采用一阶有源 RC 滤波器建模）滤除其他频段的周期性延拓频谱，仅保留位于直流处的信号频谱（包括信号的正频率成分和负频率成分）。其通带带宽需保证能够充分滤出有效基带信号，阻带带宽必须能够对相邻的周期性延拓频谱进行充分抑制，并提供一定的增益。经过单边带上变频混频后（频谱沿着正频率方向搬移至载波频率$\omega_0$处，取出复数域信号的同向支路），通过功率放大器进行放大输出。功率放大器在频域的作用可以理解为一个具有放大功能实数域带通滤波器，滤出并放大有效信号，滤除带外干扰或压制带外噪底。

一个需要说明的问题是，上述针对混频器的分析都没有考虑本振信号的初始相位。如果本振信号存在初始相位，可以想象的是，变频后的正频率处和负频率处的频谱都要在图 3-26 的基础上进行同向同角度旋转。为了便于理解，从离散的角度观察对一个基带信号的频谱进行同相旋转意味着什么。观察式（3-40）～式（3-46），同相旋转意味着针对不同频率会产生不同的延时[针对频率$n\omega$产生的延时为$\varphi_0/(n\omega)$]。这一点通过模拟域的傅里叶变换时域延时性质也可得到。也就是说，下变频后的时域基带信号已经与调制前的时域基带信号不同了，要想恢复初始的基带信号，在解调时必须采取一定的手段使下变频后的频谱再逆向旋转同样的角度。这个过程就需要预估载波的初始相位。这种解调方法被称为相干解调。当然，目前常用的差分解调从实现方式上更为简单，主要通过前后符号位采样值的共轭相乘来抵消初始相位。虽然性能会有所损失，但是避免了相干解调中的载波跟踪过程，大大降低了设计复杂度。这也是解调中常用的相干解调和非相干解调的信号频域分析原理。

## 附录 1　离散时间域单位冲激函数

对式（3-5）进行离散化操作可得

$$\int_{-\infty}^{+\infty}\delta(t)\mathrm{d}t=\sum_{n=-\infty}^{+\infty}\delta(n\Delta T)\Delta T=1 \tag{3-96}$$

式中，$\Delta T=T_{\mathrm{s}}$ 为离散时间域系统的采样周期。式（3-96）的连续时间域至离散时间域的转换是有实际物理意义的。连续时间域的时间间隔趋于 0，单位冲激响应的能量均集中在一个时间点，趋于无穷大。对于离散时间系统，相邻信号之间存在一定的时间间隔，单位冲激响应的能量集中在一个时间段。该时间段的长度为离散时间域的采样周期，有

$$\delta(n\Delta T)=\frac{1}{\Delta T},n=0;\quad \delta(n\Delta T)=0,n\neq 0 \tag{3-97}$$

将式（3-97）对采样周期进行归一化后，可得

$$\delta(n)=\delta(n\Delta T)=1,n=0;\quad \delta(n)=\delta(n\Delta T)=0,n\neq 0 \tag{3-98}$$

## 附录 2　DAC 输出信号频谱

离散单音信号通过 DAC 的时域信号转换如图 3-27 所示。信号在进入 DAC 之前为一个时域离散的单音信号，表达式为

$$S_{\mathrm{in}}(t)=\sum_{n=-\infty}^{+\infty}\cos(\omega_{\mathrm{sub}}t)\delta(t-nT_{\mathrm{s}}) \tag{3-99}$$

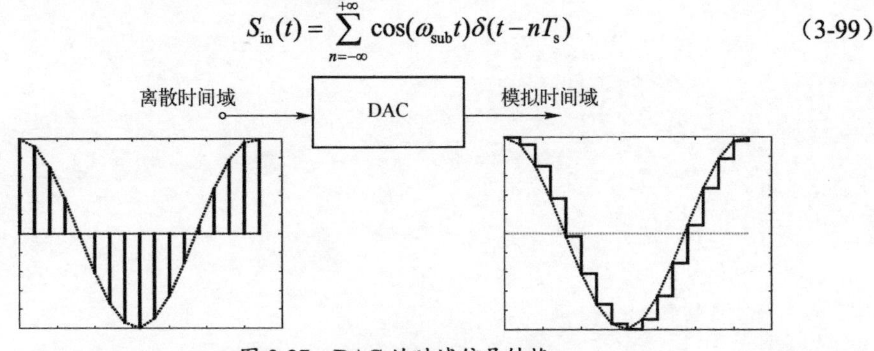


图 3-27　DAC 的时域信号转换

式中，$\omega_{\mathrm{sub}}$ 为输入单音信号频率；$T_{\mathrm{s}}$ 为采样周期。信号经过 DAC 后，变为阶跃状信号（从离散域过渡至连续域），DAC 的输出信号为

$$S_{\mathrm{out}}(t)=\sum_{n=-\infty}^{+\infty}\cos(\omega_{\mathrm{sub}}\tau)\delta(\tau-nT_{\mathrm{s}})h(t-nT_{\mathrm{s}}) \tag{3-100}$$

式中，$h(t)=u(t+T_{\mathrm{s}}/2)-u(t-T_{\mathrm{s}}/2)$（不考虑响应的因果性），是一个矩形脉冲信号。将式（3-100）进行变形，可得

$$S_{\mathrm{out}}(t)=\sum_{n=-\infty}^{+\infty}\cos(\omega_{\mathrm{sub}}nT_{\mathrm{s}})h(t-nT_{\mathrm{s}})=S_{\mathrm{in}}(t)\Big|_{t=nT_{\mathrm{s}}}*h(t) \tag{3-101}$$

将三角函数通过复指数函数展开，并考虑 $\mathcal{F}^{-1}[1]\rightarrow\delta(f)$，可得 $S_{\mathrm{in}}(t)$ 未进行采样的傅

里叶变换为

$$S_{\text{in}}(\text{j}\omega)=\int_{-\infty}^{+\infty}S_{\text{in}}(t)\text{e}^{-\text{j}\omega t}\text{d}t=\pi[\delta(\omega-\omega_{\text{sub}})+\delta(\omega+\omega_{\text{sub}})] \tag{3-102}$$

考虑到时域离散会导致频域的周期性频谱搬移，由式（3-67）可知，离散傅里叶变换需要在连续傅里叶变换的基础上对采样周期进行归一化，因此离散傅里叶变换为

$$S_{\text{in}}(\text{j}\omega)=\frac{\pi}{T_{\text{s}}}\sum_{n=-\infty}^{+\infty}[\delta(\omega-\omega_{\text{sub}}-n\omega_{\text{s}})+\delta(\omega+\omega_{\text{sub}}-n\omega_{\text{s}})] \tag{3-103}$$

式（3-100）中的 $h(t)$ 为时域连续的矩形脉冲信号，傅里叶变换为

$$H(\text{j}\omega)=T_{\text{s}}\text{sinc}(\omega T_{\text{s}}/2) \tag{3-104}$$

式中，$\text{sinc}(x)=\sin x/x$。对式（3-101）两边进行傅里叶变换，可得

$$S_{\text{out}}(\text{j}\omega)=\frac{1}{2}\text{sinc}(\omega T_{\text{s}}/2)\sum_{n=-\infty}^{+\infty}[\delta(\omega-\omega_{\text{sub}}-n\omega_{\text{s}})+\delta(\omega+\omega_{\text{sub}}-n\omega_{\text{s}})] \tag{3-105}$$

可以看出，经过 DAC 后，信号的频谱仍呈现周期性延拓的现象，输出信号仍具有一定的离散性质，与全通型滤波器相比，实际的输出信号幅度会被 sinc 函数整型。

# 第4章

# 射频通信基础与通信链路预算

射频集成电路的系统级设计必须首先明确需要达成的一些关键性能指标：①发射端功率；②发射端与接收端之间的距离；③调制方式；④码速率；⑤接收端灵敏度；⑥接收端噪声系数；⑦接收端或发射端射频集成电路内部滤波器的带宽。这些问题都是需要明确的基本问题。复杂的通信系统还必须考虑是否加入前向纠错编码，选择何种多址接入方式扩大系统通信容量。宽频通信还必须考虑多径问题。本章主要围绕上述问题对射频通信的基础知识和通信链路预算进行简要介绍。

## 4.1 基本通信过程

通信系统的一般性原理框图如图 4-1 所示，涵盖了从信源到信宿的基本流程性功能模块。

① 信源编码：信源可以理解为一种有效的信息文本，可以是模拟态的（如语音信号），也可以是数字态的（如包含帧头、数据、校验和帧尾的二进制比特流报文）。经过信源编码（该过程通常针对模拟态信源进行，可以理解为一种模数转换过程）后，输出数字形式的消息码元（二进制比特流）。数字态信源可以直接作为消息码元输入。

② 加密：加密是确保通信安全性的一种常用手段，只有收发双方拥有相同的密钥，才可以在接收端完成相应的解密过程，恢复原始消息码元。

③ 信道编码：信道编码属于前向纠错编码，可以在一定的错误范围内完全纠正由于信道干扰造成的码元错误。信道编码通过增加消息码元的冗余度来换取一定的信道编码增益（纠错可以理解为变相提升了信噪比），信道编码增益可以直接增加射频通信链路的裕量。

④ 串并转换：将二进制的报文信息（以比特为单位）转变为多进制的报文信息（以符号为单位）。

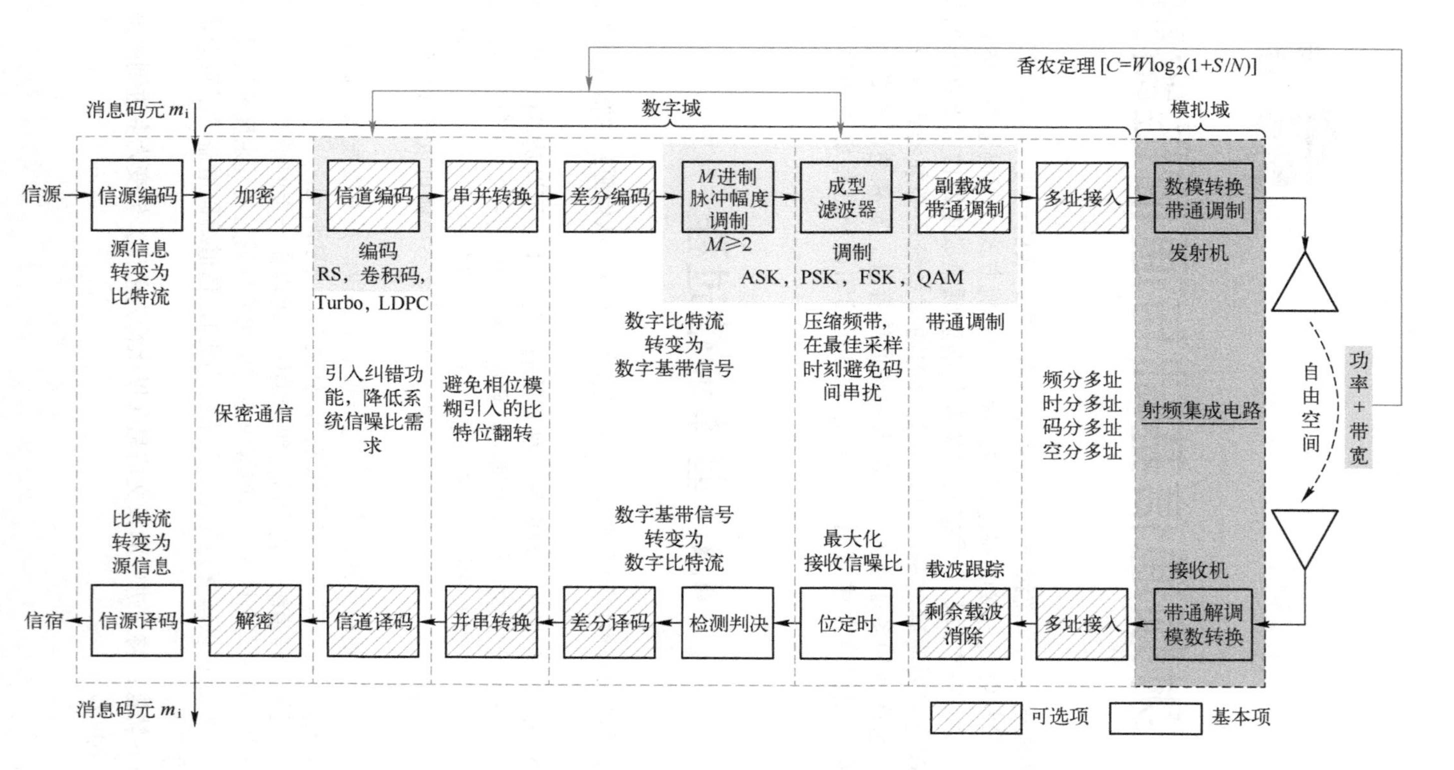


图 4-1 通信系统的一般性原理框图

⑤ 差分编码：对于一些调制方式，如二进制相移键控（BPSK），信号解调过程中的载波跟踪过程通常会引入一定的相位模糊，相位模糊会造成解调后的基带信号在星座图中出现旋转的情况，从而引发误判。差分编码是用上一时刻码元根据源码对应的相位预测当前时刻码元的一种编码方式，源码对应的相位是当前时刻码元与上一时刻码元对应相位的差值。差分编码对解调过程引入的相位模糊不敏感，得到了广泛的应用。同时，差分编码形式还可以简化解调过程的复杂度，将需要载波跟踪过程的相干解调采用非相干差分解调替代，如差分二进制相移键控（DPSK）、差分正交相移键控（DQPSK）等调制方式。

⑥ *M* 进制脉冲幅度调制：将经过串并转换或差分编码后的符号报文转换至对应的不同脉冲幅度信号。常用的幅移键控调制（ASK）、相移键控调制（PSK）和正交幅度调制（QAM）均可以通过幅度调制方式生成（通过观察各自的星座图可以看出）。

⑦ 成型滤波器：*M* 进制脉冲幅度调制产生的信号具有陡峭的边沿，在频域呈现较宽的频带占用率，在对相邻信道抑制比（ACPR）要求严苛的通信系统中是无法直接使用的。因此，在对载波进行调制之前，需要通过一个低通滤波器进行边带抑制。普通的 FIR 滤波器会引入较大的码间串扰（频域压缩导致时域拓展造成的时域信号交叠现象），需要设计专门的滤波器来有效抑制高频处的频谱，同时在时域最佳采样点也可以避免码间串扰。此滤波器被称为成型滤波器，通常采用可以物理实现的升余弦滤波器。

⑧ 副载波带通调制：副载波带通调制主要是对成型后的基带报文信号进行子载波调制，通常用于多载波发射系统。另外，子载波的加入还可以通过带通滤波器有效地减小射频发射机的载波泄漏和镜像干扰对有效信号的影响（见 5.6 节）。

⑨ 多址接入：当射频通信系统需要提供较大的通信容量时，就必须设计能兼容大容量通信的多址接入方式。目前常用的多址接入方式主要有时分多址（TDMA）、频分多址（FDMA）、码分多址（CDMA）和空分多址（SDMA）。TDMA 和 FDMA 的概念较好理解。CDMA 主要通过伪码扩频的方式实现（见 4.4.4 节），是一种通过增加带宽换取抗干扰能力的通信技术。SDMA 是采用相控阵技术对收发天线进行波束赋形的一种技术，通过天线收发增益的空间分布不同实现多址通信。

⑩ 数模转换和带通调制：此部分为射频集成电路发射机，包括 DAC、低通滤波器、上变频混频器、功率放大器和频率综合器等核心模块，用于将数字基带或中频信号模拟化，进行上变频并放大至一定的功率，通过天线将调制后的功率信息发送出去，经过自由空间传播衰减后，到达接收端天线，最终通过馈线输入至解调链路。

⑪ 带通解调和模数转换：此部分为射频集成电路接收机，包括低噪声放大器、下变频混频器、低通或带通滤波器、可变增益放大器、ADC 和频率综合器等核心模块，用于将接收到的射频信号进行下变频后，放大至一定的功率，最终通过数字化送入基带解调部分。

⑫ 剩余载波消除：或称载波跟踪，主要通过锁相环技术实现剩余中频载波的频率和相位跟踪，将中频信号变为基带信号。对于非相干解调，此部分仅需要实现频率跟踪或基本的下变频功能。

⑬ 位定时：主要用于找出解调后基带信号的最优采样点以最大化接收信噪比。当无线通信链路的非线性效应引入的码间串扰较严重时，可以考虑加入信道均衡功能。

⑭ 检测判决：通过将采样信号与一定的阈值信号进行比较，并输出对应符号数据的过程。符号数据是指串并转换后的并行比特流数据。

⑮ 差分译码：对于差分编码，通过相邻两个时刻码元的相位差对源码进行预测，可以避免解调过程中出现的相位模糊情况（例如，BPSK 调制存在 180°的相位模糊，QPSK 调制存在 90°的相位模糊），保证解调报文的正确性。

⑯ 并串转换：将解调出的并行符号信息转换为串行比特流。

⑰ 信道译码：与信道编码相对应，具有一定的纠错能力，为了避免连续性信道干扰，一般与交织技术配合使用。信道的编译码功能可以提升通信系统的链路裕量。

⑱ 解密：与发射链路中的加密相对应，通过已知密钥对接收比特流进行原始数据报文恢复。

⑲ 信源译码：按照某种预定的译码方式进行的一种数模转换过程，至此完成信源到信宿的一个完整通信过程。

上述过程只是通信过程中的一般过程，并不是唯一的，许多功能性模块在实际的工程实现中可以进行简化甚至移除，减小通信的复杂度。

香农定理 $C = W\log_2(1+S/N)$ 是通信系统中的一个基本定理。其中，$C$ 为信道容量（bit/s）；$W$ 为信道带宽（Hz）；$S/N$ 为信号与噪声功率比（信噪比）。

香农定理证明：理论上，在信噪比和信道带宽固定的情况下，只要通信比特率 $R \leqslant C$，通过采用足够复杂的编码方式，该信道就能以任意小的差错概率进行比特率为 $R$ 的数据传输。若 $R > C$，则不可能存在某种信道编码方式以满足任意小的差错概率。也就是说，信道带宽、信号功率和噪声功率三个参数是限制信道传输速率的根本因素，而不是差错概率。由于噪声功率与信道带宽有关，在比特能量 $E_b$ 固定的情况下，信号功率与信道容量有关，为了获得更加纯粹的定量化指导意义，将香农定理变换为

$$C = W\log_2\left[1+\frac{E_b C}{N_0 W}\right] \tag{4-1}$$

式中，$N_0$ 为带宽内的噪声功率（Hz）。香农定理的极限定义为当 $E_b/N_0$ 低于某一阈值时，即使采用再复杂的编码方式，也不可能在可接受的差错概率范围内完成一次有效通信。此时 $C/W \to 0$，即信道容量趋于 0 或所需信道带宽趋于无穷大。令 $x = \dfrac{E_b C}{N_0 W}$，有

$$1 = \frac{E_b}{N_0}\log_2(1+x)^{1/x} \tag{4-2}$$

当 $x \to 0$ 时，$\log_2(1+x)^{1/x} = \mathrm{e}$，代入式（4-2），可得香农极限为 $E_b/N_0 \approx -1.6\text{dB}$。香农定理在理论上证明了存在可以提高差错性能的编码方式使所需 $E_b/N_0$ 接近香农极限。例如，误比特率为 $10^{-5}$ 的无编码 BPSK 相干解调需要的 $E_b/N_0$ 约为 9.5dB，存在一种编码方式，可以提供 11.1dB 的编码增益，使通信系统对 $E_b/N_0$ 的需求接近香农极限。

通信系统的设计是一个非常复杂的折中过程，在追求香农极限的同时，还必须考虑通信系统的设计复杂度和需要的信道带宽问题。由于信道带宽与采用的调制方式密切相关，因此在实际的通信系统设计过程中，香农极限仅具有指导性的意义，通信系统的设计需要综合考虑多方面的因素。在实际通信系统中，为了确保通信的可靠进

行，通常采用误比特率的概念，在预先确定系统通信距离的情况下，逐步确定系统的发射功率、信道带宽、码速率、调制方式、编码方式等，再根据已确定的调制方式在相应解调算法和误比特率条件下对应的 $E_b/N_0$，考虑一定的设计裕量，确定射频集成电路的噪声系数、滤波器带宽等指标。

本章主要立足射频集成电路设计需求，对图 4-1 中射频集成电路设计需求存在关联性影响的主要通信过程和手段进行简要说明。

# 4.2　调制和解调

调制和解调是维持正常无线通信的一个必须手段。调制就是用基带信号去控制载波信号的某个或几个参量（幅度、频率和相位）的变化，将信息"加载"其上，形成已调信号进行传输。解调是调制的反过程，通过具体的方法从已调信号的参量变化中恢复原始的基带信号。调制过程中的载波频率通常要远高于基带码速率。之所以增加复杂的调制过程而不直接发送基带信号，主要是发射信号的天线尺寸通常必须接近或超过发射信号波长的 1/4。例如，1MHz 基带信号的波长约为 300m，要发射该基带信号，天线尺寸必须接近或超过 75m，这显然是不切实际的。如果将该 1MHz 基带信号调制在频率为 1GHz 的载波上，天线尺寸可下降至 7.5cm，极易实现。如果发送的基带信号速率接近 1GHz 或更高，是否可以采用直接发送的方式呢？答案仍然是不可以。由于无线信道受通信环境的影响非常明显，极易产生频率选择性衰落，如果不采取一定的调制手段降速，不可能保证基带信号的完整性。

## 4.2.1　幅移键控（ASK）

以基带数字信号控制载波幅度变化的调制方式被称为幅移键控，又称数字调幅。对照图 4-1 可得 $M$（$M=8$）进制幅移键控调制过程如图 4-2 所示（暂不考虑成型滤波器的作用）。

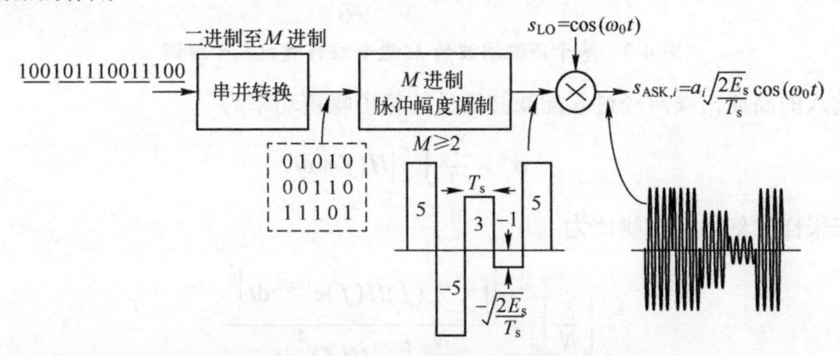


图 4-2　$M$（$M$=8）进制幅移键控调制过程

串并转换后的并行比特流被称为符号。$M$ 进制幅度调制的每个符号包含 $\log_2 M$ 比特位。为了最小化解调过程中的判决错误对并串转换后误比特率的影响，脉冲幅度调制模块通常采用格雷码形式进行幅度调制，见表 4-1。

表 4-1 基于格雷码的八进制脉冲幅度调制编码与幅度的对应关系

| 编码 | 幅度 | 编码 | 幅度 |
|---|---|---|---|
| 000 | $7\sqrt{2E_s/T_s}$ | 110 | $-\sqrt{2E_s/T_s}$ |
| 001 | $5\sqrt{2E_s/T_s}$ | 100 | $-3\sqrt{2E_s/T_s}$ |
| 011 | $3\sqrt{2E_s/T_s}$ | 101 | $-5\sqrt{2E_s/T_s}$ |
| 010 | $\sqrt{2E_s/T_s}$ | 111 | $-7\sqrt{2E_s/T_s}$ |

在 $0 \leqslant t \leqslant T_s$ 时间段，脉冲幅度调制后的信号与本振信号进行混频后，可得

$$s_{\text{ASK}}(t) = \sum a_i \sqrt{\frac{2E_s}{T_s}} \cos(\omega_0 t),\ \ i = 1, 2, \cdots, M \tag{4-3}$$

式中，$a_i = 2i - 9$；$E_s$ 为 $M$ 进制幅度调制的最小符号能量；$T_s$ 为符号周期。

幅移键控调制可以采用匹配滤波的方式进行相干解调，如图 4-3 所示。假设输入信号 $s_{\text{in}}(t) = s_{\text{ASK}}(t)$ 的傅里叶变换为 $S_{\text{in}}(f)$，匹配滤波器 $h(t)$ 的傅里叶变换为 $H(f)$，则输入信号经过匹配滤波器后的输出为

$$s_{\text{mf}}(t) = \int_{-\infty}^{+\infty} S_{\text{in}}(f) H(f) \mathrm{e}^{\mathrm{j}2\pi ft} \mathrm{d}f \tag{4-4}$$

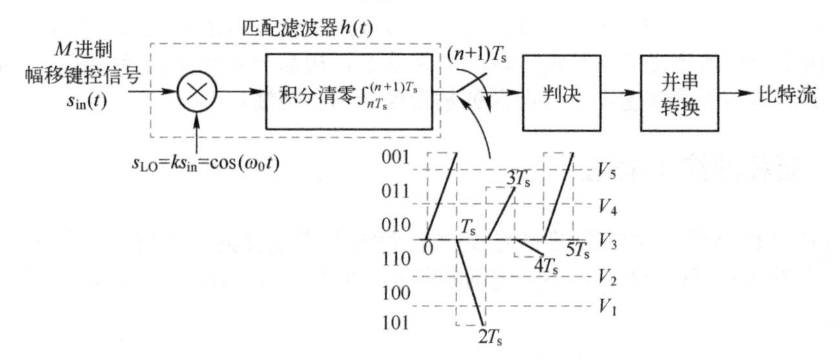


图 4-3 基于匹配滤波的 $M$ 进制幅移键控相干解调

输入的高斯白噪声经过匹配滤波器后的输出噪声功率为

$$\sigma^2 = \frac{N_0}{2} \int_{-\infty}^{+\infty} |H(f)|^2 \mathrm{d}f \tag{4-5}$$

在采样时刻 $T_s$ 的信噪比为

$$\left[\frac{S}{N}\right]_{T_s} = \frac{\left|\int_{-\infty}^{+\infty} S_{\text{in}}(f) H(f) \mathrm{e}^{\mathrm{j}2\pi fT_s} \mathrm{d}f\right|^2}{\frac{N_0}{2} \int_{-\infty}^{+\infty} |H(f)|^2 \mathrm{d}f} \tag{4-6}$$

根据施瓦兹（Schwarz）不等式可知

$$\left|\int_{-\infty}^{+\infty} S_{\text{in}}(f) H(f) \mathrm{e}^{\mathrm{j}2\pi fT_s} \mathrm{d}f\right|^2 \leqslant \int_{-\infty}^{+\infty} |S_{\text{in}}(f)|^2 \mathrm{d}f \int_{-\infty}^{+\infty} \left|H(f) \mathrm{e}^{\mathrm{j}2\pi fT_s}\right|^2 \mathrm{d}f \tag{4-7}$$

当满足 $H(f)=kS_{\text{in}}^{*}(f)\mathrm{e}^{-\mathrm{j}2\pi fT_{\text{s}}}$ 时，$k$ 为任意常数，上述表达式相等，“*”表示取共轭。此时采样后得到的信噪比最大，为

$$\max\left[\frac{S}{N}\right]_{T_{\text{s}}}=\frac{\int_{-\infty}^{+\infty}\left|S_{\text{in}}(f)\right|^{2}\mathrm{d}f}{N_0/2}=\frac{2E}{N_0} \tag{4-8}$$

式中，$E$ 为 $0\leqslant t\leqslant T_{\text{s}}$ 时间段的符号能量。根据傅里叶反变换，可得滤波器冲激响应 $h(t)$ 与输入信号 $s_{\text{in}}(t)$ 在 $0\leqslant t\leqslant T_{\text{s}}$ 时间段内的关系为

$$h(t)=ks_{\text{in}}(T_{\text{s}}-t) \tag{4-9}$$

输入信号经过匹配滤波器后的另一种时域表达形式为

$$s_{\text{mf}}(t)=\int_{0}^{+\infty}s_{\text{in}}(\tau)h(t-\tau)\mathrm{d}\tau \tag{4-10}$$

令 $t=T_{\text{s}}$，并将积分区间限制在 $0\leqslant t\leqslant T_{\text{s}}$ 时间段内，将式（4-9）代入式（4-10），可得

$$s_{\text{mf}}(T_{\text{s}})=\int_{0}^{T_{\text{s}}}ks_{\text{in}}(t)s_{\text{in}}(t)\mathrm{d}t \tag{4-11}$$

因此在 $t=T_{\text{s}}$ 时刻对匹配滤波器的输出进行采样相当于接收信号 $s_{\text{in}}(t)$ 与其自身的复制波形的乘积在一个符号周期内的积分（自相关过程）。该采样点具有最大的信噪比，属于最佳检测模式，通常也被称为相干解调模式。上述解调过程均是在模拟域进行分析的。在实际的工程实现中，解调过程是在数字域进行处理的，积分过程采用累加器实现，频域响应是一个梳状形式。为了保证与模拟域具有相同的解调效果，在满足奈奎斯特采样定理的条件下，采样时钟还必须是符号率的整数倍。为了完全抑制式（4-11）中乘积项产生的高频成分，还必须满足 $m/T_{\text{s}}=\omega_0/\pi$，其中 $m$ 为整数。判决过程是将式（4-11）的积分结果与固定的阈值进行比较，不同的阈值范围译码出的并行符号不同，经过并串转换后输出比特流，完成整个解调过程。

上述 ASK 过程均采用双极性码。单极性码也可以作为 ASK 的一种调制码型，最典型的是二进制开关键控（On-Off Keying，OOK）。它以单极性不归零码序列来控制载波信号的开启与关闭，完成信号的调制过程，如图 4-4 所示。OOK 调制信号表达式为

$$s_{\text{OOK}}(t)=\sum 2a_i\sqrt{\frac{E_{\text{b}}}{T_{\text{b}}}}\cos(\omega_0 t),\quad i=1,2 \tag{4-12}$$

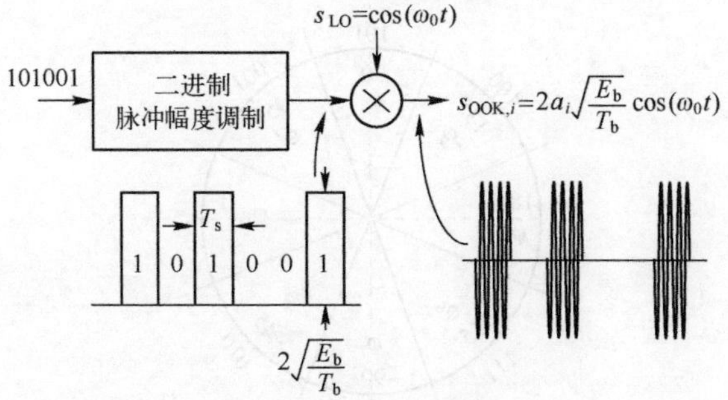

图 4-4　OOK 调制过程

式中，$a_i = 1,0$；$E_b$ 为基带比特流的平均比特能量。OOK 的最佳解调方式与图 4-3 相同。为了降低解调复杂度，通常采用如图 4-5 所示的非相干解调方式。非相干解调方式不要求下变频过程必须提供载波相位的严格跟踪性能（$\varphi_0$ 为本振信号与载波的相位差），大大降低了解调的复杂程度。低通滤波器与平方和模块组成的幅度检测可以还原出图 4-4 所示脉冲幅度调制后的基带码型，通过采样判决后得到原始比特流。由于 OOK 调制方式具有简单易实现性，在通信系统中得到了广泛的应用，如超高频射频识别（RFID）、航空器广播式自动相关监视系统（ADS-B）等。

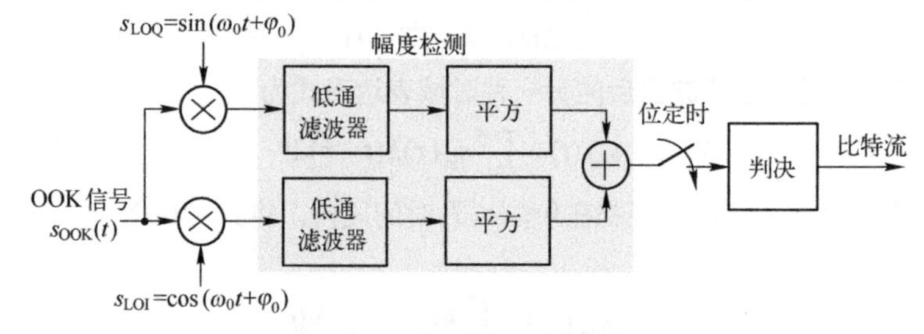


图 4-5 OOK 非相干解调过程

### 4.2.2 相移键控（PSK）

以基带数字信号控制载波相位变化的调制方式被称为相移键控，又称数字调相。$M$ 进制 PSK 调制的表达式（$0 \leqslant t \leqslant T_s$）为

$$s_{PSK}(t) = \sum \sqrt{\frac{2E_s}{T_s}} \cos(\omega_0 t + \varphi_i),\quad i = 1,2,\cdots,M \tag{4-13}$$

式中，$E_s$ 为单个符号能量；$T_s$ 为符号周期；$\varphi_i = 2i\pi/M$。由于 PSK 只是改变载波的相位，近似为恒幅调制，因此每个符号的能量是相等的。

分解式（4-13）后，可得

$$s_{PSK,i}(t) = \sqrt{\frac{2E_s}{T_s}} \cos\varphi_i \cos\omega_c t - \sqrt{\frac{2E_s}{T_s}} \sin\varphi_i \sin\omega_c t,\quad i = 1,2,\cdots,M \tag{4-14}$$

以 $M = 8$ 的 8PSK 调制为例，同样采用格雷码进行相位调制（见图 4-6），具体调制过程如图 4-7 所示。

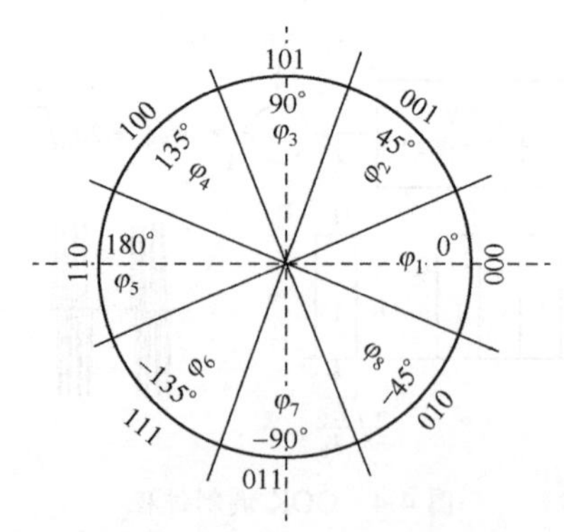


图 4-6 基于格雷码的八进制相移键控相位编码

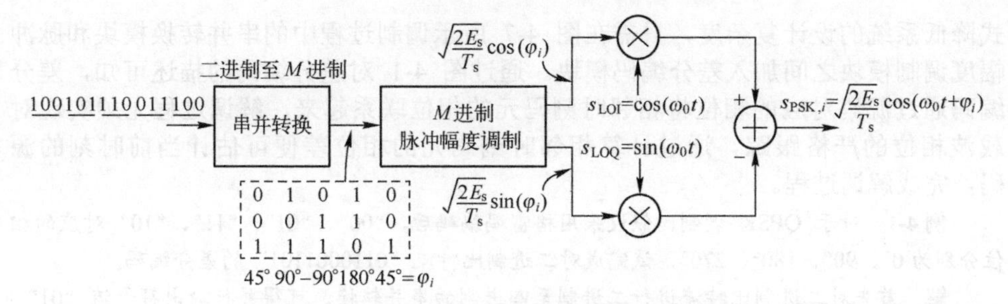


图 4-7　M（M=8）进制相移键控调制过程

基于匹配滤波的 M 进制相移键控的最佳解调过程仍为采用匹配滤波器的相干解调过程。根据式（4-13）可得相干解调过程如图 4-8 所示。在数字域进行实现时，采样时钟和载波频率同样需要满足 $m/T_s = \omega_0/\pi$。但是实际工程实现中，由于多普勒频偏的影响，载波频率与符号周期很难满足 $m/T_s = \omega_0/\pi$，因此图 4-8 通常采用图 4-9 的形式代替实现，其中匹配滤波器采用锁相环（通常又称载波跟踪环路）、FIR 低通滤波器和位定时的方式实现。锁相环主要用于跟踪载波的频率和相位，FIR 低通滤波器用于滤除混频后的高阶频率成分，位定时主要用于定位一个符号周期内的最佳信噪比采样点。FIR 低通滤波器通常包含在载波跟踪环路中。QPSK 载波跟踪环路可参考图 10-49。

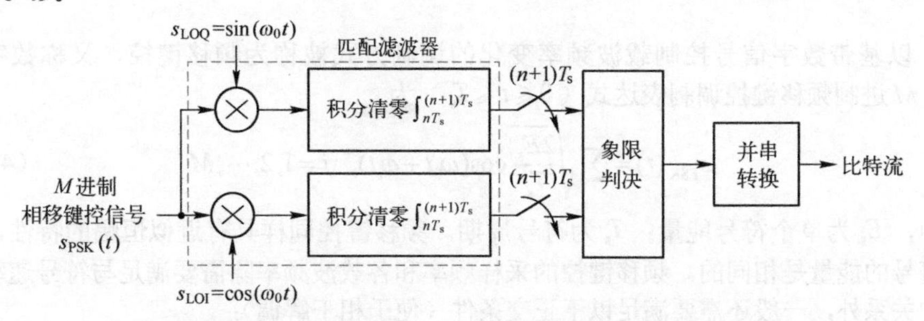


图 4-8　基于匹配滤波的 M 进制相移键控相干解调过程

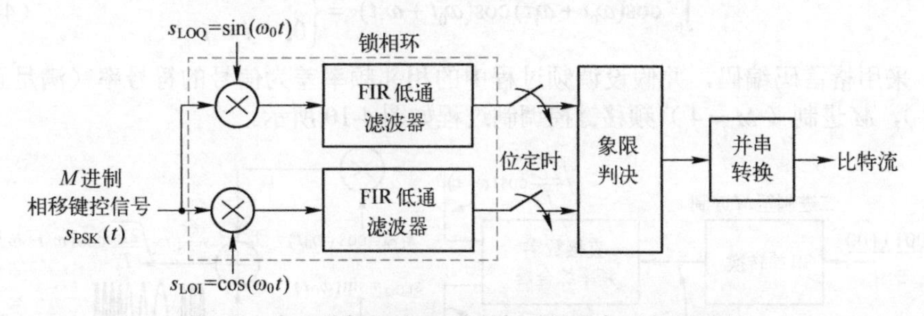


图 4-9　基于锁相环的 M 进制相移键控相干解调过程

相较于幅移键控，在相干解调过程中，具有恒幅特性的相移键控锁相环结构更易实现，应用较为广泛，如卫星导航系统、卫星电视广播通信系统等。采用锁相环结构的相干解调在获得较高解调信噪比的同时也面临两个典型的问题：一是会增大系统的设计复杂度；二是会引入一定的相位模糊，导致判决采样点出现相位旋转，产生解调错误。在通信链路裕量足够的情况下，可以采用差分编码的形式降低系统的设计复杂度，只需在图 4-7 所示调制过程中的串并转换模块和脉冲幅度调制模块之间加入差分编码模块。通过图 4-1 对差分编码的描述可知，差分编码通过源码对应的相位将相邻时刻码元的相位联系起来，解调过程无须实现对载波相位的严格跟踪，通过计算相邻时刻码元的相位差便可估计当前时刻的源码，完成解调过程。

**例 4-1** 对于 QPSK 调制，假设采用格雷码编码后，“00”、“01”、“11”、“10” 对应的相位分别为 0°、90°、180°、270°，试完成对二进制比特流 “0110001101” 的差分编码。

**解：** 首先对二进制比特流进行二进制至四进制的串并转换，可得并行输出符号流 “01” | “10” | “00” | “11” | “01”，对应的相位为 90°|270°|0°|180°|90°。假设差分编码后的起始符号为 “00”，对应的相位为 0°，则差分编码后的各符号对应的相位为 90°|0°|0°|180°|270°，差分编码后输出的并行符号流为 “01” | “00” | “00” | “11” | “10”。

在完成基带下变频后（在数字域的下变频过程中，通常采用直接数字频率综合器结构来生成本振信号，见第 11 章）的差分解调过程中，可以通过复数域的共轭相乘来完成相邻两个符号位的差分解调过程，并通过象限判决完成符号解调过程，虽然大大简化了系统的设计复杂度，同时也避免了相位模糊情况的出现，但是解调性能会受到一定的损失。

### 4.2.3 频移键控（FSK）

以基带数字信号控制载波频率变化的调制方式被称为频移键控，又称数字调频。$M$ 进制频移键控调制表达式（$0 \leqslant t \leqslant T_s$）为

$$s_{\text{FSK}}(t) = \sum \sqrt{\frac{2E_s}{T_s}} \cos(\omega_0 t + \omega_i t), \quad i = 1,2,\cdots,M \tag{4-15}$$

式中，$E_s$ 为单个符号能量；$T_s$ 为符号周期。频移键控同样具有近似恒幅的特性，每个符号的能量是相同的。频移键控的采样频率和各载波频率除需要满足与符号速率之间的关系外，一般还需要满足以下正交条件（便于相干解调）：

$$\int_0^{T_s} \cos(\omega_0 t + \omega_i t)\cos(\omega_0 t + \omega_j t) = \begin{cases} 1/2, & i=j \\ 0, & i \neq j \end{cases} \tag{4-16}$$

采用格雷码编码，并假设调频过程中的相邻频率差为信号的符号率（满足正交条件），$M$ 进制（$M = 4$）频移键控调制过程如图 4-10 所示。

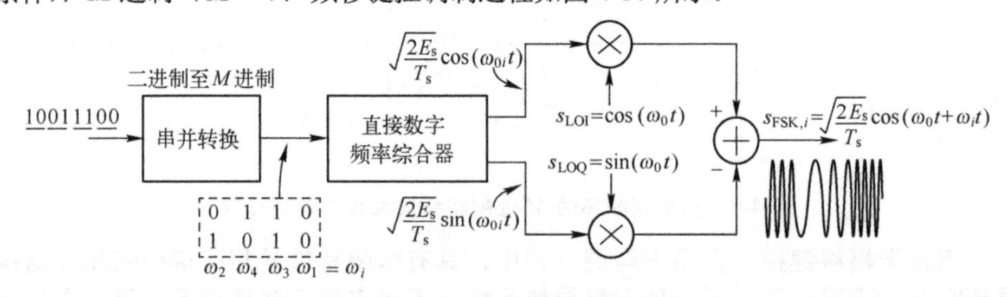


图 4-10 $M$（$M$=4）进制频移键控调制过程

基于匹配滤波的 $M$（$M$=4）进制频移键控相干解调过程（匹配滤波）如图 4-11 所示。对经过匹配滤波器的 $M$ 路输出信号在最佳采样时刻采样后，选取具有最大值

的支路对应的并行符号进行输出，经并串转换后，即可完成相应的解调过程。

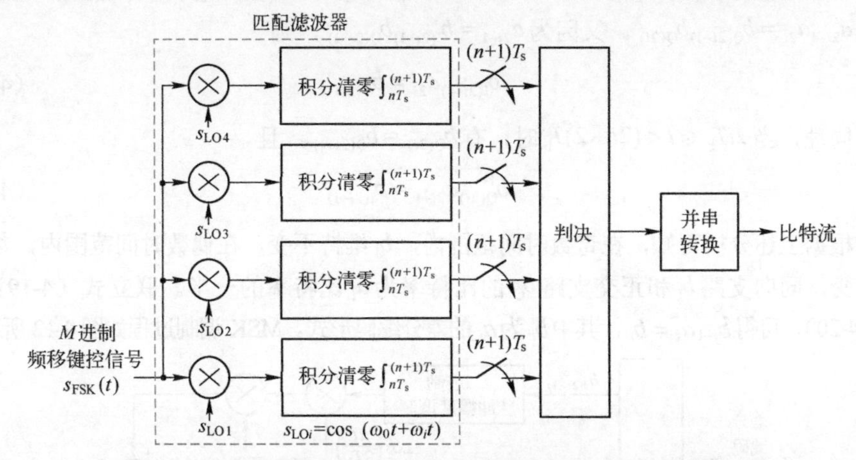


图 4-11　基于匹配滤波的 $M$（$M$=4）进制频移键控相干解调过程

如图 4-10 所示，频移键控中的不同频率之间在相差 $N$（$N$ 为整数）个码速率时不存在相位突变的过程，频谱具有较好的收敛性，此种调制方式通常被称为恒包络连续相位调制（CPM）。由于此频率间隔并不是满足式（4-16）所示正交条件的最小频率间隔，因此频率利用率并不是最优的。当相邻频率间隔为 $1/(2T_s)$ 时，虽然式（4-16）的正交条件仍满足（此频率间隔为最小正交频率间隔），但是按照图 4-10 所示的调制方式进行频移键控后，相邻频率信号之间的相位会存在不连续的情况（180°的相位突变），在一定程度上会增大信号占用的带宽，降低频谱效率。如何在满足最小正交频率间隔的情况下保证相位的连续性是最大化频谱效率的有效手段，满足此条件的 2FSK 调制被称为最小频移键控（MSK），是 FSK 调制中常用的一种调制方式。此种调制方式不但具有较高的频谱利用效率，而且恒幅特性使得对功率放大器的线性度要求大大降低了。

MSK 调制的表达式为

$$s_{\mathrm{MSK}}(t)=\sum\sqrt{\frac{2E_{\mathrm{b}}}{T_{\mathrm{b}}}}\cos\left[2\pi\left(f_0+\frac{a_i}{4T_{\mathrm{b}}}\right)t+\varphi_i\right],\ i\in\mathbb{Z} \tag{4-17}$$

式中，$E_{\mathrm{b}}$ 为单位比特能量；$T_{\mathrm{b}}$ 为单位比特周期；$a_i$ 为双极性二进制比特码流。为了保持相位的连续性，在 $t=iT_{\mathrm{b}}$ 时刻，如果 $a_i$ 的极性发生变化，则相位改变量为 $\pm i\pi$。因此，当变化时刻发生在奇数时刻时，即 $i$ 为奇数，则 $\varphi_i=\varphi_{i-1}+\pi$；当变化时刻发生在偶数时刻时，即 $i$ 为偶数，则 $\varphi_i=\varphi_{i-1}$。在 $t=iT_b$ 时刻，如果 $a_i$ 的极性不发生变化，则相位变化量为 0，有 $\varphi_i=\varphi_{i-1}$。

分解式（4-17）可得

$$s_{\mathrm{MSK},i}(t)=\sqrt{\frac{2E_{\mathrm{b}}}{T_{\mathrm{b}}}}\left[\cos\varphi_i\cos\left(\frac{\pi t}{2T_{\mathrm{b}}}\right)\cos\omega_0 t-a_i\cos\varphi_i\sin\left(\frac{\pi t}{2T_{\mathrm{b}}}\right)\sin\omega_0 t\right] \tag{4-18}$$

不失一般性，根据上述分析可知，$\varphi_i$ 为 0 或π。令 $b_{\mathrm{I}i}=\cos\varphi_i$、$b_{\mathrm{Q}n}=a_i\cos\varphi_i$，有 $a_{i-1}a_i=b_{\mathrm{I}(i-1)}b_{\mathrm{Q}(i-1)}b_{\mathrm{I}i}b_{\mathrm{Q}i}$。

根据上述分析可知，当$(2i-1)T_b \leqslant t<(2i+1)T_b$时，$\varphi_{2i}=\varphi_{2i-1}$，有$b_{I(2i-1)}=b_{I(2i)}$，因此$a_{2i-1}a_{2i}=b_{Q(2i-1)}b_{Q(2i)}$。又因为$a_{2i-1}=b_{I(2i-1)}b_{Q(2i-1)}$，则

$$b_{I(2i-1)}a_{2i}=b_{Q(2i)} \tag{4-19}$$

同理，当$2iT_b \leqslant t<(2i+2)T_b$时，有$b_{Q(2i)}=b_{Q(2i+1)}$，且

$$b_{Q(2i)}a_{2i+1}=b_{I(2i+1)} \tag{4-20}$$

根据上述分析可知，在奇数时间范围内，$b_I$维持不变，在偶数时间范围内，$b_Q$维持不变，同向支路$b_I$和正交支路$b_Q$的比特率为$a_i$比特率的一半。联立式（4-19）和式（4-20），可得$b_{i-1}a_i=b_i$，其中$b_i$为$a_i$的差分编码形式。MSK调制过程如图4-12所示。

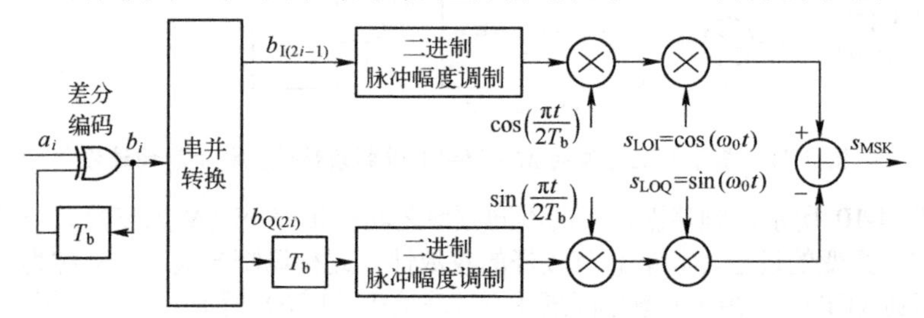


图 4-12 MSK 调制过程

基于匹配滤波器的 MSK 相干解调过程如图 4-13 所示。图中的积分区间为$2T_b$，同向支路在奇数时刻对积分器输出进行采样，正交支路在偶数时刻对积分器输出进行采样，因而同向支路和正交支路在时间上是交替进行判决的，经过并串转换完成解调过程。

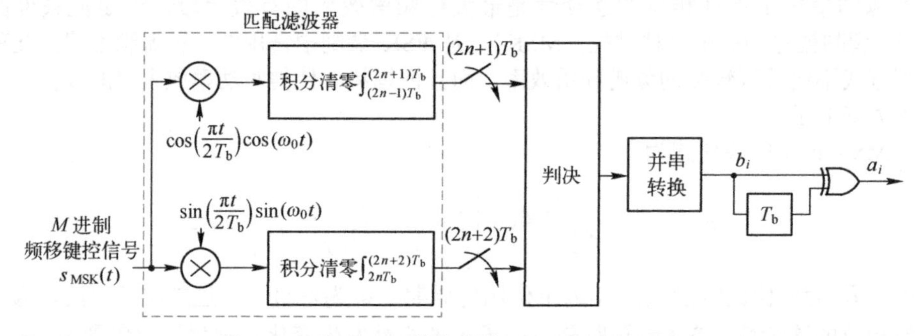


图 4-13 基于匹配滤波器的 MSK 相干解调过程

由图 4-12 与图 4-13 可知，如果二进制序列$b_i$为源码序列，则调制过程可以省去差分编码模块，解调过程可以省去差分译码模块。

MSK 调制还可以通过调节压控振荡器控制电压或改变频率综合器分频比的方式来实现（两者最终结果均是调节压控振荡器的输出频率，原理相同。由于压控振荡器的输出信号具有相位连续性，因此适用于 MSK 调制）。以前者为例进行说明，MSK 调制过程如图 4-14 所示。如果不加入类似于差分译码的预编码器，则在采用图 4-13 所示的解调过程进行相干解调时，必须增加差分译码电路，系统的解调性能会受到一定的影响（误比特率上升）。还可以采用如图 4-15 所示的基于直接数字频率综合器（见第 11 章）和预编码器的 MSK 调制方法，具体过程不再赘述。

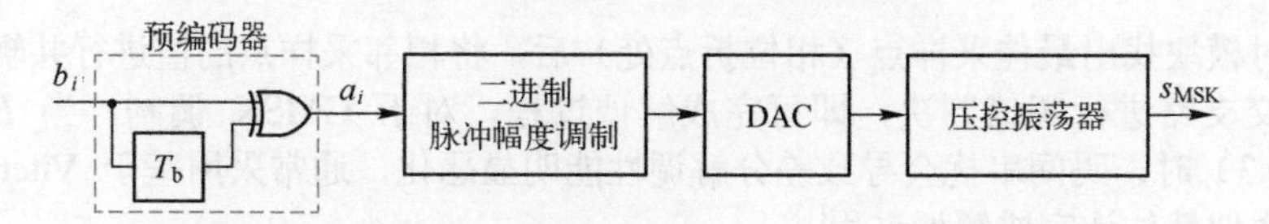


图 4-14　基于压控振荡器和预编码器的 MSK 调制过程

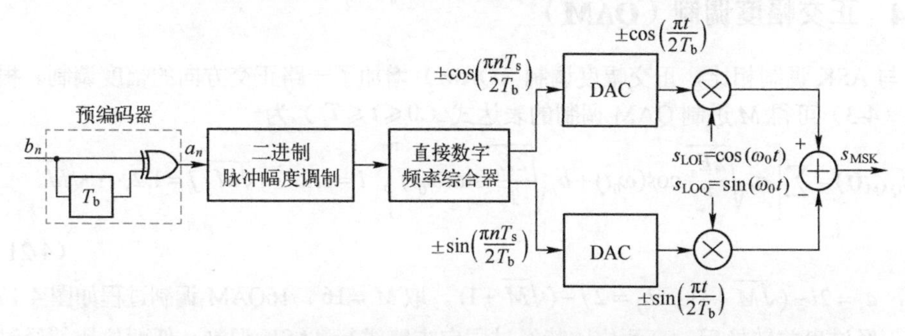


图 4-15　基于直接数字频率综合器和预编码器的 MSK 调制过程

相较于普通的 2FSK 调制，MSK 虽然将调制后的输出载波相位连续化，但是相位变化过程仍然是一个折线。不考虑载波频率的影响，MSK 调制的相位变化过程如图 4-16（a）所示（输入的双极性原始比特流 $a_n$ 为“1/−1/−1/1/−1/1”），折角的存在仍然会限制 MSK 调制方式的频谱利用效率。

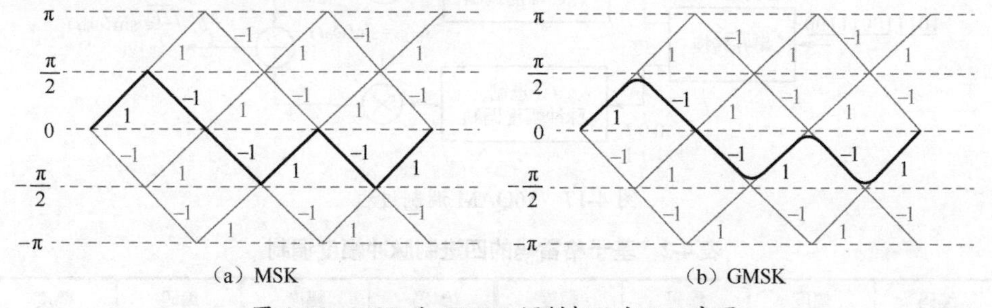


图 4-16　MSK 和 GMSK 调制相位变化示意图

高斯最小频移键控（GMSK）是解决相位折角的有效调制方式。MSK 产生相位折角的主要原因是脉冲幅度调制后相邻信号之间的陡峭变化性，如果通过滤波器减缓陡峭性，则相位折角必定变得更加平滑，如图 4-16（b）所示。通常选用的滤波器为高斯滤波器（高斯滤波器的矩形脉冲响应在时间轴上的积分为一个常数，通过调整调制系数可以方便地改变单位比特周期内的相位变化量：在比特流连续不变的情况下，GMSK 的相位路线与 MSK 相同；在比特变化的情况下，起到平滑相位折角的作用），滤波器的加入使得比特流之间出现码间串扰，相邻比特对相位的贡献会影响当前比特的相位，如果与当前比特相邻的两个比特位的符号均与之相反，则相位受影响程度最大。可以说，GMSK 以损失部分解调性能为代价来换取频谱效率的提升，尤其是随着 $BT$（$B$ 为高斯滤波器的 3dB 带宽，$T$ 为二进制比特流的比特率）的减小，两者之间的折中更加严重。

另外，由图 4-16 可知，MSK 和 GMSK 调制均可以采用差分解调的方式来简化解调的复杂度（图 4-13 所示解调过程在实际工程实现时较难采用）。可以看出，在通过位定时模块找出最佳采样点（相位折点处）后，将相邻采样点的值进行共轭相乘，取其正交支路进行阈值判决，即可完成解调过程。对于 GMSK 调制，当 $BT$ 较小（小于 0.3）时，码间串扰会导致差分解调性能明显恶化，通常采用基于 Viterbi 均衡器的最大似然估计完成解调过程[1]。

### 4.2.4 正交幅度调制（QAM）

与 ASK 调制相比，正交幅度调制（QAM）增加了一路正交方向的幅度调制。根据式（4-3）可得 $M$ 进制 QAM 调制的表达式（$0 \leqslant t \leqslant T_s$）为

$$s_{\mathrm{QAM}}(t)=\sum\left[a_i\sqrt{\frac{2E_s}{T_s}}\cos(\omega_0 t)+b_j\sqrt{\frac{2E_s}{T_s}}\sin(\omega_0 t)\right],\ i=1,2,\cdots,\sqrt{M},j=1,2,\cdots,\sqrt{M} \tag{4-21}$$

式中，$a_i=2i-(\sqrt{M}+1)$；$b_j=2j-(\sqrt{M}+1)$。取 $M=16$，16QAM 调制过程如图 4-17 所示。经过串并转换后，高两位比特经过同向支路进行 4ASK 调制，低两位比特经过正交支路进行 4ASK 调制，合路后，得到 16QAM 调制。同向支路和正交支路的 4ASK 调制均采用格雷码编码形式进行脉冲幅度调制，见表 4-2。

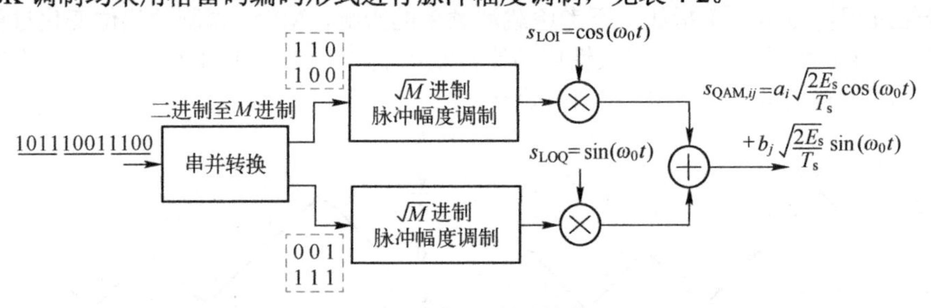


图 4-17 16QAM 调制过程

表 4-2 基于格雷码的四进制脉冲幅度调制

| 编码 | 幅度 | 编码 | 幅度 | 编码 | 幅度 | 编码 | 幅度 |
|---|---|---|---|---|---|---|---|
| 00 | $3\sqrt{2E_s/T_s}$ | 01 | $\sqrt{2E_s/T_s}$ | 11 | $-\sqrt{2E_s/T_s}$ | 10 | $-3\sqrt{2E_s/T_s}$ |

因此 QAM 的相干解调方式与 ASK 相似，如图 4-18 所示。同向支路和正交支路的解调分别按照 $\sqrt{M}$ 进制的 ASK 相干解调方式进行，判决后，经 $M$ 进制至二进制并串转换模块输出串行比特源码，完成解调过程。

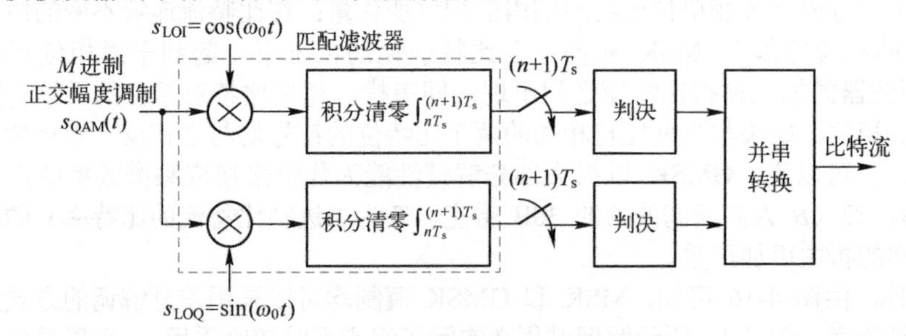


图 4-18 QAM 相干解调过程

QAM 调制的相干解调过程也存在相位模糊的情况，通常也需要采用差分编码的形式来避免。有关 PSK、FSK 和 QAM 等调制方式的相干解调具体实现算法可参考文献[2]，此处不再赘述。

### 4.2.5 频率选择性衰落与正交频分复用

无线通信中存在明显的多径效应。多径效应是指电磁波经不同路径传播后，各分量场按各自相位（不同的路径延时导致不同的相位）相互叠加产生的一种衰落效应。此衰落通常与频率相关，又称为频率选择性衰落。假设一个无线信道存在两条不同的路径，使信号到达接收端时具有相同的幅度和不同的路径延时，则信号经此无线信道传输后到达接收端的信号表达式为

$$x(t)=A\cos\omega(t-\tau_1)+A\cos\omega(t-\tau_2)=2A\cos\left[\frac{2\omega t-\omega\tau_1-\omega\tau_2}{2}\right]\cos\left[\frac{\omega(\tau_1-\tau_2)}{2}\right] \tag{4-22}$$

可以看出，多径无线信道对信号的传输存在两个明显的影响：一是不同的频率 $\omega$ 对应的群延时不同，如果信号的频谱范围较宽（码速率较高），则在路径延时固定的情况下存在较大的群延时差，会对信号质量造成一定影响；二是存在一个由频率选择项 $\cos[\omega(\tau_1-\tau_2)/2]$ 决定的与延时相关的频率选择窗口，仅当信号的频谱完全处于频率窗口中时才可以保证正常的通信功能，如图 4-19 所示，其中 $\Delta\tau=\tau_1-\tau_2$ 为路径延时差。当通信所需信道带宽 $\mathrm{BW}_1\ll 1/\Delta\tau$ 时，在有效带宽范围内的信道衰落近似为一个常量，且群延时也可以忽略，此种情况被称为平坦衰落。平坦衰落对接收信号波形无明显影响，引入的码间串扰可以忽略。当通信所需信道带宽 $\mathrm{BW}_2$ 与频率选择窗口 $1/\Delta\tau$ 相近时，在有效带宽内的信道衰落变化较大，甚至可以完全抑制某一频点的信号功率，且群延时变化也较明显，此种情况便会发生频率选择性衰落。频率选择性衰落会造成接收信号波形的严重失真，引起码间串扰，导致误码产生。

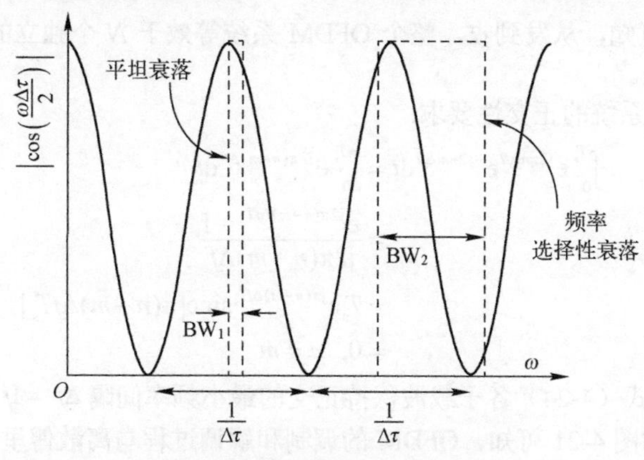


图 4-19　频率选择性衰落过程

为了提升高速通信系统（码速率较高）在多径无线传输信道中的性能，通常采用 OFDM 调制方式。正交是指调制载波均处于正交状态。频分是指存在多个正交子载波。复用是指频带复用，即每个载波上调制的信号功率谱与相邻载波调制的信号功率谱均存在重叠现象，提高频谱利用率。OFDM 的核心思想是将基于单载波的高速

通信信道分解为基于多个子载波的多路并行中低速通信信道，使每路的通信带宽远小于无线信道的频率选择窗口，每个子信道近似平坦衰落。

OFDM 调制过程如图 4-20 所示。OFDM 调制的主要作用是降速处理，并不影响每个子信道的相应调制方式。OFDM 调制通常需要与一定的调制方式结合，在对高速二进制比特源码（码速率为 $R_b$）进行串并转换后，进行 MASK、MPSK 或 MQAM 调制，再次进行串并转换后，分别与各并行支路的复载波相乘，载波频率分别为 $n\Delta f, n=0,1,\cdots,N-1$，其中 $N$ 为子载波个数。相互叠加后，统一上变频至射频段，便可输出 OFDM 调制信号。可以看出，OFDM 调制每个子信道的符号速率变为

$$R_s = \frac{R_b}{N\log_2 M} \tag{4-23}$$

相较于上述三种 $M$ 进制调制方式，OFDM 调制可以将每个子信道中的符号速率降低至原来的 $1/N$，每个子信道趋于平坦。

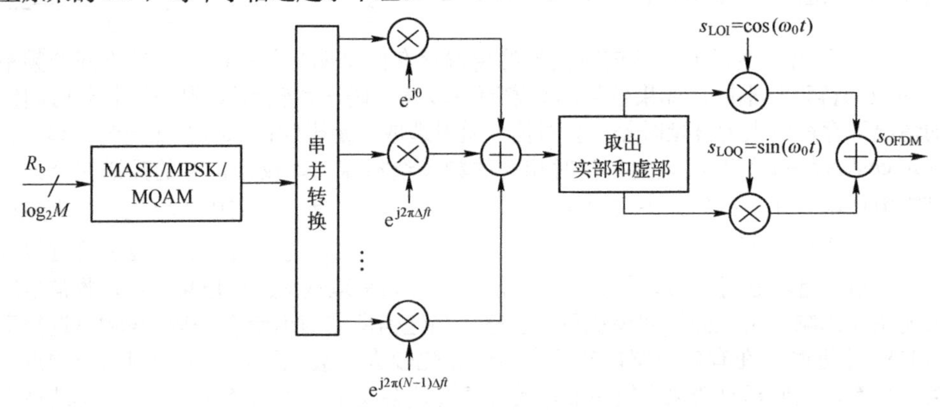


图 4-20 OFDM 调制过程

由图 4-20 可知，从发到收，整个 OFDM 系统等效于 $N$ 个独立的 MASK/MPSK/MQAM 调制系统。

OFDM 调制系统的正交性要求：

$$\begin{aligned}\int_0^{T_s} e^{j2\pi n\Delta ft} e^{-j2\pi m\Delta ft} dt &= \int_0^{T_s} e^{j2\pi(n-m)\Delta ft} dt \\ &= \frac{e^{j2\pi(n-m)\Delta fT_s} - 1}{j2\pi(n-m)\Delta f} \\ &= T_s e^{j\pi(n-m)\Delta fT_s} \mathrm{sinc}[\pi(n-m)\Delta fT_s] \\ &= 0, \quad n \neq m\end{aligned} \tag{4-24}$$

由此可知，式（4-24）各子载波保持正交的最小频率间隔 $\Delta f = 1/T_s$。

由图 4-20 和图 4-21 可知，OFDM 的调制和解调过程与离散傅里叶反变换和离散傅里叶变换有相同之处。实际的工程实现可采用这两个变换完成 OFDM 的调制和解调[3]，调制与解调过程中的子载波与离散傅里叶反变换及离散傅里叶变换的时钟速率直接相关，具体工程实现方法在此不再赘述。

虽然 OFDM 调制系统单个子载波信道的符号速率较低，处于平坦衰落状态，但是整个 OFDM 通信系的频带占用率还是较高的（子载波个数较多）。一些子载波信道很有可能出现在图 4-19 所示的频率选择窗口的边缘部分，导致子信道过度衰减，无

法正常解调。因此 OFDM 调制技术通常还需要结合前向纠错编码技术和交织技术解决这一问题。首先将数据进行纠错编码、交织，而后通过各子信道传送。若在存在频率选择性的信道中，部分子载波出现了过度衰减的情况，接收端解调输出将会出现突发差错，如果交织器的长度足够大，则解交织后，可先将突发错误变换为独立差错，再通过纠错编码纠正。

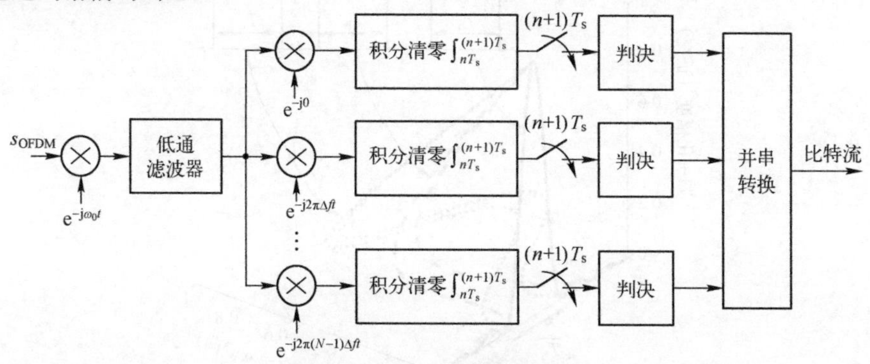


图 4-21　OFDM 解调过程

OFDM 调制具有较大的幅度峰均比，对发射链路的功率放大器的线性性能要求较高，否则会引入严重的频谱增生现象。此现象将在 5.3.1 节进行说明。

### 4.2.6　码速率和调制方式与信号带宽的关系

射频集成电路在设计过程中必须明确信号带宽的大小才能根据采样频率设计抗混叠滤波器的通带和阻带（数字基带解调过程同样如此），而信号的带宽通常是由通信系统的码速率和调制方式决定的。

2ASK、OOK、2PSK（BPSK）等二进制调制方式（2ASK 与 2PSK 等效）的调制过程可以等效为经过脉冲幅度调制后的二进制码流与载波信号的乘积。时域的乘积在频域等效为卷积，由于载波信号是一个单音信号，因此频域的卷积相当于频谱的搬移过程，不会改变脉冲幅度调制后二进制码流的带宽。上述三种二进制调制方式的信号带宽与经过脉冲幅度调制后的二进制码流的带宽相同。单位比特的二进制信号经过脉冲幅度调制后，为一矩形脉冲信号。矩形脉冲信号的频谱是一个 sinc 函数，根据周期图估计法可得功率谱如图 4-22 所示。图中均对幅度进行了归一化。二进制脉冲幅度序列在时域相当于单个矩形脉冲的周期延时，时域的延时在频域等效为频谱的旋转。根据傅里叶变换，在频率 $\omega$ 处旋转的角度为 $n\omega T_b, n=0,1,2,\cdots$，其中 $T_b$ 为单位比特持续周期，具体旋转情况可参考图 4-22 中延时信号对应的功率谱。无论延时大小，功率谱旋转角度如何，主要功率信号均分布在 $2/T_b$ 频率范围内，信号带宽为 $2/T_b$，基带带宽为 $1/T_b$。

同理，MASK 和 MPSK 调制的信号带宽为 $1/(T_b \log_2 M)$，基带带宽为 $1/(T_b \log_2 M)$。

2FSK 可以看作经过脉冲幅度成型后的二进制码流分别对两个不同频率的载波信号进行 OOK 幅度调制。根据上述分析，2FSK 功率谱如图 4-23 所示，信号带宽为 $2/T_b + \Delta f$，基带带宽为 $1/T_b + \Delta f/2$，其中 $\Delta f$ 为两个载波的频率间隔。由于 MSK

调制的频率间隔仅为二进制码速率的一半，因此信号带宽近似为$5/(2T_b)$，基带带宽为$5/(4T_b)$。由于 MSK 调制的相位连续性，因此功率谱中旁瓣的衰减速度相较于其他非连续相位 2FSK 调制要快得多。由于高斯滤波器的作用，因此 GMSK 调制的信号带宽相较于 MSK 调制要更小，$BT_b = n$ 的高斯滤波器的信号带宽近似为$(4n+1)/(2T_b)$。

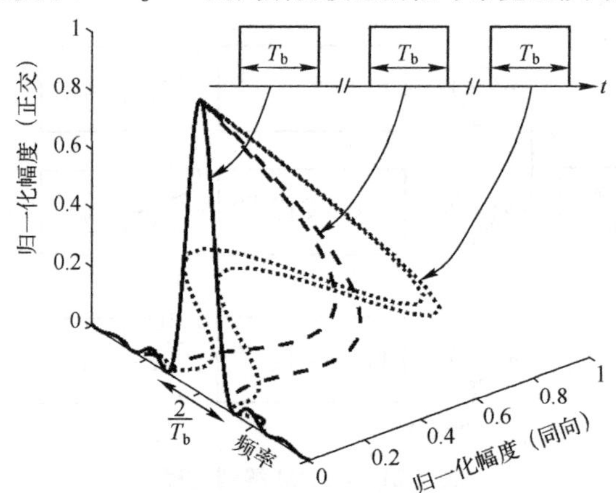


图 4-22 脉冲幅度调制后二进制码流功率谱示意图

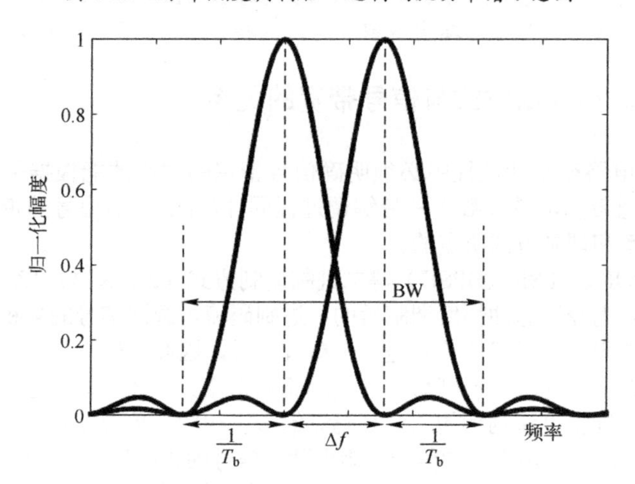


图 4-23 2FSK 调制功率谱示意图

同理，MFSK 的信号带宽为$2/T_b + M\Delta f$，基带带宽为$2/T_b + M\Delta f/2$。

MQAM 调制与 MASK 调制相同，属于调幅的一种，只是 MASK 有 $M$ 种幅度类型，MQAM 仅有$\sqrt{M}$种幅度类型。在相同的情况下，MQAM 的解调性能更好，MQAM 与 MASK 调制的带宽是一致的，信号带宽为$2/(T_b \log_2 M)$，基带带宽为$1/(T_b \log_2 M)$。

OFDM 调制的功率谱如图 4-24 所示。通常在 OFDM 调制中使用的调制方式为 MPSK 和 MQAM 两种，信号带宽为$(N+1)/T_s$，基带带宽为$(N+1)/(2T_s)$，其中 $N$ 为 OFDM 调制子信道个数，$T_s = NT_b \log_2(M)$为各子信道符号速率。

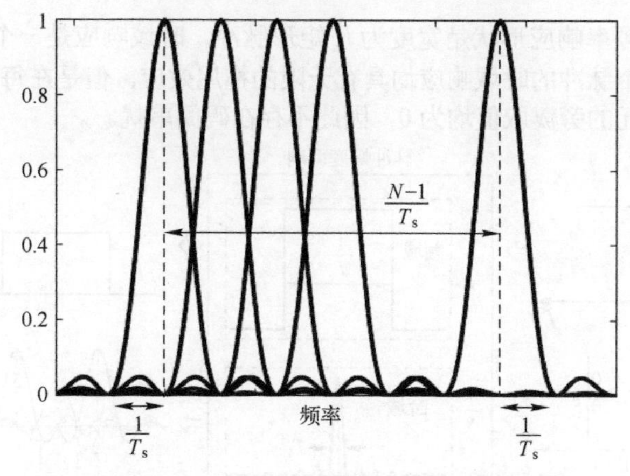


图 4-24　OFDM 调制的功率谱示意图

## 4.2.7　码间串扰与成型滤波

从图 4-22 所示的二进制码流功率谱可以看出，矩形脉冲的功率谱除主瓣能量外，还存在大量的旁瓣。旁瓣能量若不加限制，会对其他信道的通信系统造成一定的干扰。因此经过脉冲幅度调制后的二进制码流在对载波信号进行调制之前，通常还需要经过低通滤波滤除（或者压制）其功率谱中的旁瓣。由于滤波作用，脉冲幅度调制后的信号会出现拖尾现象，导致相邻码元之间出现交叠，从而干扰信号检测过程，增大系统解调误码率。这类干扰称为码间串扰（Inter Symbol Interference，ISI）。

图 4-2 所示的脉冲幅度调制模块也可看作滤波器。每一个输入的离散符号可当作输入的离散冲激信号（冲激信号的幅度与相应的输入符号有关），输出的矩形脉冲信号为滤波器的时域冲激响应，具体可等价于如图 4-25 所示的形式。脉冲幅度调制虽然可以完全避免码间串扰，但是频域响应存在摆尾的情况，会对相邻信道造成较大的干扰，需要选择合适的滤波器，既可以起到选择频带的作用，又不会引起码间串扰。

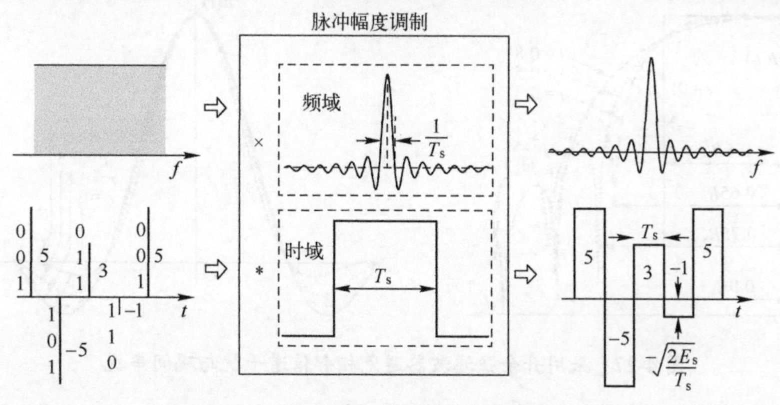


图 4-25　脉冲幅度调制模块的等效滤波效应

奈奎斯特证明：要使码速率为 $R_s = 1/T_s$ 的信号在传输过程中不存在码间串扰，理论上所需的最小系统带宽（基带带宽）为 $R_s/2$。图 4-26 示出了该理论的一种直观形式，滤波器的频率响应形状是宽度为 $R_s$ 矩形脉冲，时域响应是一个 sinc 函数。可以看出，虽然每个脉冲的时域响应均具有无限的拖尾效应，但是在每个码元的最佳采样时刻，其他码元的旁瓣取值均为 0，因此不存在码间串扰。

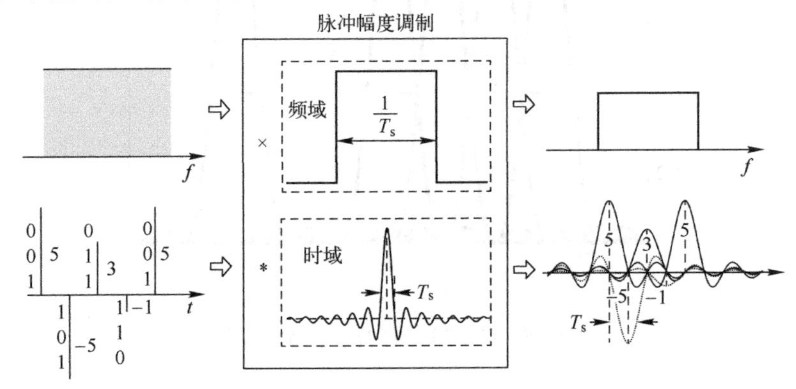


图 4-26　不存在码间串扰的奈奎斯特信道

但是在实际工程实现中，不存在奈奎斯特信道，时域响应的无限摆尾现象在基带信号处理中无法实现。另外，奈奎斯特信道对采样时钟的定时精度要求极高，即使存在较小的定时抖动，也会引入明显的码间串扰现象，可参考图 4-26 中奈奎斯特信道的时域冲激响应图示。

工程实现中通常采用升余弦滤波器来确保信道带宽限制与避免码间串扰，如图 4-27 所示。升余弦滤波器在滤波带宽和码间串扰性能之间进行了折中，升余弦滤波器的滤波性能采用滚降因子 $r$ 来衡量，滚降因子越小，滤波带宽也就越小，但是相应的摆尾效应也就越明显，对采样时钟的定时性能要求也就越高，也就越容易引入码间串扰现象。由图 4-2 可知，升余弦滤波器的基带带宽与码速率之间的关系为

$$\mathrm{BW}=\frac{(1+r)R_s}{2} \tag{4-25}$$

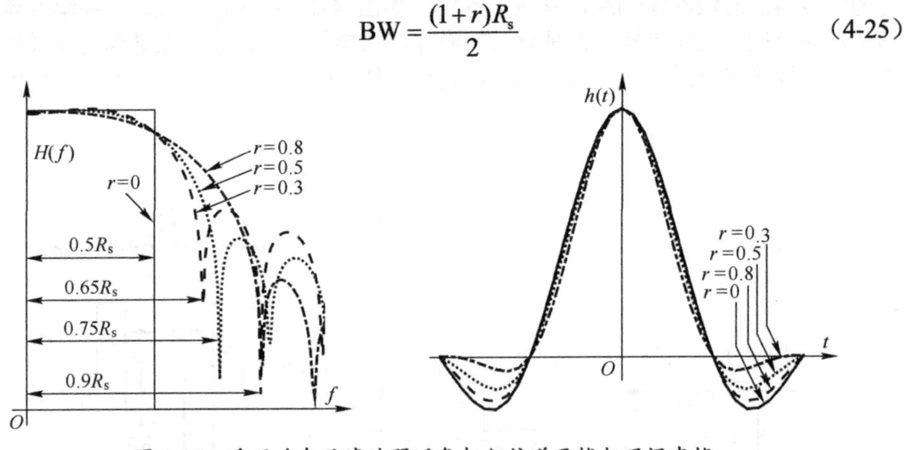


图 4-27　采用升余弦滤波器避免相邻信道干扰与码间串扰

## 4.2.8　眼图与星座图

在实际系统中，完全消除码间串扰是十分困难的，而码间串扰对系统误码率的

影响目前尚无法找到数学上便于处理的统计规律，还不能进行准确的定量计算。为了衡量系统对基带信号的响应性能，通常用示波器或 DSP+采集+MATLAB 分析的方法来分析码间串扰、噪声和解调算法对系统性能的影响，这就是眼图分析法。眼图是一系列经过解调（或者直接的，如高速基带信号传输）的基带信号在固定长度时域空间（通常为 1～2 个码元周期）上的累积显示图形，由于其形似张开的眼睛，故得名“眼图”。图 4-28 示出了 QPSK 调制信号经过解调后的眼图。由于升余弦滤波、噪声和解调算法的影响，眼睛周围出现了一些晕线，晕线的存在直接影响眼睛的张开程度，可直观地看出上述三个因素对系统性能的影响。“眼睛”张开的宽度表示可采样的时间范围，显然，最佳采样时刻应是“眼睛”张开最大的时刻。

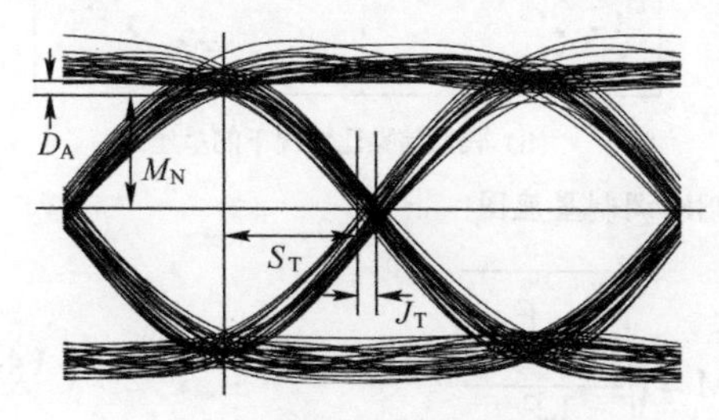


（a）较高信噪比情况下的眼图　　（b）较低信噪比情况下的眼图

图 4-28　QPSK 调制眼图

图 4-28（a）和（b）是在不同的信噪比条件下（前者信噪比大于后者）采用相同滚降因子升余弦滤波器和相同解调算法得到的系统眼图，前者的张开程度明显好于后者。对图 4-28（a）中的相关参数说明：$D_A$ 为由码间串扰、噪声和解调算法等引起的振幅模糊范围，$J_T$ 为用于衡量定时抖动程度的过零点时间差，$M_N$ 为噪声容限，$S_T$ 为定时误差的灵敏度。

另一种用于直观地衡量系统性能的图示称为星座图。星座图是将解调后的数字基带信号在复平面上表示的一种直观测量方法。星座图可以看成数字基带信号的一个“二维眼图”阵列，同时基带信号坐标点在图中所处的位置具有合理的限制或判决边界。仍以 QPSK 调制为例，由式（4-13）可知，可将 QPSK 调制信号解调后的基带信号在复平面（同向和正交两个方向）上的坐标点表示为$[\sqrt{2E_s/T_s}\cos\varphi_i, \sqrt{2E_s/T_s}\sin\varphi_i]$，其中$\varphi_i = 45°, 135°, 225°, 315°, i = 1,2,3,4$（也可表示为 0°、90°、180°、270°，只是存在 45°相移）。将该坐标持续性地在复平面上进行显示，可得到如图 4-29 所示的 QPSK 调制星座图。各坐标点之间越趋向于各象限的理想坐标点，系统解调后的信号质量也就越高。星座图对于识别正交失配、相干相位误差、幅度相位噪声等具有直观的效果。

通常采用误差矢量幅度（Error Vector Magnitude，EVM）来定量衡量星座图质量的好坏。EVM 是解调后基带信号矢量坐标与理想基带信号矢量坐标之间的矢量差。实际测量过程中，一般会给出 RMS EVM 的值，为平均误差矢量功率与平均基准功率的比值的平方根。图 4-29（a）和（b）是在不同的信噪比条件下（前者信噪比大于后者）采用相同滚降因子升余弦滤波器和相同解调算法得到的系统星座图。RMS EVM 可表示为

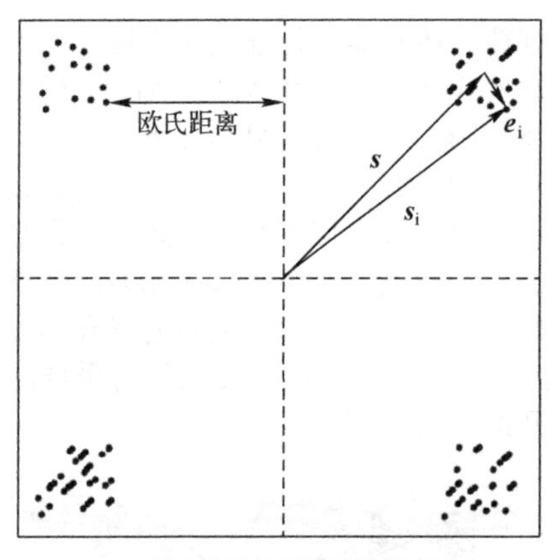


（a）较高信噪比情况下的星座图

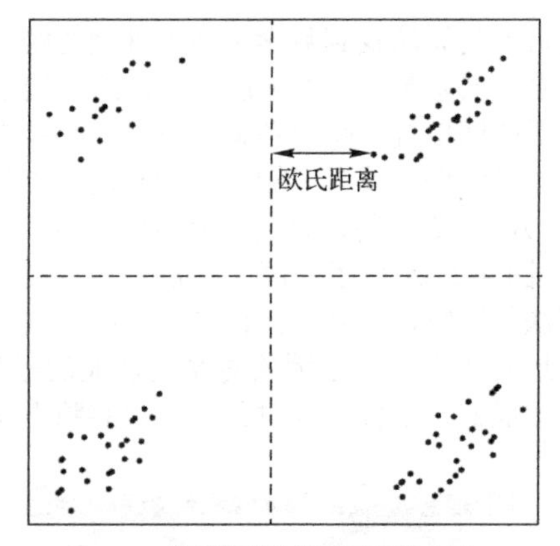


（b）较低信噪比情况下的星座图

图 4-29 QPSK 调制星座图

$$\text{RMS EVM} = \sqrt{\frac{\sum_{i=1}^{N}|\boldsymbol{e}_i|^2/N}{|\boldsymbol{s}|^2}} \tag{4-26}$$

式中，$\boldsymbol{e}_i = \boldsymbol{s} - \boldsymbol{s}_i$。可以看出，信噪比较高的系统明显具有更好的 EVM 性能。同时，还可以采用目测欧氏距离的方式来直观判断星座图的好坏。欧氏距离是指一个判决区间内的所有坐标点距离判决边界最近的垂直距离，如图 4-29 所示，可以看出，较高信噪比条件下的欧氏距离明显好于较低信噪比条件下的欧氏距离。

# 4.3 各调制方式误比特性能分析

误比特率分析是进行射频链路预算的关键技术之一。在设计射频集成电路尤其是接收电路时，灵敏度指标是链路噪声性能的关键性参考指标。灵敏度是根据需要的误比特率推导出来的，明确系统的误比特率需要首先给出通信系统中能够接受的误包率。“包”是目前数字通信中的最小通信单元，一般的包具有四个要素：包头、有效数据、校验位、包尾。包头和包尾主要用于进行帧同步，有效数据用于提供通信所需的关键信息，校验位主要用于验证此次通信的可靠性。可以肯定的是，通信包中的任何一个比特位发生了错误，均会造成此次通信的失败。保证通信系统可靠性的指标通常是误包率。误包率是在通信次数为 $N$ 的情况下，为了保证至少 $M$ 次的通信可靠性需要的一个通信性能指标，具体表达式为

$$1 - P_{\text{p}} = M/N \tag{4-27}$$

式中，$P_{\text{p}}$ 为误包率的定量表达。误包率与误比特率的关系为

$$1 - P_{\text{p}} = (1 - P_{\text{b}})^n \tag{4-28}$$

式中，$P_{\text{b}}$ 为误比特率的定量衡量；$n$ 为一个通信包所包含的比特数。因此

$$P_{\text{b}} = 1 - \sqrt[n]{1 - P_{\text{p}}} \tag{4-29}$$

本节简要分析各种调制性能的误比特率，主要针对两种解调方式：相干解调和非相干解调，并给出具体的误比特率性能曲线，方便读者进行通信链路预算时直接根据误比特率 $P_b$ 找出对应的SNR或 $E_b/N_0$。

## 4.3.1　二进制通信误码性能分析

### 1. 二进制通信OOK误码性能分析

在 $0<t\leqslant T_b$ 时间内，OOK调制信号的表达式为

$$s_i(t)=a_i\sqrt{\frac{2E_1}{T_b}}\cos\omega_c t,\quad i=1,2 \tag{4-30}$$

式中，$a_1=1$；$a_2=0$；$E_1$ 为二进制比特能量；$T_b$ 为二进制比特周期。OOK信号可由一个归一化的基函数来表示

$$s_i(t)=s_i f_1(t),\quad i=1,2 \tag{4-31}$$

式中，$s_1=\sqrt{E_1}$；$s_2=0$ 为信号波形 $s_i(t)$ 在基函数 $f_1(t)$ 上的投影。

$$f_1(t)=\sqrt{\frac{2}{T_b}}\cos\omega_c t \tag{4-32}$$

则OOK调制信号在基函数上的投影示意图（星座图）如图4-30所示，两个投影点之间的欧氏距离为

$$d=\sqrt{E_1} \tag{4-33}$$

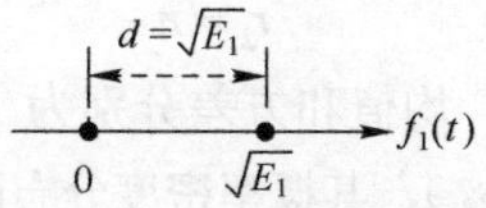

$d=\sqrt{E_1}$

0　$\sqrt{E_1}$　$f_1(t)$

图4-30　OOK调制星座图

基于匹配滤波器的相干解调是OOK的最佳解调方式，最佳解调过程如图4-3所示（其最佳判决阈值为 $\sqrt{E_1}/2$）。设信号波形 $s_i(t)$ 等概率出现，在加性高斯白噪声信道条件下，接收信号 $r(t)$ 为

$$r(t)=s_i(t)+n_w(t) \tag{4-34}$$

在判决时刻，最终的采样信号为

$$\begin{aligned}r&=\int_0^{T_b}r(t)f_1(t)\mathrm{d}t=\int_0^{T_b}[s_i f_1(t)+n_w(t)]f_1(t)\mathrm{d}t\\&=\frac{2s_i}{T_b}\int_0^{T_b}\cos^2\omega_c t\mathrm{d}t+\int_0^{T_b}n_w(t)f_1(t)\mathrm{d}t\\&=s_i+n\end{aligned} \tag{4-35}$$

式中，$n$ 为高斯白噪声通过匹配滤波器后的输出量（功率有限），服从高斯分布，其均值和方差（由下面的分析可看出，方差代表噪声功率）分别为

$$E(n)=\int_0^{T_b}E[n_w(t)f_1(t)]\mathrm{d}t=0 \tag{4-36}$$

$$
\begin{aligned}
D(n) &= E(n^2) - E^2(n) \\
&= \int_0^{T_b} E[n_w(t) f_1(t)]\mathrm{d}t \int_0^{T_b} E[n_w(\tau) f_1(\tau)]\mathrm{d}\tau - 0 \\
&= \int_0^{T_b}\int_0^{T_b} E[n_w(t) n_w(\tau)] E[f_1(t) f_1(\tau)]\mathrm{d}t\mathrm{d}\tau
\end{aligned}
\tag{4-37}
$$

式中，$E[n_w(t)n_w(\tau)]$为高斯白噪声$n_w(t)$的自相关函数，其傅里叶变换为白噪声的双边带功率谱密度，则式（4-38）成立。

$$
R(t-\tau) = E[n_w(t)n_w(\tau)] = \frac{N_0}{2}\delta(t-\tau) \tag{4-38}
$$

将式（4-38）代入式（4-37）可得

$$
\begin{aligned}
D(n) &= \frac{N_0}{2}\int_0^{T_b}\int_0^{T_b} \delta(t-\tau) E[f_1(t) f_1(\tau)]\mathrm{d}t\mathrm{d}\tau \\
&= \frac{N_0}{2}\int_0^{T_b} E[f_1^2(t)]\mathrm{d}t = \frac{N_0}{2}
\end{aligned}
\tag{4-39}
$$

由式（4-35）可知，当发送信号波形为$s_1(t)$时，解调并采样后的接收信号为

$$
r_1 = \sqrt{E_1} + n \tag{4-40}
$$

式中，$r_1$服从高斯分布，均值和方差分别为$\sqrt{E_1}$和$N_0/2$。当发送信号波形为$s_1(t)$时（在基函数上的投影为$s_1$），其概率密度分布函数为

$$
p(z \mid s_1) = \frac{1}{\sqrt{\pi N_0}}\exp\left[-\frac{(z-s_1)^2}{N_0}\right] \tag{4-41}
$$

当发送的基带比特为0时，解调并判决后的接收信号为

$$
r_2 = n \tag{4-42}
$$

$r_2$与$n$相同，仍服从高斯分布，均值和方差分别为 0 和$N_0/2$。当发送信号波形为$s_2(t)$时（在基函数上的投影为$s_2$），其概率密度分布函数为

$$
p(z \mid s_2) = \frac{1}{\sqrt{\pi N_0}}\exp\left[-\frac{(z-s_2)^2}{N_0}\right] \tag{4-43}
$$

当发送的信号未知时，如果满足$p(z \mid s_1) > p(z \mid s_2)$，可以判定发送的基带码元为$a_1$，否则可以判定发送的基带码元为$a_2$。画出两种情况下的概率密度分布如图 4-31 所示，可知最佳判决点位于$s_1/2$处，则当发送的基带码元为$a_1$时（对应的发送波形为$s_1(t)$）的误判概率为

$$
\begin{aligned}
p(e \mid s_1) &= \int_{-\infty}^{s_1/2} \frac{1}{\sqrt{\pi N_0}}\exp\left[-\frac{(z-s_1)^2}{N_0}\right]\mathrm{d}z = \frac{1}{\sqrt{\pi}}\int_{-\infty}^{s_1/2}\exp\left[-\frac{(z-s_1)^2}{N_0}\right]\mathrm{d}\left[\frac{z-s_1}{\sqrt{N_0}}\right] \\
&= \frac{1}{\sqrt{\pi}}\int_{-\infty}^{-s_1/\left(2\sqrt{N_0}\right)}\exp(-u^2)\mathrm{d}u = \frac{1}{\sqrt{\pi}}\int_{s_1/\left(2\sqrt{N_0}\right)}^{+\infty}\exp(-u^2)\mathrm{d}u
\end{aligned}
\tag{4-44}
$$

令

$$
Q(x) = \frac{1}{2}\mathrm{erfc}\left[\frac{x}{\sqrt{2}}\right] = \frac{1}{\sqrt{\pi}}\int_{x/\sqrt{2}}^{+\infty}\exp(-x^2)\mathrm{d}x \tag{4-45}
$$

则

$$p(e|s_1)=Q\left(\sqrt{\frac{E_1}{2N_0}}\right)=\frac{1}{2}\text{erfc}\left(\sqrt{\frac{E_1}{4N_0}}\right)=\frac{1}{2}\text{erfc}\left(\sqrt{\frac{d^2}{4N_0}}\right) \tag{4-46}$$

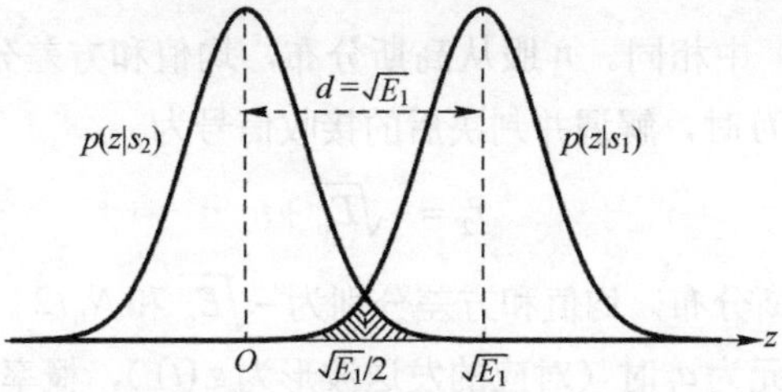

图 4-31　最佳判决条件下，OOK 调制两种发送情况的概率密度分布函数及最佳判决域的划分

同理可得，当发送的基带码元为$a_2$时（对应的发送波形为$s_2(t)$）的误判概率为

$$p(e|s_2)=Q\left(\sqrt{\frac{E_1}{2N_0}}\right)=\frac{1}{2}\text{erfc}\left(\sqrt{\frac{E_1}{4N_0}}\right)=\frac{1}{2}\text{erfc}\left(\sqrt{\frac{d^2}{4N_0}}\right) \tag{4-47}$$

假设发送 $s_1(t)$ 和 $s_2(t)$ 的概率相同，即 $p(s_1)=p(s_2)=1/2$，则平均比特能量为 $E_b=E_1/2$，OOK 调制的平均误比特率为

$$\begin{aligned}p_b&=p(s_1)p(e|s_1)+p(s_2)p(e|s_2)\\&=Q\left(\sqrt{E_b/N_0}\right)=\frac{1}{2}\text{erfc}\left(\sqrt{\frac{E_b}{2N_0}}\right)\end{aligned} \tag{4-48}$$

**2. 二进制通信 BPSK 误码性能分析**

在$0<t\leqslant T_b$时间内，BPSK 调制信号的表达式为

$$s_i(t)=\sqrt{\frac{2E_b}{T_b}}\cos(\omega_c t+\varphi_i),\quad i=1,2 \tag{4-49}$$

式中，$\varphi_1=0$；$\varphi_2=\pi$；$E_b$为二进制比特能量；$T_b$为二进制比特周期。BPSK 调制方式与 OOK 调制方式具有相似性，唯一的不同是，OOK 调制是通断传输，而 BPSK 调制是正反向传输。因此 BPSK 调制信号可以另外表示为一种调幅的形式：

$$s_i(t)=a_i\sqrt{\frac{2E_b}{T_b}}\cos\omega_c t,\quad i=1,2 \tag{4-50}$$

式中，$a_1=1$；$a_2=-1$。式（4-50）的基函数与式（4-32）相同，则 BPSK 调制信号在基函数上的投影示意图如图 4-32 所示（星座图），两个投影点之间的欧氏距离为

$$d=2\sqrt{E_b} \tag{4-51}$$

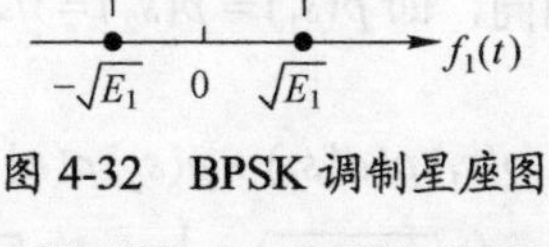

图 4-32　BPSK 调制星座图

BPSK 调制的最佳解调方式同图 4-8 相同（匹配滤波器），当发送信号波形为

$s_1(t)$时，解调并判决后的接收信号为

$$r_1 = \sqrt{E_b} + n \tag{4-52}$$

式中，$n$与式（4-35）中相同。$r_1$服从高斯分布，均值和方差分别为$\sqrt{E_b}$和$N_0/2$。当发送信号波形为$s_2(t)$时，解调并判决后的接收信号为

$$r_2 = -\sqrt{E_b} + n \tag{4-53}$$

式中，$r_2$同样服从高斯分布，均值和方差分别为$-\sqrt{E_b}$和$N_0/2$。

当发送的基带码元为$a_i$时（对应的发送波形为$s_i(t)$），概率密度分布函数为

$$p(z|s_i) = \frac{1}{\sqrt{\pi N_0}} \exp\left[-\frac{(z-s_i)^2}{N_0}\right], \quad i=1,2 \tag{4-54}$$

其中

$$s_1 = \sqrt{E_b}, \ s_2 = -\sqrt{E_b} \tag{4-55}$$

当发送的信号未知时，如果满足$p(z|s_1) > p(z|s_2)$，则可以判定发送的基带码元为$a_1$，否则可以判定发送的基带码元为$a_2$。不同发送情况下的概率密度分布函数如图 4-33 所示，可知其最佳判决点位于零点处，则当发送的基带码元为$a_1$时（对应的发送波形为$s_1(t)$），误判概率为

$$\begin{aligned} p(e|s_1) &= \int_{-\infty}^{0} \frac{1}{\sqrt{\pi N_0}} \exp\left[-\frac{(z-s_1)^2}{N_0}\right] \mathrm{d}z = \frac{1}{\sqrt{\pi}} \int_{-\infty}^{0} \exp\left[-\frac{(z-s_1)^2}{N_0}\right] \mathrm{d}\left[\frac{z-s_1}{\sqrt{N_0}}\right] \\ &= \frac{1}{\sqrt{\pi}} \int_{-\infty}^{-s_1/\sqrt{N_0}} \exp(-u^2)\mathrm{d}u = Q\left(\sqrt{2E_b/N_0}\right) = \frac{1}{2}\mathrm{erfc}\left(\sqrt{E_b/N_0}\right) = \frac{1}{2}\mathrm{erfc}\left(\sqrt{d^2/(4N_0)}\right) \end{aligned} \tag{4-56}$$

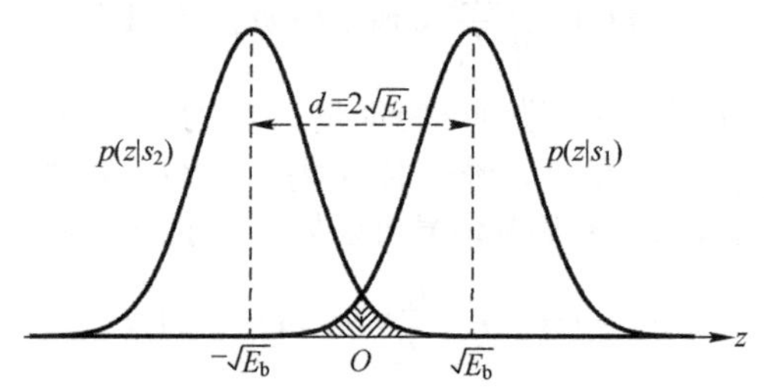


图 4-33 最佳判决条件下，BPSK 调制两种发送情况的概率密度分布函数及最佳判决域的划分

同理可得，当发送的基带码元为$a_2$时（对应的发送波形为$s_2(t)$），误判概率为

$$p(e|s_2) = Q\left(\sqrt{2E_b/N_0}\right) = \frac{1}{2}\mathrm{erfc}\left(\sqrt{E_b/N_0}\right) = \frac{1}{2}\mathrm{erfc}\left(\sqrt{d^2/(4N_0)}\right) \tag{4-57}$$

假设发送$s_1(t)$和$s_2(t)$的概率相同，即$p(s_1) = p(s_2) = 1/2$，则 BPSK 调制的平均误比特率为

$$\begin{aligned} p_b &= p(s_1)p(e|s_1) + p(s_2)p(e|s_2) \\ &= Q\left(\sqrt{2E_b/N_0}\right) = \frac{1}{2}\mathrm{erfc}\left(\sqrt{E_b/N_0}\right) \end{aligned} \tag{4-58}$$

### 3. 二进制通信 2FSK 误码性能分析

二进制通信 2FSK 误码性能分析主要针对正交情况（此种情况在频率调制中应用最为广泛）。在 $0<t\leqslant T_{\mathrm{b}}$ 时间内，2FSK 调制信号的表达式为

$$s_i(t)=\sqrt{\frac{2E_{\mathrm{b}}}{T_{\mathrm{b}}}}\cos\omega_{\mathrm{c}i}t,\quad i=1,2 \tag{4-59}$$

式中，$\omega_{\mathrm{c}i}$ 为不同的发送基带比特对应的调制频率。由于 $s_1(t)$ 和 $s_2(t)$ 正交，则 2FSK 调制信号的基函数需要从一维拓展至二维，分别为

$$f_1(t)=\sqrt{\frac{2}{T_{\mathrm{b}}}}\cos\omega_{\mathrm{c}1}t \tag{4-60}$$

$$f_2(t)=\sqrt{\frac{2}{T_{\mathrm{b}}}}\cos\omega_{\mathrm{c}2}t \tag{4-61}$$

2FSK 调制信号的表达式可以重新表示为

$$s_{\mathrm{2FSK}}(t)=s_1f_1(t)+s_2f_2(t) \tag{4-62}$$

式中，$s_1=\sqrt{E_{\mathrm{b}}}$ 或 0；$s_2=0$ 或 $\sqrt{E_{\mathrm{b}}}$。2FSK 调制信号在基函数上的投影示意图（星座图）如图 4-34 所示，两个投影点之间的欧氏距离为

$$d=\sqrt{2E_{\mathrm{b}}} \tag{4-63}$$

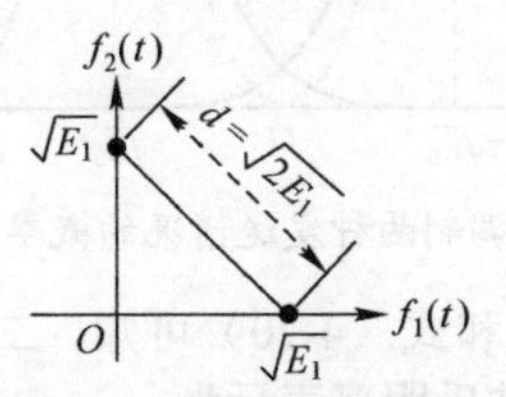


图 4-34　2FSK 调制星座图

2FSK 的最优解调方式可参考图 4-11（$M=2$）。与 OOK 和 BPSK 解调方式不同的是，2FSK 解调需要对比两个通道判决时刻的采样值大小。当发送信号波形为 $s_1(t)$ 时，与基函数 $f_1(t)$ 相干混频并积分的支路判决后的接收信号为

$$r_1=\sqrt{E_1}+n_1 \tag{4-64}$$

与基函数 $f_2(t)$ 相干混频并积分的支路判决后的接收信号为

$$r_2=n_2 \tag{4-65}$$

式中，$n_1$ 和 $n_2$ 均为均值为 0、方差为 $N_0/2$ 的独立同分布（高斯分布）函数。因为 2FSK 是比较两路的差值，所以最终的采样函数为

$$r_1-r_2=\sqrt{E_1}+n_1-n_2=\sqrt{E_1}+n \tag{4-66}$$

式中，$n$ 是均值为 0、方差为 $N_0$ 的高斯分布函数。概率密度分布函数为

$$p(z\,|\,s_1)=\frac{1}{\sqrt{2\pi N_0}}\exp\left[-\frac{\left(z-\sqrt{E_{\mathrm{b}}}\right)^2}{2N_0}\right] \tag{4-67}$$

同理，当发送信号波形为$s_2(t)$时，最终的采样函数为

$$r_1 - r_2 = n_1 - n_2 - \sqrt{E_1} = -\sqrt{E_1} + n \tag{4-68}$$

概率密度分布函数为

$$p(z \mid s_2) = \frac{1}{\sqrt{2\pi N_0}} \exp\left[-\frac{\left(z+\sqrt{E_b}\right)^2}{2N_0}\right] \tag{4-69}$$

当满足$p(z \mid s_1) > p(z \mid s_2)$时，可以判定发送的信号为$s_1(t)$，否则判定发送的信号为$s_2(t)$。不同发送情况下的概率密度分布如图 4-35 所示。相较于 BPSK 而言，2FSK 调制信号在解调过程中具有更大的噪声功率，会导致概率密度分布曲线更加扁平化，在相同的比特能量情况下具有更大的误比特率。在$s_1(t)$和$s_2(t)$发送概率相同的情况下，误比特率为

$$p_b = p(e \mid s_1) = p(e \mid s_2) = Q\left(\sqrt{E_b/N_0}\right) = \frac{1}{2}\text{erfc}\left(\sqrt{E_b/2N_0}\right) = \frac{1}{2}\text{erfc}\left(\sqrt{d^2/4N_0}\right) \tag{4-70}$$

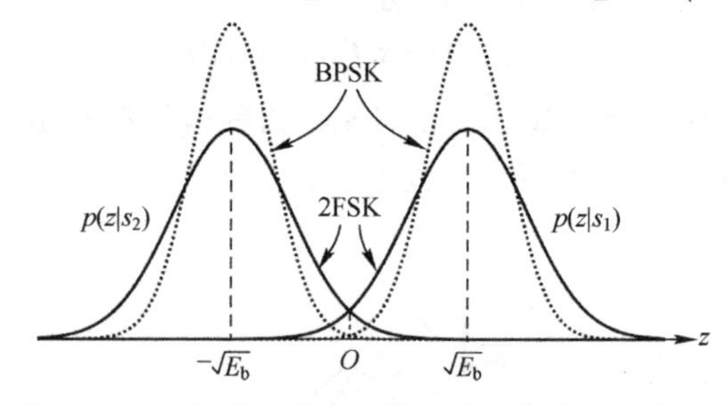


图 4-35 最佳判决条件下，2FSK 调制两种发送情况的概率密度分布函数及最佳判决域的划分

由式（4-48）、式（4-58）和式（4-70）可知，二进制通信的调制方式的误比特率可以用各自的坐标点之间的欧氏距离表示为

$$p_b = \frac{1}{2}\text{erfc}\left(\sqrt{d^2/4N_0}\right) \tag{4-71}$$

式中，$d$ 为各调制方式的欧氏距离。OOK、BPSK 和 2FSK 调制方式的欧氏距离分别为$\sqrt{E_b}$、$2\sqrt{E_b}$和$\sqrt{2E_b}$。在后续的多进制调制方式误符号率分析中将不加证明地直接引用上述结论。

2FSK 调制信号的概率密度分布图可以采用图 4-36 所示的形式等效表示，可以理解为在噪声功率不变的情况下，信号的比特能量减小至原来的$1/\sqrt{2}$。

MSK 和 GMSK 是 2FSK 调制的两种特殊调制方式，鉴于其相位的连续性，因此具有很高的频谱利用效率，在目前的许多通信系统中得到了广泛的应用。由式（4-18）和图 4-13 所示的 MSK 解调方法可知，MSK 调制的基函数为

$$f_1(t) = \sqrt{\frac{2}{T_b}} \cos\omega_c t \cos\frac{\pi t}{2T_b} \tag{4-72}$$

$$f_2(t) = \sqrt{\frac{2}{T_b}} \sin\omega_c t \sin\frac{\pi t}{2T_b} \tag{4-73}$$

由于$b_I$和$b_Q$的持续周期均为$2T_b$，则 MSK 调制信号在两个基函数上的投影长度均为

$\sqrt{2E_b}$，其欧氏距离为

$$d = 2\sqrt{E_b} \tag{4-74}$$

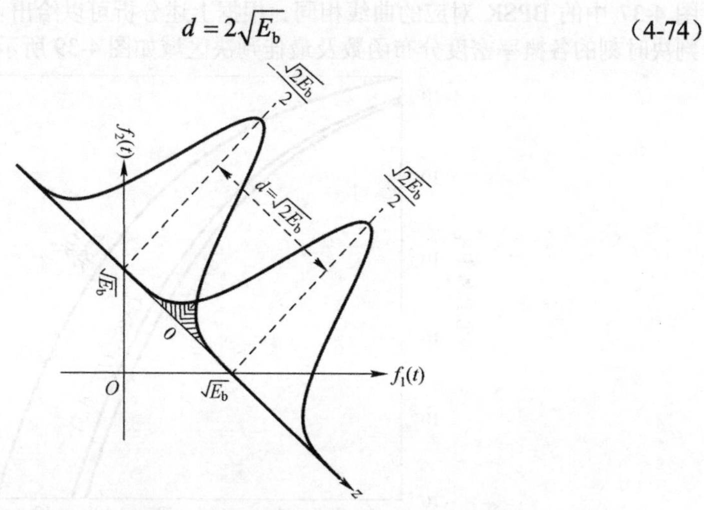


图 4-36　2FSK 调制在最佳判决条件下的等效概率密度分布函数及最佳判决域的划分

MSK 调制在最佳解调条件下的误比特率与 BPSK 调制相同，为

$$p_b = Q\left(\sqrt{2E_b/N_0}\right) = \frac{1}{2}\mathrm{erfc}\left(\sqrt{E_b/N_0}\right) \tag{4-75}$$

在对预编码的 GMSK 调制信号进行线性化分解后[3]，可知同向和正交支路的持续周期同样为 $2T_b$。但是相比于 MSK 调制，GMSK 调制存在一定的码间串扰，且高斯滤波器的 $BT$ 越大，由码间串扰引入的单位比特内的噪声功率也会随之上升。这相当于在噪声功率不变的情况下，减小了最小欧氏距离。文献[4]给出了不同 $BT$ 对应的最小欧氏距离仿真结果，$BT=0.3$ 时，最小欧氏距离 $d_{\min}=1.89\sqrt{E_b}$。

需要说明的是，上述基于匹配滤波器的最佳解调方法在物理上是很难实现的，只是为了数学上计算的方便才采用上述图示进行说明。在实际的物理实现过程中，匹配滤波器的设计通常采用图 4-9 所示的形式。首先需要通过锁相环（如果存在由多普勒效应或非同步参考晶振误差引入的较大频率偏差，还需要锁频环的辅助）模块实现载波相位的精确跟踪，其次通过 FIR 低通滤波器滤除高阶成分（滤波器带宽为 $1/T_b$），并通过位定时模块获取单位比特内的最优采样值，硬判决后输出数字比特信号。FIR 滤波器与位定时模块的组合相当于最佳解调方法中的积分模块，只是由于 FIR 滤波器的抽头系数不是恒定的常数，因此会引入一部分的性能损失。

根据式（4-48）、式（4-58）和式（4-70）可以画出三种二进制调制方式的平均误比特率与 $E_b/N_0$ 的关系曲线如图 4-37 所示。

## 4.3.2　MASK 误码性能分析

MASK 的信号星座图如图 4-38 所示，最小欧氏距离 $d_{\min}=2\sqrt{E_s}$，其中 $E_s$ 为单个符号最小能量（幅度调制每个符号对应的能量是不同的）。与 OOK 和 BPSK 相同，MASK 的最佳解调方式如图 4-3 所示。2ASK 的调制方式和 BPSK 相同，且

$E_s = E_b$，因此其概率密度分布函数及最佳判决区域与图 4-33 相同，误比特率曲线与图 4-37 中的 BPSK 对应的曲线相同。根据上述分析可以给出 4ASK 调制信号在最佳判决时刻的各概率密度分布函数及最佳判决区域如图 4-39 所示。

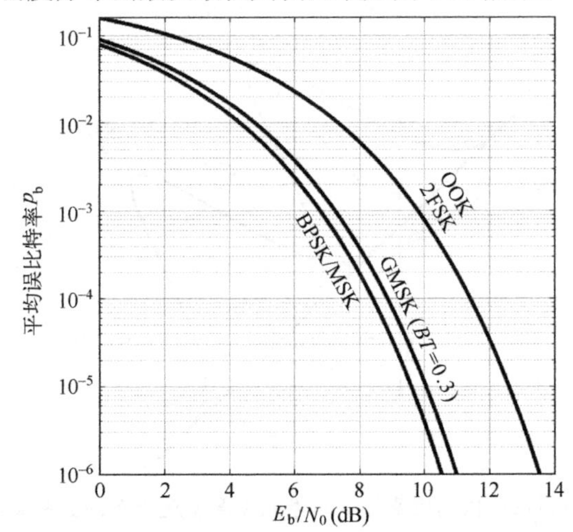


图 4-37 二进制通信相干解调误比特率与 $E_b/N_0$ 的关系曲线

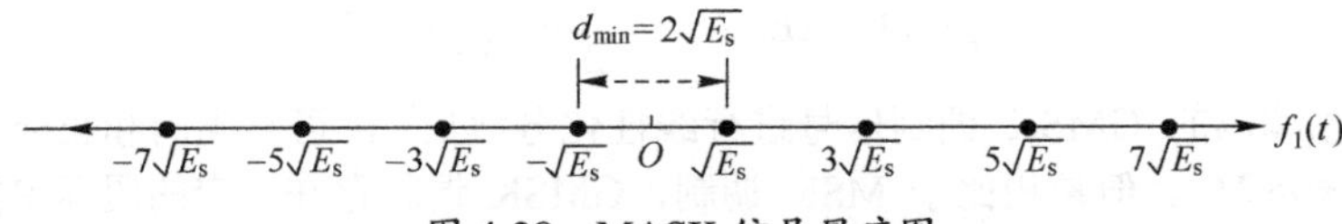


图 4-38 MASK 信号星座图

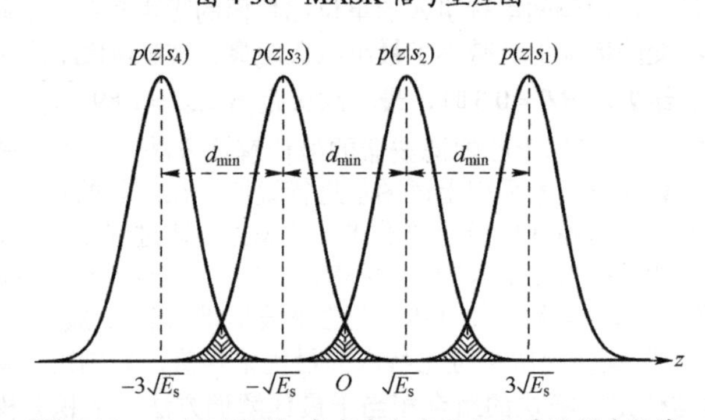


图 4-39 4ASK 调制概率密度分布函数及最佳判决区域

当发送的信号波形未知时，如果满足 $p(z|s_1) > p(z|s_2)$，可以判定发送的信号为 $s_1(t)$；如果同时满足 $p(z|s_2) > p(z|s_1)$、$p(z|s_2) > p(z|s_3)$，可以判定发送的信号为 $s_2(t)$；如果同时满足 $p(z|s_3) > p(z|s_2)$、$p(z|s_3) > p(z|s_4)$，可以判定发送的信号为 $s_3(t)$；如果满足 $p(z|s_4) > p(z|s_3)$，可以判定发送的信号为 $s_4(t)$。

根据上述分析可得

$$p(e|s_1) = p(e|s_4) = \frac{1}{2}\text{erfc}\left[\sqrt{\frac{d_{min}^2}{4N_0}}\right] \tag{4-76}$$

$$p(e|s_2)=p(e|s_3)=\text{erfc}\left[\sqrt{\frac{d_{\min}^2}{4N_0}}\right] \tag{4-77}$$

4ASK 调制信号的平均误符号率为

$$p_s=\frac{1}{4}[p(e|s_1)+p(e|s_2)+p(e|s_3)+p(e|s_4)]=\frac{3}{4}\text{erfc}\left[\sqrt{\frac{d_{\min}^2}{4N_0}}\right] \tag{4-78}$$

以此类推，对于 $M=2^K$，$K$ 为编码过程对应的二进制比特数，MASK 调制信号的平均误符号率为

$$p_{\text{s}}=\frac{M-1}{M}\text{erfc}\left[\sqrt{\frac{d_{\min}^2}{4N_0}}\right]=\frac{M-1}{M}\text{erfc}\left[\sqrt{\frac{E_{\text{s}}}{N_0}}\right] \tag{4-79}$$

在 $M$ 进制符号间隔内的信号平均能量为

$$E_{\text{s,av}}=\frac{1}{M}\sum_{i=1}^{M}E_i=\frac{E_{\text{s}}}{M}\sum_{i=1}^{M}(2i-1-M)^2=\frac{(M^2-1)E_{\text{s}}}{3} \tag{4-80}$$

则有

$$E_{\text{s}}=\frac{3E_{\text{s,av}}}{M^2-1} \tag{4-81}$$

因为 $E_{\text{s,av}}=E_{\text{b}}\log_2 M$，其中 $E_{\text{b}}$ 为每比特平均能量，代入式（4-79）可得

$$p_{\text{s}}=\frac{M-1}{M}\text{erfc}\left[\sqrt{\frac{3E_{\text{b}}\log_2 M}{N_0(M^2-1)}}\right] \tag{4-82}$$

通常情况下，多进制通信中均采用格雷码的编码形式，而在解调后的判决过程中，绝大多数的错误判决均发生在其相邻的幅度区间内。例如，对于 $s_2(t)$ 的错误判决，绝大多数发生在 $s_1(t)$ 或 $s_3(t)$ 的情况，而极少会出现 $s_4(t)$ 的情况，因此在判决后译为二进制码流时，仅包含单个比特的错误，则下式成立：

$$p_{\text{b}}\approx p_{\text{s}}/\log_2 M \tag{4-83}$$

将式（4-83）代入式（4-82）可得 MASK 调制信号平均误比特率 $p_{\text{b}}$ 与 $E_{\text{b}}/N_0$ 的关系曲线如图 4-40 所示。

### 4.3.3　MPSK 误码性能分析

在 $0<t\leqslant T_{\text{b}}$ 时间内，MPSK 调制信号的表达式为

$$s_i(t)=\sqrt{\frac{2E_{\text{s}}}{T_{\text{s}}}}\cos(\omega_{\text{c}}t+\varphi_i),\ \ i=1,2,\cdots,M \tag{4-84}$$

式中，$\varphi_i=2\pi(i-1)/M$；$E_{\text{s}}$ 为单个符号的能量（由于相位调制信号具有恒幅特性，因此每个符号均具有相等的能量）。MPSK 调制信号的基函数为

$$f_1(t)=\sqrt{\frac{2}{T_{\text{b}}}}\cos(\omega_{\text{c}}t) \tag{4-85}$$

$$f_2(t)=\sqrt{\frac{2}{T_{\text{b}}}}\sin(\omega_{\text{c}}t) \tag{4-86}$$

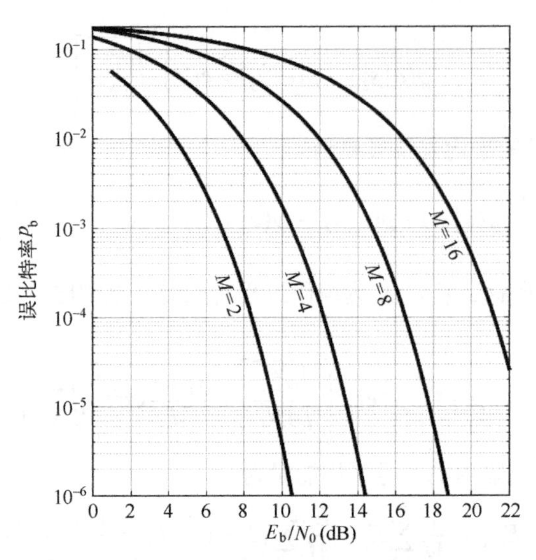


图 4-40 MASK 调制信号平均误比特率与 $E_b/N_0$ 的关系曲线

以 4PSK（QPSK）调制为例，基于两个基函数的星座图如图 4-41 所示，符号之间的最小欧氏距离为 $d_{\min}=\sqrt{2E_s}$。对于每一个发送信号波形，如 $s_1(t)$，只有同时满足 $p(z|s_1)>p(z|s_2)$、$p(z|s_1)>p(z|s_4)$ 和 $p(z|s_1)>p(z|s_3)$ 时，才能判定发送的信号波形为 $s_1(t)$，其他发送情况与此类似。考虑到解调后 $s_1(t)$ 和 $s_3(t)$ 的欧氏距离较大（为 $2\sqrt{E_s}$），可以忽略对 $p(z|s_1)>p(z|s_3)$ 的判断而不会影响最终的分析结果，则每一个发送状态的误判概率为（图中阴影部分的面积）

$$p(e|s_i)=\text{erfc}\left[\sqrt{\frac{d_{\min}^2}{4N_0}}\right] \tag{4-87}$$

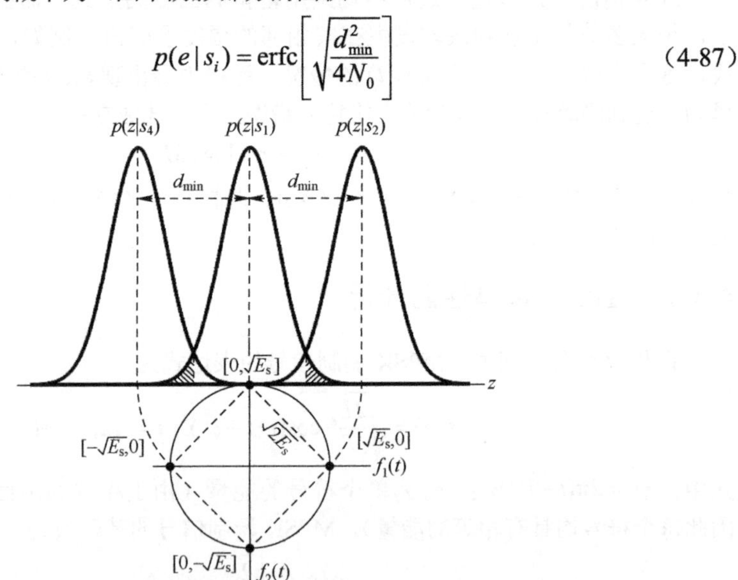


图 4-41 MPSK 调制信号星座图、概率密度分布函数及最佳判决域的划分

如果每一个信号波形 $s_i(t)$ 的发送概率均是相等的，则 4PSK 的误符号率为

$$p_s = p(e|s_i) = \operatorname{erfc}\left[\sqrt{\frac{d_{\min}^2}{4N_0}}\right] = \operatorname{erfc}\left[\sqrt{\frac{E_s}{2N_0}}\right] = \operatorname{erfc}\left[\sqrt{\frac{E_s}{N_0}\sin^2\frac{\pi}{4}}\right] \tag{4-88}$$

同理，可得 MPSK（$M \geqslant 4$）调制信号的误符号率为

$$p_s = \operatorname{erfc}\left[\sqrt{\frac{E_s}{N_0}\sin^2\frac{\pi}{M}}\right] \tag{4-89}$$

由于 MPSK 为近似恒幅调制，有 $E_s = E_b \log_2 M$，代入式（4-89）可得

$$p_s = \operatorname{erfc}\left[\sqrt{\frac{E_b \log_2 M}{N_0}\sin^2\frac{\pi}{M}}\right] \tag{4-90}$$

根据对 MASK 误符号率与误比特率之间关系的分析，可知在采用格雷码编码的 MPSK 调制系统中式（4-83）仍然成立。需要注意的是，由于 BPSK 调制中仅存在两个状态，因此不会出现图 4-41 所示的概率密度分布函数，其误比特率并不适用本节得出的结论，其误比特率表达式如式（4-48）所示。

MPSK（$M \geqslant 2$）调制信号平均误比特率 $p_b$ 与 $E_b/N_0$ 的关系曲线如图 4-42 所示。

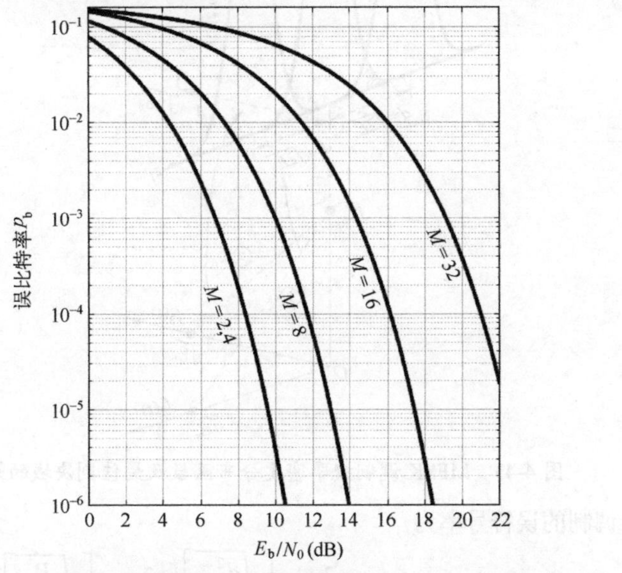


图 4-42　MPSK 调制信号平均误比特率与 $E_b/N_0$ 的关系曲线

### 4.3.4 MFSK 误码性能分析

本节的分析仍针对正交情况（此种情况在频率调制中应用最为广泛）。在 $0 < t \leqslant T_b$ 时间内，MFSK 调制信号的表达式为

$$s_i(t) = \sqrt{\frac{2E_s}{T_s}}\cos\omega_{ci}t,\quad i = 1,2,\cdots,M \tag{4-91}$$

式中，$\omega_{ci}$ 为不同的发送基带符号对应的调制频率。MFSK 调制信号的基函数需要拓展至 $M$ 维，表示为

$$f_i(t)=\sqrt{\frac{2}{T_b}}\cos\omega_{ci}t \tag{4-92}$$

星座图为在$M$个正交基底上的投影，且任意两个发送信号波形之间的欧氏距离相等，均为$d=\sqrt{2E_s}$。图 4-43 为三进制 MFSK 调制的星座图及对应的概率密度分布函数（图中对应于$s_1$、$s_2$和$s_3$）。可以看出，由于各基函数的正交性，MFSK 调制的误判决域面积是2FSK 判决域面积的$M-1$倍，图 4-43 同样给出了 4FSK 的概率密度分布函数（$s_4$对应的概率密度分布曲线在三维空间中不易表达，图中在$f_2(t)$负轴上等效给出）。如果要判定发送的信号波形为$s_1(t)$，必须同时满足$p(z|s_1)>p(z|s_2)$、$p(z|s_1)>p(z|s_3)$、$p(z|s_1)>p(z|s_4)$，其误判域如图中阴影部分所示。

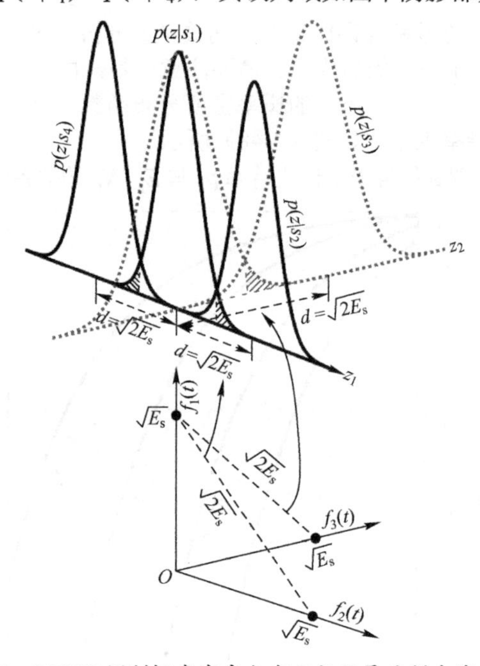


图 4-43 MFSK 调制概率密度分布函数及最佳判决域的划分

4FSK 调制的误符号率为

$$p_s=p(e|s_i)=\frac{3}{2}\text{erfc}\left[\sqrt{\frac{d_{\min}^2}{4N_0}}\right]=\frac{3}{2}\text{erfc}\left[\sqrt{\frac{E_s}{2N_0}}\right] \tag{4-93}$$

同理，可得 MFSK 调制的误符号率为

$$p_s=p(e|s_i)=\frac{M-1}{2}\text{erfc}\left[\sqrt{\frac{E_s}{2N_0}}\right] \tag{4-94}$$

MFSK 调制同样为恒幅调制，则有$E_s=E_b\log_2(M)$，代入式（4-94）可得

$$p_s=p(e|s_i)=\frac{M-1}{2}\text{erfc}\left(\sqrt{\frac{E_b\log_2 M}{2N_0}}\right) \tag{4-95}$$

由图 4-37 可知，MFSK 调制的误判决可能发生在其他任何的发送波形中。对于

4FSK 调制，如果发送的符号为“00”，则发生误判后，判决的符号可能为“01”、“10”或“11”中的任何一种，且概率相等。对于“00→01”、“00→10”的情况，由于仅有一个比特错误，因此误符号率与误比特率之间的关系为 $p_{b1} = p_s/2$ 。对于“00→11”的情况，符号与比特等效，则误符号率与误比特率之间的关系为 $p_{b2} = p_s$ 。4FSK 调制误符号率与平均误比特率之间的关系为

$$p_b = \frac{2}{3}p_{b1} + \frac{1}{3}p_{b2} = \frac{2}{3}p_s \tag{4-96}$$

同理可得，MFSK 调制信号的误符号率与平均误比特率之间的关系为

$$p_b = p_s\frac{M}{2(M-1)} \tag{4-97}$$

将式（4-97）代入式（4-95）可得 MFSK（$M \geqslant 2$）调制信号平均误比特率 $p_b$ 与 $E_b/N_0$ 的关系曲线如图 4-44 所示。

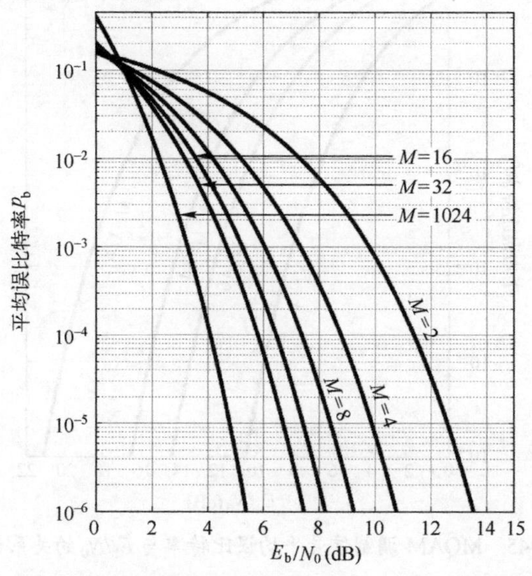


图 4-44　MFSK 调制信号平均误比特率与 $E_b/N_0$ 的关系曲线

## 4.3.5　MQAM 误码性能分析

从星座图中来看，MQAM 调制信号是幅度和相位的双重调制，但是本质是由两个正交载波的多电平振幅键控信号叠加而成的，见图 4-17。将 MQAM 的星座图分别投影至两个正交基上去，则可以采用类似于分析 MASK 的方法对 MQAM 进行分析。

MQAM 调制的最小欧氏距离为 $d_{\min} = 2\sqrt{E_s}$ ，其中 $E_s$ 为单个符号最小能量（幅度调制每个符号对应的能量是不同的）。投影至两个正交基上的 $\sqrt{M}$ASK 调制信号的误符号率为

$$p_{s,\sqrt{M}} = \frac{\sqrt{M}-1}{\sqrt{M}}\mathrm{erfc}\left[\sqrt{\frac{3E_b\log_2(M)}{2N_0(M-1)}}\right] \tag{4-98}$$

MQAM 调制每一个符号的正确解调均需要投影在两个正交基上的幅度解调是正确的，因此其误符号率为

$$p_{\mathrm{s}}=1-\left(1-p_{\mathrm{s},\sqrt{M}}\right)^{2}\approx\frac{2\left(\sqrt{M}-1\right)}{\sqrt{M}}\mathrm{erfc}\left[\sqrt{\frac{3E_{\mathrm{b}}\log_{2}(M)}{2N_{0}(M-1)}}\right] \tag{4-99}$$

当采用格雷码进行编码时，MQAM 的误符号率与误比特率之间的关系与 MASK 相同，有

$$p_{\mathrm{b}}\approx\frac{2\left(\sqrt{M}-1\right)}{\log_{2}(M)\sqrt{M}}\mathrm{erfc}\left[\sqrt{\frac{3E_{\mathrm{b}}\log_{2}(M)}{2N_{0}(M-1)}}\right] \tag{4-100}$$

MQAM（$M\geqslant 4$）调制信号平均误比特率 $p_{\mathrm{b}}$ 与 $E_{\mathrm{b}}/N_0$ 的关系曲线如图 4-45 所示。

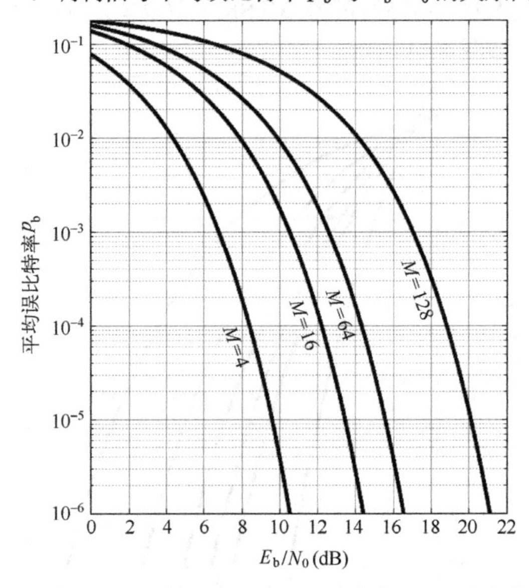


图 4-45 MQAM 调制信号平均误比特率与 $E_b/N_0$ 的关系曲线

## 4.3.6 不同调制方式之间的解调性能对比

根据上述分析，$M=4$、$M=16$ 和 $M=64$ 时，四种调制方式的解调性能曲线（平均误比特率曲线）如图 4-46 所示，可得出如下结论：

① 在相同的信噪比和比特率条件下，随着调制阶数的增加，MFSK 调制的欧氏距离逐渐增大，解调性能逐渐得到改善，但是 MFSK 调制占用的通信带宽较大。

② MASK、MPSK 和 MQAM 调制具有相同的带宽利用率，在相同信噪比和比特率条件下，随着调制阶数的增加，最小欧氏距离均逐渐减小，导致误码率逐渐上升。

③ 在高阶调制过程中，例如 $M>8$，在相同的信噪比和比特率条件下，MQAM 的解调性能要明显优于 MPSK 和 MASK，因此高阶调制通常采用 QAM 调制方式。

④ 而对于较低阶的调制，如 $M\leqslant 8$，综合考虑调制和解调的复杂度及带宽占用问题，通常采用 PSK 调制方式。

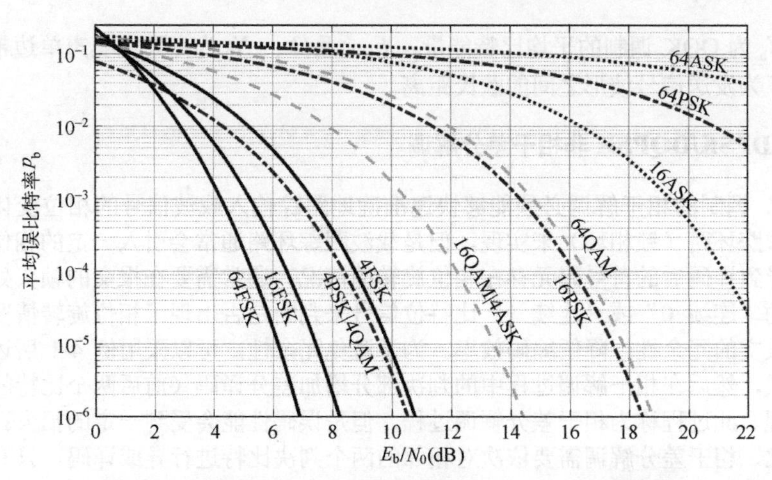


图 4-46　不同调制方式平均误比特率与 $E_b/N_0$ 的关系曲线

## 4.3.7　常用调制方式非相干解调误码性能分析

在许多常用且典型的通信系统中，为了降低设计复杂度，通常较少采用最佳相干解调方式，而是采用一些虽然会导致部分性能损失但是却具有简单易实现特点的解调方式，通常称为非相干解调。非相干解调方式对调制过程有一定的编码要求（如调制过程中的差分编码）。

### 1. OOK 非相干解调

OOK 非相干解调通常通过包络检波来实现，具体解调电路结构见图 4-5。包络检波器通常采用两个正交支路平方和的形式实现。与相干解调相比，经过包络检波后的输出信号不再符合高斯分布，而是趋于瑞利分布和莱斯分布。其中，符合高斯分布的白噪声（发送的信号波形为 $s_2(t)$，对应的基带比特信号为 $a_2=0$）通过检波器后为瑞利分布，概率密度分布函数为

$$p(z\,|\,s_2)=\frac{z}{N_0}\exp\left[-\frac{(z-s_2)^2}{N_0}\right] \tag{4-101}$$

当发送的信号波形为 $s_1(t)$ 时，输入至检波器的信号为有效基带信号与高斯白噪声的累加信号，经过检波器后为莱斯分布（莱斯分布可以理解为均值不为 0 的瑞利分布），概率密度分布函数为

$$p(z\,|\,s_1)=\frac{z}{N_0}\exp\left[-\frac{(z-s_1)^2}{N_0}\right] \tag{4-102}$$

参考图 4-31，当信号波形 $s_1(t)$ 和 $s_2(t)$ 的发送概率相等时，解调误比特率 $p_b$ 为

$$\begin{aligned}p_b&=\frac{1}{2}\int_{-\infty}^{\sqrt{E_1}/2}p(z\,|\,s_1)\mathrm{d}z+\frac{1}{2}\int_{\sqrt{E_1}/2}^{+\infty}p(z\,|\,s_2)\mathrm{d}z\\&=\frac{1}{2}\exp\left[-\frac{E_b}{2N_0}\right]=\frac{1}{2}\exp\left[-\frac{d^2}{2N_0}\right]\end{aligned} \tag{4-103}$$

式中，$E_b$ 为 OOK 调制的平均比特能量，$E_b = E_1/2$；$N_0$ 为高斯白噪声单边带功率谱密度；$d$ 为发送信号波形之间的欧氏距离。

### 2. DPSK/DQPSK 非相干差分解调

PSK 调制的相干解调必须能够快速准确地跟踪输入载波信号的相位变化，通常由载波跟踪环路（锁相环）来实现，但是载波跟踪环路通常会引入一定的相位模糊，因此会导致译码后的符号码元存在相位旋转的情况。通常需要在报文的帧头处加入一定长度的“连续 0”或“连续 1”比特位信号来判断是否出现了相位旋转情况，但是会增加报文的冗余性，降低编码效率。为了避免冗余性，可以采用例 4-1 所述的差分编码形式，然后在相干解调过程中的判决部分增加差分译码（前后两个比特的异或输出）过程。此过程称为相干差分解调过程，但是误码性能会受到一定的损失。与相干解调相比，相干差分解调需要依次对相邻的两个判决比特进行异或译码，只有当判决后的相邻两个比特全部正确或全部错误，译码结果才正确。因此，对于 DPSK 调制，相干差分解调的误比特率为

$$p_{bd} = 1 - [(1-p_b)^2 + p_b^2] \approx 2p_b = \mathrm{erfc}\left(\sqrt{E_b/N_0}\right) \tag{4-104}$$

DPSK 的解调还可以采用易实现的非相干解调方法。DPSK 的一个特征是星座图内没有固定的判决区域，判决基于两个连续接收信号之间的相位差。由于 DPSK 一般采用一对二进制信号（相同或不同）来传递每比特信息，所以可以采用基函数

$$f_1(t) = \left[\sqrt{\frac{2}{T_b}}\cos[\omega_c(t+nT_b)],\ \sqrt{\frac{2}{T_b}}\cos[\omega_c(t+(n+1)T_b)]\right] \tag{4-105}$$

$$f_2(t) = \left[\sqrt{\frac{2}{T_b}}\cos[\omega_c(t+nT_b)],\ -\sqrt{\frac{2}{T_b}}\cos[\omega_c(t+(n+1)T_b)]\right] \tag{4-106}$$

$$\int_0^T f_1(t)f_2(t)\mathrm{d}t = \frac{2}{T_b}\int_0^T \cos^2[\omega_c(t+nT_b)]\mathrm{d}t - \frac{2}{T_b}\int_0^T \cos^2[\omega_c(t+(n+1)T_b)]\mathrm{d}t = 0 \tag{4-107}$$

来表示 DPSK 的发射信号波形，即

$$s_i(t) = s_{1i}f_1(t) + s_{2i}f_2(t),\ \ i = 1,2 \tag{4-108}$$

式中，$T_b$ 为单位比特的持续周期。由于每个基函数均包括两个相邻的比特周期，因此投影在基函数上的比特能量为 $2E_b$，考虑到 $f_1(t)$ 和 $f_2(t)$ 的正交性，DPSK 调制信号发送信号波形的欧氏距离为 $d = 2\sqrt{E_b}$。差分解调使整个解调链路不用关心载波相位问题，属于包络匹配解调方法，因此解调过程中的噪声同样符合瑞利分布和莱斯分布，其误比特率 $p_b$ 为

$$p_b = \frac{1}{2}\exp\left[-\frac{d^2}{4N_0}\right] = \frac{1}{2}\exp\left[-\frac{E_b}{N_0}\right] \tag{4-109}$$

### 3. 2FSK/MSK/GMSK 非相干解调

2FSK 的非相干解调方式同样可以采用包络检波的方法，先对两个正交频率分别进行下变频，然后通过低通滤波器和位定时模块找出最佳采样点，判决（最佳判决阈值为 0）后经过并串转换即可完成解调过程。因此 2FSK 的非相干解调误比特率与

OOK 非相干解调相同。

MSK 调制相邻两个比特信号在最佳采样时刻的相位差为

$$\Delta\varphi = \frac{a_n\pi}{2T_b} nT_b + \varphi_n - \frac{a_{n-1}\pi}{2T_b}(n-1)T_b - \varphi_{n-1} = \frac{(a_n - a_{n-1})n\pi}{2} + \varphi_n - \varphi_{n-1} + \frac{a_{n-1}\pi}{2} = \frac{a_{n-1}\pi}{2} \tag{4-110}$$

因此，MSK 调制可以采用差分解调的形式。与 DPSK 非相干解调不同的是，MSK 差分解调需要选取相邻采样时刻复数域采样值共轭相乘后的正交支路，但是非相干解调的误比特率表达式是一致的，与式（4-109）相同。同理，GMSK 调制是 MSK 调制的一种特殊形式，因此也可以采用非相干差分解调的方式，在高斯滤波器 BT = 0.3 的情况下，由于高斯滤波器的作用，最小欧氏距离减小至 $d_{\min} = 1.89\sqrt{E_b}$，则误比特率为

$$p_b \approx \frac{1}{2}\exp\left[-\frac{d_{\min}^2}{4N_0}\right] = \frac{1}{2}\exp\left[-\frac{0.9E_b}{N_0}\right] \tag{4-111}$$

**4．解调误码性能比较**

综合上述几种常用调制的非相干解调方法，以及上文中给出的相应相干解调方法，给出在非相干解调模式和相干解调模式下的平均误比特率与 $E_b/N_0$ 的关系曲线如图 4-47 所示。

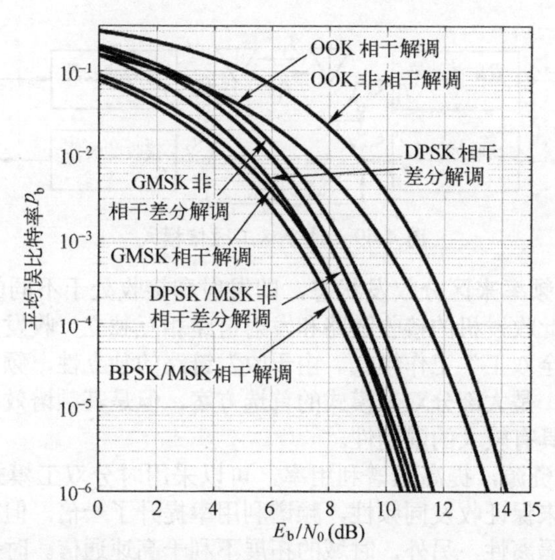


图 4-47　一些常用调制方式在不同解调模式下的平均误比特率与 $E_b/N_0$ 的关系曲线

BPSK 调制和 MSK 调制具有最优的解调性能（无论是相干解调还是非相干差分解调），BPSK 相较于 MSK 具有更好的频谱利用效率，但是 MSK 属于严格的恒幅调制，对功率放大器的线性度要求不高。DPSK 调制相较于 BPSK 调制，虽然解调性能较差，但是采用非相干差分解调相较于相干解调，算法实现复杂度大大降低。OOK 调制具有最差的解调性能，但调制和解调过程最容易实现，常用于很多对设计复杂度和功耗有严格要求的通信系统。

# 4.4 双工模式与多址接入技术

一个完整的通信系统通常需要明确双工模式和多址接入方式。双工模式是系统的收发工作模式。多址接入技术是扩充通信容量（可以容纳的用户量）的一种有效手段。双工模式包含频分双工（FDD）和时分双工（TDD）两种。多址技术包括频、时、码、空四种多址模式。

## 4.4.1 频分双工与时分双工

频分双工通信模式如图 4-48 所示。时分双工通信模式如图 4-49 所示。

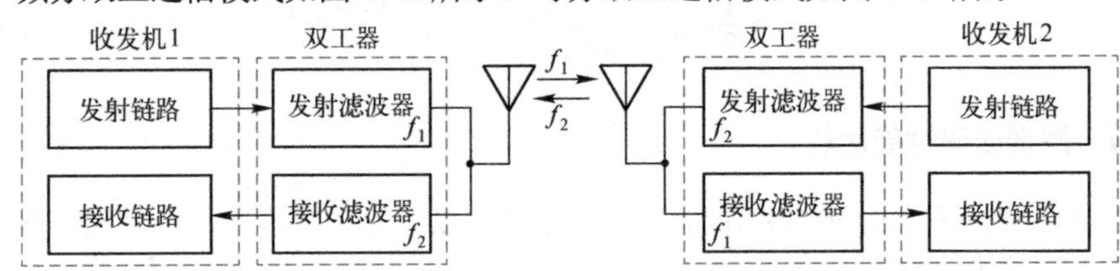


图 4-48 频分双工通信模式

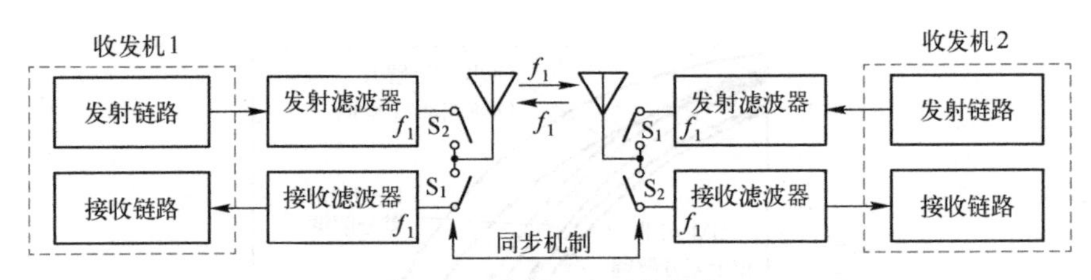


图 4-49 时分双工通信模式

频分双工通过频率来区分收发状态，即发射和接收处于不同的工作频域，不会产生互相干扰，因此收发机的接收链路和发射链路相互独立，收发具有时间随意性。频分双工也称为“全双工”工作模式。由于收发链路的独立性，频分双工模式实现过程简单，复杂度低，是大部分双工模式的首选方案，但是其频谱效率较低，在频谱资源极其宝贵的频段具有较大的限制性。

为了节省频谱资源，提高频谱利用率，可以采用时分双工模式。时分双工模式通过收发的时间差来保证收发同频性，频谱利用率提升了一倍，但需要复杂的同步机制保证收发的时间隔离性，另外，时域的拓展不利于高速通信。时分双工模式又称为“半双工”工作模式。

## 4.4.2 频分多址与频分多路复用

频分多址（Frequency Division Mutiple Access，FDMA）通信模式采用扩展通信带宽的方式来扩充通信容量，不同的用户被分配不同的频段，用户与用户之间相互独立。根据单个用户收发机的收发工作模式，频分双工可以分为全双工频分多址和半双工频分多址两种模式，分别如图 4-50 和图 4-51 所示。半双工模式相较于全双工模式可以节省一个发射频带资源，但仍是以复杂的同步机制为代价的。虽然频分多址技术频谱利用率较低，但是鉴于其简单易实现性，频分多址技术是目前扩充系统容量最直接最有效也是应用最广泛的方式。FDMA 是多用户与收发机之间的通信，通常指上行链路的多址（多用户）接入方式。

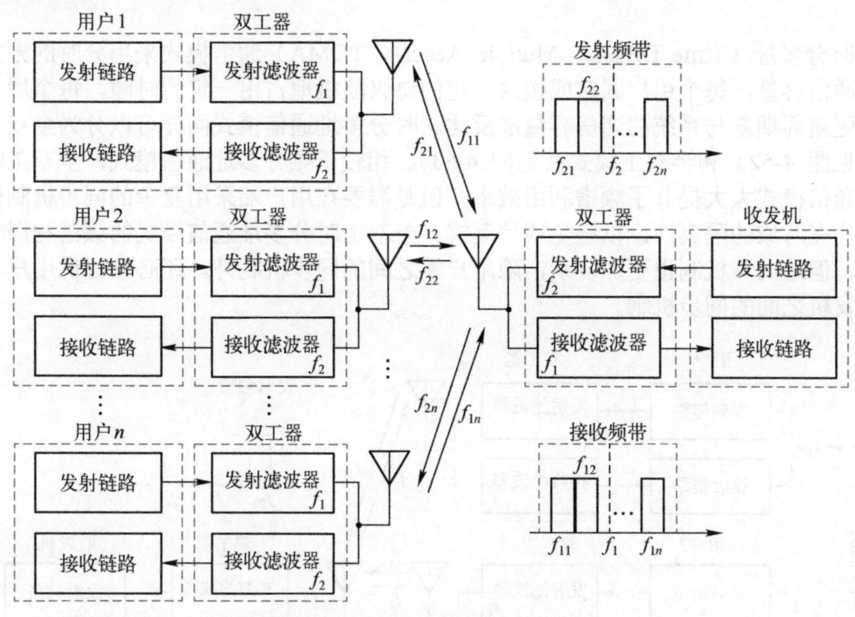


图 4-50　全双工频分多址通信模式

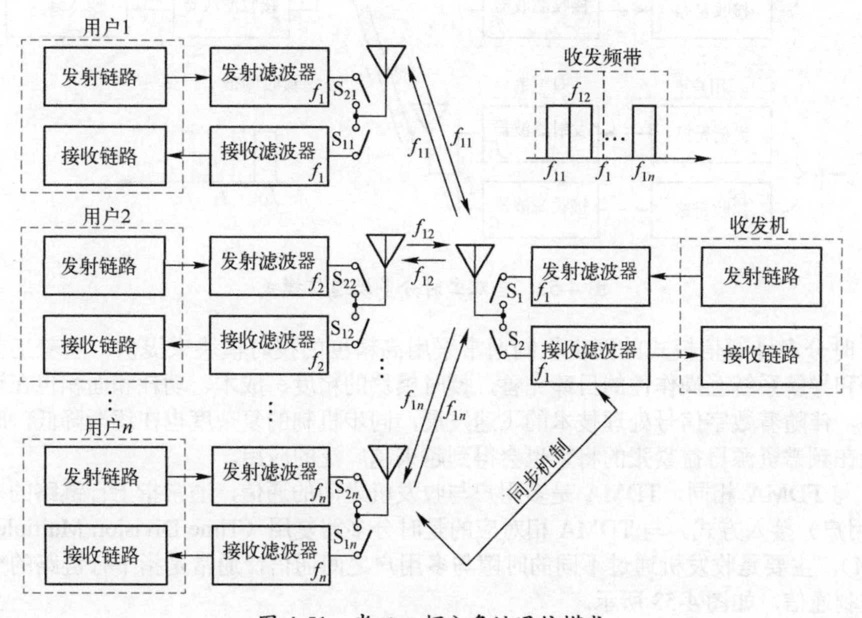


图 4-51　半双工频分多址通信模式

与 FDMA 相对应的是频分多路复用（Frequency Division Multiplex，FDM），主要是指收发机通过不同的频率信号与多用户之间通信，通常是指下行链路的交互或控制通信，如图 4-51 所示。

### 4.4.3 时分多址与时分多路复用

时分多址（Time Division Mutiple Access，TDMA）通信模式采用分时的方式来扩充通信容量，每个用户固定或按照一定的协议随机地占用一定的时隙，每个用户的信息更新周期量与系统的通信容量成反比。时分多址通信模式同样可以分为全双工模式（见图 4-52）和半双工模式（见图 4-53）。相较于频分多址通信模式，全双工时分多址通信模式大大提升了频谱利用效率，但是需要在用户端采用复杂的同步机制保证各用户在时域的隔离性，以避免通信互扰。半双工时分多址通信模式的频谱利用效率更高，但是同步机制也更加复杂，除用户端之间的同步机制外，还必须提供用户与基站收发机之间的同步机制。

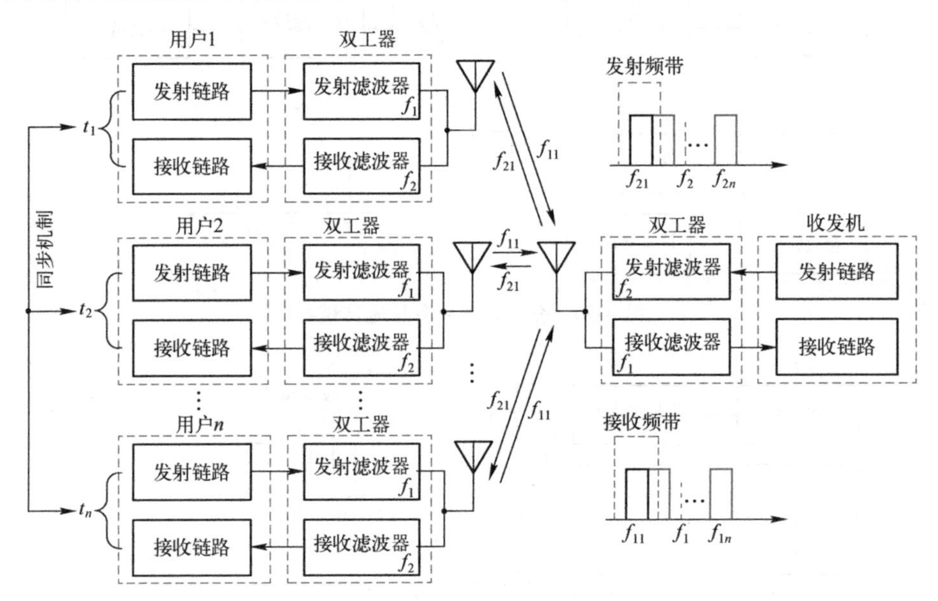


图 4-52 全双工时分多址通信模式

时分多址通信模式的同步机制通常采用高精度的授时模块来提供。随着工艺的进步和导航系统互操作性的日臻完善，授时模块的精度、成本、功耗和面积也在逐渐减小，伴随着数字信号处理技术的飞速发展，同步机制的复杂度也在逐渐降低，时分多址在频谱资源日益紧张的将来也会得到越来越广泛的应用。

与 FDMA 相同，TDMA 是多用户与收发机之间的通信，通常指上行链路的多址（多用户）接入方式。与 TDMA 相对应的是时分多路复用（Time Division Multiplex，TDM），主要是收发机通过不同的时隙与多用户之间通信，通常是指下行链路的交互或控制通信，如图 4-53 所示。

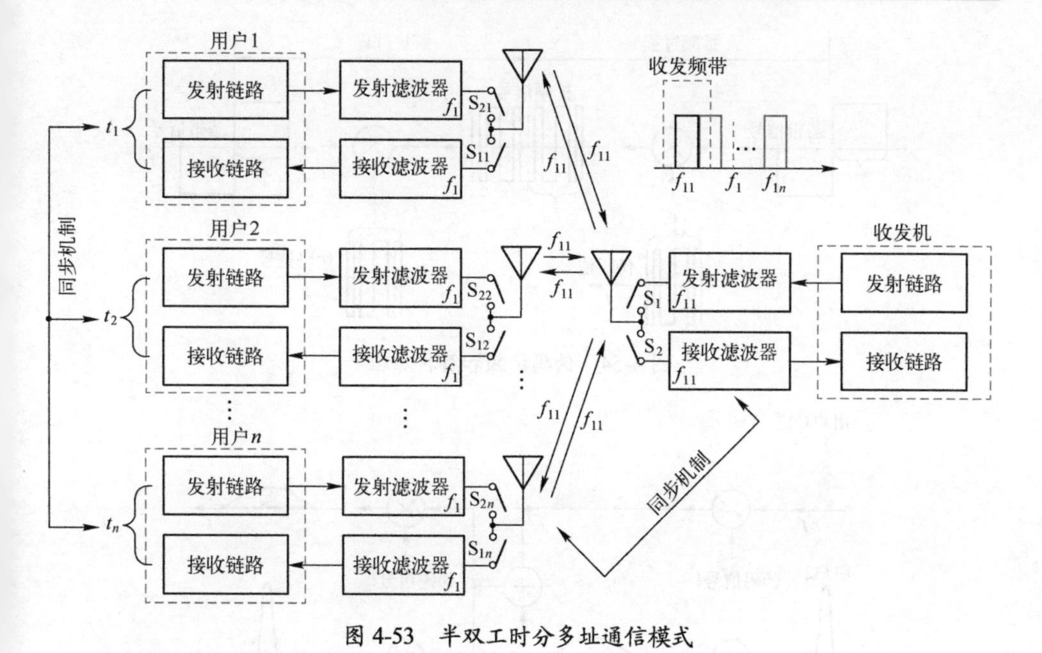


图 4-53　半双工时分多址通信模式

### 4.4.4　码分多址与码分多路复用

码分多址（Code Division Mutiple Access，CDMA）通信模式采用伪码（伪随机码的简称）扩频的方式来扩充系统的通信容量。伪码扩频模式具有极强的抗干扰性能，因此可以承受一定的同频干扰，变相地扩充了系统通信容量。用于扩频通信的伪码具有这样的特性：对一定比特长度的伪码进行自相关运算，当且仅当两者在时间轴上严格对齐时才会输出一个恒定的值，否则自相关结果为 0（近似为 0）。另外，不同伪码的自相关结果仍为伪码序列。

伪码扩频和解扩原理如图 4-54 所示。在调制方式相同的情况下，通信系统的带宽由码速率决定，因此带宽通过伪码调制得到了提升，提升倍数为伪码比特数。在进行射频集成电路设计时，内部集成的抗混叠滤波器的通带选择必须考虑伪码扩频的影响。伪码扩频的解扩过程需要采用相同的伪码与扩频后的信号相乘，根据伪码的性质可得，只有当两个伪码信号严格对齐时才能恢复原始基带信号（解扩在数字信号处理中需要捕获和跟踪两个过程，两者均是利用伪码的相关特性进行实现的，只有严格对齐时才会出现相关峰值）。在多用户情况下，伪码扩频码分多址通信工作原理如图 4-55 所示。每一个用户对应一个伪码，通过相应的伪码进行解扩可以恢复出相应的用户信息，其他用户信号无法恢复出来，功率仍分布在较宽的频率范围内，通过滤波器即可对功率进行有效压制。可以引入扩频增益来描述这一过程，假设伪码的比特位数为 $N$，用户 1 的发射功率为 $P_1$，用户 2 的发射功率为 $P_2$，发送的码速率均为 $R_b$，则扩频后的信号带宽均为 $2NR_b$。在用户 1 的解扩支路中，滤波前的信噪比为 $\text{SNR}_{\text{bf}} = P_1/P_2$，滤波后的信噪比为 $\text{SNR}_{\text{af}} = NP_1/P_2$，则定义 $G = \text{SNR}_{\text{af}} - \text{SNR}_{\text{bf}} = 10\lg N$ 为扩频增益。

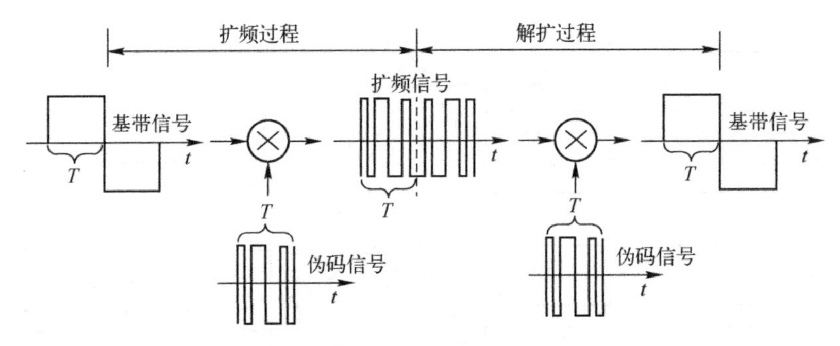


图 4-54 伪码扩频和解扩原理

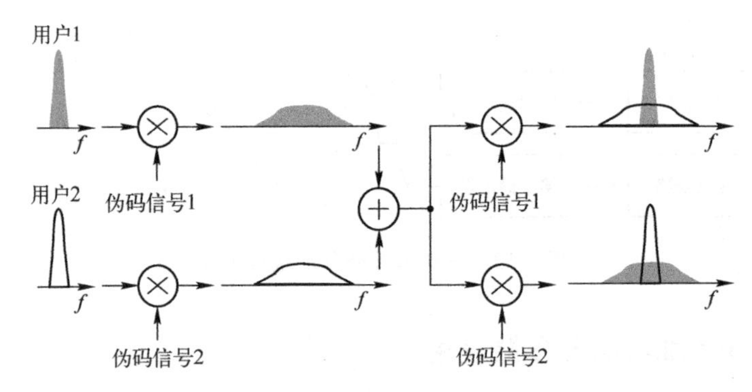


图 4-55 伪码扩频码分多址通信工作原理

需要说明的是，不同用户之间的发射功率差值不能太大，否则解扩后即使经过滤波器，其他用户的残余信号功率仍会对本用户信号造成较大干扰。假设在一定的误码率情况下基带解调所需的最低信噪比为$\text{SNR}_0$，则干扰用户对本用户的功率差值不能超过

$$\Delta P = P_1 - P_2 + G - \text{SNR}_0 \tag{4-112}$$

否则会影响本用户的正常通信。

上述伪码扩频过程通常称为直接序列扩频码分多址（DS-CDMA）。另一种常用的码分多址方式为跳频（Frequency Hopping，FH）通信，其工作原理是收发双方传输信号的载波频率按照预定规律进行离散变化，即通信中的载波频率受伪随机码的控制而随机跳变。与扩频通信不同的是，跳频通信是一种码控载频跳变的通信，不存在扩频增益，且跳频通信比较隐蔽也难以被截获，具有极强的抗定频干扰特性，即使有部分频点被干扰，仍能在其他未被干扰的频点进行正常的通信。跳频通信工作原理如图 4-56 所示，利伪码序列控制频率综合器的输出振荡频率，确保发射机发射频在时域上随机性变化。

跳频码分多址通信工作原理如图 4-57 所示。每个用户具有不同的伪码序列，发射频率的跳动存在随机性和独立性，接收端只需采用相同的同步伪码序列即可完成相关用户的正常通信，即使在某段时隙内存在发射频率重叠也不会影响其他频点的正常通信，通过采用交织和前向纠错等措施纠正相应干扰频段产生的误码，可以确保高质量的多址通信。

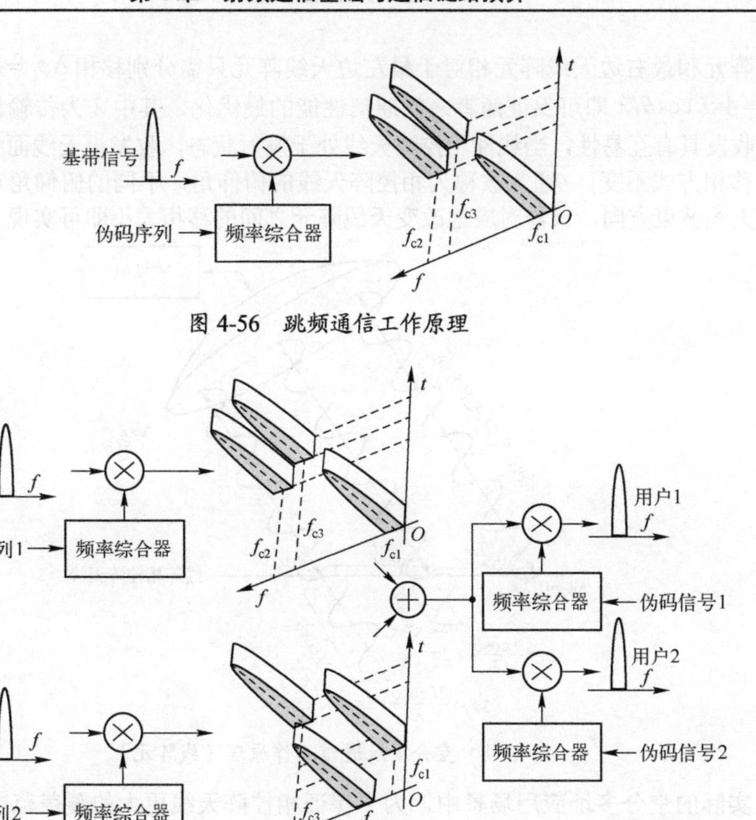


图 4-56　跳频通信工作原理

图 4-57　跳频码分多址通信工作原理

同理，CDMA 是多用户与收发机之间的通信，通常指上行链路的多址（多用户）接入方式。与 CDMA 相对应的是码分多路复用（Code Division Multiplex，CDM），主要是指收发机通过不同的扩频码与多用户之间的通信，通常是指下行链路的交互或控制通信。

## 4.4.5　空分多址与空分多路复用

空分多址（Space Division Mutiple Access，SDMA）是通过控制天线波束覆盖范围和角度而扩展通信容量的一种技术，通常采用阵列信号处理技术实现（也称为相控阵技术），由于不同角度之间的波束覆盖范围相互独立，从而可以提供优良的空分多址性能。不失一般性，以线阵相控阵天线为例，如图 4-58 所示，收发机天线面的收发波束方向与线性相控阵天线之间的夹角为$\theta$，为了保证线性相控阵天线在收发机波束方向上呈现最大的增益（相控阵天线的波束赋形），必须保证收发机产生的发射信号到达线阵相控阵天线各天线阵元的相位相同。以图示中的三个天线阵元为例，收发机天线面的发射信号最早到达线阵相控阵天线的最右边天线阵元，中间天线阵元次之，最晚到达最左边天线阵元，三者之间的路程差均为$L\cos\theta$（$L$ 为各天线阵元之间的间隔，为了保证各天线阵元之间的隔离度，$L$ 通常大于信号的半波长），因此中间天线阵元和最右边天线阵元相对于最左边天线阵元只需分别移相$\Delta\phi_2 = 2\pi L\cos\theta/\lambda$和$\Delta\phi_3 = 4\pi L\cos\theta/\lambda$即可保证两者之间通信性能的最优化，其中$\lambda$为传输信号的波长。由于收发具有互易性，当线性相控阵天线处于发射状态，收发机天线面处于接收状态时，移相方式不变。$\theta$通常被称为相控阵天线的俯仰角，不同的俯仰角对应不同的相控阵天线波束方向，只需对应地改变天线阵元之间的移相大小即可实现上述功能。

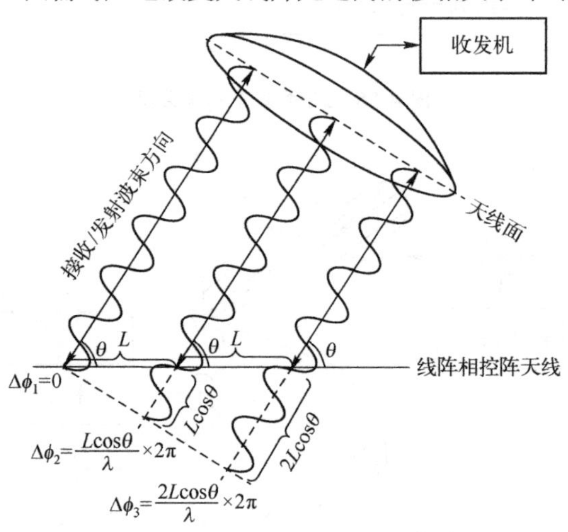


图 4-58 空分多址通信工作原理（线阵元）

实际的空分多址应用场景中，为了保证相控阵天线更大的覆盖范围及相应的波束性能，通常会对相控阵天线的外观进行一定程度的赋形。例如，平面相控阵天线、梯形相控阵天线、球形相控阵天线等的天线面是不规则的，可通过引入笛卡儿坐标系对各天线阵元进行位置标注，如图 4-59 所示。$m\times n$ 个天线阵元的位置坐标为$[x_{mn}, y_{mn}, z_{mn}]$，由于空分多址通常需要覆盖一个立体空间，因此波束方向可以通过在俯仰角的基础上再增加一个方位角$\varphi$来表示（在笛卡儿坐标系中，方位角$\varphi$表示相对于$z$轴的逆时针旋转，俯仰角$\theta$表示相对于$xy$平面的逆时针旋转）。参考图 4-58 中的分析方法，则方位角为$\varphi$、俯仰角为$\theta$的波束方向在天线阵元$[x_{mn}, y_{mn}, z_{mn}]$中产生的路程差为

$$\Delta L_{mn} = [x_{mn}\cos\theta\cos\varphi, y_{mn}\cos\theta\sin\varphi, z_{mn}\sin\theta] \tag{4-113}$$

相应的相位补偿延迟为$\Delta\phi_{mn} = 2\pi|\Delta L_{mn}|/\lambda$。

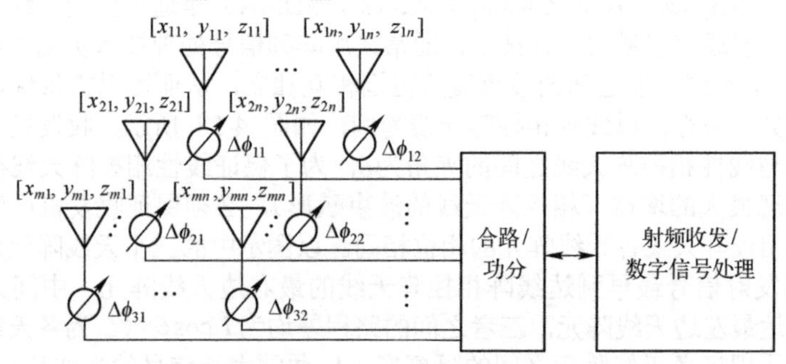


图 4-59 空分多址通信工作原理（$m\times n$ 阵元）

相控阵天线增益的计算也可以通过图 4-58 直观地估算出来。经过移相器后，相控阵天线各天线阵元接收的信号之间保持相位同步，累加后信号的幅度增大至原来的 $N$ 倍（$N$ 为相控阵天线中天线阵元的个数）。由于各天线阵元接收的噪声会随同信号一起累加，但是由于噪声之间的非相关性，噪声的平均幅度仅增大至原来的 $\sqrt{N}$ 倍，因此相控阵天线的增益与其集成的天线阵元个数有关，可表示为 $10\lg N$。图 4-60 为一个具有 19 个波束的相控阵天线波束方向图，可以看出，每个波束之间均是相互独立的，因此可以提供良好的空分多址性能。为了表示方便，图中的俯仰角是先减去 90°后再进行归一化处理的。

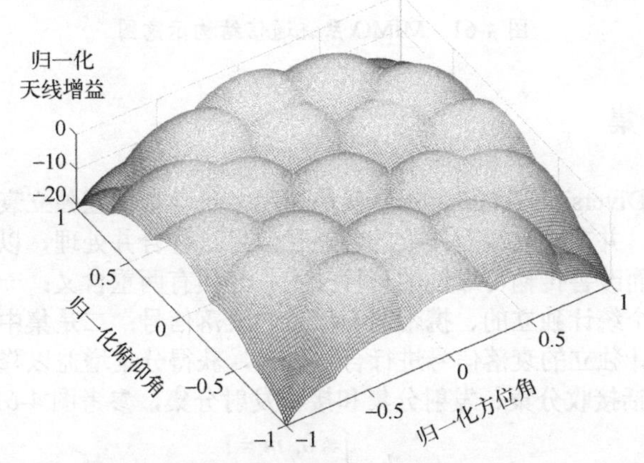


图 4-60　相控阵天线波束方向图（19 波束）

在现代数字信号处理中，通常采用模拟域波束合成（采用模拟移相器）或数字域波束合成的方法（采样数字移相器）来实现天线的多通道，不同的移相器组合形成一路接收或发射通道，每个通道具有一定的方向选择性，通道个数代表通信系统容量。

同理，SDMA 是多用户与收发机之间的通信，通常指上行链路的多址（多用户）接入方式。与 SDMA 相对应的是空分多路复用（Space Division Multiplex，SDM），主要是指收发机通过不同的空域与多用户之间的通信，通常是指下行链路的交互或控制通信。

# 4.5　MIMO 技术

上述介绍的通信技术都是基于单入/单出（Single Input Single Output，SISO）系统的，即接收端和发射端都是使用单天线进行通信的。SISO 系统虽然实现简单，但是却面临着两个无法突破的瓶颈：①由多径效应导致的频率选择性衰落会极大地影响通信质量，降低通信可靠性；②根据香农定理，在受限的信道带宽和信噪比情况下，信道的通信容量是有限的。

多入/多出（Multiple Input Multiple Output，MIMO）系统，即多天线收发系统，可以高效地解决 SISO 系统的上述两个问题，相应的技术称为空间分集和空间复用。

MIMO 系统的通信结构如图 4-61 所示（$m \geqslant 2$，$n \geqslant 2$）。

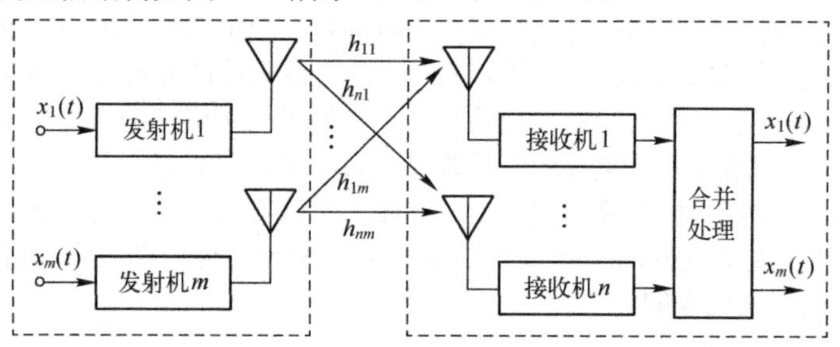


图 4-61 MIMO 系统通信结构示意图

### 4.5.1 空间分集

分集技术（Diversity Techniques）就是利用多条具有相互独立衰落特性的信号路径传输同一信息，并在接收端对接收的各路径信息进行合并处理，以便大大降低多径衰落的影响，从而改善传输可靠性的一种技术。分集有两重含义：一是分散传播，使接收端能获得多个统计独立的、携带同一信息的衰落信号；二是集中处理，即接收机把收到的多个统计独立的衰落信号进行合并处理，获得分集增益以降低衰落的影响。

空间分集包括接收分集、发射分集和接收发射分集，参考图 4-61，当满足

$$h_{nm}\begin{cases}\neq 0, & m=1\\ =0, & m\neq 1\end{cases} \tag{4-114}$$

时，称为接收分集，即仅存在一路发射通路，存在多路接收通路。$h_{nm}$ 表示通道传输系数。

当满足

$$h_{nm}\begin{cases}\neq 0, & n=1\\ =0, & n\neq 1\end{cases} \tag{4-115}$$

时，称为发射分集，即仅存在一路接收通路，存在多路发射通路。

其他情况则称为接收发射分集，即存在多路接收和发射通路。

由于接收分集和接收发射分集对接收端的多路需求大大增加了接收机的设计复杂程度，因此在实际的工程实现中发射分集通常占据主导地位。空间分集可以有效提升发射信号的信噪比（分集增益）以增加通信的可靠性（避免多径衰落导致的通信质量降低）。为了实现上述功能和性能，空间分集必须采用一定的编码方式。对于发射分集，空时编码是最常用的一种编码方式。空时编码利用多天线的空间分离特性和发射时间分离特性将多个待发射符号（不是比特）以数据块的形式进行发射，通过接收端的合并处理算法将数据块解析出来，实现具有分集增益的高可靠接收。

以 2 路发射、1 路接收的发射分集为例，采用基于 Alamouti 编码的空时编码方式，如图 4-62 所示。以两个数据符号作为一个数据块（数据块中包含的符号数通常与发射分集的天线个数相等）进行发射，具体编码方式可参考图示内容，同一数据块中不同时间段的数据呈现共轭正交的形式。此种编码方式便于接收端在预估出信道参数后高效地实现数据块中符号的分离，并能针对数据块中的每一个符号提供分集增益。

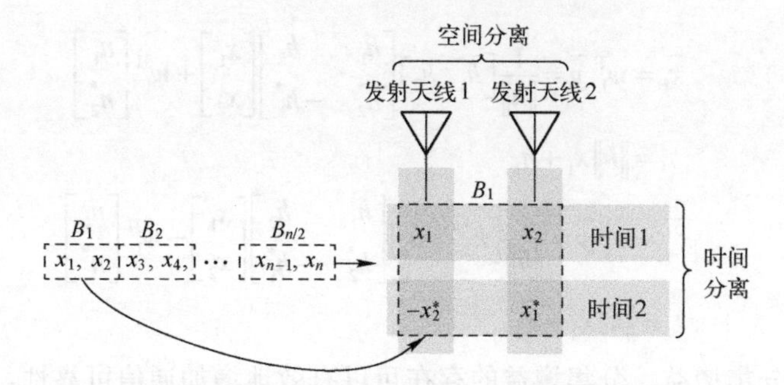


图 4-62　基于空时编码的发射分集编码示意图

基于空时编码的发射分集工作原理如图 4-63 所示。发射端按照时间段（持续时间为一个符号周期）将一个编码后的数据块依次发送出去，接收端接收到的数据块为

$$\begin{bmatrix} y_1 \\ y_2 \end{bmatrix} = \begin{bmatrix} h_1 & h_2 \end{bmatrix} \begin{bmatrix} x_1 & -x_2^* \\ x_2 & x_1^* \end{bmatrix} + \begin{bmatrix} n_1 \\ n_2 \end{bmatrix} \tag{4-116}$$

式中，$n_1$、$n_2$ 为不同空间信道中的噪声。令合并后的信号 $\overline{y}$ 为

$$\overline{y} = \begin{bmatrix} y_1 \\ y_2^* \end{bmatrix} = \begin{bmatrix} h_1 & h_2 \\ h_2^* & -h_1^* \end{bmatrix} \begin{bmatrix} x_1 \\ x_2 \end{bmatrix} + \begin{bmatrix} n_1 \\ n_2^* \end{bmatrix} \tag{4-117}$$

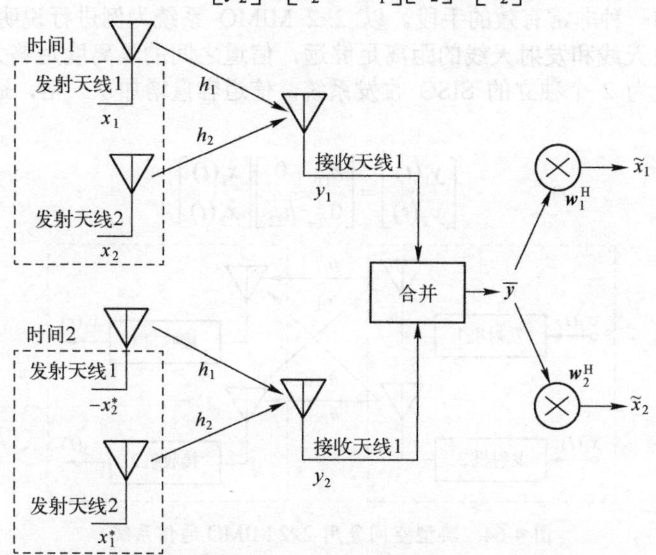


图 4-63　基于空时编码的发射分集工作原理示意图

$\boldsymbol{w}_1$ 和 $\boldsymbol{w}_2$ 是与通道传输系数相关的共轭正交矩阵。

$$\boldsymbol{w}_1 = \frac{1}{\|\boldsymbol{h}\|} \begin{bmatrix} h_1 \\ h_2^* \end{bmatrix},\ \boldsymbol{w}_2 = \frac{1}{\|\boldsymbol{h}\|} \begin{bmatrix} h_2 \\ -h_1^* \end{bmatrix},\ \|\boldsymbol{h}\| = \sqrt{|h_1|^2 + |h_2|^2} \tag{4-118}$$

则预估的数据块数据分别为

$$\begin{aligned}\widetilde{x_1} &= \boldsymbol{w}_1^{\mathrm{H}}\overline{\boldsymbol{y}} = \frac{1}{\|\boldsymbol{h}\|}\begin{bmatrix} h_1^* & h_2 \end{bmatrix}\begin{bmatrix} h_1 & h_2 \\ h_2^* & -h_1^* \end{bmatrix}\begin{bmatrix} x_1 \\ x_2 \end{bmatrix} + \boldsymbol{w}_1^{\mathrm{H}}\begin{bmatrix} n_1 \\ n_2^* \end{bmatrix} \\ &= \|\boldsymbol{h}\| x_1 + \widetilde{n_1}\end{aligned} \tag{4-119}$$

$$\begin{aligned}\widetilde{x_2} &= \boldsymbol{w}_2^{\mathrm{H}}\overline{\boldsymbol{y}} = \frac{1}{\|\boldsymbol{h}\|}\begin{bmatrix} h_2^* & -h_1 \end{bmatrix}\begin{bmatrix} h_1 & h_2 \\ h_2^* & -h_1^* \end{bmatrix}\begin{bmatrix} x_1 \\ x_2 \end{bmatrix} + \boldsymbol{w}_1^{\mathrm{H}}\begin{bmatrix} n_1 \\ n_2^* \end{bmatrix} \\ &= \|\boldsymbol{h}\| x_2 + \widetilde{n_2}\end{aligned} \tag{4-120}$$

式中，$\|\boldsymbol{h}\|$ 为分集增益。分集增益的存在可以有效地增加通信可靠性。需要说明的是，由图 4-62 可知，空间分集虽然可以解决由多径效应引起的频率选择性衰落问题，增大通信系统的可靠性，但是并不能增加信道的通信容量，增加通信容量需要采用空间复用技术。

## 4.5.2 空间复用

空间复用是在接收端和发射端使用多副天线（与空间分集类似，参考图 4-61），充分利用空间传播中的多径分量导致的信道随机化，在同一频带上使用多个数据通道（MIMO 子信道）发射信号，从而使得信道容量随着天线数量的增加而线性增加的一种技术。空间复用技术带来的信道容量增加不需要占用额外的频率资源，是提高信道容量的一种非常有效的手段。以 2×2 MIMO 系统为例进行说明，如图 4-64 所示，当接收天线和发射天线的距离足够远，信道之间的隔离度足够大时，MIMO 通信系统等效为 2 个独立的 SISO 收发系统，信道容量增加了一倍，通信过程的具体表达式为

$$\begin{bmatrix} y_1(t) \\ y_2(t) \end{bmatrix} = \begin{bmatrix} h_{11} & 0 \\ 0 & h_{22} \end{bmatrix}\begin{bmatrix} x_1(t) \\ x_2(t) \end{bmatrix} \tag{4-121}$$

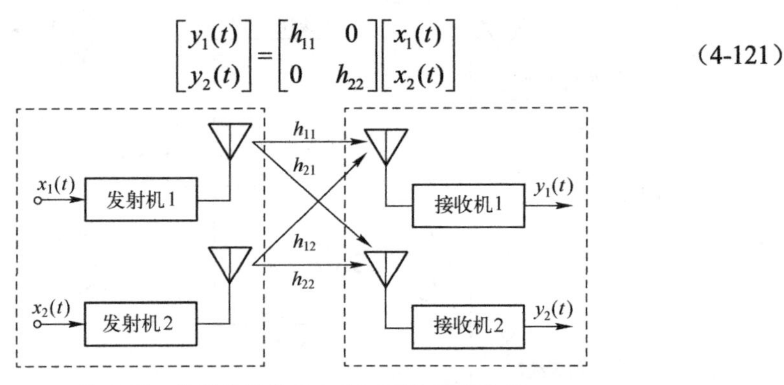


图 4-64 典型空间复用 2×2 MIMO 通信系统

实际的通信过程中，各信道之间均存在一定的互扰，在不存在预编码和解码模块时，通信过程的具体表达式为

$$\begin{bmatrix} y_1(t) \\ y_2(t) \end{bmatrix} = \boldsymbol{H}\begin{bmatrix} x_1(t) \\ x_2(t) \end{bmatrix} = \begin{bmatrix} h_{11} & h_{12} \\ h_{21} & h_{22} \end{bmatrix}\begin{bmatrix} x_1(t) \\ x_2(t) \end{bmatrix} \tag{4-122}$$

如果接收端能够提供信道参数矩阵 $\boldsymbol{H}$ 的逆矩阵，可在接收端完全恢复初始发射信号，信道容量扩倍。需要注意的是，如果信道之间的互扰较大（信道之间的相关性

高），信道传输矩阵 $\boldsymbol{H}$ 的逆矩阵是不存在的（矩阵的秩退化为 1），此时 MIMO 系统退化为 SISO 系统。

MIMO 技术中空间复用的概念不同于相控阵，强调的是多天线信道之间的隔离度，而相控阵主要是通过对不同天线单元收发链路的幅相组合实现空间复用的，但是获得的效果通常是一致的。

# 4.6 通信链路预算

通信链路覆盖通信信息从信源到信宿的整个信号传输及信号处理过程。对通信链路进行预算是包括射频集成电路设计在内的整个通信系统必须的一个环节。

## 4.6.1 自由空间链路衰减

最直观的无线通信过程涉及五个指标：发射机发射功率 $P_t$、发射天线增益 $G_t$、自由空间链路衰减 $L_f$、接收天线增益 $G_r$ 和接收机接收功率 $P_r$，如图 4-65 所示。五个指标的关系为

$$L_f = P_t + G_t - P_r + G_r = \text{EIRP} - P_r + G_r \tag{4-123}$$

式中，$\text{EIRP} = P_t + G_t$，为有效全向辐射功率。在进行通信链路预算时，通常要求接收机接收信号功率 $P_r$ 超过接收机灵敏度 $P_{sen}$ 3dB 以保留足够的设计裕量，其中自由空间链路衰减是确定通信系统发射功率、接收机灵敏度和收发天线增益的关键因素。

对于呈点发射状且发射功率为 $P$ 的全向天线（理想全向天线的增益为 0dB），根据能量守恒定律可知，在传播距离为 $r$ 的球面上，功率服从均匀分布，且总功率仍为 $P$，因此当传播距离为 $r$ 时单位面积球面上的信号功率（即功率密度）为

$$\text{PSD} = \frac{P}{4\pi r^2} \tag{4-124}$$

如果在全向天线的任意辐射球面处加入一个与辐射方向呈旋转对称的抛物面（发射源位于抛物面的焦点），则可以形成一个带有一定增益的定向天线（通常也称为波束赋形）。定向天线的增益是相对于全向天线而言的，定义为：在输入功率相同的情况下，实际天线与理想的点状辐射单元（理想全向天线）在空间同一点处所产生的信号功率密度值之比。从图 4-65 中可以直观地看出，本来辐射向抛物面方向的电磁波经过抛物面的反射后能量统一汇聚于传播方向处，使传播方向的发射信号功率密度得到加强，即意味着天线在传播方向具有一定的增益，抛物面的面积越大，定向天线在传播方向的增益也越大。与定向天线在传播方向的增益有关的另一个因素是发射信号的波长。具有电磁波反射能力的抛物面是由多个天线振子单元组成的，如果要实现电磁波的反射或辐射，天线振子单元的长度相对于信号波长必须足够可观，使电场沿振子单元长度呈现波动趋势（可以参考第 3 章对麦克斯韦方程组的分析）。因此，在距离矢量上变化的电场产生在距离矢量上变化的磁场，变化的磁场又导致变化的电场，形成沿天线发射方向的电磁

波反射或辐射。通常情况下，振子单元的长度近似等于信号波长的 1/4 便可形成上述现象。在相同的抛物面面积条件下，信号的波长越短，振子单元占用的面积就会越小，相同抛物面积可以容纳的振子单元数量越多（振子单元的增益与波长无关），定向天线沿发射方向的增益也就会越大。因此，抛物面天线沿发射方向的增益与抛物面面积成正比，与信号波长成反比，精确的增益表达式为（发射端）

$$G_t = \frac{4\pi A_t}{\lambda^2} \tag{4-125}$$

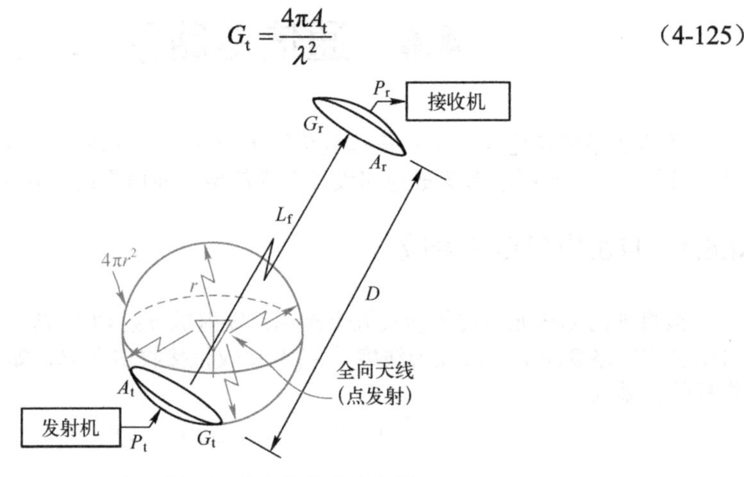


图 4-65 收发通信直观示意图

考虑到天线的互易性，如果接收端仍采用抛物面天线，增益表达式同样为

$$G_r = \frac{4\pi A_r}{\lambda^2} \tag{4-126}$$

相较于理想全向天线，带有增益的定向天线在自由空间的辐射衰减仍可以采用图 4-65 所示的球面自由空间衰减的概念来理解。此时在天线发射端口的功率可以采用 EIRP 来表示，即如果采用全向天线等效带有增益的定向天线，则该等效全向天线在发射端口的辐射功率为 $\text{EIRP} = P_t + G_t$，在距离发射天线端为 $D$ 处的接收天线端的信号功率密度为

$$P_{ur} = \frac{\text{EIRP}}{4\pi D^2} \tag{4-127}$$

假定接收端抛物面天线的面积为 $A_r$，则经过抛物面对接收到的信号的汇聚作用，在接收天线的输出端信号功率为

$$P_r = P_{ur} A_r = \frac{\text{EIRP}}{4\pi D^2} A_r \tag{4-128}$$

将式（4-126）代入式（4-128）可得

$$P_r = \frac{\text{EIRP}}{4\pi D^2}\frac{G_r \lambda^2}{4\pi} = \frac{\text{EIRP}}{4\pi D^2}\frac{G_r c^2}{4\pi f^2} \tag{4-129}$$

式中，$c$ 为电磁波传播速度；$f$ 为信号频率。联立式（4-123）和式（4-129）可得

$$L_f = P_t + G_t - P_r + G_r = \text{EIRP} - P_r + G_r = 10\lg\left[\frac{(4\pi Df)^2}{c^2}\right]$$
$$= 20\lg(40\pi/3) + 20\lg(D/10^3) + 20\lg(f/10^6) \tag{4-130}$$
$$= 32.4 + 20\lg(D/10^3) + 20\lg(f/10^6)$$

式中，距离 $D$ 的单位为 m，频率 $f$ 的单位为 Hz。如果将距离的单位改为 km，频率单位改为 MHz，则式（4-130）所示的自由空间链路衰减公式可以变换为

$$L_f = 32.4 + 20\lg(D) + 20\lg(f) \tag{4-131}$$

其他类型的天线也均可用等效面积与信号波长的形式表示增益，如式（4-125）所示，因此式（4-131）所示的自由空间链路衰减公式同样适用。

### 4.6.2　通信链路预算

通信链路预算是对通信系统各参数进行量化优化的一个必须手段。通过通信链路预算可以找出满足通信系统需求的最佳折中过程。在定义一个完整的通信系统时，需要明确的各技术指标见表 4-3。

表 4-3　通信系统涉及的关键技术指标

| 技术指标 | 说　明 |
|---|---|
| 发射机发射功率 $P_t$ | 增大接收端信噪比 $S/N_0$ |
| 误包率/误比特率 | 调制和解调方式确定后，决定最小 $E_b/N_0$ |
| 载波频率 $f$ | 决定自由空间链路衰减 $L_f$ |
| 通信距离 $D$ | 决定自由空间链路衰减 $L_f$ |
| 调制方式 | 决定信道带宽 BW（带通）和 $E_b/N_0$ |
| 解调方式 | 误包率/误比特率确定后，决定最小 $E_b/N_0$ |
| 编码方式 | 提供编码增益 $G_c$，增大链路裕量 |
| 码速率 $R_b$ | 等同条件下，码速率越大，需要的发射机发射功率 $P_t$ 越大，占用的信道带宽 BW 越大 |
| 发射天线增益 $G_t$ | 同等条件下，提升通信链路裕量，增益越大，天线波束宽度越小 |
| 接收天线增益 $G_r$ | 同等条件下，提升通信链路裕量，增益越大，天线波束宽度越小 |
| 接收机灵敏度 $P_{sen}$ | 接收机能够处理的最小信号功率，是预估链路裕量的重要指标，与选取的调制和解调方式、码速率、编码方式等均相关 |
| 接收机噪声系数 NF | 接收机本身一个重要的性能参数，较小的 NF 可以给通信链路带来更大的设计裕量，但是以牺牲电路的功耗和复杂度为代价的 |

可以看出，表中的各项指标均是相互制约和约束的，每个指标都不可能独立于系统需求而存在。因此必须在明确整体系统需求的前提下，对各个指标的设计进行最大程度的折中，以最小的代价实现一个完整的通信闭环。一个可靠的通信系统通常要求接收机接收功率 $P_r$ 高于接收机灵敏度 $P_{sen}$ 至少 3dB。

一个可靠通信系统的设计过程可概括如下：

① 确定通信所需包结构：包括帧头、帧尾、有效数据内容、校验方式和包长度等。

② 根据误包率和包中比特数计算出误比特率需求，由误比特率根据采用的调制和解调算法得到 $E_b/N_0$。如果包数据中存在编码增益 $G_c$，则需要的 $E_b/N_0$ 需要再减去 $G_c$。

③ 确定通信系统所需的码速率 $R_b$，确定载波频率 $f$。根据接收机输出中频的频率确定接收机中频率综合器的输出本振频率，并根据接收机 DAC 设定的采样率和前述的调制方式，确定接收机中抗混叠滤波器带宽。确定接收机的噪声系数 NF，并根据式（4-132）计算出接收机的灵敏度（噪声系数和灵敏度是两个互相折中的指标，具体设计时需要根据实际情况进行调整优化）：

$$P_{sen} = E_b/N_0 + L_{dm} + 10\lg R_b + NF - 10\lg kT \tag{4-132}$$

式中，$L_{dm}$ 为基带解调过程中的解调损失；$k$ 为玻尔兹曼常数；$T$ 为环境温度；常温环境下，$10\lg kT = -174\,\text{dBm}$。

④ 确定通信需要覆盖的距离 $D$，并根据式（4-131）计算出自由空间链路损耗 $L_f$。

⑤ 确定接收天线增益 $G_r$ 和发射天线增益 $G_t$，并根据计算的灵敏度大小确定发射机发射功率 $P_t$：

$$P_t = P_{sen} + 3 - G_r + L_f - G_t \tag{4-133}$$

上述设计过程还有很多实际的因素没有考虑，如馈线（连接发射/接收机与天线输入/输出端口的射频线缆）损耗、天线极化损耗（任何天线均具有一定的极化方式，极化具有方向性，因此在收发过程中就必然存在接收效率不能够达到 100%，损失的部分称为极化损失）等。这些参数根据实际应用情况的不同均会存在一定的差异。另外，上述设计过程中各参数的确定顺序也可以根据实际设计需求进行相应调整。例如，也可以在对发射功耗和通信距离有严格要求的条件下，先确定发射机发射功率 $P_t$ 和通信距离 $D$，再通过包结构、合适的调制和解调算法、载波频率、接收机噪声系数 NF 等确定接收机灵敏度 $P_{sen}$，为了满足设计裕量，最后确定通信的码速率 $R_b$。

**例 4-2** 某通信系统的顶层技术指标见表 4-4，试根据这些指标确定该通信系统的详细链路预算。

**表 4-4 某通信系统顶层技术指标**

| 参数 | 数值 | 描述 |
|---|---|---|
| 收发天线极化方式 | 线极化 | 极化损失约 1dB |
| 馈线损耗 $L$(dB) | 0.5 | 最大值 |
| 频率范围(MHz) | 433～510 | UHF 频段 |
| 数据速率 $R_b$ (kbps) | 200 | 伪码扩频后码速率 |
| 调制方式 | BPSK | 上下行统一采用 |
| 解调方式 | BPSK 相干解调 | |
| 扩频抗干扰 | 16bit 伪码 | 直接序列扩频 |

续表

| 参数 | 数值 | 描述 |
|---|---|---|
| 编码方式 | 卷积码 | 编码增益为 4dB |
| 发射机发射功率 $P_t$ (dBm) | 10 | |
| 接收机灵敏度 $P_{sen}$ (dBm) | −114 | 不考虑编码增益 |
| 接收机噪声系数 NF(dB) | 5 | 接收机最大增益 |
| 通信距离 $D$ (km) | 10～75 | |

**解**：根据表 4-4 及上述确定通信系统各技术指标的具体计算过程可得通信链路预算见表 4-5，给出的格式及计算过程是进行通信链路预算的经典形式，可以简单直观地在此表格中对各技术指标进行折中选取，以达到设计一个可靠通信系统的目的。

表 4-5 通信链路预算

| 技术指标 | 参数值 | | | 备注 |
|---|---|---|---|---|
| 发射机发射功率 $P_t$（dBm） | 10 | | | 10mW |
| 发射天线增益 $G_t$（全向，dBi） | 0 | | | EIRP = 10dBm |
| 发射传输损耗 $L_t$（dB） | 0.5 | | | 发射端口与天线端口线损 |
| 载波频率 $f$（MHz） | 470（433～510） | | | UHF 频段 |
| 传输距离 $D$（km） | 75 | 50 | 10 | |
| 自由空间链路衰减 $L_f$（dB） | 123.4 | 120 | 106 | $L_f$=32.44+20lg$f$+20lg$D$ |
| 接收天线增益 $G_r$（全向，dBi） | 0 | | | 全向天线 |
| 接收馈线损耗 $L_r$（dB） | 0.5 | | | 接收射端口与天线端口线损 |
| 极化损耗 $L_p$（dB） | 1 | | | 发射天线极化，接收天线极化 |
| 接收机接口电平 $P_r$（dBm） | −115.4 | −112 | −98 | $P_t+G_t-L_t-L_f+G_r-L_r-L_p$ |
| 接收机噪声系数 NF（dB） | 5 | 5.5 | 6.5 | 接收链路增益不同导致 NF 不同 |
| 接收灵敏度 $P_{sen}$（dBm） | −114 | −113.5 | −112.5 | $P_{sen}=E_b/N_0+L_{dm}+10\lg R_b+\text{NF}-174$ |
| 编码增益 $G_c$（dB） | 4 | | | |
| 链路余量 | 2.6 | 5.5 | 18.5 | $P_r-P_{sen}+G_c$ |

任何射频集成电路的设计所涉及的系统级指标（如发射功率、噪声系数、线性度等）确定都是通过表 4-5 所示的通信链路预算得出的，因此掌握通信链路预算的设计方法是进行射频集成电路设计的前提条件之一。需要说明的是，接收机灵敏度计算公式中的 $L_{dm}$ 是指设计裕量，表中计算时选取为 5.5dB，数据速率 $R_b$ 为扩频前的码速率，$E_b/N_0$ 选取误比特率为 $10^{-4}$ 时，对应的 BPSK 相干解调值为 8.5dB（见图 4-47）。扩频过程虽然会引入扩频增益，但是也会相应地降低接收机灵敏度，两者可以抵消，因此在进行链路预算的过程中可以不考虑扩频过程（还可以从另一个角度理解：解码后的判决过程需要的比特能量也是解扩后的数据码比特能量，因此扩频过程不影响接收机的解调过程，链路预算时可以不予考虑）。接收机线性度的确定需要在明确发射

机 EIRP 和最近通信距离的情况下进行。由表 4-5 可以知，如果假设最小通信距离为 10km，则到达接收机的最大信号功率为-98dBm，因此设计的接收机 1dB 增益压缩点必须大于-98dBm，考虑 3dB 的裕量后，需要大于-95dBm。其他线性性能指标，如 IIP2 和 IIP3，需要根据实际工程需要计算得出。

## 参考文献

[1] JOHN G P. 数字通信 [M]. 5 版. 张力军, 张宗橙, 宋荣方, 等译. 北京: 电子工业出版社, 2011.
[2] 杜勇. 数字调制解调技术的 MATLAB 与 FPGA 实现 [M]. 北京: 电子工业出版社, 2014.
[3] 周炯槃, 庞沁华, 续大我, 等. 通信原理 [M]. 4 版. 北京: 北京邮电大学出版社, 2015.
[4] MUROTA K, HIRADE K. GMSK modulation for digital mobile radio telephony [J]. IEEE Transactions on Communications, 1981, 29(7): 1044-1050.

# 第 5 章

# 射频集成电路架构

架构是射频集成电路设计中各模块互联的一种结构形式，是一个系统能够按照设计需求正常工作的信号处理方法。针对射频集成电路的不同收发特性，架构设计差异较大。接收链路的架构主要包括超外差架构、低中频架构和零中频架构；发射链路的架构主要包括直接变频架构和间接变频架构。射频集成电路的架构设计均是在频域进行的，因此建立频域分析的直觉非常重要。本章主要对射频集成电路收发机的不同架构进行详细介绍，分析其优缺点，建立架构设计的直觉。

随着产品需求逐渐向小型化、低功耗化过渡，尤其是 5G 大容量通信、雷达探测中高穿透力高分辨率的需求，使射频通信频段逐步向毫米波段过渡，射频集成电路的制造工艺在需求牵引下逐渐由深亚微米级向纳米级过渡。集成电路中元器件之间的失配、工艺偏差、非理想器件特性等都有明显增大的趋势，加之元器件射频模型的不准确性和封装等寄生效应的影响，造成射频集成电路产品成品率过低、产品开发时间过长等问题，给射频集成电路产品的设计带来了严峻的挑战。以 CMOS 工艺偏差带来的电阻值随机波动为例，采用归一化蒙特卡洛仿真，130nm 工艺电阻值的随机偏差位于 $3\sigma$（$\sigma$ 为标准高斯分布的方差）内，如果将工艺提升到 55nm，随机偏差可达到 $5\sigma$。这势必导致所设计射频集成电路性能的降级，甚至无法满足具体的应用场景需求。上述影响属于静态非理想因素，属于射频集成电路的一种固有属性。当一款射频集成电路封装完成后，这种属性会导致射频集成电路性能的固定比例降级。另一方面，射频集成电路的工作过程是一个典型的热变过程，工作温度除受自身产生的热效应影响外，外界环境温度的改变同样也会对其产生明显的影响。温度的改变会动态地改变无源元件的阻抗值和有源器件的迁移率、介电常数、跨导值等。以射频集成电路设计中常用的无硅化多晶电阻为例，当温度变动 100℃时，电阻值改变约±15%，会动态改变电路性能，造成性能降级。另外，链路增益和输入/输出信号频率的改变也会对电路性能产生动态影响。这些影响属于动态非理想因素，属于射频集成电路的一种随机属性，会动态地改变射频集成电路的性能，造成一定程度的性能降级，甚至影响正常使用。

本章针对射频集成电路各架构的性能降级机理进行分析，归纳总结了能够提升射频集成电路鲁棒性的各类校准技术（见表 5-1），为高性能射频集成电路的设计提供坚实的基础理论支撑。部分功能模块的校准技术，如功率放大器（Power Amplifier，PA）中的数字预失真技术、频率综合器的自动频率校准和稳定性校准技术，见第 8 章和第 11 章。

表 5-1 校准技术总结

| 降级原因 | | 降级现象 | 产生原因 | 校准技术 | 出现场景 |
|---|---|---|---|---|---|
| 射频收发链路 | 直流偏移 | 接收链路饱和 | 自混频/外部强干扰/工艺偏差、温度变化 | 直流偏移校准 | 接收链路 |
| | 偶次非线性失真 | 降低信号信噪比 | 器件非线性、器件失配 | 偶次非线性失真校准 | 零中频接收链路 |
| | I/Q 失配 | 星座图旋转 | 工艺偏差、温度变化 | I/Q 失配校准 | 收发链路 |
| | 谐波干扰 | 降低信号信噪比 | 混频器开关效应的奇次谐波 | 谐波抑制技术 | 超宽带接收链路 |
| | 滤波器带宽偏移 | 信号混叠效应或抑制周期性频谱能力减弱 | 工艺偏差、温度变化 | 滤波器带宽偏移校准 | 收发链路 |
| | 本振泄漏 | 星座图水平/垂直移动 | 器件失配 | 本振泄漏校准 | 发射链路 |
| | PA 非线性 | 发射频谱增生 | 器件非线性 | 数字预失真 | 发射链路 |
| | 发射信号泄漏 | 接收链路饱和/信噪比恶化 | 器件隔离性能较差 | 发射泄漏校准 | 接收链路 |
| 频率综合器 | $K_{VCO}$过大 | 本振杂散增强、锁定时间长 | 频率综合器固有属性 | 自动频率校准 | 频率综合器 |
| | 稳定性降级 | 环路自激 | 外部输入/输出频率变化 | 稳定性校准 | |
| 多通道射频收发 | 多通道幅相失配 | 波束畸形成型 | 器件失配导致多通道幅相失配 | 多片同步校准技术 | 相控阵等多通道应用场景 |

# 5.1 射频收发集成电路一般性设计考虑

射频集成电路包含接收和发射两种功能。根据功能的不同，射频集成电路分为射频接收集成电路、射频发射集成电路和射频收发集成电路。本节主要围绕射频集成电路收发功能的一般性设计考虑进行说明。图 5-1 为射频收发集成电路内部各模块的一般性连接关系图（均在实数域进行连接）。接收链路和发射链路的模块连接方式是互易的，一个完整的收发链路包括射频域、模拟基带域和数字域。对于接收链路，射频域主要完成射频信号的接收和下变频过程；模拟基带域主要为下变频后的中频或基带信号提供一定的放大增益，通过合理地设计抗混叠滤波器的各项参数，实现模拟基带信号的无损（不存在信噪比损失）数字化；数字域主要是通过直接数字频率综合器（Direct Digital Synthesizer，DDS）完成信号的数字域下变频，并通过滤波、抽取和解调译码机制恢复出基带码流。对于发射链路，数字域主要完成基带码流的编码调制、内插、滤波；模拟基带域完成数字信号的模拟化，并通过设置合适的衰减值以避免较强的中频或基带发射信号使发射机模块饱和；射频域完成信号的最终上变频、功率提升和信号发射。

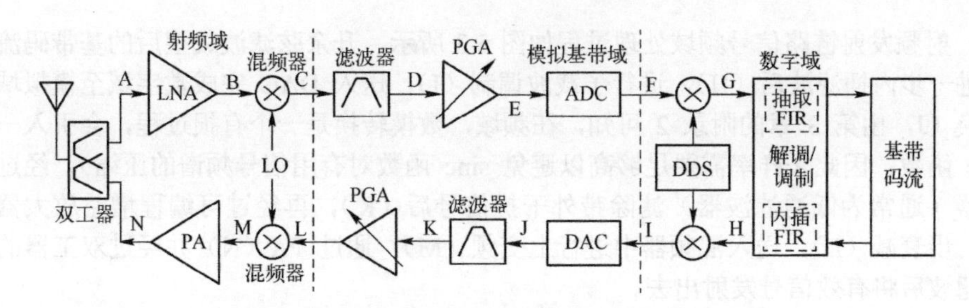


图 5-1　射频收发集成电路各模块连接关系示意图

射频接收链路信号频域处理过程如图 5-2 所示（如无特殊说明，本章中所有的信号频谱图均忽略了相位因素），$\omega_0$ 为载波信号频率，$\omega_{LO}$ 为下变频混频器的本振信号频率，$\omega_S$ 为 ADC 采样频率。射频信号被天线接收后，通过双工器的通带选择作用压制带外干扰（A），经 LNA 放大后送至混频器的输入端（B），经过混频器的下变频输出模拟基带信号（C），再经过抗混叠滤波器（可以设计为低通滤波器，也可以设计为带通滤波器）滤除其他频率处的干扰后（D），接着送入 PGA 进行放大（E），并经过 ADC 转换至数字域（F）进行处理，在数字域通过 DDS 进行下变频至数字基带（G），最后采用有限脉冲响应（Finite Impulse Response，FIR）滤波器进行抽取滤波，经解调译码后恢复出基带码流。

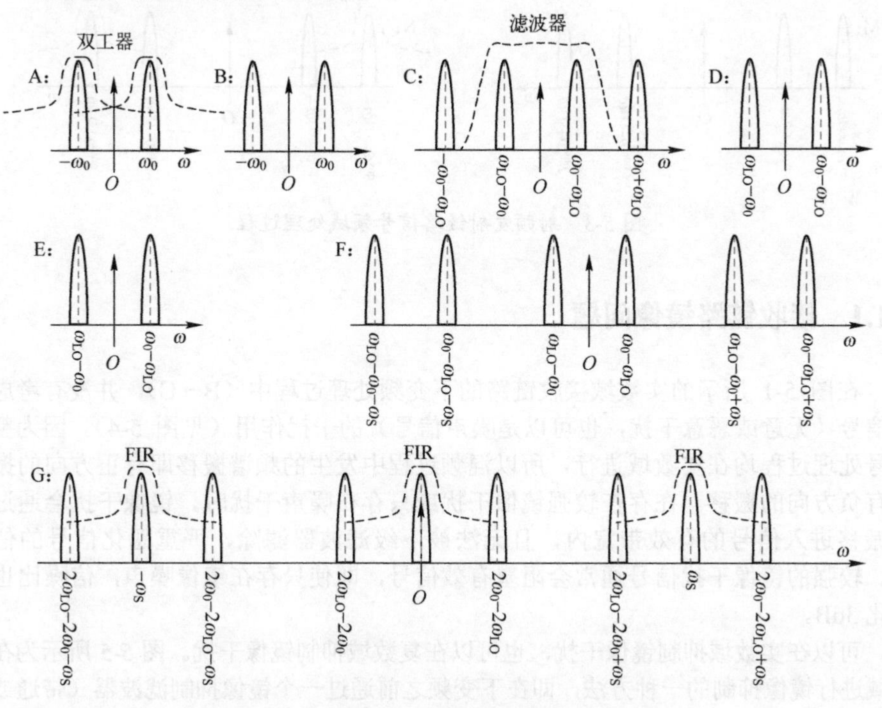


图 5-2　射频接收链路信号频域处理过程

射频发射链路信号频域处理过程如图 5-3 所示。升余弦滤波成型后的基带码流经过进一步内插滤波后（H），进行子载波调制（I），送入 DAC 完成数字域至模拟域的转换（J，由第 3 章的附录 2 可知，在频域，数模转换是一个有损过程，会引入一个 sinc 函数，因此采样率需要足够高以避免 sinc 函数对有用信号频谱的压缩），经过滤波器（通常为低通滤波器）滤除带外干扰信号后（K），再经过可编程增益放大器的进一步衰减（L），送入混频器中进行上变频（M），通过 PA（N）并经过双工器的带通滤波后将有效信号发射出去。

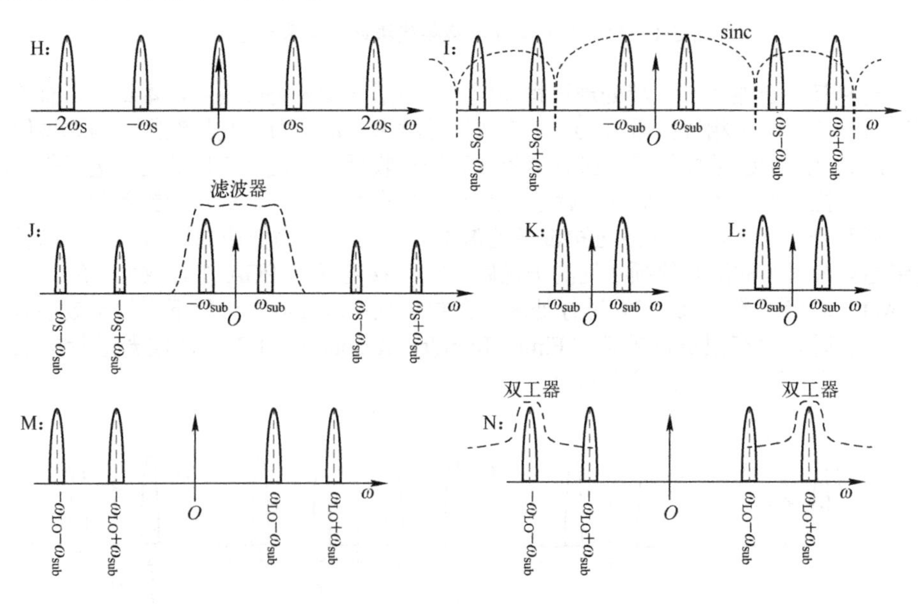


图 5-3 射频发射链路信号频域处理过程

## 5.1.1 接收链路镜像问题

在图 5-1 所示的实数域接收链路的下变频处理过程中（B→C），并没有考虑镜像信号（无意或恶意干扰，也可以是噪声信号）的干扰作用（见图 5-4）。因为整个信号处理过程均在实数域进行，所以混频过程中发生的频谱搬移即有正方向的搬移也有负方向的搬移。在存在较强镜像干扰或只存在噪声干扰时，镜像干扰会通过频谱搬移进入信号的有效带宽内，且无法被下级滤波器滤除，严重恶化信号的信噪比。较强的镜像干扰信号通常会阻塞有效信号，即使只存在镜像噪声，信噪比也会恶化 3dB。

可以在实数域抑制镜像干扰，也可以在复数域抑制镜像干扰。图 5-5 所示为在实数域进行镜像抑制的一种方法，即在下变频之前通过一个镜像抑制滤波器（带通或带阻）预先压制镜像干扰，如果镜像抑制滤波器的抑制性能选取合适的话，下变频后信号的信噪比损失可以忽略不计。

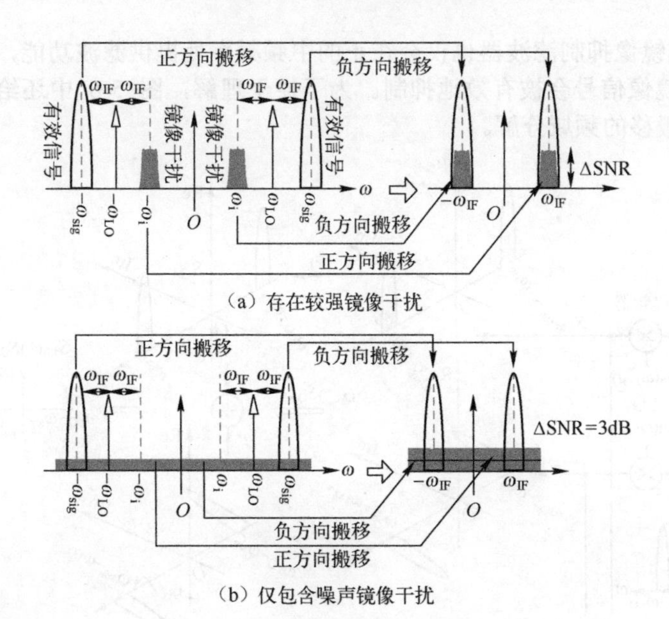


（a）存在较强镜像干扰

（b）仅包含噪声镜像干扰

图 5-4　镜像干扰示意图

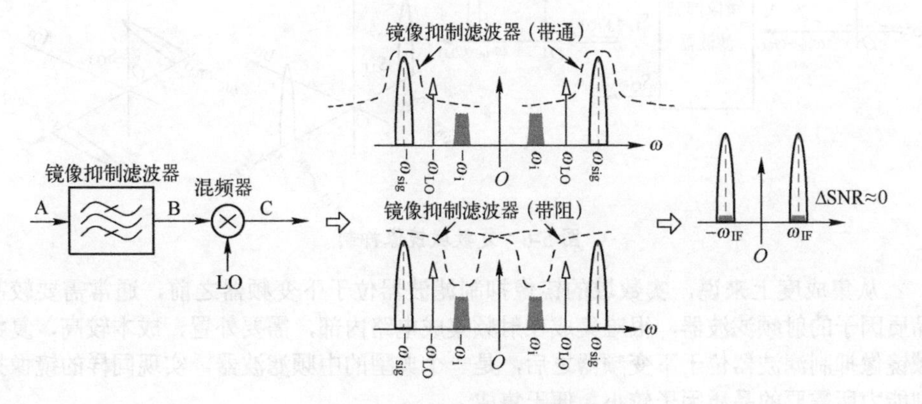


图 5-5　实数域镜像抑制示意图

复数域的镜像抑制处理可以采用复数域镜像抑制滤波器（带通或带阻）进行处理，如图 5-6 所示。首先需要将信号处理过程由实数域转移至复数域，因此频率综合器提供的本振信号（Local Oscillator，LO）必须是正交的。滤波器的设计也必须在复数域完成（复数域带通或带阻滤波器均是由相应的实数域低通或高通滤波器通过单方向频谱搬移实现的），相较于实数域的镜像抑制方法，复数域的镜像抑制方法需要额外提供一个正交支路，增大了功耗及设计的复杂度。复数域在实际的信号处理过程中是不存在的，仅通过数学运算来简化分析流程及分析复杂度（复数域的频谱搬移只向单方向运动），便于直观地理解系统的具体工作原理。如图 5-6 所示，如果将正交本振信号 $e^{-j\omega_{LO}t}$ 在复数域进行傅里叶变换，其仅在负频率处存在一个冲激信号，因此下变频后的输入信号 $S_{in}$ 的频谱仅向负方向搬移

$\omega_{LO}$，复数域镜像抑制滤波器也仅会在正的中频频率处提供滤波功能，位于负的中频频率处的镜像信号会被有效地抑制。为了便于理解，图 5-6 中还给出了复数域单方向频谱搬移的频域分解。

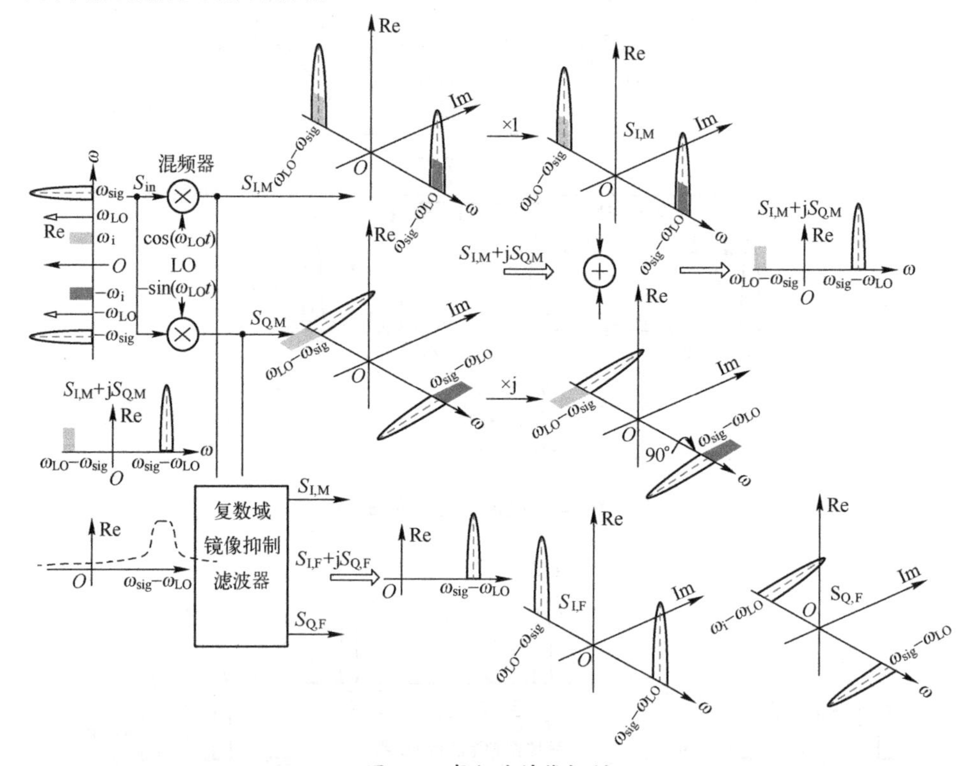


图 5-6 复数域镜像抑制

从集成度上来说，实数域的镜像抑制滤波器位于下变频器之前，通常需要较高品质因子的射频滤波器，很难集成在射频集成电路内部，需要外置，成本较高，复数域镜像抑制滤波器位于下变频器之后，是一个典型的中频滤波器，实现同样的镜像抑制能力所需要的品质因子较小，便于集成。

### 5.1.2 载波同步问题

图 5-1 中所示滤波器的设计复杂度和功耗与下变频后的中频信号频率和信号的带宽有关。中频信号频率越高，带宽越大，滤波器的设计复杂度和功耗越大。因此，对于具有较高码速率（较高的带宽）的信号，通常情况下希望下变频后的中频频率为 0，尽可能降低滤波器的设计复杂度和功耗。

如果仅在实数域进行零中频基带信号的处理，会面临载波同步的问题。载波同步是指下变频过程中的本振信号的频率和相位与接收信号载波的频率和相位相同。在实数域进行零中频基带信号处理时，载波同步是必需的。图 5-7 所示为一个基带信号从发射至接收的频域恢复过程。假设基带信号经过调制和上变频后的信号表达式为 $S_{out}=A\cos(\omega_0 t)$，其中 $A$ 为基带信号，在接收端由于路径延时接收到的信号表达式

为 $S_{\text{in}} = A_{\text{in}}\cos(\omega_0 t+\varphi_0)$，其中 $A_{\text{in}}$ 为基带信号 $A$ 的等比例衰减，$\varphi_0$ 为由于路径延时导致的相位偏移。如果接收本振信号与载波信号同步，即 $S_{\text{LO}} = \cos(\omega_0 t+\varphi_0)$，则经过下变频混频器后的输出信号为

$$S_{\text{out,Mix}} = S_{\text{in}} \times S_{\text{LO}} = \frac{A_{\text{in}}}{2} + \frac{A_{\text{in}}}{2}\cos(2\omega_0 t + 2\varphi_0) \tag{5-1}$$

因此经过低通滤波后的基带信号表达式为 $S_{\text{out,LPF}} = A_{\text{in}}/2$。可以看出，实数域的载波同步解调可以无损恢复发射的基带信号（图中均忽略了收发过程中的链路增益）。该过程具有普适性，即使考虑信号频谱的相位特性，该结论同样也是正确的。

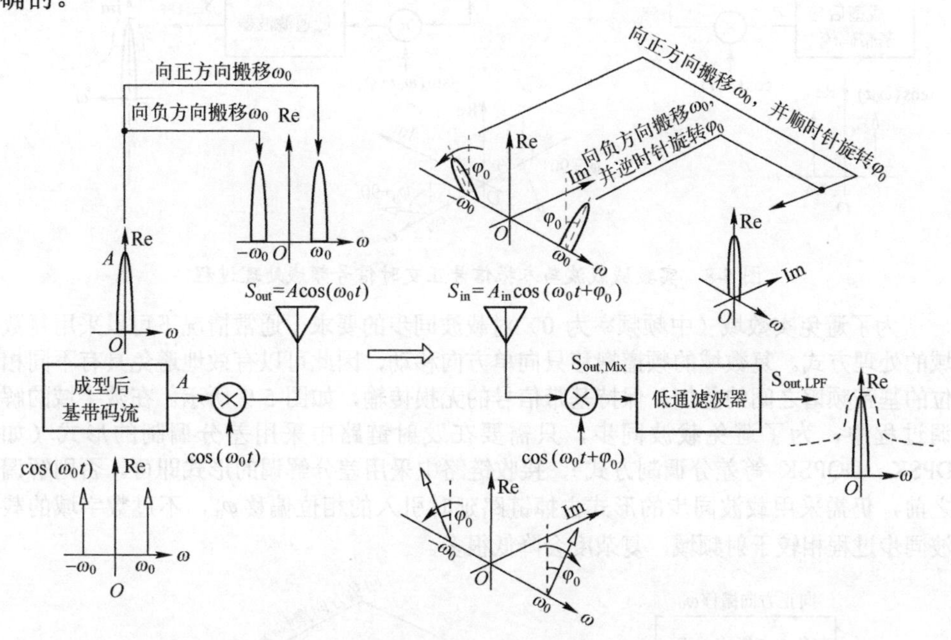


图 5-7　实数域载波同步时信号频域处理过程

载波同步功能在射频接收前端的设计中很难实现，这是因为频率综合器产生的本振信号具有相位随机性，很难通过电路设计与接收信号的载波进行同步。考虑最坏情况，$S_{\text{LO}}(t) = -\sin(\omega_0 t+\varphi_0)$，即本振信号与载波信号正交，则经过下变频混频器后的输出信号为

$$S_{\text{out,Mix}} = S_{\text{in}} \times S_{\text{LO}} = -\frac{A_{\text{in}}}{2}\sin(2\omega_0 t + 2\varphi_0) \tag{5-2}$$

因此经过低通滤波后的基带信号为 0，信号被完全压制，具体的信号频域处理过程可参考图 5-8。

从频域图中可以明显看出，之所以要求载波同步，主要是因为实数域的下变频过程存在频谱的双向搬移过程。如果本振信号与载波信号正交，则向正负方向搬移的基带信号频谱（搬移至零点频率处）幅度相等，相位相反，会相互抵消，无法对接收到的信号正确解调。

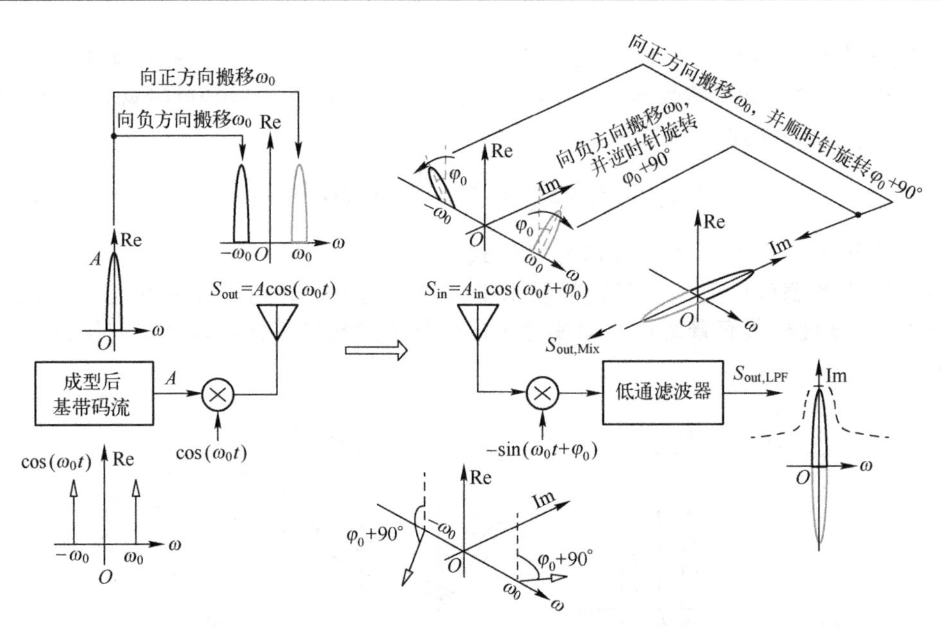


图 5-8 实数域载波与本振信号正交时信号频域处理过程

为了避免实数域（中频频率为 0）对载波同步的要求，通常情况下可以采用复数域的处理方式。复数域的频谱搬移只向单方向移动，因此可以有效地避免具有不同相位的基带频谱之间的叠加，保持基带信号的无损传输，如图 5-9 所示。在数字域的解调过程中，为了避免载波同步，只需要在发射链路中采用差分调制的形式（如 DPSK、DQPSK 等差分调制方式），接收链路中采用差分解调的形式即可。否则解调之前，仍需采用载波同步的形式去掉链路延时引入的相位偏移$\varphi_0$，不过数字域的载波同步过程相较于射频域，复杂度会降低很多。

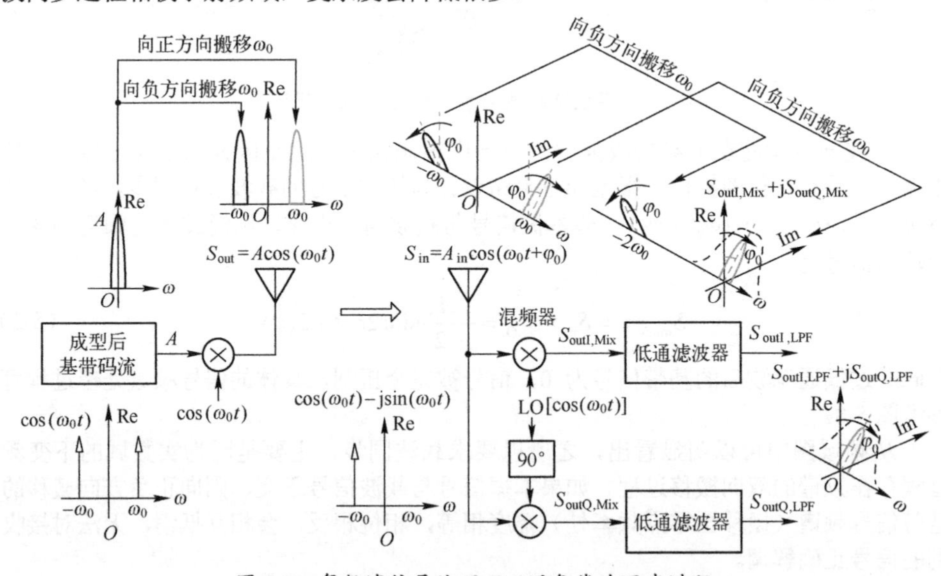


图 5-9 复数域信号处理可以避免载波同步过程

另外，采用复数域的信号处理过程对于频分多址通信系统而言通常也是必需的。相较于单频点通信系统，频分多址通信系统中分离的子载波会增大有效信号的信道带宽，导致射频链路中集成抗混叠滤波器的设计复杂度和功耗出现明显上升的情况。为了改善这一现象，通常也希望下变频后的有效信号带宽的中心频率位于零点。如图 5-10 所示（忽略了路径延时引入的相位偏移），如果仍在实数域进行信号处理，即使实现了载波同步，频谱的搬移过程也会导致不同子载波处调制信号的相互干扰。

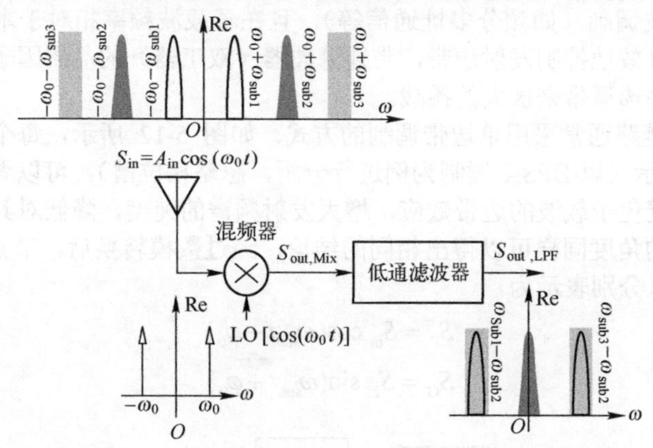


图 5-10　频分多址通信系统实数域信号处理过程（频域）

复数域的信号处理方式可以很好地解决此问题，如图 5-11 所示，复数域的频谱搬移过程是单方向的，可以有效地避免调制在不同子载波上的频谱的叠加。复数域频谱搬移的单方向性是其在射频集成电路架构中得到广泛应用的根本原因。

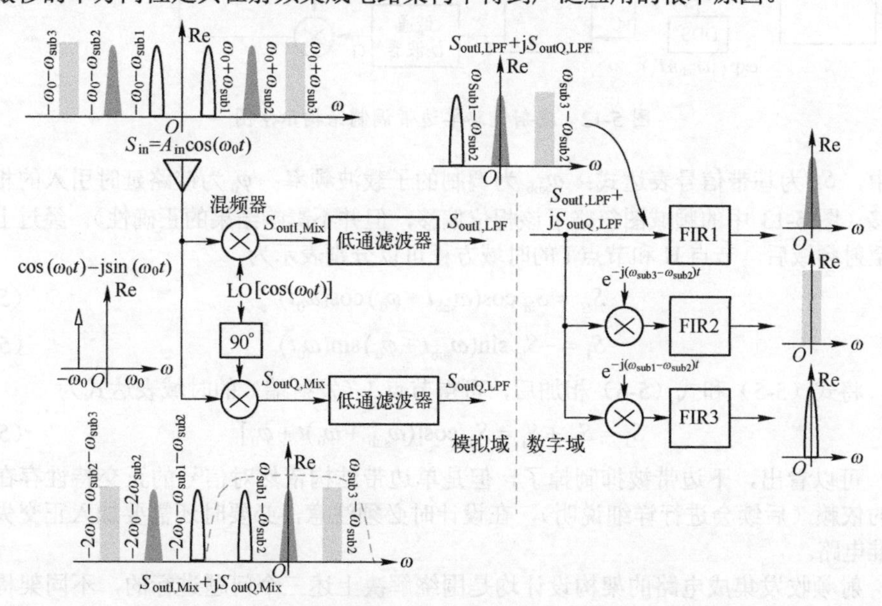


图 5-11　频分多址通信系统复数域信号处理过程（频域）

需要特别说明的是，正交本振信号相位的失配，以及两路正交接收链路的增益和相位失配会引入部分镜像干扰，恶化相应基带信号的信噪比和整个接收机的解调性能。具体的分析会在后续章节中介绍。

### 5.1.3 发射链路带外干扰抑制问题

根据图 5-3 所示的发射链路信号频域处理过程可知，如果发射链路在数字域中进行了预先子载波调制（如频分多址通信等），且在子载波频率相对于本振频率较小的情况下，为了有效地抑制发射边带，带通滤波器（双工器）的品质因子需要选取得非常大，这给器件选型带来极大的挑战。

因此发射链路通常采用单边带调制的方式，如图 5-12 所示，每个节点的信号频谱如图 5-13 所示（以 BPSK 调制为例进行分析，忽略相位谱）。可以看出，单边带调制可以有效地避免子载波的边带效应，增大发射频谱的纯度，降低对其他通信信道的干扰。从时域的角度同样可以得出相同的结论，经过数模转换后，节点 F 和节点 G 的时域方程可以分别表示为

$$S_{\mathrm{F}} = S_{\mathrm{in}} \cos(\omega_{\mathrm{sub}} t + \varphi_0) \tag{5-3}$$

$$S_{\mathrm{G}} = S_{\mathrm{in}} \sin(\omega_{\mathrm{sub}} t + \varphi_0) \tag{5-4}$$

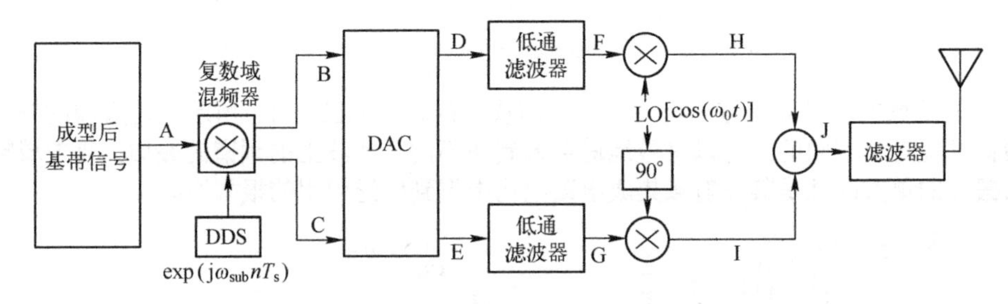


图 5-12 发射链路单边带调制结构示意图

式中，$S_{\mathrm{in}}$ 为基带信号表达式；$\omega_{\mathrm{sub}}$ 为调制的子载波频率；$\varphi_0$ 为链路延时引入的相位偏移（图 5-13 中的频域图忽略了该相位偏移，但并不影响结果的正确性）。经过上变频至射频域后，节点 H 和节点 I 的时域方程可以分别表示为

$$S_{\mathrm{H}} = S_{\mathrm{in}} \cos(\omega_{\mathrm{sub}} t + \varphi_0)\cos(\omega_0 t) \tag{5-5}$$

$$S_{\mathrm{I}} = -S_{\mathrm{in}} \sin(\omega_{\mathrm{sub}} t + \varphi_0)\sin(\omega_0 t) \tag{5-6}$$

将式（5-5）和式（5-6）相加后，可得节点 J（发射端）的时域表达式为

$$S_{\mathrm{J}} = S_{\mathrm{H}} + S_{\mathrm{I}} = S_{\mathrm{in}} \cos[(\omega_{\mathrm{sub}} + \omega_0)t + \varphi_0] \tag{5-7}$$

可以看出，下边带被抑制掉了，但是单边带结构依然对信号的正交特性存在明显的依赖（后续会进行详细说明），在设计时必须注意，必要时还需要加入正交失配校准电路。

射频收发集成电路的架构设计均是围绕解决上述三个问题进行的，不同架构优化的具体问题和侧重点有所区别。下面主要针对射频收发集成电路的几种常用架构进行说明。

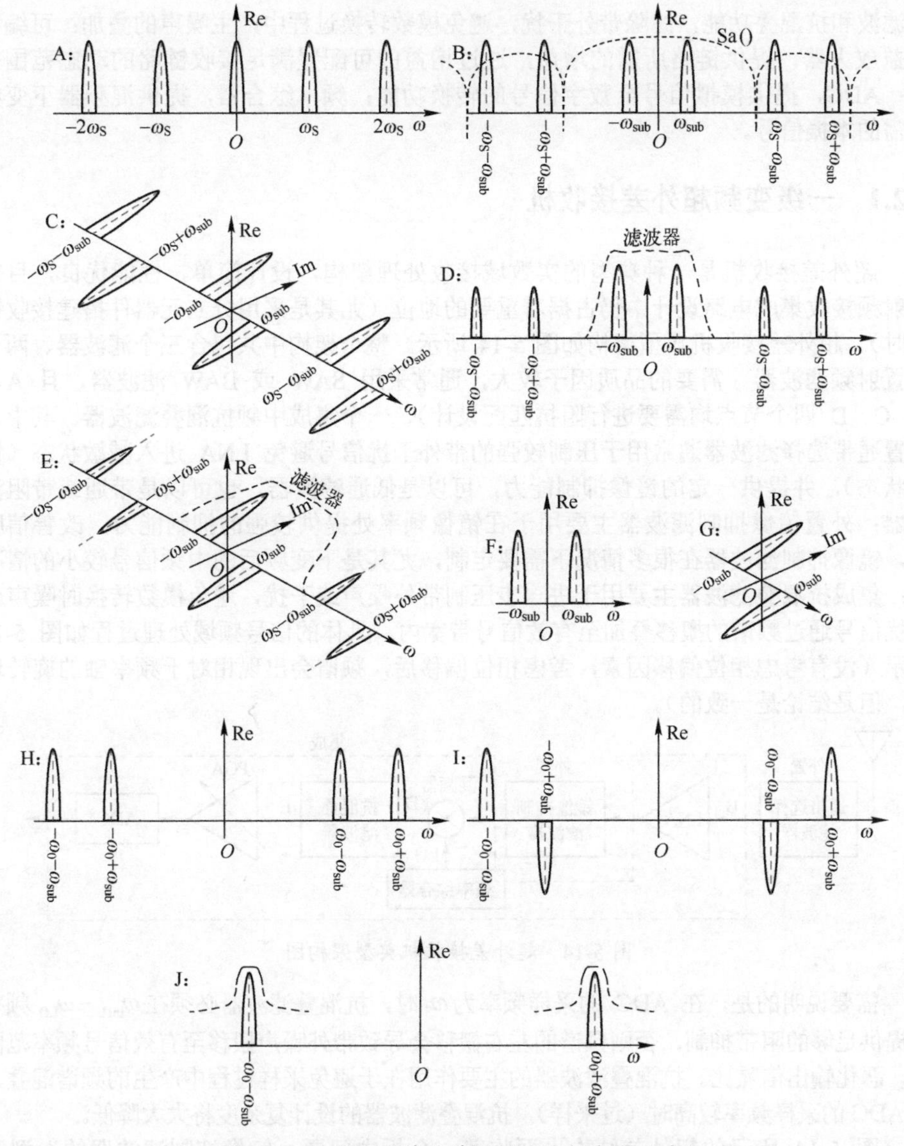


图 5-13　发射链路单边带调制信号频域处理过程

# 5.2　超外差接收机

射频接收集成电路设计的最终目的是在接收信号信噪比损失足够小的情况下放大信号幅度（链路增益需要保证放大后的信号幅度处于 ADC 的动态范围之内），并转换至数字域进行解调译码等信号处理过程。射频接收链路中通常包含的模块：LNA，放大信号的同时尽可能压低整个链路的噪声系数；混频器，通过下变频将射频信号变换至中频基带信号，降低 ADC 的采样速率和设计复杂度；滤波器，主要提供滤波和抗混叠功能，滤除带外干扰，避免模数转换过程中产生噪声的叠加；可编程增益放大器，提供链路所需的增益，通过增益的可配置满足接收链路的动态范围需求；ADC，提供模拟信号至数字信号的转换功能；频率综合器，提供混频器下变频所需的本振信号。

## 5.2.1 一级变频超外差接收机

超外差接收机是一种典型的实数域接收处理架构，设计简单，性能优良，目前在射频接收集成电路设计中仍占据着重要的地位（尤其是采用分立元器件搭建接收链路时）。超外差接收机典型架构如图 5-14 所示。整个架构中共包含三个滤波器、两个外置射频滤波器（需要的品质因子较大，通常采用 SAW 或 BAW 滤波器，且 A、B、C、D 四个节点均需要进行阻抗匹配设计）、一个集成中频抗混叠滤波器。其中，外置通带选择滤波器通常用于压制较强的带外干扰信号避免 LNA 进入减敏状态（饱和状态），并提供一定的镜像抑制能力，可以是低通滤波器，也可以是带通或带阻滤波器；外置镜像抑制滤波器主要用于在镜像频率处提供较强的抑制能力，改善信噪比，镜像抑制滤波器在很多情况下需要定制，尤其是下变频后的中频信号较小的情况下；集成抗混叠滤波器主要用于进一步压制带外噪声或干扰，避免模数转换时噪声或干扰信号通过频谱的搬移叠加至有效信号带宽内。具体的信号频域处理过程如图 5-15 所示（没有考虑相位偏移因素，考虑相位偏移后，频谱会出现相对于频率轴的旋转现象，但是结论是一致的）。

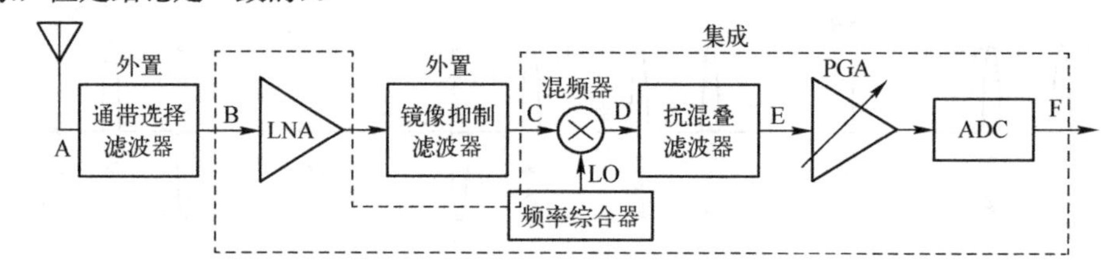


图 5-14 超外差接收机典型架构图

需要说明的是，在 ADC 的采样频率为 $\omega_S$ 时，抗混叠滤波器必须在 $\omega_{int1}-\omega_{LO}$ 频率处提供足够的阻带抑制，否则频谱的左右搬移会导致带外噪声搬移至有效信号频率范围内，恶化输出信噪比。抗混叠滤波器的主要作用在于避免采样过程中产生的频谱混叠，当 ADC 的采样频率较高时（过采样），抗混叠滤波器的设计复杂度将大大降低。

图 5-14 所示的超外差结构也面临着一个折中问题：镜像抑制滤波器的选型和集成抗混叠滤波器的设计之间的矛盾，两者均和下变频后中频频率有关。如图 5-16 所示，当中频频率较高时，镜像抑制滤波器的选型较为容易，可以提供足够的镜像抑制比。在中频段设计抗混叠滤波器时，如基于运算放大器的有源 RC 滤波器，较高的中频频率对运放的增益带宽积有着较高的要求，否则运放有限的增益带宽积会减缓滤波器边带的下降速度，使得滤波器对邻近信道干扰的抑制能力大大降低。当中频频率较低时，镜像抑制滤波器的选型会变得更加困难，有时甚至需要定制化，镜像抑制滤波器提供的镜像抑制能力会被部分减弱，直接恶化接收信噪比。较低的中频频率使得抗混叠滤波器的设计变得简单，运放即使在较小的增益带宽积的条件下也可以保证滤波器边带具有足够的下降速度，抑制邻近信道干扰的能力得到提升。

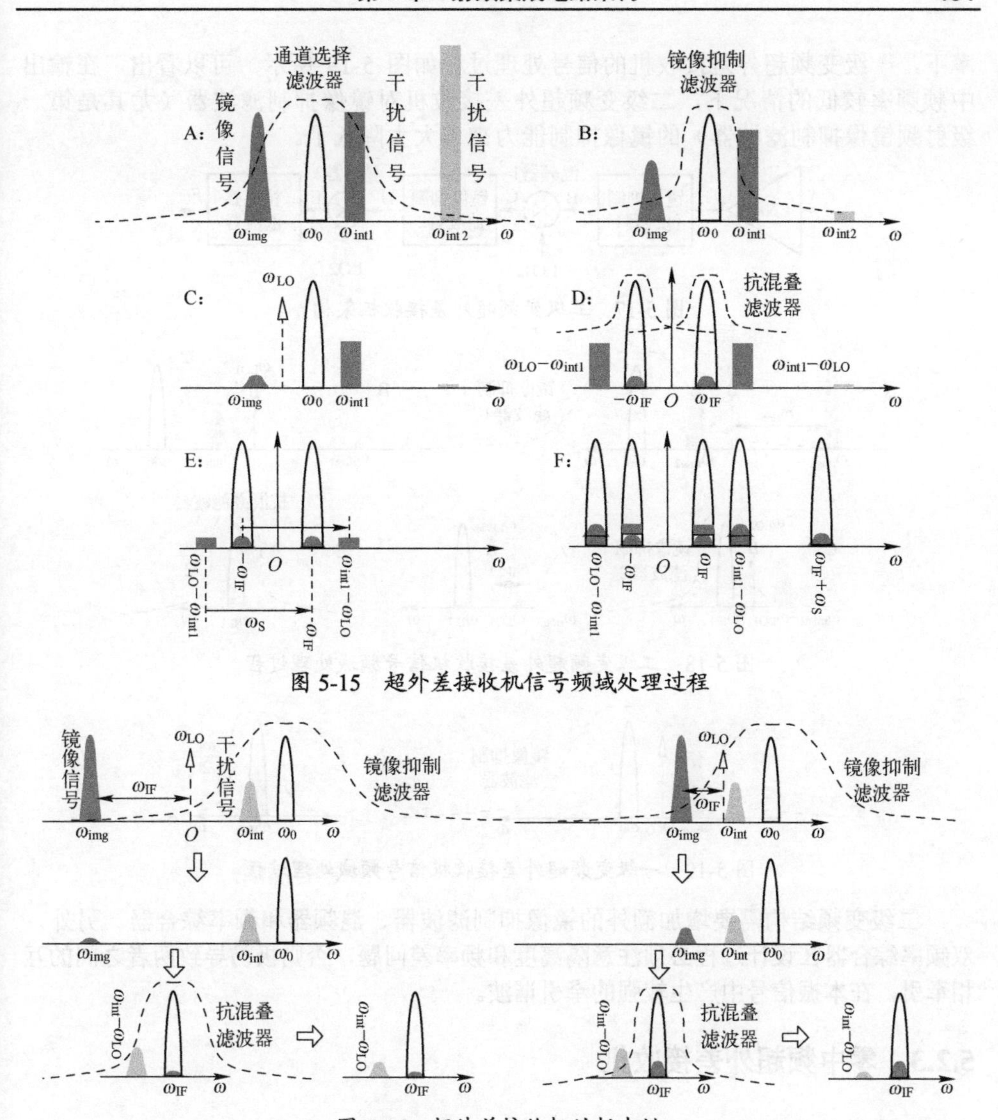


图 5-15　超外差接收机信号频域处理过程

图 5-16　超外差接收机的折中性

## 5.2.2　二级变频超外差接收机

为了缓解 5.2.1 节讲到的矛盾，超外差接收机有时也会采用两级变频结构，如图 5-17 所示。两级变频结构可以大大缓解第一级和第二级镜像抑制滤波器的镜像抑制能力需求，第一级中频频率可以设计得足够高以增大第一级的镜像抑制能力。由于第一级下变频的存在，在输出相同中频频率的条件下（与一级变频结构相比），对第二级的镜像抑制滤波器的品质因子需求大大降低了（中心频率降低了），降低了器件选型的难度，甚至可以考虑集成。相较于图 5-15 所示的一级变频结构，二级变频结构由于增加了一个设计自由度，基本不存在折中设计的问题。二级变频超外差接收机信号频域处理过程如图 5-18 所示。在相同接收中频频率下，一级变频超外差接收机的信号处理过程如图 5-19 所示。可以看出，在输出中频频率较低的情况下，二级变频超外差接收机对镜像抑制滤波器（尤其是第一级射频镜像抑制滤波器）的镜像抑制能力需求大大降低了。

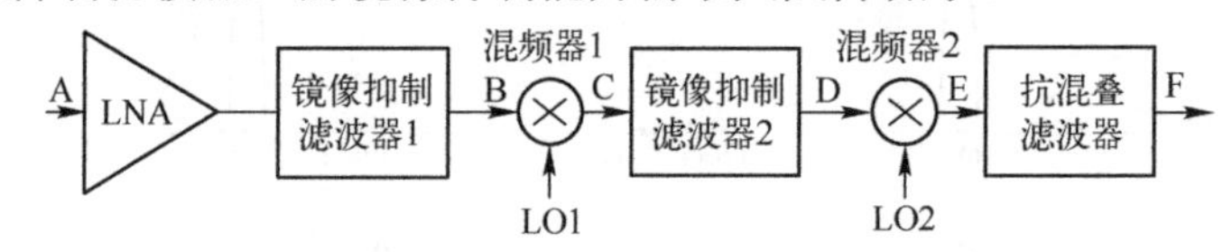


图 5-17　二级变频超外差接收机架构

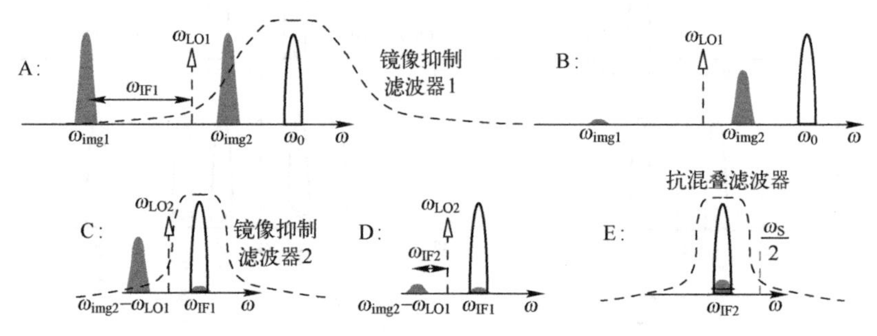


图 5-18　二级变频超外差接收机信号频域处理过程

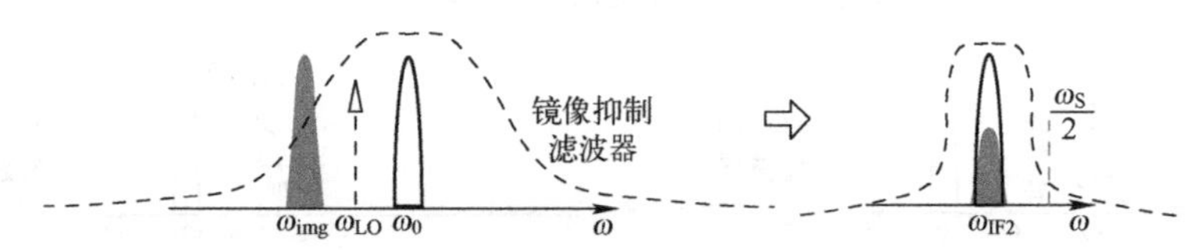


图 5-19　一级变频超外差接收机信号频域处理过程

二级变频结构需要增加额外的镜像抑制滤波器、混频器和频率综合器。另外，双频率综合器在设计过程必须注意隔离度和频率差问题，否则极易导致两者之间的互相牵引，在本振信号中产生较强的牵引谐波。

### 5.2.3　零中频超外差接收机

超外差架构虽然具有优良的性能，但是外置的镜像抑制滤波器（尤其当采用二级变频结构时）会造成设计成本的明显提升。为了避免在接收链路中使用镜像抑制滤波器，可以考虑将通道选择滤波器作为镜像抑制滤波器，此时的镜像信号频率距离本振信号频率必须足够远。同时为了降低抗混叠滤波器的设计复杂度，可以考虑将最终的中频频率设置为 0。采用上述设计思想的超外差接收机架构及其信号频域处理过程分别如图 5-20 和图 5-21 所示。由于最终的中频频率为 0，假设天线输入端接收的射频信号的中心频率为 $\omega_{\text{in}}$，则有 $\omega_{\text{LO1}}=2\omega_{\text{in}}/3$。第一级下变频后的中频频率为 $\omega_{\text{in}}/3$，对镜像抑制滤波器的品质因子需求大大降低。天线后端外置的通带选择滤波器可以提供足够的镜像抑制能力，无须在 LNA 的输出端再外置额外的镜像抑制滤波器，且正交的输出形式（复数域输出）也无须考虑第二级的镜像抑制问题（频谱单方向搬移）。零中频超外差架构与零中频架构（见 5.2.2 节）相似，都是在模拟射频域将射频信号基带化。零中频架构为一次变频架构，不存在前级的镜像干扰问题。同时，频率综合器产生的毛刺频率在零中频超外差架构中分布更加密集（频率综合器本身的毛刺和二分频后的毛刺），相较于零中频架构，噪声性能较差。零中频超外差架构对频率综合器的频率范围要求更容易实现，如对于输入频率范围为 $\omega_{in1} \sim \omega_{in2}$ 的射频接收机，零中频超外差架构只需提供 $2(\omega_{in2}-\omega_{in1})/3$ 的振荡频率范围即可，但是零中频架构必须能够提供与输入频率范围相同的振荡频率范围。

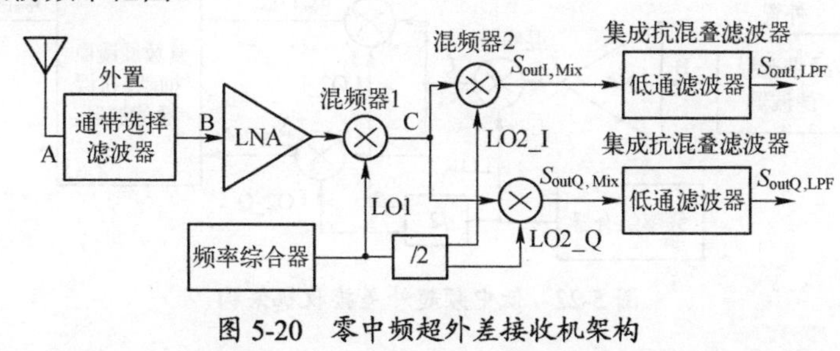


图 5-20 零中频超外差接收机架构

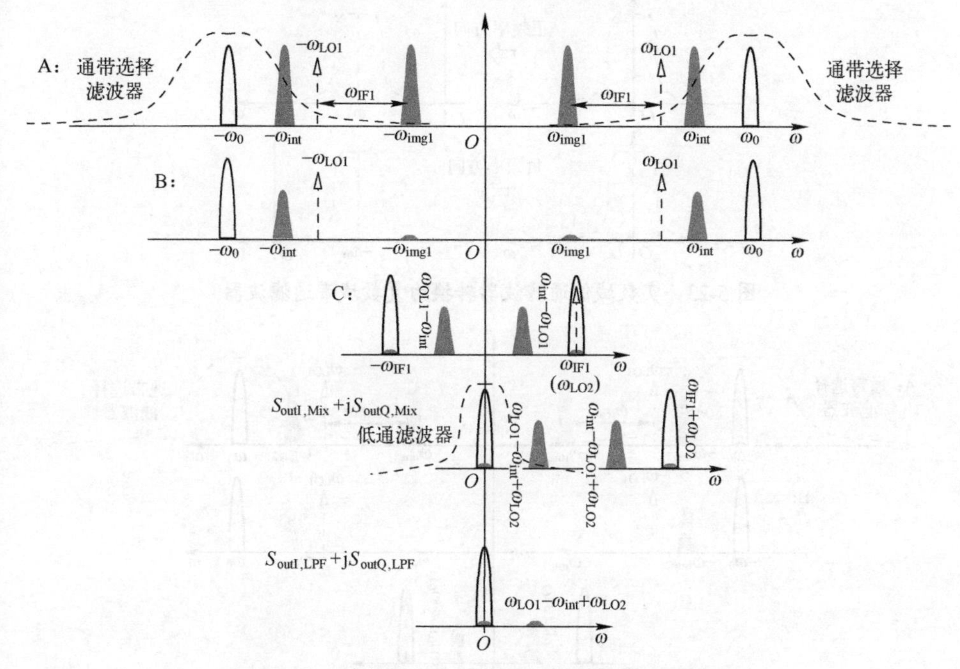


图 5-21 零中频超外差接收机信号频域处理过程

### 5.2.4 低中频超外差接收机

低中频超外差接收机与零中频超外差接收机在架构上的不同之处在于前者的最终中频频率不为 0，因此输出端只需保留一个输出支路即可，可以降低射频接收机的设计复杂度，降低功耗和减小封装的引脚数（尤其是 ADC 的位数较高时，否则必须采用复杂的逻辑进行分时输出）。抗混叠滤波器必须设计为复数域带通滤波器且提供足够的镜像抑制能力，如图 5-22 所示。复数域镜像抑制滤波器主要通过实数域低通滤波器的单向频率搬移实现，如图 5-23 所示。对于图 5-22 所示架构，假设第二级混频在复数域相当于频谱的正频率方向搬移，且搬移后的有效信号频谱位于负频率处，则复数域镜像抑制滤波器在通过实数域低通滤波器进行转变时，必须向负频率方向进行搬移。具体的信号频域处理过程如图 5-24 所示。

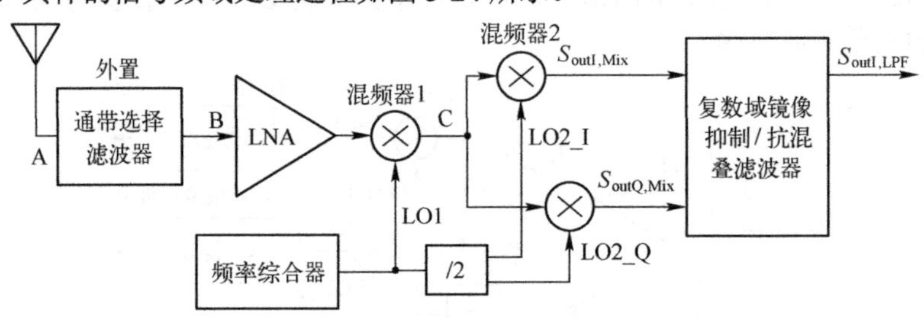


图 5-22 低中频超外差接收机架构

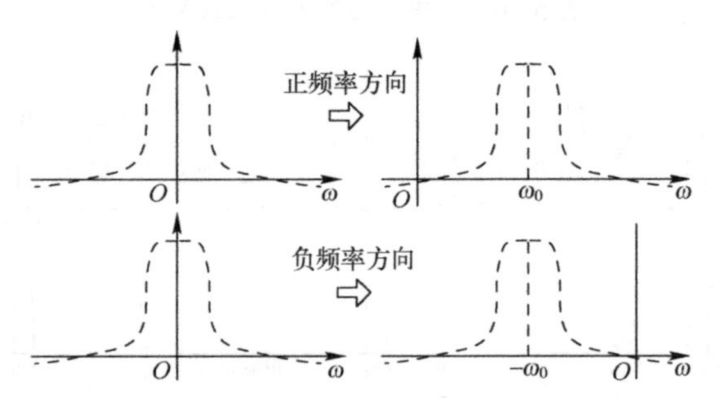


图 5-23 实数域低通滤波器转换为复数域带通滤波器

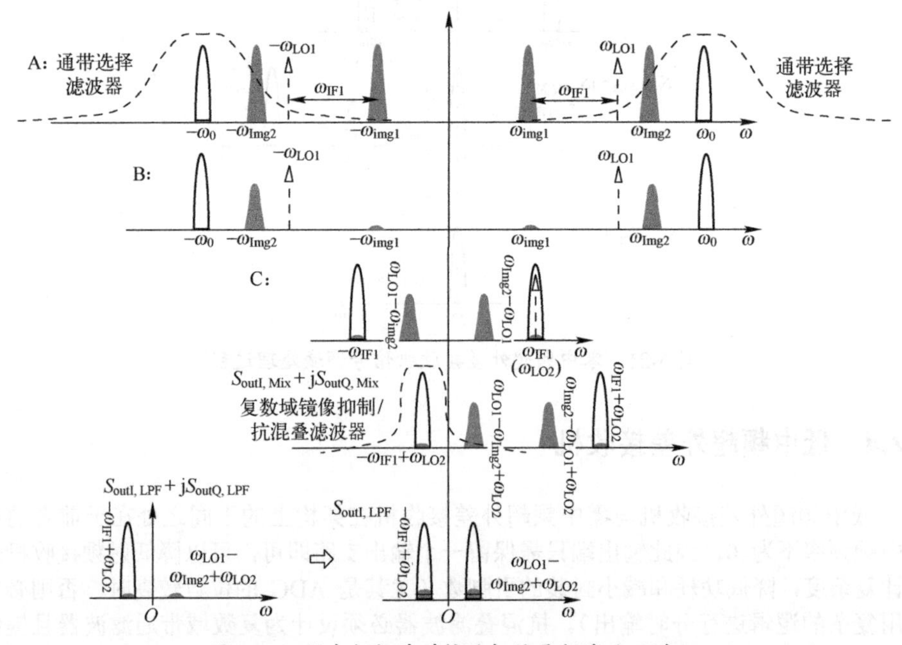


图 5-24 低中频超外差接收机信号频域处理过程

低中频超外差结构同样与后续介绍的低中频架构基本相似，只是后者为一次变频结构（复数域变频），无须考虑第一级变频的镜像干扰问题。低中频超外差和低中频结构的输出通常采用实数域输出的形式（单路输出），因此必须考虑第二级变频的镜像抑制能力，低中频架构中第二级变频的镜像抑制功能可通过复用抗混叠滤波器来实现。同时，相较于低中频架构，低中频超外差架构同样也存在对本振信号毛刺频率敏感的问题。另外，在输入频率范围较大时，低中频超外差架构中，频率综合器需要提供的输出振荡频率范围较小。

# 5.3　零中频接收机

零中频接收机采用一次变频至零频的变频方法（复数域变频），对前级的通带选择滤波器的镜像抑制能力不作要求，并且输出端提供正交两支路信号，无须考虑载波同步和频分多址通信系统的频谱叠加问题，同时一级变频结构对频率综合器的毛刺性能需求也会放缓。零中频接收机架构如图 5-25 所示，相较于一级变频或二级变频超外差架构，零中频架构（或零中频超外差结构）在通带选择滤波器后端的级联模块均可以进行集成化设计，因此 LNA 的输出端，以及混频器的输入和输出端均不需要进行阻抗匹配电路的设计（除非较高的输入频率引入较大的寄生效应，如微波或毫米波频段），降低了电路模块设计的复杂度。另外，零中频架构对于具有较高码速率的通信系统而言，抗混叠滤波器的设计需要的阶数更小，复杂度和功耗也会更低。以图 5-21 的输入信号频谱为例，零中频接收机信号频域处理过程如图 5-26 所示。可以看出，即使外置的通带选择滤波器抑制干扰的能力较弱，在不饱和接收机的情况下，零中频接收机的频谱单向搬移性（复数域信号处理）和较易集成的低通抗混叠滤波器也可以保证接收机的性能不受损失。

零中频接收机虽然具有较多的优点，但是在设计过程中必须解决好如下问题，否则适用范围会受到明显的限制。

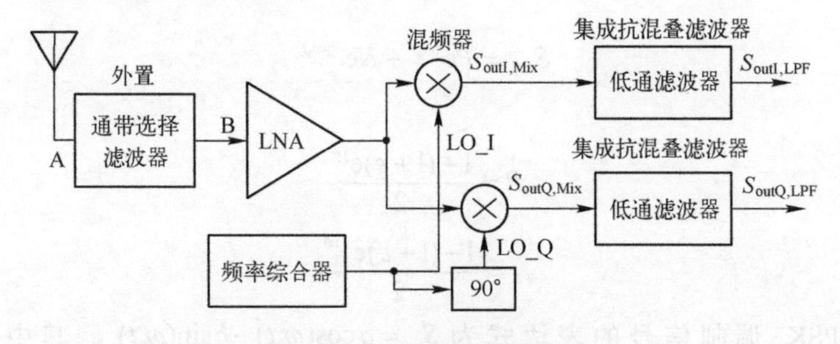


图 5-25　零中频接收机架构

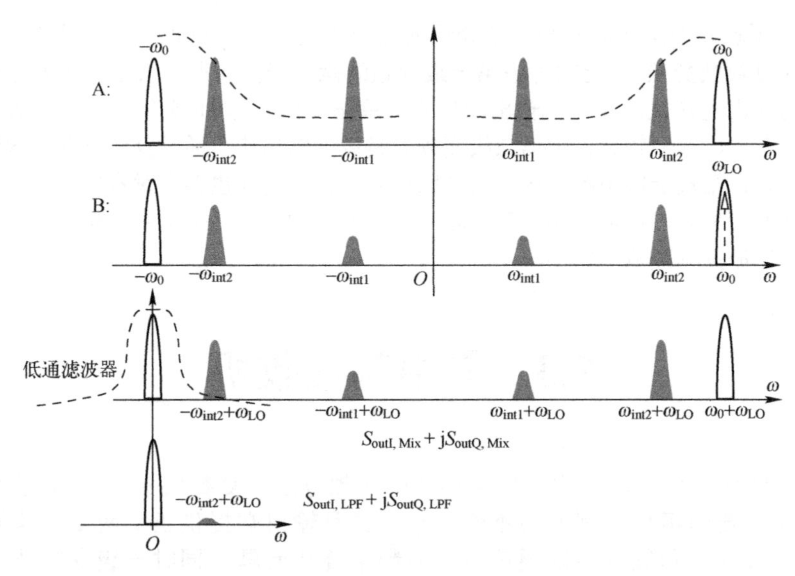


图 5-26 零中频接收机信号频域处理过程

## 5.3.1 正交失配

图 5-26 所示零中频接收机信号频域处理过程是在两个混频器完全对称，输入的本振信号完全正交（幅度相等，相位差为 90°）的情况下给出的。实际情况中，频率综合器产生的本振信号或多或少都会存在正交失配的情况，再加上正交两支路中存在的增益和相位误差，更进一步恶化了信号的正交性。本节主要以 QPSK 调制为例，从信号频域处理过程分析正交失配对系统性能的影响。为了推导方便，将图 5-25 中接收链路的失配和本振信号自身的失配均集中在本振信号中来表示，即

$$S_{\text{LO}}=\cos(\omega_0 t)+\text{j}(1+\varepsilon)\sin(\omega_0 t+\phi) \tag{5-8}$$

式中，$\varepsilon$ 为幅度失配量；$\phi$ 为相位失配量。式（5-8）可采用极坐标的形式表示如下：

$$S_{\text{LO}}=P\text{e}^{\text{j}\omega_0 t}+N\text{e}^{-\text{j}\omega_0 t} \tag{5-9}$$

式中，

$$P=\frac{1+(1+\varepsilon)\text{e}^{\text{j}\phi}}{2} \tag{5-10}$$

$$N=\frac{1-(1+\varepsilon)\text{e}^{-\text{j}\phi}}{2} \tag{5-11}$$

令 QPSK 调制信号的表达式为 $S_{\text{in}}=a\cos(\omega_0 t)-b\sin(\omega_0 t)$，其中 $a=\pm 1$，$b=\pm 1$。根据图 5-25 可以分别给出在 $\varepsilon\neq 0$、$\phi=0$ 和 $\varepsilon=0$、$\phi\neq 0$ 两种情况下的信号频域处理过程，如图 5-27 和图 5-28 所示。QPSK 调制信号在正频率处和负频率处均存在频谱，且在正负频率处的表达式可以分别表示为

$$S_{\text{in+}} = a\mathrm{e}^{\mathrm{j}\omega_0 t} + \mathrm{j}b\mathrm{e}^{\mathrm{j}\omega_0 t} \tag{5-12}$$

$$S_{\text{in-}} = a\mathrm{e}^{-\mathrm{j}\omega_0 t} - \mathrm{j}b\mathrm{e}^{-\mathrm{j}\omega_0 t} \tag{5-13}$$

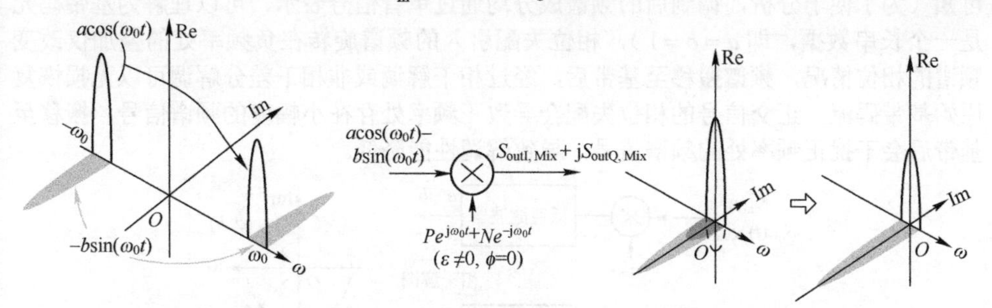


图 5-27　零中频接收机仅存在正交幅度误差时的信号频域处理过程

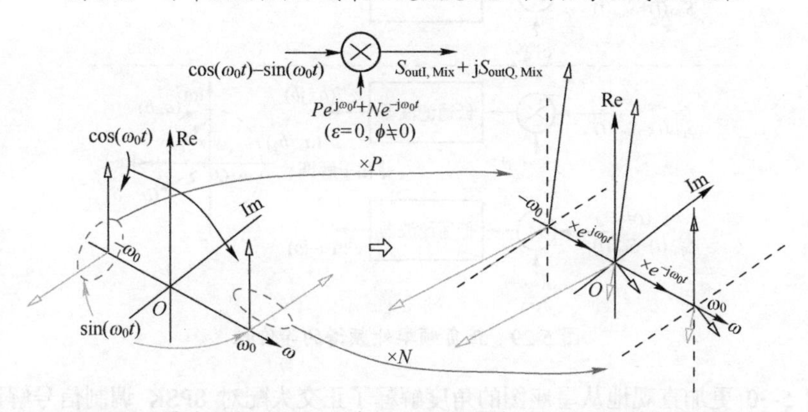


图 5-28　零中频接收机仅存在正交相位误差时的信号频域处理过程

如果下变频过程中的本振信号不存在正交误差，如图 5-29 所示，对信号分别进行负方向频率搬移和正方向频率搬移（复数域信号处理），在载波同步的情况下，经过低通滤波后，可分别得到两个输出量。输出量的同向支路为 $a$，正交支路为 $b$ 或 $-b$。对于负方向的搬移过程，将正交两路的基带信号硬判决后进行并串转换输出即可完成解调过程；对于正方向的搬移过程，先将正交两路的基带信号硬判决后，再将正交支路的判决信号反向，最后再进行并串转换输出即可完成解调过程。一般将在载波同步后进行的解调称为相干解调。由于载波同步过程需要数字域的锁相环进行辅助，所以设计过程较为复杂。通常情况下，在发射端（调制端）都会采用差分调制的形式，在接收端就无须进行载波同步。这时解调出的基带信号包含旋转的相位成分，但是相邻符号之间的相位差并不改变，可以据此输出解调后的基带信号，并串转换后即可完成整个解调过程。对于负方向的搬移过程，差分方向同调制端相同（后一时刻复数域数值与相邻前一时刻进行共轭相乘）；对于正方向的搬移过程，差分运算方向同调制端相反（前一时刻复数域数值与相邻后一时刻进行共轭相乘）。

根据上述分析可知，QPSK 调制信号在正负频率处的频谱具有等价性，无论是正方向频谱搬移还是负方向频谱搬移，均可以正常地对信号进行解调。如果频率综合器提供的本振信号存在正交失配，由式（5-9）可知，频谱搬移存在两个方向，即调制信号的正频率处频谱与负频率处频谱存在叠加的情况。如果仅考虑幅度失配，由

图 5-27 可知，由于相位的因素，调制信号在正负频率处的频谱不是对称的，叠加后会改变原有正负频率处频谱的形状，影响解调性能。如果仅考虑相位失配，由图 5-28 可知（为了便于分析，调制后的频谱成分均通过单音信号表示，可以理解为基带码元是一个长串数据，即 $a=b=1$），相位失配引入的频谱旋转在负频率处的叠加仅改变频谱的相位情况，频谱搬移至基带后，经过相干解调或非相干差分解调可以无损恢复原始基带码流。正交信号的相位失配会导致正频率处存在小幅度的频谱信号，搬移至基带后会干扰正频率处的频谱信号，导致解调性能降低。

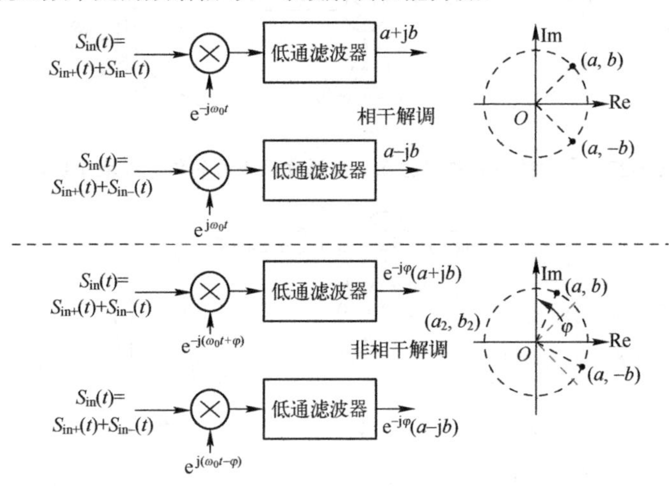


图 5-29 正负频率处频谱的等价性

图 5-30 更加直观地从星座图的角度解释了正交失配对 8PSK 调制信号解调性能的影响。从星座图的角度来看，8PSK 信号的解调遵循如下原则：不同的象限均对应唯一的解调输出，8 个象限正好对应 8PSK 的 8 种不同组合情况，错误的象限判断必然带来错误的解调输出。由图可知，正交失配会导致解调后的星座图发生畸变旋转，从而减小每个象限中的最小欧氏距离，影响解调性能。

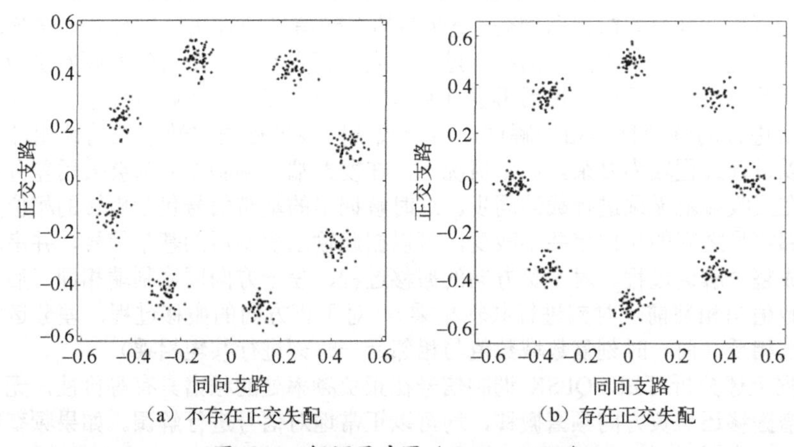


图 5-30 解调星座图（SNR = 20dB）

图 5-31 给出了不同正交失配情况在不同信噪比下 QPSK 调制对应的解调误码

率。当幅度失配小于 0.8dB（两个幅度的比值），相位失配小于 6°时，解调过程中的误码率损失几乎可以忽略不计。在进行正交失配的校准时，该失配参数（$\varepsilon = 0.8\ \text{dB}$，$\phi = 6^\circ$）可以作为校准精度的参考值。

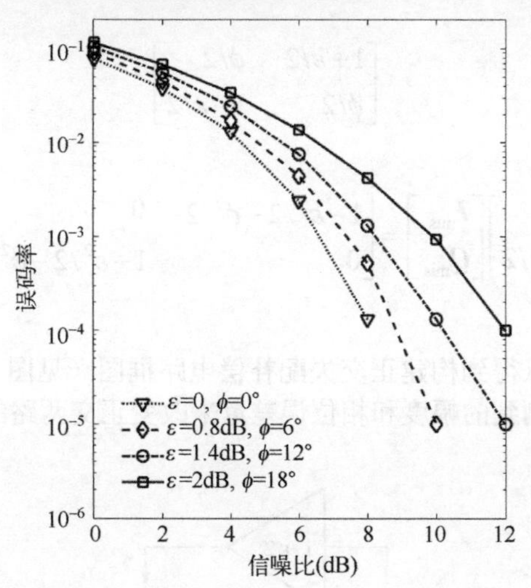


图 5-31　不同正交失配情况在不同信噪比下对应的解调误码率（QPSK 调制）

## 5.3.2　正交失配校准

如图 5-32 所示，存在正交失配时，同向支路（I 路）和正交支路（Q 路）的归一化矢量可分别表示为

$$\boldsymbol{I}:\langle(1-\varepsilon/2)\cos(-\phi/2),(1-\varepsilon/2)\sin(-\phi/2)\rangle \tag{5-14}$$

$$\boldsymbol{Q}:\langle-(1+\varepsilon/2)\sin(\phi/2),(1+\varepsilon/2)\cos(-\phi/2)\rangle \tag{5-15}$$

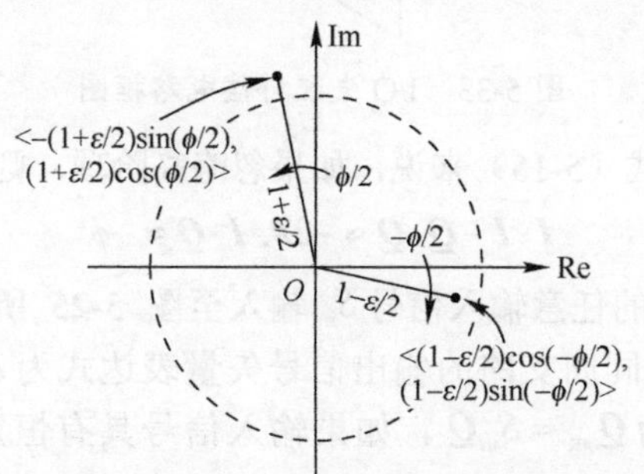


图 5-32　归一化的 I/Q 失配向量信号

理想情况下，I、Q 两路的归一化矢量信号可以表示为

$$\boldsymbol{I}_{\text{ideal}}:\langle 1,0\rangle,\ \boldsymbol{Q}_{\text{ideal}}:\langle 0,1\rangle \tag{5-16}$$

将失配的 I、Q 两路归一化矢量信号与理想情况下的归一化矢量信号用矩阵的形式表示如下：

$$\begin{bmatrix} \boldsymbol{I}_{\text{mis}} \\ \boldsymbol{Q}_{\text{mis}} \end{bmatrix} = \begin{bmatrix} 1-\varepsilon/2 & -\phi/2 \\ -\phi/2 & 1+\varepsilon/2 \end{bmatrix} \begin{bmatrix} \boldsymbol{I}_{\text{ideal}} \\ \boldsymbol{Q}_{\text{ideal}} \end{bmatrix} \tag{5-17}$$

则存在下述矩阵：

$$\begin{bmatrix} 1+\varepsilon/2 & \phi/2 \\ \phi/2 & 1-\varepsilon/2 \end{bmatrix} \tag{5-18}$$

使得

$$\begin{bmatrix} \boldsymbol{I}_{\text{cal}} \\ \boldsymbol{Q}_{\text{cal}} \end{bmatrix} = \begin{bmatrix} 1+\varepsilon/2 & \phi/2 \\ \phi/2 & 1-\varepsilon/2 \end{bmatrix} \begin{bmatrix} \boldsymbol{I}_{\text{mis}} \\ \boldsymbol{Q}_{\text{mis}} \end{bmatrix} = \begin{bmatrix} 1-\varepsilon^2/2-\phi^2/2 & 0 \\ 0 & 1-\varepsilon^2/2-\phi^2/2 \end{bmatrix} \begin{bmatrix} \boldsymbol{I}_{\text{ideal}} \\ \boldsymbol{Q}_{\text{ideal}} \end{bmatrix} \approx \begin{bmatrix} \boldsymbol{I}_{\text{ideal}} \\ \boldsymbol{Q}_{\text{ideal}} \end{bmatrix} \tag{5-19}$$

由式（5-19）可以得到构建正交失配补偿电路框图（见图 5-33），其补偿的机制就是根据校准算法检测到的幅度和相位误差量来改变正交两路的叠加系数，从而达到输出的平衡。

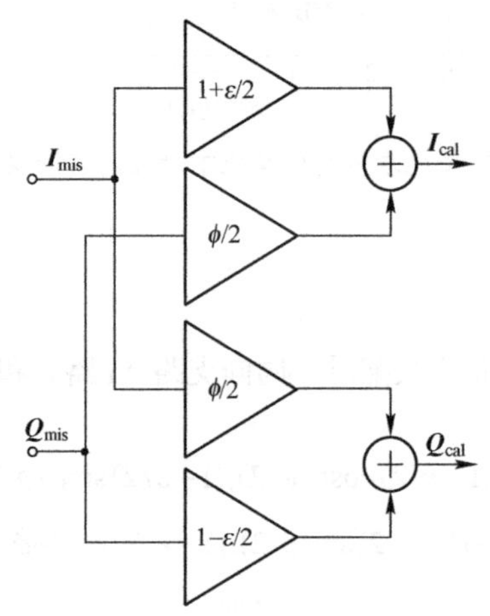


图 5-33 I/Q 失配补偿电路框图

对于式（5-14）和式（5-15）来说，如果忽略高阶项，则有

$$\boldsymbol{I}\cdot\boldsymbol{I}-\boldsymbol{Q}\cdot\boldsymbol{Q}\approx -2\varepsilon,\ \boldsymbol{I}\cdot\boldsymbol{Q}\approx -\phi \tag{5-20}$$

如果一个经过调制的任意输入信号 $S_{\text{in}}$ 输入至图 5-25 所示的零中频接收机，对增益进行归一化后可得同向支路的输出信号矢量表达式为 $\boldsymbol{I}_{\text{out}}=S_{\text{in}}\boldsymbol{I}$，正交支路的输出信号矢量表达式为 $\boldsymbol{Q}_{\text{out}}=S_{\text{in}}\boldsymbol{Q}$。如果输入信号具有恒定的功率（随机平稳信号），则有

$$\frac{1}{T}\int_0^T(\boldsymbol{I}_{\text{out}}\cdot\boldsymbol{I}_{\text{out}}-\boldsymbol{Q}_{\text{out}}\cdot\boldsymbol{Q}_{\text{out}})\text{d}t=(\boldsymbol{I}\cdot\boldsymbol{I}-\boldsymbol{Q}\cdot\boldsymbol{Q})\frac{1}{T}\int_0^T S_{\text{in}}^2\text{d}t=-2\varepsilon P_{\text{in}} \tag{5-21}$$

$$\frac{1}{T}\int_0^T(\boldsymbol{I}_{\text{out}}\cdot\boldsymbol{Q}_{\text{out}})\text{d}t=(\boldsymbol{I}\cdot\boldsymbol{Q})\frac{1}{T}\int_0^T S_{\text{in}}^2\text{d}t=-\phi P_{\text{in}} \tag{5-22}$$

据此可给出在零中频接收机中常用的正交失配校准方法，如图 5-34 所示[1]，其中正交失配矢量信号 $\boldsymbol{I}_{\text{out}}$ 和 $\boldsymbol{Q}_{\text{out}}$ 为经过 ADC 后的数字域信号，符号“*”代表共轭运

算，$u$ 为反馈因子，则有

$$\begin{aligned} I_e(n)+jQ_e(n) &= u\sum_n[\boldsymbol{I}_{cal}(n)+j\boldsymbol{Q}_{cal}(n)]\cdot[\boldsymbol{I}_{cal}(n)+j\boldsymbol{Q}_{cal}(n)] \\ &= u\sum_n[\boldsymbol{I}_{cal}(n)\cdot\boldsymbol{I}_{cal}(n)-\boldsymbol{Q}_{cal}(n)\cdot\boldsymbol{Q}_{cal}(n)+j2\boldsymbol{I}_{cal}(n)\cdot\boldsymbol{Q}_{cal}(n)] \\ &= -2uJ_{in}\varepsilon(n)-j2uJ_{in}\phi(n) \end{aligned} \tag{5-23}$$

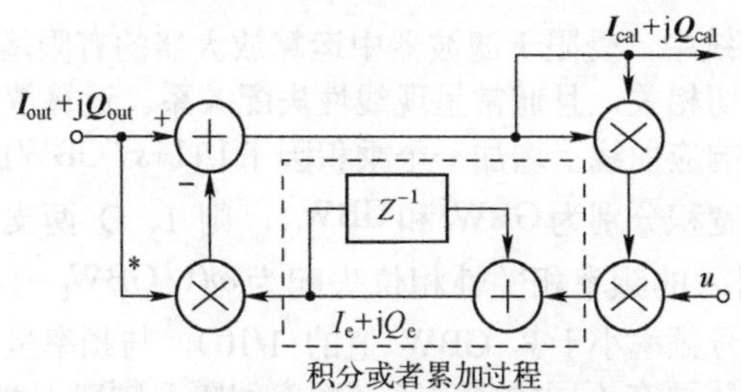


图 5-34　零中频接收机 I/Q 失配校准方法原理框图

式中，$J_{in}$ 为经过射频接收链路放大后的输入信号在积分时间内的能量（积分时间是指图 5-34 中积分模块的积分时间，应选取得尽可能长）；$\varepsilon(n)$ 和 $\phi(n)$ 为实时估计出的正交信号幅度误差和相位误差。另外，正交失配校准过后的输出信号 $\boldsymbol{I}_{cal}+j\boldsymbol{Q}_{cal}$ 与校准电路的输入信号 $\boldsymbol{I}_{out}+j\boldsymbol{Q}_{out}$ 之间的关系为

$$\begin{aligned} \boldsymbol{I}_{cal}(n)+j\boldsymbol{Q}_{cal}(n) &= [\boldsymbol{I}_{out}(n)+j\boldsymbol{Q}_{out}(n)]-[\boldsymbol{I}_{out}(n)-j\boldsymbol{Q}_{out}(n)]\times[I_e(n)+jQ_e(n)] \\ &= [\boldsymbol{I}_{out}(n)+j\boldsymbol{Q}_{out}(n)]-\begin{bmatrix}\boldsymbol{I}_{out}(n)I_e(n)+\boldsymbol{Q}_{out}(n)Q_e(n)\\ +j\boldsymbol{I}_{out}(n)Q_e(n)-j\boldsymbol{Q}_{out}(n)I_e(n)\end{bmatrix} \\ &= [1-I_e(n)]\boldsymbol{I}_{out}(n)-Q_e(n)\boldsymbol{Q}_{out}(n)+ \\ &\quad j[1+I_e(n)]\boldsymbol{Q}_{out}(n)-jQ_e(n)\boldsymbol{I}_{out}(n) \\ &= [1+2uJ_{in}\varepsilon(n)]\boldsymbol{I}_{out}(n)+2uJ_{in}\phi(n)\boldsymbol{Q}_{out}(n)+ \\ &\quad j[1-2uJ_{in}\varepsilon(n)]\boldsymbol{Q}_{out}(n)+j2uJ_{in}\phi(n)\boldsymbol{I}_{out}(n) \end{aligned} \tag{5-24}$$

可以看出，式（5-24）所示的校准组合参数与图 5-33 所示的组合参数相同。校准过程完成后，下式成立：

$$\sum_n[\boldsymbol{I}_{cal}(n)+j\boldsymbol{Q}_{cal}(n)]\cdot[\boldsymbol{I}_{cal}(n)+j\boldsymbol{Q}_{cal}(n)]=0 \tag{5-25}$$

因此，图 5-34 所示的校准方法可以高效地对包含失配的正交信号进行幅度和相位失配校准。在设计之前，反馈因子 $u$ 的选取需要仔细考虑。通常情况下，如果对校准时间没有特别要求的话，$u$ 应该选取得稍小以增大校准精度。如果对校准时间要求较高的话，$u$ 应该选取得稍大以缩短校准时间。校准过程稳定后的方差值较大，需要折中考虑。为了同时兼顾校准时间和校准精度，在开始校准阶段，可以将 $u$ 选取得较大以缩短校准时间，校准过程进行了一段时间后，再将 $u$ 选取得较小以保证校准精度。

对于短报文通信系统，由于图 5-34 所示方法需要一定的校准时间，如果短报文的前导帧头较短的话，校准过程消耗的报文内容有可能导致损失同步帧头，从而无法保证帧同步，因此在正常通信之前，需要首先进行校准。如果接收链路 ADC 输出端的白噪声功率足够大的话，由前述的分析可知，图 5-34 所示的方法仍可正常工作

（白噪声具有恒定的功率谱密度，在固定的带宽和积分时间内具有恒定的能量）。如果噪声功率较小（如低于 ADC 的精度值），则需要在正常通信前通过从接收链路的输入端注入一个单音信号来对链路的正交失配进行校准，校准完成后，置$u$为 0 即可。

本节介绍的校准方法主要是在数字域进行校准处理，在低中频结构中，校准过程通常需要前移以提高镜像抑制比，因此其校准方法是一种数模混合的校准算法（见 5.4.3 节）。

在高通量通信系统中，受限于滤波器中运算放大器的有限增益带宽积，I/Q 支路的失配性能与频率密切相关，且通常呈现线性失配关系。运算放大器对滤波性能的影响为在滤波器的幅频响应曲线上增加一个乘积因子$1/(1+s/\text{GBW})$，令 I、Q 两支路中运算放大器的增益带宽积分别为$\text{GBW}_\text{I}$和$\text{GBW}_\text{Q}$，则 I、Q 两支路由于运算放大器有限的增益带宽积所引入的频率相关性相位失配为$\omega(1/\text{GBW}_\text{I}-1/\text{GBW}_\text{Q})$（通常情况下输入至滤波器的信号频率小于其 GBW 值的 1/10），与频率呈明显的线性关系。为了补偿频率相关性，需要在不同的频率下（频率间隔、频率点数与信号带宽及 ADC 的过采样率有关）按照图 5-34 依次计算出$I_\text{e}+\text{j}Q_\text{e}$的值，并计为$I_\text{e}(f_\text{n})+\text{j}Q_\text{e}(f_\text{n})$。补偿后的宽频信号 I、Q 支路频域输出信号为

$$\boldsymbol{I}_\text{cal}(f_\text{n})+\text{j}\boldsymbol{Q}_\text{cal}(f_\text{n})=\boldsymbol{I}_\text{out}(f_\text{n})+\text{j}\boldsymbol{Q}_\text{out}(f_\text{n})-[\boldsymbol{I}_\text{out}(f_\text{n})+\text{j}\boldsymbol{Q}_\text{out}(f_\text{n})]^*\times[I_\text{e}(f_\text{n})+\text{j}Q_\text{e}(f_\text{n})] \tag{5-26}$$

对式（5-26）进行傅里叶反变换可得

$$\begin{aligned}\boldsymbol{I}_\text{cal}(n)+\text{j}\boldsymbol{Q}_\text{cal}(n)=&\boldsymbol{I}_\text{out}(n)+\text{j}\boldsymbol{Q}_\text{out}(n)-\\&[\boldsymbol{I}_\text{out}(n)*I_\text{e}(n)+\boldsymbol{Q}_\text{out}(n)*Q_\text{e}(n)]+\text{j}[\boldsymbol{I}_\text{out}(n)*Q_\text{e}(n)-\boldsymbol{Q}_\text{out}(n)*I_\text{e}(n)]\end{aligned} \tag{5-27}$$

式中，符号“*”代表时域卷积。根据式（5-27）可画出高通量通信系统 I/Q 失配校准方框图如图 5-35 所示，其中$h_\text{I}(n)=I_\text{e}(n)$、$h_\text{Q}(n)=Q_\text{e}(n)$，分别为$I_\text{e}(f_\text{n})+\text{j}Q_\text{e}(f_\text{n})$离散傅里叶反变换后的实部和虚部时域序列值。

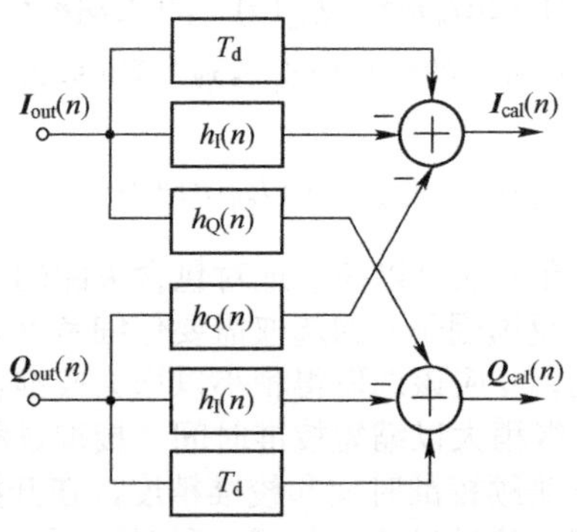


图 5-35 高通量通信系统 I/Q 失配校准方框图

## 5.3.3 本振泄漏及本振谐波

本振泄漏是零中频接收机的一个固有现象，主要是指频率综合器产生的本振信

号（典型值为 0dBm 或是一个满摆幅振荡的方波）通过接收机天线向外辐射的情况。如图 5-36（a）所示，混频器的本振输入端口与信号输入端口之间的隔离度（通常以晶体管栅-源寄生电容的形式呈现，隔离度约为 40dB），以及 LNA 输出端与输入端之间的隔离度（典型值为 40dB）均为一个有限的值，这就导致从本振输出端口至天线端口存在一个衰减的通路。假设天线的增益为 0dBi，通带选择滤波器的衰减为 0dB（无源滤波器的输入和输出是对称的），则本振通过天线向外的辐射泄漏为-80dBm。另外，本振信号还会通过衬底耦合的形式直接泄漏至芯片的输入引脚，并通过天线辐射出去。假设衬底提供的隔离度为 80dB，则通过天线泄漏出去的本振信号总功率为-77dBm（如果两种泄漏路径存在 90°的相位差）。如果在附近存在其他接收机或单片中集成了多路接收通道，则该本振泄漏很有可能会饱和，或者干扰其他接收设备和接收通道。

抑制本振泄漏的有效方式与时钟馈通效应的消除原理相同，可以通过设计达到差分信号的对称相加来实现。抑制本振泄漏主要考虑电路及版图的差分对称性设计，如图 5-36（b）所示。差分本振信号的两个输入端连线应与信号通路夹角相同，并且呈现对称性，通过信号通路的本振泄漏和通过衬底耦合的本振泄漏均可以实现差分抵消，显著改善零中频接收机的本振泄漏性能。

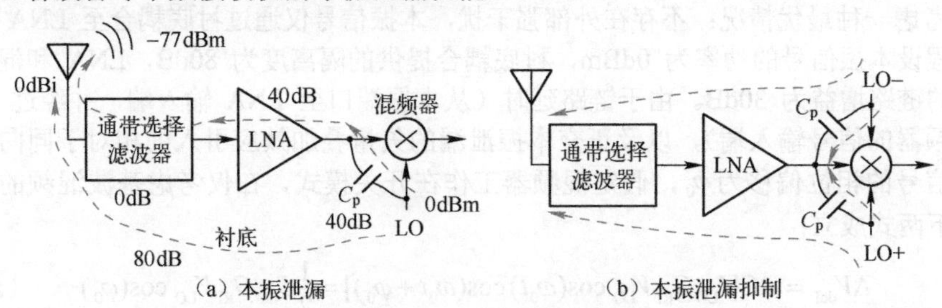


图 5-36　零中频接收机本振泄漏及抑制示意图

对于超外差结构，由于外置通带选择滤波器与本振的频率差距较大，所以通带选择滤波器可以较好地抑制本振泄漏。

本振谐波主要是由混频器的开关效应引入的（本振信号的高低电平控制开关管的打开与闭合）。对于全差分系统，开关效应会引入各奇次谐波。如果输入端在奇次谐波处存在相应的干扰源，则系统很可能无法正常工作。对于典型的窄带零中频接收机，通带选择滤波器的加入可以很好地解决这一问题，因为零中频接收机的通带选择滤波器的中心频率与输入信号频率一致，只需选择合适的品质因子就可以很好地抑制谐波干扰成分。对于支持宽输入频率的采用零中频架构的软件定义无线电接收机而言无法预先外置通带选择滤波器进行通带的选择，谐波抑制性能成为制约高性能接收机设计的一个关键指标。谐波抑制电路的具体设计见 5.8.1 节。

## 5.3.4　直流偏移

直流偏移对于零中频接收机的设计也是一个极为严峻的挑战。直流偏移的产生主要来自三个方面：①混频器的自混频效应产生的直流偏移；②外部强干扰的自混频效应引入的直流偏移；③由于工艺偏差或温度变化导致的直流偏移。这三个方面产生的直流偏移均会在基带被明显放大，极易使射频接收机饱和。

如图 5-37 所示，本振泄漏至节点 B 和节点 A 的部分本振信号经过与本振信号的直接混频，以及通过 LNA 放大后再与本振信号混频会产生明显的直流偏移，该效应称为混频器的自混频效应。另外，工艺偏差和温度变化也会引入直流偏移。两部分直流偏移之和经过后端模拟基带电路进一步放大，输出的直流偏移结果极有可能使接收链路中的基带模块或 ADC 饱和。

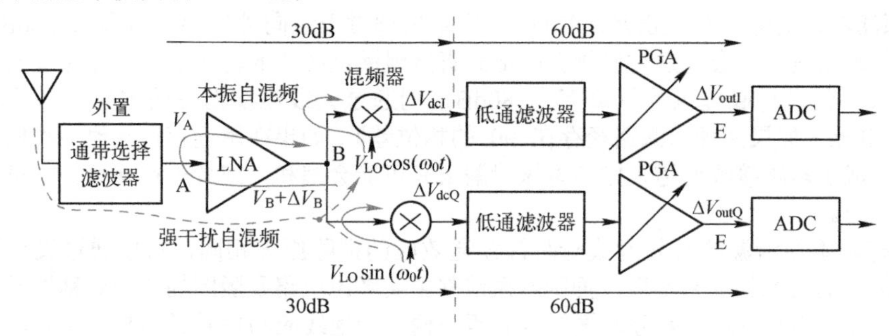


图 5-37　直流偏移产生示意图

考虑一种最优情况：不存在外部强干扰，本振信号仅通过衬底耦合至 LNA 输入端。假设本振信号的功率为 0dBm，衬底耦合提供的隔离度为 80dB，LNA 和混频器提供的链路增益为 30dB。由于链路延时（从本振端口至 LNA 输入端，并经过 LNA 至混频器的信号输入端），以及正交本振泄漏的矢量叠加效应引入的相对于同向支路本振信号的相位偏移为$\varphi_0$，假定混频器工作在开关模式，在仅考虑基波混频的情况下，下两式成立：

$$\Delta V_{\mathrm{dcI}}=\mathrm{DC}[I_{\mathrm{LO}}G_{\mathrm{RF}}V_{\mathrm{LO}}\cos(\omega_0 t)\cos(\omega_0 t+\varphi_0)]=\frac{1}{2}I_{\mathrm{LO}}G_{\mathrm{RF}}V_{\mathrm{LO}}\cos(\varphi_0) \tag{5-28}$$

$$\Delta V_{\mathrm{dcQ}}=\mathrm{DC}[I_{\mathrm{LO}}G_{\mathrm{RF}}V_{\mathrm{LO}}\sin(\omega_0 t)\cos(\omega_0 t+\varphi_0)]=\frac{1}{2}I_{\mathrm{LO}}G_{\mathrm{RF}}V_{\mathrm{LO}}\sin(\varphi_0) \tag{5-29}$$

式中，DC[ ]为取直流操作；$I_{\mathrm{LO}}$为本振端口至 LNA 输入端的衬底隔离度；$G_{\mathrm{RF}}$为射频前端增益（LNA 和混频器）。可以看出，对于由于本振的自混频引入的直流偏移，两个正交支路的直流偏移值通常情况下是不相等的。在$\varphi_0=\pi/4+2n\pi$的情况下，$\Delta V_{\mathrm{dcI}}=\Delta V_{\mathrm{dcQ}}$。此时两个正交支路的输出直流偏移均为−59dBm，经过基带链路的放大（增益为 60dB），在 DAC 输入端的直流偏移为 1dBm，和有效信号的幅度近似相同。因此，在模数转换过程中极有可能存在削峰现象，影响接收机的解调性能。在大多数情况下，接收机提供的接收链路增益均会超过 90dB，后端更容易饱和。

## 5.3.5　直流偏移校准

直流偏移校准（DC Offset Calibration，DCOC）是零中频接收机中必须具备的一个基本功能模块。直流偏移校准在零中频接收机中一般采用数模混合的方式来解决，如图 5-38 所示。在接收链路的关键增益模块中，如可变增益放大器（PGA），加入数模混合直流偏移校准模块可以有效地防止后端模块的直流饱和。直流偏移校准模块的工作原理描述如下：

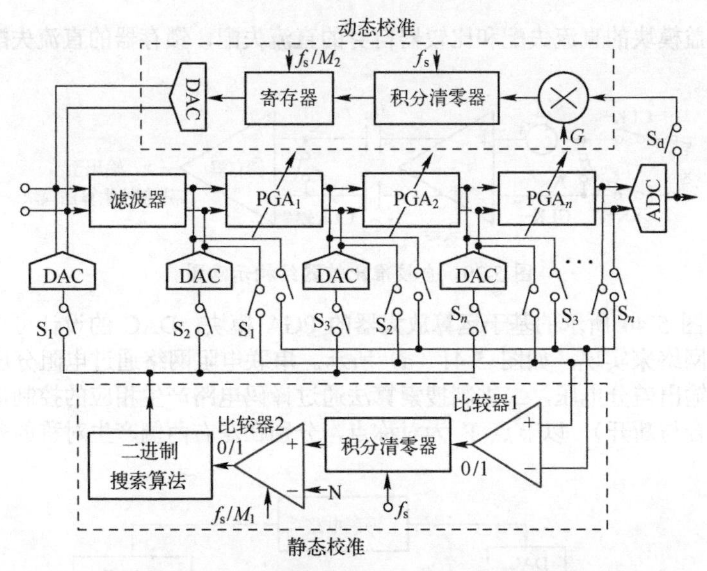


图 5-38　零中频接收机直流偏移校准示意图

直流偏移电路包括静态校准和动态校准两部分。在内部状态机的控制下，静态校准部分依次闭合开关 $S_1$～$S_n$ 对各电路模块进行直流偏移校准。静态校准模块中的积分清零器（等效于滤波抽取模块，可以减小噪声的随机性对比较结果的干扰）每 $M_1$ 个时钟周期清零一次，$N$ 通常取 0，比较结果反馈至二进制搜索算法模块通过 DAC 以电流或电压补偿的形式对增益模块的直流偏移进行校准。静态校准模块中的比较器 1 采用自校准比较器避免其自身的直流偏移对校准结果产生影响。基带链路的 DCOC 效果与链路的增益密切相关。为了保证自动增益控制（AGC）工作模式下的 DCOC 效果，通常在芯片上电后会遍历基带链路的增益值并遍历上述 DCOC 过程，校准结果预先存储于查找表中，通过增益值直接查询补偿。为了解决由于带外强干扰引入的动态直流偏移，可以在静态 DCOC 过程结束后闭合开关 $S_d$ 打开动态 DCOC 环路[2]。动态 DCOC 环路在数字域实现，避免了模拟域采用的大电容，其中积分清零器类似于模拟域的积分器（$M_2$ 为抽取值），乘法器主要用于调节高通截止频率角。增益 $G$ 越小，高通截止频率角也就越小，但是直流偏移压制效果也会越差，需要折中考虑。

自校准比较器的具体电路可采用如图 5-39 所示的直流失调自校准电路[3]，其中 $V_{off}$ 为比较器的等效输入失配直流电压。在时钟的低电平阶段，比较器的自身直流偏差经过比较器本身的放大后会存储至电容 $C_{st}$ 的左极板中，并记为 $V_{out\_st1}=G_cV_{off}$，其中 $G_c$ 为比较器的开环增益。在时钟的高电平阶段，比较器输入端的失配电压为 $V_{DC\_off}+V_{off}$，$V_{DC\_off}$ 为关键增益模块的直流偏移电压，此时电容左极板存储的直流偏差电压 $V_{out\_st}=V_{out\_st1}+V_{out\_st2}$，$V_{out\_st2}=G_cV_{DC\_off}$ 为关键增益模块的输出端直流偏移电压经过开环比较器放大后的直流偏移电压。可以看出，此时电容左极板的电压变化量为 $V_{out\_st2}=V_{out\_st}-V_{out\_st1}$，输入至锁存器的直流偏移量（即电容右极板电压产生的电压差，等于电容左极板的电压差变化量）为 $V_{out\_st2}$，有效地屏蔽了比较器自身的直流失配。锁存器也存在一定的直流失配，但是因为前级比较器提供的增益较高，所以相较于关键增益模块的直流失配和比较器自身的直流失配，锁存器的直流失配可以忽略不计。

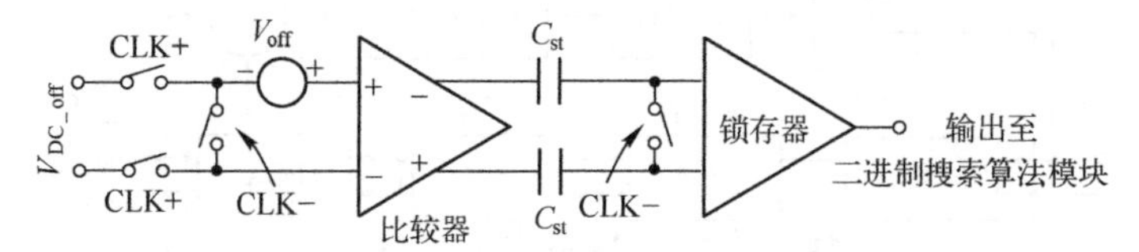


图 5-39 自校准比较器结构示意图

对于如图 5-40 所示的基于运算放大器的 PGA 模块，DAC 的设计可以采用简单的电阻串联网络来实现，如图 5-41（a）所示。串联电阻网络通过电阻分压的形式产生可调节的输出差分电压，二进制搜索算法通过译码电路产生相应的控制信号（控制传输门的闭合与断开），以节点 P 为对称点，分别在左右两侧产生对称的差分输出电压信号。

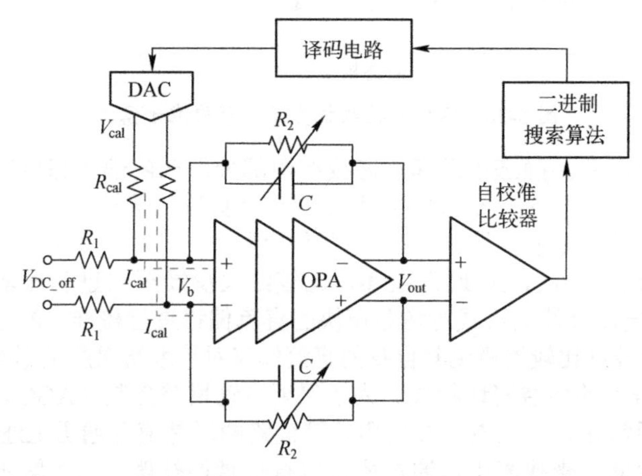


图 5-40 基于运算放大器的 PGA 模块直流偏移校准电路

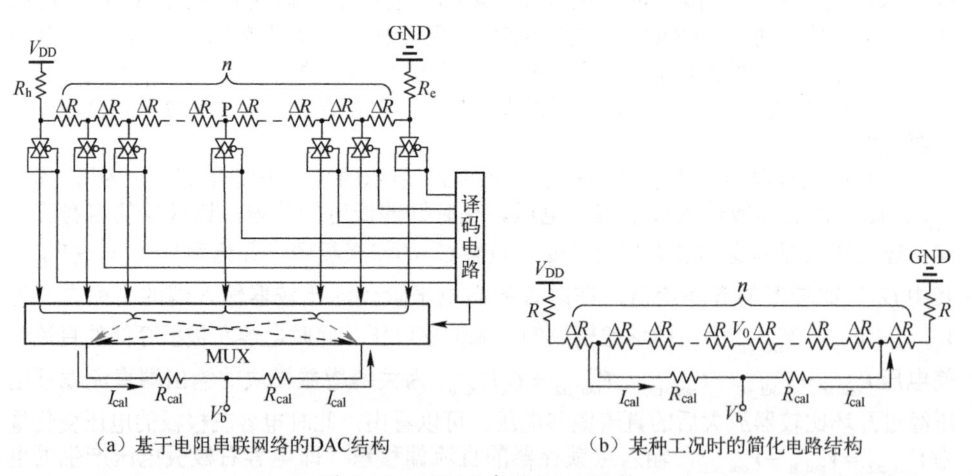


图 5-41 DCOC 中的 DAC 结构

多路选择模块（MUX）通过译码电路产生的校准方向比特位控制输入校准电流

$I_{cal}$ 的增大或减小，从而补偿输入端的直流偏移量，避免关键增益模块的饱和。偏置电压 $V_b$ 为 PGA 模块的输入端偏置，由于运算放大器的虚短功能，可以等效采用一个偏置电压代替。

DAC 中各串联电阻值计算过程如下：

如果需要校准的输入端最大直流偏移电压为 $V_{DC\_max}$，校准精度为 $V_{DC\_res}$，则由图 5-41 可知，电阻 $\Delta R$ 的个数 $n$ 为

$$n = 2V_{DC\_max} / V_{DC\_res} \tag{5-30}$$

校准精度为

$$V_{DC\_res} = \frac{2\Delta R}{n\Delta R + R_h + R_e} V_{DD} \tag{5-31}$$

在初始阶段，DAC 的两个输出差分电压均为 $V_P$，且满足 $V_P = V_b$，则有

$$V_b = \frac{R_e + n\Delta R/2}{R_h + R_e + n\Delta R} V_{DD} \tag{5-32}$$

联立式（5-30）～式（5-32），并预先确定好 $R_h + R_e$，可以分别计算出 $R_h$、$R_e$、$\Delta R$。

为了简单起见，假定 $V_P = V_b$，如果可以校准的输入端最大直流偏移电压为 2.5mV，校准精度为 20μV，由式（5-30）可知，电阻 $\Delta R$ 的个数 $n = 2 \times 2.5\text{mV}/20\mu\text{V} = 250$，且下式成立。

$$\frac{2\Delta R}{250 \times \Delta R + R_h + R_e} V_{DD} = 20\mu\text{V} \tag{5-33}$$

假设电源电压 $V_{DD} = 1.8\text{V}$，串联电阻网络中首尾两端的电阻 $R_h = R_e = R = 200\text{k}\Omega$，代入式（5-33）可得 $\Delta R \approx 2.2\Omega$。

某种工况时的简化电路结构如图 5-41（b）所示。可以看出，电阻 $R_{cal}$ 的接入会影响差分 DAC 的输出电压，如果满足

$$\frac{n\Delta R}{R_{cal}} \ll 1 \tag{5-34}$$

则校准电阻 $R_{cal}$ 的接入几乎不会对串联电阻网络的分压情况产生影响。实际设计过程中 $R_{cal}$ 的选取还必须考虑 $R_1 : R_{cal}$ 不宜过大，否则对放大器的直流偏移校准能力会大大减弱；也不宜太小，否则影响 DAC 的输出精度。

需要注意的是，关键增益模块既可以是一个单独的模块，也可以是几个级联的增益模块。对于级联的增益模块，设计时的校准精度需要与提供的增益成正比。直流偏移校准模块通常在芯片上电复位后在最大增益情况下进行一次性校准。如果由于工艺失配导致模块自身直流偏移较大，为了保证各级模块的正常工作，需要在不同的增益条件下均进行校准，并将校准结果存储，在芯片正常工作的过程中，根据不同的增益情况选择不同的校准参数。另外，不同的本振频率会导致不同的本振泄漏，频率越高，通常情况下导致的本振泄漏就越大（可将泄漏路径理解为交流耦合），混频器的自混频效应产生的直流偏移也就越大。在本振频率切换后，上述不同增益条件下的校准过程均需要重新进行一次并进行存储和查找。在诸如对工作状态的切换时间有严格要求的通信系统中，如跳频通信系统，工作状态的切换时间必须足够小。针对这种通

信系统，在上电复位阶段就需要将不同的本振和增益组合条件下的校准结果进行存储。在正常工作阶段，只需要根据不同的配置字查找相应的校准参数即可。

## 5.3.6 偶阶非线性失真

一般来说，超外差结构只对奇次非线性失真敏感，低中频结构和零中频结构对奇次非线性失真和偶次非线性失真均敏感。超外差结构和低中频结构可以通过频率规划来避开强干扰所导致的奇/偶次失真，但是零中频对此却无能为力。举例说明如下：

在一个通信系统确定后，其面临的固有干扰信号通常也可以确定。奇次非线性失真对射频前端的影响是与频率规划无关的，我们要做的就是尽可能避免干扰信号在模拟基带电路中产生的奇次非线性失真再次影响主信号，通常可以通过频率规划来避开基带干扰。假定主信号的频率为 1GHz，从天线进入的强干扰信号位于 1.05GHz 和 1.06GHz，两者产生的三阶奇次非线性失真的频率分别位于 1.04GHz 和 1.06GHz。如果此时的本振频率为 1.02GHz，那么经过混频器下变频后，主信号及较低频率处的三阶奇次非线性失真的中频频率均为 20MHz。如果将本振频率设置为 1.01GHz，则可以有效避免此现象的发生。同理，通过频率规划，超外差结构和低中频结构也可以很容易地避开偶次非线性干扰，但是零中频接收机则不具备这样的条件。对于一个确定的通信系统，如果采用零中频结构，任何高功率的具有幅度调制形式的干扰信号都可以对其产生直接干扰，而且没办法通过频率规划来避开强干扰。

需要说明的是，对于如 OFDM 等多载波调制方式，子载波之间的奇次非线性失真无法通过频率规划来避免，必须通过提升电路模块本身的线性性能来改善。

本节重点讲述零中频架构中偶次非线性失真的产生机理，主要分析二阶非线性效应。偶次非线性失真会导致接收机的 IIP2 性能严重降级，主要是由下变频混频器中存在的各种非线性及失配因素引起的[4]（LNA 与混频器之间通常都会加入交流耦合电容，因此零中频架构对 LNA 的二阶交调性能需求并不是很强烈）。

典型单端有源混频器的结构如图 5-42（a）所示。混频器的时域乘法功能一般通过开关管来实现。对于占空比为 50%的方波信号，开关管的导通和断开会在频域产生各类奇次谐波和直流成分，其中基波频率为本振信号频率。开关信号产生的谐波成分与输入信号频谱的卷积等效于信号频谱按照谐波频率进行正负方向频率搬移，以此实现混频功能。

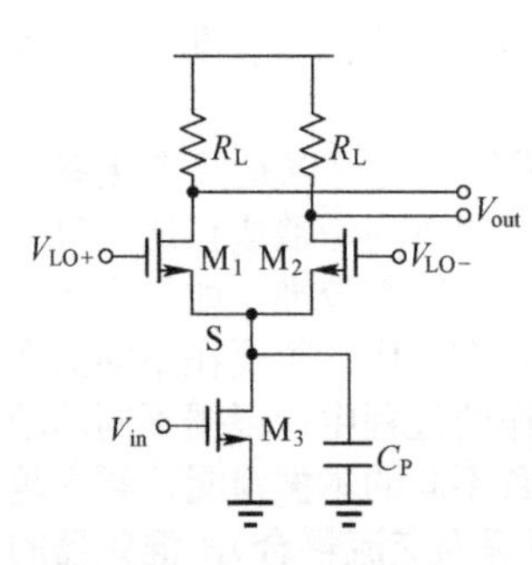

（a）典型有源混频器结构

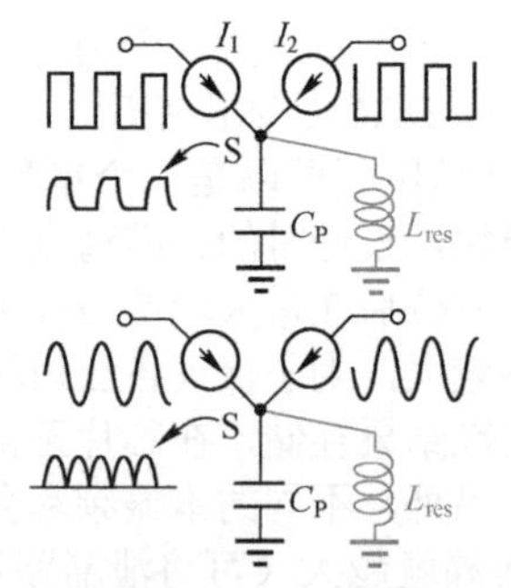

（b）开关管源极寄生电容示意图

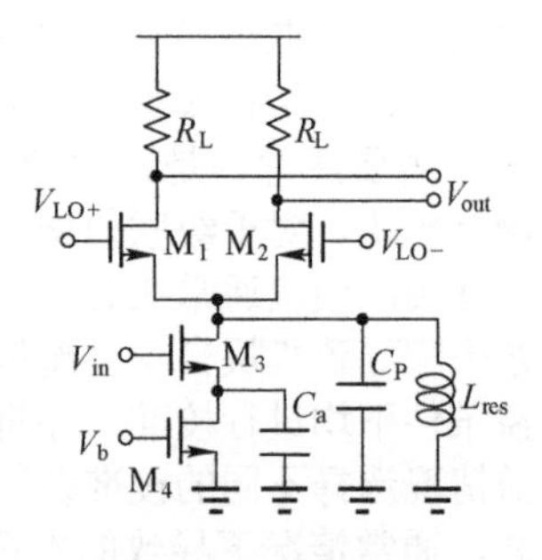

（c）改进后的具有较高偶阶线性性能的混频器结构

图 5-42 混频器偶阶非线性失真原理及补偿

该电路结构存在三个问题会恶化混频器的二阶交调性能：

（1）输入跨导管 $M_3$ 存在偶次非线性

简单起见，忽略晶体管的沟长调制效应，并假设输入信号为

$$S_{in}=A\cos(\omega_1 t)+A\cos(\omega_2 t) \tag{5-35}$$

则输入跨导管 $M_3$ 的漏极电流为

$$\begin{aligned}I_{d3}(t)&=K[S_{in}+V_{od}]^2\\&=\cdots+KA^2[\cos(\omega_1-\omega_2)t]+2KA[\cos(\omega_1 t)+\cos(\omega_2 t)]V_{od}+\cdots\end{aligned} \tag{5-36}$$

式中，$K=\mu_n C_{ox}W_3/2L_3$；$V_{od}$ 为输入跨导管过驱动电压。因此，工作在饱和区的共源晶体管会引入一个固有的二阶交调成分，根据二阶交调点的定义可知

$$KA_{IIP2}^2=2KV_{od}A_{IIP2}\Rightarrow A_{IIP2}=2V_{od} \tag{5-37}$$

因此通过提高输入跨导管过驱动电压可以改善输入跨导管的偶次非线性性能。

（2）开关管的不对称性会导致输入跨导管偶次非线性成分的直接泄漏

输入跨导管偶次非线性成分的泄漏共分为两种机制。一是直接泄漏，主要是由于本振信号的占空比失配和直流失配导致开关管存在一定的直流增益导致的。二是变频泄漏，以方波型本振信号为例，如果开关管存在失配，则流过两个开关管的交替性电流也会存在失配，如图 5-42（b）所示。由于开关管共源极寄生电容 $C_p$ 的存在，则交替性失配的电流 $I_1$ 和 $I_2$ 会对 $C_p$ 周期性地充放电，导致共源节点处存在一个波动的电压，边缘处为指数形式且时间常数与寄生电容相关的充放电过程，其频谱能量主要集中在基波频率处。因为输入信号产生的输入级电流（$M_3$ 漏极电流）会改变开关管共源节点处的时间常数（改变了充放电电流等效于改变了时间常数），所以输入级电流会对共源节点寄生电容上的电压波形产生一定的幅度调制，经过本振信号的混频后，输入信号可以直接泄漏至混频器的输出端，包括低频处的二阶交调成分。

如果本振信号的幅度较小，且输入至开关管栅极的信号为理想的单音信号，开关管相当于一个源极跟随器。开关管共源节点 S 处会产生一个对单音信号进行整流的输出电压波形，其主频率为 $2\omega_{LO}$。由于寄生电容的存在，一个通过寄生电容的额外电流（由开关管共源节点的电压波动引起）会周期性地改变输入跨导管 $M_3$ 的漏极电流，进一步增大输入跨导管的非线性效应，包括偶阶非线性效应，并通过开关管直接泄漏至输出端（开关管的失配会使流过开关管的电流存在一个固定的直流失配，此效应会使输入跨导级产生的低频偶阶非线性成分直接泄漏至输出端）。

通常的解决办法是在开关管的共源节点处加入一个并联至地的谐振电感 $L_{res}$，如图 5-42（b）所示。对于本振为较大振幅的方波，谐振频率为 $\omega_{LO}$，避免共源节点的充放电效应。对于本振为较小振幅的单音，谐振频率为 $2\omega_{LO}$，通过电感的加入补偿流过寄生电容的额外电流。同时，还可以采用输入端源简并的方式优化偶阶线性性能，如图 5-42（c）所示。晶体管 $M_4$ 的作用是提供低频处的高阻源简并，可以有效压制低频处的偶阶非线性成分。电容 $C_a$ 用来提供高频处的低阻源简并，保证混频器的增益不受损失。

（3）负载电阻的不对称性会进一步加剧混频器的偶阶非线性

泄漏至输出端的偶次非线性成分会因负载电阻的失配进一步恶化，所以在设计中通常选用匹配性能优越的多晶电阻，并且在版图设计过程中需要特别注意对称性。

另外，偶次非线性成分具有共模属性，为了提高偶次线性性能，可以考虑将图 5-42（a）的单端结构改变为差分结构，如图 5-43（a）所示。差分结构可以很好地消除输入跨导管产生的偶阶非线性成分。另外，开关管共源节点处仍会存在电压波动。虽然全差分结构可以有效地抑制输入端的偶阶非线性成分，但是输入跨导管的失配会将部分偶次非线性成分转化为差模成分，并调制开关管共源节点处存在的电压波形，经混频泄漏至输出端，或者周期性地改变流经输入跨导管的电流，增大偶次非线性效应。因此，开关管的共源节点处仍需加入一个谐振电感改善偶阶非线性效应，如图 5-43（b）所示。

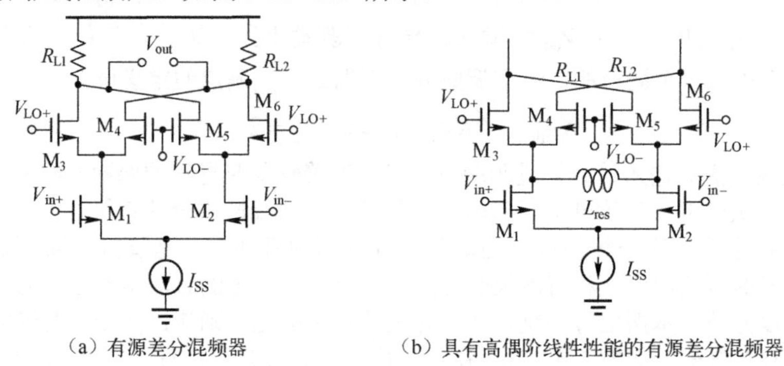


（a）有源差分混频器　　　（b）具有高偶阶线性性能的有源差分混频器

图 5-43　有源差分混频器及高偶阶线性性能结构

## 5.3.7　偶阶非线性失真校准

考虑到电压、工艺和温度等外部环境因素的影响，偶次非线性失真通常不能仅通过优化电路设计来满足系统设计需求，同样需要校准电路的辅助进行失真补偿。本节主要针对二阶非线性失真的校准进行说明，其相对应的量化指标为 IIP2。最小均方（Least Mean Square，LMS）算法是一种典型的用于补偿偶次非线性失真的自适应校准算法[5]，如图 5-44（a）所示，其中输入信号 $d(n)$ 的表达式为

$$d(n)=\mathrm{rx}(n)+\mathrm{IMD2}(n)=\mathrm{rx}(n)+\beta\mathrm{ref}(n) \tag{5-38}$$

式中，$\mathrm{rx}(n)$ 为期望信号；$\mathrm{IMD2}(n)$ 为接收链路产生的二阶交调失真项；$\mathrm{ref}(n)$ 为与 $\mathrm{IMD2}(n)$ 相关的参考信号；$\beta$ 为相关系数，暂不考虑噪声的影响。LMS 算法用于产生自适应补偿的一阶抽头系数 $w(n)$ 的具体表达式为

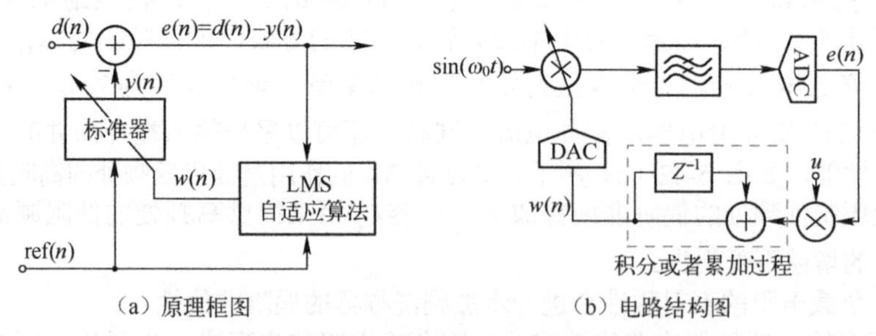


（a）原理框图　　　（b）电路结构图

图 5-44　二阶非线性失真 LMS 校准算法

$$w(n) = w(n-1) - u'\nabla_w e^2(n) \tag{5-39}$$

式中，$\nabla_w$ 为沿 $w(n-1)$ 方向的瞬时梯度（$\nabla_w f = \mathrm{d}f/\mathrm{d}w$）；$u'$ 为控制收敛速度和精度的反馈因子；$e(n)$ 为校准后的输出信号，且

$$e(n) = d(n) - y(n) \tag{5-40}$$

式中，$y(n)$ 为校准过程中的失真补偿。

$$y(n) = \alpha w(n-1)\mathrm{ref}(n) \tag{5-41}$$

式中，$\alpha$ 为校准系数。将式（5-38）、式（5-40）和式（5-41）代入式（5-39）可得

$$\begin{aligned} w(n) &= w(n-1) + ue(n)\mathrm{ref}(n) \\ &= w(n-1) + u\mathrm{rx}(n)\mathrm{ref}(n) + u[\beta - \alpha w(n-1)]\mathrm{ref}^2(n) \end{aligned} \tag{5-42}$$

式中，$u = 2u'\alpha$。由于式（5-42）中抽头系数 $w(n)$ 的计算过程为一个累加过程，且 $\mathrm{rx}(n)$ 和 $\mathrm{ref}(n)$ 是不相关的，则有 $\sum u\mathrm{rx}(n)\mathrm{ref}(n) \approx 0$，式（5-42）可重新表示为

$$w(n) = w(n-1) + u[\beta - \alpha w(n-1)]\mathrm{ref}^2(n) \tag{5-43}$$

自适应校准过程从式（5-43）可以明显地看出，如果抽头系数 $w(n)$ 呈现增大（减小）的趋势，则 $\beta - \alpha w(n-1)$ 逐渐减小（增大），减缓增大（减小）的趋势直至 $\beta - \alpha w(n-1) = 0$，此时抽头系数维持不变，校准过程完成。校准过程完成后，由于 $\beta - \alpha w(n-1) = 0$，由式（5-41）可知，估计出的 $y(n)$ 与二阶交调失真量相同。

图 5-44（b）为适用于零中频接收架构的 LMS 校准算法电路结构图。注入的单音信号来自发射链路或外部信号源，由于接收链路的偶次非线性效应，信号经过混频后变为（不考虑自适应补偿，仅考虑线性项和二阶非线性项）

$$e(t) = d(t) = c_1 \sin(\omega_{\mathrm{IF}} t) + \mathrm{IMD2}(t) \tag{5-44}$$

式中，$c_1$ 为接收链路增益；$\omega_{\mathrm{IF}}$ 为下变频后的中频频率，且

$$\mathrm{IMD2}(t) = c[\sin(\omega_0 t)]^2 = \frac{c}{2} - \frac{c}{2}\cos(2\omega_0 t) \tag{5-45}$$

式中，$c$ 为接收链路二阶非线性系数。经过低通滤波器后的信号表达式为

$$e(t) = d(t) = c_1 \sin(\omega_{\mathrm{IF}} t) + c_2 \tag{5-46}$$

式中，$c_2 = c/2$ 为偶次非线性失真引入的直流项。式（5-38）中的参考信号 ref 可近似用一个常数来替代。

在校准过程中，二阶非线性失真补偿量 $y(t)$ 的表达式为（下式在数字域表示）

$$y(n) = \alpha w(n-1) \tag{5-47}$$

式（5-44）可变换为

$$e(t) = d(t) - y(t) = c_1 \sin(\omega_{\mathrm{IF}} t) + c_2 - \alpha w(n-1) \tag{5-48}$$

将式（5-48）代入式（5-39）可得（暂时不考虑信号处理过程中的域）

$$w(n) = w(n-1) + ue(n) \tag{5-49}$$

式中，$u = 2u'\alpha$，为整个自适应环路反馈因子，可以用来调节环路的锁定速度和锁定精度。LMS 算法生成的一阶补偿系数 $w(n)$ 可以通过调整混频器开关管的体电压[6]或

栅电压[7]，或者调整混频器中注入直流偏移电流[8]，或者改变用于补偿功能的偶次失真量[9]对偶次非线性失真成分进行补偿。校准精度和校准范围可以通过调整 DAC 的位数来调节。基于 LMS 算法的偶阶非线性失真校准过程如图 5-45 所示。

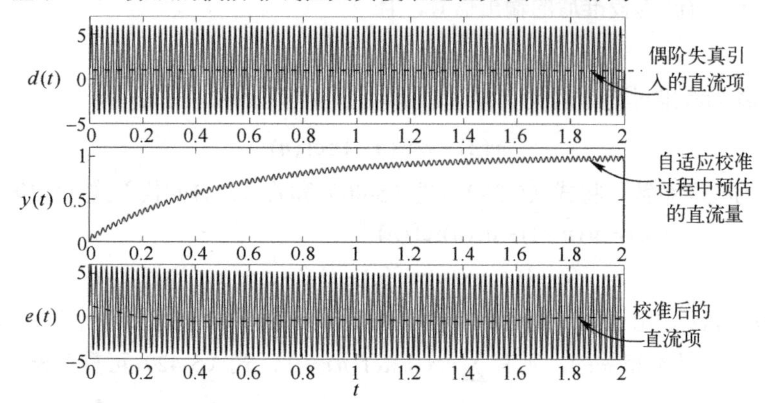


图 5-45　基于 LMS 算法的偶阶非线性失真校准过程示意图

因为本节介绍的校准方法主要是基于直流量进行的，所以在进行二阶非线性失真校准之前，必须先进行直流偏移校准，避免本振泄漏引入的自混频或电路模块自身的直流偏移引起校准算法性能的降低。校准完成后，因为混频器的对称性发生了变动，所以直流偏移校准电路需要重新运行一次。

如果选取的参考信号不是直流信号，可以参考图 5-46 所示的电路设计架构，其中 $\mathrm{ref}(n)$ 为二阶交调项。文献[5]提取混频器输出端的共模信号成分并经低通滤波后作为 $\mathrm{ref}(n)$ 信号。文献[10]通过在基带算法中产生相应的基带信号，以发射与接收闭环的形式对偶次非线性失真性能进行补偿校准，$\mathrm{ref}(n)$ 信号选取为基带信号的幅度。

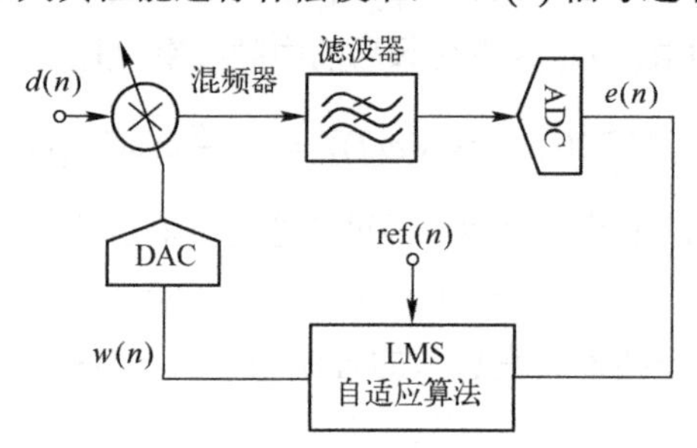


图 5-46　二阶非线性失真 LMS 校准算法（参考信号不是直流）

## 5.3.8 闪烁噪声

闪烁噪声是有源器件的固有噪声，随频率的降低而增大，主要集中在低频段。闪烁噪声会对搬移到零中频的基带信号产生干扰，降低信噪比。典型情况下，对于深亚微米工艺的 MOS 管，当漏极电流为 1mA 时，闪烁噪声的频率角位于 200kHz 左右，如图 5-47 所示，其中 $S_{1/\mathrm{f}}(f_{\mathrm{C}}=200\mathrm{kHz})=S_{\mathrm{th}}$，$S_{1/\mathrm{f}}$ 表示闪烁噪声的单边带功率谱密度，$S_{\mathrm{th}}$ 表示热噪声的单边带功率谱密度。

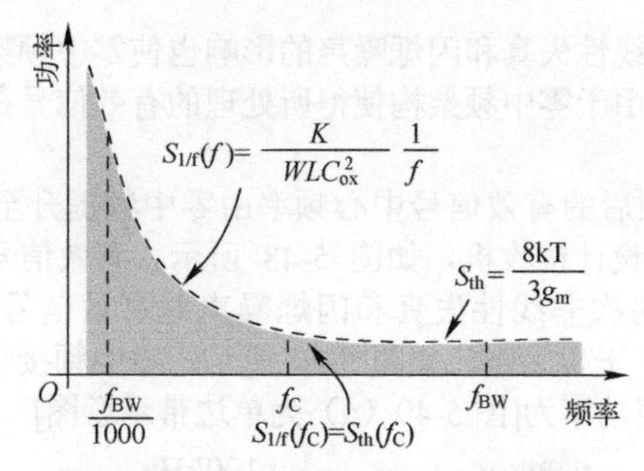


图 5-47　有源器件低频处噪声功率谱

零中频接收机低频处的闪烁噪声通常会占据主要地位。如果不考虑闪烁噪声，一个基带带宽为 $f_{BW}$ 的有效信号，在信号有效带宽内的噪声功率为 $P_{th,n}=S_{th}f_{BW}$。如果考虑闪烁噪声的影响，且忽略极低频率处闪烁噪声的影响（极低频率的闪烁噪声在有效信号的通信时长内变化极小，可以忽略。为了定量化描述闪烁噪声对零中频系统噪声性能的影响，可以假设该频率为 $f_{BW}/1000$，实际情况下，该频率是随着有效信号的通信时长而改变的，但在大多数情况下，上述低频设置已经足够）。在信号有效带宽内考虑闪烁噪声后的噪声功率为

$$P_{1/f,n}=\int_{f_{BW}/1000}^{f_C}S_{1/f}(f)df+S_{th}(f_{BW}-f_C)=a\ln\frac{1000f_C}{f_{BW}}+S_{th}(f_{BW}-f_C)$$
$$=a[6.9+\ln(f_C/f_{BW})]+S_{th}(f_{BW}-f_C) \tag{5-50}$$

式中，$a=K/WLC_{ox}^2$。考虑到在频率角处，$a/f_C=S_{th}$，代入式（5-50）可得

$$P_{1/f,n}=S_{th}f_C[5.9+\ln(f_C/f_{BW})]+S_{th}f_{BW} \tag{5-51}$$

因此，考虑了闪烁噪声的影响后，零中频接收机的信噪比损失为

$$\Delta SNR=\frac{P_{1/f,n}}{P_{th,n}}=1+[5.9+\ln(f_C/f_{BW})]\frac{f_C}{f_{BW}} \tag{5-52}$$

由式（5-52）可知，对于采用零中频接收机的通信系统，有效信号的码速率越低，在不改变调制方式的前提下，有效基带带宽 $f_{BW}$ 就会越小，信噪比损失也就会越严重。当有效信号的基带带宽小于 4MHz 时，信噪比损失会超过 0.5dB，明显影响系统的通信性能。因此，对于具有较低码速率，经过调制后的基带带宽小于 4MHz 的通信系统，必须注意闪烁噪声的优化问题，多数情况下可以直接采用低中频架构来避免闪烁噪声的影响。

# 5.4　低中频接收机

零中频接收机对前级外置滤波器和后端集成的基带滤波器均不存在镜像抑制要求，且对后端集成滤波器的设计要求和功耗需求也大大降低（滤波器带宽较小），但是对正交本振信号和正交接收链路的正交质量有着较高的要求，否则有效信号自身的镜像（信号正负频率处的频谱互为镜像）同样会影响信号的接收质量。同时，本振泄

漏、直流偏移、偶阶非线性失真和闪烁噪声的影响也使零中频架构面临严峻的使用挑战。上述架构缺陷均是由于零中频架构使得所处理的有效信号在低频率处具有较大的功率所致。

可以考虑将下变频后的有效信号中心频率由零中频提升至一定的中频频率，也就是采用低中频架构来设计接收机，如图 5-48 所示。有效信号功率谱向中频方向移动，可以有效地避免偶次非线性失真和闪烁噪声对有效信号功率谱造成干扰。以 GSM 通信中的闪烁噪声干扰为例，如图 5-49 所示，零中频接收机经过低通滤波后在 GSM 通道中产生的噪声功率为[图 5-49（a）为单边带示意图]

$$P_{\mathrm{ZR}}=\int_{100\mathrm{Hz}}^{100\mathrm{kHz}}\frac{a}{f}\mathrm{d}f=S_{\mathrm{th}}f_{\mathrm{C}}\ln\frac{100\mathrm{kHz}}{100\mathrm{Hz}}=6.9S_{\mathrm{th}}f_{\mathrm{C}} \tag{5-53}$$

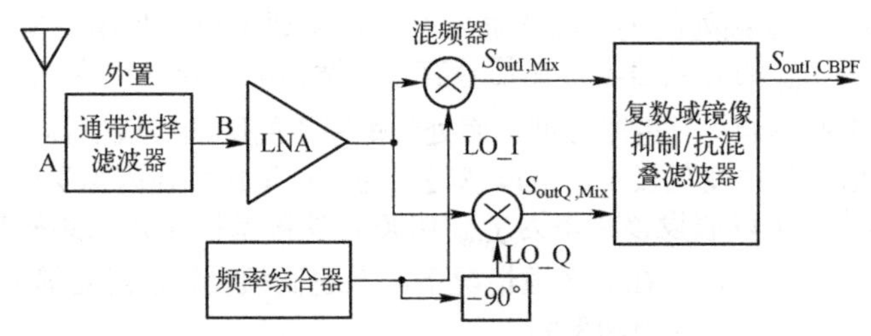

图 5-48 低中频接收机架构

假设低中频接收机将有效信号的中心频率向正频率方向搬移至 200kHz[图 5-49（b）为双边带示意图]，则经过镜像抑制滤波器后，GSM 通道中产生的噪声功率为

$$P_{\mathrm{LR}}=\int_{100\mathrm{kHz}}^{200\mathrm{kHz}}\frac{a}{2f}\mathrm{d}f+\frac{1}{2}S_{\mathrm{th}}\times100\mathrm{kHz}=0.35S_{\mathrm{th}}f_{\mathrm{C}}+0.25S_{\mathrm{th}}f_{\mathrm{C}}=0.6S_{\mathrm{th}}f_{\mathrm{C}} \tag{5-54}$$

GSM 通道中的噪声功率减小了约 10.6dB。如果将中频频率提升至超过 300kHz，则噪声功率减小量将会超过 11dB。

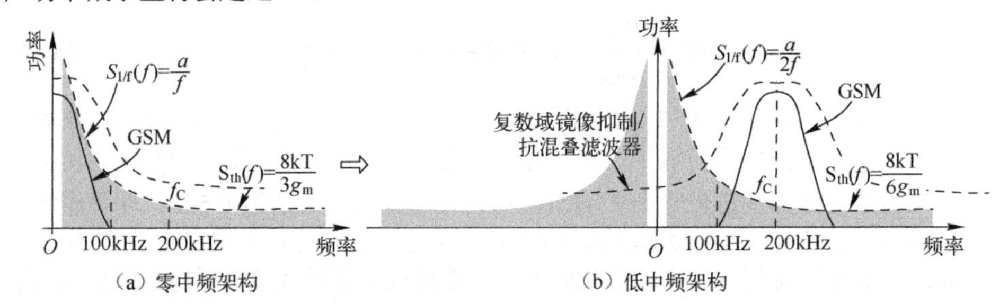

图 5-49 闪烁噪声对零中频架构和低中频架构中 GSM 接收通道的影响

同时，前端外置的通带选择滤波器还会对本振泄漏提供较大的抑制功能，减小对其他通信系统的干扰，并间接地减小芯片内部的直流偏移效应。另外，低中频架构只需保留一路中频输出信号至数字基带处理模块，可以简化后端的设计复杂度。与低中频超外差架构类似，低中频架构在下变频后需要一个复数域镜像抑制带通滤波器来压制中频处的镜像干扰，且镜像抑制性能与接收链路中信号的正交性密切相关。以图 5-24 的输入信号频谱为例，低中频接收机信号频域处理过程如图 5-50 所示。相较于零中频架构，低中频架构仍面临镜像抑制干扰的问题，对镜像抑制干扰滤波器的镜像抑制性能要求较高。

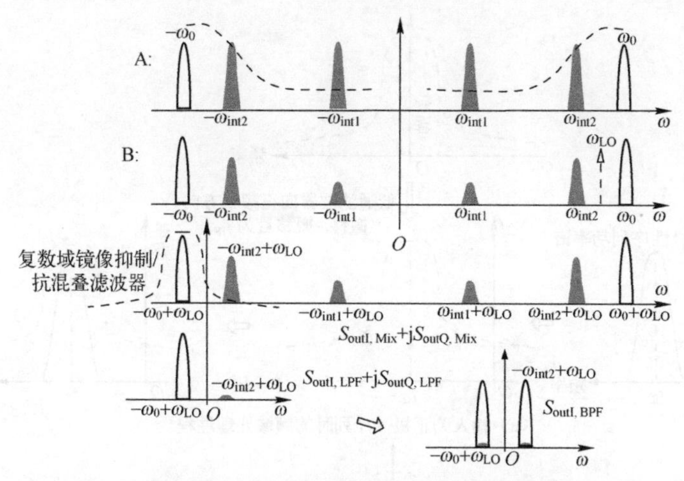


图 5-50　低中频架构信号频域处理过程

接下来重点分析低中频架构在设计过程中需要注意的一些问题。

## 5.4.1　复数域镜像抑制滤波器设计

复数域镜像抑制滤波器可以通过对实数域低通滤波器的单向频移得到。复数域镜像抑制滤波器的电路构造过程如图 5-51 所示。图 5-51（a）和图 5-51（b）分别表示将低通滤波器向正频率方向和负频率方向移动，移动效果如图 5-23 所示。对应的下变频后的输入信号极性分别为正极性序列（正极性序列是指同向支路的相位超前正交支路 90°，在矢量坐标轴中为逆时针旋转，差分相位序列为 0°、270°、180°、90°）和负极性序列（负极性序列是指同向支路的相位滞后正交支路 90°，在矢量坐标轴中为顺时针旋转，差分相位序列为 0°、90°、180°、270°），其中 $x$ 和 $y$ 代表实数域基带信号，$X$ 和 $Y$ 代表复数域中频信号（中频频率为 $f_{IF}$）。相应的输入信号滤波效果如图 5-52 所示。

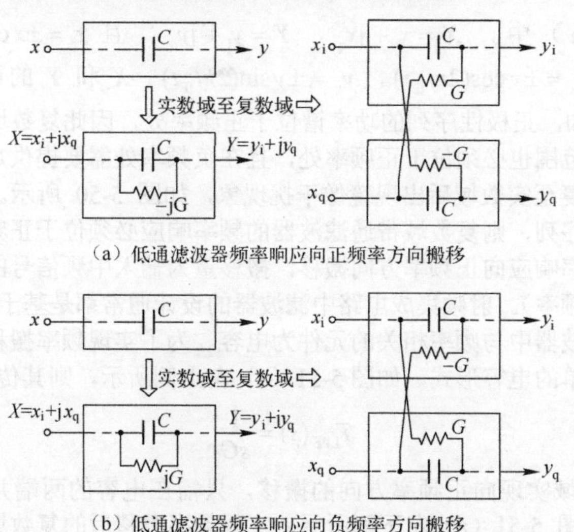


图 5-51　复数域镜像抑制滤波器构造过程示意图

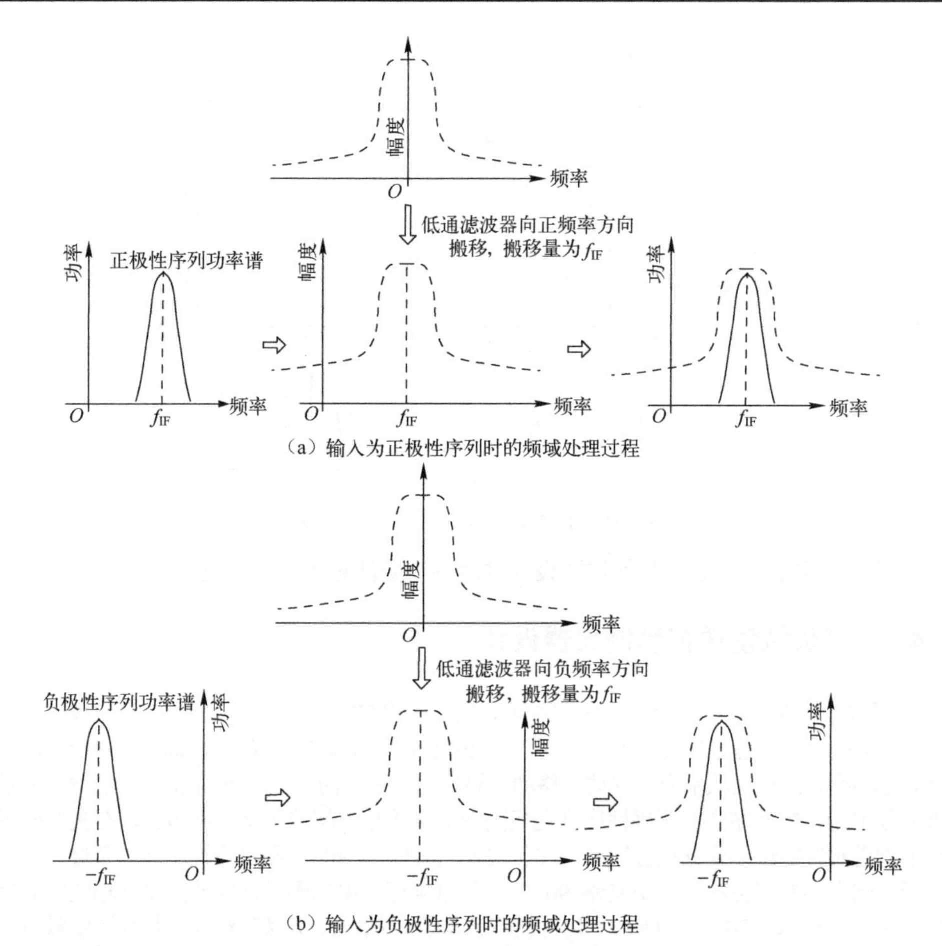


图 5-52 正/负极性输入信号频域处理过程

图 5-51（a）中，$X = x_i + jx_q$，$Y = y_i + jy_q$，且 $x_i = \pm x\cos(2\pi f_{IF}t)$，$x_q = \pm x\sin(2\pi f_{IF}t)$，$y_i = \pm y\cos(2\pi f_{IF}t)$，$y_q = \pm y\sin(2\pi f_{IF}t)$，$X$ 和 $Y$ 的正负极性相同。由图 5-52（a）可知，正极性序列的功率谱位于正频率处，因此复数域镜像抑制滤波器的幅频响应通带范围也必须位于正频率处，且在负频率处需要提供足够的镜像抑制能力，避免信号恢复至实数域后出现镜像干扰现象，如图 5-50 所示。因此，如果输入的信号为正极性序列，则复数域带通滤波器的频率响应必须位于正频率处，即需要将低通滤波器的频率响应向正频率方向搬移，搬移量为输入中频信号的中心频率（下变频后的中频载波频率）。射频集成电路中滤波器的设计通常都是基于有源 RC 或 $g_m$-C 结构实现的，滤波器中与频率相关的元件为电容。为了实现频率搬移，简化低通滤波器模型为一个简单的电容形式，如图 5-51（a）左上侧所示，则其传输函数为

$$T_{LPF}(s) = \frac{1}{sC} \tag{5-55}$$

为了在复数域实现向正频率方向的搬移，只需在电容的两端并联一个电导值为 $-jG$ 的元件，如图 5-51（a）左下侧所示。实现频率搬移后的复数域镜像抑制滤波器

的传输函数为

$$T_{\mathrm{CIRF}}(s)=\frac{1}{sC-\mathrm{j}G} \tag{5-56}$$

因为$s=\mathrm{j}\omega$，所以只需令$G=\omega_{\mathrm{IF}}C=2\pi f_{\mathrm{IF}}C$便可实现将低通滤波器向正频率方向搬移$f_{\mathrm{IF}}$的过程。为了推导出复数域镜像抑制滤波器的物理实现模型，仅考虑信号流格式，则

$$\begin{aligned}Y=y_{\mathrm{i}}+\mathrm{j}y_{\mathrm{q}}&=[X\rightarrow(C-\mathrm{j}G)]=[(x_{\mathrm{i}}+\mathrm{j}x_{\mathrm{q}})\rightarrow(C-\mathrm{j}G)]\\&=(x_{\mathrm{i}}\rightarrow C)+(x_{\mathrm{q}}\rightarrow G)+\mathrm{j}[(x_{\mathrm{i}}\rightarrow -G)+(x_{\mathrm{q}}\rightarrow C)]\end{aligned} \tag{5-57}$$

式中，符号“→”代表信号流方向，有

$$y_{\mathrm{i}}=(x_{\mathrm{i}}\rightarrow C)+(x_{\mathrm{q}}\rightarrow G) \tag{5-58}$$

$$y_{\mathrm{q}}=(x_{\mathrm{i}}\rightarrow -G)+(x_{\mathrm{q}}\rightarrow C) \tag{5-59}$$

具体电路连接形式如图5-51（a）右侧所示。

同理，如果下变频后的输入信号极性为负极性，需要在电容的两端并联一个电导值为$\mathrm{j}G=\mathrm{j}2\pi f_{\mathrm{IF}}C$的元件即可实现低通滤波器频率响应向负频率方向搬移$f_{\mathrm{IF}}$的过程，具体的变换过程和电路结构如图5-51（b）所示。将输入和输出信号表示为差分的形式，相应的差分电路连接方式分别如图5-53（a）和图5-53（b）所示。

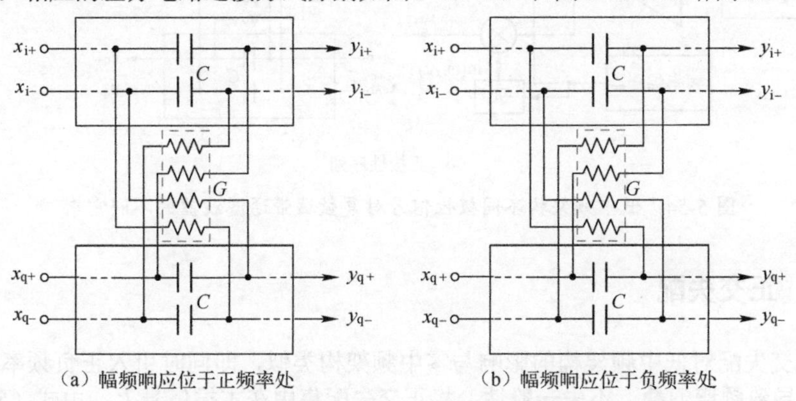


（a）幅频响应位于正频率处　　（b）幅频响应位于负频率处

图5-53　差分复数域镜像抑制滤波器电路连接示意图

复数域镜像抑制滤波器的幅频响应仅与具体的连接方式有关，因此在设计低中频架构时，必须明确下变频后信号的极性以便确定复数域带通滤波器的具体连接方式。如果本振信号频率高于射频信号载波频率，且本振信号为正极性输入（向正频率方向搬移），则下变频后的输出信号为正极性序列（频谱位于正频率处）；如果本振信号为负极性输入（向负频率方向搬移），则下变频后的输出信号为负极性序列（频谱位于负频率处）。如果本振信号频率低于射频信号载波频率，且本振信号为正极性输入，则下变频后的输出信号为负极性序列；如果本振信号为负极性输入，则下变频后的输出信号为正极性序列。以下变频混频器的本振信号为正极性序列为例，如图5-54所示，如果本振信号频率高于射频信号载波频率，则复数域带通滤波器的频率响应通带必须在正频率处；如果本振信号频率低于射频信号载波频率，则复数域带通滤波器的频率响应通带必须在负频率处。

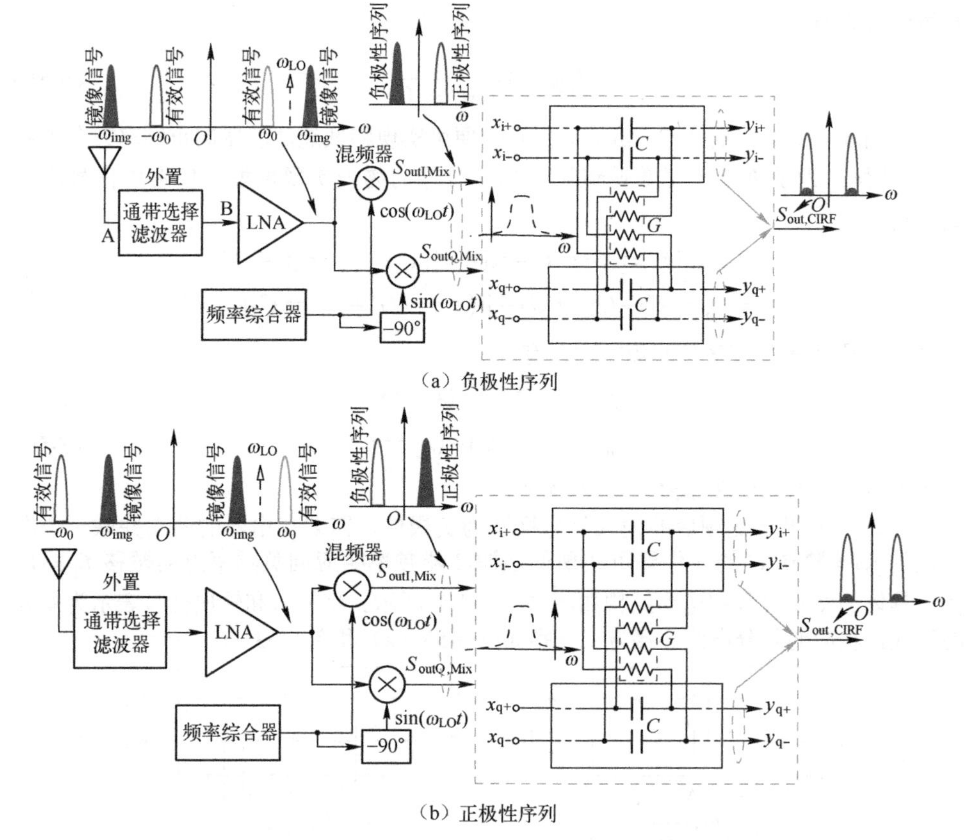


（a）负极性序列



（b）正极性序列

图 5-54 低中频架构不同极性信号对复数域带通滤波器的不同需求

## 5.4.2 正交失配

正交失配对低中频架构的影响与零中频架构类似，即同时引入正负频率方向频谱搬移导致频谱混叠。不失一般性，将正交失配集中在本振信号上，由式（5-8）～式（5-11）可知，频谱的具体搬移过程如图 5-55 所示。假设镜像频率处的干扰信号功率与有效信号功率相同，并定义镜像抑制比（IMage Rejection Ratio，IMRR）为下变频后有效信号功率与镜像信号功率的比值，则有

$$\mathrm{IMRR}=10\lg\frac{|P|^2 P_{\mathrm{S}}/2}{|N|^2 P_{\mathrm{I}}/2}=20\lg\frac{|P|}{|N|}=20\lg\frac{\left|1+(1+\varepsilon)\mathrm{e}^{\mathrm{j}\phi}\right|}{\left|1-(1+\varepsilon)\mathrm{e}^{-\mathrm{j}\phi}\right|} \tag{5-60}$$

式中，$P_{\mathrm{S}}$ 和 $P_{\mathrm{I}}$ 分别为有效信号和镜像信号功率。正交本振信号失配与镜像抑制比的关系如图 5-56 所示。由图可知，在电路设计时，如果镜像频率处存在较强的干扰信号，应尽可能地提高本振信号的匹配程度，尤其是对镜像抑制要求非常严格的通信系统。由图 5-55 可知，因为有效信号位于负频率处，为负极性序列，所以复数域镜像抑制滤波器的幅频通带响应必须位于负频率处，低中频架构的连接关系和图 5-54（b）相同。位于负频率处的有效信号和下变频过程中由于正交失配搬移至负频率处的镜像干

扰一同通过复数域带通滤波器，造成镜像干扰。而位于正频率处的镜像干扰和下变频过程中由于正交失配搬移至正频率处的有效信号被有效地抑制。如果复数域带通滤波器提供的镜像抑制足够大，即使只保留一路实数域输出，镜像干扰也只有通过正交失配的形式才会引入。因此，在对镜像抑制要求严格的通信系统中，正交信号的匹配程度必须进行严格要求。

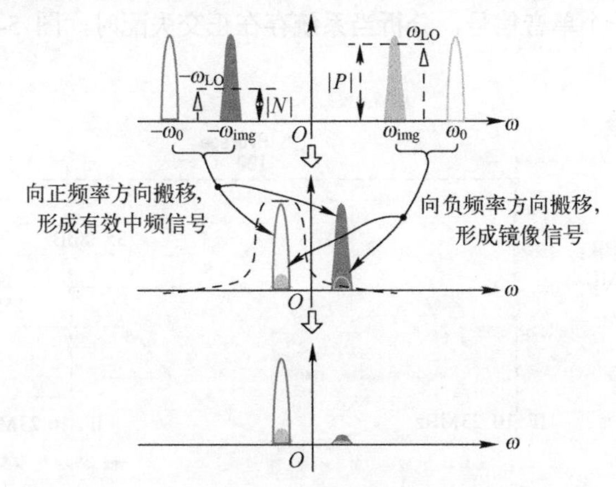


图 5-55　低中频架构中正交失配引入的镜像干扰

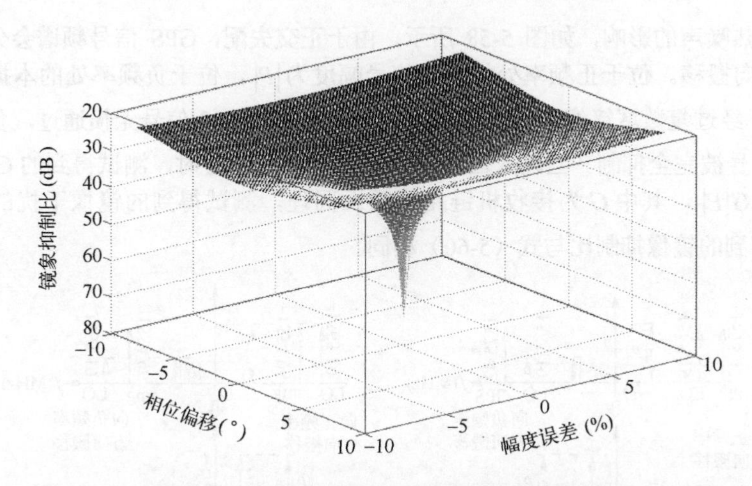


图 5-56　正交本振信号失配与镜像抑制比的关系

由上述分析可知，正交失配主要影响的是系统的镜像抑制能力，即使在镜像频率处不存在较强的干扰信号，如果正交失配比较严重的话，镜像频率处的热噪声同样也会对系统性能造成一定的影响。正交失配对系统性能的影响还可以从以下角度更加直观地来解释。低中频架构对镜像抑制能力的测试通常通过以下方式来进行：分别在有效信号频率处和镜像干扰频率处输入同等功率的单音信号，并通过频谱仪分别记录在中频频率处的输出功率，两者之差便是低中频架构接收机的镜像抑制比，可以直观地反映接收机内部的正交失配程度。

一款采用低中频架构的 GPS 接收机实测镜像抑制性能如图 5-57 所示。GPS 信号的频率位于 1575.42MHz，本振频率位于下边带，为 1565.19MHz，且采用负极性序列输入至混频器（频谱向负频率方向搬移），中频频率为 10.23MHz。下变频后的 GPS 中频信号为正极性序列，频谱位于正频率处，复数域镜像抑制滤波器设置为可以通过正极性序列的形式。接收机的镜像频率位于 1554.96MHz，下变频后的中频镜像信号是一个负极性序列，频谱位于负频率处。如果接收链路中不存在正交失配，则 GPS 中频信号会完全通过复数域带通滤波器，而镜像信号则被极大抑制。下面将 GPS 信号等效为一个单音信号，分析当系统存在正交失配时，图 5-57 所示的测试结果是如何产生的。

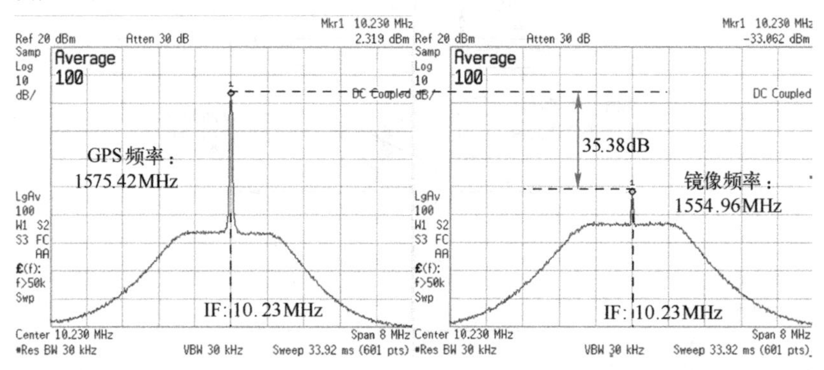


图 5-57 采用低中频架构的 GPS 接收机实测镜像抑制性能

忽略热噪声的影响，如图 5-58 所示，由于正交失配，GPS 信号频谱会分别向正负频率方向搬移。位于正频率处的本振信号幅度为$|P|$，位于负频率处的本振信号幅度为$|N|$，经过复数域镜像抑制滤波器后，正频率处的 GPS 信号无损通过，负频率处的 GPS 信号被完全抑制。当输入信号为单位幅度 GPS 信号时，测试得到的 GPS 信号的幅度为$G|P|$，其中$G$为接收机链路增益。同理，测试得到的镜像干扰的幅度为$G|N|$，得到的镜像抑制比与式（5-60）相同。

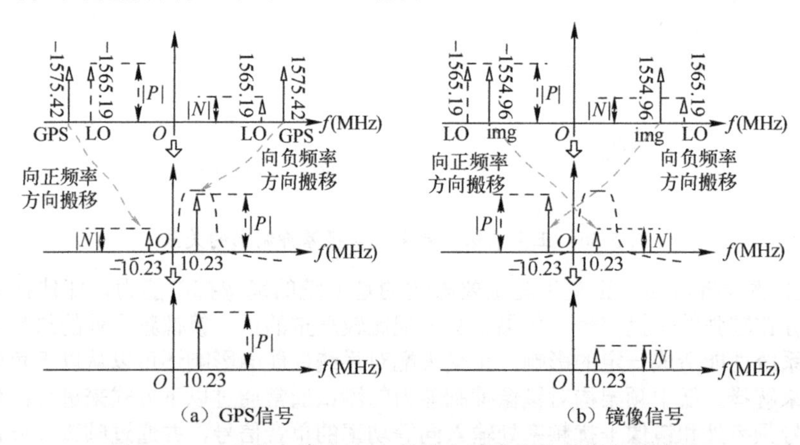


（a）GPS信号　（b）镜像信号

图 5-58 正交失配情况 GPS 信号和镜像信号频域处理过程

可以这样理解上述过程，由于存在正交失配，在频谱搬移的过程中，向负频率方向搬移的信号是原来的$|P|$倍，向正频率方向搬移的信号是原来的$|N|$倍。只有向负频率方向搬移的 GPS 信号才能通过复数域带通滤波器，而只有向正频率方向搬移的

镜像干扰才能通过复数域带通滤波器。这种情况可以等效为复数域镜像抑制滤波器在正频率处和负频率处均存在一定的通带响应，类似于将正交失配单音信号表达式（5-9）直接输入至复数域镜像抑制滤波器，并通过仿真其输出端信号幅度与输入端信号的幅度之比求其幅频响应。可以预测的是，此时的复数域镜像抑制滤波器在正频率处的通带幅度较高（正频率处是对 $Pe^{j\omega_0 t}$ 的响应），在负频率处的通带幅度较小（负频率处是对 $Ne^{-j\omega_0 t}$ 的响应），如图 5-59 所示。因此，图 5-58 可以等效为图 5-60 的形式，可以看出，两者在实数域具有相同的频谱。

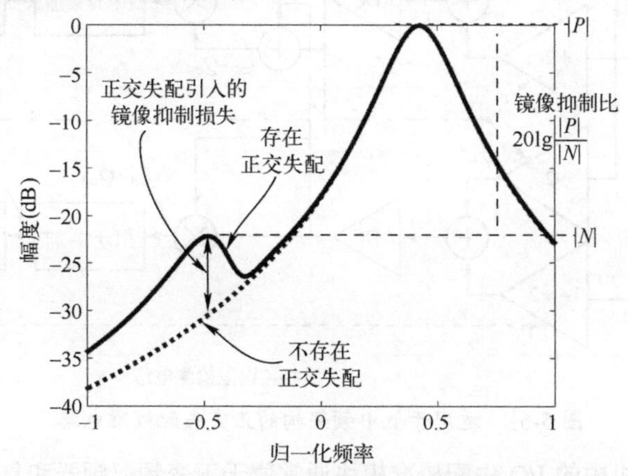


图 5-59　正交失配对复数域带通滤波器镜像抑制能力的影响

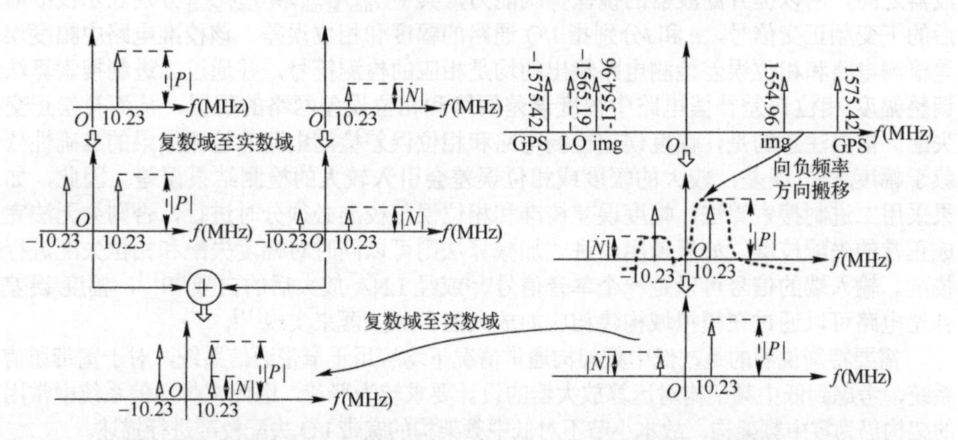


图 5-60　正交失配对系统镜像抑制的影响可以等效于对复数域带通滤波器镜像抑制能力的影响

将正交失配对镜像抑制性能的影响等效为复数域带通滤波器对镜像的抑制能力，能够更加直观地帮助理解正交失配对系统性能的影响。同时，此种形式还可以通过仿真复数域带通滤波器的幅频响应定量描述正交失配对镜像抑制性能的影响。

## 5.4.3　正交失配校准

低中频架构正交失配的校准主要集中在模拟域进行，且采用数模混合设计的方法。由式（5-20）所示的误差检测公式和图 5-33 所示的误差补偿电路结构图可以建立图 5-61 所示的正交失配校准电路结构[11]。本校准方法与图 5-34 所示的数字域校准方法基本原理是相同的，只是后者的校准精度和时间均由反馈因子 $u$ 决定，而前者由补偿电路中误差、相位校准精度和范围决定。

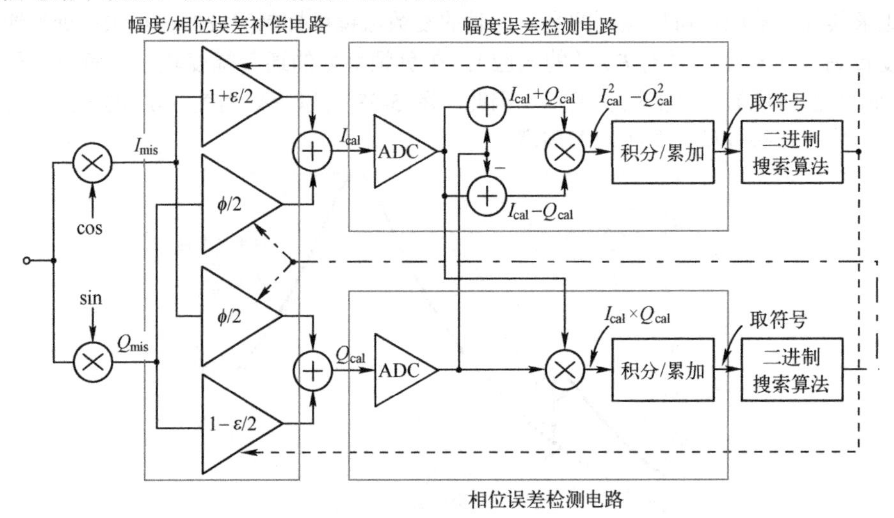


图 5-61 适用于低中频架构的正交失配校准电路

低中频接收机中的 I/Q 失配校准模块通常位于下变频混频器和复数域镜像抑制滤波器之间，用以提升滤波器的镜像抑制能力，其中 $I_{mis}/Q_{mis}$ 和 $I_{cal}/Q_{cal}$ 分别表示校准前后的下变频正交信号，$\varepsilon$ 和 $\phi$ 分别指 I/Q 通路的幅度和相位误差。该校准电路中幅度误差检测电路和相位误差检测电路输出的均是相应的检测符号，并通过二进制搜索算法调整幅度/相位误差补偿电路中幅度误差网络和相位误差网络的配置，从而补偿正交失配。需要注意的是，幅度误差检测电路和相位误差检测电路的检测结果的准确性依赖于幅度/相位误差，较大的幅度或相位误差会引入较大的检测结果误差。因此，如果采用二进制搜索算法，幅度误差校准和相位误差校准必须分时进行，否则会无法完成正常的失配校准。如果使用步进式加减算法则可以同时对幅度失配和相位失配进行校准。输入端的信号可以是一个单音信号[12]或经 LNA 放大后的白噪声[11]，幅度/误差补偿电路可以通过在模拟域构建相应的放大器和加法器来实现[11]。

需要特别说明的是，低中频架构通常情况下均应用于窄带通信系统，对于宽带通信系统，考虑到低中频架构对运算放大器的设计要求较为严苛，因此宽带通信系统中常用的架构仍为零中频架构，故本小节不对低中频架构的宽带 I/Q 失配校准进行描述。

### 5.4.4 直流偏移及直流偏移校准

和零中频架构类似，低中频架构同样面临着直流偏移的影响。大多数低中频架构下变频后的中频频率都偏低（大多数为 MHz 级别），并不适合采用隔直电容的形式将每个电路模块的直流偏置点进行隔离，否则有效信号低频处的频谱极易受到隔直电容的抑制，引入较强的码间串扰，影响解调性能。因此，低中频架构同样面临着本振泄漏和工艺失配等因素引入的直流偏移的影响，同时较强的带外干扰信号同样也会通过混频器有限的端口隔离引入直流偏移，必须采取一定的补偿措施来校准上述因素引入的直流偏移，避免后级电路模块的饱和。

适用于低中频架构的直流偏移校准电路（以基于运算放大器的增益模块为例）如图 5-62 所示，图（a）采用无源低通负反馈的形式[13]，图（b）采用有源积分负反馈的形式[14]（积分器类似于低通滤波器），两者均通过在低频处引入一个零点改善增益模块的幅频响应曲线来压制零频处的直流偏移。

由图 5-62 可知，增益模块开环链路增益幅频响应为

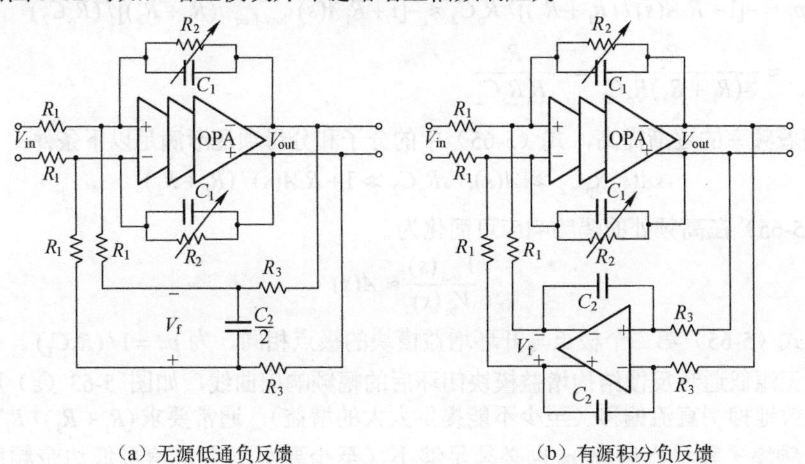


（a）无源低通负反馈　　（b）有源积分负反馈

图 5-62　适用于低中频架构的直流偏移校准电路

$$A(s)=\frac{R_2}{R_1}\frac{1}{1+sR_2C_1} \tag{5-61}$$

图 5-62（a）所示的无源低通负反馈结构的反馈系数为

$$\beta_{\mathrm{p}}(s)=\frac{V_{\mathrm{f}}(s)}{V_{\mathrm{out}}(s)}=\frac{R_1}{R_1+R_3+sR_1R_3C_2}=\frac{R_1/(R_1+R_3)}{1+sR_{\mathrm{p}}C_2} \tag{5-62}$$

式中，$R_{\mathrm{p}}=R_1\parallel R_3$。图 5-62（b）所示的有源积分负反馈结构的反馈系数为

$$\beta_{\mathrm{a}}(s)=\frac{V_{\mathrm{f}}(s)}{V_{\mathrm{out}}(s)}=\frac{1}{sR_3C_2} \tag{5-63}$$

则图 5-62 所示的两种直流偏移校准结构的闭环传输函数为

$$\frac{V_{\mathrm{out}}(s)}{V_{\mathrm{in}}(s)}=\frac{A(s)}{1+\beta_{\mathrm{p/a}}(s)A(s)} \tag{5-64}$$

因此，图 5-62 所示两种结构的闭环增益幅频响应分别为

$$\frac{V_{\mathrm{out}}(s)}{V_{\mathrm{in}}(s)}=\frac{V_{\mathrm{out,p}}(s)}{V_{\mathrm{in,p}}(s)}=\frac{A(s)+sA(s)R_{\mathrm{p}}C_2}{1+sR_{\mathrm{p}}C_2+R_1A(s)/(R_1+R_3)} \tag{5-65}$$

$$\frac{V_{\mathrm{out}}(s)}{V_{\mathrm{in}}(s)}=\frac{V_{\mathrm{out,a}}(s)}{V_{\mathrm{in,a}}(s)}=\frac{sA(s)R_3C_2}{sR_3C_2+A(s)} \tag{5-66}$$

无源低通负反馈结构的闭环传输函数在零频率处提供的增益为$(R_1+R_3)/R_1$，且存在一个新引入的零点：

$$z=-1/(R_{\mathrm{p}}C_2) \tag{5-67}$$

和极点：

$$p_1 = -\left[1 + R_1 A(s)/(R_1 + R_3)\right]/(R_p C_2) \tag{5-68}$$

为了实现直流偏移校准的功能，零频率处的增益$(R_1 + R_3)/R_1$不能设计得太大，否则校准没有任何意义，且新引入的零/极点频率必须足够小（新引入的极点频率通常称为高通频率角），以避免抑制有效信号频谱。因此，式（5-68）可以化简为

$$\begin{aligned} p_1 &= -[1 + R_1 A(s)/(R_1 + R_3)]/R_p C_2 \approx -[1 + R_1 A(s)|_{\text{low-freq}}/(R_1 + R_3)]/(R_p C_2) \\ &\approx -\frac{R_2}{(R_1 + R_3)R_p C_2} = -\frac{R_2}{R_1 R_3 C_2} \end{aligned} \tag{5-69}$$

随着频率的逐渐提高，式（5-65）中的分子和分母项逐渐满足以下条件：

$$sA(s)R_p C_2 \gg A(s),\ sR_p C_2 \gg 1 + R_1 A(s)/(R_1 + R_3) \tag{5-70}$$

则式（5-65）在高频处的幅频响应可简化为

$$\frac{V_{\text{out}}(s)}{V_{\text{in}}(s)} \approx A(s) \tag{5-71}$$

因此，式（5-65）第二个极点与开环增益模块的极点相同，为$p_2 = 1/(R_2 C_1)$。据此可以画出无源低通负反馈结构增益模块闭环后的幅频响应曲线，如图 5-63（a）所示。为了有效地抑制直流偏移（至少不能提供太大的增益），通常要求$(R_1 + R_3)/R_1 \leqslant 2$，且零点频率$z$和极点频率$p_1$也必须足够小（至少要小于有效信号低边带频率的一半）才能满足抑制直流通过有效信号的作用。可以看出，$R_3$不能选取得太大，通常需要小于$R_1$。因为零点频率$z$和极点频率$p_1$受限于有效信号低边带的频率必须选取得足够小，所以电容$C_2$必须选取得足够大才能满足上述设计要求。例如，选取$R_1 = R_3 = 100\text{k}\Omega$，增益模块的开环增益为 60dB，假设高通频率角小于 100kHz，则有$p_1 < 100\text{kHz}$，此时电容$C_2$为 16nF，显然是无法集成的。

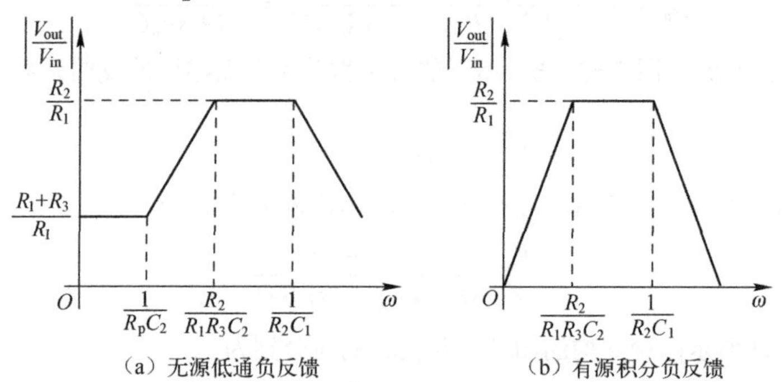


图 5-63 低中频架构直流偏移校准电路幅频响应示意图

通常的做法是将图 5-62（a）中增益模块多级化，并在每级增益模块中分别加入直流偏移校准电路，如图 5-64 所示。多级化后，每级增益变为

$$A_u = \sqrt[n]{|A(s)|_{\text{low-freq}}} \tag{5-72}$$

式中，$n$ 为增益模块的级数。由于每级增益模块中引入的零极点表达式均不变，但是增益模块的增益降低了，电容$C_2$会大大减小。对于图 5-64 的情况所示，如果级联增

益为 1000，多级化后每级增益为 10，重新计算电容 $C_2$ 为 160pF，可以很容易地集成在芯片中。

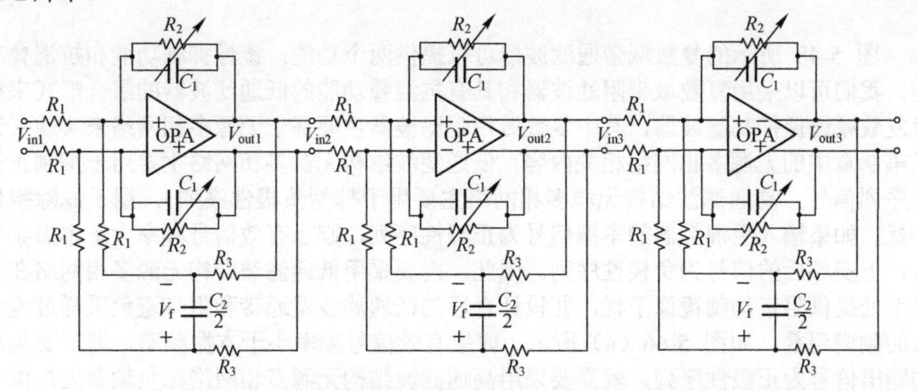


图 5-64 增益模块多级化后的直流偏移校准电路（无源低通负反馈结构）

对于图 5-62（b）所示的基于有源积分负反馈的直流偏移校准电路结构，由式（5-66）可知，引入的零点在零频率处，因此对直流偏移具有很好的抑制性，新引入的极点，即高通频率角表达式为

$$p_1 = -\frac{A(s)}{R_3 C_2} \tag{5-73}$$

因为高通频率角必须设计得足够小，所以式（5-73）可以简化为

$$p_1 = -\frac{R_2}{R_1 R_3 C_2} \tag{5-74}$$

随着频率的逐渐提高，$sR_3C_2 \gg A(s)$ 成立，式（5-66）在高频处的幅频响应同样可以简化为式（5-71），其幅频响应曲线如图 5-63（b）所示。可以看出，有源积分负反馈结构的直流偏移校准方法相较于无源低通负反馈结构的直流偏移校准方法具有更好的直流偏移抑制能力，代价是需要增加一个运算放大器，功耗较高。同理，有源积分负反馈的直流偏移校准电路也面临着积分电容 $C_2$ 过大的问题，必须进行增益模块的多级化处理，如图 5-65 所示。

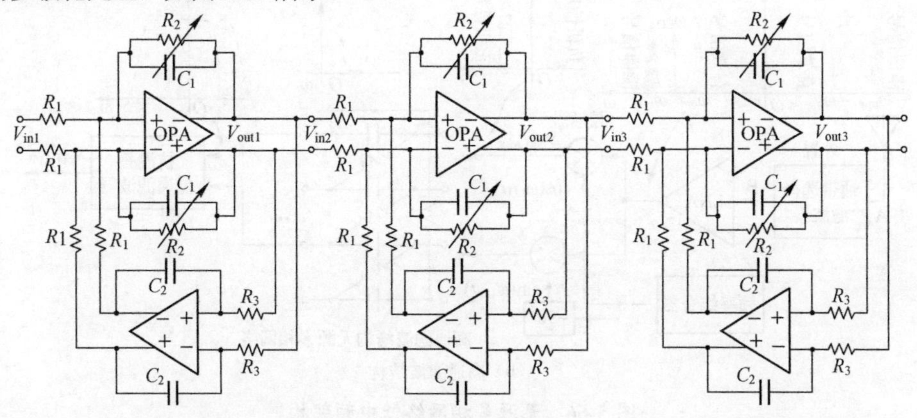


图 5-65 增益模块多级化后的直流偏移校准电路（有源积分负反馈结构）

## 5.4.5 基于无源多相网络的低中频接收机

图 5-48 所示的复数域带通滤波器可以提供两个功能：镜像抑制功能和抗混叠功能。我们可以采用复数域带阻滤波器和具有抗混叠功能的低通滤波器的组合形式来替代复数域镜像抑制滤波器，其中复数域带阻滤波器主要基于无源多相网络来实现（详见第 9 章中的无源多相网络相关内容。低通滤波结构无源多相网络主要用于抑制正极性序列信号。高通滤波结构无源多相网络主要用于抑制负极性序列），用于滤除镜像干扰。如果输入至混频器的本振信号为正极性序列，则当有效信号频率大于本振频率时，下变频后的信号为负极性序列。因此，需要采用低通滤波结构无源多相网络在正频率处提供阻带抑制镜像干扰，并设计合适的低通滤波器通带和阻带避免采样过程引入的频谱混叠，如图 5-66（a）所示。如果有效信号频率小于本振频率，则下变频后的输出信号为正极性序列，就需要采用高通滤波结构无源多相网络在负频率处提供阻带抑制镜像干扰，如图 5-66（b）所示。

相较于采用复数域镜像抑制滤波器的低中频架构接收机而言，采用无源多相网络可以节省一个有源滤波器，降低整个接收机的功耗。

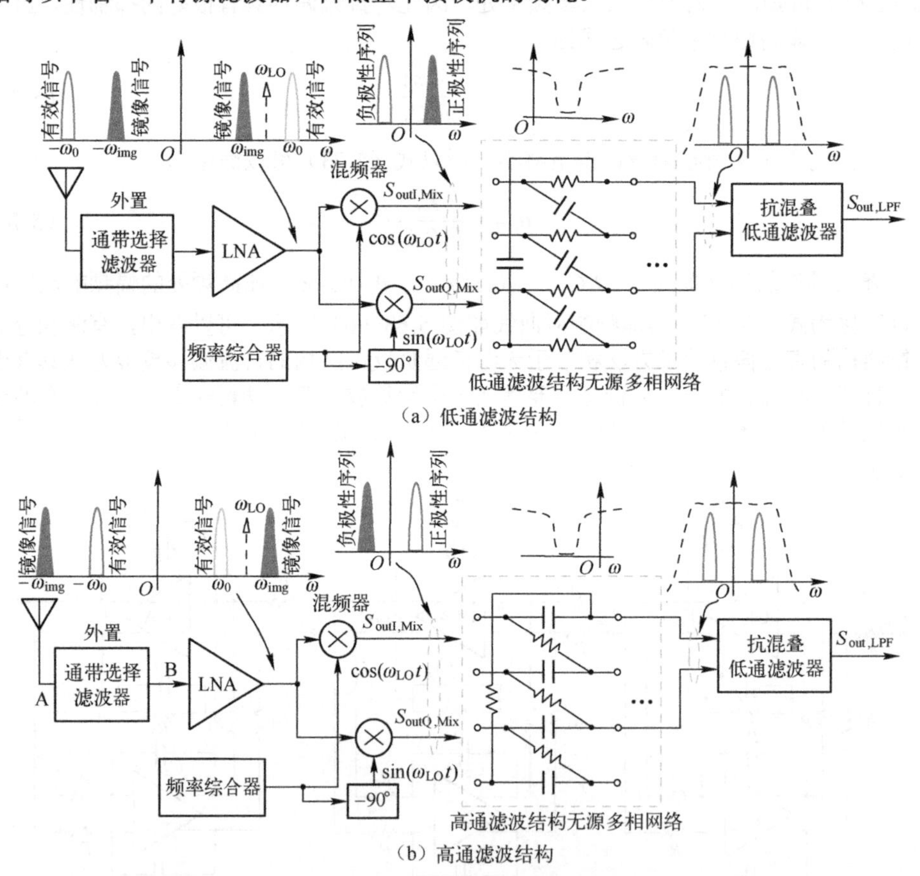

（a）低通滤波结构


（b）高通滤波结构

图 5-66 无源多相网络低中频架构

# 5.5　直接变频射频发射机

射频发射集成电路主要用于实现基带信号的上变频并将上变频后的射频信号放大至预期功率值。图 5-12 为射频发射集成电路经常采用的一种架构形式，即单边带调制，并根据是否存在基带子载波和变频次数将射频发射集成电路分为三种架构：直接变频射频发射集成电路架构、低中频射频发射集成电路架构和超外差射频发射集成电路架构。

射频发射机与射频接收机虽然在架构上存在互易性，但是对性能指标的要求却是截然不同的。首先发射结构由于信号功率较强，因此基本不用考虑热噪声的影响，且发射链路中也不会存在直流失配、偶次非线性失真、镜像干扰等问题，这些因素使得发射机的设计相较于接收机更加简单化。发射链路也存在自身比较棘手并需要解决的问题，如正交失配的校准机制比较复杂、载波泄漏、具有高功率发射要求的 PA 高线性度等。直接变频射频发射机的设计与零中频射频接收机的设计具有相似性，即在较高通信码速率的情况下，一般采用直接变频结构。因为此时的闪烁噪声影响基本可以忽略，且低通滤波器的带宽只需要设计为码速率的一半即可，可以降低功耗和滤波器的设计复杂度，在低通采样情况下，对 DAC 的转换速率要求也较低。对图 5-12 进行简单的变形即可得到直接变频射频发射机的架构，如图 5-67 所示。

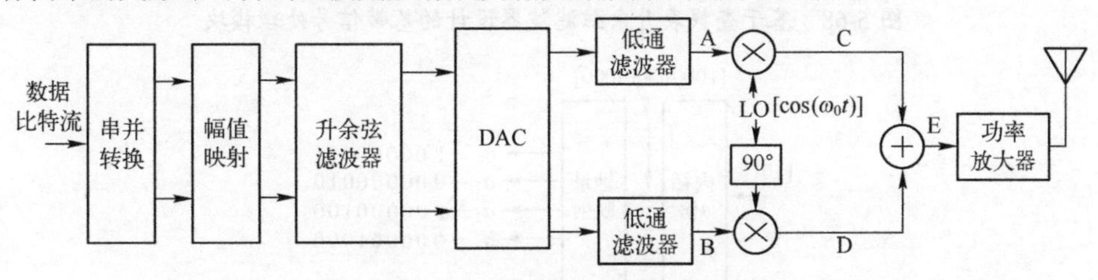


图 5-67　直接变频射频发射机架构

仍以 QPSK 调制方式为例对图 5-67 所示架构进行说明（其他调制方式与此类似），QPSK 调制信号的表达式为（节点 E）

$$S(t)=A_{\mathrm{m}}\cos(\omega_0 t+\varphi_{\mathrm{mod}})=A_{\mathrm{m}}\cos\varphi_{\mathrm{mod}}\cos\omega_0 t-A_{\mathrm{m}}\sin\varphi_{\mathrm{mod}}\sin(\omega_0 t) \tag{5-75}$$

式中，$\varphi_{\mathrm{mod}}=45°, 135°, 225°, 315°$，则在星座图中 $S(t)$ 的坐标点为$[A_{\mathrm{m}}\cos\varphi_{\mathrm{mod}}, A_{\mathrm{m}}\sin\varphi_{\mathrm{mod}}]$。解调过程就是根据去载波后的复数域基带信号或基带差分信号在星座图中所处的象限判断具体的解调输出码流的，经过并串转换后便可输出相应的比特流信号。经过反向推演，可以详细地了解图 5-67 所示发射机架构的具体工作方法。同向支路中节点 C 处的表达式为 $A_{\mathrm{m}}\cos\varphi_{\mathrm{mod}}\cos\omega_0 t$，正交支路中节点 D 处的表达式为 $A_{\mathrm{m}}\sin\varphi_{\mathrm{mod}}\sin\omega_0 t$，A 和 B 两点的表达式分别为 $A_{\mathrm{m}}\cos\varphi_{\mathrm{mod}}$ 和 $A_{\mathrm{m}}\sin\varphi_{\mathrm{mod}}$，即星座图中的坐标点。反向经过滤波器后，同向和正交支路的表达式不发生变化。反向经过 DAC 后，由模拟域进入数字域。升余弦滤波器的作用主要是在压缩基带频谱的情况下不引入码间串扰，如果解调过程中位定时精度较高，可以忽略升余弦滤波器对解调性能的影响。因此，幅度映射后的同向和正交支路信号与相同，对幅度 $A_{\mathrm{m}}$ 进行归一化，可得串并转换后的同向正交支路信号分别为$\cos\varphi_{\mathrm{mod}}$和$\sin\varphi_{\mathrm{mod}}$，则 A、B 两点串并转换之前的数据比特流为$\sqrt{2}[\cos\varphi_{\mathrm{mod}1},\sin\varphi_{\mathrm{mod}1},\cos\varphi_{\mathrm{mod}2},\sin\varphi_{\mathrm{mod}2},\cdots,\cos\varphi_{\mathrm{mod}n},\sin\varphi_{\mathrm{mod}n}]$，其中$\varphi_{\mathrm{mod}m}=45^\circ,135^\circ,225^\circ,315^\circ,m=1,2,\cdots,n$。该比特流为双极性比特流，将对应的 1 表示为 0，−1 表示为 1，则可得相应的数据比特流。

通常升余弦滤波器是具有一定内插系数的 FIR 滤波器，因此幅度映射后的基带信号需要经过一个内插过程才能送至升余弦滤波器。因为 FIR 滤波器通常需要较多的乘法器和加法器，占用的逻辑资源较为庞大，所以在射频 SoC 芯片的设计过程中，通常采用查找表的形式简化升余弦滤波器的设计。此时的幅度映射过程可以一同放入查找表中进行实现，具体实现过程如图 5-68 所示，相应的内插及地址映射过程如图 5-69 所示（以 4 倍内插为例）。

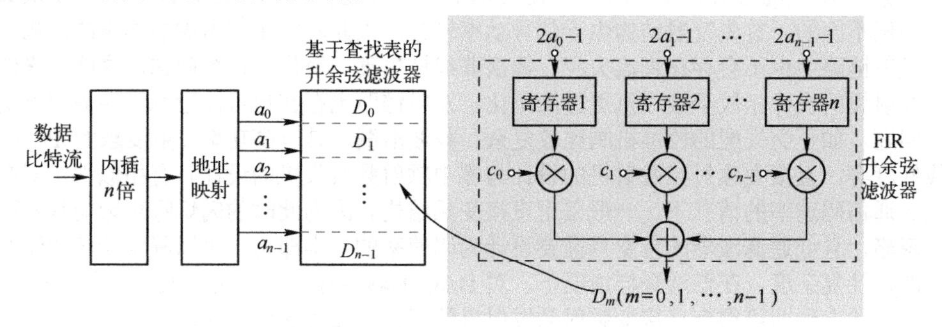


图 5-68　基于查找表升余弦滤波器设计的基带信号处理模块

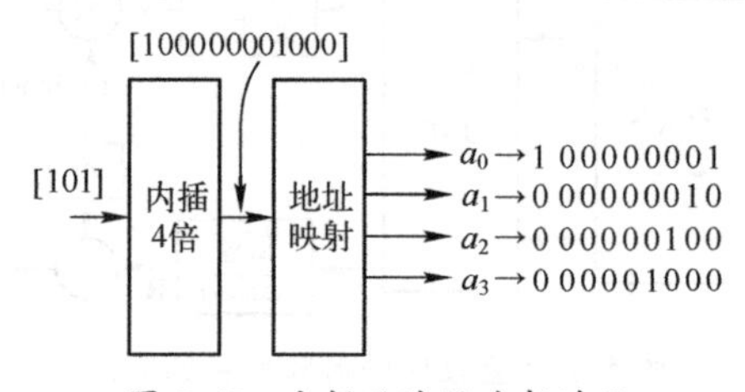


图 5-69　内插及地址映射过程

图 5-67 所示的直接变频发射机结构在设计时同样有一些需要特别注意的地方，否则会直接恶化发射信号的质量，甚至影响整个通信系统的可靠性，最典型的就是正交失配、载波泄漏和 PA 的线性化。本节重点介绍前两种情况，PA 的线性化问题将在第 8 章中进行详细介绍。

## 5.5.1　正交失配

不失一般性，同样假设所有的正交失配均等效至本振输出端。由式（5-75）可知，不存在正交失配时，QPSK 调制信号的频谱如图 5-70 所示。存在正交失配时，式（5-75）可以重新表示为

$$S(t)=A_{\mathrm{m}}\cos\varphi_{\mathrm{mod}}\cos\omega_0 t-(1+\varepsilon)A_{\mathrm{m}}\sin\varphi_{\mathrm{mod}}\sin(\omega_0 t+\phi)\tag{5-76}$$

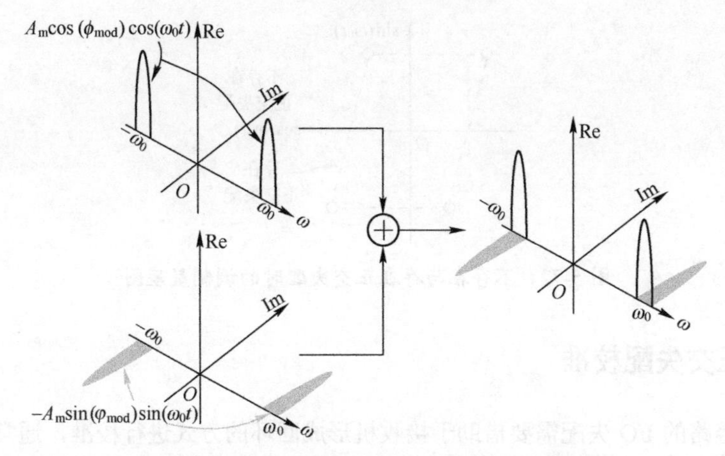


图 5-70　不存在正交失配时的 QPSK 频谱图

存在正交失配时的 QPSK 频谱图如图 5-71 所示。同向支路的频谱形状没有发生任何改变，而正交支路的频谱形状在幅度增加$(1+\varepsilon)$倍的情况下，相位也分别顺时针和逆时针旋转了$\phi$（负频率处顺时针，正频率处逆时针）。因此，正交失配可以改变 QPSK 调制信号的发射频谱，从而也会影响接收性能。

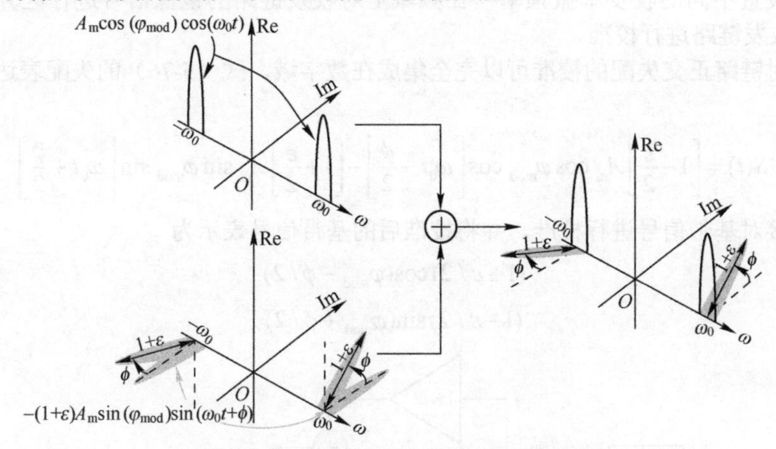


图 5-71　存在正交失配时的 QPSK 频谱图

我们也可以从星座图的角度来理解正交失配对直接变频发射机的影响，式（5-76）可以变换为

$$\begin{aligned}S(t)&=A_m\cos\varphi_{mod}\cos\omega_0 t-(1+\varepsilon)A_m\sin\varphi_{mod}\sin(\omega_0 t+\phi)\\&\approx A_m\cos\varphi_{mod}\cos\omega_0 t-(1+\varepsilon)A_m\sin\varphi_{mod}\sin(\omega_0 t)-(1+\varepsilon)A_m\sin\varphi_{mod}\cos(\omega_0 t)\sin\phi\\&=A_m[\cos\varphi_{mod}-(1+\varepsilon)\phi\sin\varphi_{mod}]\cos\omega_0 t-(1+\varepsilon)A_m\sin\varphi_{mod}\sin(\omega_0 t)\end{aligned}\tag{5-77}$$

假设$\varepsilon>0$，$\phi>0$，则不存在与存在正交失配情况下的调制星座图如图 5-72 所示。可以看出，存在正交失配时，用于判决象限位置的最小欧氏距离被压缩了，因此相应的解调性能也会受到影响，增大误码率。

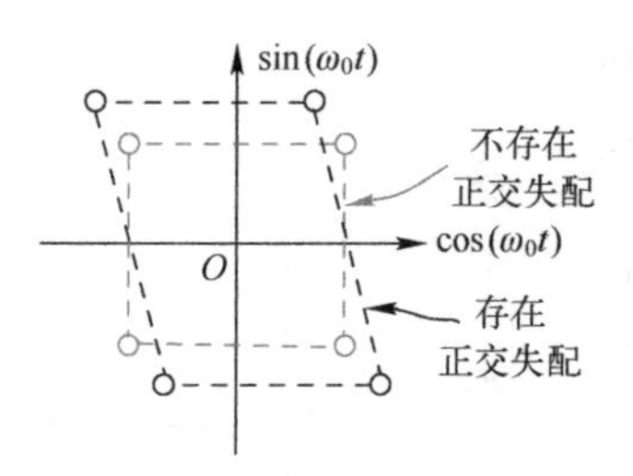


图 5-72 不存在与存在正交失配时的调制星座图

## 5.5.2 正交失配校准

发射链路的 I/Q 失配需要借助于接收机形成回环的方式进行校准，通常采用收发串行校准的方式进行[15]。首先利用内置本振产生的单音信号注入射频接收机中对其 I/Q 通路进行失配校准，然后发射和接收链路形成回环。在基带中基于 DDS 提供单音信号，经过回环链路后估计出的 I/Q 通路失配即为发射链路的 I/Q 失配参数。发射链路中的正交失配校准电路可参考图 5-73 所示的电路结构。为了进一步加快校准速度，文献[16-17]利用 I/Q 失配能够引入镜像信号的原理，采用多个不同频率的单音信号[16]或设置不同的收发本振频率[17]在频域上对收发链路的镜像信号进行区分，可以同时对收发链路进行校准。

发射链路正交失配的校准可以完全集成在数字域，式（5-76）的失配表达式可以变换为

$$S(t)=\left[1-\frac{\varepsilon}{2}\right]A_{\mathrm{m}}\cos\varphi_{\mathrm{mod}}\cos\left[\omega_0 t-\frac{\phi}{2}\right]-\left[1+\frac{\varepsilon}{2}\right]A_{\mathrm{m}}\sin\varphi_{\mathrm{mod}}\sin\left[\omega_0 t+\frac{\phi}{2}\right] \quad (5\text{-}78)$$

直接对基带信号进行校准，并将校准后的基带信号表示为

$$(1+\varepsilon/2)\cos(\varphi_{\mathrm{mod}}-\phi/2) \quad (5\text{-}79)$$

$$(1-\varepsilon/2)\sin(\varphi_{\mathrm{mod}}+\phi/2) \quad (5\text{-}80)$$

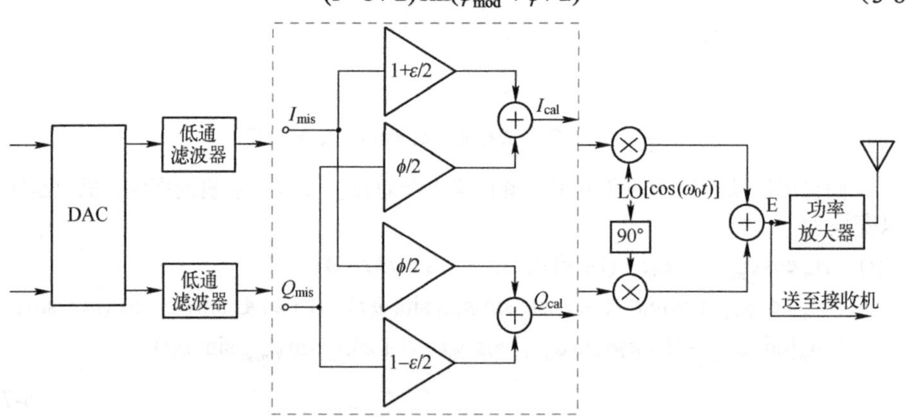


图 5-73 直接变频发射机正交失配校准电路图

代入式（5-78）可得

$$
\begin{aligned}
S(t)&=\left[1-\frac{\varepsilon^2}{4}\right]A_{\mathrm{m}}\cos\left[\varphi_{\mathrm{mod}}-\frac{\phi}{2}\right]\cos\left[\omega_0 t-\frac{\phi}{2}\right]-\left[1-\frac{\varepsilon^2}{4}\right]A_{\mathrm{m}}\sin\left[\varphi_{\mathrm{mod}}+\frac{\phi}{2}\right]\sin\left[\omega_0 t+\frac{\phi}{2}\right]\\
&\approx A_{\mathrm{m}}\left[\cos\varphi_{\mathrm{mod}}\cos\frac{\phi}{2}+\sin\varphi_{\mathrm{mod}}\sin\frac{\phi}{2}\right]\left[\cos\omega_0 t\cos\frac{\phi}{2}+\sin\omega_0 t\sin\frac{\phi}{2}\right]-\\
&\qquad A_{\mathrm{m}}\left[\sin\varphi_{\mathrm{mod}}\cos\frac{\phi}{2}+\cos\varphi_{\mathrm{mod}}\sin\frac{\phi}{2}\right]\left[\sin\omega_0 t\cos\frac{\phi}{2}+\cos\omega_0 t\sin\frac{\phi}{2}\right]\\
&\approx A_{\mathrm{m}}\cos\varphi_{\mathrm{mod}}\cos\omega_0 t\left[\cos^2\frac{\phi}{2}-\sin^2\frac{\phi}{2}\right]-A_{\mathrm{m}}\sin\varphi_{\mathrm{mod}}\sin\omega_0 t\left[\cos^2\frac{\phi}{2}-\sin^2\frac{\phi}{2}\right]\\
&\approx A_{\mathrm{m}}\cos\varphi_{\mathrm{mod}}\cos\omega_0 t-A_{\mathrm{m}}\sin\varphi_{\mathrm{mod}}\sin\omega_0 t
\end{aligned}
\tag{5-81}
$$

因此，在数字域进行正交失配校准的电路如图 5-74 所示。图中共计需要 6 个乘法器和 2 个加法器，因为增益/相位校准精度和范围是预先设定好的，所以乘法器可以通过移位累加得到，减少硬件资源的消耗。还可以采用查找表的形式来实现相位补偿过程，如图 5-75 所示。数据流串并转换后的并行输出选择查找表中的相应象限，从接收机中反馈的相位误差符号控制相位误差的变化方向，相位误差控制字则控制最终的相位误差，即图中 $n$ 。

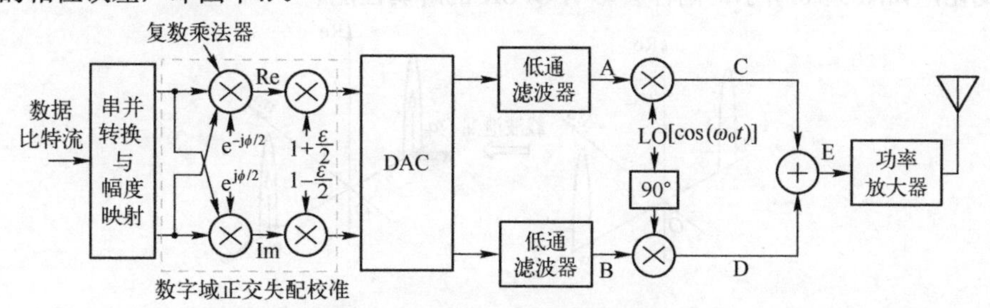


图 5-74 数字域正交失配校准电路图

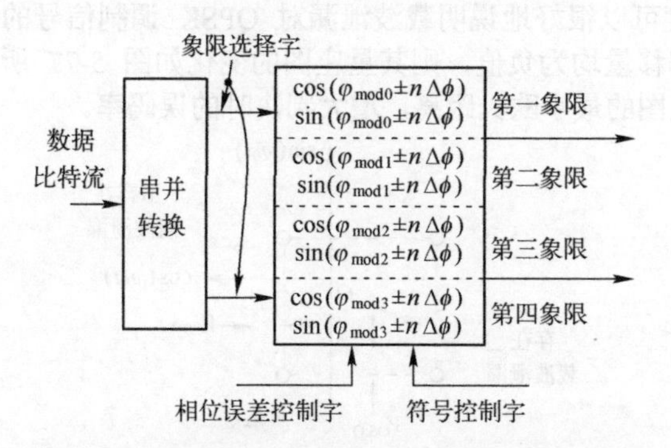


图 5-75 基于查找表结构的数字域相位误差校准

对于宽带通信系统，I/Q 误差失配除与 PVT、LO 相位失配等因素相关外，还与频率有着明显的关系（滤波器的群延时失配导致 I/Q 相位失配与频率密切相关）。文献[18]通过在回环链路的发射输入端注入两个不同频率的单音信号，通过交叉回环连接的方式，利用线性内插可以同时计算出收发链路群延时失配与频率的关系，通过在

I/Q 支路中引入具有不同群延时特性的 FIR 滤波器[18]或负载电容调谐[19]来补偿 I/Q 支路的相位失配与频率的关系。文献[20]在文献[18]的基础上通过引入相位旋转模块有效解决了 I/Q 幅度失配与频率之间的依赖关系。针对温度变化对 I/Q 失配的影响，文献[21]提出了一种基于迭代技术的在线追踪方案，可有效跟踪温度变化对发射机 I/Q 失配造成的影响并进行动态补偿。当然，也可以根据图 5-35 所示的校准方法对发射链路的 I/Q 幅相失配进行校准，具体工作原理不再阐述。

## 5.5.3 载波泄漏

载波泄漏是射频发射机中存在的一个非常典型的现象，主要是由于同向和正交支路中存在直流偏移引起的。假设同向和正交支路中存在的直流偏移量分别为$V_{\text{OS,I}}$和$V_{\text{OS,Q}}$，则式（5-75）可以重新表示为

$$\begin{aligned} S(t) &= (A_{\text{m}}\cos\varphi_{\text{mod}} + V_{\text{OS,I}})\cos\omega_0 t - (A_{\text{m}}\sin\varphi_{\text{mod}} + V_{\text{OS,Q}})\sin(\omega_0 t) \\ &= A_{\text{m}}\cos\varphi_{\text{mod}}\cos\omega_0 t - A_{\text{m}}\sin\varphi_{\text{mod}}\sin(\omega_0 t) + V_{\text{OS,I}}\cos\omega_0 t - V_{\text{OS,Q}}\sin(\omega_0 t) \end{aligned} \tag{5-82}$$

式中，$V_{\text{OS,I}}\cos\omega_0 t - V_{\text{OS,Q}}\sin(\omega_0 t)$为载波泄漏项。QPSK 调制信号的频谱也会发生一定的变化，如图 5-76 所示，同样会影响 QPSK 的解调性能。

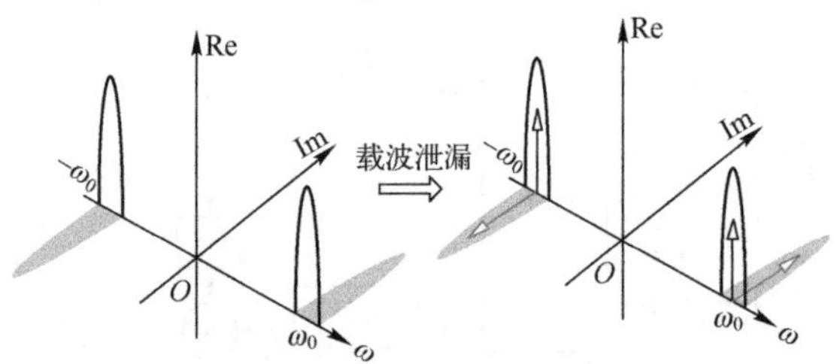


图 5-76 载波泄漏对 QPSK 调制信号频谱的影响

星座图的角度可以很好地说明载波泄漏对 QPSK 调制信号的影响。假设同向和正交支路的直流偏移量均为负值，则其星座图的变化如图 5-77 所示。可以看出，载波泄漏会减小星座图的最小欧氏距离，增大判决时的误码率。

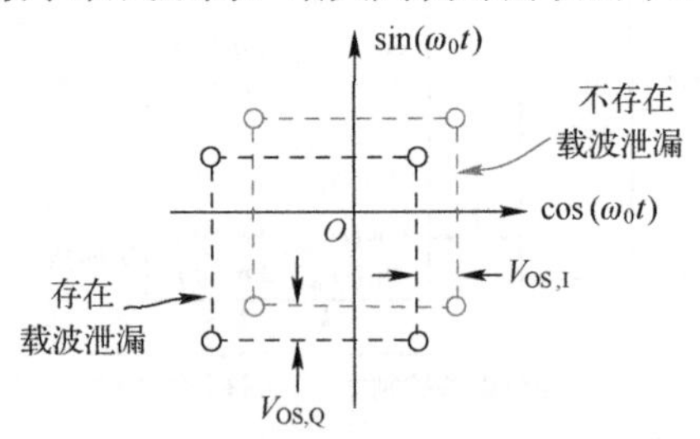


图 5-77 载波泄漏对 QPSK 调制信号星座图的影响

在发射链路的基带中存在子载波的情况下，载波泄漏还会导致发射机的发射频谱出现带外单音增生现象（也称为本振泄漏）。对于 FDD 收发机，当接收频率和发射频率接近的情况下，严重时会使接收链路饱和。

## 5.5.4 载波泄漏校准

发射链路的载波泄漏可以在接收机内部进行校准，即对数字化后的基带信号进行直流补偿，如图 5-78 所示。

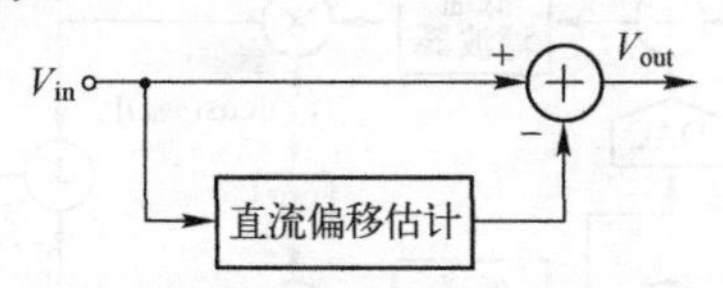


图 5-78 接收端通过直流偏移补偿对载波泄漏进行抑制

在大多数通信系统中，传输和处理的信号均为广义的随机平稳过程，即其平均值为一个固定值（通常为 0），因此

$$\frac{1}{n}\sum_{n}(A_{m}\cos\varphi_{\mathrm{mod}\,n}+V_{\mathrm{OS,I}})=V_{\mathrm{OS,I}} \tag{5-83}$$

$$\frac{1}{n}\sum_{n}(A_{m}\sin\varphi_{\mathrm{mod}\,n}+V_{\mathrm{OS,Q}})=V_{\mathrm{OS,Q}} \tag{5-84}$$

通过对数字基带信号累加取平均，可以对同向和正交支路存在的直流偏移进行估计，并将估计值反馈至信号通路中便可实现直流偏移补偿。因为通信过程中存在的一些随机或偶然过程，直流偏移值是一个随机抖动的过程，所以直流偏移估计一般都是实时进行的，即每 $n$ 个时钟周期更新一次补偿值，补偿后的同向和正交基带信号表达式分别为

$$A_{m}\cos\varphi_{\mathrm{mod}}+\Delta V_{\mathrm{OS,I}},\ A_{m}\sin\varphi_{\mathrm{mod}}+\Delta V_{\mathrm{OS,Q}} \tag{5-85}$$

直流偏移补偿后的星座图可以得到一定的改善，如图 5-79 所示，解调性能也会得到相应的提升。

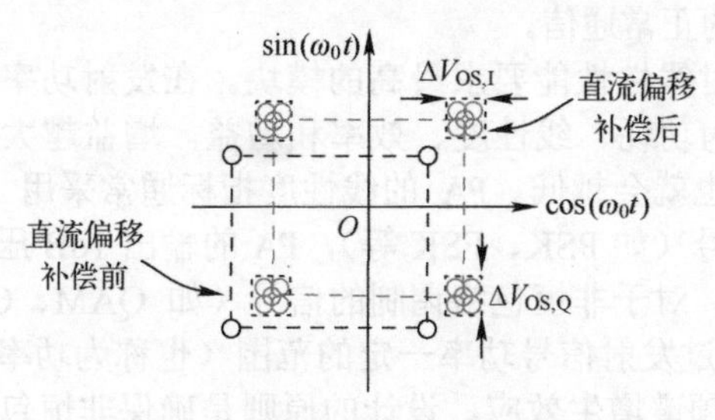


图 5-79 直流偏移补偿前后的星座图对比

发射链路的载波泄漏校准通常也可采用收发回环的校准方式[22-27]，通过泄漏幅度检测（见图 5-80）[25]、下变频至基带或直流进行数字域功率检测（频域检测[24-26]或时域检测[23]）等方式估计泄漏载波（本振）信号，并与预设功率进行比较，产生的反馈信号通过 DAC 对 I、Q 两路的失配进行电压或电流补偿以抑制载波（本振）泄漏。为了避免功率预估过程引入的电路设计复杂度，文献[22]提出了数字域微分及符号量化的方式并采用二进制搜索算法对 I、Q 两路的直流失配分别进行补偿，复杂度得到了有效降低，且校准时间仅为 16μs。文献[28-29]采用高精度

ADC 直接对发射机中的差分支路进行直流偏移检测，根据反馈的差值对相应差分支路进行补偿，避免了收发回环过程带来的较高设计复杂度，但是此类方法对 ADC 的精度要求较高，且无法校准由于混频器开关管和驱动管的失配导致的载波（本振）泄漏。

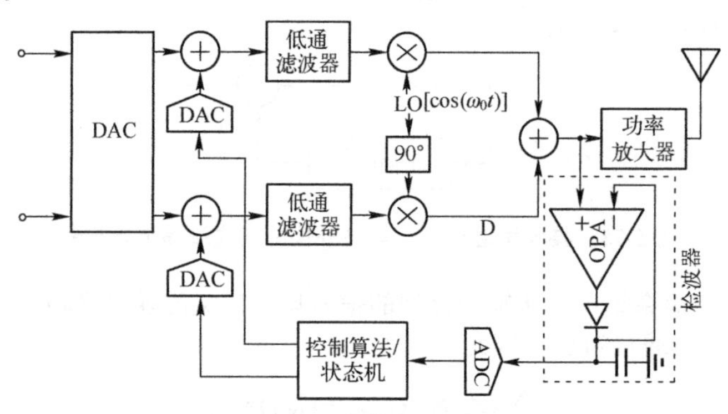


图 5-80 发射端载波泄漏校准电路

## 5.5.5 信号调制方式与非线性效应

发射机对链路中各电路模块的线性度要求比接收链路高很多，因为典型情况下，接收链路通常将信号放大至 0dBm 左右，而发射链路的发射信号功率大多在 30dBm 左右甚至更高，所以后者对线性度的高要求是确保信号质量的关键因素。模块的非线性除影响信号的质量外（对于 OFDM 通信系统或 FDD 系统，非线性会引入交调成分，导致带内干扰增大，恶化信噪比），还会引入频谱增生问题，恶化相临信道的通信质量（抬高了噪底）。频谱增生现象的产生可以这样来理解：非线性系统中存在的不同频率之间的交调现象和单音信号的谐波现象会明显地拓展发射信号的频谱宽度，影响相邻信道的正常通信。

PA 是发射机中对线性性能要求最高的模块。在发射功率一定的情况下，衡量 PA 性能好坏的指标为功耗、线性度、效率和增益。增益越大、线性度越高，对前级模块的线性度要求也就会越低。PA 的线性度指标通常采用 1dB 压缩点来衡量，即对于恒包络调制信号（如 PSK、FSK 等），PA 的输出 1dB 压缩点必须大于或等于需要发射的信号功率。对于非恒包络调制的信号（如 QAM、OFDM 等），PA 的输出 1dB 压缩点必须超过发射信号功率一定的范围（也称为功率回退）才能保证发射信号的质量和较小的频谱增生效应。设计的原则是确保非恒包络调制信号的输出最大幅值仍不超过 PA 的输出 1dB 增益压缩点，否则当发射信号的功率与 PA 的 1dB 压缩点相当，且调制格式为非恒包络调制时，信号极易产生 AM/AM 调制和 AM/PM 调制。AM/AM 调制是所有非线性系统均存在的，较强的功率信号迫使电路模块进入非线性区，产生的一种幅度调制现象。AM/PM 的产生一般存在于非恒包络调制中，较大幅度的信号产生了增益压缩，而较小幅度的信号增益不变。如果较大和较小的幅度分别同时位于同向支路和正交支路，必然引起调制相位的改变，导致 AM/PM 调制，使信号的星座图发生旋转（以 16QAM 调制为例，见图 5-81），减小判决的最小欧氏距离。

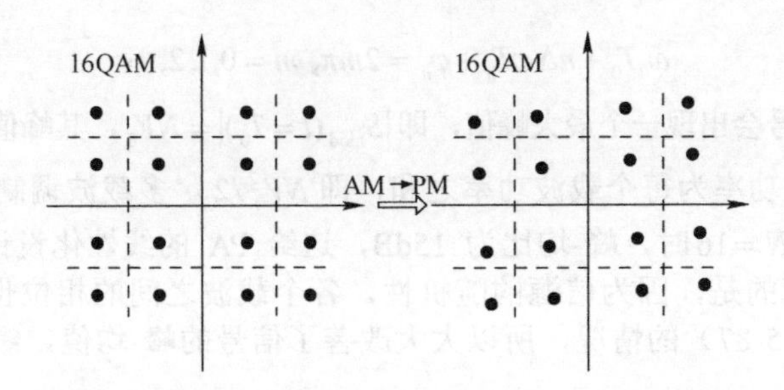


图 5-81　AM/PM 调制导致的星座图旋转（16QAM）

需要注意的是，PSK 等调制方式由于存在相位的突变，并不是严格的恒包络调制（即使通过升余弦滤波器减弱相位的突变，其幅度的波动仍然存在）。以 QPSK 调制为例，调制后的星座图轨迹并不是一个圆形，由于存在相位突变的情况其幅度波动仍然存在。如图 5-82 所示（星座点之间的黑色轨迹线为相位突变时的运动轨迹），QPSK 调制最大幅度圆的幅度比预期幅度圆的幅度高出 2dB。因此，即使对于 PSK 等调制信号，PA 在设计时也需要提供一定的功率回退。具有理想恒包络调制功能的调制方式为 GMSK，高斯滤波后的平滑相位移动使星座图轨迹始终位于一个恒幅度圆上，因此不存在幅度波动的现象，对 PA 的线性需求也是最宽松的。

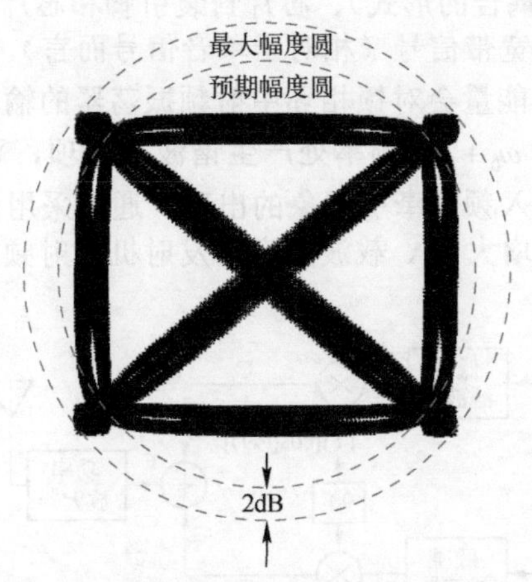


图 5-82　调制后的 QPSK 信号星座图轨迹

在现代通信系统中，为了高质量传输超高码速率数据流（如高清视频数据），通常采用多载波调制方式，如 OFDM。OFDM 采用多个在频域上均匀分布且相互正交的载波来调制数据信息。假设每个载波中采用的均为恒包络调制方式（如 QPSK 等），载波之间的频率间隔为$\Delta\omega$，载波个数为$N$，每个调制载波的初相为$\varphi_n$，$n=0$，1，…，$N-1$。调制后的信号为

$$S_{\text{mod}}(t)=V_0\sum_{\text{n}=0}^{N-1}\cos(\omega_0 t+n\Delta\omega t+\varphi_{\text{n}}) \tag{5-86}$$

如果在$t=T_0$时刻，满足

$$\omega_0 T_0 + n\Delta\omega T_0 + \varphi_n = 2m\pi,\ m = 0,1,2,\cdots \tag{5-87}$$

则多载波调制信号会出现一个最大峰值，即$|S_{\text{mod}}(t = T_0)| = NV_0$，其峰值功率为$N^2V_0^2$。调制信号的平均功率为每个载波功率之和，即$NV_0^2/2$。多载波调制信号的峰-均功率比为$2N$，当$N = 16$时，峰-均比为 15dB，这给 PA 的线性化设计提出了非常严峻的挑战。幸运的是，因为信源的随机性，各个载波之间的相位也是随机的，很难同时出现式（5-87）的情况，所以大大改善了信号的峰-均值，缓解了对 PA 的线性需求。

需要说明的是，PA 的最高转换效率通常均设计在功率输出最大值，采用功率回退的 PA 通常不能提供足够高的转换效率。因此，如何在保证 PA 高效率的同时提供高的线性度是一个非常复杂的技术难题，具体技术方案见 8.6 节。

### 5.5.6 锁相环注入频率牵引与设计优化

射频发射机与射频接收机还有一个典型的区别：锁相环注入频率牵引，具体理论分析见 10.10 节。如图 5-83 所示，射频发射机中的 PA 一般采用外置的方式来实现（CMOS 工艺支持的发射功率很难超过 30dBm，发射功率较高的发射机通常需要选用采用 GaAs、GaN、SiC 工艺制成的高 PA），PA 输出的大功率信号会通过 PCB 板材（或电磁耦合的形式）、芯片封装引脚和芯片衬底耦合至射频振荡器中。因为调制信号均为宽带信号（相对于单音信号而言），所以位于$\omega_0 + \Delta\omega$频率处（$\Delta\omega << \omega_0$）的频谱能量会对锁相环中射频振荡器的输出频谱产生注入频率牵引效应，并在本振信号$\omega_0 + \Delta\omega$频率处产生谐波干扰项，恶化发射机本振信号的相位噪声。为了避免注入频率牵引现象的出现，通常采用两种有效的方法，一是增大耦合隔离度，二是增大 PA 载波频率与发射机中射频振荡器的输出振荡频率之间的频率差。

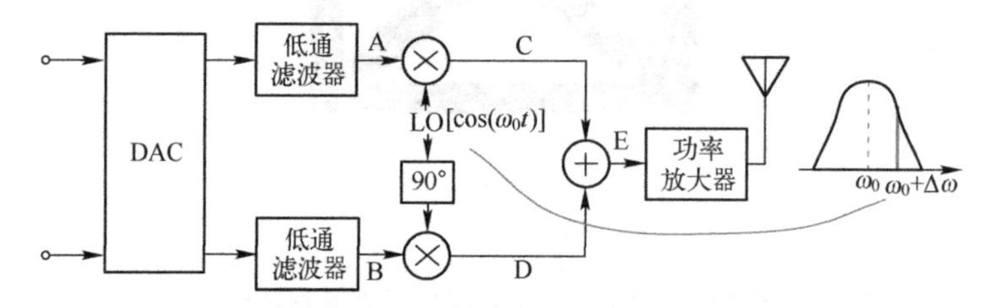


图 5-83 发射机中的锁相环注入频率牵引现象

耦合隔离度的增大可以通过增大振荡器中谐振网络的品质因子、采用单独的线性稳压器对振荡器供电避免通过电源线的耦合效应、增加隔离环等来实现。目前较主流的做法是通过增大两者之间的频率差来避免频率牵引现象。

在发射频率固定的情况下，增大频率差只能通过改变正交本振频率的产生方式来实现（正交本振频率的产生通常有四种常用的方法，见 9.7 节）。典型的做法是采用二分频器作为正交信号产生模块，如图 5-84 所示，射频振荡器的振荡频率为发射频率的两倍，大大减弱了注入频率牵引效应对射频振荡器相位噪声的影响。为了避免射频振荡器的振荡频率过高增加设计难度（为了补偿工艺偏差和温度变化引入的频率波动，射频振荡器均需要设计成在典型工艺角和常温条件下能够输出较宽的频率范围，如选择上下浮动 20%，因此振荡频率越高，振荡器需要提供的频率范围越宽，设计难度和复杂度越大；同时，过高的振荡频率对 CMOS 工艺也是一种挑战），以及较高的振荡频率对高速分频器的设计提出的严峻挑战（高速分频器的设计见 11.2 节），还可以采用分频器加混频器的混合形式，如图 5-85（a）所示。通过与自身二分频后的正交频率信号分别进行混频，并通过 LC 负载网络选择上变频信号进行输出也可提供用于发射机的正交本振信号。此时射频振荡器仅需输出所需发射频率的 2/3，极大地降低了射频振荡器的设计难度和复杂度，图 5-85（b）所示为其具体的电路实现结构。

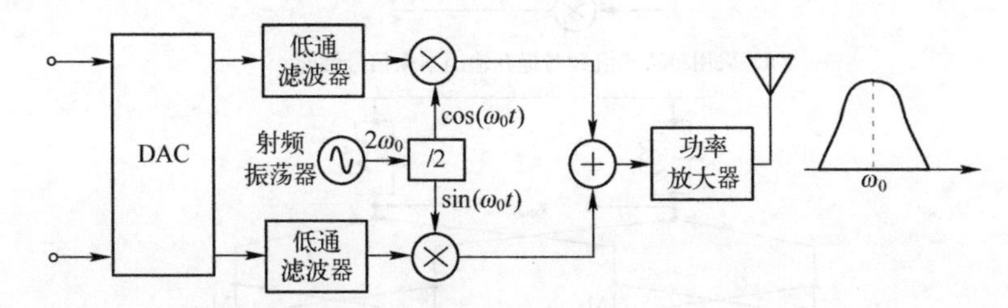


图 5-84　采用二分频模块作为正交信号产生器避免注入频率牵引效应的出现

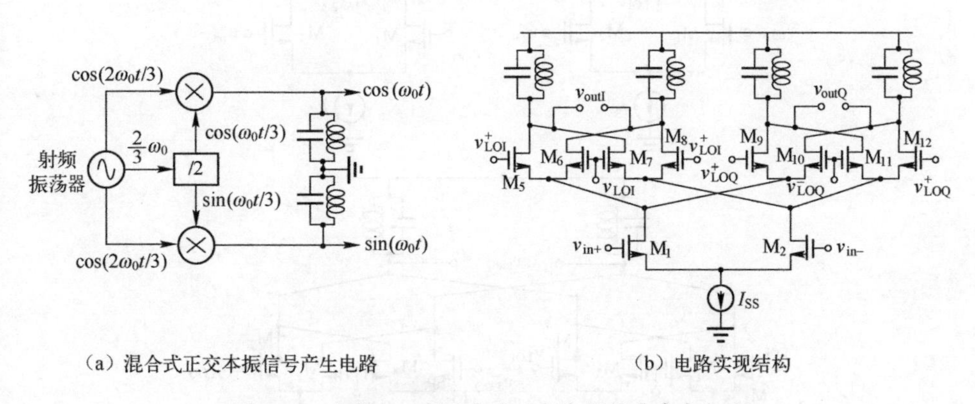


（a）混合式正交本振信号产生电路　　（b）电路实现结构

图 5-85　分频与混频混合式正交本振信号产生电路

图 5-85 所示结构的输出信号质量依赖于 LC 负载网络的频率选择性能，否则开关管和跨导管引入的各类谐波成分之间的混频杂散会严重影响本振信号的杂散性能。可以采用图 5-86（a）所示的单边带混频器结构来改善性能。单边带结构可以有效地抑制另一边带的频率信号，提升输出频率信号性能，图 5-86（b）为具体的电路实现结构。该结构需要在射频振荡器的输出端额外增加一个无源多相网络用来产生正交信号，同时该结构对正交本振信号的失配比较敏感，较差的正交失配性能会引入较多的镜像干扰。混频器开关效应引入的谐波混频和额外的电感开销是限制上述两种结构大规模使用的核心因素，通常的设计中均会采用二分频的方案（见图 5-84）来避免锁相环注入频率牵引，即使这样会增大频率综合器和分频器的设计难度。

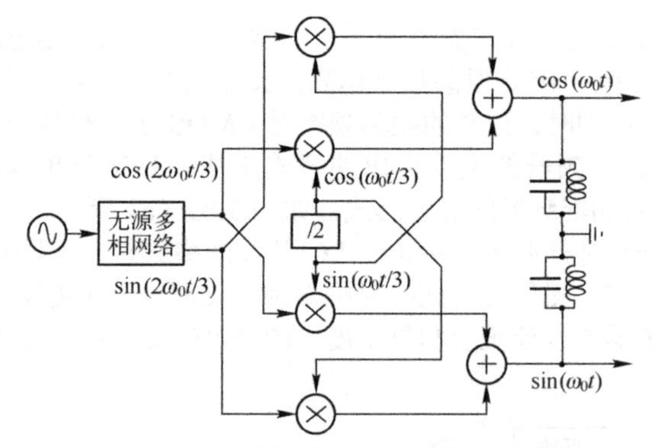


（a）采用单边带混频器提升输出本振信号性能

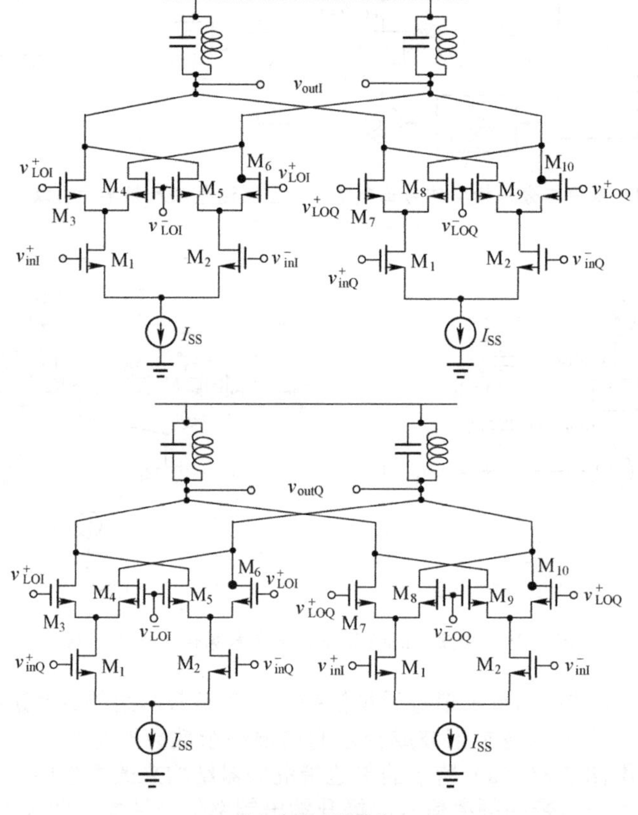


（b）电路实现结构

图 5-86 分频与混频混合式单边带正交信号产生电路

# 5.6 低中频射频发射机

相较于直接变频射频发射机而言，低中频射频发射机的主要不同之处是在基带部分通过 DDS 增加了子载波调制，如图 5-87 所示，其信号频域处理过程如图 5-13

所示（BPSK）。这种架构通常应用于多载波调制系统和低码速率系统中（尽可能减小闪烁噪声的影响），与直接变频架构相似，除了 PA 的线性化问题，低中频发射架构同样面临着正交失配、载波泄漏的问题。

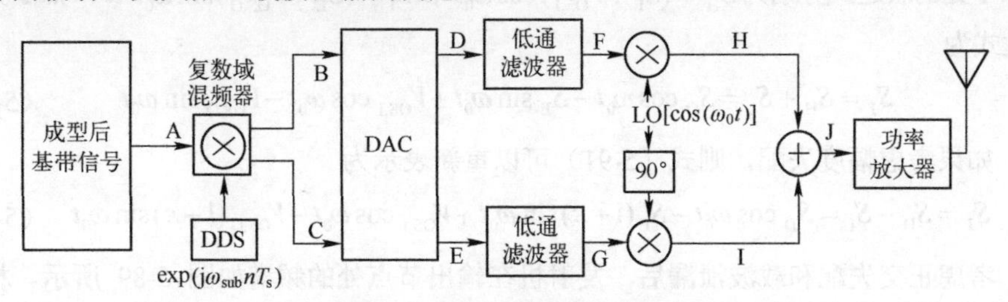


图 5-87　低中频射频发射机架构

图 5-13 所示信号频域处理是在不存在正交失配情况下进行的。可以看出，发射信号仅在 $\omega_0+\omega_{sub}$ 频率处存在有效功率信号，当存在正交失配时（为了分析的简便性，将链路的正交失配均集中在第二级本振信号中），第二级本振的同向和正交支路的信号表达式为

$$\cos\omega_0 t,\ (1+\varepsilon)\sin(\omega_0 t+\phi) \tag{5-88}$$

假设同向支路的基带信号为 $a$，正交支路的基带信号为 $b$，经过第一级复数域上变频、数模转换和低通滤波后，节点 F 和 G 的表达式分别为

$$S_F = a\cos\omega_{sub}t - b\sin\omega_{sub}t \tag{5-89}$$

$$S_G = a\sin\omega_{sub}t + b\cos\omega_{sub}t \tag{5-90}$$

在 $\varepsilon>0$、$\phi=0$ 情况下（仅考虑幅度失配，相位失配的情况对应着相应频谱的旋转），经过前级的子载波调制和低通滤波后的两路正交支路（节点 H 和 I 处）的频谱分别如图 5-88 左边上下两个频谱所示。因此，射频发射机输出节点 J 处的频谱会在 $\omega_0-\omega_{sub}$ 频率处出现一个镜像频率。该镜像成分会恶化相邻信道抑制比性能，但是通过调整子载波的频率，借助发射端的带通滤波器可以有效地滤除该镜像信号。

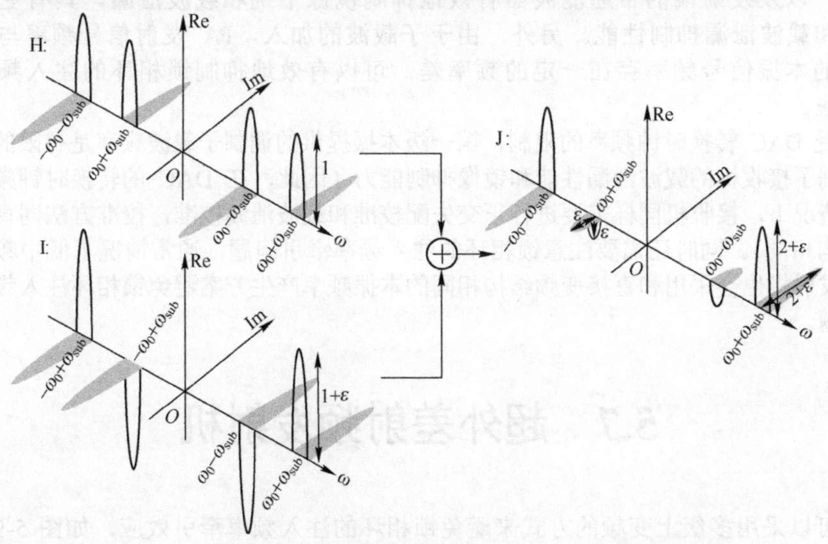


图 5-88　正交失配对低中频射频发射机的影响（仅考虑幅度失配）

与直接变频射频发射机类似，低中频发射机的载波泄漏同样是由两路正交支路的直流偏移引起的。假设同向支路的直流偏移为$V_{\mathrm{OS,I}}$，正交支路的直流偏移为$V_{\mathrm{OS,Q}}$，则节点 H 和 I 处的表达式分别为$S_{\mathrm{H}}=(S_{\mathrm{F}}+V_{\mathrm{OS,I}})\cos\omega_0 t$ 和$S_{\mathrm{I}}=(S_{\mathrm{E}}+V_{\mathrm{OS,Q}})\sin\omega_0 t$ 。节点 J 处的表达式为

$$S_{\mathrm{J}}=S_{\mathrm{H}}+S_{\mathrm{I}}=S_{\mathrm{D}}\cos\omega_0 t-S_{\mathrm{E}}\sin\omega_0 t+V_{\mathrm{OS,I}}\cos\omega_0 t-V_{\mathrm{OS,Q}}\sin\omega_0 t \tag{5-91}$$

如果考虑幅度失配，则式（5-91）可以重新表示为

$$S_{\mathrm{J}}=S_{\mathrm{H}}+S_{\mathrm{I}}=S_{\mathrm{D}}\cos\omega_0 t-S_{\mathrm{E}}(1+\varepsilon)\sin\omega_0 t+V_{\mathrm{OS,I}}\cos\omega_0 t-V_{\mathrm{OS,Q}}(1+\varepsilon)\sin\omega_0 t \tag{5-92}$$

考虑正交失配和载波泄漏后，发射机在输出节点处的频谱如图 5-89 所示。相位失配仅会引入频谱的旋转现象，并不改变频谱在频域上的分布情况，因此同时考虑幅度和相位失配，上述分析结果不会改变。

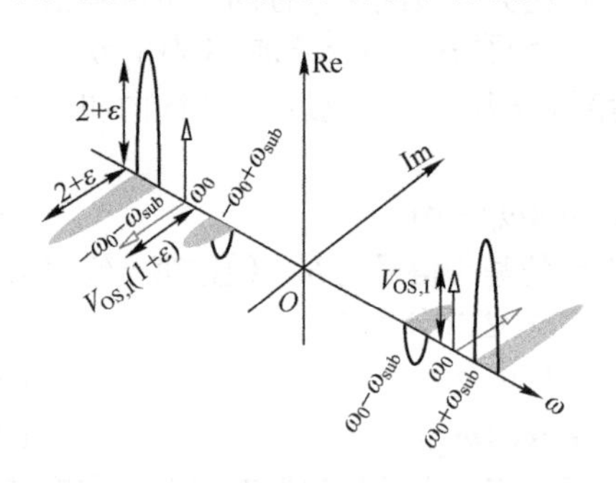


（a）示意图（仅考虑幅度失配） （b）实测图（输入信号为单音信号）

图 5-89 正交失配和载波泄漏对低中频射频发射机的影响

可以看出，相较于直接变频结构，低中频结构可以通过增大调制子载波的频率，以及发射端的带通滤波器有效地抑制镜像干扰和载波泄漏，具有更好的镜像和载波泄漏抑制性能。另外，由于子载波的加入，PA 发射信号频率与接收机中的本振信号频率存在一定的频率差，可以有效地抑制锁相环的注入频率牵引效应。

受 DAC 转换时钟频率的限制，第一级本振提供的调制子载波频率是有限的，这就限制了接收机的载波泄漏性能和镜像抑制能力（因此，在 DAC 的转换时钟频率较小的情况下，接收机同样需要进行正交失配校准和载波泄漏校准，校准方法同直接变频结构相同）。同时还需要注意锁相环的注入频率牵引问题，通常情况下低中频架构射频发射机也会采用和直接变频结构相同的本振频率产生方案避免锁相环注入频率牵引问题。

# 5.7 超外差射频发射机

可以采用多级上变频的方式来避免锁相环的注入频率牵引效应，如图 5-90 所

示。两级变频结构使第一级本振频率与第二级本振频率均与发射频率存在较大的频率差，可以从根本上避免锁相环的注入频率牵引效应，通常称此结构为超外差架构。该结构存在以下需要注意的问题：①需要集成两个频率综合器，增大了设计复杂度和功耗，且综合器内部的锁相环还会带来耦合频率牵引的问题（见第 10 章）；②正交失配对系统性能的影响和载波泄漏仍然存在，且必须通过校准才能有效抑制；③各级混频器开关效应产生的谐波使发射频率分布于 $\omega_1+\omega_2$、$3\omega_1-\omega_2$、$3\omega_2-\omega_1$ 等处，如果两个本振频率相距较近的话，后两个四阶谐波成分很难通过带通滤波器滤除掉，严重恶化发射信号性能，需要通过增大两级本振的频率差改善谐波抑制。

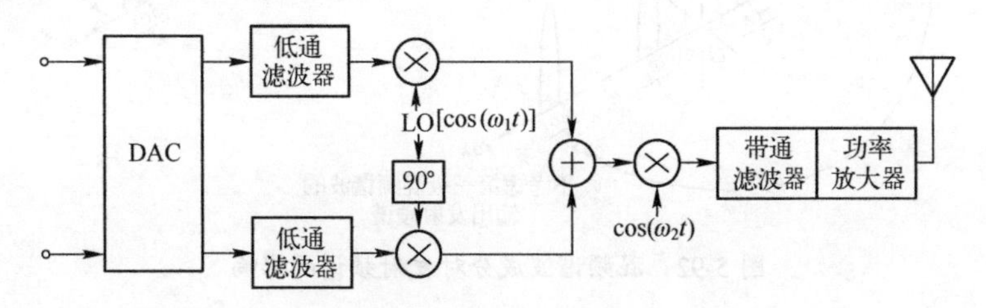


图 5-90　两级变频超外差架构射频发射机

可以采用图 5-91 的形式减少频率综合器的数量，设计简单，不存在锁相环的耦合频率牵引问题。但是，仍然需要增加校准机制才能有效抑制正交失配对系统性能的影响和载波泄漏，同时谐波干扰现象严重。以 QPSK 调制为例，如图 5-92 所示，除了需要抑制其他各次谐波，第一级混频器产生的三次谐波与第二级混频器本振的三次谐波混频后产生的频谱（向正频率方向搬移）会增大信号同向频谱的幅度，减小正交信号的幅度，在星座图中相当于减小了判决的最小欧氏距离，恶化发射信号性能。因为混频器开关效应引入的三阶谐波功率通常比基波功率低 10dB，所以最终会在带内引入一个比有效信号功率低 20dB 的噪声信号（可以将谐波混频部分等效为噪声）。在对解调误码率和信噪比需求不是非常强烈的情况下（QPSK 在 $10^{-4}$ 误码率条件下需要的信噪比为 12dB），该噪声还可以接受，但是对于 QAM 调制体制（16QAM 在 $10^{-4}$ 误码率条件下需要的信噪比约为 19dB），通常需要在第二级上变频之前增加一个带通滤波器，滤除第一级混频器产生的三次谐波成分。带通滤波器的加入通常采用外置的高品质因子 SAW 滤波器，此时需要对第一级混频器的输出端和第二级混频器的输入端进行阻抗匹配设计。

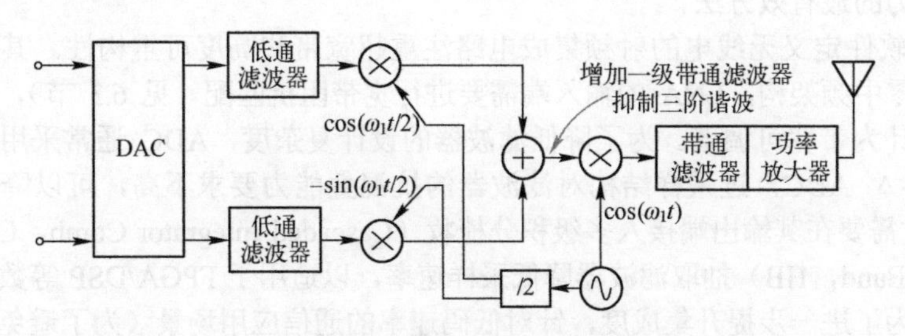


图 5-91　基于二分频器的两级变频超外差架构射频发射机

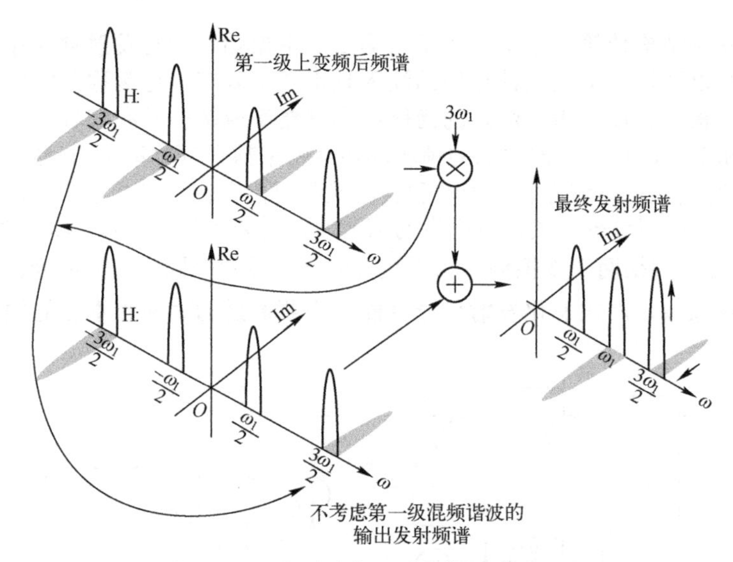


图 5-92 混频谐波成分对发射频谱的影响

为了降低混频谐波成分对发射频谱的影响，可以采用四分频的方式给第一级混频器提供本振信号。此时第一级的七阶谐波（$-7\omega_1/4$）和第二级的三阶谐波（$3\omega_1$）混频虽然也会对有效信号频谱（中心频率位于$5\omega_1/4$处）造成干扰，但是七阶谐波的功率相较于采用二分频结构的三阶谐波功率来说低了大约 7dB，改善了谐波性能。

# 5.8 面向软件定义无线电的射频集成电路架构

小型化、低成本、多种通信协议兼容的软件定义无线电功能是当前终端设备的一个典型特征，这一特征为各种更先进通信协议的推广和使用提供了底层实现保障。能够支撑多频段、多标准、多模式的超宽带可重构软件定义无线电射频集成电路设计技术，是面向未来无线通信事业发展的关键核心技术。同时，超宽带可重构软件定义无线电射频集成电路设计技术也是破解纳米尺度下集成电路设计、掩模板和制造费等飞速增加的成本与多频段、多标准、多模式芯片开发的矛盾，提升无线通信芯片开发核心竞争力的最有效方法。

面向软件定义无线电的射频集成电路注重超宽带和高度可重构性。其中接收机通常采用零中频架构，LNA 的输入端需要进行宽带阻抗匹配（见 6.3 节），低通滤波器需要设计为带宽可调谐。为了降低滤波器的设计复杂度，ADC 通常采用过采样结构（如Σ-Δ ADC，过采样结构对滤波器的抗混叠能力要求不高，可以降低设计阶数），同时需要在其输出端接入多级积分梳妆（Cascaded Integrator Comb，CIC）或半带（Half Band，HB）抽取滤波器降低采样速率，以适用于 FPGA/DSP 等数字信号处理平台。为了进一步提升集成度，针对低码速率的通信应用场景（为了避免闪烁噪声的影响，低码速率应用场景一般均带有中频载波），还可以在芯片内部集成数字下变频器（Digital Down Converter，DDC）、带宽可配置（系数可编程）FIR 抽取滤波器等模块。发射机依次集成带宽可配置 FIR 内插滤波器、数字上变频器（Digital Up Converter，DUC）、多级 CIC 或 HB 插值滤波器、过采样 DAC 和单边带射频发射前端（采用零中频或低中频发射机架构）。射频发射前端既可以在模拟域进行实现（本章介绍的架构均是在模拟域的基础上进行分析的），也可以在数字域进行实现（本章重点介绍发射架构概念性的内容，因此不对此部分内容做介绍，具体见 8.8 节）。

频率综合器也必须具备高度的输出频率可配置性，至少能够覆盖支持的频率范围。为了满足 FDD 的工作方式，接收链路和发射链路不能共用同一频率综合器，且过采样 ADC 和 DAC 的采样时钟也必须通过独立的频率综合器提供，以满足采样率的可配置性。因此，软件定义无线电射频收发机中至少需要集成三个高度可配置频率综合器。为了获得较高的链路性能，内部还必须集成多种校准模块，如正交失配校准、直流偏移校准、偶次非线性失真校准等。通常情况下，为了保证滤波器的带宽精度，还需要加入宽带滤波器带宽校准电路。另外需要特别注意的是，因为频率综合器是一个典型的闭环结构，在频率调节过程中极易发生稳定性问题，所以还需要加入稳定性校准功能，同时，在启动锁相环之前，宽带频率综合器还必须加入自动频率校准功能将压控振荡器的振荡状态调至最佳（稳定性校准和自动频率校准见 11.5 节）。

综上所述，面向软件定义无线电的射频集成电路架构如图 5-93 所示。频率综合器 RS 和频率综合器 TS 主要用于为射频收发通路提供本振频率，频率综合器 BB 主要用于为 ADC 和 DAC 提供采样时钟。三个频率综合器的集成在设计时必须注意隔离问题，避免锁相环的耦合频率牵引问题。对于注入频率牵引效应，可以通过在数字基带中加入调制子载波或采用本振信号二/四分频来缓解。接收链路同样可以采用低中频结构（即输出基带信号中包含中频载波）。与图 5-48 所示的低中频接收机架构相比，必须同时采用同向和正交两个支路进行输出，因为内部没有提供用于镜像抑制的复数域带通滤波器或无源多相滤波器，所以信号必须全程在复数域进行处理才能避免镜像干扰的问题。软件定义无线电射频收发机的设计实例见第 12 章。

软件定义无线电射频收发机的架构设计所面临的主要问题与本章前述内容相同，不再赘述，本节重点介绍软件定义无线电射频收发机架构所面临的特有校准问题。

### 5.8.1 谐波抑制

为了实现射频的宽开化，软件定义无线电射频收发机的射频前端通常采用具有较大带宽的低通滤波器替代通带选择滤波器。由于混频器的开关效应引入的各奇次谐波（本振频率为基波频率，两个主要的奇次谐波成分分别为三次谐波和五次谐波），宽开化的射频前端导致位于本振频率三次谐波和五次谐波处的射频输入信号也会无障碍地通过混频器下变频至基带，恶化信噪比。

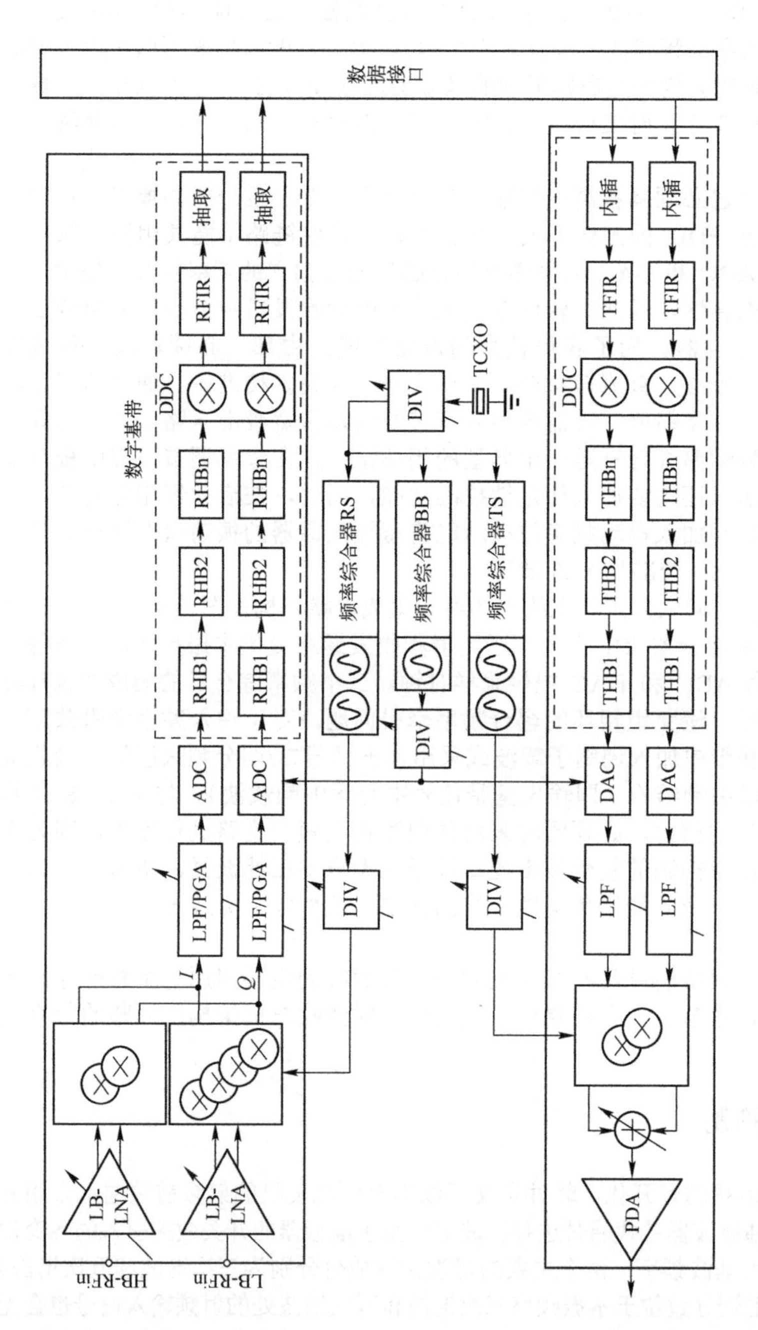


图 5-93 面向软件定义无线电的射频集成电路架构

通常采用谐波抑制混频器抑制输入端的谐波成分，如图 5-94 所示。八相本振信号可以通过四分频来产生，为了抑制输入端三阶谐波和五阶谐波输入干扰，只需将八相本振信号的任意相邻三相信号进行矢量叠加。基波、三次谐波和五次谐波矢量叠加示意如图 5-95（b）、（c）和（d）所示。基波信号经过八相混频后，每路的输出相位差不会发生改变，因此三个相邻相位之间呈现正向叠加趋势，信号被放大；三阶谐波下变频后的相邻相位差由初始的 45°变为 135°，此时 0°相位支路与 90°相位支路的矢量和与 45°支路是相反的，如果 45°相位支路的增益为 0°相位支路与 90°相位支路的 $\sqrt{2}$ 倍，则三阶谐波成分会被完全抵消。同理，五阶谐波下变频后的相邻相位差由初始的 45°变为 225°，此时 0°相位支路与 90°相位支路的矢量和与 45°支路同样是相反的，如果 45°相位支路的增益为 0°相位支路与 90°相位支路的 $\sqrt{2}$ 倍，则五阶谐波成分也会被完全抵消。

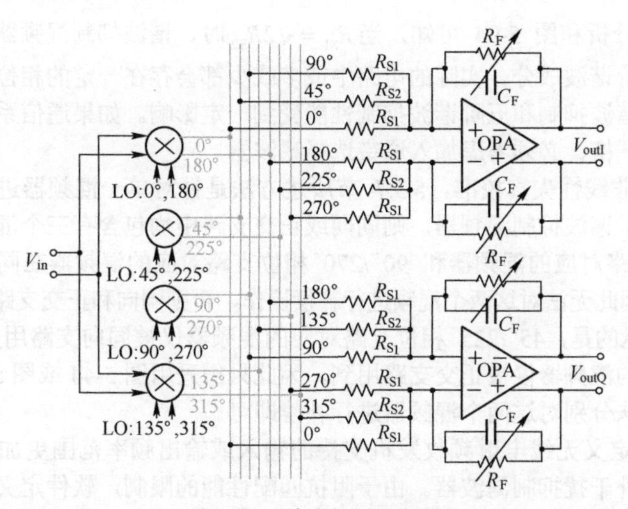


图 5-94　谐波抑制混频器

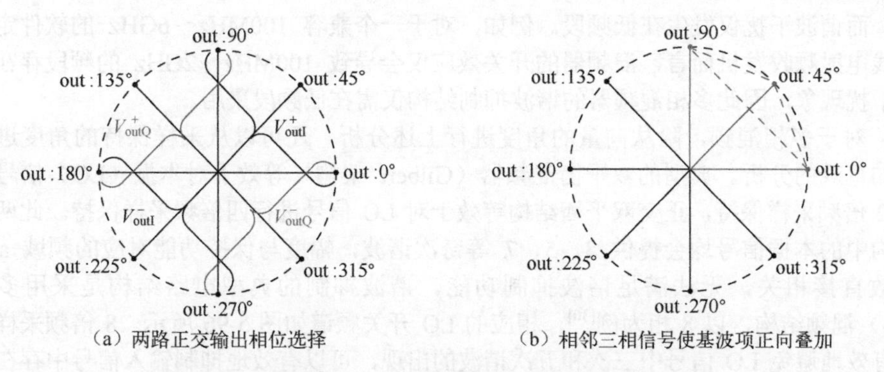


（a）两路正交输出相位选择　　（b）相邻三相信号使基波项正向叠加

图 5-95　基波增强、三阶谐波抵和五阶谐波抵消示意图

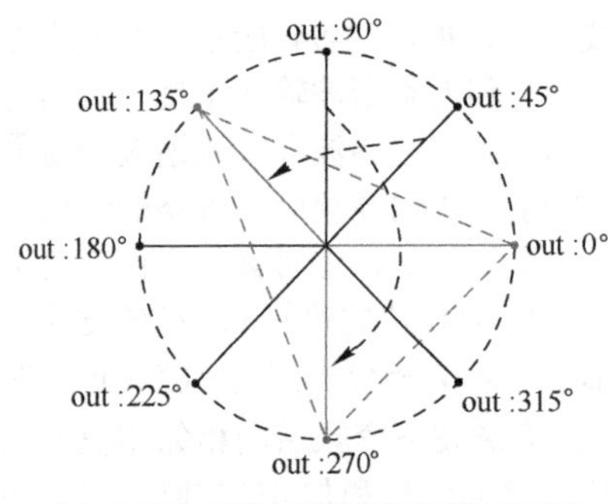


（c）相邻三相信号使三阶谐波项反向抵消

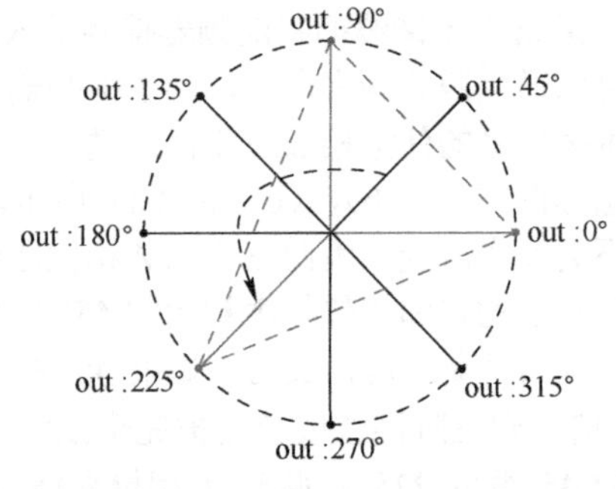


（d）相邻三相信号使五阶谐波项反向抵消

图 5-95 基波增强、三阶谐波抵和五阶谐波抵消示意图（续）

根据上述分析和图 5-94 可知，当 $R_{S1}=\sqrt{2}R_{S2}$ 时，谐波抑制混频器可以完全消除三阶谐波和五阶谐波成分。实际的电路中或多或少都会存在一定的相位误差和增益误差，致使三阶谐波抑制和五阶谐波抑制性能受到一定影响。如果通信系统对谐波抑制性能需求比较严格，必须考虑加入通带选择滤波器。

对于偶次非线性失真校准，5.3.7 节所述方法是针对单一混频器进行补偿的。接收链路中采用了谐波抑制混频器，则同向或正交支路中均包含有三个混频器。其中，0°/180°相位支路对应的混频器和 90°/270°相位支路对应的混频器在同向和正交支路中均被用到，因此无法对这两个混频进行补偿操作，否则同向和正交支路的校准过程会相互影响。幸运的是，45°/225°相位支路对应的混频器仅被同向支路用到，135°/315°相位支路对应的混频器仅被正交支路用到，因此只需采用图 5-44 或图 5-46 所示 LMS 自适应校准算法分别对这两个混频器进行补偿即可。

如果软件定义无线电射频收发机支持的输入或输出频率范围更加宽泛，通常需要去除外置带外干扰抑制滤波器。由于阻抗匹配性能的限制，软件定义无线电射频集成电路中 LNA 的设计通常需要分段化。如图 5-93 所示，高频（High Frequency，HF）段和低频（Low Frequency，LF）段通常采用不同的匹配网络或不同的设计结构，而谐波干扰仅发生在低频段。例如，对于一个兼容 100MHz～6GHz 的软件定义无线电射频收发机而言，混频器的开关效应仅会导致 100MHz～2GHz 的频段存在谐波干扰现象，因此多相混频器的谐波抑制结构仅需在低频段采用。

对于多相混频，除从向量的角度进行上述分析，还可以从采样保持的角度进行更加直观的分析。典型的双平衡混频器（Gilbert 架构）等效于对本振（LO）信号进行 2 倍频采样保持，正交双平衡结构等效于对 LO 信号进行四倍频采样保持。此两种结构中的本振信号均会提供 3、5、7 等奇次谐波，幅度与保持功能对应的频域 sinc 函数直接相关，无法满足谐波抑制功能。谐波抑制的典型电路结构是采用多相（>4）混频结构，以 8 相为例[30]，相应的 LO 开关频谱如图 5-96 所示。8 倍频采样可以有效地避免 LO 信号中三次和五次谐波的出现，可以有效地抑制输入信号中存在的三次和五次谐波干扰。为了抑制更高的奇次谐波，还可以采用 16 相甚至更高的多相采样结构[31]。

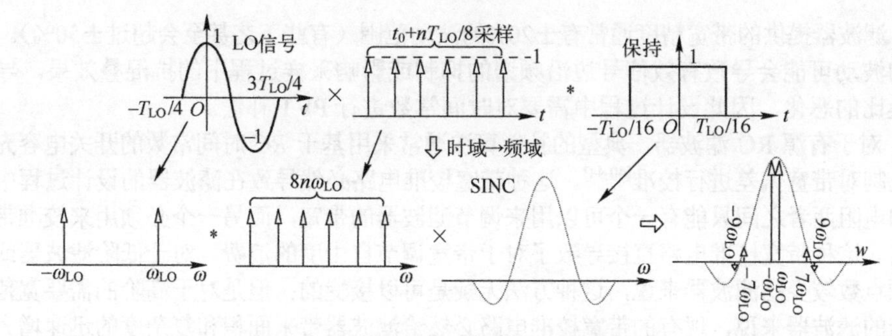


图 5-96 八相混频器本振信号频域等效图

为了避免多相电路结构对压控振荡器（Voltage Controlled Oscillator，VCO）的高输出频率要求和多相支路累加结构带来的复杂度，文献[32]在双平衡无源混频器的基础上提出了一种采样保持型电容负载结合可调本振信号占空比的组合结构。该结构通过改变本振信号的占空比动态调整 sinc 函数幅频响应的过零点，可以有效地抑制输入端的各奇次谐波。通过对占空比为 25%的四相信号引入相同时间宽度的频隙和频带，同样也会产生相应的谐波抑制能力[33]。文献[34]采用基于脉宽调制技术提供的本振信号也实现了较好的谐波抑制能力。为了实现上述技术，最终的硬件开销和设计复杂度并不比采用多相结构占据多少优势，在具体设计过程中需要折中考虑。

多相本振信号的相位失配，以及接收链路中的延时和增益失配会明显地限制电路的谐波抑制能力。典型情况下，多相混频结构提供的谐波抑制比为 30～35dB[34]，通常情况下不能满足系统需求。文献[35-36]提出了采用两级谐波抑制结构增强电路鲁棒性的设计方法，配合对多相本振信号的重定时电路，谐波抑制比可以超过 70dB[36]。重定时结构通常面临亚稳态的问题，且补偿的相位精度与重定时时钟抖动密切相关。文献[37]提出了基于高精度时间-数字转换器（Time to Digital Converter，TDC）估计多相本振信号相位失配及补偿的具体电路结构，进一步改善了 LO 信号的输出相位关系。文献[38]提出了一种数模混合的接收机幅相失配校准方法，在输入端输入相应的谐波信号，基带通过对残留下变频信号的功率进行估计，动态调整多相支路中的增益值以达到最优的谐波抑制性能，校准后的三次谐波和五次谐波抑制能力分别超过 70dB 和 50dB。文献[38]还基于仿真手段对输入谐波频率与失配参数之间建立了一阶对应关系，并在实际测试中验证了模型的准确性。文献[39]在数字域首先对多相支路中的失配参数矩阵进行估计，并提出了一种基于优化后 Jacobi 迭代方法进行谐波抑制的失配参数补偿方法，补偿后的谐波抑制性能可以超过 80dB，但是该方法需要模拟域提供多相支路输出，是以牺牲硬件设计的复杂度及功耗为代价的。

## 5.8.2 宽带可配置滤波器带宽校准

射频接收机中集成的基带或中频滤波器主要用于避免采样过程中的混叠现象，低中频结构中还需提供镜像抑制能力。发射机中由于单边带架构的原因，通常集成低通滤波器，起到抑制基带信号中周期性频谱的作用。射频收发机中通常集成连续时间滤波器，主要包括有源 RC 和 $g_m$-C 两种结构。有源 RC 结构采用闭环结构，线性度较高，但是需要进行复杂的稳定性设计。$g_m$-C 结构采用开环结构，稳定性较好，但是线性度较差。两者提供的带宽精度分别与时间常数 $RC$ 和 $C/g_m$ 有关，由于 PVT 的影响，滤波器提供的带宽精度通常有±20%的波动范围（有些工艺甚至会超过±50%）。带宽的波动可能会导致有效信号边沿频谱的抑制或影响采样过程中的抗混叠效果，导致信噪比的恶化，因此设计过程中需要对时间常数进行 PVT 补偿。

对于有源 RC 滤波器，典型的补偿算法通常采用基于 *RC* 时间常数的开关电容充放电机制对带宽偏差进行校准[40-44]。这种带宽校准电路必然导致在滤波器的设计过程中电容和电阻两者之间只能有一个可以用来调节滤波器的带宽，而另一个必须用来校准带宽偏差。这种带宽校准电路直接导致了对于带宽调节自由度的浪费。对于低阶滤波器或带宽频点数较少的滤波器来说，这种方法无疑是可以接受的；但是对于高阶的需要宽范围调谐的滤波器来说，现有的带宽校准电路必然给滤波器带来面积和复杂度的迅速增大及提升。这是因为在滤波器设计中每增加一个带宽频点，就必然在每一个电容或电阻网络中加入一个相应的电容或电阻元件。另外，为了适应不同的晶振输入频率需求，文献[45]通过引入一个可变的电阻网络与晶振频率进行匹配，但是仅支持 8 个不同的晶振输入频率，远不能满足对宽范围晶振输入频率的需求。文献[40]提出了一种新的滤波器带宽校准机制，通过增大滤波器中调节带宽的自由度，在较小的面积和较低的复杂度条件下，能够更好地适应具有宽的带宽调谐范围和高的带宽精度的滤波器需求，尤其适用于具有多通道收发链路的软件定义无线电射频收发机。该校准过程需要构建 RC 振荡器，外部频率综合器和小数分频器的支持，且校准算法比较复杂，功耗及资源消耗量均较高。在文献[40]的基础上，文献[46]构造了一款 RC 振荡器，通过与标准参考时钟的比较，可以实现动态地校准滤波器带宽精度，避免了温度波动对滤波器带宽的影响。在文献[40,46]的基础上，一种更简洁的宽带滤波器校准方案如图 5-97 所示[47]，电阻和电容既可以用来调节滤波器的带宽，也可以用来校准带宽精度用。该方法需要预先在典型工艺角情况下建立带宽调整控制信号与调节电压 $V_{adj}$ 之间的查找表关系，通过调整带宽调整控制信号的值得到高精度的滤波器带宽配置。针对 $g_m$-C 滤波器，文献[42]提出了一种收发回环校准机制，通过 DDS 模块动态改变发射单音信号的频率，在接收端扫描滤波器的幅频响应曲线预估滤波器的带宽，通过与预设带宽的比较逐步调整 $g_m$ 提升滤波器带宽精度。文献[48]将跨导放大器的 $g_m$ 通过反馈结构等效于一个电阻值，并通过构造一个 RC 振荡器来校准时间常数。文献[49]通过构造 $g_m$-C 积分器，采用自动锁幅原理将积分电压与参考电压相比较来校准时间常数的值。

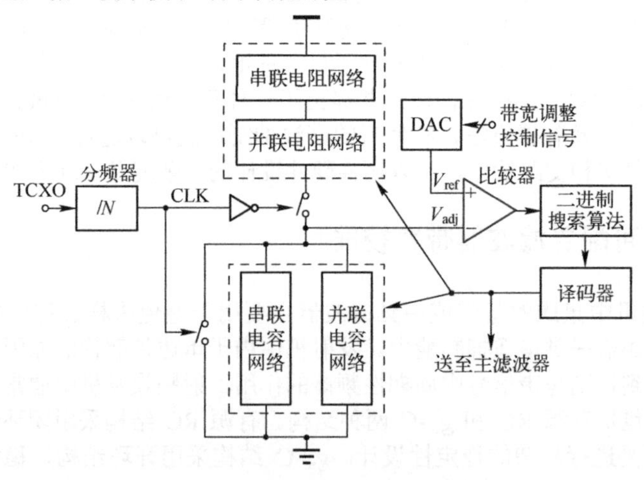


图 5-97 宽带滤波器带宽校准电路

通过人为增大滤波的带宽避免由于 PVT 波动造成的带宽压缩抑制有效信号的边缘频带也可以保证电路的正常功能[50]。为了避免采样混叠，或者获得更好的周期频谱抑制比，必须提高 ADC 和 DAC 的采样频率。同时更高的带宽设置还需要更高的运算放大器增益带宽积或更高的 $g_m$，会明显增大电路的整体功耗。

### 5.8.3　发射泄漏校准

对于收发集成的面向软件定义无线电应用的射频集成电路而言，发射泄漏是一个非常严重的问题，尤其是工作于 FDD 模式，且收发频点相隔较近或双工器无法提供足够的隔离。如图 5-98 所示，在无线通信过程中，接收机天线端接收到的射频信号功率通常是非常微弱的，在一些通信协议中，甚至要求灵敏度在-110dBm 以下，而发射机的发射功率通常在 30dBm 左右甚至更高。在 FDD 模式下，如果双工器提供的隔离度为 60dB，则仍有-30dBm 的强干扰进入发射机中，即使没有造成接收机的饱和，发射泄漏引入的互调和交调现象也会导致信噪比的损失从而无法保证接收机的高性能工作。发射泄漏的校准与零中频架构中的偶阶非线性失真校准具有相似性，也就是说可以预先知道（或者说可以计算出）参考信号的具体形式，因此同样可以采用自适应 LMS 算法。发射泄漏校准中的参考信号是发射信号本身，只是存在一定的幅度和相位失真。按照自适应 LMS 算法的设计流程作如下计算。

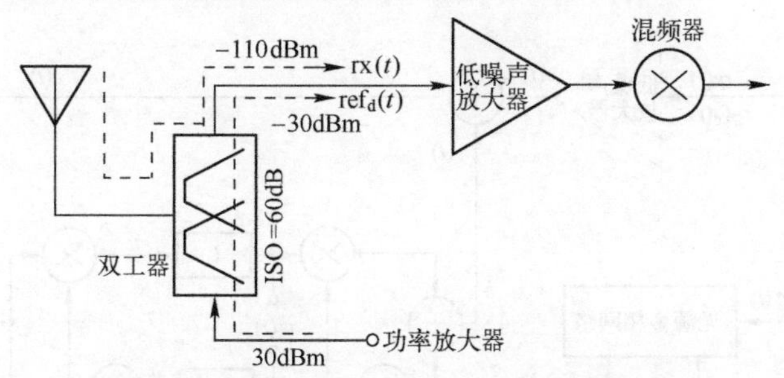


图 5-98　工作于 FDD 模式下的发射泄漏现象

首先假设发射机通过耦合器提供给接收机的参考信号（与发射信号形式相同）为

$$\mathrm{ref}(t)=I_{\mathrm{ref}}\cos(\omega_{\mathrm{TX}}t)-Q_{\mathrm{ref}}\sin(\omega_{\mathrm{TX}}t) \tag{5-93}$$

给出其正交支路，并以矩阵的形式表示该参考信号：

$$\mathbf{ref}(t)=[I_{\mathrm{ref}}\cos(\omega_{\mathrm{TX}}t)-Q_{\mathrm{ref}}\sin(\omega_{\mathrm{TX}}t),I_{\mathrm{ref}}\sin(\omega_{\mathrm{TX}}t)+Q_{\mathrm{ref}}\cos(\omega_{\mathrm{TX}}t)] \tag{5-94}$$

包含发射泄漏的接收信号表达式为（通过双工器泄漏至输入端）

$$d(t)=\mathrm{rx}(t)+\mathrm{ref_d}(t)=\mathrm{rx}(t)+aI_{\mathrm{ref}}\cos(\omega_{\mathrm{TX}}t)-aQ_{\mathrm{ref}}\sin(\omega_{\mathrm{TX}}t) \tag{5-95}$$

式中，增益因子 $a$ 是由传播损耗引入的。根据自适应 LMS 算法可知滤波系数为

$$\boldsymbol{w}(t)=\int ue(t)\mathbf{ref}(t)\mathrm{d}t \tag{5-96}$$

式中，$u$ 为自适应环路的反馈因子。减小 $u$ 可以提升环路的校准精度，但是会增加校准时间，因此反馈因子需要根据实际需求仔细设计。校准后的发射泄漏估计值为

$$y(t)=b\boldsymbol{w}(t)\times\mathbf{ref}(t)^{\mathrm{T}} \tag{5-97}$$

式中，$b$ 为校准系数，则校准后的误差信号（可以理解为对输入有效信号的估计）为

$$e(t)=d(t)-y(t)=aI_{\mathrm{ref}}\cos(\omega_{\mathrm{TX}}t)-aQ_{\mathrm{ref}}\sin(\omega_{\mathrm{TX}}t)+\mathrm{rx}(t)-b\boldsymbol{w}(t)\times\mathbf{ref}(t)^{\mathrm{T}} \tag{5-98}$$

将式（5-98）代入式（5-96）可得

$$\boldsymbol{w}(t)=\int\{[ua(I_{\mathrm{ref}}^2+Q_{\mathrm{ref}}^2),0]-ub(I_{\mathrm{ref}}^2+Q_{\mathrm{ref}}^2)\boldsymbol{w}(t)\}\mathrm{d}t \tag{5-99}$$

由式（5-99）可知，当满足

$$\boldsymbol{w}(t)=[a/b,0] \tag{5-100}$$

滤波系数进入稳定状态。将式（5-100）和式（5-94）分别代入式（5-98）可得

$$e(t)=\mathrm{rx}(t) \tag{5-101}$$

由式（5-101）可知，在不考虑噪声的情况下，基于自适应 LMS 算法的发射泄漏校准可以将发射泄漏完全消除。根据上述分析，发射泄漏自适应 LMS 校准电路的具体结构可以设计为如图 5-99 的形式[51]。需要说明的是，参考信号的正交支路可以通过正交信号生成网络来实现，常用的结构为多相无源滤波结构，具体见 9.7.3 节。为了适应软件定义无线电的宽带发射属性，无源多相网络中的元件值必须是可配置的，并根据实际需求进行不同的设定，充分压制信号镜像，保证输出正交信号的低失配性。为了减弱工艺偏差的影响，必要时可以考虑加入时间常数校准电路。

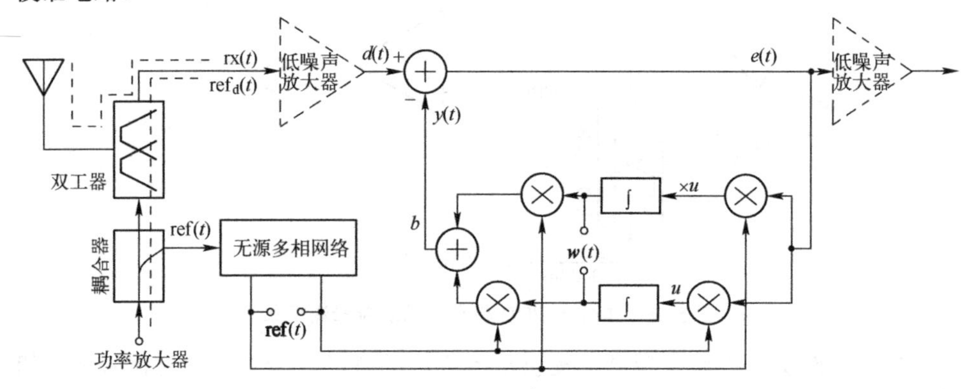


图 5-99 基于自适应 LMS 算法的发射泄漏校准

载波泄漏校准可以在 LNA 之后进行，也可以在 LNA 之前进行。前者具有更佳的噪声性能，但是发射泄漏直接输入 LNA 的输入端，因此线性性能较差；后者中的发射泄漏在进入 LNA 之前就被抵消掉了，因此具有较高的线性性能，但是由于校准电路大多采用有源电路，产生的噪声会对接收链路的噪声性能有一定的影响。

采用 LMS 算法进行发射泄漏校准需要通过耦合器将 PA 的输出作为参考信号，成本较高。另外用于提供正交信号的无源多相网络带宽有限，且受工艺及温度偏差的影响较大，对于较大的带宽需求较难满足要求。耦合器及双工器的非线性因素还会对 $\mathrm{ref_d}(t)$ 和 $\mathrm{ref}(t)$ 的相关性产生一定的影响，恶化最终的校准性能。

可以采用图 5-100 所示的负反馈算法对 LMS 算法进行改进[52]，选取发射机中的正交 LO 信号作为参考信号，对输出端进行下变频和滤波后选取出泄漏的发射信号，再通过上变频反馈至输入端进行泄漏发射信号的补偿。在复数域进行处理主要是为了

避免实数域的处理过程对载波的同步要求，同时保证上变频过程的单边带性。该方法涉及的 LNA 前置及后置现象对接收机性能的影响与 LMS 算法相同，不再赘述。

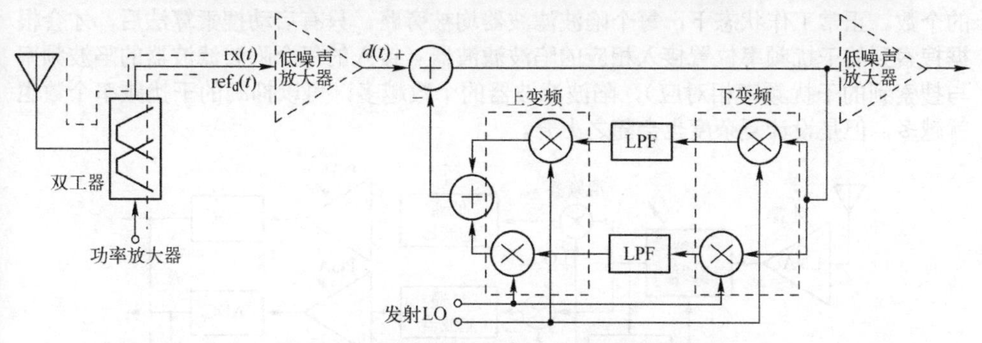


图 5-100　基于负反馈算法的发射泄漏校准

上述发射泄漏校准仍存在两方面问题：①发射泄漏校准电路均采用有源电路，产生的噪声会恶化接收机的性能（在 LNA 后级进行校准会改善此部分噪声影响）；②发射泄漏中存在的边带泄漏噪声经过 PA 的放大和非线性效应后通常远超过接收机输入端的自然噪底，也会明显恶化接收机的噪声性能。文献[53]通过采用噪声抵消 LNA 结构补偿发射泄漏干扰，通过额外引入一路参考发射泄漏（共计两路参考信号）抵消发射机边带噪声来解决上述两个问题，取得了较好的测试效果，但是校准算法较复杂，成本较高。

## 5.8.4　自适应干扰抑制

在不存在通带选择滤波器时，射频前端处于宽开化状态。除谐波干扰外，还存在非常多的其他带外干扰，这些干扰会严重恶化接收机的信噪比。为了改善接收性能，通常需要在接收机中集成干扰抑制的功能，典型做法是采用自适应的射频陷波滤波器，如图 5-101 所示。陷波滤波器的作用相当于带阻滤波器，可以在干扰信号的频率范围内产生一个带阻响应，有效抑制干扰信号，提升接收链路信噪比。

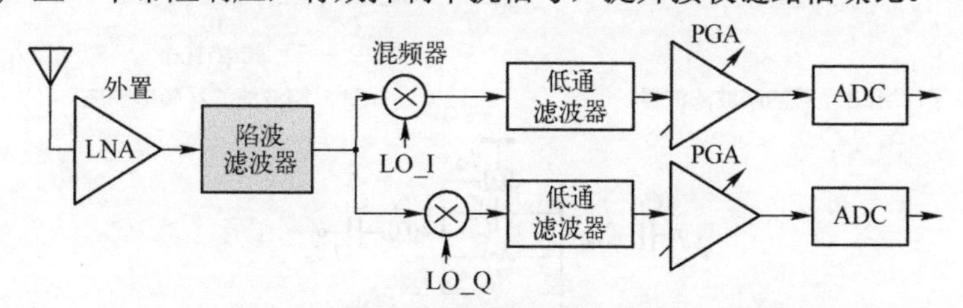


图 5-101　具有陷波滤波功能的射频干扰抑制宽带接收机

图 5-101 所示结构无法判断具体的干扰位置，陷波频率范围也就无法设定，因此需要在电路中加入自适应功能，如图 5-102 所示，其中 RSSI_1 为射频信号强度指示器，RSSI_2 为基带信号强度指示器。芯片上电后，如果 RSSI_1 指示器检测到的信号功率超过一定的阈值后，干扰频率搜索算法便会启动。首先通过调整本振频率对接收通带内的频点进行扫描（扫描步进需要根据具体的输入频率范围和低通滤波器的带宽来设定），当 RSSI_2 指示器显示的信号功率超过设定的阈值后，记录下频点信息，

并据此调整陷波滤波器的陷波频率，压制响应的干扰信号。图 5-102 中所示电路仅能针对单频率干扰进行抑制，对于存在多处干扰的通信系统而言，需要增加陷波滤波器的个数。正常工作状态下，每个陷波滤波器均被旁路，只有启动搜索算法后，才会根据搜索到的干扰频率位置接入相应的陷波滤波器（接入的每个陷波滤波器的陷波频率与搜索到的干扰频率相对应），陷波滤波器的个数越多，可以抑制的干扰频率个数也就越多，但是设计复杂度也会随之上升。

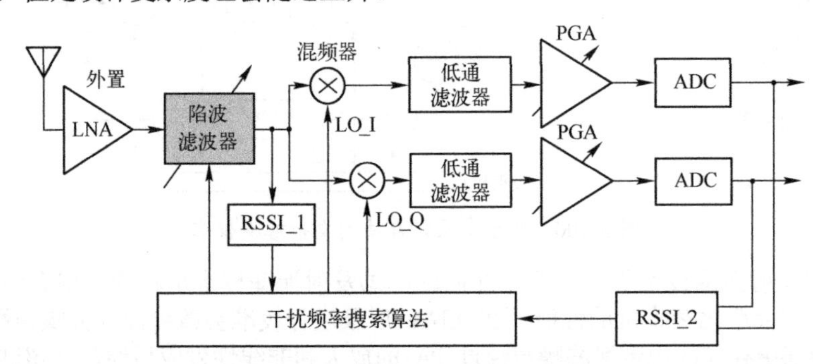


图 5-102 自适应射频干扰抑制宽带接收机

射频陷波滤波器通常采用 LC 组合负载（串联 LC 和并联 LC 组合）的形式进行滤波，如图 5-103（a）所示，其传输函数为

$$T(s)=\frac{L_1C_1L_2C_2s^4+(L_1C_1+L_2C_2+L_1C_2)s^2+1}{sC_2(L_1C_1s^2+1)} \tag{5-102}$$

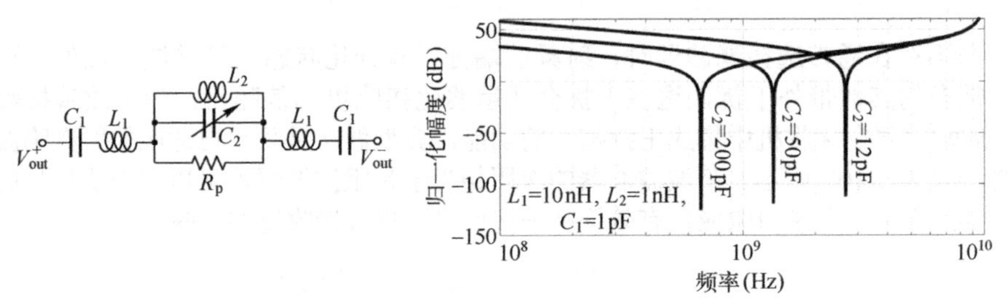


（a）基于LC组合负载的陷波滤波器　　（b）陷波滤波器频率响应

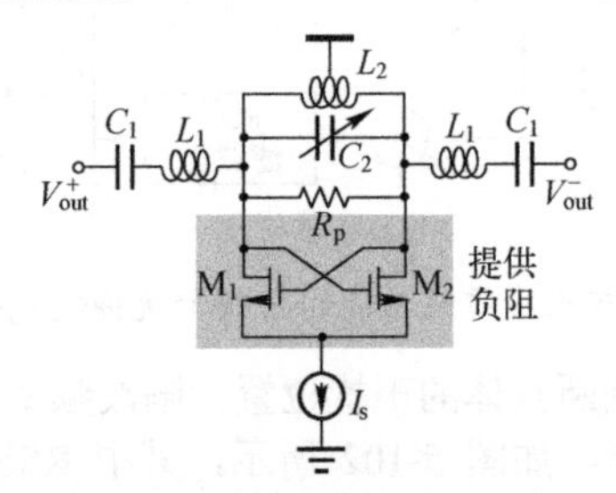


（c）基于LC组合负载的增强品质因子陷波滤波器

图 5-103 陷波滤波器

根据分子项可知，该结构存在两个明显的零点频率，因此该负载形式在这两个

频率处阻抗值为 0，也就是说在零点频率处的增益为 0，造成频域上的陷波现象。其具体的幅频响应如图 5-103（b）所示，通过调整电容 $C_2$ 可以动态调整陷波频率。由于射频因为集成电路中的电感品质因子普遍较低，所以当干扰频率距离有效信号频率较近时，图 5-103（a）所示的负载形式陷波频率范围会相对较宽，很有可能对有效信号的接收造成阻塞。因此，可以采用增强品质因子的 LC 组合负载结构，如图 5-103（c）所示。有源差分互耦对可以对外提供负阻抗（负阻的概念见 9.1.3 节），通过调整输出负阻（改变晶体管跨导值），理论上可以获得任意品质因子的 LC 组合负载。

对于超外差结构，采用图 5-103（c）所示的陷波负载可以有效地替换片外 SAW 滤波器，提升芯片的集成度，降低元器件成本，同时还可以降低芯片的设计复杂度（LNA 的输出端和混频器的输入端不需要再进行阻抗匹配设计），是一种有效的可集成镜像抑制滤波器。

# 5.9　射频集成电路的多片同步校准

5G 时代，相控阵、MIMO 技术得到了大规模应用，致使多通道射频收发集成电路逐渐出现，最典型的为 ADI 公司的 2×2 多通道射频收发芯片——AD9361/AD9371/AD9375 系列芯片和 4×4 多通道射频收发芯片——AD9026 芯片。上述应用场景除多通道需求外，还要求多通道射频收发具备射频同步性、基带同步性和多通道的幅相匹配性。

多通道射频同步性主要依靠收发通道本振信号的相位同步性来保证。对于整数型频率综合器，只要能够保证输入参考频率的一致性，多个频率综合器在锁定后会自动保持一致。对于小数型频率合成器，即使处于锁定状态，由于 Σ-Δ 调制器的存在，无法保证可编程分频器的分频值顺序是完全相同的。因此，多个小数分频器之间的相位是随机的，需要在锁定后重新复位 Σ-Δ 调制器，使可编程分频器的分频值顺序趋于一致，完成射频同步[54]。基带同步性主要是为了保证 ADC 和 DAC 的采样时钟是同步的，除保证用于提供采样时钟的基带频率综合器的输出频率同步性外（与射频同步相同），还必须在基带频率综合器完成同步后复位后续的外部分频器以保证采样频率的同步性，完成基带同步[50]。

对于射频通道的幅相匹配性，校准过程如下：首先在外部放置一个单音发射源，同时闭合开关 $S_1$ 和 $S_2$，选取任意接收通道为参考通道，剩余接收通道的输出依次（或者同时）与该参考通道的输出进行比较（相除），并将比较结果依次作为各对应接收通道的幅相补偿值[55-56]，具体工作原理如图 5-104 所示。完成接收通道的校准后，可以将对应的系数写入（上电置位）数字基带处理模块中，避免每次上电后均需要校准。发射通道的校准是在接收通道校准完成的基础上通过回环的方式完成的（闭合 $S_2$ 和 $S_3$，断开 $S_1$ 和 $S_4$），校准方式与接收通道类似，只是信号的输入需要通过发射链路从基带输入[57]。为了避免温度变化对幅相失配的影响，通常还需要在不同的温度下进行幅相失配校准并存储校准系数，然后根据温度传感器选择需要切换的补偿系数。

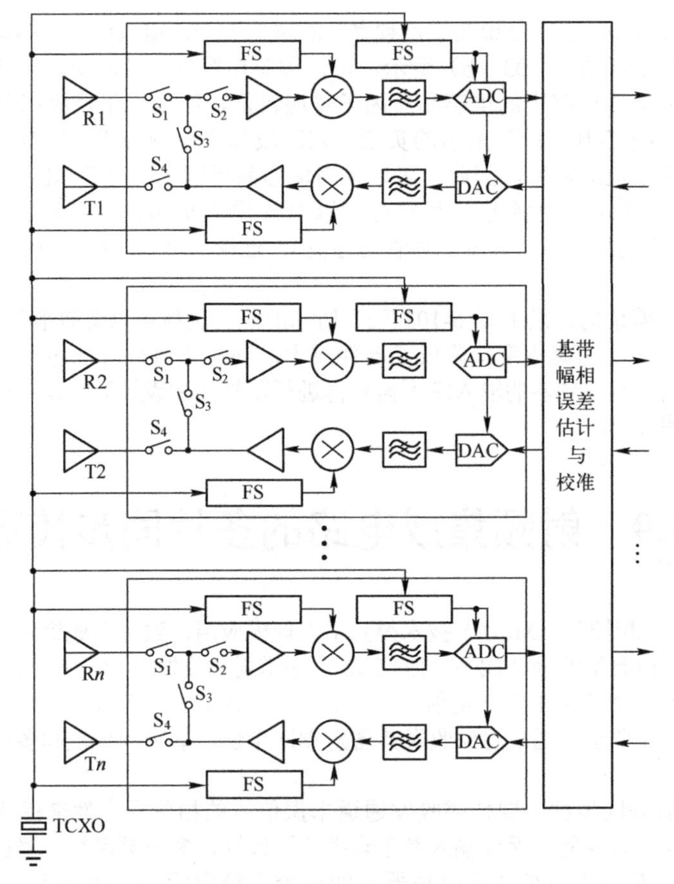


图 5-104 多通道幅相校准

采用校准系数存储的方案对各通道由于老化导致的失配较敏感。为了保证校准精度的实时性，接收通道幅相失配校准的信号源可以通过芯片内部的频率综合器提供，即接收通道校准时的输入信号源可以由发射通道的射频频率综合器提供（射频同步完成后），这样可以保证芯片在每次上电时都可以进行一次校准，保证校准的实时性。

## 参考文献


[1] ZHANG G, WANG L F, TAN X, et al. Adaptive IF selection and IQ mismatch compensation in a low-IF GSM receiver [J]. Journal of Semiconductors, 2012, 33(6): 065005(1-6).

[2] RETZ G, SHANAN H, MULVANEY K, et al. A highly integrated low-power 2.4 GHz transceiver using a direct-conversion diversity receiver in 0.18μm CMOS for IEEE802.15.4 WPAN [C]. IEEE International Solid-State Circuits Conference, San Francisco, 2009: 414-415.

[3] SHIN H Y, KUO C N, CHEN W H, et al. A 250MHz 14dB -NF 73dB -Gain 82dB -DR analog baseband chain with digital-assisted DC-offset calibration for ultra-wideband [J]. IEEE Journal of Solid-State Circuits, 2010, 45(2): 338-350.

[4] MASSIMO B, PAOLO R, DAVIDE S, et al. A +78dBm IIP2 CMOS direct downconversion mixer for mixer for fully integrated UMTS receivers [J]. IEEE Journal of Solid-State Circuits, 2006, 41(3): 552-559.
[5] JIANG P, LU Z, GUAN R, et al. All-digital adaptive module for automatic background IIP2 calibration in CMOS downconverters with fast convergence [J]. IEEE Transactions on Circuits and Systems-Ⅱ: Express Briefs, 2013, 60(7): 427-431.
[6] DAJANA D, VLADIMIR M, ANDREIA C. Low-power inductorless RF receiver front-end with IIP2 calibration through body bias control in 28nm UTBB FDSOI [C]. IEEE Radio Frequency Integrated Circuits Symposium, San Francisco, 2016: 87-90.
[7] XIA B, QI N, YIN Y, et al. A blocker-tolerant ZigBee transceiver with on-chip balun and CR/IQ/IIP2 self-calibration for home automation [J]. Analog Integrated Circuits and Signal Processing, 2016, 86(1): 11-23.
[8] IMTINAN E, KHURRAM M. IIP2 calibration by injecting DC offset at the mixer in a wireless receiver [J]. IEEE Transactions on Circuits and Systems-Ⅱ: Express Briefs, 2007, 54(12): 1135-1139.
[9] MOHAMMAD B V, OMID S. A high IIP2 mixer enhanced by a new calibration technique for zero-IF receivers [J]. IEEE Transactions on Circuits and Systems-Ⅱ: Express Briefs, 2008, 55(3): 219-223.
[10] KRZYSZTO D, ZDRAVKO B, ROBERT W. Digital adaptive IIP2 calibration scheme for CMOS downconversion mixers [J]. IEEE Journal of Solid-State Circuits, 2008, 43(11): 2434-2445.
[11] LI S T, LI J C, GU X C, et al. Reconfigurable all-band RF CMOS transceiver for GPS/GLONASS/ Galileo/Beidou with digitally assisted calibration [J]. IEEE Transactions on Very Large Scale Integration (VLSI) Systems, 2015, 23(9): 1814-1827.
[12] QI N, XU Y, CHI B Y, et al. A dual-channel Compass/GPS/GLONASS/Galileo reconfigurable GNSS receiver in 65nm CMOS with on-chip I/Q calibration [J]. IEEE Transactions on Circuits and Systems-I: Regular Papers, 2012, 59(8): 1720-1732.
[13] THANGARASU B K, KAIXUE M, KIAT S Y. A 4GHz 60dB variable gain amplifier with tunable DC offset cancellation in 65nm CMOS [J]. IEEE Microwave and Wireless Components Letters, 2015, 25(1): 37-39.
[14] YANG Z, WEN G J, FENG X. A 2.5-V 56-mW baseband chain in a multistandard TV receiver for mobile and media application [J]. Journal of Semiconductors, 2011, 32(3): 035003(1-6).
[15] HUI Y, LI B, MO H, et al. A digital IQ imbalance self-calibration in FDD transceiver [C]. International Symposium on VLSI Design, Automation and Test, Hsinchu, 2017: 1-4.
[16] ASHISH K, ANKUR V. A Novel gain, phase and offset calibration scheme for wideband direct-conversion transmitters [C]. IEEE 81st Vehicular Technology Conf., Glasgow, 2015: 1-5.
[17] LI C, MIN L, POLLIN S, et al. Reduced complexity on-chip IQ-imbalance self-calibration [C]. IEEE Workshop on Signal Processing Systems, Quebec, 2012: 31-36.
[18] SHUSUKE K, TOSHIYUKI Y, YOSUKE H. A 1024-QAM capable WLNA receiver with -56.3dB image rejection ratio using self-calibration technique [C]. IEEE International Symposium on Circuits and Systems, Baltimore, 2017: 1-4.
[19] JIANG P, SHOTARO M, SEITAROU K, et al. A 50.1-Gb/s 60-GHz CMOS transceiver for IEEE 802.11ay with calibration of LO feedthrough and I/Q imbalance [J]. IEEE Journal of Solid-State

Circuits, 2019, 54(5): 1375-1385.

[20] 陈雷，岳光荣，唐俊林，等. 基于数字预失真的发射机 I/Q 不平衡矫正[J]. 电子与信息学报, 2017, 39(4): 847-853.

[21] SHUSUKE K, RUI I, KENGO N. An 802.11ax 4×4 high-efficiency WLNA AP transceiver SoC supporting 1024-QAM with frequency-dependent IQ calibration and integrated interference analyzer [J]. IEEE Journal of Solid-State Circuits, 2018, 53(12): 3688-3699.

[22] SHIN H Y, WANG C W. A highly-integrated 3-8GHz ultra-wideband RF transmitter with digital-assisted carrier leakage calibration and automatic transmit power control [J]. IEEE Transactions on Very Large Scale Integration (VLSI) Systems, 2012, 20(8): 1357-1367.

[23] JIAN P, SHOTARO M, SEITAROU K, et al. A 128-QAM 60 GHz CMOS transceiver for IEEE802.11ay with calibration of LO feedthrough and I/Q imbalance [C]. IEEE International Solid-State Circuits Conference, San Francisco, 2017: 424-425.

[24] 上海交通大学. 基于射频收发芯片的发射本振泄露数字校准系统及方法: 中国, 11303246.5 [P]. 2019-12-17.

[25] 中兴通讯股份有限公司. 一种基于 IQ 信号实时校准的方法和装置: 中国, 10172792.7 [P]. 2011-06-24.

[26] EMANUELE L, SILVIAN S, JOHAN V. A 40 nm wideband direct-conversion transmitter with sub-sampling-based output power, LO feedthrough and I/Q imbalance calibration [C]. IEEE International Solid-State Circuits Conference, San Francisco, 2011: 424-426.

[27] SETH S, HWON D H, VENUGOPALAN S, et al. A dynamically biased multiband 2G/3G/4G cellular transmitter in 28nm CMOS [J]. IEEE Journal of Solid-State Circuits, 2016, 51(5): 1096-1108.

[28] CORMAC O S, JIRI N, JIRI B, et al. Carrier leak calibration scheme on a 0.18 um transmitter [C]. International Signals and Systems Conference, Cork, 2010: 141-146.

[29] PRAVEEN M V, NAGENDRA K. An automatic LO leakage calibration method for class-AB power mixer based RF transmitters [C]. IEEE Symposium on Circuits and Systems, Florence, 2018: 1-5.

[30] MOHAMED A S, VIVEK R, JAMES S, et al. A 32-42-GHz RTWO-based frequency quadrupler achieving >37dBc harmonic rejection in 22-nm FD-SOI [J]. IEEE Solid-State Circuits Letters, 2021, 4(1): 72-75.

[31] OMAR E, KERIM K, GABRIEL M R. A 16 path all-passive harmonic rejection mixer with watt-level in-band IIP3 in 45-nm CMOS SOI [J]. IEEE Microwave and Wireless Component Letters, 2020, 30(8): 790-793.

[32] AMIR B, MOHAMMAD T, FREDERIC N. A 0.8-4GHz software-defined radio receiver with improved harmonic rejection through non-overlapped clocking [J], IEEE Transactions on Circuits and Systems-I: Regular Papers, 2018, 65(10): 3186-3195.

[33] ANDREAS G, SILVESTER S, STEFAN T, et al. A harmonic rejection strategy for 25% duty-cycle IQ-mixers using digital-to-time converters [J]. IEEE Transactions on Circuits and Systems-Ⅱ: Express Briefs, 2020, 67(7): 1229-1233.

[34] KANG H, HO W G, VINEET S, et al. A wideband receiver employing PWM-based harmonic rejection downconversion [J]. IEEE Journal of Solid-State Circuits, 2018, 53(5): 1398-1410.

[35] FAIZAN U H, MIKKO E, YURY A, et al. A blocker-tolerant two-stage harmonic rejection RF

front-end [C]. IEEE Radio Frequency Integrated Circuits Symposium, Boston, 2019: 203-206.

[36] FORBES T, HO W G, GHARPURE Y. Design and analysis of harmonic rejection mixers with programmable LO frequency [J]. IEEE Journal of Solid-State Circuits, 2013, 48(10): 2363-2374.

[37] WU L, ALAN W, ZHENG S, A 0.9-5.8GHz software-defined receiver RF front-end with transformer-based current-gain boosting and harmonic rejection calibration [J]. IEEE Transactions on Very Large Scale Integration (VLSI) Systems, 2017, 25(8): 2371-2382.

[38] CHA H K, KWON K, CHOI J. A CMOS wideband RF front with mismatch calibrated harmonic rejection mixer for terrestrial digital TV tuner application [J]. IEEE Transactions on Microwave Theory and Techniques, 2010, 58(8): 2143-2151.

[39] WU H, DAVID M, HOOMAN D. A harmonic-selective multi-band wireless receiver with digital harmonic rejection calibration [J]. IEEE Journal of Solid-State Circuits, 2019, 54(3): 796-807.

[40] LI S T, LI J C, GU X C, et al. A continuously and widely tunable 5 dB NF 89.5dB Gain 85.5dB DR CMOS TV receiver with digitally-assisted calibration for multi-standard DBS applications [J], IEEE Journal of Solid-State Circuits, 2013, 48(11): 2762-2774.

[41] SEYEOB K, MINSU J, YANGGYUN K, et al. A complex band-pass filter for low-IF conversion DAB/T-DMB tuner with I/Q mismatch calibration [C]. IEEE Asian Solid-State Circuits Conference, Fukuoka, 2008: 473-476.

[42] HAL V, HONG T T, LAM D T, et al. Implementation of CMOS tunable on-chip $G_m$-C IF filter in RF front-end IC for SDR transceiver [C]. International Conference Integrated Circuit, Design, and Verification, Hanoi, 2017: 138-143.

[43] HUANG M, CHEN D, GUO J, et al. A CMOS delta-sigma PLL transmitter with efficient modulation bandwidth calibration [J]. IEEE Transactions on Circuits and Systems-I: Regular Papers, 2015, 62(7): 1716-1725.

[44] ZHEN L, MO H, YE H, et al. A four-band TD-LTE transmitter with wide dynamic range and LPF bandwidth calibration [C]. International Symposium on VLSI Design, Automation and Test, Hsinchu, 2017: 1-4.

[45] CHEN F, LIN M, CHEN B, et al. Design of an active-RC low-pass filter with accurate tuning architecture [J]. Journal of Semiconductors, 2008, 29(11): 2238-2244.

[46] LI S T, CHEN L H, ZHAO Y. Reconfigurable active-RC LPF with self-adaptive bandwidth calibration for software-defined radio in 130 nm CMOS [C]. IEEE International Conference on Solid-State and Integrated Circuit Technology, Qingdao, 2018: 1-4.

[47] 国防科技大学. 一种宽带有源 RC 滤波器带宽校准电路和方法 zho: 中国, 11048322.X [P]. 2021-09-08.

[48] 东南大学. 一种用于 Gm-C 滤波器的主从结构频率校准电路: 中国, 10085525.X [P]. 2014-03-10.

[49] 复旦大学. 一种用于 Gm-C 滤波器的频率自调谐电路: 10167541.5 中国, [P]. 2010-05-06.

[50] ADI. AD9361 User Guide [EB/OL]. [2021-08-21]. https://www.analog.com/cn/products/ad9361.html.

[51] APARIN V, BALLANTYNE G, PERSICO C, et al. An integrated LMS adaptive filter of TX leakage for CDMA receiver front ends [J]. IEEE Journal of Solid-State Circuits, 2006, 41(5): 1171-1182.

[52] APARIN V. A new method of TX leakage cancelation in WCDMA and GPS receivers [C]. IEEE Radio Frequency Integrated Circuits Symposium, Atlanta, 2008: 87-90.

[53] ZHOU J, CHAKRABARTI A, KINGET P R, et al. Low-noise active cancellation of transmitter leakage and transmitter noise in broadband wireless receivers for FDD/co-existence [J]. IEEE Journal of Solid-State Circuits, 2014, 49(12): 3046-3062.
[54] 杭州城芯科技有限公司. 针对射频收发芯片的同步系统及方法: 中国, 10336238.7 [P]. 2020-04-26.
[55] YU S Q, CHEN L H, LI S T, et al. Adaptive multi-beamforming for space-based ADS-B [J]. The Journal of Navigation, 2019, 72(2): 359-374.
[56] YU S Q, CHEN L H, FAN C G, et al. Integrated antenna and receiver system with self-calibrating digital beaforming for space-based ADS-B [J]. Acta Astronautica, 2020, 170: 480-486.
[57] YUN W, RUI W, JIAN P, et al. A 39-GHz 64-element phased-array transceiver with built-in phase and amplitude calibrations for large-array 5G NR in 65-nm CMOS [J]. IEEE Journal of Solid-State Circuits, 2020, 55(5): 1249-1269.

# 第 6 章

# 低噪声放大器

前几章主要从系统级和架构级对射频集成电路进行了宏观阐述，本章开始将集中探讨射频集成电路内部各核心功能模块的工作原理、电路结构和设计方法。

低噪声放大器是射频集成电路中的一个核心模块，通常位于整个射频接收集成电路的第一级。根据级联系统的噪声系数方程可知，低噪声放大器主要用于提供尽可能低的噪声系数和尽可能高的前级增益以提升整个系统的噪声性能。高增益会一定程度上恶化后级模块的线性性能，需要折中考虑。低噪声放大器作为射频前端的第一级电路，输入端与前级电路（通常为天线或频带选择滤波器）的连接必须考虑阻抗匹配的问题，且连线需要采用传输线的形式（微波毫米波段更是如此）。根据应用场景的不同，低噪声放大器的匹配存在两种典型的实现方式：窄带匹配和宽带匹配，这两种匹配方式采用的设计方法差异很大。同时，为了获取更低的噪声系数，噪声抵消技术也被广泛应用于低噪声放大器的设计中。

二阶交调性能和三阶交调性能也是低噪声放大器设计中必须注意的两个重要指标。二阶交调产生的低频干扰会通过混频器的失配直接泄漏至基带，对零中频架构接收机产生严重影响，而三阶交调失真可以直接污染有用信号（通常情况下，低噪声放大器和混频器之间会通过隔直电容进行交流耦合，因此低噪声放大器的二阶交调性能通常不需要过多考虑）。

需要特别注意的是，因为低噪声放大器是射频集成电路中必须进行阻抗匹配设计的模块，所以其稳定性设计也是一个必须考虑的重要指标。由于端口的阻抗失配，射频信号的波动特性会导致部分端口发生功率反射，如果低噪声放大器的各散射因子设计不够合理，极有可能使得端口的反射功率大于入射功率，低噪声放大器等效于一个产生能量的负阻模块，在某一频率下存在自由振荡的可能性。

本章主要针对低噪声放大器的拓扑结构、噪声计算及噪声性能优化、线性度计算及优化、稳定性设计等进行详细介绍。

## 6.1　低噪声放大器设计考虑

高性能的低噪声放大器设计需要考虑的性能参数有噪声系数、阻抗匹配、增益与带宽、线性度、稳定性和功耗。上述性能参数通常只存在局部最优解，因此低噪声放大器的设计是一个典型的折中过程，会有不同程度的反复和迭代。本节主要针对上述性能参数展开说明，建立低噪声放大器的直观设计概念。

### 6.1.1 噪声系数

无论是直接接入射频天线的输出端，还是通过频带选择滤波器接入射频天线的输出端，低噪声放大器的噪声系数对整个射频集成电路噪声系数的贡献都是无损的，即无损失地叠加至系统的噪声系数中去，因此低噪声放大器对射频集成电路系统的噪声贡献通常是最大的。一般采用将噪声等效至输入端或输出端的形式来计算低噪声放大器的噪声系数。以等效至输入端（见图 1-29）为例，重新画出低噪声放大器接入匹配电路后的等效噪声示意图，如图 6-1 上侧所示，其中 $V_{S,n}$ 为信号源内阻通过戴维南定理等效的串联噪声电压。为了便于分析，对信号内阻和匹配网络进行戴维南等效，等效后的串联阻抗为 $Z_S$，串联噪声电压同样采用 $V_{S,n}$ 表示，如图 6-1 下侧所示，则有

$$\overline{V_{S,n}^2}=4kT\mathrm{RE}(Z_S)=4kTR_S \tag{6-1}$$

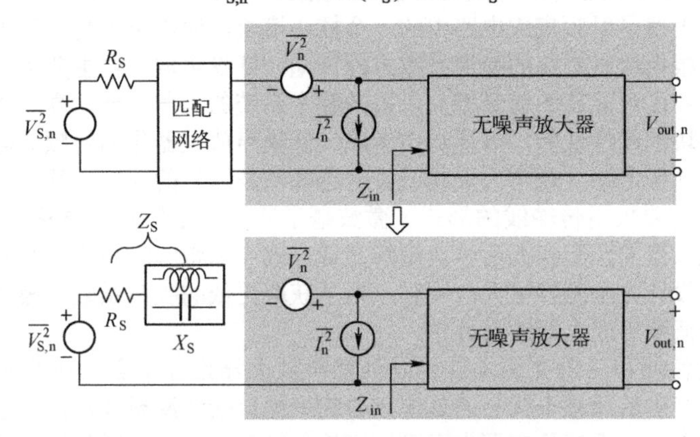


图 6-1 低噪声放大器噪声系数计算示意图

需要说明的是，对信号内阻和匹配网络进行戴维南等效前后的电阻不一定相等，只是均采用 $R_S$ 的形式进行表示，其噪声系数为

$$\mathrm{NF}=1+\frac{\overline{|V_n+I_nZ_S|^2}}{\overline{V_{S,n}^2}} \tag{6-2}$$

令 $I_n=I_{nc}+I_{ne}$，其中 $I_{nc}$ 为与串联噪声电压 $V_n$ 相关的部分，$I_{ne}$ 为与串联噪声电压 $V_n$ 不相关的部分。令 $Z_C=V_n/I_{nc}$ 表示串联噪声电压与并联噪声电流的相关阻抗，则式（6-2）可以转换为

$$\mathrm{NF}=1+\frac{\overline{|I_{nc}Z_C+(I_{nc}+I_{ne})Z_S|^2}}{\overline{V_{S,n}^2}}=1+\frac{\overline{I_{ne}^2}|Z_S|^2+\overline{I_{nc}^2}|Z_C+Z_S|^2}{\overline{V_{S,n}^2}} \tag{6-3}$$

令 $Z_C=R_C+jX_C$，$Z_S=R_S+jX_S$，则式（6-3）可进一步变换为

$$\mathrm{NF}=1+\frac{\overline{I_{ne}^2}(R_S^2+X_S^2)+\overline{I_{nc}^2}[(R_C+R_S)^2+(X_C+X_S)^2]}{4kTR_S} \tag{6-4}$$

根据式（6-4）可以计算出使图 6-1 所示低噪声放大器噪声系数达到最小的一般条件，将式（6-4）分别对源阻抗 $Z_S$ 的电阻 $R_S$ 和电抗 $X_S$ 部分进行一阶导数运算，并令其为 0，可得

$$X_S = -X_C\frac{\overline{I_{nc}^2}}{\overline{I_n^2}} = X_{opt} \tag{6-5}$$

$$R_S = \sqrt{\frac{\overline{I_{nc}^2}}{\overline{I_n^2}}(R_C^2 + 2X_C^2) - 2X_C^2\left[\frac{\overline{I_{nc}^2}}{\overline{I_n^2}}\right]^2} = R_{opt} \tag{6-6}$$

**例 6-1** 如果仅考虑晶体管的漏源噪声电流 $I_{nd}$，试分别计算图 1-30 所示共源放大器和图 1-35 所示源简并共源放大器的最优噪声系数。

**解：**（1）共源放大器

对于图 1-30 所示共源放大器，由于仅考虑晶体管的栅源噪声电流，则等效至输入端的输入参考串联噪声电压与并联噪声电流之间完全相关，因此 $I_{ne}=0$，$I_{nc}=I_n$，且其相关阻抗为

$$Z_C = V_n/I_n = \frac{1}{sC_{gs}} = R_C + jX_C \tag{6-7}$$

代入式（6-5）和式（6-6）可知，当源阻抗满足

$$R_S = 0,\ X_S = \frac{1}{\omega C_{gs}} \tag{6-8}$$

时，共源放大器可以获得最优的噪声性能。将式（6-8）代入式（6-4）可得此时的最优噪声系数为

$$NF = 1 + \frac{\overline{I_{nc}^2}R_S}{4kT} = 1 \tag{6-9}$$

（2）源简并共源放大器

对于图 1-35 所示源简并共源放大器，等效至输入端的输入参考串联噪声电压与并联噪声电流之间同样完全相关，因此 $I_{ne}=0$，$I_{nC}=I_n$，则其相关阻抗为

$$Z_C = \frac{V_n}{I_n} = sL_S + \frac{1}{sC_{gs}} = R_C + jX_C \tag{6-10}$$

代入式（6-5）和式（6-6）可知，当源阻抗满足

$$R_S = 0, X_S = \frac{1}{\omega C_{gs}} - \omega L_S \tag{6-11}$$

时，源简并共源放大器可以获得最优的噪声性能。将式（6-11）代入式（6-4）可得此时的最优噪声系数为

$$NF = 1 + \frac{\overline{I_{nc}^2}R_S}{4kT} = 1 \tag{6-12}$$

例 6-1 的计算过程在理论上不存在任何问题。等效输入参考串联噪声电压与并联噪声电流之间的完全相关性使得源阻抗与相关阻抗共轭时，共源放大器和源简并共源放大器并不会对输入信号造成噪声污染，这一结论是任何通信系统追求的最终目标。仔细观察该例的计算过程，可以发现上述结论的前提是源阻抗中的电阻成分为 0，这显然与实际情况不符，例 6-1 仅仅是理论计算结果，并无实际意义。另外，在设计低

噪声放大器的输入匹配网络时，为了保证阻抗匹配，需要满足 $Z_S = Z_{in}^*$ ，其中 $Z_{in}$ 为低噪声放大器的输入阻抗。如果满足：

$$R_S = R_{in} = R_{opt}, \quad X_S = -X_{in} = X_{opt} \tag{6-13}$$

则系统可以同时满足阻抗匹配和最优噪声系数的情况。不幸的是，在大多数情况下，式（6-13）所示的条件是不成立的。考虑图 1-35 所示的源简并共源放大器，为了简化分析，仅考虑晶体管的漏源噪声电流，当满足式（6-11）时，源简并共源放大器可以获得最优噪声性能。输入阻抗 $Z_{in}$ 中却包含电阻成分，与式（6-11）不符，因此低噪声放大器在设计过程中需要在系统的噪声性能和阻抗匹配性能之间进行折中。

### 6.1.2 阻抗匹配

阻抗匹配同样是低噪声放大器设计过程中必须考虑的一个性能指标。低噪声放大器的前端接入的是天线的输出端或通道选择滤波器的输出端。为了保证天线或滤波器性能正常，低噪声放大器的输入端必须进行阻抗匹配设计。另外，在超外差接收机中，通常会在低噪声放大器的输出端接入镜像抑制滤波器的输入端，因此超外差架构中的低噪声放大器还必须在输出端加入阻抗匹配网络来保证镜像抑制的性能。

低噪声放大器的阻抗匹配网络设计需要与实际的通信需求相适应，大体可分为窄带阻抗匹配网络设计和宽带匹配网络设计。窄带匹配网络的设计见第 2 章。宽带匹配网络的设计方法与窄带匹配网络完全不同，需要在电路结构上寻找突破，本章会重点介绍。

低噪声放大器的设计通常先设计阻抗匹配网络，后优化噪声系数，通过反复迭代最终满足系统设计要求。

衡量阻抗匹配性能可以采用四个典型的性能参数：散射因子 $S$、反射系数$\Gamma$、回波损耗 RL 和电压驻波比 VSWR。四者之间具有一定的等效性，反射系数、回波损耗与电压驻波比完全等效，散射因子与反射系数的区别在于是否存在输出/输入端口的反射通过反馈/正向回路泄漏至输入/输出端。通常在低噪声放大器的设计过程中，反射隔离度均会超过 40dB，输入端阻抗匹配性能均小于-10dB，可以近似理解为不存在输出端至输入端和输入端至输出端的泄漏，因此通常意义上在表征阻抗匹配性能时，我们不加区分地使用散射因子和反射系数。

以输入端口为例，当散射因子 $S_{11}$ 或反射系数$\Gamma_{in}$ 的测量结果等于-10dB 时，约有10%的能量反射至信号源并在传输线上形成驻波，大部分能量仍然通过低噪声放大器实现了信号的放大及传输。此种情况通常是阻抗匹配性能的一种临界情况，考虑到封装的寄生效应和仿真模型的准确度问题，通常将反射系数或散射因子设计为小于-15dB，即回波损耗需要大于 15dB。

### 6.1.3 增益与带宽

低噪声放大器的增益与三个重要的系统链路指标有关：系统级联噪声、系统级联线性度和系统链路增益需求。不论低噪声放大器的前端是否接入有损滤波器，低噪声放大器的噪声都是直接叠加至系统噪声中的，因此低噪声放大器的噪声性能应设计得尽可能好。根据系统级联噪声公式可知，低噪声放大器的增益越大，系统后级电路模块对系统的总的噪声贡献度就越小，系统的噪声性能就会越好。根据系统级联线性度公式可知，低噪声放大器较高的增益会导致系统后级模块的饱和风险大大提升，严重影响系统线性性能。从这两个角度看，低噪声放大器的增益设计也是一个需要折中的过程。低噪声放大器的增益还与系统的链路增益需求有关，链路增益需求的确定通常与 ADC 的动态范围有关。为了确保模数转换过程中引入的量化噪声对系统信噪比的影响足够小，通常要求链路提供的增益能够将灵敏度附近的信号功率放大至 ADC 的最大动态范围处，因此低噪声放大器提供的增益还必须考虑这一需求。

需要注意的是，在计算系统的级联噪声和系统的级联线性度时，所使用的低噪声放大器的增益概念与低噪声放大器本身的增益定义有所区别。如图 6-2 所示，从 $V_{in}$ 至 $V_{out}$ 的增益 $A_N$ 为计算系统级联噪声系数时低噪声放大器的增益，从 $V_{in1}$ 至 $V_{out}$ 的增益 $A_L$ 为计算系统级联线性度时低噪声放大器的增益。低噪声放大器在链路增益的计算过程中必须立足功率传输的概念。无线信号抵达接收天线时，其功率被天线内阻吸收，并经阻抗匹配网络（图 6-2 中的匹配网络包含在低噪声放大器中）无损传输至低噪声放大器，放大输出至 $V_{out}$，因此在链路增益计算过程中，低噪声放大器增益 $A_{LNA}$ 的计算必须是从 $V_S$ 至 $V_{out}$ 的增益计算。如果匹配网络可以保证 $Z_{in}$ 与 $Z_S$ 严格匹配的话（一般情况下，$Z_{in}=Z_S=50\Omega$），有 $A_{LNA}=A_L=2A_N$。

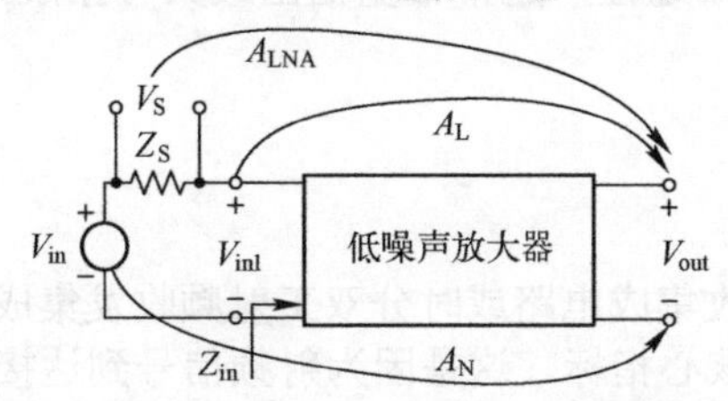


图 6-2 低噪声放大器在不同参数计算过程中的增益表达示意图

带宽同样是低噪声放大器设计中一个关键的性能参数。影响低噪声放大器带宽的因素主要包括阻抗匹配网络决定的带宽和负载阻抗决定的带宽两个方面，低噪声放大器的实际带宽受限于两者的最小值。对于窄带通信系统而言，低噪声放大器的匹配网络可以采用 L 型、π型或 T 型。因为π型和 T 型拓扑结构相较于 L 型拓扑结构增加了一个自由度，所以可以获得更高的网络品质因子，更有利于压缩匹配网络的带宽，获得更高的带外线性度。窄带通信情况下低噪声放大器的常用负载形式有纯电阻负载和电容电感并联谐振网络两种。前者理论上不会对低噪声放大器的带宽造成影响，但是如果考虑寄生电容的影响，负载端相当于一个低通滤波器，典型 CMOS 工艺条件下，低通带宽通常可以达到 6GHz 以上。电容电感并联谐振网络可以等效为一个带通滤波器。带通滤波器的带宽受限于电感模型的品质因子，在使用其作为负载时需要特别注意电容电感并联谐振网络在工艺偏差情况下的谐振频率偏移问题，此现象极有可能导致有效信号失真。可以采用图 6-3 所示的电容电感并联谐振校准电路稳定谐振频率。电容电感并联谐振网络通过与一个负阻模块相连可以形成一个振荡器，其振荡频率与电容电感并联谐振网络的谐振频率相同，记为 $f_{LC}$。校准过程开始时，首先断开开关 $S_3$，闭合开关 $S_1$ 和 $S_2$。振荡信号的上升沿对温补晶振 TCXO 的输出振荡信号高电平（或低电平）周期 $T_c$ 进行计数，计数结果 $N_c$ 与预存入寄存器的 $N_{reg}$（$N_{reg}=f_{LC0}/(2f_{TCXO})$，$f_{LC0}$ 为不存在工艺偏差时的电容电感并联谐振网络谐振频率）进行比较并输出二进制差值信号。二进制搜索算法根据差值信号调节电容电感并联谐振网络中的电容，完成最终的校准过程。

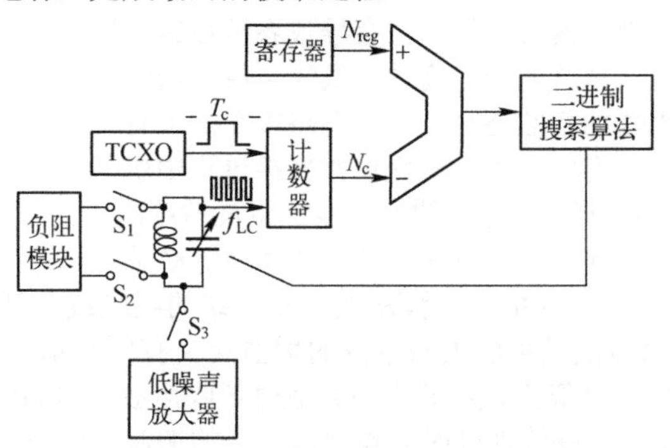


图 6-3　电容电感并联谐振网络谐振频率校准示意图

宽带通信系统通常采用纯电阻形式的负载。由于受晶体管寄生电容的影响，低噪声放大器的通带带宽通常是有限的。为了进一步拓展低噪声放大器的带宽，可以采用在负载电阻上串联电感的并联峰值结构。通过在阻抗表达式中引入零点延缓阻抗值随频率的衰减过程，通带带宽范围最大可拓展 80%以上，具体工作原理见 11.2.3 节。

## 6.1.4　线性度

对于单纯的射频接收集成电路或时分双工射频收发集成电路而言，线性度指标并不是低噪声放大器的核心指标。这是因为射频信号到达接收机的天线端口时信号功率通常非常微弱，典型值均小于-80dBm，如 Wi-Fi 或蓝牙通信，还有些情况小于-110dBm，如卫星导航通信系统。根据级联系统的线性度计算公式可知，限制系统线性度的关键模块位于射频接收集成电路的后端，如集成抗混叠滤波器、可变增益放大器等模块。

对于接收和发射并存且支持频分双工的射频集成电路，低噪声放大器的线性度指标必须仔细优化设计，否则当发射端功率较高时，极易导致接收机饱和。如图 6-4 所示，假设双工器的隔离度为 50dB，当发射机发射的信号功率为 33dBm 时，通过双工器泄漏至低噪声放大器输入端的信号功率为-17dBm。为了保证接收机能够正常工作，低噪声放大器的 1dB 增益压缩点（输入）P1dB 必须大于-17dBm（三阶输入交调点 IIP3 需要超过-7dBm）。如果低噪声放大器能够提供 20dB 的放大增益，则低噪声放大器输出端的信号功率为 3dBm，对应的峰值电压约为 0.45V，即低噪声放大器需要满足的输出 1dB 增益压缩点 OP1dB 必须大于 3dBm。如果芯片的内核电压较低，如 1.2V，则很难满足上述设计指标，除非提高芯片内核电压，但是低噪声放大器的功耗也会随之上升。即使低噪声放大器的线性性能经受住了考验，对于后级的混频器而言，线性度的设计存在着更大的挑战。经过低噪声放大器后的泄漏信号功率为 3dBm，如果接收机对链路增益要求比较严格的话，混频器还必须采用有源放大结构用以提供一定的增益。以全差分共源放大结构为例，输入 1dB 增益压缩点为 3dBm（通常情况下必须考虑足够的设计裕量），输入三阶交调点 IIP3 近似为 13dBm，输入端共源晶体管的过驱动电压约为 0.6V，在芯片内核电压较小的情况下，是不可能满足如此高的线性度需求的。通常需要在芯片外部，即低噪声放大器与混频器之间接入一个带通滤波器，极大地抑制泄漏信号输入至混频器的功率，如图 6-4 所示。如果滤波器能够提供 60dB 的带外抑制，则泄漏至混频器的信号功率为−57dBm，可以大大缓解混频器的线性度需求。需要注意的是，此种情况低噪声放大器的输出端和混频器的输入端均需要进行阻抗匹配设计。

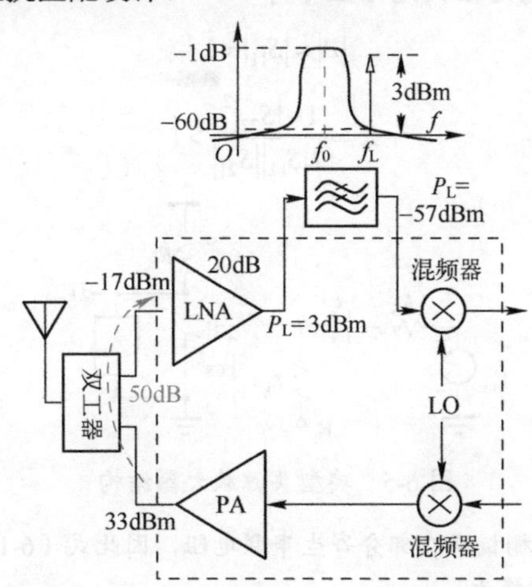


图 6-4　频分双工收发机对低噪声放大器的线性需求示意图

另外，即使对于纯接收模式，如果接收机的输入端处于宽开模式的话，如软件定义无线电系统、认知无线电系统和其他的超宽带通信系统等，一些相临通信系统的高功率发射信号也大概率会干扰接收机系统，此种情况下低噪声放大器和混频器的线性性能优化与设计也面临着严重的挑战。对于软件定义无线电系统，如果仅用于某一特定频段的通信，通常需要在低噪声放大器的前端接入一个通带选择滤波器，极大地缓解带外干扰对低噪声放大器和混频器的线性度需求。

### 6.1.5　稳定性

稳定性设计也是低噪声放大器必须考虑的一个重要问题。已知任何电路只要满足双端口网络条件（可以仅采用输入和输出进行等效），均可通过散射因子 $S$ 建立稳定性判定方程，具体表达式为

$$|\Delta| = |S_{11}S_{22} - S_{12}S_{21}| < 1 \tag{6-14}$$

$$K = \frac{1 - |S_{11}|^2 - |S_{22}|^2 + |\Delta|^2}{2|S_{12}||S_{21}|} > 1 \tag{6-15}$$

如果同时满足式（6-14）和式（6-15），可以判定环路是稳定的。非稳定性产生的物理条件可描述为：如果在某一频率下输入端/输出端注入的信号功率小于反射的信号功率，可判定电路工作于不稳定状态。这是因为该现象可以等效为电路自身具有能量产生能力，内部包含负阻元件。需要注意的是，电路的稳定性判定条件是针对全频率范围的，并不只是针对电路的工作频率范围。这就为稳定性条件的判定带来了比较大的困难，这是因为输入端口和输出端口的散射因子 $S_{11}$ 和 $S_{22}$，以及电路增益 $S_{21}$ 和隔离度 $S_{12}$ 均具有频率相关性，很难保证在较宽频率范围下的电路稳定性能的精确仿真。

**例 6-2** 一个典型的共源放大器结构如图 6-5 所示，负载 $Z_L$ 为下一级电路的晶体管栅极提供的输入阻抗，试分析其稳定性条件。

**解：** 由于负载端近似开路，则有 $S_{22}\approx -1$，忽略共源晶体管的栅漏寄生电容，可知隔离度 $S_{12}\approx 0$，代入稳定性判定方程可得

$$|\Delta|\approx|S_{11}|<1 \tag{6-16}$$

$$K=\frac{1-|S_{22}|^2}{2|S_{12}||S_{21}|}>1 \tag{6-17}$$

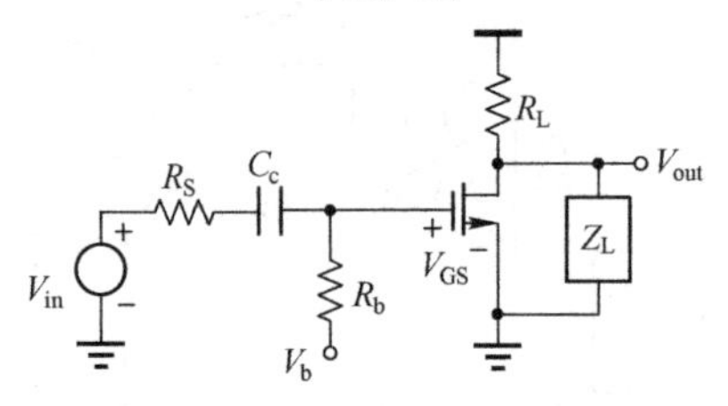


图 6-5 典型共源放大器结构

考虑到共源晶体管的栅极存在部分寄生串联电阻，因此式（6-16）是恒成立的。稳定性判定条件式（6-17）可以变换为

$$|S_{21}|<\frac{1-|S_{22}|^2}{2|S_{12}|} \tag{6-18}$$

因此共源放大器所能提供的前向增益是受限的。

对于射频集成电路的设计而言，每个电路模块的输出端通常均会接入下一级电路模块的晶体管栅极，稳定性判定情况与例 6-2 类似，因此式（6-16）和式（6-17）具有一定的普适性。为了保证低噪声放大器的稳定性，根据式（6-16）和式（6-17）可知，低噪声放大器的输入阻抗必须包含正的电阻成分。另外，还应尽可能地降低电路的增益或增大电路输出端口与输入端口之间的隔离度。受限于射频集成电路的链路增益需求，电路模块的增益不能无限制地减小，因此唯一有效的方法就是尽可能地增大隔离度。还应看到，电路中的各散射因子均具有频率相关性，仿真的不完备性很有可能导致电路的稳定性圆与反射系数圆出现相交的情况，从而出现非绝对稳定情况。可以通过在电路的输入端或输出端串联电阻或者并联电导的形式，来避免反射系数圆与稳定性圆的相交情况，具体可参考图 2-40。这种稳定性改善情况对于低噪声放大器而言是以牺牲阻抗匹配性能和噪声性能为代价的。

### 6.1.6 功耗

功耗也是射频集成电路设计中必须注意的一个核心问题，尤其对于便携式设备或低速物联网应用，功耗会显得更加重要。低噪声放大器中的功耗主要是指电路中的静态功耗，即内核电压与工作于饱和区晶体管漏极电流的乘积。低噪声放大器的功耗设计需要考虑四个因素：噪声性能、线性性能、链路增益需求和功耗约束。

低噪声放大器是一种具有低噪声性能的放大器结构，基本电路结构仍为共源放大结构或共栅放大结构。主要噪声源是晶体管的漏源电流噪声。漏源噪声电流与晶体管的跨导成反比，即可以通过牺牲一定的功耗来换取低噪声放大器噪声性能的提升。根据第 2 章对各种放大器结构线性性能的分析可知，大部分电路结构的线性性能均与

输入端晶体管的过驱动电压成正比，因此同样可以通过牺牲一定的功耗来换取低噪声放大器线性性能的提升。另外，低噪声放大器的增益与输入晶体管的跨导成正比，因此增益与功耗也直接相关。可以看出，低噪声放大器各性能指标的设计均与功耗直接相关，在一定的功耗约束条件下，需要进行多次反复迭代设计。

# 6.2 窄带匹配低噪声放大器

窄带通信系统仍是目前射频通信系统的主流通信方式。窄带通信主要是指通信带宽（带通带宽）小于载波频率 5%的通信系统，如 Wi-Fi、蓝牙、卫星导航等。北斗二号卫星导航系统的载波频率约为 1.6GHz，最小通信带宽为 4MHz，最大通信带宽为 20MHz，通信带宽小于载波频率的 1.25%。

## 6.2.1 电路结构

窄带通信中最常用的低噪声放大器为电感源简并共源放大器[1-2]，如图 6-6（a）所示。$M_1$ 为源简并共源放大晶体管，$M_2$ 以共栅的形式（也称 Cascode 晶体管）接入电路中，可以提供较高的反向隔离度进而提升电路稳定性能，负载阻抗采用电感电容并联谐振网络进一步抑制带外干扰，$R_L$ 为网络谐振时提供的并联电阻成分。图 6-6（b）为电感源简并共源放大器等效小信号电路图，Cascode 晶体管 $M_2$ 源极输入阻抗近似等于其跨导的倒数（$1/g_{mc}$），因此在小信号等效电路中用一个电阻符号表示，$v_{out}$ 为 $M_1$ 的漏极输出电压。根据图 6-6（b）可得

$$v_{in} = \frac{i_{in}}{sC_{GS}} + v_S \tag{6-19}$$

$$v_S = sL_S[i_{in} + g_m(v_{in} - v_S)] \tag{6-20}$$

联立式（6-19）和式（6-20）可得源简并共源放大器的输入阻抗为

$$Z_{in} = \frac{v_{in}}{i_{in}} = \frac{1}{sC_{GS}} + sL_S + \frac{g_m}{C_{GS}}L_S \tag{6-21}$$

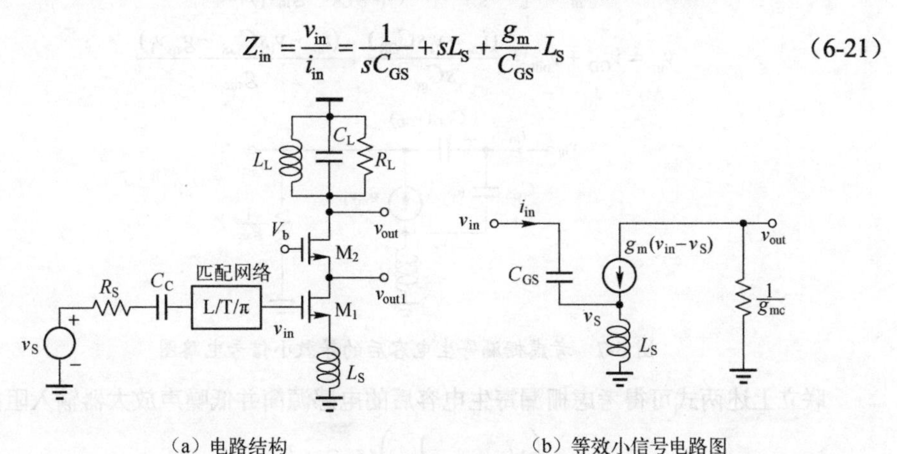


（a）电路结构　　　（b）等效小信号电路图

图 6-6 电感源简并低噪声放大器

可以看出，电感源简并共源放大器结构可以提供具有正的电阻成分的输入阻

抗，满足稳定性条件式（6-16）。Cascode 晶体管 $M_2$ 可以明显地增大共源放大器的反向隔离度（相较于单纯的共源放大器结构，Cascode 结构的隔离度可以提升一个晶体管的本征增益），满足稳定性条件式（6-17）。在进行阻抗匹配设计时，只需满足 $g_m L_S/C_{GS} = \omega_T L_S = R_S$，并通过阻抗匹配网络抵消掉输入阻抗式（6-21）中包含的电抗成分即可，其中 $\omega_T$ 为晶体管的特征频率（特征频率是衡量晶体管电流放大能力的一个参数。对于 MOS 晶体管，如果工作频率达到了特征频率，意味着栅极漏电流与漏极输出电流相等。栅极漏电流增大会导致系统增益下降，为了保证合适的增益，通常要求工作频率低于特征频率的 1/10）。电感源简并低噪声放大器输入阻抗中的电阻成分是晶体管栅源寄生电容和源简并电感通过小信号等效产生的，并不会产生额外的电阻热噪声。该结构在满足阻抗匹配的前提下可以获得较低的噪声系数，在有限的功耗条件下（电流不超过 3mA）可以很容易地获得低于 1.5dB 的噪声系数。

窄带匹配低噪声放大器中的“窄带”是相对于后续的宽带低噪声放大器而言的，并没有严格意义上的量化规定。在目前的深亚微米工艺下，通常输入晶体管 $M_1$ 的栅源寄生电容 $C_{GS} \approx 100\text{fF}$，匹配阻抗 $R_S = 50\Omega$。如果通信系统的中心频率 $\omega_0 = 2\text{GHz}$，在阻抗匹配条件下，从匹配网络[见图 6-6（a）]左端向右看进去的谐振网络品质因子 $Q = \dfrac{1}{\omega_0 C_{GS} R_S} \approx 16$，从匹配网络左端向右看进去的输入阻抗幅度下降 3dB（$\sqrt{2}$ 倍）的频率范围约为 125MHz，在输入阻抗幅度下降 3dB 的频率边缘处，输入阻抗幅度约为 35Ω，散射因子约为−15dB，小于临界条件−10dB。有效带宽范围大于 125MHz，但是相较于宽带通信系统动辄超过 1GHz 的通信频率范围，电感源简并低噪声放大器结构仅适用于窄带通信系统。

式（6-21）对输入阻抗的计算并没有考虑共源晶体管栅漏寄生电容 $C_{GD}$ 对输入阻抗的影响，实际上栅漏寄生电容 $C_{GD}$ 会在共源放大晶体管 $M_1$ 的栅漏（输入与输出）间引入负反馈效应，降低低噪声放大器的输入阻抗。图 6-7 为考虑栅漏寄生电容后的等效小信号电路图，根据图示可得

$$v_{in} = v_1 + v_S = v_1 + (v_1 sC_{GS} + g_m v_1)sL_S \tag{6-22}$$

$$v_{in} = v_{GD} + v_{out} = \frac{(i_{in} - v_1 sC_{GS})}{sC_{gd}} + \frac{(i_{in} - v_1 sC_{GS} - g_m v_1)}{g_{mc}} \tag{6-23}$$

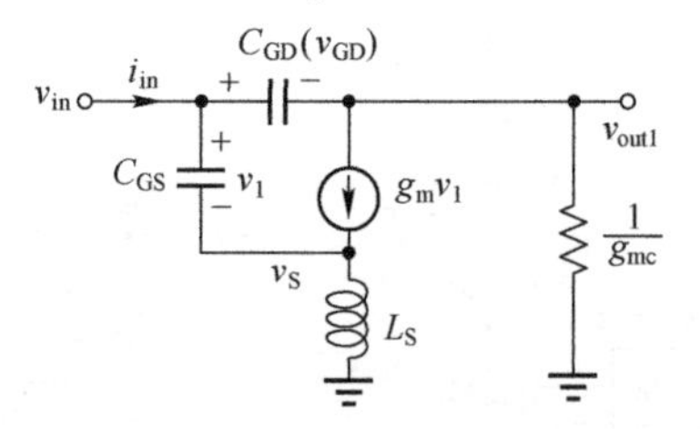


图 6-7 考虑栅漏寄生电容后的等效小信号电路图

联立上述两式可得考虑栅漏寄生电容后的电感源简并低噪声放大器输入阻抗为

$$Z_{in} = \frac{v_{in}}{i_{in}} = \frac{\left(1/g_{mc} + \dfrac{1}{sC_{GD}}\right)(L_S C_{GS} s^2 + g_m L_S s + 1)}{L_S C_{GS} s^2 + (C_{GS}/g_{mc} + g_m L_S)s + g_m/g_{gc} + C_{GS}/C_{GD} + 1} \tag{6-24}$$

在大多数情况下 $1/g_{mc} \ll \left|\frac{1}{sC_{GD}}\right|$、$\left|L_S C_{GS} s^2\right| \ll 1$、$\left|\left(C_{GS}/g_{mc} + g_m L_S\right)s\right| \ll 1$ 均成立，假设 Cascode 晶体管 $M_2$ 与共源晶体管 $M_1$ 具有相同的尺寸（实际设计过程中也经常这样做），则有 $g_m = g_{mc}$，因此式（6-24）可以简化为

$$Z_{in} \approx \frac{(L_S C_{GS} s^2 + g_m L_S s + 1)/(sC_{GD})}{C_{GS}/C_{GD} + 2} = \frac{1/(sC_{GS}) + L_S s + g_m L_S/C_{GS}}{1 + 2C_{GD}/C_{GS}} \tag{6-25}$$

栅漏寄生电容 $C_{gd}$ 会对低噪声放大器的输入阻抗值引入一个 $1/(1+2C_{GD}/C_{GS})$ 的衰减因子，在进行阻抗匹配时需要对源简并电感值 $L_S$ 和芯片外部的阻抗匹配网络进行微调。

## 6.2.2 匹配网络拓扑结构

通常情况下，共源晶体管 $M_1$ 的栅源寄生电容在 fF 级别，源简并电感在 nH 级别，当工作频率处于 GHz 频段时，电感源简并共源放大器的输入阻抗呈现负的电抗成分。因此，匹配网络可以通过与共源晶体管的栅极串联一个电感 $L_M$ 实现，并在窄带通信需求频带的中心频率处与源简并共源放大器输入阻抗的电抗部分谐振。但这仅是理论分析的结果，在设计过程中必须考虑工艺偏差带来的晶体管栅源寄生电容 $C_{gs}$，以及源简并电感 $L_S$ 与设计值的偏差问题，同时还应考虑低噪声放大器输入端由于 ESD 电路和封装效应带来的并联寄生电容问题。当 $g_m L_S/C_{GS} = R_S$，且输入端存在寄生电容 $C_P$ 时，低噪声放大器窄带匹配网络拓扑结构如图 6-8 所示。为了获得更加直观的理解，图中利用 Smith 圆图给出了匹配过程。可以看出，无论是否考虑输入端的寄生电容效应，输入端的阻抗 $Z_{in}$ 中均包含容性电抗成分，即在 Smith 阻抗圆图中位于横轴的下半部分。因此，存在两种 L 型阻抗匹配网络，如图 6-8 所示，且两种电抗均为感性电抗，即在 PCB 上设计匹配网络时，可以预留先并联后串联的 L 型拓扑结构，也可以预留先串联后并联的 L 型拓扑结构。

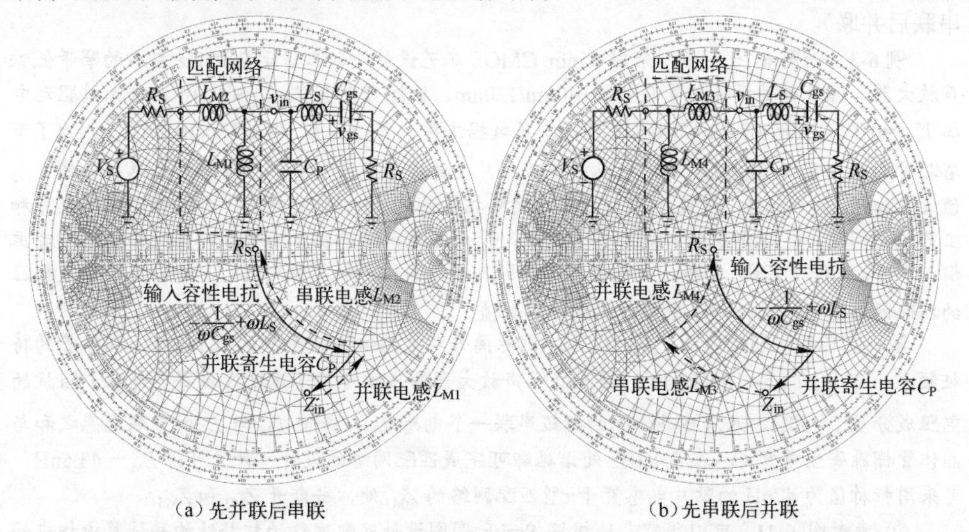


（a）先并联后串联　　　（b）先串联后并联

图 6-8　考虑输入端并联寄生电容后的 L 型匹配网络设计 Smith 圆图及相应拓扑结构

对于某些较为极端的情况，却仅有一种L型匹配网络拓扑结构。如图6-9所示，如果源简并电感 $L_S$ 的工艺偏差和输入端寄生电容 $C_p$ 使输入阻抗落入单位阻抗圆内，使输入导纳落入单位导纳圆内，则对应的L型匹配网络拓扑结构仅有一种。如果输入阻抗落入单位阻抗圆内，则L型匹配网络拓扑结构为先并联电感/电容，后串联电容/电感。如果输入导纳落入单位导纳圆内，则L型匹配网络拓扑结构为先串联电感/电容，后并联电容/电感。

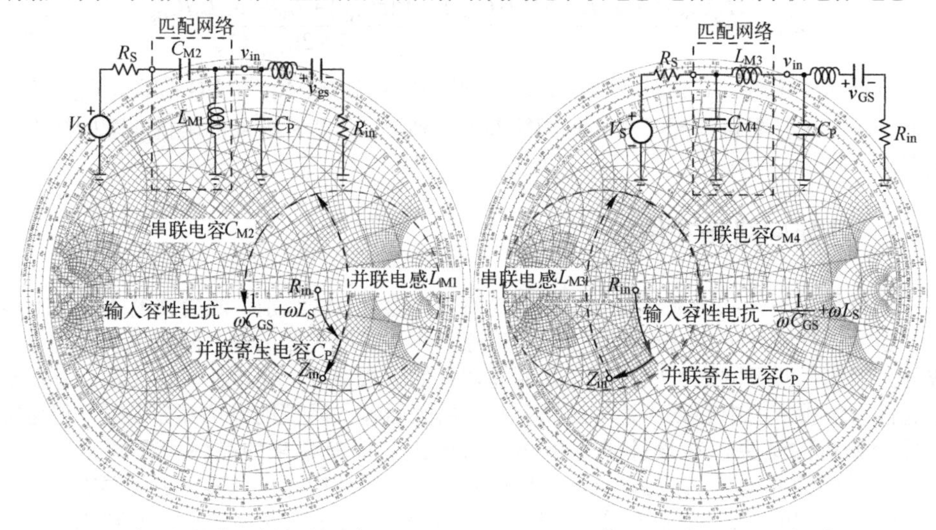


（a）输入阻抗落入单位阻抗圆内　　（b）输入阻抗落入单位导纳圆内

图6-9　考虑输入端并联寄生电容后的L型匹配网络设计Smith圆图及相应拓扑结构

可以看出，与电感源简并共源放大器相适应的窄带匹配网络通过L型拓扑结构可以实现非常好的匹配性能，但是由于工艺偏差和寄生电容效应的影响，无法完全确定L型匹配网络的最终拓扑结构。最好在PCB上预留T型或π型匹配网络拓扑结构，并根据最终测试的输入阻抗结果确定最终的L型拓扑结构（先并联后串联或先串联后并联）。

**例6-3**　如图6-10所示，采用65nm CMOS工艺设计一款工作于2.4GHz左右的窄带低噪声放大器，源简并共源晶体管尺寸为40μm/120nm，栅源寄生电容 $C_{gs}\approx 100\text{fF}$，栅源过驱动电压 $V_{od}=0.2\text{V}$。查阅65nm CMOS工艺的工艺数据文件，可知 $\mu_n C_{ox}/2\approx 7.5\times10^{-5}\ \text{A/V}^2$。为了节省芯片面积，利用键合线的寄生电感效应替代片上源简并集成电感，且键合线电感引入的电感值设定为 $L_S=0.5\text{nH}$，PCB上预留的匹配网络拓扑结构为π型拓扑结构，忽略栅漏寄生电容和工艺偏差问题。①不考虑输入端的寄生电容，设计匹配网络的拓扑结构并计算元件值；②考虑输入端Pad中的ESD电路，以及封装工艺引入的输入端并联寄生电容 $C_P=100\text{fF}$，确定相应的匹配网络拓扑结构，并给出各匹配元件参数值。

**解：**①已知过驱动电压 $V_{od}=0.2\text{V}$，则源简并共源晶体管的跨导 $g_m\approx 10\text{mS}$，晶体管的特征频率 $\omega_T=g_m/C_{GS}=100\text{Grad/s}$，因此低噪声放大器输入端（不考虑输入端寄生电容）阻抗的电阻成分 $R_{in}=50\Omega$，只需在晶体管的栅极串联一个电感 $L_M$，并使 $L_M$ 与 $L_S$ 的串联电感之和与晶体管栅源寄生电容 $C_{GS}$ 在2.4GHz处谐振即可完成匹配网络的设计。计算可得 $L_M=43.5\text{nH}$，可采用标称值为47nH的贴片电感置于π型匹配网络的 $Z_{M1}$ 处，并断开 $Z_{M2}$ 和 $Z_{M3}$。

② 参考图6-11，可以很容易地根据Smith圆图设计匹配网络的拓扑结构并计算出相应的参数值，具体设计过程可参考如下：

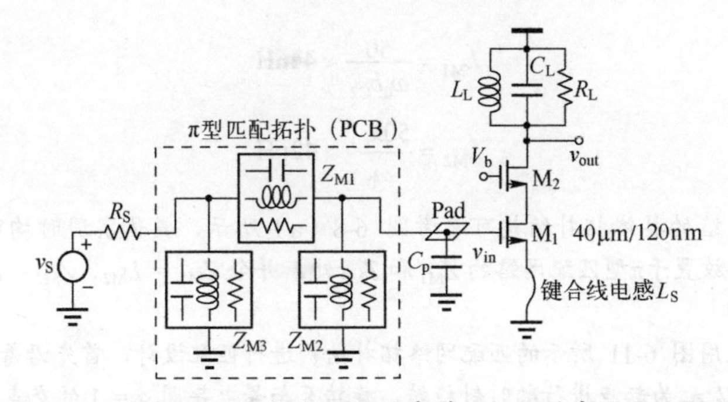


图 6-10 具有π型匹配拓扑结构的窄带匹配低噪声放大器电路

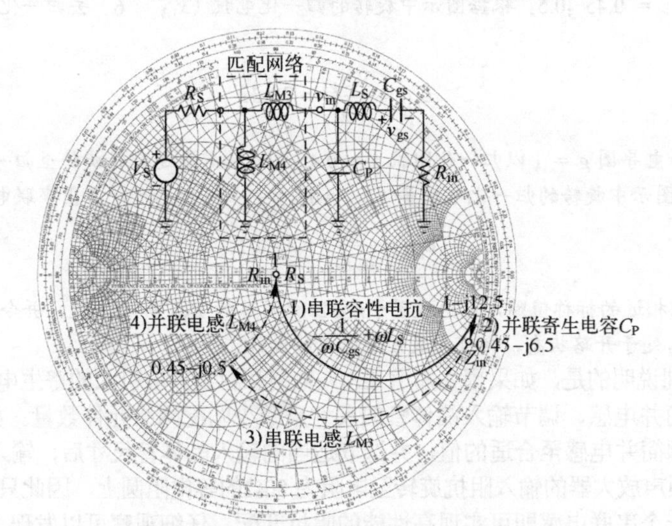


图 6-11 利用 Smith 圆图进行匹配网络设计

a. 对输入阻抗的电阻部分 $R_{in}$ 进行归一化（$r=R_{in}/50=1$）并标注于 Smith 圆图的阻抗圆图中。

b. 沿着 $r=1$ 的等电阻圆从 $R_{in}$ 处逆时针旋转，旋转的归一化电抗为（$\omega_0$ 为工作频带的中心频率）

$$x_{C1}=\frac{\frac{1}{\omega_0 C_{GS}}-\omega_0 L_S}{50}\approx 12.5 \tag{6-26}$$

旋转结束后，在阻抗圆图上标注出归一化阻抗为 1−j12.5。

c. 沿着经过归一化阻抗为 1−j12.5 的导纳圆图顺时针旋转，旋转的归一化电纳为

$$b_{C2}=\omega_0 C_p\times 50\approx 0.075 \tag{6-27}$$

旋转结束后所停留处阻抗即为低噪声放大器考虑输入端寄生电容后的输入阻抗 $Z_{in}$，在阻抗圆图上标注出归一化阻抗 $z_{in}=Z_{in}/50=0.45\text{-j}6.5$。可以看出，输入端寄生电容将 $R_{in}$ 从 50Ω降低至 0.45×50 = 22.5Ω，如果仅通过在晶体管 $M_1$ 的栅极串联归一化电抗为 6.5 的电感，则低噪声放大器无法实现阻抗匹配从而导致电路性能急剧下降。

d. 可以采用两种方式实现阻抗匹配。一种是按照阻抗圆图的轨迹原路返回（从 $Z_{in}$ 到 $R_{in}$），即首先并联归一化电纳为 0.075 的电感 $L_{M1}$，再通过串联归一化电导为 12.5 的电感 $L_{M2}$ 实现低噪声放大器的阻抗匹配，去归一化后可得

$$L_{M1} = \frac{50}{\omega_0 b_{C2}} \approx 44\text{nH} \tag{6-28}$$

$$L_{M2} = \frac{50 x_{C1}}{\omega_0} \approx 42\text{nH} \tag{6-29}$$

阻抗匹配网络的具体拓扑结构可参考图 6-8（a）所示，具体实现时均可采用标称值为 47nH 的贴片电感放置于π型匹配网络的 $Z_{M1}$ 和 $Z_{M2}$ 处，并令 $Z_{M1} = L_{M2}$、$Z_{M2} = L_{M1}$，$Z_{M3}$ 处于开路状态。

e. 还可以采用图 6-11 所示的匹配网络拓扑结构进行匹配设计，首先沿着归一化电阻 $r = 0.45$ 的等电阻圆以 $z_{in}$ 为起点进行顺时针旋转，旋转至与等电导圆 $g = 1$ 的交点处结束，交点处的归一化阻抗 $z = 0.45-j0.5$，根据图示中旋转的归一化电抗（$x_{L3} = 6$）去归一化后可计算出串联电感 $L_{M3}$ 为

$$L_{M3} = \frac{50 x_{L3}}{\omega_0} \approx 20\text{nH} \tag{6-30}$$

f. 沿着等电导圆 $g = 1$ 以归一化阻抗 $z = 0.45-j0.5$ 为起点逆时针旋转至归一化阻抗 $z = 1$ 处结束，根据图示中旋转的归一化电抗量（$b_{L4} = 0.9$）去归一化后可计算出串联电感 $L_{M4}$ 为

$$L_{M4} = \frac{50}{\omega_0 b_{L4}} \approx 3.7\text{nH} \tag{6-31}$$

选取与之相近的标称值贴片电感放置于π型匹配网络的 $Z_{M1}$ 和 $Z_{M3}$ 处，并令 $Z_{M1} = L_{M3}$，$Z_{M3} = L_{M4}$，$Z_{M2}$ 处于开路状态，即可完成匹配电路的设计。

需要特别说明的是，如果预先知道 ESD 电路和封装效应引入的寄生电容 $C_p$，可以通过增大源简并电感、调节输入晶体管的尺寸来减少匹配网络元件数量。如图 6-12 所示，当增大源简并电感至合适的值，并选取适当的输入晶体管尺寸后，输入端的寄生电容可以将低噪声放大器的输入阻抗旋转至电阻为 50Ω的等电阻圆上，因此只需在π型匹配网络中保留一个串联电感即可实现高性能的阻抗匹配。仔细观察可以发现，可以 $Z_{M1}$、$C_p$ 和输入晶体管等效的电容（容值为$1/(\omega_0 C_{gs}) - \omega_0 L_S$）看作一个π型匹配网络。

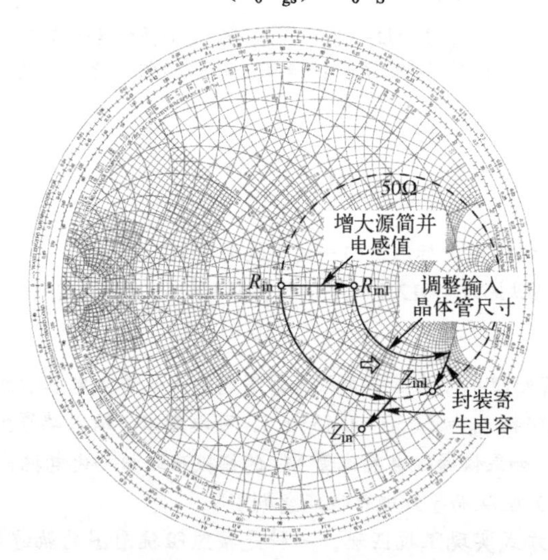


图 6-12 通过调整源简并电感和输入晶体管的尺寸简化匹配网络的设计

L 型匹配网络的品质因子无法控制，如果窄带系统对匹配带宽的要求较为严格，可以采用π型或 T 型匹配网络，通过增加一个电感或电容元件引入一个额外的自由度从而使整个匹配网络的品质因子可调。

### 6.2.3　增益计算

电流均方根幅度为 $I_S$ 且源阻抗 $R_S = 50\Omega$ 的信号源，通过由电感 $L_{M3}$ 和电感 $L_{M4}$ 组成的 L 型匹配网络接入图 6-6（a）所示的电感源简并低噪声放大器的输入端，如图 6-13 所示，其中 $C_P$ 为输入端的并联寄生电容，$L_S$ 为源简并电感，$C_{GS}$ 为低噪声放大器输入晶体管栅源寄生电容，$R_{in}$ 为低噪声放大器输入阻抗。通过戴维南等效可将 $C_{GS}$ 与 $R_{in}$ 左边的电路用开路电压 $V_{THV}$ 与开路等效输入阻抗 $Z_{THV}$ 的串联表示，在完全匹配的情况下，$\omega_0^2 L_{THV} C_{GS} = 1$、$R_{THV} = R_{in}$。

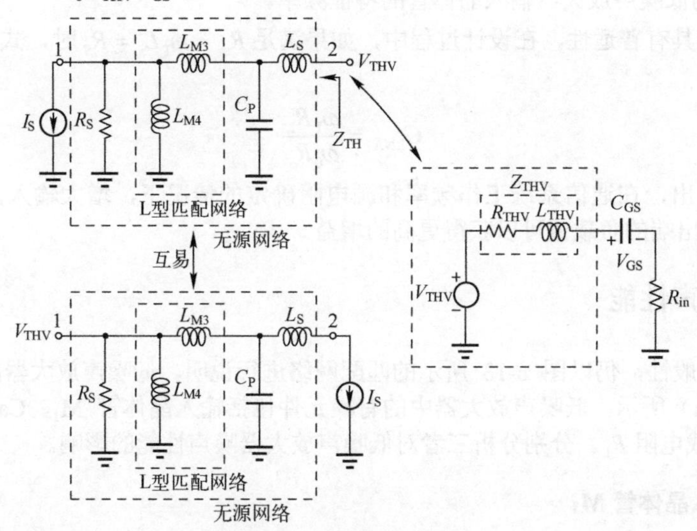


图 6-13　无源网络的互易性

另外，可以证明，对于任意无源网络（由电阻、电容、电感、变压器等组成的电路网络），任意确定输入端和输出端，则输入端与输出端的电学特性具有互易性。对于由源电阻 $R_S$、L 型匹配网络、输入端寄生电容 $C_P$ 和源简并电感 $L_S$ 组成的无源网络而言，按照图 6-13 所示确定输入端 1 和输出端 2，则从输出端 2 加入源电流 $I_S$ 后，输入端 1 测得的开路输出电压同样为 $V_{THV}$。由于无源网络中仅有一个耗能元件 $R_S$，因此在对输出端 2 进行电流激活后，通过源电流 $I_S$ 传递到无源网络的总功率与源电阻 $R_S$ 消耗的功率相等，则有

$$I_S^2 R_{THV}/2 = \frac{V_{THV}^2}{2R_S} \Rightarrow V_{THV}^2 = I_S^2 R_{THV} R_S \tag{6-32}$$

观察图 6-13 所示的以电压源 $V_{THV}$ 为参考的等效匹配网络，可得其品质因子为

$$Q = \frac{1}{\omega_0 C_{GS}(R_{in} + R_{THV})} = \frac{1}{2\omega_0 C_{GS} R_{in}} \tag{6-33}$$

式中，$\omega_0$ 为 $L_{THV}$ 与 $C_{GS}$ 的谐振频率，即通信系统工作的中心频率。低噪声放大器输

入晶体管的栅源电压为$V_{GS}=QV_{THV}$，以 $V_{THV}$为输入参考，图 6-6（a）所示的窄带匹配低噪声放大器的增益为

$$G_{LNA}=\frac{V_{out}}{V_{THV}}=\frac{g_m V_{GS} R_L}{V_{THV}}=\frac{g_m R_L}{2\omega_0 C_{GS} R_{in}}=\frac{\omega_T R_L}{2\omega_0 R_{in}} \tag{6-34}$$

根据 6.1.3 节对低噪声放大器的增益定义，增益的计算是以源电阻 $R_S$ 两端的电压为输入参考电压的。在完全匹配的情况下，源电阻 $R_S$ 两端的电压$V_S=I_S R_S/2$，联合式（6-32）和式（6-34）可得低噪声放大器以源电阻 $R_S$ 两端的电压为输入参考电压的增益为

$$G_{LNA}=\frac{g_m R_L}{\omega_0 C_{GS} R_{in}}\sqrt{\frac{R_{THV}}{R_S}}=\frac{g_m R_L}{\omega_0 C_{GS}\sqrt{R_{in} R_S}}=\frac{\omega_T R_L}{\omega_0\sqrt{R_{in} R_S}} \tag{6-35}$$

式中，$\omega_T$ 为低噪声放大器输入晶体管的特征频率。

该结论具有普适性，在设计过程中，如果满足$R_{in}=\omega_T L_S=R_S$时，式（6-35）可以简化为

$$G_{LNA}=\frac{\omega_T R_L}{\omega_0 R_S} \tag{6-36}$$

可以看出，在通信系统工作频率和源电阻确定的情况下，增大输入晶体管的特征频率或输出端的负载值可以获得更高的增益。

### 6.2.4 噪声性能

不失一般性，仍以图 6-13 所示的匹配网络进行说明。低噪声放大器的拓扑结构如图 6-6（a）所示。低噪声放大器中的有噪元件包括输入晶体管 $M_1$、Cascode 晶体管 $M_2$ 和负载电阻 $R_L$。分别分析三者对低噪声放大器噪声性能的影响。

**1. 输入晶体管 M₁**

输入晶体管 $M_1$ 可以采用输入端的串联噪声电压$\overline{V_n^2}$与并联噪声电流$\overline{I_n^2}$等效，等效噪声模型如图 6-14 所示。与图 6-13 不同的是，阻抗 $Z_{THV}$ 是从低噪声放大器输入端向左看进去的等效输入阻抗（包括源阻抗 $R_S$、L 型匹配网络和输入端寄生电容 $C_P$），$V_{THV}$ 为阻抗 $Z_{THV}$ 的等效噪声电压。根据式（6-32）可得

$$V_{THV}^2=I_{Sn}^2 R_{THV} R_S=4kTR_{THV} \tag{6-37}$$

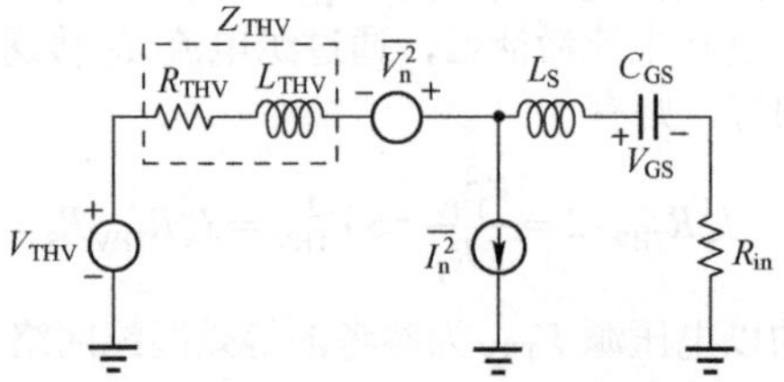

图 6-14 输入晶体管 $M_1$ 等效噪声模型

式中，$I_{Sn}^2=4kT/R_S$，为源电阻 $R_S$ 的等效噪声电流。在完全匹配的情况下，下式成立：

$$R_{\mathrm{THV}} + sL_{\mathrm{THV}} = R_{\mathrm{in}} - sL_{\mathrm{S}} - \frac{1}{sC_{\mathrm{GS}}} \tag{6-38}$$

电感源简并共源放大器中的输入晶体管 $M_1$ 的输入端等效串联噪声电压 $V_n$ 与并联噪声电流 $I_n$ 重新列出如下：

$$V_{\mathrm{n}} = \frac{I_{\mathrm{nd}}}{g_{\mathrm{m}}}(L_{\mathrm{S}}C_{\mathrm{GS}}s^2 + 1) \tag{6-39}$$

$$I_{\mathrm{n}} = \frac{sC_{\mathrm{GS}}I_{\mathrm{nd}}}{g_{\mathrm{m}}} \tag{6-40}$$

以等效噪声电压 $V_{\mathrm{THV}}$ 为输入参考端，则晶体管 $M_1$ 等效至输入参考端的噪声功率为

$$\overline{V_{\mathrm{inn,M1}}^2} = |V_{\mathrm{n}} + I_{\mathrm{n}}Z_{\mathrm{THV}}|^2 = \left|V_{\mathrm{n}} + I_{\mathrm{n}}\left(R_{\mathrm{in}} - sL_{\mathrm{S}} - \frac{1}{sC_{\mathrm{GS}}}\right)\right|^2 = 4kT\gamma g_{\mathrm{m}}\left[\frac{\omega_0}{\omega_{\mathrm{T}}}R_{\mathrm{in}}\right]^2 \tag{6-41}$$

**2. Cascode 晶体管 $M_2$**

图 6-6（a）所示窄带匹配低噪声放大器 Cascode 晶体管 $M_2$ 的噪声计算模型如图 6-15 所示。简单起见，假设输入晶体管 $M_1$ 的栅源寄生电容可以忽略，则由于输入端偏置电压的作用，输入端可以看作交流地（$C_C$ 为交流耦合电容），从输入晶体管 $M_1$ 漏极向下看进去的阻抗可以近似表示为

$$Z_{\mathrm{S1}} = sL_{\mathrm{S1}} + R_{\mathrm{S1}} = r_{\mathrm{o1}}(1 + g_{\mathrm{m1}}sL_{\mathrm{S}}) \tag{6-42}$$

式中，$g_{\mathrm{m1}}$ 为晶体管 $M_1$ 的跨导。使用阻抗 $Z_{\mathrm{S1}}$ 替换式（1-130）中的 $sL_{\mathrm{S}}$，并忽略等效输入端并联噪声电流（通常 $\omega_0 C_{\mathrm{GS}}/g_{\mathrm{m}} << 1$），则 Cascode 晶体管 $M_2$ 产生的噪声可以仅采用等效至其栅极的输入串联噪声电压 $V_{\mathrm{n2}}$ 替代。

$$V_{\mathrm{n2}} = \frac{I_{\mathrm{nd2}}}{g_{\mathrm{m2}}}[sC_{gs}r_{\mathrm{o1}}(1 + g_{\mathrm{m1}}sL_{\mathrm{S}}) + 1] \tag{6-43}$$

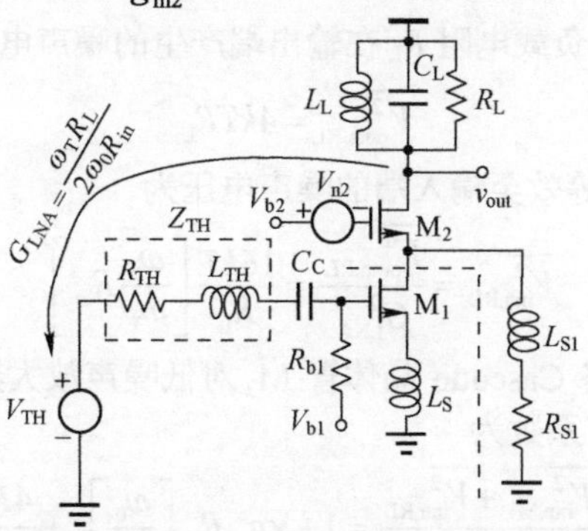


图 6-15　窄带匹配低噪声放大器 Cascode 晶体管噪声计算模型

式中，$I_{\mathrm{nd2}}$ 为 Cascode 晶体管 $M_2$ 的漏源等效噪声电流；$g_{\mathrm{m2}}$ 为 Cascode 晶体管 $M_2$ 的跨导。以 Cascode 晶体管 $M_2$ 的栅极作为输入参考，图 6-15 所示的等效源简并放大器的等效输入跨导为

$$g_{\mathrm{m2,eff}} = \frac{g_{\mathrm{m2}}}{1 + g_{\mathrm{m2}}r_{\mathrm{o1}}(1 + g_{\mathrm{m1}}sL_{\mathrm{S}})} \tag{6-44}$$

Cascode 晶体管 $M_2$ 在输出端产生的等效噪声为

$$V_{\text{outn,M2}}=V_{\text{n2}}g_{\text{m2,eff}}R_{\text{L}}=\frac{I_{\text{nd2}}}{g_{\text{m2}}}[sC_{\text{GS}}r_{\text{o1}}(1+g_{\text{m1}}sL_{\text{S}})+1]\frac{g_{\text{m2}}}{1+g_{\text{m2}}r_{\text{o1}}(1+g_{\text{m1}}sL_{\text{S}})}R_{\text{L}} \tag{6-45}$$

通常情况下 $g_{\text{m1}}\omega_0 L_{\text{S}}<<1$ 成立，则式（6-45）可以简化为

$$V_{\text{outn,M2}}=\frac{I_{\text{nd2}}}{g_{\text{m2}}}[sC_{\text{GS}}r_{\text{o1}}(1+g_{\text{m1}}sL_{\text{S}})+1]\frac{R_{\text{L}}}{r_{\text{o1}}(1+g_{\text{m1}}sL_{\text{S}})}=\frac{I_{\text{nd2}}}{g_{\text{m2}}}R_{\text{L}}\left[sC_{\text{GS}}+\frac{1}{r_{\text{o1}}(1+g_{\text{m1}}sL_{\text{S}})}\right] \tag{6-46}$$

以 $V_{\text{THV}}$ 为输入参考的窄带低噪声放大器增益如式（6-34）所示，则 Cascode 晶体管 $M_2$ 等效至 $V_{\text{THV}}$ 处的输入参考噪声功率为

$$\overline{V_{\text{inn,M2}}^2}=\frac{\overline{V_{\text{outn,M2}}^2}}{G_{\text{LNA}}^2}\approx 4kT\gamma g_{\text{m2}}\left[\frac{\omega_0}{\omega_{\text{T}}}R_{\text{in}}\right]^2\left[\frac{2sC_{\text{GS}}}{g_{\text{m2}}}+\frac{2}{g_{\text{m2}}r_{\text{o1}}}\right]^2\approx 4kT\gamma g_{\text{m2}}\left[\frac{\omega_0}{\omega_{\text{T}}}R_{\text{in}}\right]^2\left[\frac{2\omega_0}{\omega_{\text{T}}}\right]^2 \tag{6-47}$$

为了保证窄带低噪声放大器增益的有效性，通常要求 $\omega_0<\omega_{\text{T}}/10$。如果在设计过程中满足 $g_{\text{m2}}=g_{\text{m1}}=g_{\text{m}}$（通常情况下均是如此设计），则有 $\overline{V_{\text{inn,M1}}^2}>>\overline{V_{\text{inn,M2}}^2}$。因此，Cascode 晶体管 $M_2$ 在如图 6-6（a）所示的窄带低噪声放大器中贡献的噪声比输入晶体管 $M_1$ 小得多，通常可以忽略。

### 3. 负载电阻 $R_L$

忽略输入晶体管 $M_1$ 和 Cascode 晶体管 $M_2$ 的栅源寄生电容，则从输出端向下看进去的阻抗可以表示为

$$Z_{\text{S2}}=Z_{\text{S1}}+r_{02}+2g_{\text{m}}r_{\text{o2}}Z_{\text{S1}} \tag{6-48}$$

满足 $|Z_{\text{S2}}|>>R_{\text{L}}$，则负载电阻 $R_{\text{L}}$ 在输出端产生的噪声电压为

$$\overline{V_{\text{outn,RL}}^2}=4kTR_{\text{L}} \tag{6-49}$$

以 $V_{\text{THV}}$ 为输入参考等效至输入端的噪声电压为

$$\overline{V_{\text{inn,RL}}^2}=\frac{\overline{V_{\text{outn,RL}}^2}}{G_{\text{LNA}}^2}=\frac{16kT}{R_{\text{L}}}\left[\frac{\omega_0}{\omega_{\text{T}}}R_{\text{in}}\right]^2 \tag{6-50}$$

根据上述分析，忽略 Cascode 晶体管 $M_2$ 对低噪声放大器噪声性能的影响，可得窄带低噪声放大器的噪声系数为

$$\text{NF}=1+\frac{\overline{V_{\text{inn,M1}}^2}+\overline{V_{\text{inn,RL}}^2}}{\overline{V_{\text{THV}}^2}}=1+\gamma g_{\text{m}}R_{\text{in}}\left[\frac{\omega_0}{\omega_{\text{T}}}\right]^2+\frac{4R_{\text{in}}}{R_{\text{L}}}\left[\frac{\omega_0}{\omega_{\text{T}}}\right]^2 \tag{6-51}$$

可以看出，窄带匹配低噪声放大器可以提供很好的噪声性能。例如，如果工作频率位于特征频率的 1/5 处，晶体管跨导 $g_{\text{m}}=20\text{mS}$，$\gamma=1$，$R_{\text{in}}=50\Omega$，负载电阻 $R_{\text{L}}=100\Omega$（此时低噪声放大器的增益为 20dB），代入式（6-51）可得噪声系数约为 0.5dB。需要特别注意的是，用于向输入晶体管 $M_1$ 栅极提供偏置电压时必须经过一个较大的偏置电阻 $R_b$，否则输入晶体管 $M_1$ 的栅极会等效为交流地从而极大地影响低

噪声放大器的增益和匹配性能，因此 $R_b$ 应尽可能设计得大些。$R_b$ 的存在也会影响低噪声放大器的噪声性能，假设其产生的等效噪声电流为 $I_{n,Rb}$，则以 $V_{TH}$ 为输入参考，偏置电阻在输入端产生的等效噪声电压为

$$\overline{V_{inn,Rb}^2} = \overline{I_{n,Rb}^2}(R_{THV}^2 + \omega_0^2 L_{THV}^2) = 4kT(R_{THV}^2 + \omega_0^2 L_{THV}^2)/R_b \tag{6-52}$$

可以看出，偏置电阻 $R_b$ 越大，产生的噪声就会越小。对于 Cascode 晶体管 $M_2$ 的偏置电压而言，由于需要等效于交流地，因此通常不需要接入偏置电阻。

除上述噪声来源外，$V_{b1}$ 和 $V_{b2}$ 的偏置电压中同样也带有一定的噪声。偏置噪声主要来源于电流源电路。由于 Cascode 晶体管 $M_2$ 的源简并阻抗较大，因此其偏置噪声同样可以忽略不计。同样，由于与 $V_{b1}$ 相连的偏置电阻 $R_b$ 选取得也比较大，其等效至输入端（$V_{THV}$ 处）的噪声同样也可以忽略。

因此，图 6-6（a）所示的窄带匹配低噪声放大器的噪声系数可以采用式（6-51）进行计算而不会引入较大误差。

## 6.2.5 窄带匹配低噪声放大器线性性能

参考图 1-16 画出图 6-6（a）所示窄带匹配低噪声放大器线性性能计算等效电路，如图 6-16 所示，按照式（1-65）和图 6-16 重新写出其输出电流方程为

$$I_D = K(V_{GS} - V_{TH})^2 = K(V_b + V_{in} - I_D sL_S - V_{TH})^2 \tag{6-53}$$

用 $sL_S$ 替换式（1-71）、式（1-72）和式（1-73）中的 $R_S$，可得窄带匹配低噪声放大器以 $V_{in}$ 为输入参考点的输入 1dB 增益压缩点、二阶交调点和三阶交调点分别为

$$A_{1dB} = \sqrt{0.145\frac{g_m}{2|sL_S|}\frac{|1+g_m sL_S|^2}{K}} = \sqrt{0.145\frac{g_m}{2\omega_0 L_S}\frac{1+g_m^2\omega_0^2 L_S^2}{K}} \tag{6-54}$$

$$A_{IIP2} = \frac{g_m|1+g_m sL_S|^2}{K} = \frac{g_m(1+g_m^2\omega_0^2 L_S^2)}{K} \tag{6-55}$$

$$A_{IIP3} = \sqrt{\frac{2g_m}{3|sL_S|}\frac{|1+g_m sL_S|^2}{K}} = \sqrt{\frac{2g_m}{3\omega_0 L_S}\frac{1+g_m^2\omega_0^2 L_S^2}{K}} \tag{6-56}$$

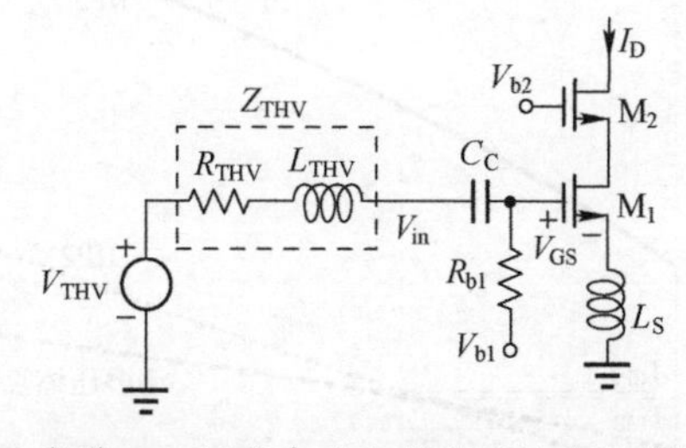


图 6-16 窄带匹配低噪声放大器线性性能计算等效电路

式中，$\omega_0$ 为输入信号的载波频率，$K = \mu_n C_{ox} W/L$。在低噪声放大器的输入端完全匹配的情况下，有

$$V_{in} = \frac{V_{THV}(R_{THV} - sL_{THV})}{2R_{THV}} = \frac{V_S(R_{THV} - sL_{THV})}{2R_{THV}} \tag{6-57}$$

式中，$V_S$ 为源阻抗戴维南等效后的输入串联电压。令 $Q_{THV}=\omega_0 L_{THV}/R_{THV}$，式（6-57）可以简化为

$$V_{in}=\frac{V_S(1-jQ_{THV})}{2} \tag{6-58}$$

以 $V_S$ 为输入参考点，窄带低噪声放大器的输入 1dB 增益压缩点、二阶交调点和三阶交调点分别为在式（6-54）～式（6-56）的基础上除以 $|1-jQ_{THV}|/2$。需要注意的是，低噪声放大器天线端口的输入均方根电压为 $V_S/2$，因此在实际工作中，窄带匹配低噪声放大器的线性性能还应在以 $V_S$ 为参考点的基础上再除以 2。

**例 6-4** 考虑输入端并联寄生电容，试根据例 6-3 所示的初始条件，定量计算窄带匹配低噪声放大器在 2.4GHz 频率处的线性性能。

**解：** 根据例 6-3，列出以下已知条件：$K=\mu_n C_{ox}W/L=0.025$，$L_{THV}=\frac{1}{\omega_0^2 C_{GS}}-L_S$，$R_{THV}=50\Omega$，$g_m=10mS$。计算出以源阻抗两端电压为输入参考时窄带匹配低噪声放大器的三个线性指标为

$$A_{1dB}=\sqrt{0.145\frac{g_m}{2|sL_S|}\frac{|1+g_m sL_S|^2}{K|1-jQ_{THV}|}}=\sqrt{0.145\frac{g_m}{2\omega_0 L_S}\frac{1+g_m^2\omega_0^2L_S^2}{K\sqrt{1+Q_{THV}^2}}} \tag{6-59}$$

$$A_{IIP2}=\frac{g_m|1+g_m sL_S|^2}{K|1-jQ_{THV}|}=\frac{g_m(1+g_m^2\omega_0^2L_S^2)}{K\sqrt{1+Q_{THV}^2}} \tag{6-60}$$

$$A_{IIP3}=\sqrt{\frac{2g_m}{3|sL_S|}\frac{|1+g_m sL_S|^2}{K|1-jQ_{THV}|}}=\sqrt{\frac{2g_m}{3\omega_0 L_S}\frac{1+g_m^2\omega_0^2L_S^2}{K\sqrt{1+Q_{THV}^2}}} \tag{6-61}$$

将上述列出的已知条件代入式（6-59）～式（6-61），在 1～5GHz 频率范围内画出三个线性指标的曲线图，如图 6-17 所示。读出在 2.4GHz 频率处对应的幅度，可得 $A_{1dB}\approx 0.03V$、$A_{IIP2}\approx 0.0306V$、$A_{IIP3}\approx 0.09V$。按照功率的形式表示可得 $P_{1dB}\approx -17.4dBm$、$P_{IIP2}\approx -17.3dBm$、$P_{IIP3}\approx -7.9dBm$。

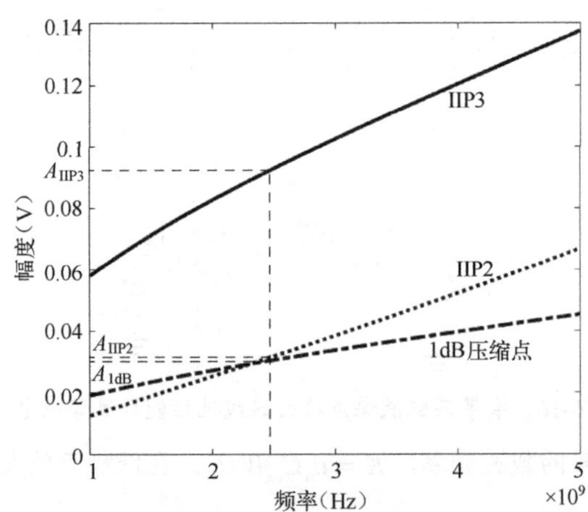


图 6-17 窄带匹配低噪声放大器线性性能与频率的关系

### 6.2.6 设计过程

① 确定输入晶体管 $M_1$ 的跨导及尺寸：在功耗约束条件下确定输入晶体管 $M_1$ 的跨导 $g_{m1}$，并根据需求的输入频率范围预估 $C_{GS}$（晶体管特征频率应至少大于最大输入频率的 10 倍）进而确定晶体管 $M_1$ 的尺寸。

② 确定晶体管 $M_2$ 的尺寸：通常与 $M_1$ 的尺寸保持一致。

③ 确定源简并电感 $L_S$：预估 ESD 电路寄生电容、封装寄生电容和 $M_1$ 栅漏通过 Miller 效应等效至输入端的寄生电容，通过 Smith 圆图或仿真的方式确定 $L_S$，使输入阻抗中的电阻成分尽可能接近 50Ω。

④ 将上述各元件值代入式（6-59）～式（6-61），计算低噪声放大器的三个线性性能指标是否满足设计需求，如果满足则进入第⑤步，否则跳回第①步，改变 $g_{m1}$ 进行下一次迭代设计。

⑤ 根据式（6-35）所示的低噪声放大器的增益表达式和预设计的低噪声放大器增益确定负载电阻 $R_L$。

⑥ 确定谐振网络负载中的元件值：选取具有合适品质因子的电感 $L_L$，根据 $R_L$ 确定 $L_L$，根据预设计的工作频率 $\omega_0$ 计算 $C_L$。

⑦ 进行 PCB 制作时，在与低噪声放大器的连接处预留 T 型或π型匹配拓扑结构，根据实际测试的输入阻抗值和带宽要求最终确定匹配网络的拓扑结构和元件值。

## 6.3 宽带匹配低噪声放大器

宽带匹配低噪声放大器在无线通信领域有着广泛的需求和应用。例如，数字广播电视系统通常要求低噪声放大器必须具备在 0.9～2.25GHz 频率范围内连续工作的能力以适配前端高频头的不同输出频率。对于超宽带通信系统，通常要求低噪声放大器具备 3～10GHz 频率范围内的连续工作能力，这对低噪声放大器的设计是一个比较大的挑战。另外，目前被广泛使用的通用型软件定义无线电和认知无线电，宽带低噪声放大器的设计也是一个必须仔细研究与优化的问题。

### 6.3.1 基于共源结构的宽带低噪声放大器

为了满足宽带范围内的匹配需求，最简单的方法是采用共源放大且栅极偏置电阻采用 $R_{b1}=50\Omega$ 的电路结构，如图 6-18（a）所示，则输入晶体管 $M_1$ 的栅极输入阻抗为 50Ω。

该低噪声放大器虽然结构设计简单，但存在较大的噪声系数。噪声源包括偏置电阻 $R_{b1}$、共源放大晶体管 $M_1$、Cascode 晶体管 $M_2$ 和负载电阻 $R_L$（忽略偏置电压 $V_{b1}$ 和 $V_{b2}$ 中包含的噪声电压），如图 6-18（b）所示。为了便于分析，假定晶体管 $M_1$ 和 $M_2$ 的栅源寄生电容均较小，因此由式（1-120）可得漏源噪声电流等效至晶体管栅极的并联噪声电流均可忽略，只需保留其串联噪声电压，根据式（1-119）可知

$$V_{n,M1}=I_{nd,M1}/g_{m1}\,,\ V_{n,M2}=I_{nd,M2}/g_{m2} \tag{6-62}$$

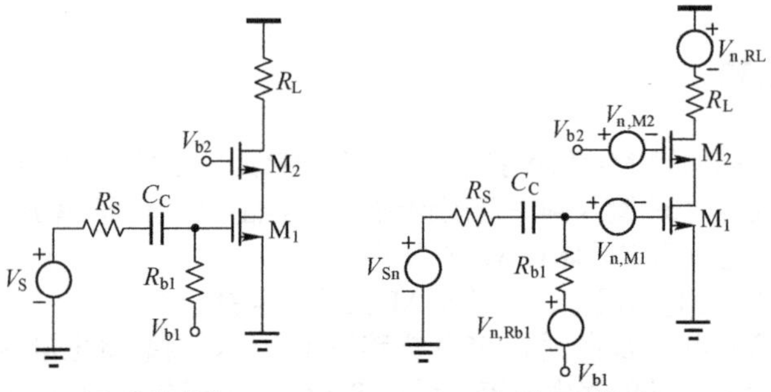

(a) 电路结构 (b) 噪声源模型

图 6-18 栅极偏置电阻 $R_{b1}=50\Omega$的共源放大型宽带匹配低噪声放大器

以 $V_{Sn}$ 为输入参考噪声电压，则偏置电阻 $R_{b1}$ 在输入端产生的等效噪声为 $V_{inn,Rb1}=V_{n,Rb1}$；晶体管 $M_1$ 在输入端产生的等效噪声电压为 $V_{inn,M1}=2V_{n,M1}$；晶体管 $M_2$ 在输入端产生的等效噪声电压为 $V_{inn,M2}=V_{outn,M2}/G_{LNA}=\dfrac{2V_{n,M2}g_{m2,eff}R_L}{g_{m1}R_L}=\dfrac{2V_{n,M2}}{g_{m1}r_{01}}$；负载电阻 $R_L$ 在输入端产生的等效噪声功率为 $\overline{V_{inn,RL}^2}=\dfrac{16kT}{g_{m1}^2R_L}$，其中 $g_{m2,eff}=g_{m2}/(1+g_{m2}r_{01})$ 为晶体管 $M_2$ 栅极作为输入端的等效跨导。$G_{LNA}=g_{m1}R_L/2$ 为图 6-18（a）中以 $V_S$ 为输入参考时的电压增益，则图 6-18（a）所示宽带匹配共源放大器的噪声系数为

$$\mathrm{NF}=1+\frac{\overline{V_{inn,Rb1}^2}+\overline{V_{inn,M1}^2}+\overline{V_{inn,M2}^2}+\overline{V_{inn,RL}^2}}{\overline{V_{Sn}^2}}=1+\frac{R_{b1}}{R_S}+\frac{4\gamma}{g_{m1}R_S}+\frac{4\gamma}{g_{m2}R_Sg_{m1}^2r_{01}^2}+\frac{4}{g_{m1}^2R_LR_S} \tag{6-63}$$

当电路处于匹配状态时 $R_{b1}=R_S$，并令 $\gamma\approx1$、$g_{m1}R_S\approx1$，即使式（6-63）的后两项远小于 1，噪声系数也会高于 7.7dB，噪声性能较差。

其具体设计过程如下：

① 在一定的功耗约束条件下，根据功耗约束条件确定输入晶体管 $M_1$ 的跨导 $g_{m1}$。

② 根据需求的输入频率范围预估 $C_{GS}$（晶体管特征频率应至少大于最大输入频率的 10 倍），进而确定晶体管 $M_1$ 的尺寸。晶体管 $M_1$ 的尺寸不能选取得太小，否则由式（1-51）和式（1-53）可知，沟长调制效应会恶化低噪声放大器的线性性能。

③ Cascode 晶体管 $M_2$ 的尺寸保持和 $M_1$ 一致，$M_2$ 的加入可以明显减小晶体管 $M_1$ 的漏极负载电阻，用以改善低噪声放大器的线性性能。同时，$M_2$ 还可以降低晶体管 $M_1$ 栅漏寄生电容的 Miller 效应，改善输入端的匹配性能。

④ 最终根据增益需求确定 $R_L$。

该低噪声放大器的线性性能决定于共源晶体管的线性性能。由式（1-51）、式（1-52）和式（1-53）可知，通过减小晶体管的沟长调制效应（增大晶体管尺寸），减小负载电阻，以及增大晶体管的过驱动电压均可改善低噪声放大器的线性性能，但是这些措施会导致寄生效应增加，增益下降及功耗上升，需要折中考虑。

## 6.3.2　基于共源负反馈结构的宽带低噪声放大器[3]

在研究闭环负反馈系统时，我们知道负反馈技术可以通过增益来换取带宽的延拓和输入/输出阻抗的变化。如果将此思想搬移至放大器中，是否可以实现在尽可能宽的频带范围内实现输入阻抗匹配和增益的稳定性呢？以电阻负反馈电流复用共源放大器为例，如图 6-19（a）所示，如果不存在负反馈电阻 $R_F$，则该共源放大器的输入阻抗通常接近于无穷大，无法实现阻抗匹配。另外，由于输出阻抗中的电阻成分较大，导致其输出主极点较小从而不能在较宽的频率范围内维持增益的稳定性。加入负反馈电阻 $R_F$ 后，由于输入阻抗的降低与放大器带宽的拓展，完全有可能在需求的频率范围内满足阻抗匹配需求，同时提供满足设计需求的放大增益。图 6-19（b）示出了计算输入阻抗时的小信号等效电路图，则

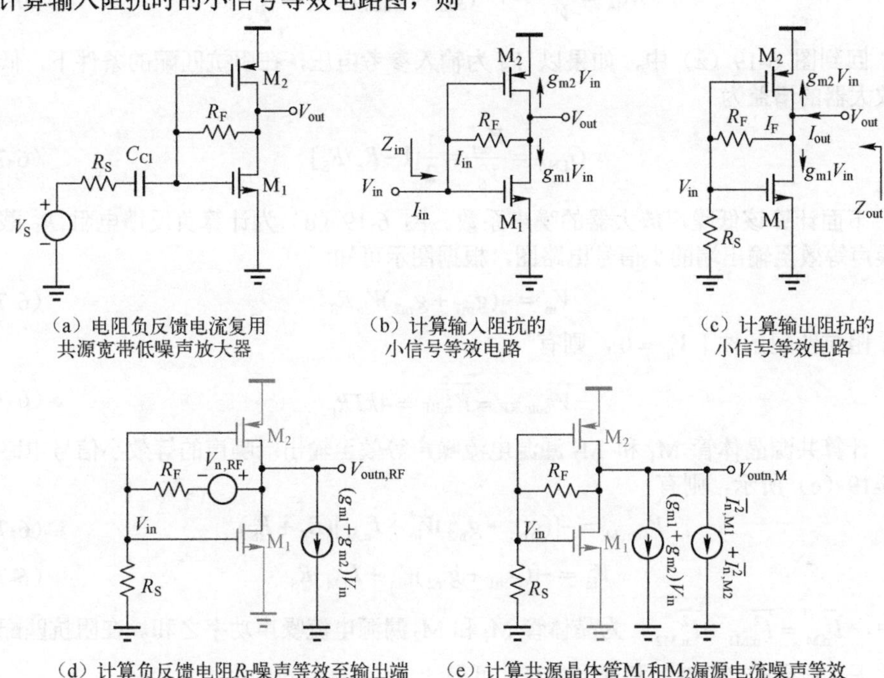


（a）电阻负反馈电流复用共源宽带低噪声放大器　（b）计算输入阻抗的小信号等效电路　（c）计算输出阻抗的小信号等效电路

（d）计算负反馈电阻$R_F$噪声等效至输出端噪声的等效小信号电路　（e）计算共源晶体管$M_1$和$M_2$漏源电流噪声等效至输出端噪声的等效小信号电路

图 6-19　共源负反馈宽带低噪声放大器

$$I_{in} = (g_{m1} + g_{m2})V_{in} \tag{6-64}$$

因此电阻负反馈电流复用共源放大器的输入阻抗为

$$Z_{in} = \frac{V_{in}}{I_{in}} = \frac{1}{g_{m1} + g_{m2}} \tag{6-65}$$

为了满足阻抗匹配的需求，只需令$(g_{m1} + g_{m2})R_S = 1$。计算输出阻抗时的小信号等效电路如图 6-19（c）所示，根据图示可知

$$I_{out} = I_F + (g_{m1} + g_{m2})V_{in} = I_F + (g_{m1} + g_{m2})I_F R_S \tag{6-66}$$

$$V_{\mathrm{out}}=I_{\mathrm{F}}(R_{\mathrm{F}}+R_{\mathrm{S}}) \tag{6-67}$$

当满足阻抗匹配的条件时，联立式（6-66）和式（6-67）可得输出阻抗为

$$Z_{\mathrm{out}}=\frac{V_{\mathrm{out}}}{I_{\mathrm{out}}}=\frac{1}{2}(R_{\mathrm{F}}+R_{\mathrm{S}}) \tag{6-68}$$

可以看出，输出阻抗相较于不存在负反馈的情况大大减小了，也就意味着放大器的主极点得到了拓展，放大器的带宽被延拓了。根据图 6-19（b）可知

$$\frac{V_{\mathrm{in}}-V_{\mathrm{out}}}{R_{\mathrm{F}}}=(g_{\mathrm{m1}}+g_{\mathrm{m2}})V_{\mathrm{in}} \tag{6-69}$$

则以 $V_{\mathrm{in}}$ 为输入参考电压的低噪声放大器增益为

$$G_{\mathrm{LNA}}=\frac{V_{\mathrm{out}}}{V_{\mathrm{in}}}=1-(g_{\mathrm{m1}}+g_{\mathrm{m2}})R_{\mathrm{F}}=1-\frac{R_{\mathrm{F}}}{R_{\mathrm{S}}} \tag{6-70}$$

回到图 6-19（a）中，如果以 $V_{\mathrm{S}}$ 为输入参考电压，在阻抗匹配的条件下，低噪声放大器的增益为

$$G_{\mathrm{LNA}}=\frac{V_{\mathrm{out}}}{V_{\mathrm{S}}}=\frac{1}{2}[1-R_{\mathrm{F}}/R_{\mathrm{S}}] \tag{6-71}$$

下面计算该低噪声放大器的噪声系数。图 6-19（d）为计算负反馈电阻 $R_{\mathrm{F}}$ 戴维南噪声等效至输出端的小信号电路图，根据图示可知

$$V_{\mathrm{in}}=-(g_{\mathrm{m1}}+g_{\mathrm{m2}})V_{\mathrm{in}}R_{\mathrm{S}} \tag{6-72}$$

阻抗匹配条件下 $V_{\mathrm{in}}=0$，则有

$$\overline{V^2_{\mathrm{outn,RF}}}=\overline{V^2_{\mathrm{n,RF}}}=4kTR_{\mathrm{F}} \tag{6-73}$$

计算共源晶体管 $\mathrm{M}_1$ 和 $\mathrm{M}_2$ 漏源电流噪声等效至输出端噪声的等效小信号电路如图 6-19（e）所示，则有

$$V_{\mathrm{outn,M}}=-[(g_{\mathrm{m1}}+g_{\mathrm{m2}})V_{\mathrm{in}}+I_{\mathrm{n,M}}](R_{\mathrm{F}}+R_{\mathrm{S}}) \tag{6-74}$$

$$V_{\mathrm{in}}=-[(g_{\mathrm{m1}}+g_{\mathrm{m2}})V_{\mathrm{in}}+I_{\mathrm{n,M}}]R_{\mathrm{S}} \tag{6-75}$$

式中，$\overline{I^2_{\mathrm{n,M}}}=\overline{I^2_{\mathrm{n,M1}}}+\overline{I^2_{\mathrm{n,M2}}}$，为晶体管 $\mathrm{M}_1$ 和 $\mathrm{M}_2$ 漏源电流噪声功率之和。在阻抗匹配的条件下，根据式（6-74）和式（6-75）可得

$$V_{\mathrm{outn,M}}=-\frac{I_{\mathrm{n,M}}(R_{\mathrm{F}}+R_{\mathrm{S}})}{2} \tag{6-76}$$

则图 6-19（a）所示的电流复用共源宽带低噪声放大器的噪声系数为（阻抗匹配条件下）

$$\mathrm{NF}=1+\frac{\overline{V^2_{\mathrm{outn,RF}}}+\overline{V^2_{\mathrm{outn,M}}}}{\overline{V^2_{\mathrm{Sn}}}G^2_{\mathrm{LNA}}}=1+\frac{4R_{\mathrm{F}}R_{\mathrm{S}}}{(R_{\mathrm{F}}-R_{\mathrm{S}})^2}+\gamma\frac{(R_{\mathrm{F}}+R_{\mathrm{S}})^2}{(R_{\mathrm{F}}-R_{\mathrm{S}})^2} \tag{6-77}$$

通常情况下，$R_{\mathrm{F}}>>R_{\mathrm{S}}$、$\gamma\approx1$，式（6-77）可化简为

$$\mathrm{NF}\approx2+4R_{\mathrm{S}}/R_{\mathrm{F}} \tag{6-78}$$

以 $V_{\mathrm{S}}$ 为输入参考电压，如果低噪声放大器的增益为 20dB，根据式（6-71）可知

$R_F \approx 20R_S$，则噪声系数约为 3.4dB。这相较于基于共源结构的宽带低噪声放大器有了明显的改善，但是噪声性能仍然较差。

电阻负反馈电流复用共源宽带低噪声放大器的线性性能同样决定于其共源晶体管，改善措施同样可以参考式（1-51）～式（1-53）。

具体设计过程如下：

① 根据式（6-65）确定 $M_1$ 和 $M_2$ 的跨导。

② 根据功耗约束确定 $M_1$ 和 $M_2$ 的尺寸。

③ 根据式（6-70）和式（6-78）的增益和噪声系数约束确定反馈电阻 $R_F$。

④ 根据线性度约束优化上述三个参数。

### 6.3.3 基于共栅结构的宽带低噪声放大器[4-5]

共栅放大器的输入阻抗与共栅晶体管的跨导成反比，因此通过合适的跨导设计同样可以满足较宽频率范围的阻抗匹配需求。共栅放大器作为宽带匹配低噪声放大器的典型电路结构如图 6-20（a）所示。电感 $L_S$ 在谐振频率处（与共栅晶体管 $M_1$ 的栅源寄生电容 $C_{GS}$ 和输入端并联寄生电容 $C_P$ 之和谐振）提供较大的对地阻抗，避免对输入阻抗和系统的噪声性能产生影响，此外也不会消耗电压裕量。Cascode 晶体管 $M_2$ 主要用于减小沟长调制效应对输入阻抗的影响，提升电路的阻抗匹配平坦性能，另一方面还可以降低晶体管 $M_1$ 栅源和栅漏寄生电容在输入端引入的 Miller 电容。在谐振频率不变的情况下，减小寄生电容必须增大电感 $L_S$，在电感品质因子不变的情况下会产生更大的并联谐振阻抗，减小对输入阻抗的影响。同时，Cascode 晶体管 $M_2$ 还可以明显改善低噪声放大器的隔离度，提升其稳定性能。

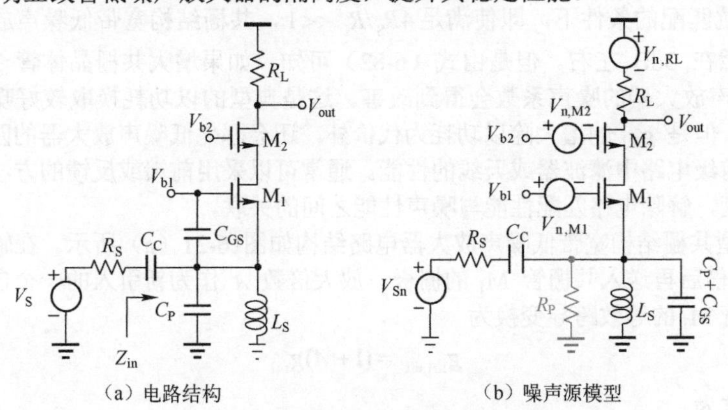

（a）电路结构　　（b）噪声源模型

图 6-20　共栅结构宽带低噪声放大器

共栅结构宽带低噪声放大器的噪声源分布如图 6-20（b）所示。主要噪声源共计三个：共栅晶体管 $M_1$ 的栅源电流噪声（由源简并共源放大晶体管噪声等效模型可知，在忽略栅源寄生电容的情况下可以通过栅极串联噪声功率 $\overline{V^2_{n,M1}} = 4kT\gamma/g_{m1}$ 等效）、共栅晶体管 $M_2$ 的栅源电流噪声（同理，在忽略栅源寄生电容的情况下可以通过栅极串联噪声功率 $\overline{V^2_{n,M2}} = 4kT\gamma/g_{m2}$ 等效）和负载电路戴维南等效串联噪声功率 $\overline{V^2_{n,RL}} = 4kTR_L$。对于栅极串联输入参考噪声电压 $V_{n,M1}$ 而言，谐振（$L_S$ 与 $C_P$+ $C_{GS}$ 谐

振）情况下的源简并电阻为$R_S$，则等效至输出端$V_{out}$的噪声电压为

$$V_{outn,M1}=\frac{g_{m1}R_L}{1+g_{m1}R_S}V_{n,M1} \tag{6-79}$$

对于栅极串联输入参考噪声电压 $V_{n,M2}$ 而言，谐振情况下的源简并电阻约为$r_{01}(1+g_{m1}R_S)$，则等效至输出端$V_{out}$的噪声电压为

$$V_{outn,M2}=\frac{g_{m2}R_L}{1+g_{m2}r_{01}(1+g_{m1}R_S)}V_{n,M2} \tag{6-80}$$

负载电阻 $R_L$ 等效至输出端 $V_{out}$ 的噪声电压与负载电阻的等效戴维南串联电压$V_{n,RL}$相同。

由于 Cascode 晶体管 $M_2$ 的源简并电阻是晶体管 $M_1$ 源简并电阻值的 $g_{m1}r_{01}$ 倍，通常情况下$g_{m2}r_{01}$ >>1，因此 Cascode 晶体管$M_2$对电路噪声性能的影响相较于晶体管$M_1$可以忽略。在阻抗匹配的情况下，以$V_S$为输入参考电压，共栅结构低噪声放大器的增益为

$$G_{LNA}=g_{m1}R_L/2 \tag{6-81}$$

噪声系数为

$$NF\approx 1+\frac{\overline{V^2_{outn,M1}}+\overline{V^2_{outn,RL}}}{\overline{V^2_{Sn}}G^2_{LNA}}=1+\frac{4\gamma}{g_{m1}R_S(1+g_{m1}R_S)^2}+\frac{4}{g^2_{m1}R_SR_L} \tag{6-82}$$

在阻抗匹配的条件下，式（6-82）可简化为

$$NF\approx 1+\gamma+4R_S/R_L \tag{6-83}$$

在阻抗匹配的条件下，即使满足$4R_S/R_L<<1$，共栅结构宽带低噪声放大器的噪声系数仍然在 3dB 左右。但是由式（6-82）可知，如果增大共栅晶体管 $M_1$ 的跨导$g_{m1}$，低噪声放大器的噪声系数会得到改善。这是典型的以功耗换取较好噪声性能的具体体现，但是$g_{m1}$的增大除以功耗为代价外，还会恶化低噪声放大器的匹配性能，严重影响前级电路中滤波器或天线的性能。通常可以采用前馈或反馈的方法额外引入一个自由度，解除电路匹配性能与噪声性能之间的关联。

前馈型共栅结构宽带低噪声放大器电路结构如图 6-21（a）所示。在输入端将信号放大$-A$ 倍后再送入共栅管 $M_1$ 的栅极，放大倍数 $A$ 作为新引入的一个自由度，可以将共栅管$M_1$的等效跨导变换为

$$g_{m1,eff}=(1+A)g_{m1} \tag{6-84}$$

则输入阻抗为

$$Z_{in}=\frac{1}{(1+A)g_{m1}} \tag{6-85}$$

以$V_S$为输入参考电压，电压增益为

$$G_{LNA}=\frac{1}{2}(1+A)g_{m1}R_L \tag{6-86}$$

根据图 1-35 所示的源简并共源晶体管的等效输入参考噪声和等效输入并联电流模型及计算过程可知，前馈型共栅结构宽带低噪声放大器的噪声源分布与共栅结构宽带低噪声放大器相同，只是由于共栅晶体管跨导的改变，等效至输出端的噪声不同。

前馈型共栅结构宽带低噪声放大器的噪声源分布如图 6-21（b）所示，由于流过负载电阻 $R_L$ 的噪声电流 $I_{outn}$ 与流过源内阻 $R_S$ 的噪声电流相同，在仅考虑共栅管 $M_1$ 的栅极串联噪声电压 $V_{n,M1}$ 时，下式成立：

$$g_{m1}(I_{outn}R_S + AI_{outn}R_S + V_{n,M1}) = -I_{outn} \tag{6-87}$$

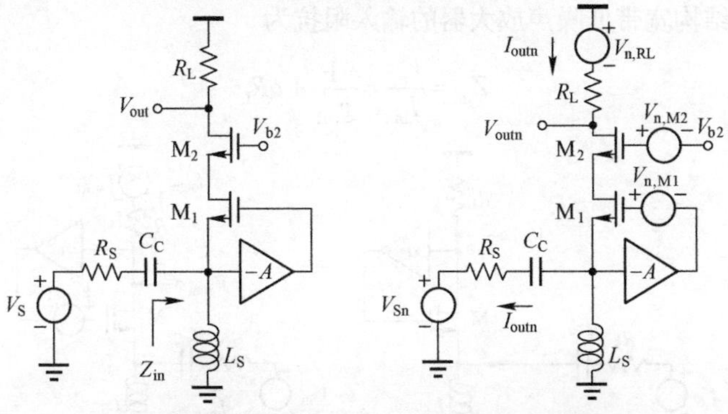

（a）电路结构　　（b）噪声源模型

图 6-21　前馈型共栅结构宽带低噪声放大器

由于 $I_{outn} = -V_{outn}/R_L$，代入式（6-87）可得晶体管 $M_1$ 在输出端产生的噪声电压为

$$V_{outn,M1} = \frac{-g_{m1}R_L V_{n,M1}}{1+(1+A)g_{m1}R_S} \tag{6-88}$$

同理参考式（6-80）可直接写出 Cascode 晶体管 $M_2$ 对低噪声放大器输出端的贡献为

$$V_{outn,M2} = \frac{g_{m2}R_L V_{n,M2}}{1+g_{m2}r_{01}(1+g_{m1,eff}R_S)} = \frac{g_{m2}R_L V_{n,M2}}{1+g_{m2}r_{01}[1+(1+A)g_{m1}R_S]} \tag{6-89}$$

负载电阻 $R_L$ 等效至输出端 $V_{out}$ 的噪声电压与负载电阻的等效戴维南串联电压 $V_{n,RL}$ 相同。

通常情况下 $g_{m2}r_{01} >> 1$，因此 Cascode 晶体管 $M_2$ 对电路噪声性能的影响相较于晶体管 $M_1$ 仍然可以忽略。以 $V_S$ 为输入参考电压，在阻抗匹配的条件下前馈型共栅结构低噪声放大器的噪声系数为

$$NF \approx 1 + \frac{\overline{V_{outn,M1}^2} + \overline{V_{outn,RL}^2}}{\overline{V_{Sn}^2}G_{LNA}^2} = 1 + \frac{\gamma}{1+A} + \frac{4R_S}{R_L} \tag{6-90}$$

可以看出，在阻抗匹配的条件下，通过增大前馈增益 $A$ 可以优化低噪声放大器的噪声系数。通过式（6-85）和式（6-86）可知，相应地改变晶体管 $M_1$ 的跨导可在优化噪声系数的情况下维持低噪声放大器的匹配性能和增益，因此前馈增益的加入摆脱了共栅型宽带低噪声放大器噪声性能对匹配性能的依赖，但是同样面临着折中设计问题。噪声性能的提升（增大 $A$）伴随着晶体管 $M_1$ 跨导的减小（为了保持阻抗匹配性能不变），根据第 1 章中对共栅放大器线性性能的表述，共栅放大器的线性性能与跨导有密切的关系，因此过度地减小晶体管 $M_1$ 的跨导必然导致损失低噪声放大器线性性能。

反馈型共栅结构宽带低噪声放大器电路结构如图 6-22（a）所示。为了便于分析，省去了 Cascode 晶体管 $M_2$（不会对系统的噪声性能产生较大影响），当晶体管 $M_1$ 源极负反馈电感 $L_S$ 与源极寄生电容在输入频率处谐振时，根据图示可知

$$g_{m1}(V_F - V_{in}) = g_{m1}(aI_{in}R_L - V_{in}) = -I_{in} \tag{6-91}$$

则反馈型共栅结构宽带低噪声放大器的输入阻抗为

$$Z_{in} = \frac{V_{in}}{I_{in}} = \frac{1}{g_{m1}} + aR_L \tag{6-92}$$

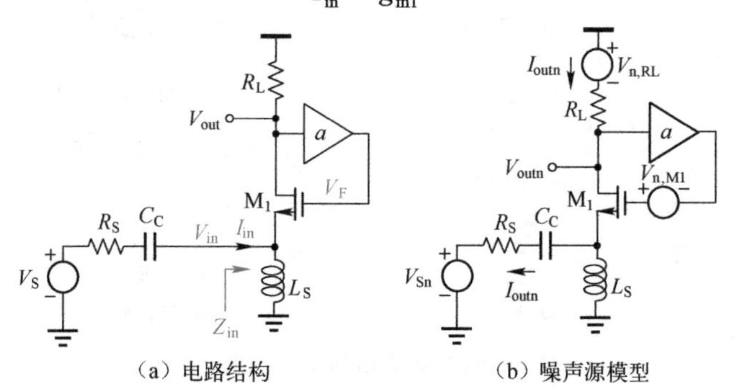


（a）电路结构 （b）噪声源模型

图 6-22 反馈型共栅结构宽带低噪声放大器

将 $I_{in} = V_{out}/R_L$ 代入式（6-91）可得该型低噪声放大器的增益为（以 $V_{in}$ 为输入参考电压）

$$G_{LNA} = \frac{V_{out}}{V_{in}} = \frac{g_{m1}R_L}{1 + ag_{m1}R_L} \tag{6-93}$$

在阻抗匹配条件下，即满足 $1/g_{m1} + aR_L = R_S$ 时，以 $V_S$ 为输入参考电压的反馈型共栅结构宽带低噪声放大器的增益为

$$G_{LNA} = \frac{g_{m1}R_L}{2(1 + ag_{m1}R_L)} \tag{6-94}$$

反馈型共栅结构宽带低噪声放大器的噪声源分布如图 6-22（b）所示。晶体管的漏源电流噪声仍近似采用栅极输入参考串联噪声电压等效，因为流过负载电阻 $R_L$ 的电流与流过源电阻 $R_S$ 的电流相同，则

$$g_{m1}\left[aV_{outn} + V_{n,M1} + \frac{V_{outn}R_S}{R_L}\right] = -\frac{V_{outn}}{R_L} \tag{6-95}$$

共栅晶体管 $M_1$ 在输出端产生的等效噪声电压为

$$V_{outn,M1} = \frac{g_{m1}V_{n,M1}}{g_{m1}(a + R_S/R_L) + 1/R_L} \tag{6-96}$$

因为负反馈的作用，输出端的输出阻抗 $Z_{out} = R_L \parallel \left[\dfrac{1 + g_{m1}R_S}{ag_{m1}}\right]$，所以负载电阻在输出端产生的噪声电压 $V_{outn,RL} = I_{n,RL}\,|Z_{out}|$，其中 $I_{n,RL}$ 为负载电阻的等效诺顿噪声电流。

以 $V_{\rm Sn}$ 为输入参考噪声电压，将晶体管 $M_1$ 和负载电阻 $R_L$ 在输出端产生的噪声电压等效至输入端后，在阻抗匹配条件下可得反馈型共栅结构宽带低噪声放大器的噪声系数为

$$\mathrm{NF} \approx 1+\frac{\overline{V_{\rm outn,M1}^2}+\overline{V_{\rm outn,RL}^2}}{\overline{V_{\rm Sn}^2}G_{\rm LNA}^2}=1+\frac{\gamma}{g_{\rm m1}R_{\rm S}}+\frac{R_{\rm S}}{R_{\rm L}}\left(1+\frac{1}{g_{\rm m1}R_{\rm S}}\right)^2 \tag{6-97}$$

可以看出，此结构同样可以摆脱阻抗匹配与噪声性能之间的矛盾关系。由式（6-92）、式（6-94）和式（6-97）可知，增大晶体管 $M_1$ 的跨导 $g_{\rm m1}$，并相应地改变反馈增益系数 $a$ 和负载电阻 $R_L$，可以在合理的功耗和增益范围内获得较好的噪声性能指标。

需要注意的是，反馈型结构的隔离度性能相较于前馈型结构有了一定的恶化，会对低噪声放大器的稳定性设计带来一定的隐患。另外，前馈放大器和反馈放大器的设计也必须考虑噪声引入的问题，如果采用有噪元件来实现，则通过增大功耗换取的噪声性能改善很有可能被这些有噪元件产生的噪声“补偿”回来，导致得不偿失。

以前馈型为例，如图 6-23 所示，共源晶体管 $M_3$ 和其负载电阻 $R_{\rm L2}$ 会在电路中引入额外的噪声，在输入匹配情况下，晶体管 $M_3$ 的栅极等效串联噪声电压 $V_{\rm n,M3}$ 等效至 $V_S$ 处的噪声电压 $V_{\rm inn,M3}=2V_{\rm n,M3}$，负载电阻 $R_{\rm L2}$ 等效至 $V_S$ 处的噪声电压 $V_{\rm inn,RL}=2V_{\rm n,RL2}/A$，则式（6-90）可改写为

$$\mathrm{NF} \approx 1+\frac{\overline{V_{\rm outn,M1}^2}+\overline{V_{\rm outn,RL}^2}}{\overline{V_{\rm Sn}^2}G_{\rm LNA}^2}+\frac{\overline{V_{\rm inn,M3}^2}+\overline{V_{\rm inn,RL2}^2}}{\overline{V_{\rm Sn}^2}}=1+\frac{\gamma}{1+A}+\frac{4R_{\rm S}}{R_{\rm L}}+\frac{4\gamma}{g_{\rm m3}R_{\rm S}}+\frac{4R_{\rm L2}}{A^2R_{\rm S}} \tag{6-98}$$

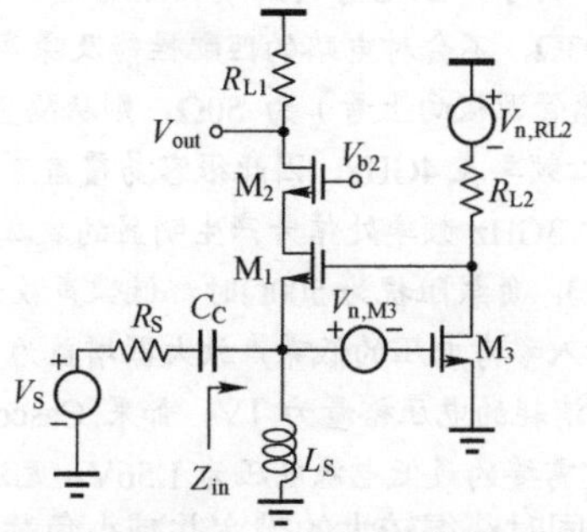

图 6-23　利用共源放大器实现的前馈型共源结构宽带低噪声放大器

式（6-98）最右边后两项为前馈放大器引入的额外噪声，可以看出，如果晶体管 $M_3$ 的跨导设计得不够大，其贡献的噪声将明显超过采用前馈技术减小的部分晶体管 $M_1$ 的噪声贡献，而较大的跨导会带来功耗的显著上升，对于反馈型低噪声放大器同样如此。最常用的解决办法为采用片上变压器技术提供前馈或反馈增益。仍以前馈型为例，如图 6-24 所示，片上变压器一次绕组和二次绕组分别位于共源晶体管 $M_1$ 的源极（提供对地高阻）和栅极（调制偏置电压），其耦合系数为 $k$，二次绕组与一次绕组的匝数比为 $n$，由于设置二次绕组感应的电流方向与一次绕组相反，因此变压器提供的电压增益为 $-kn$。需要注意的是，受制作工艺的限制，片上变压器提供的增益一般不会超过 3，且由于片上变压器的品质因子普遍偏低，很难超过 5，其寄生电阻同样也会引入部分热噪声，恶化低噪声放大器的噪声性能。

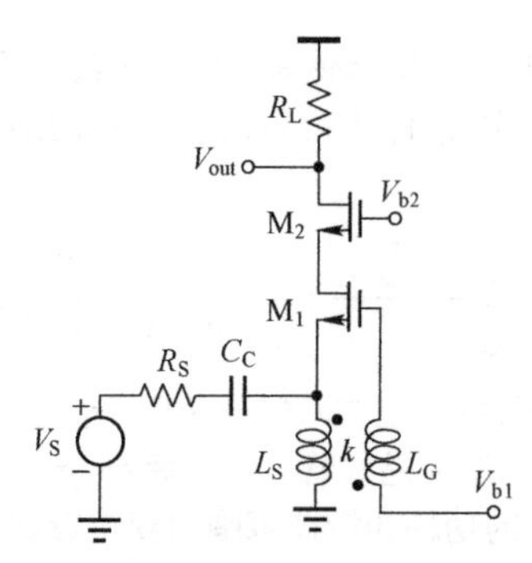


图 6-24 利用变压器实现的前馈型共源结构宽带低噪声放大器

**例 6-5** 基于共栅放大结构设计一款宽带低噪声放大器，频率范围覆盖 3～5GHz，噪声系数小于 2.5dB，增益不低于 20dB，功耗不超过 2mA（不包括偏置电路），采用 65nm CMOS 工艺设计该低噪声放大器的电路结构并给出相应设计参数。

**解：** 由式（6-83）可知，图 6-20 所示的传统共栅放大器无法满足低于 3dB 的噪声系数需求，因此需要采用前馈或反馈结构。考虑到隔离度问题，选取图 6-24 所示的前馈结构。共栅结构低噪声放大器在匹配情况下需要满足 $g_{m1}R_S=1$ 的条件，根据例 6-1 所给出的各电路参数可知，当选取晶体管 $M_1$ 的尺寸为 40μm/120nm，过驱动电压为 0.28V 时，电路功耗约为 2mA，晶体管 $M_1$ 的跨导约为 20mS，满足功耗和匹配条件要求。考虑到输入端并联寄生电容与晶体管 $M_1$ 栅源寄生电容的和约为 200fF，选取源极对地电感 $L_S$ 为 8nH，使该电感与输入端寄生电容在中心频率 4GHz 处发生谐振。由于片上电感的品质因子普遍不高，假设为 3，则谐振网络在 4GHz 的并联谐振电阻约为 603Ω，不会对电路的匹配性能及噪声性能产生较大的影响。考虑到晶体管 $M_1$ 的源极阻抗（从晶体管源极向上看）为 50Ω，则从隔直电容处向右看进去的谐振网络的品质因子约为 0.25，由于中心频率在 4GHz，因此很容易覆盖 3～5GHz 的频率范围（需要注意交流耦合电容 $C_C$ 的选取不能对 3GHz 频率处信号产生明显的衰减影响）。由式（6-90）可知，当选取前馈增益 $A=2$（$L_G=2L_S$），负载阻抗为 500Ω时，低噪声放大器的噪声系数约为 2.4dB，满足设计需求。以 $R_S$ 端电压为输入参考电压的低噪声放大器增益为 20dB，同样满足设计要求。但是此时电路电流为 2mA，负载消耗的电压裕量为 1V，如果 Cascode 晶体管 $M_2$ 的设计参数同晶体管 $M_1$ 相同，则电路正常工作需要的最低电源电压为 1.56V，无法满足低压的工作条件。

可以采用并联峰值结构同时获得较大的带宽并减小负载消耗的电压裕量，如图 6-25 所示。并联峰值结构主要采用电感电容并联谐振网络作为负载来减小对电压裕量的消耗，同时为了拓展带宽需要在电感处串联一定的电阻以减小谐振网络的品质因子。

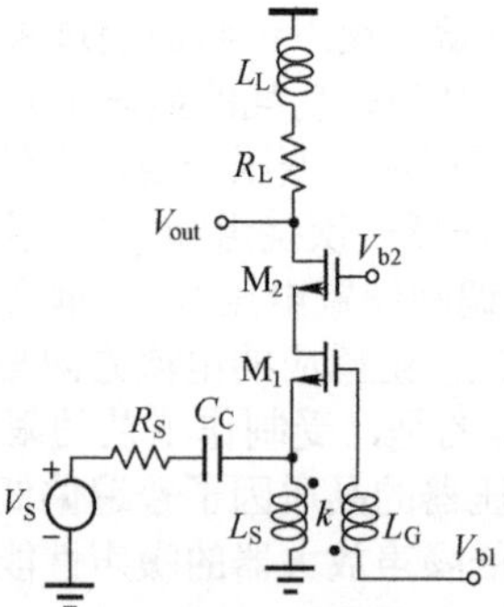

图 6-25 采用并联峰值结构作为负载的前馈型共源结构宽带低噪声放大器

### 6.3.4 基于带通滤波器结构的宽带低噪声放大器[6-7]

在进行宽带阻抗匹配低噪声放大器设计时，噪声系数是制约上述几种结构在高灵敏度通信系统中广泛使用的主要原因。在电感源简并窄带匹配低噪声放大器设计中，无源元件通过小信号等效可以产生实部阻抗，在满足阻抗匹配需求的条件下可以获得极低的噪声系数。为了在较宽的频带范围内获得较好的噪声性能，基于带通滤波器的宽带匹配电路设计同样采用基于电感源简并共源放大器结构的电路来实现，如图 6-26（a）所示（以 3 阶切比雪夫 I 型带通滤波器为例）。工作原理是将电感源简并放大器的输入阻抗部分（$Z_{in}$）作为整个带通滤波器的一部分，栅源耦合电容 $C_C$ 和栅极串联电感 $L_G$ 的加入增加了对输入晶体管 $M_1$ 尺寸需求的自由度，降低设计的折中性。由式（6-21）可知，输入阻抗 $Z_{in}$ 为

$$Z_{in} = \frac{1}{s(C_{GS}+C_C)} + sL_S + \frac{g_m}{C_{GS}+C_C}L_S \tag{6-99}$$

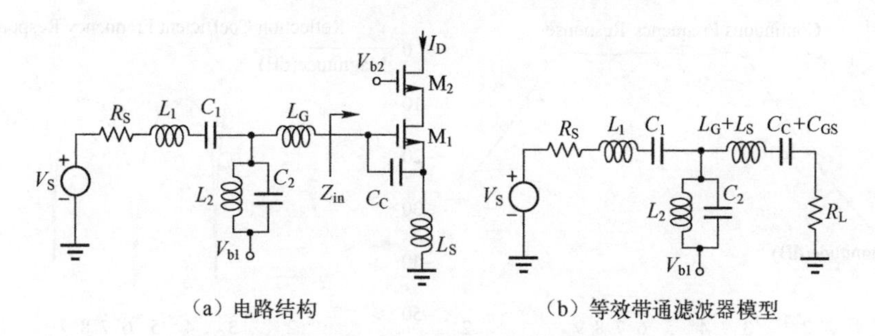


图 6-26　基于带通滤波器结构的宽带低噪声放大器

输入端的等效带通滤波器模型如图 6-26（b）所示。可以看出，如果可以按照设计需求确定滤波器中各元件的值，就可以基本确定图 6-26（a）所示宽带低噪声放大器的各主要设计参数。设计过程如下：

① 确定带通滤波器的类型（切比雪夫、巴特沃思等）。

② 根据确定的散射因子 $S_{11}$（以功率计一般小于−10dB）计算出滤波器的带内波动 $\varDelta$。

$$\varDelta = \frac{1}{1-S_{11}} \tag{6-100}$$

式（6-100）的计算可以采用驻波的概念来解释。将电感 $L_1$ 左端点向右看进去的电路等效为集总电路，并将其输入阻抗等效为 $Z_{eff}$。由于在不同的输入频率下 $Z_{eff}$ 不同，根据图 2-5 所示的驻波产生原理可知，不同的频率对应产生的驻波幅度不同。假定带通滤波器带内由于驻波导致的最小归一化幅度为 $1-\Gamma_{0,max}$，其中 $\Gamma_{0,max}$ 为带内某频率下对应的最大反射系数，滤波器的带内波动为 $1/(1-\Gamma_{0,max})$，令 $\Gamma_{0,max}=S_{11}$，则式（6-100）成立。

③ 选取需要的带宽和中心频率，以及相应阶数的滤波器原型，通过 ADS 软件

可以构造出其归一化模型（或采用其他无源滤波器生成软件，如 Filter Solutions），去归一化后便可以确定各元件的值。

以 UWB 系统为例，带宽为 3.1～10.6GHz，中心频率选为 5.7GHz。令 $S_{11}=-10\,\text{dB}$（根据第 2 章可知，反射系数均是以电压为计量的，因此在计算带内波动 $\Delta$ 时，需要令 $S_{11}=-20\,\text{dB}$，代入式中可得 $\Delta\approx 0.9\,\text{dB}$），考虑一定的设计裕量，可确定其带内波动为 0.5dB。采用 3 阶切比雪夫 I 型带通滤波器原型，去归一化后的滤波器原型如图 6-27（a）所示（各元件的去归一化值已标于图中），仿真的频率响应和以功率计的反射系数如图 6-27（b）所示。

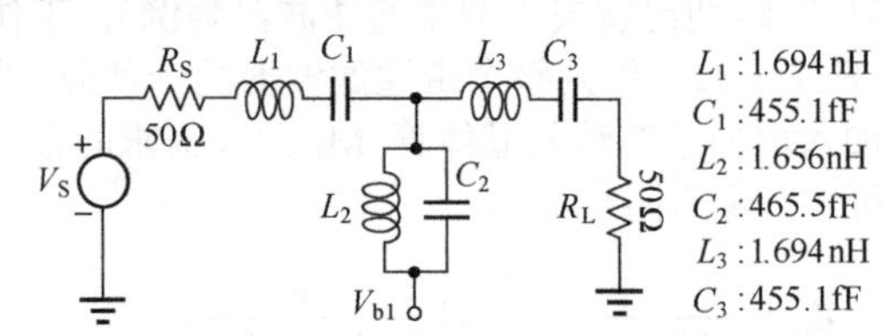


（a）适用于UWB系统的三阶切比雪夫I型带通滤波器原型

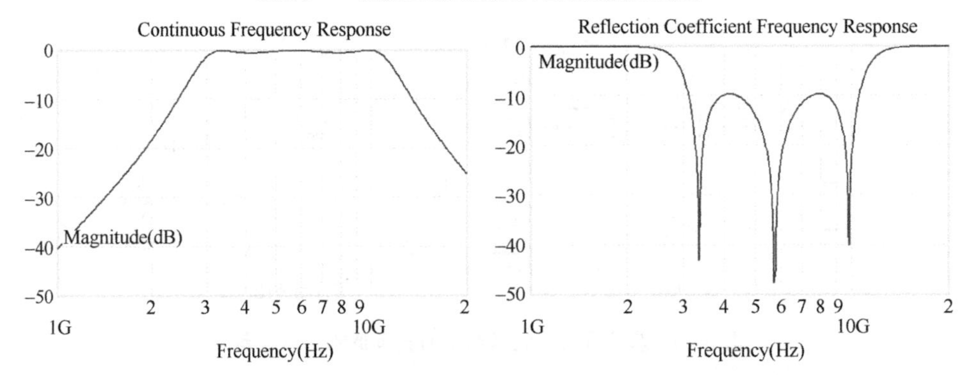


（b）适用于UWB系统的三阶切比雪夫I型带通滤波器原型仿真频率响应及反射系数

图 6-27 适用于 UWB 系统的三阶切比雪夫 I 型带通滤波器

从图 6-27（a）可确定图 6-26（a）中各元件值见表 6-1。

**表 6-1 适用于 UWB 系统的三阶切比雪夫 I 型带通滤波器元件值**

| $L_1$(nH) | $C_1$(fF) | $L_2$(nH) | $C_2$(fF) | $L_G$+$L_S$(nH) | $C_C$+$C_{GS}$(fF) |
|---|---|---|---|---|---|
| 1.694 | 455.1 | 1.656 | 465.5 | 1.694 | 455.1 |

由表 6-1 可知，如果仅仅站在功率最大传输的角度（阻抗匹配），$L_G$、$L_S$、$C_C$ 和 $C_{GS}$ 的确定具有很大的自由度，如何精确地求出它们的值，还需要从优化噪声和功率约束的角度来考虑。如果以功率约束为主，在增益和过驱动电压（通常为 0.2V）一定的情况下可以直接计算出晶体管 $M_1$ 的尺寸及其跨导 $g_{m1}$，据此可以分别计算出 $C_{GS}$ 和 $L_S$。

$$L_S=\frac{R_S(C_C+C_{GS})}{g_{m1}} \tag{6-101}$$

式中，$R_S = 50\Omega$为信号源内部阻抗。根据表 6-1 可分别计算出 $C_C$和 $L_G$。这种利用约束条件的方法计算过程简单，且最终的噪声性能与最优噪声性能相差不大。下面通过计算图 6-26 所示宽带低噪声放大器的噪声系数表达式对上述结论进行解释。

根据式（1-73）和式（1-74）可分别给出源简并结构的等效串联噪声电压和等效并联噪声电流的表达式：

$$V_n = I_{nd}(L_S C_t s^2 + 1)/g_m \tag{6-102}$$

$$I_n = sC_t I_{nd}/g_m \tag{6-103}$$

式中，$C_t = C_{GS} + C_C$。由于式（6-102）和式（6-103）的电压和电流噪声均来源于晶体管 $M_1$ 的栅源噪声电流，因此两者完全相关。考虑到在设定的宽带频率通信范围内，匹配网络处于谐振状态，因此其噪声系数为

$$\mathrm{NF} = 1 + \frac{\overline{|V_n + I_n Z_S|^2}}{\overline{V_{Sn}^2}} = 1 + \frac{\overline{|V_n + I_n Z_{in}^*|^2}}{\overline{V_{Sn}^2}} = 1 + s^2 C_t^2 R_S \gamma \sqrt{\frac{1}{2\mu_n C_{ox} I_D (W/L)}} \tag{6-104}$$

式中，$Z_S$ 为从晶体管 $M_1$ 栅极向左看进去的源极输入阻抗；$I_D$ 为低噪声放大器的静态偏置电流；$W/L$ 为晶体管 $M_1$ 的宽长比。可以看出，利用带通滤波器结构设计的宽带低噪声放大器噪声性能在频率范围内并不平坦，而是与频率成反比，频率越高，噪声性能就会越差。另外，较大的静态偏置电流和晶体管尺寸可以改善其噪声性能。通常在功率约束条件下，可以在满足饱和晶体管强反型的条件下尽可能地增大晶体管的尺寸来优化噪声性能。但是，此方法会导致晶体管的过驱动电压过低从而容易进入亚阈值区，改变低噪声放大器的增益性能，同时较大的晶体管尺寸还有可能导致 $C_{GS} > C_t$，从而恶化其匹配性能。典型情况下，晶体管 $M_1$ 的过驱动电压均会选取在 0.2V 左右，在保证强反型的条件下，根据约束条件 $C_{GS} < C_t$ 进行微调。

## 6.4 噪声抵消低噪声放大器

窄带低噪声放大器的设计通常采用源简并结构来实现，该结构由于仅有源简并晶体管和负载电阻产生噪声，且考虑到匹配网络引入的较高的 $Q$（高 $Q$ 意味着高的截止频率$\omega_T$），因此噪声性能可以设计得非常好，是窄带低噪声放大器设计的主流结构。对于宽带应用，除基于带通滤波器结构的宽带低噪声放大器具有较好的噪声性能外，其他几种结构的噪声系数均会高于 3dB，对高性能接收系统的设计提出了很大的挑战。带通滤波器所需的大量无源元件（见图 6-26）增大了低噪声放大器的设计成本及面积，在实际的设计中较少使用。虽然前馈型或反馈型共栅低噪声放大器可以部分改善其噪声性能，但额外增加的前馈或反馈电路会恶化电路的噪声性能，即使采用变压器等无源元件，也是以牺牲面积为代价的。本节主要针对常用的两种共源负反馈和共栅结构宽带低噪声放大器的噪声抵消技术进行说明。

噪声抵消技术主要是通过将有噪元件的噪声通过两个增益相同、相反相位（相位差为 180°）的放大器分别进行放大输出并叠加进行抵消的。电路设计的关键在于对噪声进行抵消的同时不能对有效信号产生影响。

### 6.4.1 基于共源负反馈结构的宽带低噪声放大器噪声抵消技术[8]

采用噪声抵消技术的共源负反馈结构宽带低噪声放大器如图 6-28 所示。晶体管 $M_1$ 和 $M_2$ 的漏源噪声电流 $I_n = I_{n,M1} + I_{n,M2}$ 的唯一泄流通路为反馈电阻 $R_F$ 和源内阻 $R_S$ 形成的串联电阻支路，因此噪声电流在节点 A 和节点 B 形成的噪声电压分别为

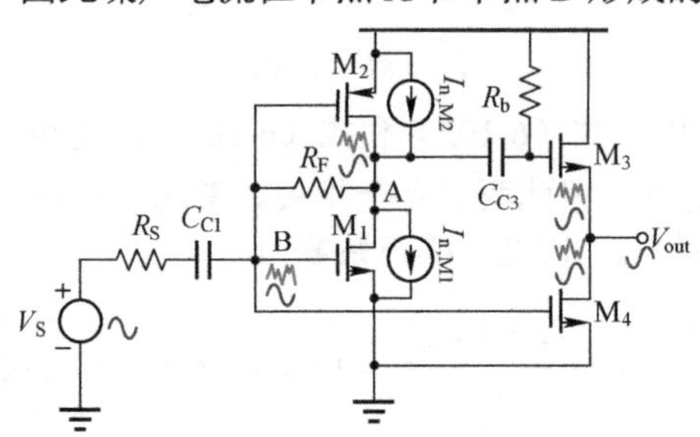


图 6-28 基于共源负反馈结构的噪声抵消宽带低噪声放大器

$$V_{n,A} = I_n(R_F + R_S),\ V_{n,B} = I_n R_S \tag{6-105}$$

节点 A 和节点 B 处的两个噪声电压具有相同的相位，分别通过源极跟随器 $M_3$～$M_4$ 的同相放大和共源放大器 $M_4$～$M_3$ 的反相放大进行叠加。选取合适的晶体管参数值即可实现互补共源晶体管 $M_1$ 和 $M_2$ 噪声同幅反相抵消，改善电路的噪声性能。输入信号 $V_S$ 至节点 B 的增益为 1/2，至节点 A 的增益约为 $-R_F/(2R_S)$（在 $R_F >> R_S$ 的情况下成立），因此有效信号在节点 A 和节点 B 产生的输出电压具有相反的相位，分别经过源极跟随器和共源放大器后形成同幅同向叠加，改善低噪声放大器的增益。

输出端 $V_{out}$ 的输出噪声为

$$V_{n,out} = V_{n,A} - V_{n,B} g_{m4}/g_{m3} = I_n(R_F + R_S) - I_n R_S g_{m4}/g_{m3} \tag{6-106}$$

式中，$g_{m3}$ 为晶体管 $M_3$ 的跨导；$g_{m4}$ 为晶体管 $M_4$ 的跨导。为了实现噪声抵消功能，式（6-106）需要等于 0，因此

$$g_{m4} = g_{m3}(R_F + R_S)/R_S \tag{6-107}$$

以节点 B 为输入参考点，增益为

$$\begin{aligned} G_{LNA} &= V_{out}/V_B = (V_A - V_B g_{m4}/g_{m3})/V_B \\ &= 1 - R_F/R_S - (1 + R_F/R_S) = -2R_F/R_S \end{aligned} \tag{6-108}$$

下面具体计算噪声系数。由于共源晶体管 $M_1$ 和 $M_2$ 产生的噪声电流在输出端被叠加抵消，因此仅有负反馈电阻 $R_F$、第二级源极跟随器，以及共源放大器中的晶体管 $M_3$ 和 $M_4$ 对系统的噪声有贡献。$M_3$ 和 $M_4$ 在输出端产生的噪声功率为

$$\overline{V^2_{outn,M34}} = (\overline{I^2_{n,M3}} + \overline{I^2_{n,M4}})R^2_{out} = 4kT\gamma/g_{m3} + 4kT\gamma g_{m4}/g^2_{m3} \tag{6-109}$$

式中，$R_{out} = 1/g_{m3}$，为输出级的输出阻抗。在输入端阻抗完全匹配的情况下，从源极到输出端的增益为 $G_{LNA}/2$，则晶体管 $M_3$ 和 $M_4$ 等效至源极的串联输入噪声电压为

$$\overline{V^2_{inn,M34}} = 4\overline{V^2_{outn,M34}}/G^2_{LNA} = 4kT\gamma R^2_s/g_{m3}R^2_F + 4kT\gamma R_s/g_{m3}R_F \approx 4kT\gamma R_s/g_{m3}R_F \tag{6-110}$$

从式（6-77）中去除共源晶体管 $M_1$ 和 $M_2$ 产生的噪声项，并加入式（6-110）所示的 $M_3$ 和 $M_4$ 的噪声项，可得采用噪声抵消技术的共源负反馈宽带低噪声放大器的噪声系数为

$$NF = 1 + \frac{4R_F R_S}{(R_F - R_S)^2} + \frac{\overline{V^2_{inn,M34}}}{\overline{V^2_{Sn}}} \approx 1 + \frac{4R_S}{R_F} + \frac{\gamma}{g_{m3}R_F} \tag{6-111}$$

假定 $R_F = 10R_S$（从节点 B 至输出端的增益为 26dB，以源极为输入参考的增益为 20dB）、$g_{m3} = 1/R_S$、$\gamma = 1$，则噪声系数约为 1.76dB。相较于没有进行噪声抵消的如图 6-19（a）所示的共源负反馈型结构，噪声系数改善了 1.64dB。

## 6.4.2　基于共栅负反馈结构的宽带低噪声放大器噪声抵消技术[9]

由式（6-82）可知，输入端的匹配特性是共栅结构宽带低噪声放大器噪声性能受限的主要因素，其噪声系数通常大于 3dB。如果采用噪声抵消技术将共栅管 $M_1$ 对系统的噪声贡献减小为 0，则可以增加优化系统噪声性能的自由度，因此可以通过折中系统的某些性能，如功耗，来优化器噪声性能。

采用噪声抵消功能的共栅结构宽带低噪声放大器如图 6-29 所示，共栅晶体管 $M_1$ 的漏源噪声电流 $I_{n,M1}$ 分别流过负载电阻 $R_{L1}$ 和源内阻 $R_S$，在节点 B 和节点 A 产生的噪声电压可分别为 $V_{n,B} = I_{n,M1}R_S/2$ 和 $V_{n,A} = -I_{n,M1}R_{L1}/2$（在阻抗匹配的情况下，噪声电流 $I_{n,M1}$ 在节点 B 处被均分，一半流向 $R_S$，另一半由下向上流入晶体管 $M_1$。流经 $R_{L1}$ 的噪声电流由上向下，在 $M_2$ 的源极与流入 $M_1$ 的噪声电流汇合，形成闭环）。两节点的噪声电压反相，而输入的有效信号同相，经过共源晶体管 $M_3$ 和 $M_4$ 放大叠加后在输出端将共栅晶体管 $M_1$ 产生的噪声抵消并对有效信号进行放大。

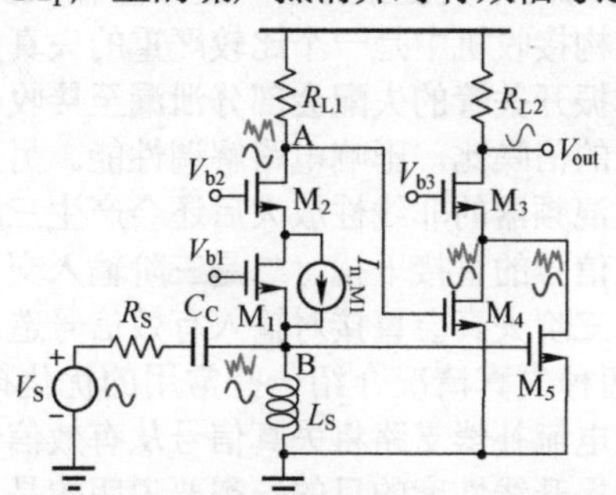


图 6-29　基于共栅结构的噪声抵消宽带低噪声放大器

共栅晶体管 $M_1$ 等效至输出端的噪声电压为

$$V_{outn,M1} = -V_{n,A}g_{m4}R_{L2} + V_{n,B}g_{m5}R_{L2} = -I_{n,M1}R_{L1}g_{m4}R_{L2}/2 + I_{n,M1}R_S g_{m5}R_{L2}/2 \tag{6-112}$$

当满足 $g_{m4} = R_S g_{m5}/R_{L1}$ 时，共栅晶体管 $M_1$ 产生的噪声对系统的噪声贡献为 0。由图 6-29 可知从节点 B 至输出端的增益为

$$\begin{aligned} G_{LNA} &= V_{out}/V_B = -(V_A g_{m4}R_{L2} + V_B g_{m5}R_{L2})/V_B \\ &= -g_{m1}R_{L1}g_{m4}R_{L2} - g_{m5}R_{L2} = -2g_{m5}R_{L2} \end{aligned} \tag{6-113}$$

忽略 Cascode 晶体管 $M_2$ 和 $M_3$ 对系统的噪声贡献，相较于图 6-20（a）所示的共栅型宽带低噪声放大器，噪声抵消结构除了抵消了共栅晶体管 $M_1$ 的噪声，还额外增加了第二级负载电阻 $R_{L2}$、第二级共源晶体管 $M_4$ 和 $M_5$ 的噪声贡献。在输入端阻抗完全匹配的情况下，从源极到输出端的增益为 $G_{LNA}/2$，保留式（6-82）中第一级负载电阻 $R_{L1}$ 的噪声贡献，可得系统的噪声系数为

$$\begin{aligned}\mathrm{NF} &= 1+\frac{4}{g_{m1}^2 R_S R_{L1}}+\frac{4kTR_{L2}+4kT\gamma g_{m4}R_{L2}^2+4kT\gamma g_{m5}R_{L2}^2}{4kTR_S g_{m5}^2 R_{L2}^2} \\ &= 1+\frac{4R_S}{R_{L1}}+\frac{1}{g_{m5}^2 R_S R_{L2}}+\frac{\gamma}{g_{m5}R_{L1}}+\frac{\gamma}{g_{m5}R_S}\end{aligned} \tag{6-114}$$

由式（6-114）可知，基于共栅结构的噪声抵消宽带低噪声放大器的噪声系数不再受限于输入端的匹配性能。通过增大共源晶体管 $M_5$ 的跨导可以进一步提升系统的噪声性能，但是噪声性能的提升是以牺牲功耗为代价的，需要折中考虑。

# 6.5 高线性度低噪声放大器

低噪声放大器通常位于射频接收机的第一级，通常对噪声性能的要求是比较严苛的，而对于线性度需求则会缓和很多。对于宽带通信系统或具备全双工模式的收发一体机来说，低噪声放大器的线性度指标往往会成为制约系统性能进一步提升的瓶颈因素，因此有必要采取一定的措施提升低噪声放大器的线性性能以满足上述应用需求。

线性度的提升主要针对两个关键指标。一是二阶输入交调点 IIP2。二阶失真产生的低频干扰在零中频架构接收机中是一个比较严重的失真问题。低噪声放大器产生的二阶失真由于混频器本振开关管的失配会部分泄漏至接收机的后级电路，经放大后会直接恶化接收有效信号的信噪比，影响电路解调性能。另外，低噪声放大器产生的二阶失真与基波信号经过混频器的非线性放大后还会产生三阶交调信号，落入有效信号的频带内，造成对有效信号的直接干扰。二是三阶输入交调点。因为与输入有效信号处于同一频带内，所以三阶失真会直接对输入有效信号造成干扰。

本节主要针对上述两种失真情况介绍一些常用的优化措施。优化措施的核心在于失真补偿，即通过增加电流补偿支路将失真信号从有效信号中抽取出来，使输出负载仅放大有效信号，达到提升线性度的目的。需要说明的是，通常情况下低噪声放大器与混频器之间会加入隔直电容，因此会大大缓解对低噪声放大器二阶交调性能的需求。对于软件定义无线电射频收发机而言，为了保证接收机能够有效处理低频段信号，通常不会在低噪声放大器和混频器之间加入隔直电容，因此有必要详细分析低噪声放大器二阶交调性能的优化。

## 6.5.1 二阶失真优化

以共源放大器为例进行说明（见图 1-14），式（1-44）为饱和状态下考虑沟长调制效应后 NMOS 共源晶体管的漏极电流与栅源电压的关系式，PMOS 共源晶体管的

相应表达式可以同理列出如下。

$$I_{D,P}=K(V_{SG}-|V_{TH,P}|)^2(1+\lambda V_{SD})=K(V_{D,P}-V_b-|V_{TH,P}|-V_{in})^2(1+\lambda V_{SD}) \quad (6\text{-}115)$$

式中，$V_{D,P}$ 为 PMOS 共源晶体管的源极偏置电压。分别写出 NMOS 共源晶体管和 PMOS 共源晶体管的跨导、二阶谐波项系数和三阶谐波项系数为

$$a_{1,N}=-a_{1,P}=g_m \quad (6\text{-}116)$$

$$a_{2,N}=a_{2,P}=K \quad (6\text{-}117)$$

$$a_{3,N}=-a_{3,P}=-K\lambda g_m Z_L \quad (6\text{-}118)$$

式中，$a_{n,N}$ 和 $a_{n,P}$，$n$ = 1,2,3，为 NMOS 共源晶体管和 PMOS 共源晶体管的跨导、二阶谐波项系数和三阶谐波项系数；$g_m$ 为 NMOS/PMOS 共源晶体管跨导；$Z_L$ 为 NMOS/PMOS 共源放大器的负载。可以看出，如果互补 NMOS/PMOS 共源晶体管位于同一电流支路中，流经 NMOS/PMOS 共源晶体管的奇次谐波电流方向相反，偶次谐波电流方向相同。基于这一特性，如果在同一电流支路中同时包含互补 NMOS/PMOS 共源放大电路，则两者之间可以互相提供偶次失真补偿，流经负载的电流仅包含奇次谐波电流项，改善电路的偶阶失真性能。

以图 6-19（a）所示的共源反馈型低噪声放大器为例，标注谐波电流流向后的电路如图 6-30 所示。可以看出，由于 PMOS 和 NMOS 共源晶体管中的奇次谐波电流 $I_{OP}$ 和 $I_{ON}$ 流向相反，因此流经负载的奇次谐波电流为两者之和，这也是信号能够放大所必需的，但是同样也会带来三阶交调失真的问题（此问题在 6.5.2 节进行优化说明）。偶次谐波电流 $I_{EP}$ 和 $I_{EN}$ 的流向相同，PMOS 和 NMOS 共源晶体管产生的偶次谐波电流互相补偿，因此流经负载的偶阶失真电流为 0（PMOS 和 NMOS 晶体管的宽长比需要经过多次迭代仿真才能实现偶阶失真的抵消性补偿）。

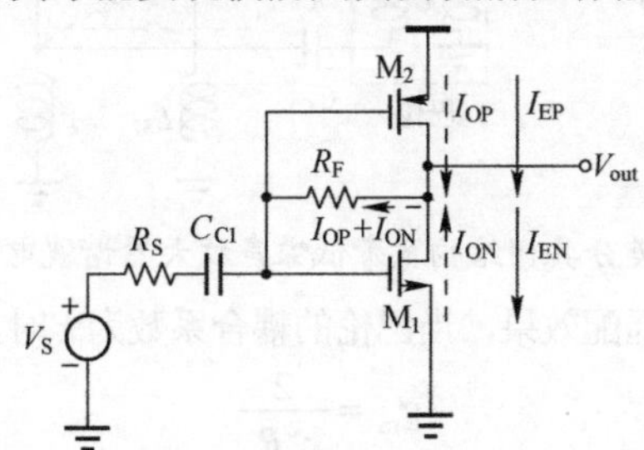


图 6-30 互补共源负反馈型宽带低噪声放大器谐波电流流向图

共栅放大的原理同共源放大类似，如图 6-31 所示。奇次谐波项 $I_{OP}$ 和 $I_{ON}$ 在负载电阻 $R_{L1}$ 和 $R_{L2}$ 上产生的奇次谐波电压同向，在输出端同向叠加输出。偶次谐波电流 $I_{EP}$ 和 $I_{EN}$ 的流向相同，耦合电容 $C_{C2}$ 会旁路负载电阻 $R_{L1}$ 和 $R_{L2}$，从而在晶体管 $M_1$～$M_4$ 和 $C_{C2}$ 形成的闭环回路中流动，不会在负载上产生偶阶失真电压。需要说明的是，图 6-31 所示结构消耗的电压裕量比较大，不适合低电压场合，可以通过删除 Cascode 晶体管 $M_2$ 和 $M_4$ 来减小对较高电源电压的需求，但会导致低噪声放大器的反向隔离度减小，影响稳定性，需要折中考虑。另外，引入互补支路还会进一步恶化电路的整体噪声性能。为了保证获得较高偶阶线性性能的同时还具备较高的噪声性能，可以采用图 6-29 所示的噪声抵消结构，具体电路不再阐述。

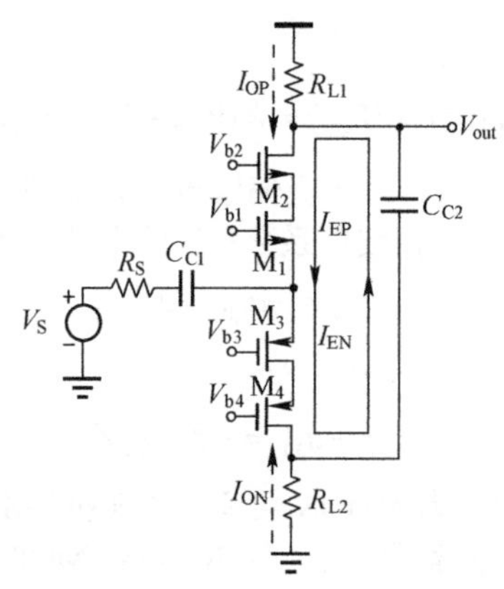


图 6-31 互补共栅结构宽带低噪声放大器谐波电流流向图

由式（6-116）至式（6-118）可知，差分结构同样可以实现互补结构的偶阶失真补偿功能。以共栅结构为例，如图 6-32 所示，谐波电流流向已标注图中，具体工作原理不再阐述。需要说明的是，差分结构的缺点是需要外置巴伦（变压器），且差分双支路需要更大的功耗，但是不存在较大的电压裕量消耗，更适合低压情况下使用。

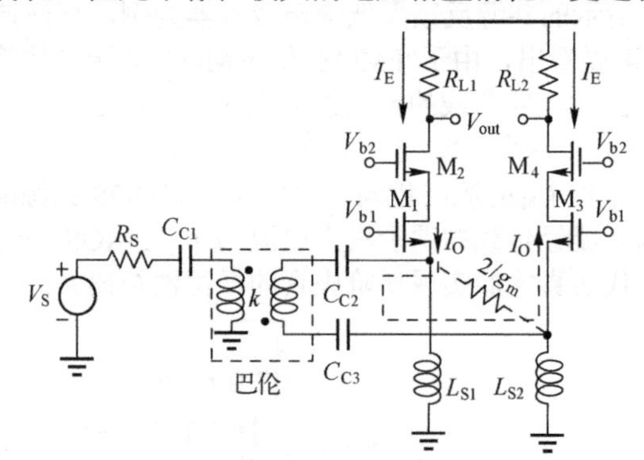


图 6-32 差分共栅结构宽带低噪声放大器谐波电流流向图

为了保证良好的阻抗匹配效果，当巴伦的耦合系数为 $k$ 时，需要保证下式成立：

$$g_m = \frac{2}{k^2 R_S} \tag{6-119}$$

式中，$g_m = g_{m1} = g_{m3}$，为共栅晶体管 $M_1$ 和 $M_3$ 的跨导。

通常情况下，外置巴伦（变压器）的成本是非常高昂的。为了节约成本，在对频带要求不是特别严苛的条件下，如基于图 6-6（a）实现的源简并窄带匹配低噪声放大器，可以采用基于电感和电容实现的巴伦网络（LC 巴伦），如图 6-33 所示。LC 巴伦网络由两个对称互易的电感 $L_1$ 和电容 $C_1$ 串联网络组成，节点 A 为单端输入口，节点 B 和节点 C 为差分输出口。假设匹配网络将差分源简并低噪声放大器的输入阻抗匹配至 $R_M$，且节点 A 的电压为 $V_A$，则节点 B 和 C 的电压分别为

$$V_B = \frac{V_A R_M}{s^2 L_1 C_1 R_M + sL_1 + R_M} \tag{6-120}$$

$$V_C = \frac{s^2 L_1 C_1 V_A R_M}{s^2 L_1 C_1 R_M + sL_1 + R_M} \tag{6-121}$$

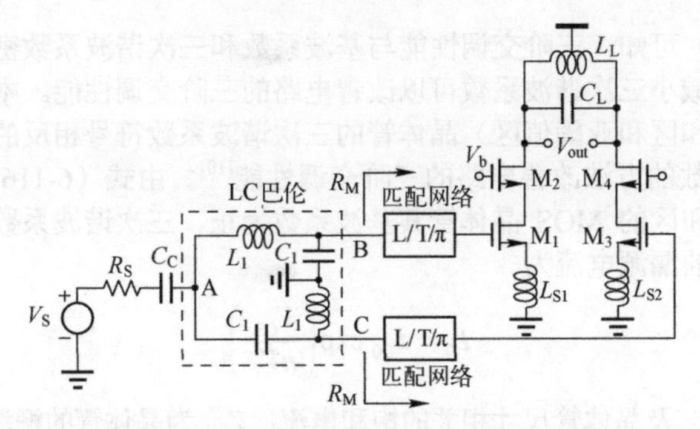


图 6-33 基于 LC 巴伦的差分源简并窄带低噪声放大器

当满足 $s^2L_1C_1=-1$ 时，LC 巴伦网络会在节点 B 和 C 处产生同幅反相的差分输出电压。由于巴伦网络在功率传输方面等效于功分网络，因此 $|V_B|=|V_C|=\sqrt{2}|V_A|/2$，则有 $\omega_0L_1=1/(\omega_0C_1)=\sqrt{2}R_M$，其中 $\omega_0$ 为输入信号的载波频率。为了保证最大功率传输，从节点 A 处向右看进去的输入阻抗需要满足 $R_A=R_S$。以 LC 巴伦网络的上半部分为例进行说明，根据式（2-118）和式（2-119）对 $R_M$ 和 $C_1$ 形成的并联电阻电容网络进行并联到串联的转换可得

$$R_{SM}=R_M/(1+Q_P^2)=2R_M/3,\ C_{S1}=(1+Q_P^2)C_1/Q_P^2=3C_1 \tag{6-122}$$

式中，$Q_P=\omega_0C_1R_M=\sqrt{2}/2$，为并联电阻电容网络的品质因子。与电感 $L_1$ 串联后，电阻不变，电抗呈现感性，剩余串联电感 $L_{S1}=2L_1/3$，根据式（2-130）和式（2-131）可知，串联转换为并联后，至节点 A 处的并联电阻与电感为

$$R_{PM}=R_{SM}\left(1+Q_S^2\right)=2R_M,\ L_{P1}=\left(1+Q_S^2\right)L_{S1}/Q_S^2=L_1 \tag{6-123}$$

式中，$Q_S=\omega_0L_{S1}/R_{SM}=\sqrt{2}$，为串联电阻电感网络的品质因子。同理可得 $LC$ 巴伦网络的下半部分等效至节点 A 处的阻抗（并联电阻电容网络）为

$$R_{PM}=2R_M,\ C_{P1}=C_1 \tag{6-124}$$

由于 $L_1$ 与 $C_1$ 在输入载波频率 $\omega_0$ 处谐振，因此节点 A 表现出纯电阻特性，电阻为 $R_M$。为了保证功率的最大传输，需要满足 $R_M=R_S$。

**例 6-6** 参考图 6-33，源极的输入阻抗 $R_S$ = 50Ω，通过 LC 巴伦网络实现单端至差分的转换。为了保证功率的最大传输，试计算 $R_M$，以及 LC 巴伦网络中电感 $L_1$ 和电容 $C_1$。假设输入载波频率为 100MHz。

**解：** 首先需要满足 $R_M=R_S=50\Omega$。根据 $\omega_0L_1=1/\omega_0C_1=\sqrt{2}R_M$ 可计算出电感 $L_1$ 为 113nH，$C_1$ 为 22.5pF。

## 6.5.2 三阶失真优化

上述介绍的互补补偿措施和差分措施可以有效地改善电路的偶阶失真性能，但是对于奇次谐波失真，如三阶交调失真等，却无法有效改善。本节主要介绍如何优化电路的三阶交调性能。

由式（1-18）可知，三阶交调性能与基波系数和三次谐波系数密切相关，尽可能增大基波系数、减小三次谐波系数可以改善电路的三阶交调性能。本节主要根据工作在不同区域（饱和区和亚阈值区）晶体管的三次谐波系数符号相反的现象，采用补偿抵消三次谐波系数的方法改善电路的三阶交调性能[10]。由式（6-116）和式（6-118）可知，工作在饱和区的 MOS 晶体管其基波系数为正，三次谐波系数为负。工作在亚阈值区的晶体管的漏源电流为

$$I_{\mathrm{D}}=I_{\mathrm{D0}}\exp\left(\frac{V_{\mathrm{GS}}}{nV_{\mathrm{T}}}\right) \tag{6-125}$$

式中，$I_{\mathrm{D0}}$ 为与工艺及晶体管尺寸相关的饱和电流；$V_{\mathrm{GS}}$ 为晶体管的栅源电压；$n$ 为晶体管亚阈值区的斜率系数；$V_{\mathrm{T}}\approx 26\mathrm{mV}$，为与温度成正比的晶体管热电势。对式（6-125）进行泰勒级数展开可得

$$I_{\mathrm{D}}=I_{\mathrm{D0}}+\frac{I_{\mathrm{D0}}}{nV_{\mathrm{T}}}V_{\mathrm{GS}}+\frac{I_{\mathrm{D0}}}{2(nV_{\mathrm{T}})^2}V_{\mathrm{GS}}^2+\frac{I_{\mathrm{D0}}}{6(nV_{\mathrm{T}})^3}V_{\mathrm{GS}}^3+,\cdots,V_{\mathrm{GS}}=V_{\mathrm{b}}+V_{\mathrm{in}} \tag{6-126}$$

由式（1-41）～式（1-43）可得，工作在亚阈值区的晶体管的基波系数、二次谐波系数和三次谐波系数分别为

$$a_1=\frac{I_{\mathrm{D0}}}{nV_{\mathrm{T}}},a_2=\frac{I_{\mathrm{D0}}}{2(nV_{\mathrm{T}})^2},a_3=\frac{I_{\mathrm{D0}}}{6(nV_{\mathrm{T}})^3} \tag{6-127}$$

可以看出，晶体管在亚阈值区的基波系数与饱和区的基波系数符号相同，而三次谐波系数符号相反，因此可以通过并联工作在不同区域的晶体管来实现基波系数的增强，以及三次谐波系数的减小，从而优化电路的三阶交调性能。

基于源简并结构的二阶及三阶失真补偿低噪声放大器电路如图 6-34 所示。对于三阶失真的补偿，需要特别注意并联晶体管 $M_5$ 和 $M_6$ 偏置电压的选取。一是确保其工作在亚阈值区域。二是在此基础上尽可能抵消工作在饱和区的晶体管 $M_1$ 和 $M_3$ 产生的三次谐波系数项（这需要通过仿真进行多次迭代优化），改善电路的三阶交调性能。需要特别注意的是，在进行阻抗匹配设计时，共源晶体管（$M_1$ 和 $M_5$ 或 $M_3$ 和 $M_6$）的等效跨导为

$$g_{\mathrm{eff}}=g_{\mathrm{m1}}+\frac{I_{\mathrm{D0}}}{nV_{\mathrm{T}}} \tag{6-128}$$

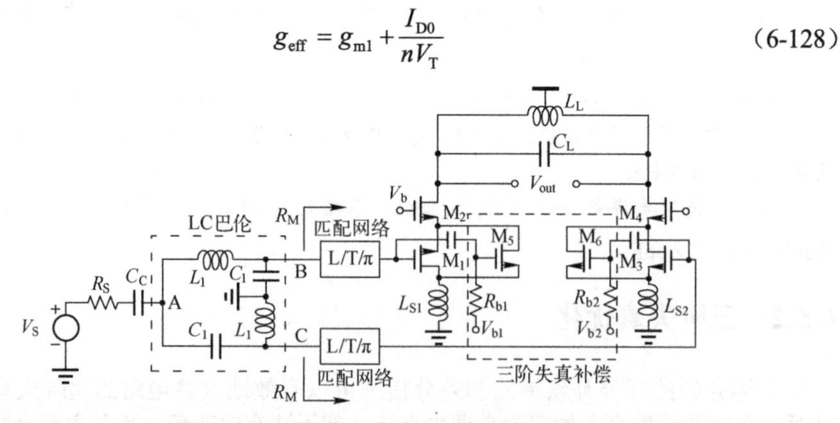

图 6-34 基于源简并结构的二阶及三阶失真补偿低噪声放大器电路

宽带低噪声放大器中的共源负反馈结构和共栅结构同样可以采用此方法进行三

阶交调性能的优化，在此不再赘述。

**例 6-6** 针对共栅结构的宽带低噪声放大器，如果同时考虑噪声抵消、二阶失真补偿和三阶失真补偿，试给出设计方案及对应的电路。

**解：** 具有噪声抵消、二阶失真补偿和三阶失真补偿的共栅结构宽带低噪声放大器如图 6-35 所示。二阶失真补偿和三阶失真补偿的具体工作原理不再赘述。下面重点阐述噪声抵消的设计过程：如果两路互补支路完全对称（互补跨导相同，负载电阻相同），以有噪晶体管 $M_1$ 为例，其在节点 A 处产生的噪声电压为 $V_A = I_{n,M1}R_S/2$，其中 $I_{n,M1}$ 为有噪晶体管 $M_1$ 的漏源噪声电流。由于阻抗匹配且互补支路具有对称性，因此两路互补支路流经的噪声电流幅度相同，均为 $I_{n,M1}/4$，但是方向相反，流经负载电阻 $R_{L1}$ 和 $R_{L2}$ 的噪声电流分别为 $3I_{n,M1}/4$ 和 $I_{n,M1}/4$。噪声电压在节点 B 处叠加后的输出噪声电压为 $V_B = -3I_{n,M1}R_{L1}/4 + I_{n,M1}R_{L2}/4 = -I_{n,M1}R_L/2$，其中 $R_L = R_{L1} = R_{L2}$。第二级噪声抵消共源放大管 $M_6$ 和 $M_7$ 跨导的设计与图 6-29 相同。

第二种方法主要是采用差分电路取消二阶失真量，噪声抵消和三阶失真补偿电路仍与图 6-35 相同。

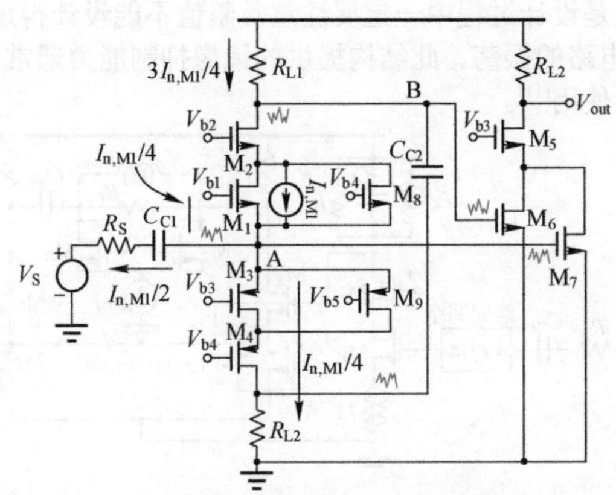


图 6-35 具有噪声抵消、二阶失真补偿和三阶失真补偿的共栅结构宽带低噪声放大器

# 6.6 镜像抑制低噪声放大器

射频接收集成电路的典型架构共有超外差架构、零中频架构和低中频架构（见第 5 章）三种。超外差架构主要用在对接收性能要求比较高的场合（如较高的镜像抗干扰能力），其接收链路全部工作在实数域，功耗较低（对于较高的通信码速率，超外差架构并不适合，主要原因是抗混叠滤波器的设计需要消耗较高的功耗，此种情况通常考虑零中频架构，降低对内部运放的增益带宽积需求），也仅需要提供一路差分本振信号即可，设计简单，但是集成度不高，通常需要外置镜像抑制滤波器，设计成本较高。零中频架构和低中频架构是两种集成度比较高的接收架构。零中频架构主要适用于较高码速率场合（通常要求大于 4Mb/s），接收链路全部工作在复数域。为了保证链路的接收性能，零中频架构通常需要集成多种校准机制（如 I/Q 失配校准、直流偏移校准等），设计难度较高。低中频架构主要适用于中速或低速码速率（通常低于 4Mb/s）场合，前半部分接收链路工作在复数域（需要集成复数域镜像抑制

滤波器），后半部分可以工作在实数域，因此设计难度介于超外差架构和零中频架构之间。

对于码速率较低的窄带通信系统而言，可以采用内部集成镜像抑制功能的低噪声放大器取代外置镜像抑制滤波器以节省设计成本，并利用超外差架构实现信号的接收功能降低设计复杂度。通常采取的方法是在低噪声放大器的负载节点处接入串联的电感电容支路，在镜像频率处形成一个带阻凹陷提供镜像抑制功能。

以源简并低噪声放大器（见图 6-36）为例：第一级采用单端源简并低噪声放大器结构用于提供单端阻抗匹配功能（节省片外巴伦）和较低的噪声系数；第二级采用共源和共栅放大结构实现片内巴伦功能；电感 $L_{im}$ 和电容 $C_{im}$ 串联后接入负载节点处，在负载节点处提供一个零点，形成带阻凹陷，如果零点频率与镜像频率相等，便可实现镜像抑制功能。

交叉耦合对 $M_7$ 和 $M_8$ 用于提供一个负阻值（见第 11 章）抵消电感 $L_{im}$ 的寄生电阻，改善电感 $L_{im}$ 和 $C_{im}$ 串联谐振时（谐振频率即为镜像抑制频率）的品质因子，提升镜像抑制能力，但是设计过程中一定要注意负阻值不能设计得过小（晶体管的跨导过大），否则会引起电路的振荡。此结构提供的镜像抑制能力通常可以超过 40dB，在大多数场合中均可以使用[11]。

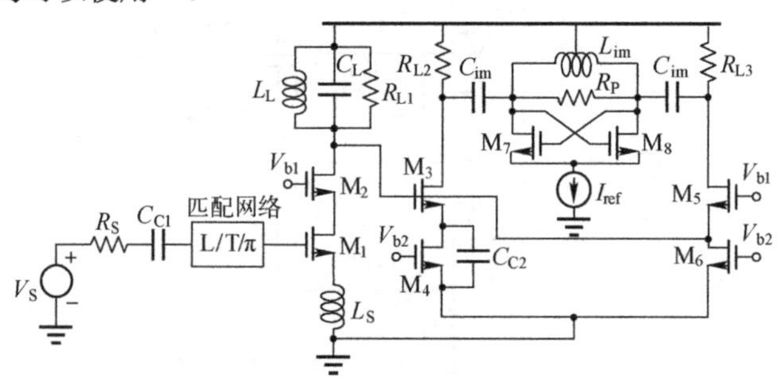


图 6-36 镜像抑制源简并低噪声放大器

## 参考文献


[1] CHEN D P, PAN W J, JIANG P C, et al. Reconfigurable dual-channel multiband RF receiver for GPS /Galileo/BD-2 systems [J]. IEEE Transactions on Microw. Theory Tech., 2012, 60(11): 3491-3501.

[2] QI N, XU Y, CHI B, et al. A dual-channel Compass/GPS/GLONASS/Galileo reconfigurable GNSS receiver in 65nm CMOS with on-chip I/Q calibration [J]. IEEE Transactions on Circuits Syst. I: Regular Papers, 2012, 59(8): 1720-1732.

[3] LERSTAVEESIN S, GUPTA M, KANG D, et al. A 48-860MHz CMOS low-IF direct-conversion DTV tuner [J]. IEEE Journal of Solid-State Circuits, 2008, 43(9): 2013-2024.

[4] IM D, NAM I, LEE K. A CMOS active feedback balun-LNA with high IIP2 for wideband digital TV receivers [J]. IEEE Transactions on Microw. Theory Tech., 2010, 58(12): 3566-3579.

[5] LI S T, LI J C, GU X C, et al. A continuously and widely tunable 5dB-NF 89.5dB-Gain 85.5dB-DR CMOS TV receiver with digitally-assisted calibration for multi-standard DBS applications [J]. IEEE Journal of Solid-State Circuits, 2013, 48(11): 2762-2774.

[6] ANDREA B, ALI M N. An ultrawideband CMOS low-noise amplifier for 3.1-10.6-GHz wireless receivers [J]. IEEE Journal of Solid-State Circuits, 2004, 39(12): 2259-2268.

[7] ISMAIL A, ABIDI A A. A 3-10-GHz low-noise amplifier with wideband LC-ladder matching network [J]. IEEE Journal of Solid-State Circuits, 2004, 39(12): 2269-2277.

[8] BRUCCOLERI F, KLUMPERINK E, NAUTA B. Wide-band CMOS low-noise amplifier exploiting thermal noise canceling [J]. IEEE Journal of Solid-State Circuits, 2004, 39(2): 275-282.

[9] ZHOU J, CHAKRABARTI A, KINGET P R, et al. Low-noise active cancellation of transmitter leakage and transmitter noise in broadband wireless receivers for FDD/co-existence [J]. IEEE Journal of Solid-State Circtuis, 2014, 49(12): 3046-3062.

[10] KIM T W, KIM B, LEE K. Highly linear receiver front-end adopting MOSFET transconductance linearization by multiple gated transistors [J]. IEEE Journal of Solid-State Circuits, 2004, 39(1): 223-229.

[11] LI A, DING Y, CHEN Z, et al. 1.15GHz image rejection filter with 45dB image rejection ratio and 8.4mW DC power in 90nm CMOS [J], Microelectronics J., 2019, 84: 48-53.

# 第 7 章 射频混频器

射频混频器是射频集成电路的核心模块，主要功能是上变频和下变频。根据耗电与否，射频混频器可分为无源和有源两种结构。根据低噪声放大器、DAC 的单端与差分输出特性，射频混频器又可分为单平衡和双平衡射频混频器两种结构。上述四种结构实现的功能虽然相似，但性能却有较大差别。本章主要从噪声系数、线性度、转换增益和馈通效应等角度对上述四种结构的射频混频器进行详细说明。在发射链路中，发射架构为了满足不同的调制需求需要同时具备两条正交支路，考虑到天线的单端输入特性，因此两条正交支路的有效结合也是一个值得讨论的问题。

射频混频器是一个时变模块，具有非常严重的谐波效应，在宽带通信中极大地限制射频收发机的电路性能。本章会详细介绍一些避免谐波效应的方法。此外，本章还会利用射频混频器的时变特性介绍微波毫米波频段谐波混频器的具体电路结构和工作原理。

## 7.1 射频混频器设计考虑

射频混频器是一个线性时变模块，其噪声系数、增益的计算方式与线性时不变模块（如低噪声放大器）有很大区别。同时，由于射频混频器与低噪声放大器在电路中所处的位置不同，因此对射频混频器噪声和线性性能的需求与低噪声放大器也有很大区别。射频混频器是一个三端口（输入端口、本振输入端口和输出端口）模块，本振输入端口的功率通常位于 0dBm 左右或更高，如果端口之间的隔离度较差，本振馈通（泄漏）导致的直流偏移效应会使后端电路模块饱和，从而直接导致系统的功能性失效。另外，射频信号输入端存在强干扰时，馈通效应导致的干扰信号泄漏还会牵引锁相环中的压控振荡器在频域中产生较强的杂散信号，进一步恶化电路的线性性能。

本节主要详细说明噪声系数、增益、线性度、馈通效应等关键指标在射频混频器设计过程中的注意事项。

## 7.1.1 噪声系数

在接收链路中，由于存在前级低噪声放大器，射频混频器对噪声系数的要求不是非常严格。低噪声放大器提供 20dB 增益时，射频混频器的噪声系数设定在 8～12dB 并不会对系统的噪声性能造成太大的影响（系统噪声系数恶化约 0.15dB）。在发射链路中，从基带域至上变频后的射频域，信号均处于强功率状态，因此由各元器件产生的电路内部噪声对信号的信噪比几乎不会产生任何影响。这并不意味着射频混频器的噪声性能不是影响系统性能的重要因素，在前端低噪声放大器增益不高，或者直接将射频混频器接入天线输出端口以追求较高线性性能的情况下，射频混频器的噪声性能优化尤为重要。

与低噪声放大器或链路中其他模块的噪声系数计算方式不同，由于射频混频器的时变特性，在将射频混频器电路内部的各噪声等效至输出端时，必须计算频谱搬移后位于基带频率处的噪声功率，再通过除以混频器的功率增益得到等效至输入端口的等效输入噪声功率。

### 1. 单边带噪声系数和双边带噪声系数

射频接收集成电路的典型架构为超外差架构、低中频架构和零中频架构。三种架构对混频器噪声系数的影响均不相同，如图 7-1、图 7-2 和图 7-3 所示。

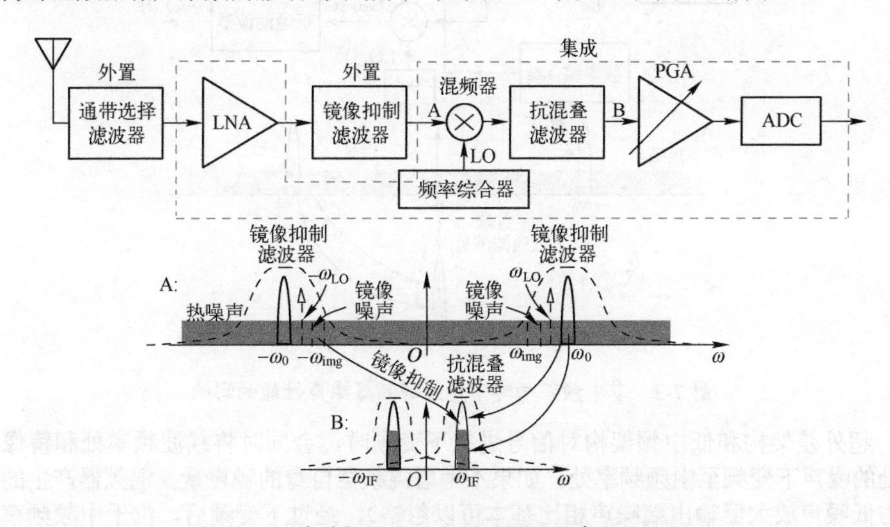


图 7-1　超外差架构对下变频混频器噪声性能的影响

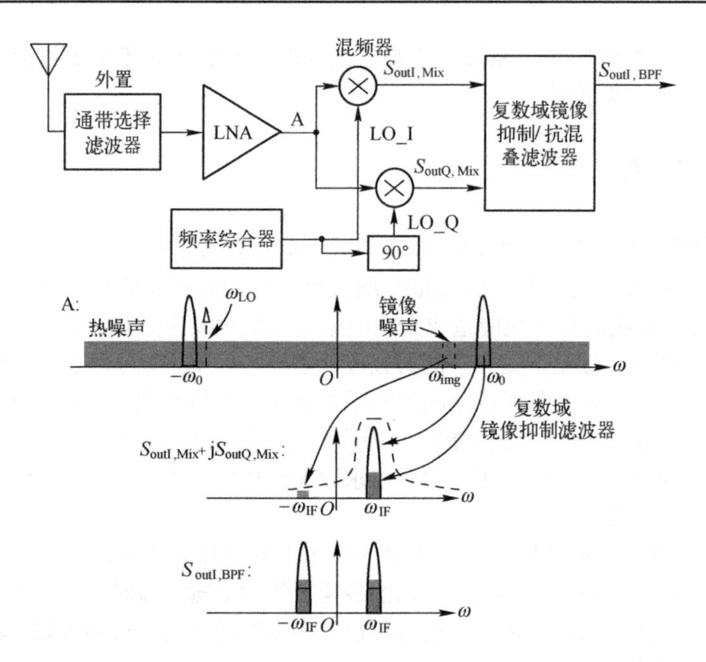


图 7-2 低中频架构对下变频混频器噪声性能的影响

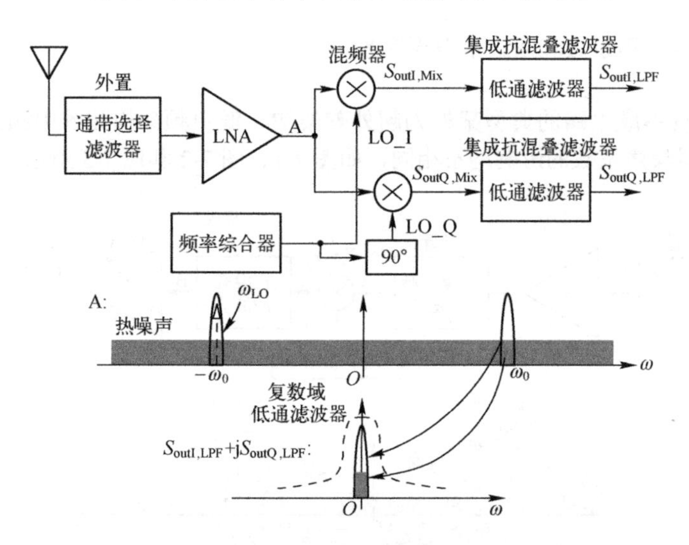


图 7-3 零中频架构对下变频混频器噪声性能的影响

超外差架构和低中频架构对信号进行下变频时，会同时将载波频率处和镜像频率处的噪声下变频至中频频率处。如果不考虑混频器自身的噪声量（混频器产生的噪声与低噪声放大器输出端噪声相比基本可以忽略），经过下变频后，位于中频频率处有效信号的信噪比相较于下变频前会直接恶化 3dB，对系统噪声性能造成极大影响。假设前级低噪声放大器的噪声系数为 1dB，增益为 20dB，可以计算出此时的无噪混频器由于载波频率处与镜像频率处噪声的同时搬移所引入的噪声系数约为 21dB，此噪声系数被称为单边带（Single-Side Band，SSB）噪声系数。由图 7-1 和图 7-2 所示的频谱搬移过程可知，只要本振频率与有效信号的载波频率之间存在频率差，下变频器的噪声系数就必须使用单边带噪声系数来表示。考虑下变频混频器自身产生的噪声，将该噪声等效至混频器的输入端，可以看出混频器自身噪声的搬移方式与前级的热噪声相同，也为单边带形式。为了避免单边带效应对下变频混频器噪声性能的影响，必须在下变频混频器的前端（超外差架构）或后端（低中频架构）加入镜像抑制滤波器模块，将前级电路中热噪声的镜像部分充分地抑制掉。这样即使存在单边带效应，对系统的噪声性能也不会造成较大的影响。需要注意的是，镜像抑制滤波器不会对下变频混频器自身的镜像噪声产生任何抑制作用。对于超外差架构来说，镜像抑制滤波器位于下变频混频器的前级，不会对射频混频器镜像噪声产生抑制作用；对于低中频架构来说，两正交支路中的噪声是完全不相关的，后级复数域镜像抑制滤波器也不会对射频混频器镜像噪声产生任何抑制作用（复数域镜像抑制滤波器的前提条件是两个支路的输入信号必须正交）。

在镜像抑制滤波器镜像抑制性能足够的情况下，单边带效应不会造成前级电路的输出镜像噪声叠加至有效中频频带中，可以不予考虑。下变频混频器自身的噪声等效至输出端或输入端时，必须考虑镜像频带的噪声。

零中频架构由于直接将有效信号单向搬移至零频处，因此前级电路的输出热噪声中不会包含镜像噪声频率。在有噪情况下，下变频混频器自身的噪声对系统的影响与超外差架构和低中频架构也不相同。由于不存在镜像噪声，下变频混频器在零中频架构中的噪声计算采用双边带的形式，噪声性能要优于在上述两种架构。

另外，下变频混频器是一个时变模块，其本振信号中包含多种谐波成分，谐波频率处的噪声（包括镜像噪声）同样也会搬移至下变频后的有效频带处，在计算下变频混频器的噪声系数时必须予以考虑。

### 2. 正交混频器的噪声系数计算方法

正交下变频混频器是低中频架构和零中频架构中常用的下变频方式，如图 7-2 和图 7-3 所示。在计算正交下变频混频器的噪声系数时，仅考虑单支路的噪声系数，还是需要同时考虑两个正交支路的噪声系数是一个值得讨论的问题。本节以零中频架构和 QPSK 调制为例进行说明，如图 7-4 所示，假设天线端接收的信号为

$$S_{\text{in}}(t)=2A(t)\cos(\omega_0 t+\varphi)+2B(t)\sin(\omega_0 t+\varphi) \tag{7-1}$$

式中，$\omega_0$ 为射频信号载波频率；$\varphi$为初始相位；$2A(t)$和 $2B(t)$分别为 QPSK 调制信号的两路基带信号。为了便于分析且不失一般性，假设$\varphi=0$，且接收链路引入的延时及低噪声放大器后级电路模块的噪声忽略不计，则接收链路中低噪声放大器输出端 A 节点，以及正交下变频器两路输出正交节点 B 和 C 的频谱如图 7-4 所示。为了更直观地表示信噪比，图 7-4 以正交的形式画出噪声，$N_A$和 $N_B$为同频正交的带内噪声功率，且满足 $N_A=N_B$。可以看出，正交下变频器同向支路（B 节点）输出信噪比频谱密度为 $A^2(f)/N_A$，正交支路（C 节点）输出信噪比频谱密度为 $B^2(f)/N_B$，其中 $A(f)$ 和 $B(f)$ 分别为两个支路输入射频信号的基带频谱。因为零中频架构存在两个正交支路，所以可以从复数域角度进行分析。假设基带解调采用相干解调方法，经过载波跟踪后输出的基带频谱 $S_{\text{out}}(f)$如图 7-4 所示。载波跟踪后分别对正交两个支路的基带信号进行符号判决，判决的误码率由每个支路的 $E_b/N_0$ 决定（不考虑成型滤波时，$E_b/N_0$ 与信噪比相同），如果系统需要的误码率为 $p_e$，则每个支路的误码率为 $p_e/2$。由

图 7-4 可知，判决过程中每个支路的信噪比与接收链路正交结构中单支路的信噪比相同。因此在下变频混频器噪声系数的计算过程中，只需按照系统设计要求设计单支路，需求误码率是给定误码率的一半。

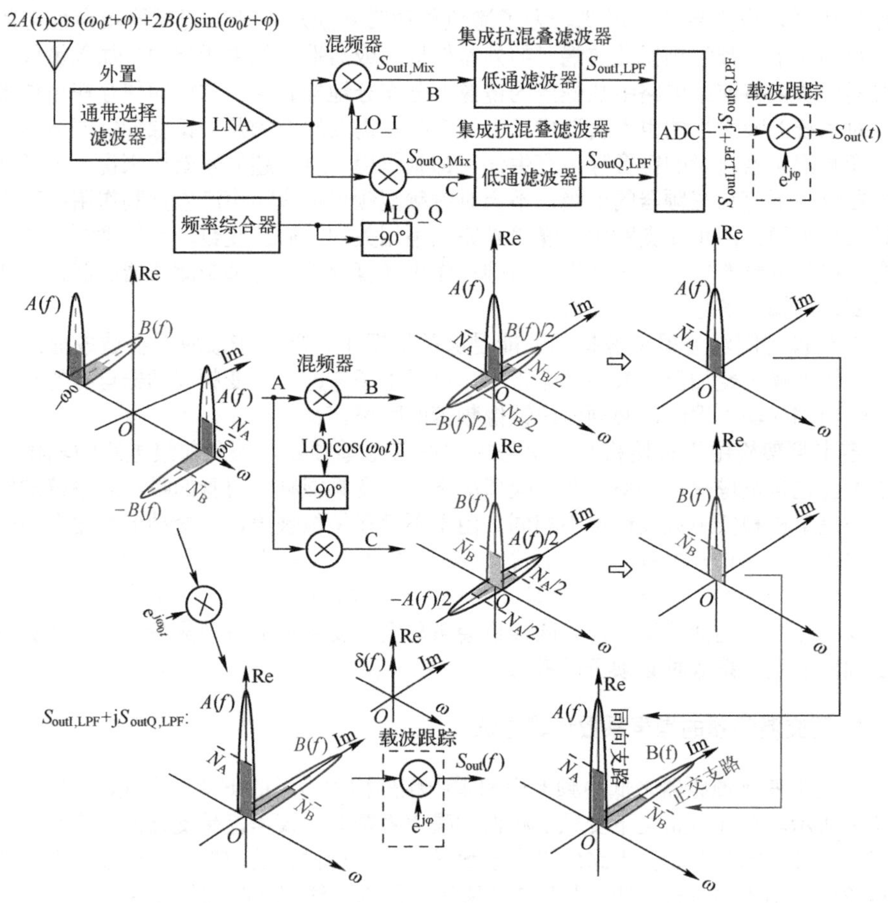


图 7-4　零中频接收机（低中频同样适用）正交混频器（复数域信号处理）噪声系数计算示意图

下变频混频器噪声系数的计算方式与调制方式有很大关系，对于 BPSK、MFSK 或 MASK 等信号功率集中在单支路的调制方式而言，按照单支路进行噪声系数计算时，系统误码率仍按照实际调制需求进行设计。对于 MQAM 等信号功率均匀分布于两个正交支路的调制方式而言，按照单支路进行噪声系数设计时，误码率需求为系统需求的一半，单支路信噪比需求按照 $\sqrt{M}$ASK 的调制方式进行计算。

## 7.1.2　转换增益

射频混频器是一个线性时变模块，输入端的频率位于射频域（接收机）/基带域（发射机），输出端的频率位于基带域（接收机）/射频域（发射机），因此射频混频器的增益通常称为转换增益，其中转换指的是频域转换。射频混频器的转换增益是指输出端位于上/下变频后射频域/基带域的信号功率除以输入端基带域/射频域的输入信号功率。最简单的射频混频器模型可以通过一个乘法器进行描述。假设输入端和本振端的输入信号分别为 $A(t)\cos(\omega_0 t)$和 $B\cos(\omega_{LO}t)$，其中 $A(t)$为基带信号幅度，$B$ 为本振信号幅度，则射频混频器的输出端信号为

$$S_{out}(t)=\frac{1}{2}BA(t)\cos(\omega_{LO}-\omega_0)t+\frac{1}{2}BA(t)\cos(\omega_{LO}+\omega_0)t \tag{7-2}$$

式（7-2）等号右边第一项为射频混频器下变频后的基带项（此时 $\omega_0$ 为射频频率），第二项为上变频后的射频项（此时 $\omega_0$ 为中频或零频频率），因此射频混频器（包括下变频和上变频）的转换增益为 $B/2$（电压转换增益）。

射频混频器包括无源和有源两种结构，通常无源结构提供的转换增益小于 1（采样保持型无源下变频混频器除外，见 7.3.1 节），而有源结构可以提供大于 1 的增益。两种电路结构需要根据具体的电路需求进行选择，对线性性能要求比较严格的系统可以优先选择无源结构（无源结构有较高的线性性能且提供的热噪声和闪烁噪声较小），而对链路增益需求较严格的系统可以优先考虑有源结构（有源结构线性性能较差，对于接收链路而言，有源结构产生的噪声也较大，但是较高的增益会有效地抑制后级电路产生的噪声）。

### 7.1.3　线性度

下变频混频器的输出端通常位于基带频率处，与下级电路（滤波器）通常是直连形式，其自身的二阶交调引入的偶阶失真会直接泄漏至后级电路中。如果系统采用零中频架构，下变频混频器的二阶交调性能会对系统造成较大的影响，因此与低噪声放大器不同，二阶交调性能是衡量下变频混频器线性性能的关键指标。

三阶交调性能和 1dB 压缩点也是衡量下变频混频器线性性能的关键指标。带内干扰信号经过低噪声放大器的放大后输入至下变频混频器，经过下变频混频器的三阶交调失真产生的信道干扰信号会明显地恶化系统的有效信噪比。由于低噪声放大器的放大作用，对下变频混频器的三阶交调性能需求会更加严格。对于上变频混频器，较差的三阶交调性能一方面会恶化带内有效信号的信噪比，另一方面还会导致发射射频信号较差的相临信道抑制比，无法满足系统的设计需求。

### 7.1.4　馈通效应

射频混频器的馈通效应是影响系统性能的关键因素之一。如图 7-5 所示，最典型的馈通效应是由混频器各端口之间的寄生电容引入的。对于接收机而言，LO→RF 的泄漏会导致接收机的直流偏移效应。RF→LO 的泄漏会导致射频强干扰牵引本振振荡信号，并在其频谱中产生相应的杂散成分，恶化接收机噪声性能，并引入一定的直流偏移现象。LO→IF 的泄漏很有可能导致后级电路模块进入增益压缩状态，并带来有效信号的减敏效应。RF→IF 的泄漏在强干扰存在时类似于 LO→IF 的泄漏。对于发射机而言，LO→RF 的泄漏会导致较强的本振信号直接饱和功率放大器，并且在天线端产生本振信号的泄漏性发射，干扰其他通信系统。馈通效应通常可以通过差分的形式得到有效解决，但是差分对失配带来的馈通效应无法避免。

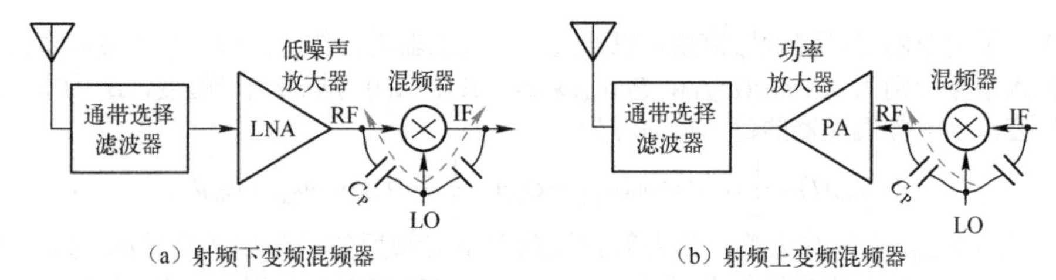


（a）射频下变频混频器 （b）射频上变频混频器

图 7-5 下变频混频器和上变频混频器中的馈通效应

**例 7-1** 图 7-6 为单端下变频混频器和差分下变频混频器的本振泄漏示意图，试分别计算单端和差分下变频混频器输出端的直流偏移量。

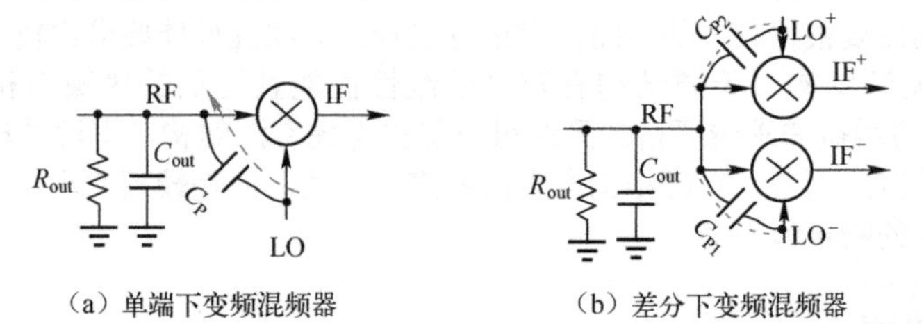


（a）单端下变频混频器 （b）差分下变频混频器

图 7-6 单端下变频混频器泄漏和差分下变频混频器本振泄漏示意图

**解：** $R_{out}$ 为前级低噪声放大器的输出电阻，$C_{out}$ 为射频端对地寄生电容，$C_P$、$C_{P1}$、$C_{P2}$ 分为本振端至射频端的等效寄生电容。

对于单端结构，假设本振端输入信号为 $A_{LO}\cos(\omega_{LO}t)$，则泄漏至射频输入端的本振信号为

$$S_{LO\to RF}(t)=\frac{sR_{out}C_P}{1+sR_{out}(C_P+C_{out})}A_{LO}\cos(\omega_0 t) \tag{7-3}$$

泄漏至中频端的直流偏移量为

$$S_{LO\to RF}(t)=\frac{1}{2}\left|\frac{sR_{out}C_P}{1+sR_{out}(C_P+C_{out})}\right|A_{LO}^2=\frac{\omega_0 R_{out}C_P A_{LO}^2}{2\sqrt{1+\omega_0^2R_{out}^2(C_P+C_{out})^2}} \tag{7-4}$$

对于差分结构，令 $\Delta C_P=C_{P2}-C_{P1}$，且满足 $\Delta C_P<<C_{P2}\approx C_{P1}=C_P$，差分下变频混频器由于寄生电容失配导致输出端的直流偏移量为

$$S_{LO\to RF}(t)=\frac{\omega_0 R_{out}\Delta C_P A_{LO}^2}{2\sqrt{1+\omega_0^2R_{out}^2(C_P+C_{out})^2}} \tag{7-5}$$

# 7.2 射频混频器工作原理

正如 7.1.2 节所述，最简单的射频混频器可以采用一个乘法器来实现，该乘法器可以借助晶体管的平方效应来实现。如果将一个晶体管的栅极看作射频/中频输入端，输入信号为 $A(t)\cos(\omega_0 t)$。源极看作本振端，本振信号为 $B\cos(\omega_{LO}t)$。漏极看作中频/射频输出端。晶体管漏极电流为

$$
\begin{aligned}
I_{\mathrm{D}}(t) &= K(V_{\mathrm{G}} - V_{\mathrm{S}} - V_{\mathrm{TH}} + S_{\mathrm{in}} - S_{\mathrm{LO}})^2 = \cdots + 2KS_{\mathrm{in}}S_{\mathrm{LO}} + \cdots \\
&= -KBA(t)\cos(\omega_{\mathrm{LO}} - \omega_0)t - KBA(t)\cos(\omega_{\mathrm{LO}} + \omega_0)t
\end{aligned} \tag{7-6}
$$

式中，$K = \mu_{\mathrm{n}} C_{\mathrm{ox}} W/2L$；$V_{\mathrm{G}}$、$V_{\mathrm{S}}$ 和 $V_{\mathrm{TH}}$ 分别为晶体管的栅极偏置电压、源极偏置电压和阈值电压。利用晶体管的平方效应提供的乘法器虽然可以实现混频的功能，但是也有非常明显的缺点。混频器的转换增益直接与本振的信号幅度相关，必须通过改变本振信号的幅度来改变混频器的增益，不方便功能电路的模块化设计。本振信号的幅度也不宜过大，否则晶体管在工作的大部分时间内处于非线性状态，恶化混频器的线性性能。因此基于乘法器结构设计出的混频器增益太小，甚至无法满足正常的设计需求。为了避免混频器增益与本振幅度的相关性，且在较高增益下仍有良好的线性性能，通常采用本振信号控制输入信号通/断的开关形式替代本振幅度的模拟量形式来设计射频混频器。

以下变频为例进行说明。对一个信号进行采样可以实现频谱搬移，如图 7-7 所示。理想的采样过程是利用周期性单位冲激序列直接对输入射频信号进行采样，采样后的输出信号为

$$
S_{\mathrm{IF}}(t) = \sum_{n=-\infty}^{+\infty} S_{\mathrm{in}}(t)\delta(t - t_0 - nT_{\mathrm{LO}}) \tag{7-7}
$$

已知

$$
\mathscr{F}\left[\sum_{n=-\infty}^{+\infty} \delta(t - nT_{\mathrm{LO}})\right] = \frac{2\pi}{T_{\mathrm{LO}}} \sum_{m=-\infty}^{+\infty} \delta(\omega - m\omega_{\mathrm{LO}}) \tag{7-8}
$$

$$
\mathscr{F}[S_1(t)S_2(t)] = \frac{1}{2\pi}\mathscr{F}[S_1(t)] * \mathscr{F}[S_1(t)] \tag{7-9}
$$

对式（7-7）两边进行傅里叶变换，可得

$$
S_{\mathrm{IF}}(\omega) = \frac{1}{2\pi} S_{\mathrm{in}}(\omega) * \frac{2\pi}{T_{\mathrm{LO}}} \sum_{n=-\infty}^{+\infty} \delta(\omega - n\omega_{\mathrm{LO}}) = \frac{1}{T_{\mathrm{LO}}} \sum_{n=-\infty}^{+\infty} S_{\mathrm{in}}(\omega - n\omega_{\mathrm{LO}}) \tag{7-10}
$$

时域的延迟仅在频域上引入频谱相位的改变，不会影响幅度，因此式（7-10）计算过程中忽略了延时 $t_0$，最终的频谱搬移过程如图 7-7 所示。理想的采样过程可以实现频谱的等幅周期性搬移，在下变频混频器的后级电路中通过抗混叠滤波器可以有效地滤出有效中频信号。但是，该结构会引入大量的谐波干扰，线性性能较差，且本振信号通常为正弦波信号，因此单位冲激脉冲很难通过本振信号对开关的控制来实现。

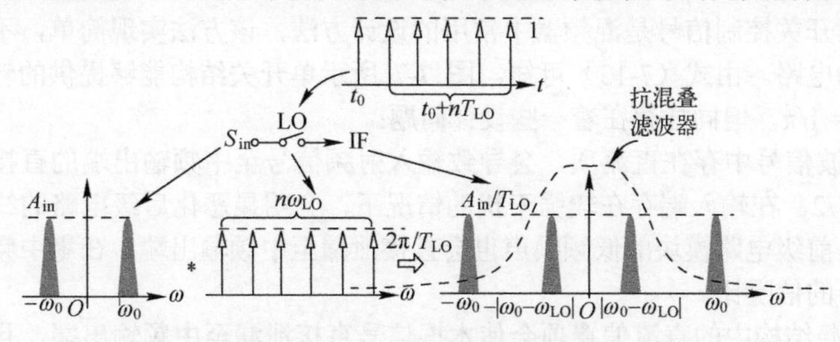


图 7-7　通过采样引入的频谱搬移实现下变频功能

最典型的情况就是通过缓冲器对本振信号进行整形后（占空比为 50%的方波）直接驱动开关管的开启和关闭。鉴于整形后的本振信号周期仍为 $T_{\mathrm{LO}}$，因此同样具备频谱搬移的功能，唯一的不同是转换增益与谐波搬移增益不同。如图 7-8 所示，输入射频信号通过方波控制的开关相当于输入射频信号与幅度为 1 和 0 的方波信号相乘。方波信号可以看成一个周期性单位冲激序列（周期为 $T_{\mathrm{LO}}$）与一个矩形脉冲信号（幅度为 1，覆盖的时间范围长度为 $T_{\mathrm{LO}}/2$，仅考虑幅度谱的情况下，可以将矩形信号的时间范围定义为$-T_{\mathrm{LO}}/4 \sim T_{\mathrm{LO}}/4$）的卷积，则矩形脉冲信号的幅度谱为

$$\mathbb{F}[\prod(-T_{\mathrm{LO}}/4, T_{\mathrm{LO}}/4)] = \frac{T_{\mathrm{LO}}}{2}\mathrm{sinc}(\omega T_{\mathrm{LO}}/4) \tag{7-11}$$

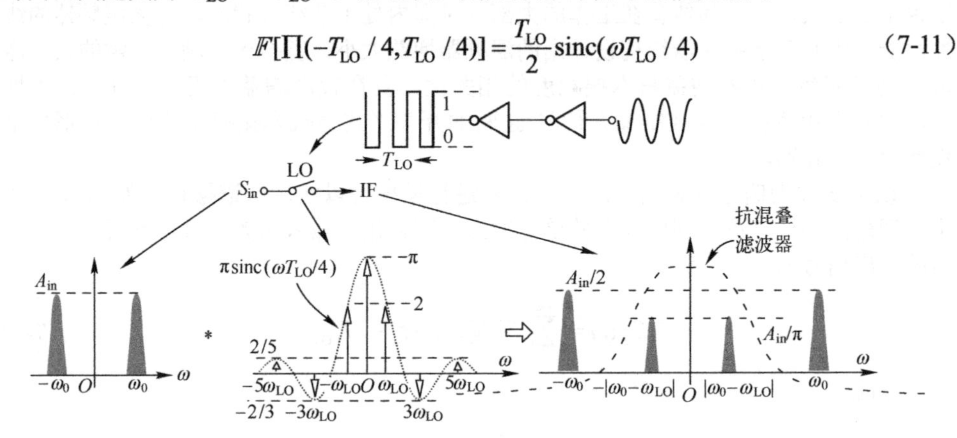


图 7-8 通过方波提供占空比为 50%的开关通路实现输入信号的下变频

式中，符号$\prod$表示矩形脉冲。由于时域的卷积等效于频域的乘积，联合式（7-8）和式（7-11）可得方波信号的幅度谱为

$$\begin{aligned}\mathbb{F}[\mathrm{Squ}(t)] &= \mathbb{F}\left[\sum_{n=-\infty}^{+\infty}\delta(t-nT_{\mathrm{LO}})\right]\times \mathbb{F}[\prod(-T_{\mathrm{LO}}/4, T_{\mathrm{LO}}/4)] \\ &= \pi\sum_{m=-\infty}^{+\infty}\mathrm{sinc}(\omega T_{\mathrm{LO}}/4)\delta(\omega - m\omega_{\mathrm{LO}})\end{aligned} \tag{7-12}$$

根据式（7-9）可得下变频混频器输出信号的幅度谱为

$$S_{\mathrm{IF}}(\omega) = \frac{1}{2\pi}S_{\mathrm{in}}(\omega) * \mathbb{F}[\mathrm{Squ}(t)] = \frac{1}{2}\sum_{m=-\infty}^{+\infty}\mathrm{sinc}(m\pi/2)S_{\mathrm{in}}(\omega - m\omega_{\mathrm{LO}}) \tag{7-13}$$

式中，$\mathrm{Squ}(t)$为占空比 50%的单位方波信号，波动幅度为 0 和 1。占空比为 50%的方波信号作为开关控制信号是混频器中常用的设计方法，该方法实现简单，不需要其他额外的辅助电路。由式（7-13）可知，图 7-7 所示单开关结构能够提供的转换增益为 $\mathrm{sinc}(\pi/2)/2 = 1/\pi$，但同样存在着一些设计问题：

① 方波信号中存在直流项，会导致输入射频信号至中频输出端的直接泄漏，泄漏增益为 1/2。在输入端存在较强干扰的情况下，会明显恶化后级电路的线性性能。同时，来自前级电路模块的低频噪声也会直接泄漏至中频输出端，在零中频结构中恶化有效信号的信噪比。

② 有源结构中的直流偏置项会使本振信号直接泄漏至中频输出端，且泄漏与偏置电流成正比。本振信号功率的典型值为 0dBm 甚至更高，因此会对后级电路的线性

性能造成较大影响。另外，开关寄生电容的存在同样也会导致本振信号至中频输出端的直接泄漏。

③ 射频输入端与本振端的寄生电容会导致本振信号至射频输入端的直接泄漏，引入明显的直流偏移效应，饱和后级电路模块。

④ 方波的频谱成分相较于图 7-7 所示的单纯采样过程，除直流项外，不存在基频的偶次谐波成分，且奇次谐波频率越高，谐波项的功率也会越小。但是，方波信号谐波成分的存在仍是限制射频混频器噪声性能和线性性能的主要因素之一，尤其是在宽频通信系统且在谐波附近存在较强干扰信号时。

## 7.2.1　单平衡混频器与双平衡混频器

采用如图 7-9 所示的单平衡结构可以有效地解决图 7-8 所示单开关通路变频器面临的设计问题中的问题①和问题③。对于问题①，$\mathrm{IF}^+$和 $\mathrm{IF}^-$中的射频输入信号泄漏项是共模项，在差分输出中会相互抵消。对于问题③，两路差分本振信号通过开关寄生电容交替地泄漏至射频输入端，如果差分本振信号为方波的话，泄漏至射频输入端的信号近似于一个直流电平，可以有效地避免直流偏移效应。

由于两路差分本振信号在时间上相差 $T_{\mathrm{LO}}/2$，经过傅里叶变换后相当于在每个频率处加入了一个相位旋转项，由式（7-12）可知差分本振信号的频谱（幅度谱）为

$$\begin{aligned}S_{\mathrm{LO^+-LO^-}}(\omega) &= \mathcal{F}[\mathrm{Squ}(t)] - \exp(\mathrm{j}\omega T_{\mathrm{LO}}/2)\mathcal{F}[\mathrm{Squ}(t)] \\ &= \pi\sum_{m=-\infty}^{+\infty}\left|[1-\exp(\mathrm{j}\omega T_{\mathrm{LO}}/2)]\mathrm{sinc}(\omega T_{\mathrm{LO}}/4)\right|\delta(\omega - m\omega_{\mathrm{LO}}) \\ &= \pi\sum_{m=-\infty}^{+\infty}\left|[1-\exp(\mathrm{j}m\pi)]\mathrm{sinc}(m\pi/2)\right|\delta(\omega - m\omega_{\mathrm{LO}})\end{aligned} \tag{7-14}$$

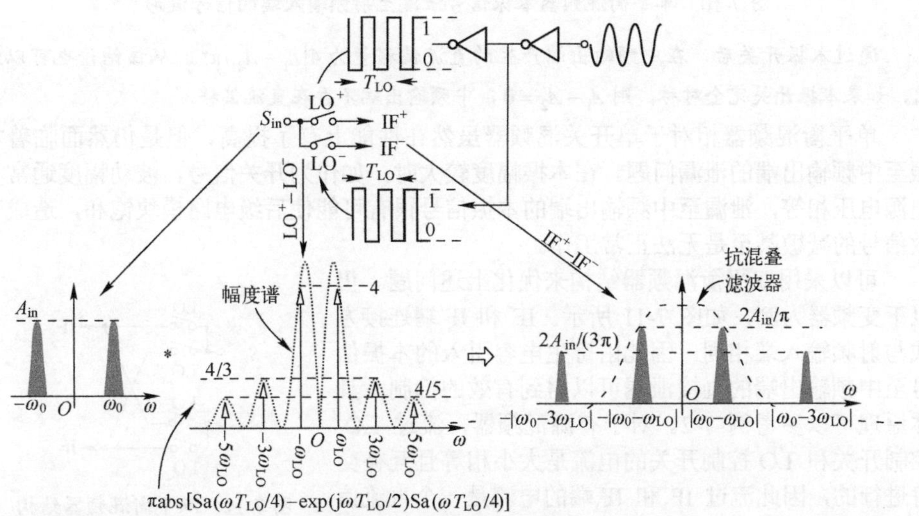


图 7-9　单平衡下变频混频器

因此单平衡混频器的本振项中不存在直流项，射频输入端至中频输出端不存在直接泄漏项。单平衡下变频器的中频输出频谱（幅度谱）为

$$
\begin{aligned}
S_{\mathrm{IF}}(\omega) &= \frac{1}{2\pi} S_{\mathrm{in}}(\omega) * S_{\mathrm{LO^+-LO^-}}(\omega) \\
&= \frac{1}{2} \sum_{m=-\infty}^{+\infty} \left| [1-\exp(\mathrm{j}m\pi)] \mathrm{sinc}(m\pi/2) \right| S_{\mathrm{in}}(\omega - m\omega_{\mathrm{LO}})
\end{aligned} \tag{7-15}
$$

可以看出，单平衡混频器转换增益为 sinc(π/2) = 2/π，相较于图 7-8 所示的单开关结构提升了一倍。

**例 7-2** 如图 7-9 所示，已知本振信号是占空比为 50%的方波，在开关失配的情况下，试分析直流偏移性能。

**解：** 开关失配时，开关产生的寄生电容会存在一定的差别。参考例 7-1，本振通过寄生电容泄漏至射频输入端的信号幅度也存在一定的差别。假设上级电路的输出阻抗非常大，则本振信号泄漏至射频输入端的信号波形如图 7-10 所示。在开关完全对称的情况下，本振信号泄漏至射频输入端的信号波形近似是一个直流电压。在中频输出端（$\mathrm{IF^+}$和 $\mathrm{IF^-}$）产生的直流信号属于共模信号，不影响差模性能。在开关失配时，假设 $\mathrm{LO^+}$泄漏至射频输入端的信号幅度为 $A_1$，$\mathrm{LO^-}$泄漏至射频输入端的信号幅度为 $A_2$。由于 $\mathrm{LO^+}$泄漏项和 $\mathrm{LO^-}$泄漏项之间存在 $T_{\mathrm{LO}}/2$ 的时间差，则由于本振泄漏导致射频输入端存在一个 $\omega_{\mathrm{LO}}$ 项，为

$$
\begin{aligned}
S_{\mathrm{LO\to RF}}(\omega_{\mathrm{LO}}) &= A_1 \mathcal{F}[\mathrm{Squ}(t)] + A_2 \exp(\mathrm{j}\omega T_{\mathrm{LO}}/2) \mathcal{F}[\mathrm{Squ}(t)] \\
&= 2\left| A_1 - A_2 \right| [\delta(\omega + \omega_{\mathrm{LO}}) + \delta(\omega - \omega_{\mathrm{LO}})]
\end{aligned} \tag{7-16}
$$

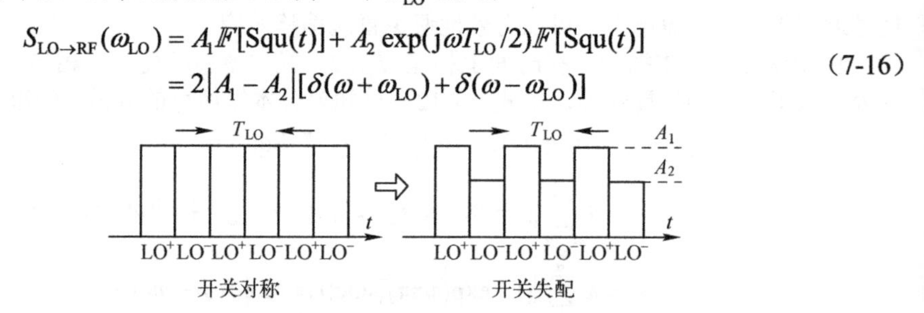


图 7-10 单平衡混频器本振信号泄漏至射频输入端的信号波形

通过本振开关后，在中频输出端产生的直流偏移量为 $4\left|A_1 - A_2\right|/\pi^2$。从该结论也可以看出，如果本振开关完全对称，则 $A_1 - A_2 = 0$，中频输出端不存在直流偏移。

单平衡混频器相对于单开关混频器虽然在性能上有了提高，但是仍然面临着本振至中频输出端的泄漏问题。在本振幅度较大时，如作为开关信号，波动幅度通常与电源电压相等，泄漏至中频输出端的本振信号很有可能使后级电路模块饱和，造成有效信号的减敏甚至是无法正常工作。

可以采用双平衡混频器结构来优化上述问题。仍以下变频器为例，如图 7-11 所示。$\mathrm{IF^+}$和 $\mathrm{IF^-}$端连接方式与射频输入端相同，因此由寄生电容引入的本振信号至中频输出端的直接泄漏可以得到有效的抑制，具体原理可以参考例 7-2。对于有源混频器，流过 $\mathrm{LO^+}$控制开关和 $\mathrm{LO^-}$控制开关的电流是大小相等且互补交替进行的，因此流过 $\mathrm{IF^+}$和 $\mathrm{IF^-}$端的电流是一个直流信号，不存在本振泄漏情况。对于小信号情况，由于 $S_{\mathrm{in+}}$端与 $S_{\mathrm{in-}}$端的输入信号频谱幅度相同，相位相反（相位差为 180°），且本振信号 $\mathrm{LO^+}$和 $\mathrm{LO^-}$均为周期性矩形脉冲序列，且在时域上相差 $T_{\mathrm{LO}}/2$，因此在 $\mathrm{IF^+}$端产生的中频信号为 $(S_{\mathrm{in+}}(\omega \pm \omega_{\mathrm{LO}}) - S_{\mathrm{in-}}(\omega \pm \omega_{\mathrm{LO}}))/\pi$。同理，在 $\mathrm{IF^-}$端产生的中频信号为

图 7-11 双平衡混频器结构

$(S_{\text{in-}}(\omega\pm\omega_{\text{LO}})-S_{\text{in+}}(\omega\pm\omega_{\text{LO}}))/\pi$，则双平衡混频器的转换增益为 $2/\pi$，与单平衡结构相同。与单平衡结构相比，双平衡结构需要前级电路提供差分输出。

## 7.2.2 正交混频器

对于低中频或零中频的收发架构而言，混频器通常采用正交的形式。以单平衡正交混频器为例进行说明，如图 7-12（a）所示。到目前为止，本章所采用的本振信号均默认为占空比为 50%的方波，因此在同一时刻均有两个开关管同时导通。对于电流模无源结构（见 7.4 节）和有源结构（见 7.5 节）来说，在 $S_{\text{in}}$ 端产生的电流会并行分流至两个开关管中，导致流过中频输出端的电流减小为原来的一半。等效于正交两个支路中差分本振的幅度减小为原来的一半，因此相较于单平衡结构，单平衡正交结构的增益降低为原来的一半（$1/\pi$）。导致转换增益下降的主要原因是正交本振信号的交叠导致开关管存在同时导通的情况[1]。为了避免开关管在导通时间上的交叠，可以采用占空比为 25%的本振信号，如图 7-12（b）所示。当本振开关管导通时，流过中频输出端的信号电流幅度不变，则本振信号的幅度与单平衡结构相同。由于占空比（25%）变为了原来（50%）的一半，本振中的矩形脉冲信号持续时间也降低为原来的一半。根据式（7-14）可得正交支路中每个支路的差分本振信号频域表达式为

$$\begin{aligned}S_{\text{LO}^+-\text{LO}^-}(\omega)&=\mathbb{F}[\text{Squ}(t,25\%)]-\exp(\text{j}\omega T_{\text{LO}}/2)\mathbb{F}[\text{Squ}(t,25\%)]\\&=\frac{\pi}{2}\sum_{m=-\infty}^{+\infty}\left|[1-\exp(\text{j}\omega T_{\text{LO}}/2)]\text{sinc}(\omega T_{\text{LO}}/8)\right|\delta(\omega-m\omega_{\text{LO}})\\&=\frac{\pi}{2}\sum_{m=-\infty}^{+\infty}\left|[1-\exp(\text{j}m\pi)]\text{sinc}(m\pi/4)\right|\delta(\omega-m\omega_{\text{LO}})\end{aligned}\tag{7-17}$$

正交支路中每个支路差分本振信号的频谱（幅度谱）如图 7-12（b）所示。相较于本振信号占空比为 50%的单平衡正交混频器，占空比为 25%的单平衡正交混频器转换增益提升为原来的两倍（$\sqrt{2}/\pi$）。占空比为 25%的本振信号可以通过对占空比为 50%的正交本振信号相邻两相（相位差为 90°）相与得到，而占空比为 50%的正交本振信号产生方法见 9.7 节。

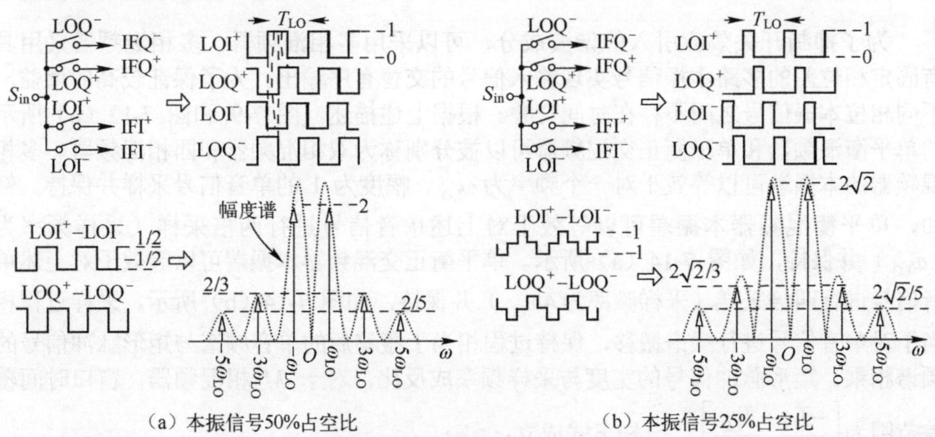


（a）本振信号50%占空比　（b）本振信号25%占空比

图 7-12　单平衡正交混频器

本振开关产生的谐波问题仍然没有得到解决，谐波项可以将谐波频率处的噪

声、强干扰等直接搬移至有效中频频带内，影响接收机的噪声性能。

**例 7-3** 分析本振控制开关产生的谐波项对系统噪声性能的影响。

**解**：以图 7-8 所示的单开关结构为例。假设上级电路提供一个阻值为 $R$ 的输出电阻，则其产生的双边带噪声功率谱为 $2kTR$。根据图 7-13 所示的频谱搬移过程可知，开关产生的各谐波成分（包括基频成分）会将其附近的噪声按照一定的谐波系数搬移至中频频率处，同时中频频率处的噪声与直流项系数相乘后保留下来，因此单开关结构输出端的双边带噪声功率谱为

$$\overline{V_{\text{n,IFout}}^2} = 2kTR\left[\frac{1}{4} + \frac{2}{\pi^2} + \frac{2}{(3\pi)^2} + \frac{2}{(5\pi)^2} + \cdots + \frac{2}{[(2n+1)\pi]^2} + \cdots\right] \tag{7-18}$$

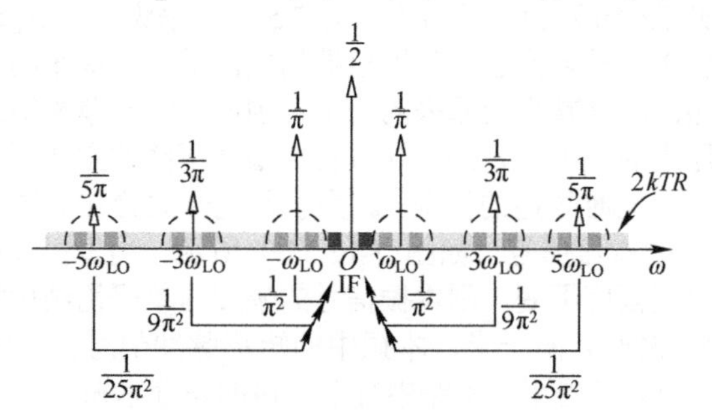


图 7-13 单开关混频器开关谐波噪声搬移示意图

可以证明：

$$1 + \frac{1}{3^2} + \frac{1}{5^2} + \cdots + \frac{1}{(2n+1)^2} + \cdots = \frac{\pi^2}{8} \tag{7-19}$$

代入式（7-18）可得中频输出端的双边带噪声功率谱 $\overline{V_{\text{n,IFout}}^2} = kTR$，为输入端噪声功率谱的一半。如果仅考虑基频处的噪声功率，则中频输出端的双边带噪声功率谱 $\overline{V_{\text{n,IFout}}^2} = 4kTR/\pi^2$。谐波成分（包括直流）使混频器的噪声性能损失约 4dB，这是混频器的噪声系数比较高的原因之一。

### 7.2.3 多相混频器

为了抑制开关效应引入的谐波成分，可以采用多相混频器。多相混频器采用具有固定相位差的多路本振信号实现输入信号的交替有序输出。为了保证较高的增益，不同相位本振信号之间不存在时间交叠。根据上述描述，图 7-9 和图 7-12（b）所示的单平衡混频器和单平衡正交混频器可以被分别称为双相混频器和四相混频器。多相混频器的本振端可以等效于对一个频率为 $\omega_{\text{LO}}$、幅度为 1 的单音信号采样并保持。例如，单平衡混频器本振端可以等效于对上述单音信号进行两倍采样（采样频率为 $2\omega_{\text{LO}}$）并保持，如图 7-14（a）所示。单平衡正交混频器本振端可以等效于对上述单音信号进行四倍采样（采样频率为 $4\omega_{\text{LO}}$）并保持，如图 7-14（b）所示。采样过程相当于对单音信号进行频谱搬移，保持过程相当于搬移后的单音频谱与矩形脉冲信号的频谱相乘。矩形脉冲信号的宽度与采样频率成反比，对于 $M$ 相混频器，窗口时间覆盖范围为 $\left[\frac{-T_{\text{LO}}}{2M}, \frac{T_{\text{LO}}}{2M}\right]$。已知下式成立：

$$\mathbb{F}[\cos(\omega_{\text{LO}}t)] = \pi[\delta(\omega + \omega_{\text{LO}}) + \delta(\omega - \omega_{\text{LO}})] \tag{7-20}$$

$$\mathbb{F}[\delta(t-nT_{\mathrm{LO}}/M)]=\frac{2M\pi}{T_{\mathrm{LO}}}[\delta(\omega-nM\omega_{\mathrm{LO}})] \tag{7-21}$$

$$\mathbb{F}\left[\prod\left(\frac{-T_{\mathrm{LO}}}{2M},\frac{T_{\mathrm{LO}}}{2M}\right)\right]=\frac{T_{\mathrm{LO}}}{M}\mathrm{sinc}\left(\frac{\omega T_{\mathrm{LO}}}{2M}\right) \tag{7-22}$$

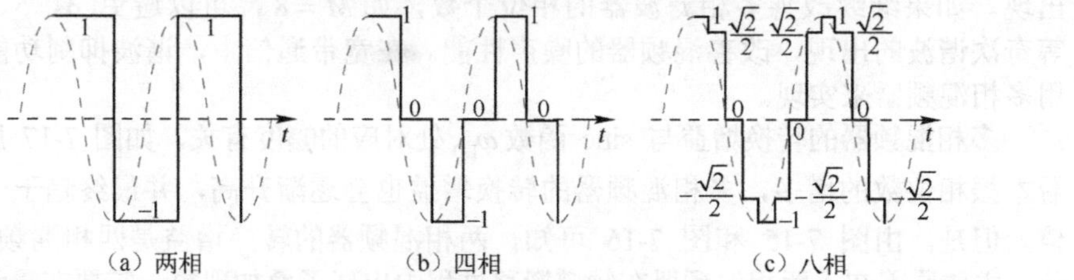

（a）两相　（b）四相　（c）八相

图 7-14　多相混频器本振等效示意图

式中，$n$ 为谐波项系数；$M$ 为多相混频器相位数。时域乘积等效于频域卷积并与 $1/(2\pi)$相乘，时域卷积等效于频域乘积，因此可分别给出如图 7-15 和图 7-16 所示的两相和四相混频器本振信号频域等效图，分别与图 7-9 和图 7-12（b）相对应，具体计算过程不再赘述。

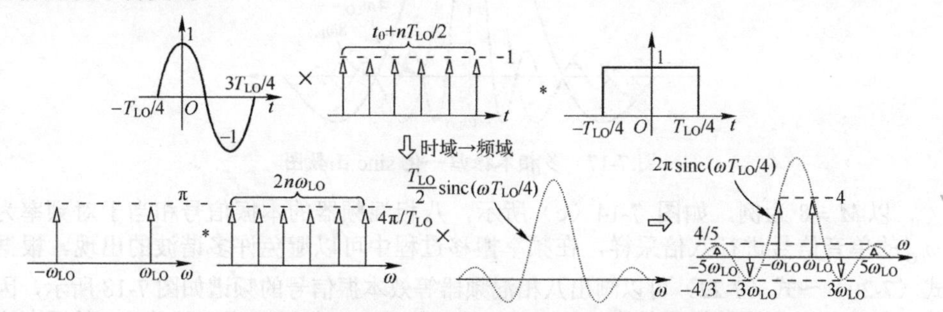


图 7-15　两相混频器（单平衡混频器）本振信号频域等效图

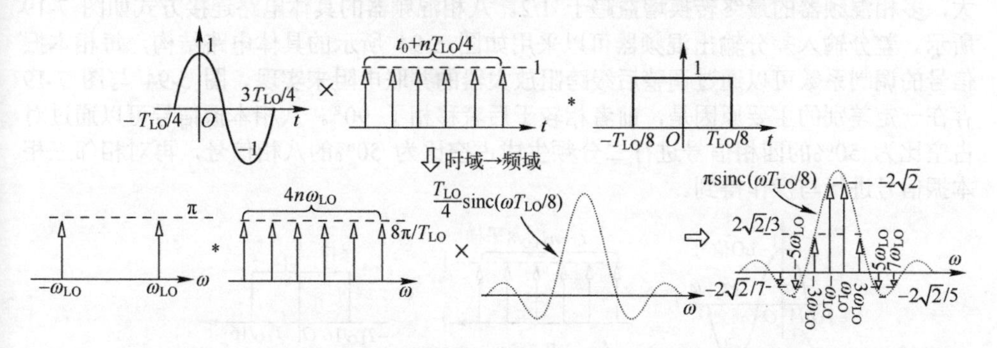


图 7-16　四相混频器（单平衡正交混频器）本振信号频域等效图

可以对多相混频器的本振信号等效频域图进行更加直观的物理解释：频率为 $\omega_{\mathrm{LO}}$ 的单音信号（在频域上为冲激信号）经过采样后会产生频谱搬移现象（搬移的频率为 $nM\omega_{\mathrm{LO}}$），再经过时间范围为 $\left[\frac{-T_{\mathrm{LO}}}{2M},\frac{T_{\mathrm{LO}}}{2M}\right]$ 的 sinc 函数（矩形脉冲频谱）进行幅度调制后产生等效本振信号，最后与输入信号进行混频产生上/下变频功能。如果采样频率较高的话，即 $M$ 较大，本振信号中可以避免出现一些谐波项从而改善混频器的噪声性能。两相混频器和四相混频器中之所以仍存在各奇次谐波项，主要是采样后的冲激频谱分布在$(nM\pm1)\omega_{\mathrm{LO}}$，在$M=2$或 4 时均无法避免各奇次谐波的出现。如果继续改善多相滤波器的相位个数，如$M=8$，可以避免 3、5、11、13 等奇次谐波的出现，改善混频器的噪声性能。在宽带通信中，谐波抑制功能通常采用多相混频器来实现。

多相混频器的转换增益与 sinc 函数$\omega_{\mathrm{LO}}$处对应的幅度有关，如图 7-17 所示。随着本振相位数的增多，多相混频器的转换增益也会逐渐升高，并最终趋于一个稳定值。但是，由图 7-15 和图 7-16 可知，两相混频器的转换增益是四相混频器的$\sqrt{2}$倍，主要原因在于两相混频器在频谱搬移过程中出现了叠加现象，需要在最终的转换增益结果上乘以 2。

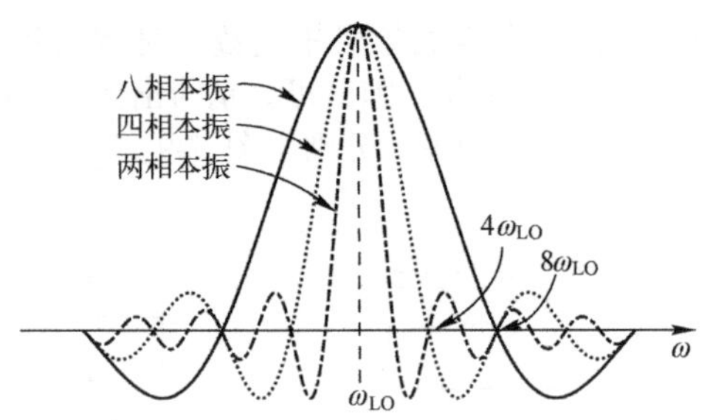


图 7-17　多相本振归一化 sinc 函数图

以$M=8$为例，如图 7-14（c）所示，八相混频器的本振信号相当于对频率为$\omega_{\mathrm{LO}}$的单音信号进行八倍采样，在频率搬移过程中可以避免许多谐波的出现。根据式（7-20）～式（7-22）可以画出八相混频器等效本振信号的频谱如图 7-18 所示，因此可得八相混频器转换增益为$8\sin(\pi/8)/(2\pi)\approx0.487$。可以证明，随着 $M$ 的逐渐增大，多相混频器的最终转换增益趋于 1/2。八相混频器的具体电路连接方式如图 7-19 所示。差分输入差分输出混频器可以采用如图 5-94 所示的具体电路结构，每相本振信号的调制系数可以通过调整后级跨阻放大器的并联电阻来实现。图 5-94 与图 7-19 存在一定差别的主要原因是，前者相较于后者移相了 90°。八相本振信号可以通过对占空比为 50%的四相信号进行二分频生成占空比为 50%的八相信号，再对相邻三相本振信号进行与操作得到。

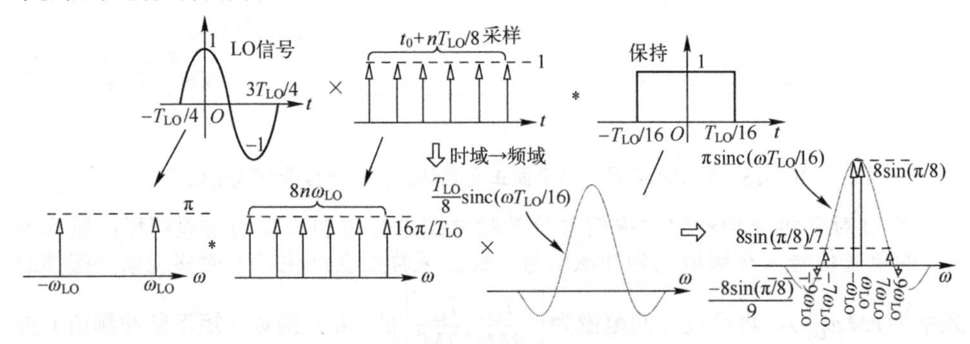


图 7-18　八相混频器本振信号频域等效图

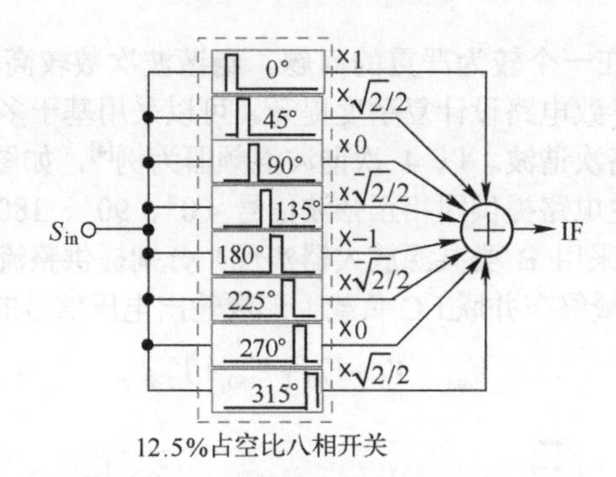


图 7-19　八相混频器电路连接示意图

随着本振相位的增多，电路的设计复杂度逐渐提升。八相结构中压控振荡器的频率相较于四相结构需要提升一倍，八个与门结构相较于四相混频器中的四个与门，动态功耗也会增大一倍，因此在进行相关电路设计时需要考虑谐波抑制与电路复杂度和功耗的折中。另外，也可以采用相位插值器[2]（见 8.8.1 节）通过四相信号产生八相信号，这样无须提升压控振荡器的输出频率，进而节省电路功耗。但是，相位插值器的输出相位精度通常受电路失配性能的影响。在对多相混频器进行设计时，还必须注意由于开关管的寄生电容导致的本振信号至中频输出端的本振泄漏问题。一般通过提高本振信号占空比，以及采用双平衡结构来改善本振泄漏的问题，具体见 7.3.3 节。

## 7.2.4　次谐波混频器

次谐波（Subharmonic）混频器是一种利用混频器时变特性存在的高阶谐波进行变频的一种混频器，可以显著降低压控振荡器输出振荡频率，特别适用于微波毫米波应用领域。

最典型的次谐波混频器如图 7-20（a）所示。$n$ 个相位依次相差 $2\pi/n$、占空比为 $1/(2n)$、振荡频率为 $\omega_{LO}$ 的多相本振信号通过控制多开关对射频输入信号进行线性叠加。电路功能类似于射频输入信号与一个占空比为 50%、周期为 $T_{LO}/n$ 的方波信号相乘，与单开关混频器结构相同。为了便于理解，图 7-20（b）给出了一个二次谐波混频器的原理电路[3]。

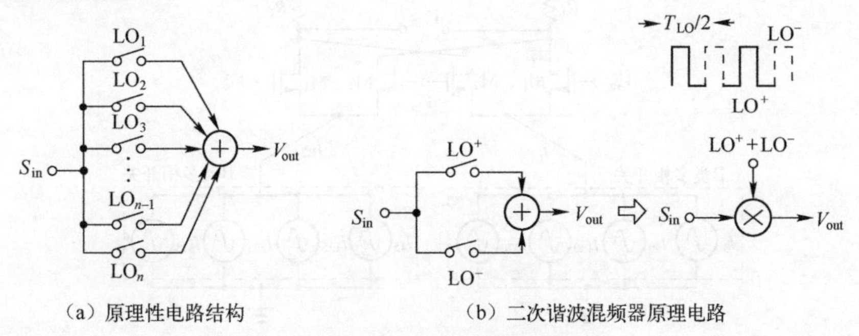


（a）原理性电路结构　　　　（b）二次谐波混频器原理电路

图 7-20　次谐波混频器

次谐波混频器存在一个较为严重的问题。当谐波次数较高时，对本振信号的占空比需求比较严苛，导致电路设计复杂度提升。可以采用基于多相正弦波的电流线性叠加技术产生混频用高次谐波。以 4 次谐波混频器为例[4]，如图 7-21 所示，压控振荡器通过正交信号产生电路提供四相正弦波信号（0°、90°、180°、270°），经跨导级（B 类多相开关，通常采用 B 类共源放大器实现）分别提供整流后的四相正弦电流信号 $I_0$、$I_{90}$、$I_{180}$、$I_{270}$，最终在并联 LC 负载上形成输出电压信号的叠加：

$$V_{out} = V_0 + V_{90} + V_{180} + V_{270} \tag{7-23}$$

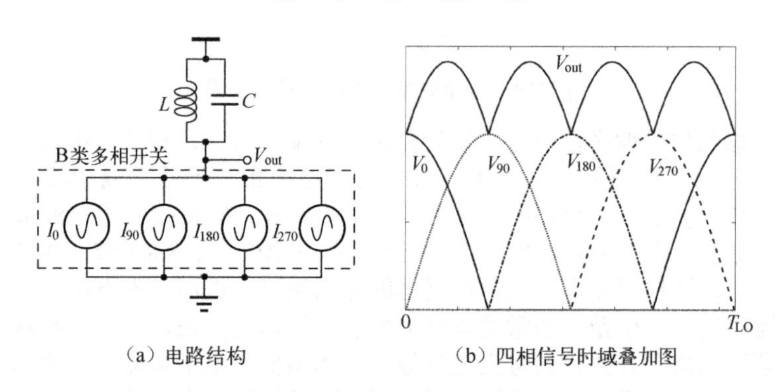


（a）电路结构　　（b）四相信号时域叠加图

图 7-21　4 次谐波频率混频器和四相信号时域叠加图

叠加后的 $V_{out}$ 波形如图 7-21（b）所示，该电压信号的周期为 $T_{LO}/4$，因此频谱分量中 $4\omega_{LO}$ 频率信号占据主要成分。一个基于该四相电流信号实现的 4 次谐波混频器电路结构如图 7-22 所示[5]。两个频率为$\omega_{LO}$的 B 类多相开关网络在输出端提供两个相位差为 180°、频率为 $4\omega_{LO}$ 的电流信号，在共源差分对 $M_1$ 和 $M_2$、$M_3$ 和 $M_4$ 的源极分别提供两个频率为 $4\omega_{LO}$ 差分电压，经过差分对与输入射频信号 $V_{in}$ 进行混频，最终在输出端呈现混频后的输出电压信号 $V_{out}$。

图 7-22 中八相本振信号的产生过程：首先将压控振荡器的差分输出信号经过无源多相网络（见 9.7.3 节）生成四相正交信号（0°、90°、180°、270°），然后通过相位插值器提供另外四相信号（45°、135°、225°、315°）。

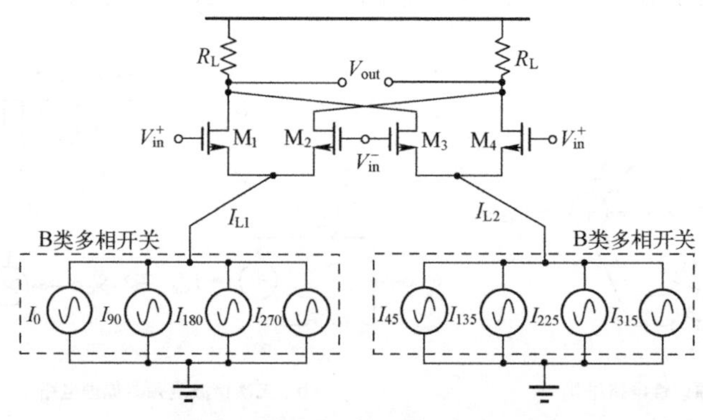


图 7-22　4 次谐波混频器电路结构

# 7.3 电压模无源下变频混频器

电压模无源下变频混频器在信号处理过程中传输的主要参数为电压，且工作过程中不会产生额外的功耗。以电压模单开关无源混频器[见图 7-23（a）]为例，$V_{in}$ 和 $R_{in}$ 分别为上一级电路（通常为低噪声放大器）的输出电压和输出阻抗，无源混频器的负载阻抗为 $R_L$。为了保证信号处理过程中电压的无损传输，在混频器输入端的等效阻抗 $Z_L$ 需要满足 $Z_L >> R_{in}$。

下面具体介绍如何计算单开关无源混频器的输入阻抗。

如图 7-23（b）所示，$V_{L,in}$ 和 $I_{L,in}$ 分别为单开关无源混频器的输入测试电压和电流，$V_{L,out}$ 和 $I_{L,out}$ 分别为单开关无源混频器负载端的输出测试电压和电流，$R_L$ 为负载电阻。根据图示可知

$$V_{L,in}/Z_L = I_{L,in} = I_{L,out} = V_{L,out}/R_L \tag{7-24}$$

则有

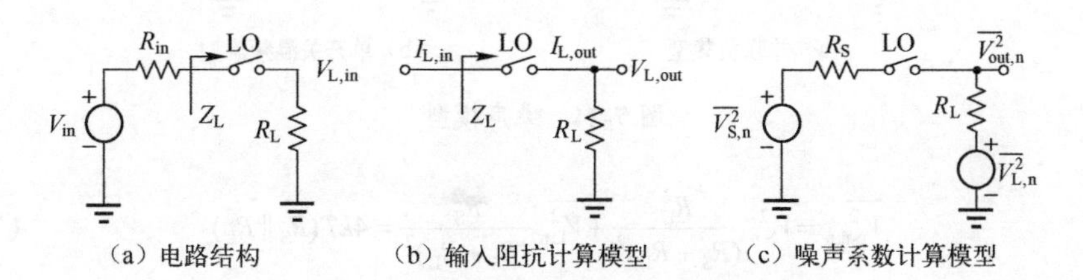


图 7-23 电压模单开关无源混频器

$$Z_L = V_{L,in} R_L / V_{L,out} \tag{7-25}$$

由图 7-8 可知，输出电压 $V_{L,out}$ 中包含多种频率成分，与计算转换增益时对输出电压端频率的要求不同（下变频时考虑输入射频频率与本振频率的差值频率，上变频时考虑射频输入中频频率与本振频率的和值频率）。计算输入阻抗时考虑的是输出电压 $V_{L,out}$ 位于输入电压 $V_{L,in}$ 频率处的成分，即与本振信号中包含的直流成分直接相关。在本振信号占空比为 50%的情况下，由图 7-8 可知 $V_{L,out}(\omega_{in}) = V_{L,in}(\omega_{in})/2$，代入式（7-25）可得单开关无源混频器的输入等效阻抗 $Z_L = R_L/2$。

为了保证电压的无损传输，通常要求 $|Z_L| > 10R_{in}$。因此，如果单开关无源混频器的负载端为纯电阻 $R_L$ 时，例如单开关无源混频器的输出端直接接入有源 *RC* 滤波器，需要满足 $R_L > 20R_{in}$。

7.2 节已经对该结构转换增益的计算进行了详细推导。

电压模单开关无源混频器噪声系数的计算模型如图 7-23（c）所示。该结构中仅有源电阻 $R_S$ 和负载电阻 $R_L$ 可以提供噪声，由例 7-3 可知，当满足 $R_L \geqslant 20R_S$ 时，两者等效至输出端后的双边带噪声功率谱为

$$\overline{V^2_{out,n}} = \overline{V^2_{S,n}}/2 + \overline{V^2_{L,n}}/2 = kT(R_S + R_L) \tag{7-26}$$

由于电压模单开关无源混频器的转换增益为1/π，则输出端噪声等效至以 $V_{S,n}$ 为参考的输入端的双边带噪声功率谱为

$$\overline{V_{in,n}^2} = \overline{V_{out,n}^2}/(1/\pi)^2 = kT\pi^2(R_S + R_L) \tag{7-27}$$

则电压模单开关无源混频器的噪声系数为

$$NF = \overline{V_{in,n}^2} = \overline{V_{out,n}^2}/\overline{V_{in,n}^2} = \pi^2(R_S + R_L)/(2R_S) \tag{7-28}$$

在 $R_L = 20R_S$ 的情况下，噪声系数为20dB。

**例 7-4**　将负载电阻 $R_L$ 分别并联接入上级电路的输出端和单开关混频器，试分析两者在噪声性能上的差别，并从直观的角度解释原因。

**解：** 图 7-24 示出了两种结构的噪声模型。如果将负载电阻 $R_L$ 并联接入上级电路输出端，负载电阻对系统的噪声贡献为[从输出端进行量化，见图 7-24（a）]

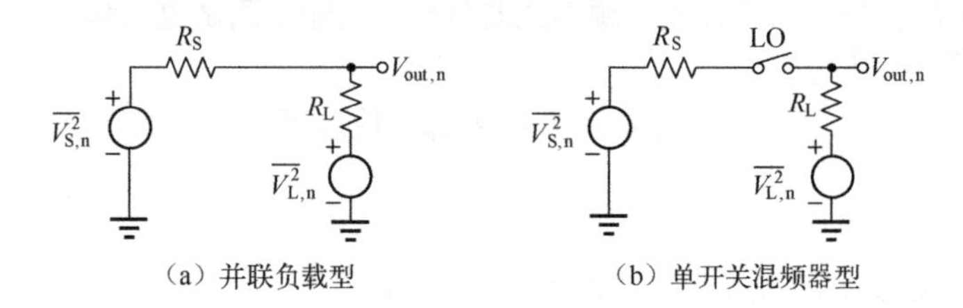


（a）并联负载型　　（b）单开关混频器型

图 7-24　噪声模型

$$\overline{V_{out,n}^2} = \overline{V_{S,n}^2}\frac{R_L^2}{(R_S + R_L)^2} + \overline{V_{L,n}^2}\frac{R_S^2}{(R_S + R_L)^2} = 4kT(R_S \| R_L) \tag{7-29}$$

当满足 $R_L >> R_S$ 时，$\overline{V_{out,n}^2} = 4kTR_S$，负载电阻对系统的噪声贡献为 0。如果将负载电阻 $R_L$ 通过本振信号控制的单开关接入上级系统实现混频后，负载电阻对系统的噪声贡献明显加大。

主要差别：单开关结构在开关断开时，负载电阻的热噪声会直接输出至输出端，影响系统的噪声性能，如果将负载直接接入上级电路的输出端，负载电阻的热噪声会被上级电路的输出阻抗进行分压，当上级电路的输出阻抗远小于负载电阻 $R_L$ 时，负载电阻产生的噪声功率可以忽略。

无源混频器的本振开关在关闭时工作在线性区，也存在一定的导通阻抗，因此在实际计算时需要一并考虑。在上述计算过程中，只需将开关阻抗并入源阻抗中即可。

单开关无源混频器存在着一系列的设计问题，并不适用于实际的电路设计。接下来以此为基础重点分析单平衡结构、双平衡结构和适用于宽带通信系统的八相结构。

## 7.3.1　单平衡电压模无源下变频混频器

单平衡电压模无源混频器的输入阻抗计算模型如图 7-25（a）所示。由于 $I_{L,in}=I_{L,outp}+I_{L,outn}$，下式成立：

$$V_{L,in}/Z_L = V_{L,outp}/R_{Lp} + V_{L,outn}/R_{Ln} \tag{7-30}$$

虽然单平衡混频器中两相本振信号的相位相反，但是所提供的直流成分幅度相等，相位相同，因此在输入信号频率处，存在 $V_{\rm L,outp}(\omega_{\rm in})=V_{\rm L,outn}(\omega_{\rm in})=V_{\rm L,in}(\omega_{\rm in})/2$。令 $R_{\rm Lp}=R_{\rm Ln}=R_{\rm L}$，将上述条件代入式（7-30）可得单平衡混频器的输入阻抗 $Z_{\rm L}=R_{\rm L}$（通过直观观察也可看出，在本振开关交替导通时，每次均有一个 $R_{\rm Lp}$ 或 $R_{\rm Ln}$ 接入输入端 $V_{\rm L,in}$，当满足 $R_{\rm Lp}=R_{\rm Ln}=R_{\rm L}$ 时，可得单平衡混频器的输入阻抗 $Z_{\rm L}=R_{\rm L}$）。为了满足电压模的无损传输，需要满足 $R_{\rm Lp}=R_{\rm Ln}=R_{\rm L}\geqslant 10R_{\rm in}$。

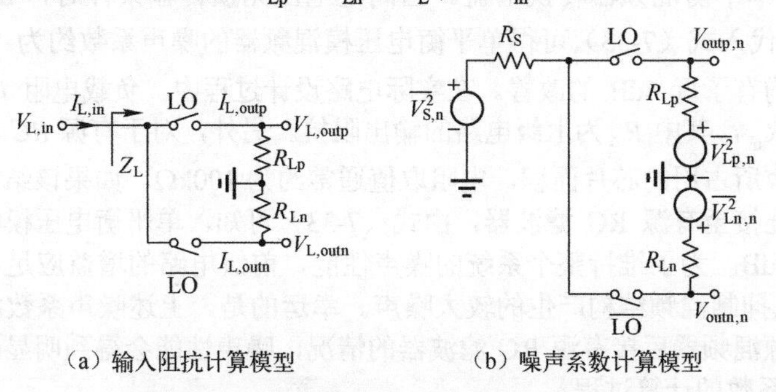


图 7-25 单平衡电压模无源混频器

单平衡电压模无源混频器的噪声系数计算模型如图 7-25（b）所示。由于负载电阻 $R_{\rm Lp}$ 和 $R_{\rm Ln}$ 产生的噪声电压 $V_{\rm Lp,n}$ 和 $V_{\rm Ln,n}$ 是完全不相关的，根据例 7-3，以及对单开关混频器噪声系数的计算过程可知，负载电阻在单平衡电压模无源混频器的差分输出端产生的双边带噪声功率谱 $\overline{V_{\rm Ln,out}^2}=\overline{V_{\rm Lp,n}^2}/2+\overline{V_{\rm Ln,n}^2}/2=2kTR_{\rm L}$。源阻抗 $R_{\rm S}$ 在单平衡电压模无源混频器输出端产生的噪声功率与单开关结构有所不同，需要重新计算。源阻抗提供的电压噪声 $V_{\rm S,n}$ 在频域是按照图 7-9 所示的方式传输至单平衡混频器输出端的，与单开关结构相比，单平衡混频器的本振开关可以等效为一端输入为方波信号（直流电平为 0，波动幅度为+1 和−1）的理想乘法器。因此，源阻抗的电压噪声在频域向输出中频处的搬移情况如图 7-26 所示，源阻抗在单平衡混频器的差分输出端产生的双边带输出噪声功率谱为

$$\overline{V_{\rm Sn,out}^2}=2kTR_{\rm S}\left[\frac{8}{\pi^2}+\frac{8}{(3\pi)^2}+\frac{8}{(5\pi)^2}+\cdots+\frac{8}{[(2n+1)\pi]^2}+\cdots\right]=2kTR_{\rm S} \tag{7-31}$$

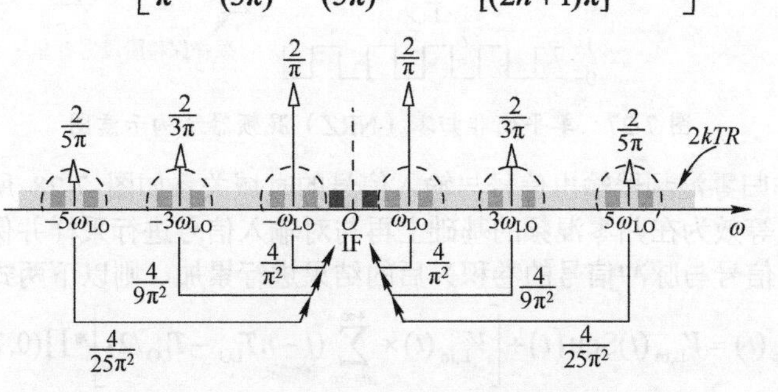

图 7-26 单平衡混频器开关谐波噪声搬移示意图

相较于单开关结构提升了一倍。单平衡电压模混频器在差分输出端产生的双边

带噪声功率谱为

$$\overline{V^2_{\text{out,n}}} = (V_{\text{outp,n}} - V_{\text{outn,n}})^2 = 2kT(R_{\text{L}} + R_{\text{S}}) \tag{7-32}$$

噪声系数为

$$\text{NF} = \overline{V^2_{\text{out,n}}}/(G_{\text{c}}\overline{V^2_{\text{S,n}}}) = \frac{2kT(R_{\text{L}} + R_{\text{S}})}{2kTR_{\text{S}}(2/\pi)^2} = \frac{\pi^2(R_{\text{L}} + R_{\text{S}})}{4R_{\text{S}}} \tag{7-33}$$

式中，$G_{\text{c}}$ 为单平衡混频器转换增益。当满足电压无损传输条件时，$R_{\text{L}} \geqslant 10R_{\text{S}}$。令 $R_{\text{L}} \approx 10R_{\text{S}}$，代入式（7-33）可得单平衡电压模混频器的噪声系数约为 14.4dB，相较于单开关结构有了近 6dB 的改善。在实际电路设计过程中，负载电阻 $R_{\text{L}}$ 的取值需要满足 $R_{\text{L}} > 10R_{\text{in}}$，其中 $R_{\text{in}}$ 为上级电路的输出阻抗。另外，对于有源 $RC$ 滤波器来说，为了减小电容所占用的芯片面积，电阻取值通常约为 100kΩ。如果该结构无源混频器的输出直接连接至有源 RC 滤波器，由式（7-33）可知，单平衡电压模混频器的噪声系数约为 37dB。为了维持整个系统的噪声性能，前级电路的增益应足够大（通常大于 40dB）以抑制混频结构产生的较大噪声。幸运的是，上述噪声系数的计算过程并不适用于无源混频器后接有源 RC 滤波器的情况，噪声性能会得到明显改善，具体见 7.3.3 节噪声系数的计算过程。

在实际的电路中，输出节点中总会存在一些寄生电容（或认为加入并联的负载电容），因此本振开关引入的高频谐波会被有效地抑制，从而减小高频处的噪声搬移量，改善混频器的噪声性能。

图 7-25 所示结构在本振开关闭合时会对输入信号进行跟踪，而断开后输出端的电压信号会迅速到地，一般称这种混频结构为归零（RZ）混频器。如果将混频器输出端的负载电阻用电容来替代，如图 7-27 所示，则在本振信号断开后，由于不存在对地泄流支路，混频器输出端电压会继续保持直到本振开关再次闭合并进入跟踪模式，这种跟踪模式和保持模式并存的混频器一般称为非归零（NRZ）混频器。

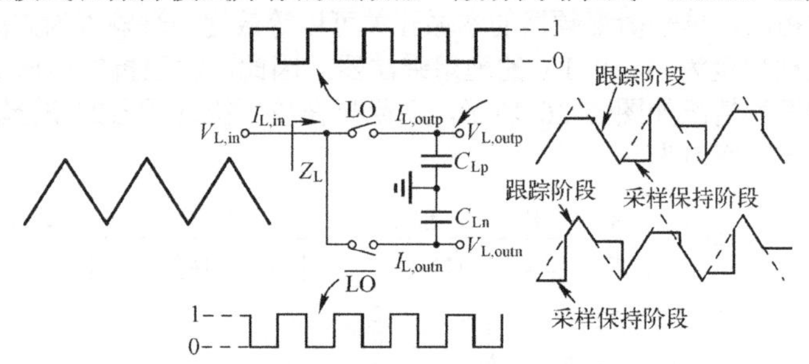


图 7-27 单平衡非归零（NRZ）混频器结构示意图

单平衡非归零混频器输出信号与输入信号的时域关系如图 7-28 所示。每一个输出端信号可以等效为在归零混频的基础上再与对输入信号进行采样并保持（保持模式等效于冲激串信号与脉冲信号的卷积）后的结果进行累加，则以下两式成立：

$$V_{\text{L,outp}}(t) = V_{\text{L,in}}(t)\text{Squ}(t) + \left[V_{\text{L,in}}(t) \times \sum_{n=-\infty}^{+\infty}(t - nT_{\text{LO}} - T_{\text{LO}}/2)\right] * \prod(0, T_{\text{LO}}/2) \tag{7-34}$$

$$V_{\text{L,outn}}(t) = V_{\text{L,in}}(t)\text{Squ}(t - T_{\text{LO}}/2) + \left[V_{\text{L,in}}(t) \times \sum_{n=-\infty}^{+\infty}\delta(t - nT_{\text{LO}})\right] * \prod(0, T_{\text{LO}}/2) \tag{7-35}$$

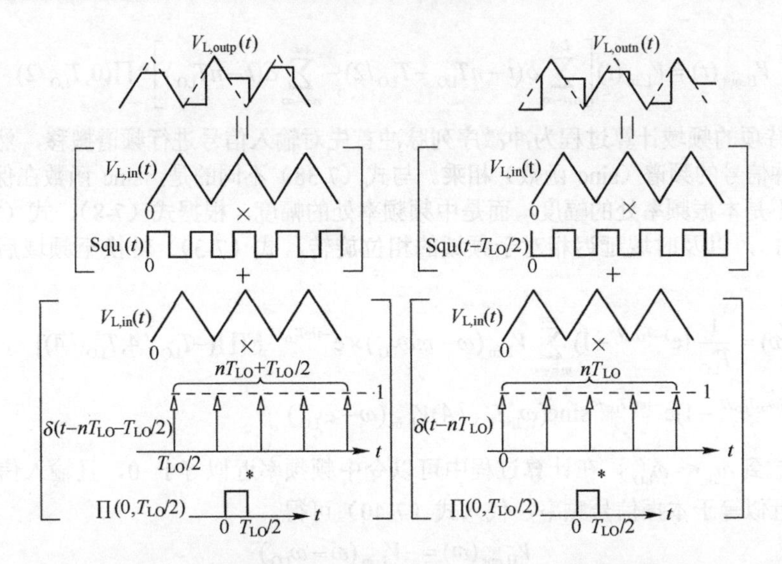


图 7-28　单平衡非归零混频器输出信号与输入信号时域关系图

单平衡非归零混频器的最终输出为$V_{\rm L,outp}(t)-V_{\rm L,outn}(t)$。式（7-34）和式（7-35）归零混频的差值与单平衡归零混频器相同，在混频后的中频处提供的增益为 2/π，该增益结果是一个标量值。在非归零混频结构中，由于存在的两种模式（跟踪模式和采样保持模式）均对混频增益存在影响，因此计算过程中必须考虑相位情况。图 7-28 所示两个具有延时关系的方波的差值为

$$\begin{aligned}&\mathrm{Squ}(t)-\mathrm{Squ}(t-T_{\rm LO}/2)\\&=\left[\sum_{n=-\infty}^{+\infty}\delta(t-nT_{\rm LO})-\sum_{n=-\infty}^{+\infty}\delta(t-nT_{\rm LO}-T_{\rm LO}/2)\right]*\prod(0,T_{\rm LO}/2)\end{aligned}\tag{7-36}$$

傅里叶变换后为

$$\begin{aligned}&\mathscr{F}[\mathrm{Squ}(t)-\mathrm{Squ}(t-T_{\rm LO}/2)]\\&=\frac{2\pi}{T_{\rm LO}}(1-\mathrm{e}^{\mathrm{j}\omega T_{\rm LO}/2})\sum_{n=-\infty}^{+\infty}\delta(\omega-n\omega_{\rm LO})\times\frac{T_{\rm LO}}{2}\mathrm{e}^{-\mathrm{j}\omega T_{\rm LO}/4}\mathscr{F}[\prod(-T_{\rm LO}/4,T_{\rm LO}/4)]\\&=\pi(1-\mathrm{e}^{\mathrm{j}\omega T_{\rm LO}/2})\mathrm{e}^{-\mathrm{j}\omega T_{\rm LO}/4}\mathrm{sinc}(\omega T_{\rm LO}/4)\sum_{n=-\infty}^{+\infty}\delta(\omega-n\omega_{\rm LO})\\&=\pi\sum_{n=-\infty}^{+\infty}(1-\mathrm{e}^{\mathrm{j}n\omega_{\rm LO}T_{\rm LO}/2})\mathrm{e}^{-\mathrm{j}n\omega_{\rm LO}T_{\rm LO}/4}\mathrm{sinc}(n\omega_{\rm LO}T_{\rm LO}/4)\end{aligned}\tag{7-37}$$

与输入信号混频后可得归零混频项的中频输出频域表达式为

$$\begin{aligned}&\mathscr{F}_{\rm IF}[V_{\rm L,in}(t)\mathrm{Squ}(t)-V_{\rm L,in}(t)\mathrm{Squ}(t-T_{\rm LO}/2)]\\&=\frac{1}{2}(1-\mathrm{e}^{\mathrm{j}\omega_{\rm LO}T_{\rm LO}/2})\mathrm{e}^{-\mathrm{j}\omega_{\rm LO}T_{\rm LO}/4}\mathrm{sinc}(\omega_{\rm LO}T_{\rm LO}/4)V_{\rm L,in}(\omega-\omega_{\rm LO})\\&=-\mathrm{j}\frac{2}{\pi}V_{\rm L,in}(\omega-\omega_{\rm LO})\end{aligned}\tag{7-38}$$

因此归零混频项的转换增益为$-\mathrm{j}2/\pi$。保持项的差值为

$$V_{\mathrm{H,out}}(t)=V_{\mathrm{L,in}}(t)\left[\sum_{n=-\infty}^{+\infty}\delta(t-nT_{\mathrm{LO}}-T_{\mathrm{LO}}/2)-\sum_{n=-\infty}^{+\infty}\delta(t-nT_{\mathrm{LO}})\right]*\Pi(0,T_{\mathrm{LO}}/2) \tag{7-39}$$

保持项的频域计算过程为冲激序列脉冲首先对输入信号进行频谱搬移，然后再与矩形脉冲信号的频谱（sinc 函数）相乘。与式（7-38）不同的是，sinc 函数在保持项中选取的不是本振频率处的幅度，而是中频频率处的幅度。根据式（7-8）、式（7-9）和式（7-11），以及时域延迟相对于频域的相位旋转，式（7-39）转换至频域后的中频项为

$$\begin{aligned}V_{\mathrm{H,out}}(\omega)&=\frac{1}{T_{\mathrm{LO}}}(\mathrm{e}^{\mathrm{j}\omega T_{\mathrm{LO}}/2}-1)\sum_{m=-\infty}^{+\infty}V_{\mathrm{L,in}}(\omega-m\omega_{\mathrm{LO}})\times\mathrm{e}^{-\mathrm{j}\omega T_{\mathrm{LO}}/4}\mathbb{F}[\Pi(-T_{\mathrm{LO}}/4,T_{\mathrm{LO}}/4)]\\&=\frac{1}{2}(\mathrm{e}^{\mathrm{j}\omega_{\mathrm{LO}}T_{\mathrm{LO}}/2}-1)\mathrm{e}^{-\mathrm{j}\omega_{\mathrm{IF}}T_{\mathrm{LO}}/4}\mathrm{sinc}(\omega_{\mathrm{IF}}T_{\mathrm{LO}}/4)V_{\mathrm{L,in}}(\omega-\omega_{\mathrm{LO}})\end{aligned} \tag{7-40}$$

考虑到 $\omega_{\mathrm{IF}}<<\omega_{\mathrm{LO}}$，在计算过程中可以令中频频率近似等于 0，且输入信号的载波频率近似等于本振信号频率，代入式（7-40）可得

$$V_{\mathrm{H,out}}(\omega)=-V_{\mathrm{L,in}}(\omega-\omega_{\mathrm{LO}}) \tag{7-41}$$

因此保持项的转换增益为-1。可以看出，归零混频项和保持项提供的转换增益是正交的，合并归零混频项和保持项，可得非归零混频器的转换增益为

$$G_{\mathrm{NRZ}}=\sqrt{1+(2/\pi)^2}\approx 1.19 \tag{7-42}$$

转换增益大于 1，这是单平衡非归零混频器的优点之一。

单平衡非归零混频器的噪声性能与单平衡归零混频器（见图 7-25）也有较大差异。图 7-29 给出了单平衡非归零混频器的噪声模型，输入/输出信号的具体时域波形与图 7-27 类似。当本振开关导通时，输出端跟踪输入端的噪声信号。当本振开关断开时，输出端保持断开前的输入端采样噪声信号。因此，源电阻产生的热噪声在输出端同样通过归零混频和采样保持两种方式体现出来。

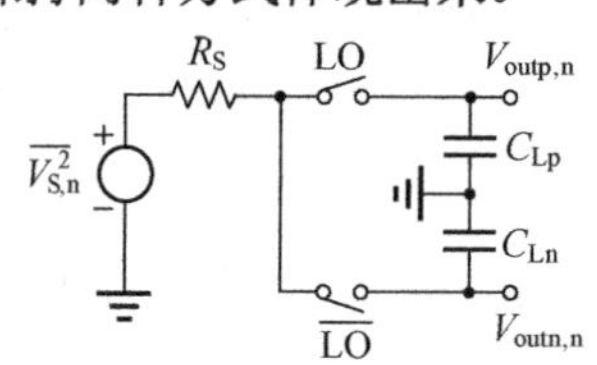


图 7-29 单平衡非归零混频器噪声模型

与图 7-27 所示的输入信号 $V_{\mathrm{L,in}}$ 不同的是，源电阻 $R_{\mathrm{S}}$ 的热噪声 $V_{\mathrm{S,n}}$ 是一个全频带信号。考虑到阻容的低通滤波效应，并参考式（7-38），可得归零混频项在输出端产生的中频频域噪声为

$$\begin{aligned}&\mathbb{F}_{\mathrm{IF}}[V_{\mathrm{S,n}}(t)\mathrm{Squ}(t)-V_{\mathrm{S,n}}(t)\mathrm{Squ}(t-T_{\mathrm{LO}}/2)]\\&=\frac{1}{2}\sum_{n=-\infty}^{+\infty}(1-\mathrm{e}^{jn\omega_{\mathrm{LO}}T_{\mathrm{LO}}/2})\mathrm{e}^{-jn\omega_{\mathrm{LO}}T_{\mathrm{LO}}/4}\mathrm{sinc}(n\omega_{\mathrm{LO}}T_{\mathrm{LO}}/4)V_{\mathrm{S,n}}(\omega-n\omega_{\mathrm{LO}})\frac{1}{1+\mathrm{j}n\omega_{\mathrm{LO}}R_{\mathrm{S}}C_{\mathrm{L}}}\end{aligned} \tag{7-43}$$

式中，$C_{\mathrm{L}}=C_{\mathrm{Lp}}=C_{\mathrm{Ln}}$。因此归零混频项的噪声搬移过程相较于图 7-26 只是增加了一个低通滤波功能用于压制高频谐波处的热噪声，如图 7-30 所示。为了解释说明归零混频项与采样保持项的相关性，相应谐波搬移过程中的相位项也标示于图中。

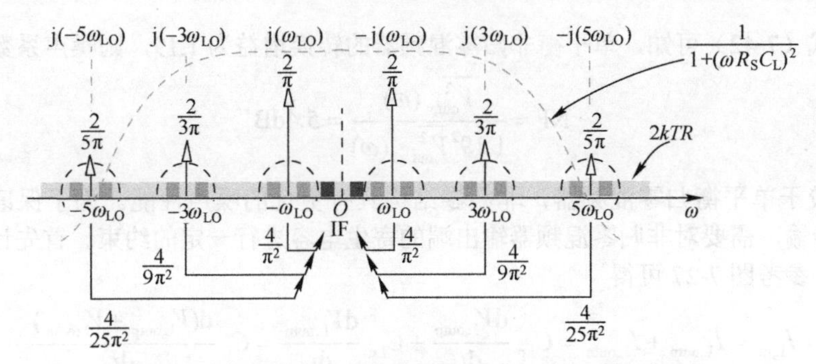


图 7-30　单平衡非归零混频器的归零混频频谱搬移图示

由于低通滤波器可以有效地压制本振开关高频谐波项处的热噪声，为了便于计算，假设低通滤波器的带宽位于 $3\omega_{LO}$ 处，则可以忽略包括 5 次谐波在内的高频谐波处的噪声而不影响计算结果。在式（7-43）中对 $n=\pm1$ 和 $n=\pm3$ 四项的噪声功率相加可得归零混频后的输出端中频噪声功率谱为

$$\overline{V_{\text{out,n1}}^2}(\omega)=\frac{4}{\pi^2}\overline{V_{\text{S,n}}^2}(\omega-\omega_{\text{LO}})+\frac{4}{\pi^2}\overline{V_{\text{S,n}}^2}(\omega+\omega_{\text{LO}})+\frac{4}{9\pi^2}\overline{V_{\text{S,n}}^2}(\omega-3\omega_{\text{LO}})+\frac{4}{9\pi^2}\overline{V_{S,n}^2}(\omega+3\omega_{\text{LO}}) \tag{7-44}$$

式中，$V_{\text{S,n}}^2(\omega)=2kTR_{\text{S}}$，为源阻抗的双边带噪声功率谱。代入式（7-44）可得

$$\overline{V_{\text{out,n1}}^2}(\omega)=1.8kTR_{\text{S}} \tag{7-45}$$

根据式（7-40）可得采样保持项在输出端的中频噪声频谱为

$$V_{\text{out,n2}}(\omega)=\frac{1}{2}\text{e}^{-\text{j}\omega_{\text{IF}}T_{\text{LO}}/4}\text{sinc}(\omega_{\text{IF}}T_{\text{LO}}/4)\sum_{n=-\infty}^{+\infty}(1-\text{e}^{\text{j}n\omega_{\text{LO}}T_{\text{LO}}/2})V_{\text{S,n}}(\omega-n\omega_{\text{LO}})\frac{1}{1+\text{j}n\omega_{\text{LO}}R_{\text{S}}C_{\text{L}}} \tag{7-46}$$

单平衡非归零混频器采样保持阶段频谱搬移过程可参考图 7-31。同理可得采样保持项在输出端引入的双边带中频噪声功率谱为

$$\overline{V_{\text{out,n2}}^2}(\omega)=\overline{V_{\text{S,n}}^2}(\omega-\omega_{\text{LO}})+\overline{V_{\text{S,n}}^2}(\omega+\omega_{\text{LO}})+\overline{V_{\text{S,n}}^2}(\omega-3\omega_{\text{LO}})+\overline{V_{\text{S,n}}^2}(\omega+3\omega_{\text{LO}})=8kTR_{\text{S}} \tag{7-47}$$

由图 7-30 和图 7-31 可知，归零混频阶段和采样保持阶段对应谐波频率处的噪声在搬移过程中均为正交关系，因此两个阶段之间不存在相关噪声。单平衡非归零混频器源阻抗 $R_{\text{S}}$ 在输出端产生的双边带中频噪声功率谱为

$$\overline{V_{\text{out,n}}^2}(\omega)=\overline{V_{\text{out,n1}}^2}(\omega)+\overline{V_{\text{out,n2}}^2}(\omega)=9.8kTR_{\text{S}} \tag{7-48}$$

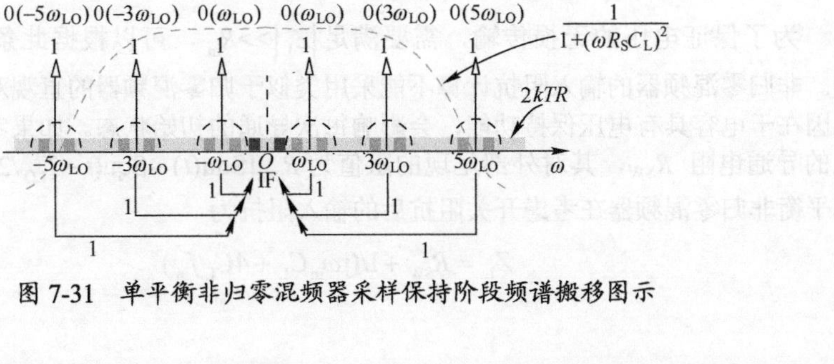

图 7-31　单平衡非归零混频器采样保持阶段频谱搬移图示

由式（7-42）可知，单平衡非归零混频器的转换增益为1.19，则噪声系数为

$$\mathrm{NF}=\frac{\overline{V_{\mathrm{out,n}}^2}(\omega)}{1.19^2\overline{V_{\mathrm{out,n1}}^2}(\omega)}=5.4\mathrm{dB} \tag{7-49}$$

相较于单平衡归零混频器，非归零结构具有更优的噪声性能。为了保证电压模的无损传输，需要对非归零混频器输出端的寄生电容进行一定的约束。首先计算其输入阻抗，参考图7-27可得

$$I_{\mathrm{L,in}}=I_{\mathrm{L,outp}}+I_{\mathrm{L,outn}}=C_{\mathrm{Lp}}\frac{\mathrm{d}V_{\mathrm{L,outp}}}{\mathrm{d}t}+C_{\mathrm{Ln}}\frac{\mathrm{d}V_{\mathrm{L,outn}}}{\mathrm{d}t}=C_{\mathrm{L}}\frac{\mathrm{d}(V_{\mathrm{L,outp}}+V_{\mathrm{L,outn}})}{\mathrm{d}t} \tag{7-50}$$

与计算归零混频器的输入阻抗相同，非归零混频器也只需要关心在输出端位于输入信号载波频率处的电压信号，对于归零项而言，下式成立：

$$(V_{\mathrm{L,outp}}+V_{\mathrm{L,outn}})_{\mathrm{RZ}}=V_{\mathrm{L,in}}[\mathrm{Squ}(t)+\mathrm{Squ}(t-T_{\mathrm{LO}}/2)]=V_{\mathrm{L,in}} \tag{7-51}$$

对于保持项而言，参考式（7-39）可得

$$(V_{\mathrm{L,outp}}+V_{\mathrm{L,outn}})_{\mathrm{H}}=V_{\mathrm{L,in}}(t)\left[\sum_{n=-\infty}^{+\infty}\delta(t-nT_{\mathrm{LO}})+\sum_{n=-\infty}^{+\infty}\delta(t-nT_{\mathrm{LO}}-T_{\mathrm{LO}}/2)\right]*\prod(0,T_{\mathrm{LO}}/2) \tag{7-52}$$

参考式（7-40），对式（7-52）进行傅里叶变换并选取输入信号频率处的信号可得

$$\left[V_{\mathrm{L,outp}}(\omega_{\mathrm{in}})+V_{\mathrm{L,outn}}(\omega_{\mathrm{in}})\right]_{\mathrm{H}}=\mathrm{e}^{-\mathrm{j}\omega_{\mathrm{in}}T_{\mathrm{LO}}/4}\mathrm{sinc}(\omega_{\mathrm{in}}T_{\mathrm{LO}}/4)V_{\mathrm{L,in}}(\omega_{\mathrm{in}}) \tag{7-53}$$

对于下变频混频器，通常满足$\omega_{\mathrm{in}}\approx\omega_{\mathrm{LO}}$，代入式（7-53）可得

$$[V_{\mathrm{L,outp}}(\omega_{\mathrm{in}})+V_{\mathrm{L,outn}}(\omega_{\mathrm{in}})]_{\mathrm{H}}=-\mathrm{j}\frac{2}{\pi}V_{\mathrm{L,in}}(\omega_{\mathrm{in}}) \tag{7-54}$$

分别对式（7-50）和式（7-51）进行傅里叶变换可得

$$I_{\mathrm{L,in}}(\omega_{\mathrm{in}})=\mathrm{j}\omega_{\mathrm{in}}C_{\mathrm{L}}[V_{\mathrm{L,outp}}(\omega_{\mathrm{in}})+V_{\mathrm{L,outn}}(\omega_{\mathrm{in}})]_{\mathrm{RZ+H}} \tag{7-55}$$

$$[V_{\mathrm{L,outp}}(\omega_{\mathrm{in}})+V_{\mathrm{L,outn}}(\omega_{\mathrm{in}})]_{\mathrm{RZ}}=V_{\mathrm{L,in}}(\omega_{\mathrm{in}}) \tag{7-56}$$

将式（7-54）和式（7-56）分别代入式（7-55）可得

$$I_{\mathrm{L,in}}(\omega_{\mathrm{in}})=\mathrm{j}\omega_{\mathrm{in}}C_{\mathrm{L}}\left[1-\mathrm{j}\frac{2}{\pi}\right]V_{\mathrm{L,in}}(\omega_{\mathrm{in}})=(\mathrm{j}\omega_{\mathrm{in}}C_{\mathrm{L}}+4C_{\mathrm{L}}f_{\mathrm{in}})V_{\mathrm{L,in}}(\omega_{\mathrm{in}}) \tag{7-57}$$

则单平衡非归零混频器的输入阻抗为

$$Z_{\mathrm{L}}=V_{\mathrm{L,in}}(\omega_{\mathrm{in}})/I_{\mathrm{L,in}}(\omega_{\mathrm{in}})=1/(\mathrm{j}\omega_{\mathrm{in}}C_{\mathrm{L}}+4C_{\mathrm{L}}f_{\mathrm{in}}) \tag{7-58}$$

为了保证电压的无损传输，需要满足$|Z_{\mathrm{L}}|>>R_{\mathrm{in}}$，可以根据此条件确定负载电容。非归零混频器的输入阻抗计算不能采用类似于归零混频器的直观观察方法，主要原因在于电容具有电压保持功能，会影响每次导通的初始状态。如果考虑本振开关引入的导通电阻 $R_{\mathrm{SW}}$，其对外部呈现的阻值为$R_{\mathrm{SW}}[\mathrm{Squ}(t)+\mathrm{Squ}(t-T_{\mathrm{LO}}/2)]=R_{\mathrm{SW}}$，因此单平衡非归零混频器在考虑开关阻抗后的输入阻抗为

$$Z_{\mathrm{L}}=R_{\mathrm{SW}}+1/(\mathrm{j}\omega_{\mathrm{in}}C_{\mathrm{L}}+4C_{\mathrm{L}}f_{\mathrm{in}}) \tag{7-59}$$

## 7.3.2　双平衡电压模无源下变频混频器

单平衡混频器的本振信号会通过开关管的寄生电容直接泄漏至中频输出端，当本振信号的幅度较大时，会直接对后级电路模块造成减敏现象。由图 7-11 可知，双平衡混频器无论是射频输入端还是中频输出端均有两个差分开关对管同时接入。由例 7-2 可知，本振的泄漏只有在开关失配时才存在，因此可以明显改善本振的泄漏情况。

双平衡归零无源混频器的输入阻抗计算如图 7-32 所示。可以直观地看出，当本振信号 $LO^+$为高电平时，$LO^+$控制的开关支路导通，混频器的输入阻抗为 $R_{Lp}+R_{Ln}$；当本振信号 $LO^-$为高电平时，$LO^-$控制的开关支路导通，混频器的输入阻抗仍为 $R_{Lp}+R_{Ln}$。因此，图 7-32 所示的双平衡归零无源混频器的输入阻抗为 $R_{Lp}+R_{Ln}$。当满足 $R_{Lp}=R_{Ln}=R_L$ 时，差分输入阻抗为 $2R_L$。假设上级电路单端输出的阻抗为 $R_{in}$，则需要满足 $R_L>10R_{in}$ 的条件才能保证电压模的无损传输。

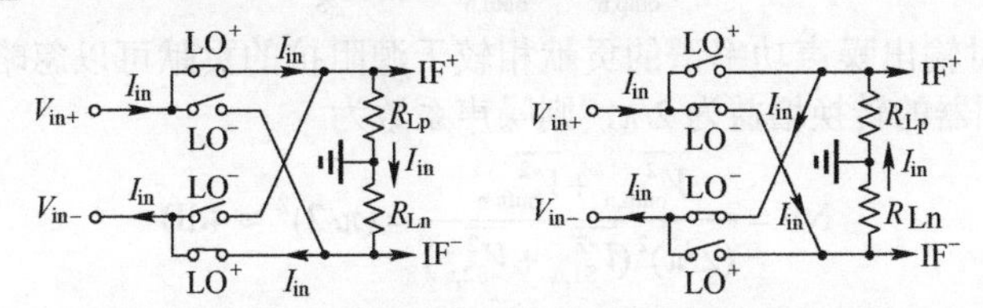


图 7-32　双平衡归零无源混频器输入阻抗计算图示

双平衡电压模归零混频器的噪声模型如图 7-33 所示。与单平衡电压模归零结构类似，噪声源同样来自源阻抗和负载阻抗，但是等效至双平衡结构输出端的噪声与单平衡结构有很大不同。主要的不同来源于负载电阻热噪声等效至输出端的计算过程，可以看出，不论本振信号 $LO^+$或 $LO^-$的极性如何，本振开关均会将源电阻 $R_S$ 交替接入混频器的输出端。当满足 $R_{Lp}=R_{Ln}=R_L>>R_S$ 时，负载电阻 $R_{Lp}$ 和 $R_{Ln}$ 等效至输出端的噪声电压恒等于

$$V_{outp,n}=V_{outn,n}=V_{Lp,n}\frac{R_S}{R_S+R_{Lp}}=V_{Ln,n}\frac{R_S}{R_S+R_{Ln}} \tag{7-60}$$

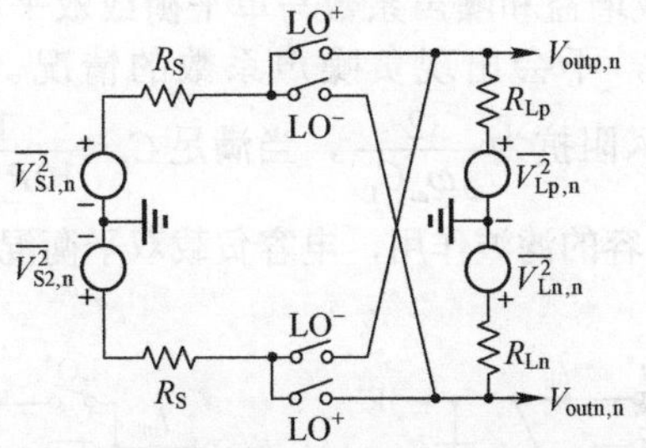

图 7-33　双平衡电压模归零混频器噪声模型

可得 $\overline{V^2_{outp,n}}=\overline{V^2_{outn,n}}\approx 4kTR_S^2/R_L$。对于源阻抗 $R_S$ 而言，由于本振开关的交替导通，输出至两个差分输出端的噪声电压分别为

$$V_{\text{outp,n}}=V_{\text{S1,n}}\frac{R_{\text{Lp}}}{R_{\text{S}}+R_{\text{Lp}}}\text{Squ}(t)+V_{\text{S2,n}}\frac{R_{\text{Lp}}}{R_{\text{S}}+R_{\text{Lp}}}\text{Squ}(t-T_{\text{LO}}/2) \tag{7-61}$$

$$V_{\text{outn,n}}=V_{\text{S2,n}}\frac{R_{\text{Ln}}}{R_{\text{S}}+R_{\text{Ln}}}\text{Squ}(t)+V_{\text{S1,n}}\frac{R_{\text{Ln}}}{R_{\text{S}}+R_{\text{Ln}}}\text{Squ}(t-T_{\text{LO}}/2) \tag{7-62}$$

由于 $V_{\text{S1,n}}$和 $V_{\text{S2,n}}$不相关，在 $R_{\text{Lp}}=R_{\text{Ln}}=R_{\text{L}}>>R_{\text{S}}$ 的情况下，双平衡电压模归零混频器差分输出端的噪声功率谱为

$$\overline{V^2_{\text{outp,n}}}=\overline{V^2_{\text{S1,n}}}\text{Squ}(t)+\overline{V^2_{\text{S2,n}}}\text{Squ}(t-T_{\text{LO}}/2) \tag{7-63}$$

$$\overline{V^2_{\text{outn,n}}}=\overline{V^2_{\text{S2,n}}}\text{Squ}(t)+\overline{V^2_{\text{S1,n}}}\text{Squ}(t-T_{\text{LO}}/2) \tag{7-64}$$

由例 7-3 可知，热噪声通过占空比为 50%的本振控制开关后，在输出端中频频率处产生的噪声功率谱是输入端的一半。因此，双平衡电压模归零混频器的差分输出端噪声功率谱为

$$\overline{V^2_{\text{outp,n}}}=\overline{V^2_{\text{outn,n}}}=4kTR_{\text{S}} \tag{7-65}$$

负载电阻对输出噪声功率谱的贡献相较于源阻抗的贡献可以忽略，并且双平衡电压模归零混频器的转换增益为 2/π，则噪声系数为

$$\text{NF}=\frac{\overline{V^2_{\text{outp,n}}}+\overline{V^2_{\text{outn,n}}}}{(2/\pi)^2(\overline{V^2_{\text{S1,n}}}+\overline{V^2_{\text{S2,n}}})}=(\pi/2)^2\approx 4\text{dB} \tag{7-66}$$

由于负载电阻对输出端的噪声贡献可以忽略，因此双平衡电压模归零结构相较于单平衡电压模归零结构有更优的噪声性能，这也是限制单平衡结构得到广泛应用的原因之一。双平衡电压模归零混频器的噪声系数主要是由于噪声混叠及其无源属性引入的低增益导致的。

与单平衡结构一样，双平衡结构同样可以使用电容作为负载。图 7-33 所示双平衡电压模归零混频器输出端的噪声仅由源电阻引入，如果将负载电阻替换成电容的形式，并假设双平衡结构和单平衡结构具有同样的归零和保持阶段，则双平衡结构的增益同样大于 1。此时，噪声系数变为一个负值，不但不会恶化，甚至还可以优化系统的噪声性能，很显然这种现象在实际的电路设计过程中是不可能出现的。如图 7-34 所示，双平衡结构中，由于本振开关的交替导通，输出端负载电容上已经不存在电压的保持状态了，因此转换增益和噪声系数与单平衡或双平衡电压模归零混频结构相同，分别为 2/π和 4dB，不会出现负噪声系数的情况。由图 7-34 可知，假设 $C_{\text{Lp}}=C_{\text{Ln}}=C_{\text{L}}$，差分输入阻抗为 $\dfrac{2}{\text{j}\omega_{\text{in}}C_{\text{L}}}$，当满足 $C_{\text{L}}<\dfrac{1}{10R_{\text{in}}\omega_{\text{in}}}$ 时，可以保证电压模的无损传输。由于负载电容的滤波作用，电容负载双平衡混频器的噪声性能通常优于电阻负载双平衡混频器。

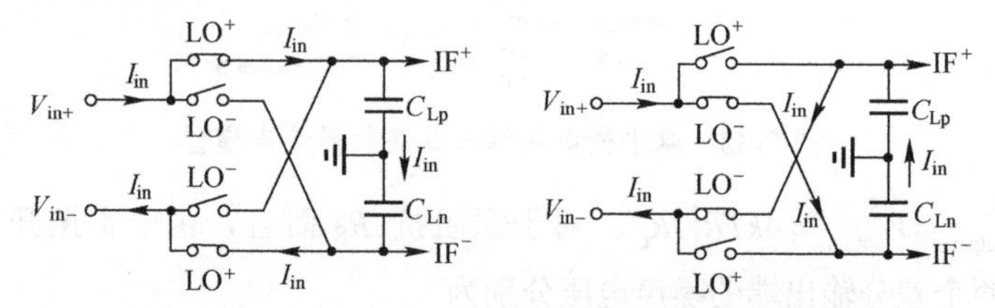


图 7-34 负载为电容的双平衡无源混频器输入阻抗计算图示

## 7.3.3　八相结构电压模无源下变频混频器

多相混频结构是一种较为理想的混频结构，由于本振开关中仅存在部分高次谐波，因此噪声性能和抗干扰性能均优于上述几种混频结构（单开关、单平衡和双平衡）。图 7-35 给出了八相混频器的四种等价结构和演进过程（具体演进过程不再赘述）。对于图 7-35（d）中基于运算放大器形成的比例放大器，为了保证各相本振开关支路的比例系数关系，各输入电阻之间存在如下关系：

$$R_{p2}=R_{p3}=R_{n2}=R_{n3}=\sqrt{2}R_{p1}=\sqrt{2}R_{n1}=\sqrt{2}R_L \tag{7-67}$$

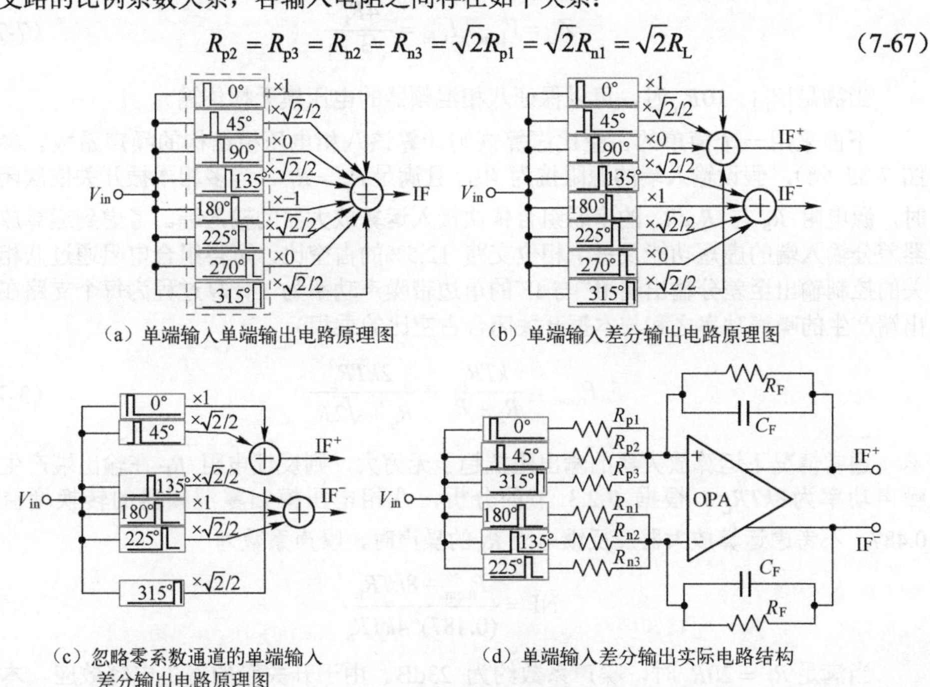


（a）单端输入单端输出电路原理图　（b）单端输入差分输出电路原理图

（c）忽略零系数通道的单端输入差分输出电路原理图　（d）单端输入差分输出实际电路结构

图 7-35　八相电压模混频器

式中，$R_L$ 为参考电阻。多相混频器的功能实现对电阻 $R_F$ 和电容 $C_F$ 没有要求，需要根据具体的增益和带宽需求进行确定。

为了保证电压模的无损传输，还需要计算八相混频结构的输入阻抗，并用于限定式（7-67）中各电阻的具体取值。由图 7-36 可知

$$I_{L,in}=\sum_{i=1}^{3}I_{L,outpi}+\sum_{j=1}^{3}I_{L,outnj}=\sum_{i=1}^{3}\frac{V_{L,outpi}}{R_{pi}}+\sum_{j=1}^{3}\frac{V_{L,outnj}}{R_{nj}} \tag{7-68}$$

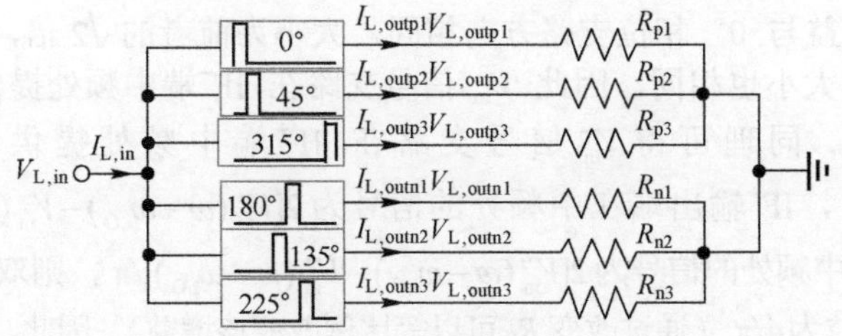

图 7-36　单平衡电压模八相混频器输入阻抗计算示意图

在计算输入阻抗时，仅关心输出端位于输入信号载波频率处的信号，因此下式成立：

$$V_{\mathrm{L,outp}i}(\omega_{\mathrm{in}})=V_{\mathrm{L,outn}j}(\omega_{\mathrm{in}})=\frac{V_{\mathrm{L,in}}(\omega_{\mathrm{in}})}{8} \tag{7-69}$$

将式（7-67）和式（7-69）代入式（7-68）可得单平衡八相归零混频器的输入阻抗为

$$Z_{\mathrm{L}}=V_{\mathrm{L,in}}/I_{\mathrm{L,in}}=\frac{4R_{\mathrm{L}}}{\sqrt{2}+1} \tag{7-70}$$

当满足$|Z_{\mathrm{L}}|>10R_{\mathrm{in}}$时，可以保证八相混频器的电压模无损传输。

下面采用一个简单的占空比匡算规则计算该八相电压模结构的噪声系数。参考图 7-35（d），假设输入端的源阻抗为 $R_{\mathrm{S}}$，且满足$R_{\mathrm{F}}=R_{\mathrm{L}}$，当多相本振开关依次闭合时，源电阻 $R_{\mathrm{S}}$ 与 $R_{\mathrm{p}i}/R_{\mathrm{n}j}$ 的串联组合依次接入运算放大器的输入端。考虑到运算放大器差分输入端的虚短功能及每个相位支路 12.5%的占空比，可得组合电阻通过八相开关的控制输出至差分输出端 $\mathrm{IF}^+$与 $\mathrm{IF}^-$的单边带噪声功率为（计算过程为每个支路在输出端产生的噪声功率之和与本振开关闭合占空比的乘积）

$$P_{\mathrm{n,out}}=\frac{kTR_{\mathrm{L}}^2}{R_{\mathrm{S}}+R_{\mathrm{L}}}+\frac{2kTR_{\mathrm{L}}^2}{R_{\mathrm{S}}+\sqrt{2}R_{\mathrm{L}}} \tag{3-71}$$

通常情况下运算放大器的输出阻抗趋于无穷大，则反馈电阻 $R_{\mathrm{F}}$ 在输出端产生的噪声功率为$8kTR_{\mathrm{L}}$。根据 7.2.3 节的分析，八相电压模归零混频器的转换增益为0.487，不考虑运算放大器及反馈电阻 $R_{\mathrm{F}}$ 的噪声时，噪声系数为

$$\mathrm{NF}=\frac{P_{\mathrm{n,out}}+8kTR_{\mathrm{L}}}{(0.487)^2 4kTR_{\mathrm{S}}} \tag{7-72}$$

当满足$R_{\mathrm{L}}=20R_{\mathrm{S}}$时，噪声系数约为 23dB。由于开关管的寄生电容效应，本振至中频输出端的泄漏容易导致后级电路的减敏效应，需要格外注意。

如图 7-37 所示，采用占空比为 50%的八相双平衡混频结构可以有效避免本振信号至中频输出端的泄漏[与双平衡混频器原理类似，具体物理实现电路读者可参考双平衡结构及图 7-35（d）自行搭建]。由于每个相位支路的占空比均为 50%，因此输入端串联组合电阻等效至输出端的单边带噪声功率谱可以近似表达为$4P_{\mathrm{n,out}}$（仅考虑 $V_{\mathrm{in}}^{+}$支路），而反馈电阻 $R_{\mathrm{F}}$ 等效至输出端的噪声功率不变。

下面分析双平衡多相电压模混频器的增益。参考 5.8.1 节的分析方法，$V_{\mathrm{in}}^{+}$信号 0° 相位支路在中频处的转换增益为$1/\pi$，45° 和 315° 相位支路矢量叠加后在中频处产生的转换增益与 0° 相位支路方向相同，大小为前者的$\sqrt{2}$倍，由于系数$\sqrt{2}/2$的存在，最终的大小也相同。因此 $V_{\mathrm{in}}^{+}$信号支路在 $\mathrm{IF}^+$端中频处提供的输出信号为$2V_{\mathrm{in}}^{+}(\omega-\omega_{\mathrm{LO}})/\pi$，同理可得$V_{\mathrm{in}}^{-}$信号支路在 $\mathrm{IF}^+$端中频处提供的输出信号为$-2V_{\mathrm{in}}^{-}(\omega-\omega_{\mathrm{LO}})/\pi$，$\mathrm{IF}^+$输出端在中频处的信号为$2[V_{\mathrm{in}}^{+}(\omega-\omega_{\mathrm{LO}})-V_{\mathrm{in}}^{-}(\omega-\omega_{\mathrm{LO}})]/\pi$。同理，$\mathrm{IF}^-$输出端在中频处的信号为$2[V_{\mathrm{in}}^{-}(\omega-\omega_{\mathrm{LO}})-V_{\mathrm{in}}^{+}(\omega-\omega_{\mathrm{LO}})]/\pi$，则双平衡多相电压模混频器的转换增益为$4/\pi$（通过改变 $R_{\mathrm{F}}$ 可以等比例改变该增益），因此，噪声系数为

$$\mathrm{NF}=\frac{4P_{\mathrm{n,out}}+8kTR_{\mathrm{L}}}{(4/\pi)^2 4kTR_{\mathrm{S}}} \tag{7-73}$$

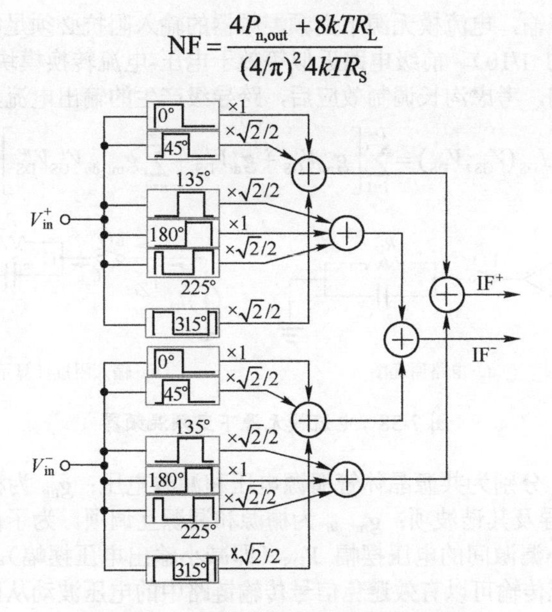


图 7-37　双平衡多相电压模无源混频器

当满足时 $R_{\mathrm{L}}=20R_{\mathrm{S}}$，噪声系数约为 17.4dB。由于图 7-37 中各相本振开关的占空比为 50%，仅考虑 $V_{\mathrm{in}}{}^+$支路，在任意时刻均有两个比例系数为$\sqrt{2}/2$和一个比例系数为 1 的支路同时接入输入端，参考图 7-36 可知，即任意时刻从输入端向右看进去均有三个阻值分别为$\sqrt{2}R_{\mathrm{L}}$、$\sqrt{2}R_{\mathrm{L}}$、$R_{\mathrm{L}}$的电阻并联，因此双平衡电压模八相归零混频器的输入阻抗为（从占空比的角度考虑同样可以得到此结果，读者可自行计算）

$$Z_{\mathrm{L}}=\frac{R_{\mathrm{L}}}{1+\sqrt{2}} \tag{7-74}$$

为保障双平衡结构电压模的无损传输，需要满足 $R_{\mathrm{L}}>(10\sqrt{2}+10)R_{\mathrm{in}}$，相较于占空比为 12.5%的单平衡结构较为严苛。双平衡结构可以明显改善混频器的噪声性能，并有效地抑制本振至中频输出端的泄漏效应，且占空比为 50%的本振信号更容易产生，唯一的不足是设计复杂度较高。另外，根据 5.8.1 节的分析，占空比为 50%的双平衡结构同样可以对 3、5、11、13 等奇次谐波进行抑制，与占空比为 12.5%的情况相同。

八相混频器的其他电路实现结构（基于双平衡结构）可参考文献[6]。

# 7.4　电流模无源下变频混频器

相较于电压模无源下变频混频器，电流模无源下变频混频器在整个信号通路中传输的是电流信号，信号通路中的电压波动较小，因此可以改善链路的线性性能。

电流模无源下变频混频器的电路原理如图 7-38（a）所示。为了保证电流模在开关导通时的无损传输，电流模无源下变频混频器的输入阻抗必须足够小（至少小于前级模块输出阻抗的 1/10）。前级电路近似等效于电压-电流转换模块（跨导模块），以共源放大结构为例，考虑沟长调制效应后，跨导级产生的输出电流为

$$I_{DS}(V_{GS},V_{DS})=\sum_{i=1}^{+\infty}\left[g_{mi}V_{GS}^{i}+g_{di}V_{DS}^{i}+\sum_{n=1}^{+\infty}g_{mi\_dn}V_{GS}^{i}V_{DS}^{n}\right] \tag{7-75}$$

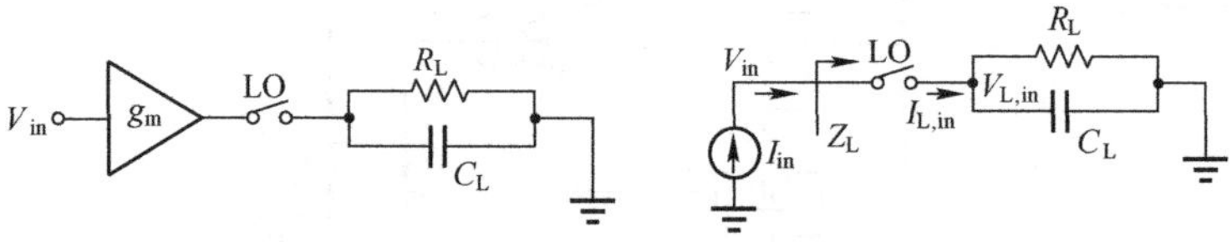

（a）电路原理图

（b）输入阻抗计算示意图

图 7-38 电流模无源下变频混频器

式中，$V_{GS}$ 和 $V_{DS}$ 分别为共源晶体管栅源电压和漏源电压；$g_{mi}$ 为栅源跨导及其谐波项；$g_{di}$ 为漏源跨导及其谐波项；$g_{mi\_dn}$ 为栅源和漏源互调项。为了保证跨导级的低失真水平，必须减小漏源间的电压摆幅 $V_{DS}$（即减小输出电压摆幅）。电流模无源下变频混频器通过电流传输可以有效避免信号传输链路中的电压波动从而改善跨导级输出电流的线性性能，进而改善整个接收链路的线性性能。

为了保证电流模无源下变频混频器的无损电流传输特性（电压波动近似为0），无源混频器的输入阻抗必须足够小。图 7-38（b）为电流模无源下变频混频器输入阻抗的计算示意图，与电压模无源下变频混频器不同的是，输入端采用电流源来模拟，负载端通过并联的电阻 $R_L$ 和电容 $C_L$ 来模拟。假设本振信号的占空比为 50%，则

$$I_{L,in}(t)=\mathrm{Squ}(t)I_{in}(t) \tag{7-76}$$

Squ($t$) 在负载端产生的电压信号为

$$V_{L,in}(t)=\mathrm{Squ}(t)I_{in}(t)\frac{R_L}{1+sR_LC_L} \tag{7-77}$$

负载阻抗在频域为一个低通滤波器，因此下变频混频器的负载端电压信号 $V_{L,in}(t)$ 中仅包含中频信号。式（7-77）在中频处的频域表达式为（单开关结构的转换增益为$1/\pi$）

$$V_{L,in}(\omega_{IF})=\frac{R_LI_{in}(\omega_{in}\rightarrow\omega_{IF})}{\pi(1+sR_LC_L)} \tag{7-78}$$

由于电流源的输出阻抗趋于无穷大，因此从本振开关管的右端向左端看进去的输入阻抗同样趋于无穷大（计算方法与电压模无源下变频混频器相同）。因此，负载端电压信号 $V_{L,in}(t)$ 在本振开关闭合时会无损传输至电流源的输入端，下式成立：

$$V_{in}(t)=\mathrm{Squ}(t)V_{L,in}(t) \tag{7-79}$$

在计算无源混频器的输入阻抗时，仅关心输入端位于输入信号频率处的电压和电流信号，因此式（7-79）可以等效于对负载端的中频信号 $V_{L,in}(t)$ 进行上变频至输入端，则输入端位于输入信号频率处的电压信号为（单开关结构的上变频转换增益同样为$1/\pi$）

$$V_{\text{in}}(\omega_{\text{in}})=\frac{R_{\text{L}}I_{\text{in}}(\omega_{\text{in}})}{\pi^2[1+\text{j}(\omega-\omega_{\text{LO}})R_{\text{L}}C_{\text{L}}]} \tag{7-80}$$

因此图 7-38（b）所示电流模无源下变频混频器的输入阻抗为

$$Z_{\text{L}}(\omega_{\text{in}})=V_{\text{in}}(\omega_{\text{in}})/I_{\text{in}}(\omega_{\text{in}})=\frac{R_{\text{L}}}{\pi^2[1+\text{j}(\omega-\omega_{\text{LO}})R_{\text{L}}C_{\text{L}}]} \tag{7-81}$$

电流模无源下变频混频器的输入阻抗等效于对负载阻抗进行了上变频后的频谱搬移并乘以其转换增益的平方。当满足 $\omega_{\text{in}}\approx\omega_{\text{LO}}$ 时，单开关电流模无源混频器的输入阻抗可以近似为 $R_{\text{L}}/\pi^2$。因此为了保证电流信号在本振开关闭合时的无损传输，在上级电路的输出阻抗为 $R_{\text{in}}$ 时，必须满足 $R_{\text{L}}<\pi^2R_{\text{in}}/10$ 的条件。

根据上述分析可知，如果要保证电流模的无损传输，负载电阻 $R_{\text{L}}$ 必须足够小，由图 7-38（a）和式（7-78）可知

$$V_{\text{L,in}}(\omega_{\text{IF}})=\frac{R_{\text{L}}I_{\text{in}}(\omega_{\text{in}}\to\omega_{\text{IF}})}{\pi(1+sR_{\text{L}}C_{\text{L}})}=\frac{R_{\text{L}}g_{\text{m}}V_{\text{in}}(\omega_{\text{in}}\to\omega_{\text{IF}})}{\pi(1+sR_{\text{L}}C_{\text{L}})} \tag{7-82}$$

则可给出包括前级跨导模块在内后的电流模无源下变频混频器的转换增益为（仅考虑在中频范围内的输出端电压）

$$G=V_{\text{L,in}}/V_{\text{in}}=\frac{R_{\text{L}}g_{\text{m}}}{\pi(1+sR_{\text{L}}C_{\text{L}})}\approx\frac{R_{\text{L}}g_{\text{m}}}{\pi} \tag{7-83}$$

当前级电路的输出阻抗受限时，这种结构的无源下变频混频器增益太低，无法用于具体的工程实现，需要借助有源结构在保证低输入阻抗的情况下提供较高的转换增益。

以单平衡结构（见图 7-39）为例进行说明。通常的有源低输入阻抗负载均是通过基于运算放大器的负反馈结构来实现的，结构设计简单，利用运算放大器的虚短功能可以实现低的负载输入阻抗，提供较为理想的电流信号无损传输。可以看出，图 7-39 所示的无源电流模下变频混频器所提供的转换增益与负载的输入阻抗无关，仅决定于提供负反馈功能的并联 RC 网络，在电流模混频器中得到了较为广泛的使用。由于运算放大器的非理想性质（有限的增益和带宽），使得该结构在使用过程中也受到一些限制。

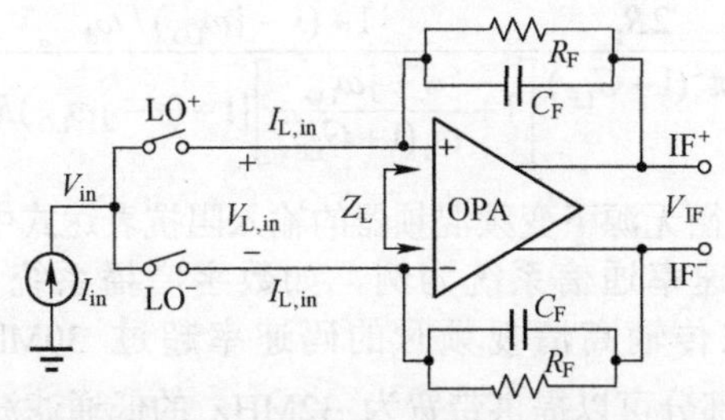


图 7-39　基于有源负载结构的单平衡电流模无源下变频混频器

假设运算放大器提供的低频增益为 $G_{\text{LF}}$，且存在唯一的一个主极点 $\omega_{\text{d}}$，则全频带内的增益为

$$G_{\text{OPA}}(s)=\frac{G_{\text{LF}}}{1+s/\omega_{\text{d}}} \tag{7-84}$$

根据图 7-39 可得

$$-V_{\mathrm{IF}} = V_{\mathrm{L,in}} G_{\mathrm{OPA}}(s) = V_{\mathrm{L,in}} \frac{G_{\mathrm{LF}}}{1+s/\omega_{\mathrm{d}}} \tag{7-85}$$

$$V_{\mathrm{IF}} = V_{\mathrm{L,in}} - 2I_{\mathrm{L,in}} Z_{\mathrm{F}}(s) = V_{\mathrm{L,in}} - \frac{2I_{\mathrm{L,in}} R_{\mathrm{F}}}{1+sR_{\mathrm{F}}C_{\mathrm{F}}} \tag{7-86}$$

将式（7-85）代入式（7-86）可得图 7-39 所示有源负载结构的输入阻抗为

$$Z_{\mathrm{L}} = V_{\mathrm{L,in}} / I_{\mathrm{L,in}} = \frac{2Z_{\mathrm{F}}(s)}{1+G_{\mathrm{OPA}}(s)} \tag{7-87}$$

在单平衡结构混频器中，由于两个本振开关是交替导通的，在每一个本振开关的导通周期内，运算放大器的两路 RC 并联负反馈网络中仅有一个支路存在导通电流。因此，单平衡混频器在每个本振开关的导通周期内，负载端的输入阻抗均为（不考虑本振开关的导通电阻）

$$Z_{\mathrm{L}} = \frac{Z_{\mathrm{F}}(s)}{1+G_{\mathrm{OPA}}(s)} \tag{7-88}$$

对于单平衡电流模无源下变频混频器来说，每个负载支路在中频段产生的电压信号为

$$V_{\mathrm{L,in}}^{+} = -V_{\mathrm{L,in}}^{-} = \frac{I_{\mathrm{in}} Z_{\mathrm{F}}(s)}{\pi[1+G_{\mathrm{OPA}}(s)]} \tag{7-89}$$

从负载处向输入端看进去，无源电流模下变频混频器可以等效为无源电压模上变频混频器，两个负载支路的上变频转换增益分别为$1/\pi$和$-1/\pi$，因此单平衡无源电流模混频器的输入阻抗为

$$Z_{\mathrm{in}} = V_{\mathrm{in}} / I_{\mathrm{in}} = \left[\frac{V_{\mathrm{L,in}}^{+}}{1/\pi} + \frac{V_{\mathrm{L,in}}^{-}}{-1/\pi}\right] / I_{\mathrm{in}} = \frac{2Z_{\mathrm{F}}(s-\mathrm{j}\omega_{\mathrm{LO}})}{\pi^2[1+G_{\mathrm{OPA}}(s-\mathrm{j}\omega_{\mathrm{LO}})]} \tag{7-90}$$

将 $Z_{\mathrm{F}}$[见式（7-86）]和 $G_{\mathrm{OPA}}$[见式（7-84）]的表达式代入式（7-90）可得

$$Z_{\mathrm{in}} = \frac{2R_{\mathrm{F}}}{\pi^2(1+G_{\mathrm{LF}})} \frac{1+(s-\mathrm{j}\omega_{\mathrm{LO}})/\omega_{\mathrm{d}}}{\left[1+\dfrac{s-\mathrm{j}\omega_{\mathrm{LO}}}{\omega_{\mathrm{d}}(1+G_{\mathrm{LF}})}\right][1+(s-\mathrm{j}\omega_{\mathrm{LO}})R_{\mathrm{F}}C_{\mathrm{F}}]} \tag{7-91}$$

图 7-39 所示单平衡无源下变频混频器的输入阻抗表达式中包含一个零点和两个极点。以较高传输码速率通信系统为例，如数字广播系统（Digital Broadcasting System，DBS），其在传输高清视频时的码速率超过 30Mbps，令 $R_{\mathrm{F}} = 15\mathrm{k}\Omega$，$C_{\mathrm{F}} = 0.35\mathrm{pF}$，则负载部分可以提供带宽为 32MHz 的低通滤波功能。运算放大器能够提供的典型低频增益为 60dB，典型带宽（主极点）为 1MHz。将上述典型值代入式（7-91）可得单平衡电流模无源下变频混频器的输入阻抗与输入频率之间的关系如图 7-40 所示（忽略了上变频导致的频移现象，实际频率响应应在此基础上向右移动本振频率大小）。

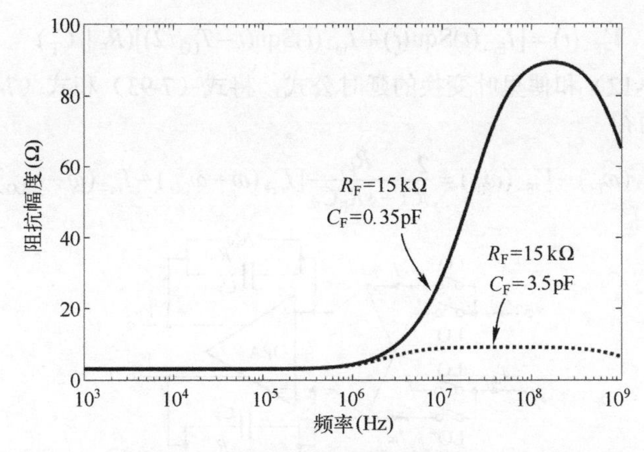


图 7-40 图 7-39 所示单平衡电流模混频器输入阻抗频率响应

可以看出，对于较高码速率的通信系统，如果有源负载中运算放大器的主极点频率较低，由于该主极点在输入阻抗中贡献的零点会导致无源混频器输入阻抗在一定的频率范围内随着频率的上升明显地增大（阻抗幅度增大了近 40 倍），会极大地恶化接收机的线性性能。对于较低码速率通信系统，如码速率降低为 3MHz（此时 $C_F$ 可以选取为 3.5pF），输入阻抗虽有提升，但是由于输入阻抗表达式中的零点与分母中的主极点接近，可以近似抵消，因此运算放大器引入的零点不会对输入阻抗造成太大的影响。图 7-39 所示的电流模无源下变频混频器仅适用于低码速的通信系统。对于高码速率通信系统，为了保持链路较好的线性性能，必须提高运算放大器的增益和带宽，这势必带来功耗的极大提升。

采用共栅正反馈结构的低输入阻抗有源负载如图 7-41 所示，输入阻抗为

$$Z_{in}=V_{L,in}/I_{L,in}=\frac{1}{g_{m1}}\left[1-\frac{g_{m1}g_{m2}R_L}{g_{m3}(1+sR_LC_L)}\right] \tag{7-92}$$

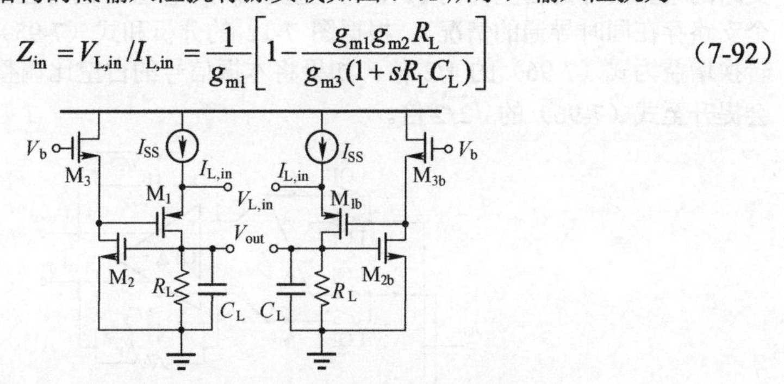


图 7-41 基于共栅正反馈放大器的低输入阻抗有源负载

通过选取合适的晶体管跨导（$g_{m1}$～$g_{m3}$），图 7-41 可以在较宽的频率范围内获得较低的输入阻抗，但是与图 7-39 所示结构相比，输出端的波动范围有限。

基于有源负载结构的双平衡电流模无源下变频混频器如图 7-42 所示（忽略了前端跨导级）。有源负载结构虽然有较低的输入阻抗，本振泄漏对后级电路的影响较小，但是考虑到有源负载结构的非理想特性，输入阻抗与频率之间是一种非线性关系（见图 7-40）。在一定频率范围内，同样存在较为严重的本振泄漏问题。因此在实际的设计过程中通常采用双平衡结构。根据图示可建立如下方程组：

$$V_{IF+}(t)=[I_{in+}(t)\mathrm{Squ}(t)+I_{in-}(t)\mathrm{Squ}(t-T_{LO}/2)](R_F \parallel C_F) \tag{7-93}$$

$$V_{\rm IF-}(t)=[I_{\rm in-}(t){\rm Squ}(t)+I_{\rm in+}(t){\rm Squ}(t-T_{\rm LO}/2)](R_{\rm F}\parallel C_{\rm F}) \tag{7-94}$$

根据式（7-12）和傅里叶变换的延时公式，将式（7-93）和式（7-94）相减并转换至中频频域可得

$$V_{\rm IF+}(\omega_{\rm IF})-V_{\rm IF-}(\omega_{\rm IF})=\frac{2}{\pi}\frac{R_{\rm F}}{1+sR_{\rm F}C_{\rm F}}[I_{\rm in+}(\omega-\omega_{\rm LO})-I_{\rm in-}(\omega-\omega_{\rm LO})] \tag{7-95}$$

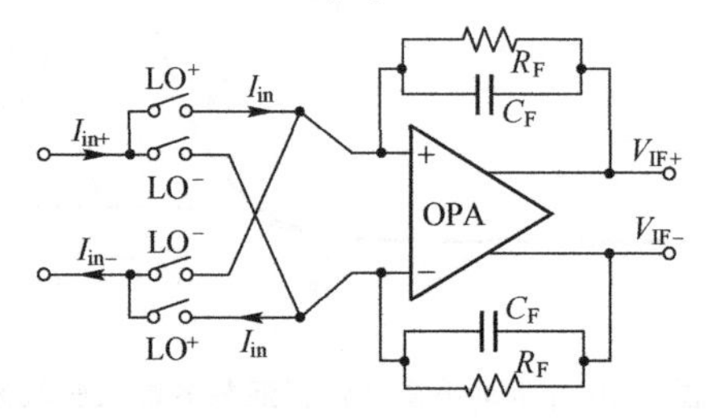


图 7-42　基于有源负载结构的双平衡电流模无源下变频混频器

则跨阻转换增益为

$$G_{\rm trani}=\frac{2}{\pi}\frac{R_{\rm F}}{1+sR_{\rm F}C_{\rm F}} \tag{7-96}$$

该结构在起到跨阻放大的同时，还可以提供一阶低通滤波效果。

对于零中频架构接收机或低中频架构接收机而言，混频器通常需要提供复数域下变频信号输出以避免镜像干扰。为了避免较大的本振泄漏，双平衡结构通常是一个最佳的选择。以图 7-42 所示的有源负载结构为例，双平衡正交无源电流模混频器的结构示意图如图 7-43 所示。与电压模无源下变频混频器不同的是，当输入两个正交支路的本振信号的占空比为 50%时，电流 $I_{\rm in+}$和 $I_{\rm in-}$会在两个正交支路中进行分流（两个支路存在同时导通的情况）。根据图 7-12 的分析和式（7-95）可知每个支路的跨阻转换增益为式（7-96）的 1/2 倍。如果将本振信号的占空比调整为 25%，则跨阻增益会提升至式（7-96）的$\sqrt{2}/2$倍。

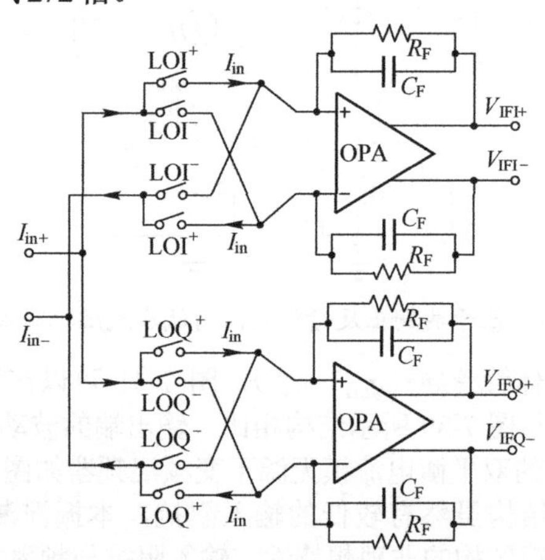


图 7-43　双平衡正交无源电流模混频器

基于有源负载结构的双平衡无源下变频混频器噪声产生模型如图 7-44 所示，噪声源主要包括两种：图 7-44（a）所示的反馈电阻 $R_{\rm F}$ 引入的噪声和图 7-44（b）所示

的运算放大器引入的输出噪声。大部分运算放大器的共模取值电路均基于并联的电阻 $R_{\mathrm{CM}}$ 和电容 $C_{\mathrm{CM}}$ 的（具体原理见第12章附录1）。为了保证运算放大器的开环增益和闭环稳定性，$R_{\mathrm{CM}}$ 不能太小，$C_{\mathrm{CM}}$ 不能过大，通常情况下满足 $R_{\mathrm{CM}} >> R_{\mathrm{F}}$，$C_{\mathrm{CM}} \approx C_{\mathrm{F}}$，则

$$I_{\mathrm{RF1,n1}} = \frac{sC_{\mathrm{CM}}V_{\mathrm{RF1,n}}}{1+sR_{\mathrm{F}}(C_{\mathrm{F}}+C_{\mathrm{CM}})},\ I_{\mathrm{RF2,n1}} = \frac{sC_{\mathrm{CM}}V_{\mathrm{RF2,n}}}{1+sR_{\mathrm{F}}(C_{\mathrm{F}}+C_{\mathrm{CM}})} \tag{7-97}$$

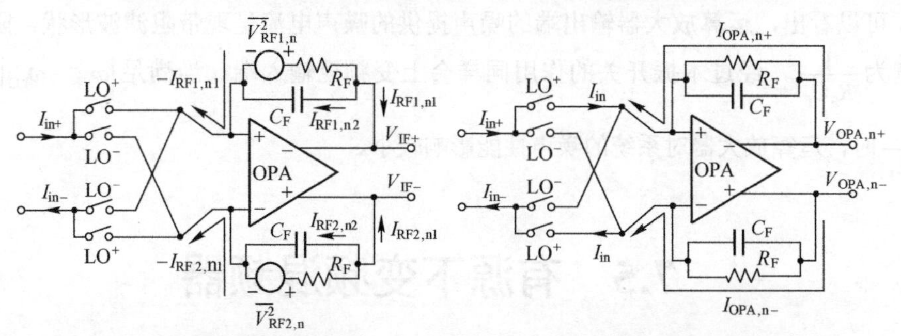


（a）反馈电阻噪声模型 （b）运算放大器噪声模型

图7-44 基于有源负载结构的双平衡电流模无源下变频混频器噪声产生模型

式中，$\overline{V^2_{\mathrm{RF1,n}}} = \overline{V^2_{\mathrm{RF2,n}}} = \overline{V^2_{\mathrm{RF,n}}} = 4kTR_{\mathrm{F}}$。等效至输入端的差分噪声电流为

$$\begin{aligned} I_{\mathrm{in,n+}} - I_{\mathrm{in,n-}} = & I_{\mathrm{RF1,n1}}[\mathrm{Squ}(t-T_{\mathrm{LO}}/2,25\%)-\mathrm{Squ}(t,25\%)]+ \\ & I_{\mathrm{RF2,n1}}[\mathrm{Squ}(t,25\%)-\mathrm{Squ}(t-T_{\mathrm{LO}}/2,25\%)] \end{aligned} \tag{7-98}$$

本振信号占空比为25%时，由图7-12（b）可知式（7-97）搬移至射频段后的噪声谱功率为

$$\overline{I^2_{\mathrm{in,n+}}} + \overline{I^2_{\mathrm{in,n-}}} = \overline{(I_{\mathrm{in,n+}} - I_{\mathrm{in,n-}})^2} = \overline{\left[\frac{\sqrt{2}}{\pi}I_{\mathrm{RF1,n1}}(\omega-\omega_{\mathrm{LO}})\right]^2} + \overline{\left[\frac{\sqrt{2}}{\pi}I_{\mathrm{RF2,n1}}(\omega-\omega_{\mathrm{LO}})\right]^2} \tag{7-99}$$

由式（7-97）可知，$I_{\mathrm{RF1,n1}}$ 和 $I_{\mathrm{RF2,n1}}$ 均具有高通特性，当满足 $|\omega_{\mathrm{RF}}-\omega_{\mathrm{LO}}| << \dfrac{1}{R_{\mathrm{F}}(C_{\mathrm{F}}+C_{\mathrm{CM}})}$ 时，高通滤波特性会对反馈电阻 $R_{\mathrm{F}}$ 产生的噪声进行明显的抑制，不会对系统噪声性能产生明显影响。如果满足 $|\omega_{\mathrm{RF}}-\omega_{\mathrm{LO}}| >> \dfrac{1}{R_{\mathrm{F}}(C_{\mathrm{F}}+C_{\mathrm{CM}})}$，则有

$$I_{\mathrm{RF1,n1}}(\omega-\omega_{\mathrm{LO}}) \approx \frac{V_{\mathrm{RF1,n}}}{R_{\mathrm{F}}},\ I_{\mathrm{RF2,n1}}(\omega-\omega_{\mathrm{LO}}) \approx \frac{V_{\mathrm{RF2,n}}}{R_{\mathrm{F}}} \tag{7-100}$$

因此反馈电阻 $R_{\mathrm{F}}$ 产生的噪声会通过式（7-100）直接泄漏至输出端。如果本振信号的占空比为50%，则反馈电阻 $R_{\mathrm{F}}$ 产生的噪声搬移至射频段后的噪声功率谱为

$$\overline{I^2_{\mathrm{in,n+}}} + \overline{I^2_{\mathrm{in,n-}}} = \overline{(I_{\mathrm{in,n+}} - I_{\mathrm{in,n-}})^2} = \overline{\left[\frac{2}{\pi}I_{\mathrm{RF1,n1}}(\omega-\omega_{\mathrm{LO}})\right]^2} + \overline{\left[\frac{2}{\pi}I_{\mathrm{RF2,n1}}(\omega-\omega_{\mathrm{LO}})\right]^2} \tag{7-101}$$

相较于25%本振占空比情况下等效至输入端的噪声功率谱增大了一倍。在复数域信号处理过程中，电流模无源下变频混频器通常采用图7-43所示的正交形式，25%本振占空比相较于50%本振占空比提供的转换增益更高，因此25%本振占空比具

有更优的噪声和转换增益性能。

而对于运算放大器的输出噪声（运算放大器的输入端只存在共模噪声，不影响差分电路的噪声性能），根据图 7-44（b）可得

$$I_{\mathrm{OPA,n+}} = \frac{[1+sR_{\mathrm{F}}C_{\mathrm{F}}]V_{\mathrm{OPA,n+}}}{R_{\mathrm{F}}},\quad I_{\mathrm{OPA,n-}} = \frac{[1+sR_{\mathrm{F}}C_{\mathrm{F}}]V_{\mathrm{OPA,n-}}}{R_{\mathrm{F}}} \tag{7-102}$$

可以看出，运算放大器输出端的噪声提供的噪声电流呈现带阻滤波形状，阻带带宽为 $\frac{1}{R_{\mathrm{F}}C_{\mathrm{F}}}$，经过本振开关的作用同样会上变频至输入端。当满足 $|\omega_{\mathrm{RF}}-\omega_{\mathrm{LO}}| \ll \frac{1}{R_{\mathrm{F}}C_{\mathrm{F}}}$ 时，运算放大器对系统的噪声性能影响较小。

# 7.5 有源下变频混频器

有源下变频混频器与电流模无源下变频混频器工作原理相同，均包含跨导部分、电流换向部分和跨阻部分。跨导部分主要完成输入射频电压至输入射频电流的转换，电流换向部分使跨导部分产生的电流在各支路周期性地通断以提供混频功能，跨阻部分将电流换向部分提供的混频电流转换为混频电压进行输出。两者在结构上的区别在于供电方式的不同，如图 7-45 所示。电流模无源下变频混频器跨导部分和跨阻部分的供电是独立的，电流换向部分是无源的，电流的换向仅针对射频电流。而有源混频器的供电是一体的，电流换向部分除对射频电流信号进行换向外，还会对偏置电流进行换向。

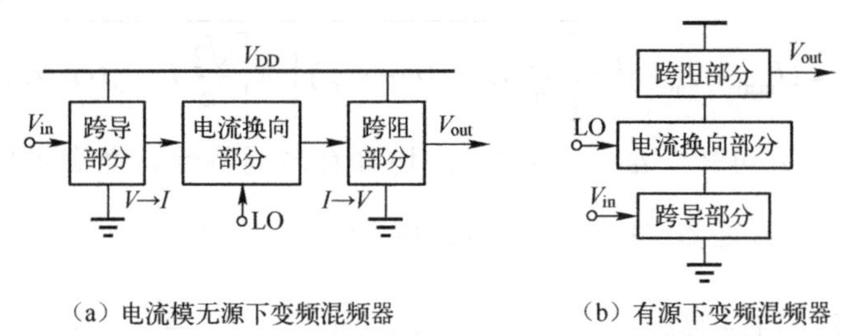


图 7-45 电流模无源下变频混频器和有源下变频混频器电路原理图

与无源下变频混频器类似，有源下变频混频器存在两种结构：单平衡混频器和双平衡混频器（有源双平衡混频器也可以称为 Gilbert 混频器）。单平衡结构和双平衡结构在具体的性能表征上同样存在着较大的区别，本节主要针对这两种架构的转换增益、噪声性能和线性度等指标进行分析。

## 7.5.1 转换增益

有源单平衡混频器的具体电路如图 7-46（a）所示。晶体管 $M_1$ 作为跨导级实现输入射频电压 $V_{\mathrm{RF}}$ 至射频电流的转换，开关对管 $M_2$ 和 $M_3$ 在本振信号 LO 的控制下提供射频电流换向功能，$R_{\mathrm{L}}$ 作为负载电阻（跨阻部分）将混频后的中频电流转换为中

频电压 $V_{out}$ 输出。

与图 7-39 所示的单平衡无源电流模混频器类似，单平衡有源混频器提供的转换增益同样由跨导部分提供的跨导增益 $g_m$、电流换向部分提供的射频/中频转换增益 $2/\pi$、跨阻部分提供的跨阻增益 $R_L$ 三部分组成。则图 7-46（a）所示的有源单平衡混频器的转换增益 $V_{out}/V_{RF}=2g_{m1}R_L/\pi$。有源混频器除对跨导部分产生的射频电流进行换向实现混频功能外，还会对跨导部分提供的直流偏置电流进行换向，此功能会导致本振信号 LO 的谐波成分直接泄漏至中频输出端，且泄漏幅度与偏置电流和负载电阻成正比。电流换向开关对管 $M_2$ 和 $M_3$ 的栅漏寄生电容也会导致本阵信号直接泄漏至中频输出端，泄漏幅度与本振信号幅度成正比。与无源下变频混频器类似，有源单平衡混频器中存在的固有本阵泄漏现象会严重恶化接收机的线性性能。在实际设计过程中，考虑到输出中频信号的频率远远小于射入射频信号和本振信号的频率，可以通过在负载端并联一个负载电容提供一阶滤波功能。

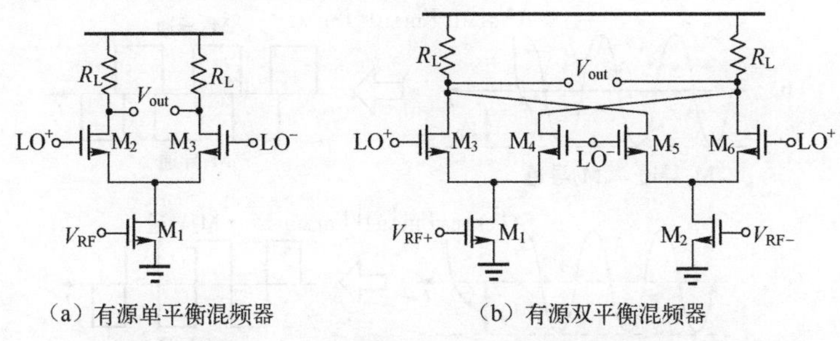


（a）有源单平衡混频器　　（b）有源双平衡混频器

图 7-46　有源单平衡混频器和有源双平衡混频器电路结构

改进后的有源下变频混频器为如图 7-46（b）所示的双平衡结构。双平衡结构差分输出端的两个支路在每个时钟的半周期内均有相同的偏置电流流过，因此晶体管 $M_1$ 和 $M_2$ 提供的直流偏置电流不会导致本振泄漏现象的产生。与无源下变频混频器类似，双平衡结构在差分输出支路的各节点处相较于单平衡结构加入了极性相反的补偿电路，本振信号通过开关对管栅漏寄生电容的泄漏会得到明显的抑制。由于差分输出节点连接的两个开关对管（$M_3$ 和 $M_5$，$M_4$ 和 $M_6$）的导通时间不一致，以及开关管的动态闭合和断开引入的栅漏寄生电容时变特性，由例 7-2 可知，本振信号通过开关栅漏寄生电容的泄漏现象仍然存在，但是相较于单平衡结构会得到一定的改善。有源双平衡结构的转换增益与有源单平衡结构相同，具体计算方法见 7.2.1 节。

本振信号并不是严格意义上的方波信号，在其跳变沿处均存在一定的上升或下降时间，导致有源下变频混频器的转换增益与本振信号幅度存在一定的对应关系。以图 7-46（a）所示的有源单平衡混频器为例。为了保证混频器的正常工作，晶体管 $M_1$ 的漏极电压不能低于过驱动电压（如果晶体管 $M_1$ 的漏极电压低于过驱动电压 $V_{GS,M1}-V_{TH,M1}$，混频器仍可以工作，但是晶体管 $M_1$ 的跨导会明显减小，严重恶化混频器的转换增益性能，可以近似等效于混频器处于断电状态）。当差分本振信号 $LO^+$ 和 $LO^-$ 的幅度超过晶体管 $M_1$ 漏极电压一个阈值电压（电流换向开关对管 $M_2$ 和 $M_3$ 的阈值电压）时，对应的开关支路才会打开，否则处于断开状态。因此不同的本振信号幅度会对应不同的开关导通状态。如图 7-47 所示，假设输入的本振信号为正弦本振信号，当本振信号的峰值满足 $V_p<(V_{GS,M1}-V_{TH,M1})+V_{TH,M2/3}$ 时，电流换向开关对管存在同时断开的状态。当满足 $V_p>(V_{GS,M1}-V_{TH,M1})+V_{TH,M2/3}$ 时，电流换向开关对管存在同时导通的状态。当且仅当$V_{\mathrm{p}}=(V_{\mathrm{GS,M1}}-V_{\mathrm{TH,M1}})+V_{\mathrm{TH,M2/3}}$时，电流换向开关对管才处于交替导通的状态。

电流换向开关管同时关断时，如图 7-47（a）所示，差分负载端不存在电流，不存在差分输出增益，混频器提供转换增益的时间占空比减小，因此混频器的转换增益会减小，且与同时关断时间成反比。电流换向开关管同时导通时，如图 7-47（b）所示，差分负载端存在相同的共模电流，仍不存在差分输出增益，混频器的转换增益同样会减小，且与同时导通的时间成反比。

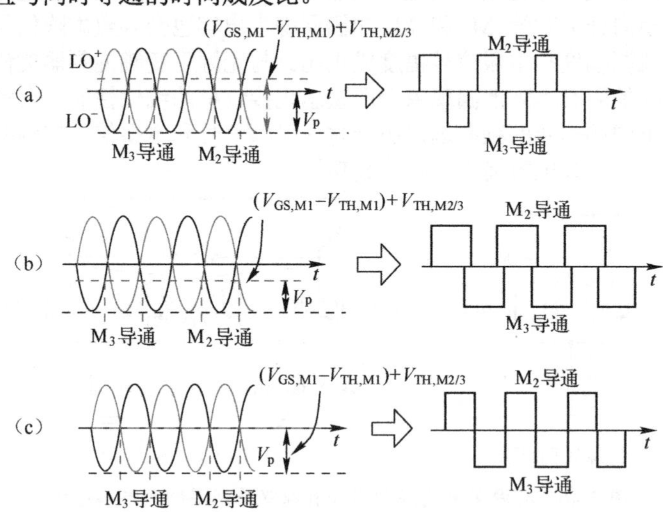


图 7-47 不同的本振幅度对应的电流换向开关对管导通情况

电流换向开关对管同时断开时的导通窗口如图 7-48 所示。开关对管交替导通时，本振信号的频域表达式可以参考式（7-14）。开关对管同时断开时，开关对管中每个开关的导通时间均被压缩$2\Delta T$，令$\Delta T=\dfrac{T_{\mathrm{LO}}}{4N}$，根据式（7-22）可得单个脉冲（以零时刻为参考点）为

$$\mathbb{F}\left[\Pi\left[-T_{\mathrm{LO}}/\frac{4N}{N-1},T_{\mathrm{LO}}/\frac{4N}{N-1}\right]\right]=\frac{T_{\mathrm{LO}}(N-1)}{2N}\mathrm{sinc}\left[\omega T_{\mathrm{LO}}/\frac{4N}{N-1}\right] \tag{7-103}$$

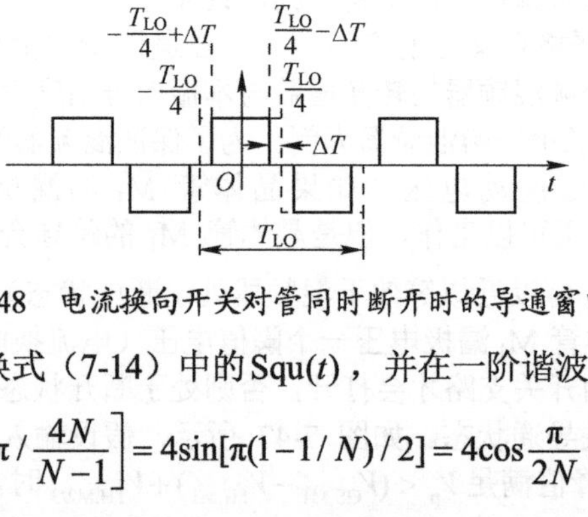

图 7-48 电流换向开关对管同时断开时的导通窗口图

将式（7-103）替换式（7-14）中的$\mathrm{Squ}(t)$，并在一阶谐波处取值可得

$$S_{\mathrm{LO^+-LO^-}}(\omega_{\mathrm{LO}})=4\sin\left[2\pi/\frac{4N}{N-1}\right]=4\sin[\pi(1-1/N)/2]=4\cos\frac{\pi}{2N}\approx4-\frac{32\Delta T^2}{T_{\mathrm{LO}}^2} \tag{7-104}$$

根据式（7-9）可得，当电流换向开关对管同时断开时，图 7-46 所示混频器的转

换增益为

$$G_{\mathrm{AM}}=g_{\mathrm{m1}}R_{\mathrm{L}}\left[\frac{2}{\pi}-\frac{16\Delta T^2}{\pi T_{\mathrm{LO}}^2}\right] \tag{7-105}$$

上述计算成立的条件为$\Delta T<<T_{\mathrm{LO}}$。令

$$\Delta V=(V_{\mathrm{GS,M1}}-V_{\mathrm{TH,M1}})+V_{\mathrm{TH,M2/3}}-V_{\mathrm{p}} \tag{7-106}$$

考虑到正弦函数在过零点处的斜率为$\omega_{\mathrm{LO}}V_{\mathrm{p}}$，根据图 7-47（a）可得

$$\Delta T=\Delta V/\omega_{\mathrm{LO}}V_{\mathrm{p}} \tag{7-107}$$

代入式（7-105）可得

$$G_{\mathrm{AM}}=g_{\mathrm{m1}}R_{\mathrm{L}}\left[\frac{2}{\pi}-\frac{4\Delta V^2}{\pi^3V_{\mathrm{p}}^2}\right] \tag{7-108}$$

同理，对于图 7-47（b）所示的电流换向开关对管同时导通的情况，具体转换增益与式（7-108）相同，区别在于$\Delta V=V_{\mathrm{p}}-(V_{\mathrm{GS,M1}}-V_{\mathrm{TH,M1}})-V_{\mathrm{TH,M2/3}}$。可以看出，混频器本振信号的幅度不能太小也不能太大，当满足$\Delta V=0$可以获得最大的转换增益。

单平衡有源下变频混频器与本振信号的连接电路如图 7-49 所示。当接入的偏置电压满足$V_{\mathrm{b}}=(V_{\mathrm{GS,M1}}-V_{\mathrm{TH,M1}})+V_{\mathrm{TH,M2/3}}$时，开关对管 $M_2$ 和 $M_3$ 均处于临界导通状态，如图 7-47（c）所示。假设输入的本振信号仍为正弦信号，则本振信号的幅度越大越好（幅度越大，过零点的斜率越高，开关导通和关断的速度越快）。该设计方法需要提供额外的偏置电路，增加了设计复杂度。当设置$V_{\mathrm{b}}=0$时，混频器电流换向开关管的工作状态如图 7-47（a）所示。需要注意的是，偏置电阻 $R_{\mathrm{b}}$ 会恶化混频器的噪声性能。

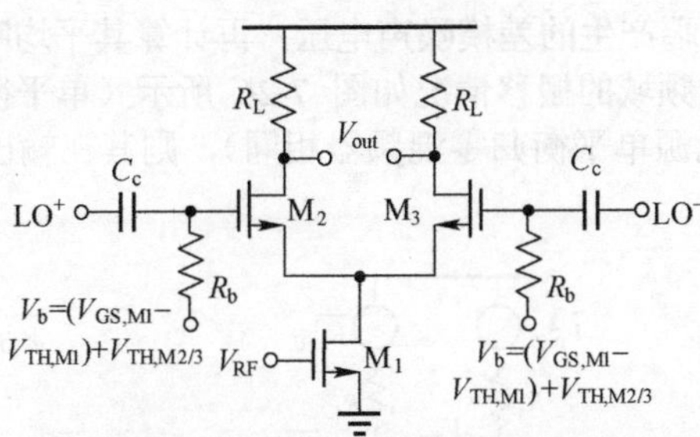


图 7-49　单平衡有源下变频混频器与本振信号的连接电路图

电流换向开关对管共源节点的寄生电容同样会影响混频器的转换增益，如图 7-50 所示。跨导晶体管 $M_1$ 产生的输入射频电流会在开关对管的共源节点处被分流，即会有一部分射频电流流经开关对管共源极寄生电容至地，因此考虑此寄生电容后的混频器转换增益为

$$G_{\mathrm{AM}}=g_{\mathrm{m1}}R_{\mathrm{L}}\left[\frac{2}{\pi}-\frac{4\Delta V^2}{\pi^3V_{\mathrm{p}}^2}\right]\frac{g_{\mathrm{m2}}}{\sqrt{g_{\mathrm{m2}}^2+\omega_{\mathrm{RF}}^2C_{\mathrm{P}}^2}} \tag{7-109}$$

式中，$\omega_{\mathrm{RF}}$ 为输入射频信号频率。

图 7-50　考虑电流换向开关对管共源寄生电容后的单平衡有源混频器电路

## 7.5.2　噪声

有源混频器的噪声主要来源于五部分：跨导级晶体管引入的热噪声和闪烁噪声、电流换向开关对管引入的热噪声和闪烁噪声、本振输出噪声、负载热噪声和偏置电路输出噪声。图 7-51 为有源单平衡混频器在图 7-47 所示的三种工作情况下各噪声源的分布情况。首先对热噪声进行分析（不考虑本振输出噪声及偏置电路输出噪声），无论开关管导通与否，每个负载电阻在输出端产生的单边带热噪声均为 $\overline{V_{\rm n,RL}^2}=4kTR_{\rm L}$。电流换向开关对管左开关支路打开时，负载端产生的热噪声为开关管 $\rm M_2$ 等效至输出端的热噪声，为 $\overline{V_{\rm nout,M2}^2}=g_{\rm m2,eff}^2\overline{V_{\rm n,M2}^2}R_{\rm L}^2$，其中 $g_{\rm m2,eff}\approx\omega C_{\rm P}$ 是晶体管 $\rm M_2$ 的等效跨导。由例 7-3 可知，当左右支路交替导通时，开关管在每个支路上的产生的热噪声功率均会减半，因此前述两者在输出端产生的差模热噪声功率为 $8kTR_{\rm L}+g_{\rm m2,eff}^2\overline{V_{\rm n,M2}^2}R_{\rm L}^2$。由于跨导级在左右两个支路输出端产生的热噪声具有相关性（噪声源相同），因此不能采用分别计算左右支路噪声功率再相加的计算方法，需要首先计算出跨导级在输出端产生的差模噪声电压，再计算其平均噪声功率。跨导级在输出端产生的差模噪声在频域的搬移情况如图 7-26 所示（单平衡有源下变频混频器的噪声频谱搬移情况与无源单平衡归零混频器相同），则其在输出端产生的差模单边带噪声功率为 $g_{\rm m1}^2\overline{V_{\rm n,M1}^2}R_{\rm L}^2$。

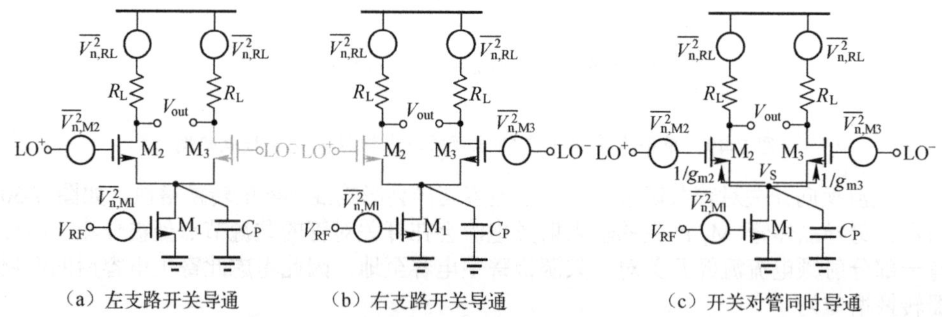

(a) 左支路开关导通
(b) 右支路开关导通
(c) 开关对管同时导通


图 7-51　噪声源分布情况

考虑到开关支路的导通存在一定的占空比（开关支路的导通时间不包括开关对管同时导通的时间），根据图 7-48 所示的情况（同时导通与同时断开的时间表达式相同），导通占空比为 $1-4\Delta T/T_{\rm LO}$，则电流换向开关对管交替导通时在输出端产生的差

模热噪声为（单边带）

$$\overline{V_{\text{nout}}^2}=(8kTR_{\text{L}}+\overline{V_{\text{n,M2}}^2}R_{\text{L}}^2\omega^2C_{\text{P}}^2+g_{\text{m1}}^2\overline{V_{\text{n,M1}}^2}R_{\text{L}}^2)(1-4\Delta T/T_{\text{LO}}) \tag{7-110}$$

式中，$\overline{V_{\text{n,M1}}^2}=4kT\gamma/g_{\text{m1}}$、$\overline{V_{\text{n,M2}}^2}=4kT\gamma(1+C_{\text{gs}}/C_{\text{P}})/g_{\text{m2}}$。考虑到在有效的频率范围内，满足$\left|sC_{\text{gs}}\right|<<1$，上述的计算过程中均忽略了并联输入参考电流。

如图 7-51（c）所示，当电流换向开关对管同时导通时，混频器可以等效于一个差分共源放大器。跨导级引入的热噪声$\overline{V_{\text{n,M1}}^2}$在输出端具有共模特性，不会产生差模噪声。负载电阻在输出端产生的热噪声为$2\overline{V_{\text{n,RL}}^2}=8kTR_{\text{L}}$。由于开关对管的等效栅极噪声电压是一个随机量（非差分），因此开关对管的共源极同样存在一定的噪声电压$V_{\text{S}}$，则开关对管共同导通时在输出端产生的差分热噪声为（计算过程需要考虑$V_{\text{n,M2}}$和$V_{\text{n,M3}}$之间的随机性并忽略开关管栅源寄生电容）

$$\overline{V_{\text{nout,M23}}^2}=\overline{[g_{\text{m2}}(V_{\text{n,M2}}-V_{\text{S}})-g_{\text{m3}}(V_{\text{n,M3}}-V_{\text{S}})]^2}R_{\text{L}}^2=2g_{\text{m2}}^2\overline{V_{\text{n,M2}}^2}R_{\text{L}}^2=8kT\gamma g_{\text{m2}}R_{\text{L}}^2 \tag{7-111}$$

考虑到开关对管同时导通的时间占空比为$4\Delta T/T_{\text{LO}}$，则该情况下在输出端产生的热噪声为

$$\overline{V_{\text{nout}}^2}=\frac{4\Delta T}{T_{\text{LO}}}(2\overline{V_{\text{n,RL}}^2}+\overline{V_{\text{nout,M23}}^2})=\frac{32\Delta TkT}{T_{\text{LO}}}(R_{\text{L}}+\gamma g_{\text{m2}}R_{\text{L}}^2) \tag{7-112}$$

单平衡有源下变频混频器等效至输入端的输入参考热噪声为

$$\overline{V_{\text{nin}}^2}=\frac{(8kTR_{\text{L}}+\overline{V_{\text{n,M2}}^2}R_{\text{L}}^2\omega^2C_{\text{P}}^2+g_{\text{m1}}^2\overline{V_{\text{n,M2}}^2}R_{\text{L}}^2)(1-4\Delta T/T_{\text{LO}})+4\Delta T(8kTR_{\text{L}}+\overline{V_{\text{nout,M23}}^2})/T_{\text{LO}}}{g_{\text{m1}}^2R_{\text{L}}^2\left(\dfrac{2}{\pi}-\dfrac{4\Delta V^2}{\pi^3V_{\text{p}}^2}\right)^2\dfrac{g_{\text{m2}}^2}{g_{\text{m2}}^2+\omega_{\text{LO}}^2C_{\text{P}}^2}} \tag{7-113}$$

电流换向开关对管之间的失配会影响开关对管同时导通时有源混频器的热噪声性能。对于跨导级热噪声而言，不考虑开关对管共源寄生电容 $C_{\text{P}}$ 时，流经左支路和右支路的噪声电流分别为$I_{\text{L}}=I_{\text{n,M1}}g_{\text{m2}}/(g_{\text{m2}}+g_{\text{m3}})$和$I_{\text{R}}=I_{\text{n,M1}}g_{\text{m3}}/(g_{\text{m2}}+g_{\text{m3}})$，则在输出端产生的差分热噪声为

$$\overline{V_{\text{nout,M1}}^2}=(I_{\text{L}}-I_{\text{R}})^2R_{\text{L}}^2=\frac{4kT\gamma(g_{\text{m2}}-g_{\text{m3}})^2R_{\text{L}}^2}{g_{\text{m1}}(g_{\text{m2}}+g_{\text{m3}})^2}=\frac{4kT\gamma(n-1)^2R_{\text{L}}^2}{g_{\text{m1}}(n+1)^2} \tag{7-114}$$

在式（7-114）的计算过程中满足$g_{\text{m2}}=ng_{\text{m3}}$。当开关对管失配时满足$n\neq1$，会在输出端引入差模热噪声，恶化混频器噪声性能。

电流换向开关对管失配还会改变开关对管同时导通时对电路噪声性能的影响。开关对管共源节点的共源噪声电压为

$$V_{\text{S}}=\frac{g_{\text{m2}}}{g_{\text{m2}}+g_{\text{m3}}}V_{\text{n,M2}}+\frac{g_{\text{m3}}}{g_{\text{m2}}+g_{\text{m3}}}V_{\text{n,M3}} \tag{7-115}$$

将式（7-115）代入式（7-111），并令$g_{\text{m2}}=ng_{\text{m3}}$，可得开关对管失配情况下在输出端产生的差分热噪声为

$$\overline{V^2_{\text{nout,M23}}} = \frac{4n^2 g^2_{\text{m3}}}{(n+1)^2}(\overline{V^2_{\text{n,M2}}} + \overline{V^2_{\text{n,M3}}})R^2_{\text{L}} = \frac{16kT\gamma g_{\text{m3}} R^2_{\text{L}}}{1+1/n} \tag{7-116}$$

当满足 $n=1$，且开关对管等比例缩小或放大时，开关对管同时导通不会影响电路的热噪声性能。当开关对管右支路（$M_3$）近似不变，而左支路（$M_2$）缩小（$n<1$）或放大（$n>1$）时，开关对管同时导通会相应改善或恶化电路的热噪声性能。

闪烁噪声对混频电路的影响也是必须考虑的一个重要因素。由于闪烁噪声主要集中在低频段，因此有源混频器的闪烁噪声性能对零中频架构的影响较大（如果低中频架构下变频后的中频频率较低，同样也需要考虑闪烁噪声的影响）。由于低噪声放大器工作在射频频段，其自身的闪烁噪声对系统没有影响，而混频器后的中频模块产生的闪烁噪声会受到不同程度的增益抑制（至少包括低噪声放大器和混频器两级增益），因此下变频混频器产生的闪烁噪声通常成为限制系统低频噪声性能的主要因素。

闪烁噪声与热噪声具有明显不同的功率谱分布。热噪声存在于全频段，而闪烁噪声仅存在于低频处（与热噪声的交叠频率约为 200kHz），因此闪烁噪声的分析方法也与热噪声的分析方法有较大的不同。仍以图 7-51 所示的工作模式为例，电流换向开关对管交替导通时，跨导级晶体管 $M_1$ 产生的低频闪烁噪声会被搬移至射频频段及其谐波频率处，如图 7-52 所示，不会对输出的中频或基带信号造成影响。当开关对管同时导通时，$M_1$ 产生的低频闪烁噪声在输出端呈现共模的形式，同样不会对输出信号造成影响。而对于开关对管产生的闪烁噪声，在交替导通时，左右支路的噪声谱搬移情况与例 7-3 相同（见图 7-13）。与热噪声的功率谱不同，闪烁噪声功率仅存在于低频频率处，仅有直流成分导致的闪烁噪声泄漏才会最终影响系统的噪声性能。因此开关对管在交替导通时等效至输出端的单边带差模噪声功率为 $\overline{V^2_{\text{1/f,M2}}}R^2_{\text{L}}\omega^2 C^2_{\text{P}}/2$，其中 $V_{\text{1/f,M2}}$ 为开关对管 $M_2$ 和 $M_3$ 产生的闪烁噪声电压。开关对管同时导通时，仍然忽略开关对管共源寄生电容 $C_{\text{P}}$ 的影响，令式（7-116）中的失配因子 $n=1$，可得开关对同时导通时等效至输出端的单边带闪烁噪声功率为 $2g^2_{\text{m2}}\overline{V^2_{\text{1/f,M2}}}R^2_{\text{L}}$。考虑各工作阶段的占空比后，图 7-50 所示的有源下变频混频器输出端的单边带差模闪烁噪声功率为

$$\begin{aligned}\overline{V^2_{\text{1/f,out}}} &= \frac{\overline{V^2_{\text{1/f,M2}}}R^2_{\text{L}}\omega^2 C^2_{\text{P}}(1-4\Delta T/T_{\text{LO}})}{2} + \frac{8g^2_{\text{m2}}\overline{V^2_{\text{1/f,M2}}}R^2_{\text{L}}\Delta T}{T_{\text{LO}}} \\ &= \frac{\overline{V^2_{\text{1/f,M2}}}R^2_{\text{L}}\omega^2 C^2_{\text{P}}}{2} + \frac{2\Delta T\overline{V^2_{\text{1/f,M2}}}R^2_{\text{L}}}{T_{\text{LO}}}(4g^2_{\text{m2}} - \omega^2 C^2_{\text{P}})\end{aligned} \tag{7-117}$$

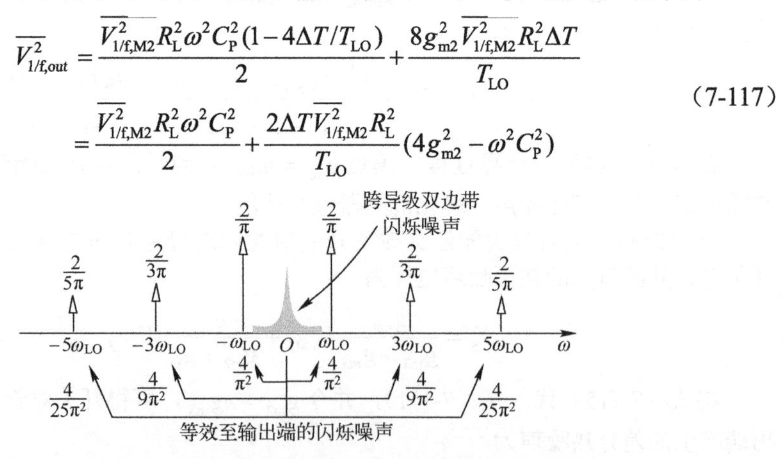


图 7-52　跨导级闪烁噪声等效至输出端后的频谱搬移示意图

闪烁噪声对系统噪声性能的影响主要受限于开关对的闪烁噪声。由式（1-109）、式（7-106）和式（7-107）可知，通过增大开关管尺寸、减小流经开关管的电流（可以减小开关管跨导）、减小跨导级的过驱动电压$V_{GS,M1}-V_{TH,M1}$或偏置电流（可以缩小导通时间$\Delta T$）可以改善混频器的闪烁噪声性能。但是减小跨导级偏置电流会导致混频器的转换增益减小，在设计过程中需要折中考虑。另外，在开关对交替导通时，开关管的闪烁噪声是由于开关对存在共源极寄生电容才泄漏至输出端的，因此通过减小开关对共源极寄生电容也可以改善混频器的闪烁噪声性能（需要说明的是，由于闪烁噪声通常位于 0～200kHz 的频带内，因此开关对寄生电容对有源混频器闪烁噪声的影响基本可以忽略）。

本振端产生的噪声也是限制混频器噪声性能的一个主要因素。采用图 7-51 所示的单平衡结构时，本振端噪声会以类似于开关管噪声的形式泄漏至输出端，恶化系统噪声性能。采用图 7-53 所示的双平衡结构可以有效避免本振端噪声对系统噪声性能的影响。不论开关管的导通情况如何，本振端噪声在输出端均以共模的形式出现，对系统噪声性能的影响可以忽略。双平衡混频器与单平衡混频器在自身噪声的产生上也有一定的差异。对于跨导级和电流换向开关对而言，当四个开关两两交替导通时，在输出端的左右两条支路上每半个本振时钟周期会交替接入跨导级的两个跨导晶体管和开关对管。因此，在跨导级、开关级均相同时，与单平衡混频器相比，双平衡混频器自身的噪声性能会恶化一倍。

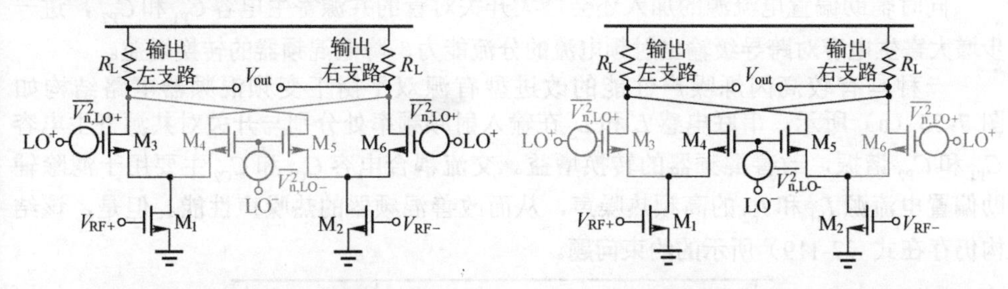


（a）本振正极性端开关管导通噪声源分布情况　　（b）本振负极性端开关管导通噪声源分布情况

图 7-53　本振端噪声对双平衡混频器的噪声性能影响

在增益和功耗等参数受到严格限制的情况下，改善有源下变频混频器的闪烁噪声性能最常用的方法就是尽可能减小流经开关管的电流。以双平衡混频器为例，如图 7-54 所示，引入两个辅助偏置电流$I_{b1}$和$I_{b2}$可以在跨导级偏置电流不变的情况下减小开关管导通时的电流。电流的减小可以有效地减小开关管的跨导，在开关管尺寸保持不变的情况下，等效于降低了过驱动电压。在输入本振幅度不变的情况下，过驱动电压的降低还可以改善开关对管同时导通的时间$\Delta T$，从而改善系统的闪烁噪声性能。但是，此改进方法会将两个辅助偏置电流源产生的热噪声通过开关的通断泄漏至输出端，恶化系统的热噪声性能（辅助偏置电流源产生的闪烁噪声与跨导级相同，不会泄漏至输出端）。两个辅助偏置电流源泄漏至输出端的热噪声为

$$\overline{V^2_{\text{nout,b}}}=2kT\gamma(g_{\text{m,b1}}+g_{\text{m,b1}})R_{\text{L}}^2=4kT\gamma g_{\text{m,b}}R_{\text{L}}^2=4kT\gamma\frac{2I_{\text{b}}}{(V_{\text{GS}}-V_{\text{TH}})_{\text{b}}}R_{\text{L}}^2 \tag{7-118}$$

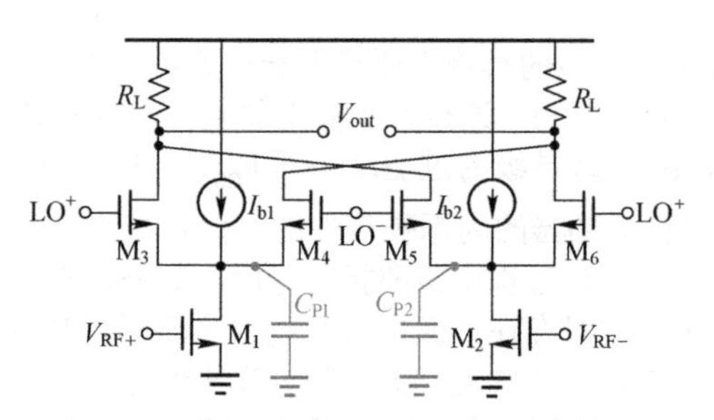


图 7-54 采用辅助偏置电流源改善有源混频器的闪烁噪声性能

式中，$g_{m,b1}=g_{m,b1}=g_{m,b}$，$I_{b1}=I_{b2}=I_b$。为了减小辅助偏置电流源对混频器的热噪声性能影响，在保持偏置电流$I_b$不变的情况下，可以提高过驱动电压。如果辅助偏置电流源$I_{b1}$和$I_{b2}$采用 PMOS 电流镜的形式，为了保证辅助偏置电流源和混频器的跨导级均工作在饱和状态，需要满足

$$(V_{GS}-V_{TH})_{M1/2}\leqslant V_{DD}-(V_{GS}-V_{TH})_{b1/2} \tag{7-119}$$

则电流源过驱动电压提高会导致电流源漏极电压降低，从而限制跨导级晶体管$M_1$和$M_2$的过驱动电压，在跨导级偏置电流不变的情况下，增大跨导级对混频器热噪声的贡献，同时还会影响混频器的线性性能。

同时辅助偏置电流源的加入还会增大开关对管的共源寄生电容$C_{P1}$和$C_{P2}$，进一步增大寄生电容对跨导级输出射频电流的分流能力，降低混频器的转换增益。

一种具有较高闪烁噪声性能的改进型有源双平衡下变频混频器电路结构如图 7-55（a）所示。串联电感$L_1$和$L_2$在输入射频频率处分别与开关对共源寄生电容$C_{P1}$和$C_{P2}$谐振，改善混频器的转换增益。交流耦合电容$C_{C1}$和$C_{C2}$主要用于滤除辅助偏置电流源$I_{b1}$和$I_{b2}$的高频热噪声，从而改善混频器的热噪声性能。但是，该结构仍存在式（7-119）所示的约束问题。

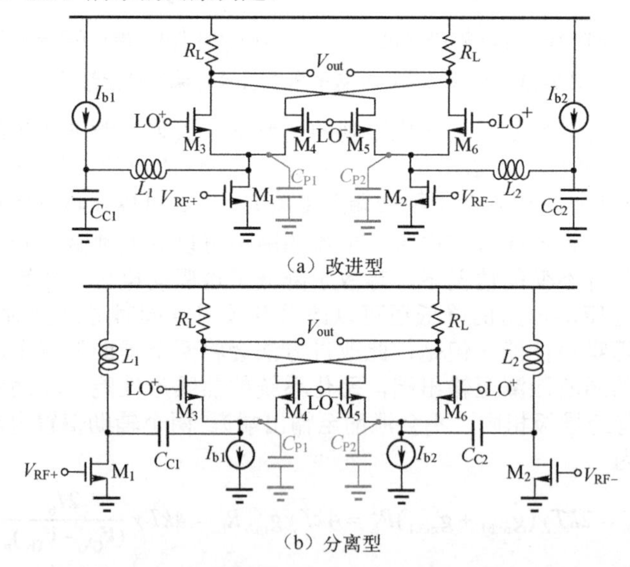


图 7-55 具有较高闪烁噪声性能的有源双平衡下变频混频器电路结构

为了解除该约束关系，可以采用图 7-55（b）所示的分离结构。辅助偏置电流源 $I_{b1}$ 和 $I_{b2}$ 主要为开关支路提供较小的导通电流以降低闪烁噪声。交流耦合电容 $C_{C1}$ 和 $C_{C2}$ 在输入射频频率处相当于短路。电感 $L_1$ 和 $L_2$ 在输入射频频率处分别与开关对管共源寄生电容 $C_{P1}$ 和 $C_{P2}$ 谐振，确保跨导级射频电流最大程度流向开关支路。谐振网络还会对跨导级和辅助偏置电流源产生的热噪声提供带通滤波功能，改善混频器的热噪声性能。另外，较低的偏置电流会增大电流换向开关部分和负载部分的电压裕量，因此可以设置更大的负载电阻以增大混频器转换增益。需要说明的是，辅助偏置电流源的电流并不是越小越好，太小会导致开关管的导通阻抗明显增大，具有有限品质因子的谐振网络会抽取较大部分的射频电流，影响混频器的转换增益。

由于闪烁噪声仅存在于低频频率处，因此开关对管共源寄生电容在开关对管交替导通时对混频器闪烁噪声性的影响可以忽略不计。开关对管对混频器闪烁噪声性能的恶化主要集中在开关对管同时导通过程中。如果辅助偏置电流源仅在开关对管同时导通时才对外提供偏置电流，而在其他时间段处于断开状态，则有源混频电路可以同时获得高的热噪声和闪烁噪声性能。

如图 7-56 所示，采用交叉耦合对 $M_7$ 和 $M_8$ 作为辅助偏置电流源，当开关对管交替导通时，开关对管的共源极呈现与本振信号同相位的整流信号（频率为 $2\omega_{LO}$）。当交叉耦合对的过驱动电压低于开关对管共源节点的振荡幅度时，大部分时间处于截止状态，不会产生热噪声电流。当开关对管同时导通时，共源节点处的整流波形位于低电平处，交叉耦合对导通，降低流过开关对管的偏置电流，改善混频器的闪烁噪声性能。另外，由于交叉耦合对对外呈现负的电阻值，因此不会对跨导级产生的射频电流进行分流，即不会影响混频器的转换增益。需要特别注意的是，由于负阻的存在，极易导致混频器处于振荡状态（在图 7-56 所示的电路中，会导致两个开关对管共源节点一个位于 $V_{DD}$ 处，另一个位于 GND 处。需要注意的是，这种状态也属于振荡状态，只是振荡频率为 0）。为了避免振荡状态的出现，需要保证从开关对管共源节点处看进去的电阻值为正。由于交叉耦合对对外提供的负阻为 $-2/g_{m7}$ （令 $g_{m7}=g_{m8}$），两个开关对管对外提供的电阻为 $\dfrac{1}{4g_{m3}}$ （令 $g_{m3}=g_{m4}=g_{m5}=g_{m6}$），因此需要设置 $g_{m7}<2g_{m3}$ 的约束条件。

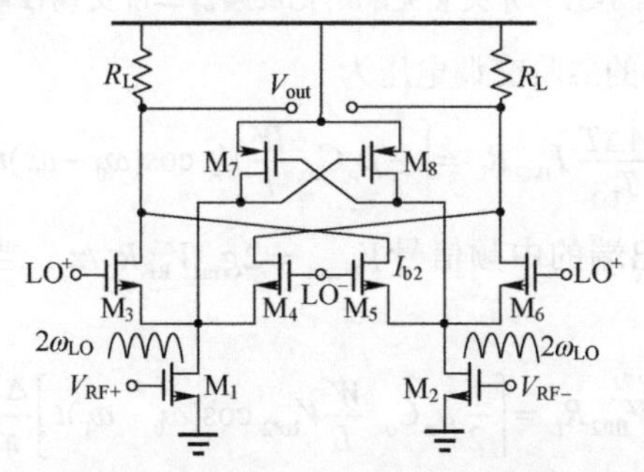


图 7-56 采用交叉耦合对改善有源双平衡下变频混频器闪烁噪声性能

## 7.5.3 线性性能

混频器的线性性能主要体现在二阶交调性能和三阶交调性能上。通常情况下，由于低噪声放大器与混频器之间均存在交流耦合电容，所以低噪声放大器产生的二阶交调失真不会泄漏至下级电路，也不会对系统的二阶交调性能产生任何影响，因此混频器的二阶交调性能是限制整个接收链路线性性能的主要因素。在零中频或低中频架构中，上述效应体现得更加明显。可以通过优化电路结构和改进电路设计，来改善混频器二阶交调性能，但是，混频器二阶交调性能与三阶交调性能之间存在相互制约的情况，在设计过程中针对不同的应用场景需要折中考虑。

本节重点分析影响混频器二阶交调性能的因素及多种优化方法，并具体阐述二阶与三阶交调之间制约性产生的原因。

如图 7-57 所示，对于单平衡混频器而言，由于工作在饱和区的跨导级晶体管的二阶效应，跨导级产生的漏电流中包含二阶交调成分。当满足 $\omega_0 \approx \omega_1$ 时，二阶交调成分位于低频率处，与闪烁噪声类似。对于零中频或低中频架构而言，开关管的交替导通和同时导通均不会影响混频器的二阶交调性能；只有开关管失配时，由开关管引入的直流泄漏项才会将跨导级产生的二阶失真等效至输出端。假设开关管失配引入的误差电压为 $\Delta V_{\rm A}$，由图 7-57 可知，由于开关失配，差分本振信号的各交点处依次向左和向右移动了 $\Delta T = \dfrac{\Delta V_{\rm A}}{2S_{\rm LO}}$，其中 $S_{\rm LO} = V_{\rm p,LO}\omega_{\rm LO}$ 为单端本振信号过零点斜率。开关管交替导通的时间周期分别为 $T_{\rm LO}/2+2\Delta T$ 和 $T_{\rm LO}/2-2\Delta T$。由于跨导级产生的二阶交调电流为

$$I_{\rm IM2} = \frac{1}{2}\mu_{\rm n}C_{\rm ox}\frac{W}{L}V_{\rm A}^2\cos(\omega_0-\omega_1)t \tag{7-120}$$

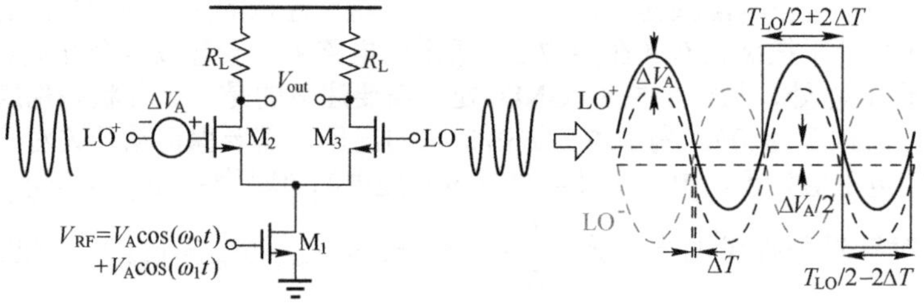

图 7-57 开关管失配恶化混频器二阶交调性能

因此泄漏至输出端的二阶交调电压为

$$V_{\rm IM2,out} = \frac{4\Delta T}{T_{\rm LO}}I_{\rm IM2}R_{\rm L} = \left[\frac{1}{2}\mu_{\rm n}C_{\rm ox}\frac{W}{L}V_{\rm A}^2\cos(\omega_0-\omega_1)t\right]\frac{\Delta V_{\rm A}R_{\rm L}}{\pi V_{\rm p,LO}} \tag{7-121}$$

单平衡混频器输出端的中频信号 $V_{\rm IF,out} = 2g_{\rm m1}V_{\rm RF}R_{\rm L}/\pi$，当输入射频信号的幅度 $V_{\rm A} = V_{\rm IIP2}$，且满足

$$\frac{2}{\pi}g_{\rm m1}V_{\rm IIP2}R_{\rm L} = \left[\frac{1}{2}\mu_{\rm n}C_{\rm ox}\frac{W}{L}V_{\rm IIP2}^2\cos(\omega_0-\omega_1)t\right]\frac{\Delta V_{\rm A}R_{\rm L}}{\pi V_{\rm p,LO}} \tag{7-122}$$

时，可计算出单平衡混频器的二阶输入交调点为

$$V_{\rm IIP2} = 4(V_{\rm GS}-V_{\rm TH})_{\rm M1}\frac{V_{\rm p,LO}}{\Delta V_{\rm A}} \tag{7-123}$$

当跨导级过驱动电压为 250mV，开关对管失配电压 $\Delta V_{\rm A} = 10\,{\rm mV}$，本振信号单端

幅度 $V_{p,LO}=500\text{mV}$ 时，代入式（7-123）可得单平衡混频器的二阶输入交调点为 $V_{IIP2}=50\text{V}$（对于 50Ω的阻抗匹配系统，功率形式的输入二阶交调点为 44dBm）。

同理，差分本振信号占空比失配同样也可以恶化混频器的二阶交调性能。具体原理与开关对管失配情况相似，不再赘述。

由于全差分和伪差分电路结构中不存在二阶交调成分，全差分或伪差分结构的双平衡混频器不会产生二阶交调失真成分，除非差分跨导级存在失配，如图 7-58 所示。假设跨导级的失配在晶体管 $M_1$ 栅极引入的误差电压为 $\Delta V_{A1}$，根据式（1-77）可得

$$I_{D1}-I_{D2}\approx\sqrt{2KI_{SS}}(V_{RF}+\Delta V_{A1})-K^{3/2}\sqrt{\frac{1}{8I_{SS}}}(V_{RF}+\Delta V_{A1})^3 \tag{7-124}$$

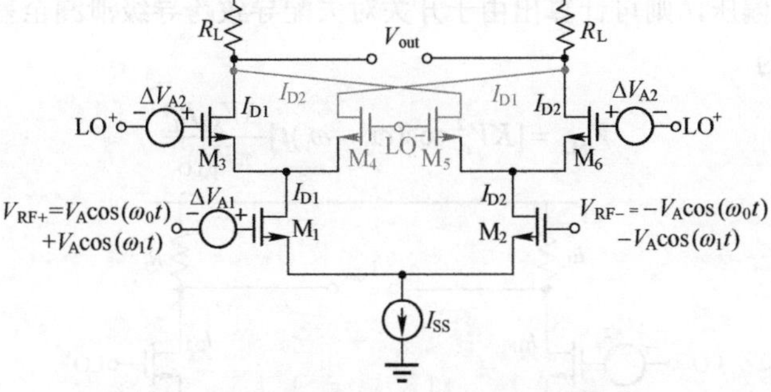

图 7-58　基于全差分结构的双平衡混频器

式中，$K=\mu_n C_{ox}(W_{M1}/L_{M1})/2$，$V_{RF}=V_{RF+}-V_{RF-}$。式（7-124）三次方项包含能够产生二阶交调失真的二次方项 $3\Delta V_{A1}V_{RF}^2$。将 $V_{RF}=V_{RF+}-V_{RF-}$ 代入式（7-124）可得二阶交调失真电流为

$$I_{IM2}=3K^{3/2}\sqrt{\frac{1}{8I_{SS}}}\Delta V_{A1}V_A^2\cos(\omega_0-\omega_1)t \tag{7-125}$$

假设双平衡开关对管失配等效于晶体管 $M_3$ 和 $M_6$ 上的偏置电压提高了 $\Delta V_{A2}$，则跨导级失配产生的二阶交调失真会通过开关对管失配泄漏至差分输出端。跨导级失配和双平衡开关对管失配导致泄漏至输出端的差分二阶交调失真电压为

$$V_{IM2}=K^{3/2}\sqrt{\frac{1}{8I_{SS}}}\frac{3\Delta V_{A1}\Delta V_{A2}V_A^2}{\pi V_{p,LO}}R_L\cos(\omega_0-\omega_1)t \tag{7-126}$$

考虑到双平衡混频器的转换增益为 $2g_{m1}R_L/\pi$，输入射频信号的幅度为 $2V_A$，因此当

$$K^{3/2}\sqrt{\frac{1}{8I_{SS}}}\frac{3\Delta V_{A1}\Delta V_{A2}V_{IIP2}^2}{\pi V_{p,LO}}R_L=\frac{4}{\pi}g_{m1}R_L V_{IIP2} \tag{7-127}$$

成立时，可计算出基于全差分结构的双平衡混频器的二阶交调点为

$$V_{IIP2}=\frac{16V_{p,LO}}{3\Delta V_{A1}\Delta V_{A2}}(V_{GS}-V_{TH})_{M1}^2 \tag{7-128}$$

令双平衡混频器的跨导级晶体管的过驱动电压均为 250mV，跨导级和开关对管的等效失配电压 $\Delta V_{A1} = \Delta V_{A2} = 10\text{mV}$，本振信号单端幅度 $V_{p,LO} = 500\text{mV}$，代入式（7-128）可得 $V_{IIP2} \approx 1666.67\text{V}$（对于 50Ω的阻抗匹配系统，功率形式的输入二阶交调点为 74.4dBm）。相较于单平衡混频器，二阶交调性能提升了 30.4dB。这是因为双平衡混频器由跨导级引入的二阶交调失真是通过跨导级差分对失配造成的，而由于失配引入的二阶交调失真自然会比单平衡结构的直接泄漏明显减小。

另一种双平衡结构是如图 7-59 所示的伪差分跨导级结构。伪差分结构由于没有尾电流源的限制，二阶交调性能与图 7-58 所示的全差分结构有较大区别。伪差分结构的跨导级即使存在失配也不会在差分跨导电流中引入二阶交调失真，但是当双平衡开关对失配时却可以将跨导级每个单端产生的二阶交调失真转变为差分输出二阶交调失真。为了方便换算，假设双平衡开关对失配等效于在晶体管 $M_3$（$M_5$ 未画出）的栅极加入 $\Delta V_{A2}$ 的偏压，则可计算出由于开关对失配导致跨导级泄漏至差分输出端的二阶交调失真项为

$$V_{IM2} = [KV_A^2 \cos(\omega_0 - \omega_1)t] \frac{\Delta V_{A2} R_L}{\pi V_{p,LO}} \tag{7-129}$$

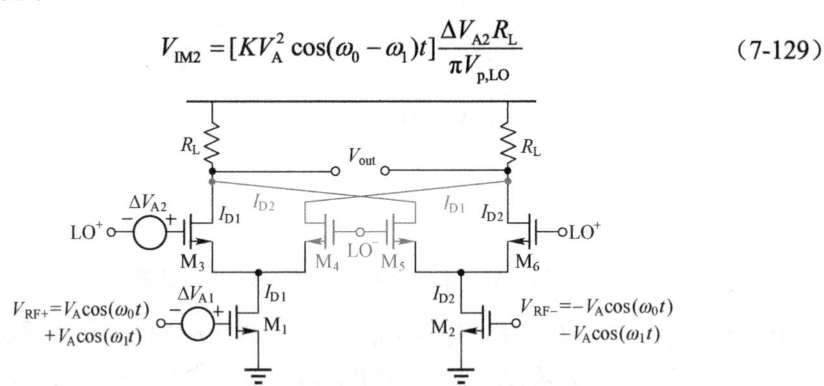


图 7-59 基于伪差分结构的双平衡混频器

因此可得基于伪差分结构的双平衡混频器的二阶交调点为

$$V_{IIP2} = \frac{8(V_{GS} - V_{TH})_{M1} V_{p,LO}}{\Delta V_{A2}} \tag{7-130}$$

令双平衡混频器的跨导级晶体管的过驱动电压均为 250mV，跨导级和开关对的等效失配电压 $\Delta V_{A2} = 10\text{mV}$，本振信号单端幅度 $V_{p,LO} = 500\text{mV}$，代入式（7-128）可得 $V_{IIP2} \approx 100\text{V}$（对于 50Ω的阻抗匹配系统，功率形式的输入二阶交调点为 50dBm）。相较于全差分结构，二阶交调性能下降了 24dB 左右。全差分结构的二阶交调失真主要是由于尾电流源的限制引入的三次方项产生的，而伪差分结构则是由跨导级二阶交调失真的直接泄漏导致的。因此相较于伪差分结构，全差分结构具有更好的二阶交调性能。

但是全差分结构的三阶交调性能相较于伪差分结构却会恶化很多，主要是因为前者的尾电流源会额外引入一个三阶项，而后者的三阶交调性能主要受限于其沟长调制效应。在具体的设计过程中，需要根据实际情况合理地选择两种结构。

在开关对管存在失配的情况下，跨导级晶体管的沟长调制效应和开关对管共源

寄生电容同样也会恶化混频器的二阶交调性能。如图 7-60 所示，由于开关对管栅源寄生电容和共源寄生电容的存在，开关对管失配时会导致共源节点的电压存在周期性波动的情况，波动周期与本振信号周期相同。此波动信号包含直流成分、本振基波频率成分及其各次谐波成分。在考虑沟长调制效应的情况下，开关对管共源节点的电压会对跨导级产生的射频电流进行调制，调制因子为沟长调制因子 $\lambda$。跨导级的二阶效应产生的二阶交调失真被开关对管共源节点电压中包含的本振基波频率信号调制后，经过下变频后同样会泄漏至差分输出端进而影响混频器的二阶交调性能。在本振信号基波频率处加入谐振电感 $L_1$（与开关对管共源节点寄生电容谐振），可以有效地减小开关对管共源节点的电压幅度波动，从而减小对跨导级射频电流的基波调制，优化二阶交调性能。另外，尾电流源 $I_{SS}$ 的加入可以通过引入较大的源简并反馈电阻，减小低频增益，减小晶体管失配对电路二阶交调性能的影响。电容 $C_2$ 和 $C_3$ 提供共源晶体管 $M_1$ 和 $M_2$ 的高频交流地，确保高频增益不受影响。

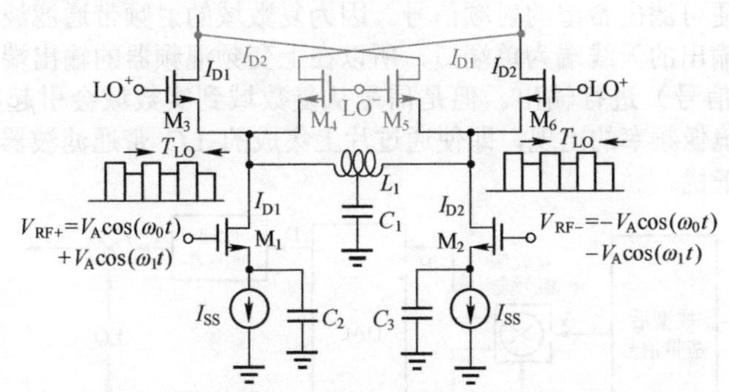


图 7-60　通过开关对管共源极谐振提升混频器的二阶交调性能

# 7.6　上变频混频器

上变频混频器的工作原理与下变频混频器的工作原理类似。根据供电类型，上变频混频器同样可以分为无源上变频混频器和有源上变频混频器。根据传输信号的种类，无源上变频混频器同样可以分为电压模和电流模两种结构，具体的输入阻抗计算方法与下变频结构没有任何区别。需要注意的是，对于单平衡无源混频器中的非归零结构，下变频器和上变频器有本质区别。由式（7-38）和式（7-40）可知，单平衡上变频的归零混频项和非归零混频项的相位差为 180°，且幅度相同，最终的转换增益为 0（上变频的计算过程需要令 $\omega_{IF}=\omega_{LO}$，具体计算过程读者可自行计算），因此非归零单平衡混频器结构并不适用于上变频混频器。

下变频混频器和上变频混频器在架构上还存在着明显的区别。下变频混频器既可以采用实数域混频实现（超外差架构），也可以采用复数域混频实现（零中频架构和低中频架构）。主要原因在于下变频链路对于混频后的抗混叠滤波器性能要求不太高，只要能够满足一定的镜像抑制（低中频架构有此要求）或抗混叠能力既可，通常可以很容易在芯片内部进行集成。实际上，混频器在混频过程中会产生以本振频率为轴频率的对称镜像干扰信号（此对称镜像信号主要由变频过程中的上下变频引入）。

由于下变频混频后两者相距甚远（差值为$2\omega_{LO}$），且下变频后的中频信号频率较低，所以在下变频混频器的设计过程中，很少考虑镜像干扰这一指标。在混频器的输出端通过一个简单的一阶并联 RC 滤波器就可轻易地对上述变频镜像信号产生较大的抑制，但是上变频混频器所产生的对称镜像干扰信号与所需的上变频信号相距很近（差值为$2\omega_{BB}$，$\omega_{BB}$为基带信号中心频率），且上变频后的射频信号频率较高。如果要滤除该对称镜像干扰信号，需要后级带通滤波器提供非常高的品质因子。但是因为射频域的集成带通滤波器通常采用无源 LC 结构，而集成电感的品质因子通常小于 10，所以无法有效滤除镜像干扰。

因为上变频混频器的输入基带信号通常位于复数域，所以在上变频之前，复数域基带信号已经不存在对称镜像干扰。基带为复数域，本振信号为实数域的发射链路架构如图 7-61 所示。BPSK 调制方式下，相应的频谱搬移过程如图 7-62 所示。如果发射端信号可以在复数域进行处理，搬移后的频谱相距仍较远，通过一个复数域带通滤波器便可滤出希望的射频信号。因为复数域的射频带通滤波器是很难集成的，且考虑到输出的天线端为单端口，所以在上变频混频器的输出端仅能选取一个支路（实数域信号）进行输出。但是信号从复数域到实数域会引起频谱的对称折叠，导致对称镜像频率的出现，即使通过片上集成的 LC 带通滤波器，也无法有效地抑制此部分干扰。

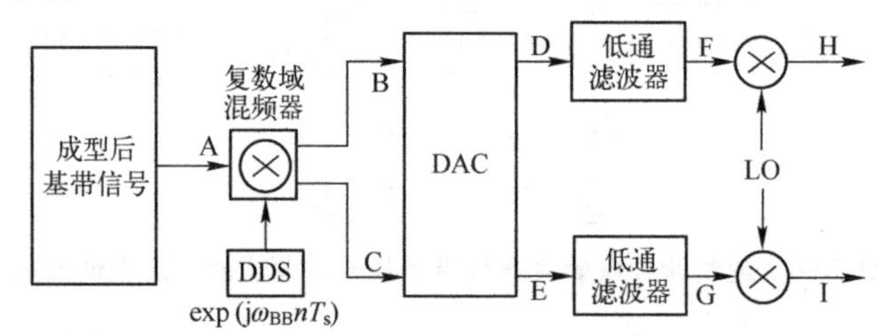


图 7-61 基带为复数域，本振信号为实数域的发射链路架构

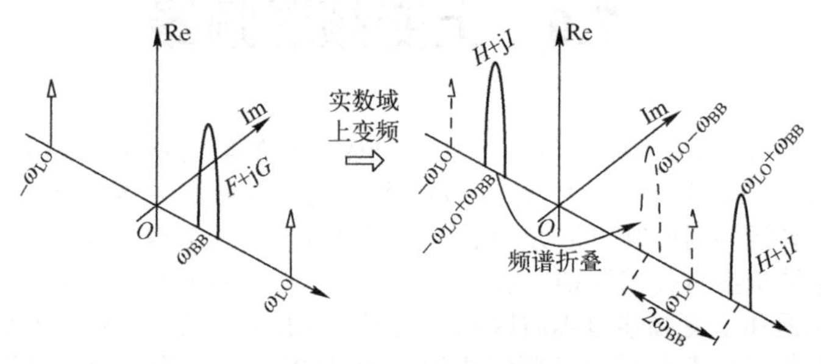


图 7-62 基带为复数域，本振信号为实数域的发射链路信号频谱搬移过程

将本振信号由实数域变换至复数域，如图 7-63 所示，可以有效地避免对称镜像信号的出现，具体的频谱搬移过程如图 7-64 所示。由于复数域的频谱搬移过程是单向的，即使最终的混频器输出是单端的，频谱折叠过程也不会产生对称镜像干扰，在实数域采用简单的 LC 并联网络即可有效滤除带外干扰。复数域混频器的内部具体结构如图 7-65 所示，其中 $H$ 为实部输出，$I$ 为虚部输出。对于其他调制方式，上述原理仍通用，只是频谱略有不同。

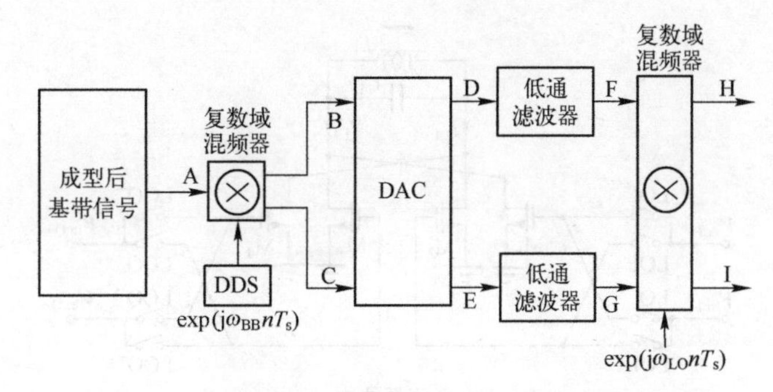


图 7-63　基带和本振信号均为复数域的发射链路架构

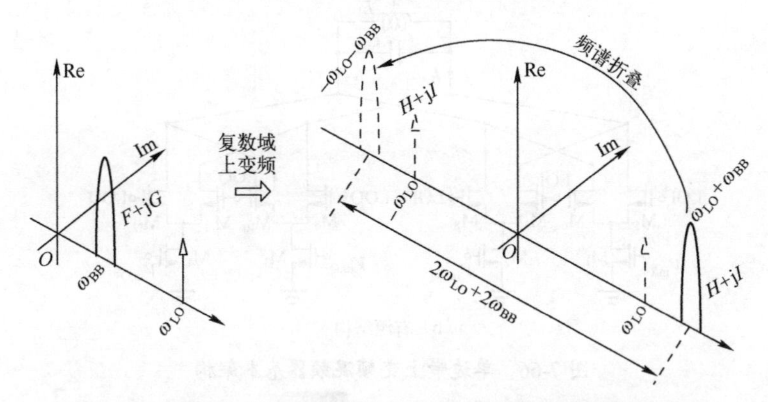


图 7-64　基带和本振信号均为复数域的发射链路频谱搬移过程

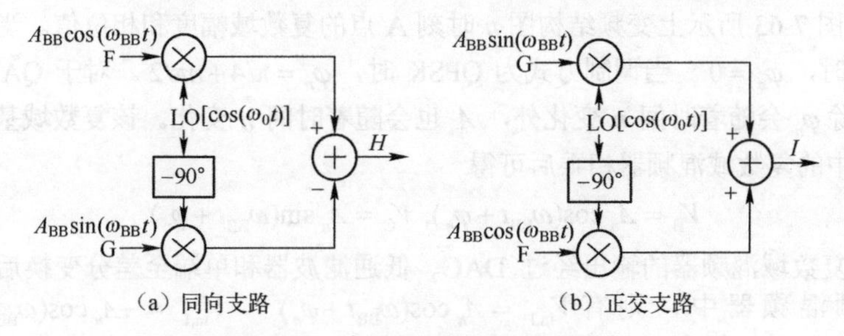


图 7-65　复数域混频器内部结构

## 7.6.1　单边带上变频混频器

上变频混频器中的输入基带信号和本振信号必须工作在复数域，输出端必须是单端信号（实数域信号），据此可以给出上变频混频器的基本架构如图 7-66 所示。此两种混频器由于在输出端不存在对称镜像干扰信号，因此也称为单边带上变频混频器。采用双平衡结构主要是为了有效地抑制本振泄漏问题。图 7-66（a）所示为无源结构，图 7-66（b）所示为有源结构，为了更深地理解此种结构，下文从时域上对无源结构进行详细分析（仅针对无源结构，有源结构具体工作原理与无源结构相同）。

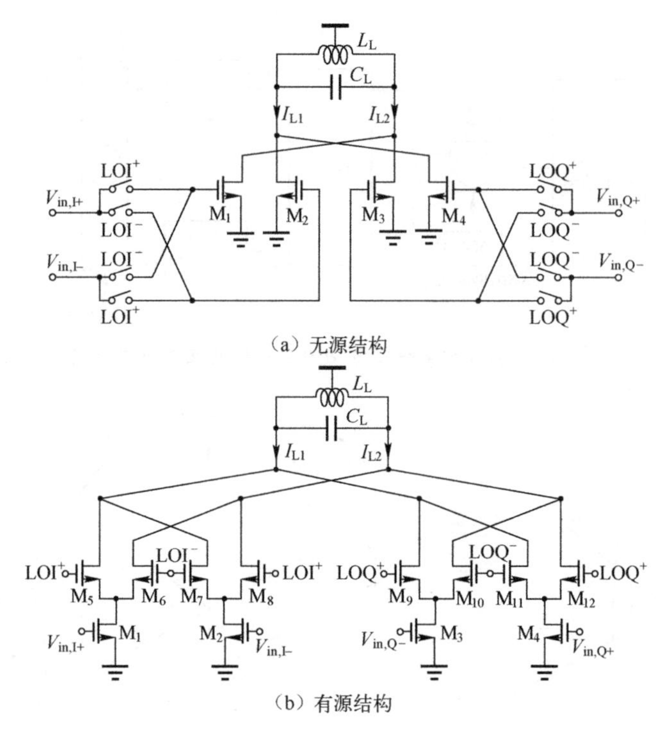


（a）无源结构

（b）有源结构

图 7-66 单边带上变频混频器基本架构

对于任一调制方式而言，成型后基带信号$V_A = A_n\cos\varphi_n + jA_n\sin\varphi_n$，其中 $A_n$ 和 $\varphi_n$ 分别为图 7-63 所示上变频结构图 $n$ 时刻 A 点的复数域幅度和相位值。当调制方式为 BPSK 时，$\varphi_n = 0$。当调制方式为 QPSK 时，$\varphi_n = \pi/4 + n\pi/2$。对于 QAM 调制方式而言，除$\varphi_n$会随着时间 $n$ 变化外，$A_n$ 也会随着时间 $n$ 变化。该复数域基带信号与基带模块中的复数域混频器相乘后可得

$$V_B = A_n\cos(\omega_{BB}t + \varphi_n),\ V_C = A_n\sin(\omega_{BB}t + \varphi_n) \tag{7-131}$$

基带复数域混频器的输出经过 DAC、低通滤波器和单端至差分变换后送入单边带上变频混频器中，则有$V_{in,I+} = A_n\cos(\omega_{BB}t + \varphi_n)$，$V_{in,I-} = -A_n\cos(\omega_{BB}t + \varphi_n)$，$V_{in,Q+} = A_n\sin(\omega_{BB}t + \varphi_n)$，$V_{in,Q-} = -A_n\sin(\omega_{BB}t + \varphi_n)$。由于双平衡无源混频器的转换增益为$2/\pi$，仅考虑本振信号的一次谐波成分，在同向端，晶体管 $M_1$ 的栅极变频电压为

$$V_{G,M1} = \frac{2A_n}{\pi}\cos[(\omega_{BB} + \omega_{LO})t + \varphi_n] + \frac{2A_n}{\pi}\cos[(\omega_{BB} - \omega_{LO})t + \varphi_n] \tag{7-132}$$

由于正交端本振信号在时间上滞后$T_{LO}/4$，正交端晶体管 $M_3$ 的栅极变频电压为

$$\begin{aligned} V_{G,M3} &= -\frac{2A_n}{\pi}\sin[\omega_{BB}t + \omega_{LO}(t - T_{LO}/4) + \varphi_n] - \frac{2A_n}{\pi}\sin[\omega_{BB}t - \omega_{LO}(t - T_{LO}/4) + \varphi_n] \\ &= \frac{2A_n}{\pi}\cos[(\omega_{BB} + \omega_{LO})t + \varphi_n] - \frac{2A_n}{\pi}\cos[(\omega_{BB} - \omega_{LO})t + \varphi_n] \end{aligned} \tag{7-133}$$

因此可得流经负载右端的电流为

$$I_{L2}=-g_{m1}V_{G,M1}-g_{m3}V_{G,M3}=-\frac{4g_{m}A_{n}}{\pi}\cos[(\omega_{BB}+\omega_{LO})t+\varphi_{n}] \tag{7-134}$$

式中，$g_m=g_{m1}=g_{m3}$。同理可得负载左端的电流为

$$I_{L1}=\frac{4g_{m}A_{n}}{\pi}\cos[(\omega_{BB}+\omega_{LO})t+\varphi_{n}] \tag{7-135}$$

则输出端的差分电压为

$$V_{out}=\frac{8g_{m}A_{n}}{\pi}|Z_{L}|\cos[(\omega_{BB}+\omega_{LO})t+\varphi_{n}] \tag{7-136}$$

式中，$Z_L$ 为 $C_L$ 和 $L_L$ 形成的并联带通阻抗网络的阻抗，其谐振频率位于 $\omega_{BB}+\omega_{LO}$ 处。负载处之所以采用电感电容并联网络，主要是因为考虑电路中存在的失配效应会导致输出端对称镜像干扰的出现。例如，如果 $g_{m1}$ 和 $g_{m3}$ 失配，输出端会存在 $\cos[(\omega_{BB}-\omega_{LO})t+\varphi_{n}]$ 项，带通滤波效应可以进一步抑制对称镜像干扰。

## 7.6.2　上变频混频器线性性能

上变频链路中发送的信号强度通常远远高于电路内部噪声，因此上变频链路中的模块包括上变频器对自身的噪声性能并没有严格的要求。相反，由于信号强度较大，通常对线性性能会提出较为严苛的要求。

通常情况下，图 7-66（a）所示的无源上变频混频器相较于图 7-66（b）所示的有源上变频混频器具有更优的线性性能。虽然伪差分结构的线性性能与晶体管的调制系数及负载成反比，但是该结果的前提是晶体管必须工作在饱和状态下，因此对晶体管的过驱动电压仍有一定的要求。由于无源结构具有更大的电压裕量，因此也更容易在强信号下保证晶体管正确地工作在饱和区。

开关对管交替导通时产生的本振信号频率奇次谐波项对发射链路的线性性能同样会产生明显的影响[7]。仅考虑本振信号三次谐波项，由图 7-9 可知，三次谐波项的幅度为基波项的 1/3。考虑到延时为 $T_{LO}/4$ 时，三次谐波的相位改变量为 270°，将 $\omega_{LO}$ 替换为 $3\omega_{LO}$ 并代入式（7-132）和式（7-133）可知，三次谐波项仅存在于 $3\omega_{LO}-\omega_{BB}$ 频率处。令上变频混频器输入的两个单音信号频率分别为 $\omega_1$ 和 $\omega_2$，根据上述分析可知，单平衡混频器的输出信号为

$$\begin{aligned}V_{out}(t)&=V_1(t)+V_3(t)\\&=A[\cos(\omega_{LO}+\omega_1)t+\cos(\omega_{LO}+\omega_2)t]-\frac{A}{3}[\cos(3\omega_{LO}-\omega_1)t+\cos(3\omega_{LO}-\omega_2)t]\end{aligned} \tag{7-137}$$

上变频混频器的输出通常直接送入上行链路中功率放大器（如果输出功率较低，也可称为驱动放大器）的输入端，功率放大器通常工作在非线性区域，具有一系列的非线性高阶谐波属性。仅考虑三阶非线性，令功率放大器的输入-输出特性为

$$y(t)=a_1x(t)+a_3x^3(t) \tag{7-138}$$

将式（7-137）代入式（7-138）可得功率放大器输出端表达式为

$$\begin{aligned}y(t)&=a_1[V_1(t)+V_3(t)]+a_3[V_1(t)+V_3(t)]^3\\&=a_1V_1(t)+a_1V_3(t)+a_3V_1^3(t)+3a_3V_1^2(t)V_3(t)+3a_3V_1(t)V_3^2(t)+a_3V_3^3(t)\end{aligned} \tag{7-139}$$

由式（7-139）可知，$a_3V_1^3(t)$、$3a_3V_1^2(t)V_3(t)$和$3a_3V_1(t)V_3^2(t)$三项均会产生三阶交调失真（$a_3V_3^3(t)$项产生的均为高频干扰，不予考虑），但是$a_3V_1^3(t)$是固有项，与上变频混频器本振信号的三次谐波无关。因此仅考虑后两项对系统线性性能的恶化，将式（7-137）代入式（7-139）可知后两项产生的干扰项为

$$3a_3V_1^2(t)V_3(t)\rightarrow\frac{a_3A^3}{4}\left[\cos(\omega_{\text{LO}}-2\omega_m-\omega_n)t\right],\ m,n=1,2 \tag{7-140}$$

$$3a_3V_1(t)V_3^2(t)\rightarrow\frac{a_3A^3}{6}\left[\cos(\omega_{\text{LO}}+\omega_m)t\right],\ m,n=1,2 \tag{7-141}$$

由于单边带上变频混频器中本振信号三次谐波的存在，在功率放大器的输出端会额外增加带外干扰成分，导致频谱增生效应，恶化功率放大器的相临信道抑制比。三次谐波的存在还会进一步恶化有效信号的幅度，导致更加明显的增益压缩效应，间接地恶化系统的三阶交调性能。

为了有效地改善单边带上变频混频器谐波效应带来的系统线性性能恶化问题，在上变频器的输出端可以采用并联 LC 谐振网络的负载形式抑制谐波幅度。在集成电感品质因子较差的情况下，还可以采用交叉耦合对提供一定的负阻优化 LC 谐振网络的品质因子。另外，在牺牲电路复杂度的情况下，也可以采用多相开关形式（如八相开关，见 7.2.3 节）来抑制开关管交替导通时的高阶谐波项，改善系统线性性能。

## 参考文献


[1] DARABI H. 射频集成电路及系统设计[M]. 吴建辉, 陈超, 译. 北京: 机械工业出版社, 2019: 170-174.

[2] 北京大学. 一种高线性度的数控相位插值器: 中国, 10345922.5 [P]. 2016-05-23.

[3] WANG C, HUANG J, CHU K, et al. A 60-GHz phased array receiver front-end in 0.13-μm CMOS technology [J]. IEEE Transactions on Circuits and Systems I: Regular Papers, 2009, 56(10): 2341-2352.

[4] HUANG D, LAROCCA T R, SAMOSKA L, et al. Terahertz CMOS frequency generator using linear superposition technique [J]. IEEE Journal of Solid-State Circuits, 2008, 43(12): 2730-2738.

[5] PLESSAS F, SOULIOTIS G, MAKRI R. A 76-84 GHz CMOS 4×subharmonic mixer with internal phase correction [J]. IEEE Transactions on Circuits and Systems I: Regular Papers, 2018, 65(7): 2083-2096.

[6] 国防科技大学. ADS-B 收发芯片和 ADS-B 收发机: 中国, 11076333 [P]. 2020-10-10.

[7] MIRZAEI A, MURPHY, DARABI H. Analysis of direct-conversion IQ transmitters with 25% duty-cycle passive mixers [J], IEEE Transactions on Circuits and Systems I: Regular Papers, 2011, 58(10): 2318-2331.

# 第 8 章 功率放大器

功率放大器（Power Amplifier，PA）是射频集成电路中用于提供高功率输出的一个放大模块。通信距离除与调制解调方式、码速率和天线增益有关外，还与发射模块的发射功率有关。发射功率越大，通信距离越远，相同通信距离条件下，接收到的信号质量就会越好。因此，与小信号放大电路（低噪声放大器、可变增益放大器等）不同，功率放大器强调的是如何获得尽可能大的输出功率，设计目的的不同带来的是设计衡量指标和设计方法的不同。除尽可能满足较大的发射功率之外，功率放大器在设计过程中还必须考虑效率和线性度的问题。功率放大器正常工作期间所消耗的功耗通常要远超过射频集成电路中其他工作模块的总功耗（例如，效率为 50%的功率放大器发射 30dBm 的信号功率，其功耗为 2W，而收发通路的其他模块电流损耗很容易控制在 200mA 以内，在供电电压为 3.3V 的情况下，剩余模块的功率仅为 0.66W，远小于功率放大器的功耗），因此如何保证功率放大器的高工作效率是必须解决的核心问题，而小信号放大电路中几乎不用考虑这一指标。另外，由于功率放大器提供的输出功率较高，为了避免对其他通信系统造成干扰，发射频谱必须符合无线电频谱规范。因此，对于大多数非恒幅调制方式，如经过升余弦滤波的 PSK 信号、QAM 调制信号和 OFDM 多载波调制模式等，必须对功率放大器进行线性化设计以改善其对相邻信道的干扰。功率放大器的线性化大多数情况下需要数字辅助的形式来完成，因此还需要对发射机架构进行一定程度的调整。

由于功率放大器的高输出功率及有限的增益，功率放大器通常工作于大信号模式（功率放大器的功率增益通常设计在 20～30dB，因此对于输出功率为 30dBm 的设计要求，功率放大器的输入信号功率需要超过 0dBm，输出端的电压波动幅度通常接近于电源电压），因此输入端不再适用小信号放大电路的线性化模型，而输出端的输出阻抗由于较大的电压波动也会产生明显的变化进而影响电路性能。

## 8.1 功率放大器设计考虑

与小信号放大电路一样，放大功能仍是功率放大器的核心功能之一。典型的放大电路包括共栅放大器、共漏放大器（源极跟随器）和共源放大器三种。共栅放大器由于输出阻抗的变化对输入阻抗会产生较大的影响，进而导致输入端的阻抗匹配性能发生变化同时也会对前级电路性能产生较大影响，因此很少用于功率放大结构。另外，共漏放大器提供的增益通常小于 1，且源极的负载偏置电流还会消耗额外的功耗，因此也很少用于功率放大的场合。共源放大结构由于耗能元件少、输入输出端隔离度较高且能提供较大的功率增益，是目前功率放大器设计的主流结构。如图 8-1（a）所示，共源放大器的直流偏置端可以由偏置电阻 $R_b$、直流电流源 $I_b$ 或射频扼流（RF Choke，RFC）电感实现，由于 $R_b$ 和 $I_b$ 均会消耗一定的电压裕量和功耗，且输出端的电压摆动幅度被限制在 0～$V_{DD}$，因此上述两种偏置方法很难实现较大的功率输出和较高的效率。RFC 电感作为无源储能元件，一方面无须消耗额外的电压裕量，另一方面还可以将输出端的最大电压摆动幅度提升至 $2V_{DD}$ 的水平（甚至更高），可以兼顾效率和输出功率两个关键性指标。

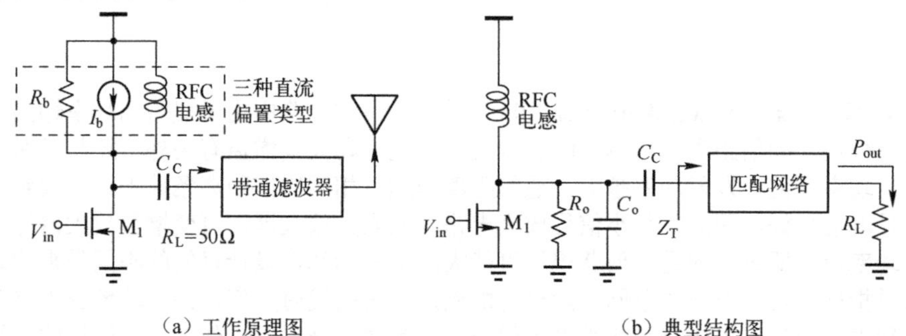


图 8-1 基于共源放大结构的功率放大器

## 8.1.1 阻抗匹配与功率匹配

为了进一步满足无线电频谱规范，功率放大器的输出端通常需要经过一个压制带外干扰频谱的带通滤波器接入发射天线的输入端，如图 8-1（a）所示。带通滤波器及天线装置提供的输入阻抗 $R_L = 50\Omega$，如果要满足 1W（30dBm）的发射功率，共源放大器输出端（共源晶体管 $M_1$ 的漏极）需要提供的电压摆幅峰-峰值 $V_{pp} = 20V$，该电压值会完整地呈现在 $M_1$ 的漏极。在标准 CMOS 工艺下，晶体管的截止频率 $f_T$ 与耐压能力 $V_T$ 通常成反比，工艺节点越先进，耐压能力越弱，且它们的乘积近似等于 300GHz·V。对于截止频率 $f_T = 100GHz$ 的晶体管而言，正常工作电压不能超过 3V，因此图 8-1（a）所示的功率放大结构很难获得较高的输出功率。通常的做法是在功率放大器的输出端与天线端之间插入一个匹配网络，利用匹配网络的阻抗转换功能将负载电路的 $R_L$ 转换为一个合适的阻抗 $Z_T$，以满足在合适的电压和电流范围下达到所需的输出功率，合适的电压和电流范围主要以共源晶体管的电压及电流承受能力为参考，如图 8-1（b）所示。

匹配网络最终的目的是确保电路在正常工作的情况下（不至于被损坏）尽可能提供较大的输出功率，也称为功率匹配网络。功率匹配网络与阻抗匹配网络的概念有很大不同，阻抗匹配强调的是在保证前级电路正常工作的前提下如何被动接收最大的能量。例如，天线端与射频集成电路接收链路的输入端通常需要进行阻抗匹配：一是为了保证天线的正常工作功能和性能，接入的下级电路必须能够在一定的频率范围内提供固定的输入阻抗（一般为 50Ω）；二是只有下级电路与天线端的输出阻抗（一般为 50Ω）相匹配，才能保证天线端感应的射频功率全部传导入下级电路（见第 2

章），确保功率的最大传输。功率放大器追求的是主动性的较大功率生成，设计过程需要兼顾电源电压的高低、共源晶体管的耐压和耐流能力及耗能器件的多少。如果仍采用阻抗匹配的概念，所述的最大功率传输的概念仅仅是将功率放大器共源晶体管漏极输出阻抗 $R_o$ 上的功率无损地传输到了负载端 $R_L$ 上，如图 8-1（b）所示，并没有统筹考虑功率放大器的其他关键设计指标，会导致一系列设计问题的出现。

**例 8-1**　根据图 8-1（b）所示电路，采用阻抗匹配的概念设计一款输出功率为 1W 的功率放大器，并通过计算结果分析其合理性。

**解：**假设功率放大器输出端的输出阻抗可以通过一个电阻 $R_o$ 和一个电容 $C_o$ 等效。为了达到阻抗匹配的效果，负载电阻 $R_L$ 经过匹配网络后等效的输入阻抗必须能够表示为电阻 $R_T = R_o$ 和电感 $L_o$ 的并联，其中电感 $L_o$ 在发射频率处与电容 $C_o$ 谐振，如图 8-2 所示。为了保证输出至负载端 $R_L$ 的功率为 1W，则功率放大器传输至 $Z_T$ 的功率也必须为 1W，此时功率放大器的共源晶体管漏极输出阻抗同样也会消耗 1W 的功率（阻抗匹配设计带来的必然结果）。功率放大器必须对外提供 $P_{pro} = 2W$ 的功率才能满足上述设计要求，极大地恶化功率放大器的效率。另外，电阻 $R_o$ 通常远大于 $100\,\Omega$，这就要求功率放大器的共源晶体管漏极必须能够承受远远超过 28V 的电压值，这显然是不切实际的。另外，功率放大器中的能耗元件除了输出阻抗 $R_o$ 部分，还包含共源晶体管自身，因此即使在理想情况下，采用阻抗匹配技术设计的功率放大器，其效率也会远远低于 50%。

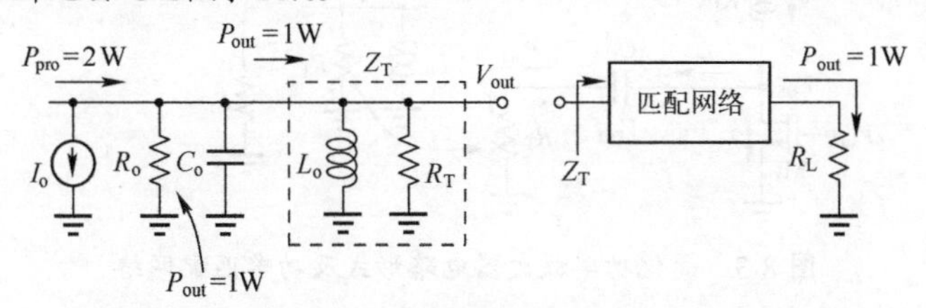


图 8-2　基于阻抗匹配概念设计的功率放大器负载端

接例 8-1 进行说明，当继续增大 $Z_T$ 实部电阻 $R_T$ 时，受限于电源电压，输出端电压 $V_{out}$ 的幅度不会改变。功率放大器共源晶体管漏极输出阻抗消耗的功率与负载消耗的功率之比为 $R_T/R_o$，因此随 $R_T$ 的增大，功率放大器的效率还会逐步降低，且所能提供的输出功率也会逐渐减小。当减小 $R_T$ 时，在电压受限阶段，功率放大器的效率逐步提升，提供至负载的功率也逐渐增大。继续减小 $R_T$，功率放大器进入电流受限阶段（设计电流 $I_o$ 不变，输出端电压逐渐降低），功率放大器共源晶体管漏极输出阻抗消耗的功率与负载消耗的功率之比同样为 $R_T/R_o$。虽然随 $R_T$ 的减小，大部分输出功率都会传输至负载端，但是传输的总功率也在逐渐减小。当 $R_T = 0$ 时，甚至没有功率输出。可以看出，$R_T$ 不是越大越好，也不是越小越好，存在一个 $R_T = R_{opt}$ 的中间值可以同时获得较高的效率和较高的输出功率。

采用功率匹配的方法可以快速地找出最优负载转换阻抗 $R_T = R_{opt}$ 的值。以线性 A 类功率放大器为例（8.3 节、8.4 节会对功率放大器的具体分类和电路结构进行详细说明），功率匹配的设计过程如下：

① 根据晶体管的耐压值 $V_{max}$ 和耐流值 $I_{max}$（最主要是耐压值，耐流值通常可以通过调整晶体管的尺寸得到改善，但是电流也不能选取得太大：一方面，RFC 电感的寄生电阻在大电流的作用下会产生较大的电压损耗，降低功率放大器的性能；另一

方面，大电流在共源晶体管中产生的热损耗如果不能及时散发，也会导致器件永久性损坏）确定电源电压$V_{DD}=V_{max}/2$（由于采用 RFC 电感的原因）和晶体管的静态工作电流（直流偏置电流）$I_b=I_{max}/2$。

② 根据输入信号的电压幅度选择合适的偏置电压确保 $M_1$ 始终工作在饱和区（偏置电压通常选取为输入信号峰-峰值的一半与阈值电压之和），并根据确定的偏置电压计算晶体管的尺寸。

③ 估计共源晶体管漏极寄生电容 $C_o$，并设计匹配网络将负载电阻 $R_L$ 变换至 $L_o \| R_{opt}$，其中电感 $L_o$ 在发射频率处与电容 $C_o$ 谐振，$R_{opt}=V_{max}/I_{max}$。

④ 根据仿真结果进行迭代优化设计。

上述功率匹配设计方法假设 $R_{opt} << R_o$（实际电路中该式成立），因此忽略掉了 $R_o$ 对电路参数设计的影响。为了分析的便利性，同样假设电感 $L_o$ 与电容 $C_o$ 之间是一个理想谐振体，因此图 8-1（b）所示功率放大器的等效电路可重新表示为如图 8-3 所示的形式，其中 $C_C$ 为交流耦合电容，其两端的电压为 $V_{DD}$，则下式成立：

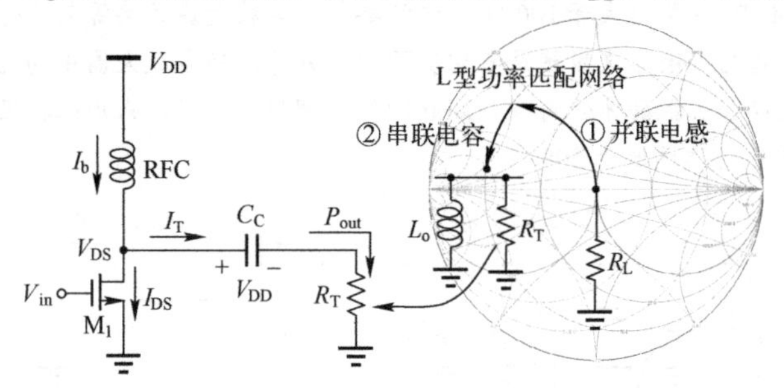


图 8-3　简化功率放大器电路形式及功率匹配网络

$$I_{DS}=I_b-I_T=I_b-(V_{DS}-V_{DD})/R_T \tag{8-1}$$

由于 RFC 电感的作用，$I_b$ 通常是一个近似恒定的直流信号。不考虑共源晶体管 $M_1$ 的沟长调制效应并假设其始终工作在饱和区（栅极电压始终不低于阈值电压，且即使较低的漏极电压 $V_{DS}$ 也不会改变工作状态），并令晶体管的耐压值 $V_{max}$ 为 6V，耐流值为 0.4A，则有 $V_{DD}=3\text{V}$、$I_b=0.2\text{A}$。根据输入信号的电压幅度选择合适的偏置电压确保 $M_1$ 始终工作在饱和区，并根据确定的偏置电压和偏置电流 $I_b$ 计算晶体管的尺寸，分别给出共源晶体管 $M_1$ 和式（8-1）中 $V_{DS}$-$I_{DS}$ 曲线图（见图 8-4），图中还同时给出了不同的 $R_T$ 对应的 $R_T$ 两端电压振荡波形及流过 $R_T$ 的振荡电流波形。可以看出，当满足

$$R_T=R_{opt}=V_{max}/I_{max} \tag{8-2}$$

时，功率放大器输出至负载端的功率 $P_{opt}=V_{max}I_{max}/8$，即图中由耐压值 $V_{max}$ 和耐流值 $I_{max}$ 组成的矩形面积的 1/8。当 $R_T>R_{opt}$ 时，功率放大器进入电压受限状态，即 $R_T$ 两端的电压振荡峰-峰值不可能超过 $V_{max}$（这一点由电源电压 $V_{DD}$ 限制），限制流过 $R_T$ 的振荡电流幅度（电路进入非线性放大阶段限制电流的进一步增大或减小）；当 $R_T<R_{opt}$ 时，功率放大器进入电流受限状态，即流过 $R_T$ 的电流振荡峰-峰值不可能超过 $I_{max}$（这一点由共源晶体管 $M_1$ 栅极的输入信号幅度和偏置电压限制），限制流过 $R_T$ 的振荡电流幅度。因此后两种情况功率放大器提供的输出功率均小于 $P_{opt}$。

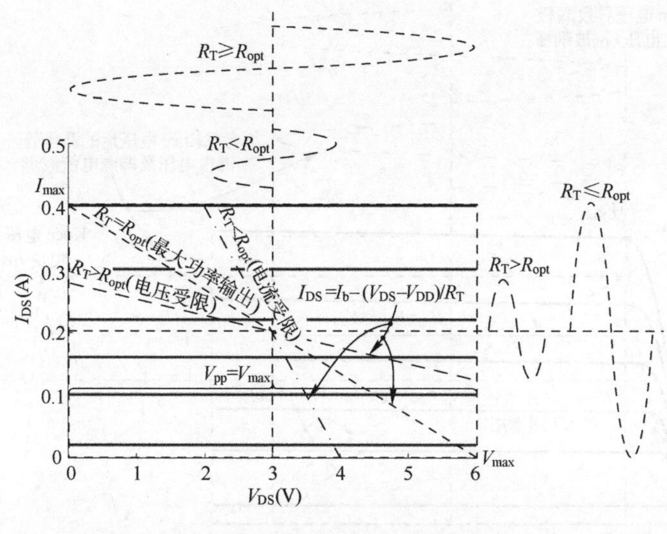


图 8-4 功率匹配原理

因此根据图 8-3 所示功率放大器结构设计功率匹配网络时，只需通过一个 L 型匹配网络（并联电感，串联电容）将负载 $R_L$ 转换为电感 $L_o$ 与电阻 $R_{opt}$ 的并联即可，其中 $L_o$ 与 $C_o$（晶体管 $M_1$ 漏极寄生电容）在发射频率处谐振，$R_{opt} = V_{max}/I_{max}$。

## 8.1.2 Knee 电压影响

在前述的分析中，均没有考虑晶体管的膝点电压（Knee 电压），但实际上，Knee 电压会导致功率放大器的输出波形中存在较大的非线性成分，尤其在深亚微米工艺下该现象更加严重。Knee 电压是指在固定栅极偏置情况下，仍能保证晶体管工作在饱和区的最小漏极电压。Knee 电压对功率放大器输出电压-电流波形的影响如图 8-5 所示。在 Knee 电压范围内，由于晶体管工作在三极管区，因此漏源电流 $I_{DS}$ 与漏极电压 $V_{DS}$ 成一定的比例关系。由图 8-5 可知，考虑 Knee 电压后，晶体管的 $V_{DS}$-$I_{DS}$ 曲线与图 8-4 明显不同，主要集中在 $V_{DS}$ 的低压区。由于该曲线类似于人体弯曲的腿部，Knee 电压处类似于膝关节处，膝点电压由此得名。

随着晶体管栅极输入信号幅度的逐渐增大，$V_{DS}$ 逐渐降低，当进入 Knee 电压范围内，晶体管进入线性区域，跨导迅速减小，导致漏源电流不增反降。由于流经 RFC 电感的电流近似恒定，因此漏源电流的减小会导致流入负载端的电流增大，从而出现晶体管 $V_{DS}$ 不降反增的情况。直到晶体管重新进入饱和区，漏源电流恢复与输入电压的线性关系，具体的电压-电流情况如图 8-5 所示。可以看出，当漏极电压进入 Knee 电压范围内后，$V_{DS}$ 和 $I_{DS}$ 会被削峰，增大功率放大器共源晶体管漏极的非线性效应，从而导致输出至负载的功率信号包含更强的非线性成分，降低相邻信道抑制比。

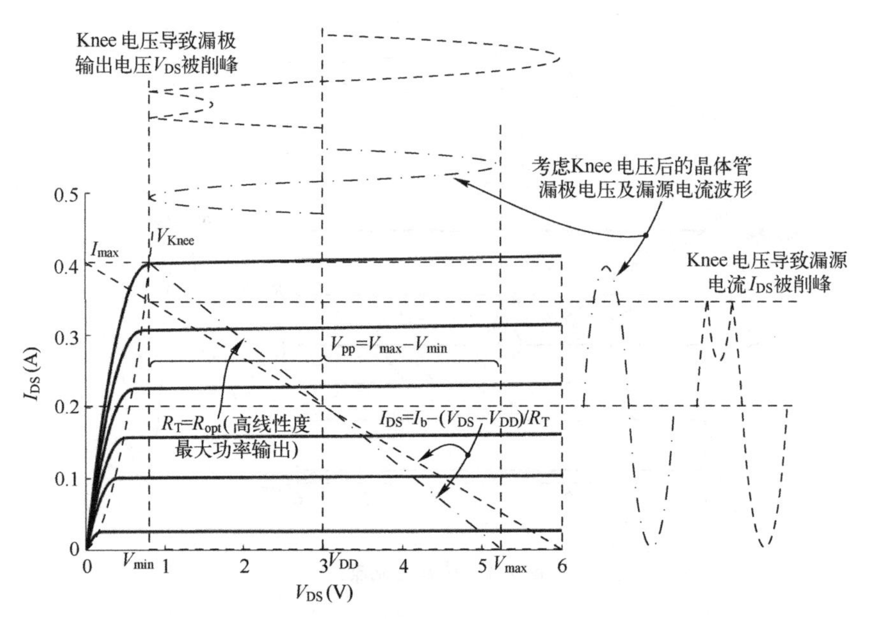


图 8-5　Knee 电压对功率放大器输出电压-电流波形的影响

为了改善 Knee 电压带来的功率放大器性能恶化，在设计前期就应充分考虑所设计的晶体管漏极电压波动范围，尽可能避免漏极的电压波动进入 Knee 电压范围内。如图 8-5 所示，Knee 电压通常选取最大漏源电流对应曲线的 Knee 电压 $V_{Knee}$，因此功率放大器共源晶体管漏极电压的最小值 $V_{min}=V_{Knee}$。考虑到电压波动的对称性，$V_{DS}$ 的最大值 $V_{max}=2V_{DD}-V_{Knee}$，因此，为了保证高线性度的功率输出，负载变换后的最优电阻为

$$R_{opt}=(V_{max}-V_{min})/I_{max}=2(V_{DD}-V_{Knee})/I_{max} \tag{8-3}$$

## 8.1.3　大信号条件下近似线性效应

功率放大器是一个大功率器件，当提供的功率增益有限时，往往需要输入端提供具有足够振荡幅度的输入信号，这种情况下必须采用大信号模型对功率放大器的工作功能和性能进行分析。以图 8-3 所示的 A 类功率放大器为例，共源晶体管 $M_1$ 的漏源电流为

$$I_{DS}=K(V_{GS}+V_{in}-V_{TH})^2=K(V_{GS}-V_{TH})^2+KV_{in}^2+2K(V_{GS}-V_{TH})V_{in} \tag{8-4}$$

式中，$K=\mu_n C_{ox}W/2L$ 是与工艺和晶体管尺寸相关的参数。在小信号模式下，$|V_{in}|<<V_{GS}-V_{TH}$ 成立，式（8-4）等号右边中间平方项可以忽略不计，因此呈现较为理想的线性放大效应，这也是小信号放大模块正常工作的理论基础。在大信号模式下，如 $V_{in}=(V_{GS}-V_{TH})\sin\omega_0 t$，式（8-4）会呈现非常明显的非线性效应，将 $V_{in}$ 的表达式代入式（8-4）可得

$$I_{DS}=\frac{3}{2}K(V_{GS}-V_{TH})^2+2K(V_{GS}-V_{TH})^2\sin\omega_0 t-\frac{1}{2}K(V_{GS}-V_{TH})^2\cos 2\omega_0 t \tag{8-5}$$

针对 $2K(V_{GS}-V_{TH})^2$ 进行归一化的晶体管漏源电流波形如图 8-6 所示，其中 $I_{DC1}=0.75$。可以看出由于二次谐波的存在，漏源电流仅呈现偶对称的性质，波形形状类似于脉冲波形。对于图 8-3 所示的功率放大器电路而言，该脉冲波形（由于交流耦合电容的存在，直流成分会被滤除）会以电流的形态无损地呈现在转换电阻 $R_T$ 上，产生较大的非线性失真。

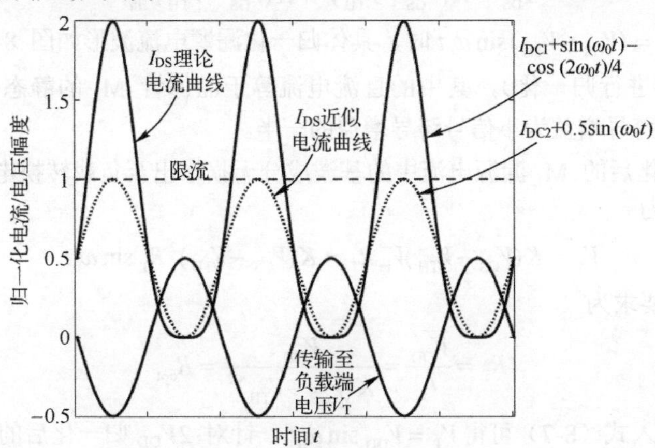


图 8-6 大信号条件下的近似线性效应示意图

由于共源晶体管 $M_1$ 需要提供较高的偏置电流以满足较大的功率输出，其宽长比通常选取得较大，这导致 $M_1$ 漏极的寄生电容较大，因此在设计过程中必须考虑这个问题。在进行负载电阻的阻抗匹配变换时，需要引入一个并联的电感，与该寄生电容在发射频率处谐振，以改善电路性能，如图 8-7 所示。幸运的是，该谐振电路同时相当于一个带通滤波器，可以有效滤除大信号模式下漏源电流中包含的高阶谐波成分，使功率放大器趋于线性化。在集成电感元件品质因子较低的情况下，还可以考虑外置无源元件的方式对电路性能进行改善。由于谐振网络的作用，输出至转换电阻 $R_T$ 两端的电压波形仅包含基波成分，如图 8-6 所示。

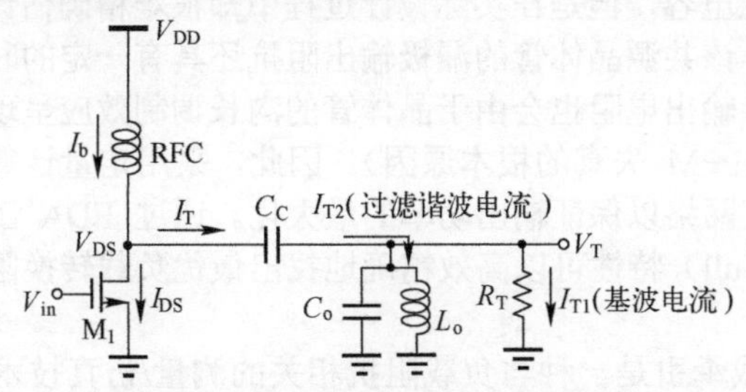


图 8-7 典型功率放大器电路结构

为了便于定量分析比较各类功率放大器的性能差异，通常也会将晶体管 $M_1$ 在大信号条件下的漏源输出电流进行线性化近似，如图 8-6 所示。根据功率匹配原则，流过 RFC 电感的直流电流通常设计为 $I_b=K(V_{GS}-V_{TH})^2$。当大信号的电流幅度达到 $2K(V_{GS}-V_{TH})^2$ 时（对应图 8-6 中纵坐标的刻度 1），流过负载转换阻抗的电流值 $I_{T1}=-K(V_{GS}-V_{TH})^2$，$R_T$ 两端的电压差 $V_T=-V_{DD}$，$M_1$ 的漏极电压 $V_{DS}=0$。由于

Knee 电压的影响，晶体管 $M_1$ 进入电压受限阶段，其漏源电流降低至 0（理论上为 $2K(V_{GS}-V_{TH})^2$），从而出现如图 8-5 所示的削峰现象（图中未画出）。

为了便于量化计算，可以将 $M_1$ 漏源电流与输入信号 $V_{in}$ 之间的关系近似线性化表示。

$$I_{DS}=K(V_{GS}-V_{TH})^2+K(V_{GS}-V_{TH})V_{in} \tag{8-6}$$

当满足 $V_{in}=(V_{GS}-V_{TH})\sin\omega_0 t$ 时，具体归一化漏源电流波形如图 8-6 所示（针对 $2K(V_{GS}-V_{TH})^2$ 进行归一化），其中的直流电流等于晶体管 $M_1$ 的静态偏置漏源电流（$I_{DC2}=0.5$），跨导增益为小信号跨导增益的一半。

近似线性化后的 $M_1$ 漏源电流中的基波成分无损输出至负载转换电阻 $R_T$ 上，提供的输出电压为

$$V_T=K(V_{GS}-V_{TH})V_{in}R_T=K(V_{GS}-V_{TH})^2R_T\sin\omega_0 t \tag{8-7}$$

功率匹配设计要求为

$$R_T=\frac{V_{DD}}{I_b}=\frac{V_{DD}}{K(V_{GS}-V_{TH})^2}=R_{opt} \tag{8-8}$$

将式（8-8）代入式（8-7）可得 $V_T=V_{DD}\sin\omega_0 t$，针对 $2V_{DD}$ 归一化后的输出电压波形如图 8-6 所示。

需要注意的是，即使采用近似线性化模型，也要考虑 Knee 电压的影响，即在确定了 $V_{max}$（$2V_{DD}$）和 $I_{max}$（$2I_b$）后，需要在理论功率匹配的基础上进一步减小 $R_T$，通过电流受限效应降低晶体管 $M_1$ 的漏极电压波动幅度，降低功率放大器的非线性效应。

### 8.1.4 功率放大器的负载牵引特性

在通过功率匹配方法设计负载端的匹配网络时，假设的前提条件是已知共源晶体管 $M_1$ 的漏极寄生电容，但是在实际设计过程中却很难精确估计出该寄生电容。尤其在大信号情况下，该共源晶体管的漏极输出阻抗还具有一定的时变性（寄生电容被输出信号幅度调制，输出电阻也会由于晶体管的沟长调制效应呈现时变特性，这也是功率放大器产生 AM/PM 失真的根本原因）。因此，采用定量计算的方法很难精确地设计最优的负载匹配网络以保证输出功率的最大化。通过 EDA 工具借助功率放大器的负载牵引（Load-pull）特性可以高效精确地找出最优负载转换阻抗，并据此设计匹配网络。

功率放大器负载牵引是一种与负载阻抗相关的测量/仿真技术，可以通过不断调整负载阻抗找到让功率放大器输出功率最大所对应的负载阻抗。这种方法可以准确地测量/仿真出功率放大器在大信号条件下的最优性能，其中包含共源晶体管输出阻抗随频率和输入功率变化的特性，为功率放大器的设计优化提供了坚实基础。功率放大器的输出功率随负载阻抗的变化呈现一定规律的变化趋势。在 Smith 圆图上可以直观定量地给出功率放大器的输出功率随着负载阻抗变化的簇曲线。

忽略晶体管的 Knee 电压影响和沟长调制效应，图 8-8 给出了不同负载电阻（$R_T$）对应的功率放大器输出功率情况（功率值为负载电阻 $R_T$ 电压-电流线作为对角

线对应的矩形面积的 1/8）。可以看出，当满足 $R_T = R_{opt}$ 时，功率放大器输出的功率最大。随着 $R_T$ 的增大（$R_H$）或减小（$R_L$），功率放大器进入电压受限或电流受限阶段，功率放大器的输出功率逐渐减小。当 $R_T = 0$ 或 $R_T = \infty$ 时，功率放大器的输出功率为 0。当满足 $R_H R_L = R_{opt}^2$ 时，增大负载电阻与减小负载电阻对功率放大器的输出功率造成的影响一致。

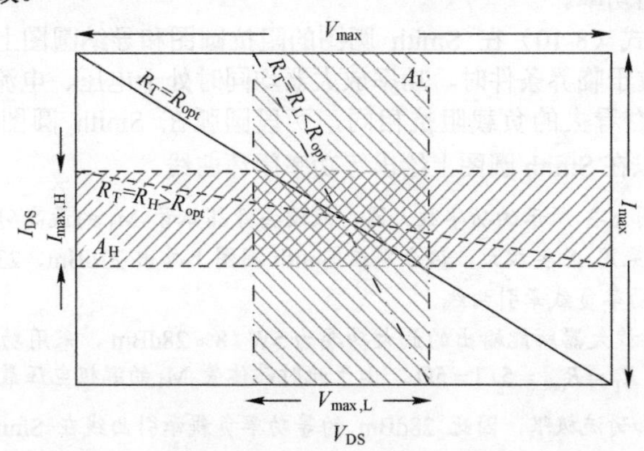


图 8-8　不同的转换电阻 $R_T$ 对应相同的输出功率

当功率放大器处于电流受限状态时，流经负载的电流幅度等于 $I_b$，由于 $R_T = R_L < R_{opt}$，功率放大器输出端信号的电压幅度小于 $V_{DD}$。在保持功率放大器输出功率不变的情况下，还有一定的电压空间可以分摊于与负载 $R_T$ 串联的电抗之上，如图 8-9（a）所示，当满足

$$\left|V_X\right|^2 = \left|I_b X_T\right|^2 \leqslant V_{DD}^2 - V_{out}^2 = V_{DD}^2 - (I_b R_T)^2 \Rightarrow \left|X_T\right| \leqslant \sqrt{R_{opt}^2 - R_T^2} \tag{8-9}$$

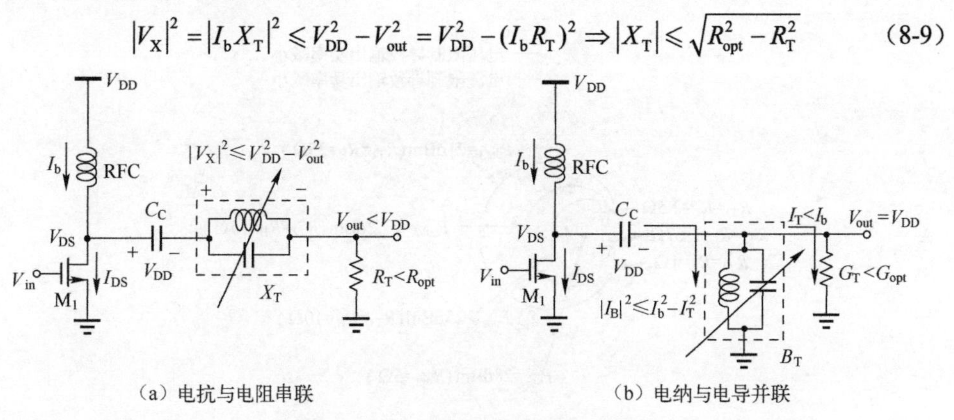


（a）电抗与电阻串联　　（b）电纳与电导并联

图 8-9　电流受限与电压受限情况

串联电抗 $X_T$ 的加入并不会影响功率放大器的具体工作状态。如果串联电抗继续增大，则进入电压、电流均受限状态，传输至负载电阻 $R_T$ 上的电压会逐渐降低，影响功率放大器的输出功率。

当功率放大器处于电压受限状态时，流经负载的电流幅度小于 $I_b$，$R_T = R_H > R_{opt}$，功率放大器输出端信号的幅度等于 $V_{DD}$。还有一定的电流空间可以分摊于与负载电阻（用电导形式表示为 $G_T$）并联的电抗之上（用电纳形式表示为

$B_T$），如图 8-9（b）所示，当满足

$$|I_B|^2 = |V_{DD}B_T|^2 \leqslant I_b^2 - I_T^2 = I_b^2 - (V_{DD}G_T)^2 \Rightarrow |B_T| \leqslant \sqrt{G_{opt}^2 - G_T^2} \tag{8-10}$$

并联电纳 $B_T$ 的加入并不会影响功率放大器的具体工作状态。如果并联电纳继续增大，则进入电压、电流均受限状态，传输至负载电导 $G_T$ 上的电流会逐渐减小，影响功率放大器的输出功率。

式（8-9）和式（8-10）在 Smith 圆图的阻抗圆图和导纳圆图上均呈现一段圆弧形状。当两式均位于临界条件时，功率放大器均同时处于电压、电流受限临界状态，从晶体管漏极向右看去的负载阻抗相同，两段圆弧在 Smith 圆图上相交。当满足 $R_H R_L = R_{opt}^2$，可以在 Smith 圆图上绘出等功率闭环曲线。

**例 8-2** 对于图 8-3 所示的功率放大器，假设共源晶体管 $M_1$ 的最高耐压值和最大耐流值分别为 5V 和 1A。采用 A 类放大，试分别在 Smith 圆图上画出 21dBm、23.2dBm、25dBm 和 28dBm 所对应的等功率负载牵引曲线。

**解：** A 类功率放大器所能输出的最大功率为 $5\text{W}/8 \approx 28\text{dBm}$，采用功率匹配需要将天线负载电阻 $R_L$ 转换至 $R_T = R_{opt} = 5/1 = 5\Omega$。由于此时晶体管 $M_1$ 的漏极电压最高值和漏源电流最大值已经达到耐压和耐流极限，因此 28dBm 的等功率负载牵引曲线在 Smith 圆图中仅对应于电阻为 5Ω 的一个点，如图 8-10 所示。而对于 21dBm、23.2dBm、25dBm 三种功率输出，在电压受限情况下，对应的转换阻抗分别为 $R_{T1} = 25\Omega$、$R_{T2} = 15\Omega$、$R_{T3} = 10\Omega$。在 Smith 圆图的导纳圆图中分别画出对应的等功率负载牵引圆弧曲线，如图 8-10 所示的实线圆弧。在电流受限情况下，对应的转换阻抗分别为 $R_{T1} = 1\Omega$、$R_{T2} = 1.67\Omega$、$R_{T3} = 2.5\Omega$，在 Smith 圆图的阻抗圆图中分别画出对应的等功率负载牵引圆弧曲线，如图 8-10 所示的虚线圆弧。

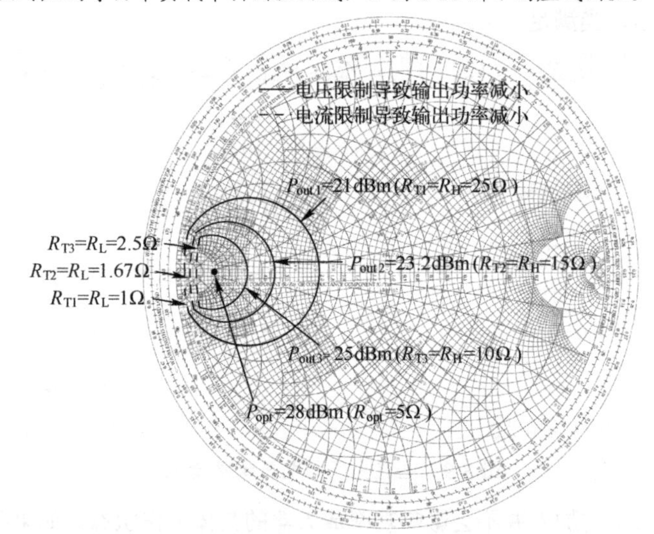


图 8-10 负载牵引曲线

在设计功率放大器时，由于共源晶体管的尺寸通常设计得比较大（甚至达到 mm 级），因此漏极寄生电容通常是无法忽略的，在进行负载牵引特性分析时，还需考虑此电容的大小。由于很难通过计算确定该寄生电容的精确值，因此可采用功率放大器的负载牵引特性绘制出的等功率负载牵引曲线簇直观快速地找出最优的负载转换阻

抗，并基于此设计匹配网络。由于漏极寄生电容的存在，等功率负载牵引曲线簇通常位于 Smith 圆图的左上方。

为了节省芯片面积和制造成本，RFC 电感通常也会采用封装时的键合线电感，芯片功率放大器 D 同样也会引入部分寄生电容，在设计时需要一并考虑。

# 8.2　功率放大器设计指标

一款高性能的功率放大器应至少具备三个优良的设计指标：高增益、高功率转换效率和高线性度。在发射功率恒定的情况下，当采用外置功率放大器形式时，较高的功率放大器增益可以降低射频发射链路所提供的发射功率，节省发射链路功耗；较高的功率转换效率可以显著降低功率放大器自身的功率损耗；而高线性度可以使功率放大器容易满足无线通信系统标准规定的性能参数，如相邻信道功率比（Adjacent Channel Power Ratio，ACPR）等。除这三个典型的设计指标外，高性能功率放大器的设计还需要一些其他的设计指标进行衡量，本节一一进行说明。

## 8.2.1　增益

功率放大器增益的概念与小信号放大电路中增益的概念并不完全一致。小信号放大电路的增益通常指的是电压增益，功率增益是指在输入和输出阻抗都默认为 50Ω（或其他阻抗匹配值）的情况下得到的计算结果。功率放大器的增益仅指功率增益，主要是因为功率放大器设计过程中负载端的输入阻抗（负载转换阻抗）必须采用功率匹配来进行负载阻抗的转换以确保功率放大器最大化的功率输出能力。如果将功率放大器的输出端从晶体管漏极延伸至天线端，也可以采用电压增益的形式等效功率增益。

**例 8-3**　采用 65nm CMOS 工艺设计一款 A 类功率放大器（见 8.3.1 节），假设共源晶体管 $M_1$ 的最高耐压值和最大耐流值分别为 3.6V 和 500mA，功率放大器前级输入信号功率为 0dBm（相对于 50Ω匹配阻抗），当功率放大器的输出端信号功率达到最大时，试分别计算：

① 以共源晶体管 $M_1$ 漏极为输出端，计算功率放大器的电压增益和功率增益。

② 以负载天线为输出端，计算功率放大器的电压增益和功率增益。

**解**：①根据功率匹配原理，为了保证功率放大器的输出信号功率最大，经过匹配网络（L 型匹配网络，见图 8-11）后的负载转换阻抗必须设计为 $R_T \parallel L_o$，其中 $R_T = 3.6/0.5 = 7.2\Omega$，$L_o$ 与 $C_o$（$M_1$ 漏极寄生电容）在输出频率处谐振。此时从功率放大器共源晶体管 $M_1$ 漏极向右看去的输出功率为 $V_{max}I_{max}/8 \approx 23.5$dBm，由于功率放大器输入端的信号功率为 0dBm，如果以功率放大器共源晶体管 $M_1$ 漏极为输出端，功率放大器的功率增益为 23.5dB。由于输入端的参考阻抗为 50Ω（与功率放大器输入端是否进行阻抗匹配设计无关），输出端阻抗的参考阻抗为 7.2Ω，则电压增益约为 15dB。

② 当以天线端为输出参考时，考虑到输入和输出阻抗均为 50Ω，则功率放大器的电压增益与功率增益相同。从热损耗的角度来看，从晶体管 $M_1$ 漏极向右看去的热损耗与天线本身的热损耗相同，因此漏极向右传输的热功率也会全部传输至天线端，功率放大器的电压和功率增益均为 23.5dB。

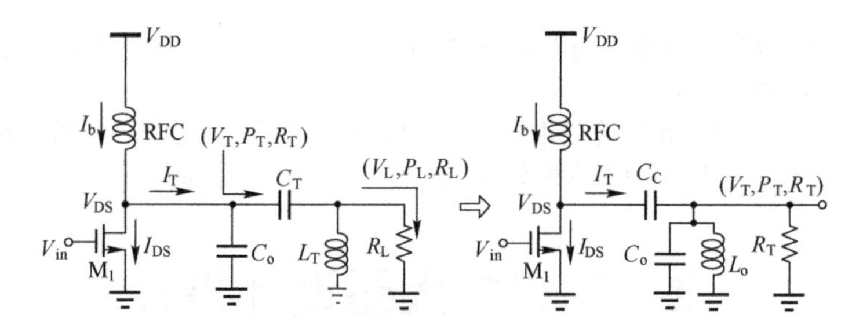


图 8-11 功率增益与电压增益计算示意图

采用大信号条件下的近似线性模型同样也可计算出两种情况下的电压增益和功率增益，具体计算过程不再赘述。

从例 8-3 可以看出，功率放大器的增益不但与其自身的功率输出能力有关，还与输入端的输入功率有直接关系。保持功率放大器的耐压值和耐流值不变，如果继续减小输入端信号功率（功率增益增大），为了保证漏源电流不变（输出功率不变），必须增大晶体管的尺寸。随之而来的是晶体管 $M_1$ 漏极寄生电容的增大，在输出频率不变的情况下，经过功率匹配产生的电感 $L_o$ 必须足够小。在实际设计过程中，该条件往往不容易满足，因此功率放大器的功率增益设计除需要满足外部要求外，还必须考虑自身的设计实际。

考虑一种极端情况，令 $C_O \to \infty$，则 $L_O \to 0$，经过功率匹配后的负载转换阻抗点位于 Smith 圆图的左极点，需要在 L 型匹配网络中并联接入一个极小的电感和串联接入一个极大的电容，如图 8-12 所示，这显然是不切实际的。

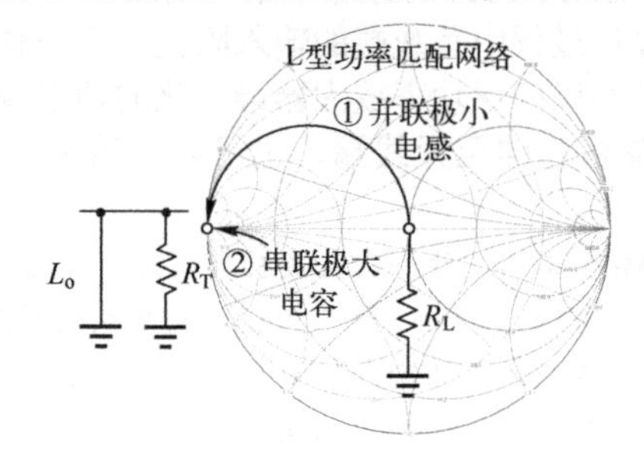


图 8-12 极端情况下的 L 型功率匹配网络

**例 8-4** 试计算例 8-3 中晶体管的尺寸，并设计功率匹配网络（假定信号频率为 1GHz）。

**解：** 对于 0dBm 的输入信号，以 50Ω 为参考输入阻抗，则输入信号的电压波动幅度为 316mV。根据功率匹配的设计方法，晶体管 $M_1$ 栅极需要选择的静态偏置电压为 $V_{TH}$ +316mV，静态偏置电流为 250mA。标准 65nm CMOS 工艺中，$\mu_n C_{ox} \approx 1.5\times10^{-4}\ \text{A}/\text{V}^2$，则晶体管 $M_1$ 的尺寸需要设计为 2.145mm/65nm，漏极寄生电容约为 3pF。根据功率匹配原理，在 1GHz 信号频率下，负载转换阻抗应设计为 7.2Ω的电阻与 8.45nH 的电感并联，在 Smith 圆图中标注为 $Z_T$ 点，归一化后其阻抗表达式为 $Z_T = 0.144 + \text{j}0.02$。如图 8-13 所示，选取中间点 $Y_I$（归一化电阻为 0.144 的阻抗圆图与归一化电导为 1 的导纳圆图的交点）作为 L 型匹配网络的中间过渡点，可分别计算出需要并联的电感 $L_T = 3.2\text{nH}$，串联的电容 $C_T = 9.65\text{pF}$。

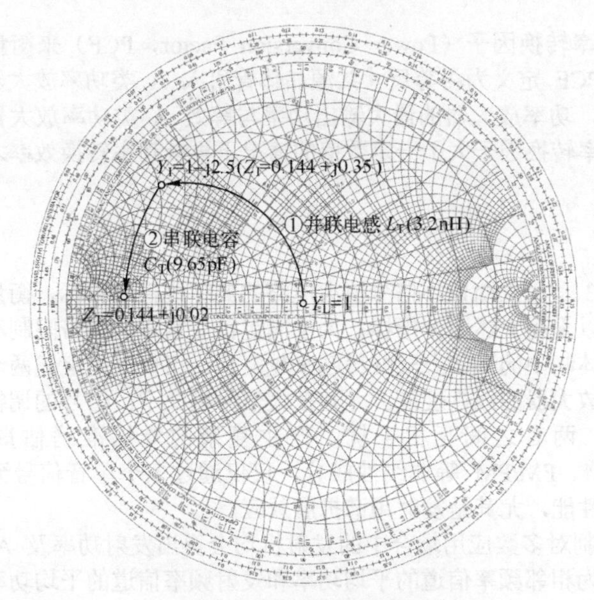


图 8-13　L 型功率匹配网络设计

## 8.2.2　功率转换效率及附加功率转换效率

小信号放大电路由于输出的信号功率通常比较小（例如，LNA 的输出功率通常在-50dBm 以下，混频器通常在-30dBm 以下），因此无须考虑电路的效率问题。功率放大器的输出功率通常在 20dBm 以上，有时甚至需要达到 33dBm 以上（仅考虑 CMOS 工艺的设计极限，对于更高的功率需求，通常需要考虑其他的工艺实现方式，如采用耐高压的第三代宽禁带半导体材料工艺），如果功率放大器的电路效率不够高，如 20%，对于发射功率为 33dBm（2W）的通信需求而言，功率放大器需要提供的直流功耗至少为 10W，根本无法适用于移动设备。如果将效率提升至 50%，功率放大器的直流功耗直接降低至 4W，可以显著改善移动设备的工作时长。

功率放大器的功率转换效率为功率放大器输出功率值与直流损耗的比值。功率放大器的功率转换效率越高，在相同直流损耗的条件下向负载传输的功率就会越大。采用该指标衡量功率放大器性能仍存在一定的缺陷：在功率放大器的增益设计较低的情况下，即使功率放大器较高的功率转换效率带来本级功率放大器较高的功率传输能力，但是由于输入端提供的输入功率也较大，对前级电路的功率输出能力也会提出较高的要求。通常使用附加功率转换效率（Power Additional Efficiency，PAE）来衡量功率放大器的功率传输性能。PAE 为输出功率与输入功率之差与功率放大器直流损耗的比值。在功率放大器增益较高时，PAE 与功率转换效率近似等效。

## 8.2.3　功率转换因子

一些功率放大器（如 C 类功率放大器，见 8.3.3 节）的效率通常可以设计得很高，但是由于输出功率也会随着效率的提升而逐渐降低，因此即使功率放大器能够提供足够高的效率，但是输出功率却不能满足多数通信系统的需求。

可以引入功率转换因子（Power Conversion Factor，PCF）来衡量输出功率与效率之间的关系。PCF 定义为将等尺寸共源晶体管引入 A 类功率放大器中，在相同耐压和耐流情况下，功率放大器的最大输出功率与等效 A 类功率放大器最大输出功率之比值。只有功率转换因子大于一定数值的情况下再谈功率转换效率才有意义。

### 8.2.4 线性度

P1dB 和 IIP3 是用来衡量小信号放大电路的典型线性度指标，衡量功率放大器的线性性能同样可以采用上述两个指标。为了满足日益紧张的频带限制和超高通信速率需求，现代通信体制中的调制方式变得越来越复杂，仅仅采用上述两个指标并不足以准确地描述功率放大器的线性性能。尤其在大信号模式下，信号的调幅和调相存在显性的转换关系，两者之间互相干扰，产生复杂的难以准确估量的 AM/AM、AM/PM、PM/AM、PM/PM 等非线性成分，仅仅通过多个单音信号无法全面衡量功率放大器的线性性能，尤其是发射频谱扩展效应。

现代通信体制对多数应用场合中的发射机均会提出发射功率及 ACPR 等发射约束。ACPR 定义为相邻频率信道的平均功率和发射频率信道的平均功率之比，可以直观地反映功率放大器发射频率边带上频谱再生的情况。由于调制信号的复杂性和各类无法定量给出的非线性效应，ACPR 的直接计算非常困难，通常需要通过仿真或测试的方法得到。

另外，星座图、眼图和 EVM 等测试量也可以直观地衡量功率放大器的线性性能。

### 8.2.5 峰值-均值功率比

峰值-均值功率比（Peak-to-Average Power Ratio，PAPR），简称峰均比或峰值因数，是衡量一种调制方式峰值功率与平均包络功率相对比值的参数。功率放大器的最大效率通常设计在发射功率最大处，随着发射功率的减小，功率放大器的效率也会逐渐降低（功率匹配下设计的功率放大器输出功率刚好位于电压受限和电流受限的边界时，输出功率最大。当逐渐减小输入功率时，流经负载的电流及输出电压幅度逐渐减小，输出功率也随之减小。此时从电源处抽取的直流电流并未改变，因此功率放大器的功率效率逐渐降低）。对于一种复杂的调制方式而言，为了保证在功率波动范围内，功率放大器仍具有较高的线性性能，必须采用功率回退的方式，确保即使输入信号的最大功率送入功率放大器时，功率放大器的输出功率仍小于其所能提供的最大输出功率。如果输入信号采用较为复杂的调制方式，如 QAM、OFDM 等，为了确保线性性能，功率放大器的功率转换效率会受到极大的影响。在功率放大器的设计过程中，在追求线性性能的同时，还必须考虑调制方式的 PAPR，需要采用一定的补偿手段同时确保功率放大器的线性性能和功率转换效率均在可接受的范围之内。

## 8.3 压控电流型功率放大器

功率放大器按照电路的具体工作方式可分为压控电流型和压控开关型，如

图 8-14 所示。压控电流型功率放大器采用大信号下的近似线性效应将共源晶体管等效为一个线性压控电流源，等效跨导为小信号条件下晶体管跨导的一半。由于压控电流型功率放大器的近似线性放大效应，共源晶体管总是存在功率损耗，因此较难设计实现较高功率效率的功率放大器，但是线性性能普遍较好。压控开关型功率放大器的输入电压信号摆幅通常在 $V_{DD}$ 与地之间进行切换，且通过缓冲器进行边沿整型，因此共源晶体管可以近似等效为理想开关管。当开关管闭合时，$V_{DS}=0$，共源晶体管不会产生额外的损耗；当开关管断开时，$I_{DS}=0$，共源晶体管同样不会产生额外的损耗。可以看出，在不考虑其他寄生损耗的情况下，压控开关型功率放大器的功率效率可以达到 100%。由于漏极电压波形和电流波形会出现突然截止的情况，因此基于开关效应设计的功率放大器具有相对较差的线性性能。典型的电流开关型 D 类功率放大器如图 8-14（b）所示，8.4.1 节会详细介绍其工作原理。

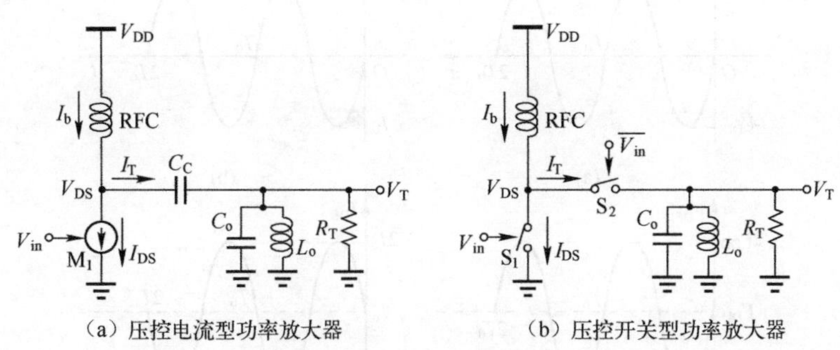


图 8-14　压控功率放大器

由于压控开关型功率放大器输入信号的幅度处于满量程状态，因此仅能区分输入信号的相位波动情况，无法识别输入信号的幅度信息，在使用压控开关型功率放大器时必须注意这一问题。

本节主要针对压控电流型功率放大器进行详细的设计说明，压控开关型功率放大器的内容见 8.4 节。压控电流型功率放大器共源晶体管在不同的栅极偏置电压和输入信号幅度情况下也存在不同的导通和截止情况。假设在一个信号周期内，导通时间为 $T_C$，截止时间为 $T_S$，可定义导通角为 $\Phi=2\pi T_C/(T_C+T_S)$。根据导通角的不同，压控电流型功率放大器可以分为 A、B、C 和 AB 类四种类型。

## 8.3.1　A 类功率放大器

当满足 $\Phi=2\pi$ 时，压控电流型功率放大器被称为 A 类功率放大器。A 类功率放大器的输入电压波动幅度不能超过共源晶体管的过驱动电压。当确定了 A 类功率放大器的 $V_{max}$ 和 $I_{max}$ 后，可以确定 $V_{DD}$ 和 $I_b$。选定合适的输入功率后，便可确定共源晶体管的尺寸。为了保证流经 RFC 电感的电流是恒定的且不会对电路的输出阻抗造成太大的影响，通常要求在输出频率处 RFC 电感的电抗值必须大于负载转换阻抗 $R_T$ 的 10 倍。

以图 8-14（a）为例，A 类功率放大器共源晶体管漏极电压 $V_{DS}$、漏源电流 $I_{DS}$、

流经负载转换阻抗 $R_T$ 的电流 $I_T$ 和 $R_T$ 两端的电压 $V_T$ 之间的关系为

$$I_b = I_{DS} + I_T = I_b + g_m V_{in} + I_T \tag{8-11}$$

$$V_{DS} = V_{DD} + V_T = V_{DD} + I_T R_T \tag{8-12}$$

式中，$V_{DD}$ 为交流耦合电容 $C_C$ 两端的电压。式（8-12）成立的条件是电感 $L_o$ 与电容 $C_o$ 在输出频率处谐振，等效于开路。在大信号模式下，$g_m = K(V_{GS} - V_{TH})$ 等于小信号跨导的一半，当满足 $V_{in} = (V_{GS} - V_{TH})\sin\omega_0 t$ 时，代入式（8-11）可得 $I_T = -K(V_{GS} - V_{TH})^2 \sin\omega_0 t = -I_b \sin\omega_0 t$，代入式（8-12）可得 $V_T = I_T R_T = -I_b R_T \sin\omega_0 t$。在功率匹配情况下，$R_T = V_{DD}/I_b$，有 $V_T = -V_{DD}\sin\omega_0 t$。据此可以给出 $V_{DS}$、$I_{DS}$、$V_T$ 和 $I_T$ 的电压、电流波形如图 8-15 所示。

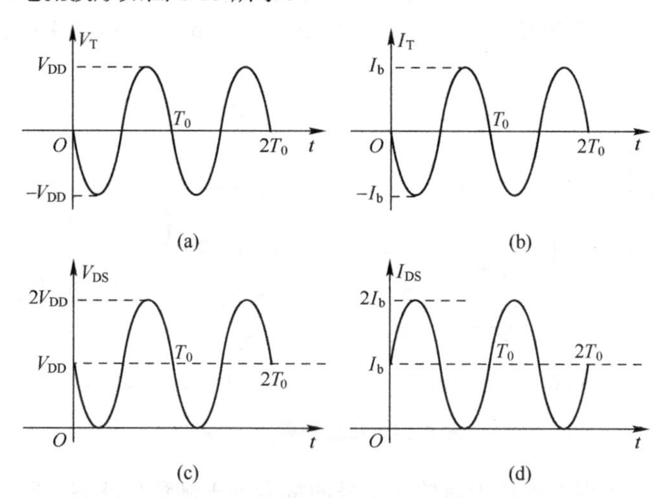


图 8-15　A 类功率放大器各节点电压、电流波形图

根据图 8-15 可知，在功率匹配条件下，A 类功率放大器传输至负载端的功率为

$$P_L = P_T = \frac{1}{T_0}\int_0^{T_0} V_T I_T \mathrm{d}t = \frac{V_{DD} I_b}{2} \tag{8-13}$$

功率放大器在工作期间的直流功耗 $P_{DC} = V_{DD} I_b$，可知功率匹配条件下 A 类功率放大器的功率效率 $\eta = 50\%$。剩余 50%的功率均被共源输入晶体管所耗，通过图 8-15（c）、（d）可计算出此功耗为

$$P_D = \frac{1}{T_0}\int_0^{T_0} V_{DS} I_{DS} \mathrm{d}t = \frac{V_{DD} I_b}{2} \tag{8-14}$$

通常情况下，功率匹配网络和 RFC 电感均存在一定的寄生效应，引入的寄生电阻会消耗额外的功率，因此 A 类功率放大器的功率效率不会超过 50%。

如果继续增大 A 类功率放大器的输入信号功率，由于电压受限的影响，A 类功率放大器会进入饱和状态（负载端电压和电流均会出现被削峰的现象），输出功率不会继续增大，功率放大器进入增益压缩阶段，引入较大的非线性效应。如果减小功率放大器的输入信号功率，负载端的输出电压和输出电流均会减小，输出功率随之减小，但是从电源端抽取的直流功率保持不变，功率放大器的功率效率随之降低。仍令负载转换阻抗 $R_T$ 两端的电压为 $V_T$，$I_T = V_T/R_T = V_T I_b / V_{DD}$，功率放大器的功率转换效率为

$$\eta = \frac{|V_T||I_T|}{2V_{DD}I_b} = \frac{V_T^2}{2V_{DD}^2} \tag{8-15}$$

当功率匹配需要的负载转换电阻 $R_T$ 较小时，功率匹配网络需要提供较大的转换系数，较大的转换系数会导致匹配网络消耗较大的额外功率，降低功率放大器的功率转换效率。因此，在深亚微米工艺条件下，有限的电源电压（功率匹配条件下需要的负载转换电阻 $R_T$ 较小）成为功率放大器功率进一步提升的主要限制因素。为了进一步增大晶体管漏极输出电压摆幅，可以采用如图 8-16（a）所示的 Cascode 结构。由于 Cascode 结构提升了晶体管 $M_2$ 的源极和栅极电压，因此输出端电压 $V_{DS2}$ 的电压摆幅可以进一步增大（通常情况下限制晶体管耐压极限的是较薄的栅氧层），增大功率放大器的输出功率。但是输出端电压摆幅的增大使 $V_{DS2}$ 在谷值处的削峰现象更加明显，进一步恶化功率放大器的线性性能。可采用图 8-16（b）所示的反馈 Cascode 电路结构来同时改善功率放大器输出电压的振荡幅度和线性度。反馈电路的引入可导致 Cascode 晶体管 $M_2$ 的栅极电压 $V_f$ 处于波动的状态，$V_{DS2}$ 的波峰值受限于晶体管的耐压值和 $V_{DS1}$ 的峰值，与图 8-16（a）所示的 Cascode 结构相比，振荡幅度会进一步增大。当 $V_f$ 位于谷值状态时，$V_{DS2}$ 的谷值电压可以继续下降而保持 $M_1$ 和 $M_2$ 均不会进入线性区域，从而扩大功率放大器的输出电压范围，同时改善线性性能。

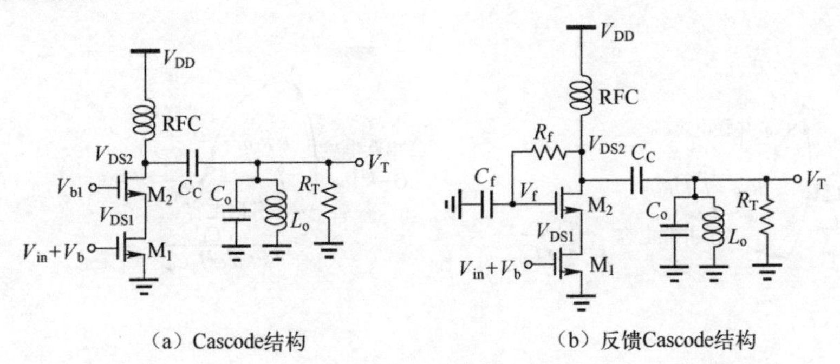


图 8-16 Cascode 功率放大器

功率匹配网络同样可以采用变压器的形式来实现，如图 8-17 所示。采用变压器进行功率匹配的一般形式如图 8-17（a）所示。从共源晶体管漏极向右看去的负载转换阻抗为 $R_L/n^2$，其中 $n$ 为变压器的匝数比，采用电感量后可表示为 $n=\sqrt{L_s/L_p}$，$L_p$ 为一次绕组自身（即二次绕组开路时）的电感，$L_s$ 为二次绕组自身的电感。考虑寄生效应及变压器不理想耦合效应后的功率放大器电路如图 8-17（b）所示，其中 $k$ 为变压器的耦合系数，通常情况下 $k<1$。为了便于量化阻抗匹配过程，可将图 8-17（b）转化为便于计算的图 8-17（c）的形式，具体的功率匹配过程可以参考图 8-18。$k^2R_L/n^2 > R_{opt}$ 的情况如图 8-18（a）所示，$k^2R_L/n^2 < R_{opt}$ 的情况如图 8-18（b）所示。

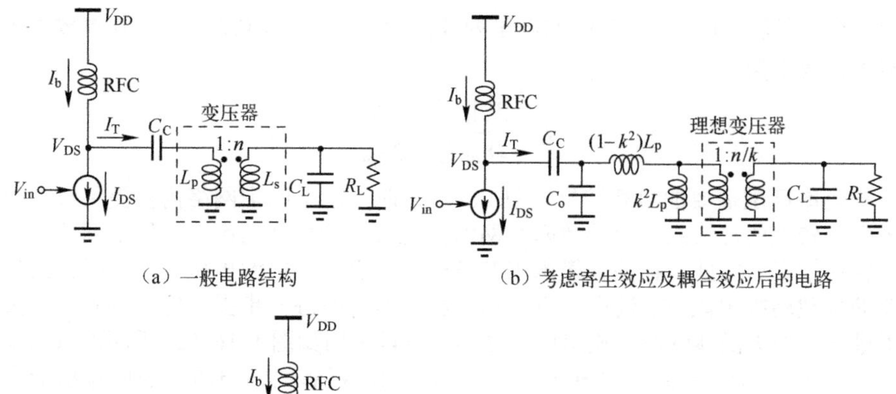


（a）一般电路结构　　（b）考虑寄生效应及耦合效应后的电路

（c）便于计算的等效电路结构

图 8-17　采用变压器实现功率放大器功率匹配

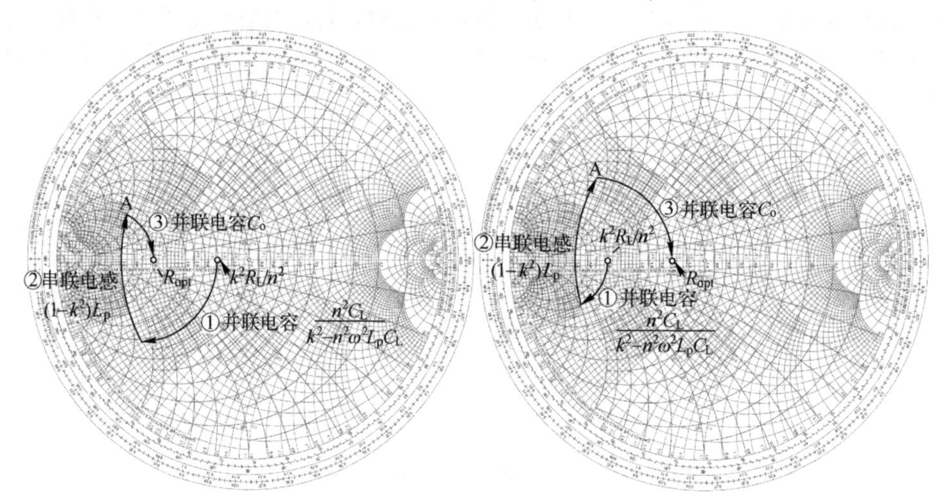


（a）转换阻抗大于最大传输阻抗　　（b）转换阻抗小于最大传输阻抗

图 8-18　经过变压器阻抗转换后的 Smith 圆图形式

各无源元件参数的确定方法为：①首先根据晶体管的耐压值和耐流值计算出最优负载转换阻抗 $R_{opt}$；②根据输入功率和偏置电流（耐流值的一半）计算出漏极寄生电容 $C_o$；③在 Smith 圆图中标注出 $R_{opt} \parallel L_o$ 的位置（点 A，$L_o$ 与 $C_o$ 在输入频率处谐振）；④选取合适的变压器匝数比 $n$，并通过仿真手段确定变压器的耦合系数 $k$；⑤根据所示的情况分别画出经过点 $k^2R_L/n^2$ 和点 A 的导纳圆图和阻抗圆图，并记录下两个圆之间的交点；⑥通过 Smith 圆图分别计算出串联电感 $(1-k^2)L_p$ 和并联电容 $n^2C_L/(k^2-\omega^2L_pC_L)$；⑦根据④中的条件和⑥中的计算结果分别确定变压器一次绕组和二次绕组的电感和负载电容 $C_L$。

上述计算结果需要经过多次优化迭代才能达到最优。另外，在确定 $R_{opt} \parallel L_o$ 时，还可以通过负载牵引技术得到准确的最优结果，减少优化的迭代次数。当变压器的耦合系数 $k \approx 1$ 时，功率匹配过程只需满足 $R_L / n^2 = R_{opt}$，以及 $n^2 C_L + C_o$ 与一次绕组电感 $L_p$ 在输出频率处谐振。

## 8.3.2　B 类功率放大器

当满足 $\Phi = \pi$ 时，压控电流型功率放大器被称为 B 类功率放大器。B 类功率放大器共源晶体管的栅极偏置电压与晶体管的阈值电压相等。同样参考图 8-14（a）所示功率放大器结构，当确定了晶体管的耐压值 $V_{max}$ 和耐流值 $I_{max}$ 后，根据输入信号功率可以确定晶体管的尺寸：

$$K|V_{in}|^2 = \frac{1}{2}\mu_n C_{ox} \frac{W}{L}|V_{in}|^2 = I_{max} \tag{8-16}$$

式中，$|V_{in}|$ 为输入信号波动幅度。为了便于量化分析，仍需将 B 类功率放大器在大信号模式下进行等效线性化，在晶体管导通期间，其等效跨导可以近似为 $K|V_{in}|$，流过晶体管的漏源电流为

$$I_{DS} = \begin{cases} K|V_{in}|^2 \sin(\omega_0 t) = I_{max} \sin(\omega_0 t), & 0 \leqslant t \leqslant T_0/2 \\ 0, & T_0/2 < t < T_0 \end{cases} \tag{8-17}$$

由式（8-17）可知，流经晶体管的漏源电流为周期性电流，因此包括直流成分、基波电流成分和各谐波成分，直流成分为流经 RFC 电感的直流电流 $I_b$：

$$I_b = \frac{1}{T_0}\int_0^{T_0} I_{DS} dt = \frac{1}{T_0}\int_0^{T_0/2} I_{DS} dt = \frac{I_{max}}{\pi} \tag{8-18}$$

由于 $L_o$ 与 $C_o$ 在输出频率处谐振，因此流入负载转换阻抗 $R_T$ 的电流为 $I_{DS}$ 的基波电流成分 $I_1$，其幅度为

$$|I_1| = \frac{2}{T_0}\int_0^{T_0} I_{DS} \sin(\omega_0 t) dt = \frac{2}{T_0}\int_0^{T_0/2} I_{DS} \sin(\omega_0 t) dt = \frac{I_{max}}{2} \tag{8-19}$$

其余谐波成分均流入并联电感电容网络（在其他谐波处并联 $L_o C_o$ 网络阻抗值近似为 0）。根据图 8-14（a）可知，晶体管漏极电压 $V_{DS} = V_{DD} + I_1 R_T$。当满足 $R_T = V_{DD}/|I_1|$ 时，晶体管进入电压受限的临界状态，负载转换阻抗两端电压的波动幅度 $|V_T| = V_{DD}$，功率放大器输出的功率最大。B 类功率放大器各节点电压、电流波形如图 8-19 所示。功率匹配条件下 B 类功率放大器的功率效率为

$$\eta = \frac{|V_T||I_1|}{2V_{DD} I_b} = \frac{\pi}{4} \approx 78\% \tag{8-20}$$

当功率放大器的输入信号功率增大时，与 A 类功率放大器相同，B 类功率放大器同样进入电流和电压均受限状态。负载转换阻抗两端的电压及流经的电流均会出现削峰的情况，功率放大器输出功率不会继续增大，功率放大器进入增益压缩阶段，非线性效应增大。当逐渐减小输入信号功率时，负载转换阻抗两端的电压及流经的电流

均会减小。与 A 类功率放大器不同的是，B 类功率放大器流经电源电压的直流电流也会减小，因此随着输入信号功率的减小，B 类功率放大器的功率效率减小程度要小于 A 类功率放大器。在保持电源电压不变的情况下，随着输入信号功率的减小，流经 RFC 电感的直流与流经负载转换阻抗 $R_T$ 的基波电流表达式仍与式（8-18）和式（8-19）相同，只是电流幅度会减小。由于此时 $R_T$ 两端的电压幅度减小，因此 B 类功率放大器的功率效率为

$$\eta = \frac{|V_T||I_1|}{2V_{DD}I_b} = \frac{\pi|V_T|}{4V_{DD}} < 78\% \tag{8-21}$$

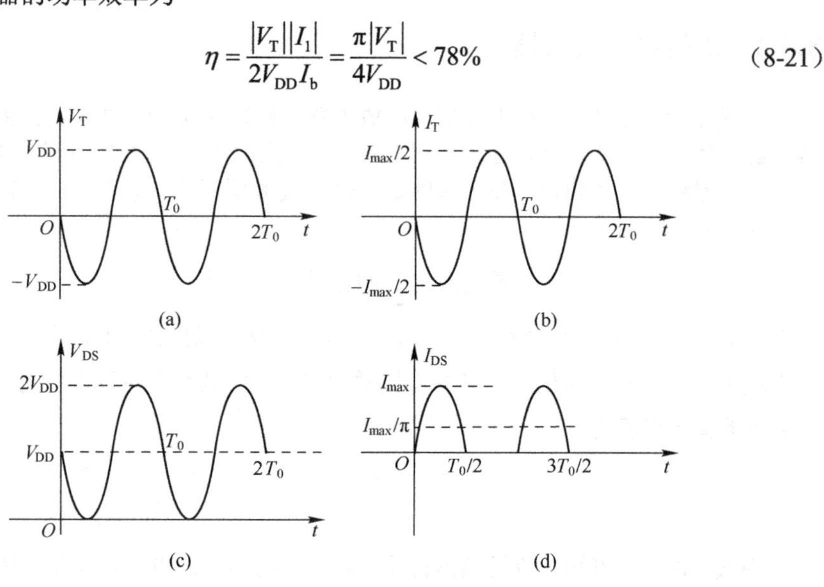


图 8-19 B 类功率放大器各节点电压、电流波形图

B 类功率放大器还可以采用基于变压器结构的推挽电路形式，如图 8-20 所示。相较于单端结构，在相同的耐压值和耐流值情况下，推挽式 B 类功率放大器能够提供更大的输出功率。为了分析的简便性，令变压器的耦合系数 $k=1$，在功率匹配的条件下，推挽式 B 类功率放大器各节点电压、电流波形如图 8-21 所示。推挽式晶体管 $M_{1,p}$ 和 $M_{1,n}$ 的漏源电流与图 8-19 所示的单端结构相同，只是流经 $M_{1,p}$ 的漏源电流与流经 $M_{1,n}$ 的漏源电流相位差为 180°。由于并联 LC 谐振网络在输出频率处谐振，因此流经负载转换电阻的电流 $I_T$ 与 $I_{DS,p}$ 中的基波电流相反，与 $I_{DS,n}$ 中的基波电流相等。对于推挽结构中每一个晶体管的漏极电压 $V_{DS}$ 而言，其波动幅度均在 $0 \sim 2V_{DD}(V_{max})$。由于推挽结构之间的差分特性，推挽结构晶体管的漏极电压差 $V_{DS,p}-V_{DS,n}$ 的波动幅度在 $-2V_{DD} \sim 2V_{DD}$。考虑变压器之间处于完全耦合状态，负载转换电阻 $R_T$ 的两端电压差 $V_{out,p}-V_{out,n}$ 与推挽结构晶体管的漏极电压差相等。

在功率匹配的条件下，应满足 $R_L/n^2 = 2V_{max}/I_{max}$。根据图 8-21 可知，推挽 B 类功率放大器的输出功率 $P_{out} = V_{max}I_{max}/4 = V_{DD}I_{max}/2$，相较于单端 B 类功率放大器，最大输出功率提升了一倍，效率为

$$\eta = \frac{P_{out}}{2V_{DD}I_b} = \frac{\pi P_{out}}{2V_{DD}I_{max}} = \frac{\pi}{4} \tag{8-22}$$

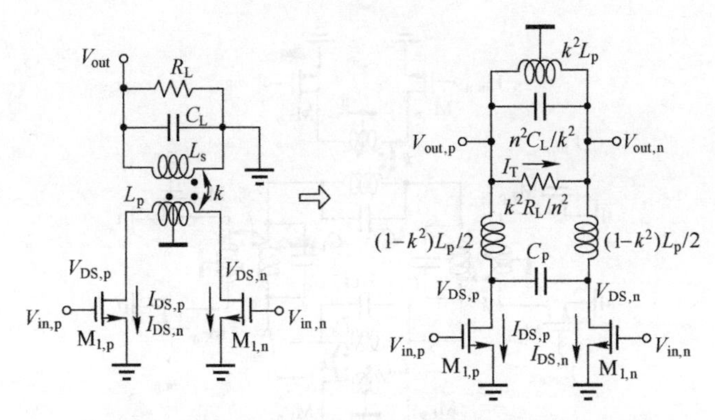


图 8-20 基于变压器结构的 B 类推挽式功率放大器

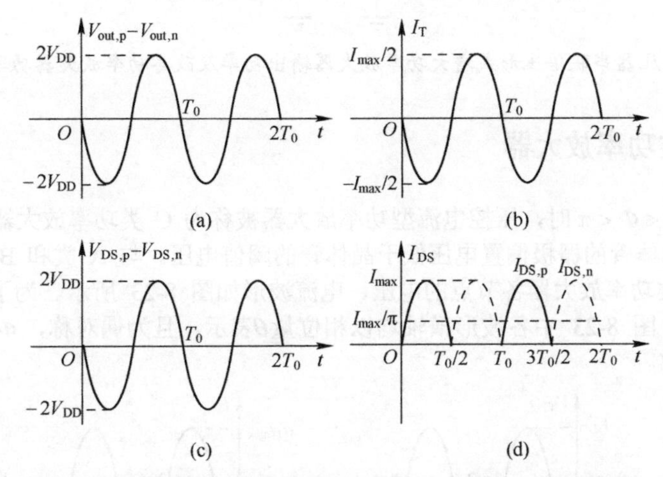


图 8-21 推挽式 B 类功率放大器各节点电压、电流波形图

与单端结构相同，推挽放大器的这种特性是非常重要的。在晶体管的耐压值和耐流值相同的情况下，在功率放大器提供相同输出功率及效率的条件下，推挽式功率放大器可以将电源电压降至单端结构的一半，这对深亚微米下的低压设计环境是非常有用的。

变压器不完全耦合时（$k<1$）的功率匹配设计与图 8-17 所述相似，不再赘述。

片上集成电感在实现较大匝数比时，通常伴随着较大的热损耗，从而影响功率放大器的功率转换效率。此外，当要满足一定的发射功率时，深亚微米工艺条件下晶体管有限的耐压值要求其必须提供较大的耐流值。一方面较大的工作电流会导致电路中产生较大的寄生功耗，另一方面功率匹配还要求负载端必须具备足够的转换因子，导致功率放大器的功率转换效率偏低。可以采用如图 8-22 所示的变压器串联倍压形式来改善上述情况。每个基于变压器的 B 类功率放大器均具有较小的导通电流（耐流值设置比较小），功率匹配条件下变压器的匝数比较小，热损耗会明显降低。采用串联的形式可以在单级输出功率减小的情况下保证总的输出功率不变甚至更大，并且还具有更高的功率转换效率。差分输出端 $V_{out}$ 一端接地，另一端通过外置带外杂散抑制带通滤波器接入发射天线。当然，变压器串联倍压形式并不仅仅只适用于 B 类功率放大器，同样适用于其他类型的功率放大器。

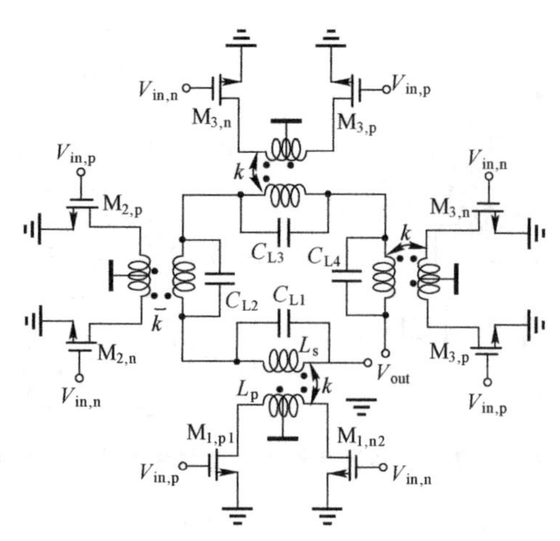


图 8-22 变压器串联倍压形式增大功率放大器输出功率及改善功率放大器功率转换效率

## 8.3.3 C 类功率放大器

当满足$0<\Phi<\pi$时，压控电流型功率放大器被称为 C 类功率放大器。C 类功率放大器共源晶体管的栅极偏置电压低于晶体管的阈值电压。与 A 类和 B 类功率放大器相似，C 类功率放大器各节点的电压、电流波形如图 8-23 所示。为了后续量化计算的便利性，图 8-23 中各波形横轴均以相位量$\theta$表示，且为偶对称，$\Phi$为导通角，$a_1$为基波系数。

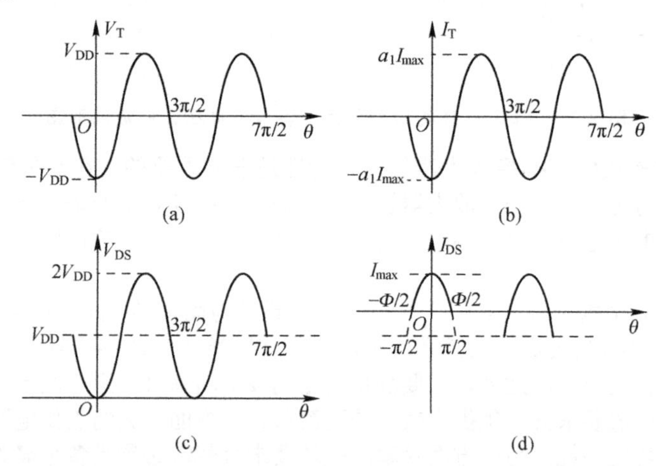


图 8-23 C 类功率放大器各节点电压、电流波形图

图 8-23 所示的各波形基于大信号条件下的近似线性模型得出。若令 C 类功率放大器的偏置电压$V_b<V_{TH}$，输入端信号为$|V_{in}|\cos\theta$，可近似将共源晶体管的等效跨导近似等效为过驱动电压为$|V_{in}|+V_b-V_{TH}$的晶体管的小信号跨导的 1/2，即

$$g_{m,eff}=K[|V_{in}|+V_b-V_{TH}] \tag{8-23}$$

且流经共源晶体管的峰值电流$I_{max}$为

$$I_{max} = g_{m,eff}[|V_{in}| + V_b - V_{TH}] = K[|V_{in}| + V_b - V_{TH}]^2 \quad (8\text{-}24)$$

根据图 8-23 中 $I_{DS}$ 的波形图可直观地得出 C 类功率放大器共源晶体管漏源电流 $I_{DS}$ 为

$$I_{DS} = \begin{cases} I_{max} \dfrac{\cos\theta - \cos(\Phi/2)}{1-\cos(\Phi/2)}, & -\dfrac{\Phi}{2} \leqslant \theta \leqslant \dfrac{\Phi}{2} \\ 0, & -\pi \leqslant \theta < -\dfrac{\Phi}{2}, \dfrac{\Phi}{2} < \theta \leqslant \pi \end{cases} \quad (8\text{-}25)$$

则流过 RFC 电感的直流电流 $I_b$ 为

$$I_b = \frac{1}{2\pi}\int_{-\Phi/2}^{\Phi/2} I_{DS} \mathrm{d}\theta = a_0 I_{max} = \frac{\sin(\Phi/2) - (\Phi/2)\cos(\Phi/2)}{\pi[1-\cos(\Phi/2)]} I_{max} \quad (8\text{-}26)$$

流过负载转换电阻 $R_T$ 的基频电流幅度为

$$|I_1| = \frac{1}{\pi}\int_{-\Phi/2}^{\Phi/2} I_{DS}\cos\theta \mathrm{d}\theta = a_1 I_{max} = \frac{\Phi/2 - \sin(\Phi/2)\cos(\Phi/2)}{\pi[1-\cos(\Phi/2)]} I_{max} \quad (8\text{-}27)$$

其余谐波成分均流入并联电感电容网络。C 类功率放大器的功率转换效率为

$$\eta = \frac{V_{DD}|I_1|}{2V_{DD}I_b} = \frac{a_1}{2a_0} = \frac{\Phi/2 - \sin(\Phi/2)\cos(\Phi/2)}{2[\sin(\Phi/2) - (\Phi/2)\cos(\Phi/2)]} \quad (8\text{-}28)$$

可以看出，C 类功率放大器的功率转换效率与导通角有关，且随着导通角的逐渐变小，C 类功率放大器的功率转换效率逐渐升高。当满足导通角 $\Phi = 0$ 时，C 类功率放大器的功率转换效率可以达到 100%，但是输出功率也降低至 0（$a_1 = 0$），失去了功率放大的作用。C 类功率放大器功率转换效率与输出功率之间是非常矛盾的。在晶体管的耐压值、耐流值确定的情况下，为了在较高的效率下保证相同的输出功率，必须在降低 C 类功率放大器共源晶体管栅极偏置电压的情况下同时增大输入驱动能力，即功率放大器的增益降低了。因此，在设计高功率转换效率的功率放大器时，很少单独采用 C 类功率放大器，而是采用压控开关型功率放大器，在获得较高输出功率的同时保证较高的功率转换效率。C 类功率放大器的这一特性并非毫无用处，在作为辅助型功率放大器而设计的 Doherty 功率放大器结构中，充分利用了 C 类功率放大器的这一特性，实现了在调幅通信体制中较高的功率转换效率。

另外，根据图 8-23 可知，当满足负载转换阻抗 $R_T = V_{DD}/(a_1 I_{max})$ 时，C 类功率放大器可以实现功率匹配。

### 8.3.4 AB 类功率放大器

当满足 $\pi < \Phi < 2\pi$ 时，压控电流型功率放大器被称为 AB 类功率放大器。严格意义上来讲，在设计过程中，B 类功率放大器是不会出现的，仅作为一种概念形式存在。设计过程中通常采用 AB 类结构来代替 B 类结构，令共源晶体管具备一定正极性的过驱动电压，且输入驱动信号的幅度大于该过驱动电压。同理，在确定了晶体管的耐压值、耐流值之后，在满足功率匹配的条件下，可以得到 AB 类功率放大器各节点电压、电流波形如图 8-24 所示，其中，$\Phi$ 为导通角，$a_1$ 为基波系数。AB 类功率放大器的等效输入跨导及输入驱动信号的表达式与 C 类功率放大器相似，唯一不同的是导通角 $\pi < \Phi < 2\pi$，因此 AB 类功率放大器的各项表

达式同样可以采用式（8-23）～式（8-28）来表示。

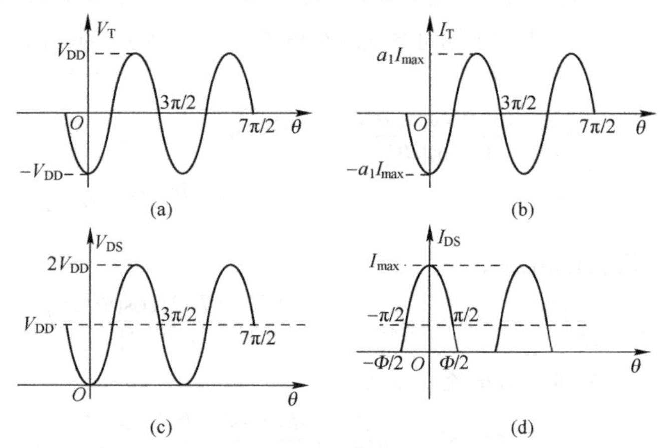


图 8-24　AB 类功率放大器各节点电压、电流波形图

## 8.3.5　压控电流型功率放大器性能比较

根据上述分析可知，AB 类功率放大器和 C 类功率放大器可以采用相同的方程模型来表示。对于式（8-25）所示的漏源电流，如果分别令导通角 $\Phi=2\pi$ 和 $\Phi=\pi$，可知式（8-25）分别与式（8-11）和式（8-17）中的漏源电流等效，因此采用式（8-25）可以在不同的导通角情况下准确地描述压控电流型功率放大器的漏源电流特性。在实际设计过程中，具体选择哪种功率放大器，需要进行多方位的衡量，最常采用的衡量标准是功率转换效率、功率转换因子和线性度。功率放大器的增益并不是一个需要考量的因素，在功率转换因子选取合适的情况下，增益通常处在可以接受的范围内。

式（8-28）给出了不同导通角对应的功率放大器功率转换效率。不同类型功率放大器的功率转换效率曲线如图 8-25（a）所示。可以看出，随着导通角的逐渐减小，功率放大器的功率转换效率也在逐渐提升，从 A 类功率放大器的 50%上升至 C 类功率放大器的最高 100%。但是，高的功率转换因子通常与低的功率转换因子相对应，式（8-27）代表了流经不同类型功率放大器负载转换阻抗的基波电流成分。在耐压值相同的情况下，根据图 8-15、图 8-19、图 8-23 和图 8-24 中 $V_T$ 的波形可知，不同类型功率放大器的最大输出功率为

$$P_{out}=\frac{V_{DD}\left|I_1\right|}{2}=\frac{\Phi/2-\sin(\Phi/2)\cos(\Phi/2)}{2\pi[1-\cos(\Phi/2)]}V_{DD}I_{max} \tag{8-29}$$

而对于 A 类功率放大器来说，在耐压值、耐流值相同的情况下，最大输出功率 $P_{out,A}=V_{DD}I_{max}/4$，因此不同类型功率放大器的功率转换因子为

$$\text{PCF}=\frac{P_{out}}{P_{out,A}}=\frac{2[\Phi/2-\sin(\Phi/2)\cos(\Phi/2)]}{\pi[1-\cos(\Phi/2)]} \tag{8-30}$$

功率转换因子随导通角的变化曲线如图 8-25（a）所示。可以看出，A 类、AB 类、B 类功率放大器的 PCF 均大于或等于 1，因此在功率放大器的实现过程中，尤其

是要求有较高输出频率的情况下，经常使用这三种结构。另外，对于 C 类功率放大器而言，当导通角较大时，如$\Phi > \pi/2$，其 PCF 也会超过 0.5。相较于其他三类功率放大器，虽然在同等条件下较难提供足够的输出功率，但是 C 类功率放大器却拥有较高的功率输出效率。在对输出功率要求不是很严格，但对功耗非常敏感的通信场合，如低速物联网通信，可以考虑使用 C 类功率放大器。

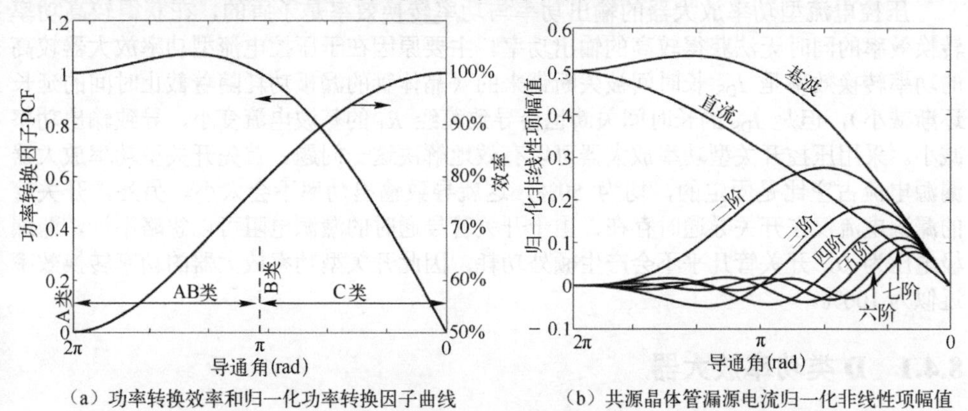


（a）功率转换效率和归一化功率转换因子曲线　（b）共源晶体管漏源电流归一化非线性项幅值

图 8-25　不同类型功率放大器功率转换效率、功率转换因子和非线性项幅度曲线

功率放大器中的非线性成分主要是由晶体管的漏源电流引入的，尤其是存在通断的情况下（除 A 类功率放大器外的其他三类功率放大器均存在此类情况）。虽然漏源电流产生的谐波电流成分通常会被负载转换阻抗中的 LC 并联谐振网络所吸收，但是此谐振网络，尤其是集成在芯片内部的 LC 谐振网络，具有有限的品质因子，对于低频谐波处的非线性电流成分并不会完全过滤，从而有一部分会泄露至负载转换阻抗 $R_T$ 中去，影响功率放大器的线性性能。

不同类型功率放大器的各非线性成分（漏源电流中的谐波成分）可以通过对式（8-25）进行傅里叶级数展开得到，各谐波系数项为

$$a_n = \frac{1}{\pi}\int_{-\Phi/2}^{\Phi/2} I_{\mathrm{DS}} \cos n\theta \mathrm{d}\theta = \frac{2}{\pi} I_{\max} \frac{\sin(n\Phi/2)\cos(\Phi/2) - n\cos(n\Phi/2)\sin(\Phi/2)}{n(n^2-1)[1-\cos(\Phi/2)]} \tag{8-31}$$

分别令 $n = 0,1,2,\cdots,7$，并对 $I_{\max}$ 进行归一化可得漏源电流中直流、基波和各谐波成分幅度曲线如图 8-25（b）所示。可以看出，随着导通角的逐渐减小，功率放大器漏源电流中包含的谐波成分逐渐增大。在导通角小于 2π/3 时，虽然各电流谐波项呈现减小的现象，但是基波项也在逐渐减小，功率放大器的线性性能并没有得到改善。

压控电流型功率放大器性能比较见表 8-1。

表 8-1　压控电流型功率放大器性能比较

| 功率放大器类型 | 导通角 | 功率转换效率 | 功率转换因子 | 线性性能 | 应用场合 |
|---|---|---|---|---|---|
| A 类 | 2π | 50% | 1 | 好 | 对线性性能要求较高 |
| AB 类 | 2π～π | 50%～78.5% | ⩾1 | 中 | 兼顾线性性能、输出功耗及功率转换效率 |
| B 类 | π | 78.5% | 1 | 中 | 兼顾线性性能、输出功耗及功率转换效率 |
| C 类 | π～0 | 78.5%～100% | 1～0 | 差 | 对功率转换效率要求较高的场合 |

# 8.4 压控开关型功率放大器

压控电流型功率放大器的输出功率与功率转换效率是矛盾的，在获得较高功率转换效率的同时无法获得较高的输出功率。主要原因在于压控电流型功率放大器较高的功率转换效率是 $I_{DS}$ 长时间被关断带来的（晶体管的漏极功耗随着截止时间的延长逐渐减小），但是 $I_{DS}$ 的长时间关断也会导致流经 $R_T$ 的基波电流变小，导致输出功率减小。采用压控开关型功率放大器可以有效地解决这一问题。首先开关型功率放大器漏源电流占空比是固定的，均为 50%，这就导致输出功率不会太小。另外，开关管的漏源电流仅在开关导通时存在，由于开关管导通时的漏源电阻可以忽略不计，即漏极电压为 0，开关管几乎不会产生额外功耗，因此开关型功率放大器的功率转换效率近似为 100%。

## 8.4.1 D 类功率放大器

典型的 D 类功率放大器电路结构如图 8-14（b）所示，各节点电压、电流波形如图 8-26 所示。当开关管 $S_1$ 关断时，开关管 $S_2$ 闭合，RFC 电感中的直流偏置电流 $I_b$ 流入负载转换阻抗；当开关管 $S_1$ 闭合时，开关管 $S_2$ 断开，RFC 电感中的直流偏置电流 $I_b$ 流入开关管 $S_1$。因此，流经负载转换阻抗的电流 $I_T$ 和流经开关管 $S_1$ 的漏源电流 $I_{DS}$ 均为在幅度 $I_b$ 和 0 之间波动的方波信号（对于 $I_T$ 而言，其基波电流成分流入负载转换电阻 $R_T$，其他奇次谐波电流流入并联谐振网络），且两者之间的相位差为 180°。由于 LC 并联谐振网络在其他谐波处的阻抗近似短路，所以负载转换阻抗两端的电压 $V_T$ 是一个正弦信号。对于开关管 $S_1$ 漏极电压 $V_{DS}$ 而言，当开关管 $S_1$ 闭合时，$V_{DS}=0$；当开关管 $S_1$ 断开时，由于开关管 $S_2$ 处于闭合状态，$V_{DS}=V_T$。因此，$V_{DS}$ 是一个半周期的正弦信号。

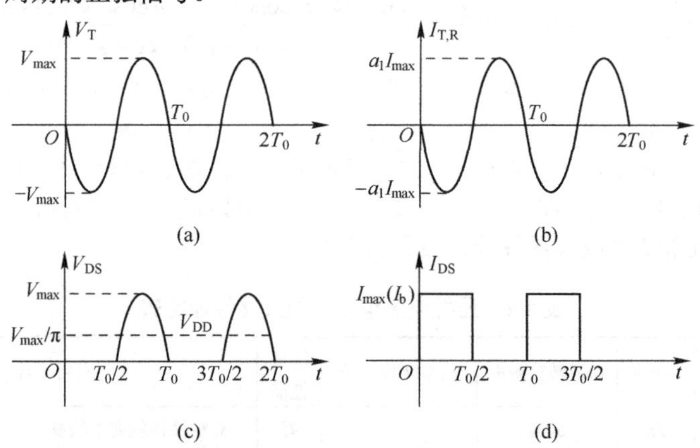


图 8-26 电流开关型 D 类功率放大器各节点电压、电流波形图

当功率放大器晶体管（开关管 $S_1$）的耐压值、耐流值确定后，$V_{max}=|V_{DS}|$ 和

$I_{\max} = I_b$ 成立。由于流经负载转换电阻 $R_T$ 的电流 $I_{T,R}$ 为方波电流 $I_T$ 的基波部分，因此$|I_{T,R}| = a_1 I_{\max} = 2I_b/\pi = 2I_{\max}/\pi$。另外，开关管 $S_1$ 漏极电压 $V_{DS}$ 的直流部分是由电源电压 $V_{DD}$ 提供的，因此$V_{DD} = V_{\max}/\pi$。

由图 8-26 可知，由于 D 类功率放大器开关管 $S_1$ 的漏极电压与漏源电流不存在交叠时间，所以开关管 $S_1$ 不会产生额外的功率损耗，$S_2$ 具有同样的性质，D 类功率放大器的功率转换效率为 100%。该结论同样可以通过定量分析来进行计算，根据图 8-26，D 类功率放大器的直流功耗$P_{DC} = V_{DD} I_b = V_{\max} I_{\max}/\pi$，输出至负载的功率 $P_{out} = |V_T||I_{T,R}|/2 = V_{\max} I_{\max}/\pi$，其效率$\eta = P_{out}/P_{DC} = 100\%$。

通过选取不同宽长比的开关晶体管可以动态调整图 8-14（b）所示 D 类功率放大器的偏置电流 $I_b$，从而改变功率放大器的输出功率。另外，需要说明的是，开关型功率放大器主要针对的是晶体管的开和关操作。为了保证足够的控制能力，输入信号通常需要经过一定的强驱动电路或变压器等输入至功率放大器中（晶体管的栅极寄生电容通常较大，为 pF 级），因此开关型功率放大器无法正常放大调幅类信号，仅能放大调相或调频信号。

图 8-14（b）所示 D 类功率放大器由于是对电流进行的开关操作（流经开关管电流为方波），因此通常称为电流开关型功率放大器。对于 D 类功率放大器而言，还可以采用如图 8-27 所示的电流开关型推挽式功率放大器。开关管 $S_1$ 和 $S_2$ 依次交替导通，流经两侧 RFC 电感的偏置电流 $I_b$ 依次交替流过中间变压器 $T_1$，在变压器一次绕组中形成一个幅度为 $I_b$、均值为 0 的方波电流信号。变压器 $T_1$ 与二次绕组中的 $C_L$ 和 $R_L$ 形成一个并联 RLC 谐振网络（具体等效模型可参考图 8-17）滤除方波电流中的奇次谐波成分，仅保留基波电流项流经负载转换电阻 $R_L/n^2$（假设变压器的一次绕组、二次绕组处于完全耦合状态）。当开关管 $S_1$ 闭合时，开关管 $S_2$ 断开，变压器 $T_1$ 右端电压 $V_{DS,n}$ 等于负载转换电阻 $R_L/n^2$ 两端的电压。当开关管 $S_1$ 断开时，开关管 $S_2$ 闭合，变压器 $T_1$ 左端电压 $V_{DS,p}$ 同样等于负载转换电阻 $R_L/n^2$ 两端的电压，只是两者相位差为 180°。电路中各节点的电压、电流波形如图 8-28 所示（其中 $a_1 = 2/\pi$，$I_{\max} = 2I_b$，$V_{DD} = V_{\max}/\pi$）。

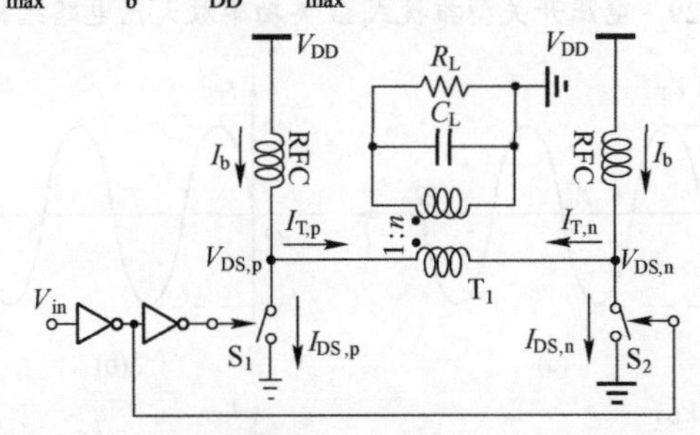


图 8-27　电流开关型推挽式 D 类功率放大器电路结构图

相较于图 8-14（b）所示的单端电流开关型 D 类功率放大器，电流开关型推挽式 D 类功率放大器提供的输出功率相同，对电源电压的要求也一致。由于流经 RFC 电感的偏置电流为单端结构的一半，在实际工况中，因 RFC 电感本身存在寄生电阻，推挽结构会产生较小的电压降，能够提供的输出功率也会增大。

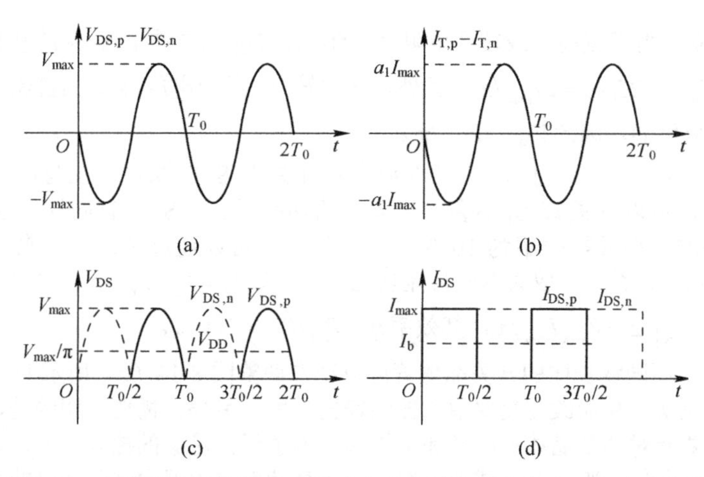


图 8-28　电流开关型推挽式 D 类功率放大器各节点电压、电流波形图

D 类功率放大器同样存在电压开关型电路结构。仍以推挽式结构（见图 8-29）为例，晶体管 $M_{1,p}$ 和 $M_{1,n}$ 形成推挽式结构，负载端电感 $L_S$ 和电容 $C_S$ 形成串联谐振网络，使晶体管漏极电压 $V_{DS}$ 交替在 $V_{DD}$ 和 0 之间波动，并呈现方波形式（由于串联谐振网络的存在，基波和各奇次谐波处均存在负载阻抗）。流入负载端的电流 $I_T$ 仅包含基波电流成分，负载转换电阻 $R_T$（由负载电阻 $R_L$ 经 L 型匹配网络后产生）两端的电压同样仅包含基波电压项。电路中各节点电压、电流波形如图 8-30 所示。

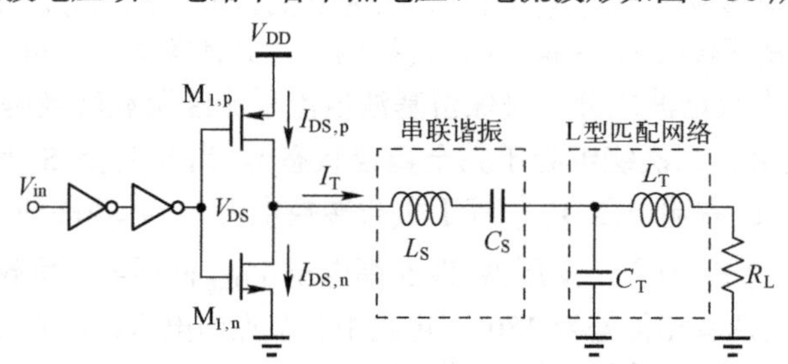


图 8-29　电压开关型推挽式 D 类功率放大器电路结构图

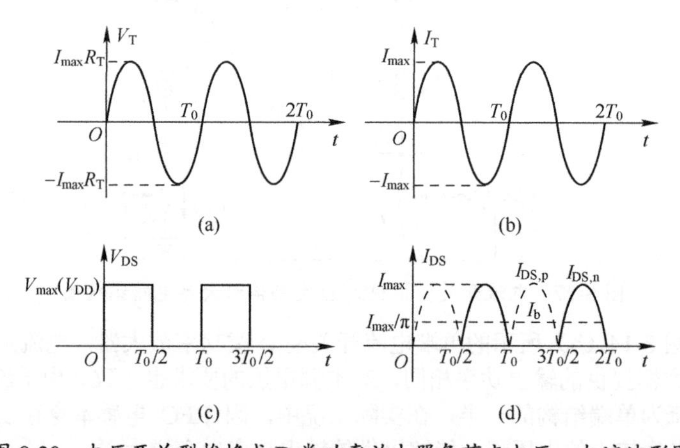


图 8-30　电压开关型推挽式 D 类功率放大器各节点电压、电流波形图

为了实现功率匹配，需要满足$V_{max}=V_{DD}$、$|I_{DS,p}|=|I_{DS,n}|=I_{max}$、$R_T=2V_{max}/\pi I_{max}$。最大输出功率$P_{out}=I_{max}^2R_T/2=V_{max}I_{max}/\pi$，与图 8-27 所示的电流开关型推挽结构相同。电流开关型电路结构需要的$V_{DD}$仅为$V_{max}$的$1/\pi$，电压开关型结构的$V_{DD}$需要设置为$V_{max}$，对晶体管的使用寿命会产生一定的影响，因此大多情况需要降额使用。

同样可以采用变压器结构来替代 L 型功率匹配网络。图 8-31 为基于变压器的电压开关型推挽式 D 类功率放大器电路结构。当开关管 $M_1$ 闭合时，开关管 $M_2$ 断开，$V_{DS,p}=V_{DD}+V_{P1}=0$，由于变压器的存在，有$V_{p1}=V_{p2}=-V_{DD}$，开关管 $M_2$ 的漏极电压$V_{DS,n}=-V_{p1}-V_{p2}=2V_{DD}$。当开关管 $M_1$ 断开时，开关管 $M_2$ 闭合，有$V_{DS,n}=0$，$V_{DS,p}=2V_{DD}$。因此，一次绕组的端电压是波动幅度为$2V_{DD}$、均值为 0 的方波信号。由于输出端二次绕组中串联谐振网络（$L_S$ 和 $C_S$）的存在，二次绕组的端电压是波动幅度为$nV_{DD}$、均值为 0 的方波信号，但流经的电流为一个单音正弦信号。因此流经一次绕组的电流同样为一个单音正弦信号，并随着开关管的关断与闭合分别反映在两个开关管的漏源电流上。电路中各节点的电压、电流波形曲线如图 8-32 所示。

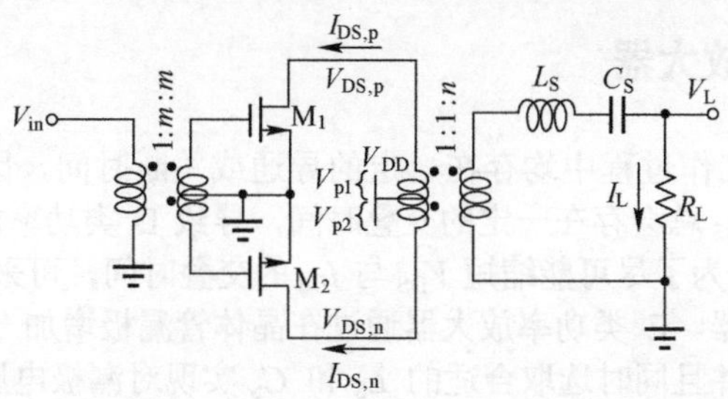


图 8-31　基于变压器的电压开关型推挽式 D 类功率放大器电路结构图

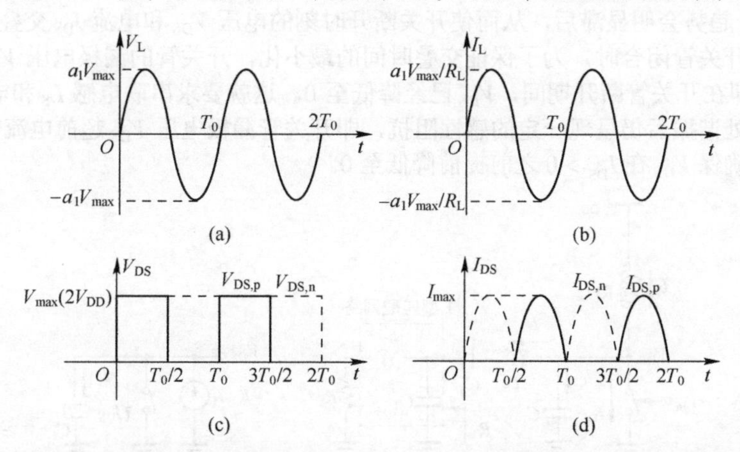


图 8-32　基于变压器的电压开关型推挽式 D 类功率放大器各节点电压、电流波形曲线图

当满足功率匹配条件时，需要满足$V_{max}=2V_{DD}$、$|I_{DS,p}|=|I_{DS,n}|=I_{max}$、$a_1=2n/\pi$，且变压器匝数比为

$$n=\frac{|I_{DS,p}|}{|I_L|}=\frac{I_{max}R_L}{a_1V_{max}}=\frac{\pi I_{max}R_L}{2nV_{max}}\Rightarrow n=\sqrt{\frac{\pi I_{max}R_L}{2V_{max}}} \tag{8-32}$$

最大输出功率为

$$P_{\text{out,max}}=\frac{|V_L|^2}{2R_{\text{L}}}=\frac{a_1^2V_{\max}^2}{2R_{\text{L}}}=\frac{2n^2V_{\max}^2}{\pi^2R_{\text{L}}} \tag{8-33}$$

将式（8-32）代入式（8-33）可得

$$P_{\text{out,max}}=\frac{I_{\max}V_{\max}}{\pi} \tag{8-34}$$

可以看出，基于变压器的电压开关型结构提供的最大输出功率与前两种推挽结构（图 8-27 和图 8-29）是一致的，且 $V_{\text{DD}}$ 幅度为 $V_{\max}$ 的一半，介于上述两者之间，是一种比较优良的 D 类功率放大器电路结构，功率转换效率同样为 100%（具体量化计算读者可自行分析）。D 类功率放大器除具有较高的功率转换效率外，还具有较高的功率转换因子。图 8-14（b）所示电流开关型单端 D 类功率放大器的最大输出功率为 $I_{\max}V_{\max}/\pi$。由于 A 类功率放大器的最大输出功率为 $I_{\max}V_{\max}/8$，因此功率转换因子为 2.55，即输出功率相较于 A 类功率放大器提升了约 4dB。

## 8.4.2 E 类功率放大器

开关管在实际工作过程中均存在一定的导通或关断时间，因此晶体管的漏极电压 $V_{\text{DS}}$ 与漏源电流 $I_{\text{DS}}$ 总会存在一定的交叠时间，导致 D 类功率放大器的功率转换效率受到一定的限制。为了尽可能缩短 $V_{\text{DS}}$ 与 $I_{\text{DS}}$ 的交叠时间，可采用如图 8-33（a）所示的 E 类功率放大器。E 类功率放大器通过在晶体管漏极增加一个并联电容 $C_1$（包含漏极寄生电容），并且同时选取合适的 $L_{\text{S}}$ 和 $C_{\text{S}}$ 实现对漏极电压 $V_{\text{DS}}$ 的波形调制，最大限度地缩短 $V_{\text{DS}}$ 与 $I_{\text{DS}}$ 的交叠时间。当开关管断开时，由于并联电容 $C_1$ 的加入，$V_{\text{DS}}$ 的上升趋势会明显滞后，从而使开关断开时刻的电压 $V_{\text{DS}}$ 和电流 $I_{\text{DS}}$ 交叠时间得到改善。当开关管闭合时，为了保证交叠时间的最小化，开关管的漏极电压 $V_{\text{DS}}$ 必须降低至 0，即在开关管断开期间，$V_{\text{DS}}$ 已经降低至 0。这就要求串联电感 $L_{\text{S}}$ 和电容 $C_{\text{S}}$ 在工作频率处谐振后仍呈现一定的感性阻抗，即开关管漏极电压 $V_{\text{DS}}$ 超前电流信号 $I_{\text{T}}$ 一段时间，确保 $V_{\text{DS}}$ 在 $I_{\text{DS}}>0$ 之前提前降低至 0。

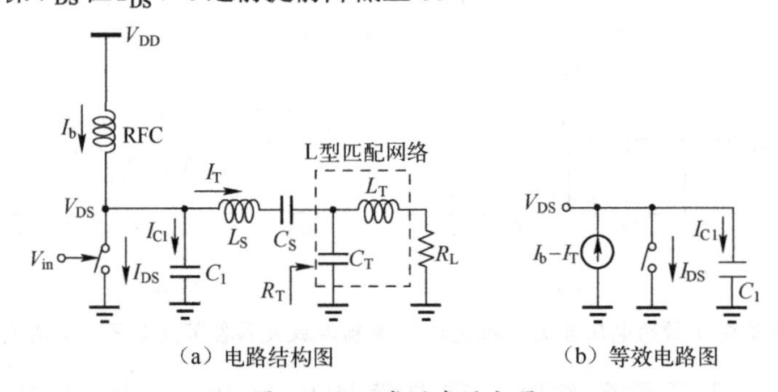


（a）电路结构图　　（b）等效电路图

图 8-33 E 类功率放大器

为了保证开关管漏极电压与漏源电流最小的交叠时间，除满足上述两个条件（一是当开关管断开时，开关管的漏极电压必须仍旧保持低电平一段时间直至 $I_{\text{DS}}$ 降低至 0，该条件主要通过并联电容 $C_1$ 来保证；二是当开关管闭合时，开关管漏极电

压 $V_{DS}$ 必须已经降低至 0 以避免交叠现象的发生，即需要满足 $V_{DS}|_{\omega_0 t=2\pi}=0$）外，通常还需要第三个条件 $dV_{DS}/d(\omega_0 t)|_{\omega_0 t=2\pi}=0$，以避免过零点振荡现象的发生。第三个限制条件的必要性可以通过图 8-34 所示的归一化 $V_{DS}$ 电压的波形曲线进行说明。限制条件 $dV_{DS}/d(\omega_0 t)|_{\omega_0 t=2\pi}=0$ 可以通过约束负载转换电阻进行实现。合适的负载转换电阻可以保证开关闭合后 $V_{DS}$ 一直保持为 0，不存在开关热损耗。较大的负载转换电阻会导致 $V_{DS}$ 过阻尼，较小的负载转换电阻会导致 $V_{DS}$ 欠阻尼，均会导致直流能量无法全部转换至发射功率，导致功率放大器的功率转换效率降低。在上述三个约束条件下设计的 E 类功率放大器也称为“软开关”型 E 类功率放大器。

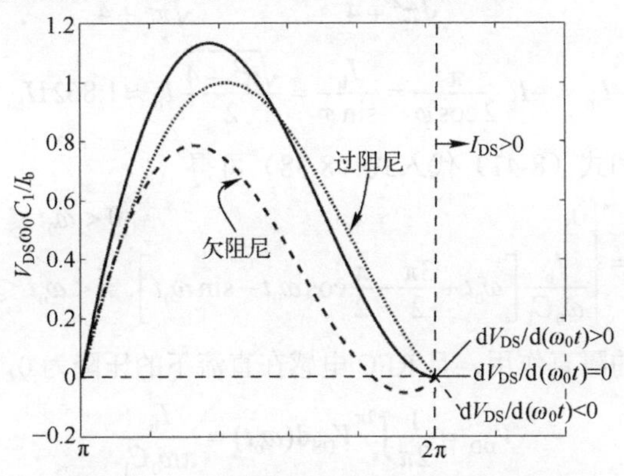


图 8-34　开关管漏极电压阻尼振荡过程

由于 RFC 电感在工作频率处的感抗值较大，与上述各功率放大器结构相同，流经 RFC 电感的电流可以近似为一个直流信号 $I_b$。若将流经 $L_S$ 和 $C_S$ 串联谐振网络的电流也等效于一个电流源 $I_T$，则 E 类功率放大器可等效为如图 8-33（b）所示的电路结构。当开关管断开时，$I_{C1}=I_b-I_T$ 对电容 $C_1$ 进行充电，当开关管闭合时，$I_{DS}=I_b-I_T$ 全部流经开关管。由于串联谐振网络的作用（谐振网络品质因子 $Q$ 需要设置得较高，一般取 $Q>3$），$I_T$ 近似为一个单音信号：

$$I_T = I_m \sin(\omega_0 t+\varphi) \tag{8-35}$$

式中，$I_m$ 为 $I_T$ 的幅度；$\omega_0$ 为功率放大器的工作频率；$\varphi$ 为 $I_T$ 的初始相位。

假设 $t=0$ 时刻开关管开始闭合，则在 $0<\omega_0 t\leqslant\pi$ 阶段，开关管处于闭合状态，因此

$$I_{DS}=\begin{cases} I_b - I_m\sin(\omega_0 t+\varphi), & 0<\omega_0 t\leqslant\pi \\ 0, & \pi<\omega_0 t\leqslant 2\pi \end{cases} \tag{8-36}$$

在 $\pi<\omega_0 t\leqslant 2\pi$ 阶段，开关管处于关断状态，电流源对电容 $C_1$ 进行充电，有

$$I_{C1}=\begin{cases} 0, & 0<\omega_0 t\leqslant\pi \\ I_b - I_m\sin(\omega_0 t+\varphi), & \pi<\omega_0 t\leqslant 2\pi \end{cases} \tag{8-37}$$

开关管的漏极电压 $V_{DS}$ 可表示为

$$V_{\mathrm{DS}}=\frac{1}{\omega_0 C_1}\int_0^{\omega_0 t} I_{\mathrm{C1}}\mathrm{d}(\omega_0 t)=\begin{cases}0, & 0<\omega_0 t\leqslant \pi \\ \dfrac{1}{\omega_0 C_1}\{I_{\mathrm{b}}(\omega_0 t-\pi)+I_{\mathrm{m}}[\cos(\omega_0 t+\varphi)+\cos\varphi]\}, & \pi<\omega_0 t\leqslant 2\pi\end{cases}$$

（8-38）

分别将条件二 $V_{\mathrm{DS}}|_{\omega_0 t=2\pi}=0$ 和条件三 $\mathrm{d}V_{\mathrm{DS}}/\mathrm{d}(\omega_0 t)|_{\omega_0 t=2\pi}=0$ 代入式（8-38）可得

$$\tan\varphi=-2/\pi \Rightarrow \varphi=\pi-\arctan(2/\pi)=2.5747\mathrm{rad}=147.52^\circ \tag{8-39}$$

$$\sin\varphi=\frac{2}{\sqrt{\pi^2+4}},\ \cos\varphi=-\frac{\pi}{\sqrt{\pi^2+4}} \tag{8-40}$$

$$I_{\mathrm{m}}=-I_{\mathrm{b}}\frac{\pi}{2\cos\varphi}=\frac{I_{\mathrm{b}}}{\sin\varphi}=\frac{\sqrt{\pi^2+4}}{2}I_{\mathrm{b}}\approx 1.8621 I_{\mathrm{b}} \tag{8-41}$$

将式（8-40）和式（8-41）代入式（8-38）可得

$$V_{\mathrm{DS}}=\begin{cases}0, & 0<\omega_0 t\leqslant\pi \\ \dfrac{I_{\mathrm{b}}}{\omega_0 C_1}\left[\omega_0 t-\dfrac{3\pi}{2}-\dfrac{\pi}{2}\cos\omega_0 t-\sin\omega_0 t\right], & \pi<\omega_0 t\leqslant 2\pi\end{cases} \tag{8-42}$$

由于 $C_1$ 和 $C_{\mathrm{S}}$ 的隔直作用，且 RFC 电感在直流下的压降为 0，则

$$V_{\mathrm{DD}}=\frac{1}{2\pi}\int_{\pi}^{2\pi}V_{\mathrm{DS}}\mathrm{d}(\omega_0 t)=\frac{I_{\mathrm{b}}}{\pi\omega_0 C_1} \tag{8-43}$$

串联电感 $L_{\mathrm{S}}$ 和电容 $C_{\mathrm{S}}$ 在工作频率 $\omega_0$ 处呈现一定的感性阻抗，如果令 $L_{\mathrm{S}}=L_{\mathrm{a}}+L_{\mathrm{b}}$，且 $L_{\mathrm{a}}$ 与 $C_{\mathrm{S}}$ 在 $\omega_0$ 处谐振，则下式成立（电感 $L_{\mathrm{b}}$ 两端的电压超前转换电阻 $R_{\mathrm{T}}$ 两端的电压 90°）：

$$V_{\mathrm{DS,1}}=V_{\mathrm{RT}}+V_{\mathrm{Lb}}=I_{\mathrm{m}}R_{\mathrm{T}}\sin(\omega_0 t+\varphi)+I_{\mathrm{m}}\omega_0 L_{\mathrm{b}}\cos(\omega_0 t+\varphi) \tag{8-44}$$

式中，$V_{\mathrm{DS,1}}$ 为开关管漏极电压 $V_{\mathrm{DS}}$ 的基波项；$V_{\mathrm{RT}}$ 和 $V_{\mathrm{Lb}}$ 分别为转换电阻 $R_{\mathrm{T}}$ 和谐振后剩余电感 $L_{\mathrm{b}}$ 两端的电压。根据周期函数傅里叶级数展开公式并联立式（8-42）和式（8-43）可得

$$|V_{\mathrm{RT}}|=\frac{1}{\pi}\int_{\pi}^{2\pi}V_{\mathrm{DS}}\sin(\omega_0 t+\varphi)\,\mathrm{d}(\omega_0 t)=\frac{4}{\sqrt{\pi^2+4}}V_{\mathrm{DD}}\approx 1.074V_{\mathrm{DD}} \tag{8-45}$$

$$|V_{\mathrm{Lb}}|=\frac{1}{\pi}\int_{\pi}^{2\pi}V_{\mathrm{DS}}\cos(\omega_0 t+\varphi)\,\mathrm{d}(\omega_0 t)=\frac{\pi(\pi^2-4)}{4\sqrt{\pi^2+4}}V_{\mathrm{DD}}\approx 1.2378V_{\mathrm{DD}} \tag{8-46}$$

式中，$|V_{\mathrm{RT}}|$ 和 $|V_{\mathrm{Lb}}|$ 分别为转换电阻 $R_{\mathrm{T}}$ 和剩余电感 $L_{\mathrm{b}}$ 两端的电压幅度。E 类功率放大器的输出功率 $P_{\mathrm{out}}$ 为

$$P_{\mathrm{out}}=\frac{|V_{\mathrm{RT}}|^2}{2R_{\mathrm{T}}}\Rightarrow R_{\mathrm{T}}=\frac{|V_{\mathrm{RT}}|^2}{2P_{\mathrm{out}}}=\frac{8}{\pi^2+4}\frac{V_{\mathrm{DD}}^2}{P_{\mathrm{out}}} \tag{8-47}$$

由于 E 类功率放大器的功率转换效率为 100%，则 $P_{\mathrm{out}}=V_{\mathrm{DD}}I_{\mathrm{b}}$，代入式（8-47）并联立式（8-43）可得

$$C_1=\frac{8}{\pi(\pi^2+4)}\frac{1}{\omega_0 R_{\mathrm{T}}} \tag{8-48}$$

已知$\left|V_{Lb}\right| = \omega_0 L_b I_m$，联立式（8-41）、式（8-43）、式（8-46）和式（8-48）可得剩余电感$L_b$为

$$L_b = \frac{\pi(\pi^2-4)R_T}{16\omega_0} \tag{8-49}$$

根据发射信号的中心频率$\omega_0$及带宽 BW（rad）可以大致确定串联谐振网络的品质因子$Q$，且满足$3 \leqslant Q \leqslant \omega_0/\text{BW}$（通常情况下$\omega_0/\text{BW} \geqslant 3$成立），则串联电容$C_S$为

$$C_S = \frac{1}{\omega_0 R_T Q} \tag{8-50}$$

由于电容$C_S$与电感$L_a$在频率$\omega_0$处谐振，根据式（8-50）可得$L_a = R_T Q/\omega_0$，则串联电感$L_S$为

$$L_S = L_a + L_b = \left[Q + \frac{\pi(\pi^2-4)}{16}\right]\frac{R_T}{\omega_0} \tag{8-51}$$

下面分别计算开关管在上述设计条件下所承受的最大电流$I_{max}$和最高电压$V_{max}$。分别将式（8-36）和式（8-38）所示的开关管漏源电流$I_{DS}$和漏极电压$V_{DS}$对$\omega_0 t$进行微分，并令微分式等于 0，可计算出当$\omega_0 t$分别为 122.48° 和 244.96° 时，漏源电流$I_{DS}$和漏极电压$V_{DS}$分别达到最大值：

$$I_{max} = 2.862 I_b, \; V_{max} = 3.562 V_{DD} \tag{8-52}$$

根据上述分析，可以给出图 8-33（a）所示 E 类功率放大器各节点电压、电流波形如图 8-35 所示。

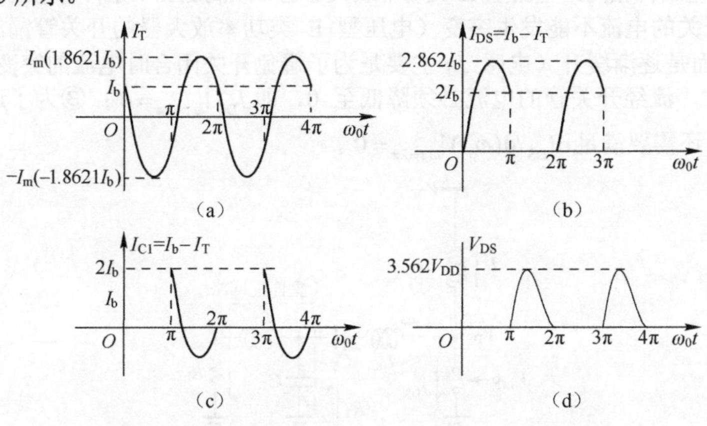


图 8-35 E 类功率放大器各节点电压、电流波形图

E 类功率放大器的设计过程如下：

① 参考式（8-47），根据选定的电源电压$V_{DD}$和要达到的输出功率$P_{out}$确定负载转换阻抗$R_T$，并据此设计功率匹配网络。

② 参考式（8-48），根据工作频率和确定的$R_T$计算$C_1$。

③ 参考式（8-50）和式（8-51），选定合适的品质因子$Q$，分别计算串联电感$L_S$和$C_S$。

④ 参考式（8-43）和式（8-52），可分别确定$V_{max}$和$I_{max}$，据此选择合适的晶体管。

需要说明的是，如果 $R_T$ 选取得较大或较小，会改变式（8-39）所示负载电流 $I_T$ 初始相位值，从而导致无法满足软开关的条件。开关管漏极电压波形呈现过阻尼或欠阻尼的状态，会降低E类功率放大器的功率转换效率。

由于 E 类功率放大器的功率转换效率为 100%，因此其输出功率与直流功率相等，有 $P_{out}=V_{DD}I_b$，功率转换因子为

$$\mathrm{PCF}=\frac{8V_{DD}I_b}{V_{max}I_{max}}\approx 0.7847 \tag{8-53}$$

为了进一步增大输出功率，同样可以采用如图 8-36 所示的基于变压器结构的推挽式E类功率放大器电路结构，具体的工作原理不再赘述。

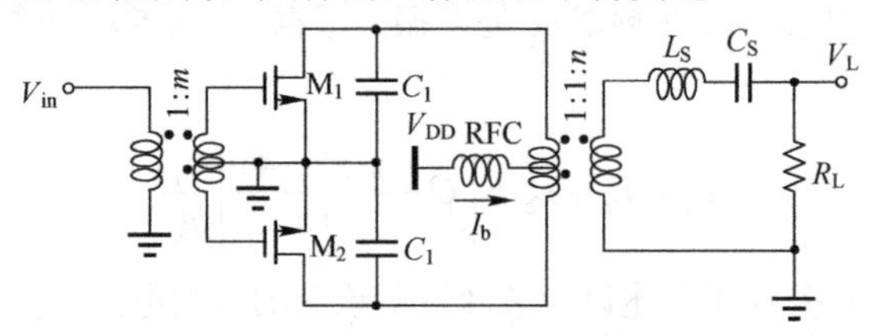


图 8-36 基于变压器结构的推挽式E类功率放大器电路结构

图 8-33（a）所示 E 类功率放大器主要通过开关管漏极电压进行波形调制来提升效率的，这种结构通常可以称为电压开关型 E 类功率放大器。和 D 类功率放大器相同，E 类功率放大器除了电压型结构，还包括如图 8-37 所示的电流型结构。与电压型结构相比，电流型结构去掉了电容 $C_1$，且采用感抗值较小的电感 $L_1$ 替代 RFC 电感。与电压型结构相同，电流型 E 类功率放大器也必须满足三个条件：①当开关管闭合时，流经开关的电流不能发生突变（电压型 E 类功率放大器的开关管漏源电流具有突变性），而是逐渐缓升（电感 $L_1$ 主要是为了避免开关闭合时电流的突变）；②当开关管断开时，流经开关管的电流必须降低至 0，即 $I_{DS}|_{\omega_0 t=2\pi}=0$；③为了避免过零点振荡情况，还需要满足 $\mathrm{d}I_{DS}/\mathrm{d}(\omega_0 t)|_{\omega_0 t=2\pi}=0$。

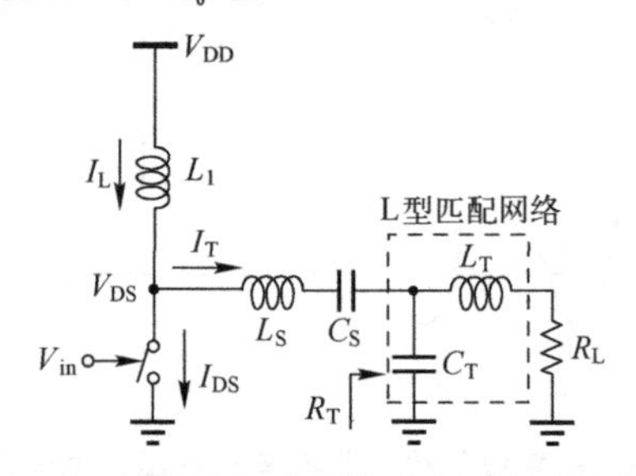


图 8-37 电流型E类功率放大器电路结构图

当谐振网络的品质因子 $Q$ 选取合适时，流经串联谐振网络的单音电流为

$$I_T=I_m\sin(\omega_0 t+\varphi) \tag{8-54}$$

假设 $t=0$ 时刻开关管开始断开，则在 $0<\omega_0 t\leqslant\pi$ 阶段，开关管处于断开状态，因此

$$I_{DS}=0,\ I_L=I_T=I_m\sin(\omega_0 t+\varphi) \tag{8-55}$$

$$V_{\mathrm{L}} = \omega_0 L_1 \frac{\mathrm{d}I_{\mathrm{L}}}{\mathrm{d}(\omega_0 t)} = \omega_0 L_1 I_{\mathrm{m}} \cos(\omega_0 t + \varphi),\ V_{\mathrm{DS}} = V_{\mathrm{DD}} - V_{\mathrm{L}} = V_{\mathrm{DD}} - \omega_0 L_1 I_{\mathrm{m}} \cos(\omega_0 t + \varphi) \tag{8-56}$$

式中，$I_{\mathrm{L}}$为流经电感$L_1$的电流；$V_{\mathrm{L}}$为电感$L_1$两端的电压。

在$\pi < \omega_0 t \leqslant 2\pi$阶段，开关管处于闭合状态，有

$$I_{\mathrm{DS}} = I_{\mathrm{L}} - I_{\mathrm{T}},\ V_{\mathrm{DS}} = 0,\ V_{\mathrm{L}} = V_{\mathrm{DD}} - V_{\mathrm{DS}} = V_{\mathrm{DD}} \tag{8-57}$$

因此开关闭合期间流经电感$L_1$的电流为

$$I_{\mathrm{L}} = \frac{1}{\omega_0 L_1} \int_{\pi}^{\omega_0 t} V_{\mathrm{L}} d(\omega_0 t) + I_{\mathrm{L}}(\pi+) = \frac{V_{\mathrm{DD}}}{\omega_0 L_1}(\omega_0 t - \pi) - I_{\mathrm{m}} \sin\varphi \tag{8-58}$$

式中，$I_{\mathrm{L}}(\pi+) = I_{\mathrm{L}}(\pi)$是开关闭合时流经电感$L_1$的初始电流（流经电感的电流不会突变）。根据式（8-57）、式（8-58）和条件② $I_{\mathrm{DS}}\,|_{\omega_0 t = 2\pi} = 0$可得

$$I_{\mathrm{m}} = \frac{V_{\mathrm{DD}}\pi}{2\omega_0 L_1 \sin\varphi} \tag{8-59}$$

则

$$I_{\mathrm{DS}} = I_{\mathrm{L}} - I_{\mathrm{T}} = \begin{cases} 0, & 0 < \omega_0 t \leqslant \pi \\ \dfrac{V_{\mathrm{DD}}}{\omega_0 L_1}\left[\omega_0 t - \dfrac{3\pi}{2} - \dfrac{\pi}{2\sin\varphi}\sin(\omega_0 t + \varphi)\right], & \pi < \omega_0 t \leqslant 2\pi \end{cases} \tag{8-60}$$

将条件③ $\mathrm{d}I_{\mathrm{DS}}/\mathrm{d}(\omega_0 t)\,|_{\omega_0 t = 2\pi} = 0$代入式（8-60）可得

$$\varphi = 1.0039\mathrm{rad} = 57.52^\circ,\ \sin\varphi = \frac{\pi}{\sqrt{\pi^2 + 4}},\ \cos\varphi = \frac{2}{\sqrt{\pi^2 + 4}} \tag{8-61}$$

将式（8-61）代入式（8-60）可得

$$I_{\mathrm{DS}} = \begin{cases} 0, & 0 < \omega_0 t \leqslant \pi \\ \dfrac{V_{\mathrm{DD}}}{\omega_0 L_1}\left[\omega_0 t - \dfrac{3\pi}{2} - \dfrac{\pi}{2}\cos(\omega_0 t) - \sin(\omega_0 t)\right], & \pi < \omega_0 t \leqslant 2\pi \end{cases} \tag{8-62}$$

由于电容$C_{\mathrm{S}}$的隔直作用，则流经电感$L_1$的平均直流电流$I_{\mathrm{b}}$与$I_{\mathrm{DS}}$中的直流成分相同，因此

$$I_{\mathrm{b}} = \frac{1}{2\pi} \int_{\pi}^{2\pi} I_{\mathrm{DS}} \mathrm{d}(\omega_0 t) = \frac{V_{\mathrm{DD}}}{\pi \omega_0 L_1} \tag{8-63}$$

联立式（8-59）、式（8-61）和式（8-63）可得

$$I_{\mathrm{m}} = \frac{\pi\sqrt{\pi^2 + 4}}{2} I_{\mathrm{b}} \approx 5.8499 I_{\mathrm{b}} \tag{8-64}$$

将式（8-63）代入式（8-62）可得

$$I_{\mathrm{DS}} = \begin{cases} 0, & 0 < \omega_0 t \leqslant \pi \\ \pi I_{\mathrm{b}}\left[\omega_0 t - \dfrac{3\pi}{2} - \dfrac{\pi}{2}\cos(\omega_0 t) - \sin(\omega_0 t)\right], & \pi < \omega_0 t \leqslant 2\pi \end{cases} \tag{8-65}$$

联立式（8-56）、式（8-61）、式（8-63）和式（8-64）可得

$$V_{DS}=\begin{cases}V_{DD}\left[1-\cos(\omega_0 t)+\dfrac{\pi}{2}\sin(\omega_0 t)\right], & 0<\omega_0 t\leqslant \pi\\ 0, & \pi<\omega_0 t\leqslant 2\pi\end{cases} \tag{8-66}$$

令$C_S=C_a \parallel C_b$，且$C_a$在工作频率处与$L_S$谐振，$C_b$为串联谐振后剩余电容（剩余电容的存在保证$I_{DS}$在开关断开前提前降低至0），则开关管漏极电压$V_{DS}$的基波项$V_{DS,1}$为（电容$C_b$两端的电压滞后转换电阻$R_T$两端的电压90°）

$$V_{DS,1}=V_{RT}+V_{Cb}=I_m R_T\sin(\omega_0 t+\varphi)-\frac{I_m}{\omega_0 C_b}\cos(\omega_0 t+\varphi) \tag{8-67}$$

根据周期函数傅里叶级数展开公式可得

$$\left|V_{RT}\right|=\frac{1}{\pi}\int_0^{2\pi}V_{DS}\sin(\omega_0 t+\varphi)\,\mathrm{d}(\omega_0 t)=\frac{4}{\pi\sqrt{\pi^2+4}}V_{DD}\approx 0.3419V_{DD} \tag{8-68}$$

$$\left|V_{Cb}\right|=-\frac{1}{\pi}\int_0^{2\pi}V_{DS}\cos(\omega_0 t+\varphi)\,\mathrm{d}(\omega_0 t)=\frac{(\pi^2+12)}{4\sqrt{\pi^2+4}}V_{DD}\approx 1.4681V_{DD} \tag{8-69}$$

式中，$\left|V_{RT}\right|$和$\left|V_{Cb}\right|$分别为转换电阻$R_T$和剩余电容$C_b$两端的电压幅度。假设电流型E类功率放大器的输出功率为$P_{out}$，有

$$P_{out}=\frac{\left|V_{RT}\right|^2}{2R_T}\Rightarrow R_T=\frac{\left|V_{RT}\right|^2}{2P_{out}}=\frac{8}{\pi^2(\pi^2+4)}\frac{V_{DD}^2}{P_{out}} \tag{8-70}$$

由于E类功率放大器的功率转换效率为100%，则$P_{out}=V_{DD}I_b$，代入式（8-70）并联立式（8-63）可得

$$L_1=\frac{\pi(\pi^2+4)}{8\omega_0}R_T \tag{8-71}$$

已知$\left|V_{Cb}\right|=I_m/(\omega_0 C_b)$，联立式（8-63）、式（8-64）、式（8-69）和式（8-71）可得

$$C_b=\frac{16}{\pi(\pi^2+12)\omega_0 R_T} \tag{8-72}$$

根据发射信号的中心频率$\omega_0$和带宽BW（rad）可以大致确定串联谐振网络的品质因子$Q$，且满足$3\leqslant Q\leqslant \omega_0/\mathrm{BW}$（通常情况下$\omega_0/\mathrm{BW}\geqslant 3$成立），则串联电感$L_S$为

$$L_S=\frac{QR_T}{\omega_0} \tag{8-73}$$

由于电感$L_S$与电容$C_a$在频率$\omega_0$处谐振，根据式（8-73）可得$C_a=1/R_T Q\omega_0$，串联电容$C_S$为

$$C_S=C_a \parallel C_b\Rightarrow \frac{1}{C_S}=\frac{1}{C_a}+\frac{1}{C_b}=\left[Q+\frac{\pi(\pi^2+12)}{16}\right]\omega_0 R_T \tag{8-74}$$

分别对式（8-65）和式（8-66）进行微分并令结果为0，可分别计算出开关管漏源电流$I_{DS}$和漏极电压$V_{DS}$的峰值为

$$I_{max}=3.562I_b,\ V_{max}=2.862V_{DD} \tag{8-75}$$

根据上述分析，可以给出图8-37所示E类功率放大器各节点电压、电流波形如图8-38所示。

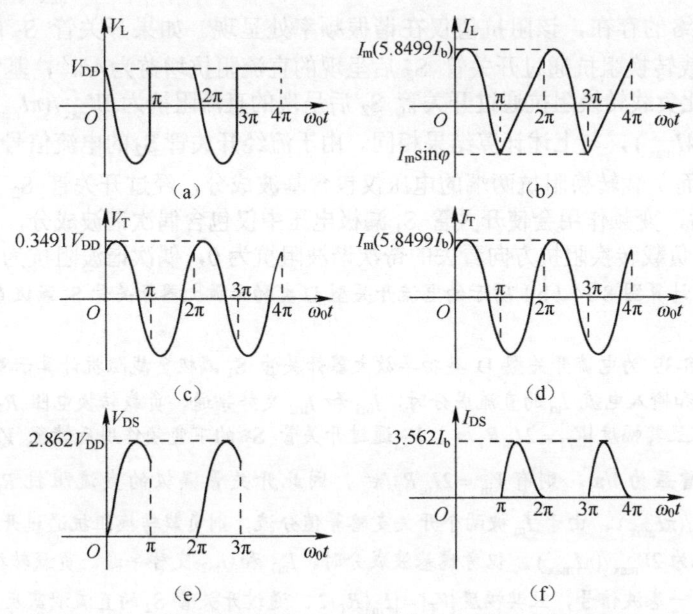


图8-38　电流型E类功率放大器各节点电压、电流波形图

电流型E类功率放大器的具体设计流程与电压型E类功率放大器相似，不再赘述。对比式（8-52）和式（8-75）可知，电流型E类功率放大器和电压型E类功率放大器具有相同的功率转换因子。但是对比式（8-47）和式（8-70）可知，在相同的电源电压和输出功率的条件下，电流型E类功率放大器的最优化负载转换电阻更小，在进行功率匹配的过程中损失的能量会更多。

## 8.4.3　F类功率放大器

F类功率放大器是D类功率放大器的一种等效变形形式，主要是基于谐波负载调制的概念设计实现的。F类功率放大器通过谐波负载调制的方式对电压、电流波形进行整型，以最小化开关管漏极电压及漏源电流之间的交叠时间。与D类功率放大器和E类功率放大器主要依赖开关管开关时间的性质不同，F类功率放大器更加适合高频工作。

观察图8-14（b）所示的电流开关型D类功率放大器和图8-26所示的相应电压、电流波形。由于开关管$S_2$的作用，流经负载转换阻抗的电流为方波信号（与开关管$S_1$漏源电流相位相反），频谱成分中包含直流成分、基波成分和奇次谐波成分。漏极电压是一个具有周期性的半正弦波信号，频谱成分中包含直流成分、基波成分和偶次谐波成分。因此，从开关管$S_1$漏极向负载端看去的直流阻抗为$2V_{max}/(\pi I_{max})$，基波阻抗为$\pi V_{max}/(4I_{max})$，偶次谐波阻抗为∞，奇次谐波阻抗为0。电流开关型D类功率放大器的负载阻抗是一个并联RLC网络通过一个周期性闭合开关$S_2$呈现的，由于开关管会对与其连接的负载阻抗起到变频作用，因此从开关管$S_1$漏极向负载端看去的阻抗仅包括直流、基波和偶次谐波成分，奇次谐波成分为 0。功率匹配条件下，图 8-14（b）所示的电流开关型 D 类功率放大器的最优负载转换阻抗值 $R_T = \pi V_{max}/(2I_{max})$。由于并联谐振网络的存在，该阻抗值仅在谐振频率处呈现。如果开关管 $S_2$ 的占空比为 50%，则负载转换阻抗通过开关管 $S_2$ 后呈现的直流阻抗增益为 $4/\pi^2$，基波阻抗增益为 1/2。因此负载转换阻抗通过开关管 $S_2$ 后呈现的直流阻抗为 $2V_{max}/(\pi I_{max})$，基波阻抗为 $\pi V_{max}/(4I_{max})$，与上述计算结果相同。由于流经开关管 $S_2$ 的电流信号仅包含奇次谐波成分，而负载转换阻抗两端的电压仅包含基波成分，经过开关管 $S_2$ 反馈至开关管 $S_1$ 漏极后，变频作用会使开关管 $S_1$ 漏极电压中仅包含偶次谐波成分，因此从开关管 $S_1$ 漏极向负载转换阻抗方向看去的奇次谐波阻抗为 0，偶次谐波阻抗为 $\infty$。

**例 8-5** 计算图 8-14（b）所示的电流开关型 D 类功率放大器开关管 $S_1$ 漏极直流和基波处负载阻抗。

**解：** 图 8-39 为电流开关型 D 类功率放大器开关管 $S_1$ 漏极负载阻抗计算示意图。仅考虑输入电压 $V_{in}$ 和输入电流 $I_{in}$ 的直流成分时，$I_{in1}$ 和 $I_{in2}$ 交替导通，负载转换电阻 $R_T$ 的端电压为一基波信号，且其幅度 $|V_T| = 2I_{in}R_T/\pi$。$V_T$ 通过开关管 $S_2$ 的下变频作用反馈至 $V_{in}$。由于单开关的下变频增益为 $1/\pi$，则有 $V_{in} = 2I_{in}R_T/\pi^2$，因此开关管漏极的直流阻抗 $R_{DC} = V_{in}/I_{in} = 2R_T/\pi^2 = V_{max}/(\pi I_{max})$。由于 $I_{in}$ 被两个开关支路等值分流，则负载转换阻抗通过开关管 $S_2$ 后呈现的直流阻抗为 $2V_{max}/(\pi I_{max})$。仅考虑基波成分时，$I_{in1}$ 和 $I_{in2}$ 交替导通，负载转换电阻 $R_T$ 的端电压同样为一基波信号，且其幅度 $|V_T| = |I_{in}|R_T/2$。通过开关管 $S_2$ 的直流泄露反馈至 $V_{in}$，单开关的直流泄露增益为 1/2，则有 $V_{in} = I_{in}R_T/4$，因此开关管漏极的基波阻抗 $R_1 = V_{in}/I_{in} = R_T/4 = \pi V_{max}/(8I_{max})$。同样，由于 $I_{in}$ 被两个开关支路等值分流，则负载转换阻抗通过开关管 $S_2$ 后呈现的基波阻抗为 $\pi V_{max}/(4I_{max})$。

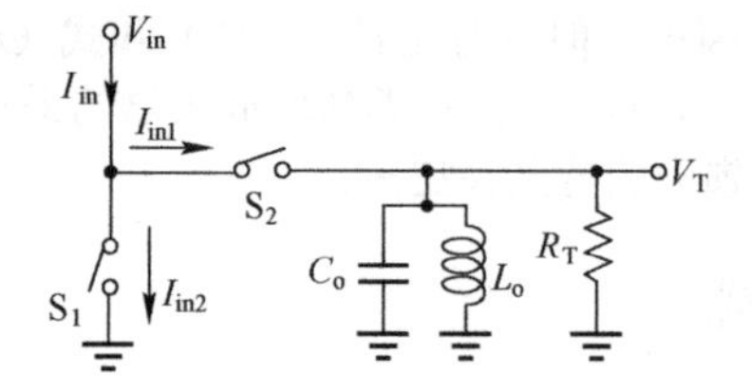


图 8-39 电流开关型 D 类功率放大器开关管 $S_1$ 漏极负载阻抗计算示意图

电流开关型 F 类放大器的设计需要在负载端采取如下谐波阻抗调制措施：必须能够提供一定的基波阻抗用于进行最优化功率放大，在偶次谐波处的负载阻抗为 $\infty$，在奇次谐波处的负载阻抗为 0。图 8-40（a）所示为一种典型的电流开关型 F 类功率放大器，其中 1/4 波长（基波波长）传输线的特征阻抗 $Z_0$ 与负载转换阻抗 $R_T$ 相等，电感 $L_S$ 与电容 $C_S$ 在基波处形成串联谐振网络。在基波频率处，从开关管漏极向负载方向看去的基波阻抗为 $R_T$。在其他谐波频率处，由于传输线右端的阻抗 $R_R = \infty$，因此如果谐波次数为偶次，则传输线会无损传输其右端阻抗至左端，即从开关管漏极向负载方向看去的偶次谐波阻抗为 $\infty$。如果谐波次数为奇数，则传输线左端阻抗 $R_L = Z_0^2/R_R = 0$，即从开关管漏极向负载方向看去的奇次谐波阻抗为 0。满足上述条件后的电流开关型 F 类功率放大器各节点电压、电流波形与图 8-26 相同。不同的是，由于电容 $C_S$ 的隔直作用，流经传输线的电流是幅度为 $I_b$、均值为 0 的方波信号，因此当开关管闭合时，流经开关管的最大电流 $I_{max} = 2I_b$。

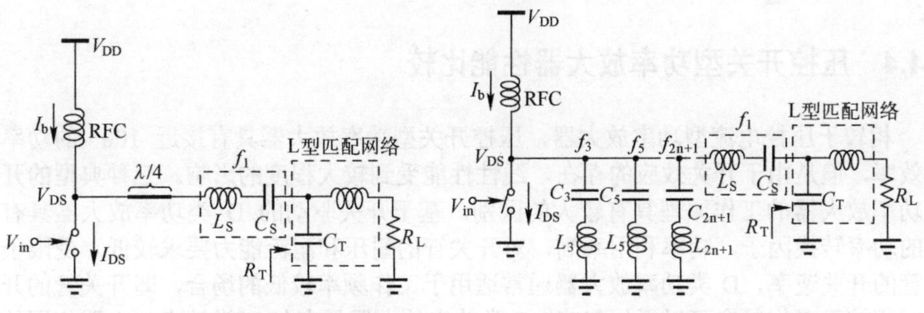


（a）基于传输线的谐波负载阻抗调制　　（b）基于集总元件的谐波负载阻抗调制

图 8-40　电流开关型 F 类功率放大器电路图

但是在大多数射频频段，信号的波长通常在 cm 量级，会导致传输线无法在片内有效集成。为了保证同等或相似功能的实现，可以采用图 8-40（b）所示的集总元件模型来替代。各奇次谐波串联谐振网络分别并联至开关管漏极，从而在奇次谐波处提供 0 阻值，在偶次谐波处提供开路功能来等效模拟传输线的功能。但是，大量电感元件的集成会导致设计的功率放大器面积过大，因此通常仅需保留 3/5 次谐波的并联接入。虽然功率转换效率有所损失，但极大地节省了芯片面积，效率损失在可接受的范围之内。

F 类功率放大器还存在电压开关型电路结构（见图 8-41），与电流开关型不同的是，负载阻抗在偶次谐波处应为 0，在奇次谐波处为∞。图 8-41 所示电路各节点电压、电流波形与图 8-30 相同。

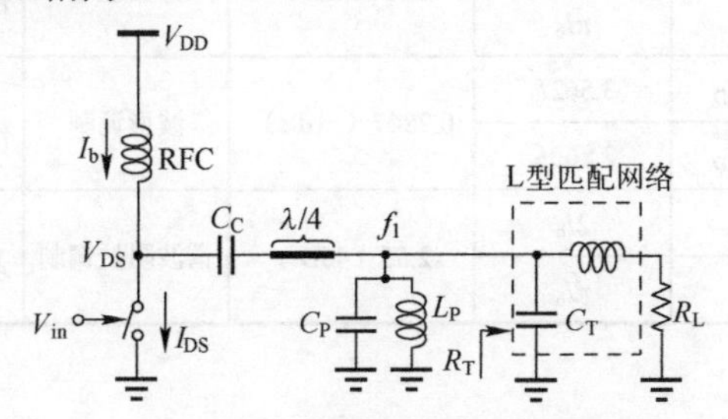


（a）基于传输线的谐波负载阻抗调制

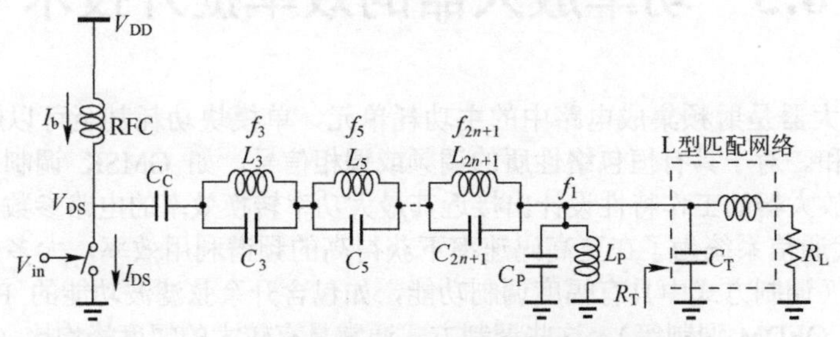


（b）基于集总元件的谐波负载阻抗调制

图 8-41　电压开关型 F 类功率放大器电路图

开关管漏极寄生电感会对 F 类功率放大器的谐波阻抗调制产生较大的影响，太高的谐波成分会被该寄生电容短路至地，因此实际设计过程中，F 类功率放大器的谐波调制通常不会超过 5 次谐波。

### 8.4.4 压控开关型功率放大器性能比较

相较于压控电流型功率放大器，压控开关型功率放大器具有接近 100%的功率转换效率，但是由于开关效应的存在，线性性能受到较大程度的影响。三种典型的开关型功率放大器的工作原理具有较大的区别。基于开关驱动的 D 类功率放大器具有较高的功率转换因子，功率利用率高，对开关管的耐压和耐流能力要求较低。受限于开关管的开关速率，D 类功率放大器通常适用于工作频率较低的场合，即开关管的开关时间相较于工作频率可以近似忽略。F 类功率放大器具有与 D 类功率放大器相同的电压、电流波形，因此两者具有相同的功率转换因子，且对开关管的耐压和耐流能力要求也一致。由于 F 类功率放大器采用的是谐波阻抗调制方式，因此可以以较高性能工作在较高频率处，通常是以电路的复杂度来换取更高的工作频率。E 类功率放大器通过波形调制的方式最小化开关管漏极电压及漏源电流之间的交叠时间，相较于 D 类功率放大器具有更高的功率转换效率。E 类功率放大器对开关管的耐压和耐流能力有更严苛的要求，且功率转换因子较低。三种典型压控开关型功率放大器性能比较见表 8-2。

**表 8-2 三种典型压控开关型功率放大器性能比较**

| 功率放大器类型 | | $V_{max}$ | $I_{max}$ | 功率转换因子 | 工作原理 | 应用场合 |
|---|---|---|---|---|---|---|
| D 类 | 电流型 | $\pi V_{DD}$ | $2I_b$ | 2.55（4dB） | 开关驱动 | 对功率效率要求较高，工作频率较低的场合 |
| | 电压型 | $2V_{DD}$ | $\pi I_b$ | | | |
| E 类 | 电流型 | $2.862V_{DD}$ | $3.562I_b$ | 0.7847（−1dB） | 波形调制 | 对功率效率要求更高，工作频率较低的场合 |
| | 电压型 | $3.562V_{DD}$ | $2.862I_b$ | | | |
| F 类 | 电流型 | $\pi V_{DD}$ | $2I_b$ | 2.55（4dB） | 谐波阻抗调制 | 对功率效率和工作频率要求较高的场合 |
| | 电压型 | $2V_{DD}$ | $\pi I_b$ | | | |

## 8.5 功率放大器的效率提升技术

功率放大器是射频集成电路中的主功耗单元，单模块功耗甚至可以超过其他模块功耗的总和。对于具有恒包络性质的调频或调相信号，如 GMSK 调制，很容易利用各类功率放大器的工作特性设计出接近其最大功率转换效率的电路参数（至少理论上是）。现代通信系统为了在更高码速率下获得高的频谱利用效率，大多采用非恒包络调制方式（调制方式中具有幅度调制功能，如包含升余弦滤波功能的 PSK 调制、QAM 调制、OFDM 调制等）。这些调制方式通常具有较大的幅度峰均比（Wi-Fi 通信中的峰均比可以达到 13dB 以上。具有 16 个正交子载波的 OFDM 调制通信的最大峰均比为 15dB），当采用压控电流型功率放大器（通常采用 A 类、B 类或 AB 类功率放大器进行非恒包络信号的功率放大。C 类功率放大器需要综合考虑输入信号最小信号幅度，并据此确定晶体管栅极偏置电压，确保在低输入幅度情况下，晶体管处于导通状态。压控开关型功率放大器无法对非恒包络调制信号进行功率放大）进行功率放大时，为了保证较高的线性性能，通常需要进行功率回退，严重恶化此类功率放大器的功率转换效率。

所有压控电流型功率放大器均是在满足晶体管耐压值和耐流值条件下进行的最大功率输出。如果输入信号为非恒包络信号，为了保证较高的输出线性性能，输入非恒包络信号的最大功率（不是平均功率）必须不能超过功率放大器对输入信号的功率要求。由于压控电流型功率放大器的直流功耗是一个常数值，功率转换效率会随着非恒包络信号的幅度波动而波动。输入幅度增大时，功率放大器的功率转换效率会得到相应的提升；当输入幅度减小时，功率放大器的功率转换效率也会随之降低。当输入非恒包络信号的幅度峰均比较大且要求提供较高的输出功率时，会造成功率放大器功率效率的极大浪费。

## 8.5.1　包络跟踪功率放大器

包络跟踪（Envelope Tracking，ET）技术通过输入信号的包络对功率放大器电源电压进行调制，从而动态改变功率放大器的直流功耗来提高其功率转换效率。传统功率放大器的电源电压是固定的，如果输入信号为非恒包络信号，则功率放大器会产生较大的额外功率损耗，如图 8-42（a）输出端方框中的空白面积所示。包络跟踪功率放大器采用包络跟踪技术动态调整功率放大器的电源电压，可以极大地改善其功率转换效率，额外功率损耗部分可以减小至沿包络波动的黑色区域，如图 8-42（b）黑色单音线部分所示。

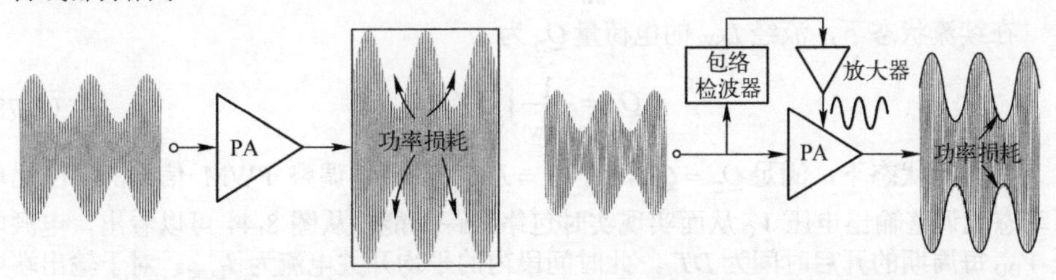


（a）电源电压为恒定值的传统功率放大器　（b）采用包络跟踪技术实现的包络跟踪功率放大器

图 8-42　包络跟踪功率放大器与传统功率放大器的比较

以 B 类放大器为例，根据式（8-18）～式（8-21）可得功率转换效率为

$$\eta = \frac{\pi}{4}\frac{|V_{\mathrm{T}}|}{V_{\mathrm{DD}}} \tag{8-76}$$

式中，$|V_{\mathrm{T}}|$为负载转换阻抗两端的电压。当满足$|V_{\mathrm{T}}| = V_{\mathrm{DD}}$时，B 类功率放大器的功率转换效率达到最大。随着输入信号功率的逐渐降低，$|V_{\mathrm{T}}|$逐渐减小，功率放大器的功率转换效率也随之降低，因此高峰均比的输入信号会导致功率放大器功率转换效率的极大浪费。ET 技术通过动态调整 $V_{\mathrm{DD}}$ 实现对$|V_{\mathrm{T}}|$的实时跟踪，保证 B 类功率放大器的功率转换效率始终接近 78%。

ET 技术主要包括包络检波器和包络器部分。包络检波器主要用于滤除输入信号中的射频成分，保留低频的包络部分。包络放大器主要用于向功率放大器提供合适的包络电源电压和负载电流。包络放大器一般包括线性放大模块和开关型电压转换器。

线性放大模块主要对输入的包络信号进行线性幅度调整以最大化功率放大器功率转换效率。开关型电压转换器类似于 DC-DC 电源模块的作用，主要向功率放大器提供高效率的负载电流，并动态调整开关的占空比以实时跟踪线性放大模块的输出包络值。

开关型电压转换器的具体电路结构可以通过如图 8-43 所示的电路结构简化表示，电流源 $I_{Load}$ 代表功率放大器的负载电流，$C_{St}$ 为储能稳压电容，$L_{SW}$ 为储能稳流电感。开关 $S_1$ 和 $S_2$ 在占空比为 $D$ 的脉宽调制（PWM）信号控制下依次开启和断开。当开关 $S_1$ 开启、$S_2$ 断开时，开关型电压转换器工作在充电状态，流经 $L_{SW}$ 的电流 $I_{SW}$ 逐渐增大。当 $I_{SW} < I_{Load}$ 时，$C_{St}$ 处于放电状态以补充功率放大器负载电流 $I_{Load}$。当 $I_{SW} > I_{Load}$ 时，$C_{St}$ 处于充电状态以缓解 $V_{DD}$ 供能过足。当开关 $S_2$ 开启、$S_1$ 断开时，开关型电压转换器工作在续流状态，流经 $L_{SW}$ 的电流 $I_{SW}$ 逐渐减小，对 $C_{St}$ 的充放电操作与充电状态相同。

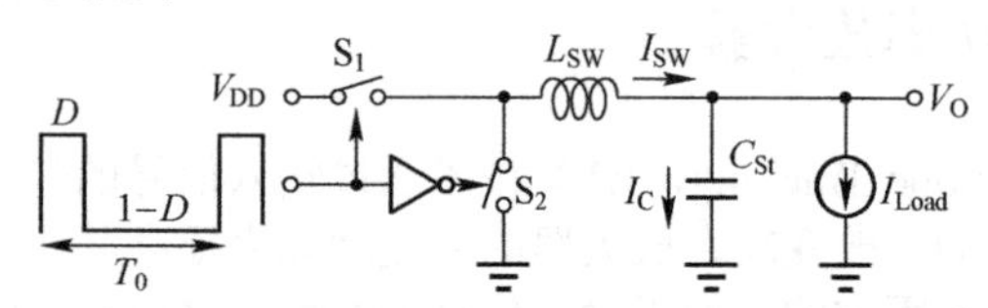


图 8-43 开关型电压转换器简化电路结构

在充电状态下，流经 $L_{SW}$ 的电荷量 $Q_C$ 为

$$Q_C = \frac{1}{L_{SW}}\int_0^{DT_0}(V_{DD} - V_O)\mathrm{d}t \tag{8-77}$$

在续流状态下，流经 $L_{SW}$ 的电荷量 $Q_D$ 为

$$Q_D = \frac{1}{L_{SW}}\int_{DT_0}^{T_0} V_O \mathrm{d}t \tag{8-78}$$

在平衡状态下，满足 $Q_C = Q_D$，有 $V_O = DV_{DD}$。通过调整 PWM 信号的占空比可以动态地调整输出电压 $V_O$ 从而实现实时包络跟踪功能。从图 8-44 可以看出，电源电压 $V_{DD}$ 每周期的开启时间为 $DT_0$，此时间段内的平均开关电流为 $I_{Load}$。对于输出端电压 $V_O$ 而言，整个周期内向外提供的平均电流为 $\overline{I}_C + I_{Load} = I_{Load}$，因此开关型电压转换器的转换效率为 100%，这也是包络跟踪功率放大器采用开关型结构的主要原因。

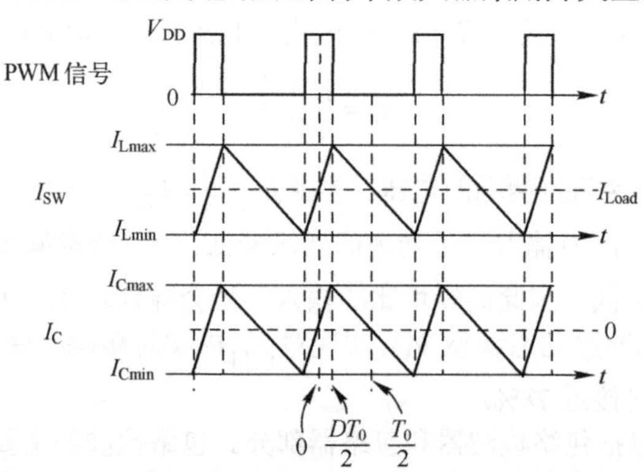


图 8-44 平衡状态下 $I_{SW}$ 和 $I_C$ 波形图

平衡状态下 $I_{SW}$ 和 $I_C$ 的波形曲线如图 8-44 所示。电容 $C_{St}$ 始终处于动态的充放电

过程中，势必导致输出端电压 $V_O$ 存在一定程度的幅度波动，其最大波动电压值发生在充电完成后，每周期的充电时间范围为[0, $T_0/2$]。为了避免较大的波动电压恶化包络跟踪性能，可以采用如下措施：①采用大电容 $C_{St}$；②采用大电感 $L_{SW}$，较大的 $L_{SW}$ 可以减小 $I_{SW}$ 和 $I_C$ 的波动幅度；③提高 PWM 信号的频率，高频信号可以同时减小 $I_{SW}$ 和 $I_C$ 的波动幅度及充电时间。但是，较大的电容和电感一方面会导致集成的难度和面积的增加，另一方面还会同时降低包络跟踪带宽（大电容）和电流摆率（大电感）。较高的 PWM 信号频率对开关的开关速度也会提出相当严格的要求。另外，PWM 信号的产生也是一个比较棘手的问题。

通常采用图 8-45 所示包络跟踪电路结构来缓解上述问题[1]。二极管 $D_{ED}$、电阻 $R_{ED}$ 和电容 $C_{ED}$ 组成包络检波器滤除 $V_{RF}$ 中的射频载波成分并保留包络成分。采用闭环结构的运算放大器 $O_1$ 作为电压跟随器（也可设计成比例放大器）并提供感应电流 $I_{Sens}$ 以补偿开关型电压转换器中的高频谐波成分。感应电阻 $R_{Sens}$ 将感应电流 $I_{Sens}$ 以电压的形式通过迟滞比较器 $H_1$ 产生具有动态占空比的 PWM 信号并反馈至开关转换器中，然后通过电源开关电路（$M_{1,P}$ 和 $M_{1,N}$）产生具有动态占空比的 $V_{SW}$ 信号。稳流电感 $L_{SW}$ 通过电流 $I_{SW}$ 的流动方向反映 $V_{SW}$ 的变化并动态调整输出端的电压值 $V_O$ 实现包络跟踪功能。假设迟滞比较器的迟滞电压为 $h$，如果 $I_{SW}$ 中的高频谐波成分通过 $R_{Sens}$ 产生的高频谐波电压 $V_{Sens}$ 不超过 $H_1$ 的迟滞范围，有 $V_O \approx V_{Env} - h$。当 $h$ 足够小时，可以实现高精度的包络跟踪功能。但是，$h$ 越小，会导致开关频率越高，对开关速度的高要求，也是设计难点之一，因此设计过程中需要仔细选取 $h$，以实现包络跟踪精度和开关速度之间的折中。

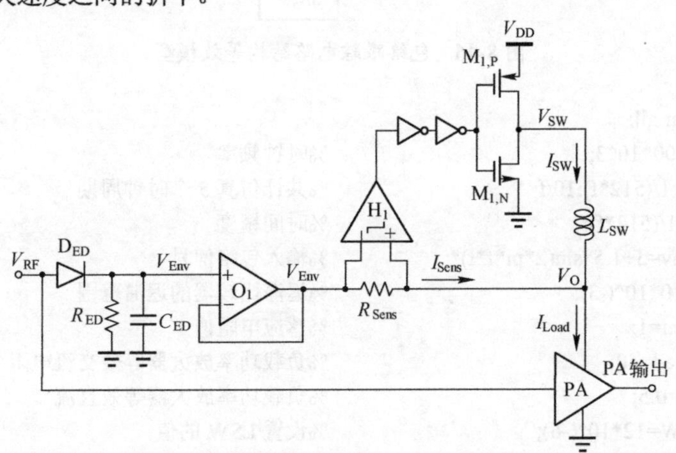


图 8-45 包络跟踪电路结构

根据图 8-45 可知

$$I_{Sens} + I_{SW} = I_{Load} \Rightarrow \frac{V_{Env} - V_O}{R_{Sens}} + I_{SW} = \frac{V_O}{R_{Load}} \tag{8-79}$$

式中，$R_{Load}$ 为负载功率放大器电阻。已知 $I_{SW}$ 中包含低频有效包络成分和高频噪声部分，即

$$I_{SW} = \frac{V_{Env}}{R_{Load}} + I_{SW,noise} \tag{8-80}$$

将式（8-80）代入式（8-79）可得

$$V_{\mathrm{O}} - V_{\mathrm{Env}} = \frac{R_{\mathrm{Load}} R_{\mathrm{Sens}}}{R_{\mathrm{Load}} + R_{\mathrm{Sens}}} I_{\mathrm{SW,noise}} \tag{8-81}$$

通常情况下满足 $R_{\mathrm{Load}} \gg R_{\mathrm{Sens}}$，有 $V_{\mathrm{O}} - V_{\mathrm{Env}} \approx I_{\mathrm{SW,noise}} R_{\mathrm{Sens}}$。当 $\left|I_{\mathrm{SW,noise}} R_{\mathrm{Sens}}\right| \leqslant h$ 且迟滞范围较小时，有 $V_{\mathrm{O}} \approx V_{\mathrm{Env}}$。迟滞范围 $h$ 的选取需要仔细考虑，太大会导致包络精度不够从而降低功率放大器功率转换效率，太小会对开关管的开关速度提出较高要求，同时开关管的动态功耗也会增大进而影响功率放大器的功率转换效率。

**例 8-6** 利用 MATLAB 对图 8-45 所示的包络跟踪电路结构进行建模，并通过仿真给出各关键节点的电压、电流波形。

**解：** 可采用如图 8-46 所示的模型对图 8-45 所示的包络跟踪电路结构进行等效建模。$I_{\mathrm{DC}}$ 代表负载功率放大器的直流需求，$R_{\mathrm{Load}}$ 代表负载功率放大器的交流电阻。MATLAB 程序如下（参数已经在程序中进行了初始化）：

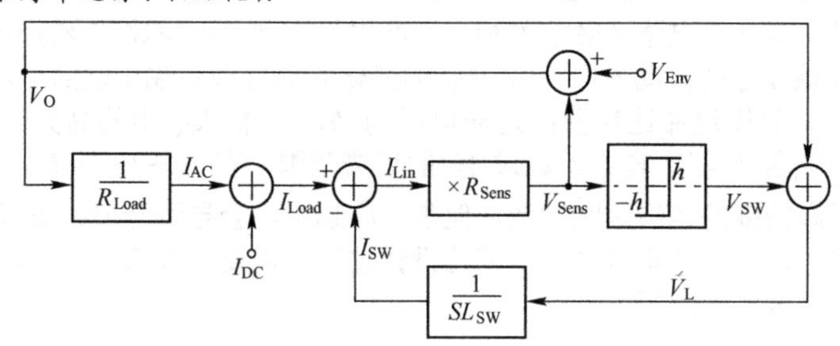


图 8-46 包络跟踪电路结构等效模型

```
clear all;
f=500*10^3;                              %时钟频率
t=0:1/(512*f):10/f;                      %共计仿真 5 个时钟周期
dt=1/(512*f);                            %时间精度
Venv=3+1.5*sin(2*pi*f*t);                %输入包络信号
h=10*10^(-3);                            %迟滞比较器的迟滞范围
Rsen=1;                                  %感应电阻值
Rload=40;                                %负载功率放大器等效交流电阻
idc=0.5;                                 %负载功率放大器等效直流
LSW=12*10^(-6);                          %设置 LSW 的值
n=3000;                                  %计算的点数
Vo=zeros(1,n);                           %初始化
Vins=0;
iac=zeros(1,n);
iload=zeros(1,n);
isens=zeros(1,n);
isw=zeros(1,n);
Vsens=zeros(1,n);
VL=zeros(1,n);
VSW=zeros(1,n);
```

```
for i=1:1:n-1                                %包络跟踪电路结构建模
    iac(i)=Vo(i)/Rload;
    iload(i)=iac(i)+idc;
    isens(i)=iload(i)-isw(i);
    Vsens(i)= isens(i)*Rsen;
    if   (Vsens(i)<=-h)                      %迟滞比较器
         VSW(i)=0;
    else
         if (Vsens(i)>=h）
           VSW(i)=5;
         end
    end
    VL(i)=VSW(i)-Vo(i);
    Vo(i+1)=Venv(i)-Vsens(i);     %下次迭代
    Vins=Vins+VL(i)*dt;      %积分操作，开关型电压的变化改变流经 LSW 中的电流
    isw(i+1)=Vins/LSW;
    VSW(i+1)=VSW(i);                  %感应电压没有超过迟滞范围时，寄存 VSW 的值
end
```

对上述 MATLAB 程序进行仿真，并选取 $V_{SW}$、$V_O$、$V_{Env}$、$V_{Sens}$、$I_{SW}$ 和 $I_{Load}$ 等参数绘图，结果如图 8-47 所示。仿真结果很好地验证了包络跟踪电路的技术可行性。

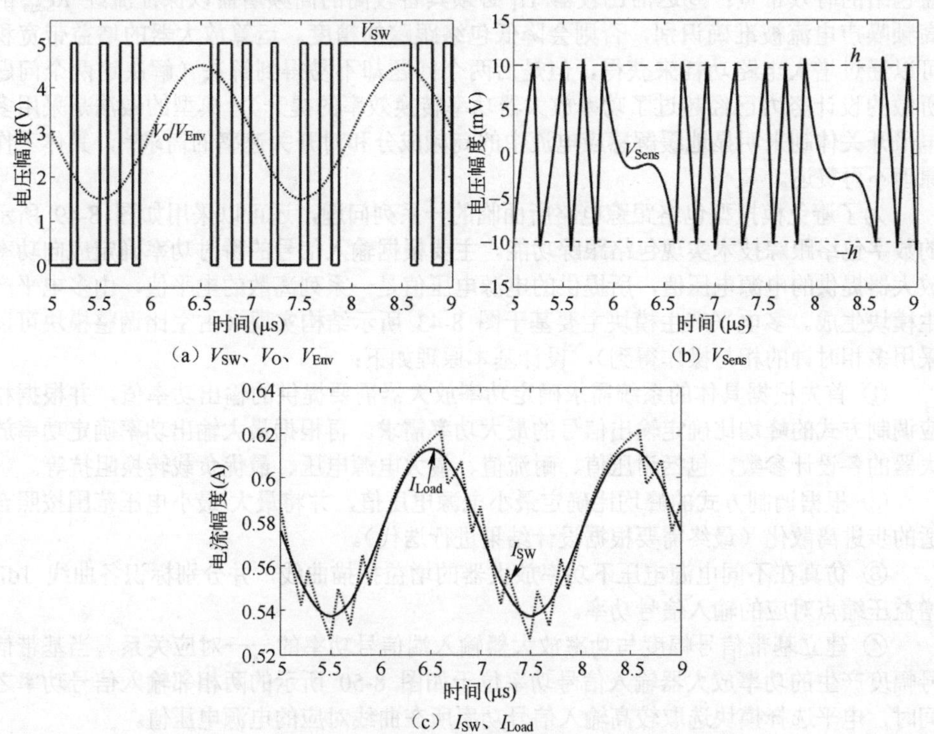


（a）$V_{SW}$、$V_O$、$V_{Env}$　　（b）$V_{Sens}$

（c）$I_{SW}$、$I_{Load}$

图 8-47　包络跟踪电路结构各节点电压、电流仿真波形图

对图 8-47（a）进行观察可知，在 4μs 的时间内存在 24 个开关周期，开关频率约为 6MHz，包络跟踪精度由迟滞比较器的迟滞范围 $h$ 决定。如果降低 $h$，则在增加跟踪精度的同时会同时提高开关的开关频率，增加开关管的设计难度和功耗。图 8-48 给出了当 $h$=5mV 时，$V_{SW}$ 在相同时间周期内的开关情况，开关频率约为 11.75MHz（4μs 的时间内存在 47 个开关周期），约是 $h$ 为 10mV 时开关频率的 2 倍。

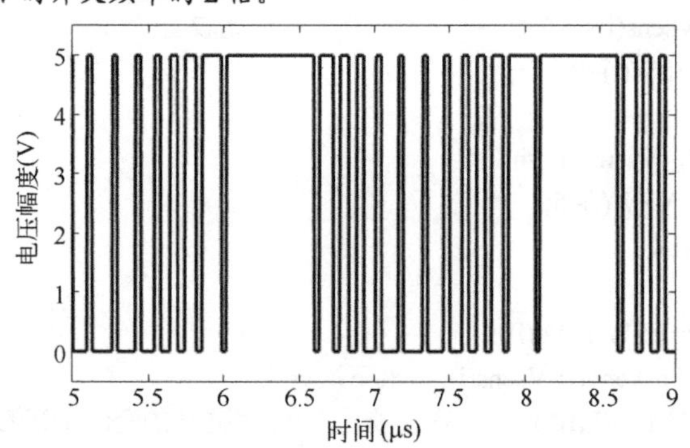


图 8-48 降低迟滞范围后的 $V_{SW}$ 仿真曲线

对于宽带包络信号而言，如 LTE 通信系统（包络带宽可达 80MHz 以上），图 8-45 所示结构存在如下问题：①运算放大器 $O_1$ 需要具备足够的增益带宽积以保证包络信号高频部分的实时跟踪；②开关速度必须足够快以保证 $V_{SW}$ 中的低频部分至少覆盖包络的有效带宽；③迟滞比较器 $H_1$ 必须具备较高的高频增益以保证流经 $R_{Sens}$ 的高频噪声电流被准确识别，否则会降低包络跟踪的精度。运算放大器的增益带宽积可以通过增大电路功耗来获得，但是后两个问题却不易得到解决（解决这两个问题所做的设计努力已经超过了功率放大器功率转换效率的提升）。典型的做法是采用多电平开关体制来明显地缓解感应电流中的高频成分和对开关速率的需求[2]，具体工作原理不再赘述。

为了避免模拟型包络跟踪电路所面临的一系列问题，还可以采用如图 8-49 所示的数字包络跟踪技术实现包络跟踪功能。主要根据输入信号的瞬时功率确定应向功率放大器提供的电源电压值，所提供的电源电压值是一系列离散的电平值，由多电平产生模块生成。多电平产生模块主要基于图 8-43 所示结构实现（占空比调整模块可以采用多相时钟的相与操作得到），设计基本原理如下：

① 首先根据具体的系统需求确定功率放大器需要提供的输出功率值，并根据相应调制方式的峰均比确定输出信号的最大功率需求，再根据最大输出功率确定功率放大器的各设计参数，包括耐压值、耐流值、最大电源电压、最优负载转换阻抗等。

② 根据调制方式的峰均比确定最小电源电压值，并将最大/最小电压范围按照合适的步进离散化（最终需要根据设计结果进行迭代）。

③ 仿真在不同电源电压下功率放大器的增益扫描曲线，并分别标识各曲线 1dB 增益压缩点对应的输入信号功率。

④ 建立基带信号幅度与功率放大器输入端信号功率的一一对应关系。当基带信号幅度产生的功率放大器输入信号功率位于如图 8-50 所示的两相邻输入信号功率之间时，电平选择模块选取较高输入信号功率所在曲线对应的电源电压值。

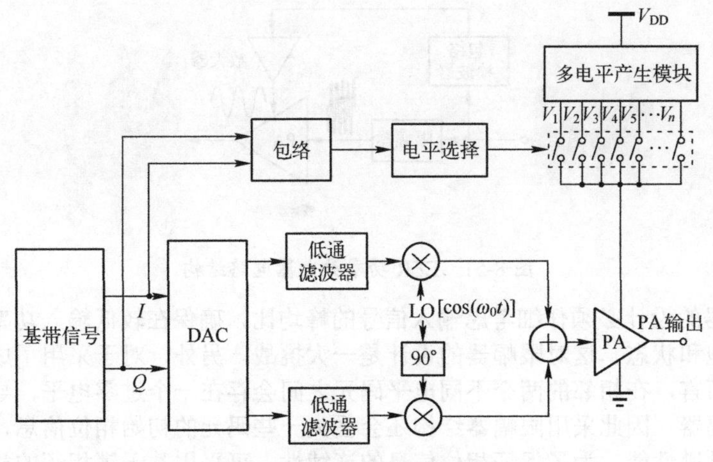


图 8-49　数字包络跟踪技术

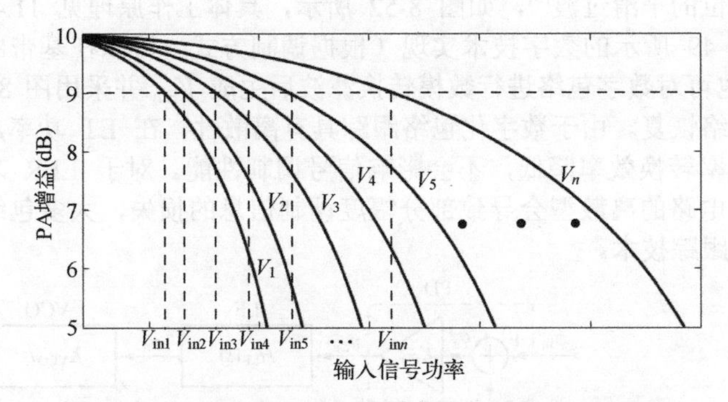


图 8-50　不同电源电压下的功率放大器增益扫描曲线

## 8.5.2　包络消除与恢复功率放大器

前述包络跟踪功率放大器均采用线性功率放大器结构，受限于线性功率放大器的有限功率转换效率，即使采用包络跟踪技术也无法保证功率放大器的功率转换效率达到开关型功率放大器的效率水平。包络消除与恢复（Envelope Elimination and Recovery，EER）功率放大器是专门针对具有调幅特性的复杂调制方式而设计的功率放大器，将相位调制和幅度调制分别通过开关功率放大器（包络消除，仅包含相位调制）与包络跟踪（包络恢复，仅包含幅度调制）的形式在功率放大器端进行再次合成输出复杂的幅相调制信号。

如图 8-51 所示，传统的 EER 功率放大器电路结构采用限幅器滤除输入射频信号中的幅度调制部分，包络恢复部分与包络检波电路相同。以图 8-29 所示的电压开关型推挽式 D 类功率放大器为例进行说明，对于不同的包络电压值 $V_{Env}$，传输至负载转换阻抗 $R_T$ 两端的电压幅度为 $2V_{Env}/\pi$，电流幅度为 $2V_{Env}/(\pi R_T)$，则 EER 功率放大器的瞬时输出功率为 $2V_{Env}^2/(\pi^2 R_T)$，因此输出功率与包络电压相关。另外，根据图 8-29 和图 8-30 可知，流经包络电压 $V_{Env}$（此时 $V_{Env}$=$V_{DD}$）的平均直流电流为 $2V_{Env}/(\pi^2 R_T)$，因此 EER 功率放大器的瞬时功率转换效率仍为 100%。

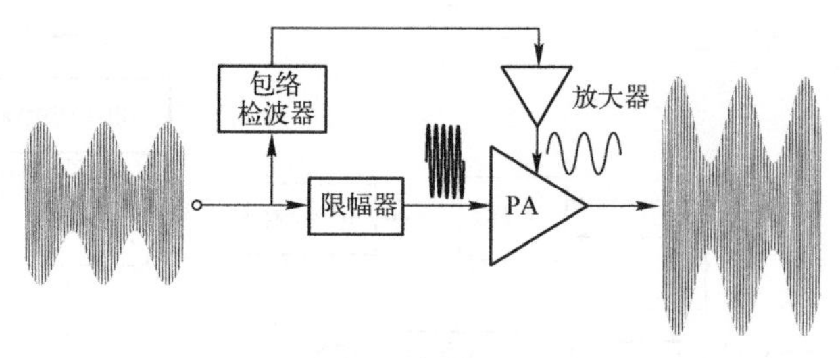


图 8-51 EER 功率放大器电路结构

限幅器的设计必须仔细考虑输入信号的峰均比，确保在较低输入功率时限幅器仍工作在饱和状态，这对限幅器的设计是一大挑战。另外，对于采用了成型滤波的调制方式而言，在相邻的两个不同电平码元之间会存在一个过零电平，导致无法正确触发限幅器，因此采用限幅器结构还会丢失一些码元的初始相位信息，从而影响发射机的频谱性能。为了保证相位信息的连续性，可采用基于锁相环的相位闭环反馈结构保证相位的平滑过渡[3]，如图 8-52 所示，具体工作原理见 11.4 节。包络恢复可采用图 8-49 所示的数字技术实现（根据调制方式，可以在基带中生成幅度和相位信息），也可对数字包络进行数模转换滤波后生成 $V_{\mathrm{Env}}$ 并采用图 8-45 所示的模拟技术实现包络恢复。由于数字化包络跟踪具有离散性，在 ET 功率放大器中的使用仅会导致功率转换效率降低，不会影响信号调制性能。对于 EER 功率放大器而言，由于数字电路的离散型会导致部分幅度调制信息的损失，大多包络恢复场合均采用模拟包络跟踪技术。

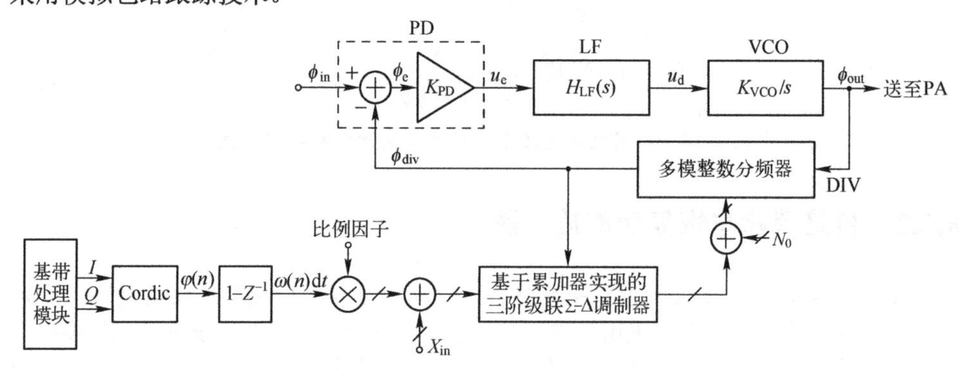


图 8-52 包络消除电路结构

相较于 ET 功率放大器，EER 功率放大器主要存在三个设计难点：

① 包络跟踪精度必须足够高以避免幅度调制信息的损失，从而实现包络恢复。这对图 8-45 中运算放大器 $O_1$、迟滞比较器 $H_1$ 和开关速度均提出了更严苛的要求。

② 增加了包络消除模块的设计，尤其是相位连续性包络消除电路的设计，尽可能最大化频谱效率。

③ 包络消除支路与包络恢复支路不能存在明显的时间误差。时间误差会导致调制信号的相位谱和幅度谱均发生一定程度的变化，影响后续接收机的解调性能，同时还会导致星座图中的瞬时跳跃行为（时间误差会导致一个相位调制周期中存在两种幅度情况），恶化调制信号的频谱性能，导致频谱增生。

窄带物联网（NB-IoT）通信中幅度支路和相位支路不同时间误差导致的基带信

号频谱增生情况如图 8-53 所示，信号的调制方式为π/4-QPSK，基带信号码速率为 3.75kHz。通常情况下，为了获得较好的调制性能及可接受的频谱增生效果，两者之间的时间误差需要小于 0.04/BW。BW 为调制信号的基带带宽。

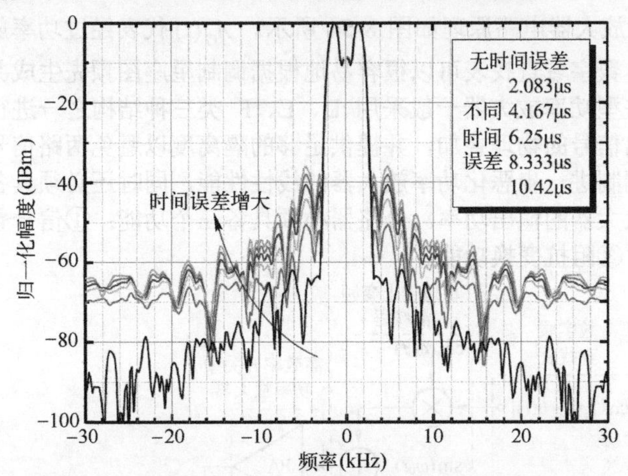


图 8-53　不同时间误差导致的基带信号频谱增生情况

EET 功率放大器从非恒包络信号中分别提取出了包络信号和相位信号，与极坐标中的两个参数（幅度和相位）相同，因此通常也称为极化（Polar）功率放大器[4]。

## 8.5.3　LINC 功率放大器

ET 技术和 EER 技术均需要对输入的具有调幅特性的信号进行包络跟踪（恢复）。包络跟踪（恢复）电路的设计本身就是一个难点，带来的效率提升很有可能被自身的复杂性所抵消。大多数非恒包络调制方式，如 QAM 调制，可以分解为两个恒包络信号之和。包络的变化体现在两个恒包络信号之间的相位差变化，将两个恒包络信号分别通过高功率转换效率的开关型功率放大器进行放大求和后便可恢复上述非恒包络调制信号。此种功率放大器仅需要对输入信号采用一定的算法进行恒包络分离，然后通过两个相同的开关型功率放大器放大合成即可，无须复杂的包络跟踪（恢复）结构，设计相对简单。满足上述设计要求的功率放大器结构通常称为 Outphasing 功率放大器或 LINC（Linear Amplification with Nonlinear Components）功率放大器，下文均以 LINC 功率放大器表示。

对于表达式为$V_{in}(t)=A(t)\cos[\omega_0 t+\varphi(t)]$的非恒包络调制信号可以分解为

$$V_{in}(t)=V_1(t)+V_2(t) \tag{8-82}$$

式中，$V_1(t)$ 和 $V_2(t)$ 均为恒包络信号。

$$V_1(t)=\frac{V_0}{2}\cos[\omega_0 t+\varphi(t)+\theta(t)/2] \tag{8-83}$$

$$V_2(t)=\frac{V_0}{2}\cos[\omega_0 t+\varphi(t)-\theta(t)/2] \tag{8-84}$$

$$\theta(t)=2\arccos[A(t)/V_0],\ V_0=\max[A(t)] \tag{8-85}$$

$\theta(t)$ 为恒包络信号 $V_1(t)$ 和 $V_2(t)$ 之间的相位差。$A(t)$ 的变化主要体现在相位差 $\theta(t)$ 的变化上。当满足 $\theta(t)=0$ 时，$A(t)$ 达到最大值 $V_0$。当满足 $\theta(t)=180°$ 时，$A(t)$ 达到最小值 0。

LINC 功率放大器电路原理如图 8-54 所示。$A_G(t)$ 代表经过功率放大器放大后的调制信号包络。数字域查找表可以很容易地根据调制星座图预先生成并存储在查找表中。高效率开关型功率放大器一般采用 D、E、F 类三种结构之一进行实现。合路器主要实现两输出信号的物理叠加，并提供足够的隔离度以避免两路信号之间的互扰引入的负载阻抗调制进一步恶化功率放大器的线性性能，同时还必须具备阻抗变换功能以最大化功率放大器的输出功率。合路器必须具备三个功能：①信号叠加功能；②较高的隔离性能；③阻抗变换功能。

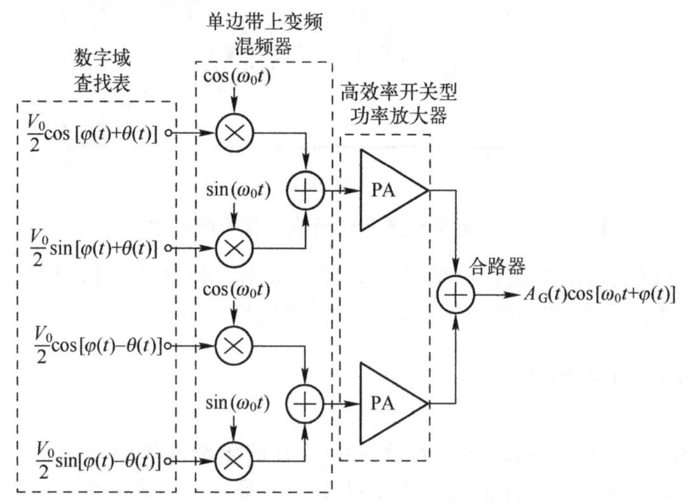


图 8-54 LINC 功率放大器电路原理图

合路器通常采用如图 8-55（a）所示的 Wilkinson 结构，分别从上述三个功能对其进行分析。

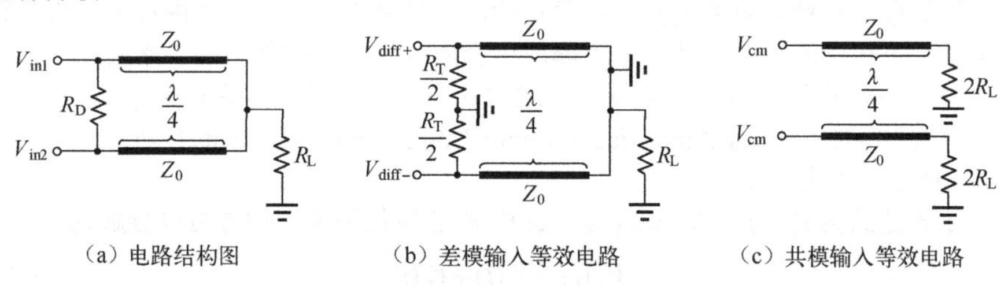

(a) 电路结构图
(b) 差模输入等效电路
(c) 共模输入等效电路


图 8-55 Wilkinson 合路器

（1）信号叠加功能

对于任意两个输入信号 $V_{in1}$ 和 $V_{in2}$，可分别表示为两者共模部分与差模部分的和与差，即 $V_{in1}=V_{cm}+V_{diff}$，$V_{in2}=V_{cm}-V_{diff}$，其中 $V_{cm}=(V_{in1}+V_{in2})/2$，$V_{diff}=(V_{in1}-V_{in2})/2$。由于 Wilkison 结构的对称性，对于差模信号而言，两个传输线右端交点处等效于交流地，如图 8-55（b）所示，因此差模信号无法在 Wilkison 结构中进行传输。对于共模信号而言，可以将 Wilkison 结构等效于如图 8-55（c）所示的电路结构，可以看出任一支路输出至负载端的功率为 $P_{cm1/2}=R_L V_{cm}^2/Z_0^2$，则共模部分输出至负载的功率为 $P_{cm}=2P_{cm1/2}=2R_L V_{cm}^2/Z_0^2$。令 Wilkison 结构输出端的电压为 $V_{out}$，有 $P_{cm}=V_{out}^2/(2R_L)$，因此 $V_{out}=2R_L V_{cm}/Z_0=R_L(V_{in1}+V_{in2})/Z_0$。信号叠加功能成立。

（2）较高的隔离性能

隔离性能的好坏可以通过差模阻抗与共模阻抗的相近程度来衡量。如果差模阻抗与共模阻抗完全相同，则 $V_{in1}$ 和 $V_{in2}$ 两个输入端向合路器看进去的输入阻抗是完全相同的（任何输入信号均由差模项和共模项组成），两者之间互不干扰，隔离度为无穷大。根据图 8-55（b）和图 8-55（c）可知，差模阻抗和共模阻抗的表达式分别为 $R_{diff}=R_T$ 和 $R_{cm}=Z_0^2/R_L$，当满足 $R_T=Z_0^2/R_L$ 时，Wilkinson 合路器具有无穷大的隔离度。

（3）阻抗变换功能

当开关管的耐压值和耐流值确定后，根据不同开关类型的功率放大器可以分别确定最优的负载转换阻抗。由于 Wilkinson 合路器的差模阻抗与共模阻抗相等，因此其输入阻抗可以表示为 $Z_{in}=R_T=Z_0^2/R_L$。如果功率放大器要求的最优负载转换阻抗为 8Ω，则有 $R_D=8\Omega$，$Z_0=20\Omega$。

Wilkinson 合路器采用了 1/4 波长的传输线，对于需要高度集成的场合并不适用。为了进一步提升集成度，可以采用如图 8-56 所示的变压器串联倍压结构[5]替代 Wilkinson 合路器，其中开关型功率放大器采用电压型推挽式 D 类结构。根据图 8-22 对所示变压器串联倍压结构的分析可知，此结构支持信号的叠加功能，经过过驱动的两路恒包络信号可近似为方波信号，且波动幅度在 $V_{DD}$ 和 0 之间，相位差为 $\theta(t)$。由于开关型功率放大器采用 D 类结构，因此图 8-56 所示的 LINC 功率放大器传输至变压器串联倍压结构上的电压值为

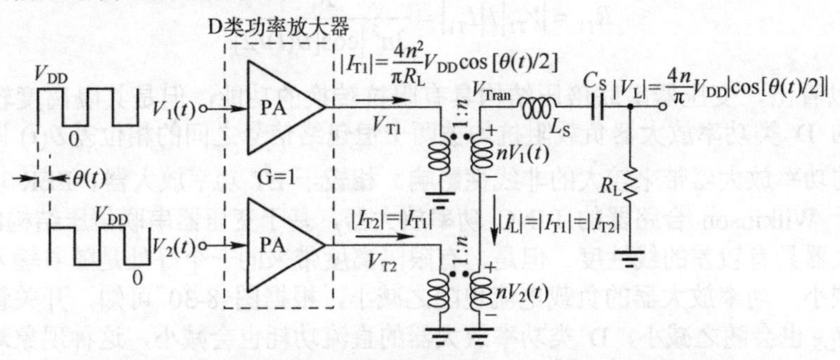


图 8-56　基于变压器串联倍压结构的 LINC D 类功率放大器电路

$$V_{Tran}=n[V_1(t)+V_2(t)] \tag{8-86}$$

由图 7-8 可知，幅度为 $V_{DD}$ 的方波信号 $V_1(t)$ 在基波处的频域表达式为（不失一般性，令初始相位 $\varphi(t)$ 为 0）

$$\mathbb{F}_1[V_1(t)]=2V_{DD}[\delta(\omega+\omega_0)+\delta(\omega-\omega_0)] \tag{8-87}$$

由于方波信号 $V_2(t)$ 相较于 $V_1(t)$，相位滞后了 $\theta(t)$，则 $V_2(t)$ 在基波处的频域表达式为

$$\mathbb{F}_1[V_2(t)] = 2V_{\mathrm{DD}}[\delta(\omega+\omega_0)\mathrm{e}^{\mathrm{j}\omega_0 t} + \delta(\omega-\omega_0)\mathrm{e}^{-\mathrm{j}\omega_0 t}] \tag{8-88}$$

经过串联谐振网络（$L_S$和 $C_S$）后，在负载端出现的电压信号 $V_L$ 的频域表达式为

$$\mathbb{F}[V_L] = n\mathbb{F}_1[V_1(t)+V_2(t)] \tag{8-89}$$

联立式（8-87）、式（8-88）和式（8-89），并对其进行傅里叶反变换可得

$$\begin{aligned} V_L &= n\mathbb{F}_1^{-1}[V_1(t)+V_2(t)] = \frac{2n}{\pi}V_{\mathrm{DD}}\cos(\omega_0 t) + \frac{2n}{\pi}V_{\mathrm{DD}}\cos[\omega_0 t+\theta(t)] \\ &= \frac{2n}{\pi}V_{\mathrm{DD}}[1+\cos[\theta(t)]]\cos(\omega_0 t) - \frac{2n}{\pi}V_{\mathrm{DD}}\sin[\theta(t)]\sin(\omega_0 t) \end{aligned} \tag{8-90}$$

因此当两个恒包络信号的相位差为 $\theta(t)$ 时，输出至负载端的电压包络值为

$$|V_L| = \frac{2n}{\pi}V_{\mathrm{DD}}\sqrt{[1+\cos[\theta(t)]]^2+\sin^2[\theta(t)]} = \frac{4n}{\pi}V_{\mathrm{DD}}|\cos[\theta(t)/2]| \tag{8-91}$$

LINC 功率放大器可以很好地恢复输入信号的包络波动。但是，变压器串联倍压结构的隔离度比较差，根据变压器的特性可知 D 类功率放大器负载端的基波电流幅度为

$$|I_{T1}| = |I_{T2}| = \frac{4n^2}{\pi R_L}V_{\mathrm{DD}}|\cos[\theta(t)/2]| \tag{8-92}$$

以图 8-56 所示上支路 D 类功率放大器为例，对式（8-87）进行傅里叶反变换可得其负载端的基波电压幅度为

$$|V_{T1}| = 2V_{\mathrm{DD}}/\pi \tag{8-93}$$

则图 8-56 所示上支路 D 类功率放大器的负载转换阻抗为

$$R_{T1} = |V_{T1}|/|I_{T1}| = \frac{R_L}{2n^2|\cos[\theta(t)/2]|} \tag{8-94}$$

可以看出，变压器串联倍压结构具有阻抗转换的功能，但是其隔离度较差，每个支路的 D 类功率放大器负载阻抗均被两个恒包络信号之间的相位差 $\theta(t)$ 调制，给每支路的功率放大器带来较大的非线性影响。相较于 ET 功率放大器、EER 功率放大器和基于 Wilkinson 合路器的 LINC 功率放大器，基于变压器串联倍压结构的 LINC 功率放大器具有较差的线性度。但是，有限隔离度带来的一个好处是随着输入信号包络值的减小，功率放大器的负载电流也随之减小，根据图 8-30 可知，开关管平均漏源电流 $I_{DS}$ 也会随之减小，D 类功率放大器的直流功耗也会减小，这种现象对于具有较大峰均比的调制方式而言可以有效地改善功率转换效率。

Wilkinson 合路器虽然具有较高的隔离度，但是却不能在输入信号包络幅度减小的情况下相应减小功率放大器的直流功耗，因此对于具有较大峰均比的调制方式而言，功率转换效率会受到较大影响。可以采用多级电平动态切换的方式对基于 Wilkinson 合路器的 LINC 功率放大器进行效率提升[6]，需要在基带预先根据输入信号的包络值动态调整开关型功率放大器的电源电压（动态调整功率放大器直流功耗以匹配负载功耗，保证功率转换效率的最优化），同时动态调整两恒包络信号之间的相位差以保证输出包络幅度不发生变化，具体电路结构不再赘述。

为了最优化芯片面积、功耗，以及方便与数字电路的集成，目前一些典型的射

频集成电路设计采用的 CMOS 工艺已经在 40nm 以下，晶体管的耐压和耐流能力均受到了较大的限制。为了实现较大的发射功率输出，通常需要采用图 8-22 所示的多级变压器串联倍压结构。仍以电压型推挽式 D 类功率放大器为例，LINC 电路结构如图 8-57 所示[5]。当输入信号的包络值减小时，由于各级之间的互扰性，每支路功率放大器的直流功耗也随之减小。但是，由于外部的驱动电路消耗的动态功耗不变（在高速时钟下，此部分功耗也比较可观），整个 LINC 功率放大器的功率转换效率会恶化，基带可以根据输入包络信号的幅度产生相应的控制信号，动态调整各 LINC 功率放大器单元的工作状态，改善整个功率放大器的功率转换效率。假设有 $M$（$0<M\leqslant N$）个 LINC 功率放大器单元处于工作状态，余下单元为关断状态（输入信号相位差为 180°），则负载端的基带电压幅度为

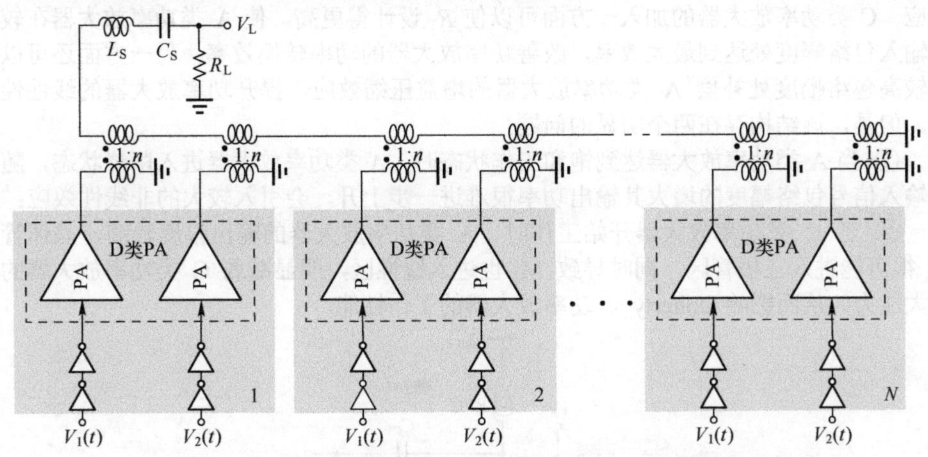


图 8-57　基于多级变压器串联倍压结构的 LINC D 类功率放大器电路

$$\left|V_{\mathrm{L}}\right|=\frac{4nM}{\pi}V_{\mathrm{DD}}\left|\cos[\theta(t)/2]\right| \tag{8-95}$$

随着相位差 $\theta(t)$ 逐渐增大，LINC 功率放大器单元也会依次进入关断状态（输入信号相位差为 180°），$M$ 减小。为了保证包络不失真，在对相应 LINC 功率放大器单元进行动态调整时，还必须相应调整相位差 $\theta(t)$，且必须满足

$$M\cos[\theta_{\mathrm{M}}(t)/2]=\cos[\theta(t)/2] \tag{8-96}$$

式中，$\theta_{\mathrm{M}}(t)$ 为调整后的相位差。

上述 LINC 单元的动态调整过程还会带来负载阻抗调制现象，即随着 LINC 功率放大器单元逐渐关断，剩余 LINC 功率放大器单元的负载阻抗也会逐渐增大，其直流功耗会逐渐减小，更有利于效率的提升。但是，对于峰均比较大的调制方式而言，图 8-57 所示结构会极大影响功率放大器的功率转换效率。为了进一步提升功率转换效率，可以对不需要的 LINC 功率放大器单元进行物理关断，但此时被关断 LINC 功率放大器单元负载端变压器的二次绕组会直接与 $L_S$ 串联。为了避免对电路线性性能造成影响，每次 LINC 功率放大器单元的物理关断或接入都必须对应串联电容 $C_S$ 的动态调整，以保证串联 LC 网络在工作频率处的谐振。

采用 E 类功率放大器实现 LINC 功率放大器结构见文献[7-9]。

### 8.5.4 Doherty 功率放大器

Doherty 功率放大器是 Doherty 提出的一种可以明显提升高 PAPR 条件下功率放大器功率转换效率的电路结构[10]，又名多合体功率放大器。Doherty 功率放大器采用至少两个压控电流型异构功率放大器实现，并且异构功率放大器之间的工作与否与输入调制信号的包络幅度有关。图 8-58 为 Doherty 功率放大器的基本工作原理示意图，包含 A 类功率放大器和 C 类功率放大器两个异构功率放大器。当输入信号 $V_{in}$ 的包络幅度较低时，仅有 A 类功率放大器处于工作状态，随着输入包络幅度的增大，C 类功率放大器逐渐开始工作，以补偿 A 类功率放大器由于增益压缩导致的功率降低效应。C 类功率放大器的加入一方面可以使 $R_T$ 设计得更高，使 A 类功率放大器在较低输入包络幅度处达到最大效率，改善功率放大器的功率转换效率；另一方面还可以在较高包络幅度处补偿 A 类功率放大器的增益压缩效应，提升功率放大器的线性性能。但是，该结构存在两个明显的问题：

① 当 A 类功率放大器达到饱和工作状态时，A 类功率放大器进入削峰状态，随着输入信号包络幅度的增大其输出功率很难进一步上升，会引入较大的非线性效应；

② 当 C 类功率放大器开始工作时，A 类功率放大器的输出幅度较高，晶体管 $M_1$ 很可能进入三极管区，同时导致 $M_2$ 也进入线性区，明显减弱 C 类功率放大器的放大能力，从而影响 Doherty 、功率放大器的工作性能。

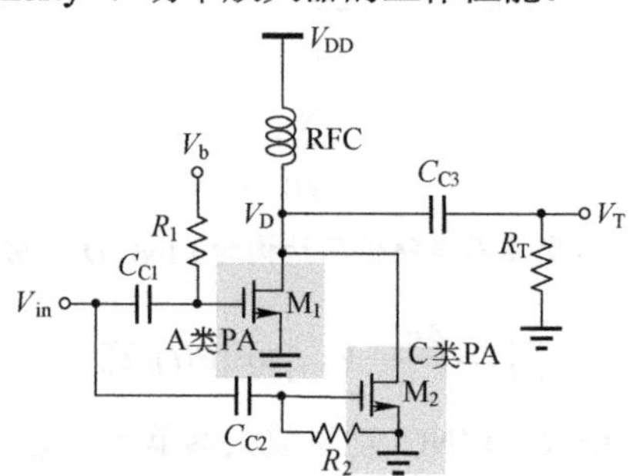


图 8-58 Doherty 功率放大器基本工作原理示意图

Doherty 功率放大器的电路结构如图 8-59（a）所示。PA1 采用 A 类功率放大器实现，一直处于正常工作状态，也称为载波功率放大器。PA2 采用 C 类功率放大器实现，只有在输入信号 $V_{in}$ 包络幅度较大时才开始工作，也称为峰值功率放大器。为了避免 PA1 的输出电压对 PA2 造成影响，两者输出之间通过 1/4 波长（$\lambda/4$）传输线进行隔离。为了保证两支路信号相同的延迟性，在两者的输入之间也引入等长传输线。对电路的有效改进可以达成如下目标：

① 当峰值功率放大器开始工作后，PA1 端的负载传输阻抗逐渐减小，载波功率放大器不会进入削峰状态，输出功率会继续保持对输入包络幅度的线性放大功能，提高 Doherty 功率放大器的整体功率放大能力和线性性能。

② 传输线会保证峰值功率放大器的输出端波动电压始终小于载波功率放大器的输出端波动电压，避免峰值功率放大器进入三极管区，影响功率放大能力。

Doherty 功率放大器的优点在于：可以使载波功率放大器在输入信号为低包络幅度时提前进入饱和功率放大状态，极大提升高 PAPR 条件下功率放大器的功率转换效率。虽然峰值功率放大器在刚开始工作期间仍面临着功率转换效率不高的情况，但由于载波功率放大器的输出功率占据主导地位，因此并不会对 Doherty 率放大器的整体功率转换效率产生较大影响。下面详细地对 Doherty 功率放大器的工作原理进行分析。

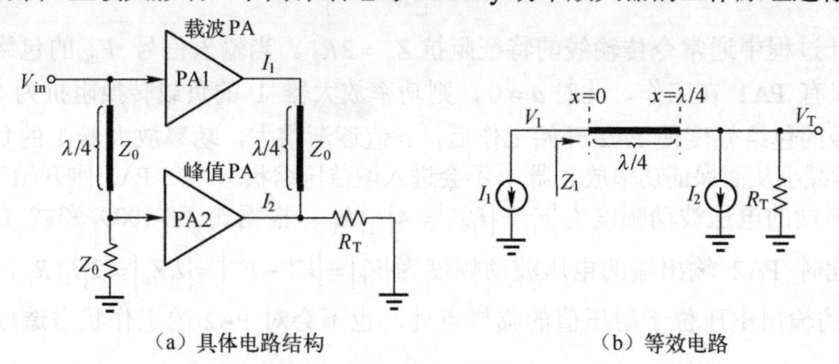


图 8-59　Doherty 功率放大器

Doherty 功率放大器的等效电路如图 8-59（b）所示，传输线中各点的电压和电流为

$$V(t,x)=V^{+}\cos(\omega_0 t-\beta x)-V^{-}\cos(\omega_0 t+\beta x) \tag{8-97}$$

$$I(t,x)=\frac{V^{+}}{Z_0}\cos(\omega_0 t-\beta x)-\frac{V^{-}}{Z_0}\cos(\omega_0 t+\beta x) \tag{8-98}$$

式中，$V^{+}$ 为传输线中向右传输的电压波幅度；$V^{-}$ 为传输线中向左传输的电压波幅度；$\beta=2\pi/\lambda$。分别计算 $x=0$ 和 $x=\lambda/4$ 处的电压和电流：

$$V(t,0)=(V^{+}+V^{-})\cos\omega_0 t=V_1 \tag{8-99}$$

$$I(t,0)=\frac{(V^{+}-V^{-})}{Z_0}\cos\omega_0 t=-I_1 \tag{8-100}$$

$$V(t,\lambda/4)=(-V^{+}+V^{-})\sin\omega_0 t=V_{\rm T} \tag{8-101}$$

$$I(t,\lambda/4)=\frac{(-V^{+}-V^{-})}{Z_0}\sin\omega_0 t=I_2+\frac{V_{\rm T}}{R_{\rm T}} \tag{8-102}$$

由于 $I(t,0)$ 和 $I(t,\lambda/4)$ 之间存在 $\pi/2$ 的延迟相位差，所以流经峰值功率放大器负载端的电流 $I_2$ 为

$$I_2=a\frac{(V^{+}-V^{-})}{Z_0}\cos(\omega_0 t-\pi/2)=a\frac{(V^{+}-V^{-})}{Z_0}\sin\omega_0 t \tag{8-103}$$

式中，$a$ 为峰值功率放大器负载端电流与载波功率放大器负载端电流幅度之间的比例因子。将式（8-101）和式（8-103）分别代入式（8-102）可得

$$\frac{(V^{+}+V^{-})}{Z_0}=-a\frac{(V^{+}-V^{-})}{Z_0}+\frac{(V^{+}-V^{-})}{R_{\rm T}} \tag{8-104}$$

根据式（8-99）和式（8-100）可得载波功率放大器的负载转换阻抗为

$$Z_1=\frac{V_1}{-I_1}=\frac{V^{+}+V^{-}}{V^{+}-V^{-}}Z_0 \tag{8-105}$$

将式（8-105）代入式（8-104）可得

$$Z_1 = Z_0\left[\frac{Z_0}{R_T} - a\right] \tag{8-106}$$

设计过程中通常令传输线的特征阻抗 $Z_0 = 2R_T$。当输入信号 $V_{in}$ 的包络幅度较小时，仅有 PA1 在工作，此时 $a = 0$，则功率放大器 1 的负载转换阻抗为 $4R_T$。当输入信号的包络幅度使 PA2 开始工作后，$a$ 值逐渐增大，功率放大器 1 的负载转换阻抗逐渐减小从而保证功率放大器 1 不会进入增益压缩状态。在 PA2 刚开始工作时，PA1 输出端的电压波动幅度为 $|V_1| = |I_1 Z_1| = 4|I_1|R_T$。根据式（8-100）和式（8-101）可知，此时 PA2 输出端的电压波动幅度为 $|V_T| = |V^+ - V^-| = |I_1 Z_0| = 2|I_1|R_T$，因此即使 PA1 的输出电压位于耐压值的临界点处，也不会对 PA2 的工作状态造成太大的影响。

# 8.6 功率放大器的线性化技术

功率放大器在实现功率放大的同时均会引入一定的非线性效应，且功率转换效率越高，引入的非线性效应就会越大。例如，从 A 类功率放大器至 C 类功率放大器，随着导通角的逐渐减小，功率转换效率逐渐提升（从 50%提升至 100%）。压控开关型功率放大器虽然在理论上可以获得 100%的功率转换效率，但是开关结构引入的非线性效应会导致发射信号功率谱的带外拓展。对于压控电流型功率放大器，通常的做法是采用功率回退的方法，但会导致功率放大器的功率转换效率明显降低。对于压控开关型功率放大器，如 LINC 结构，适合集成的合路器结构（变压器串联倍压结构）具有有限的隔离度，导致两支路之间互相调制，从而导致输出信号功率谱的带外增生效应。本节主要介绍几种在保证较高功率转换效率条件下仍能获得满足系统需求的线性性能的方法。

## 8.6.1 高线性 LINC 功率放大器

如果一种通信体制对线性度要求比较严苛，在采用 LINC 结构进行实现时，除采用 Wilkinson 合路器增加隔离度外，还可采用 Chireix 合路器结构[11]。Chireix 合路器通过在 LINC 功率放大器的每个放大支路中加入补偿电抗，抵消各支路信号的相互调制以维持每个放大支路负载调制阻抗的稳定性。

仍以电压开关型推挽式 D 类功率放大器为例，采用 Chireix 合路器的高线性 LINC 功率放大器电路如图 8-60 所示。为了分析的简便性，假设每支路 D 类功率放大器的增益为 1，根据式（8-83）和式（8-84）可得

$$V_L = n[V_1(t) + V_2(t)] = nV_0\cos[\omega_0 t + \varphi(t)]\cos[\theta(t)/2] \tag{8-107}$$

流经每个支路功率放大器负载端的电流为

$$I_{T1} = I_{T2} = \frac{nV_L}{R_L} = \frac{n^2 V_0\cos[\omega_0 t + \varphi(t)]\cos[\theta(t)/2]}{R_L} \tag{8-108}$$

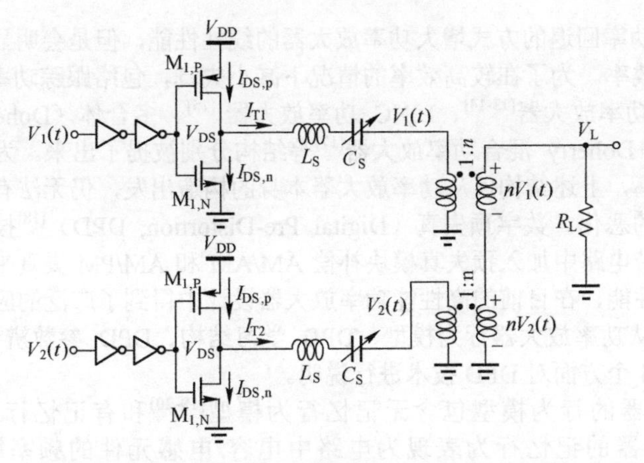


图 8-60　采用 Chireix 合路器的高线性 LINC 功率放大器电路结构图

每个支路的负载转换阻抗为

$$R_{T1}=\frac{V_1(t)}{I_{L1}}=\frac{\frac{V_0}{2}R_L\cos[\omega_0 t+\varphi(t)+\theta(t)/2]}{n^2V_0\cos[\omega_0 t+\varphi(t)]\cos[\theta(t)/2]}$$
$$=\frac{R_L}{2n^2}-\frac{R_L}{2n^2}\frac{\sin[\omega_0 t+\varphi(t)]}{\cos[\omega_0 t+\varphi(t)]}\tan[\theta(t)/2] \tag{8-109}$$

$$R_{T2}=\frac{V_2(t)}{I_{L2}}=\frac{R_L}{2n^2}+\frac{R_L}{2n^2}\frac{\sin[\omega_0 t+\varphi(t)]}{\cos[\omega_0 t+\varphi(t)]}\tan[\theta(t)/2] \tag{8-110}$$

每个支路负载端的电压和电流中除了存在同向成分，还存在正交部分，反映至负载转换阻抗中为电阻部分和电抗部分，因此式（8-109）和式（8-110）可以分别在复数域表示为

$$R_{T1}=\frac{R_L}{2n^2}+j\frac{R_L}{2n^2}\tan[\theta(t)/2] \tag{8-111}$$

$$R_{T2}=\frac{R_L}{2n^2}-j\frac{R_L}{2n^2}\tan[\theta(t)/2] \tag{8-112}$$

在设计 D 类功率放大器的串联谐振网络时只需将式（8-111）和式（8-112）中的电抗项包含在电容 $C_S$ 中，并通过不同的 $\theta(t)$ 设置不同的 $C_S$ 即可保证负载转换阻抗的稳定性，避免合路器有限的隔离度带来的非线性影响。

## 8.6.2 数字预失真

在对信号进行功率放大时，如果输入信号的包络值超过功率放大器的增益压缩点，会引入 AM/AM 失真，导致功率放大器的增益曲线在一定的输入电平范围内呈现压缩效应。由于电路节点处存在的寄生电容效应（容值通常与节点处的波动电压幅度有关），所以功率放大器通常还会随有 AM/PM 失真。失真效应会明显恶化功率放大器的线性性能，导致频谱增生、星座图旋转变形发散、EVM 恶化等，直接导致通信性能的降级。

通常采用功率回退的方式增大功率放大器的线性性能，但是会明显降低功率放大器的功率转换效率。为了在较高效率的情况下减小失真，包络跟踪功率放大器[12]、G类（Class-G）功率放大器[13-14]、LINC 功率放大器 [15]、多合体（Doherty）功率放大器[16]、Class-G+Doherty 混合功率放大器[17]等结构分别被提了出来。为了保证较高的增益及转换效率，上述结构仅从功率放大器本身的构造出发，仍无法有效遏制功率放大器线性性能的恶化。数字预失真（Digital Pre-Distortion, DPD）[18]技术通过在功率放大器前级基带电路中加入预失真模块补偿 AM/AM 和 AM/PM 失真来有效提升功率放大器的线性性能，在目前的高性能功率放大器设计中得到了广泛的应用。

本节主要从功率放大器行为模型、DPD 学习结构、DPD 参数辨识方法和 DPD 补偿模块模型 4 个方面对 DPD 技术进行说明。

功率放大器的行为模型包含无记忆行为模型[19-20]和有记忆行为模型[21-22]两种。功率放大器的记忆行为表现为电路中电容/电感元件的频率敏感性引入的 AM/PM 失真。在窄带通信情况下，电容/电感元件的频率敏感性会大大降低，功率放大器的行为模型可近似采用无记忆行为模型等效。常用的无记忆行为模型有 Saleh 模型[23]、Rapp 模型[24]、Ghorbani 模型[25]、幂级数模型[26]等。宽带通信系统或多载波通信系统（4G、5G 等）常用的有记忆行为模型为 Volterra 级数模型[27]、Wiener 模型[28]、Hammerstein 模型[29]、Wiener-Hammerstein 模型[30]、并联 Hammerstein 模型[28]、并联 Wiener 模型[31]、神经网络模型[32]等。相较于其他有记忆模型，Volterra 级数模型可以方便地将功率放大器的非线性和记忆特性结合在一起，能够精准地对功率放大器进行建模；但是随着非线性阶次及记忆深度的增加，需要计算的参数量也会迅速增加[21]，很难直接用于高阶有记忆的 DPD 的设计中。在大多数设计中，通常均采用简化后的基于 Volterra 级数模型的记忆多项式模型[32-41]对功率放大器进行近似建模。

DPD 的学习结构包括直接学习结构[37,39,41]、间接学习结构[34,40]、改进型直接学习结构[19]3 种，如图 8-61 所示。直接学习结构通过求取功放的前逆对功率放大器的非线性进行补偿，但由于预失真器的输出直接影响功率放大器的输出，因此是一个闭环反馈系统，存在稳定性问题。如果采用的 DPD 参数辨识方法不收敛或遇到外界干扰，可能导致系统的非正常工作。间接学习结构通过增加一个学习器求取功率放大器的后逆，再将通过辨识算法计算出的后逆参数送至预失真器来补偿功率放大器的非线性，学习过程开环化，避免了稳定性问题。间接学习结构对于大部分功率放大器均是成立的，目前的商用化数字预失真器中大多采用此类结构；但是对于部分较复杂的功率放大器模型，其后逆与前逆并不一定相等，因此会引入部分补偿误差，同时功率放大器中产生的噪声也会导致学习器的收敛值部分偏离预期[42]。改进型直接学习结构兼顾直接学习结构和间接学习结构的优点，首先求取功率放大器模型，再通过求逆运算将预失真器等效为功率放大器的前逆，但是求逆计算量往往较大。

典型的 DPD 参数的辨识方法包括 LMS 算法[19]和递归最小二乘算法（Recursive Least Squares，RLS）[34,40]两种。由于 LMS 算法涉及期望值的求解，所以要求输入的信号必须具备广义平稳特性。RLS 算法则无此要求，且 RLS 收敛速度快，不存在稳态误差，辨识性能更高。由于 RLS 算法涉及矩阵乘法及向量除法运算，消耗的资源量是非常巨大的，目前工程实现中多数仍采用 LMS 算法。

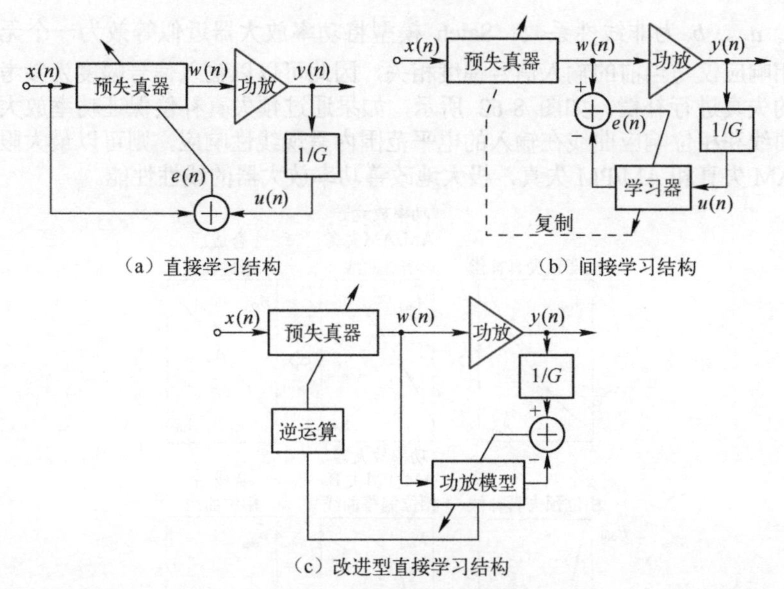


图 8-61　DPD 学习结构

DPD 补偿模块模型，即图 8-61 中的预失真器模型，包括查找表结构和矩阵多项式结构[21,34,40]两种。查找表结构又包括映射查找表[43-44]、复增益查找表[45]和极坐标查找表结构[46]。映射查找表的补偿速度最快，需要的资源量最小，但是通常适用于无记忆功率放大器模型，无法校准功率放大器的 AM/PM 失真[44]。根据功率放大器是否采用记忆模型，复增益查找表还可分为无记忆查找表[19-20]和有记忆查找表[22]两类。查找表结构是一种静态 DPD 机制，通常在上电复位后完成校准并将补偿参数写入查找表。矩阵多项式结构是一种动态 DPD 机制，可以根据实时的输入与输出信号动态调整预失真器内的矩阵多项式参数值，跟踪性能优良，但是消耗的计算资源、补偿时长、功耗等均较高。

目前对 DPD 技术的研究主要集中在上述 4 个方面，近年来多数的创新性成果大多是对具体的电路结构及应用场景进行优化设计。例如，传统的 DPD 反馈链路需要 I、Q 两个支路同时存在，且由于功率放大器的非线性效应，反馈支路 ADC 的采样率需要达到输入信号带宽的 5 倍以上才能准确预估功率放大器的前逆或后逆模型[32]，需要的硬件开销及功耗均较大。基于单支路硬件架构[34]和欠采样条件下的 DPD 补偿电路模型，大大简化了电路设计的复杂度。同时，相控阵[36-37]和多载波应用场景（4G、5G）[19,37]条件下的 DPD 补偿技术也逐渐成熟化。

下面以间接学习结构为例对无记忆系统的 DPD 电路实现进行简要说明。典型情况下，功率放大器的幅相响应可以通过 Saleh 模型进行描述[23]。

$$A[x(t)] = \frac{a_1\left|x(t)\right|}{1+b_1\left|x(t)\right|^2} \tag{8-113}$$

$$P[x(t)] = \frac{a_2\left|x(t)\right|^2}{1+b_2\left|x(t)\right|^2} \tag{8-114}$$

式（8-113）和式（8-114）分别描述的是功率放大器的幅度响应和相位响应，

$a_1$、$b_1$、$a_2$、$b_2$为非线性系数。Saleh 模型将功率放大器近似等效为一个无记忆系统，幅相响应仅与当前的输入信号幅度相关，因此可以以输入信号幅度为参考对功率放大器的失真进行补偿。如图 8-62 所示，如果通过预失真补偿保证功率放大器的增益响应曲线和相位响应曲线在输入的电平范围内呈现线性响应，则可以最大限度地避免 AM/AM 失真和 AM/PM 失真，极大地改善功率放大器的线性性能。

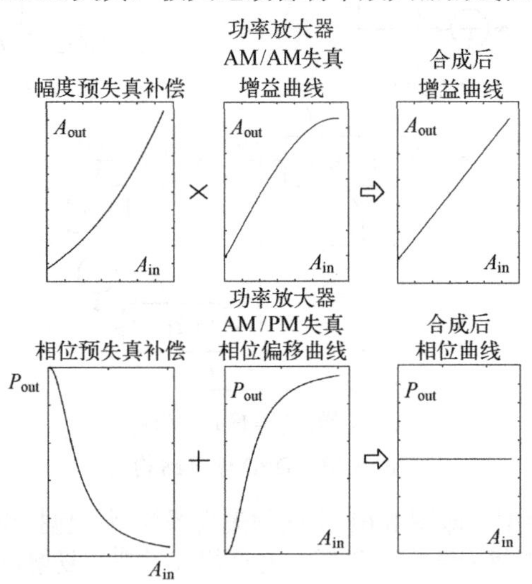


图 8-62 数字 AM/AM 预失真电路工作原理

预失真电路的工作原理如图 8-63 所示，其工作过程共分为两个阶段：

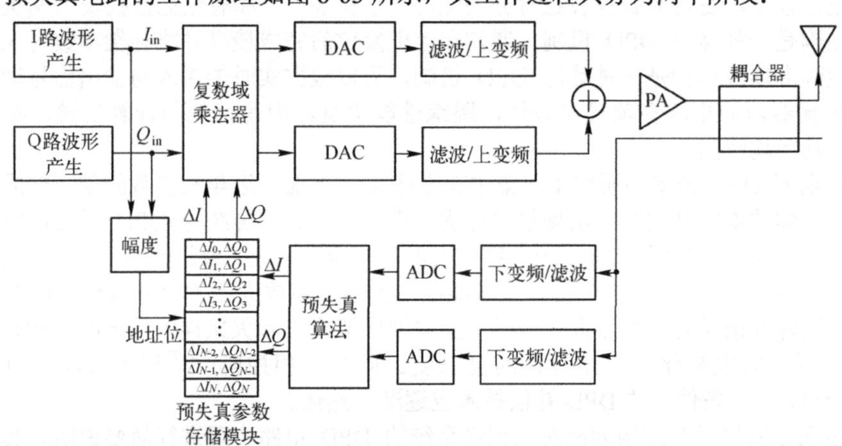


图 8-63 预失真电路原理图

① 预失真参数估计阶段，令 $Q_{in}=0$，依次调整 $I_{in}$ 的输出幅度，位于后级的反馈支路通过耦合器将包含失真成分的功率放大器输出经过下变频和数字化后送入预失真算法模块，预失真算法模块将不同输入幅度对应的预失真参数（$\Delta I$ 和 $\Delta Q$）依次存入预失真参数存储模块；

② 正常工作阶段，幅度模块对 $I_{in}$、$Q_{in}$ 的输出幅度进行估计，并以幅度为地址位，对预失真参数存储模块进行寻址，通过复数域乘法器对 $I_{in}$、$Q_{in}$ 的幅度和相位同

时进行预失真补偿。

预失真算法通常基于 LMS 算法进行实现。忽略射频域中的上下变频过程，如图 8-64 所示，基于 LMS 算法的预失真估计可在基带域进行等价描述，其中：

$$\Delta I(n+1)+\mathrm{j}\Delta Q(n+1)=\Delta I(n)+\mathrm{j}\Delta Q(n)+ \mu[I_{\mathrm{err}}(n)+\mathrm{j}Q_{\mathrm{err}}(n)][I_{\mathrm{fb}}(n)+\mathrm{j}Q_{\mathrm{fb}}(n)] \tag{8-115}$$

$$I_{\mathrm{err}}(n)+\mathrm{j}Q_{\mathrm{err}}(n)=I_{\mathrm{pd}}(n)+\mathrm{j}Q_{\mathrm{pd}}(n)- [\Delta I(n)+\mathrm{j}\Delta Q(n)][I_{\mathrm{fb}}(n)+\mathrm{j}Q_{\mathrm{fb}}(n)] \tag{8-116}$$

$\mu$ 的取值不宜太大，否则会造成计算出的预失真参数波动幅度较大甚至不能收敛。$\mu$ 的取值也不能太小，否则会导致参数估计时间过长，校准延时增大。通过检测误差信号 $I_{\mathrm{err}}+\mathrm{j}Q_{\mathrm{err}}$ 的幅度可以判断 LMS 算法是否完成收敛（图中未画出，LMS 收敛时，误差信号幅度接近底噪平均幅度）。LMS 算法收敛后，将预失真参数估计模块中估计出的幅相失真补偿参数写入预失真器存储模块中幅度地址 $A_{\mathrm{in}}$ 对应的地址位中，当遍历了所有的幅度后（仅需遍历单支路幅度），便完成了预失真补偿过程。

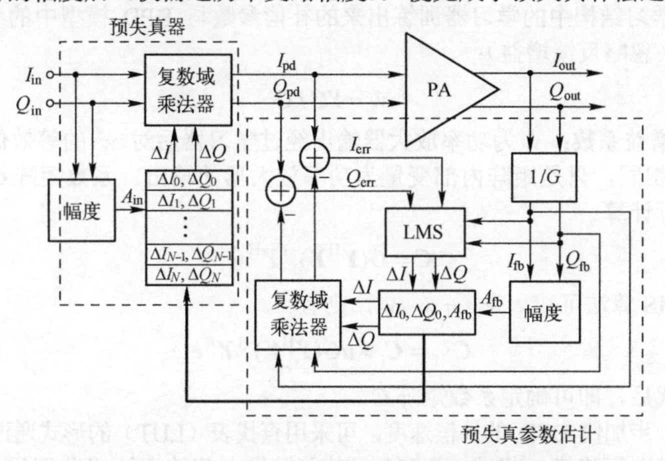


图 8-64　基于 LMS 算法的预失真电路基带域原理图

正常工作阶段，根据输入信号的幅度信息（地址位）读取存储模块中的幅相失真补偿参数对输入信号进行预失真补偿，便可有效改善功率放大器的线性性能。

当 LMS 算法收敛后，满足 $I_{\mathrm{err}}(n)+\mathrm{j}Q_{\mathrm{err}}(n)\approx 0$。根据式（8-115）可知，幅相失真补偿参数 $\Delta I+\mathrm{j}\Delta Q$ 趋于稳定并被写入预失真模块的存储器中。根据式（8-116）可知

$$I_{\mathrm{pd}}+\mathrm{j}Q_{\mathrm{pd}}=(\Delta I+\mathrm{j}\Delta Q)(I_{\mathrm{fb}}+\mathrm{j}Q_{\mathrm{fb}})=\frac{(\Delta I+\mathrm{j}\Delta Q)(I_{\mathrm{out}}+\mathrm{j}Q_{\mathrm{out}})}{G} \tag{8-117}$$

在正常工作阶段，由于 $I_{\mathrm{pd}}+\mathrm{j}Q_{\mathrm{pd}}=(\Delta I+\mathrm{j}\Delta Q)(I_{\mathrm{in}}+\mathrm{j}Q_{\mathrm{in}})$，则

$$I_{\mathrm{out}}+\mathrm{j}Q_{\mathrm{out}}=G(I_{\mathrm{in}}+\mathrm{j}Q_{\mathrm{in}}) \tag{8-118}$$

因此预失真算法可以有效地补偿功率放大器的非线性失真项，使功率放大器近似等效为一个线性放大模块。

上述无记忆等效功率放大器模型的 DPD 算法由于算法简单、计算量少，在窄带通信系统中得到了广泛的使用。对于高通量通信系统而言，该模型会引入较大的线性补偿误差，必须寻找合适的记忆等效功率放大器模型对其进行线性化 DPD 补偿。

为了便于工程的可实现性，并充分考虑功率放大器的非线性及记忆效应，采用图 8-61（b）所示的间接学习结构和简化 Volterra 级数对 DPD 模型进行建模如下：

$$\begin{aligned}w(n)=&x(n)[a_{00}+a_{10}\left|x(n)\right|+a_{20}\left|x(n)\right|^2]+\\&x(n-1)[a_{01}+a_{11}\left|x(n-1)\right|+a_{21}\left|x(n-1)\right|^2]+\\&x(n)[b_{20}\left|x(n-1)\right|^2]\end{aligned} \tag{8-119}$$

该模型充分考虑本时刻的非线性、延迟时刻（记忆模型）的非线性，以及本时刻与延迟时刻的交叉非线性等因素，建模精度较高，计算量适中。采用矩阵形式将上式重新表述为

$$w=\boldsymbol{XC} \tag{8-120}$$

$$\boldsymbol{X}=[x(n)\ x(n)\left|x(n)\right|\ x(n)\left|x(n)\right|^2\ x(n-1)\ x(n-1)\left|x(n-1)\right|\ x(n-1)\left|x(n-1)\right|^2\ x(n)\left|x(n-1)\right|^2]$$

$$\boldsymbol{C}=[a_{00}\ a_{10}\ a_{20}\ a_{01}\ a_{11}\ a_{21}\ b_{20}]^{\mathrm{T}}$$

因间接学习结构中的学习器训练出来的补偿参数与 DPD 模型中的参数相同，所以下式成立（忽略反馈增益）：

$$\hat{w}=\boldsymbol{YC}/G \tag{8-121}$$

式中，$G$ 为增益系数；$\hat{w}$ 为功率放大器输出经过学习器后对 $w$ 的等效估计；$\boldsymbol{Y}$ 的表达式与 $\boldsymbol{X}$ 的相同，只是矩阵内部变量为功率放大器的输出。系数矩阵 $\boldsymbol{C}$ 可通过如下矩阵变换进行计算。

$$\boldsymbol{C}=G(\boldsymbol{Y}^{\mathrm{H}}\boldsymbol{Y})^{-1}\boldsymbol{Y}^{\mathrm{H}}\hat{w} \tag{8-122}$$

根据 LMS 算法可知，令 $e=w-\hat{w}$，则有

$$\boldsymbol{C}_{i+1}=\boldsymbol{C}_i+uG(\boldsymbol{Y}^{\mathrm{H}}\boldsymbol{Y})^{-1}\boldsymbol{Y}^{\mathrm{H}}e \tag{8-123}$$

经过多次迭代后，即可确定系数矩阵 $\boldsymbol{C}$。

为了进一步加快 DPD 的补偿速度，可采用查找表（LUT）的形式通过式（8-119）对 DPD 模型进行建模。将式（8-119）中方括号内部的表达式分别用 LUT 的形式表示，其中最上面表达式通过 LUT1 表示，中间表达式通过 LUT3 表示，最下面表达式通过 LUT2 表示。同时考虑非线性与记忆效应后的 DPD 工程实现模型如图 8-65 所示。

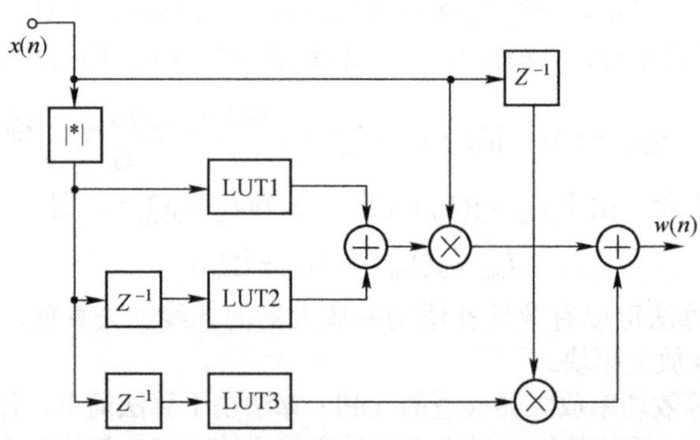


图 8-65 基于 LUT 实现的同时具有非线性与记忆效应的 DPD 模型

## 8.6.3 前馈技术

前馈技术是用于改善非线性功率放大器线性性能较早的一批技术之一[47-48]，其电路原理如图 8-66 所示。核心思想是将非线性功率放大器的输出信号分解为输入调制信号的线性放大部分（$A_1V_{in}$）与非线性失真部分（$V_E$）之和，通过预估出$V_E$并将其从功率放大器的输出部分抵消，便可得到具有高线性性能的输出放大信号。与负反馈闭环电路不同，前馈电路不存在环路稳定性问题，这是其设计中的一大优点。

前馈电路也面临着一些非常典型的设计问题：

① 为了不影响功率放大器的功率匹配性能，具体工程实现过程中$1/A_1$衰减器和减法器通常采用耦合器和合路器等微波器件实现（误差放大器可以提供负号），难于集成。这些器件均存在一定的插入损耗，极大影响功率放大器的功率转换效率（0.5dB 的插入损耗可以使功率放大器效率损失约 11%）。

② 电路中采用的各种模拟元器件很难避免非线性失真部分抵消过程中存在的信号幅度及相位失配，从而导致抑制非线性失真部分的能力下降（例如，如果$V_{in}$与$V_{in}+V_E/A_1$之间存在 5° 的相位失配，则最终的抑制性能会降低 10dB）。

为了进一步改善前馈技术的线性优化能力，可以采用如图 8-67 所示的多层嵌套技术。嵌套技术仅在理论分析上具有较大的意义，在实际应用中由于引入的元器件更多，插损和失配的增加有时并不会让该结构获得更好的线性性能，甚至还会恶化功率转换效率并使线性性能降低。

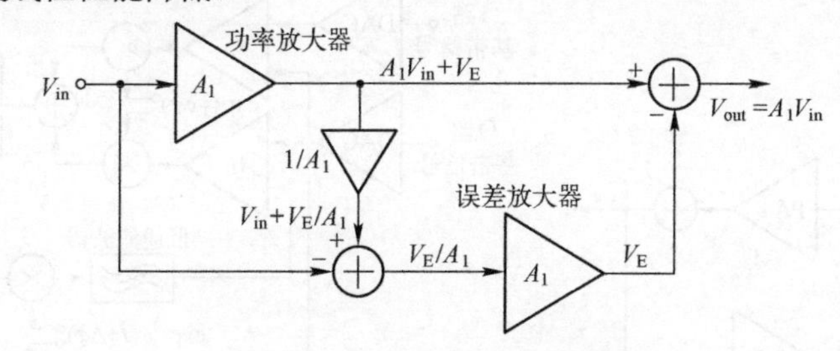


图 8-66　前馈技术电路原理图

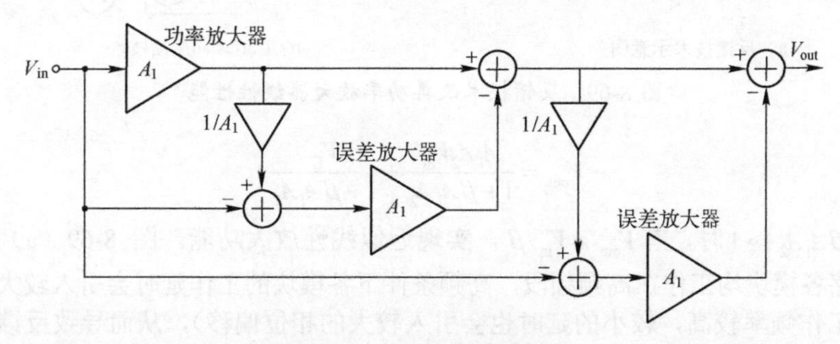


图 8-67　多层嵌套前馈技术

为了提高前馈电路的集成度，可以采用如图 8-68 所示的前馈技术提高功率放大器的线性性能[49]。其工作原理描述如下：由图 8-25（b）可知，AB 类功率放大器的三阶交调项与 C 类功率放大器的三阶交调项具有相反的幅度，因此可以通过设置适

当的 $A_2$ 和 $A_3$ 值调整 AB 类功率放大器和 C 类功率放大器输出三阶交调项的幅度符号，并与主功率放大器三阶交调项的符号相反，最终实现抵消以提升功率放大器的三阶交调性能。

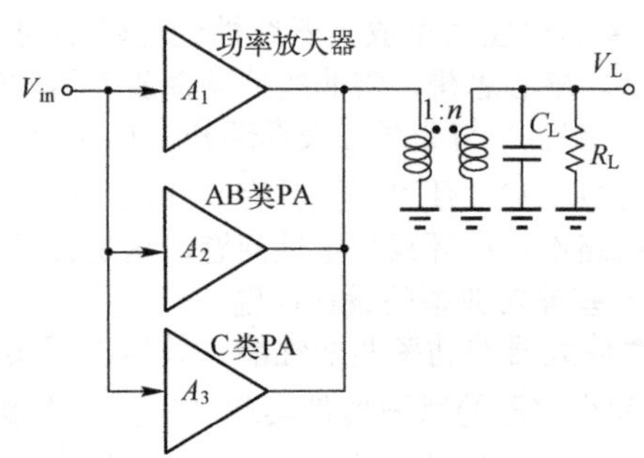


图 8-68 具有较高集成度的前馈技术

## 8.6.4 Cartesian 反馈技术

反馈技术是优化系统线性性能的传统技术之一，如图 8-69（a）所示。反馈环路包含误差放大器（电压增益为 $A_1$）、功率放大器（电压增益为 $A_2$）和反馈衰减器（电压增益为 $\beta$），$V_E$ 为功率放大器引入的非线性失真部分，建立环路方程可得

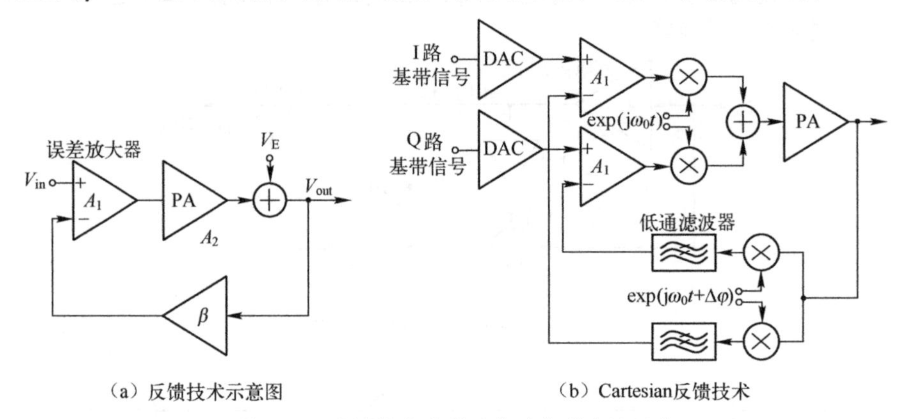


（a）反馈技术示意图　　（b）Cartesian反馈技术

图 8-69 反馈技术改善功率放大器线性性能

$$V_{out} = \frac{A_1 A_2 V_{in}}{1+\beta A_1 A_2} + \frac{V_E}{1+\beta A_1 A_2} \tag{8-124}$$

当满足 $\beta A_1 A_2 \gg 1$ 时，有 $V_{out} \approx V_{in}/\beta$，实现近似线性放大功能。图 8-69（a）所示的反馈环路各模块均工作在高频频段，高频条件下各模块的工作延时会引入较大的相位偏移（工作频率较高，较小的延时也会引入较大的相位偏移），从而导致反馈环路面临着较大的振荡风险。例如，如果将反馈环路的相位偏移均集中在反馈衰减器上，并令相位偏移为 $\Delta\varphi$，当满足

$$1+\beta A_1 A_2 \cos\Delta\varphi < 0 \tag{8-125}$$

时，反馈环路由负反馈进入正反馈，环路开始振荡。因此，通常采用图 8-69（b）所

示的 Cartesian 反馈环路，将各主要模块（如误差放大器、具有增益衰减功能的低通滤波器等）通过上变频和下变频放置在低频段工作，避免高频段的相位偏移问题。Cartesian 反馈结构仍然存在相位偏移的问题（虽然相较于高频环路不是太严重），通常可通过仿真的手段对相位偏移进行预估，并在下变频支路中进行补偿即可。

为了进一步提高 Cartesian 反馈环路的线性性能，可以采用前馈技术对 Cartesian 反馈环路中的非线性失真项进行补偿[50-51]，在此不再赘述。

### 8.6.5　包络反馈技术

预失真技术是通过改善功率放大器的增益/相位曲线来消除包络幅度变化带来的 AM/AM、AM/PM 失真，需要通过预先采样和后续的线性化计算来抑制非线性失真项。包络反馈技术通过负反馈的方式自适应地抑制包络幅度变化引入的 AM/AM 失真，其具体电路结构如图 8-70 所示。步进译码器通过判断比较器的输出（高低电平）动态调整数控可变增益放大器的增益以保证两个包络检波器的输出端电压相同，因此环路稳定时 $V_{\text{out}} \approx V_{\text{in}}/\beta$ 成立。

可以看出，即使包络检波器自身存在非线性失真的问题，只要环路中的两个包络检波器严格对称，也不会对环路的线性性能造成太大的影响。包络检波器可以采用如图 8-71 所示的电路形式简化设计[52]，其中限幅器提供仅包含相位调制的方波信号，通过下变频和低通滤波器即可恢复输入信号的包络。

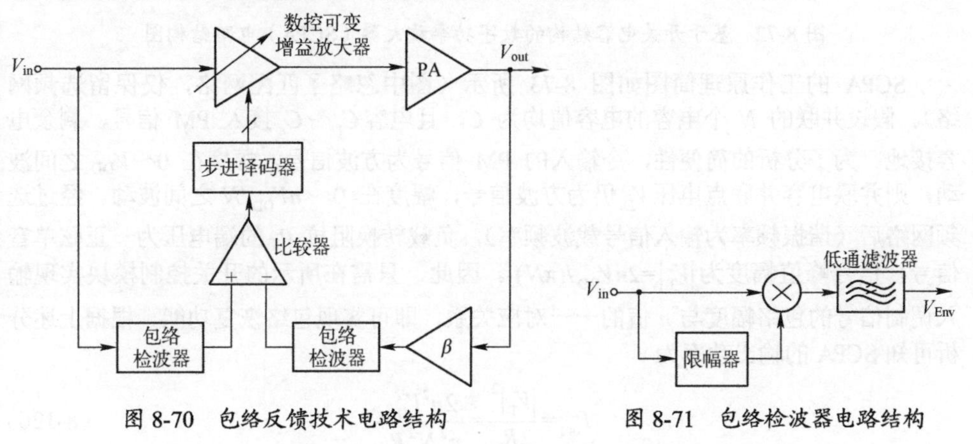


图 8-70　包络反馈技术电路结构　　　图 8-71　包络检波器电路结构

## 8.7　数字功率放大器

对于具有较高 PAPR 的复杂调制方式而言，为了保证高效率，模拟域工作的 A～F 类功率放大器可以采用 ET、EER、LINC 和 Doherty 等设计方法或结构进行效率最优化。上述设计方法稍显复杂，集成难度高，实际工程应用中需要较多的高性能外置器件（尤其是电感/变压器）。为了有效解决上述问题，高效率数字化功率放大器逐渐出现，并通过一系列的工程实现证明了其设计的简易性和性能的优良性。本节重点介绍基于开关电容结构的数字功率放大器设计方法及工作原理，并给出两种具体的功率转换效率优化方法。

### 8.7.1 开关电容数字功率放大器

开关电容（Switching Capacitor，SC）结构是数字功率放大器设计中最常使用的一种电路结构[16,53-54]。基于开关电容结构的数字功率放大器（SCPA）电路结构如图 8-72 所示。该结构包含 $N$ 个并联的等容值开关电容，开关的接入选择通过输入调制信号的包络幅度进行控制。初始状态时，所有电容均接地，并联电容的并联点电压 $V_D=0$。随着包络幅度的增加，并联的 $N$ 个电容依次接入 PM 信号，$V_D$ 的波动幅度逐渐增加。随着包络幅度的减小，并联的 $N$ 个电容依次接地，$V_D$ 的波动幅度逐渐减小。SCPA 通过匹配与选频网络产生需要的频率与功率，并恢复调制信号的包络与相位信息。SCPA 结构通常也称为数字 Polar 功率放大器或数字 EER 功率放大器。

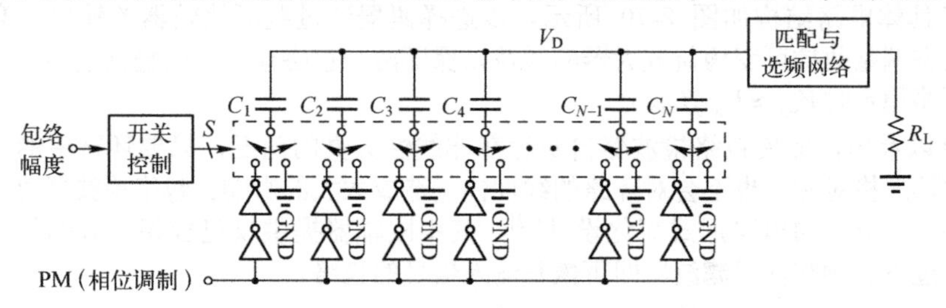


图 8-72 基于开关电容结构的数字功率放大器（SCPA）电路结构图

SCPA 的工作原理简图如图 8-73 所示（图中忽略了匹配网络，仅保留选频网络）。假设并联的 $N$ 个电容的电容值均为 $C$，且电容 $C_1 \sim C_n$ 接入 PM 信号，剩余电容接地。为了分析的简便性，令输入的 PM 信号为方波信号，幅度在 $0 \sim V_{DD}$ 之间波动，则并联电容并联点电压 $V_D$ 仍为方波信号，幅度在 $0 \sim nV_{DD}/N$ 之间波动。经过选频网络后（谐振频率为输入信号载波频率），负载转换阻抗 $R_T$ 的端电压为一正弦单音信号，信号峰值幅度为 $|V_T|=2nV_{DD}/(\pi N)$。因此，只需在所示的开关控制模块实现输入调制信号的包络幅度与 $n$ 值的一一对应关系，即可实现包络恢复功能。根据上述分析可知 SCPA 的输出功率为

$$P_{out}=\frac{|V_T|^2}{2R_T}=\frac{2n^2V_{DD}^2}{\pi^2N^2R_T} \tag{8-126}$$

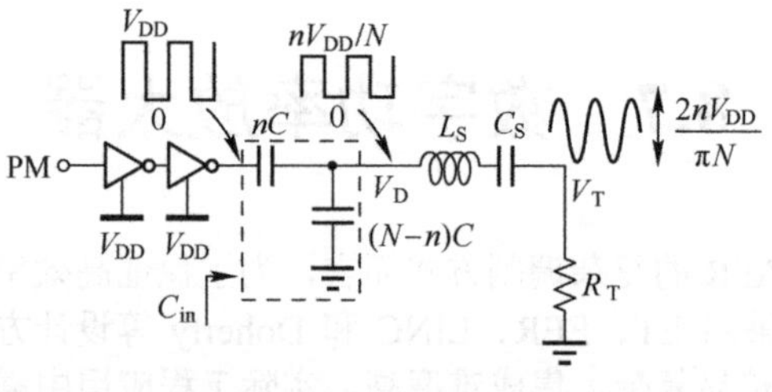

图 8-73 基于开关电容结构的数字功率放大器（SCPA）工作原理简图

SCPA 的功率转换效率主要受限于开关电容的动态功耗（忽略驱动电路的功耗）。仍以方波 PM 信号为例，每个周期内 PM 信号均会对电容 $C_{in}$ 进行一次充放电，其中

$$C_{\text{in}} = nC \,\|\, (N-n)C = \frac{n(N-n)}{N}C \tag{8-127}$$

则开关电容的功耗为

$$P_{\text{SC}} = C_{\text{in}} V_{\text{DD}}^2 f_0 \tag{8-128}$$

因此 SCPA 的功率转换效率为

$$\eta = \frac{P_{\text{out}}}{P_{\text{SC}} + P_{\text{out}}} = \frac{1}{1 + \dfrac{\pi}{4}\dfrac{N-n}{nQ_{\text{Load}}}} \tag{8-129}$$

式中，$Q_{\text{Load}} = 2\pi f_0 R_{\text{T}} NC$ 为 SCPA 品质因子。不同 $Q_{\text{Load}}$ 对应的 SCPA 功率转换效率曲线如图 8-74 所示。为了保证 SCPA 足够高的功率转换效率，除需要较高的 $Q_{\text{Load}}$ 外，SCPA 还必须工作在其最大输出功率状态（$n/N$ 接近 1）。因此，SCPA 同样面临着输入信号 PAPR 值较高时功率转换效率损失过大的问题。

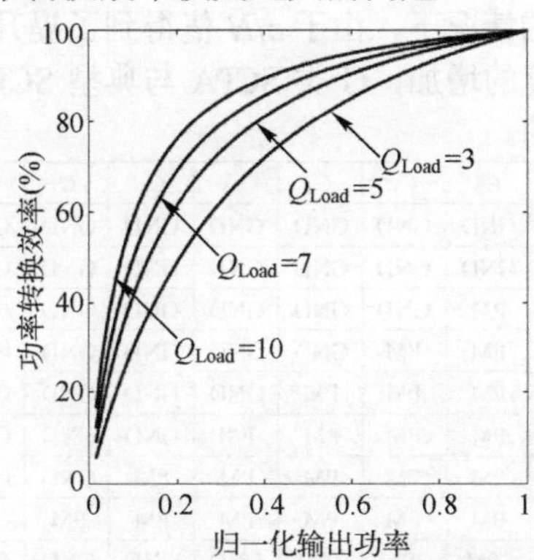


图 8-74　SCPA 在不同负载品质因子条件下的功率转换效率仿真结果

## 8.7.2　高效率 G 类开关电容数字功率放大器

根据式（8-129）可知，在 $Q_{\text{Load}}$ 固定的情况下，SCPA 的效率提升主要受限于接入 PM 信号的电容个数比（即 $n/N$）。对于具有较高 PAPR 的输入调制信号而言，如果在其包络幅度较低时能够增加接入 PM 信号的电容个数比，可以显著提升 SCPA 的功率转换效率。G 类放大结构可以有效地解决这个问题，如图 8-75 所示。通过开关电源提供具有两种幅度的相位调制输入信号，分别采用 PM 和 2PM 代替，通常情况下 2PM 信号幅度是 PM 信号的 2 倍。设计时需要满足在输入相位调制信号为 2PM 信号，且所有并联电容全部接入 2PM 信号时，SCPA 的输出功率必须不小于要求的信号输出峰值功率。在输入信号的包络幅度较低时，所有的并联电容均依次接入具有较低波动幅度的 PM 信号，在保证输出功率不变的情况下增大接入 PM 信号的电容个数比，从而提升低包络幅度情况下的功率转换效率。当输入信号的包络超过一定的幅度时，所有的并联电容均依次接入具有较高波动幅度的 2PM 信号，以保证输出信号功率与输入信号包络幅度之间的线性对应关系。在高包络幅度情况下，G 类 SCPA 的功率转换效率与传统的 SCPA 结构相同，但是由于此时接入 2PM 信号的电容个数较多，已经可以获得可观的功率转换效率。

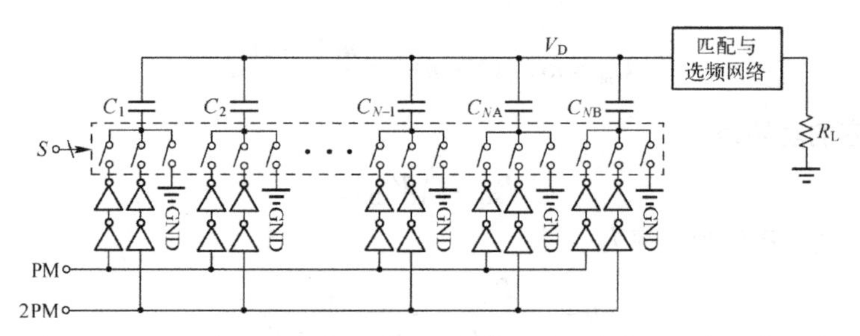


图 8-75 SCPA 在不同负载品质因子条件下的功率转换效率仿真结果

图 8-76 所示为当 $N=8$ 时并联电容随着输入信号包络幅度的变化（体现在开关控制信号 $S$），并联接入 PM 和 2PM 的情况。为了保证输出功率步进的稳定性，电容 $C_8$ 需要拆分为两个等值电容 $C_{8A}$ 和 $C_{8B}$ 的并联，且满足 $C_{8A}=C_{8B}=C/2$。G 类 SCPA 功率转换效率仿真结果如图 8-77 所示。在输入信号低包络幅度且输出功率与图 8-72 所示典型 SCPA 结构相同的情况下，由于 $n/N$ 值得到了提升，所以功率转换效率得到了明显增加。随着包络幅度的增加，G 类 SCPA 与典型 SCPA 的电容接入情况相同，因此功率转换曲线是重合的。

| $S$ | $C_1$ | $C_2$ | $C_3$ | $C_4$ | $C_5$ | $C_6$ | $C_7$ | $C_{8A}$ | $C_{8B}$ |
|---|---|---|---|---|---|---|---|---|---|
| 0000 | GND | GND | GND | GND | GND | GND | GND | GND | GND |
| 0001 | PM | GND | GND | GND | GND | GND | GND | GND | GND |
| 0010 | PM | PM | GND | GND | GND | GND | GND | GND | GND |
| 0011 | PM | PM | PM | GND | GND | GND | GND | GND | GND |
| 0100 | PM | PM | PM | PM | GND | GND | GND | GND | GND |
| 0101 | PM | PM | PM | PM | PM | GND | GND | GND | GND |
| 0110 | PM | PM | PM | PM | PM | PM | GND | GND | GND |
| 0111 | PM | PM | PM | PM | PM | PM | PM | GND | GND |
| 1000 | 2PM | 2PM | 2PM | 2PM | GND | GND | GND | GND | GND |
| 1001 | 2PM | 2PM | 2PM | 2PM | GND | GND | GND | 2PM | GND |
| 1010 | 2PM | 2PM | 2PM | 2PM | 2PM | GND | GND | GND | GND |
| 1011 | 2PM | 2PM | 2PM | 2PM | 2PM | GND | GND | 2PM | GND |
| 1100 | 2PM | 2PM | 2PM | 2PM | 2PM | 2PM | GND | GND | GND |
| 1101 | 2PM | 2PM | 2PM | 2PM | 2PM | 2PM | GND | 2PM | GND |
| 1110 | 2PM | 2PM | 2PM | 2PM | 2PM | 2PM | 2PM | GND | GND |
| 1111 | 2PM | 2PM | 2PM | 2PM | 2PM | 2PM | 2PM | 2PM | GND |

图 8-76 G 类 SCPA 开关序列接入情况

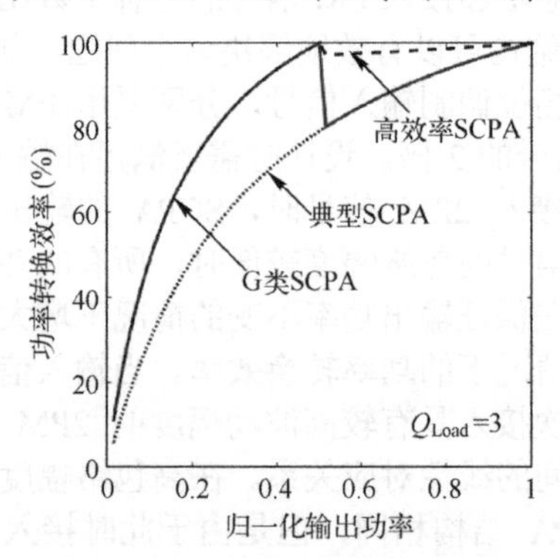


图 8-77 三种 SCPA 结构功率转换效率仿真结果

G 类 SCPA 虽然在输入信号为低包络幅度时可以明显改善功率转换效率，但是对于高的包络幅度仍然造成了一定程度的浪费。主要原因在于当开关控制信号 $S$ 由 0111 切换至 1000 时，为了避免输入 PM 信号由 PM 切换至 2PM 造成输出功率的不连续，电容接入比 $n/N$ 由 7/8 降低至了 4/8，导致 SCPA 的功率转换效率出现了断崖式的下降。虽然此时的效率仍接近 80%，但是存在改善的空间。

如果将开关序列按照图 8-78 所示的情况接入（该工况下 $C_{8A}$ 和 $C_{8B}$ 由 $C_8$ 替代），则可以有效改善输入信号包络幅度较高时 SCPA 的功率转换效率，该工况下的 SCPA 称为高效率 G 类 SCPA。当开关控制信号 $S$ 从 0000 变换至 1000 时（对应低包络幅度情况），高效率 G 类 SCPA 的功率转换效率与 G 类 SCPA 相同（从 0 增加至 100%）。当开关控制信号 $S$ 从 1001 变换至 1111 时（对应高包络幅度情况），令接入 2PM 信号的并联电容个数为 $n$，其中 $1 \leqslant n \leqslant N-1$，接入 PM 信号的并联电容个数为 $N-n$，并联电容的并联点电压波动幅度为

$$|V_{\text{D}}| = 2V_{\text{DD}}\frac{n}{N} + V_{\text{DD}}\frac{N-n}{N} = \frac{N+n}{N}V_{\text{DD}} \tag{8-130}$$

经过选频网络后，传输至负载转换阻抗 $R_{\text{T}}$ 的单音信号电压幅度为

$$|V_{\text{T}}| = \frac{2}{\pi}|V_{\text{D}}| = \frac{2(N+n)}{N\pi}V_{\text{DD}} \tag{8-131}$$

| $S$ | $C_1$ | $C_2$ | $C_3$ | $C_4$ | $C_5$ | $C_6$ | $C_7$ | $C_8$ |
|---|---|---|---|---|---|---|---|---|
| 0000 | GND | GND | GND | GND | GND | GND | GND | GND |
| 0001 | PM | GND | GND | GND | GND | GND | GND | GND |
| 0010 | PM | PM | GND | GND | GND | GND | GND | GND |
| 0011 | PM | PM | PM | GND | GND | GND | GND | GND |
| 0100 | PM | PM | PM | PM | GND | GND | GND | GND |
| 0101 | PM | PM | PM | PM | PM | GND | GND | GND |
| 0110 | PM | PM | PM | PM | PM | PM | GND | GND |
| 0111 | PM | PM | PM | PM | PM | PM | PM | GND |
| 1000 | PM | PM | PM | PM | PM | PM | PM | PM |
| 1001 | 2PM | PM | PM | PM | PM | PM | PM | PM |
| 1010 | 2PM | 2PM | PM | PM | PM | PM | PM | PM |
| 1011 | 2PM | 2PM | 2PM | PM | PM | PM | PM | PM |
| 1100 | 2PM | 2PM | 2PM | 2PM | PM | PM | PM | PM |
| 1101 | 2PM | 2PM | 2PM | 2PM | 2PM | PM | PM | PM |
| 1110 | 2PM | 2PM | 2PM | 2PM | 2PM | 2PM | PM | PM |
| 1111 | 2PM | 2PM | 2PM | 2PM | 2PM | 2PM | 2PM | PM |

图 8-78　高效率 SCPA 开关序列接入情况

输出功率为

$$P_{\text{out}} = \frac{|V_{\text{T}}|^2}{2R_{\text{T}}} = \frac{2(N+n)^2}{N^2\pi^2 R_{\text{T}}}V_{\text{DD}}^2 \tag{8-132}$$

开关电容的功耗为

$$P_{\text{SC}} = C_{\text{in}}(2V_{\text{DD}} - V_{\text{DD}})^2 f_0 = C_{\text{in}}V_{\text{DD}}^2 f_0 \tag{8-133}$$

则高效率 G 类功率放大器的功率转换效率为

$$\eta=\frac{P_{\text{out}}}{P_{\text{SC}}+P_{\text{out}}}=\frac{1}{1+\dfrac{\pi}{4}\dfrac{n(N-n)}{(N+n)^{2}Q_{\text{Load}}}} \tag{8-134}$$

因此可画出高效率 G 类功率放大器的功率转换效率曲线（见图 8-77）（$Q_{\text{Load}}=3$）。高效率 G 类功率放大器的功率转换效率在高包络幅度阶段仍处于 100%附近，主要是由于对开关电容的充放电电压幅度相较于 G 类 SCPA 由 $2V_{\text{DD}}$ 降低至 $V_{\text{DD}}$，且输出功率较高，因此功率转换效率得到了明显的提升。

为了进一步提升 SCPA 的包络恢复精度，除增加开关电容的个数外，还可以通过加入 Σ-Δ 调制器增加电容接入精度[3]。图 8-79 为接入一阶 Σ-Δ 调制器的高效率 G 类 SCPA 电路示意图。选频网络的滤波作用可以有效地抑制量化电容引入的高频噪声，也可以采用更高阶的 Σ-Δ 调制器进一步优化包络的跟踪精度，但是高阶调制器会在高频处引入更大的量化噪声，从而恶化功率放大器的带外频谱性能，设计过程中需要折中考虑。

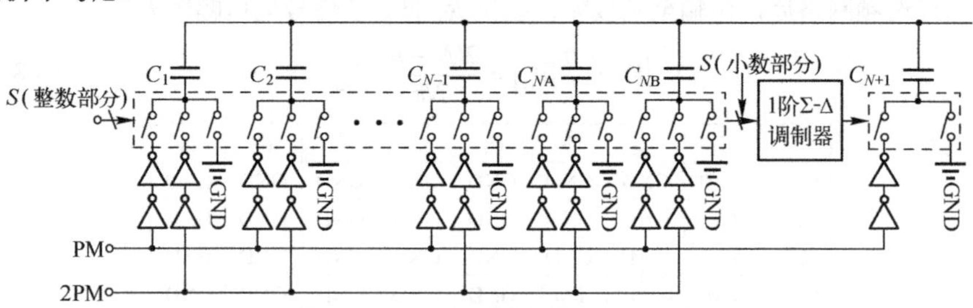


图 8-79 采用 Σ-Δ 调制器增加包络恢复精度

低包络幅度区间同样也存在可以优化的空间，通过将包络幅度范围划分得更加精细，并采用相对应的多级电源电压可以进一步优化低包络幅度区间的功率转换效率。此方法需要更多的开关电源提供多级电源电压，增加了设计的复杂度。

## 8.7.3 高效率 Doherty 开关电容数字功率放大器

与 G 类功率放大器相比，Doherty 功率放大器利用负载转换阻抗的动态调整功能实现效率的提升，可以避免多电源电压带来的多开关电源设计压力。本节仍以开关电容结构为基础介绍 Doherty SCPA 电路基本工作原理。

Doherty SCPA 的基本电路结构如图 8-80 所示，包含两个差分 SCPA 电路（SCPA1 和 SCPA2）和并联合路变压器。当输入信号的包络幅度较小时，仅有 SCPA1 处于工作状态，SCPA2 中的所有差分并联电容均接地，此时 Doherty 功率放大器的电路简图如图 8-81（a）所示，接入 SCPA1 的负载转换阻抗为

$$R_{\text{T1}}=2R_{\text{L}}/m^{2} \tag{8-135}$$

式中，$m$ 为变压器的匝数比。当输入信号的包络幅度较大时，SCPA1 和 SCPA2 均处于工作状态。SCPA1 的所有差分并联电容均接入 PM 信号，SCPA2 的差分并联电容随着包络幅度的增大依次接入 PM 信号，此时 Doherty 功率放大器的电路简图如

图 8-81（b）所示，其中 $R_1+R_2=R_T/m^2$。由于 SCPA2 差分并联电容并联点的电压分别为

$$V_{D2+}=\frac{n-N}{N}PM^+,\quad V_{D2-}=\frac{n-N}{N}PM^- \tag{8-136}$$

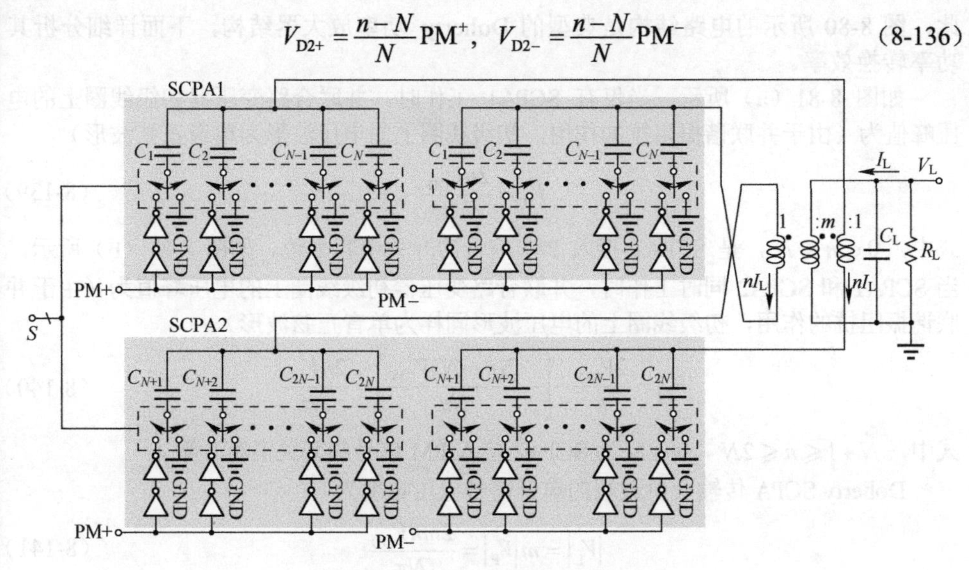


图 8-80　Doherty SCPA 电路结构

式中，$N+1\leqslant n\leqslant 2N$，且 $n-N$ 为 SCPA2 接入 PM 信号的开关电容个数。因此，下式成立：

$$\frac{R_2PM^+}{R_1+R_2}+\frac{R_1}{R_1+R_2}\frac{(n-N)PM^-}{N}=0 \tag{8-137}$$

将 $R_1+R_2=R_T/m^2$ 代入式（8-137）可得当 SCPA1 和 SCPA2 同时工作时，接入 SCPA1 和 SCPA2 的负载转换阻抗分别为

$$R_{T1}=2R_1=\frac{2NR_L}{m^2n},\ R_{T2}=2R_2=\frac{2(n-N)R_L}{m^2n} \tag{8-138}$$

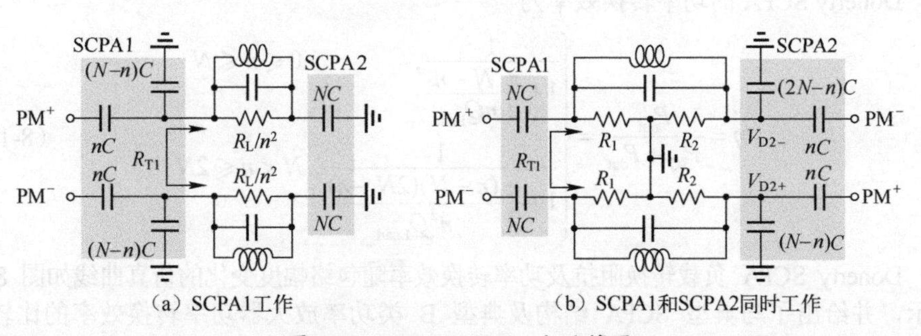


图 8-81　Doherty SCPA 电路简图

当 SCPA2 开始工作后，随着包络幅度的进一步增大（$n$ 增大），SCPA1 的负载转换阻抗逐渐减小。当达到最大包络幅度时（$n=2N$），SCPA1 的负载转换阻抗逐渐减

小至 $R_L/m^2$，仅有 SCPA1 工作时的一半。SCPA2 的负载转换阻抗逐渐增大，当达到最大包络幅度时（$n=2N$），SCPA2 的负载转换阻抗逐渐增加至 $R_L/m^2$。因此，图 8-80 所示的电路结构是典型的 Doherty 功率放大器结构，下面详细分析其功率转换效率。

如图 8-81（a）所示，当仅有 SCPA1 工作时，并联合路变压器初级线圈上的电压峰值为（由于并联谐振阻抗的作用，初级线圈上的电压波形为单音正弦波形）

$$V_P=\frac{2nV_{DD}}{N\pi} \tag{8-139}$$

式中，$0\leqslant n\leqslant N$，是 SCPA1 接入 PM 信号的开关电容个数。如图 8-81（b）所示，当 SCPA1 和 SCPA2 同时工作时，并联合路变压器初级线圈上的电压峰值为（由于并联谐振阻抗的作用，初级线圈上的电压波形同样为单音正弦波形）

$$|V_P|=\frac{2V_{DD}}{\pi}-\left[-\frac{2(n-N)V_{DD}}{N\pi}\right]=\frac{2nV_{DD}}{N\pi} \tag{8-140}$$

式中，$N+1\leqslant n\leqslant 2N$，$n-N$ 为 SCPA2 接入 PM 信号的开关电容个数。

Doherty SCPA 传输至负载端的单音信号电压幅度为

$$|V_L|=m|V_P|=\frac{2mnV_{DD}}{N\pi} \tag{8-141}$$

输出功率为

$$P_{out}=\frac{|V_L|^2}{2R_L}=\frac{2m^2n^2V_{DD}^2}{N^2\pi^2R_L} \tag{8-142}$$

由于 SCPA 工作过程中，仅在开关电容的充放电过程中存在一定的功耗，根据前述分析可知，Doherty SCPA 工作过程中的开关电容功耗为

$$P_{SC}=\begin{cases}\dfrac{2n(N-n)}{N}CV_{DD}^2f_0, & 0\leqslant n\leqslant N\\[2ex] \dfrac{2(n-N)(2N-n)}{N}CV_{DD}^2f_0, & N<n\leqslant 2N\end{cases} \tag{8-143}$$

Doherty SCPA 的功率转换效率为

$$\eta=\frac{P_{out}}{P_{SC}+P_{out}}=\begin{cases}\dfrac{1}{1+\dfrac{\pi}{2}\dfrac{N-n}{nQ_{Load}}}, & 0\leqslant n\leqslant N\\[3ex] \dfrac{1}{1+\dfrac{\pi}{2}\dfrac{(n-N)(2N-n)}{n^2Q_{Load}}}, & N<n\leqslant 2N\end{cases} \tag{8-144}$$

Doherty SCPA 负载转换阻抗及功率转换效率随包络幅度变化的仿真曲线如图 8-82 所示，并给出了与典型 SCPA 结构及典型 B 类功率放大器功率转换效率的比较结果。Doherty 结构同样可以采用多级辅助结构来进一步提升效率[16]，尤其是低包络幅度处的功率转换效率，具体工作原理与图 8-80 所示的采用一级辅助结构的 Doherty 功率放大器相同，此处不再赘述。

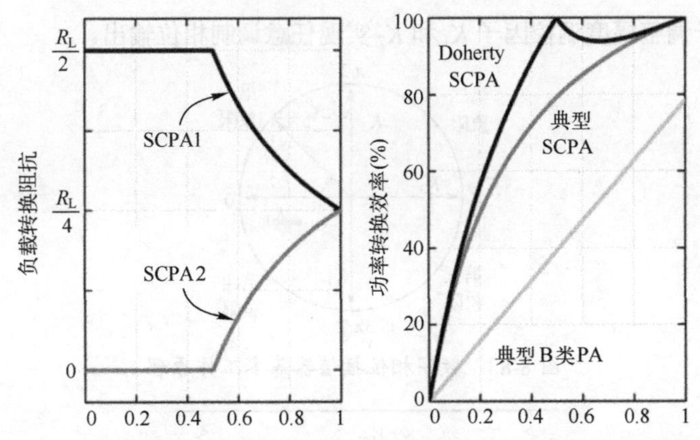


图 8-82 Doherty SCPA 负载转换阻抗和功率转换效率随包络幅度变化的仿真结果（$m$=2）

# 8.8 全数字发射机

第 5 章中对发射链路的架构分析均是建立在模拟域的基础之上。本节在数字功率放大器的基础之上以极化功率放大器、LINC 功率放大器和正交性功率放大器（单边带上变频，模拟域架构数字化）为例重点讲述全数字发射机的设计原理，分别对应数字极化发射机、数字 LINC 发射机和数字正交发射机[56]。相较于模拟域的发射机设计，全数字发射机的抗干扰能力和工艺适应性更好，且无须模拟发射架构中的数模转换器、滤波器和上变频器。取而代之的是简易的数字功率放大器及隐式上变频器，逐渐成为近年来射频领域的一个重要研究热点。全数字发射机中存在的两个重要模块分别是数字功率放大器和数字相位插值器，数字功率放大器已在 8.7 节进行了详细讲述，本节重点介绍数字相位插值器和全数字发射机架构设计。

## 8.8.1 数字相位插值器

数字相位插值器（Digital Phase Interpolator，DPI）是全数字发射机中的一个核心模块，主要功能是通过外部控制端将输入的多相信号进行矢量组合并产生任意调制相位的输出信号，基本工作原理如图 8-83 所示。频率综合器产生的四相信号（0、π/2 、π 、3π/2 ）通过幅度控制可生成任意调制相位的本振信号。令四相信号的幅度调控因子分别为 $K_1$～$K_4$，有

$$\cos(\omega_0 t-\varphi_{\mathrm{out}})=K_1\cos(\omega_0 t)+K_2\cos(\omega_0 t+\pi/2)+K_3\cos(\omega_0 t+\pi)+K_4\cos(\omega_0 t+3\pi/2) \tag{8-145}$$

例如，令 $K_1=K_2=\sqrt{2}/2$，$K_3=K_4=0$，可得输出的调制相位为 $\varphi_{\mathrm{out}}=\pi/4$（位于第一象限）。令 $K_2=K_3=0$，$K_1=K_4=\sqrt{2}/2$，可得输出的调制相位为 $\varphi_{\mathrm{out}}=-\pi/4$（位于第四象限）。数字相位插值器具体的电路实现如图 8-84 所示[57]。$C_1$ 和 $C_2$ 控制输入四相信号的极性（负责图 8-83 中的象限选择），由相位调制信号经过译码电路产生，

其他信号用于调整幅度调控因子 $K_1$ 和 $K_2$ 实现任意调制相位输出。

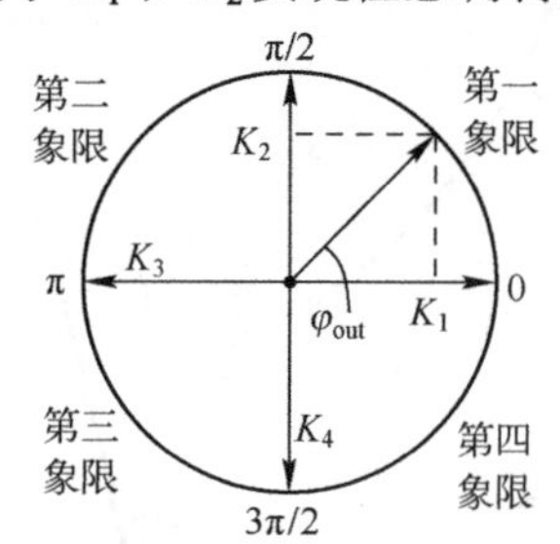


图 8-83　数字相位插值器基本工作原理

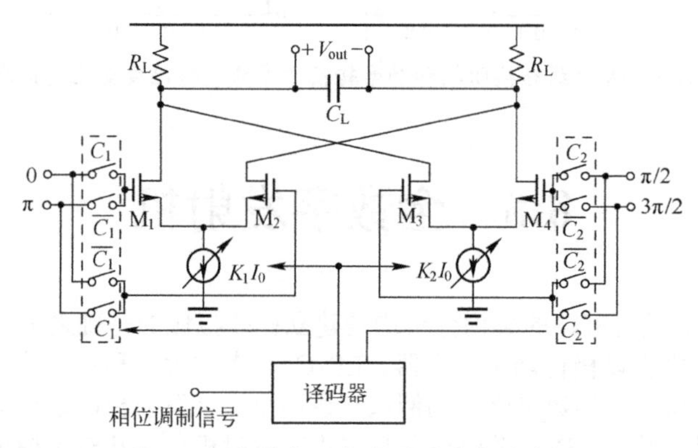


图 8-84　数字相位插值器具体电路实现

由于输入的四相信号是通过开关的形式将尾电流源 $K_1I_0$ 和 $K_2I_0$ 进行加和，所以输出端 $V_{out}$ 中包含大量的谐波成分。谐波成分会严重恶化电路的线性性能，致使输出信号在过零点处存在较大的模糊度，导致较大的相位抖动，因此负载 $R_L$ 和 $C_L$ 主要用于滤除上述谐波成分，最大化电路的线性性能。

更有效的谐波抑制方式是以增加电路复杂度为代价的，即采用八相（或更多）输入的方式避免三次和五次谐波的产生，具体工作原理与八相混频电路相同（见 7.2.3 节）。另一种有效避免谐波干扰的方式是采用基于电荷加和方法的数字相位插值器[57]，但是受工艺偏差的影响较大，且较难产生占空比为 50%的方波，从而导致频谱的延展性，恶化谐波性能，具体工作原理不再赘述。

## 8.8.2　数字极化发射机

基于极化功率放大器的全数字发射机电路原理如图 8-85 所示。数字基带将预发射信号按照极坐标的形式分别提供输出幅度信息和相位信息。相位信息通过数字相位插值器实现隐式上变频和相位调制功能，并送至数字功率放大器的相位调制输入端。为了保证幅度调制的高精度，输出的基带幅度信号需要经过一系列的内插和 FIR 滤波操作提升数字功率放大器的幅控精度，在发送基带码速率较高的情况下，会大大增加全数字发射机的设计复杂度和功耗。为了进一步提升数字极化发射机的线性性能，可以在幅相支路上加入预失真功能。由于采用极坐标发射体制，相较于图 8-64 所示的预失真机制，数字极化发射机需要通过内嵌的 Cordic 核完成坐标系的转换。

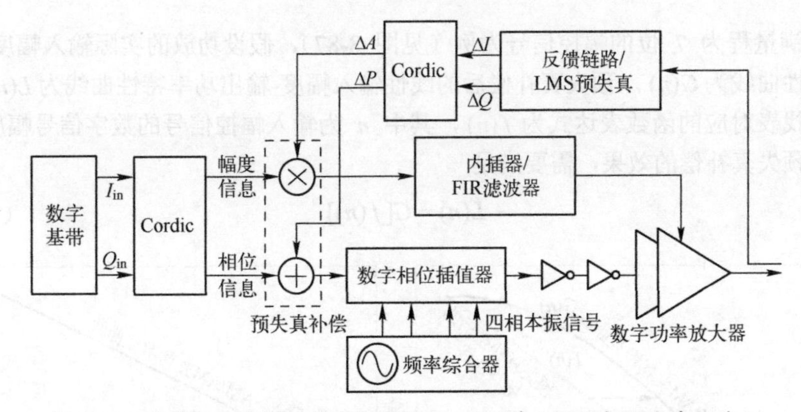


图 8-85　数字极化发射机原理图（基于 LMS 算法的幅相预失真校准）

通常情况下，基于 LMS 算法的幅相预失真校准所需的时间较长，为了减少预失真校准时间，数字极化结构可以仅对 AM/AM 失真进行校准（一般情况下 AM/AM 失真是导致功率放大器非线性失真的主要因素），如图 8-86 所示。

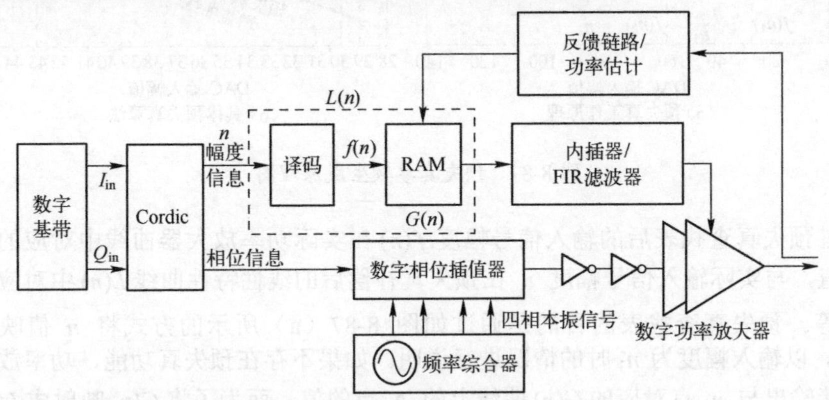


图 8-86　数字极化发射机原理图（仅包含 AM/AM 失真校准）

具体工作原理如下：

① 对幅控支路的幅控信号进行全量程扫描。

② 通过耦合器或衰减器将经过功率放大器后的输出信号送至功率检测模块进行功率估计，在模拟域可采用包络检波器实现，数字域的功率估计需要经过下变频和滤波后采取滑动窗取平均的方法进行计算。

③ 分别将不同幅度的幅控信号对应的功率估计结果依次存入 RAM 模块中，得到功率放大器的实际输入幅度-输出功率曲线。

④ 完成上述过程后，分别记录下最小波形幅度和最大波形幅度对应的功率值，并记为 $P_{min}$ 和 $P_{max}$，根据功率估计的步长数（一般是幅控信号的满量程范围），确定功率放大器的线性功率曲线 $P_{out}=P_{min}+n(P_{max}-P_{min})/2^m$，即预失真补偿后的输入幅度-输出功率曲线，其中 $n$ 为输入幅控信号的数字信号幅度，$m$ 为幅控信号的满量程位数。

⑤ 根据下述预失真参数生成算法建立预失真查找表，确保功率放大器的输入幅度-输出功率曲线趋于线性化。

以满量程为 7 位的幅控信号为例（见图 8-87），假设功放的实际输入幅度-输出功率特性曲线为$G(n)$，预失真补偿后的线性输入幅度-输出功率特性曲线为$L(n)$，预失真查找表对应的函数表达式为$f(n)$，其中 $n$ 为输入幅控信号的数字信号幅度。为了满足预失真补偿的效果，需要满足

$$L(n) = G[f(n)] \tag{8-146}$$

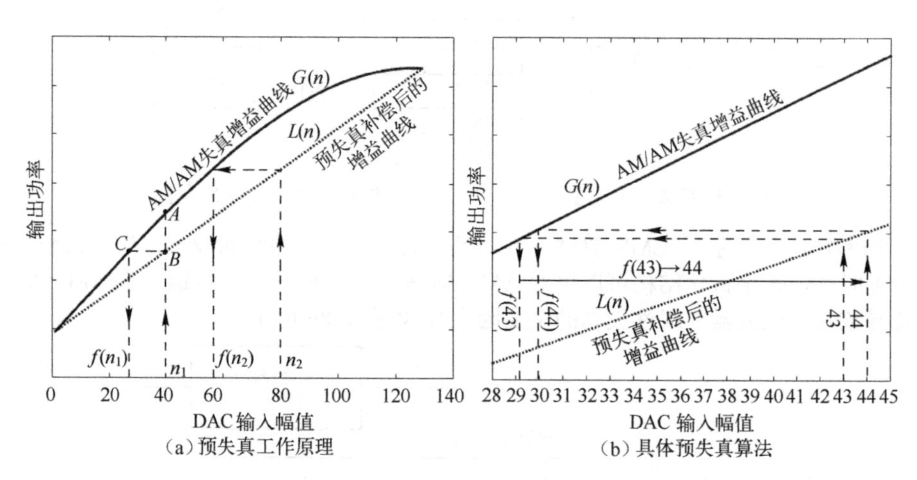


图 8-87 预失真参数生成原理图

即通过预失真查找表后的输入信号幅度$f(n)$在实际功率放大器曲线中对应的输出功率值，与实际输入信号幅度 $n$ 在预失真补偿后的线性特性曲线$L(n)$中对应的幅度相等。预失真查找表的目的是通过如图 8-87（a）所示的方式将 $n$ 值映射为$f(n)$。以输入幅度为 $n_1$ 时的情况进行说明。如果不存在预失真功能，功率放大器会直接输出与 $n_1$ 点对应的$G(n)$曲线上的 A 点的值。而为了将$G(n)$映射成$L(n)$，需要保证输入幅度为 $n_1$ 时功率放大器的输出功率为$L(n)$上 B 点所对应的功率值。而$L(n)$上的 B 点对应于$G(n)$上的 C 点，因此经过预失真查找表的映射，输入幅度需要从 $n_1$ 映射至$f(n_1)$，遍历幅控信号整个动态范围后，即可建立有效的预失真补偿措施。

为了节省遍历时间，可采取如下映射措施：由于功率放大器的功率特性曲线或多或少总存在一定的压缩特性，因此对于相同的输入幅度，总会存在$L(n) \leqslant G(n)$，则$f(n-1) \leqslant n$成立。又由于功率放大器的特性曲线是单调递增的，因此可在$X = [f(n-1), n]$这一小区间内通过 RAM 中存储的$G(X)$值搜索与$L(n)$相近的值，此值对应的$X$中的值即为$f(n)$值，如图 8-87（b）所示。

数字极化发射机在设计过程也面临着较大的压力。由于预失真补偿模块相当于功率放大器幅相响应的逆运算（内含许多谐波成分），因此后续信号处理的采样频率必须设计得足够高才能保证预失真补偿模块功能的正常运行，这会直接导致极化发射机复杂度和功耗的上升，尤其是信号码速率较高时。另外，Cordic 模块在进行极坐标

转换时也会引入一定的非线性成分，同样会导致频谱的扩展，并且还会影响系统的补偿性能。

### 8.8.3 数字 LINC 发射机

参考式（8-83）和式（8-84），并令

$$\phi_1(n)=\varphi(n)+\theta(n)/2,\ \phi_2(n)=\varphi(n)-\theta(n)/2 \tag{8-147}$$

则数字 LINC 发射机的具体电路原理如图 8-88 所示的形式。首先通过内置的 Cordic 核可以将基带正交信号转换至两相输出，然后通过数字相位插值器和功率放大器后实现各自的相位调制和功率放大后，最后进行加和输出。

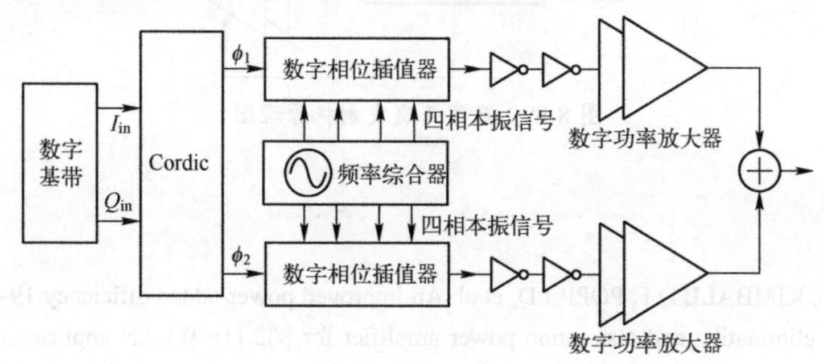


图 8-88　数字 LINC 发射机原理图

数字 LINC 发射机在每个支路均是恒幅调制，因此可以有效地避免功率放大器引入的 AM/AM 和 AM/PM 失真和其他模块引入的幅度噪声。同数字极化发射机一样，Cordic 引入的非线性同样也会导致数字 LINC 发射机存在基带带宽展宽的问题。此外，在进行功率合成时，数字 LINC 发射机还面临着加和效率的问题，尤其是两支路信号反相时，会极大地降低功率放大器的功率转换效率。

数字极化发射机和数字 LINC 发射机均采用数字相位插值器作为相位调制器，在实际的设计过程中同样可以采用如图 8-52 所示的基于频率综合器的相位调制方式。频率综合器的环路带宽通常设置在几百 KHz 甚至更低的水平，因此对基带码速率有着严格的限制，适用于低速率的通信场合。

### 8.8.4 数字正交发射机

如图 8-89 所示，数字正交发射机与模拟域的发射机架构类似，只是信号处理域不同。数字正交发射机中不需要数字相位插值器和 Cordic 核等器件，因此不存在基带频谱扩展的问题。考虑到数字正交发射机的两个支路均为幅控支路，因此仍然存在 AM/AM 失真和 AM/PM 失真。对于具有较高峰均比的调制方式而言，预失真校准仍是不可或缺的一个模块，具体校准原理与数字极化发射机相同，不再赘述。具备预失真校准功能的数字正交发射机同样存在频谱展宽的问题，因此内插器及 FIR 滤波器的设计同样也是一个严峻的挑战。

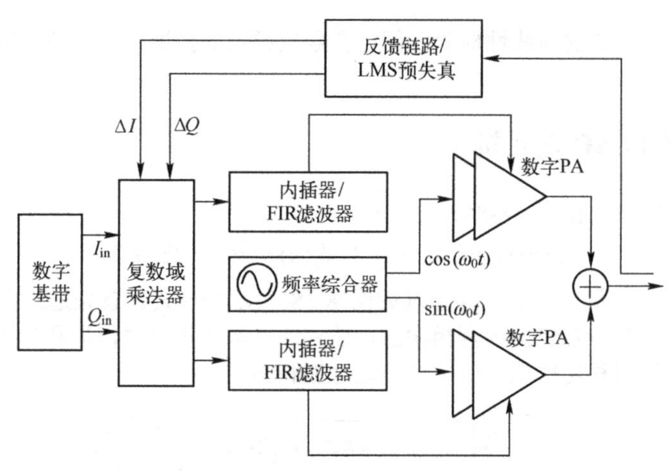


图 8-89 数字正交发射机原理图

## 参考文献


[1] WANG F, KIMBALL D F, POPP J D, et al. An improved power-added dfficiency 19-dBm hybrid envelope elimination and restoration power amplifier for 802.11g WLAN applications [J]. IEEE Trans Microwave Theory and Techniques, 2006, 54(12): 4086-4099.

[2] MAHMOUDIDARYAN P, MANDAL D, BAKKALOGLUB, et al. Wideband hybrid envelope tracking modulator with hysteretic-controlled three-level switching converter and slew-rate enhanced linear amplifier [J]. IEEE Journal of Solid-State Circuits, 2019, 54(12): 3336-3347.

[3] SONG Z, LIU X, ZHAO X, et al. A low-power NB-IoT transceiver with digital-polar transmitter in 180-nm CMOS [J]. IEEE Transactions on Circuits and Systems-I: Regular Papers, 2017, 64(9): 2569-2581.

[4] RAZAVI B. 射频微电子：英文版[M]. 2 版. 北京：电子工业出版社, 2012.

[5] TAI W, XU H, RAVI A, et al. A transformer-combined 31.5 dBm outphasing power amplifier in 45 nm LP CMOS with dynamic power control for back-off power efficiency enhancement [J]. IEEE Journal of Solid-State Circuits, 2012, 47(7): 1646-1658.

[6] GODOY P A, CHUNG S, BARTON T W, et al. A 2.4-GHz 27-dBm asymmetric multilevel outphasing power amplifier in 65-nm CMOS [J]. IEEE Journal of Solid-State Circuits, 2012, 47(10): 2372-2384.

[7] BANEJEE A, DING L, HEZAR R. A high efficiency multi-mode outphasing RF power amplifier with 31.6 dBm peak output power in 45nm CMOS [J]. IEEE Transactions on Circuits and Systems-I: Regular Papers, 2020, 67(3): 815-828.

[8] BANERJEE A, HEZAR R, LEI D, et al. A 29.5 dBm class-E outphasing RF power amplifier with effieiency and output power enhancement circuits in 45nm CMOS [J]. IEEE Transactions on Circuits and Systems-I: Regular Papers, 2017, 64(8): 1977-1988.

[9] GHAHREMANI A, ANNEMA A J, NAUTA B. A +20 dBm highly efficient linear outphasing class-E PA without AM/AM and AM/PM characterization requirements [J]. IEEE Transactions on Circuits and Systems-Ⅱ: Express Briefs, 2019, 66(7): 1149-1153.

[10] DOHERTY W. A new high efficiency power amplifier for modulated waves [J]. Proceedings of the Institute of Radio Engineers, 1936, 24(9): 1163-1182.

[11] CHIREIX H. High power outphasing modulation [J]. Proceedings of the Institute of Radio Engineers, 1935, 23(11): 1370-1392.

[12] 曹韬, 刘友江, 杨春, 等. 高效宽带包络跟踪系统电路性能优化及非线性行为校正[J]. 电子与信息学报, 2020, 42(3): 787-794.

[13] YOO S W, HUANG S C, YOO S M. A Watt-level quadrature class-G swithed-capacitor power amplifier with linearization techniques [J]. IEEE Journal of Solid-State Circuits, 2019, 54(5): 1274-1287.

[14] KUNHEE C, RANJIT G. An efficient class-G stage for switching RF power amplifier application [J]. IEEE Transactions on Circuits and Systems-Ⅱ: Express Briefs, 2019, 66(4): 597-601.

[15] BANERJEE A, DING L, HEZAR R. A high efficiency multi-mode outphasing RF power amplifier with 31.6dBm peak output power in 45nm CMOS [J]. IEEE Transactions on Circuits and Systems-I: Regular Papers, 2020, 67(3): 815-828.

[16] JUNG D, LI S, PARK J S, et al. A CMOS 1.2-V hybrid current- and voltage-mode three-way digital Doherty PA with built-in phase nonlinearity compensation [J]. IEEE Journal of Solid-State Circuits, 2020, 55(3): 525-535.

[17] HUNG S C, YOO S W, YOO S M. A quadrature class-G complex-domain Doherty digital power amplifier [J]. IEEE Journal of Solid-State Circuits, 2021, 56(7): 2029-2039.

[18] 李松亭, 颜盾. 射频集成电路校准技术综述[J]. 电子与信息学报, 2022, 44(11): 4058-4074.

[19] TOMOYA O, KAWASAKI T, KIMURA S, et al. A novel multi-band look-up table based digital predistorter with a single common feedback loop [C]. Proceedings of 2018 Asia-Pacific Microwave Conference, Kyoto, 2018: 551-553.

[20] JIJUN R. Digital predistorter for short-wave power amplifier with improving index accuracy of lookup table based on FPGA [J]. IEEE Access, 2019, 7: 182881-182885.

[21] WANG S Q, ROGER M, SARRAZIN J, et al. An efficient method to study the tradeoff between power amplifier efficiency and digital predistortion complexity [J]. IEEE Microwave and Wireless Components Letters, 2019, 29(11): 741-744.

[22] CAMPO P P, LAMPU V, ANTTILA L, et al. Closed-loop sign algorithms for low-complexity digital predistortion: methods and performance [J]. IEEE Transactions on Microwave theory and techniques, 2021, 69(1): 1048-1062.

[23] SALEH A. Frequency-independent and frequency-dependent nonlinear models of TWT amplifiers [J]. IEEE Transactions on Communications, 1981, 29(11): 1715-1720.

[24] MANSELL A R, BATEMAN A. Adaptive predistortion with reduced feedback complexity [J]. Electronics Letters, 1996, 32(13): 1153-1154.

[25] WHITE G P, BURR A G, JAVORNIK T. Modelling of nonlinear distortion in broadband fixed wireless access systems [J]. Electronics Letters, 2003, 39(8): 686-687.

[26] CAVERS J K. Effrect of quadrature modulator and demodulator errors on adaptive digital predistorters for amplifier linearization [J]. IEEE Transactions on Vehicular technology, 1997, 46(2): 456-466.

[27] EUN C, POWERS E J. A new Volterra predistorter based on the indirect learning architecture [J]. IEEE Transactions on Signal process, 1997, 45(1): 223-227.

[28] ISAKSSON M, WISELL D, RONNOW D. A comparative analysis of behavioral models for RF power amplifiers [J]. IEEE Transactions on Microwave Theory and Techniques, 2006, 54(1): 348-359.

[29] VUONG X T, GUIBORD F A. Modeling of nonlinear elements exhibiting frequency-dependent AM/AM and AM/PM transfer characteristics [J]. Canadian Electrical Engineering J., 1984, 9(3): 112-116.

[30] LEI D, ZHOU G T, MORGAN D R, et al. A robust digital baseband predistorter constructed using memory polynomials [J]. IEEE Transactions on Communications, 2004, 52(1): 159-165.

[31] KU H, MCKINLEY M D, KENNEY J S. Quantifying memory effects in RF power amplifier [J]. IEEE Transactions on Microwave Theory and Technology, 2002, 50(12): 2843-2849.

[32] ISAKSSON M, WISELL D, RONNOW D. Wide-band dynamic modeling of power amplifiers using radial-basis function neural networks [J]. IEEE Transactions on Microwave Theory and Technology, 2005, 53(11): 3422-3428.

[33] DING L, MUJICA F, YANG Z. Digital predistortion using direct learning with reduced bandwidth feedback [C]. IEEE International Microwave Symposium Digest, Seattle, 2013: 1-3.

[34] ZHANG Q, CHEN W, FENG Z. Reduced cost digital predistortion only with in-phase feedback signal [J]. IEEE Microwave and Wireless Components Letters, 2018, 28(3): 257-259.

[35] 兰榕, 胡欣, 邹峰, 等. 基于循环平稳特性的欠采样宽带数字预失真研究[J]. 电子与信息学报, 2020, 42(5): 1274-1280.

[36] ERIC N, BELTAGY Y, SCARLATO G, et al. Digital predistortion of millimeter-wave RF beamforming arrays using low number of steering angle-dependent coefficient sets [J]. IEEE Transactions on Microwave Theory and techniques, 2019, 67(11): 4479-4492.

[37] TERVO N, KHAN B, KURSU O, et al. Digital predistortion of phased-array transmitter with shared feedback and far-field calibration [J]. IEEE Transactions on Microwave Theory and Techniques, 2021, 69(1): 1000-1015.

[38] PHAM Q A, BUENO D, WANG T, et al. Partial least squares identification of multi look-up table digital predistorters for concurrent dual-band envelope tracking power amplifiers [J]. IEEE Transactions on Microwave Theory and Techniques, 2018, 66(12): 5143-5150.

[39] HUANG H, XIA J, BOUMAIZA S. Novel parallel-processing-based hardware implementation of baseband digital predistorters for linearizing wideband 5G transmitters [J]. IEEE Transactions on Microwave Theory and Techniques, 2020, 68(9): 4066-4076.

[40] SURYASARMAN P, LIU P, SPRINGER A. Optimizing the identification of digital predistorters for improved power amplifier linearization performance [J]. IEEE Transactions on Circuits and Systems-Ⅱ: Express Briefs, 2014, 61(9): 671-675.

[41] HU X, LIU T, LIU Z, et al. A novel single feedback architecture with time-interleaved sampling for multi-band DPD [J]. IEEE Communications Letters, 2019, 23(6): 1033-1036.

[42] ZHOU D, DEBRUNNER V. A novel adaptive nonlinear predistorter based on the direct learning algorithm [C]. IEEE International Conference Communications, Paris, 2004: 2362-2366.

[43] NAGATA Y. Linear amplification technique for digital mobile communications [C]. IEEE 39th Vehicular Technology Conference, San Francisco, 1989: 159-164.

[44] 吴溪. 基于自主标准的 UHF RFID 读写器的设计与实现 [D]. 长沙: 国防科学技术大学, 2014.

[45] CAVERS J K. Amplifier linearization using a digital predistorter with fast adaption and low memory requirements [J]. IEEE Transactions on Vehicular Technology, 1990, 39(4): 374-382.
[46] FAULKNER M, JOHANSSON M. Adaptive linearization using predistortion-experimental results [J]. IEEE Transactions on Vehicular Technology, 1994, 43(2): 323-332.
[47] EID E E. Optimal feedforward linearization system design [J]. Microwave J., 1995: 78-86.
[48] MYER D P. A multicarrier feedforward amplifier design [J]. Microwave J., 1994: 78-88.
[49] LIN K C, CHIOU H K, WU P C, et al. 5-GHz SiGe linearity power amplifier using integrated feedforward architecture for WLAN applications [C]. IEEE International Symposium on Circuits and Systems, Melbourne, 2014: 1508-1511.
[50] OCK S, SONG H, CHARPUREY R. A Cartesian feedback-feedforward transmitter IC in 130nm CMOS [C]. IEEE Custom Integrated Circuits Conference, San Jose, 2015: 1-4.
[51] BOO H H, CHUANG S, DAWSON J L. Digitally assisted feedforward compensation of Cartesian-feedback power-amplifier systems [J]. IEEE Transactions on Circtuis and Systems-Ⅱ: Express Briefs, 2011, 58(8): 457-461.
[52] RAZAVI B. RF Microelectronics, Second Edition [M]. 北京: 电子工业出版社, 2012.
[53] YOO S M, WALLING S J, DEGANI O, et al. A class-G switched-capacitor RF power amplifier [J]. IEEE Journal of Solid-State Circuits, 2013, 48(5): 1212-1224.
[54] YIN Y, XIONG L, ZHU Y, et al. A compact dual-band digital polar Doherty power amplifier using parallel-combining transformer [J]. IEEE Journal of Solid-State Circuits, 2019, 54(6): 1575-1585.
[55] 廖怀林. 硅基射频集成电路和系统 [M]. 北京: 科学出版社, 2020.
[56] GOYAL A, GHOSH S, GOYAL S. A high-resolution digital phase interpolator based CDR with a half-rate hybrid phase detector [C]. IEEE Int. Conference Circtuis and Systems, Sapporo, 2019: 1-5.
[57] JIANG H Y, ZHANG Z R, SHEN Z K, et al. A calibration-free fractional-N ADPLL using retiming architecture and a 9-bit 0.3 ps-INL phase interpolator [C]. IEEE Int. Conference Circtuis and Systems, Beijing, 2019: 1-5.

# 第 9 章

# 射频振荡器

射频振荡器是一个大信号非线性电路，主要为射频收发集成电路提供用于上变频和下变频的本振信号，具有不同于射频集成电路中其他模块的分析和设计方法。本章首先介绍射频振荡器的工作原理，列举常用的几种振荡器类型和相应结构，给出在射频集成电路设计中占据主流地位的典型压控振荡器结构；接着着重讲述相位噪声的概念、产生机制和相位噪声性能提升技术；最后介绍正交信号的产生方法。

## 9.1 射频振荡器原理

闭环电路通常需要付出很大的设计努力来避免闭环振荡的发生，因此让一个闭环回路振荡起来看似并不是一件非常困难的事情。这个观点有一定的合理性，但是从设计的角度来看，用于射频集成电路中的射频振荡器具有非常多的约束条件。无意的闭环振荡通常不能满足设计需求，因此控制一个闭环回路的振荡行为使其满足实际应用需求是射频振荡器设计中需要解决的重要问题。

以闭环负反馈系统（见图 9-1）为例进行振荡原理说明（正反馈情况与此类似）。一个典型的闭环负反馈系统包括前向传输函数 $H(s)$、反馈系数 $f(s)$ 和环路相移 $\pi$（对于正反馈则为 0）。

图 9-1 所示负反馈系统的闭环传输函数为

$$\frac{Y(s)}{X(s)}=\frac{H(s)}{1+f(s)H(s)} \tag{9-1}$$

令

$$H(s)=\frac{K_{\mathrm{h}}\prod\limits_{m_1}(1+s/\mathrm{zh}_{m_1})}{\prod\limits_{n_1}(1+s/\mathrm{ph}_{n_1})},\quad f(s)=\frac{K_{\mathrm{f}}\prod\limits_{m_2}(1+s/\mathrm{zf}_{m_2})}{\prod\limits_{n_2}(1+s/\mathrm{pf}_{n_2})} \tag{9-2}$$

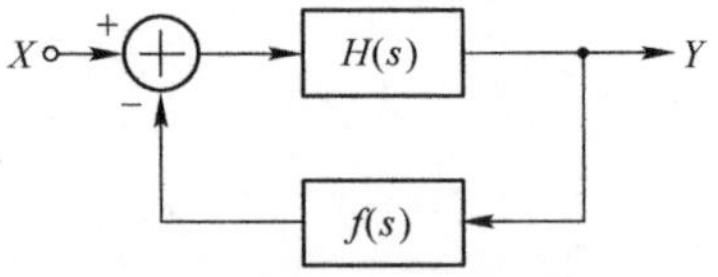

图 9-1 闭环负反馈系统框图

式中，–zh 和 –ph 分别为前向传输函数 $H(s)$ 的零点和极点；–zf 和 –pf 分别为反馈系数 $f(s)$ 的零点和极点；$K_{\mathrm{h}}$ 和 $K_{\mathrm{f}}$ 分别为 $H(s)$ 和 $f(s)$ 的增益。将式（9-2）代入式（9-1），可得

$$\frac{Y(s)}{X(s)}=\frac{K_{\mathrm{h}}\prod_{m_1}(1+s/\mathrm{zh}_{m_1})\prod_{n_2}(1+s/\mathrm{pf}_{n_2})}{\prod_{n_1}(1+s/\mathrm{ph}_{n_1})\prod_{n_2}(1+s/\mathrm{pf}_{n_2})+K\prod_{m_1}(1+s/\mathrm{zh}_{m_1})\prod_{m_2}(1+s/\mathrm{zf}_{m_2})} \tag{9-3}$$

式中，$K=K_{\mathrm{h}}K_{\mathrm{f}}$，为环路增益。

式（9-3）可以分解为

$$\frac{Y(s)}{X(s)}=\sum_{n}\frac{c_n}{1+s/p_n} \tag{9-4}$$

式中，$-p_n$ 为式（9-3）按照式（9-4）进行分解后的极点；$c_n$ 为多项式系数。对式（9-4）进行拉普拉斯反变换可得

$$\mathbb{L}^{-1}\left[\frac{Y(s)}{X(s)}\right]=\sum_{n}c_n p_n \mathrm{e}^{-p_n t} \tag{9-5}$$

式（9-5）为闭环系统的时域单位冲激响应。极点在拉普拉斯平面的位置决定了闭环系统的振荡行为。极点位于左半平面（不包含虚轴），闭环系统呈现衰减振荡，为一个稳定系统，即在没有外加能量的情况下，闭环系统无法振荡。极点位于右半平面（不包含虚轴），闭环系统呈现增幅振荡，为一增幅振荡系统，即闭环系统可以自己产生能量使振荡加剧（即使没有外加冲激信号，依靠电路内部的噪声也可以起振）。极点位于虚轴上，闭环系统呈现等幅振荡，为一等幅振荡系统，即闭环系统为无损系统，这种情况是射频振荡器的正常工作情况。但是这种情况不能作为起振条件，需要外加一个冲激信号使系统起振，即需要一定的起始条件。三种振荡情况对应的时域波形如图 9-2 所示。第一种情况在设计振荡器时要极力避免，而后两种情况，极点位于右半平面是起振条件，在经过一定的增幅振荡后，较大的幅度会迫使电路进入非线性区，导致增益下降，闭环系统逐渐趋于稳定振荡（等幅振荡）。

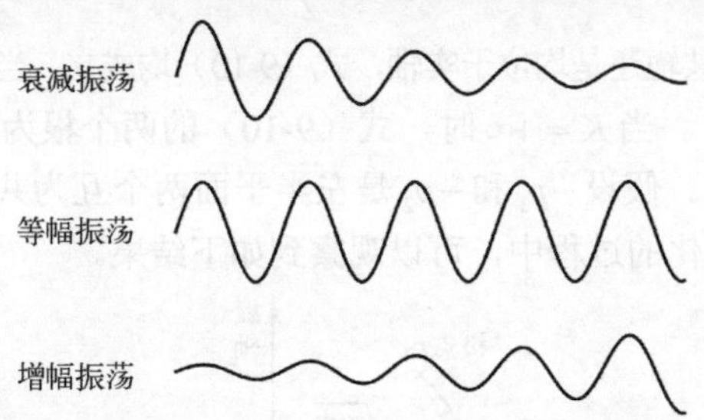


图 9-2　衰减振荡、等幅振荡、增幅振荡时域波形

闭环系统根轨迹法、反馈法和负阻补偿法是设计一个闭环振荡系统的典型方法。

## 9.1.1　闭环系统根轨迹法

一个闭环系统能够振荡的前提条件是其闭环传输函数分母多项式的根（极点）

必须位于拉普拉斯平面的虚轴或右半平面。为了对此进行直观的判断，可以绘制出闭环系统传输函数的根轨迹来进行直接的观察。既然是轨迹，就会有对应的参变量，一般选取环路增益作为参变量。这是因为闭环系统在振荡的过程中环路增益是变动的（受电路非线性影响），同时也是最容易在设计中进行控制的一个变量。

根据式（9-3），闭环系统的根轨迹是求解方程

$$\prod_{n_1}(1+s/\mathrm{ph}_{n_1})\prod_{n_2}(1+s/\mathrm{pf}_{n_2})+K\prod_{m_1}(1+s/\mathrm{zh}_{m_1})\prod_{m_2}(1+s/\mathrm{zf}_{m_2})=0 \tag{9-6}$$

或

$$1+f(s)H(s)=0 \tag{9-7}$$

的根在环路增益$K$变化情况下的运动轨迹。当环路增益$K$在 0～∞变化时，根轨迹从开环系统极点$-\mathrm{ph}$、$-\mathrm{pf}$所在的位置逐渐向开环系统零点$-\mathrm{zh}$、$-\mathrm{zf}$所在的位置移动。

### 1．左半平面两个极点，原点处一个零点（RLC 并联网络）

首先以一个在左半平面有两个极点，在原点处有一个零点的开环系统为例（形成振荡器的一个典型情况，RLC 并联网络具有该特征）说明根轨迹方法。该系统的传输函数为

$$H(s)=\frac{K_1 s}{(1+s/p_1)(1+s/p_2)} \tag{9-8}$$

式中，$-p_1$、$-p_2$为开环系统传输函数的两个极点；$K_1$为开环系统增益。令$f(s)=K_2$，按照图 9-1 形成闭环后，由式（9-7）得根轨迹方程为

$$(1+s/p_1)(1+s/p_2)+Ks=0 \tag{9-9}$$

式中，$K=K_1K_2$，为环路增益。式（9-9）具有两个与$K$相关的根：

$$r_{1,2}=\frac{-p_1-p_2-Kp_1p_2\pm\sqrt{(p_1+p_2+Kp_1p_2)^2-4p_1p_2}}{2} \tag{9-10}$$

不管$-p_1$和$-p_2$是互为共轭还是均位于实轴，式（9-10）均成立。当$K=0$时，式（9-10）的两个根为$-p_1$和$-p_2$。当$K=+\infty$时，式（9-10）的两个根为 0 和$-\infty$（其中$-\infty$为开环系统的隐性零点）。假设$-p_1$和$-p_2$是左半平面两个互为共轭的根，如图 9-3 所示，当$K$在 0～+∞变化的过程中，可以观察到如下结果。

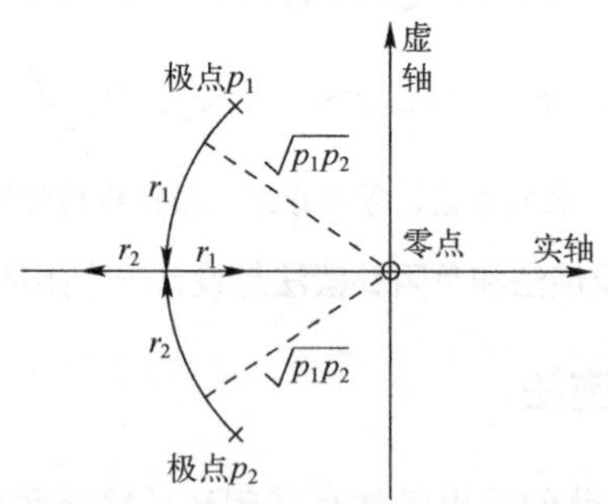


图 9-3 两个极点（左半平面）、一个零点（原点）的根轨迹图（$K\geqslant 0$）

① 当$(p_1+p_2+Kp_1p_2)^2<4p_1p_2$时，根轨迹方程的两个根为

$$r_1=\frac{-p_1-p_2-Kp_1p_2+\mathrm{j}\sqrt{4p_1p_2-(p_1+p_2+Kp_1p_2)^2}}{2} \tag{9-11}$$

$$r_2=\frac{-p_1-p_2-Kp_1p_2-\mathrm{j}\sqrt{4p_1p_2-(p_1+p_2+Kp_1p_2)^2}}{2} \tag{9-12}$$

两个根距开环系统零点的距离均为$\sqrt{p_1p_2}$，因此两个根的运动轨迹为圆弧状，$r_1$随着$K$的增大逆时针旋转，$r_2$随着$K$的增大顺时针旋转。

② 当$(p_1+p_2+Kp_1p_2)^2\geqslant 4p_1p_2$时，根轨迹方程的两个根为

$$r_1=\frac{-p_1-p_2-Kp_1p_2+\sqrt{(p_1+p_2+Kp_1p_2)^2-4p_1p_2}}{2} \tag{9-13}$$

$$r_2=\frac{-p_1-p_2-Kp_1p_2-\sqrt{(p_1+p_2+Kp_1p_2)^2-4p_1p_2}}{2} \tag{9-14}$$

两个根随着$K$的增大均在实轴上运动，$r_1$随着$K$的增大逐渐向零点方向移动，$r_2$随着$K$的增大逐渐向$-\infty$方向移动。

可以明显看出，这种情况下根轨迹方程的根（闭环回路极点）均位于拉普拉斯平面的左半部分，闭环回路无法振荡。其实该结果从式（9-8）中便可以预料到，对于开环传输函数$H(s)$，即使频率趋于无穷大，仍具有 90° 的相位裕度。

可以换个角度来重新考虑，令环路增益$K\leqslant 0$（共源放大器具有这种特征），按照上述分析方法可以画出当$K$在 0～$-\infty$变化时根轨迹方程的根轨迹如图 9-4 所示。这种情况下，根轨迹进入拉普拉斯平面的右半面且与虚轴有两个共轭交点，因此当环路增益$K$满足一定的条件时，闭环回路存在振荡的可能性。

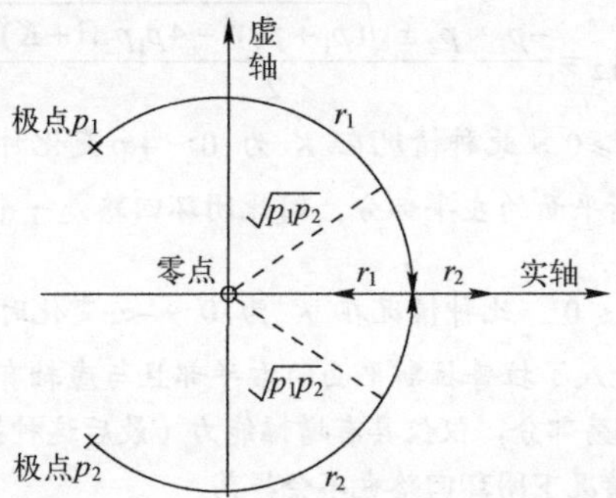


图 9-4　两个极点（左半平面）、一个零点（原点）的根轨迹图（$K\leqslant 0$）

可以从图 9-4 中推导出临界情况下（根轨迹与虚轴交点处，即闭环回路稳定振荡情况）所需要的开环环路增益和振荡频率。当根轨迹方程式的两个根[见式（9-10）]位于拉普拉斯平面的虚轴时，有

$$-p_1-p_2-Kp_1p_2=0 \tag{9-15}$$

则环路增益为

$$K = \frac{-p_1 - p_2}{p_1 p_2} \tag{9-16}$$

由式（9-5）可知，式（9-10）分子中的根式项代表闭环回路的振荡频率。将式（9-15）代入式（9-10），可得环路的振荡频率为

$$\omega_{\text{osc}} = \sqrt{p_1 p_2} \tag{9-17}$$

当然，如果仅按照式（9-15）来进行射频振荡器设计的话，环路是不会产生振荡的。通常还需要建立一个起振的条件保证闭环回路的起始状态处于增幅振荡的情况，在经过一定的增幅振荡后依靠电路的非线性使根轨迹方程的根回归虚轴，维持稳定振荡。根据式（9-15）和式（9-10）可知，闭环回路的起振条件为环路增益必须满足

$$K < \frac{-p_1 - p_2}{p_1 p_2} \tag{9-18}$$

$K$的具体取值需要根据设计的振荡幅度来确定。

**例 9-1**　一个开环系统的传输函数在拉普拉斯平面的左半部分存在两个极点。试通过闭环系统根轨迹方法分析该开环系统形成闭环负反馈后的振荡可能性（反馈系数为一常数）。

**解：**令开环系统的传输函数为

$$H(s) = \frac{K_1}{(1+s/p_1)(1+s/p_2)} \tag{9-19}$$

式中，$-p_1$ 和 $-p_2$ 是开环系统传输函数位于拉普拉斯平面左半部分的两个极点；$K_1$ 为开环系统的增益。假设反馈系数 $f(s) = K_2$ 为一固定常数，则形成闭环回路后，根轨迹方程为

$$(s+p_1)(s+p_2) + Kp_1 p_2 = 0 \tag{9-20}$$

式中，$K = K_1 K_2$ 为环路增益。根轨迹方程的两个根为

$$r_{1,2} = \frac{-p_1 - p_2 \pm \sqrt{(p_1+p_2)^2 - 4p_1 p_2 (1+K)}}{2} \tag{9-21}$$

① $p_1$ 和 $p_2$ 共轭，$K \geqslant 0$。此种情况在 $K$ 为 0～+∞ 变化时的根轨迹如图 9-5（a）所示。根轨迹均位于拉普拉斯平面的左半部分，因此闭环回路是一个衰减振荡系统，无法持续振荡。

② $p_1$ 和 $p_2$ 共轭，$K \leqslant 0$。此种情况在 $K$ 为 0～−∞ 变化时的根轨迹如图 9-5（b）所示。根轨迹虽然有一部分进入了拉普拉斯平面的右半部且与虚轴有交点，但是由式（9-5）可知，时域波形中并不包含振荡部分，仅仅具有增幅能力（最后这种持续的增幅能力也会由于电路的非线性而停滞）。此种情况下闭环回路也不会振荡。

③ $p_1$ 和 $p_2$ 位于实轴，$K \geqslant 0$。此种情况在 $K$ 为 0～+∞ 变化时的根轨迹如图 9-5（c）所示。和情况①类似，根轨迹均位于拉普拉斯平面的左半部分，因此闭环回路为一衰减振荡系统，无法持续振荡。

④ $p_1$ 和 $p_2$ 位于实轴，$K \leqslant 0$。此种情况在 $K$ 为 0～−∞ 变化时的根轨迹如图 9-5（d）所示。和情况②类似，根轨迹虽然有一部分进入了拉普拉斯平面的右半部且与虚轴有交点，但时域波形中并不包含振荡部分，仅仅具有增幅能力（最后这种持续的增幅能力也会由于电路的非线性而停滞）。此种情况下闭环回路也不会振荡。

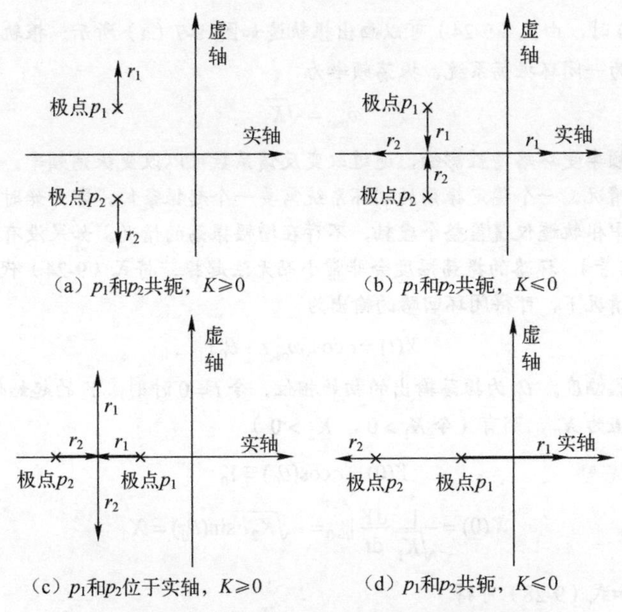


图 9-5 两个极点（左半平面）的根轨迹图

与波特图相比，闭环系统的根轨迹法主要是针对闭环系统而言的，可以全面地分析整个系统的稳定性情况。波特图主要是针对开环系统而言的，可以通过相位裕度或增益裕度的概念判断形成闭环系统后的稳定性，是一种判断方法，无法全面覆盖闭环系统的所有信息，尤其是当反馈系数的改变导致闭环系统性能也发生改变时。

**例 9-2** 试通过闭环系统根轨迹方法分析一个在拉普拉斯平面原点处具有两个极点的开环系统形成闭环负反馈后的振荡可能性（反馈系数为一常数）。

**解：** 在拉普拉斯平面的原点处具有两个极点的开环系统可以理解为两个并联的积分器，如图 9-6 所示。由于本章仅考虑电路的振荡性能，因此忽略直流部分后，两个并联的积分器传输函数为

$$H(s)=\frac{K_1}{s^2} \tag{9-22}$$

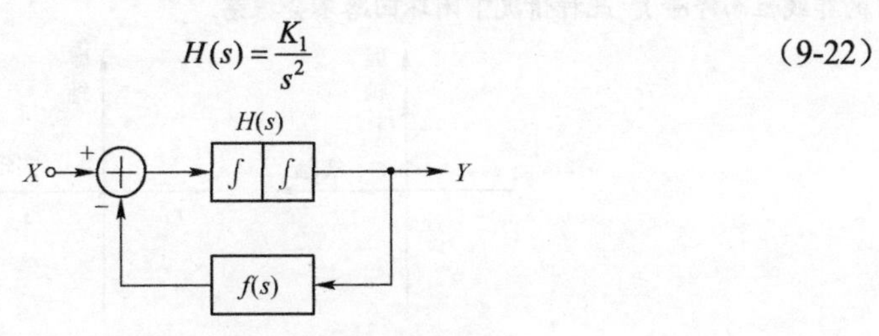


图 9-6 两个积分器形成的负反馈系统

式中，$K_1$ 为开环系统的增益。假设反馈系数 $f(s)=K_2$ 为一固定常数，则形成闭环回路后，根轨迹方程为

$$s^2+K=0 \tag{9-23}$$

式中，$K=K_1K_2$，为环路增益。根轨迹方程的两个根为

$$r_{1,2}=\sqrt{-K} \tag{9-24}$$

① 当 $K\geqslant 0$ 时，由式（9-24）可以画出根轨迹如图 9-7（a）所示。根轨迹全部位于虚轴上，因此该系统为一闭环振荡系统，振荡频率为

$$\omega_{\text{osc}}=\sqrt{K} \tag{9-25}$$

可以看出，振荡频率受环路增益影响，通过改变反馈系数可以改变振荡频率。接下来分析一下稳定振荡幅度的情况。一个稳定振荡的闭环系统需要一个起振条件，即开始时需要处于增幅振荡的状态。本例中根轨迹仅覆盖整个虚轴，不存在增幅振荡的情况。如果没有一定的起始条件（外加一个冲激信号），环路的振荡幅度会非常小而无法起振。将式（9-24）代入式（9-5），在外加冲激信号的情况下，可得闭环回路的输出为

$$Y(t)=c\cos(\omega_{\text{osc}}t+\theta_0) \tag{9-26}$$

式中，$c$ 为振荡器幅度；$\theta_0$ 为振荡输出的初始相位。令 $t=0$ 时刻，$Y$ 的起始值为 $Y_0$，第一级积分器起始输出值为 $X_0$，则有（令 $K_1>0$，$K_2>0$）

$$Y(0)=c\cos(\theta_0)=Y_0 \tag{9-27}$$

$$X(0)=\frac{1}{\sqrt{K_1}}\frac{\mathrm{d}Y}{\mathrm{d}t}\Big|_{t=0}=-\sqrt{K_2}c\sin(\theta_0)=X_0 \tag{9-28}$$

联立式（9-27）和式（9-28）可得

$$\tan(\theta_0)=-\frac{X_0}{Y_0\sqrt{K_2}} \tag{9-29}$$

$$c=\sqrt{X_0^2/K_2+Y_0^2} \tag{9-30}$$

在实际设计射频振荡器时，基于级联积分器的闭环负反馈振荡器很少被用到，主要是由于在实际的设计实现中，积分器都是基于运算放大器来实现的。由于运算放大器的非理想性，处于虚轴的根轨迹很有可能会移动至拉普拉斯平面的左半部分，闭环回路进入衰减振荡。即使是理想的积分器，同样也需要一个外加的瞬时激励才行。

② 当 $K\leqslant 0$ 时，由式（9-24）可画出根轨迹如图 9-7（b）所示。根轨迹全部位于实轴上，时域波形中不存在振荡部分，仅仅具有增幅能力（最后这种持续的增幅能力也会由于电路的非线性而停滞）。此种情况下闭环回路不会振荡。

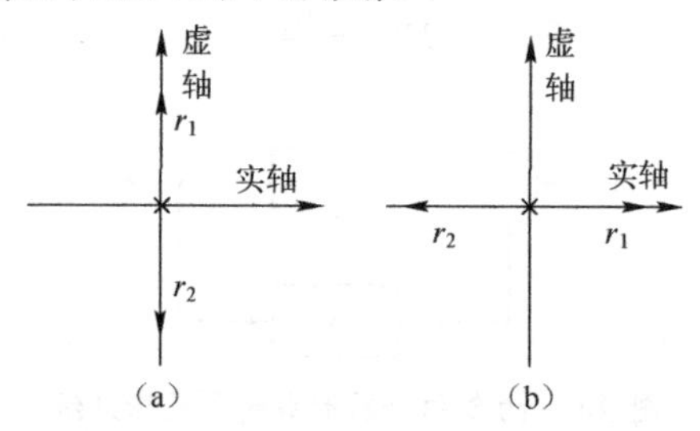


图 9-7 两个极点（原点）的根轨迹图

## 2. 左半平面实轴多个重叠的极点（多级并联 RC 网络的串联）

开环系统在拉普拉斯平面的左半部实轴具有多重极点也是设计射频振荡器时的一种常见情况。以 $n$ 重极点为例进行说明，令开环系统的传输函数为

$$H(s)=\frac{K_1}{(1+s/p_0)^n} \tag{9-31}$$

式中，$s=-p_0$，为位于拉普拉斯平面左半部实轴的$n$重极点。假设反馈系数$f(s)=K_2$为一常数，则形成闭环负反馈系统后，根轨迹方程为

$$1+\frac{K}{(1+s/p_0)^n}=0 \tag{9-32}$$

式中，$K=K_1K_2$，为环路增益。根轨迹方程的$n$个根为

$$r_m=p_0\sqrt[n]{-K\mathrm{e}^{\mathrm{j}2m\pi}}-p_0=\begin{cases}p_0\sqrt[n]{K}\mathrm{e}^{\frac{\mathrm{j}(2m+1)\pi}{n}}-p_0,\ K\geqslant 0\\ p_0\sqrt[n]{-K}\mathrm{e}^{\frac{\mathrm{j}2m\pi}{n}}-p_0,\ K\leqslant 0,\end{cases},m=0,1,2,\cdots,n-1 \tag{9-33}$$

分别画出$K\geqslant 0$和$K\leqslant 0$时的根轨迹如图 9-8（a）和图 9-8（b）所示。当$K\geqslant 0$时，若$180°/n<90°$，且$180°/n+360°/n\geqslant 90°$，闭环回路存在振荡的可能性，此时$3\leqslant n\leqslant 6$。如果$180°/n+360°/n<90°$，根轨迹与虚轴存在两对共轭交点，也就是说闭环回路存在多个振荡频率，这种情况是不希望在设计时出现的。当$K\leqslant 0$时，若$360°/n<90°$，且$2\times 360°/n\geqslant 90°$，闭环回路同样存在振荡的可能性，此时$5\leqslant n\leqslant 8$。但是，对于$K\leqslant 0$的情况，存在$m=0$时，$n$重极点系统的根轨迹均位于右半实轴的情况。这意味着在频率等于 0 的情况下，该系统也可以稳定振荡，只是此时的振荡频率为 0，处于稳定的直流锁定状态，这种情况同样是不希望出现的。

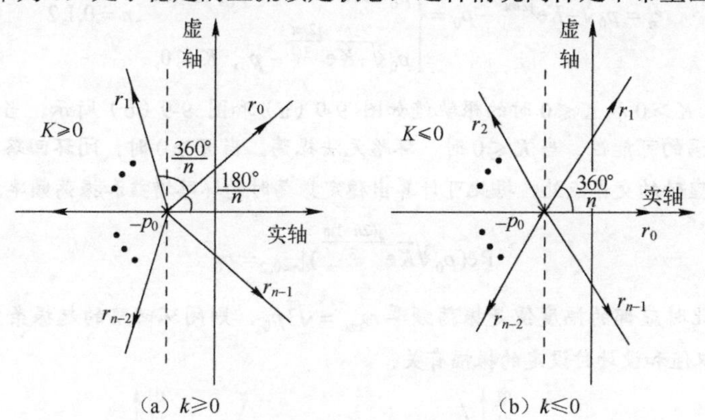


图 9-8 $n$重极点（左半平面实轴）的根轨迹图

下面仅针对$K\geqslant 0$的情况进行定量分析。

当$K\geqslant 0$且$3\leqslant n\leqslant 6$时，在根轨迹与虚轴的交点处有

$$\mathrm{Re}(p_0\sqrt[n]{K}\mathrm{e}^{\frac{\mathrm{j}(2m+1)\pi}{n}})-p_0=0 \tag{9-34}$$

式中，$m=0$或$n$，有

$$\sqrt[n]{K}\cos(\pi/n)=1 \tag{9-35}$$

则当闭环回路稳定振荡时，环路增益为

$$K=[1/\cos(\pi/n)]^n \tag{9-36}$$

此时虚部的幅度便是振荡频率：

$$\omega_{\text{osc}} = \sin(\pi/n)\sqrt[n]{K}\,p_0 \tag{9-37}$$

闭环回路的起振条件为根轨迹必须进入增幅振荡区域，即根轨迹位于拉普拉斯平面的右半部分。此时环路增益满足$K > [1/\cos(\pi/n)]^n$，具体取值和设计时设定的振幅有关。

**例 9-3** 试采用闭环系统根轨迹方法分析一个在拉普拉斯平面左半部实轴上具有三重极点的开环系统形成闭环负反馈后的振荡可能性（反馈系数为一常数）。如果极点个数$n=9$，试分析振荡的可能性。

**解**：令三重极点开环系统的传输函数为

$$H(s) = \frac{K_1}{(1+s/p_0)^3} \tag{9-38}$$

式中，$s=-p_0$，为位于拉普拉斯平面左半部实轴的三重极点。假设反馈系数$f(s)=K_2$为一常数，则形成闭环负反馈系统后，根轨迹方程为

$$1+\frac{K}{(1+s/p_0)^3}=0 \tag{9-39}$$

式中，$K=K_1K_2$，为环路增益。根轨迹方程的三个根为

$$r_n = p_0\sqrt[3]{-K\mathrm{e}^{\mathrm{j}2n\pi}} - p_0 = \begin{cases} p_0\sqrt[3]{K}\mathrm{e}^{\frac{\mathrm{j}(2n+1)\pi}{3}} - p_0,\ K\geqslant 0 \\ p_0\sqrt[3]{-K}\mathrm{e}^{\frac{\mathrm{j}2n\pi}{3}} - p_0,\ K\leqslant 0, \end{cases} ,n=0,1,2 \tag{9-40}$$

分别画出$K\geqslant 0$和$K\leqslant 0$时的根轨迹如图 9-9（a）和图 9-9（b）所示。当$K\geqslant 0$时，闭环回路存在振荡的可能性。当$K\leqslant 0$时，环路无法振荡。当$K\geqslant 0$时，闭环回路振荡的临界点位于根轨迹与虚轴的交界点处，据此可计算出稳定振荡时的环路增益和振荡频率。令

$$\mathrm{Re}\left(p_0\sqrt[3]{K}\mathrm{e}^{\frac{\mathrm{j}(2n+1)\pi}{3}}\right)\Big|_{n=0,2} = p_0 \tag{9-41}$$

可得$K=8$，此时虚部的幅度便是振荡频率$\omega_{\text{osc}}=\sqrt{3}p_0$，则闭环回路的起振条件为环路增益$K>8$，具体取值和设计时设定的振幅有关。

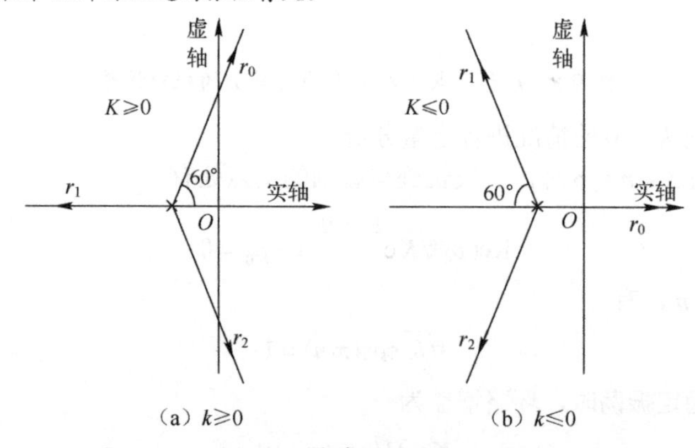


图 9-9 三重极点（左半平面实轴）的根轨迹图

对于 $n=9$ 的多重极点系统，仅分析环路增益 $K\geqslant 0$ 的情况，该系统存在两种振荡的可能性，分别为

$$\mathrm{Re}(p_0\sqrt[9]{K_1}\mathrm{e}^{\frac{\mathrm{j}(2n+1)\pi}{9}})|_{n=0,8}=p_0 \tag{9-42}$$

$$\mathrm{Re}(p_0\sqrt[9]{K_2}\mathrm{e}^{\frac{\mathrm{j}(2n+1)\pi}{9}})|_{n=1,7}=p_0 \tag{9-43}$$

式中，$K_1$ 和 $K_2$ 是两种情况下环路稳定振荡的增益。计算可得 $K_1=1.79$、$K_2=512$，振荡频率为 $\omega_{\mathrm{osc1}}=0.36p_0$、$\omega_{\mathrm{osc2}}=\sqrt{3}p_0$。当环路增益位于 $K_1$ 和 $K_2$ 之间时，即 $K_1<K<K_2$，仅第一种情况可以产生振荡。如果 $K<K_1$，两种情况均不可能产生振荡。如果 $K_2<K$，在起始阶段，两种情况均可以产生振荡。由于 $K_1<K_2$，第二种情况先进入稳定振荡状态，第一种情况仍处于增幅振荡情况。环路增益会继续减小直至第一种情况进入稳定振荡状态，而第二种情况处于衰减振荡状态。一定时间后第二种情况所引起的振荡便会消失，仅保留第一种情况。

对于多重极点负反馈系统，$K\geqslant 0$时，理论上极点个数并没有上限限制，稳定振荡状态时仅保留较易起振的情况（环路增益需求较小的情况）。

当然，能构建射频振荡器的方法有很多，绝不仅限于上述提到的两个方案，只是考虑到实现的简易性，以及在射频振荡器设计中的普遍性，故仅以这两种情况为例来对根轨迹法进行详细说明，其他情况感兴趣的读者可以自己推导验证[1]。

### 9.1.2　反馈法

闭环系统根轨迹法有助于全面地了解和设计一个满足需求的射频振荡器。在进行具体的工程实现时，还有更加直观的方法——反馈法。仍以图 9-1 所示的闭环负反馈系统为例进行说明。射频振荡器是在没有外部激励情况下能够产生振荡行为的一种电路结构，也就是说在 $X(s)=0$ 的情况下仍有一定振荡频率的信号输出。此时，闭环系统的传输函数必须趋于$\infty$，根据式（9-1）可知需要满足$1+f(s)H(s)=0$，则下述结果成立:

$$|f(s)H(s)|=1 \tag{9-44}$$

$$\angle f(s)H(s)=180^\circ \tag{9-45}$$

因此,一个闭环负反馈射频振荡器稳定振荡时的环路增益为单位增益，环路相位偏移为$180^\circ$，这称为振荡器设计的巴克豪森（Barkhausen）判据。当然，还可以构建闭环正反馈回路，如图 9-10 所示，其闭环传输函数为

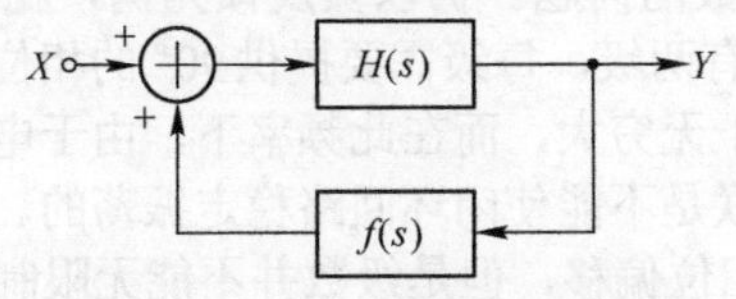


图 9-10　闭环正反馈系统框图

$$\frac{Y(s)}{X(s)}=\frac{H(s)}{1-f(s)H(s)} \tag{9-46}$$

令$1-f(s)H(s)=0$可得

$$\left|f(s)H(s)\right| = 1 \tag{9-47}$$

$$\angle f(s)H(s) = 360° \tag{9-48}$$

因此，一个闭环为正反馈的射频振荡器稳定振荡时的环路增益为单位增益，环路相位偏移为360°。

首先分析开环系统在拉普拉斯平面左半部实轴具有$n$重极点的情况。以负反馈系统为例（见图 9-11），可以将具有$n$重极点的开环系统传输函数拆分为$n$个相同的模块$H_1(s) \sim H_n(s)$，每个模块提供一个极点，则$H(s) = H_1(s) \times \cdots \times H_n(s)$。仍假设反馈系数$f(s) = K_{n+1}$为常数，根据式（9-44）和式（9-45）可知，对于负反馈系统，下式成立：

$$\angle \frac{K_m}{1+s/p_0} = \frac{\pi}{n},\ m = 1,2,\cdots,n \tag{9-49}$$

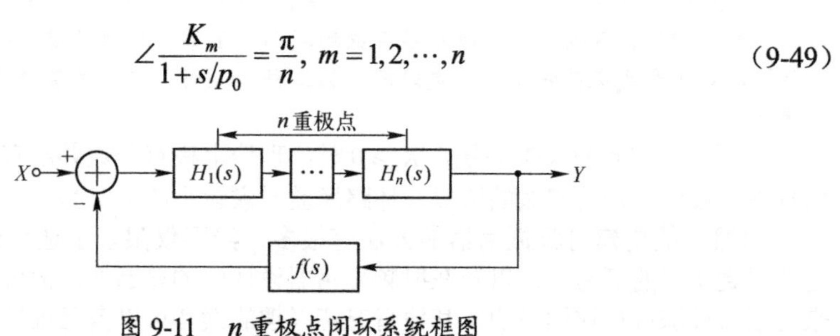


图 9-11　n 重极点闭环系统框图

式中，$-p_0$为每级模块的极点；$K_m$为每级模块的增益。令闭环回路稳定振荡时的振荡频率为$\omega_{\text{osc}}$，有

$$\tan(\pi/n) = \omega_{\text{osc}} / p_0 \tag{9-50}$$

因此$\omega_{\text{osc}} = \tan(\pi/n)p_0$。为了计算稳定振荡时的闭环环路增益，只需在振荡频率$\omega_{\text{osc}}$处令$H(s)f(s) = 1$，则

$$\left|\frac{K}{(1+\text{j}\omega_{\text{osc}}/p_0)^n}\right| = 1 \tag{9-51}$$

式中，$K = K_1, K_2, \cdots, K_{n+1}$。因此

$$K = [1/\cos(\pi/n)]^n \tag{9-52}$$

将式（9-52）代入式（9-50）可得振荡频率的另一形式的表达式为$\omega_{\text{osc}} = \sin(\pi/n)\sqrt[n]{K}\,p_0$。推导结果与闭环系统根轨迹方法一致。

下面接着分析级联级数的问题。仍以负反馈为例，稳定振荡要求环路相位偏移为180°。如果级联级数仅有两级，每级需要提供90°的相位偏移。对于仅有一个极点的电路模块，频率需要趋于无穷大，而在此频率下，由于电路截止频率的限制，增益基本为 0。因此，两级级联是不能使闭环回路稳定振荡的。级联的级数至少为三级，此时每级电路提供60°的相位偏移，但是级数并不能无限制增加，级数过多会导致闭环回路产生多个振荡频率，偏离了设计射频振荡器的初衷。由于每级电路提供的相位偏移不会超过90°，假设级数为$n$，则有$180°/n < 90°$，且$(180° + 360°)/n \geqslant 90°$，因此可以得到$3 \leqslant n \leqslant 6$。与根轨迹法计算结果相同。

对于正反馈的情况，读者可以根据前述原理自行分析，环路增益不变，只是环路相位偏移需要变为360°。

**例 9-4**　试用反馈法分析在拉普拉斯平面左半部实轴具有三重极点的开环系统闭环后的振荡可能性，并与闭环系统根轨迹法进行比较（反馈系数为常数）。

**解：** 可将开环三重极点系统拆分为三个模块，每个模块提供一个左半平面实轴上的极点。如图 9-12 所示，如果闭环回路可以稳定振荡，则环路的相位偏移为180°。由于$H_1(s)=H_2(s)=H_3(s)$，每个模块只需提供60°的相位偏移即可，下式成立：

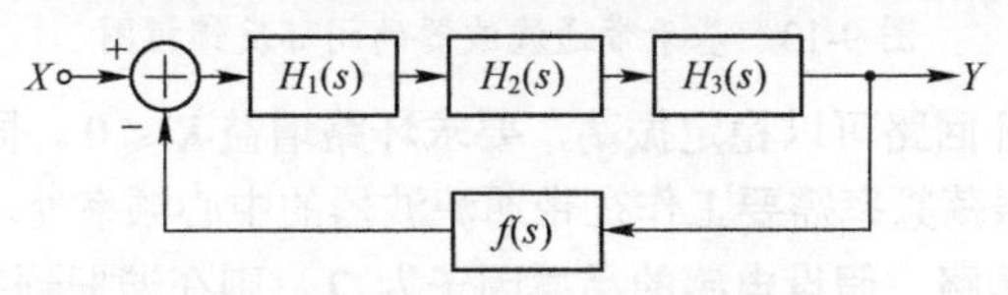


图 9-12　三重极点闭环系统框图

$$\angle\frac{K_m}{1+s/p_0}=60°,\ m=1,2,3 \tag{9-53}$$

闭环回路稳定振荡时，有$s=\mathrm{j}\omega_{\mathrm{osc}}$，代入式（9-53）可得

$$\tan(60°)=\omega_{\mathrm{osc}}/p_0 \tag{9-54}$$

则有$\omega_{\mathrm{osc}}=\sqrt{3}p_0$。闭环回路稳定振荡时，$|f(s)H(s)|=1$，有

$$\left|\frac{K}{(1+\mathrm{j}\omega_{\mathrm{osc}}/p_0)^3}\right|=1 \tag{9-55}$$

因此可得环路稳定振荡时的环路增益$K=K_1K_2K_3=8$，与根轨迹法计算得出的结果一致（见例 9-3）。

现在来分析一下$K\leqslant 0$的情况，即正反馈情况。由式（9-53）可知，闭环回路稳定振荡时，环路需要提供360°的相位偏移，每个模块需要提供120°的相位偏移，而单极点系统即使在频率趋于$\infty$时提供的相位偏移也不会超过90°，无法满足稳定振荡对相位的需求，因此此种情况无法稳定振荡。

根轨迹法和反馈法均是基于闭环传输函数的分母项为 0 来进行分析的。根轨迹法选取闭环回路中的一个变量为参数（通常为增益），通过在拉普拉斯平面中描绘出根轨迹方程的根来判断闭环回路的振荡可能性，并据此计算出基于闭环负反馈的射频振荡器参数。反馈法通过对负反馈和正反馈结构环路增益和相位的约束来设计射频振荡器。通过对比可知，反馈法的计算量明显要小很多，但是反馈法是一种由结论指导设计的方法，没有严格的计算过程，更适合工程设计和分析。根轨迹法可以由给定的初始条件预测环路闭环后的振荡可能性，可以由条件推导结论。通过对根轨迹的绘制，各种结果一目了然，且计算过程严格，可以帮助读者从根本上理解振荡的机理。

如果一个电路模块具有一个位于左半平面实轴的极点，该电路模块相当于一个低通滤波器。如图 9-12 所示，对于负反馈系统（反馈系数为常数），一般采用 3 个级联的简易低通滤波器即可实现射频振荡器的设计。对于正反馈系统，需要至少 5 个。从噪声的角度考虑，低通的噪声抑制性能明显没有带通好，且带通滤波器还具有一定的选频功能，频率纯度更高。因此，可以将基于低通滤波器的系统框图（见图 9-12）重新构造为基于带通滤波器的系统框图（见图 9-13）。

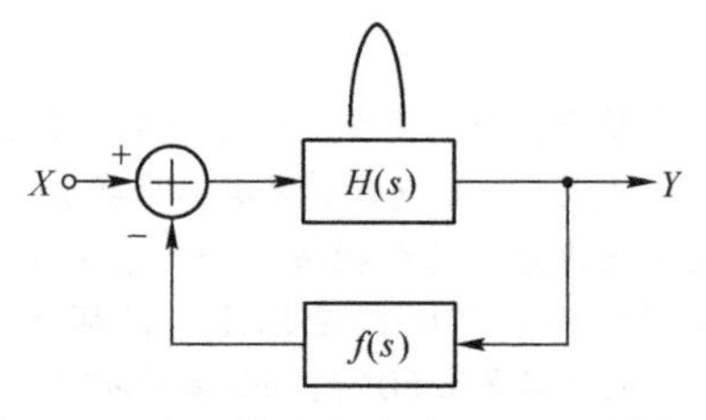


图 9-13 基于带通滤波器的闭环反馈框图

如果要保证闭环回路可以稳定振荡，要求环路增益$K \leqslant 0$。同时为了充分利用带通滤波器的特性，振荡频率需要工作在带通滤波器的中心频率处。带通滤波功能通常采用 LC 并联谐振槽路。假设电感的品质因子为$Q$，则在谐振频率$\omega_{\text{osc}} = 1/\sqrt{LC}$处，并联谐振槽路的等效电阻为

$$R_{\text{P}} = \omega_{\text{osc}} LQ = \frac{Q}{\omega_{\text{osc}} C} \tag{9-56}$$

因此，在谐振频率处，LC 并联谐振槽路可以等效为电阻$R_{\text{P}}$和两个理想的电感和电容的并联，其阻抗为

$$Z_{\text{P}} = \frac{R_{\text{P}} Ls}{R_{\text{P}} LCs^2 + Ls + R_{\text{P}}} \tag{9-57}$$

选取$L = 1\text{nH}$、$C = 1\text{nF}$、$Q \approx 3$，幅频和相频曲线如图 9-14 所示。在谐振频率$\omega_{\text{osc}}$处，LC 并联谐振槽路的相位偏移为 0，在其他频率处均不为 0（具有单调性）。因此，在谐振频率处，图 9-13 所示的电路结构是可以实现单级振荡的：对于负反馈电路而言，谐振频率处环路增益$K = -1$（起振条件为$K < -1$）；对于正反馈电路而言，谐振频率处环路增益$K = 1$（起振条件为$K > 1$）。而在其他频率处，由于相位频移不为 0，必须采用多级结构才能实现振荡。

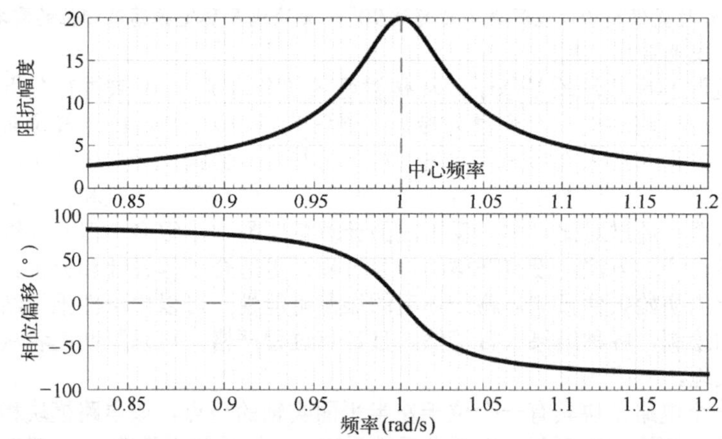


图 9-14 LC 并联谐振槽路阻抗的幅频和相频响应

现在利用闭环系统根轨迹的方法来分析图 9-13 所示闭环回路振荡的可能性。在进行电路设计时，开环传输函数$H(s)$的常用表述形式为一个跨导电路（等效跨导为$G_{\text{m}}$）连接一个 LC 并联负载。由式（9-57）可知，开环传输函数$H(s)$为

$$H(s)=\frac{G_m R_P L s}{R_P LCs^2+Ls+R_P}=\frac{G_m s/C}{s^2+s/(R_P C)+1/(LC)} \tag{9-58}$$

观察式（9-58）的零点和极点情况，存在一个位于拉普拉斯平面原点处的零点和两个极点。极点为

$$-p_{1,2}=\frac{-1/(R_P C)\pm\sqrt{(1/(R_P C))^2-4/(LC)}}{2} \tag{9-59}$$

两个极点均位于拉普拉斯平面的左半部分，因此该闭环回路存在振荡的可能性。只是当环路增益 $K\leqslant 0$ 时，需要采用负反馈结构，当环路增益 $K\geqslant 0$ 时，需要采用正反馈结构。重新变换式（9-58）为

$$H(s)=\frac{G_m s/C}{s^2+s/(R_P C)+1/(LC)}=\frac{sG_m\sqrt{L/C}}{(1+s/p_1)(1+s/p_2)} \tag{9-60}$$

以负反馈系统为例，令反馈系数 $f(s)=1$（实际设计中大多情况均如此），根据式（9-16）和式（9-17）可以分别计算出闭环回路的环路增益（此环路增益与谐振频率处的环路增益不同）和振荡频率为

$$K=G_m\sqrt{L/C}=\frac{-p_1-p_2}{p_1 p_2}=-\sqrt{L/C}/R_P \tag{9-61}$$

$$\omega_{osc}=\sqrt{p_1 p_2}=1/\sqrt{LC} \tag{9-62}$$

根据式（9-61）可得 $G_m=-1/R_P$。该结果和直观感觉是一样的，其中等效跨导 $G_m$ 中的负号可以通过交叉共源放大结构来实现（见 9.1.3 节）。另外，感兴趣的读者还可以利用反馈法原理计算等效跨导 $G_m$，只需将稳定振荡频率 $\omega_{osc}$ 代入式（9-60），并令其模值为 1 即可。

### 9.1.3　负阻补偿法

负阻是指阻值为负数的电阻，是相对于正阻值的电阻而言的。因为具有正阻值的电阻是一个耗能元件（无源元件），因此很自然地会想到具有负阻值的电阻是一个产能元件（有源元件）。下面通过一个简单的数学模型并从数学计算的角度来观察负阻的产能功能。

理想的 LC 并联网络在外部冲激电流的激励下可以产生稳定的自由振荡，如图 9-15 所示，可通过观察 LC 并联网络的传输函数来验证。传输函数在拉普拉斯平面的虚轴上存在两个极点，由式（9-5）可知，在 LC 并联网络的两端必然产生一个稳定的输出振荡电压信号，振荡频率为 $1/\sqrt{LC}$（极点幅度），振荡幅度和冲激能量有关。如果在 LC 并联网络的两端接入一个电阻（实际情况中由电感的有限品质因子引入，称为有损 LC 并联网络），则传输函数在拉普拉斯平面左半部分存在两个极点，极点可参考式（9-59）。大部分情况下满足 $4R_P^2C^2>LC$，即在左半平面存在两个共轭极点，输出电压呈现衰减振荡的情况，因此具有正阻值的电阻是耗能元件。如果在 LC 并联网络的两端接入一个负阻，则传输函数在拉普拉斯平面右半部分存在两个极点，因此输出电压呈现增幅振荡，也就是说负阻是产能元件。可以想象的是，如果将负阻元件与正阻元件并联，而正阻消耗的能量恰好可以通过负阻元

件产生的能量进行弥补，则输出电压呈现一个等幅振荡波形，与理想 LC 并联网络相同。

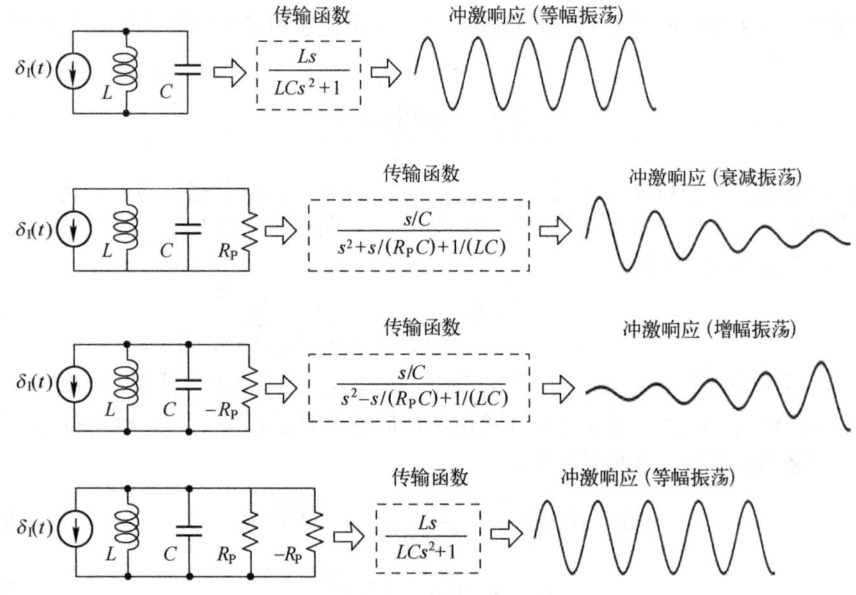


图 9-15 RLC 并联谐振网络的单位冲激响应

**例 9-5** 利用负阻的概念重新对例 9-2 中的振荡器进行设计，使其根轨迹能够进入拉普拉斯平面的右半部分。

**解**：将图 9-6 变为具体的电路形式，如图 9-16 所示，其中的反馈系数 $f(s)=1$，则闭环后的传输函数为

$$T(s)=\frac{K}{s^2+K} \tag{9-63}$$

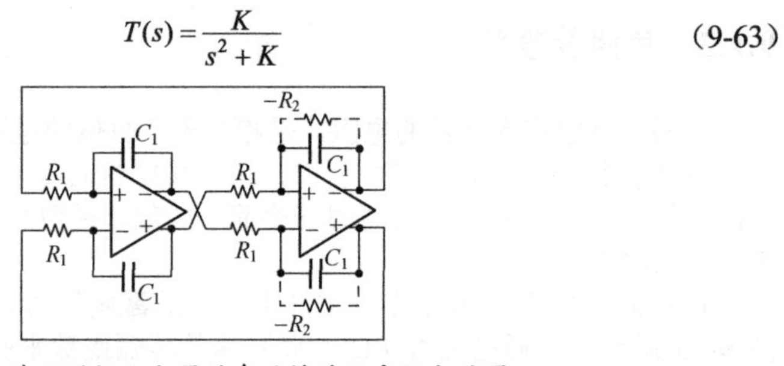


图 9-16 基于两级积分器的负反馈系统实际电路图

式中，$K=1/(R_1^2C_1^2)$。从式（9-63）来看，该闭环系统为一稳定的振荡系统，但是由于电路本身的非理想性（如有限的运算放大器增益和带宽），很容易使闭环回路传输函数的极点进入拉普拉斯平面的左半部分，使闭环回路呈现衰减振荡。这一现象可以通过负阻的引入得到有效解决（图中的虚线连接部分）。由于负阻是一个产能元件，因此可以通过设置合适的负阻值使闭环回路传输函数的极点进入拉普拉斯平面的右半部分，满足起振条件。最后，通过负阻元件的非线性使闭环回路进入稳定振荡。加入负阻元件后，闭环回路的传输函数可以改写为

$$T(s)=\frac{1/(R_1^2C_1^2)}{s^2-s/(R_2C_1)+1/(R_1^2C_1^2)} \tag{9-64}$$

可以看出，负阻的加入使闭环回路的极点从虚轴进入到了右半平面，满足振荡器的起振条件。随着振荡幅度的增大（负阻的作用），负阻元件进入非线性区，$R_2$ 逐渐增大，使闭环回路的极点从右半平面回归虚轴，此时的极点与式（9-63）相同，闭环回路进入稳定振荡状态。

不同于常用的无源电阻元件，负阻可以产生能量，因此其肯定是一个有源元件。典型的负阻元件通常使用一对交叉耦合的晶体管（称为交叉耦合对或交叉耦合对管）来实现，如图 9-17 所示。由图可得

$$v_s = v_1 - v_2 \tag{9-65}$$

$$i_s = g_m v_2 \tag{9-66}$$

$$g_m v_1 + g_m v_2 = 0 \tag{9-67}$$

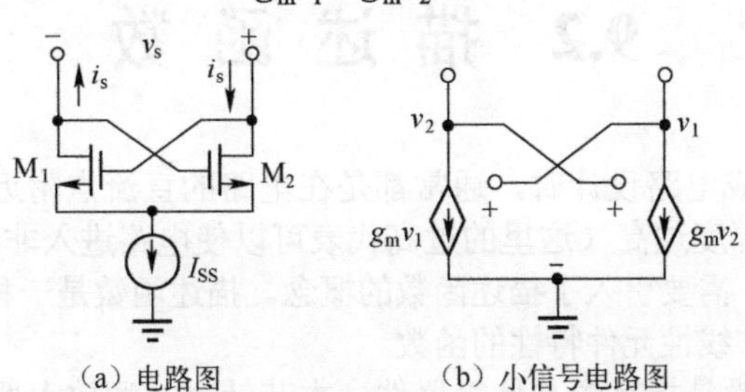


（a）电路图　　（b）小信号电路图

图 9-17　用有源交叉耦合对实现负阻元件

式中，$g_m$ 为晶体管 $M_1$ 和 $M_2$ 的跨导。联立上述三式，可得交叉耦合对的等效电阻为

$$R = \frac{v_s}{i_s} = \frac{v_1 - v_2}{g_m v_2} = \frac{2v_1}{-g_m v_1} = -\frac{2}{g_m} \tag{9-68}$$

**例 9-6**　利用交叉耦合对形成负阻，并结合图 9-15 中的第四种情况构造一个可以稳定振荡的射频振荡器。

**解**：如图 9-18 左侧所示，使用交叉耦合对替代图 9-15 中的负阻元件，为了使其能够振荡，初始阶段负阻产生的能量必须大于电阻 $R_P$ 消耗的能量。随着振荡幅度的增大，交叉耦合对进入非线性区，负阻产生的能量下降，直至和电阻 $R_P$ 消耗的能量相同，电路进入稳定振荡阶段。最终的振荡幅度与尾电流有关。

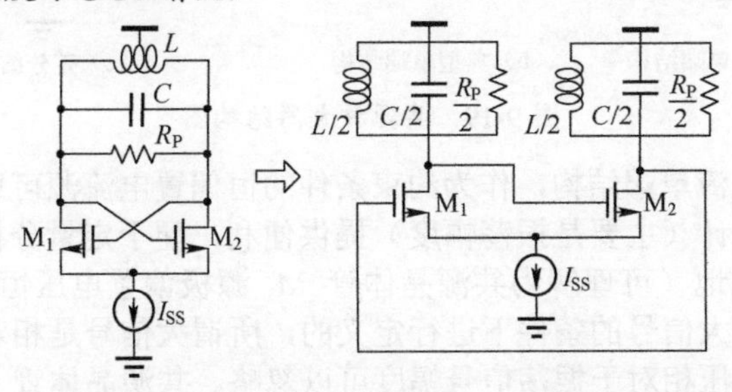


图 9-18　基于交叉耦合对的射频振荡器（负阻形式和反馈形式）

从反馈和根轨迹的角度再来分析一下图 9-18 左侧的电路形式。经过变换后，可以将负阻形式的电路重新组合成反馈形式的电路。两级电路均采用共源放大器的形式，每级共源跨导放大器提供180°的相位偏移，因此该反馈形式的电路属于正反馈结构。每级电路负载（RLC 并联网络形式）均可提供位于拉普拉斯平面左半部分的

两个极点和位于原点处的一个零点，因此每级电路均存在振荡的可能性。多级相同电路的串联在建立正确的正反馈或负反馈条件后，同样可以稳定振荡。从反馈角度来看，该电路属于正反馈形式，为了保证稳定振荡，需要满足式（9-47）和式（9-48）。此时的振荡频率必须位于并联网络的谐振频率处，且稳定振荡条件下，闭环环路的增益必须为单位增益。为了保证顺利起振，初始环路增益必须大于 1。

至此，已经详细地讨论了设计射频振荡器时常用的三种设计方法。三者只是分析问题的角度不同，基本原理都是相通的。闭环系统根轨迹法强调基本的原理分析，反馈法和负阻法更注重具体的工程实践。

# 9.2 描述函数

在进行射频集成电路设计时，通常都是在电路的直流点附近进行近似线性小信号分析。如果信号幅度过高（这里的过高代表可以使电路进入非线性区），为了较准确地设计电路参数，需要引入了描述函数的概念。描述函数是一种利用线性响应（一次谐波响应）表征非线性元件特性的函数。

非线性元件一般是指有源晶体管器件，本节针对共源放大器和共栅放大器进行大信号条件下的关键参数（主要是跨导参数）等效分析，建立其描述函数。

共源放大器的结构如图 9-19 所示，其中图 9-19（a）所示为恒偏置电流单端结构，图 9-19（b）所示为典型单端结构，图 9-19（c）所示为差分结构。之所以对三种结构都进行分析，主要是因为大信号条件下三者的工作机理是有区别的，所推导的结果也有一些差别。

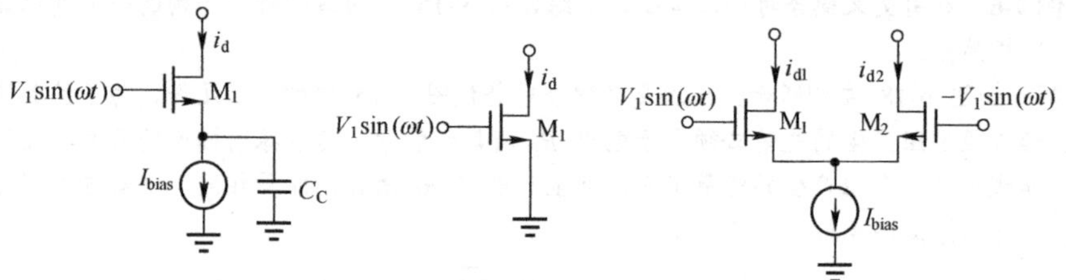

（a）恒偏置电流单端结构　（b）典型单端结构　（c）差分结构

图 9-19　共源放大器结构图

对于恒偏置电流单端结构，作为约束条件的恒偏置电流源可以为基于共源放大器的振荡器精准设计（主要是振荡幅度）提供便利，便于定量分析。大电容 $C_C$ 迫使源极近似为交流地（可理解为共源晶体管 $M_1$ 源极偏置电压恒定）。需要明确一点，描述函数是在大信号的条件下进行定义的，所谓大信号是相对于过驱动电压而言的，即过驱动电压相对于振荡信号幅度可以忽略。共源晶体管 $M_1$ 漏极电流随着栅极电压的波动呈现周期性的导通和截止状态，导通角可以近似为180°。为了便于分析，将晶体管漏极电流的波形近似为半周期正弦信号（此处默认为晶体管 $M_1$ 始终工作在饱和状态，忽略进入线性区后的削峰现象）的周期延拓，则漏极电流可以分解为直流信号和谐波成分的叠加（其中基波频率和晶体管栅极输入信号频率相同），且该直流成分和源极偏置电流相同，谐波电流成分均通过电容部分进行补偿。因此，下式成立：

$$I_{\text{bias}} = \frac{1}{T}\int_0^T i_{\text{d}}(t)\text{d}t \tag{9-69}$$

假设晶体管漏极的峰值电流为 $I_{\text{dp}}$，则有

$$I_{\text{bias}} = \frac{1}{T}\int_0^T i_{\text{d}}(t)\text{d}t = \frac{1}{\omega T}\int_0^{T/2} I_{\text{dp}}\sin(\omega t)\text{d}(\omega t) = \frac{1}{2\pi}\int_0^{\pi} I_{\text{dp}}\sin(\theta)\text{d}\theta \tag{9-70}$$

可得 $I_{\text{dp}} = \pi I_{\text{bias}}$。振荡器处于稳定工作状态时，输出的振荡频率和输入端相同，因此可以通过晶体管漏极电流的基波成分来定义晶体管的描述函数。根据傅里叶级数展开式，晶体管漏极电流的基波成分幅度为

$$I_{\text{d1}} = \frac{2}{T}\int_0^T i_{\text{d}}(t)\sin(\omega t)\text{d}t = \frac{2}{\omega T}\int_0^{T/2} I_{\text{dp}}\sin(\omega t)\sin(\omega t)\text{d}(\omega t) = \frac{1}{\pi}\int_0^{\pi} I_{\text{dp}}\sin^2(\theta)\text{d}\theta \tag{9-71}$$

已知

$$\int_0^{\pi}\sin^2(\theta)\text{d}\theta = \int_0^{\pi}\cos^2(\theta)\text{d}\theta,\quad \int_0^{\pi}[\sin^2(\theta)+\cos^2(\theta)]\text{d}\theta = \pi \tag{9-72}$$

将式（9-72）代入式（9-71）可得

$$I_{\text{d1}} = \frac{I_{\text{dp}}}{2} = \frac{\pi I_{\text{bias}}}{2} \tag{9-73}$$

对于等效电流基波幅度 $I_{\text{d1}}$ 而言，共源晶体管栅极输入的信号幅度为 $V_1$，因此在大信号条件下，共源晶体管的等效跨导为

$$G_{\text{m}} = \frac{I_{\text{d1}}}{V_1} = \frac{\pi I_{\text{bias}}}{2V_1} \tag{9-74}$$

仅通过建立跨导描述函数还不足以覆盖振荡器设计中的所有变量，如晶体管的尺寸，因此还需建立等效跨导与小信号跨导 $g_{\text{m}}$ 之间的定量关系（小信号跨导与晶体管的尺寸之间存在直接的关系）。已知

$$g_{\text{m}} = \frac{2I_{\text{bias}}}{V_{\text{GS}} - V_{\text{TH}}} \tag{9-75}$$

联立式（9-74）和式（9-75），可得

$$\frac{G_{\text{m}}}{g_{\text{m}}} = \frac{\pi(V_{\text{GS}} - V_{\text{TH}})}{4V_1} \tag{9-76}$$

**例 9-7** 试利用恒偏置电流单端共源放大器描述函数模型分析三重极点负反馈系统的振荡频率、振荡幅度和起振条件。

**解：** 搭建相关振荡电路如图 9-20 所示。每级电路的极点为 $-p_0 = -1/(RC)$。根据例 9-4 的分析可得，振荡电路的振荡频率 $\omega_{\text{osc}} = \sqrt{3}p_0 = \sqrt{3}/(RC)$，起振条件为环路增益 $K > 8$。根据图 9-20 的电路可以将开环传输函数描述出来[反馈系数 $f(s) = 1$]:

$$H(s) = \left[\frac{G_{\text{m}}R}{1 + sRC}\right]^3 \tag{9-77}$$

式中，$G_{\text{m}}$ 为共源晶体管大信号条件下的等效跨导，则环路增益 $K = G_{\text{m}}^3 R^3$，因此 $G_{\text{m}} = 2/R$。假设振荡器的振荡幅度为 $V_{\text{osc}}$，则根据式（9-74）可得每级电路的大信号跨导 $G_{\text{m}} = \pi I_{\text{bias}}/(2V_{\text{osc}})$，因此在稳定振荡情况下，$V_{\text{osc}} = \pi R I_{\text{bias}}/4$。在分别确定了负载电阻和偏置

电流的情况下，可以计算出振荡器振荡幅度。根据式（9-76）可知，在确定振荡幅度的情况下，选取合适的过驱动电压（保证振荡信号是大的），并最终确定小信号跨导 $g_m$，据此选取合适的晶体管尺寸。为了保证振荡器能够起振，根据根轨迹法可知，环路增益需要满足 $K>8$ 以使振荡器的初始状态为增幅振荡状态，环路起振时处于小信号状态，$K=(g_m R)^3>8$ 成立，按照上述方法设计的如图 9-20 所示的振荡器满足起振条件。

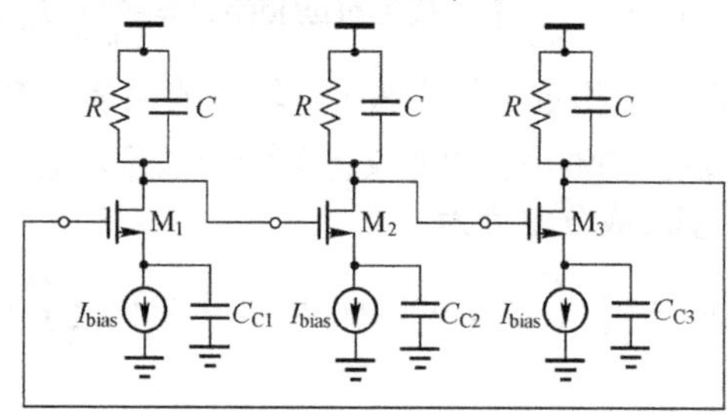


图 9-20 基于恒偏置电流单端共源放大器结构的三重极点负反馈系统振荡器

基于恒偏置电流单端共源放大器形成的振荡器的具体设计流程如下：

① 根据振荡频率和电路级数选择 RC 并联网络中电阻和电容。

② 根据需要的振荡幅度 $V_{osc}$ 确定偏置电流 $I_{bias}$。

③ 选择合适的晶体管宽长比和过驱动电压（驱动电压不能太高，否则建立的描述函数模型误差太大）满足式（9-76）所示的关系。

图 9-20 中大电容 $C_{C1}$、$C_{C2}$、$C_{C3}$ 和偏置电流 $I_{bias}$ 的存在会增大振荡器的设计面积和功耗，减小电路的电压设计裕量。可以采用如图 9-19（b）所示的典型单端共源放大器结构简化振荡器设计。典型单端结构的描述函数模型与存在偏置电流源的单端结构相同，式（9-74）仍然成立。但是典型单端结构由于没有偏置电流源存在，最终的振荡幅度由晶体管的尺寸和过驱动电压共同决定。

**例 9-8** 试利用图 9-19（a）所示单端共源放大器描述函数模型重新搭建图 9-18 所示的振荡电路，并分析振荡频率、振荡幅度和起振条件。

**解：** 图 9-21 为利用恒偏置电流单端共源放大器结构基于图 9-18 重新搭建的振荡电路。由于负阻振荡器在 LC 并联网络谐振频率处相当于一个正反馈环路，振荡频率与 LC 并联网络谐振频率相同。在振荡频率处，环路的增益模值为 1，即 $G_m R_P/2=1$，其中 $G_m$ 为每个晶体管的大信号等效跨导。与例 9-7 相同，负阻振荡器的单端振荡幅度 $V_{osc}=\pi R_P I_{bias}/4$。图 9-21 所示负阻振荡器的起振条件为 $G_m>2/R_P$，由于起振时处于小信号工作模式，小信号跨导满足 $g_m>2/R_P$。上述振荡器按照上述条件设计完成后满足起振条件，无须再进行其他额外设计。

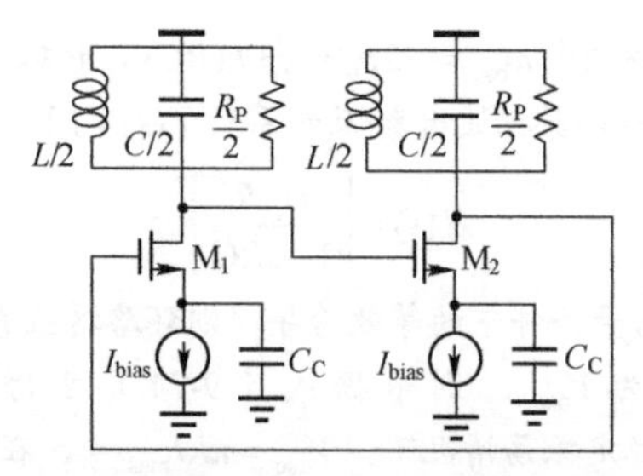


图 9-21 基于恒偏置电流单端共源放大器结构的负阻射频振荡器

基于恒偏置电流单端共源放大器的振荡器设计流程还隐含着一个条件，即偏置电流源必须始终工作在饱和状态。这一点可以通过在源极接入较大的电容来保证（源极交流地），但是容易导致设计的整体芯片面积也过大。对于例 9-8 的情况，振荡器的相位噪声也会恶化很多，主要是大电容会在晶体管导通时产生一个较小的对地阻抗，恶化谐振网络的品质因子（见 9.5 节）。因此，在实际的设计过程中，通常通过全差分的方式来解决交流地的问题。

如图 9-19（c）所示，通过差分的方式可以很好地解决交流地的问题（不需要大电容），具体工作原理如图 9-22 所示。在差分大信号的作用下，两个差分晶体管周期性地导通和截止，由于过驱动电压的作用，存在一段共同导通的时间。为了便于分析，假定共同导通时，两个晶体管均分偏置电流，轮流导通时，偏置电流全部通过导通晶体管，因此稳定工作时的差分电流近似为一个周期方波信号。仅考虑差分电流的基波成分，该周期方波信号的幅度为 $4I_{\text{bias}}/\pi$，则在大信号条件下共源差分对中每个晶体管的等效跨导 $G_{\text{m}}=2I_{\text{bias}}/(\pi V_{\text{osc}})$，其中 $V_{\text{osc}}$ 为振荡器的单端振荡幅度。

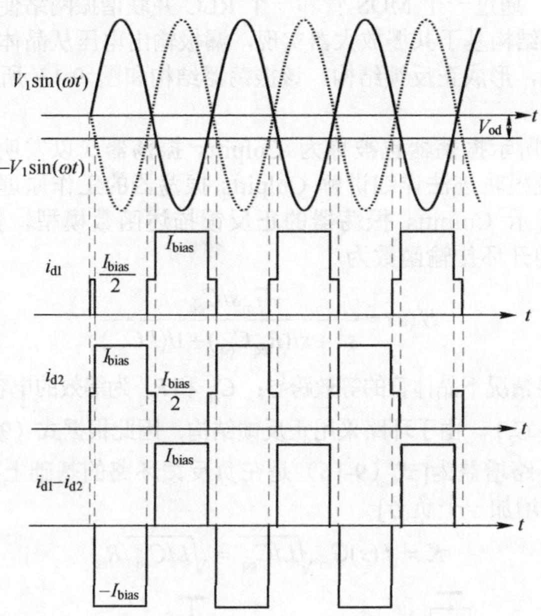


图 9-22　差分共源放大器栅极电压及漏极电流示意图

**例 9-9**　试利用差分共源放大器描述函数模型分析图 9-18 所描述的负阻振荡器的振荡频率、振荡幅度、起振条件。

**解：** 振荡频率和起振条件的分析与例 9-8 相同，不再赘述。接下来分析振荡幅度。假设振荡器的单端振荡幅度为 $V_{\text{osc}}$，则偏置电流 $I_{\text{bias}}=\pi V_{\text{osc}}/R_{\text{P}}$。相比于单端结构，在相同的振荡幅度条件下，差分结构需要消耗更大的功耗。更大的功耗换来的是更小的面积和更优的相位噪声性能。对于差分共源放大器而言，通常情况下 $G_{\text{m}}=2/R_{\text{P}}<g_{\text{m}}$ 成立，满足起振条件。

共栅放大器和共源放大器在小信号模型中的跨导相同，大信号条件下的工作机制也类似。大信号条件下，晶体管的过驱动电压可以近似忽略，因此共栅放大器的漏极电流和共源放大器相同，均为半周期的正弦信号，共栅放大器的描述函数（大信号等效跨导）和共源放大器相同。

# 9.3　常用射频振荡器类型

一般将射频振荡器分为四类：反馈式 LC 振荡器、环形振荡器、负阻振荡器和晶体振荡器。这四类振荡器之间并没有严格的区分，振荡器名称仅仅只是体现出来它们的典型特征。

## 9.3.1　反馈式 LC 振荡器

本节主要针对共栅放大器进行说明，所述结果对于共源放大器同样适用。如图 9-23（a）所示，通过一个 MOS 管和一个 RLC 并联谐振网络便可以组成一个经典的振荡器结构。该结构基于共栅放大器实现，漏极输出电压从晶体管漏极经电容分压反馈至晶体管源极，形成正反馈结构。该振荡器结构和图 9-13 所述结构相同，因此具有振荡可能性。

图 9-23（a）所示振荡器也被称为 Colpitts 振荡器（以发明者的名字命名）。下面利用闭环系统根轨迹法详细讲解 Colpitts 振荡器的工作原理。根据图 9-13 画出图 9-23（a）所示 Colpitts 振荡器的正反馈描述函数模型，如图 9-23（b）所示。该闭环系统的开环传输函数为

$$H(s)=\frac{G_{\mathrm{m}}s/C_{\mathrm{eq}}}{s^2+s/(R_{\mathrm{eq}}C_{\mathrm{eq}})+1/(LC_{\mathrm{eq}})} \tag{9-78}$$

式中，$G_{\mathrm{m}}$ 为大信号情况下晶体管的等效跨导；$C_{\mathrm{eq}}$ 和 $R_{\mathrm{eq}}$ 为等效的电容和电阻；反馈系数 $f(s)=n=C_1/(C_1+C_2)$。由于环路采用正反馈结构，因此根据式（9-16）和式（9-61）可得该振荡器的环路增益为[式（9-16）是在负反馈环路的基础上推导出来的，对于正反馈环路，需要增加一个负号]

$$K=f(s)G_{\mathrm{m}}\sqrt{L/C_{\mathrm{eq}}}=\sqrt{L/C_{\mathrm{eq}}}/R_{\mathrm{eq}} \tag{9-79}$$

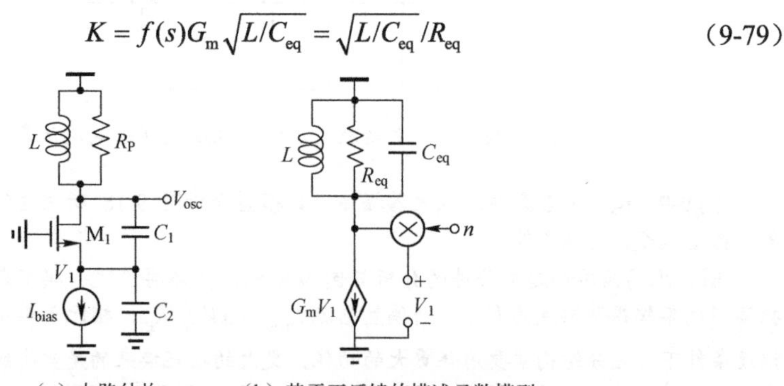


（a）电路结构　（b）基于正反馈的描述函数模型

图 9-23　Colpitts 振荡器

因此下式成立：

$$G_{\mathrm{m}}=\frac{1}{nR_{\mathrm{eq}}} \tag{9-80}$$

稳定振荡时，振荡器的振荡幅度为$V_{\mathrm{osc}}$，因为共栅放大器的描述函数和图 9-19（a）所示的单端共源放大器的描述函数相同，则有

$$G_{\mathrm{m}}=\frac{\pi I_{\mathrm{bias}}}{2V_1}=\frac{\pi I_{\mathrm{bias}}}{2nV_{\mathrm{osc}}} \tag{9-81}$$

联立式（9-80）和式（9-81）可得 Colpitts 振荡器需要的偏置电流为

$$I_{\mathrm{bias}}=\frac{2V_{\mathrm{osc}}}{\pi R_{\mathrm{eq}}} \tag{9-82}$$

接下来，继续讨论图 9-23（b）中的等效电阻$R_{\mathrm{eq}}$与图 9-23（a）中 LC 并联网络寄生电阻 $R_{\mathrm{P}}$之间的关系。图 9-23（a）与图 9-23（b）的区别仅在电容和电阻部分，电容部分为电容$C_1$和$C_2$的串联，电阻部分的等效示意图如图 9-24 所示，其中电阻$1/G_{\mathrm{m}}$为共栅晶体管源极的输入电阻，$G_{\mathrm{m}}$为晶体管大信号条件下的等效跨导。通过对电容进行抽头形成一个抽头电容谐振器，抽头电容与晶体管源极阻抗的等效导纳为

$$Y_{\mathrm{eq}}=\frac{\mathrm{j}\omega C_1-\omega^2 C_1C_2/G_{\mathrm{m}}}{\mathrm{j}\omega(C_1+C_2)/G_{\mathrm{m}}+1} \tag{9-83}$$

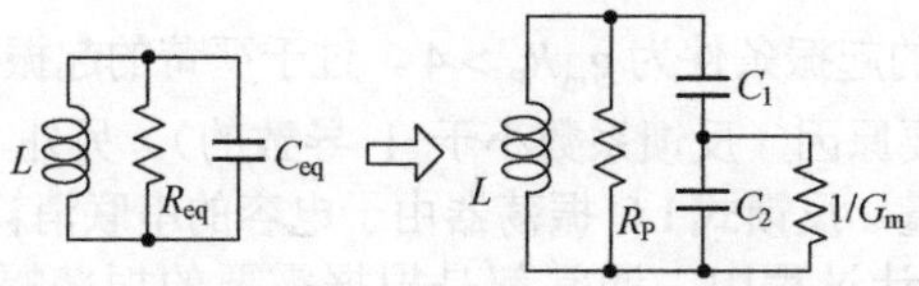

图 9-24 电阻等效结构示意图

它的实数部分为

$$G_{\mathrm{eq}}=\frac{\omega^2C_1^2/G_{\mathrm{m}}}{\omega^2(C_1+C_2)^2/G_{\mathrm{m}}^2+1} \tag{9-84}$$

在足够高的振荡频率处，等效的并联电导可简化为

$$G_{\mathrm{eq}}\approx\frac{\omega^2C_1^2/G_{\mathrm{m}}}{\omega^2(C_1+C_2)^2/G_{\mathrm{m}}^2}=n^2G_{\mathrm{m}} \tag{9-85}$$

同理，还可以计算出导纳的虚数部分为

$$B_{\mathrm{eq}}=\frac{\omega C_1+\omega^3C_1C_2(C_1+C_2)/G_{\mathrm{m}}^2}{\omega^2(C_1+C_2)^2/G_{\mathrm{m}}^2+1} \tag{9-86}$$

式（9-86）在频率足够高处可以化简为

$$B_{\mathrm{eq}}\approx\omega\frac{C_1C_2}{C_1+C_2} \tag{9-87}$$

式（9-85）和（9-87）中的“≈”代表等效的并联电导和导纳只有在一定的条件下才满足。但是后续推导仍采用该表达式，实践证明用该表达式建立起来的设计直觉对于初次粗略的设计是极为有用的，且这种近似和我们的预期也是相符的。因此，图 9-24 中的等效电阻和电容分别为

$$R_{\text{eq}} = R_{\text{P}} \parallel \frac{1}{n^2 G_{\text{m}}} \tag{9-88}$$

$$C_{\text{eq}} = \frac{C_1 C_2}{C_1 + C_2} \tag{9-89}$$

根据上述推导，可以得出如下结论：

① 根据闭环系统根轨迹法或反馈法，Colpitts 振荡器的稳定振荡频率为

$$\omega_{\text{osc}} = \sqrt{\frac{C_1 + C_2}{L C_1 C_2}} \tag{9-90}$$

② 对于设计时给定的振荡幅度 $V_{\text{osc}}$，需要的偏置电流为

$$I_{\text{bias}} = \frac{2V_{\text{osc}}}{\pi R_{\text{eq}}} = \frac{2V_{\text{osc}}}{\pi\left[R_{\text{P}} \parallel \dfrac{1}{n^2 G_{\text{m}}}\right]} = \frac{2V_{\text{osc}}}{\pi R_{\text{P}}(1-n)} \tag{9-91}$$

③ 根据根轨迹法，联立式（9-80）和式（9-88），并考虑到起振状态晶体管处于小信号状态，可得 Colpitts 振荡器的起振条件为

$$g_{\text{m}} > \frac{1}{n R_{\text{eq}}} \Rightarrow g_{\text{m}} > \frac{1 + n^2 g_{\text{m}} R_{\text{P}}}{n R_{\text{P}}} \Rightarrow g_{\text{m}} R_{\text{P}} > \frac{1}{n - n^2} \tag{9-92}$$

当 $n = 0.5$ 时，振荡器的起振条件为 $g_{\text{m}} R_{\text{P}} > 4$。过于严苛的起振条件是限制反馈式 LC 振荡器规模应用的主要原因（反馈系数小于 1 导致的）。另外，在相同振荡频率条件下，实现相同的电容量，反馈式 LC 振荡器由于电容的串联消耗的面积也比较大。

在具体的电路设计过程中，通常都是根据需要的振荡幅度确定晶体管大信号等效跨导 $G_{\text{m}}$，再根据式（9-76）确定小信号跨导 $g_{\text{m}}$。典型情况下 $g_{\text{m}} > G_{\text{m}}$，因此式（9-92）要求的起振条件是满足的。

接下来采取负阻法对 Colpitts 振荡器的振荡行为进行分析。如图 9-25 所示，左侧为仅保留抽头电容和共栅晶体管的剩余电路图，右侧为等效小信号电路图。相比于图 9-24，省略了电容抽头处的源极阻抗，主要是因为晶体管漏极开路，源极输入阻抗为无穷大。

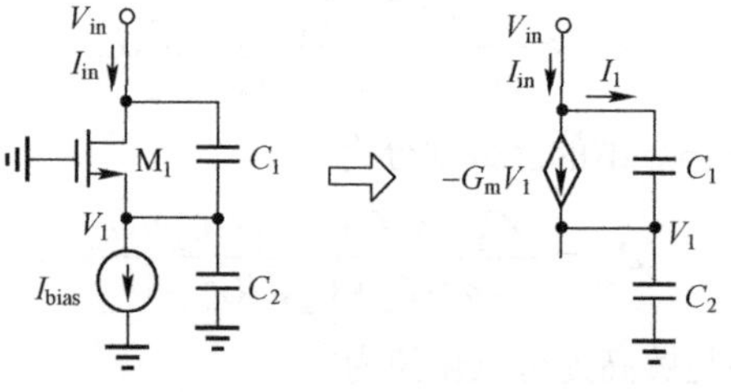

图 9-25 Colpitts 振荡器负阻分析法

根据图 9-25 所示的小信号电路图，可得如下等式：

$$\frac{I_{\text{in}}}{sC_2} + \left[I_{\text{in}} + \frac{g_{\text{m}} I_{\text{in}}}{sC_2}\right]\frac{1}{sC_1} = V_{\text{in}} \tag{9-93}$$

从晶体管漏极看进去的等效阻抗为（令 $s = \text{j}\omega$）

$$\frac{V_{\text{in}}}{I_{\text{in}}}=\frac{1}{\text{j}\omega C_2}+\frac{1}{\text{j}\omega C_1}-\frac{g_{\text{m}}}{\omega^2 C_1 C_2} \tag{9-94}$$

根据式（9-94）可以画出图 9-25 所示 Colpitts 振荡器的等效负阻电路，如图 9-26（a）所示。其中，等效电容和电阻已经在图中进行了标注。如果在负阻电路中接入一个无损电感，会形成一个增幅振荡器，振荡频率同式（9-90）相同。如果接入一个有损电感，当有损电感的寄生电阻满足

$$R_{\text{S}}=\frac{g_{\text{m}}}{\omega_{\text{osc}}^2 C_1 C_2} \tag{9-95}$$

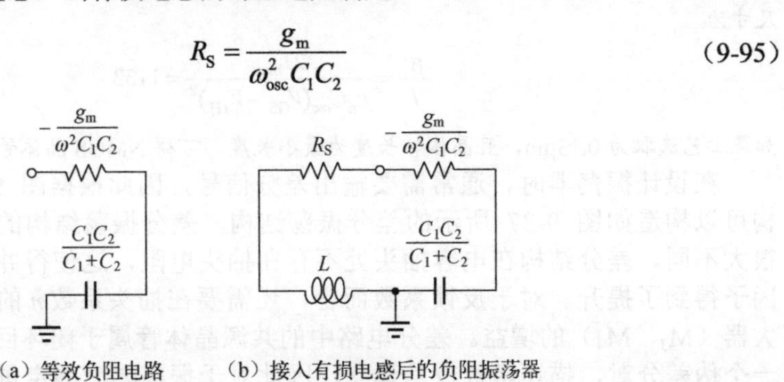


（a）等效负阻电路　（b）接入有损电感后的负阻振荡器

图 9-26　Colpitts 振荡器

时，振荡器变为一个等幅振荡器，振荡频率和式（9-90）一致。根据负阻法原理，振荡器起振条件为

$$g_{\text{m}}>\omega_{\text{osc}}^2 C_1 C_2 R_{\text{S}} \tag{9-96}$$

式中，$g_{\text{m}}$ 为晶体管小信号等效跨导。将串联组合转换为并联组合，当振荡器品质因子 $Q$ 较大时，可得

$$\frac{\omega_{\text{osc}}L}{R_{\text{S}}}\approx\frac{R_{\text{P}}}{\omega_{\text{osc}}L} \tag{9-97}$$

将式（9-97）代入式（9-96）可得

$$g_{\text{m}}R_{\text{P}}>\omega_{\text{osc}}^4 L^2 C_1 C_2=\left[\sqrt{\frac{C_1+C_2}{LC_1C_2}}\right]^4 L^2 C_1 C_2=\frac{(C_1+C_2)^2}{C_1C_2}=\frac{1}{n-n^2} \tag{9-98}$$

可以看出根轨迹法和负阻法所预测的起振条件是一致的。通过反馈法也可以得到同样的结论，感兴趣的读者可以自行推导。从图 9-26 可以看出，反馈式 LC 振荡器也属于负阻振荡器的范畴，由于采用基于共栅放大器的正反馈结构，仅需一级电路即可实现振荡。考虑到 Colpitts 振荡器的反馈特性更加明显，因此仅仅在称呼上将其限定为反馈式振荡器。

**例 9-10**　利用 Colpitts 振荡器构造一个振荡频率为 1GHz、振荡幅度（峰-峰值）为 1V 的振荡器，并给出各设计参数（对于 NMOS，阈值电压 $V_{\text{TH}}=0.43\text{V}$，$\mu_{\text{n}}C_{\text{ox}}=353\mu\text{A/V}^2$）。

**解：** 参考图 9-23 进行设计，步骤如下：

① 计算 LC 并联谐振网络中电感和电容。根据稳定振荡频率和式（9-90），选取电感为 10nH，可得等效电容 $C_{\text{eq}}=2.5\text{pF}$。令抽头系数 $n=0.5$，则 $C_1=C_2=5\text{pF}$。

② 计算振荡器的偏置电流。假设电感的品质因子为 5，则 LC 并联谐振网络的并联寄生

电阻 $R_P = Q\omega L = 314\Omega$。联立式（9-80）和式（9-88），可得$G_m R_P = 4$，因此$G_m = 12.7\text{mS}$。考虑到$V_{osc} = 0.5\text{V}$，代入式（9-91），可得振荡器的偏置电流$I_{bias} = 2\text{mA}$。

③ 计算振荡器的起振条件。根据式（9-92）可知，振荡器的起振条件为 $g_m > 12.7\text{mS}$。由于晶体管等效跨导 $G_m = 12.7\text{mS}$，令晶体管的过驱动电压为 0.1V，根据式（9-76）可知，晶体管的小信号等效跨导 $g_m = 40.4\text{mS}$，满足起振条件。

④ 计算振荡器 NMOS 共栅晶体管尺寸。根据偏置电流和设定的跨导，可计算晶体管的尺寸为

$$\frac{W}{L} = \frac{2I_{bias}}{\mu_n C_{ox}(V_{GS} - V_{TH})^2} = 1133 \tag{9-99}$$

如果工艺选取为 0.13μm，且晶体管长度为最小长度，可得 NMOS 晶体管的宽度约为 147μm。

在设计振荡器时，通常需要输出差分信号，因此根据图 9-23 的单端振荡结构可以构造如图 9-27 所示的差分振荡结构。差分振荡结构的设计过程和单端有很大不同。差分结构在电容抽头处不存在抽头电阻，这使得并联谐振网络的品质因子得到了提升。对于反馈系数而言，还需要在抽头系数 $n$ 的基础上乘以共源放大器（$M_3$、$M_4$）的增益。差分电路中的共源晶体管属于闭环回路的一部分，且为一个伪差分对，描述函数较难建立，因此对于振荡幅度的定量估计较为困难，一般都是在满足起振条件的情况下通过仿真来确定的。在共源放大器的增益为 1 的情况下，反馈系数（抽头电容）的存在仍然会导致该差分振荡器的起振条件较为苛刻。

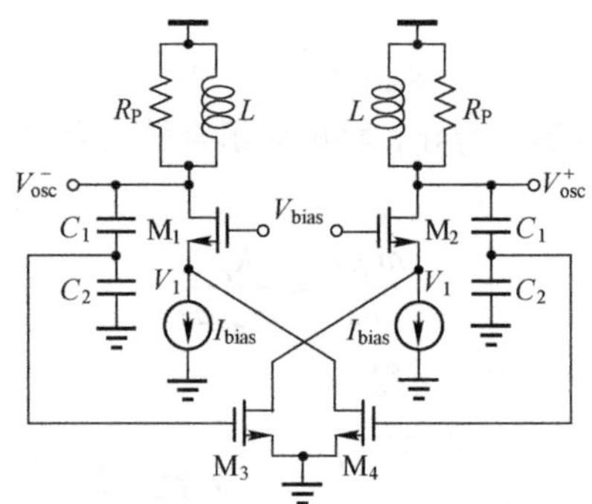


图 9-27 基于共栅放大器的差分反馈式 LC 振荡器

通过直接观察不难发现，图 9-27 中的共源放大器（$M_3$、$M_4$）和共栅放大器（$M_1$、$M_2$）组成了 Cascode 结构，因此可以用一个共源放大器来替代，如图 9-28 所示。该结构和后续要介绍的负阻放大器非常相似，只是在闭环回路中多了一个抽头系数（反馈系数），抽头系数会增加振荡电路的起振难度。该振荡电路可以采用差分共源放大器的描述函数定量分析大信号下的等效跨导，从而建立振荡幅度与偏置电流之间的关系。

对于反馈式 LC 振荡器，还经常用到图 9-29 所示的两种结构。它们与 Colpitts 振荡器原理相同，只是一个采用电感抽头（也称为 Hartley 振荡器），如图 9-29（a）所示；一个将电感元件用电感和电容的串联（也称为 Clapp 振荡器）替换，如图 9-29（b）所示。

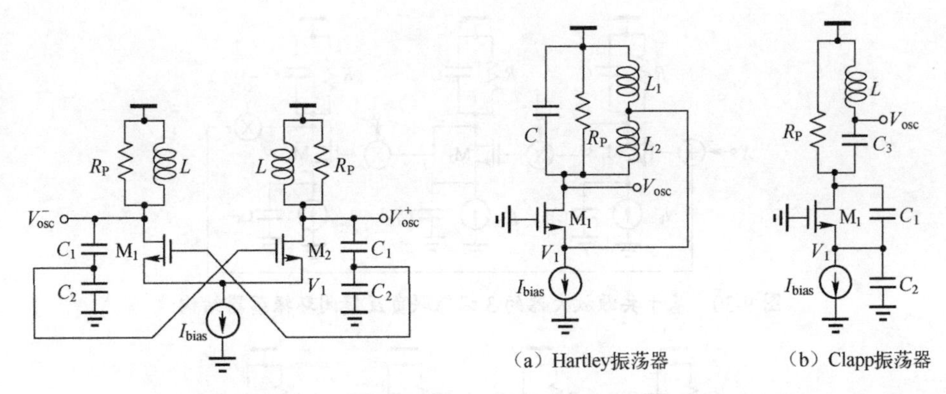


图 9-28 基于共源放大器的差分反馈式振荡器

图 9-29 其他形式的反馈式 LC 振荡器

## 9.3.2 环形振荡器

环形振荡器也是一个闭环回路振荡器，可以用反馈法来分析，也可以将其称为反馈式振荡器，只是我们习惯将若干级相同电路结构级联并闭环后形成的振荡回路称为环形振荡器，如图 9-11 所示的多重极点闭环系统。在 9.2.1 节介绍闭环系统根轨迹法时曾提到，当环路增益 $K \geqslant 0$ 时，对于多重极点的负反馈系统，其级联级数 $n \geqslant 3$；当环路增益 $K \leqslant 0$ 时，对于多重极点系统，级联级数 $n \geqslant 5$。由于后者存在频率为 0 的稳定情况（环路相移为$0°$），所以环路需要外加一个冲激信号才能起振（振荡频率处满足环路相移为$360°$）。即使环路处于稳定振荡的状态，或多或少的外界干扰可能会使振荡环路回到频率为 0 的稳定状态，因此在设计环形振荡器时，环路增益 $K \leqslant 0$ 的负反馈情况通常是不会考虑的。

$K \geqslant 0$时，仅存在一种稳定振荡的情况，因此仅针对$K \geqslant 0$时进行说明，总结一些设计规律。为了降低设计复杂度，通常将各相同模块直接进行首尾相连形成闭环振荡。可以将图 9-20 所示电路看作一个负反馈的闭环振荡器，主要原因就是环路的增益为负数（3 级共源放大器，每一级提供$180°$的相移）。可以重新用负反馈的形式给出图 9-20，如图 9-30 所示。闭环回路中包括反馈端共存在 4 个反向模块，产生的相位偏移为$0°$。如果级数 $n$ 为奇数，则这 $n$ 个相同的模块可以直接首尾相连。如果 $n$ 为偶数，当闭环回路采用负反馈形式且$K \geqslant 0$时，环路存在振荡的可能性。以 4 级级联为例，表示为负反馈的形式如图 9-31 所示。可以看出，4 级共源放大器环路直流相移为$0°$，即 $K \geqslant 0$，环路中存在一个反向模块（反馈处），该反向模块可以通过增加或减少一个共源放大器实现。因此，如果仅采用简单的首尾相连方式，闭环回路需要 5 级或 3 级级联。同理对于其他级数为偶数的负反馈情况，同样需要 $n \pm 1$ 级进行首尾相连才能提供振荡可能性。需要说明的是，偶数级负反馈振荡器每级提供的相位偏移为$180°/n$，转换为首尾相连的奇数级时，每级提供的相位偏移变为$180°/(n \pm 1)$，但这并不影响我们得出如下结论：

对于基于共源放大器实现的闭环振荡回路，至少需要大于等于 3 级的奇数个相同模块首尾相连才能实现闭环振荡回路。

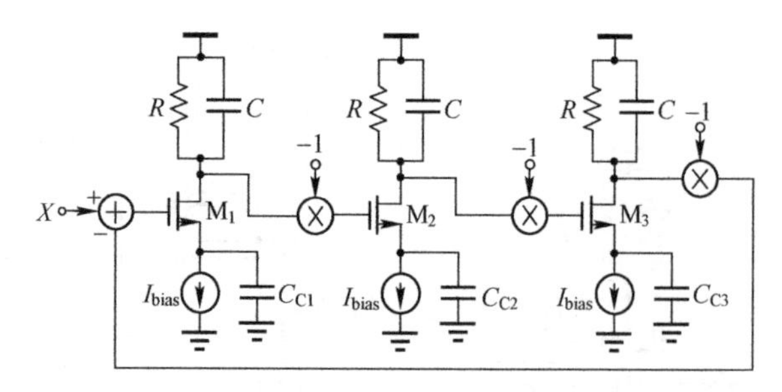


图 9-30　基于共源放大器的 3 级级联负反馈闭环振荡器结构

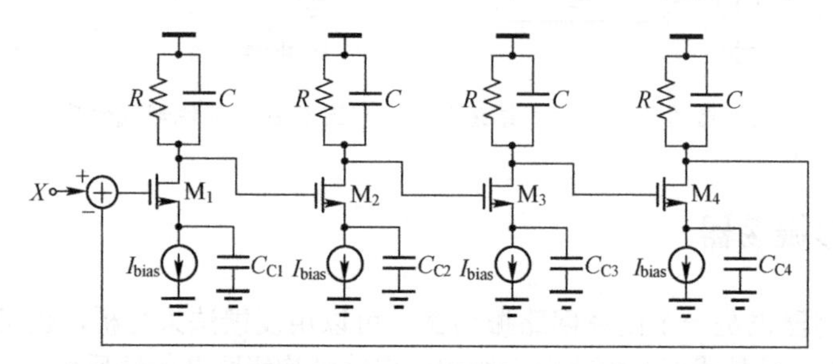


图 9-31　基于共源放大器的 4 级级联负反馈闭环振荡器结构

通常要求晶体管源极电流源处于饱和状态以提供稳定的电流偏置（只有这样我们建立的描述函数模型才会成立），但是很多振荡器在实际设计过程中并不满足该条件，如图 9-32 所示。图 9-32 所示振荡器在小信号情况下和图 9-31 相似，起振条件可以根据根轨迹法或反馈法方便地计算出来。在起振的初始阶段，振荡信号幅度较小，共源晶体管处于饱和状态，振荡频率 $\omega_{\text{osc}} = \sqrt{3}/(RC_{\text{L}})$。当振荡幅度增大一定程度时（晶体管的非线性效应占据主导地位），振荡器进入大信号工作模式，晶体管可以近似被看作一个开关模块（描述函数的建立主要是为了方便定量化分析，大信号模式下还可以采用开关模型来近似，振荡幅度趋于全摆幅），控制电容的充放电状态。环形振荡器的振荡频率由小信号情况下的各级提供 60° 相位偏移转变为振荡频率依赖于各级的充放电时间常数。当晶体管导通时，电容处于放电状态，放电时长由负载电容和晶体管导通电阻决定。当晶体管截止时，电容处于充电状态，充电时长由负载电阻和电容决定。大信号工作条件下，振荡器的振荡波形由三部分组成：上升沿部分、下降沿部分和延迟部分。上升沿和下降沿部分主要由各级电路的充放电时间常数决定。延迟时间由剩余各级的充放电时间常数决定。假设振荡波形是一个类方波，且电压状态转换速率近似为线性的，画出图 9-33 所示环形振荡器稳定振荡波形，其中 $t_{\text{r}}$ 为从低电平充电至高电平所需的时间（上升时间），$t_{\text{f}}$ 为从高电平放电至低电平所需的时间（下降时间），高电平延迟时间由后续两级的下降时间和上升时间决定，低电平延迟时间由后续两级的上升时间和下降时间决定。振荡器的振荡周期为 $t_{\text{r1}} + t_{\text{f1}} + t_{\text{r2}} + t_{\text{f2}} + t_{\text{r3}} + t_{\text{f3}}$。如果三级电路参数完全相同，振荡器的振荡周期为 $3(t_{\text{r}} + t_{\text{f}})$。在大信号模型下，巴克豪森准则依然成立，将周期振荡的失真波形（晶体管的非线性导致）进行傅里叶级数展开后，各次谐波通过 RC 网络后均会产生一定的振幅和相移，稳定振荡后，相邻各级的输出波形相位差为 240°（包含共源放大器提供的 180° 相移）。此时的振荡基频与小信号状态下存在一定的差异。

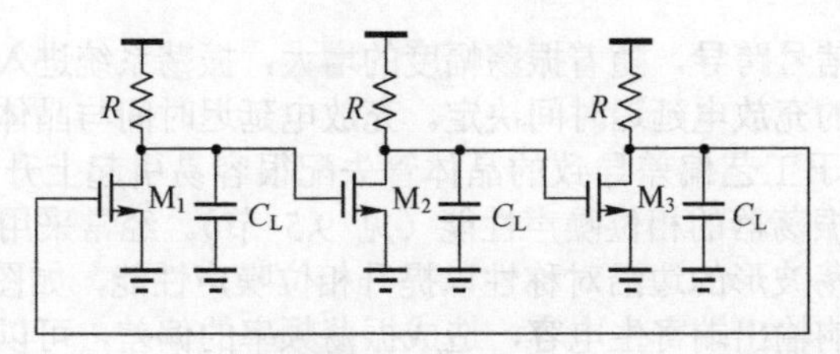


图 9-32　基于共源放大器的 3 级级联延迟型振荡器

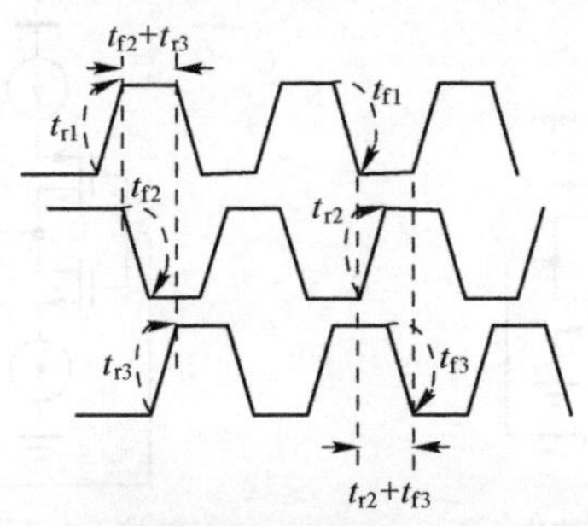


图 9-33　3 级环形振荡器的大信号稳定振荡波形

**例 9-11**　试分析图 9-32 所示环形振荡器的起振条件、设计参数及稳定振荡后的振荡频率。

**解：** 环形振荡器的起振条件需要满足在振荡频率处的环路增益大于 1，即各级晶体管的跨导需要满足 $g_m > 2/R$。

考虑直流偏置点的设计，上电后各级电路晶体管的栅极电压和漏极电压相同，因此

$$\frac{V_{DD} - V_{DS}}{R} = \frac{1}{2}\mu_n C_{ox}\frac{W}{L}(V_{GS} - V_{TH})^2 = \frac{1}{2}g_m(V_{GS} - V_{TH}) \tag{9-100}$$

式中，$V_{DS}$ 为晶体管漏极电压；$V_{GS}$ 为晶体管栅极电压；$\mu_n$ 为电子迁移率；$C_{ox}$ 为电容系数；$W/L$ 为晶体管宽长比；$g_m$ 为晶体管跨导；$V_{TH}$ 为晶体管阈值电压。将起振条件代入式（9-100）可得

$$V_{DS} = V_{GS} < \frac{V_{DD} + V_{TH}}{2} \tag{9-101}$$

因此在确定电路的相关设计参数时只要满足式（9-101）即可确保电路能够正常起振。振荡器稳定振荡后，假设 $g_m$ 足够大可以确保晶体管进入开关状态，则振荡器每级输出端的上升沿和下降沿时域表达式分别为

$$V_{DS,r} = V_{DD}\left[1 - \exp\left(\frac{-t}{RC_L}\right)\right] \tag{9-102}$$

$$V_{DS,f} = V_{DD}\exp\left(\frac{-t}{R_{on}C_L}\right) \tag{9-103}$$

式中；$R_{on}$ 为晶体管导通时的等效导通电阻。假设电压 $V_{DS,r}$ 从 0 上升至 $0.9V_{DD}$ 时为上升沿过程，电压 $V_{DS,f}$ 从 $V_{DD}$ 降低至 $0.1V_{DD}$ 时为下降沿过程。根据式（9-102）和式（9-103）可知，每级电路的上升和下降时间分别为 $t_r = 2.3RC_L$ 和 $t_f = 2.3R_{on}C_L$。稳定振荡后振荡器的振荡频率为

$$\omega_{osc} = \frac{2\pi}{6.9(RC_L + R_{on}C_L)} \tag{9-104}$$

环形振荡器最简单的形式是奇数个反相器（或称为互补共源放大器）首尾相连组成的闭环结构（$n$ 为奇数，且$3 \leqslant n \leqslant 6$）。以 3 级为例，如图 9-34（a）所示，其具体工作原理和图 9-32 相同。在起振阶段处于小信号工作模式，根据闭环系统根轨迹

法确定晶体管的小信号跨导，随着振荡幅度的增大，振荡系统进入充放电阶段，最终的振荡频率由每级的充放电延迟时间决定。充放电延迟时间与晶体管尺寸和具体工艺有很大的关系，由于工艺偏差导致的晶体管失配很容易引起上升与下降时间的不一致，进而恶化环形振荡器的相位噪声性能（见 9.5 节）。经常采用接入恒流源和恒流沉的方式来实现振荡波形的边沿对称性以提升相位噪声性能，如图 9-34（b）所示。工艺偏差同样会影响输出端寄生电容，造成振荡频率的偏差，可以通过振荡器的频率调谐来解决该问题。

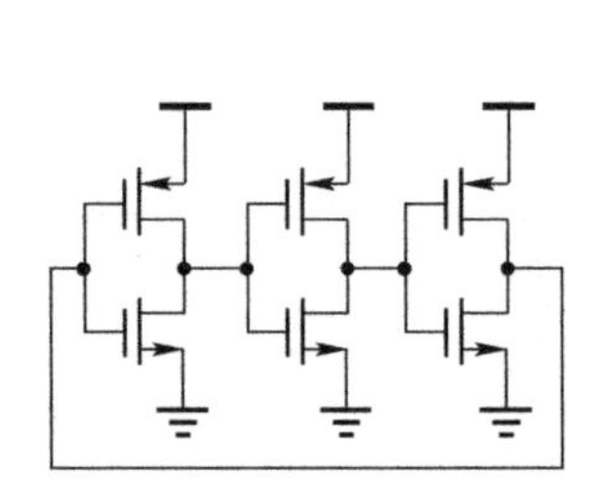

（a）基于反相器的3级级联结构

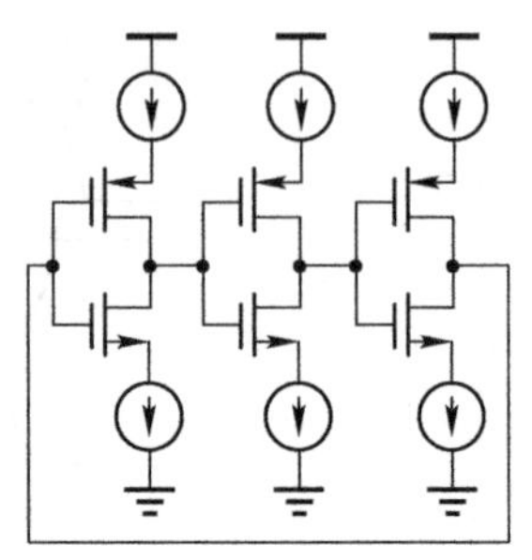

（b）接入电流源与电流沉后3级级联结构

图 9-34 环形振荡器

图 9-34（b）相较于图 9-34（a）虽然可以从对称性的角度获得较好的相位噪声性能，但是振荡的幅度却受到了较大的限制。从这一点来看，相位噪声性能会下降一定程度，因此设计时需要折中考虑。目前典型的反相器延迟型振荡器均会采用图 9-34（b）的形式，同时允许电流源和电流沉工作于线性区来增大振荡的幅度，通过调节电流源与电流沉电流，还可以改变振荡器的振荡频率。为了进一步增大电压余量，一般只会采用单独接入电流源或电流沉的形式来满足大幅度振荡和频率调谐，但是必须忍受波形畸变带来的相位噪声恶化问题。

**例 9-12** 试通过闭环系统根轨迹法计算图 9-34（a）所示的反相器型环形振荡器的起振条件。

**解：** 在起振的起始阶段，信号幅度非常小，可以借助多重极点的闭环系统根轨迹法来计算起振条件。参考例 9-3 可知，起振条件为 $K>8$。图 9-34（a）所示电路的开环传输函数为

$$H(s)=\left[\frac{(g_{\mathrm{mn}}+g_{\mathrm{mp}})R}{1+sRC}\right]^3 \tag{9-105}$$

式中，$g_{\mathrm{mn}}$ 和 $g_{\mathrm{mp}}$ 分别为两个互补晶体管的小信号跨导；$R$ 和 $C$ 分别为每级延迟单元的输出阻抗和输出寄生电容。环路的增益为

$$K=(g_{\mathrm{mn}}+g_{\mathrm{mp}})^3R^3 \tag{9-106}$$

反相器型环形振荡器的起振条件为

$$(g_{\mathrm{mn}}+g_{\mathrm{mp}})R>2 \tag{9-107}$$

令两个互补晶体管的沟道长度调制系数分别为 $\lambda_{\mathrm{n}}$ 和 $\lambda_{\mathrm{p}}$，则

$$R=\frac{1}{(\lambda_{\mathrm{n}}+\lambda_{\mathrm{p}})I} \tag{9-108}$$

式中，$I$ 为流经互补晶体管的静态电流。假设两个互补晶体管的小信号跨导相同，即 $g_{\mathrm{mn}}=g_{\mathrm{mp}}=g_{\mathrm{m}}$，则式（9-107）的起振条件可以另外表述为

$$\frac{2}{(V_{\mathrm{GS}}-V_{\mathrm{TH}})(\lambda_{\mathrm{n}}+\lambda_{\mathrm{p}})}>1 \tag{9-109}$$

反相器型环形振荡器的起振条件并不严苛。选择合适的过驱动电压和沟道调制系数，在初始直流电流和过驱动电压保持不变的情况下，通过增大/减小晶体管的沟道长度来减小/增大沟道调制系数，输出端的寄生电容会增大/减小，延迟单元的时间常数会增大/减小，振荡器的稳定振荡频率也会随之减小/增大。

目前大多数环形振荡器均具有和图 9-32 类似的工作状态，即大信号工作状态，最终的稳定振荡频率通过延迟单元的延迟时间来决定。振荡频率的改变可以通过改变延迟单元的延迟时间来实现，改变延迟单元的延迟时间可以通过改变电路的时间常数（负载电阻和电容的乘积）或充放电电流来实现。

基于这一原理可以衍生出较多的环形振荡器频率调谐方法。

## 1. 压控偏置电流源/电流沉

基于压控偏置电流源/电流沉的环形振荡器型延迟单元结构如图 9-35（a）所示。延迟单元由一个简易的反相器构成，通过调节电流源与电流沉的偏置电流，动态改变延迟单元的充放电时间，进而影响输出端的负载时间常数，达到改变环形振荡器振荡频率的目的。但是，该结构容易导致充放电电流之间的不平衡，使振荡器振荡波形的上升沿和下降沿出现不匹配情况，产生畸变波形，影响振荡器相位噪声性能。为了有效地解决这一问题，可以采用同时调节电流源与电流沉的方法，如图 9-35（b）所示。为了保证振荡波形上升沿与下降沿的对称性，电流源与电流沉不一定相等，需要仔细设计。

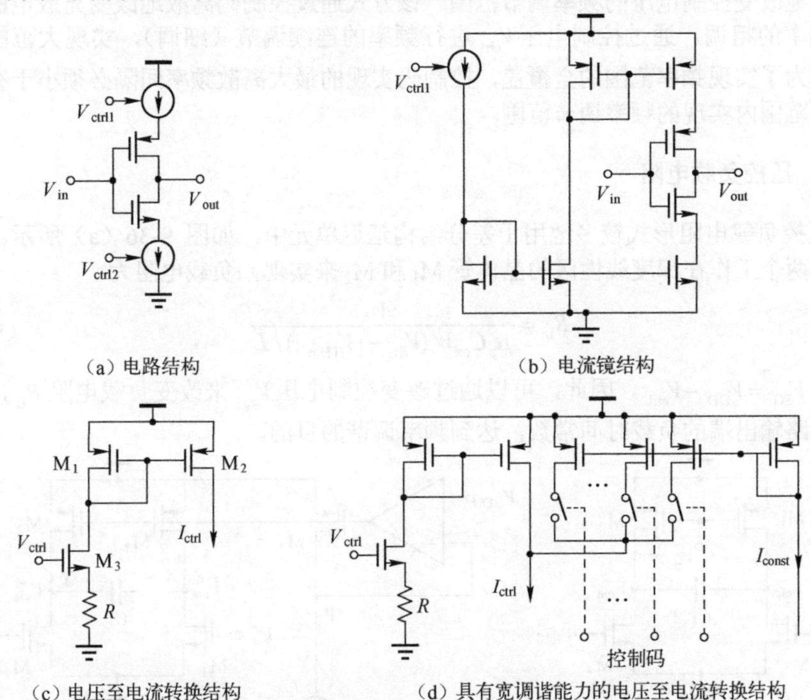


图 9-35　压控偏置电流源/电流沉的环形振荡器型延迟单元结构

由于控制信号为电压信号，因此需要一个电压至电流的转换电路，如图 9-35（c）所示。源简并电阻结构晶体管的等效跨导为

$$g_{\text{eff}} = \frac{g_{\text{m}}}{1 + g_{\text{m}} R} \tag{9-110}$$

式中，$g_{\text{m}}$ 为晶体管跨导。当 $g_{\text{m}} R \gg 1$ 时，采用源简并技术晶体管的等效跨导为

$$g_{\text{eff}} = 1/R \tag{9-111}$$

因此，可调电流与控制电压之间是线性的，该电流经电流镜后，控制电流源和电流沉。源简并结构受限于控制电压的调节范围，频率调谐能力是有限的。为了保证源简并晶体管工作在饱和区，控制电压需要满足：

$$V_{\text{TH,n}} + V_{\text{od}} \leqslant V_{\text{ctrl}} \leqslant V_{\text{TH,n}} + V_{\text{DD}} - V_{\text{TH,p}} - V_{\text{od}} \tag{9-112}$$

式中，$V_{\text{TH,n}}$ 为晶体管 $M_3$ 的阈值电压；$V_{\text{TH,p}}$ 为晶体管 $M_1$ 的阈值电压；$V_{\text{od}}$ 为晶体管 $M_1$和$M_2$ 的最大过驱动电压。在典型的 0.13μm CMOS 工艺下，晶体管的阈值电压近似为 0.5V，当电源电压为 1.8V，过驱动电压为 0.5V 时，控制电压的变动范围不超过 0.3V。当源简并电阻选取为 10kΩ时，最大可调节电流近似为 30μA。

在要求更宽的频率调谐范围时，可调电流的变动范围需要适当拓宽，一般可以通过电阻可配置的方式来实现。但是，此方式会动态地改变晶体管 $M_1$ 的过驱动电压，增大电流会明显地减小控制电压的变动范围，减小可调电压范围内的可调电流范围。

图 9-35（d）给出了一种更为有效的方式来拓宽频率的可调节范围，不会随着频率动态地改变控制电压的频率调节范围。该方式通过控制码离散地改变充放电的电流进行频率的粗调，通过控制电压 $V_{\text{ctrl}}$ 进行频率的连续调节（细调），实现大范围频率可调。为了实现频率范围的全覆盖，控制码实现的最大离散频率间隔必须小于有效控制电压范围内实现的频率调节范围。

### 2. 压控负载电阻

压控负载电阻形式较多地用于差分结构延迟单元中，如图 9-36（a）所示。负载端通过两个工作在深度线性区的晶体管 $M_1$ 和 $M_2$ 来实现，负载电阻为

$$R_{\text{L}} = \frac{1}{\mu_{\text{p}} C_{\text{ox}} W (V_{\text{SG}} - |V_{\text{TH,p}}|) / L} \tag{9-113}$$

式中，$V_{\text{SG}} = V_{\text{DD}} - V_{\text{ctrl}}$。因此，可以通过改变控制电压 $V_{\text{ctrl}}$ 来改变负载电阻 $R_{\text{L}}$，进而改变电路输出端的负载时间常数，达到频率调谐的目的。

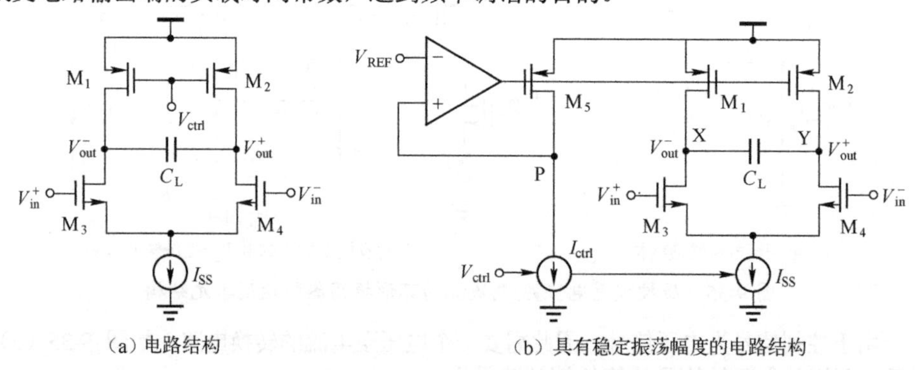

（a）电路结构　　（b）具有稳定振荡幅度的电路结构

图 9-36　压控负载电阻型延迟单元

此结构在实现频率调谐的同时，输出的振荡信号幅度也会随之改变。因为偏置电流是固定的，负载电阻随着控制电压的变化而变化，则负载两端的压差也会随之改变，如式（9-114）和式（9-115）所示，导致振荡幅度受控于控制电压。

$$V_{ctrl}\uparrow\Rightarrow R_L\uparrow=\frac{1}{\mu_p C_{ox}W(V_{SG}\downarrow-|V_{TH,p}|)/L}\Rightarrow I_{SS}R_L\uparrow\Rightarrow\Delta V\uparrow \tag{9-114}$$

$$V_{ctrl}\downarrow\Rightarrow R_L\downarrow=\frac{1}{\mu_p C_{ox}W(V_{SG}\uparrow-|V_{th,p}|)/L}\Rightarrow I_{SS}R_L\downarrow\Rightarrow\Delta V\downarrow \tag{9-115}$$

式中，$\mu_p$为空穴迁移率；$\Delta V=V_{out}^{+}-V_{out}^{-}$为负载两端的压差。

图 9-36（b）给出了一种有效的解决方案。利用运算放大器的虚短功能使 P 点电压始终保持恒定，并等于参考电压$V_{REF}$。假定压控电流$I_{ctrl}$与偏置电流$I_{SS}$是相同的，并且 $M_1$、$M_2$、$M_5$ 具有相同的尺寸，且均工作在深度线性区，则当振荡达到最大幅度时（假设 Y 点为高电平，X 点为低电平），根据图 9-33 的分析可知，当上一级延迟单元的状态发生改变时，本级延迟单元由于负载网络的作用状态仍未改变，即当$V_{in}^{-}$为高电平，$V_{in}^{+}$为低电平时，Y 点仍为高电平，X 点仍为低电平。此时，Y 点处于放电状态，X 点处于充电状态，直至 Y 点降至低电平，X 点升至高电平。我们希望此时两个晶体管 $M_3$ 和 $M_4$ 一个完全导通，一个完全截止，这可以通过调节两个晶体管 $M_3$、$M_4$ 的尺寸和选择合适的参考电压$V_{REF}$来实现。导通支路负载晶体管的导通电流为$I_{SS}$，Y 点电压$V_Y=V_{REF}$，导通电阻为

$$R_{on}=\frac{V_{DD}-V_{REF}}{I_{SS}} \tag{9-116}$$

因此通过调节偏置电流$I_{SS}$可以动态地调整延迟单元的延迟时间进而改变环形振荡器的振荡频率，同时振荡幅度也不会随着频率的改变而改变。需要注意的是，$V_{REF}$不能选取得太高，否则会导致负载电阻过小，延迟单元需要提供较大的功耗才能保证正常起振。

### 3. 负阻技术

图 9-18 所示的交叉耦合对可以提供负阻输出，负阻为$-g_m/2$，其中$g_m$为晶体管的跨导。如果将该结构与负载电阻$R_L$并联，并联后的电阻为

$$R_{LP}=\frac{R_L}{1-g_m R_L} \tag{9-117}$$

$g_m R_L<1$时，改变跨导$g_m$可以动态地改变负载电阻，从而调节振荡器的振荡频率。负阻技术的一种典型应用电路如图 9-37（a）所示，压控电流沉可以动态地改变负阻的输出值，进而调节振荡器的振荡频率。这种结构的输出振荡幅度会随着压控电流沉的改变而改变。一种改进后的电路结构如图 9-37（b）所示，主电路与负阻电路共用一个偏置电流源，两个控制电压分别用来调节主电路与负阻电路的注入电流，从而改变负载，调节振荡器的振荡频率，同时振荡幅度维持不变。这种结构容易使压控晶体管截止，当控制电压使 $M_1$ 截止时，振荡器会停止振荡。为了避免此现象的发生，可以在主电路的差分节点处额外加入一个偏置电流源$I_A$来维持振荡器的持续振荡（$I_A$必须满足起振条件，否则当 $M_3$ 截止时，振荡器会进入衰减振荡状态直至停止振

荡)。需要说明的是，为了保证在有效的压控电压范围内具有较大的频率调谐范围，晶体管 $M_1$、$M_2$ 必须工作在饱和状态（大的跨导产生较大的频率-电压增益）。

图 9-37（b）所示结构堆叠的晶体管较多，工作在饱和区的晶体管 $M_1$、$M_2$ 典型情况下可消耗 0.2V 以上的电压空间，因此该电路并不适合低压应用。一种典型的替换应用为如图 9-37（c）所示的电流折叠结构。

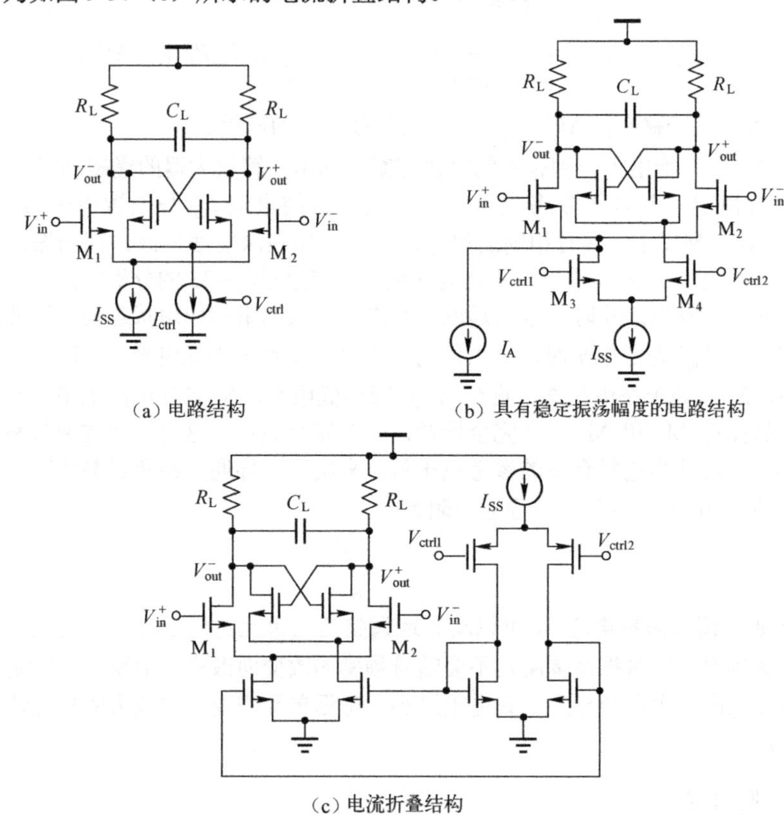


图 9-37　负阻型延迟单元

## 4. 差值技术

差值技术是主要利用快速延迟和慢速延迟两种结构进行组合，并根据不同的权重产生不同的延迟从而调节振荡器振荡频率的一种技术。

如图 9-38（a）所示，快速路径由具有较小负载时间常数的电路组成，慢速路径由具有较大负载时间常数的电路组成，通过控制电压 $V_{ctrl}$ 调节两个不同延迟路径的加权系数，最终输出合成后的不同频率信号。具体实现电路如图 9-38（b）所示：快速路径由单级放大器组成，其延迟时间与时间常数 $R_{L2}C_{L2}$ 成正比；慢速路径由两级放大器组成，延迟时间与时间常数 $R_{L1}C_{L1}+R_{L2}C_{L2}$ 成正比。通过控制电压改变偏置电流沉，可以动态地调节快速路径和慢速路径的加权值，最终改变振荡器的振荡频率。

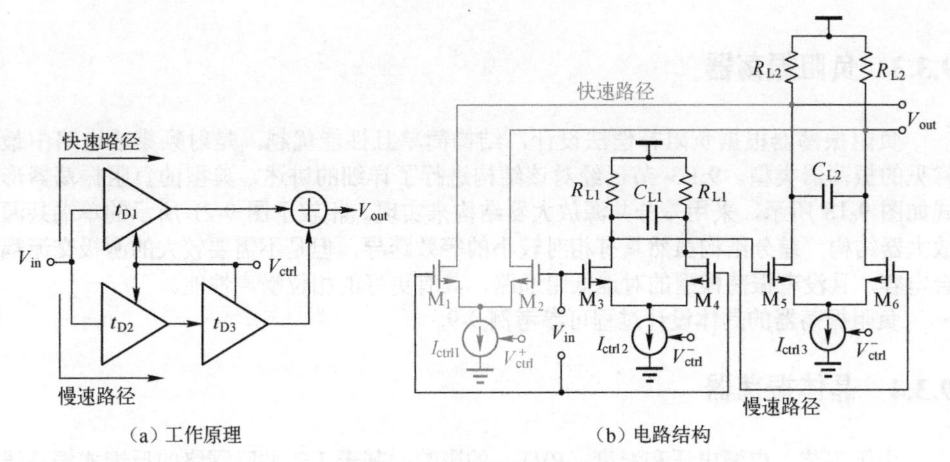


（a）工作原理　（b）电路结构

图 9-38　差值技术延迟单元

## 5. 宽带调谐延迟单元

延迟单元的延迟时间与负载端的时间常数相关。当时间常数固定后，在某频率下的延迟时间便可以方便地计算出来。如果仅单一地采用上述几种方法来设计延迟单元，很多情况下延迟单元的调谐能力不能保证振荡频率范围超过一个倍频程。为了最大化拓展环形振荡器的振荡频率范围，可以综合采用以上提到的各种调谐技术。

负阻技术与差值技术相结合的延迟单元电路如图 9-39 所示。该电路可以有效地拓宽延迟单元的延迟时间范围，差值技术提供的延迟时间介于慢速路径和快速路径之间，加入负阻单元后，通过增大输出负载端的时间常数进一步延长延迟单元的延迟时间，拓展输出振荡频率范围。负阻单元的控制码通过 DAC 产生的离散控制电压实现延迟单元的延迟时间粗调节，并最终通过差分控制电压实现延迟单元延迟时间的连续调节。但是，图 9-39 所示电路的输出振荡幅度会随着负阻单元压控电流的调节而改变。

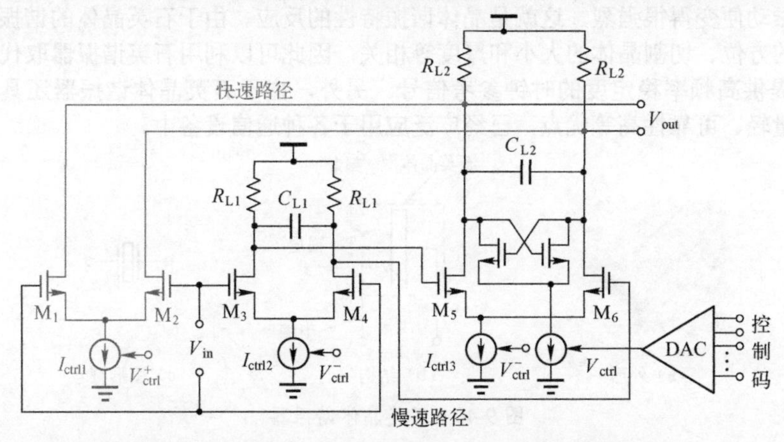


图 9-39　负阻技术与差值技术相结合的延迟单元电路

需要说明的是，偏置电流的调节会动态地改变延迟单元上升沿与下降沿的陡峭程度，从而动态地改变振荡器的相位噪声性能，这是无法避免的。

### 9.3.3 负阻振荡器

负阻振荡器根据负阻补偿法设计，结构简单且性能优越，是射频集成电路中最常见的振荡器类型。9.1.3 节已经对该结构进行了详细的讲述，典型的负阻振荡器形式如图 9-18 所示，采用差分共源放大器结构来实现。相较于图 9-21 所示的单端共源放大器结构，差分结构虽然具有相对较小的等效跨导，但是不需要较大的源极交流耦合电容，且没有振荡模型的对地低阻通路，具有更好的相位噪声性能。

负阻振荡器的具体设计过程可参考例 9-9。

### 9.3.4 晶体振荡器

由于工艺、电源电压和温度（PVT）的影响，基于 LC 并联网络的反馈式振荡器和负阻振荡器、基于时间延迟的环形振荡器均无法提供高性能的时钟参考信号（大的时钟抖动引入的较高相位噪声会严重恶化系统性能）。高性能的时钟参考信号在射频通信系统中是不可或缺的，典型的使用场景是向频率综合器提供时钟参考信号。如果 10MHz 的时钟参考信号较差的相位噪声性能引入的相位偏移为 0.2°，那么经过频率综合器产生的 1GHz 变频时钟信号具有 20°的相位偏移。对于 8PSK 或更高阶的调制方式，由于信号解调过程中星座每个象限区的最大相位容限仅为 22.5°或更小，因此该时钟参考信号会给解调系统带来不可接受的误码率。

晶体振荡器（Crystal Oscillator，XO）是基于反馈式振荡器结构采用石英晶体谐振器控制和稳定振荡频率的一种振荡器，具有极高的频率稳定性，是产生高性能时钟参考信号的最佳选择。石英晶体谐振器是利用具有压电效应的石英晶体制成的，在石英晶体上按一定方位切下薄片，将薄片两端抛光并涂上导电的银层，再从银层上连出两个电极并封装起来，其外形、结构、图形符号如图 9-40 所示。石英晶体薄片受到外加交变电场的作用时会产生机械振动，当交变电场的频率与石英晶体的固有频率相同时，振动便变得很强烈，这就是晶体谐振特性的反应。由于石英晶体的谐振频率仅与切割的方位、切割晶体的大小和厚度等相关，因此可以利用石英谐振器取代 LC 谐振回路提供高频率稳定度的时钟参考信号。另外，由于石英晶体谐振器还具有体积小、质量轻、可靠性高等优点，已经广泛应用于各种通信设备中。

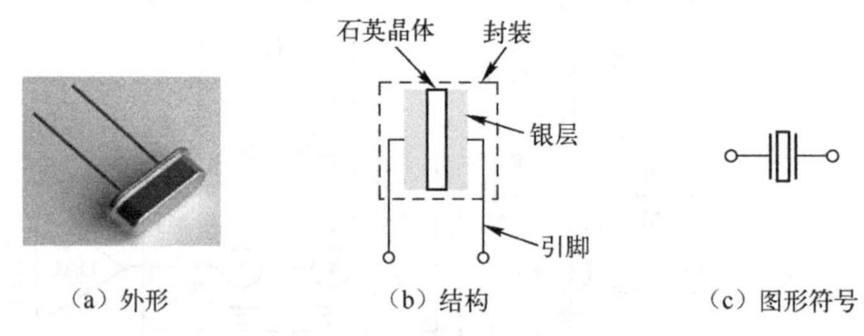


图 9-40 石英晶体谐振器

石英晶体谐振器的等效电路模型如图 9-41 所示。其中，$L_m$、$C_m$ 和 $R_m$ 分别为动态等效电感、动态等效电容和动态等效电阻，并分别表示晶振机械振动的惯性、弹性和损耗。$C_0$ 是等效电路中与串联臂并联的电容，也称为静态等效电容，包含封装后的引脚寄生电容。当石英晶体按照一定的技术要求剪切封装完成后，谐振频率便被确定下来。由于石英晶体谐振器通常具有极高的品质因子（$10^4$～$10^6$），因此相较于集成的电感、电容元件（品质因子通常小于 100），频率选择性非常好，频率稳定度也会高出很多。例如，手机、电子腕表等电子设备中常用的 26MHz 石英晶体谐振器，其等效电路模型的典型值为 $L_{\mathrm{m}}=10.296\mathrm{mH}$，$C_{\mathrm{m}}=3.641\mathrm{fF}$，$R_{\mathrm{m}}=16\Omega$，$C_0=1\mathrm{pF}$，品质因子为 105000（$10^5$）。

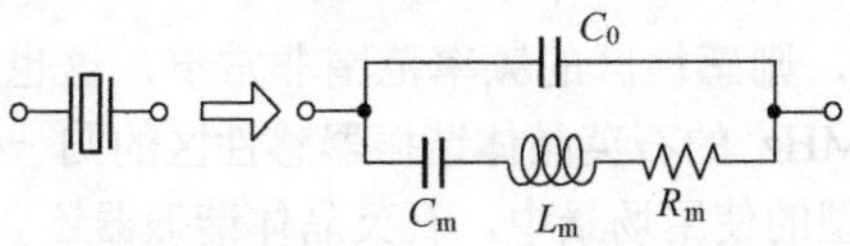

图 9-41　石英晶体谐振器等效电路模型

根据图 9-41 可得石英晶体谐振器的阻抗为

$$Z(s)=\frac{1}{sC_0}\frac{s^2+\dfrac{R_{\mathrm{m}}}{L_{\mathrm{m}}}s+\omega_0^2}{s^2+\dfrac{R_{\mathrm{m}}}{L_{\mathrm{m}}}s+(1+C_{\mathrm{m}}/C_0)\omega_0^2} \tag{9-118}$$

式中，$\omega_0^2=1/(L_{\mathrm{m}}C_{\mathrm{m}})$。可以看出，石英晶体谐振器的等效阻抗中包含两个共轭对称的极点和两个共轭对称的零点。在极点和零点频率处，石英晶体谐器分别呈现并联谐振（电抗成分最大）与串联谐振（电抗成分最小）。由于石英晶体谐振器的品质因子足够大，因此式（9-118）中可以忽略电阻 $R_{\mathrm{m}}$ 的影响，并据此给出其电抗成分的频域特性曲线如图 9-42 所示。

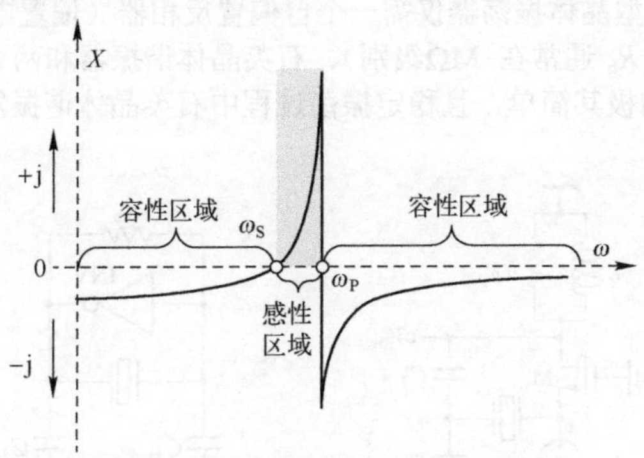


图 9-42　石英晶体谐振器电抗频域特性

$\omega_{\mathrm{S}}$ 为串联谐振频率：

$$\omega_{\mathrm{S}}=\omega_0=1/\sqrt{L_{\mathrm{m}}C_{\mathrm{m}}} \tag{9-119}$$

$\omega_{\mathrm{P}}$ 为并联谐振频率：

$$\omega_{\mathrm{P}}=1/\sqrt{L_{\mathrm{m}}\frac{C_{\mathrm{m}}C_0}{C_{\mathrm{m}}+C_0}} \tag{9-120}$$

串联谐振频率处电抗成分为 0，仅剩一个小电阻接入电路中（谐振损耗，近似短路）。并联谐振频率处电抗成分接近∞，存在一个大电阻接入电路中（大电阻的值等于串联电阻值与品质因子平方的乘积，近似开路）。当谐振频率小于 $\omega_{\mathrm{S}}$ 或大于 $\omega_{\mathrm{P}}$

时，电抗呈现容性；当谐振频率为 $\omega_S$ 与 $\omega_P$ 之间时，电抗呈现感性。在晶体振荡器中，石英晶体谐振器通常谐振于感性区（工作于容性区的石英晶体谐振器无法在晶体振荡器中形成谐振，也就不具备选频特性。从振荡器的角度看，可以理解为不符合振荡条件）。由于感性区的频率范围为

$$\Delta\omega=\omega_P-\omega_S=1/\sqrt{L_m\frac{C_mC_0}{C_m+C_0}}-1/\sqrt{L_mC_m}\approx\omega_S\frac{C_m}{2C_0} \tag{9-121}$$

且通常情况下 $C_m << C_0$，则感性区的频率范围非常窄，这也是晶体振荡器具有较高频率稳定性的原因。26MHz 的石英晶体谐振器感性区的归一化频率（对 $\omega_S$ 进行归一化）范围为 $10^{-3}$，在典型的使用场景中，石英晶体谐振器还会外接较大的电容负载对谐振频率进行微调（同时电容负载也是电路振荡所必需的元件），通常外接的负载电容为 7pF，此时归一化频率范围可以缩短至 $10^{-4}$。

基于石英晶体谐振器的串联谐振和并联谐振特性，可以分别构建 Copitts 型晶体振荡器[见图 9-43（a）]和 Pierce 型晶体振荡器[见图 9-43（b）]。Copitts 型晶体振荡器工作在石英晶体谐振器的串联谐振频点 $\omega_S$ 处，用于提供一个低阻通路（电阻在反馈支路中不会引入移相，因此环路的振荡条件没有发生变化）。设计时需要将电路中的电感和电容调节至 $\omega_S$ 频率处发生谐振，否则极易导致 Copitts 型晶体振荡器不满足振荡条件而无法起振。由于集成电感、电容的 PVT 性能较差，极易导致 LC 的谐振频率偏离 $\omega_S$，为了保证环路的振荡条件，石英晶体谐振器会在 $\omega_S$ 处进行左右调整以进行相位补偿。由于 $\omega_S$ 处的电抗斜率较为平坦，因此 Copitts 型晶体振荡器的频率稳定性受 PVT 的影响较大。在实际的工程实现时，大多数晶体振荡器均采用 Pierce 型并联谐振结构。Pierce 型晶体振荡器仅需一个自偏置反相器（偏置电阻为 $R_b$，为了保证反相器足够的增益，$R_b$ 通常在 MΩ级别）、石英晶体谐振器和两个负载电容即可实现高性能的振荡，结构极其简单，且稳定振荡过程中石英晶体谐振器工作于感性区，频率稳定度较高。

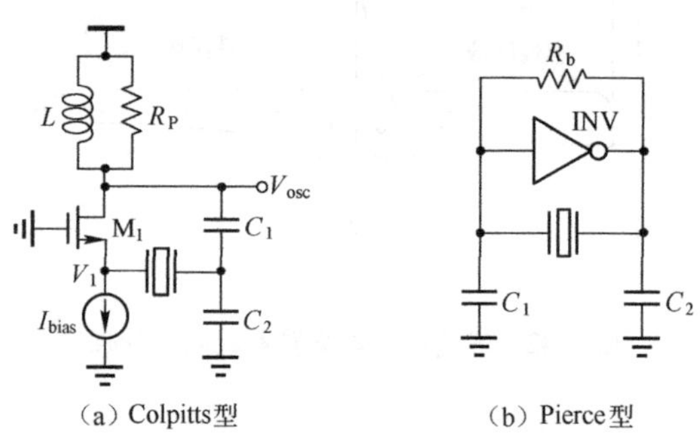


（a）Colpitts型　　（b）Pierce型

图 9-43　晶体振荡器

下面基于反馈法对 Pierce 型晶体振荡器的环路相位进行分析，以说明 Pierce 型晶体振荡器满足振荡所需的相位条件。Pierce 型晶体振荡器的等效闭环电路如图 9-44（a）所示。反相器 INV 提供 180°的相位偏移（通过跨导提供反相电流）。反相器等效负载 $R_L$ 与电容 $C_2$ 形成的并联网络提供 $\phi_1$ 的相位偏移（由于石英晶体谐振器处于并联谐振状态，近似等效于开路，因此反相器产生的电流全部流入 $R_L$ 和 $C_2$ 形成的并联网络中），且 $-90^\circ<\phi_1<0^\circ$。位于感性区的石英晶体谐振器采用串联电感 $L_{ES}$ 和串联电阻

$R_{ES}$ 进行等效，经过并联电容 $C_1$ 后，可以提供 $-180° < \phi_2 < -90°$ 的相位偏移。当满足 $\phi_1 + \phi_2 = -180°$ 时，振荡所需的相位条件可以得到保障。

下面从负阻的角度计算 Pierce 型晶体振荡器的起振条件。断开图 9-43（b）中的石英晶体谐振器，并以此端口为输入端口计算等效输入阻抗，等效小信号电路如图 9-44（b）所示。根据等效小信号电路可知以下式子成立：

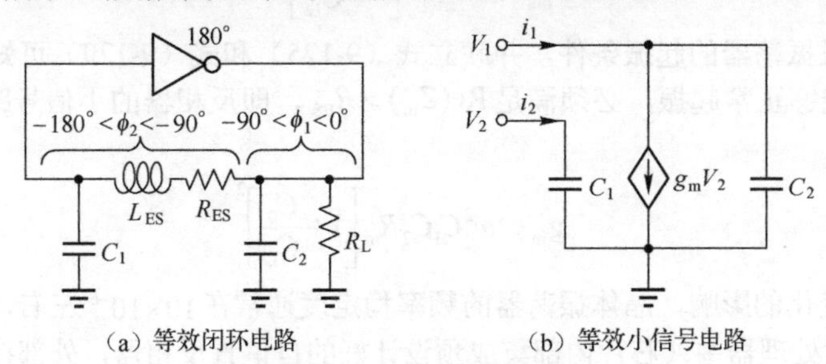


图 9-44　Pierce 型晶体振荡器

$$i_1 = g_m V_2 + V_1 s C_2 \tag{9-122}$$

$$i_2 = V_2 s C_1 \tag{9-123}$$

$$i_1 = -i_2 \tag{9-124}$$

式（9-124）是一个隐藏条件，在等效闭环回路中，$i_1$ 和 $i_2$ 分别为流入和流出石英晶体谐振器的电流。联立上述三式可得断开石英晶体谐振器后的等效输入阻抗为

$$Z_{in} = \frac{V_1 - V_2}{i_1} = -\frac{g_m}{\omega^2 C_1 C_2} - j\frac{C_1 C_2}{\omega(C_1 + C_2)} \tag{9-125}$$

可以看出，断开石英晶体谐振器后的电路等效为一个负阻元件和一个电容元件的串联。工作在感性区的石英晶体谐振器可以等效为一个电阻元件和一个电感元件的串联。当负阻元件产生的能量等于电阻元件消耗的能量时，晶体振荡器可以维持等幅振荡，振荡频率为电感与电容的谐振频率。

当晶体振荡器稳定振荡时，石英晶体谐振器的工作等效图如图 9-45 所示，总的负载电容为

$$C_L = C_0 + \frac{C_1 C_2}{(C_1 + C_2)} \tag{9-126}$$

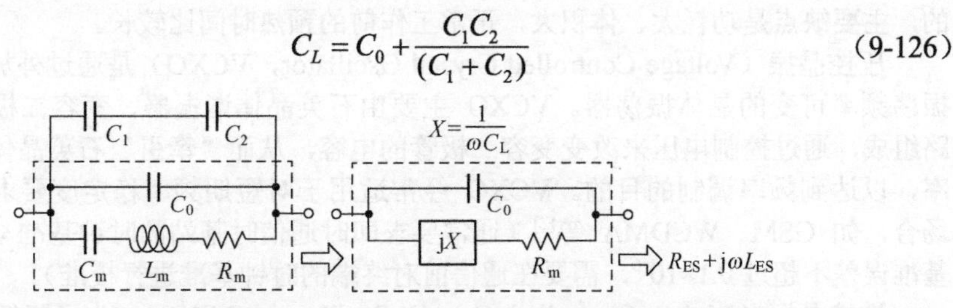


图 9-45　晶体振荡器稳定工作时石英晶体谐振器的工作等效图

稳定振荡时，石英晶体谐振器处于并联谐振模式，根据式（9-120）可得此时的并联谐振频率为

$$\omega_P = 1/\sqrt{L_m \frac{C_m C_L}{C_m + C_L}} \tag{9-127}$$

并联谐振时，石英晶体谐振器等效串联支路中电感 $L_m$ 和电容 $C_m$ 的等效电抗为

$$X = 1/(\omega C_L) \tag{9-128}$$

代入图 9-45 中可得晶体振荡器稳定振荡时石英晶体谐振器的等效串联电阻为

$$R_{ES} = R_m\left[1+\frac{C_0}{C_L}\right]^2 \tag{9-129}$$

根据负阻振荡器的起振条件，并联立式（9-125）和式（9-129）可知，为了保证晶体振荡器能够正常起振，必须满足 $\mathrm{Re}(Z_{in}) > R_{ES}$，即反相器的小信号跨导 $g_m$ 必须满足

$$g_m > \omega_P^2 C_1 C_2 R_m\left[1+\frac{C_0}{C_L}\right]^2 \tag{9-130}$$

受温度变化的影响，晶体振荡器的频率稳定度通常在 $10\times10^{-6}$ 左右，常用在单片机等控制类微处理器中（芯片内部集成预设计好的自偏置反相器，外部接入石英晶体谐振器和负载电容），但是在严苛的通信需求中一般不能满足使用需求。例如，对于 10MHz 的参考时钟频率，如果频率综合器产生的振荡频率为 1GHz，则频率偏移可达到 10kHz。如果通信系统的码速率较小，则采用差分解调时，由频率偏移引入的剩余载波会导致解调过程发生严重错误，致使系统无法正常工作。因此，在射频通信系统中，通常会采用一定的温度补偿措施来进一步提升晶体振荡器的频率稳定度，简单阐述如下。

温补晶振（Temperature Compensated Crystall Oscillator，TCXO）是在晶体振荡器内部采取了对晶体频率温度特性进行补偿的措施，以达到在宽温度范围内满足频率稳定度要求的晶体振荡器。一般模拟式 TCXO 采用热敏补偿网络形成一个反向的补偿电压，以抵消晶体本身受温度影响而产生的漂移，补偿后的频率稳定度在 $(0.1\sim1)\times10^{-6}$。由于良好的开机特性、优越的性价比，以及功耗低、体积小、环境适应性强等多方面优点，TCXO 在通信系统中得到了广泛的应用。

恒温晶振（Oven Controlled Crystal Oscillator，OCXO）采用恒温槽技术实现温度稳定性，将晶体置于恒温槽内，通过设置恒温工作点，使槽体保持恒温状态，达到稳定输出频率的效果。由于采用了恒温槽技术，频率温度特性在所有类型晶振中是最好的，主要缺点是功耗大、体积大，正常工作前的预热时间比较长。

压控晶振（Voltage Controlled Crystal Oscillator，VCXO）是通过外加控制电压使振荡频率可变的晶体振荡器。VCXO 主要由石英晶体谐振器、变容二极管和振荡电路组成，通过控制电压来改变变容二极管的电容，从而“牵引”石英晶体谐振器的频率，以达到频率调制的目的。VCXO 经常适用于对短期频率稳定度要求较高的应用场合，如 GSM、WCDMA 等[2]（通常要求即时通信时基站的时钟基准与终端的时钟基准误差不超过 $0.1\times10^{-6}$，需要在通信前对终端的时钟基准进行校准）。

数控晶振（Digital Controlled Crystal Oscillator，DCXO）。为了降低采用 VCXO 的用料与成本（VCXO 是一个完整的晶振电路，同时压控端还需要芯片内部集成一个 DAC 模块用于提供控制电压），使射频收发系统单芯片化，更经济更直接的解决方案是把 VCXO 中的频率调谐措施变成片上模块，并将石英晶体谐振器以外的所有器件整合到片内，通过数控电容阵列实现晶振的频率微调，这就是 DCXO 的基本功能。DCXO 的具体使用方式如图 9-46 所示。

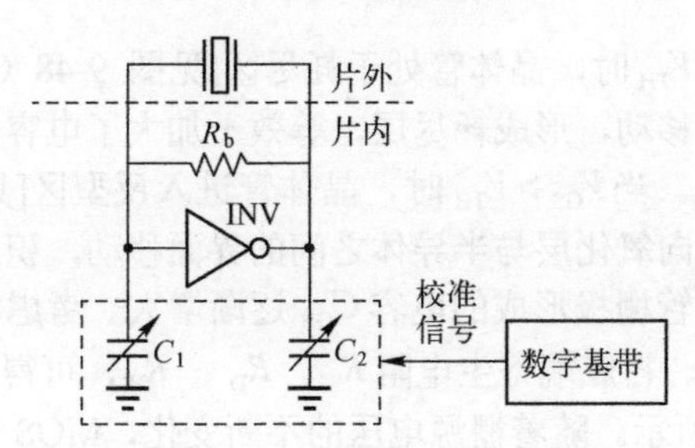


图 9-46　DCXO 在射频通信系统中的使用方式

# 9.4　压控振荡器

压控振荡器（Voltage-Controlled Oscillator，VCO）是一种振荡频率受控于外部输入电压的振荡器，是锁相环型频率综合器形成闭环反馈的关键模块（见第 10 章）。本节主要以图 9-18 所示的负阻振荡器为例来讲述压控振荡器的工作原理和具体结构。

## 9.4.1　压控变容管

负阻振荡器的输出振荡频率依赖 LC 谐振网络，通过改变电感或电容实现振荡器的频率调谐。电感的调谐难度相对较高。在目前的工艺水平下，还不能提供简易的具有调谐功能的电感。相比较而言，电容的调谐较易实现。

最典型的电容调谐器件是可变电容二极管（Varactor Diodes），如图 9-47 所示。它通过反向电压动态改变 pn 结之间的耗尽区面积来调谐二极管的电容值。随着 pn 结反向压的增大，耗尽区面积逐渐增大，二极管的电容值随之减小。这种变容二极管虽然结构简单且与 CMOS 工艺兼容，但是 pn 结之间的低掺杂通路会产生较大的寄生电阻，严重恶化振荡器的品质因子。同时，pn 结二极管的电容调谐范围非常小（通常小于 25%），因此很少在射频振荡器中使用。寻找与 CMOS 工艺兼容且能提供较高品质因子的变容器件成为一个亟待解决的问题，基于 MOS 结构的变容管便是解决方案之一。

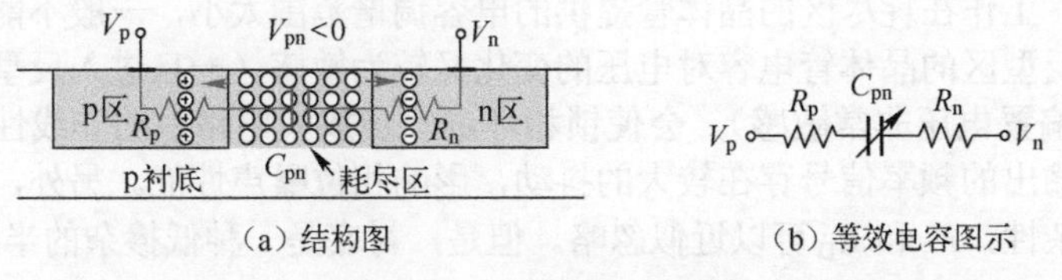


图 9-47　可变电容二极管

将 MOS 晶体管的漏、源和衬底短接可以形成一个简单的 MOS 电容。以 NMOS 晶体管为例，如图 9-48（a）所示，其电容值随栅极与源极之间的电压 $V_{GS}$ 变化。当 $V_{GS}<0$ 时，晶体管处于积累区[见图 9-48（a）上部]，衬底中的多子空穴逐渐向氧化层与半导体之间的界面移动，积累后的空穴相当于一个金属面板，与晶体管栅极形成

电容 $C_{GB}$。当 $0 \leqslant V_{GS} \leqslant V_{TH}$ 时，晶体管处于耗尽区[见图 9-48（a）中部]，衬底中的多子空穴逐渐向衬底方向移动，形成耗尽层，等效于加大了电容金属面板之间的介质厚度，电容 $C_{GB}$ 逐渐减小。当 $V_{GS} > V_{TH}$ 时，晶体管进入反型区[见图 9-48（a）下部]，衬底中的少子电子逐渐向氧化层与半导体之间的界面移动，积累后的电子同样等效于一个金属面板，与晶体管栅极形成的电容 $C_{GB}$ 逐渐增大。考虑栅源与栅漏之间的交叠电容 $C_{OV}$，以及源、漏、衬底端寄生电阻 $R_S$、$R_D$、$R_B$，可得 MOS 变容管的等效电容如图 9-48（b）上部所示。随着栅源电压的不断变化，MOS 变容管先后经历了积累区、耗尽区、反型区三个区间（三个区间对应的电压划分范围并不是严格成立的，只是一个定性的描述），电容值经历了由高到低，又由低到高的一个非单调变化过程，如图 9-48（b）下部所示。此种情况是锁相环型频率综合器进行频率调谐时极力避免的（锁相环中的压控频率调谐必须是单调的）。

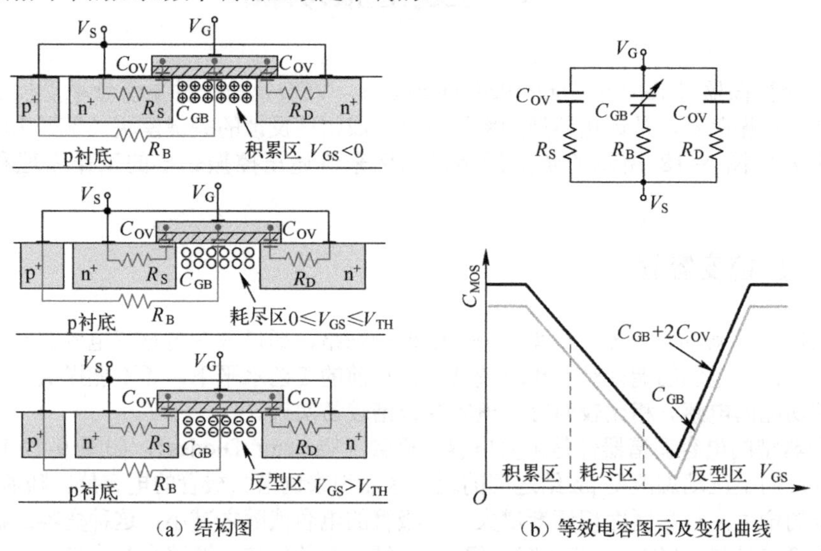


（a）结构图　　（b）等效电容图示及变化曲线

图 9-48　MOS 变容管

在一般的典型应用中，NMOS 管的衬底通常都是与电路中的最低直流电压相连的，MOS 变容管很难进入积累区，只能工作在耗尽区和反型区。如果对电压进行适当的设计和控制，可以保证晶体管只工作在耗尽区或反型区，是可以实现压控电容的单调功能的。工作在耗尽区的晶体管提供的电容调谐范围太小，一般不能满足设计需求。工作在反型区的晶体管电容对电压的变化又较为敏感（一旦进入反型区，少子的积累速度对偏置电压非常敏感），会使锁相环进一步放大电路中的非线性因素，导致频率综合器输出的频率信号存在较大的抖动，影响相位噪声性能。另外，由于源极和漏极的高掺杂性，$R_S$ 和 $R_D$ 可以近似忽略。但是，衬底是一种低掺杂的半导体，$R_B$ 较大，不能忽略，致使电容具有较低的品质因子，对频率综合器的相位噪声性能造成较大影响。

为了同时使可变电容具有压控单调性、宽调谐范围和高品质因子，可以对标准的 CMOS 晶体管结构进行适当的改进。仍以 NMOS 晶体管为例，如图 9-49（a）所示，将 MOS 器件的源极和漏极制作在 n 阱中，同时衬底接地，源极和漏极短接形成电容的一极，栅极作为另一极。这种情况可以使变容管仅在耗尽区和积累区才能产生有效电容，实现压控单调性和宽调谐范围，同时还可以明显减小寄生电阻。当 $V_{GS}>0$ 时，n 阱中的多子电子逐渐向氧化层与半导体之间的界面移动形成积累[见图 9-49（a）上部]，电容值逐渐增大。当 $-V_{TH}<V_{GS}<0$ 时，n 阱中逐渐形成耗尽层[见图 9-49（a）中部]，未形成耗尽区的 N 阱部分作为电容的下极板，电容值与耗尽层的厚度直接相关。当 $V_{GS}<-V_{TH}$ 时，n 阱中的少子空穴逐渐向氧化层与半导体之间的界面移动形成反型[见图 9-49（a）下部]，反型层为电容的下极板，但是由于源漏极和反型层相当于一个背靠背的 NPN 二极管，源漏之间不存在信号通路，故不会产生等效电容。我们称这种结构的变容管为积累型 MOS 变容管。考虑到交叠电容和寄生电阻的影响，等效电容如图 9-49（b）上部所示，压控电容曲线如图 9-49（b）下部所示。在 65nm 的典型 CMOS 工艺下，积累型 MOS 变容管提供的最大电容和最小电容比值超过 4 倍，可调谐电压范围为 ± 0.5V。在射频振荡器的设计中，积累型 MOS 变容管得到了广泛的使用，一般情况下，仍以 Varactor 来表示积累型 MOS 变容管。

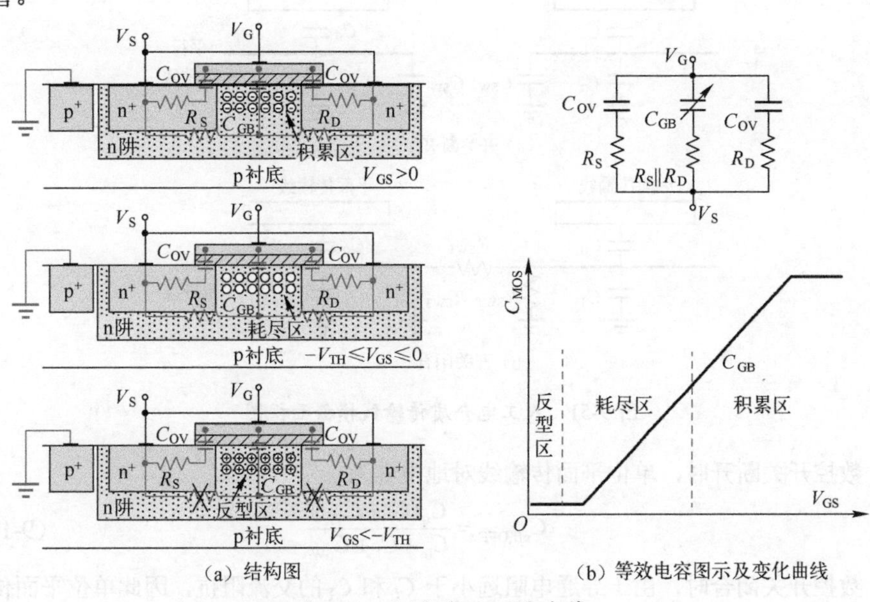

图 9-49　积累型 MOS 变容管

## 9.4.2　数控人工电介质传输线

数控人工电介质[3]（Digital Controlled Artificial Dielectric，DiCAD）传输线由一对差分平面传输线、悬浮的沿平面传输线信号传输方向均匀平行分布的下层金属横条（微带线）和数控开关构成，如图 9-50 所示，位于差分平面传输线下层的每对金属横条由一个数控开关连接在一起。DiCAD 传输线的横截面视图如图 9-51 所示，其中 $C_0$ 为单位长度的平面传输线与下层金属横条之间的寄生电容，$C_1$ 为相应金属横条的对地寄生电容，$C_{SW}$ 为数控开关断开后在金属横条连接端呈现的对地电容，$R_{SW1}$、$R_{SW2}$、$R_{SW3}$ 为数控开关闭合后产生的导通电阻。

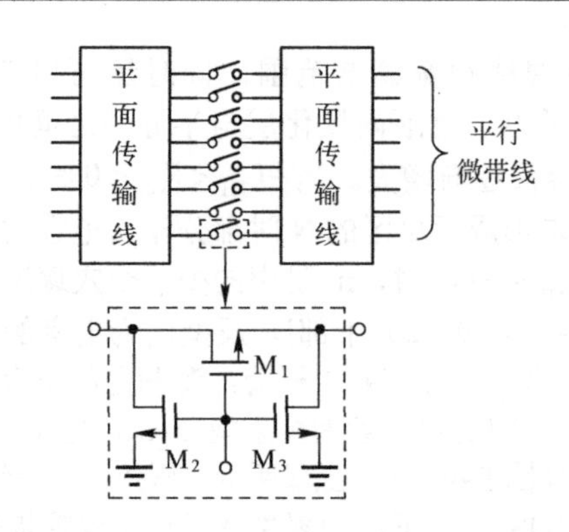


图 9-50 人工电介质传输线结构示意图

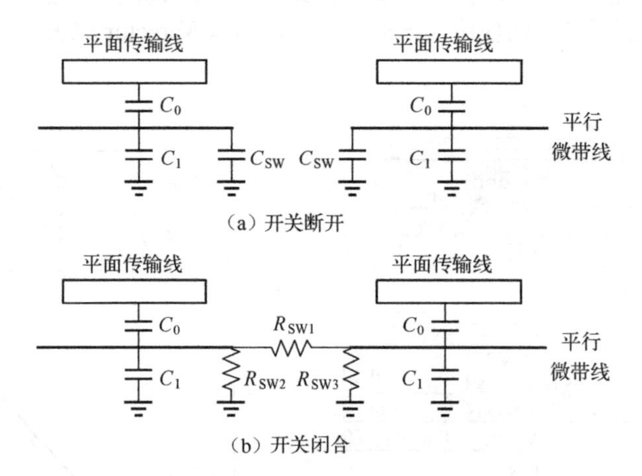


图 9-51 人工电介质传输线横截面视图

数控开关断开时，单位平面传输线对地电容为

$$C_{\text{eff,OFF}}=\frac{C_0(C_1+C_{\text{SW}})}{C_0+C_1+C_{\text{SW}}} \tag{9-131}$$

数控开关闭合时，由于导通电阻远小于 $C_0$ 和 $C_1$ 的交流阻抗，因此单位平面传输线对地电容为

$$C_{\text{eff,ON}}=C_0 \tag{9-132}$$

改变单位长度传输线对地电容会改变此段传输线的特征阻抗，因此当传输线的一端接地或开路时，由式（9-44）和式（9-47）可知，另一端呈现的感性阻抗或容性阻抗也会随之发生变化。如图 9-52 所示，容性或感性电抗随着开关的断开或闭合仅沿反射系数圆的最外层旋转（传输线不会改变反射系数）。对于平面传输线一端接地的情况而言，当传输线长度小于$\lambda/4$ 时，另一端对外呈现感性电抗。当部分数控开关由断开至闭合后，此部分的平面传输线对地寄生电容增大，导致此部分的传输线特征阻抗减小。根据式（9-44）可知，另一端对外呈现的感性电抗也会随之减小。对于平面传输线一端开路，另一端对外呈现容性电抗的情况，容性电抗同样可以通过对数控开关的控制来调整。

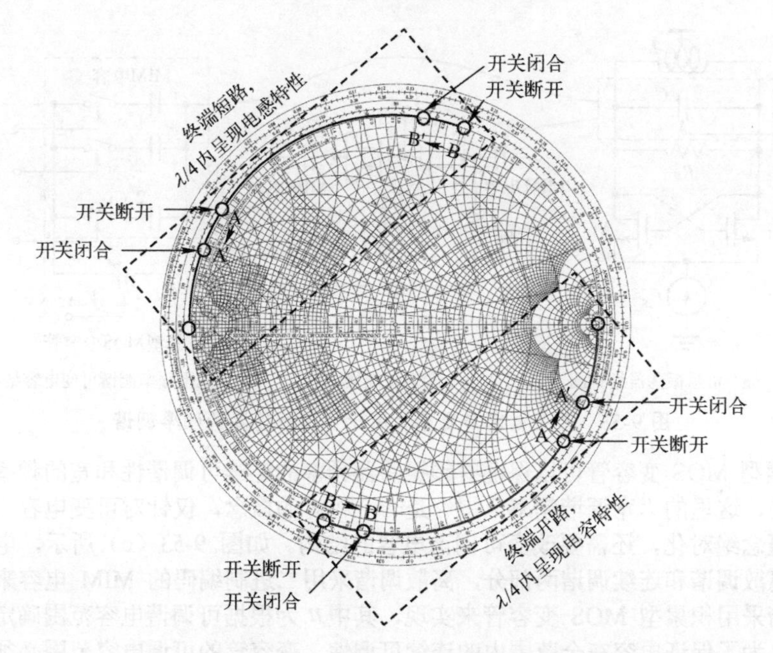


图 9-52 部分开关闭合前后接入 DiCAD 传输线的等效电容和电感变化情况

根据式（9-131）和式（9-132）可知，感（容）抗变化比为

$$K = \frac{C_{\text{eff,ON}}}{C_{\text{eff,OFF}}} = \frac{C_0 + C_1 + C_{\text{SW}}}{C_1 + C_{\text{SW}}} \tag{9-133}$$

增大 $C_0$，减小 $C_1$ 和 $C_{\text{SW}}$ 可以增大感（容）抗的变化比例范围，但是减小 $C_{\text{SW}}$ 需要减小开关管的尺寸，会相应增大导通电阻 $R_{\text{SW}}$，减小 DiCAD 传输线的接入品质因子，因此设计过程中需要折中考虑。

## 9.4.3 压控振荡器频率调谐

### 1. 开关电容与变容管组合频率调谐

射频振荡器的连续频率调谐是频率综合器能够输出任意精度频率信号的必要条件。在图 9-18 所示的负阻振荡器中，如果将谐振器中的电容用积累型 MOS 变容管替代，如图 9-53（a）所示，便可以得到具有连续频率调谐功能的射频振荡器。在目前典型的 CMOS 工艺中，积累型 MOS 变容管线性调谐区对应的正负偏压近似相等。为了得到最大的频率调谐范围，变容管一个极板的电压通常都会被固定为 $V_{\text{DD}}/2$。图 9-53（b）中，$C_0$ 为隔直金属-氧化物-金属（MIM）电容，$V_{\text{bias}} = V_{\text{DD}}/2$ 为额外提供的偏置电压；$R_0$ 为偏置电阻，主要用于避免偏置电压接入处对偏置电压提供电路的负载阻抗产生影响；中间的两个晶体管为积累型 MOS 变容管；$V_{\text{ctrl}}$ 为控制电压。此结构虽然需要一个额外的偏置电路，但是带来的好处却是非常明显的，可以将变容管的可调谐电容范围最大化。

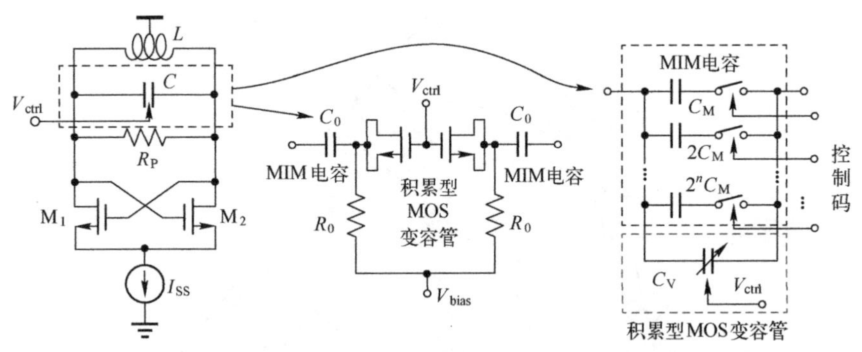


（a）负阻振荡器结构图　（b）变容管连接图　（c）大范围频率调谐可变电容结构图

图 9-53　开关电容与变容管用于负阻振荡器的频率调谐

积累型 MOS 变容管可以保证射频振荡器频率的连续可调谐性和宽的频率调谐范围。但是，这里的“宽调谐频率范围”是一个相对的概念，仅针对可变电容二极管。若将此概念绝对化，还需要改变可调谐电容的结构。如图 9-53（c）所示，电容的调谐分为离散调谐和连续调谐两部分，离散调谐采用二进制编码的 MIM 电容来实现，连续调谐采用积累型 MOS 变容管来实现，其中 $n$ 为根据可调谐电容范围确定的一个整数值。为了保证电容在全范围内的连续可调性，变容管的可调电容范围必须大于单元 MIM 电容值 $C_M$。

**例 9-13**　试根据图 9-53（c）所示的电容网络结构形式选取合适的 $C_M$ 和 $C_V$，使射频振荡器可以覆盖 2～4GHz 的频率输出范围。

**解：** 具体计算步骤如下。

① 根据电容结构图列出电容调谐范围。

由图 9-53（c）可知，电容的调谐范围为 $C_{V,min} \sim 2^n C_M + C_{V,max}$，其中 $C_{V,min}$ 为积累型 MOS 变容管的最小电容值，$C_{V,max}$ 为积累型 MOS 变容管的最大电容值。

② 计算满足输出频率需求的电容调谐范围。

射频振荡器的输出频率为 $f = 1/(2\pi\sqrt{LC})$，则 $C = 1/(4\pi^2 f^2 L)$，令电感值 $L = 2\text{nH}$，可以计算出电容的调谐范围为[792.5, 3170]fF。考虑一定的设计裕量，令电容的调谐范围为[700, 3250]fF。

③ 确定最终需要的电容值。

根据第②步的计算可知积累型 MOS 变容管需要提供的最小电容值为 700fF，这需要变容管的宽度非常大。在 65nm CMOS 工艺下，需要的宽长比通常会超过 5000。另外，如果直接采用变容管来提供最小电容值，同样还会导致振荡器对控制电压过于敏感，这也是设计中不希望看到的。通常的做法是额外接入一个并联电容 $C_P$，减小对变容管的面积需求，同时还可以有效地降低振荡器的压控敏感性。假设加入的并联电容 $C_P = 680\text{fF}$，选取合适的变容管尺寸，使得 $C_{V,min} = 20\text{fF}$、$C_{V,max} = 80\text{fF}$。单元 MIM 电容 $C_M$ 不能超过变容管的调谐范围，则可令 $C_M = 50\text{fF}$，根据第②步计算出的电容最大值可得 $n \geqslant 6$。需要说明的是，加入的并联电容并没有考虑寄生电容的影响，实际设计时寄生电容也是非常可观的，应根据设计的具体电路事先预估出一个大概值，并通过仿真结果对上述计算出的参数进行迭代优化直至满足设计要求。

**例 9-14**　考虑温度和工艺的影响，再次分析例 9-13 的情况。

**解：** 温度变化和工艺偏差会影响振荡信号的振荡频率，如果在设计中不加以考虑并补偿，很有可能会导致最终的频率范围无法覆盖设计需求的频率范围。假设在室温和“tt”工艺角下，设计的振荡频率范围为 $f_{min} \sim f_{max}$，并且由于温度变化和工艺偏差使得 LC 的归一化变化范围为$[1-a_{TP}, 1+b_{TP}]$，其中 $a_{TP}$ 和 $b_{TP}$ 为变化的百分比，则在极端情况下，振荡器的振荡频率范围为 $f_{min}(1-a_{TP}) \sim f_{max}(1-a_{TP})$或 $f_{min}(1+b_{TP}) \sim f_{max}(1+b_{TP})$。为了满足在温度变化和工艺偏差影响下的设计需求，需要满足 $f_{max}(1-a_{TP}) \geqslant 4\text{GHz}$，$f_{min}(1+b_{TP}) \leqslant 2\text{GHz}$。确定了 $f_{min}$ 和 $f_{max}$ 的具体值之后，便可以按照例 9-13 的步骤设计电容网络结构。

**2．基于人工电介质传输线的频率调谐**

MIM 电容和电感还可以采用终端开路或终端短路的 DiCAD 传输线替代，如图 9-54（a）和图 9-54（b）所示。由于 DiCAD 传输线结构具有极高的品质因子，而集成的电感品质因子普遍较低，因此图 9-54（b）所示的方案相较于传统的 LC 负阻振荡器具有更高的相位噪声性能。

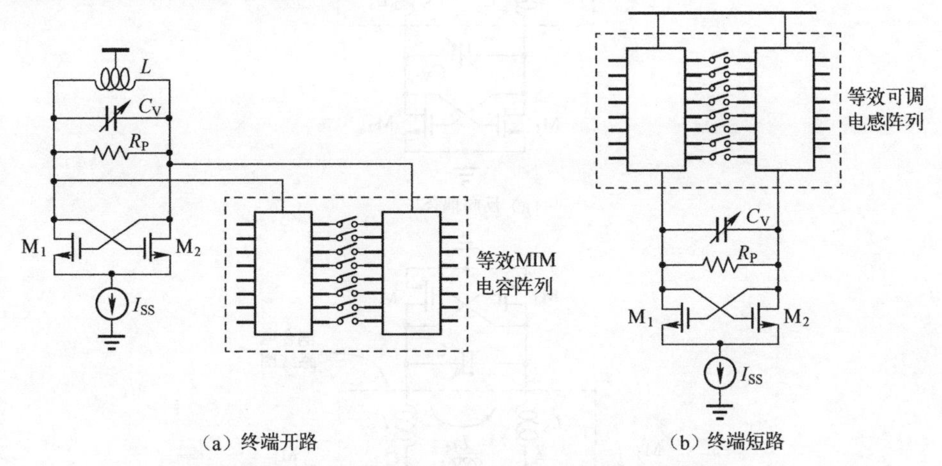


（a）终端开路　　（b）终端短路

图 9-54　人工电介质传输线用于负阻振荡器的频率调谐

**3．基于电感耦合的模式切换频率调谐**

电感的调谐除采用人工电介质传输线进行实现外，还可以采用电感耦合的方式实现。图 9-55 给出了具备双模式切换功能的频率调谐压控振荡器电路结构[4]。该电路中包含上下两个耦合电感线圈，耦合电感为 $L_M$。高频振荡模式如图 9-55（a）所示，其中 HB=1，LB=0。由于左右两个负阻差分对的作用，A 点与 B 点、C 点与 D 点之间的振荡电压均反向。因此，上下两个电感线圈中流过的电流方向相反，耦合电感线圈之间的耦合性降低，在上下两个负阻振荡器中呈现的单边电感为 $L = L_S - L_M/2$。低频振荡模式如图 9-55（b）所示，其中 HB=0，LB=1。A 点与 B 点、C 点与 D 点之间的振荡电压均同向。因此，上下两个电感线圈中流过的电流方向相同，耦合电感线圈之间的耦合性增大，在上下两个负阻振荡器中呈现的单边电感为$L = L_S + L_M/2$。

基于电感耦合强度的增大或减小，还可以实现多模式切换频率调谐功能，如三模式切换[5]或四模式切换[6]等。由于工作原理与双模式切换大同小异，本章不再赘述。

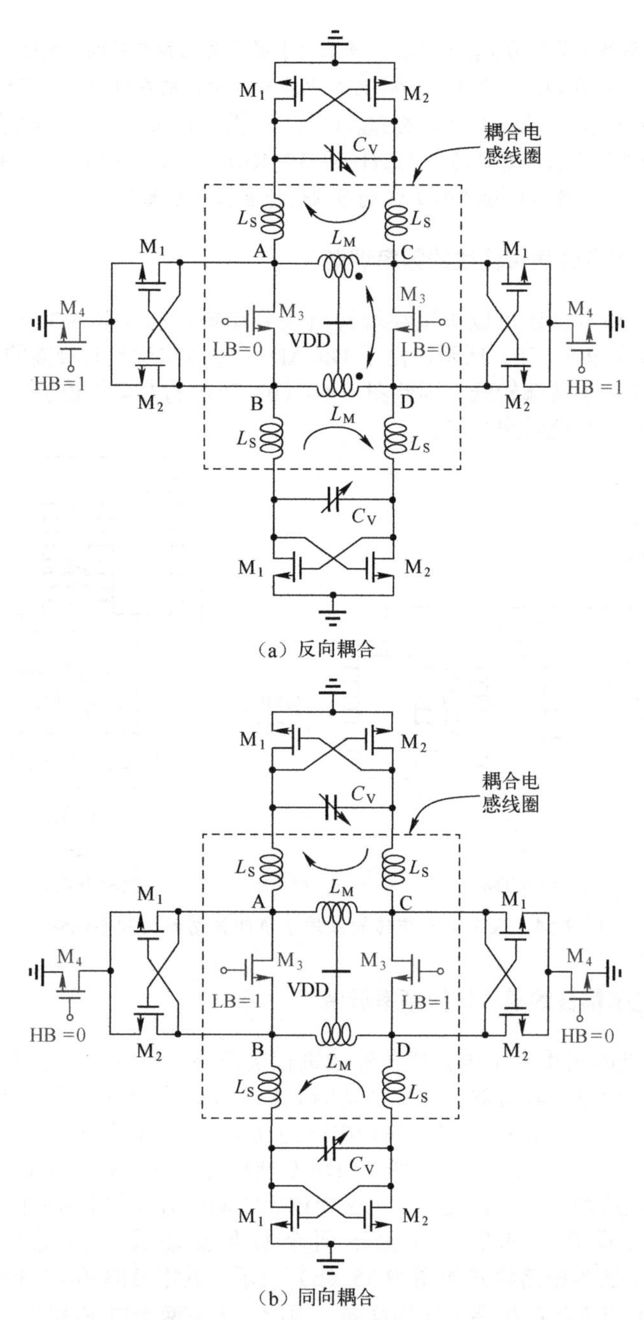


（a）反向耦合

（b）同向耦合

图 9-55 基于电感耦合的模式切换压控振荡器电路结构

**4. 多压控振荡器频率调谐**

压控振荡器的频率调谐还可以采用多压控振荡器组合的方案[7]。各压控振荡器均覆盖不同的频率范围，通过开关切换实现较宽频率范围的覆盖。多压控振荡器频率调谐模式通常适用于需要覆盖超宽频率范围的软件定义无线电应用领域。

## 9.5 相 位 噪 声

相位噪声是射频集成电路中一个非常重要的性能参数，主要用于衡量一个系统的抗干扰能力和本振信号频谱纯度。本节主要针对相位噪声的由来、相位噪声对系统性能的影响和具体的数学模型进行分析，建立起相位噪声的直观概念，并对几种常用振荡器的相位噪声性能进行分析，最后针对差分负阻振荡器提出一些优化相位噪声性能的方法。

### 9.5.1 相位噪声的由来

理想的本振信号是一个单音信号，具有三个参变量（自由度）：幅度、频率和相位。加性高斯白噪声或加性干扰对本振信号造成的影响也仅仅体现在这三个参变量上。对频率的影响等同于对相位的影响，因此白噪声或干扰对本振信号的影响主要分布在信号的幅度和相位上，分别称为幅度噪声和相位噪声。本振信号一般都会经过一个自偏置的反相器（缓冲器）成型至方波信号，提供给混频器作为开关信号使用。方波信号（开关信号）本身就是一种限幅信号，因此噪声或干扰对本振信号产生的幅度噪声可以不予考虑。但是，噪声或干扰对本振信号相位的影响可以改变本振信号的过零点，导致方波信号（开关信号）在时域上存在明显的抖动（Jitter），如图 9-56 所示。通常采用相位噪声来定量描述这部分影响。

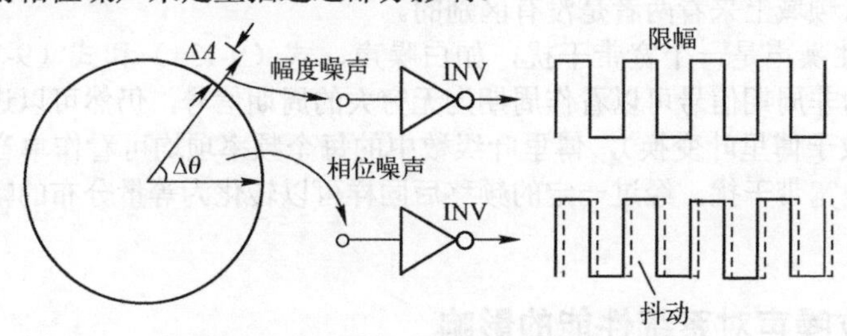


图 9-56 本振信号幅度噪声和相位噪声

经典热动力学中的能量均分定理可表述为能量等量分布于各种形式的运动（垂直运动、水平运动、旋转运动等）中。相似地，白噪声或干扰能量（均指某一有效带宽内的能量）同样等量分布于本振信号的幅度和相位，即幅度噪声能量和相位噪声能量相等，且总能量等于白噪声或干扰的能量。

加性噪声、幅度噪声和相位噪声的等价性可以通过简单的数学计算来直观说明。假设有效信号为 $A_s e^{j(\omega_s t+\theta_s)}$，其中 $A_s$、$\omega_s$、$\theta_s$ 分别为有效信号的幅度、频率和相位。加性噪声为一个单音干扰信号，为 $A_i e^{j(\omega_i t+\theta_i)}$，其中 $A_i$、$\omega_i$、$\theta_i$ 分别为加性噪声的幅度、频率和相位。带有加性噪声的振荡信号为

$$A_s e^{j(\omega_s t+\theta_s)} + A_i e^{j(\omega_i t+\theta_i)} = [A_s + A_i e^{j[(\omega_i-\omega_s)t+\theta_i-\theta_s]}] e^{j(\omega_s t+\theta_s)} \tag{9-134}$$

从式（9-134）可以看出，加性噪声与幅度噪声是等价的，只是噪声的频率和相

位变成了差值频率和差值相位。另外，可以通过三角函数的贝塞尔（Bethel）函数表达式推导出幅度噪声与相位噪声的等价性，对于相位噪声为正弦单音的有效信号，作如下分解：

$$A_{\rm s}{\rm e}^{{\rm j}[\omega_{\rm s}t+\theta_{\rm s}+A_{\rm p}\sin(\omega_{\rm p}t+\theta_{\rm p})]}=A_{\rm s}{\rm e}^{{\rm j}(\omega_{\rm s}t+\theta_{\rm s})}{\rm e}^{{\rm j}[A_{\rm p}\sin(\omega_{\rm p}t+\theta_{\rm p})]} \tag{9-135}$$

式中，$A_{\rm p}$、$\omega_{\rm p}$、$\theta_{\rm p}$ 分别为相位噪声的幅度、频率和相位。根据三角函数的贝塞尔函数表达式为

$${\rm e}^{{\rm j}x\sin\varphi}=\sum_{m=-\infty}^{+\infty}J_m(x){\rm e}^{{\rm j}m\varphi} \tag{9-136}$$

其中

$$J_m(x)=\sum_{k=0}^{+\infty}\frac{(-1)^{\rm k}}{k!(m+k)!}\left(\frac{x}{2}\right)^{\rm m+2k},\ m+k\geqslant 0 \tag{9-137}$$

为 $m$ 阶贝塞尔函数表达式。令 $x=A_{\rm p}$、$\varphi=\omega_{\rm p}t+\theta_{\rm p}$，并将式（9-136）代入式（9-135），忽略高阶项（振荡器具有选频特性），且仅考虑一阶正频率项可得

$$A_{\rm s}{\rm e}^{{\rm j}[\omega_{\rm s}t+\theta_{\rm s}+A_{\rm p}\sin(\omega_{\rm p}t+\theta_{\rm p})]}\approx[J_0(A_{\rm p})A_{\rm s}+J_1(A_{\rm p})A_{\rm s}{\rm e}^{{\rm j}(\omega_{\rm p}t+\theta_{\rm p})}]{\rm e}^{{\rm j}(\omega_{\rm s}t+\theta_{\rm s})} \tag{9-138}$$

当满足 $\omega_{\rm p}=\omega_{\rm i}-\omega_{\rm s}$、$\theta_{\rm p}=\theta_{\rm i}-\theta_{\rm s}$ 时，式（9-138）与式（9-134）在形式上是等效的。

因此，加性噪声、幅度噪声和相位噪声之间是等价的，可以相互转换。从频域的角度来观察，加性噪声经过一定的频移后（频移量为本振频率）便可以等效转化为幅度噪声和相位噪声，且呈现等量分布。需要说明的是，虽然相位噪声和幅度噪声之间的等价性并不是完全成立的，至少幅度噪声不会改变振荡波形固有的过零点，相位噪声不会改变振荡波形的最大振荡幅度，但是，仍可将幅度噪声和相位噪声直接等价起来，因为从频域上来看两者是没有区别的。

如果加性噪声是一个宽带干扰，如白噪声，式（9-134）和式（9-138）同样成立。这是因为非周期信号可以看作周期为无穷大的周期信号，仍然可以进行傅里叶级数展开（等效于傅里叶变换），傅里叶级数中的每个频率项均可看作单音加性噪声。因此，即使是宽带干扰，经过一定的频移后同样可以转化为等量分布的幅度干扰和相位干扰。

## 9.5.2 相位噪声对系统性能的影响

相位噪声和加性噪声具有等价性，前者能量为后者能量的一半。本节基于此结论来分析相位噪声是如何对系统性能产生影响的。建立一个简单的混频系统模型，混频器通过一个简单的乘法器来建模（频域表示为一个卷积器），本振信号通过负阻振荡器来提供，噪声模型只考虑电阻热噪声（白噪声）。

图 9-57 为混频系统的频域模型，负阻振荡器仅保留 RLC 谐振网络、振荡信号电流 $i_{\rm LO}$（等效于能量恢复器）、电阻热噪声电流 $i_{\rm N}$。如果不考虑电阻热噪声，负阻振荡器仅产生一个单音信号，振荡频率为 $\omega_{\rm LO}=1/\sqrt{LC}$，幅度谱 $F_{\rm LO}(\omega)$ 是一个位于 $\omega_{\rm LO}$ 处的冲激信号。电阻热噪声 $i_{\rm N}$ 的存在会随机改变单音信号的振荡幅度和相位（幅度谱为 $i_{\rm N}/\Delta f=\sqrt{4kT/R_{\rm P}}$），产生幅度噪声和相位噪声，最终的噪声幅度谱 $F_{\rm N}(\omega)$ 受限于 RLC 谐振网络的幅频响应。$F_{\rm N}(\omega)$ 是一个典型的加性白噪声，同时包含了幅度噪声

和相位噪声，因为加性噪声、幅度噪声、相位噪声具有等价性，所以幅度噪声 $F_{N,A}(\omega)$ 和相位噪声 $F_{N,P}(\omega)$ 均具有和 $F_N(\omega)$ 相同的幅度谱形状，只是在幅度上具有 3dB 的差异。由于振荡器的限幅作用和后端缓冲器的开关效应，幅度噪声可以近似忽略，因此仅讨论相位噪声的影响，并用 $F_{N,P}(\omega)$ 来表示相位噪声的幅度谱，实际的本振信号幅度谱为 $F_{LO}(\omega)+F_{N,P}(\omega)$。由于相位噪声的作用，最终的本振信号幅度谱得到了扩展，并以振荡频率为中心，以 $1/f$ 的形式向两侧下跌，这种现象和我们的预期完全符合。振荡频率偏离 RLC 谐振网络的谐振频率越大，出现的可能性越小，即功率谱下降。混频器的模型在时域为乘法器，在频域等效为一个卷积器。假设混频器的输入端为带加性干扰的输入信号，其中有效信号的幅度谱为 $F_s(\omega)$，中心频率位于 $\omega_s$，干扰信号是一单音信号，幅度谱为 $F_i(\omega)$，位于 $\omega_i$ 处，则混频器的输出信号幅度谱为 $[F_s(\omega)+F_i(\omega)]*[F_{LO}(\omega)+F_{N,P}(\omega)]$。如果不存在相位噪声部分，则混频器的输出幅度谱仅为输入幅度谱的一个频率搬移，可表示为 $F_s(\omega)*F_{LO}(\omega)$ 和 $F_i(\omega)*F_{LO}(\omega)$，频率搬移量等于本振信号频率，加性干扰部分可以通过后续的基带滤波器进行滤除。如果存在相位噪声，则输出的幅度谱成分包含两部分。一部分仍等于频率搬移后的输入幅度谱，另一部分则是由相位噪声引入的带内干扰，可表示为 $F_s(\omega)*F_{N,P}(\omega)$ 和 $F_i(\omega)*F_{N,P}(\omega)$。一般情况下，本振信号的功率远大于相位噪声的功率，因此由有效信号与相位噪声混频引入的带内干扰项 $F_s(\omega)*F_{N,P}(\omega)$ 可以忽略不计，由干扰信号与相位噪声混频引入的带内干扰项 $F_i(\omega)*F_{N,P}(\omega)$ 占据主导地位。为了避免在强干扰存在的情况下不会明显地恶化系统的噪声性能，必须对系统的相位噪声性能提出一定的量化要求。

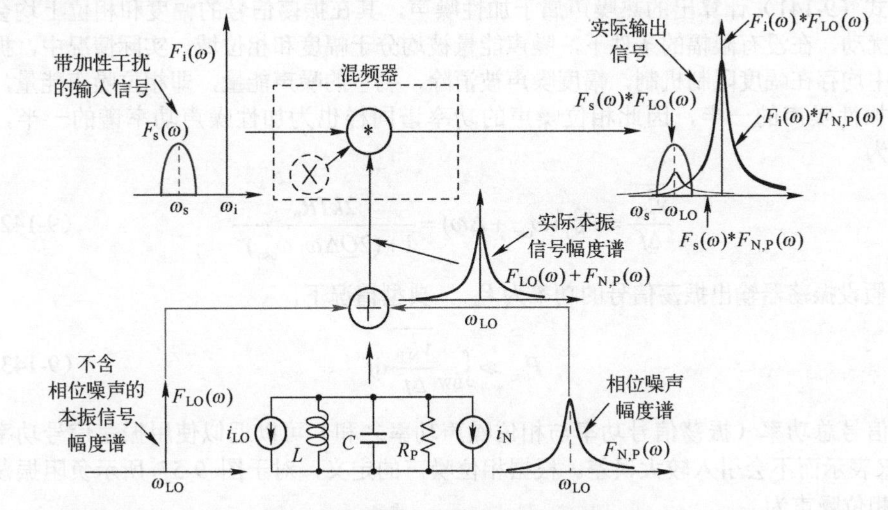


图 9-57　混频系统频域模型

相位噪声的定义：振荡信号在振荡频率某一频率偏移处 1Hz 带宽内的信号功率与信号总功率的比值。需要注意的是，此处的信号指的是本振信号与相位噪声之和。可以看出，相位噪声是与频率偏移紧密相关的，单位为 dBc/Hz，表达式为

$$L(\Delta\omega)=10\lg\left[\frac{P(\omega_{osc}+\Delta\omega)}{P_{osc}+P_{PN}}\right]\ (\text{dBc/Hz}) \tag{9-139}$$

式中，$P(\omega_{osc}+\Delta\omega)$ 为相对于振荡频率 $\omega_{osc}$ 偏移 $\Delta\omega$ 处 1Hz 带宽内的信号功率；$P_{osc}(\omega_0)$ 为振荡信号的功率；$P_{PN}$ 为相位噪声功率。根据此定义可以定量地计算出需要的相位噪声指标以满足系统抗干扰需求。为了更好地理解相位噪声的概念，以图 9-57 所示的混频系统为例计算其相位噪声。

仍以 RLC 谐振网络、振荡电流源和电阻热噪声源来建模负阻振荡器，在一定的频率偏移处，RLC 谐振网络的阻抗表达式（9-57）可以重新表示为

$$|Z(\omega_{osc}+\Delta\omega)|\approx\frac{R_P}{\sqrt{1+(2Q\Delta\omega/\omega_{osc})^2}} \tag{9-140}$$

式中，$\omega_{osc}$ 为 RLC 谐振网络的振荡频率；$\Delta\omega$ 为相对于振荡频率的频率偏差；$Q$ 为谐振网络品质因子。系统热噪声的功率谱为

$$\frac{\overline{v_N^2}}{\Delta f}=F_N^2(\omega_{osc}+\Delta\omega)=\frac{\overline{i_N^2}}{\Delta f}|Z(\omega_{osc}+\Delta\omega)|^2=\frac{4kTR_P}{1+(2Q\Delta\omega/\omega_{osc})^2} \tag{9-141}$$

由于 RLC 谐振网络的带通滤波特性，输出噪声的功率谱与频率相关，且与频率偏差的平方成反比关系，这个 $1/f^2$ 行为是 RLC 谐振网络幅频特性的直接反映，即噪声电压频率响应以 $1/f$ 的方式从中心频率向两侧下跌，而功率则正比于电压的平方。同时我们还注意到，当其他参数不变时，提高 RLC 谐振网络 $Q$ 值降低了噪声功率谱，这与我们的常规认知是契合的。

式（9-141）计算出的热噪声属于加性噪声，其在振荡信号的幅度和相位上均会引起扰动，在没有限幅的条件下，噪声能量被均分于幅度和相位域。实际情况中，振荡器中均存在幅度限制机制，幅度噪声被消除，剩下的噪声能量，即相位噪声能量，只有加性噪声的一半，因此相位噪声的功率谱同样也为加性噪声功率谱的一半，表示为

$$\frac{\overline{v_{N,P}^2}}{\Delta f}=F_{N,P}^2(\omega_{osc}+\Delta\omega)=\frac{2kTR_P}{1+(2Q\Delta\omega/\omega_{osc})^2} \tag{9-142}$$

假设振荡器输出振荡信号的功率为 $P_{osc}$，典型情况下，

$$P_{osc}\gg\int_{BW}\frac{\overline{v_{N,P}^2}}{\Delta f}\mathrm{d}f \tag{9-143}$$

因此信号总功率（振荡信号功率与相位噪声功率之和）可以近似使用振荡信号功率 $P_{osc}$ 来表示而不会引入较大误差。根据相位噪声的定义，对于图 9-57 所示负阻振荡器，相位噪声为

$$L(\Delta\omega)=10\lg\left[\frac{2kT}{P_{osc}}\frac{R_P}{1+(2Q\Delta\omega/\omega_{osc})^2}\right] \tag{9-144}$$

以图 9-18 所示的差分负阻振荡器为具体设计实例，根据描述函数模型，每个晶体管的等效跨导为 $G_m=4I_{bias}/(\pi V_{osc})$，其中 $I_{bias}$ 为尾部偏置电流，$V_{osc}$ 为单端振荡信号幅度。稳定振荡时，$G_m=2/R_P$，则差分振荡信号功率 $P_{osc}$ 为

$$P_{\mathrm{osc}}=2V_{\mathrm{osc}}^2=\frac{2I_{\mathrm{bias}}^2R_{\mathrm{P}}^2}{\pi^2} \tag{9-145}$$

代入式（9-144）可得，差分负阻振荡器的相位噪声方程为

$$L(\Delta\omega)=10\lg\left[\frac{2kT\pi^2}{2I_{\mathrm{bias}}^2R_{\mathrm{P}}^2}\frac{1}{1+(2Q\Delta\omega/\omega_{\mathrm{osc}})^2}\right] \tag{9-146}$$

需要注意的是，式（9-146）表明提升尾部电流源的值可以改善差分负阻放大器的相位噪声性能，但是此条件仅适用于差分负阻振荡器的振荡幅度与电流源成正比的情况。当振荡器进入电压幅度饱和阶段，式（9-146）便不再成立，但是实际情况中，通常都会把差分负阻振荡器设置在电压幅度饱和以下的区间，振荡电压与电流源成正比。

**例 9-15** 如图 9-58 所示，天线端口的输入有效信号的信噪比为 25dB（噪声未画出），信号通带带宽为 200kHz。在距离信号载波频率 600kHz 的频率处存在一个比有效信号功率强 45dB 的单音干扰信号，理想情况下（不考虑相位噪声）低噪声放大器和混频器的级联噪声系数 $\mathrm{NF_c}=2\mathrm{dB}$，试定量计算出系统的相位噪声性能，满足如下条件：经过混频后的有效信号信噪比恶化不超过 3dB。

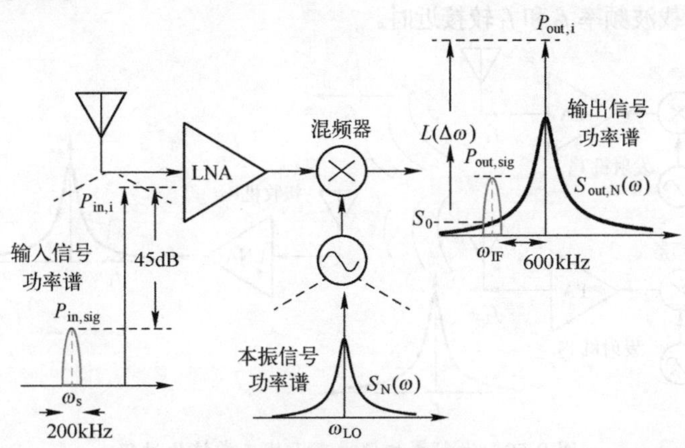

图 9-58　相位噪声计算模型

**解：** 在混频器的输出端，假设有效信号的输出功率为 $P_{\mathrm{out,sig}}$，引入的带内相位噪声的功率为 $P_{\mathrm{PN}}$，电路噪声及环境热噪声引入的噪声功率之和为 $P_{\mathrm{N}}$，则有

$$10\lg\frac{P_{\mathrm{out,sig}}}{P_{\mathrm{N}}}=25-\mathrm{NF_c}=23,\ 10\lg\frac{P_{\mathrm{out,sig}}}{P_{\mathrm{N}}+P_{\mathrm{PN}}}=22 \tag{9-147}$$

根据式（9-147）可得

$$10\lg\frac{P_{\mathrm{out,sig}}}{P_{\mathrm{PN}}}\approx 29 \tag{9-148}$$

在图 9-57 中已经提到过，混频后的输出频谱包含四部分（不考虑电路噪声及环境热噪声），由于有效信号与本振信号相位噪声部分混频后的功率较小，通常可以忽略不计，因此在图 9-58 中，仅考虑其他三部分的功率谱。假设混频后进入有效信号带内的输出相位噪声功率谱是近似平坦的且等于 $S_0$，则

$$P_{\mathrm{PN}}=\Delta f\times S_0 \tag{9-149}$$

式中，$\Delta f = 200\text{kHz}$ 为有效信号通带带宽。将式（9-149）代入式（9-148）可得

$$10\lg\frac{S_0}{P_{\text{out,sig}}} = -29 - 10\lg\Delta f \tag{9-150}$$

假设单音干扰与本振信号混频后的信号功率为 $P_{\text{out,i}}$，已知 $10\lg(P_{\text{in,i}} / P_{\text{in,sig}}) = 45\text{dB}$，则

$$\begin{aligned}10\lg\frac{S_0}{P_{\text{out,i}}} &= 10\lg\frac{S_0}{P_{\text{out,sig}}} + 10\lg\frac{P_{\text{out,sig}}}{P_{\text{out,i}}} = 10\lg\frac{S_0}{P_{\text{out,sig}}} + 10\lg\frac{P_{\text{in,sig}}}{P_{\text{in,i}}}\\ &= -29 - 10\lg\Delta f - 45\\ &= -127(\text{dBc/Hz})\end{aligned} \tag{9-151}$$

因此本振信号需要在 600kHz 频偏处至少提供-127dBc/Hz 的相位噪声性能。这个指标是非常严苛的。在系统或电路的设计过程中，如果对相位噪声性能不加以重视，即使接收机不被饱和，也很有可能在强干扰存在的情况下明显恶化接收机的性能。

同样在发射机的设计过程中，对本振信号的相位噪声性能也是存在需求的。如图 9-59 所示，发射机 $T_2$ 较差的相位噪声性能很有可能对发射机 $T_1$ 与接收机 $R_1$ 之间正常的通信性能产生严重影响（即使接收机的相位噪声性能设计得很好），尤其是发射机 $T_2$ 与接收机 $R_1$ 之间的通信距离远小于发射机 $T_1$ 与接收机 $R_1$ 之间的通信距离，且两者的通信载波频率 $f_2$ 和 $f_1$ 较接近时。

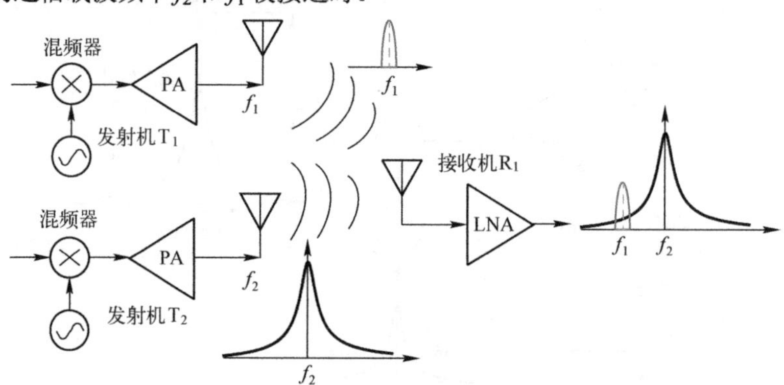


图 9-59 发射机相位噪声干扰正常接收过程

不存在单音干扰（见图 9-57）和发射干扰（见图 9-59）时，单独的接收机或发射机的相位噪声性能仍然会对幅度/相位/频率调制信号产生影响，该影响主要是由接收信号或发射信号与本振信号相位噪声部分之间的混频引入的。在上文的分析过程中已经将该部分噪声忽略掉了，但是对于高阶的幅度/相位/频率调制信号，相位噪声的影响不可忽略，这主要是由于高阶调制对于信噪比的恶化更加敏感。以多阶幅度/相位/频率调制为例进行说明，图 9-60 给出了相位噪声对 MASK、MPSK、MFSK 和 QAM 调制性能的影响，并以星座图的形式直观给出。图中的轴坐标为上述调制方式的归一化基底函数，且相互正交。每个点代表一种调制状态，点与点之间的距离代表解调过程中两种状态的区分能力，称为欧氏距离。距离越大，正确解调能力越强，反之则弱。两点之间的实线距离代表理想状态下的解调能力，虚线距离代表相位噪声干扰后的解调能力。相位噪声除干扰调制信号的相位外，还会同时干扰调制信号的幅度（相位噪声和幅度噪声的等价性造成的），因此调制信号空间图中的每个调制状态点除产生绕轴旋转的相位噪声外，还存在沿轴波动的幅度噪声，动态地改变点与点之间的

欧式距离，从而动态影响系统的解调性能。

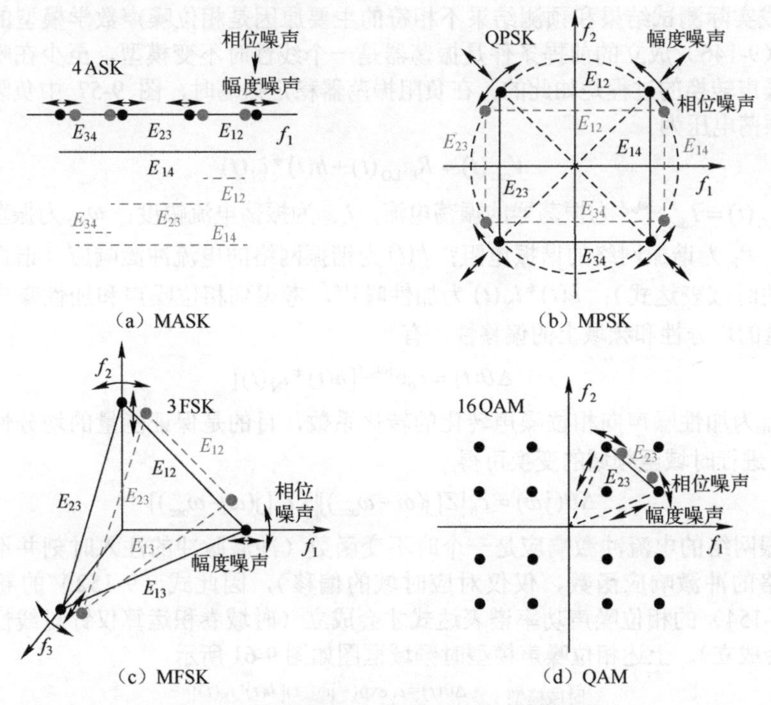


（a）MASK　（b）MPSK　（c）MFSK　（d）QAM

图 9-60　相位噪声对调制和解调性能的影响

## 9.5.3　相位噪声数学模型

9.5.2 节对差分负阻振荡器的相位噪声进行了定量化的描述，并给出了相位噪声计算方程式（9-146）。由于在计算过程中进行了许多简化假设，所以若发现式（9-146）所预测的相位噪声性能与实际测量的结果存在明显的区别就不会感到意外了。例如，尽管实际频谱中存在一个测量频谱密度正比于$1/\Delta f^2$的区间，但是实际测量的功率谱值往往比式（9-146）的预测结果大许多。这主要是因为在振荡器中，除谐振网络中的电阻热噪声外，还存在其他一些重要的噪声源，甚至在某些频段占据主导地位。此外，测量到的实际频谱最终会在大的频率偏差下趋于平缓，而不是随着$\Delta f$呈平方律下降，这个噪声下限受测量设备的内部噪声和用于提供测量阻抗匹配的外置缓冲器产生的噪声限制。由式（9-146）还可以看出，提高谐振网络的品质因子$Q$可以有效地改善振荡器的相位噪声性能，但是在许多实际的设计案例中，$Q$值的提升与相位噪声的减小并没有非常强烈的正比关系，有些设计中$Q$值的提升还会明显地降低振荡器的相位噪声性能。例如，采用有源电路来提高谐振网络$Q$值，必然伴随着噪声源的增大，从而不会实现预期的相位噪声性能。另外，在实际的测试过程中，对于小的频率偏移，振荡器的相位噪声功率谱线中还存在一段与$1/\Delta f^3$成正比关系的区域，该段区域的产生很容易使我们和闪烁噪声联系起来，只是在基于图 9-57 的分析模型中无法预测出该段区域的存在，因为位于低频处的闪烁噪声项会被谐振网络的带通特性完全抑制掉。

造成实际测试结果和预测结果不相符的主要原因是相位噪声数学模型的错误建立。式（9-146）成立的前提条件是振荡器是一个线性时不变模型，至少在噪声电流向相位噪声转换的过程是如此的。在负阻振荡器稳定振荡时，图 9-57 中负阻振荡器的输出振荡电压为

$$V_{\mathrm{out}}(t)=R_{\mathrm{P}}i_{\mathrm{LO}}(t)+h(t)*i_{\mathrm{N}}(t) \tag{9-152}$$

式中，$i_{\mathrm{LO}}(t)=I_{\mathrm{osc}}\mathrm{e}^{\mathrm{j}\omega_{\mathrm{osc}}t}$ 为振荡器的振荡电流；$I_{\mathrm{osc}}$ 为振荡电流幅度；$\omega_{\mathrm{osc}}$ 为振荡器的振荡频率；$R_{\mathrm{P}}$ 为谐振网络的谐振电阻；$h(t)$ 为谐振网络的电流冲激响应（谐振网络阻抗幅度的时域表达式）；$h(t)*i_{\mathrm{N}}(t)$ 为加性噪声。考虑到相位噪声和加性噪声的等价性、能量的均分性和频域上的偏移性，有

$$\Delta\theta(t)=c_0\mathrm{e}^{\mathrm{j}\omega_{\mathrm{osc}}t}[h(t)*i_{\mathrm{N}}(t)] \tag{9-153}$$

式中，$c_0$ 为加性噪声向相位噪声转化的转化系数，目的是保证能量的均分性。对式（9-153）进行时域至频域的变换可得

$$\Delta\theta(\mathrm{j}\omega)=c_0\left|Z[\mathrm{j}(\omega-\omega_{\mathrm{osc}})]\right|\times i_{\mathrm{N}}[\mathrm{j}(\omega-\omega_{\mathrm{osc}})] \tag{9-154}$$

谐振网络的电流冲激响应是一个时不变函数（冲激脉冲的注入时刻并不会改变谐振网络的冲激响应函数，仅仅对应时域的偏移），因此式（9-152）的卷积运算和式（9-154）的相位噪声功率谱表达式才会成立（时域卷积运算仅针对线性时不变系统才会成立）。上述相位噪声模型时频域框图如图 9-61 所示。

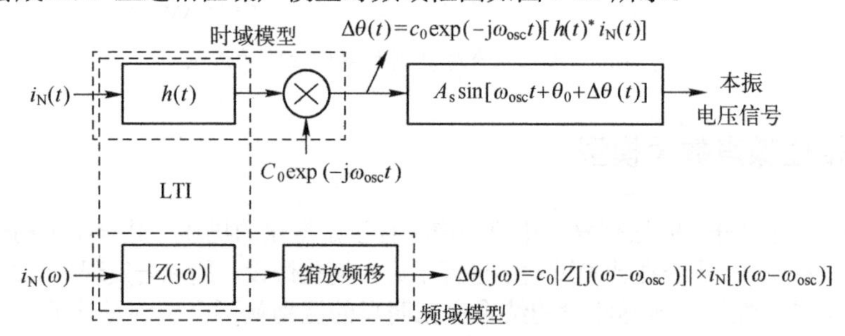


图 9-61 线性时不变相位噪声模型

相位噪声的线性时不变模型直观简单且通常也是有效的，至少可以预测相位噪声谱线的某些趋势，有一定的借鉴意义，但是如果要更加准确地优化相位噪声性能，必须改进相位噪声模型，使新建立的模型能够更加精准地预测或契合相位噪声的实测谱线。

非线性是所有实际振荡器能够稳定振荡的一个必要条件，从小信号条件下的起振需求到大信号条件下（稳定振荡）的限幅行为就是一个典型的非线性现象。另外从相位噪声、幅度噪声和加性噪声的等价性推导中也可以看出，如果在振荡器中注入一个加性单音信号，不管该信号是转换为幅度噪声还是相位噪声均存在一个频率搬移的过程，而且实际测试情况也是如此，这种现象在时不变系统中是不可能发生的。

这样看来，线性和时不变性的假设均不成立，实际的振荡器设计中，幅度的非线性不是设计中关心的问题，我们仅仅关心会在时域导致振荡信号发生抖动从而拓宽本振频谱的相位噪声。仍从能量均分定理入手，加性噪声能量增加一倍，幅度噪声和

相位噪声也会随之增加一倍。如果仅考察噪声-相位传输函数，线性假设是成立的。现在只需要重新对时不变假设进行分析，我们对噪声-相位传输函数的时不变假设导致了图 9-61 所示模型的成立。噪声-相位冲激响应函数就是谐振网络对电流冲激信号的冲激响应函数，该响应函数与具体的冲激时刻无关，不同的冲激时刻仅会导致冲激响应函数的响应延时，在频域对应传输函数的绕轴旋转，对本振信号的扰动情况不受影响。该过程无法产生频率搬移情况，而频率搬移是一个典型的时变系统特性。事实上，证明振荡器是时变系统是非常容易的，对这个事实的认知是建立一个更精确相位噪声模型的关键所在。

不失一般性，以负阻振荡器为例来进行说明，如图 9-62 所示。负阻振荡器处于稳定工作状态时，RLC 谐振网络可以近似等效为理想的 LC 谐振网络（有源器件提供的负阻与谐振网络并联电阻抵消）。当一个冲激幅度为 $I_0$ 的冲激电流注入 LC 谐振网络后，电荷的一次性瞬时注入会导致电容两端产生一个阶跃电压，电压幅度为 $I_0/C$。之后，LC 谐振网络进入电容储存的电能与电感储存的磁能相互转换的一个过程，即振荡过程。振荡频率为谐振网络的并联谐振频率，振荡波形为

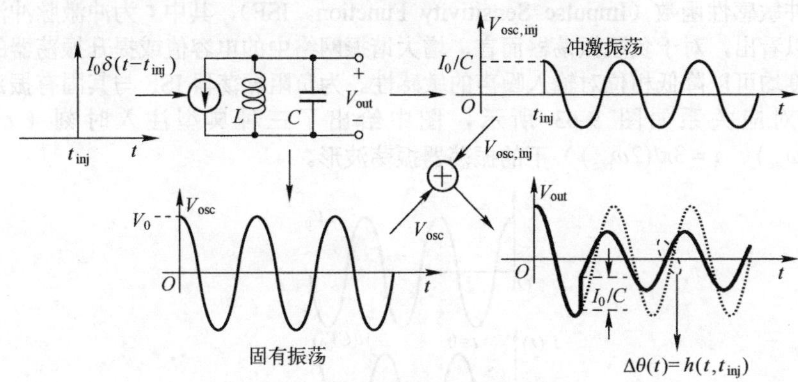


图 9-62　振荡器电流冲激响应

$$V_{osc,inj}(t)=\frac{I_0}{C}\cos[\omega_{osc}(t-t_{inj})]u(t-t_{inj}) \tag{9-155}$$

在冲激电流注入之前，振荡器还存在一个固有振荡（振荡器自身的稳定振荡状态），不失一般性，可将其振荡波形表示为

$$V_{osc}(t)=V_0\cos(\omega_{osc}t) \tag{9-156}$$

在冲激电流注入之后，振荡器处于两者的叠加振荡状态，输出振荡波形为

$$V_{out}(t)=V_{osc}(t)+V_{osc,inj}(t)=V_0\cos(\omega_{osc}t)+\frac{I_0}{C}\cos[\omega_{osc}(t-t_{inj})],\quad t\geqslant t_{inj} \tag{9-157}$$

利用三角函数和差化积公式，式（9-157）可重新表达为

$$V_{out}(t)=\left[V_0+\frac{I_0}{C}\cos(\omega_{osc}t_{inj})\right]\cos(\omega_{osc}t)+\frac{I_0}{C}\sin(\omega_{osc}t_{inj})\sin(\omega_{osc}t),\quad t\geqslant t_{inj} \tag{9-158}$$

我们的最终目的是证明噪声-相位冲激函数的时变性，因此需要从式（9-158）中提取出增量相位项（相位噪声项）。式（9-156）已假定在未加入冲激电流之前振荡器振荡波形的相位为 0，因此加入冲激电流后的增量相位可以通过式（9-158）直接获得。

$$\Delta\theta(t)=\arctan\frac{-I_0\sin(\omega_{osc}t_{inj})/C}{V_0+I_0\cos(\omega_{osc}t_{inj})/C},\quad t\geqslant t_{inj} \tag{9-159}$$

多数情况下，$V_0 \gg I_0/C$，则有

$$\Delta\theta(t)\approx-\frac{I_0\sin(\omega_{osc}t_{inj})}{CV_0}u(t-t_{inj}) \tag{9-160}$$

因此线性假设是成立的，将式（9-160）两边分别对冲激幅度归一化，可得噪声-相位单位冲激响应为

$$h(t,t_{inj})\approx-\frac{1}{CV_0}\sin(\omega_{osc}t_{inj})u(t-t_{inj}) \tag{9-161}$$

噪声-相位单位冲激响应与冲激信号的注入时刻 $t_{inj}$ 相关，因此该冲激响应为一个时变响应。通常将

$$\Gamma(\tau)=-\frac{1}{CV_0}\sin(\omega_{osc}\tau) \tag{9-162}$$

称为脉冲敏感性函数（Impulse Sensitivity Function，ISF），其中 $\tau$ 为冲激脉冲注入时刻。可以看出，对于负阻振荡器而言，增大谐振网络中的电容值或提升振荡器的固有振荡幅度均可以降低相位对输入噪声的敏感性。为负阻振荡器 ISF 与其固有振荡波形之间的对应关系如图 9-63 所示，图中给出了三种典型注入时刻（$t=0$、$t=\pi/(2\omega_{osc})$、$t=3\pi/(2\omega_{osc})$）下的振荡器振荡波形。

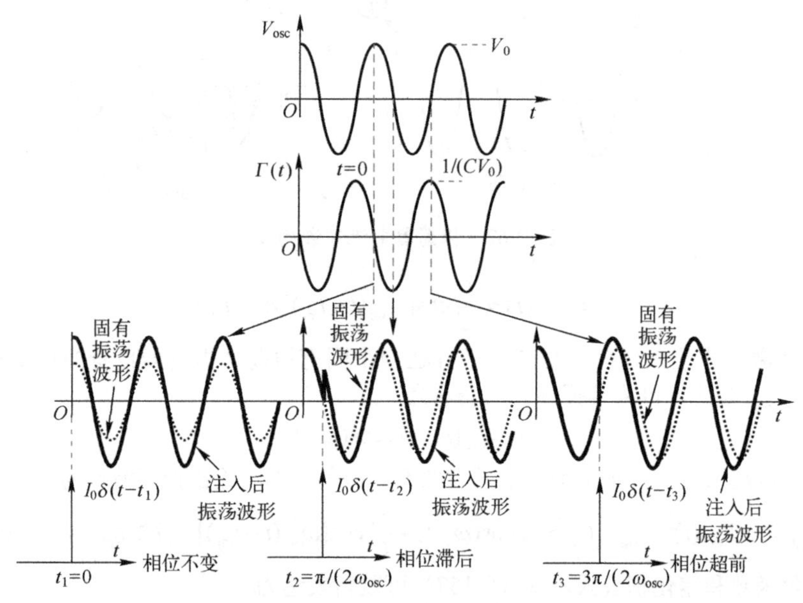


图 9-63　负阻振荡器 ISF 与其固有振荡波形之间的对应关系图

在对负阻振荡器的 ISF 函数进行推导时并没有考虑限幅的情况，实际上限幅现象的存在仅会改变最终振荡波形的幅度（由于谐振网络的带通滤波效应，最终的振荡波形仍近似正弦波），而不会影响相位，也就是说 ISF 并不受限幅的影响。

接下来分析另一种常用的振荡器类型：环形振荡器。环形振荡器的振荡频率受限于充放电电流和各级寄生电容，通过充放电延时来实现振荡波形的生成，振荡波形

存在典型的削峰现象（受限于电源电压），如图 9-64 所示。在电容充电的起始阶段（电容极板聚集的电荷量较少），冲激噪声携带的电荷会完全注入寄生电容中，加快电容充电速度，导致相位超前。起始阶段电容的充电电流较大，因此节省的充电时间较少，对相位的影响也较小。随着电容极板上聚集的电荷越来越多，充电电流逐渐减小，冲激噪声对相位的干扰也越来越大。在充电的末尾阶段，虽然充电电流很小，但是受限于充电电压，冲激噪声中携带的电荷并不能完全进入寄生电容中，对相位的影响也较小。因此，在充电阶段，冲激噪声对相位的影响（ISF）是一个先上升后下降的过程，但总会导致相位超前；在限幅阶段（波形被削峰），寄生电容中储存的电荷已经饱和，冲激噪声中携带的电荷无法注入电容中，对相位没有影响。和充电阶段相似，在电容的放电阶段，受限于放电起始阶段的放电电流和末尾阶段的放电电压，冲激噪声对相位的影响同样是一个先上升后下降的过程，不同的是会导致相位滞后。

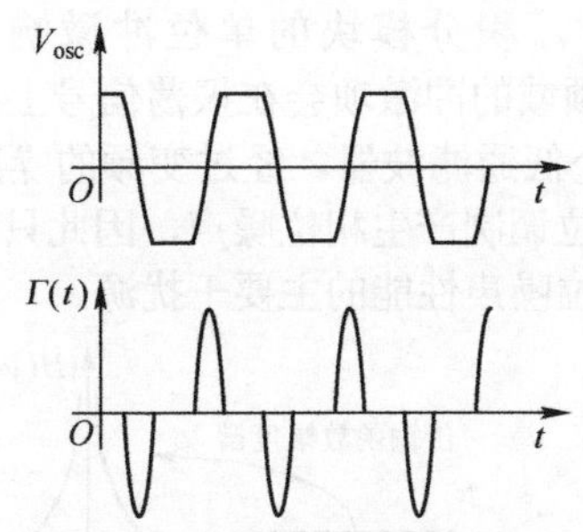


图 9-64 环形振荡器振荡波形及 ISF

负阻振荡器的 ISF 同样可以借鉴对环形振荡器的分析来进行，最终得出相同的 ISF 波形描述，只是负阻振荡器的振荡波形近似正弦波，方便定量计算。因此，根据对两种常用振荡器的分析，可以进行如下外延和概括：振荡器振荡波形的产生无疑都是基于电容的充放电行为实现的，其噪声-相位冲激响应受限于各阶段的充放电电流，具有时变性；同时振荡器的振荡波形都是周期的，因此其噪声-相位冲激响应同样具有周期性，且与振荡周期相同。根据式（9-161）和式（9-162），统一将振荡器的噪声-相位冲激响应定义为

$$h(t,\tau) \approx \Gamma(\tau)u(t-\tau) \tag{9-163}$$

式中，$t$ 为观察时刻；$\tau$ 为噪声源激励时刻。假设在激励时刻 $\tau$，噪声源为 $i(\tau)$，则此激励时刻在观察时刻 $t$ 观察到的相位偏差为

$$\Delta\theta(t) = h(t,\tau)i(\tau) \tag{9-164}$$

由于相位具有累加作用，在噪声源存在的整个激励时间范围内在时刻 $t$ 累加的相位偏差为

$$\Delta\theta(t) = \int_{-\infty}^{+\infty} h(t,\tau)i(\tau)\mathrm{d}\tau = \int_{-\infty}^{t} \Gamma(\tau)i(\tau)\mathrm{d}\tau \tag{9-165}$$

图 9-65 可以更加直观地说明相位噪声的具体产生机制。由于振荡器的 ISF 是周期性函数，且周期与振荡器振荡周期相同，因而可以采用傅里叶级数进行展开。

$$\Gamma(t) = \frac{c_0}{2} + \sum_{n=1}^{+\infty} c_n \cos(n\omega_{osc}t + \theta_n) \tag{9-166}$$

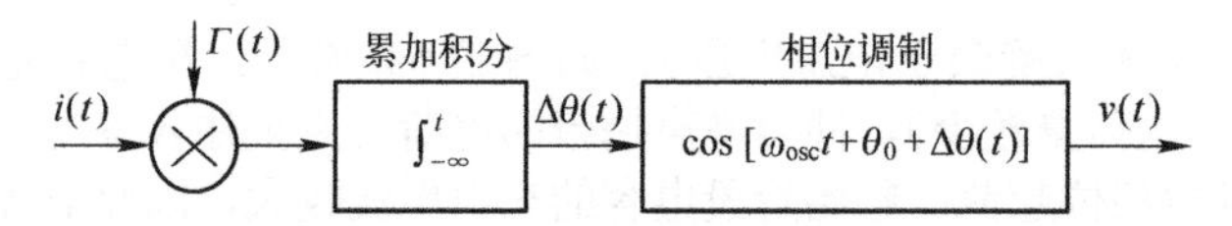


图 9-65　相位噪声产生机制等效方框图

式中，$c_n$ 为傅里叶系数；$\theta_n$ 为 ISF 第 $n$ 次谐波相位；$\omega_{\text{osc}}$ 为振荡器振荡频率；直流部分的 1/2 系数主要是考虑到后续表述的统一性。将式（9-166）代入式（9-165），并交换求和与积分的位置可得

$$\Delta\theta(t)=\frac{c_0}{2}\int_{-\infty}^{t}i(\tau)\mathrm{d}\tau+\sum_{n=1}^{+\infty}c_n\int_{-\infty}^{t}i(\tau)\cos(n\omega_{\text{osc}}\tau+\theta_n)\mathrm{d}\tau \tag{9-167}$$

式（9-167）可以用图 9-66 的等效模型来表示，这种表达形式可以非常直观地计算出累加相位 $\Delta\theta(t)$ 的功率谱。输入噪声 $i(t)$ 与各谐波分量的乘积是一个频谱搬移的过程。根据例 3-3 的分析，积分模块的单位冲激响应为 $u(t)$，其传输函数为 $H(\mathrm{j}\omega)=1/(\mathrm{j}\omega)$（积分过程频域的冲激项会在振荡信号上增加一个直流量，不会影响相位噪声性能），相当于一个低通滤波器。经过变频的噪声信号只有通过该滤波器才能有效地对振荡信号进行相位调制产生相位噪声，因此只有在振荡频率各谐波附近的噪声信号才是影响振荡器相位噪声性能的主要干扰源。

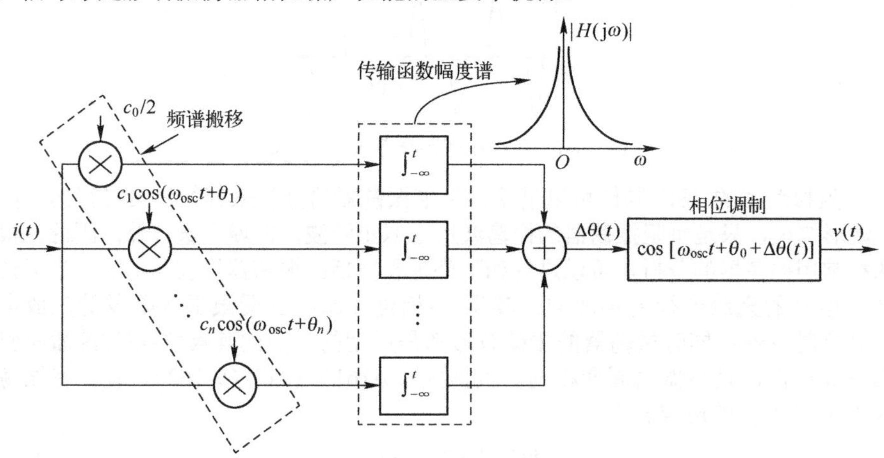


图 9-66　ISF 分解后相位噪声产生机制等效方框图

电流噪声低频部分贡献的相位功率谱为

$$S_{\theta,0}(\Delta\omega)=\frac{c_0^2}{4}S_{i,0}(\Delta\omega)\left|H(\mathrm{j}\Delta\omega)\right|^2 \tag{9-168}$$

式中，$S_{i,0}(\Delta\omega)$ 为电流噪声的低频功率谱；$\Delta\omega$ 为距离直流处的频偏。各谐波支路是一个频谱搬移的过程，分别将 $n\omega_{\text{osc}}$ 附近的噪声功率搬移至直流附近处和 $2n\omega_{\text{osc}}$ 附近处，只有搬移至直流附近处的噪声功率才会对相位噪声有贡献，且功率为原功率的 1/4（频谱搬移过程会引入 1/2 的幅度衰减）。$n\omega_{\text{osc}}$ 附近的噪声功率搬移至直流附近处的相位功率谱为

$$S_{\theta,n\omega_{\text{osc}}}(\Delta\omega)=\frac{c_n^2}{4}S_{i,n\omega_{\text{osc}}}(\Delta\omega)\left|H(\mathrm{j}\Delta\omega)\right|^2 \tag{9-169}$$

式中，$S_{i,n\omega_{osc}}(\Delta\omega)$ 为电流噪声的谐波频率处 $\Delta\omega$ 频偏处的功率谱。需要说明的是，上述各谐波（不包括直流）附近的噪声功率均为单边带功率，而直流附近为双边带功率。对于电阻电流噪声而言，单边带功率谱为 $4kT/R$，双边带功率谱为 $2kT/R$。由于各谐波频率处的噪声分量是互不相关的，因此总的累加相位功率谱为

$$S_\theta(\Delta\omega)=\sum_{n=0}^{+\infty}S_{\theta,n\omega_{osc}}(\Delta\omega)=\frac{\sum_{n=0}^{+\infty}c_n^2S_{i,n\omega}(\Delta\omega)}{4\Delta\omega^2} \tag{9-170}$$

在振荡器的设计中，有源器件的使用是无法避免的，而闪烁噪声（$1/f$ 噪声）是有源器件中的一种典型噪声，通常位于直流附近 200kHz 频率范围内，这部分噪声经过低通滤波器后会在相位功率谱线中出现一段与 $1/\Delta f^3$ 成正比关系的区域。其他的近似白噪声的区域经过频谱搬移和低通滤波后，功率谱线幅度正比于 $1/\Delta f^2$。由于正比于 $1/\Delta f^2$ 的功率谱线是叠加形成的，且与 $1/\Delta f^3$ 成正比关系的相位功率谱线和 ISF 的直流值 $c_0$ 相关，因此 $1/\Delta f^3$ 的相位功率谱线拐角频率通常比 200kHz 低许多。

由式（9-138）可知，相位调制过程等效于一个频谱搬移过程。位于直流附近某频率 $\Delta\omega$ 处的相位功率谱经过相位调制后变为电压信号，并且电压功率谱会搬移至振荡频率 $\omega_{osc}$ 附近 $\Delta\omega$ 处，而且还会伴随着幅度波动的情况。最终的幅度可表述为 $J_1(A_p)A_s$，其中 $A_p$ 为 $\Delta\omega$ 频率处相位噪声幅度，$A_s$ 为振荡信号幅度。因为 $A_p\ll 1$，所以 $J_1(A_p)\approx A_p/2$，则经过频率搬移后的位于振荡频率 $\omega_{osc}$ 附近 $\Delta\omega$ 处的噪声电压幅度为 $A_pA_s/2$，功率为 $A_p^2A_s^2/8$。由于 $J_0(A_p)\approx 1$，振荡信号的功率为 $A_s^2/2$，因此频偏 $\Delta\omega$ 处双边带相位噪声为 $A_p^2/4$，单边带为 $A_p^2/2$，与相位噪声源本身的功率谱相同。该原理是仿真锁相环相位噪声性能的重要依据，在第 10 章中还会详细说明。

根据上述分析可得，在振荡频率 $\omega_{osc}$ 附近 $\Delta\omega$ 频率偏移处，振荡器的相位噪声为

$$L(\Delta\omega)=10\lg[S_\theta(\Delta\omega)]=10\lg\frac{\sum_{n=0}^{+\infty}c_n^2S_{i,n\omega_{osc}}(\Delta\omega)}{4\Delta\omega^2} \tag{9-171}$$

从图 9-67 和式（9-171）可以看出，最小化振荡器 ISF 的各傅里叶系数 $c_n$ 就可以最小化相位噪声。为了定量地说明这一点，应用 Parseval 定理：

$$\sum_{n=0}^{+\infty}c_n^2=\frac{1}{\pi}\int_{-\pi}^{\pi}\left|\Gamma(x=\omega_{osc}\tau)\right|^2\mathrm{d}x+\frac{c_0^2}{2}=\Gamma_{rms}^2+\frac{c_0^2}{2} \tag{9-172}$$

式中，$\Gamma_{rms}$ 为 ISF 的均方值。因为白噪声分布于全频段，且 $S_{i,n\omega_{osc}}(\Delta\omega)=2S_{i,0}(\Delta\omega)=\overline{i_n^2}/\Delta f$（载波附近噪声谱的搬移存在正负两个方向，$S_{i,0}(\Delta\omega)$ 中仅考虑白噪声），则 $1/\Delta f^2$ 型相位噪声为

$$L(\Delta\omega)=10\lg\frac{c_0^2S_{i,0}(\Delta\omega)+\sum_{n=1}^{+\infty}c_n^2S_{i,n\omega_{osc}}(\Delta\omega)}{4\Delta\omega^2}=10\lg\frac{\left[\sum_{n=0}^{+\infty}c_n^2-c_0^2/2\right]\frac{\overline{i_n^2}}{\Delta f}}{4\Delta\omega^2}=10\lg\frac{\frac{\overline{i_n^2}}{\Delta f}\Gamma_{rms}^2}{4\Delta\omega^2} \tag{9-173}$$

因此减小 $\Gamma_{\text{rms}}$ 可以提升全频段的相位噪声性能。对于 $1/f$ 噪声来说，双边带噪声电流功率谱为（频谱搬移过程中各谐波频率处为单边带搬移，直流附近的 $1/f$ 噪声为双边带搬移，该公式的含义为在 $\omega_{1/f}$ 频率处，$1/f$ 噪声与白噪声具有相同的双边带功率谱）

$$S_{\text{i},0}(\omega)=\frac{\overline{i_n^2}/2}{\Delta f}\frac{\omega_{1/f}}{\Delta\omega} \tag{9-174}$$

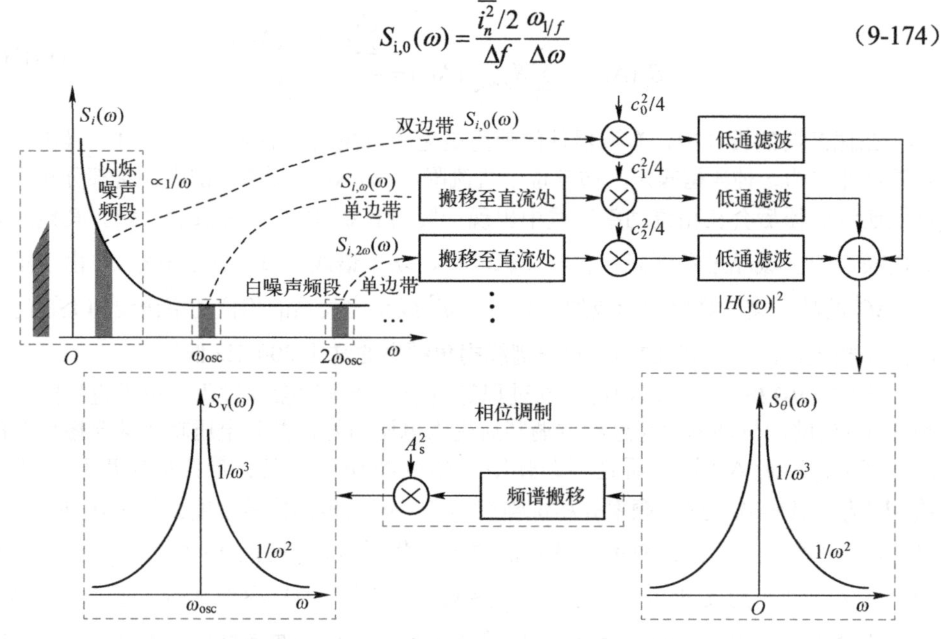


图 9-67 相位噪声产生机制频域等效方框图

式中，$\omega_{1/f}$ 为器件的 $1/f$ 噪声拐角频率。将式（9-174）代入式（9-171），并考虑到仅 ISF 直流处的傅里叶系数 $c_0$ 会对 $1/\Delta f^3$ 型相位噪声产生贡献，可得

$$L(\Delta\omega)=10\lg\frac{\dfrac{\overline{i_n^2}}{\Delta f}c_0^{\,2}\omega_{1/f}}{8\Delta\omega^3} \tag{9-175}$$

令式（9-175）和式（9-173）相等，可以计算出振荡器 $1/\Delta f^3$ 拐角频率为

$$\Delta\omega_{1/f^3}=\omega_{1/f}\frac{c_0^{\,2}}{2\Gamma_{\text{rms}}^2} \tag{9-176}$$

如果振荡器波形在上升阶段和下降阶段是完全对称的，ISF 的直流傅里叶系数可以减小到接近于 0，这样可以明显地减小器件 $1/f$ 噪声的影响。

**1. 品质因子**

在定量计算出的振荡器相位噪声表达式[式（9-171）]中，并没有出现谐振网络的品质因子，主要原因在于我们假设谐振网络为一个理想的 LC 谐振网络。由于目前工艺水平的限制，LC 谐振网络的品质因子通常是有限的，寄生电阻会导致振荡波形的部分畸变（影响电容的充放电过程），产生部分相位噪声。在电路中加入有源负阻器件可以提高谐振网络的品质因子（品质因子为负时，LC 谐振网络开始振荡），但是一方面，有源器件本身会引入噪声抵消部分品质因子提升带来的相位噪声性能的提升；另一方面，负阻也只在部分振荡周期内有效（差分负阻对需要同时导通），无法在全时段保证较大的品质因子。因此，在进行负阻振荡器设计时，通常仅通过改善无源谐振网络的固有品质因子来提升振荡器的相位噪声性能。同时，较高的品质因子还会降低振荡器的起振难度。

## 2. 周期稳态性

在大部分振荡器中，噪声源通常并不是稳态的。例如，CMOS 晶体管中的白噪声电流是偏置电流的函数，偏置电流会随着振荡波形周期性地在大范围内变动。在线性时变模型中，可以将周期稳态的噪声源看作一个稳态的噪声源和一个周期函数的乘积：

$$i(t) = i_0(t) \times \alpha(\omega_{\text{osc}} t) \tag{9-177}$$

式中，$i_0(t)$ 为一个稳态的噪声源，其峰值等于周期性稳态噪声源的峰值；$\alpha(\omega_{\text{osc}} t)$ 为一个峰值为 1 的周期性无量纲函数，称为噪声调制函数（Noise Modulation Function，NMF）。将这个噪声电流的表达式代入式（9-165），可以将周期性稳态噪声视为一个稳态噪声源，条件是要定义一个等效的 ISF：

$$\Gamma_{\text{eff}}(t) = \Gamma(t) \times \alpha(\omega_{\text{osc}} t) \tag{9-178}$$

噪声调制函数定义的等效 ISF 具有更小的均方值（噪声调制函数在大信号作用下处于周期性的导通和关闭状态），会显著地提升振荡器的相位噪声性能。这个原理可以利用“注入时刻”的概念来解释（噪声调制函数的导通可以理解为信号的注入），这也是线性时变模型带来的一个重要结果。以 Colpitts 振荡器为例（见图 9-23），共栅晶体管工作在 AB 类放大状态（晶体管的噪声调制函数周期性导通和关闭）。由于正反馈作用，共栅晶体管源极的信号能量注入与输出振荡信号同步，即当共栅晶体管导通时的大部分能量注入集中在 ISF 的最小值附近（此时处于振荡器的幅度饱和状态），噪声的注入与信号注入的时间窗口是一致的，产生的相位噪声也是最小的。这是 Colpitts 振荡器具有较优相位噪声性能的主要原因。但是，相较于负阻振荡器而言，Colpitts 振荡器的共栅晶体管在导通期间存在一个通过抽头电容到地的低阻路径，会恶化谐振网络的品质因子。另外，Colpitts 振荡器的起振条件较为严苛。这两方面限制了 Colpitts 振荡器的广泛使用。

## 3. 载波附近相位噪声

由式（9-171）可知，在振荡器振荡频率附近，相位噪声性能会极大恶化。这看似是线性时变模型的一个预测缺陷，其实式（9-171）的正确使用需要一定的条件，即累加相位的幅度需要足够小以满足累加相位功率谱线性频率搬移的条件。由式（9-170）可知，频偏接近 0 时，累加相位具有的幅度足够大，并不满足功率谱的线性频率搬移条件。从另一个直观层面讲，即使相位幅度再大，经过相位调制后的输出电压信号也只会具有有限的幅度（相位噪声在实际应用过程中是通过电压的形式向外提供的，相位不会影响三角函数的幅度），也就是说，在载波频率附近，相位噪声对外呈现的仍是一个有限值。

### 9.5.4 常用振荡器相位噪声性能分析

#### 1. 负阻振荡器相位噪声性能分析

负阻振荡器结构简单，起振容易，具有较优的相位噪声性能（如果设计得当，甚至可以满足极为苛刻的要求），是设计高性能频率综合器的基础模块之一。9.5.3 节已经对负阻振荡器的相位噪声模型进行了分析[见式（9-161）、式（9-162）和图 9-63]，相关结果是普适的，与单端或差分结构无关。

负阻振荡器的 ISF 是一个正弦波，可表示为

$$\Gamma(\tau) = -\frac{1}{CV_0}\sin(\omega_{\text{osc}}\tau) \tag{9-179}$$

式（9-179）同时也是负阻振荡器 ISF 的傅里叶级数展开，仅存在一次谐波傅里叶系数：

$$c_1 = -\frac{1}{CV_0} \tag{9-180}$$

式中，$C$ 为谐振网络中的电容值；$V_0$ 为振荡器振荡信号的幅度。将式（9-180）代入式（9-171）可得负阻振荡器的相位噪声表达式为

$$L(\Delta\omega) = 10\lg\frac{S_{i,\omega_{\text{osc}}}(\Delta\omega)}{4C^2V_0^2\Delta\omega^2} \tag{9-181}$$

利用线性时变模型推导出的负阻振荡器相位噪声表达式对相位噪声性能的直观预测结果和利用线性时不变模型得出的预测结果具有相似性。将振荡器振荡幅度的表达式[式（9-145）]代入式（9-181）可得

$$L(\Delta\omega) = 10\lg\frac{\pi^2 S_{i,\omega_{\text{osc}}}(\omega)}{4C^2 I_{\text{bias}}^2 R_{\text{P}}^2 \Delta\omega^2} = 10\lg\frac{\pi^2\omega_{\text{osc}}^2 S_{i,\omega_{\text{osc}}}(\Delta\omega)}{4I_{\text{bias}}^2 Q^2 \Delta\omega^2} \tag{9-182}$$

在振荡频率固定的情况下，两个模型均给出了提升品质因子和增大尾电流源的重要性。需要强调的是，提升品质因子是针对无源谐振网络而言。如果通过增加有源负阻电路来提升系统品质因子，虽然也可以改善相位噪声性能，但是有些情况下，有源电路引入的噪声会抵消这部分优势，甚至在增大功耗和电路复杂度的同时还会恶化相位噪声性能。尾电流源电流值增大也必须以不发生电压饱和为前提，否则尾电流的增大除功耗损耗外并无相位噪声性能的提升。

实际中的负阻振荡器存在开关效应，ISF 受噪声调制函数的影响较为明显。以常用的差分负阻振荡器为例进行相位噪声性能的分析，如图 9-68 所示。差分负阻振荡器的噪声来源自三部分：寄生电阻 $R_{\text{P}}$ 热噪声、差分互耦对（$M_1$和$M_2$）低频闪烁噪声及白噪声、偏置电流源 $I_{\text{b}}$ 低频闪烁噪声及白噪声。负阻振荡器的累加相位产生机制与图 9-66 相同，只是对于偏置电流源和差分互耦对，振荡器的 ISF 受噪声调制函数 $\alpha_0(\omega_{\text{osc}}t)$ 和 $\alpha_1(\omega_{\text{osc}}t)$ 调制，分别产生等效的振荡器 ISF，可表示为

$$\Gamma_0(t) = \Gamma(t)\times\alpha_0(\omega_{\text{osc}}t) \tag{9-183}$$

$$\Gamma_1(t) = \Gamma(t)\times\alpha_1(\omega_{\text{osc}}t) \tag{9-184}$$

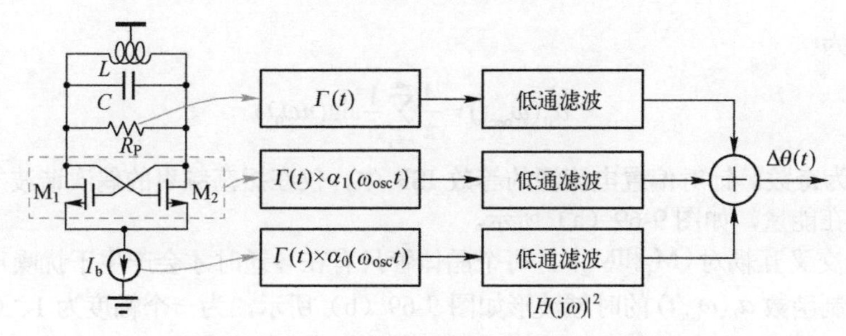


图 9-68 差分负阻振荡器累加相位产生模型

式中，$\Gamma(t)$ 为振荡器的 ISF，具体表达式见式（9-179）。调制函数 $\alpha_0(\omega_{osc}t)$ 和 $\alpha_1(\omega_{osc}t)$ 与互耦对的开关效应有关，其时域波形可近似用图 9-69 中的方波形式表述。

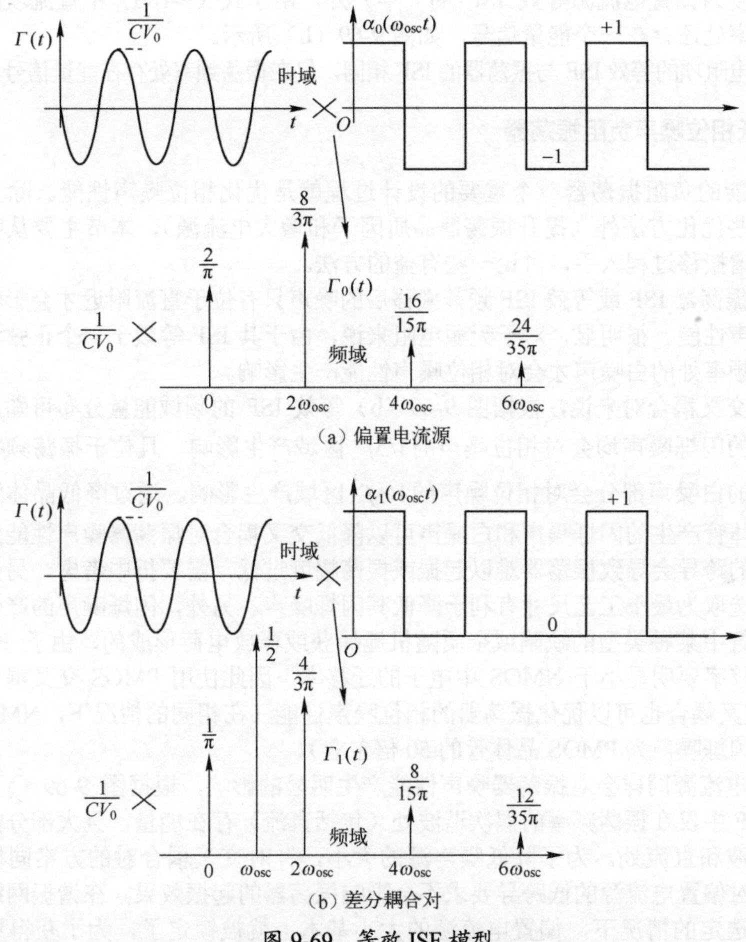


图 9-69 等效 ISF 模型

对于偏置电流源，噪声调制函数 $\alpha_0(\omega_{osc}t)$ 的时域波形如图 9-69（a）所示，为一个幅度为 ±1 的方波信号。忽略延时效应，针对偏置电流源的噪声调制函数

$\alpha_0(\omega_{osc}t)$为

$$\alpha_0(\omega_{osc}t)=\frac{4}{\pi}\sum_{n=1}^{+\infty}\frac{1}{n}\sin(n\omega_0 t) \tag{9-185}$$

式中，$n$ 为奇数。针对偏置电流源的等效 ISF 中，仅在振荡频率的偶次谐波（包括直流）处存在能量，如图 9-69（a）所示。

对于交叉互耦对（$M_1$和$M_2$），每个晶体管只有在导通时才会产生干扰噪声，因此其噪声调制函数$\alpha_1(\omega_{osc}t)$的时域波形如图 9-69（b）所示，为一个幅度为 1、0 的方波信号。忽略延时效应，交叉互耦对的噪声调制函数$\alpha_1(\omega_{osc}t)$为

$$\alpha_1(\omega_{osc}t)=\frac{1}{2}+\frac{2}{\pi}\sum_{n=1}^{+\infty}\frac{1}{n}\sin(n\omega_0 t) \tag{9-186}$$

式中，$n$ 为奇数。交叉互耦对噪声调制函数等效 ISF 中除在振荡器的偶次谐波处存在能量（幅度为偏置电流源等效 ISF 的一半）外，由于式（9-186）中直流项的作用，在谐振频率处还存在一个能量信号，如图 9-69（b）所示。

无源电阻项的等效 ISF 与振荡器的 ISF 相同，仅在振荡频率处存在能量信号。

## 2．低相位噪声负阻振荡器

高性能的负阻振荡器一个重要的设计过程就是优化相位噪声性能。除上述已经提到的一些优化方法外（提升振荡器品质因子和增大电流源），本节主要从噪声源的大小和频谱搬移过程入手，讨论一些有益的方法。

经过振荡器 ISF 或等效 ISF 频谱搬移后的噪声只有位于直流附近才会影响振荡器的相位噪声性能。很明显，对于无源电阻来说，由于其 ISF 等效于一个正弦波，因此仅在振荡频率处的白噪声才会对相位噪声性能产生影响。

对于交叉耦合对来说，根据图 9-69（b）等效 ISF 的频域能量分布可知，每个晶体管产生的闪烁噪声均会对相位噪声的$1/\Delta f^3$区域产生影响，且位于振荡频率及其偶次谐波处的白噪声部分会对相位噪声的$1/\Delta f^2$区域产生影响。通过降低晶体管的跨导以减小晶体管产生的闪烁噪声和白噪声可以降低交叉耦合对振荡器噪声性能的影响，但是过低的跨导会导致振荡器难以起振或振荡幅度过低，需要折中考虑。另外，将交叉耦合对选取为最小工艺尺寸有利于降低其闪烁噪声。另外，闪烁噪声的产生主要是由于晶体管中某种类型的缺陷或杂质随机地捕获或释放电荷形成的，由于 PMOS 中空穴的迁移率要明显小于 NMOS 中电子的迁移率，因此使用 PMOS 交叉耦合对代替 NMOS 交叉耦合也可以优化振荡器的相位噪声性能（在相同的情况下，NMOS 晶体管产生的闪烁噪声为 PMOS 晶体管的 50 倍左右）。

偏置电流源同样会对振荡器噪声性能产生明显的影响，根据图 9-69（a）所示，其等效 ISF 中仅在振荡频率的偶次谐波处（包括直流）存在能量，且大部分能量集中在二次谐波和直流处。为了降低噪声源的大小，针对交叉耦合对的方案同样在此适用，只是对偏置电流源的低跨导要求不会影响振荡器的起振效果。在谐振网络和振荡幅度提前选定的情况下，偏置电流源的大小基本上就被锁定了，为了获得更小的跨导，就必须增大偏置电流源晶体管的过驱动电压，这会导致振荡幅度范围的压缩，需要折中选择。

对于偏置电流源来说，还可以采取注入截断的方式来降低其对振荡器相位噪声

性能的影响，具体来讲就是在其注入路径上加入特定形状的滤波器或负反馈回路滤除关键噪声部分。直流附近由于要提供设置电路工作点所需的偏置电流，必须保留，其他高阶频率处（偶次谐波处）的频率成分应尽可能滤除。如图 9-70（a）所示，典型的做法是在交叉耦合对的共源节点处并联一个交流耦合电容 $C_T$。$C_T$ 的加入等同于交叉耦合对共源节点处具有低通滤波的功能，偏置电流可以无障碍通过，位于偶次谐波处的高频成分被有效地抑制，这种方法可以极大地减小偏置电流源高频处的噪声。但是，$C_T$ 的加入会显著地减小共源节点处的对地阻抗，当交叉耦合对交替导通时，振荡网络会通过该共源节点形成一个对地的低阻路径，恶化振荡网络的品质因子。品质因子的恶化还会相应地降低振荡器的振荡幅度并使振荡器的 ISF 增大，因此如果仅通过在交叉耦合对共源节点处加入一个并联的电容 $C_T$ 有时并不能得到预期的优化效果。

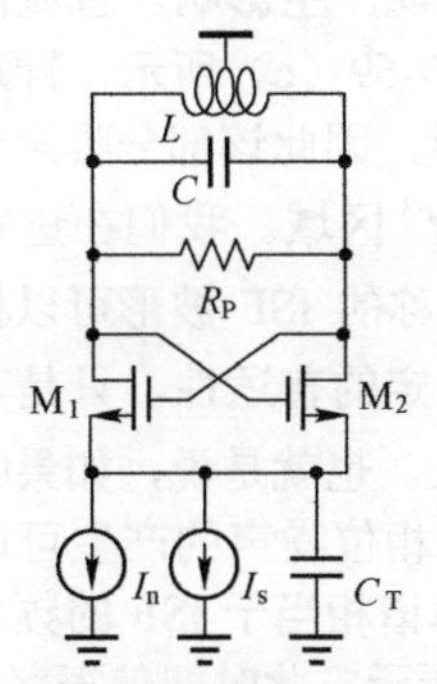

（a）并联电容旁路偏置电流源高频噪声

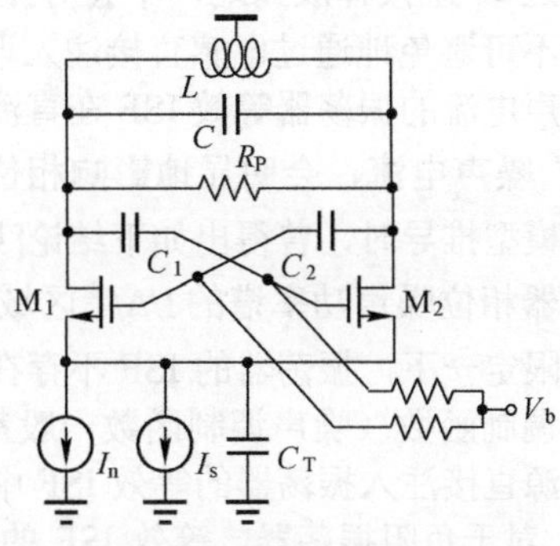

（b）采用交流耦合电容保证交叉耦合对工作在饱和区

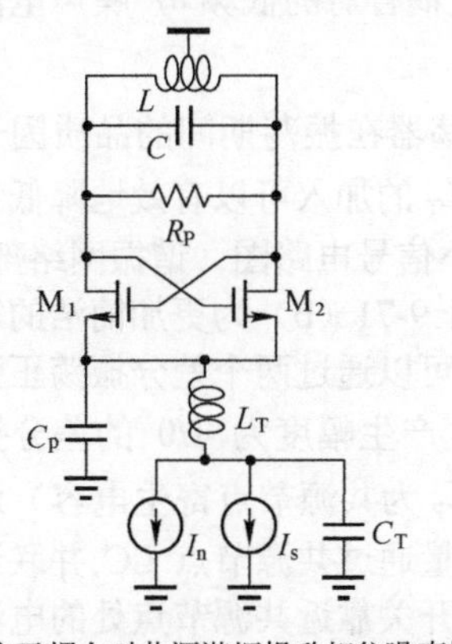

（c）交叉耦合对共源谐振提升相位噪声性能

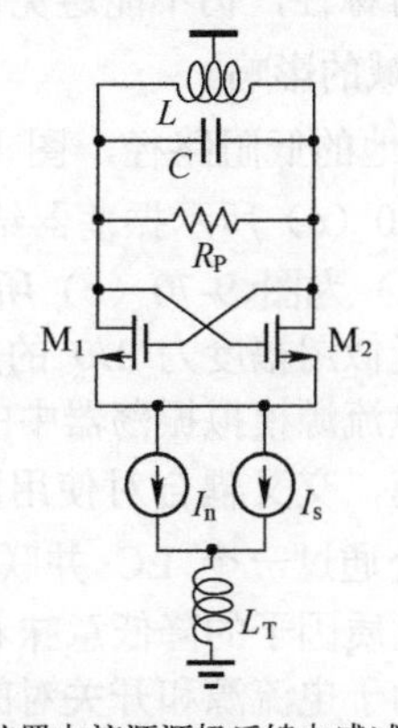

（d）采用偏置电流源源极反馈电感减少电流噪声注入

图 9-70 负阻振荡器相位噪声性能提升方法

谐振网络对地的低阻路径发生在交叉耦合对工作于三极管区时，设计时可以通过保证交叉耦合对始终工作在饱和区来避免低阻路径的出现，但是会限制振荡器的振荡幅度。假设振荡幅度为 $V_P$，为了保证晶体管工作在饱和区，需要满足 $V_{DD}+V_P \leqslant V_{DD}-V_P+V_{TH}$，则振荡幅度 $V_P \leqslant V_{TH}/2$，其中 $V_{TH}$ 为晶体管阈值电压。图 9-70（b）通过在振荡回路中加入交流耦合电容 $C_1$、$C_2$，并单独引入偏置电压 $V_b$ 来保证交叉耦合对工作在饱和状态。假设交流耦合电容远大于交叉耦合对栅极的寄生电容，为了保证交叉耦合对的饱和工作状态，须 $V_b+V_P \leqslant V_{DD}-V_P+V_{TH}$，则 $V_P \leqslant (V_{DD}-V_b+V_{TH})/2$。为了满足交叉耦合对较高的栅源电压（容易起振），和保证偏置电流源有足够的电压裕量，偏置电压 $V_b$ 必须足够高，这也会直接地限制振荡幅度的进一步增大。

图 9-70（c）所示的共源节点谐振的方法可以有效地解决上述问题。在振荡幅度较大的情况下，交叉耦合对处于交替线性工作状态，可近似为交替闭合的理想开关。此时偏置电流源中的噪声信号高频部分分为两部分流动，一部分经过电容 $C_T$ 释放至地，一部分经过电感 $L_T$ 注入振荡网络。共源节点在高频（振荡频率偶次谐波）处具有非常低的对地阻抗（由下向上看，谐振网络的作用），因此这部分高频噪声可近似理解为通过 $L_T$ 到地。在高频处 $L_T$ 的电抗远大于 $C_T$ 的电抗，因此高频噪声电流绝大部分会通过 $C_T$ 直接释放到地，不会对振荡器的相位噪声性能产生影响。直流部分噪声电流会不可避免地通过电感直接注入谐振网络，根据图 9-69（c）所示，针对偏置电流源噪声电流的振荡器等效 ISF 在直流处具有较大的能量，因此该部分噪声电流，尤其是 $1/f$ 噪声电流，会明显地影响相位噪声功率谱的 $1/\Delta f^3$ 区域。我们在进行相位噪声数学模型推导时，曾得出如下结论[见式（9-176）]：对称的 ISF 波形可以极大地减小振荡器相位噪声功率谱的 $1/\Delta f^3$ 区域。这个结论具有一定的普适性，只是其适用范围需要限定一下，振荡器的 ISF 不存在直接的噪声源注入。也就是说，如果噪声源存在噪声调制函数（噪声调制函数一般都是周期的），那么相位噪声的产生可以理解为是噪声源直接注入振荡器的等效 ISF 中（等效 ISF 的功率谱相当于 ISF 的频率搬移并累加）。对于负阻振荡器，等效 ISF 的功率谱如图 9-69 所示，此时即使振荡器的 ISF 具有非常好的对称性，仍不能避免偏置电流源、交叉耦合对的低频 $1/f$ 噪声电流对相位噪声 $1/\Delta f^3$ 区域的影响。

由于 $C_T$ 到地的低阻路径，图 9-70（a）所示振荡器在振荡期间的品质因子会明显恶化，图 9-70（c）所示振荡器结构中的串联电感 $L_T$ 的加入可以有效地降低这一影响。图 9-71（a）为图 9-70（c）所示振荡器的等效小信号电路图（谐振网络部分），交叉耦合对可近似用幅度为 1/0 的方波信号代替。图 9-71（b）为更加简洁的等效图示，两个等效电流源模拟振荡器中的差分振荡情况，可以通过两个差分振荡正弦信号 $I_{sp}$ 和 $I_{sn}$ 来建模，交叉耦合对使用两个开关来模拟，产生幅度为 1/0 的差分振荡方波，共源节点处通过一个 LC 并联谐振网络（其中 $C_P$ 为共源节点寄生电容）连接至地。谐振网络品质因子的降低意味着电流源有部分能量通过共源节点 LC 并联谐振网络泄露至地，由于电流源和开关对的差分特性，每个开关靠近共源节点处的电流功率谱线（考虑相位，并假设电流源的幅度为单位幅度）如图 9-72 所示。因此在共源节点处，振荡频率处的能量在两个振荡网络中相互交换，偶次谐波处（包括直流）的能量通过共源节点 LC 并联谐振网络泄露至地，也就是这部分导致振荡器谐振网络品质因子的降低。

由图 9-72 可知，偶次谐波处的能量大部分位于直流处和二次谐波处。直流处的能量由于共源节点 LC 并联谐振网络中的隔直电容作用不会泄露至地，如果将该谐振网络的谐振频率设置在 2 倍的振荡频率处，则偶次谐波处的大部分能量均会保留下来，振荡器谐振网络的品质因子下降并不严重。因此，在设计高性能振荡器的过程中，图 9-70（c）所示结构得到了广泛的应用。此种结构设计的振荡器典型情况下相位噪声性能较传统结构在 $1/\Delta f^3$ 区域可以获得 9dB 左右的提升，在 $1/\Delta f^2$ 区域可以获得 5dB 左右的提升。唯一的缺点就是需要增加一个额外的电感，且在设计宽范围振荡器时，$C_T$ 还必须具备调谐功能以动态改变共源节点的谐振频率。

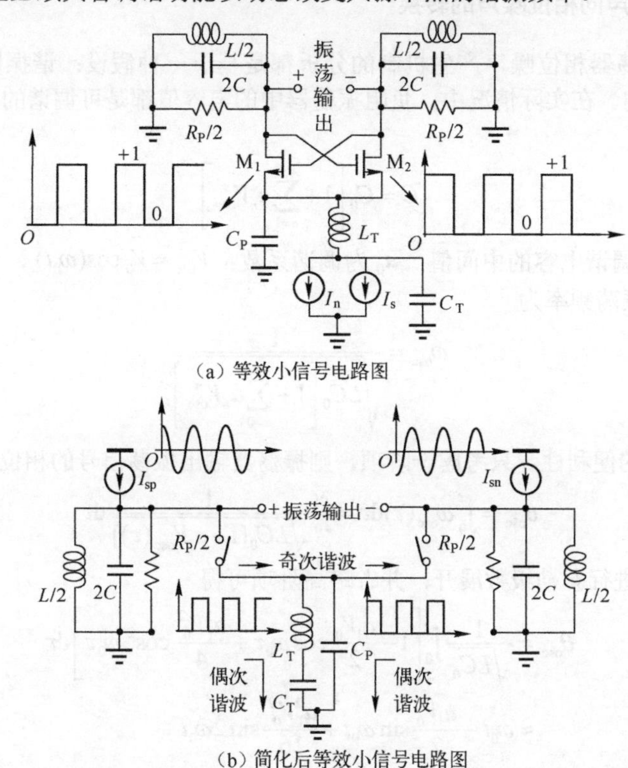


图 9-71　交叉耦合对共源谐振改善振荡网络品质因子

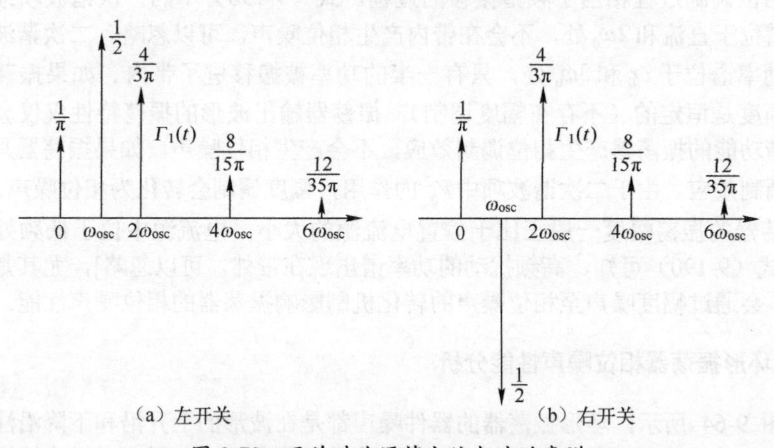


图 9-72　开关对共源节点处电流功率谱

图 9-70（d）通过在偏置电流源晶体管源极加入负反馈电感来提升振荡器的相位噪声性能。源极负反馈可以明显减小噪声电流的注入值，但是为了最大限度地减小高

频处的噪声，反馈电感的值一般会设计得比较大，因此在高性能振荡器的设计中，这种结构的应用得到了部分限制。

### 3. 幅度噪声向相位噪声的转换

我们对振荡器相位噪声产生机制的分析都是基于一种假设：谐振网络中的电容值是固定不变的。在实际情况中，负阻振荡器中的电容值都是可调谐的，且满足如下关系：

$$C = C_0\left[1+\sum_{n=1}^{+\infty}a_n V_{\mathrm{osc}}^n\right] \tag{9-187}$$

式中，$C_0$ 为可调谐电容的中间值；$a_0$ 为调谐系数；$V_{\mathrm{osc}} = V_0\cos(\omega_0 t)$，为谐振电压。振荡器的瞬时振荡频率为

$$\omega_{\mathrm{osc}} = \frac{1}{\sqrt{LC_0\left[1+\sum\limits_{n=0}^{+\infty}a_n V_{\mathrm{osc}}^n\right]}} \tag{9-188}$$

为了分析的便利性，只考虑一阶项，则振荡器输出振荡信号的相位为

$$\theta_{\mathrm{osc}} = \int_0^t \omega_{\mathrm{osc}}(\tau)\mathrm{d}\tau = \int_0^t \frac{1}{\sqrt{LC_0[1+a_1 V_{\mathrm{osc}}(\tau)]}}\mathrm{d}\tau \tag{9-189}$$

将式（9-189）进行泰勒级数展开，并省略高阶项可得

$$\begin{aligned}\theta_{\mathrm{osc}} &= \frac{1}{\sqrt{LC_0}}\int_0^t\left[1-\frac{a_1V_0}{2}\cos\omega_0\tau+\frac{a_1^2V_0^2}{4}\cos^2\omega_0\tau\right]\mathrm{d}\tau \\ &\approx \omega_0 t-\frac{a_1V_0}{2}\sin\omega_0 t+\frac{a_1^2V_0^2}{16}\sin 2\omega_0 t\end{aligned} \tag{9-190}$$

由式（9-190）可知，负阻振荡器的振荡特性会迫使振荡波形产生一定的相位调制，而相位调制过程相当于频谱搬移的过程。式（9-190）中的一次谐波项最终产生的功率谱位于直流和 $2\omega_0$ 处，不会在带内产生相位噪声，可以忽略。二次谐波项最终产生的功率谱位于 $\omega_0$ 和 $3\omega_0$ 处，只有一半的功率被搬移进了带内。如果振荡器振荡的信号幅度是恒定的（不存在幅度调制），振荡器输出波形的振荡特性仅仅会让具有频率调谐功能的振荡器产生相位调制效应，不会产生相位噪声。如果振荡器具有一定的幅度调制效应，由于二次谐波项中 $V_0^2$ 的作用，幅度调制会转化为相位噪声。

振荡器的振荡幅度一般正比于偏置电流源的大小，电流源中位于低频处的噪声扰动[由式（9-190）可知，高频扰动的功率谱出现在带外，可以忽略]，尤其是闪烁噪声部分，会通过幅度噪声至相位噪声的转化机制影响振荡器的相位噪声性能。

### 4. 环形振荡器相位噪声性能分析

如图 9-64 所示，环形振荡器的器件噪声都是在波形的上升沿和下降沿注入的，该时间段振荡器的 ISF 最大，即环形振荡器的噪声均是在 ISF 最大时一次性注入的。从频域上看，环形振荡器的 ISF 中包含丰富的频谱分量（各次谐波均有，可以将环形振荡器中所有噪声源的各谐波频率处噪声均搬移至有效频带内），因此环形振荡器的相位噪声性能较之负阻振荡器有着明显的恶化。但是由于环形振荡器是与 CMOS 工

艺完全兼容的，而且具有较宽的调谐范围，且不需要占据较大芯片面积的电感元件，因此在数字集成电路或对面积有严格要求的场合仍然被大量使用。即使在射频集成电路的设计中，在某些对时钟相位噪声性能要求不是很严格的情况（只是相对不严格），如采样时钟或寄存器时钟信号等，通过一些手段的优化，仍可以设计出具有中高相位噪声性能的环形振荡器，满足设计需求。

提高环形振荡器的振荡幅度可以减小振荡器的 ISF（类似于负阻振荡器），进而提升振荡器的相位噪声性能。因此，在环形振荡器的各种延迟单元电路中，那些能够提供全摆幅振荡信号的电路将具有更优的相位噪声性能，这是在选择环形振荡器延迟单元电路时需要考虑的一个重要因素。

根据图 9-64 对环形振荡器 ISF 函数产生机制的分析可知，环形振荡器的 ISF 具有如下性质：上升沿与下降沿越陡峭（高转换速率），振荡器 ISF 的有效持续时间越短，在保持振荡频率不变的情况下，陡峭的上升沿与下降沿占据的相位百分比也会变小，直接导致振荡器 ISF 均方值 $\Gamma_{\text{rms}}$ 减小，显著改善环形振荡器的相位噪声性能。在功耗受限情况下提升状态转换速率的办法是采用带有正反馈功能的延迟单元结构，如图 9-73 所示，$\text{INV}_1$ 和 $\text{INV}_2$ 是两个反相器延迟单元，$\text{INV}_3$ 和 $\text{INV}_4$ 是首尾相连的一个锁存器结构，在发生状态转换时，在输出节点 $V_{\text{out}}^{+}$ 和 $V_{\text{out}}^{-}$ 之间形成一个正反馈，加快状态转换的速率。$V_{\text{b1}}$ 和 $V_{\text{b2}}$ 是用来调节充放电电流源的偏置电压。相较于传统的反相器延迟单元，锁存器结构的加入可以实现在较小充放电电流的情况下实现相等的状态转换速率。另外，上升沿与下降沿的严格对称性设计，可以最大限度地减小 ISF 直流成分 $\Gamma_{\text{dc}}$，有效遏制 $1/f$ 噪声对相位噪声性能的影响。

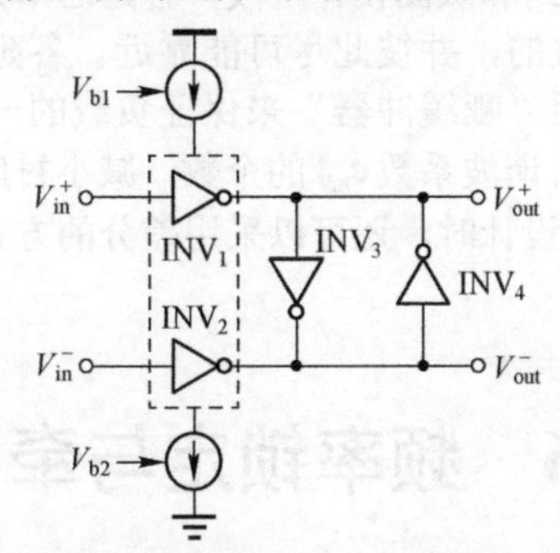


图 9-73　正反馈型锁存器提升振荡器状态转换速率

但是，高的转换速率通常都是由大的充放电电流产生的，在维持振荡频率不变的情况下，还必须增加环形振荡器的级数，即相位噪声性能通常都是与功耗和面积相关的，设计时需要折中考虑。另外，由于相位的累加特性，在振荡频率一定的情况下，级数的增加虽然会减小每级产生的相位噪声，但是增加的级数同时也会产生额外的噪声引入，也需要折中考虑。

不同于负阻振荡器，环形振荡器一般采用多级结构，衬底耦合噪声和电源电压噪声等外部噪声对其产生的影响与负阻振荡器（单级结构）相比有很大的不同。以单端五级环形振荡器（见图 9-74）为例来说明。假设环形振荡器的延迟单元都是相同的，并使用相同的噪声电流源模拟每个延迟单元输入处的噪声源，因为振荡器内部不同延迟单元输入处的 ISF 之间仅在相位上相差 $2\pi/N$ 的整数倍（$N$ 为振荡器级数），则这些噪声源引入的增量相位为

$$\Delta\theta(t)=\int_{-\infty}^{t} i(\tau)\left[\sum_{n=0}^{N-1}\Gamma\left[\tau+\frac{2n\pi}{N\omega_0}\right]\right]\mathrm{d}\tau \tag{9-191}$$

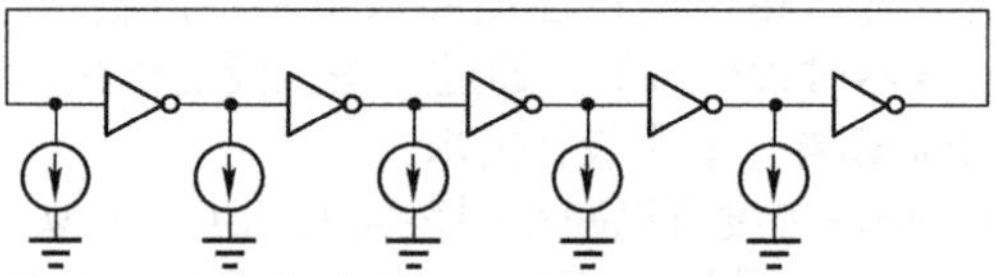

图 9-74 存在外部噪声源干扰的单端五级环形振荡器

对于任意的正整数 $N$（$N\geqslant 2, m\neq pN, p\in\mathbb{Z}$），下式成立：

$$\sum_{n=0}^{N-1}\mathrm{e}^{\mathrm{j}m\frac{2n\pi}{N}}=0 \tag{9-192}$$

则式（9-191）可重新表示为

$$\Delta\theta(t)=\sum_{n=0}^{+\infty}c_{nN}\int_{-\infty}^{t} i(\tau)\cos(nN\omega_0\tau)\mathrm{d}\tau \tag{9-193}$$

式中，$c_{nN}$ 为振荡器各节点 ISF $nN$ 次谐波系数（由于各节点 ISF 仅在相位上有差值，因此各节点的 ISF 具有相同的谐波系数）。由式（9-193）可知，如果在各延迟单元相同节点处引入的噪声源是全相关的，噪声源中仅有 $nN$ 次谐波处的噪声才会对振荡器相位噪声产生影响，这大大减小了噪声源对振荡器相位噪声的贡献。因此尽可能保证各延迟单元相同节点处注入噪声源（衬底耦合噪声和电源电压噪声）的等同性是优化噪声性能的一种方法。在电路和版图设计阶段，各延迟单元的电路结构和版图应是一致的，摆放方向也要是一致的，并彼此尽可能靠近。各延迟单元的负载也应保持一致，在必要情况下可以利用“哑缓冲器”来保证负载的一致性。另外，振荡器级数 $N$ 的增大会减小有效的 ISF 谐波系数 $c_{nN}$ 的个数，减小衬底耦合噪声和电源电压噪声对相位噪声的影响。在实际设计时，还可以采用差分的方式来尽可能减小此类噪声的影响。

# 9.6 频率锁定与牵引

受自然界各种现象的扰动，人体的昼夜节律逐渐和自然界的昼夜周期吻合直至同步。挂在墙上的两个钟摆在经过长时间的运行后最终也会趋于同步。同样，在没有外界扰动的情况下，稳定振荡的射频振荡器会在其自由振荡的频点上一直持续下去，当存在外界扰动时，射频振荡器会逐渐地被牵引向扰动的频点处，并出现一些离散的低频谐波，这种现象称为注入频率牵引（Injection Pulling，IP）。当扰动幅度和频率恰当时，射频振荡器会逐渐与扰动频率同步，实现注入频率锁定（Injection Locking，IL）。

## 9.6.1 振荡器注入频率锁定

片内集成的振荡器在稳定工作时极易受到外界强单音信号的干扰。最为典型的情况便是在同一块 PCB 上同时集成收发两个通道，发射的大功率信号容易通过封装引脚和芯片衬底对片内振荡器造成一定的注入干扰。当注入信号的频率与幅度恰当时，振荡器的振荡频率会被逐渐牵引至注入频率处，实现注入频率锁定，改变本地振荡频率，严重影响接收机的性能。

图 9-75（a）为一个典型的单端 RLC 并联网络振荡器结构。当 RLC 并联网络工作于谐振频率点时，环路的相位偏移为 360°，振荡器处于稳定振荡状态。如果在环路中的某一处引入一个移相模块（相位偏移为$\theta_0$），如图 9-75（b）所示，振荡器为了保持稳定振荡，必须额外提供一个$-\theta_0$的相位偏移。根据图 9-14 所示的 RLC 并联网络相频响应曲线可知，为了维持稳定振荡，当$\theta_0>0$时，振荡器的振荡频率会减小；当$\theta_0<0$时，振荡器的振荡频率会提高。移相模块的功能可以用外部注入电流$i_{\text{inj}}$来替代，如图 9-75（c）所示，并令$i_{\text{inj}}=I_{\text{inj}}\cos(\omega_{\text{inj}}+\theta_{\text{inj}})$，振荡器共源晶体管的漏极电流为 $i_{\text{osc}}$，振荡器输出振荡信号为 $v_{\text{out}}$，且$i_{\text{C}}=i_{\text{osc}}+i_{\text{inj}}$。根据图 9-75（c）可以画出振荡器的注入频率牵引模型如图 9-76 所示，其中$G_{\text{m}}$为共源晶体管的等效跨导。令$v_{\text{out}}=V_{\text{osc}}\cos(\omega_{\text{inj}}t+\theta_{\text{out}})$，可知相位$\theta_{\text{out}}$是一个时变信号，共栅晶体管的漏极电流为$i_{\text{osc}}=G_{\text{m}}V_{\text{osc}}\cos(\omega_{\text{inj}}t+\theta_{\text{out}})$，流入 RLC 并联网络的合成矢量电流为

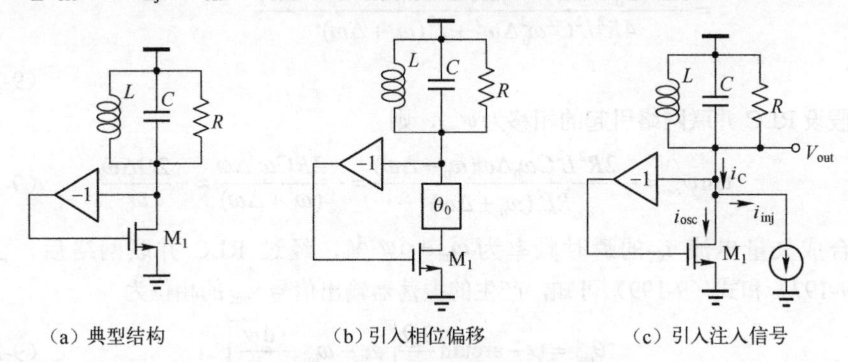


图 9-75　单端 RLC 并联网络振荡器

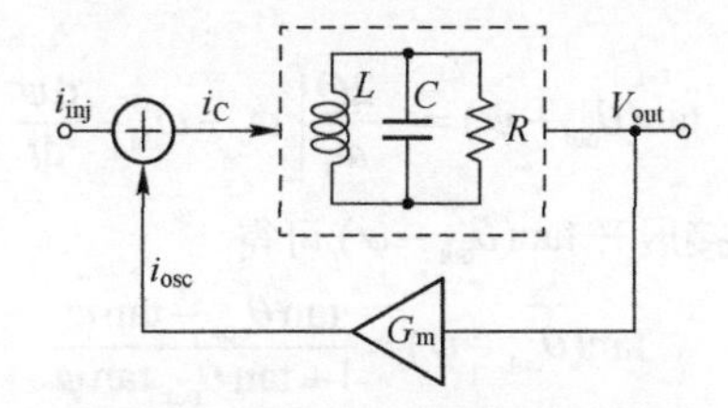


图 9-76　振荡器注入频率牵引模型

$$
\begin{aligned}
i_{\text{C}}&=i_{\text{inj}}+i_{\text{osc}}=I_{\text{inj}}\cos(\omega_{\text{inj}}t+\theta_{\text{inj}})+I_{\text{osc}}\cos(\omega_{\text{inj}}t+\theta_{\text{out}})\\
&=(I_{\text{inj}}\cos\theta_{\text{inj}}+I_{\text{osc}}\cos\theta_{\text{out}})\cos\omega_{\text{inj}}t-(I_{\text{inj}}\sin\theta_{\text{inj}}+I_{\text{osc}}\sin\theta_{\text{out}})\sin\omega_{\text{inj}}t
\end{aligned}
\tag{9-194}
$$

式中，$I_{\text{osc}}=G_{\text{m}}V_{\text{osc}}$。利用辅助角公式，式（9-194）可以转换为

$$
i_{\text{C}}=\sqrt{(I_{\text{inj}}\cos\theta_{\text{inj}}+I_{\text{osc}}\cos\theta_{\text{out}})^2+(I_{\text{inj}}\sin\theta_{\text{inj}}+I_{\text{osc}}\sin\theta_{\text{out}})^2}\cos(\omega_{\text{inj}}t+\psi)
\tag{9-195}
$$

其中

$$\psi = \arctan\frac{I_{\text{inj}}\sin\theta_{\text{inj}} + I_{\text{osc}}\sin\theta_{\text{out}}}{I_{\text{inj}}\cos\theta_{\text{inj}} + I_{\text{osc}}\cos\theta_{\text{out}}} \tag{9-196}$$

假设在集成电路设计过程中，由于空间和衬底耦合造成的频率信号注入量相对于振荡器的自由频率振荡幅度是比较小的，即注入量为小注入。另外，过大的频率差会导致 RLC 并联网络对注入信号进行明显的衰减，失去注入频率锁定甚至牵引功能。具体的频率差凭直观感觉是无法获得的，只是先假设该频偏是一个小频偏，且满足注入频率牵引和锁定的要求。

需要明确的是，式（9-195）和式（9-196）均没有对注入信号的参数进行限制，如果考虑小注入条件，即 $I_{\text{inj}} << I_{\text{osc}}$，则

$$i_{\text{C}} \approx I_{\text{osc}}\cos(\omega_{\text{inj}}t + \psi) \tag{9-197}$$

对于 RLC 并联网络，当输入信号频率偏离振荡器自由振荡频率 $\omega_0$ 的偏移量为 $\Delta\omega$ 时，由式（9-57）可知，其阻抗为

$$\begin{aligned} Z(\omega_0 + \Delta\omega) &= \frac{\text{j}RL(\omega_0 + \Delta\omega)}{-RLC(\omega_0 + \Delta\omega)^2 + \text{j}L(\omega_0 + \Delta\omega) + R} \approx \frac{\text{j}RL(\omega_0 + \Delta\omega)}{-2RLC\omega_0\Delta\omega + \text{j}L(\omega_0 + \Delta\omega)} \\ &= \frac{RL^2(\omega_0 + \Delta\omega)^2 - \text{j}2R^2L^2C\omega_0\Delta\omega(\omega_0 + \Delta\omega)}{4R^2L^2C^2\omega_0^2\Delta\omega^2 + L^2(\omega_0 + \Delta\omega)^2} \end{aligned} \tag{9-198}$$

假设 RLC 并联网络引起的相移为 $\psi_{\text{os}}$，则

$$\tan\psi_{\text{os}} = -\frac{2R^2L^2C\omega_0\Delta\omega(\omega_0 + \Delta\omega)}{RL^2(\omega_0 + \Delta\omega)^2} = -\frac{2RC\omega_0\Delta\omega}{(\omega_0 + \Delta\omega)} \approx -\frac{2Q\Delta\omega}{\omega_0} \tag{9-199}$$

合成矢量电流 $i_{\text{C}}$ 的瞬时频率为 $\omega_{\text{inj}} + \text{d}\psi/\text{d}t$，经过 RLC 并联网络后，由据式（9-197）和式（9-199）可知，产生的振荡器输出信号 $v_{\text{out}}$ 的相位为

$$\theta_{\text{out}} = \psi - \arctan\frac{2Q}{\omega_0}\left[\omega_0 - \omega_{\text{inj}} - \frac{\text{d}\psi}{\text{d}t}\right] \tag{9-200}$$

因此

$$\tan(\theta_{\text{out}} - \psi) = -\frac{2Q}{\omega_0}\left[\omega_0 - \omega_{\text{inj}} - \frac{\text{d}\psi}{\text{d}t}\right] \tag{9-201}$$

采用三角函数公式直接展开 $\tan(\theta_{\text{out}} - \psi)$ 可得

$$\tan(\theta_{\text{out}} - \psi) = \frac{\tan\theta_{\text{out}} - \tan\psi}{1 + \tan\theta_{\text{out}}\tan\psi} \tag{9-202}$$

将式（9-196）代入式（9-202）可得

$$\tan(\theta_{\text{out}} - \psi) = \frac{I_{\text{inj}}\sin(\theta_{\text{out}} - \theta_{\text{inj}})}{I_{\text{osc}} + I_{\text{inj}}\cos(\theta_{\text{out}} - \theta_{\text{inj}})} \tag{9-203}$$

将式（9-203）两边同时对时间 $t$ 求导，可得

$$\frac{\text{d}\psi}{\text{d}t} = \frac{I_{\text{osc}}^2 + I_{\text{inj}}I_{\text{osc}}\cos(\theta_{\text{out}} - \theta_{\text{inj}})}{I_{\text{inj}}^2 + I_{\text{osc}}^2 + 2I_{\text{inj}}I_{\text{osc}}\cos(\theta_{\text{out}} - \theta_{\text{inj}})}\frac{\text{d}\theta_{\text{out}}}{\text{d}t} \tag{9-204}$$

因为注入信号相比于振荡信号为小注入，即 $I_{\text{inj}} << I_{\text{osc}}$，有

$$\frac{\mathrm{d}\psi}{\mathrm{d}t} \approx \frac{\mathrm{d}\theta_{\text{out}}}{\mathrm{d}t} \tag{9-205}$$

联立式（9-201）和式（9-203），并将式（9-205）代入可得

$$\frac{\mathrm{d}\theta_{\text{out}}}{\mathrm{d}t} = \omega_0 - \omega_{\text{inj}} + \frac{\omega_0}{2Q}\frac{I_{\text{inj}}\sin(\theta_{\text{out}}-\theta_{\text{inj}})}{I_{\text{osc}}+I_{\text{inj}}\cos(\theta_{\text{out}}-\theta_{\text{inj}})} \approx \omega_0 - \omega_{\text{inj}} + \frac{\omega_0}{2Q}\frac{I_{\text{inj}}\sin(\theta_{\text{out}}-\theta_{\text{inj}})}{I_{\text{osc}}} \tag{9-206}$$

如果振荡器进入了注入频率锁定状态，则有 $\mathrm{d}\theta_{\text{out}}/\mathrm{d}t = 0$ 。锁定后，振荡器输出频率与注入频率相同，且存在一个固定的相位差：

$$\theta_{\text{out}} - \theta_{\text{inj}} = -\arcsin\left[\frac{2QI_{\text{osc}}}{I_{\text{inj}}\omega_0}(\omega_0 - \omega_{\text{inj}})\right] \tag{9-207}$$

振荡器进入锁定状态后，下式成立：

$$\Delta\omega = |\omega_0 - \omega_{\text{inj}}| = \left|\frac{\omega_0}{2Q}\frac{I_{\text{inj}}\sin(\theta_{\text{out}}-\theta_{\text{inj}})}{I_{\text{osc}}}\right| < \frac{\omega_0 I_{\text{inj}}}{2QI_{\text{osc}}} \tag{9-208}$$

式（9-208）便是振荡器能够实现注入频率锁定的频率差范围。较高的 RLC 并联网络品质因子和较小的注入信号幅度可以压缩注入锁定的频率差范围，使振荡器更难进入注入频率锁定状态。为了避免注入锁定带来的频率偏差，应尽可能提升 RLC 并联网络的品质因子，并采取一定的隔离措施降低注入信号幅度。

注入频率锁定发生后，振荡器的振荡频率与注入信号频率一致，RLC 并联网络会产生一定的相位偏移，该相位偏移需要通过注入信号 $i_{\text{inj}}$ 与振荡器振荡信号 $i_{\text{osc}}$ 之间产生一定的相位差来补偿。注入锁定后，若满足 $\omega_{\text{inj}} > \omega_0$ ，RLC 并联网络产生负的相位偏移。相位偏移可以通过式（9-199）得到，合成矢量信号 $i_{\text{C}}$ 相对于振荡信号必须存在一个正的相位偏移，因此振荡器的注入频率锁定状态会稳定在图 9-77（a）所示的情况。同理，若 $\omega_{\text{inj}} < \omega_0$ ，则会稳定在图 9-77（b）所示的情况，并且下式成立：

$$\left|\frac{\sin\theta_{\text{oC}}}{I_{\text{inj}}}\right| = \left|\frac{\sin\theta_{\text{oi}}}{I_{\text{C}}}\right| \tag{9-209}$$

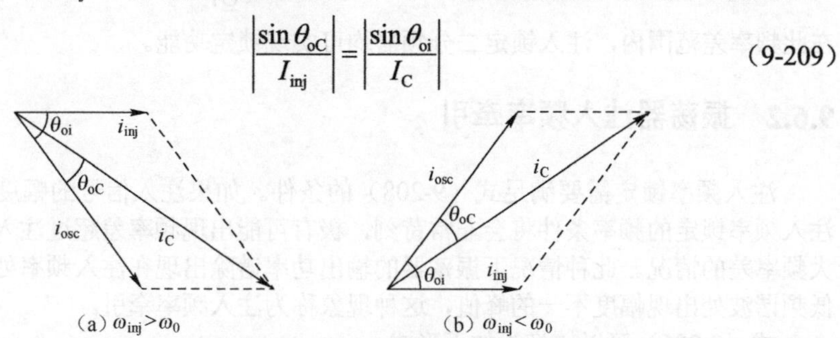


图 9-77　注入信号与振荡信号存在频率差情况下的注入频率锁定状态

式中，$\theta_{\text{oC}}$ 为振荡信号 $i_{\text{osc}}$ 与合成矢量信号 $i_{\text{C}}$ 的相位差；$\theta_{\text{oi}}$ 为振荡信号 $i_{\text{osc}}$ 与注入信号 $i_{\text{inj}}$ 的相位差。由式（9-209）可知，最终的稳定情况除受频率差影响（频率差影响相位差）外，还与注入信号的幅度有关，不同的注入幅度会导致不同的稳定状态。

下面我们利用注入频率锁定的相关概念分析一个典型的常用电路结构——注入锁定二分频器。如图 9-78 所示，主体结构为一个典型的负阻振荡器，注入锁定后，交叉耦合晶体管对的作用相当于一个混频器，在振荡器差分输出端的信号频率为 $\omega_{\text{inj}} \pm \omega_{\text{osc}}$ ，其中 $\omega_{\text{inj}}$ 为注入信号频率， $\omega_{\text{osc}}$ 为振荡器注入锁定后的振荡频率。由于

RLC 并联网络的频率选择功能，频率和项信号会得到明显的抑制，差项信号得到放大并输出。假设振荡信号的振荡幅度足够大，交叉耦合晶体管对的开关延迟可以忽略，则在交叉耦合晶体管对共源极的注入信号可以等效为在振荡器差分输出端跨接一个注入电流源，注入频率为$\omega_{\text{inj}}-\omega_{\text{osc}}$。根据（9-208）可知，为了保证注入频率锁定，注入信号频率与振荡器自由振荡频率的频率差必须满足（只考虑上边带）

$$\omega_{\text{inj}}-\omega_{\text{osc}}-\omega_0<\frac{\omega_0 I_{\text{inj}}}{2QI_{\text{osc}}}=\omega_{\text{R}} \tag{9-210}$$

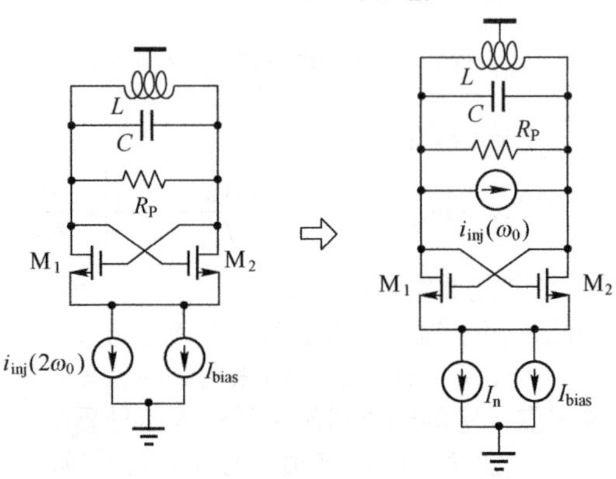


图 9-78 注入频率锁定分频器及其等效电路

当共源极注入频率$\omega_{\text{inj}}$达到注入锁定的最大频率时，振荡器的振荡频率$\omega_{\text{osc}}$也满足最大频率偏移，则$\omega_{\text{osc}}=\omega_0+\omega_{\text{R}}$，代入式（9-210），并同时考虑上下边带，可得

$$\left|\omega_{\text{inj}}-2\omega_0\right|<2\omega_{\text{R}}=\frac{\omega_0 I_{\text{inj}}}{QI_{\text{osc}}} \tag{9-211}$$

在此频率差范围内，注入锁定二分频器均可实现锁定功能。

## 9.6.2 振荡器注入频率牵引

注入频率锁定需要满足式（9-208）的条件。如果注入信号的幅度比较小，满足注入频率锁定的频率条件将会非常苛刻，极有可能出现频率差超过注入锁定要求的最大频率差的情况。此种情况下振荡器的输出功率谱除出现在注入频率处，还会在其他低频谐波处出现幅度不一的峰值，这种现象称为注入频率牵引。

式（9-206）可以转换为如下形式：

$$\frac{\mathrm{d}\theta_{\text{out}}}{\omega_0-\omega_{\text{inj}}-\omega_{\text{R}}\sin(\theta_{\text{out}}-\theta_{\text{inj}})}=\mathrm{d}t \tag{9-212}$$

已知

$$\sin\theta_{\text{out}}=2\tan(\theta_{\text{out}}/2)/[1+\tan^2(\theta_{\text{out}}/2)] \tag{9-213}$$

取$u=\tan(\theta_{\text{out}}/2)$，则有

$$\theta_{\text{out}}=2\arctan u \tag{9-214}$$

两边微分可得

$$\mathrm{d}\theta_{\mathrm{out}} = 2\mathrm{d}u/(1+u^2) \tag{9-215}$$

将式（9-213）～式（9-215）代入式（9-212），不失一般性，令 $\theta_{\mathrm{inj}}=0°$，可得

$$\frac{2\mathrm{d}u}{(\omega_0-\omega_{\mathrm{inj}})u^2-2\omega_{\mathrm{R}}u+(\omega_0-\omega_{\mathrm{inj}})}=\mathrm{d}t \tag{9-216}$$

进一步变换可得

$$\frac{1}{(\omega_0-\omega_{\mathrm{inj}})\sqrt{1-\omega_{\mathrm{R}}^2/(\omega_0-\omega_{\mathrm{inj}})^2}}\frac{2\mathrm{d}\dfrac{[u-\omega_{\mathrm{R}}/(\omega_0-\omega_{\mathrm{inj}})]}{\sqrt{1-\omega_{\mathrm{R}}^2/(\omega_0-\omega_{\mathrm{inj}})^2}}}{[u-\omega_{\mathrm{R}}/(\omega_0-\omega_{\mathrm{inj}})]^2/[1-\omega_{\mathrm{R}}^2/(\omega_0-\omega_{\mathrm{inj}})^2]+1}=\mathrm{d}t \tag{9-217}$$

根据式（9-214）和式（9-215）可得

$$2\mathrm{d}\left\{\arctan\frac{\left[u-\omega_{\mathrm{R}}/\left(\omega_0-\omega_{\mathrm{inj}}\right)\right]}{\sqrt{1-\omega_{\mathrm{R}}^2/\left(\omega_0-\omega_{\mathrm{inj}}\right)^2}}\right\}=\left(\omega_0-\omega_{\mathrm{inj}}\right)\sqrt{1-\omega_{\mathrm{R}}^2/\left(\omega_0-\omega_{\mathrm{inj}}\right)^2}\,\mathrm{d}t \tag{9-218}$$

式（9-217）和式（9-218）的推导基于 $\omega_0-\omega_{\mathrm{inj}}>\omega_{\mathrm{R}}$ 的前提条件。对式（9-218）两边分别积分可得（积分忽略了常数项，但并不影响最终的分析结果）

$$\tan\frac{\theta_{\mathrm{out}}}{2}=\frac{\omega_{\mathrm{R}}}{\omega_0-\omega_{\mathrm{inj}}}+\sqrt{1-\frac{\omega_{\mathrm{R}}^2}{(\omega_0-\omega_{\mathrm{inj}})^2}}\tan\frac{\omega_{\mathrm{b}}t}{2} \tag{9-219}$$

其中

$$\omega_{\mathrm{b}}=\sqrt{(\omega_0-\omega_{\mathrm{inj}})^2-\omega_{\mathrm{R}}^2} \tag{9-220}$$

下面以图形化的方式直观地分析注入频率牵引情况下的振荡器输出信号的频谱情况，考虑两种情况：①边界情况，即频率差位于注入锁定频率差范围附近，选取 $\omega_0-\omega_{\mathrm{inj}}=1.1\omega_{\mathrm{R}}$ 的情况进行说明；②大频率差情况，即频率差较大超过注入锁定频率差范围，选取 $\omega_0-\omega_{\mathrm{inj}}=2\omega_{\mathrm{R}}$ 的情况进行说明。

图 9-79（a）为边界情况下 $\tan(\theta_{\mathrm{out}}/2)$ 和 $\theta_{\mathrm{out}}$ 对应的波形图，其中横轴为时间轴。可以看出 $\theta_{\mathrm{out}}$ 为一个周期信号，因此其频谱是一个离散的谱线，谱线之间的间隔为 $\omega_{\mathrm{b}}$。$\theta_{\mathrm{out}}$ 大部分时间位于直流 $\pi/2$ 附近，其谱线能量大部分集中在直流附近。振荡器输出信号的频率为 $\omega_{\mathrm{inj}}+\mathrm{d}\theta_{\mathrm{out}}/\mathrm{d}t$，边界情况下的振荡器输出信号单边带频谱可以描述为如图 9-79（b）所示，这种情况称为准注入锁定。

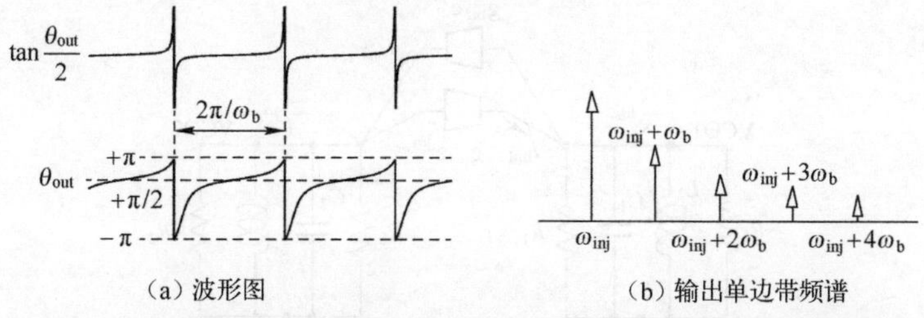


图 9-79 边界情况下 $\tan(\theta_{\mathrm{out}}/2)$和 $\theta_{\mathrm{out}}$ 对应的波形图和输出单边带频谱

图 9-80（a）为大频率差情况下 $\tan(\theta_{\mathrm{out}}/2)$ 和 $\theta_{\mathrm{out}}$ 对应的波形图。与边界情况不

同的是，$\theta_{out}$ 的谱线大部分的能量位于 $\omega_b$（相位波形的斜率近似为 $\omega_b$，直流能量较小）处。因此频率牵引情况下大频率差情况的振荡器输出信号单边带频谱如图 9-80（b）所示。这种情况称为频率牵引锁定。

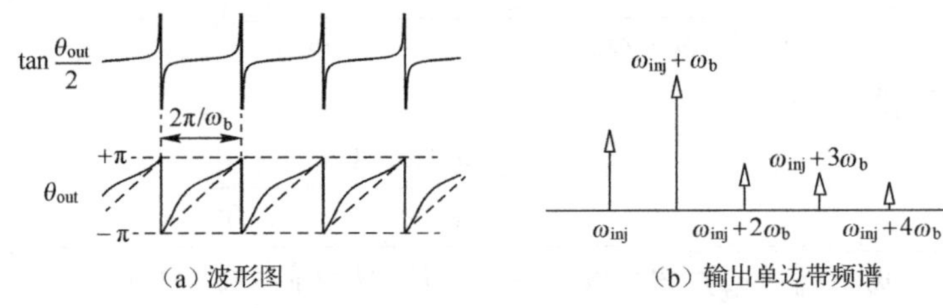


图 9-80　大频率差情况下 $\tan(\theta_{out}/2)$和$\theta_{out}$对应的波形图和输出单边带频谱

为了有效地避免注入频率锁定和注入频率牵引现象，一个有效的办法就是尽可能地降低注入信号的幅度，此时 $\omega_R \approx 0$。由式（9-219）可知，$\theta_{out} \approx (\omega_0 - \omega_{inj})t$，振荡器近似处于无注入振荡状态，振荡频率为其自由振荡频率 $\omega_0$。

### 9.6.3　振荡器耦合频率锁定与耦合频率牵引

对于宽带或多频带射频收发机，受限于滤波器的带宽设计和 ADC 的采样率，集成电路内部往往需要同时集成多路收发通道和多个本地振荡器。振荡器之间通过衬底的耦合极易发生振荡频率之间的相互牵引，偏离初始振荡频率，并产生一些低频谐波，这种现象称为振荡器耦合频率牵引。当振荡器之间的信号注入幅度与自由振荡频率差适当时，振荡器会共同振荡在同一频率点，实现振荡器耦合频率锁定。

以两个振荡器之间的耦合为例来说明，图 9-81 为片上负阻振荡器的耦合牵引模型，其中 VCO1 的瞬时振荡相位为 $\theta_1$，自由振荡频率为 $\omega_{01}$（振荡幅度为 $I_{osc1}$），VCO2 的瞬时振荡相位为 $\theta_2$，自由振荡频率为 $\omega_{02}$（振荡幅度为 $I_{osc2}$），$a_1$ 和 $a_2$ 为耦合相位，$i_{inj1}$ 为 VCO2 耦合至 VCO1 的注入信号（幅度为 $I_{inj1}$），$i_{inj2}$ 为 VCO1 耦合至 VCO2 的注入信号（幅度为 $I_{inj2}$），根据式（9-206）可得

$$\frac{d\theta_1}{dt} = \omega_{01} - \omega_{R1}\sin(\theta_1 - \theta_2 - a_1) \tag{9-221}$$

$$\frac{d\theta_2}{dt} = \omega_{02} - \omega_{R2}\sin(\theta_2 - \theta_1 - a_2) \tag{9-222}$$

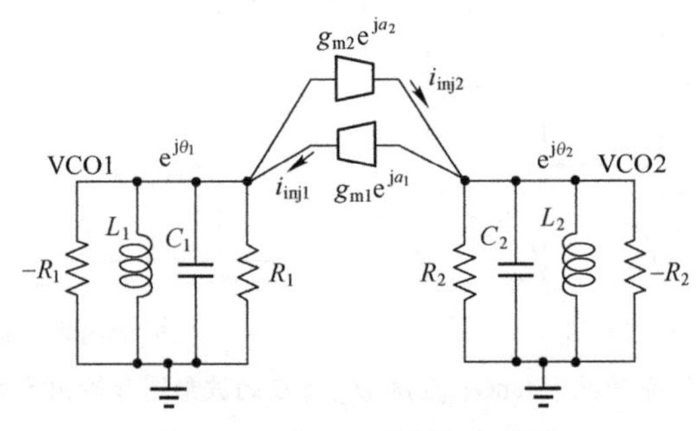


图 9-81　片上振荡器耦合模型

式中，$\omega_{R1}=(\omega_{01}/2Q_1)(I_{inj1}/I_{osc1})$；$\omega_{R2}=(\omega_{02}/2Q_2)(I_{inj2}/I_{osc2})$。

将式（9-222）减去式（9-221）可得

$$\frac{d(\theta_2-\theta_1)}{dt}=\Delta\omega-\omega_{R2}\sin(\theta_2-\theta_1-a_2)+\omega_{R1}\sin(\theta_1-\theta_2-a_1) \tag{9-223}$$

式中，$\Delta\omega=\omega_{02}-\omega_{01}$。

**1. 耦合频率锁定**

利用三角函数和差化积公式可得，当满足

$$\Delta\omega=\omega_R\sin(\theta_2-\theta_1+\beta) \tag{9-224}$$

时，振荡器处于耦合锁定状态，

$$\frac{d(\theta_2-\theta_1)}{dt}=0 \tag{9-225}$$

其中

$$\omega_R=\sqrt{\omega_{R1}^2+\omega_{R2}^2+2\omega_{R1}\omega_{R2}\cos(a_1+a_2)} \tag{9-226}$$

$$\sin\beta=\frac{\omega_{R1}\sin a_1-\omega_{R2}\sin a_2}{\omega_R},\ \cos\beta=\frac{\omega_{R1}\cos a_1+\omega_{R2}\cos a_2}{\omega_R} \tag{9-227}$$

因为$|\sin(\theta_2-\theta_1+\beta)|\leqslant 1$，则振荡器耦合锁定的必要条件为

$$\Delta\omega\leqslant\omega_R \tag{9-228}$$

此时两个振荡器的振荡频率为

$$\omega_{osc1}=\omega_{osc2}=\omega_{01}+\omega_{R1}\sin(\theta_2-\theta_1+a_1)=\omega_{02}-\omega_{R2}\sin(\theta_2-\theta_1-a_2) \tag{9-229}$$

可以看出，两个振荡器的最终锁定频率不仅与注入信号的幅度有关，还与耦合相位有关。当满足$\omega_{R1}=\omega_{R2}$、$a_1=-a_2$条件时，两个耦合振荡器的最终锁定频率为

$$\omega_{osc}=\omega_{01}+\Delta\omega/2=\omega_{02}-\Delta\omega/2 \tag{9-230}$$

**2. 耦合频率牵引**

如果振荡器耦合锁定的必要条件不满足，即$\Delta\omega>\omega_R$，则式（9-225）不会成立，振荡器处于耦合牵引状态，式（9-223）可以转换为

$$\frac{d(\theta_2-\theta_1)}{dt}=\frac{d(\theta_2-\theta_1+\beta)}{dt}=\Delta\omega-\omega_R\sin(\theta_2-\theta_1+\beta) \tag{9-231}$$

根据对单振荡器注入频率牵引效应的分析，式（9-231）最终也可以表述为式（9-219）和式（9-220）的形式：

$$\tan\frac{\psi}{2}=\frac{\omega_R}{\Delta\omega}+\sqrt{1-\frac{\omega_R^2}{\Delta\omega^2}}\tan\frac{\omega_b t}{2} \tag{9-232}$$

式中，

$$\psi=\theta_2-\theta_1+\beta \tag{9-233}$$

$$\omega_b=\sqrt{\Delta\omega^2-\omega_R^2} \tag{9-234}$$

我们仍分两种情况进行分析：①边界情况（$\Delta\omega\approx\omega_R$）和②大频率差情况

（$\Delta\omega >> \omega_R$）。边界情况下，耦合振荡器的瞬时相位差大部分时间为一个常数，参考图 9-79 可得

$$\theta_2 - \theta_1 = \pi / 2 - \beta \tag{9-235}$$

且存在周期性，周期为$2\pi/\omega_b$。因此，耦合振荡器的输出信号频谱均为离散频谱，谱线之间的间隔为$\omega_b$，且它们的主谱线相同。将式（9-235）代入式（9-221）和式（9-222）可得耦合振荡器的主谱线位于

$$\omega_{osc1} = \omega_{osc2} = \omega_{01} + \frac{\omega_{R1}^2 + \omega_{R1}\omega_{R2}\cos(a_1 + a_2)}{\omega_R} = \omega_{02} - \frac{\omega_{R2}^2 + \omega_{R1}\omega_{R2}\cos(a_1 + a_2)}{\omega_R} \tag{9-236}$$

当满足$\omega_{R1} = \omega_{R2}$时，两个耦合振荡器的主谱线频率为

$$\omega_{osc} = \omega_{01} + \Delta\omega / 2 = \omega_{02} - \Delta\omega / 2 \tag{9-237}$$

大频率差情况下，耦合振荡器的瞬时相位差近似为一个线性变化的直线，斜率为$\omega_b$，参考图 9-80 可得

$$\mathrm{d}(\theta_2 - \theta_1) / \mathrm{d}t = \omega_b \tag{9-238}$$

且存在周期性，周期为$2\pi/\omega_b$。因此，耦合振荡器的输出信号频谱均为离散频谱，谱线之间的间隔为$\omega_b$，但它们的主谱线位置不同。由式（9-238）可知，耦合振荡器在大频率差情况下的主谱线频率差为$\omega_b$。将式（9-238）代入式（9-231）可得

$$\sin(\theta_2 - \theta_1 + \beta) = \frac{\Delta\omega - \omega_b}{\omega_R} \tag{9-239}$$

将式（9-227）和式（9-239）代入式（9-221）和式（9-222），经过计算可得耦合振荡器在大频率差情况下的主谱线分别为

$$\omega_{osc1} = \omega_{01} + \frac{\omega_{R1}^2 + \omega_{R1}\omega_{R2}\cos(a_1 + a_2)}{\omega_R^2}(\Delta\omega - \omega_b) + \frac{\omega_{R1}\omega_{R2}\sin(a_1 + a_2)}{\omega_R^2}\sqrt{\omega_R^2 - (\Delta\omega - \omega_b)^2} \tag{9-240}$$

$$\omega_{osc2} = \omega_{02} - \frac{\omega_{R2}^2 + \omega_{R1}\omega_{R2}\cos(a_1 + a_2)}{\omega_R^2}(\Delta\omega - \omega_b) + \frac{\omega_{R1}\omega_{R2}\sin(a_1 + a_2)}{\omega_R^2}\sqrt{\omega_R^2 - (\Delta\omega - \omega_b)^2} \tag{9-241}$$

由式（9-236）、式（9-240）和式（9-241）可知，耦合振荡器在边界情况和大频率差情况的主谱线位置均与耦合振荡器的注入信号幅度及耦合相位有关。在设计时应尽可能地减小多振荡器之间的耦合性，采用经过严格设计的隔离手段会有效地降低耦合振荡器之间的相互牵引。当然在设计时，还可以采用有效的频率规划手段来避免多个振荡器同时出现。当$I_{inj1} = 0$或$I_{inj2} = 0$时，耦合振荡器的注入和牵引模型同单振荡器的注入和牵引模型相同。

## 9.7 正交信号的产生

正交本振信号是复数域信号处理中（低中频架构和零中频架构）必需的一种信号模式。混频器端的频谱单向移动性可以避免镜像噪声或自身镜像的影响，通过增加

一路正交支路获得非常可观的噪声性能改善。

## 9.7.1 RC-CR 串联网络

在讨论环形振荡器时，已经明确：RC 网络对一定频率的传输信号具有延迟的作用，即输入与输出信号的相位存在一定的偏移（这种延迟作用与串并联形式无关）。对于串联的 RC 网络有高通滤波和低通滤波两种形式。图 9-82 上半部分为一阶高通滤波形式，下半部分为一阶低通滤波形式。假定输入信号的频率为 $\omega_{in}$，高通滤波形式产生的相移为 $-\arctan(\omega_{in}RC)$，低通滤波形式产生的相移为 $\pi/2-\arctan(\omega_{in}RC)$。当 $\omega_{in}=1/(RC)$ 时，两个输出信号 $V_{out1}$ 和 $V_{out2}$ 完全正交（幅度相等，相位差为 $\pi/2$）。

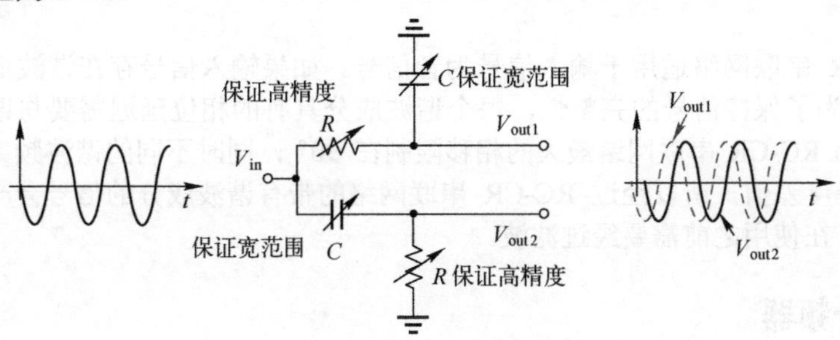


图 9-82　RC-CR 串联网络

图 9-82 所示的 RC-CR 串联网络仅在单一频点处才能产生完全正交的本振信号。对于具有宽范围输出能力的频率综合器而言，输出信号的幅度会被很大程度衰减，且两个输出信号的幅度差距非常大，必须在 RC-CR 串联网络输出端加入多级缓冲器（放大+限幅）使得输出信号完全正交。但是，两个通道上缓冲器各级之间的相位和增益不匹配会恶化该网络的正交性能，同时多级缓冲引入的动态功耗会使整体电路的功耗大增。限幅器（如基于反向器结构的限幅器）在非线性工作状态下还具有 AM/PM 转换效应（不同的幅度会改变负载电阻），因此通道上幅度的不平衡还会转化为相位上的不平衡，从而引入额外的相位误差。

另外，电阻和电容均是工艺和温度敏感元件，工艺偏差和温度变化会明显地改变电阻和电容的值。典型的工艺偏差下电阻和电容的偏差值可以超过 10%，温度变化范围超过 100℃时，电阻和电容的偏差值（尤其是电阻）也可达到 10%左右，导致能产生完全正交信号的频率点也会发生变化。

解决上述两个问题的方法是采用可配置的 RC 网络，其中可配置的电容网络用来匹配频率综合器的宽范围输出，可配置的电阻网络用来补偿工艺偏差和温度变化引入的频率点偏移。由于温度的变化是动态的，因此电阻网络的调节也必须是动态的[8]。需要说明的是，电阻和电容的调节是离散的，因此对于具有宽范围输出的频率综合器而言，完全正交信号的产生是不可能的，但是经过对 RC 网络的仔细设计，是可以满足任何苛刻设计需求（正交精度要求）的。

在 RC-CR 串联网络中，两个通路上电阻与电容之间的失配也会导致正交信号的相位失配。假设电阻的不匹配程度为 $a$，电容的不匹配程度为 $b$，则在输入信号频率 $\omega_{in}=1/(RC)$ 时，两通道输出之间的相位差为

$$\begin{aligned}\Delta\theta &= \pi/2-\{\arctan[\omega_{in}RC(1+a)(1+b)]-\arctan(\omega_{in}RC)\}\\ &= \pi/2-\arctan\frac{\omega_{in}RC(1+a)(1+b)-\omega_{in}RC}{1+\omega_{in}^2R^2C^2(1+a)(1+b)}\\ &\approx \pi/2-\arctan\frac{a+b}{2}\approx\pi/2-\frac{a+b}{2}\end{aligned} \tag{9-242}$$

例如，如果$a=b=1\%$，相位误差等于 0.6°。

在 RC-CR 串联网络中，如果两个通道的负载电容相同，并不会引入额外的相位不平衡，但是会引入幅度的失配。失配大小与负载电容和通路中串联电容有关。较小的负载电容对幅度失配的影响可以忽略，但是如果负载电容过大，就必须考虑对幅度的影响。另外，负载电容的失配或两通路之间存在耦合电容会直接导致正交信号的相位失配。因此，在版图设计中，必须考虑两通路的负载电容平衡问题和通道耦合问题。

RC-CR 串联网络适用于输入信号为音信号。如果输入信号存在谐波成分（如方波信号），为了保持信号的完整性，每个谐波成分具有的相位延迟需要与谐波频率成正比。因为 RC-CR 串联网络最大的相移限制在 90°，同时不同的谐波频率成分还存在较大的幅度差值，所以经过 RC-CR 串联网络的带有谐波成分的信号会产生较大程度的失真，在使用之前需要经过滤波。

### 9.7.2 分频器

分频器是频率综合器产生正交本振信号的一种常用结构。图 9-83 中分别为基于 D 触发器的四分频结构和二分频结构两种正交信号产生结构，所示波形均是在各端口初始值为 0 的情况下产生的。二分频结构相较于四分频结构，在提供同样本振信号的条件下需要更低的振荡频率，从功耗和设计复杂度上均有明显改善（触发器存在工作频率限制，高的输入频率会消耗大的功耗，同时也存在波形失真的可能），因此是最常用的一种结构。但是，二分频结构对输入振荡信号的占空比有较高的要求，完全正交的本振信号需要输入振荡信号具有严格的 50%占空比。另外，二分频结构中反向器的延迟特性也会对本振信号的正交性能产生影响，在大多数情况下，振荡器的输出信号均是差分的，如差分负阻振荡器，因此可以省去图 9-83（b）中的反向器，但是振荡信号的差分失配性同样会影响本振信号的正交性能。

从复数域的角度来说，$V_{out1}$ 和 $V_{out2}$ 在混频器中不同的接入位置意味着输入信号在频域中搬移的方向不同，即输入至后级滤波器的信号极性不同。因此，在低中频结构中，在事先设计好复数域镜像抑制滤波器的抑制极性后（对正频带进行抑制，还是对负频带进行抑制），就需要明确本振信号的极性问题（确定正交本振信号 $V_{out1}$ 和 $V_{out2}$ 在混频器中的接入位置）。对于零中频架构而言，实数域低通滤波器的设计无须关心本振信号的极性问题（零中频架构是在复数域进行信号处理的，但是滤波器部分为实数域低通滤波器）。

### 9.7.3 无源多相网络

无源多相网络具有两个典型的功能：复数域带阻滤波器和正交信号产生器。复数域带阻滤波器在低中频接收机中具有非常广泛的应用背景，主要提供镜像抑制功能；正交信号产生器是复数域带阻滤波器的一个衍生功能。相较于 RC-CR 串联网络，无源多相网络可以在非常宽的频带内提供高度匹配的正交信号，而且对元件的不匹配性不敏感。

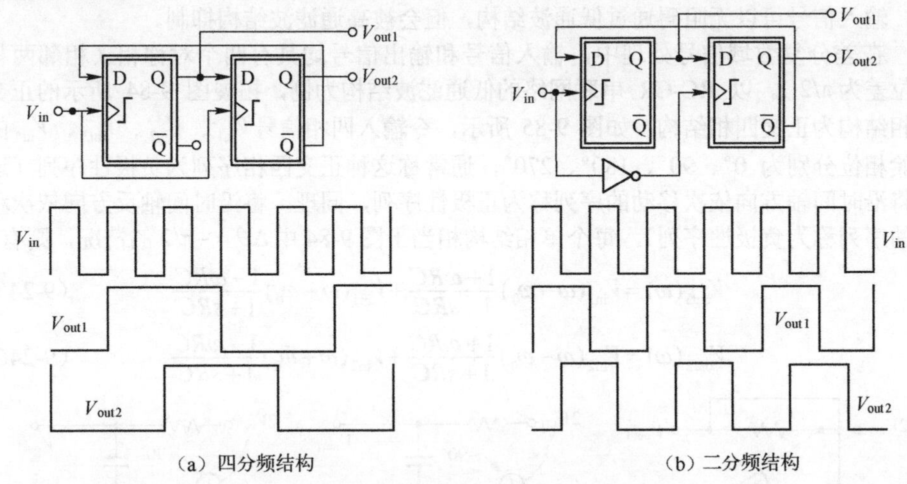


图 9-83 分频器产生正交信号

## 1. 复数域带阻滤波器

无源多相网络是通过图 9-82 所示的 RC-CR 串联网络衍生而来的，如图 9-84 所示（包含时域和频域两种电路图）。将图 9-82 中的两个接地端分别连接至经过相移后的输入信号端，可分别计算出两种结构下（低通滤波结构和高通滤波结构）输出信号的频域表达式为

$$V_{\text{outL}}(\omega)=V_{\text{in}}(\omega-\omega_0)\frac{1+\mathrm{e}^{\mathrm{j}\Delta\theta}sRC}{1+sRC}+V_{\text{in}}(\omega+\omega_0)\frac{1+\mathrm{e}^{-\mathrm{j}\Delta\theta}sRC}{1+sRC} \tag{9-243}$$

$$V_{\text{outH}}(\omega)=V_{\text{in}}(\omega-\omega_0)\frac{\mathrm{e}^{\mathrm{j}\Delta\theta}+sRC}{1+sRC}+V_{\text{in}}(\omega+\omega_0)\frac{\mathrm{e}^{-\mathrm{j}\Delta\theta}+sRC}{1+sRC} \tag{9-244}$$

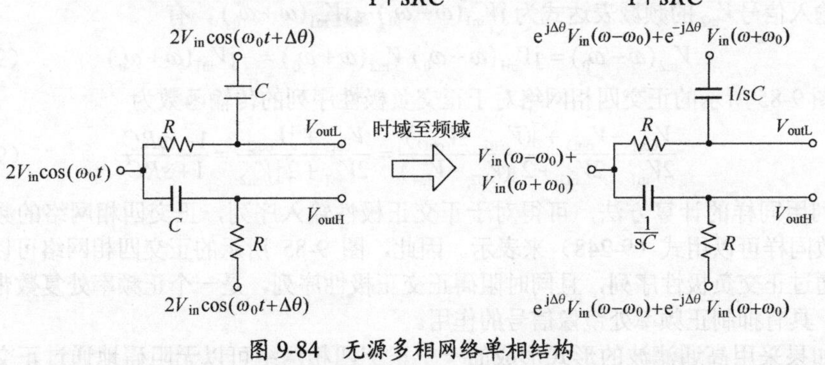

图 9-84 无源多相网络单相结构

式中，$V_{\text{in}}(\omega-\omega_0)$ 和 $V_{\text{in}}(\omega+\omega_0)$ 分别为输入信号在正频率处和负频率处的频谱。通常情况下，仅对正交相感兴趣，也就是 $\Delta\theta=\pm\pi/2$ 的情况。当 $\Delta\theta=\pi/2$ 时，低通滤波结构[见式（9-243）]相对于正频率处输入频谱的传输函数为 $(1-\omega RC)/(1+sRC)$，相对

于负频率处输入频谱的传输函数为$(1+\omega RC)/(1+sRC)$，两个传输函数分别呈现正和负频率处的带阻幅频响应，输出信号被严重抑制，但是对于高通滤波结构[见式（9-244）]，该正交输入信号（$\Delta\theta=\pi/2$）可以无阻碍通过。同理，当$\Delta\theta=-\pi/2$时，输入信号可以无阻碍通过低通波结构，但会被高通滤波结构抑制。

在差分复数域信号处理中，输入信号和输出信号均具有四个对称相（相邻两相相位差为$\pi/2$）。以 RC-CR 串联网络的低通滤波结构为例，拓展图 9-84 所示的正交单相结构为正交四相结构，如图 9-85 所示，令输入四相信号$V_{\text{in1}}$、$V_{\text{in2}}$、$V_{\text{in3}}$、$V_{\text{in4}}$的初始相位分别为 0°、90°、180°、270°，通常称这种正交四相序列为负极性序列（通常将沿时间轴方向依次移动的序列称为正极性序列，同理，将沿时间轴反方向依次移动的序列称为负极性序列）。每个单相结构相当于图 9-84 中$\Delta\theta=-\pi/2$的情况，则有

$$V_{\text{out1}}(\omega)=V_{\text{in1}}(\omega-\omega_0)\frac{1+\omega RC}{1+sRC}+V_{\text{in1}}(\omega+\omega_0)\frac{1-\omega RC}{1+sRC} \tag{9-245}$$

$$V_{\text{out2}}(\omega)=V_{\text{in2}}(\omega-\omega_0)\frac{1+\omega RC}{1+sRC}+V_{\text{in2}}(\omega+\omega_0)\frac{1-\omega RC}{1+sRC} \tag{9-246}$$

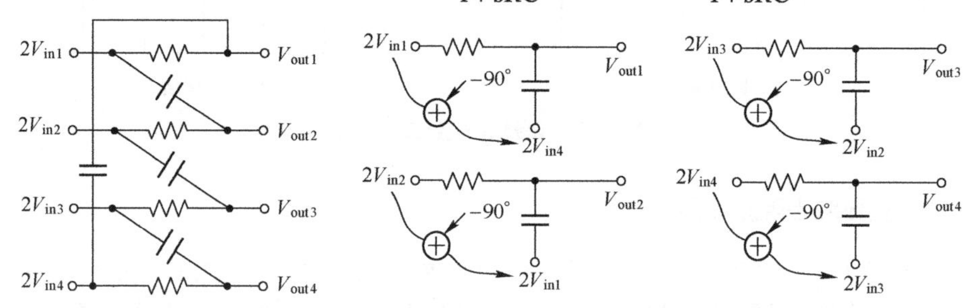


图 9-85 无源多相网络正交四相结构（低通滤波结构）

同理可得$V_{\text{out3}}$和$V_{\text{out4}}$的输出频域表达式。因为输入四相信号$V_{\text{in1}}$、$V_{\text{in2}}$、$V_{\text{in3}}$、$V_{\text{in4}}$是一个正交负极性序列，所以经过图 9-85 所示的正交四相网络后输出仍为正交负极性序列。该输入序列在复数域的表达式为$2V_{\text{in1}}-2V_{\text{in3}}+2\text{j}(V_{\text{in2}}-V_{\text{in4}})$，经过正交四相网络后的输出信号复数域表达式为$V_{\text{out1}}-V_{\text{out3}}+\text{j}(V_{\text{out2}}-V_{\text{out4}})$。对于正交负极性序列，输入信号$V_{\text{in2}}$的频域表达式为$\text{j}V_{\text{in1}}(\omega-\omega_0)-\text{j}V_{\text{in1}}(\omega+\omega_0)$，有

$$V_{\text{in2}}(\omega-\omega_0)=\text{j}V_{\text{in1}}(\omega-\omega_0),V_{\text{in2}}(\omega+\omega_0)=-\text{j}V_{\text{in1}}(\omega+\omega_0) \tag{9-247}$$

图 9-85 所示的正交四相网络对于正交负极性序列的传输函数为

$$\frac{V_{\text{out1}}-V_{\text{out3}}+\text{j}(V_{\text{out2}}-V_{\text{out4}})}{2V_{\text{in1}}-2V_{\text{in3}}+2\text{j}(V_{\text{in2}}-V_{\text{in4}})}=\frac{V_{\text{out1}}+\text{j}V_{\text{out2}}}{2V_{\text{in1}}+2\text{j}V_{\text{in2}}}=\frac{1-\omega RC}{1+sRC} \tag{9-248}$$

利用同样的计算方法，可得对于正交正极性输入序列，正交四相网络的频率传输函数同样可以用式（9-248）来表示。因此，图 9-85 所示的正交四相网络可以无阻碍地通过正交负极性序列，且同时阻碍正交正极性序列，是一个正频率处复数带阻滤波器，具有抑制正频率处镜像信号的作用。

如果采用高通滤波的形式形成的一个正交四相网络可以无阻碍地通过正交正极性序列，且同时阻碍正交负极性序列，是一个负频率处复数带阻滤波器，具有抑制负频率处镜像信号的作用。

令$1/(RC)=2\pi\times10\text{Mrad/s}$，正交四相网络（低通滤波结构和高通滤波结构）传输函数的幅频响应曲线如图 9-86 所示。使用正交四相网络进行镜像信号抑制时，必

须注意输入信号的极性问题，也就是说输入信号的极性必须是确定的。

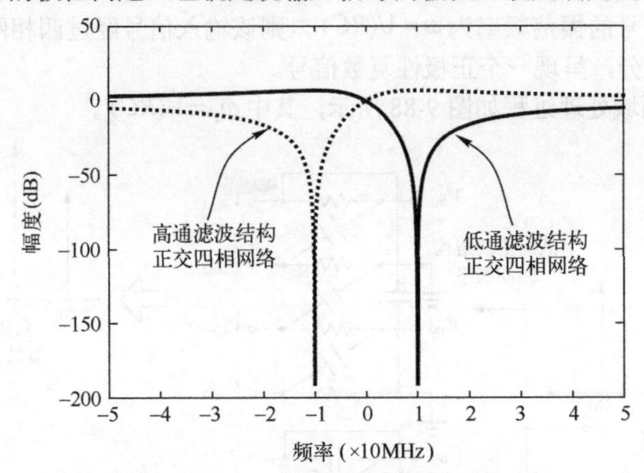


图 9-86　正交四相网络复数域幅频响应

**2. 正交信号产生器**

基于多相网络的正交信号产生器的工作原理和图 9-82 所示的 RC-CR 串联网络完全相同，如图 9-87 所示，其中 $V_{\text{in1}}$ 、 $V_{\text{in3}}$ 为差分输入信号。由 9.7.1 节对 RC-CR 串联网络结构的分析可知，四相网络同样可以作为正交信号产生器。

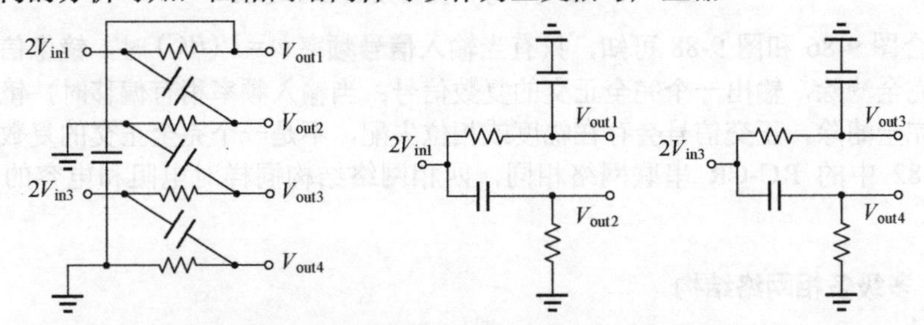


图 9-87　四相网络结构用作正交信号产生器

为了更加直观地理解四相网络的正交信号产生过程，并为后续多级多相网络的介绍作铺垫，我们从频域的角度对其进行解释。根据图 9-87 所示的结构，可得输出信号 $V_{\text{out1}}$ 、 $V_{\text{out2}}$ 的频域表达式为

$$V_{\text{out1}}(\omega)=\frac{1}{1+sRC}[V_{\text{in1}}(\omega-\omega_0)+V_{\text{in1}}(\omega+\omega_0)] \tag{9-249}$$

$$V_{\text{out2}}(\omega)=\frac{sRC}{1+sRC}[V_{\text{in1}}(\omega-\omega_0)+V_{\text{in1}}(\omega+\omega_0)] \tag{9-250}$$

四相网络结构用作正交信号发生器时，其传输函数为

$$\frac{V_{\text{out1}}-V_{\text{out3}}+\mathrm{j}(V_{\text{out2}}-V_{\text{out4}})}{V_{\text{in1}}-V_{\text{in3}}}=\frac{V_{\text{out1}}+\mathrm{j}V_{\text{out2}}}{V_{\text{in1}}}=\frac{1-\omega RC}{1+sRC} \tag{9-251}$$

可以看出，图 9-87 所示的基于四相网络的正交信号产生器对于差分输入信号呈现正频率处复数带阻滤波。如果输入差分信号的振荡频率为 $\omega=1/(RC)$，则该输入信号经过四相网络后，仅保留负频率处频谱成分，呈现一个负极性复数信号。

同理，对于基于高通滤波结构形成的四相网络，传输函数为$\mathrm{j}(1+\omega RC)/(1+sRC)$，如果输入差分信号的振荡频率为$\omega=1/(RC)$，则该输入信号经过四相网络后，仅保留正频率处频谱成分，呈现一个正极性复数信号。

其具体的频域处理过程如图 9-88 所示，其中$\omega_0=1/(RC)$。

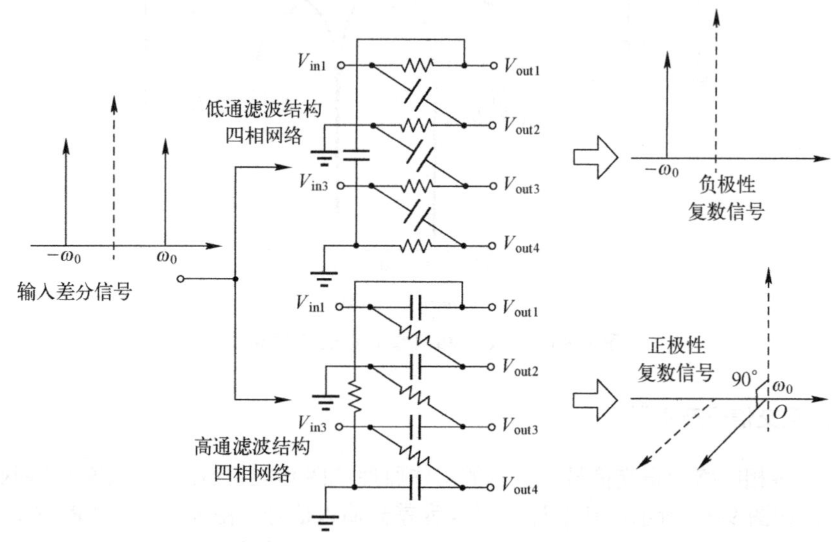


图 9-88 正交信号产生器频域处理过程

结合图 9-86 和图 9-88 可知，只有当输入信号频率$\omega=1/(RC)$时，镜像信号成分才能被完全滤除，输出一个完全正交的复数信号；当输入频率稍有偏移时，镜像成分不能被完全滤除，正交信号会存在幅度或相位失配，不是一个完全正交的复数信号。与图 9-82 中的 RC-CR 串联网络相同，四相网络结构同样对电阻和电容的失配比较敏感。

### 3. 多级多相网络结构

无论对于复数域带阻滤波器还是正交信号产生器，单级四相网络对电阻和电容的失配较为敏感，且较窄的抑制带宽进一步限制了复数域带阻滤波器的应用。可以采用多级多相网络串联的形式提升工艺偏差鲁棒性并增大带阻带宽。以两级四相网络（见图 9-89）为例，作为复数滤波器或正交信号产生器时，单级低通滤波结构四相网络均呈现正频率处复数带阻滤波特性，其传输函数为式（9-248）和式（9-251），每级输出均为负极性正交信号，传输函数为每级四相网络传输函数的乘积。

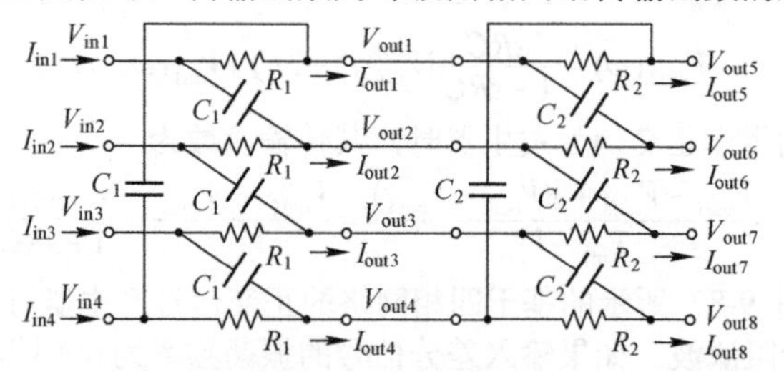


图 9-89 两级四相网络

上述计算过程忽略了级与级之间的电流，会引入较大的计算误差，需要重新加入电流因素的影响进行补偿。如图 9-89 所示，根据基尔霍夫电压和电流定理可得如下结果：

$$V_{in1} - R_1[I_{out1} - sC_1(V_{in4} - V_{out1})] = V_{out1} \tag{9-252}$$

$$V_{in2} - R_1[I_{out2} - sC_1(V_{in1} - V_{out2})] = V_{out2} \tag{9-253}$$

假设输入电压信号为正交负极性序列，输入载波频率为$\omega_0$，则将式（9-253）乘以 j 并与式（9-252）相加可得考虑输出电流后的单级输入电压信号复数域表达式为

$$V_{in}(\omega+\omega_0) = \frac{1}{1+\mathrm{j}sR_1C_1}[(1+sR_1C_1)V_{out}(\omega+\omega_0) + R_1I_{out}(\omega+\omega_0)] \tag{9-254}$$

式中，$V_{in}$、$V_{out}$、$I_{out}$均为复数域信号。同理可得单级输入电流信号复数域表达式为

$$I_{in}(\omega+\omega_0) = \frac{1}{1+\mathrm{j}sR_1C_1}\begin{bmatrix}(2sR_1C_1 - 2\mathrm{j}sR_1C_1 + 2s^2R_1^2C_1^2)V_{out}(\omega+\omega_0) \\ +(1+sR_1C_1)I_{out}(\omega+\omega_0)\end{bmatrix} \tag{9-255}$$

式中，$I_{in}$为复数域信号。输入电压信号和输入电流信号表示为矩阵的形式为（负极性序列，只考虑信号的负频率成分）

$$\begin{bmatrix}V_{in} \\ I_{in}\end{bmatrix} = \frac{1}{1+\mathrm{j}sR_1C_1}\begin{bmatrix}1+sR_1C_1 & R_1 \\ 2sR_1C_1 - 2\mathrm{j}sR_1C_1 + 2s^2R_1^2C_1^2 & 1+sR_1C_1\end{bmatrix}\begin{bmatrix}V_{out} \\ I_{out}\end{bmatrix} \tag{9-256}$$

对于两级四相网络结构，第二级的输出端一般都接入晶体管的栅极，因此输出电流为 0，则两级四相网络的输入电压与电流信号的矩阵表达式为（负极性序列，只考虑负频率成分）

$$\begin{aligned}\begin{bmatrix}V_{in} \\ I_{in}\end{bmatrix} = &\frac{1}{1+\mathrm{j}sR_1C_1}\begin{bmatrix}1+sR_1C_1 & R_1 \\ 2sC_1 - 2\mathrm{j}sC_1 + 2s^2R_1C_1^2 & 1+sR_1C_1\end{bmatrix}\times \\ &\frac{1}{1+\mathrm{j}sR_2C_2}\begin{bmatrix}1+sR_2C_2 & R_2 \\ 2sC_2 - 2\mathrm{j}sC_2 + 2s^2R_2C_2^2 & 1+sR_2C_2\end{bmatrix}\begin{bmatrix}V_{out} \\ I_{out}\end{bmatrix}\end{aligned} \tag{9-257}$$

式中，输出电压项和电流项代表两级四相网络的输出电压和输出电流。令$I_{out}=0$，可得两级四相网络的频移传输函数为

$$\frac{V_{out}}{V_{in}} = \frac{(1+\mathrm{j}sR_1C_1)(1+\mathrm{j}sR_2C_2)}{1+s(R_1C_1+R_2C_2+2R_1C_2-2\mathrm{j}R_1C_2)+s^2(R_1R_2C_1C_2+2R_1R_2C_2^2)} \tag{9-258}$$

对于正交正极性输入序列，经过计算可以得到和式（9-258）相同的结果，只是式中的各信号频谱成分位于正频率处。相较于单级四相网络，两级四相网络存在两个零点，如果将两个零点的值间隔一定的频率值，则其带阻范围可以得到拓展，相较于单级网络更适合于宽带镜像抑制。同时，只要在设计时稍加拓展一下阻带的范围，便可以有效地减缓工艺偏差和温度变化等带来的阻带偏移问题（当然最有效的方法还是电路校准）。图 9-90 为基于低通滤波结构的两级四相网络传输函数幅频响应曲线，为了方便对比，加入了单级四相网络、未考虑级间电流的两级四相网络传输函数的幅频响应曲线。可以看出，多级结构相较于单级结构可以明显地拓展阻带的带宽，同时考虑级间电流的四相网络可以更好地抑制阻带镜像信号。这是以牺牲通带增益为代价的（增益损失 5～10dB），在实际设计中，必须注意这一点。镜像抑制比约为 65dB，满足大多数系统的设计要求。

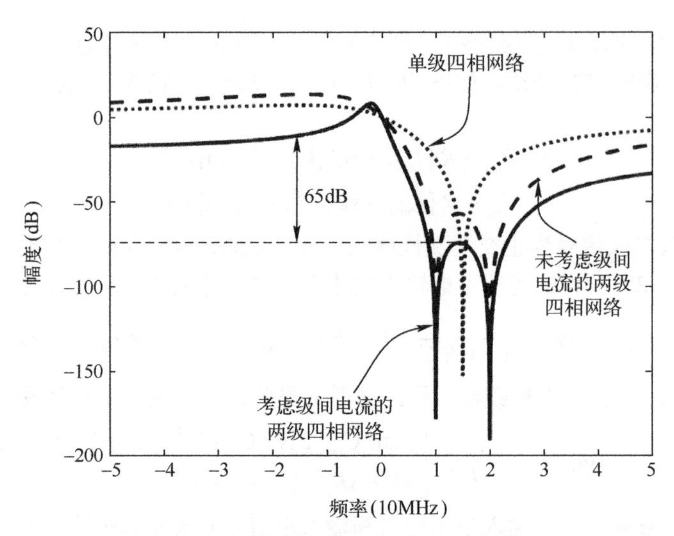


图 9-90 两级四相网络传输函数幅频响应

令 $V_{in2}=V_{in4}=0$，两级四相网络会转变为正交信号产生器，其频域传输函数和式（9-258）相同，只是输出项为复数域信号（负极性正交信号），输入信号为实数信号。类似于对图 9-88 的分析，我们以图 9-90 所示的一个实际两级四相网络传输函数幅频响应为例，在 10～20MHz 的频率范围内，两级四相网络形成的正交产生器均具有非常好的性能。相较于单级四相网络，正交信号的频率产生范围得到了极大的拓展。对于对输出信号正交性有更高要求的设计系统，可以通过进一步提高多相网络的级数来满足设计要求。

与单级多相结构类似，基于高通滤波形式的多级多相网络具有负频率处复数域带阻特性。作为正交信号产生器，基于高通滤波形式的多级多相网络能够产生正交正极性输出信号。

#### 4. 设计注意事项

无源多相网络的两种常见使用形式均要求能够提供良好的正交能力，不仅包括输入信号的正交性，还要求元件本身及元件之间的失配尽可能小。输入信号的正交性由前级电路决定，与多相网络无关，因此主要讨论如何减小元件本身和元件之间的失配。

元件本身或元件之间的失配造成镜像成分的泄漏等效于带阻滤波能力的减弱，通常可以通过适当拓展阻带带宽或增加多相网络的级数来解决。在设计多级多相网络之前，首先应该使用 MATLAB 等仿真工具绘制出式（9-258）的幅频响应曲线，根据系统需求，并充分考虑工艺偏差和温度变化的影响，决定每级多相网络的时间常数（电阻和电容的乘积）；然后对设计的多级多相网络进行蒙特卡洛（Monte Carlo）仿真，检查元件之间的不匹配对电路性能的影响，通过多次迭代（改变阻带带宽或多相网络级数）得到最优结构。

### 9.7.4 正交负阻振荡器

负阻振荡器输出的信号为差分型，通常需要借助外部附加的正交信号产生器来适应低中频或零中频架构的设计需要。RC-CR 串联网络仅适用于窄带结构，且对元件本身或元件之间的失配非常敏感；分频器结构需要振荡器提供至少 2 倍的本振信号频率；无源多相网络的正交性能同样受限于元件本身或元件之间的不匹配性。采用双耦合的正交负阻振荡器可以作为上述方法的一个有益补充。

如图 9-91 所示，两个负阻振荡器通过跨导单元（跨导单元可以通过共源或共栅等结构实现）进行电流耦合，通过改变各自的振荡条件重新建立一个新的稳定振荡状态（耦合电流的加入必须仍然满足振荡器的起振条件）。稳定振荡后，两个振荡器在频域满足以下等式：

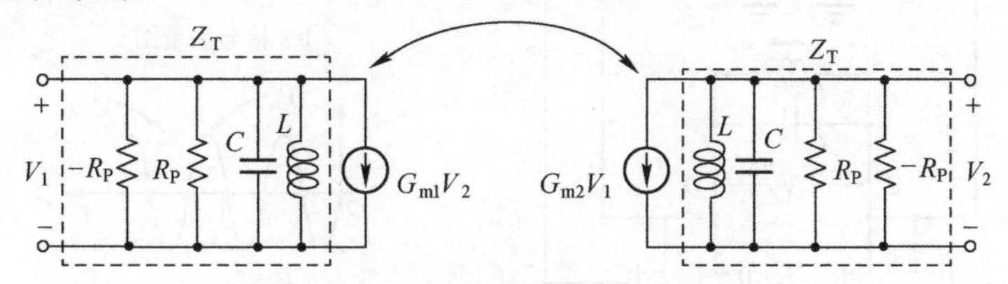


图 9-91 负阻振荡器耦合振荡模型

$$V_1 = G_{m1}V_2Z_T \tag{9-259}$$

$$V_2 = G_{m2}V_1Z_T \tag{9-260}$$

两式交叉相乘后可得

$$G_{m2}V_1^2 = G_{m1}V_2^2 \tag{9-261}$$

因此，如果 $G_{m1} = G_{m2}$，有 $V_1 = \pm V_2$，两个耦合振荡器的输出信号相位差为 0°或 180°；如果 $G_{m1} = -G_{m2}$，有 $V_1^2 + V_2^2 = 0$，因此 $V_1 = \pm jV_2$，两个耦合振荡器的输出信号相位差为 90°或−90°。这两种情况分别称为同相耦合和反向耦合。反向耦合中，正交因子±j 的引入主要是由 RLC 并联谐振网络的振荡频率偏移导致的。振荡器稳定振荡过程中，负阻$-R_P$与 RLC 并联谐振网络的并联寄生电阻 $R_P$ 相互抵消，反向耦合作用促使谐振网络的振荡频率产生一些正偏离或负偏离，导致谐振网络在新的振荡频率下存在额外的并联电感或电容，引入正交因子±j。

图 9-92 给出了同相耦合结构的具体电路图、信号矢量图和振荡信号时域图，仅给出了 $V_A = V_D$、$V_B = V_C$ 的情况，并未给出 $V_A = V_C$、$V_B = V_D$ 的情况。两种情况均满足耦合要求，但是后者提供的耦合电流和振荡器本身的电流方向相反（减小起振阶段交叉耦合对的跨导），会延长振荡器从起振至稳定时的时间，是一种次优选择。如果在设计时刻意地将第二种情况设计为不满足起振条件，而第一种情况满足起振条件，耦合振荡结果就只有第一种情况。同向耦合的情况在实际使用中没有任何意义，因此本节将重点讨论反向耦合的情况。

图 9-93（a）为反向耦合的具体电路图。振荡器差分输出信号相互正交，振荡器本身的电流 $I_{d1}$、$I_{d2}$、$I_{d3}$、$I_{d4}$ 与耦合电流 $I_{d5}$、$I_{d6}$、$I_{d7}$、$I_{d8}$ 矢量方向相互垂直，矢量方向关系如图 9-93（b）所示（振荡正偏离）。以节点 A 为例进行解释说明，如图 9-94 所示，由于振荡频率的正偏离会导致谐振网络引入负的相位偏移（顺时针旋转），因此由电流 $I_{d1}$ 和电流 $I_{d5}$ 的矢量合成电流产生的矢量电压 $V_A'$ 必须位于矢量电压 $V_A$ 的逆时针方向。

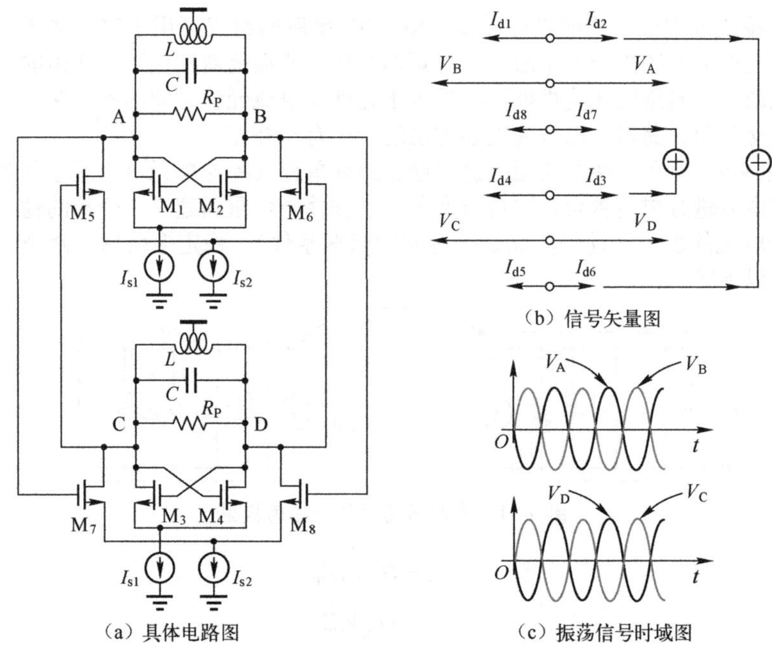


（a）具体电路图　（b）信号矢量图　（c）振荡信号时域图

**图 9-92　同相耦合结构具体电路图、信号矢量图和振荡信号时域图**

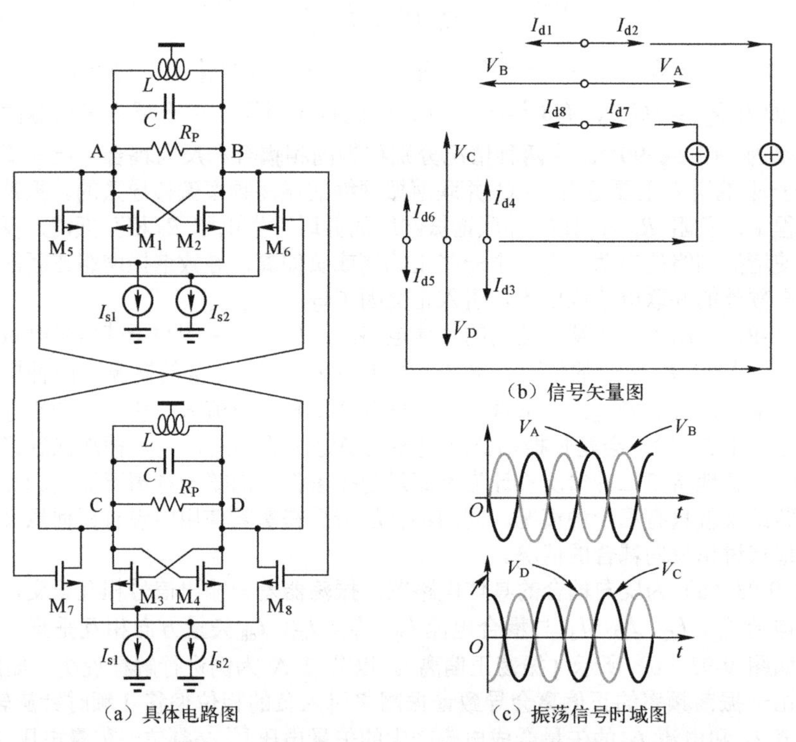


（a）具体电路图　（b）信号矢量图　（c）振荡信号时域图

**图 9-93　反相耦合结构具体电路图、信号矢量图和振荡信号时域图**

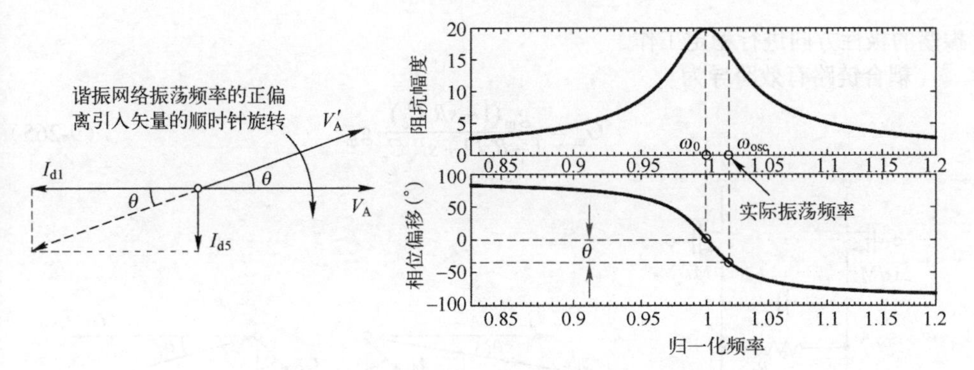


图 9-94 反相耦合振荡器频率偏移示意图

根据式（9-57）可得，当振荡频率为 $\omega_{osc}$ 时，RLC 并联谐振网络产生的相位偏移为

$$\theta = -\arctan\frac{I_{d5}}{I_{d1}} = \frac{\pi}{2} - \arctan\frac{\omega_{osc}L}{R_P(1-\omega_{osc}^2 LC)} \tag{9-262}$$

因为 $\omega_{osc} \approx \omega_0 = 1/\sqrt{LC}$，则式（9-262）可以变换为

$$-\frac{I_{d1}}{I_{d5}} \approx \frac{\omega_0 L}{R_P(1-\omega_{osc}^2 LC)} = \frac{1}{Q(1-\omega_{osc}^2 LC)} \tag{9-263}$$

假设耦合共源晶体管的等效跨导设计为交叉耦合晶体管等效跨导（之所以使用等效跨导的概念，主要是因为稳定振荡时为大信号工作模式。根据 9.2 节对共源放大器描述函数的分析，晶体管的等效跨导和小信号跨导成比例关系。由于耦合晶体管的偏置情况和交叉耦合晶体管的偏置情况相似，在偏置电流相等的情况下，可以通过调节晶体管的宽长比改变晶体管的等效跨导）的 0.2 倍，即 $I_{d5} = 0.2I_{d1}$，代入式（9-263）可得

$$\omega_{osc} \approx \sqrt{\frac{1}{LC}\left[1+\frac{I_{d5}}{I_{d1}Q}\right]} = \sqrt{\frac{1}{LC}\left[1+\frac{1}{5Q}\right]} \tag{9-264}$$

上述结果表明，当耦合晶体管的等效跨导变大时（增大晶体管尺寸或偏置电流），两振荡器之间的耦合因子也会随之变大，振荡器的稳定振荡频率会更加远离振荡器的谐振频率。由于 RLC 并联谐振网络工作于谐振频率时品质因子最高，当耦合因子很强时，偏移频率较大，谐振网络的品质因子会明显降低，严重恶化振荡器的相位噪声性能。同时两个振荡器之间的元件失配所产生的振荡频率差会导致振荡器工作于耦合频率牵引状态，可能无法产生能够正常使用的正交信号。但是如果耦合因子太小，两个振荡器之间同样无法产生能够正常使用的正交信号。通常耦合因子在 0.2～0.25 可以在品质因子和耦合振荡器正交可靠性之间提供一个合理的折中。正交耦合振荡器同样也可以工作在负偏离的情况，由于正、负偏离的起振难易程度相同，导致输出节点 A、B、C、D 之间极性的不确定性，在对极性要求明确的复数域变频系统中无法使用。

一种能够提供确定极性正交信号的有效手段就是采用 RC 并联网络源简并结构[9]，如图 9-95（a）所示。源简并结构的加入通过在反馈链路上引入相位偏移来改变两种极性振荡的难易程度。当两种振荡情况的难易程度相差较大时，振荡器总会趋向较易

振荡的极性方向进行稳定工作。

耦合链路有效跨导为

$$G_{\mathrm{m}}=\frac{g_{\mathrm{m}}(1+sR_{\mathrm{c}}C_{\mathrm{c}})}{1+R_{\mathrm{c}}/2+sR_{\mathrm{c}}C_{\mathrm{c}}}g_{\mathrm{m}} \tag{9-265}$$

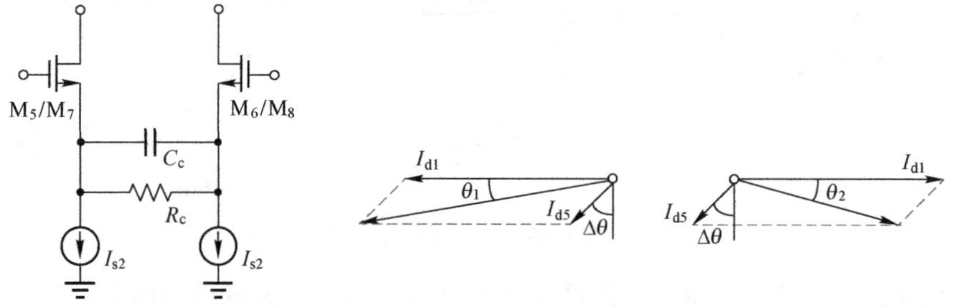

(a) 电路结构　(b) 振荡正偏离　(c) 振荡负偏离

图 9-95　RC 并联网络源简并结构补偿相位偏移

其产生的相位偏移为

$$\Delta\theta=\arctan(\omega_{\mathrm{osc}}R_{\mathrm{c}}C_{\mathrm{c}})-\arctan\frac{\omega_{\mathrm{osc}}R_{\mathrm{c}}C_{\mathrm{c}}}{1+g_{\mathrm{m}}R_{\mathrm{c}}/2} \tag{9-266}$$

RC 并联网络源简并结构引入的相位偏移始终为正值，因此耦合电流的旋转方向为顺时针。两种偏离情况导致流经谐振网络的电流幅度及偏离相位均不同，矢量合成后的电流幅度越大，相位偏离越小就越容易起振。由图 9-95（b）和（c）可知，谐振网络的振荡正偏离情况提供的电流幅度较大，相位偏离较小，因此正交耦合振荡器大概率会工作在此类情况，各节点电压波形与图 9-93（c）呈现的电压波形相同。为了使振荡器能够稳定工作在自由谐振频率状态，式（9-266）需要提供 90° 的相位补偿，因此要求

$$\frac{10}{R_{\mathrm{c}}C_{\mathrm{c}}}\leqslant\omega_0\leqslant\frac{1+g_{\mathrm{m}}R_{\mathrm{c}}/2}{10R_{\mathrm{c}}C_{\mathrm{c}}} \tag{9-267}$$

例如，对于谐振频率为 1GHz 的振荡器，我们求解一种极限情况，即令式（9-267）中的三式相等，并假设 $R_{\mathrm{c}}$=1.6kΩ，则 $C_{\mathrm{c}}$=1pF、$g_{\mathrm{m}}$=125mS。将此结果代入式（9-265），可得耦合晶体管的等效跨导 $G_{\mathrm{m}}\approx g_{\mathrm{m}}/10$ 。交叉耦合晶体管跨导的设计必须满足起振条件和稳定振荡时的幅度，也就是有设计的下限值。为了避免耦合因子过低导致耦合频率牵引现象的出现，通常对耦合跨导也是有下限要求的，耦合因子通常要大于 0.2。

**例 9-16**　对于如图 9-18 所示的谐振频率为 1GHz 的负阻振荡器，采用图 9-95（a）所示的 RC 并联网络源简并结构进行反向耦合。为了保证其相位噪声性能的最优化，试估算整个电路的功耗（谐振网络中 $L$=2nH，$C$=3.2pF，品质因子 $Q$=5）。

**解：** 振荡器的起振条件为 $g_{\mathrm{mc}}>2/R_{\mathrm{P}}=2/(\omega_0LQ)$（$g_{\mathrm{mc}}$ 为交叉耦合晶体管跨导，暂时不对振荡幅度进行要求），则交叉耦合晶体管的跨导下限值为 16mS。为了避免耦合频率牵引现象，耦合等效跨导必须大于 16/5=3.2mS。同时为了保证相位噪声性能的最优化，源简并结构需要提供 90°的相位偏移，满足此条件的耦合等效跨导 $G_{\mathrm{m}}\approx g_{\mathrm{m}}/10=12.5\mathrm{mS}$ ，同时 $G_{\mathrm{m}}$ 也满足耦合因子需求。假设晶体管的过驱动电压 $V_{\mathrm{ov}}=0.3\mathrm{V}$，则对于单个振荡器而言，其振荡偏置电流 $I_{\mathrm{s1}}=2g_{\mathrm{mc}}V_{\mathrm{ov}}=9.6\mathrm{mA}$ ，耦合偏置电流 $I_{\mathrm{s2}}=g_{\mathrm{m}}V_{\mathrm{ov}}=37.5\mathrm{mA}$ 。

由例 9-16 可知，为了保证相位噪声性能的最优化，在合理选取各参数值的情况下，消耗的功耗是非常大的，往往会得不偿失。另外，耦合跨导相对于交叉耦合对跨导还具有很大的裕量，因此如果设计的振荡频率偏低的话，电阻可以进一步放大，这样对耦合跨导的需求就会减小，功耗也会进一步降低。但是随着振荡频率的逐渐上升，电阻会进一步减小，这对耦合跨导的要求还会更高，功耗也会更大。

通常情况下都会采取折中策略，即并不刻意地使耦合跨导的相位偏移接近 90°，而是选取 40°～50° 的值进行设计，在保证相位噪声性能的前提下进一步地降低电路功耗。

基于 1∶1 反向变压器的正交耦合振荡器如图 9-96 所示。该结构不会产生如图 9-93（a）所示反向耦合结构的频率偏移现象，具有更优的相位噪声性能。该结构使用一个反向变压器迫使两个振荡器的共源节点处（A 点和 B 点）处于 LC 并联网络差分振荡状态，振荡频率为$2\omega_0$，$\omega_0$为振荡器谐振频率。根据对图 9-71 的分析可知，流过源极电感的差分电流为振荡器中的偶次谐波电流，而偶次谐波电流是由振荡信号通过开关管后产生的。如果偶次谐波电流是差分的，即相位差为 180°，得振荡信号相位差为 90°。因为振荡信号的相位差和开关管波形的相位差是同步的，因此振荡信号和开关管波形的相位差均为 90°，总的相位差为 180°。共源节点处 LC 并联网络的品质因子不能设计得太低，否则泄露的偶次谐波成分太大，两个振荡器之间极有可能由于工艺偏差引入的频率偏差导致耦合频率牵引效应，同时还会恶化振荡器的相位噪声性能。基于变压器的正交耦合振荡器同样存在极性不确定的问题，可以采用与图 9-95（a）相似的方案解决，只是 RLC 并联谐振网络同样存在频率偏离的问题。

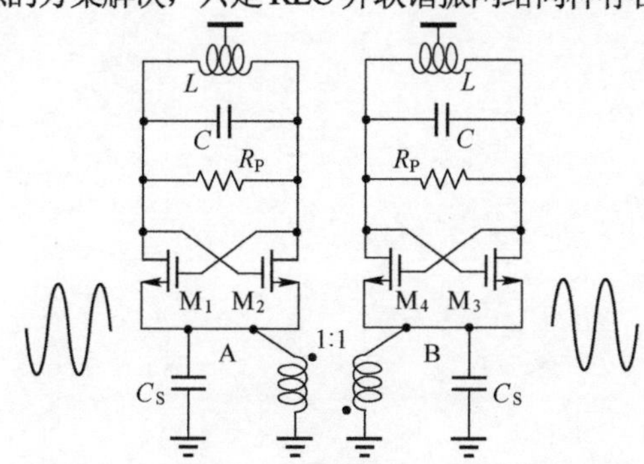


图 9-96 基于反向变压器的正交负阻振荡器

## 参考文献

[1] LEE T H. CMOS 射频集成电路设计[M]. 2 版. 余志平, 周润德, 译. 北京: 电子工业出版社, 2009.

[2] LIN J. A low-phase-noise 0.004-ppm/step DCXO with guaranteed monotonicity in the 90-nm CMOS process [J]. IEEE Journal of Solid-State Circuits, 2005, 40(12): 2726-2734.

[3] 池保勇, 马凯学, 虞小鹏. 硅基毫米波集成电路与系统[M]. 北京: 科学出版社, 2020: 40-46.

[4] BHAT A, KRISHNAPURA M. A 25-to-38GHz, 195dB $FoM_T$ LC QVCO in 65nm LP CMOS using a 4-port dual-mode resonator for 5G radios [C]. IEEE Int. Solid-State Circuits Conference, San Francisco, 2019: 412-413.

[5] OH S, OH J. A novel miniaturized tri-band VCO utilizing a three-mode reconfigurable inductor [C]. IEEE Radio Frequency Integrated Circuits Symposium, Atlanta, 2021: 187-190.
[6] DENG W, JIA H, WU R, et al. An 8.2-to-21.5GHz dual-core quad-mode orthogonal-coupled VCO with concurrently dual-output using parallel 8-shaped resonator [C]. IEEE Custom Integrated Circuits Conference, Austin, 2021: 1-2.
[7] LI S T, LI J C, GU X C, et al. A continuously and widely tunable 5dB-NF 89.5dB-DR CMOS TV receiver with digitally-assisted calibration for multi-standard DBS applications [J]. IEEE Journal of Solid-State Circuits, 2013, 48(11): 2762-2774.
[8] LI S T, CHEN L H, ZHAO Y. Reconfigurable active-RC LPF with self-adaptive bandwidth calibration for software-defined radio in 130nm CMOS [C]. IEEE Int. Conference Solid-State and Integtrated Circuit Tech., Qindao, 2018: 1-3.
[9] ZHOU J, LI W, HUANG D P, et al. A 0.4-6GHz frequency synthesizer using dual-mode VCO for software-defined radio [J]. IEEE Transactions on Micro. Theory and Techniques, 2013, 61(2): 848-859.

# 第10章

# 锁相环

锁相环是相位锁定环路（Phase-locked Loop，PLL）的简称。在射频集成电路设计中，锁相环通常承担生成高精度本振信号的任务（锁相环型频率综合器）。在信号处理中，锁相环可以用于完成调频信号的调制、解调（调制跟踪）和载波跟踪。在数据传输接口中，锁相环可以用于同步采样时钟，保证数据的正确传输。锁相结构还可以作为延迟锁定环路，生成特定频率下的多相时钟信号，满足数字信号处理中的各相时钟需求。

本章首先围绕射频集成电路设计中的频率综合功能，主要介绍锁相环的基本原理和结构，并遵循从简单到复杂的设计过程，循序渐进地讲解锁相环的具体设计流程、参数计算和注意事项，涵盖一阶至四阶Ⅰ型和Ⅱ型锁相环结构，为后续频率综合器的设计打下坚实基础；然后简单介绍另外几种基于锁相环构建的具体应用场景，包括信号的载波跟踪功能、调制和解调功能、数据采样和传输的同步功能、时钟/数据恢复功能，以及延迟锁相环的设计。

## 10.1　锁相环基本原理和结构

锁相环的基本电路结构如图 10-1 所示，包括鉴相器（Phase Detector，PD）、环路滤波器（Loop Filter，LF）和压控振荡器。鉴相器主要用于提供输入参考信号与输出振荡信号之间的相位差（通常称为相位误差），并转换为电压或电流形式的信号进行输出。环路滤波器主要用于抑制鉴相器输出信号中的高频成分，避免输出压控信号中的高频成分对振荡器的输出造成谐波干扰。环路滤波器通常基于无源低通滤波器来实现。之所以称为环路滤波器，是因为该低通滤波器的相关参数与环路的稳定性密切相关。滤波器的设计参数都是在其他电路参数预先设定好后，综合考虑输出振荡信号相位噪声性能和环路稳定性来决定的。经过滤波平均后的输出压控信号动态调节压控振荡器输出振荡信号的频率和相位，直至与输入信号的相位同步，实现环路的锁定，以及对输入信号相位的持续跟踪。

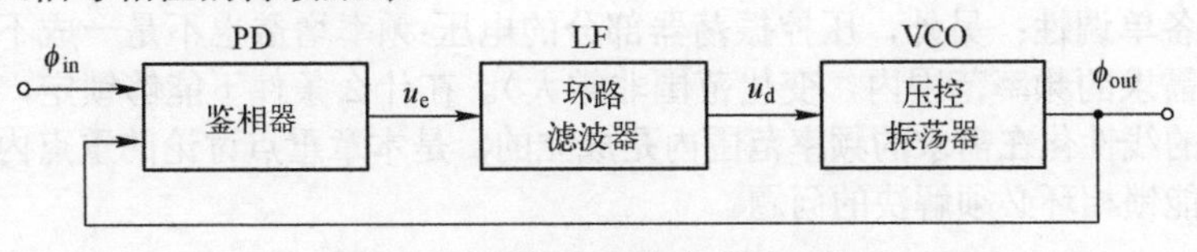


图 10-1　锁相环的基本电路结构

### 10.1.1 锁相环传输函数

锁相环之所以能够实现相位的锁定和跟踪，主要是因为锁相环是一个以相位为设计参变量的闭环负反馈系统。鉴相器近似于一个线性放大器，实现输入信号和输出信号相位误差值至输出电压（或电流）的转变，转换增益为$K_{PD}$，单位为 V/rad（或 A/rad）。环路滤波器通常使用无源电阻、电容元件来构建，传输函数为$H_{LF}(s)$。压控振荡器实现压控信号至输出振荡频率的线性转换，转换增益为$K_{VCO}$，单位为 rad/(V·s)。考虑到锁相环是一个以相位为参考变量的负反馈系统，因此压控振荡器相当于一个积分器，传输函数为$K_{VCO}/s$。

锁相环的闭环负反馈结构可重新描述为如图 10-2 所示的形式，其闭环传输函数为

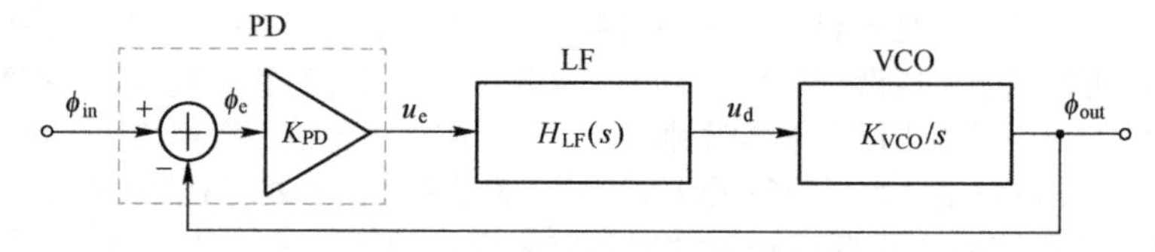


图 10-2 锁相环闭环负反馈结构

$$H(s)=\frac{\phi_{out}(s)}{\phi_{in}(s)}=\frac{K_{PD}H_{LF}(s)K_{VCO}}{s+K_{PD}H_{LF}(s)K_{VCO}} \tag{10-1}$$

相位误差传输函数为

$$H_e(s)=\frac{\phi_e(s)}{\phi_{in}(s)}=\frac{s}{s+K_{PD}H_{LF}(s)K_{VCO}} \tag{10-2}$$

相位误差至输出相位的传输函数为

$$H_{eo}(s)=\frac{\phi_{out}(s)}{\phi_e(s)}=\frac{H(s)}{H_e(s)}=\frac{K_{PD}H_{LF}(s)K_{VCO}}{s} \tag{10-3}$$

上述三式是锁相环设计过程中的三个常用公式，其中$K_{PD}K_{VCO}$通常称为锁相环环路增益。式（10-3）通常也称为锁相环的开环传输函数。对锁相环的分析通常围绕上述三式进行。基于式（10-1）可以对锁相环的稳定性进行设计（也可以通过开环波特图的形式）。基于式（10-2）可以对锁相环的锁定时间和最终的锁定误差进行估计。基于式（10-3）可以方便地预估出环路滤波器的参数选取对相位误差高频谐波成分的具体抑制程度（和环路开环传输函数相同），为最优化相位噪声性能的锁相环设计提供依据。

式（10-1）～式（10-3）的推导过程存在一个前提条件，即锁相环处于能够锁定的条件下，且每个模块均作了线性化处理（如大部分鉴相器均不具有线性化增益，同时也不具备单调性；另外，压控振荡器部分的电压-频率增益也不是一成不变的，相反有时在需求的频率范围内，变化范围非常大）。在什么条件下能够锁定，怎样才能保证模块的线性化在需求的频率范围内是成立的，是本章重点讨论的重点内容，也是设计高性能锁相环必须解决的问题。

### 10.1.2 锁相环动态方程

锁相环的输入信号典型情况下是一个具有恒定频率的单音信号，通常称为输入参考信号（在锁相环其他的应用类型中，如信号处理中的调制跟踪或载波跟踪，输入参考信号一般为调制信号）。输入参考信号是锁相环系统的基准信号，锁相环锁定后，输出信号与输入参考信号相位同步，确保输出信号频率与输入信号频率严格相等。

接下来具体分析锁相环中各节点参数是如何与输入和输出信号中的相关参数建立联系的。假定输入参考信号为

$$V_{\text{in}}(t)=V_0\cos(\omega_{\text{in}}t+\theta_{\text{in}}) \tag{10-4}$$

式中，$\omega_{\text{in}}$ 和 $\theta_{\text{in}}$ 均为常数，分别为输入参考信号的频率和初始相位。输出信号为

$$V_{\text{out}}(t)=V_1\cos[\omega_{\text{out}}t+\theta_{\text{out}}(t)] \tag{10-5}$$

式中，$\theta_{\text{out}}$ 为输出信号的相位调整量，用于同步输入参考信号的相位，是一个参变量；$\omega_{\text{out}}$ 为锁相环中压控振荡器上电后或调整工作状态后的瞬时自由振荡频率。基于以上，有

$$\phi_{\text{in}}(t)=\omega_{\text{in}}t+\theta_{\text{in}} \tag{10-6}$$

$$\phi_{\text{out}}(t)=\omega_{\text{out}}t+\theta_{\text{out}}(t) \tag{10-7}$$

$$\phi_{\text{e}}(t)=\phi_{\text{in}}(t)-\phi_{\text{out}}(t)=(\omega_{\text{in}}-\omega_{\text{out}})t+\theta_{\text{in}}-\theta_{\text{out}} \tag{10-8}$$

不失一般性，令 $\theta_{\text{in}}=0$，则式（10-8）可以重新表示为

$$\phi_{\text{e}}(t)=\phi_{\text{in}}(t)-\phi_{\text{out}}(t)=(\omega_{\text{in}}-\omega_{\text{out}})t-\phi_{\text{out}}(t)=\Delta\omega_{\text{in}}t-\phi_{\text{out}}(t) \tag{10-9}$$

假设压控振荡器的电压-频率增益是恒定的，根据图 10-2 所示的锁相环闭环负反馈结构图可知

$$s\phi_{\text{out}}(s)=K_{\text{VCO}}H_{\text{LF}}(s)u_{\text{e}}(s) \tag{10-10}$$

对式（10-10）进行拉普拉斯反变换，可得其在时域的表达式为

$$\frac{\mathrm{d}\phi_{\text{out}}(t)}{\mathrm{d}t}=K_{\text{VCO}}\mathbb{L}^{-1}[H_{\text{LF}}(s)u_{\text{e}}(s)] \tag{10-11}$$

对式（10-9）进行微分操作，并将式（10-11）代入微分后的结果可得

$$\frac{\mathrm{d}\phi_{\text{e}}(t)}{\mathrm{d}t}=\Delta\omega_{\text{in}}-K_{\text{VCO}}\mathbb{L}^{-1}[H_{\text{LF}}(s)u_{\text{e}}(s)] \tag{10-12}$$

式（10-12）为锁相环的环路动态方程，可以直观地反映锁相环的动态锁定过程。如果锁相环路锁定，则误差相位的微分项为 0，否则锁相环仍处于锁定过程，或者起始条件超出锁相环的锁定范围导致锁相环无法锁定。式（10-12）仅针对具有鉴相功能的锁相环，这里的鉴相是指锁相环中的鉴相器只能识别输入信号的相位误差，而无法识别频率误差。正是由于鉴相器的这种缺陷，导致基于鉴相器的锁相环设计存在较大的风险性，即较大的输入频率误差（通常称为频率误差）很可能导致锁相环路无法锁定。即使可以锁定，需要的锁定时间也比较长，无法用于对锁定时间有严格要求的通信系统，如跳频通信系统等。

# 10.2 鉴 相 器

理想的鉴相器通常是一个相位-电压单调线性系统，不仅可以鉴相，还可以鉴频。两个具有一定频率误差的信号输入至理想鉴相器，频率误差会持续地产生逐渐增大的相位误差，进而转换至逐渐提高的误差电压，调节压控振荡器的输出频率，保持频率和相位的同步性。在实际情况中，理想的鉴相器是不存在的，鉴相器的相位误差增益通常都不是单调的，甚至也不是线性的。基于理想的鉴相器实现的锁相环系统通常都会对输入信号的频率误差提出一定的要求，否则会导致锁相环出现失锁或无法锁定的情况。

常用的鉴相器结构有三种：异或电路鉴相器、乘法器型鉴相器和序列鉴相器。这三种电路结构简单，极易实现，在早期的锁相环设计中得到了广泛的使用，尤其是乘法器型鉴相器，在目前的信号处理领域中进行具有载波跟踪功能的锁相环实现时，仍占据主流地位[1]。

## 10.2.1 异或电路鉴相器

异或电路鉴相器可以通过一个简单的异或门来实现，如图 10-3（a）所示。为了更加直观地分析异或电路鉴相器的性能，假设输入信号 $V_1(t)$ 和 $V_2(t)$ 具有相同的输入频率，当存在一定的相位误差 $\phi_e$ 时，输入信号和输出的时域波形如图 10-3（b）所示。为了便于小信号分析，将输出波形的摆动幅度表示为差分形式（其中 $V_0 = V_{DD}/2$）。如果将该信号直接作为压控信号调节压控振荡器的输入频率，那么压控振荡器的输出功率谱中会包含很多的谐波成分，严重恶化其相位噪声性能（由于压控振荡器等效于一个积分器，积分器在频域等效于一个低通滤波器，衰减程度与频偏成正比），如图 10-4 所示。

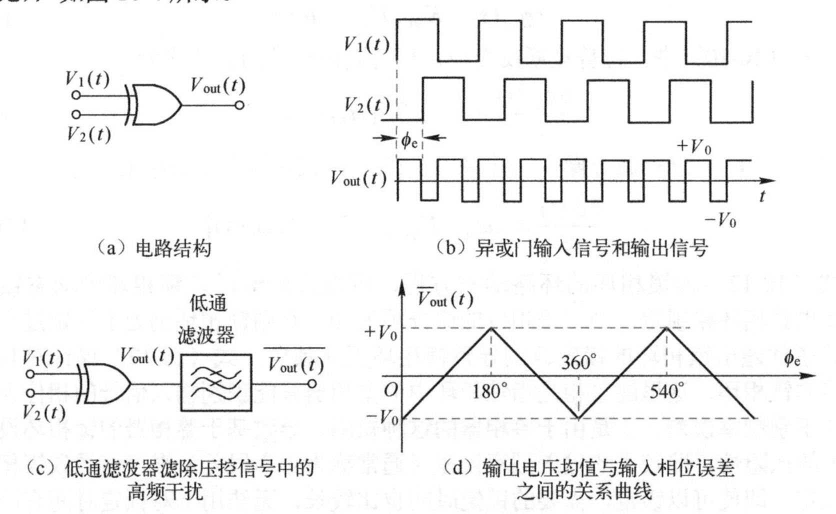


（a）电路结构　（b）异或门输入信号和输出信号

（c）低通滤波器滤除压控信号中的高频干扰　（d）输出电压均值与输入相位误差之间的关系曲线

图 10-3　异或电路鉴相器

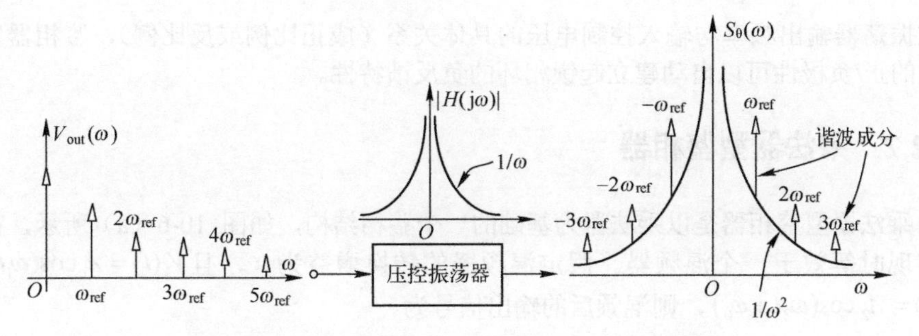


图 10-4 相位噪声功率谱中谐波成分产生示意图

通常的做法是在异或门的输出端增加一个低通滤波器模块，滤除输出信号高阶频率成分，仅保留直流成分，如图 10-3（c）所示，在时域中类似于求取平均值。不难发现，平均后的异或门输出信号与输入相位误差的关系如图 10-3（d）所示，图中的相位误差$\phi_e$均是以信号$V_1(t)$作为参考的，即$V_1(t)$为输入参考信号。

对于输入频率存在偏差的情况，可以参考图 10-5 进行分析。不同的输入频率偏差会产生不同的平均电压误差，将电压误差映射至图 10-3（d）中，可以得到其等效的相位误差$\phi_{e1}$或$\phi_{e2}$，如图 10-5（b）所示。具体选取哪一个相位误差，主要是看相位误差所在的曲线是否能够使锁相环构成负反馈环路。例如，如果压控振荡器的输入频率随着控制电压的提高而提高，则等效相位误差为$\phi_{e1}$（鉴相增益为正），反之为$\phi_{e2}$（鉴相增益为负）。

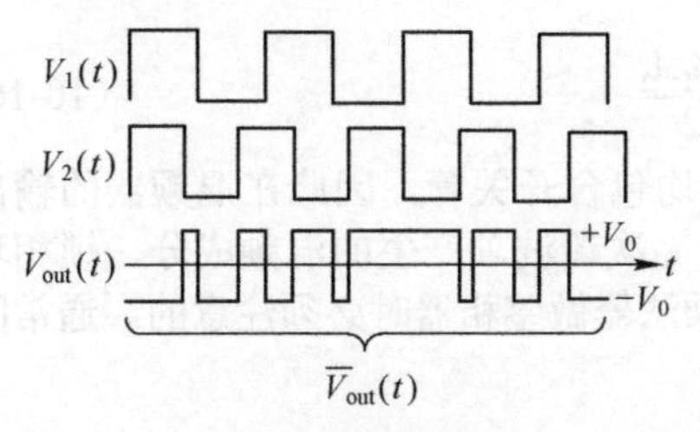


（a）输入和输出波形图

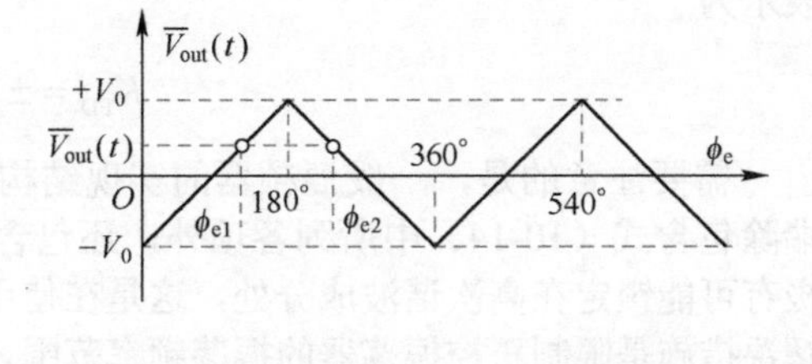


（b）平均电压误差至相位误差的映射图

图 10-5 输入信号存在频率偏差时的异或电路鉴相器响应曲线

因此，异或电路鉴相器也具有一定的鉴频能力，即如果输入信号之间存在频率误差，异或电路鉴相器可以进行有效地识别，并将频率误差转换为相位误差和对应的误差电压输出。但是，此类型的鉴相器识别频率误差的范围是有限的，如果频率误差过大，极有可能导致锁相环无法锁定。从图 10-5（b）可以明显地看出原因。如果输入信号存在频率误差，在锁相环的锁定过程中，尤其是频率误差较大时，相位误差随着时间的延长是逐渐累加或减小的，但是鉴相器的鉴相增益却呈现两种极性，不能通过锁相环的负反馈功能保证输入频率误差的逐渐减小（随着相位误差的逐渐累加或减小，锁相环处于正反馈和负反馈交替的过程）。

由图 10-3（d）可知，鉴相器的鉴相增益为

$$K_{PD}=\frac{\overline{V}_{out}(t)}{\phi_e}=\pm\frac{2V_0}{\pi} \tag{10-13}$$

可以看出，如果使用异或电路作为锁相环的鉴相器，在进行电路设计时可以自由设计

压控振荡器输出频率与输入控制电压的具体关系（成正比例或反比例），鉴相器鉴相增益的正/负极性可以自动建立起锁相环的负反馈特性。

## 10.2.2 乘法器型鉴相器

乘法器型鉴相器是以乘法器为基础的一个鉴相结构，如图 10-6（a）所示，在具体实现时等效于一个混频器。假定混频器的转换增益为$\alpha$，且$V_1(t)=A_1\cos(\omega_1 t)$，$V_2(t)=A_2\cos(\omega_2 t+\varphi_0)$，则混频后的输出信号为

$$V_{\text{out}}(t)=\frac{\alpha A_1 A_2}{2}\cos[(\omega_1+\omega_2)t+\varphi_0]+\frac{\alpha A_1 A_2}{2}\cos[(\omega_1-\omega_2)t-\varphi_0] \tag{10-14}$$

因为仅关心差值部分，所以需要外置一个低通滤波器，滤除高频成分，滤波后的输出信号为

$$\overline{V}_{\text{out}}(t)=\frac{\alpha A_1 A_2}{2}\cos[(\omega_1-\omega_2)t-\varphi_0]=\frac{\alpha A_1 A_2}{2}\cos(\phi_e) \tag{10-15}$$

经过滤波器后的输出电压均值与输入相位误差之间的关系曲线如图 10-6（b）所示。乘法器型鉴相器与异或门电路鉴相器具有相似性，同样具有一定的鉴频能力，但是该鉴频能力也是受限的（鉴相增益同样具有两个极性）。另外，乘法器型鉴相器的鉴相增益不是恒定的，而是与输入相位误差的大小有关。这对锁相环稳定性的设计具有一定的影响，通常情况下选取过零点处的斜率作为乘法器型鉴相器的鉴相增益，可表示为

$$K_{\text{PD}}=\pm\frac{\alpha A_1 A_2}{2} \tag{10-16}$$

需要注意的是，一般混频器的实现结构中均包含开关管，因此在混频器的输出端除包含式（10-14）中所列各项外，还包含由高次谐波项产生的混频成分。锁相环极有可能锁定在高次谐波成分处，这是在使用乘法器做鉴相器时必须注意的。通常的解决措施是限制压控振荡器的振荡频率范围。

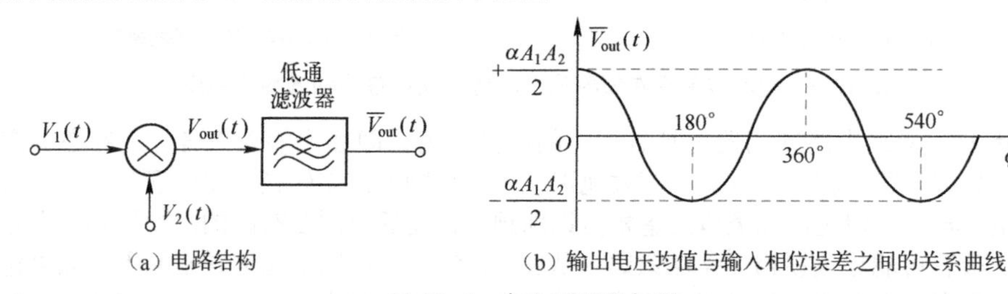


（a）电路结构　　（b）输出电压均值与输入相位误差之间的关系曲线

图 10-6 乘法器型鉴相器

## 10.2.3 序列鉴相器

异或电路鉴相器或乘法器型鉴相器均具有两个鉴相极性，其中只有一个极性能够使锁相环建立负反馈特性，即锁相环具有一个稳定状态和一个亚稳定状态。处于亚稳定状态时，锁相环为一个正反馈环，会逐步地向稳定状态的负反馈环移动（对应着鉴相器极性的改变）。鉴相器在两个极性曲线上具有相等的鉴相增益，意味着锁相环

会在亚稳态停留较长的时间，延长了锁相环的锁定时间。

序列鉴相器也称为时序鉴相器，是由输入时钟沿控制输出状态的一类鉴相器。序列鉴相器可以实现在稳定状态和亚稳定状态下具有较大鉴相增益差的功能，可以使锁相环快速脱离正反馈状态而进入负反馈状态，但是在设计时需要注意压控振荡器的压控极性问题。

基于 JK 触发器实现的序列鉴相器结构如图 10-7（a）所示，其状态转移图如图 10-7（b）所示。基于 JK 触发器的序列鉴相器存在三个状态：两个稳定状态，一个亚稳定状态。当输入时钟信号有效时，触发器会很快进入稳定工作状态，并根据输入的时钟情况在两个状态之间切换。可以明显看出，J 端的时钟在上升沿到来时会置位输出端（$Q_A=1$），K 端的时钟在上升沿到来时会复位输出端（$Q_A=0$）。

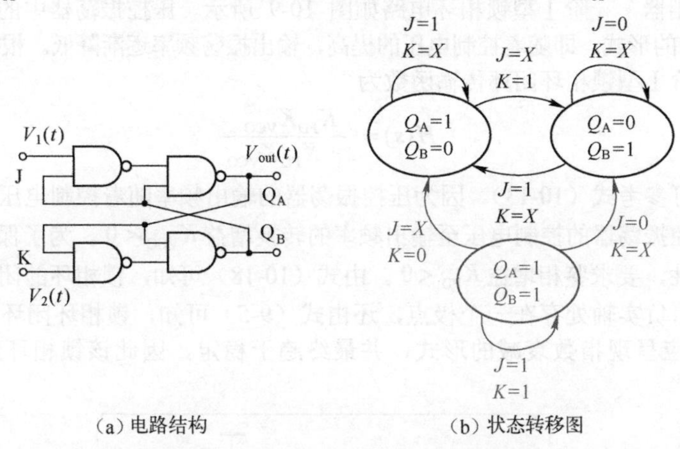


（a）电路结构　　（b）状态转移图

图 10-7　基于 JK 触发器的序列鉴相器

基于 JK 触发器的序列鉴相器输入和输出信号波形图如图 10-8（a）所示，输出电压均值（JK 触发器的输出需要外置低通滤波器）与输入相位误差之间的关系曲线如图 10-8（b）所示。在相位误差为 $2n\pi$ 时，其中 $n$ 为整数，鉴相器的鉴相增益为负无穷大，而在其他相位值处，鉴相增益为

$$K_{PD}=\frac{V_0}{\pi} \tag{10-17}$$

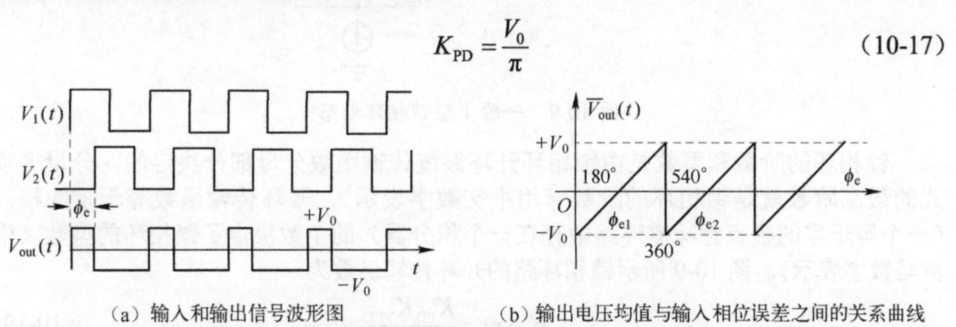


（a）输入和输出信号波形图　　（b）输出电压均值与输入相位误差之间的关系曲线

图 10-8　基于 JK 触发器的序列鉴相器响应曲线

相较于异或电路鉴相器和乘法器型鉴相器，基于 JK 触发器的序列鉴相器具有更宽的有效锁定范围（相位范围为 $2\pi$）。另外，基于 JK 触发器的序列鉴相器的亚稳态（正反馈区）区间非常小，仅存在于离散的相位点处（$2n\pi$），且鉴相增益为负无穷

大，因此锁相环会很快脱离亚稳态区，并进入稳态的负反馈区。

需要说明的是，如果锁相环中的鉴相器为基于 JK 触发器实现的鉴相器，为了保证锁定的有效性，必须使压控振荡器的输出振荡频率与输入压控电压的大小成正比，否则锁相环无法正常工作。

# 10.3 一阶 I 型锁相环

最简单的锁相环结构只需要一个鉴相器和压控振荡器。如果选用异或电路作为锁相环的鉴相器，一阶 I 型锁相环电路如图 10-9 所示。压控振荡器中的可变电容采用图 9-53 中的形式，即随着控制电压的提高，输出振荡频率逐渐降低。根据（10-1），可以写出一阶 I 型锁相环闭环传输函数为

$$H(s)=\frac{K_{PD}K_{VCO}}{s+K_{PD}K_{VCO}} \tag{10-18}$$

式中，$K_{PD}$ 可参考式（10-13）。因为压控振荡器的输出频率随着控制电压的提高而降低，因此压控振荡器的控制电压至输出频率的转换增益 $K_{VCO}<0$。为了保证锁相环路的负反馈特性，要求鉴相增益 $K_{PD}<0$。由式（10-18）可知，锁相环的闭环传输函数仅在 $s$ 平面的负实轴处存在一个极点，还由式（9-5）可知，锁相环闭环传输函数的时域冲激响应呈现指数衰减的形式，并最终趋于稳定，因此该锁相环结构是绝对稳定的。

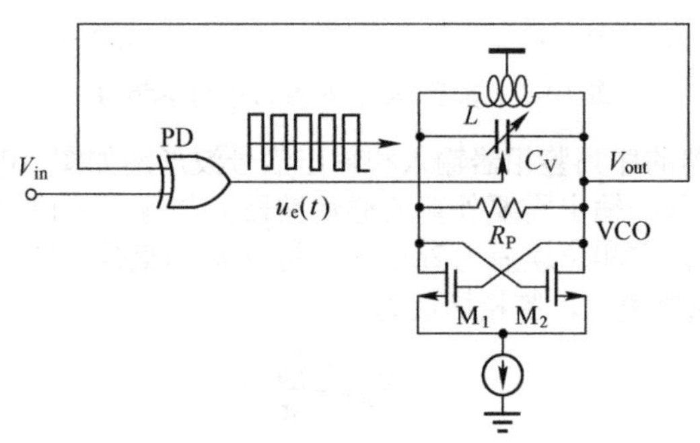


图 10-9 一阶 I 型锁相环电路

锁相环的阶数和型数是由锁相环开环系统传输函数分母部分决定的，分母多项式的最高阶数就是锁相环的阶数（用中文数字表示），开环传输函数等于零的极点（一个等于零的极点意味着环路中存在一个积分器）的个数决定了锁相环的型数（用罗马数字表示）。图 10-9 所示锁相环路的开环传输函数为

$$H_{ol}(s)=\frac{K_{PD}K_{VCO}}{s} \tag{10-19}$$

因此图 10-9 所示锁相环为一阶 I 型结构。该锁相环虽然结构简单，极易实现，但是在实际设计时基本不会考虑采用此种结构，具体原因如下：

① 如果压控振荡器的自由振荡频率与输入参考频率之间存在一定的频率误差时，锁相环锁定后存在相位误差，且与环路增益成反比。

由式（10-2）可知，图 10-9 所示的一阶 I 型锁相环的误差传输函数为

$$H_e(s)=\frac{s}{s+K_{PD}K_{VCO}} \tag{10-20}$$

根据终值定理可知，假定起始阶段的输入频率误差为$\Delta\omega_{in}$，则锁相环锁定后的相位误差为

$$\lim_{t\to\infty}\phi_e(t)=\lim_{s\to 0}s\phi_{in}(s)H_e(s) \tag{10-21}$$

因为

$$\phi_{in}(s)=\mathbb{L}\left[\int\Delta\omega_{in}u(t)\mathrm{d}t\right]=\frac{\Delta\omega_{in}}{s^2} \tag{10-22}$$

将式（10-20）和式（10-22）代入式（10-21）可得，在存在频率误差的情况下，锁相环锁定后的相位误差为

$$\phi_e=\Delta\omega_{in}/(K_{PD}K_{VCO}) \tag{10-23}$$

这种情况是显而易见的，压控振荡器的输出振荡频率必须通过调节控制电压才能与输入参考信号的频率同步，而控制电压的改变对应着相位误差的改变。在进行锁相环型频率综合器的设计时，存在相位误差是可以接受的，因为关注的仅仅是频率，但是在利用锁相环实现其他电路功能时，如载波跟踪（频率和相位的跟踪），一阶 I 型锁相环这种简单的结构无法使用。

② 锁定的频率范围是有限的。

根据式（10-12）描述的锁相环动态方程，代入一阶 I 型锁相环的相关参数，可得

$$\frac{\mathrm{d}\phi_e(t)}{\mathrm{d}t}=\Delta\omega_{in}-K_{VCO}u_e(t) \tag{10-24}$$

在式（10-24）中，仅关心误差电压的直流成分，因此可将式（10-24）表述为

$$\frac{\mathrm{d}\phi_e(t)}{\mathrm{d}t}=\Delta\omega_{in}-K_{VCO}\overline{u}_e(t) \tag{10-25}$$

式（10-25）所示的一阶 I 型锁相环的动态方程可以直观地通过图 10-10 来描述（以相位误差为横轴）。由图可知，当起始频率偏差$\Delta\omega_{in}>K_{VCO}V_0$时，校准过程中的剩余频率偏差$\mathrm{d}\phi_e(t)/\mathrm{d}t$始终大于 0，因此锁相环将无法锁定。

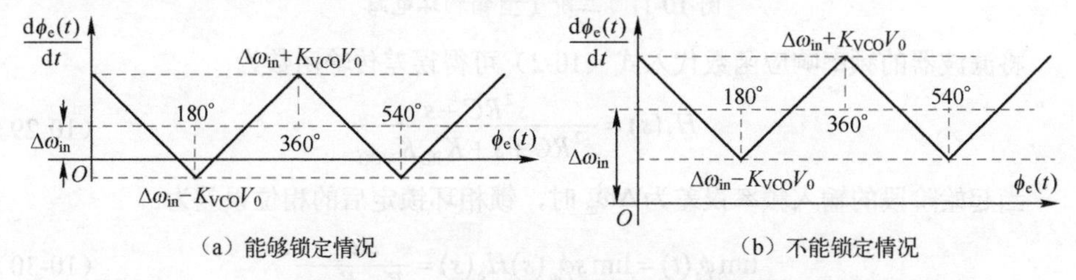

（a）能够锁定情况　（b）不能锁定情况

图 10-10　一阶 I 型锁相环动态方程曲线

③ 由式（10-3）可知，误差电压至压控振荡器输出相位的传输函数是一个低通滤波器，因此误差电压中的高频谐波成分经过部分抑制后使压控振荡器的输出频率中同样包含此类谐波成分，恶化锁相环的相位噪声性能。

# 10.4 二阶 I 型锁相环

如果在一阶 I 型锁相环的基础上增加一个一阶低通滤波器（环路滤波器），如图 10-11 所示，可以有效地抑制误差电压中的高频成分，提升锁相环的相位噪声性能，一阶 I 型锁相环的开环传输函数为

$$H_{\mathrm{OL}}(s)=\frac{K_{\mathrm{PD}}K_{\mathrm{VCO}}}{s(1+sRC)} \tag{10-26}$$

因此，图 10-11 所示锁相环为二阶 I 型结构，相位裕度为

$$\mathrm{PM}=90^{\circ}-\arctan(\omega_{\mathrm{c}}RC) \tag{10-27}$$

其中

$$\omega_{\mathrm{c}}=\frac{\sqrt{\sqrt{4K_{\mathrm{PD}}^{2}K_{\mathrm{VCO}}^{2}R^{2}C^{2}+1}-1}}{\sqrt{2}RC} \tag{10-28}$$

为锁相环的环路带宽，即式（10-26）的模值为 1 时对应的频率。在设计高阶锁相环的相位裕度时，一般情况下都是需要事先确定环路带宽 $\omega_{\mathrm{c}}$，然后再确定环路滤波器中电阻和电容保证环路的稳定性。环路带宽的选取需要遵循一定的原则，要在环路锁定时间、相位噪声性能、系统功耗、离散模型与模拟模型等价性等系统级指标之间折中。

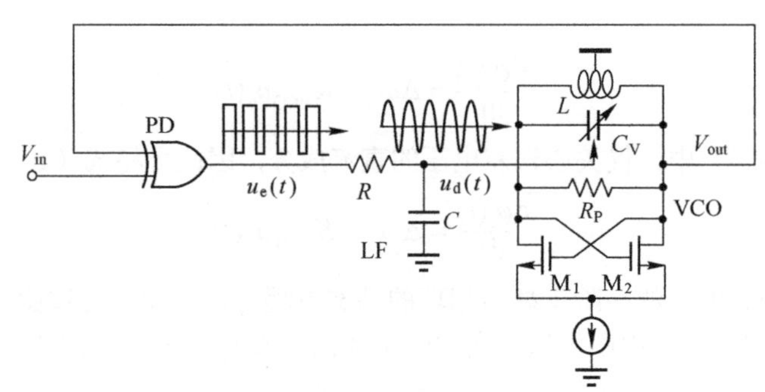


图 10-11 二阶 I 型锁相环电路

将滤波器的频率响应函数代入式（10-2）可得误差传输函数为

$$H_{\mathrm{e}}(s)=\frac{s^{2}RC+s}{s^{2}RC+s+K_{\mathrm{PD}}K_{\mathrm{VCO}}} \tag{10-29}$$

当起始阶段的输入频率误差为 $\Delta\omega_{\mathrm{in}}$ 时，锁相环锁定后的相位误差为

$$\lim_{t\to\infty}\phi_{\mathrm{e}}(t)=\lim_{s\to 0}s\phi_{\mathrm{in}}(s)H_{\mathrm{e}}(s)=\frac{\Delta\omega_{\mathrm{in}}}{K_{\mathrm{PD}}K_{\mathrm{VCO}}} \tag{10-30}$$

将滤波器的频率响应函数代入式（10-12）可建立二阶 I 型锁相环的动态方程，相较于式（10-24），误差电压要经过低通滤波后才能影响环路的动态方程。如果低通滤波器的带宽较大，误差电压无损通过，则二阶 I 型锁相环的动态特性与一阶 I 型锁相环的动态特性相同。如果低通滤波器的带宽较小，误差电压的幅度会被进一步压

缩，会恶化环路的动态特性，起始频率误差需要更小才能保证锁相环的频率同步。

式（10-29）进一步变换形式可得

$$\frac{\phi_e(s)}{s\phi_{in}(s)}=\frac{s+2\xi\omega_n}{s^2+2\xi\omega_n s+\omega_n^2} \tag{10-31}$$

其中

$$\omega_n=\sqrt{K_{PD}K_{VCO}/(RC)} \tag{10-32}$$

$$\xi=1/2\sqrt{K_{PD}K_{VCO}RC} \tag{10-33}$$

分别为锁相环路的固有角频率和阻尼因子。注意到$s\phi_{in}(s)$相当于时域的微分过程，在时域是一个固定的起始频率误差$\Delta\omega_{in}$，则对式（10-31）进行拉普拉斯反变换可得

$$\phi_e(t)=\int_0^{+\infty}f(\tau)\Delta\omega_{in}(t-\tau)\mathrm{d}\tau=\Delta\omega_{in}\int_0^t f(\tau)\mathrm{d}\tau \tag{10-34}$$

其中

$$f(t)=\begin{cases}\left[\cos\left(\sqrt{1-\xi^2}\,\omega_n t\right)+\dfrac{\xi}{\sqrt{1-\xi^2}}\sin\left(\sqrt{1-\xi^2}\,\omega_n t\right)\right]\mathrm{e}^{-\xi\omega_n t}u(t),\xi<1\\(1+\omega_n t)\mathrm{e}^{-\xi\omega_n t}u(t),\xi=1\\\left[\cosh\left(\sqrt{\xi^2-1}\omega_n t\right)+\dfrac{\xi}{\sqrt{\xi^2-1}}\sinh\left(\sqrt{\xi^2-1}\omega_n t\right)\right]\mathrm{e}^{-\xi\omega_n t}u(t),\xi>1\end{cases} \tag{10-35}$$

式中，cosh和sinh是双曲函数。对式（10-34）两边分别进行微分运算可得

$$\frac{\mathrm{d}\phi_e(t)}{\mathrm{d}t}=\Delta\omega_{in}f(t) \tag{10-36}$$

因为$\mathrm{d}\phi_e(t)/\mathrm{d}t$代表的是锁相环锁定过程中的频率误差，观察式（10-35）和式（10-36）可知，锁相环的频率锁定速度和时间常数$\xi\omega_n=1/(2RC)$有关，时间常数越大，锁定时间越短，反之越长。

这里简要介绍固有角频率$\omega_n$和阻尼因子$\xi$的物理含义。在频率跟踪过程中，频率误差是呈指数衰减的形式逐渐趋于0的，且阻尼因子的大小决定了衰减的速度。当$\xi<1$时，频率误差以振荡指数衰减的形式逐渐趋于 0，振荡频率受限于环路的固有角频率。当$\xi=1$时，振荡现象消失，频率误差以线性调制的指数衰减形式趋于 0。当$\xi>1$时，仍然不存在振荡现象，频率误差以指数调制的指数衰减形式趋于 0。可以看出，过小的阻尼因子会导致锁定需要的时间过长，且存在自激振荡的可能性（锁定过程的振荡频率越快，自激的风险越高）。过大的阻尼因子虽然会保证系统的绝对稳定，但是会严重延长锁相环的频率锁定时间。图 10-12 给出了在固有振荡频率为1kHz 的情况下，不同阻尼因子下的锁相环频率跟踪时域响应曲线，图中剩余频率误差已经针对起始频率误差$\Delta\omega_{in}$进行了归一化。

按照上述方法，也可以计算出一阶 I 型锁相环的锁定时间方程，其同样是一个指数衰减函数，此处不再赘述。

对于二阶 I 型锁相环，典型情况下，一般选取$\xi=0.707$，同时兼顾环路稳定性和锁相环的频率锁定时间。将式（10-32）和式（10-33）代入式（10-27），可得此时锁相环的相位裕度为

$$\mathrm{PM}=90^{\circ}-\arctan\left(\frac{\sqrt{\sqrt{1/(4\xi^{4})+1}-1}}{\sqrt{2}}\right)\approx 65^{\circ} \tag{10-37}$$

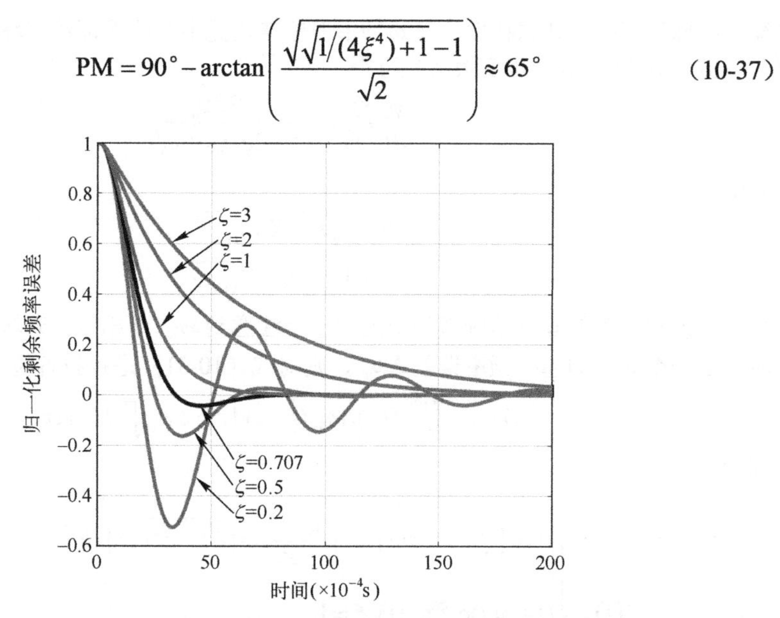


图 10-12 不同阻尼因子下二阶 I 型锁相环频率跟踪时域响应曲线

为了最大程度地滤除误差电压中的高频谐波成分，由式（10-3）可知，锁相环开环传输函数中除等于零的极点外的另一个极点 $-1/(RC)$ 不能选取得过大，否则也会失去无源滤波器的作用。也就是说 $RC$ 不能太小，而较大的 $RC$ 会使阻尼因子减小，影响环路的稳定性，同时延长环路的锁定时间。这些矛盾是所有类型锁相环固有的。一般的设计流程：先确定阻尼因子，然后根据谐波抑制情况确定 $RC$，并根据确定的阻尼因子计算出 $K_{PD}K_{VCO}$。但是由式（10-30）可知，$K_{PD}K_{VCO}$ 的变化还会影响锁相环锁定后的相位误差。这几个因素之间的相互制约致使在锁相环的设计中很少用到二阶 I 型锁相环。

另外，还可以看到，$RC$ 与环路带宽 $\omega_C$ 成反比，即较大的环路带宽可以加快锁相环的锁定速度，较小的环路带宽可以增强环路的高频谐波抑制能力。在高阶锁相环的设计中，通常选取环路带宽作为设计的首要参考值，根据多次迭代后的结果最终确定锁相环的各个设计参数。

# 10.5 二阶 II 型锁相环

二阶 II 型锁相环是在二阶 I 型锁相环的基础上增加一个积分器（引入额外等于零的极点）构建起来的，如图 10-13 所示。此结构的锁相环由于在环路中存在两个积分器，在起始时刻即使存在频率误差，锁相环锁定后的相位误差仍为 0。二阶 II 型锁相环由于结构简单，性能良好，广泛应用于各种类型锁相环的设计和应用中，最常见的就是用于设计载波跟踪锁相环。

二阶 II 型锁相环的开环环路传输函数为

$$H_{\text{ol}}(s)=\frac{K_{\text{VCO}}K_{\text{PD}}(1+sR_1C_1)}{s^2R_2C_1}\tag{10-38}$$

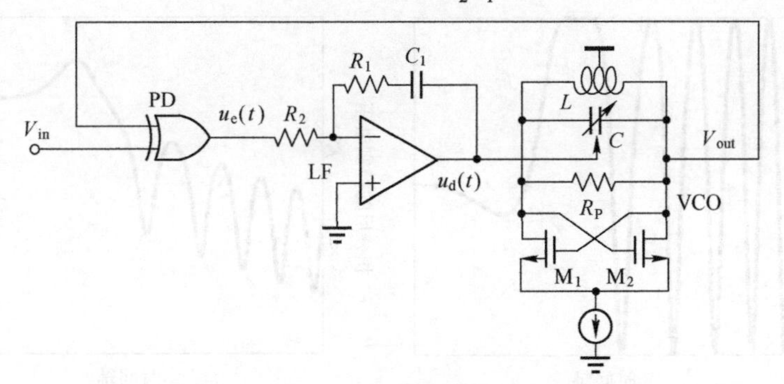


图 10-13　二阶Ⅱ型锁相环电路

这里不考虑有源环路滤波器引入的负号问题，主要考虑到异或门电路鉴相器可以自适应调整其鉴相增益的符号来构建环路的负反馈特性。相位裕度为

$$\text{PM}=\arctan(\omega_{\text{c}}R_1C_1)\tag{10-39}$$

式中，$\omega_{\text{c}}$ 为锁相环环路带宽。根据式（10-2），误差传输函数为

$$H_{\text{e}}(s)=\frac{s^2}{s^2+sK_{\text{PD}}K_{\text{VCO}}R_1/R_2+K_{\text{PD}}K_{\text{VCO}}/(R_2C_1)}\tag{10-40}$$

当起始阶段的输入频率误差为 $\Delta\omega_{\text{in}}$ 时，锁相环锁定后的相位误差为

$$\lim_{t\to\infty}\phi_{\text{e}}(t)=\lim_{s\to 0}s\phi_{\text{in}}(s)H_{\text{e}}(s)=0\tag{10-41}$$

可以看出，相较于二阶Ⅰ型锁相环，二阶Ⅱ型锁相环去掉了一个相位误差的限制，简化了设计过程中的折中难度，这也是二阶Ⅱ型锁相环得到广泛使用的原因之一。

另外一个显著的原因是频率的锁定范围得到了改善，根据式（10-12）可得二阶Ⅱ型锁相环的环路动态方程为

$$\frac{\text{d}\phi_{\text{e}}(t)}{\text{d}t}=\Delta\omega_{\text{in}}-\frac{K_{\text{VCO}}R_1}{R_2}u_{\text{e}}(t)-\frac{1}{R_2C_1}\int_0^{+\infty}u_{\text{e}}(t)\text{d}t\tag{10-42}$$

相较于二阶Ⅰ型锁相环的单纯滤波效果，二阶Ⅱ型锁相环的环路动态方程中出现了积分项。积分项的作用是显而易见的，假设锁相环起始时刻相位误差为 90°，并处于负反馈状态，由于负反馈的作用，鉴相器输入信号之间的频率误差值是呈减小趋势的。频率误差的减小必然导致相位误差累加速度的减小，误差电压的变化速率也随之变慢。当累加的相位误差超过 180°后，鉴相增益发生变化，但是由于积分器的作用，锁相环仍处于负反馈阶段（频率误差仍逐渐减小），相位累加速率变慢，误差电压变化速率减小。当累加的相位误差超过 270°后，误差电压低于 0，由于积分器的作用，锁相环处于正反馈阶段，误差频率增大，相位误差累加速率增大，误差电压变化率也随之增大，直至累加相位误差超过 450°，并按此规律依次进行下去。误差电压 $u_{\text{e}}$、经过环路滤波（积分）后的控制电压 $u_{\text{d}}$ 和频率误差变化量时域变化波形如图 10-14 所示。

图 10-14 的仿真结果是采用乘法器型鉴相器通过 MATLAB 建模得出的，这一结

果与图 10-13 所示的锁相环模型并不冲突，因为异或门电路相当于对信号的符号位进行相乘，因此可以近似使用乘法器型鉴相器替代。

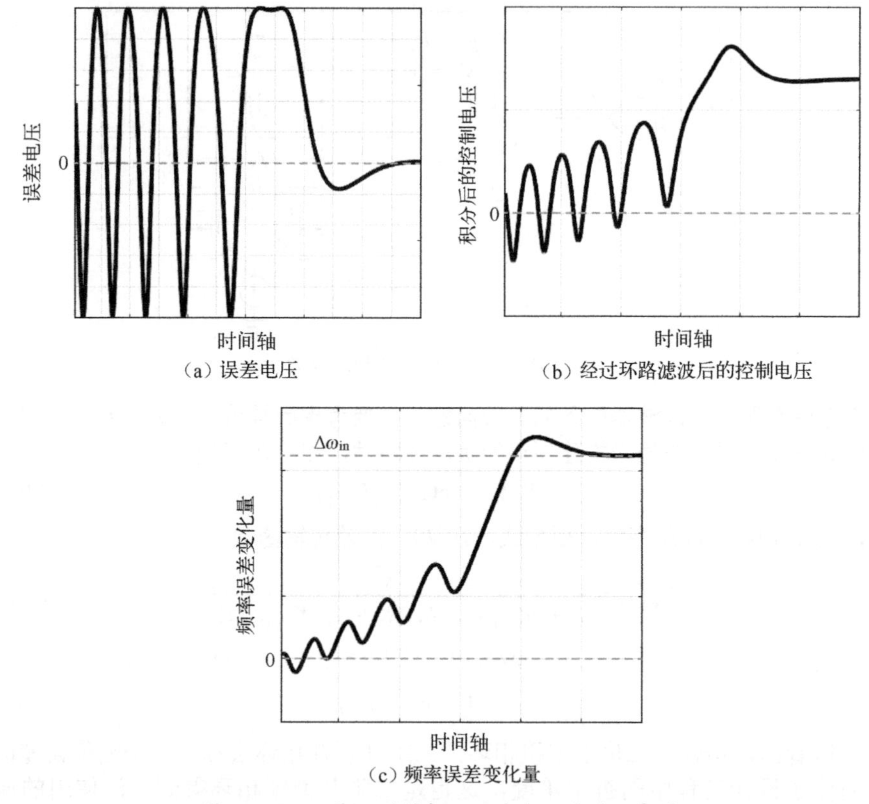


（a）误差电压

（b）经过环路滤波后的控制电压

（c）频率误差变化量

图 10-14　二阶 II 型锁相环时域变化波形示意图

可以看出，由于额外积分项的作用，起始频率误差 $\Delta\omega_{in}$ 会逐渐减小至 0，帮助锁相环快速实现频率同步并最终实现相位锁定。这也是二阶 II 型锁相环相比于二阶 I 型锁相环性能明显改善之处，即 II 型锁相环理论上可以实现在任何起始频率误差条件下的锁相环锁定。环路滤波器除具有积分功能外，还具备滤波功能。对于二阶锁相环，由于滤波能力欠佳，基本不会对积分幅度造成影响，但是如果锁相环采用更高阶的结构实现，如果环路滤波器的带宽选取得太小，积分后的幅度会严重衰减，很有可能导致锁相环无法锁定。另外，上述介绍的三种鉴相器结构存在频率误差（无论正负）时，误差电压均会在正负幅度域进行波动，通过积分后得到的控制电压在锁定过程中也存在波动的情况，如图 10-14（b）所示，这种现象会大大地延长锁相环的锁定时间，这是传统的鉴相器共有的一个缺点。

令 $R_1 = R_2$，图 10-13 所示的二阶 II 型锁相环的误差传输函数可重新表示为

$$H_e(s) = \frac{s^2}{s^2 + 2\xi\omega_n s + \omega_n^2} \tag{10-43}$$

式中，

$$\omega_n = \sqrt{K_{PD}K_{VCO}/(R_1C_1)} \tag{10-44}$$

$$\xi = \frac{1}{2}\sqrt{K_{PD}K_{VCO}R_1C_1} \tag{10-45}$$

按照计算过程可得二阶Ⅱ型锁相环锁定过程中的频率误差曲线方程为

$$\frac{\mathrm{d}\phi_e(t)}{\mathrm{d}t} = \Delta\omega_{in} f(t) \tag{10-46}$$

式中，

$$f(t) = \begin{cases} \left[\cos\left(\sqrt{1-\xi^2}\omega_n t\right) - \dfrac{\xi}{\sqrt{1-\xi^2}}\sin\left(\sqrt{1-\xi^2}\omega_n t\right)\right]\mathrm{e}^{-\xi\omega_n t}u(t), \xi < 1 \\ (1+\omega_n t)\mathrm{e}^{-\xi\omega_n t}u(t), \xi = 1 \\ \left[\cosh\left(\sqrt{\xi^2-1}\omega_n t\right) - \dfrac{\xi}{\sqrt{\xi^2-1}}\sinh\left(\sqrt{\xi^2-1}\omega_n t\right)\right]\mathrm{e}^{-\xi\omega_n t}u(t), \xi > 1 \end{cases} \tag{10-47}$$

图 10-15 给出了在固有振荡频率为 1kHz 下，不同阻尼因子情况下的锁相环频率跟踪时域响应曲线，图中的剩余频率误差同样针对起始频率误差 $\Delta\omega_{in}$ 进行了归一化。

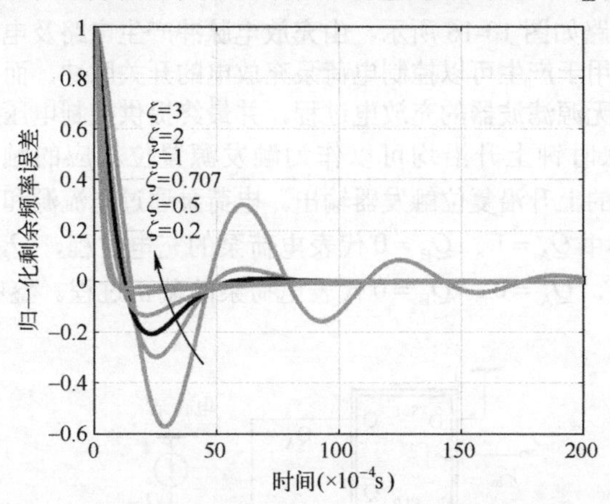


图 10-15 不同阻尼因子下二阶Ⅱ型锁相环频率跟踪时域响应曲线

由图 10-15 可知，随着阻尼因子的增大，环路的振荡越来越小，意味着环路越来越稳定，且锁定时间也越来越短。但是，过大的阻尼因子会导致锁相性能恶化。在固有振荡频率固定的情况下，过大的阻尼因子会导致过大的增益 $K_{PD}K_{VCO}$，同时过大的时间常数 $R_1C_1$ 会导致高频滤波性能恶化，使环路对鉴相误差中的高频成分更加敏感。因此，在综合考虑锁定时间、环路稳定性和锁相性能等指标下，通常选取阻尼因子 $\xi = 0.707$，此时的环路相位裕度为

$$\mathrm{PM} = \arctan\left(2\sqrt{2}\xi^2\sqrt{1+\sqrt{1+1/(4\xi^4)}}\right) \approx 65^\circ \tag{10-48}$$

相较于二阶Ⅰ型锁相环的设计过程，二阶Ⅱ型锁相环除锁定的频率范围得到明显改善外，设计过程中误差相位的制约因素也不存在了，折中因子只有阻尼因子，因此设计过程也明显简化。

# 10.6 基于鉴频鉴相器的Ⅱ型锁相环

Ⅱ型锁相环中额外的积分器可以改善环路的频率锁定范围，并优化锁相环的设计过程，但是基于传统鉴相器的Ⅱ型锁相环在频率误差较大的情况下锁定速度过慢，且在形成Ⅱ型锁相环的过程中还需要加入有源运算放大器，增大了锁相环的功耗和设计复杂度。为了解决上述问题，可以采用鉴频鉴相器来替代传统的鉴相器，除可以明显加快锁定速度外，还可将鉴相器的输出由电压类型信号转变为电流类型信号以避免加入运算放大器，降低电路设计复杂度和功耗。

## 10.6.1 鉴频鉴相器

鉴频鉴相器属于序列鉴相器的一种，同样是通过时钟沿的触发来改变输出状态的。相较于传统的序列鉴相器，鉴频鉴相器可以更敏感地识别出输入频率的差值，且有更快的锁定速度。

鉴频鉴相器电路如图 10-16 所示，由充放电脉冲产生电路及电荷泵组成。充放电脉冲产生电路主要用于产生可以控制电荷泵充放电的开关脉冲，而电荷泵通过产生的充放电脉冲实现对无源滤波器的充放电过程，并最终提供控制电压至压控振荡器。该结构中的两个输入时钟上升沿均可以作为触发源置位相应的触发器输出（$Q_A$ 或 $Q_B$），另一个时钟的上升沿复位触发器输出。电荷泵通过电流源和电流沉实现对电路的充放电功能，其中 $Q_A=1$、$Q_B=0$ 代表电荷泵的充电过程，$Q_A=0$、$Q_B=1$ 代表电荷泵的放电过程，$Q_A=0$、$Q_B=0$ 代表电荷泵的截止过程。鉴频鉴相器状态转移图如图 10-17 所示。

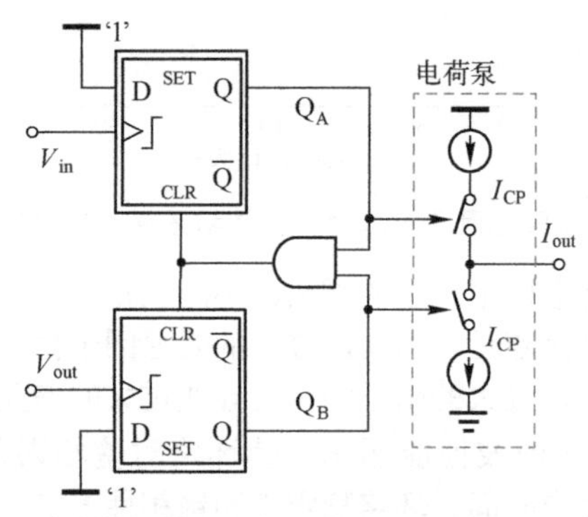


图 10-16 鉴频鉴相器电路

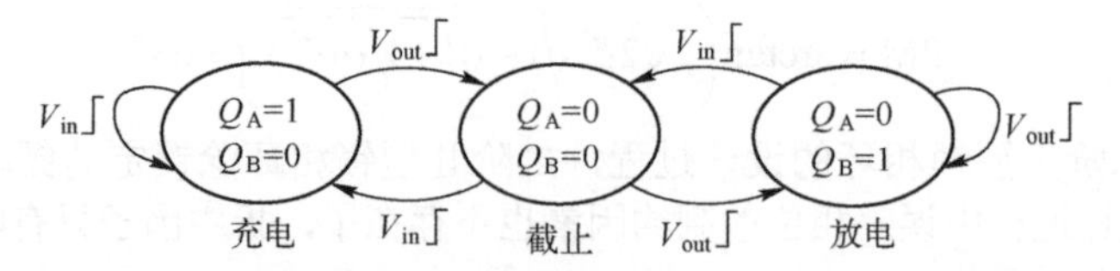


图 10-17 鉴频鉴相器状态转移图

图 10-16 所示结构具有如下特点：

① 当两个输入信号的时钟频率相同时，如果输入参考信号$V_{in}$的相位超前于压控振荡器的输出振荡信号$V_{out}$，$Q_A$端会产生连续等间隔的高电平脉冲信号，$Q_B$端保持为 0。反之，$Q_B$端会产生连续等间隔的高电平脉冲信号，$Q_A$端保持为 0。

② 如果输入参考信号$V_{in}$的频率高于压控振荡器的输出振荡信号$V_{out}$的频率，在一定的时间内，$Q_A$端和$Q_B$端会产生连续间隔不等的高电平脉冲信号，但是$Q_B$端的高电平持续时间要长于$Q_B$端的高电平持续时间。反之，$Q_B$端的高电平持续时间要长于$Q_B$端的高电平持续时间。

这两个典型的特征使图 10-16 所示的结构既可以鉴相又可以高效地鉴频。

理想的鉴相器包含频率误差和相位误差的同时鉴别，其等效模型为一个线性放大结构，实现相位误差（频率误差可以转化为相位误差）至电压或电流的转变，通过锁相环的负反馈特性实现压控振荡器的输出振荡信号与输入参考信号之间的相位同步。但是，传统的鉴相器存在频率误差鉴定能力弱的问题，仅在频率误差很小的情况下（至少锁相环可以锁定）可以进行相位的锁定。本节采用的鉴频鉴相主要是用于区别于传统的鉴相器，其提供的时域输出波形在电路的可实现范围内最接近理想的鉴相器结构，如图 10-18 所示（充电电流和放电电流均取周期内的平均值）。唯一的缺点是仍存在相位模糊，导致输出的幅度下降。但是，对于Ⅱ型锁相结构，环路中存在的积分器可以使该结构在即使存在较大频率误差的情况下仍能够更加快速地实现锁相环的频率和相位锁定（在存在频率误差情况下，鉴频鉴相器输出波形不存在正负交替情况）。

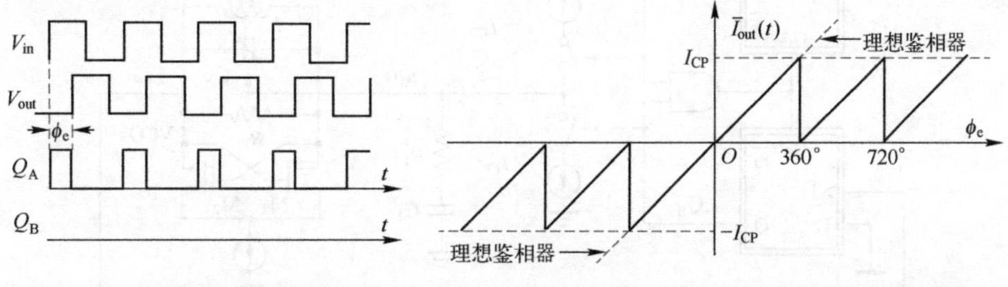


（a）输入和输出信号波形图　　（b）输出电流均值与输入相位误差之间的关系曲线

图 10-18　鉴频鉴相器

一个典型的带有复位功能的 D 触发器电路结构及其状态转移图如图 10-19 所示。图 10-19（a）所示结构在输入时钟信号为高电平和复位信号为低电平时均存在一个亚稳态（此时在复位端为低电平，时钟信号为高电平的情况下，输出为低电平），但是随着时钟信号下降沿的到来，会快速地进入稳定状态，并实现图 10-16 所示的带有复位功能的 D 触发器功能。

根据图 10-18（b）所示的输出电流均值与输入相位误差之间的关系曲线，可得鉴频鉴相器的鉴相增益为

$$K_{PD}=\frac{\overline{I}_{out}(t)}{\phi_e(t)}=\frac{I_{CP}}{2\pi} \tag{10-49}$$

式中，$I_{CP}$为电荷泵电流源（沉）的充（放）电流；鉴相增益的单位为 A/rad。

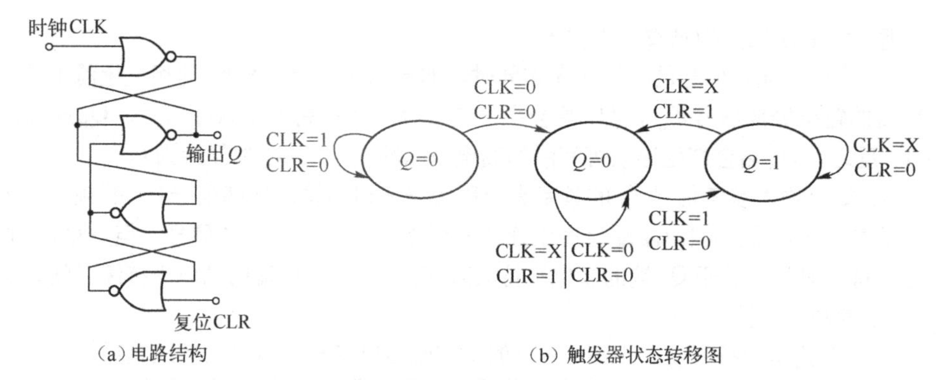


图 10-19 带复位功能的 D 触发器

## 10.6.2 二阶Ⅱ型锁相环

本节所述二阶Ⅱ型锁相环具体工作原理与 10.5 节所述二阶Ⅱ型锁相环相同，只是本节中的结构无须有源结构的环路滤波器，主要是因为鉴频鉴相器实现的是相位误差至误差电流的转换，因此只需通过一个无源环路滤波器便可以实现压控信号 $u_d$ 的产生，具体电路如图 10-20 所示。

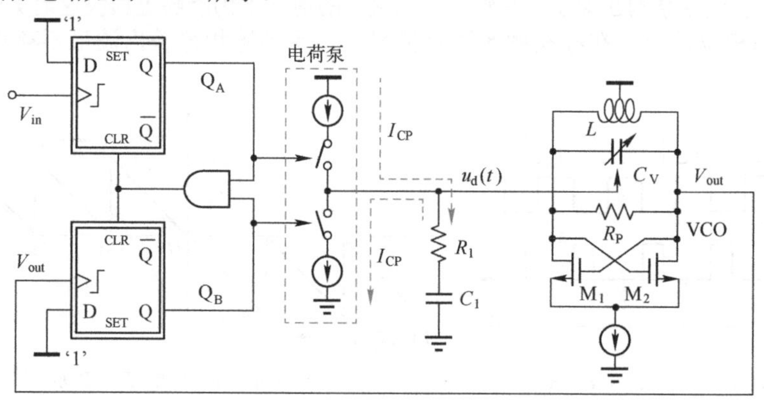


图 10-20 基于鉴频鉴相器结构的二阶Ⅱ型锁相环电路

基于鉴频鉴相器结构的二阶Ⅱ型锁相环的开环环路传输函数为

$$H_{ol}(s)=\frac{K_{VCO}K_{PD}(1+sR_1C_1)}{s^2C_1} \tag{10-50}$$

式中，$K_{PD}$ 的表达式如式（10-49）所示。基于鉴频鉴相器结构的二阶Ⅱ型锁相环的误差传输函数为

$$H_e(s)=\frac{s^2}{s^2+2\xi\omega_n s+\omega_n^2} \tag{10-51}$$

式中，

$$\omega_n=\sqrt{K_{PD}K_{VCO}/C_1} \tag{10-52}$$

$$\xi = \frac{R_1}{2}\sqrt{K_{PD}K_{VCO}C_1} \tag{10-53}$$

基于鉴频鉴相器结构的二阶Ⅱ型锁相环在锁定过程中的频率误差曲线方程和式（10-46）相同。根据式（10-50）计算出的相位裕度表达式同式（10-48）相同。为了保证锁定速度和环路稳定性的最佳折中，同样选取阻尼因子$\xi = 0.707$为设计的前提条件。

设计过程可概括如下：

① 根据系统设计指标首先确定压控振荡器电压至频率转换增益$K_{VCO}$。

② 根据功耗要求确定电荷泵充放电电流$I_{CP}$（进而计算出$K_{CP}$）。

③ 确定电阻$R_1$和电容$C_1$，在面积允许的条件下应尽可能选取较大的$R_1$，保证锁定时间常数$\xi\omega_n$最大化以缩短锁定时间。但同时也需要考虑锁相性能的问题，即环路滤波器的零点不能太小（$R_1$增大，锁定时间缩短，环路滤波器高频处增益提升），否则对误差电压的高频谐波成分抑制能力太弱，因此需要折中考虑。

**例 10-1** 试解释无源环路滤波器中电阻$R_1$的作用。

**解：** 由图 10-20 可知，去掉无源滤波器中的电阻后，环路传输函数为

$$H_{ol}(s) = \frac{K_{CP}K_{VCO}}{s^2C_1} \tag{10-54}$$

因此相位裕度为 0。第 9 章已经说明：包含两个积分器的负反馈结构等效于一个正反馈环路，形成一个闭环振荡结构，失去锁相功能。由式（10-50）可知，环路滤波器中电阻的加入可以在环路中引入一个零点，增大环路相位裕度，使环路趋于稳定。另一种解释为：电阻为耗能元件，环路处于衰减振荡状态，并最终趋于稳定，加入的电阻值越大，环路的衰减越快，趋于稳定的时间越短，这和上述讨论是一致的。

### 10.6.3 三阶Ⅱ型锁相环

二阶锁相环采用的是一阶无源滤波器，而一阶无源滤波器的滤波能力存在较大的局限性。如图 10-21 所示（仅给出了充电过程示意图，放电过程与此类似），电荷泵的充放电过程会导致控制电压$u_d(t)$存在较大的非线性干扰。原因归纳如下：

① 在建立环路方程时，对电阻$R_1$两端的电压选取的是平均值（图 10-21 电阻$R_1$两端电压$u_{R1}(t)$时域波形图中的直虚线），而充放电电流会导致电阻$R_1$两端电压$u_{R1}(t)$呈现脉冲特性。

② 同时电荷泵对电容的充放电过程也不是严格意义上的模拟过程，而是一个受输入时钟控制的数字过程，如图 10-21 中的$u_{C1}(t)$所示，图中的线性斜虚线是建立环路方程时等效的曲线。因此实际情况中，经过环路滤波的控制电压$u_d(t)$是一个数字化的斜阶跃过程，这是二阶Ⅱ型锁相环所固有的一个属性。这种现象会导致建立的模型不是足够精确，解决方法就是增加无源滤波器的阶数，进一步滤除数字化过程中的各种谐波成分，使传输函数趋于模拟线性化。

基于鉴频鉴相器结构的三阶Ⅱ型锁相环电路如图 10-22 所示。并联电容$C_2$的加入通过引入一个极点增加了无源环路滤波器的阶数，通过合理的参数设置可以增强环路的滤波能力，使相位误差至控制电压的传输函数更趋模拟线性化，增加锁相环模型的准确度和可控制性。

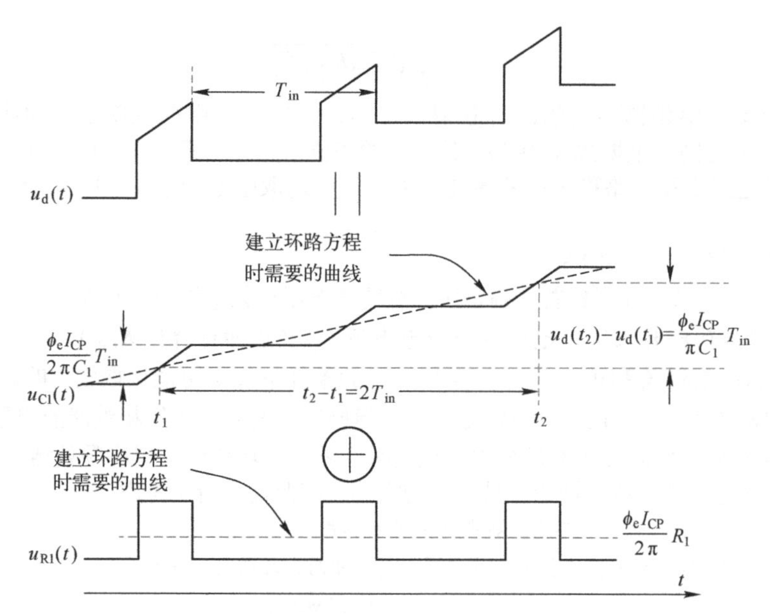


图 10-21 基于鉴频鉴相器结构的二阶Ⅱ型锁相环控制电压时域波形

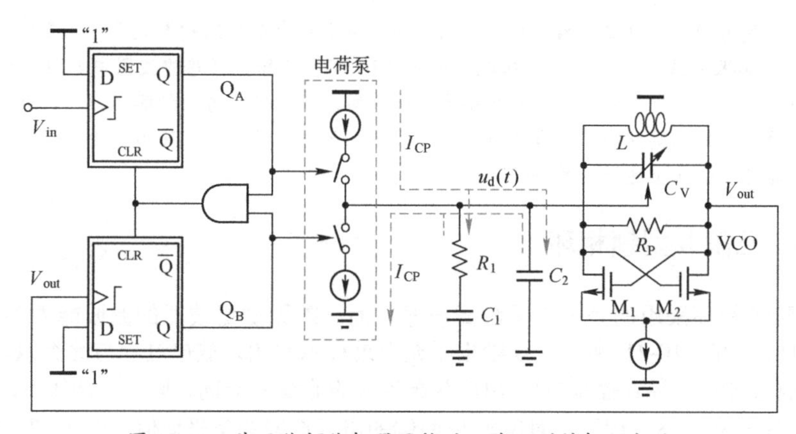


图 10-22 基于鉴频鉴相器结构的三阶Ⅱ型锁相环电路

在设计二阶Ⅱ型锁相环时，曾提到过三个设计指标：相位裕度、锁定时间和滤波性能。其中的滤波性能和本节中的传输函模拟线性化是等效的，均要求滤波器必须具有足够强的高频成分抑制能力。对于二阶系统的设计，通常选取阻尼因子作为设计的起始参考参数，但是对于更高阶的系统，如三阶甚至四阶系统，定义阻尼因子和固有角频率是比较困难的，因此本节需要选取一个更加便利的起始设计参数。

锁相环的闭环环路带宽等于开环环路的过零点带宽（dB 零点），较大的环路带宽意味着无源环路滤波器具有较小的滤波能力（等效于滤波带宽较大），会恶化相位误差至控制电压传输函数的模拟线性化，即数字化成分较多，压控振荡器产生的输出振荡信号中会包含较多的高频谐波成分。较大的环路带宽意味着较多的反馈量在闭环后参与环路的锁定过程，环路的锁定时间会进一步缩短。较小的环路带宽可以优化锁相环模型的准确度，提升锁定后的振荡信号性能，但是会延长环路的锁定时间。因此，在高阶锁相环的设计过程中，可以选取环路带宽作为设计的折中量，借助仿真工具通过多次迭代满足系统的设计指标，设计过程概括如下：

① 选取合适的环路带宽值作为起始设计参数，该值的选取具有一定的经验性，通常需要在保证环路模型准确度的情况下进行折中设计。一般情况下，为了保证环路模型的准确度，环路带宽需要设计为小于输入参考频率的 1/10[2]，并在该范围内进行折中设计，同时满足环路锁定时间和输出振荡信号的相位噪声性能。

② 根据系统设计要求选取合适的压控振荡器电压至频率的增益 $K_{\mathrm{VCO}}$，并根据系统功耗要求选取合适的鉴相增益 $K_{\mathrm{PD}}$。

③ 根据选定的环路带宽，在满足环路稳定性的条件下，计算出环路滤波器中各无源元件的参数，无源参数的选取还需要综合考虑面积需求。

④ 借助仿真工具对确定好各参数的锁相环进行仿真，并进行多次迭代以满足系统的设计需求。

图 10-22 所示二阶无源滤波器的传输阻抗为

$$H_{\mathrm{LF\_2nd}}(s)=\frac{1+sT_1}{s(C_1+C_2)(1+sT_2)} \tag{10-55}$$

其中

$$T_1=R_1C_1,\ T_2=\frac{R_1C_1C_2}{C_1+C_2} \tag{10-56}$$

根据式（10-3）可得基于二阶无源环路滤波器的三阶Ⅱ型锁相环开环传输函数为

$$H_{\mathrm{ol}}(s)=\frac{K_{\mathrm{PD}}K_{\mathrm{VCO}}(1+sT_1)}{s^2(C_1+C_2)(1+sT_2)} \tag{10-57}$$

则其相位裕度为

$$\mathrm{PM}=\arctan(\omega_{\mathrm{c}}T_1)-\arctan(\omega_{\mathrm{c}}T_2) \tag{10-58}$$

式中，$\omega_{\mathrm{c}}$ 为锁相环闭环环路带宽，为了保证相位裕度超过 60°，可得出如下条件：

$$\omega_{\mathrm{c}}T_1\geqslant 3,\ \omega_{\mathrm{c}}T_2\leqslant\frac{1}{3}\Rightarrow\frac{T_2}{T_1}\leqslant\frac{1}{9} \tag{10-59}$$

考虑一定的设计裕量，则有

$$\frac{T_2}{T_1}\leqslant\frac{1}{10}\Rightarrow C_1\geqslant 9C_2 \tag{10-60}$$

因此式（10-56）可以重新表示为

$$T_1=R_1C_1,\ T_2\approx R_1C_2 \tag{10-61}$$

将式（10-59）和式（10-60）代入式（10-57），并令式（10-57）的模值为 1，可以计算出锁相环闭环环路带宽为

$$\omega_{\mathrm{c}}^2=\frac{K_{\mathrm{PD}}K_{\mathrm{VCO}}\sqrt{10}}{C_1}\Rightarrow C_1=\frac{K_{\mathrm{PD}}K_{\mathrm{VCO}}\sqrt{10}}{\omega_{\mathrm{c}}^2} \tag{10-62}$$

根据上述推导可知，在确定了锁相环闭环环路带宽、鉴相增益和压控振荡器电压至频率转换增益后，便可根据式（10-62）计算出 $C_1$，然后根据式（10-59）和式（10-61）分别计算出 $R_1$ 和 $C_2$，最终确定整个锁相环系统的各个参数。另外，如果

最终的仿真结果不满足相位噪声或锁定时间需求，还需要进行迭代设计。

## 10.6.4 四阶Ⅱ型锁相环

在射频集成电路的设计中，经常会使用高阶锁相环。一是可以增大锁相环模型的准确度，更加高效地滤除高频干扰成分，确保性能设计的可靠性。另一方面，第 11 章介绍的小数分频型频率综合器经常采用 Σ-Δ 调制器作为小数产生器，这会将小数分频过程中产生的量化噪声搬移至高频段，此时采用高阶的环路滤波器可以更好地滤除此部分噪声信号，改善频率综合器的相位噪声性能。

基于上述考虑，本节介绍一种常用的四阶Ⅱ型锁相环的设计过程。如图 10-23 所示，三阶无源环路滤波器是在二阶的基础上增加了一个极点网络（电阻 $R_2$ 与电容 $C_3$ 的加入使无源环路滤波器的阻抗传输函数中又额外增加了一个极点），该极点网络的目的就是在不影响相位裕度的情况下增大滤波器的带外抑制能力，这对于采用 Σ-Δ 调制器的小数分频频率综合器来说尤为重要。如何选择 $R_2C_3$ 可以使环路的相位裕度不受太大的影响，同时又可以有效地抑制带外干扰呢？可以先寻找临界点，即在不影响相位裕度的情况下可以提供最大的带外抑制性能。我们知道，极点对相位裕度的影响先于对增益的影响，从开始对相位裕度造成影响到对增益产生影响的频率范围为 $1/(10R_2C_3)\sim1/(R_2C_3)$，因此 $1/(R_2C_3)$ 必须大于 $10\omega_c$ 才能保证在提供最大带外抑制的情况下不恶化环路的相位噪声。此时额外极点 $1/(R_2C_3)$ 的引入对 $T_1$ 和 $T_2$ 造成的影响也可以忽略，这显然是最优的情况，如图 10-24 所示。

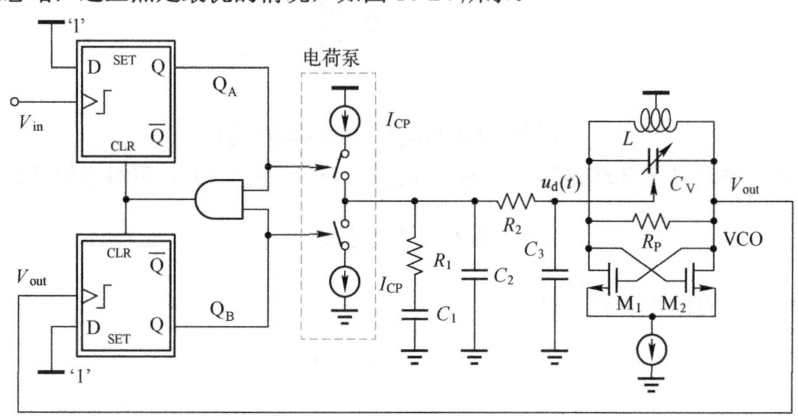


图 10-23 基于鉴频鉴相器结构的四阶Ⅱ型锁相环电路结构图

对于图 10-23 所示的三阶无源滤波器，考虑到 $R_2C_3$ 较小，因此电荷泵的充放电电流只有很少一部分流经 $R_2$ 与 $C_3$ 组成的串联网络，则其传输阻抗可以近似为

$$H_{\mathrm{LF\_3rd}}(s)\approx H_{\mathrm{LF\_2nd}}(s)\frac{1/(sC_3)}{R_2+1/(sC_3)}=\frac{1+sT_1}{s(C_1+C_2)(1+sT_2)(1+sT_3)} \tag{10-63}$$

式中，$T_1$ 与 $T_2$ 见式（10-61），时间常数 $T_3$ 为

$$T_3=R_2C_3 \tag{10-64}$$

则基于三阶无源环路滤波器的锁相环开环传输函数为

$$H_{ol}(s)=\frac{K_{PD}K_{VCO}(1+sT_1)}{s^2(C_1+C_2)(1+sT_2)(1+sT_3)} \tag{10-65}$$

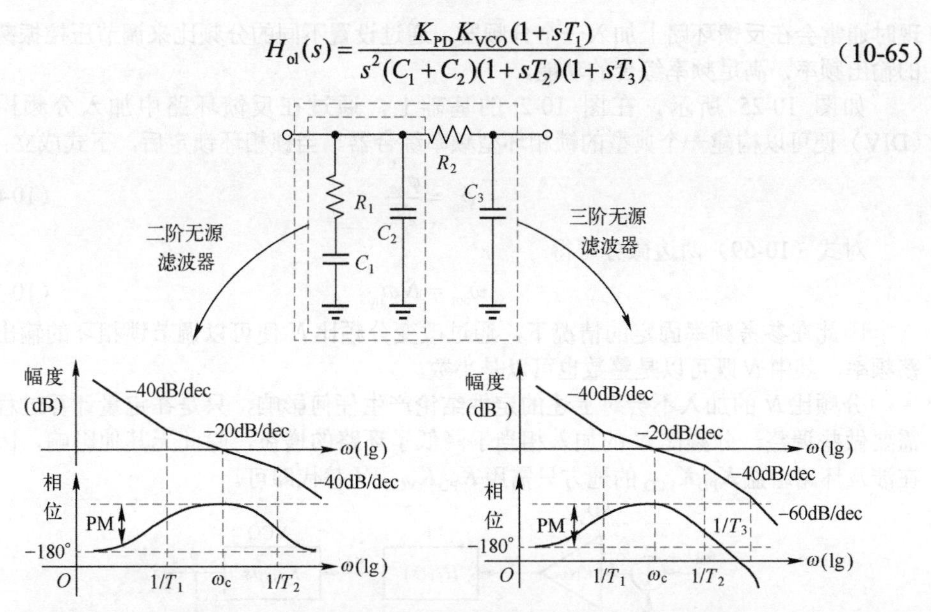


图 10-24　二/三阶无源环路滤波器及其对应的开环波特图

相位裕度为

$$\mathrm{PM}=\arctan(\omega_c T_1)-\arctan(\omega_c T_2)-\arctan(\omega_c T_3) \tag{10-66}$$

基于上述分析，若要求环路相位裕度不低于 60°，并引入一定的设计裕量后，可得

$$\omega_c T_1 \geqslant 3,\ \ \omega_c T_2 \leqslant 1/5,\ \ \omega_c T_3 \leqslant 1/15 \tag{10-67}$$

将式（10-67）代入式（10-65），并令式（10-65）的模值为 1，可得四阶Ⅱ型锁相环环路带宽为

$$\omega_c^2=\frac{K_{PD}K_{VCO}\sqrt{10}}{C_1} \Rightarrow C_1=\frac{K_{PD}K_{VCO}\sqrt{10}}{\omega_c^2} \tag{10-68}$$

式（10-68）与式（10-62）相同。观察式（10-67）和式（10-59），相较于二阶无源滤波器，设计三阶无源滤波器时之所以没有增大 $\omega_c T_1$，主要是考虑到这样会导致电阻 $R_1$ 或电容 $C_1$ 过大，难以集成。但是有时为了满足某些严苛的设计条件，如设计时必须满足大的压控振荡器电压至频率转换增益 $K_{VCO}$ 或较窄的环路带宽 $\omega_c$ 等，也可以适当增大 $\omega_c T_1$，甚至考虑外置。

四阶Ⅱ型锁相环的具体设计流程与 10.7.3 节中三阶Ⅱ型锁相环的设计流程相同。

# 10.7　应用于频率综合器的锁相环结构

本章所介绍的各种锁相环结构中的压控振荡器最终只能振荡于一个单一的频率，即输入参考信号的频率，不具备频率综合器的功能。因此，用于频率综合器的实现时通常会在反馈环路上加入一个分频器，通过设置不同的分频比来调节压控振荡器的输出频率，满足频率综合的功能。

如图 10-25 所示，在图 10-2 的基础上，通过在反馈环路中加入分频模块（DIV）便可以构建一个典型的锁相环型频率综合器。当锁相环锁定后，下式成立：

$$\phi_{in} = \frac{\phi_{out}}{N} \tag{10-69}$$

对式（10-69）两边微分可得

$$\omega_{out} = N\omega_{in} \tag{10-70}$$

因此在参考频率固定的情况下，通过改变分频比 $N$ 便可以调节锁相环的输出振荡频率，其中 $N$ 既可以是整数也可以是小数。

分频比 $N$ 的加入不会对上述的定性结论产生任何影响，只是在定量计算过程中需要做些调整。分频比 $N$ 的加入相当于降低了环路的增益，除此无其他影响，因此在涉及环路增益 $K_{PD}K_{VCO}$ 的地方只需用 $K_{PD}K_{VCO}/N$ 替代即可。

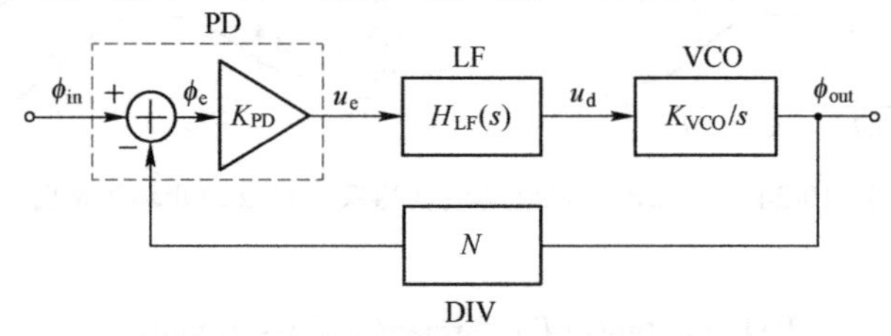


图 10-25 应用于频率综合器的锁相环结构

下面重点讨论一下分频比对锁相环输出振荡信号相位噪声性能的影响。假设压控振荡器输入端的控制电压为一个单音信号：

$$u_d(t) = A\cos(\omega_d t) \tag{10-71}$$

式中，$A$ 为幅度；$\omega_d$ 为单音信号的频率。压控振荡器输出振荡信号为

$$V_{out}(t) = V_0 \cos\left[\omega_{out}t + A\int_0^t \cos(\omega_d \tau)d\tau\right] \tag{10-72}$$

经过分频器后的输出信号为

$$V_{DIV}(t) = V_0 \cos\left[\frac{1}{N}\omega_{out}t + \frac{A}{N}\int_0^t \cos(\omega_d \tau)d\tau\right] \tag{10-73}$$

因为积分符号在频域相当于一个具有 $1/\Delta\omega$ 形状的低通滤波器，且调相过程相当于一个线性频谱搬移过程，因此由图 9-66 可知，式（10-72）和式（10-73）由相位噪声项产生的单边带功率谱分别为

$$S_{V\_out}(\omega) = \frac{V_0^2 A^2 \delta(\omega - \omega_{out} - \omega_d)}{4\omega_d^2} \tag{10-74}$$

$$S_{V\_div}(\omega) = \frac{V_0^2 A^2 \delta(\omega - \omega_{out}/N - \omega_d)}{4N^2\omega_d^2} \tag{10-75}$$

将两者的噪声量转化为 dB 表达式可得

$$10\lg \frac{S_{V\_out}(\omega_{out} + \omega_d)}{S_{V\_div}\left(\frac{1}{N}\omega_{out} + \omega_d\right)} = 20\lg N \tag{10-76}$$

因此，经过分频后，距离振荡信号中心频率相同频率误差处的相位噪声会得到明显的改善。例如，分频比为 2 时，相位噪声会得到 6dB 的优化，该结论具有普适性。

**例 10-2** 按照 10.6.3 节和 10.6.4 节的设计原理和建议的设计流程，试设计一个四阶Ⅱ型锁相环，并通过调整锁相环环路带宽观察其稳定性和锁定时间的变化。

**解：** 首先环路带宽的选取是和输入的参考时钟频率相关的，也就是为了保证模型的准确性，必须保证环路带宽小于输入参考频率的 1/10。假设输入参考频率为 10MHz，可以通过设置环路带宽分别为 50kHz、100kHz 和 150kHz，来观察锁相环的稳定性和锁定时间的变化。

固定其余各参数：电荷泵电流 $I_{\mathrm{CP}}$ =100μA，压控振荡器电压至频率增益 $K_{\mathrm{VCO}}$=80MHz/V（计算过程中需要转换为 rad/V），分频比 $N$ 为 150。按照相位裕度为 60° 进行设计，根据式（10-67）和式（10-68）可得如下关系式：

$$C_1 = \frac{K_{\mathrm{CP}} K_{\mathrm{VCO}} \sqrt{10}}{N \omega_{\mathrm{c}}^2} \tag{10-77}$$

$$R_1 = 3/(\omega_{\mathrm{c}} C_1) \tag{10-78}$$

$$C_2 = 1/(5\omega_{\mathrm{c}} R_1) \tag{10-79}$$

电阻 $R_3$ 和电容 $C_3$ 的选取具有较大的自由性，遵循的原则是在电容 $C_3$ 面积可以接受的条件下，尽可能减小电阻 $R_3$，避免 $R_3$ 引入过多的噪声。暂时以噪声为主，首先确定电阻 $R_3$ =10kΩ，则电容为

$$C_3 = 1/(15\omega_{\mathrm{c}} R_3) \tag{10-80}$$

为了加快仿真速度，可根据上述各参数利用 MATLAB 建立仿真模型，在起始频率误差为 10MHz 和三种不同的环路带宽条件下，得到的稳定性和锁定时间仿真结果如图 10-26 所示。

由图 10-26 可知，三种不同环路带宽下系统的稳定性没有发生改变，相位裕度均为 56.2°，但是锁定时间随着环路带宽的增大逐渐减小，这和上述分析是一致的。如果想最终确定环路带宽及各参数，还必须知道环路带宽对锁相环相位噪声性能的影响，这部分内容会在 10.10 节详细分析。

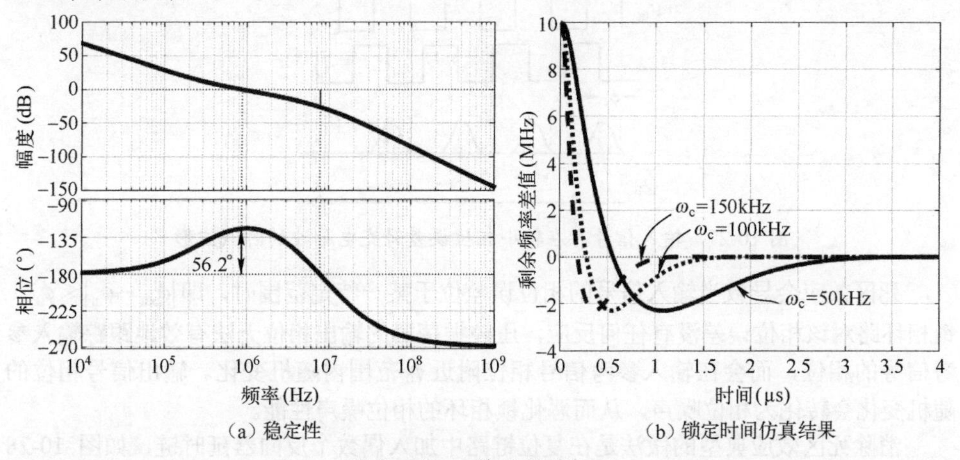


（a）稳定性　　（b）锁定时间仿真结果

图 10-26 四阶Ⅱ型锁相环

需要说明的是：本例在进行锁相环环路带宽计算时，是将分频器的输出作为锁相环输出端的。这并不影响对本例的分析，因为锁相环的实际输出端和分频器的输出端是呈线性比例关

系的，对于分频器输出端作为锁相环输出端的一切结论同样适用于压控振荡器的输出端作为锁相环输出端的情况。

# 10.8 高性能鉴频鉴相器设计

电荷泵是鉴频鉴相器中的一个核心模块。理想电荷泵中，开关管具有瞬时开关的能力，且电流源与电流沉的大小严格相等，同时，每个晶体管的寄生电容均可忽略。上述对几种锁相环模型的分析均是建立在此基础上的，但是实际的设计过程中，电荷泵具有许多的非理想效应，这些非理想效应如果得不到有效的处理，会对系统性能产生较大的影响。本节主要针对电荷泵的非理想效应进行详细说明并提供具体的解决方法。

## 10.8.1 死区效应

死区效应主要是由晶体管的寄生电容引起的。对电容的充放电总是需要一定的时间，而如果在该时间内没有达到开关管（晶体管）闭合或断开的阈值电压，则该充放电时间窗口无效。任何充放电时间窗口均是由输入信号与输出信号存在的相位误差引起的，也就是说鉴频鉴相器无法识别该相位误差，导致存在死区效应。

如图 10-27 所示，输入信号之间微小的相位误差在理想情况下仍可以产生一个较小的充电或放电脉冲（图中虚线所示），通过锁相环的负反馈特性逐步减小相位误差直至为 0。实际情况下，由于存在寄生效应，充放电脉冲的上升沿和下降沿均会受到寄生效应时间常数（寄生电阻和寄生电容的乘积）的限制，导致充放电脉冲无法在短时间内达到充放电开关管的开启阈值电压。此时的电荷泵并不工作，经环路滤波器产生的控制电压保持不变，锁相环的负反馈特性无法正常工作。因此系统也就无法有效地识别该相位误差，这种现象称为鉴频鉴相器的死区效应。

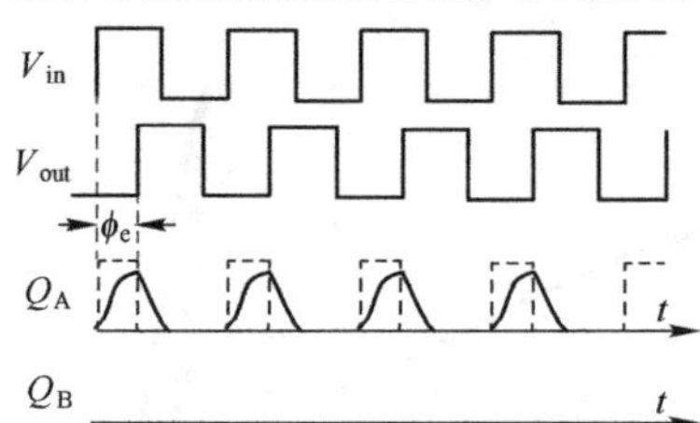


图 10-27 输入信号存在较小相位误差时充电脉冲的时域波形

死区效应会导致当输入信号的相位误差位于某一特定范围时，即$|\phi_{out}-\phi_{in}|\leqslant\phi_0$，锁相环路对该相位误差没有任何反应，压控振荡器的输出相位无法有效地跟踪输入参考信号的相位，而会在输入参考信号相位附近$\phi_0$范围内随机变化。输出信号相位的随机变化会转化为相位噪声，从而恶化锁相环的相位噪声性能。

消除死区效应典型的做法是在复位链路中加入偶数个反向器延时链，如图 10-28 所示。加入反向器延时链可以有效地延长从置位到复位的延时，即使输入信号的相位误差趋于 0，也能保证一定的时间跨度使充放电脉冲可以达到开关管的开启阈值电压，如图 10-29 所示，这样就可以有效地避免鉴频鉴相器的死区效应。

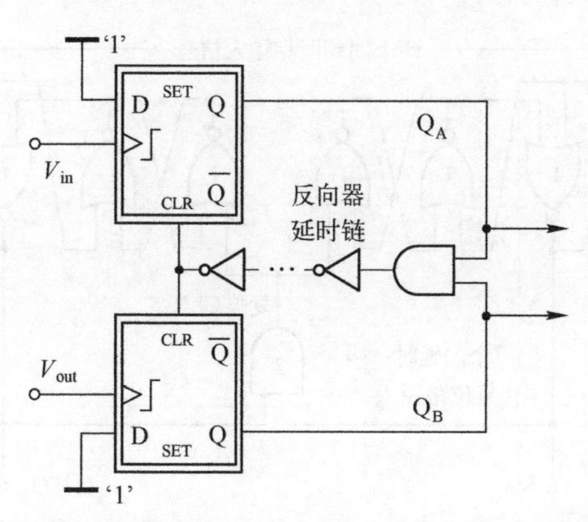


图 10-28 在复位路径中加入反向器延时链的充放电脉冲产生电路

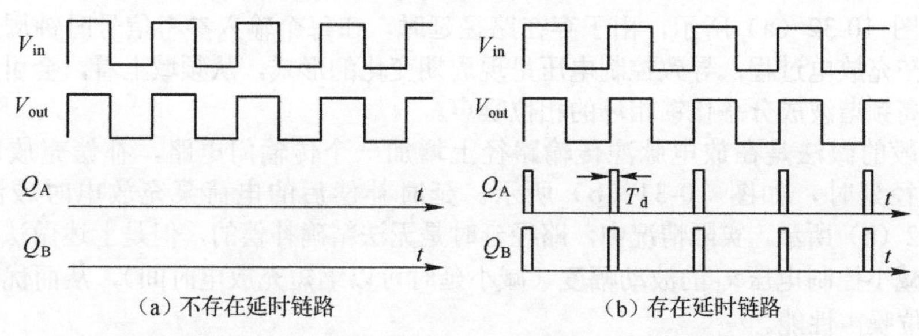


（a）不存在延时链路 （b）存在延时链路

图 10-29 复位路径中不存在和存在延时链路的充放电脉冲时域波形

需要说明的是，由于鉴频鉴相器中 D 触发器各节点存在寄生效应，使得鉴频鉴相器对复位指令的响应不是立即发生的，而是存在一定的寄生延时，该寄生延时的存在有利于消除鉴频鉴相器的死区效应。基于图 10-19 所示触发器形成的充放电脉冲产生电路如图 10-30 所示。该电路全部使用逻辑门来实现，由于存在寄生效应，每一个异或门都会提供 1 个单位的延时（1 个门延时）。复位链路中的与门是由与非门和非门组成的，可以提供 2 个单位的延迟时间。如果不考虑图 10-28 中所示的反向器延时链，在输入信号保持同频同相的情况下，充放电脉冲的置位时刻与复位时刻存在 5 个单位的延时，即图 10-29（b）中的 $T_d = 5T_{Gate}$，其中，$T_{Gate}$ 为 1 个门延时时间。因此，图 10-30 所示的充放电脉冲产生电路有利于消除死区效应。在锁相环输入端参考频率不是很高的情况下（一般的锁相环输入参考频率仅有几十 MHz），即对工作速度要求不是很严格的情况下，可以适当地拓展逻辑门的尺寸以延长门延时，这样可以避免使用图 10-28 所示的外置反向器延时链。

## 10.8.2 传输路径时延

鉴频鉴相器中典型的电荷泵电路如图 10-31（a）所示，通过两个电流镜分别产生需要的充电电流 $I_{up}$ 和放电电流 $I_{dn}$，PMOS 管 $M_5$ 和 NMOS 管 $M_6$ 作为充放电开关管随着充放电脉冲的到来控制电荷泵实现对无源环路滤波器的充放电功能。考虑到充放电脉冲均是高电平脉冲，因此对于 PMOS 开关管的控制，需要在链路中加入一个反向器，但是反向器的加入会导致充放电脉冲的传输路径延时不同（1 个门延时），从而恶化锁相环的相位噪声性能。

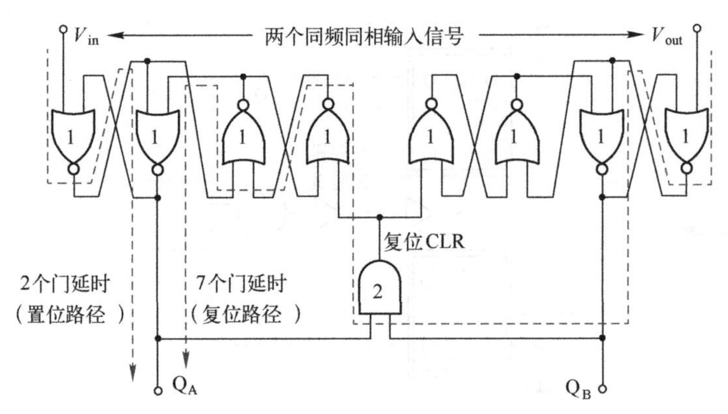


图 10-30　基于图 10-19 所示触发器形成的充放电脉冲产生电路

如图 10-32（a）所示，由于存在路径延时，在每个输入参考信号时钟周期内，均会存在充放电过程，导致控制电压呈现周期变化的形式，从频域上看，会引入各种离散的高频谐波成分恶化锁相环的相位噪声。

一般的做法是在放电脉冲传输路径上增加一个传输门电路，补偿充放电中产生的路径延时，如图 10-31（b）所示。延时补偿后的电荷泵充放电时域波形如图 10-32（b）所示。实际情况中，路径延时是无法精确补偿的，但是上述做法仍可以明显地减小控制电压$u_d$的波动幅度（减小延时可以缩短充放电时间），从而优化锁相环的相位噪声性能。

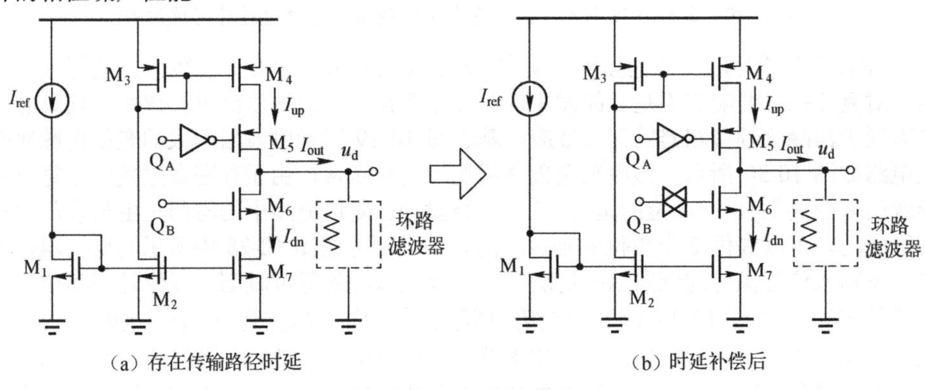


（a）存在传输路径时延　　（b）时延补偿后

图 10-31　电荷泵电路

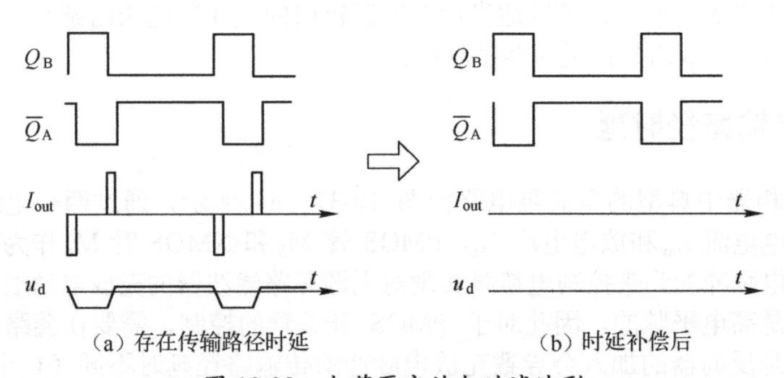


（a）存在传输路径时延　　（b）时延补偿后

图 10-32　电荷泵充放电时域波形

## 10.8.3　电荷注入与时钟馈通

图 10-31 所示电荷泵电路还存在电荷注入与时钟馈通的问题。

如图 10-33 所示，两个开关管 $M_5$ 与 $M_6$ 在同时导通时间内，它们的沟道内部分别保持有一定数量的空穴和电子。空穴和电子的电荷保有量与开关管尺寸和阈值电压有关，可表示为

$$|Q_{\mathrm{ch}}| = WLC_{\mathrm{ox}}|V_{\mathrm{GS}} - V_{\mathrm{TH}}| \tag{10-81}$$

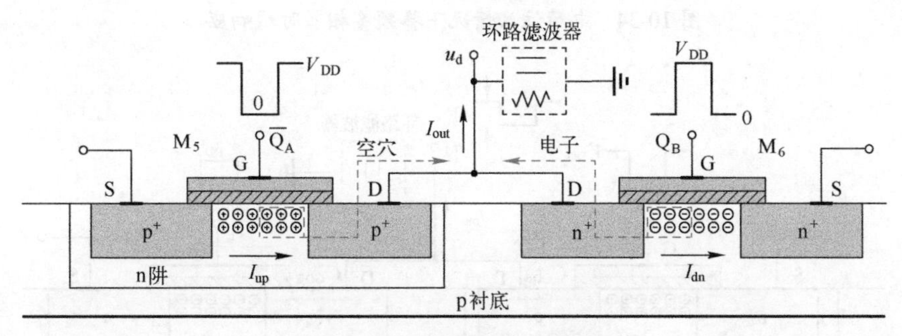


图 10-33　电荷注入示意图

当开关管 $M_5$ 与 $M_6$ 断开后，$M_5$ 沟道中保有的空穴与 $M_6$ 沟道中保有的电子分别向电荷泵的输出端移动（根据对称性，移动量约为保有量的一半），经过环路滤波器后形成一个起伏的控制电压，恶化锁相环的相位噪声性能。如果两者的电荷保有量相同，则向输出端移动的空穴会和电子抵消，系统性能不受影响。但是，由式（10-81）可知，开关管尺寸、栅源电压和阈值电压的不同均会导致空穴与电子数量的不同，最终导致控制电压中存在起伏的纹波，恶化相位噪声性能。以图 10-31（b）为例，鉴频鉴相器时域波形如图 10-34 所示（假设空穴的数量大于电子的数量，电荷在一瞬间释放完毕，并将环路滤波器等效为一个单电容结构），其中，起始阶段的波形如图 10-34（a）所示。控制电压的逐渐累加通过负反馈调节压控振荡器的振荡频率和相位，直至由于电荷注入效应引起的控制电压周期累加量为 0 即可保持锁定（控制电压均值和不存在电荷注入效应时相等），如图 10-34（b）所示。锁相环最终的输出振荡信号与输入参考信号之间会存在一定的相位误差以在存在电荷注入的情况下维持环路的正常锁定，可以看出，控制电压上存在周期性的纹波信号，导致输出振荡信号的频谱中会包含离散的高频谐波成分，恶化环路相位噪声性能。此种现象称为电荷泵的电荷注入效应。

时钟馈通现象也是图 10-31 所示电荷泵的一个典型非理想效应，如图 10-35 所示。由于开关管 $M_5$ 与 $M_6$ 存在栅漏寄生电容 $C_{\mathrm{GD5}}$ 与 $C_{\mathrm{GD6}}$，控制电荷泵充放电的充放电脉冲信号 $\overline{Q}_{\mathrm{A}}$ 与 $Q_{\mathrm{B}}$ 会通过寄生电容泄漏至电荷泵的输出端，迫使控制电压 $u_{\mathrm{d}}$ 上出现一个连续的脉冲纹波。为了分析的简单化，假设环路滤波器对外提供的等效电容为 $C_{\mathrm{eff}}$，则控制电压上出现的纹波大小为

$$\Delta V = \frac{C_{\mathrm{GD5}} - C_{\mathrm{GD6}}}{C_{\mathrm{GD5}} + C_{\mathrm{GD6}} + C_{\mathrm{eff}}} V_{\mathrm{DD}} \tag{10-82}$$

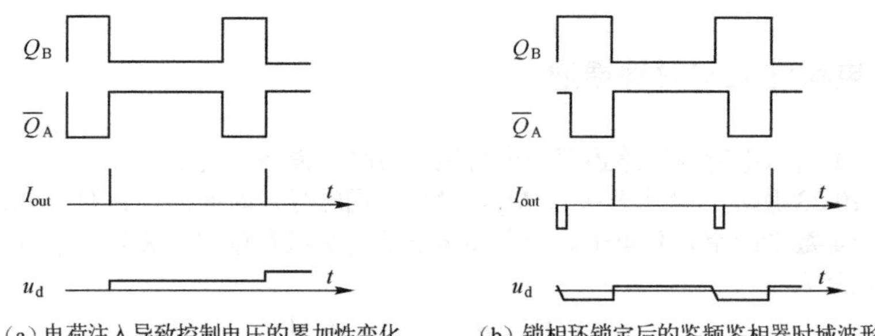


（a）电荷注入导致控制电压的累加性变化 （b）锁相环锁定后的鉴频鉴相器时域波形

图 10-34 电荷注入情况下鉴频鉴相器时域响应

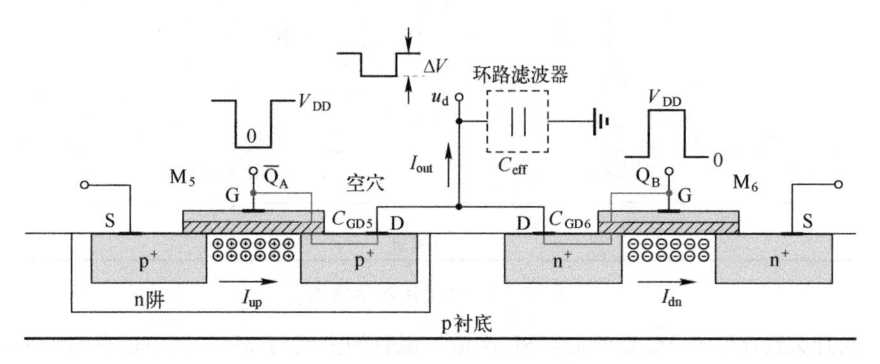


图 10-35 时钟馈通现象示意图

鉴频鉴相器最终的时域波形图如图 10-36 所示（同样将环路滤波器等效为一个单电容结构）。时钟馈通效应导致控制电压均值发生改变如图 10-36（a）所示，通过锁相环的负反馈效应逐渐调整压控振荡器的振荡频率和相位。当时钟馈通效应引起的控制电压周期变化量为 0 时（控制电压均值和不存在时钟馈通效应时相等），锁相环即可进入锁定，如图 10-36（b）所示。可以看出，时钟馈通效应同样会导致控制电压上出现周期性的纹波，从而恶化锁相环的相位噪声性能。

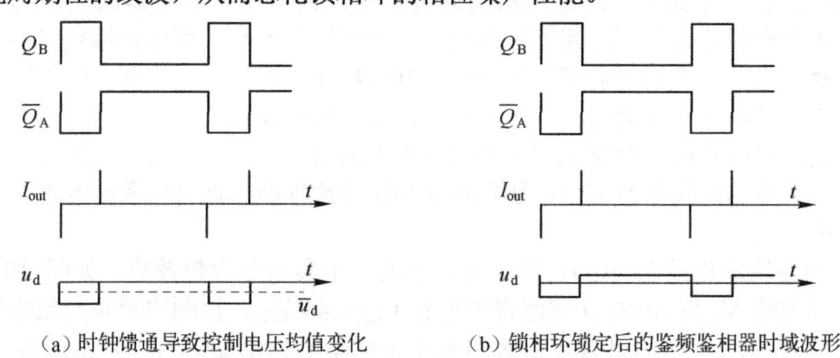


（a）时钟馈通导致控制电压均值变化 （b）锁相环锁定后的鉴频鉴相器时域波形

图 10-36 时钟馈通情况下鉴频鉴相器时域响应

图 10-37 给出了可以同时解决电荷注入和时钟馈通效应的一个有效方法：增加 Dummy 管 $M_{D1}$ 和 $M_{D2}$。开关管 $M_5$ 和 $M_6$ 从开启到断开时，两个 Dummy 管处于从断开至开启的过程。当开关管断开后，沟道中释放的空穴和电子会分别进入导通的

Dummy 管 $M_{D1}$ 和 $M_{D2}$ 的沟道中，减弱电荷注入效应对锁相环路性能的影响。另外，开关管的充放电控制信号与相邻 Dummy 管的控制信号是相反的，它们通过时钟馈通效应在输出端产生相反的压降，降低控制电压上出现的纹波大小。

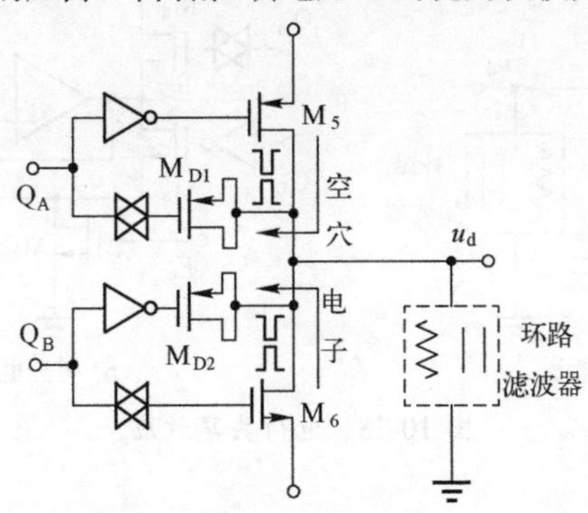


图 10-37　增加 Dummy 管抑制电荷注入和时钟馈通效应

按照对称性原理，开关管断开时，沟道中仅有约一半的空穴或电子注入输出端。由式（10-81）可知，在保证沟道长度不变的情况下，Dummy 管宽度应选取为相邻开关管的 1/2，即可完全消除电荷注入效应。同时，由于 Dummy 管的栅极至输出端等效电容为 $C_{D,GD}+C_{D,GS}$，开关管的栅极至输入端的等效电容为 $C_{GD}$，当 Dummy 管的宽度选取为开关管的 1/2 时，有 $C_{D,GD}=C_{D,GS}=C_{GD}/2$，因此时钟馈通效应也可以被完全消除。

## 10.8.4　电荷共享

如图 10-38（a）所示，当开关管 $M_5$ 和 $M_6$ 断开后，A、B 两点由于寄生电容 $C_A$ 和 $C_B$ 的存在，会被分别充至电源电压和放电至地。当开关管 $M_5$ 和 $M_6$ 开启后，忽略开关管的导通电阻，A、B 两点之间将会发生电荷共享效应，即 A 点的电荷将向 B 点移动（实际为 B 点的电子向 A 点移动）。如果不考虑其他外部效应，电荷共享后，会产生一个稳定的输出电压，记为 $V_{CS}$。如果不考虑电荷共享效应，在锁相环锁定后，锁相环控制电压（这里指平均值）同样为一个稳定值 $V_d$。当电荷共享效应存在时，如果可以保证 $V_{CS}=V_d$，即使存在电荷共享效应，也不会影响锁相环的锁定性能。但是实际情况却很难保证这两个电压相等，因此锁相环的相位噪声性能或多或少会受到电荷共享效应的影响。

电荷共享效应对控制电压的影响与电荷注入相似，因此电荷共享效应导致的电荷泵输出电流和产生的控制电压时域波形与图 10-34 相同，同样会引起控制电压中出现周期性的纹波，影响锁相环相位噪声性能。

解决办法是采用如图 10-38（b）所示的差分电荷泵形式，开关管 $M_5$ 和 $M_6$，以及开关管 $M_8$ 和 $M_9$ 交替性导通，保证两条支路中总有一条保持导通状态。单位增益放大器迫使 D 点电压跟随 C 点电压，因此在电荷泵停止对后续环路滤波器的充放电过程时，$M_8$、$M_9$ 支路的导通和单位增益放大器产生的电压跟随效应使 A、B 两点的电压基本保持不变，也就不会产生电荷共享的问题。

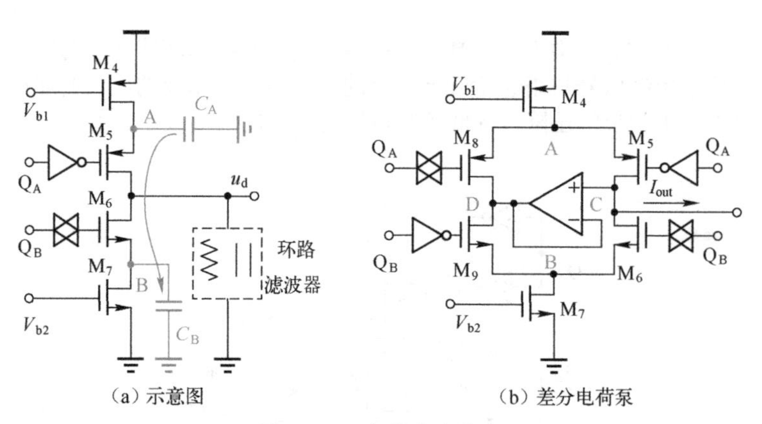


图 10-38 电荷共享效应

## 10.8.5 充电电流和放电电流失配

为了避免出现死区效应，通常会在鉴频鉴相器的复位链路中加入延迟单元，通过延长置位时间来保证充足的时延确保开关管开启。但是应该意识到，充电电流和放电电流实际情况并不是严格相等的。首先，器件的随机性失配（如器件尺寸的随机性失配或阈值电压的随机性失配）会导致充电电流和放电电流不一致（失配）。此外，晶体管存在的沟长调制效应也是导致充电电流和放电电流失配的一个主要原因。如图 10-31（b）所示，不管是电荷泵的充电还是放电行为，均会导致电流源晶体管 $M_4$ 与电流沉晶体管 $M_7$ 漏极电压发生变化。在晶体管栅源电压不变的情况下，漏极电压的变化会通过沟长调制效应影响电流源与电流沉的大小，从而导致充电电流和放电电流失配。

电流源与电流沉的电流失配同样会在控制电压上引入周期性的纹波，恶化锁相环的相位噪声性能，其时域波形如图 10-39 所示（假设电流源的值大于电流沉的值）。

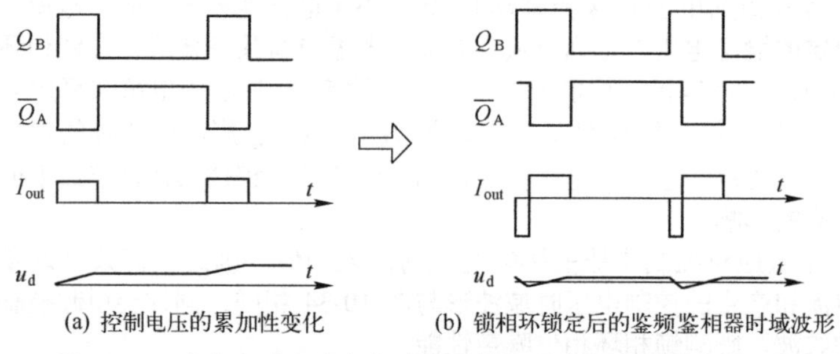


图 10-39 充电电流和放电电流失配情况下鉴频鉴相器时域响应

解决电流源与电流沉的随机性失配问题，典型的做法是通过增大晶体管的尺寸来改善，晶体管尺寸的增大可以同时减小晶体管尺寸比的失配量和阈值电压之间的失配。例如，晶体管的尺寸每增大一倍，阈值电压之间的失配会降低为原来的 $\sqrt{2}/2$。

偏置拷贝环路技术可以解决沟长调制效应带来的电流失配问题，如图 10-40 所示。之所以称为环路，主要是因为运算放大器的加入使两个支路形成了一个具有负反馈能力的闭环回路。又因为处于负反馈环路中的运算放大器输入端具有虚短的功能，致使 X 点电压会时刻跟随 Y 点电压，因此两个支路各节点的电压均相同，成为互相拷贝的偏置电路。由于 $M_2$ 和 $M_5$ 处于同一串联支路中，运算放大器引入的负反馈功能会确保该支路处于平衡状态，即流过 $M_2$ 和 $M_5$ 的电流相同。又因为复制属性的存在，充当电荷泵作用的电流源（$M_6$）与电流沉（$M_9$）的大小也会相同，从而避免了由于沟长调制效应引起的充电电流和放电电流失配效应，避免锁相环相位噪声性能恶化。

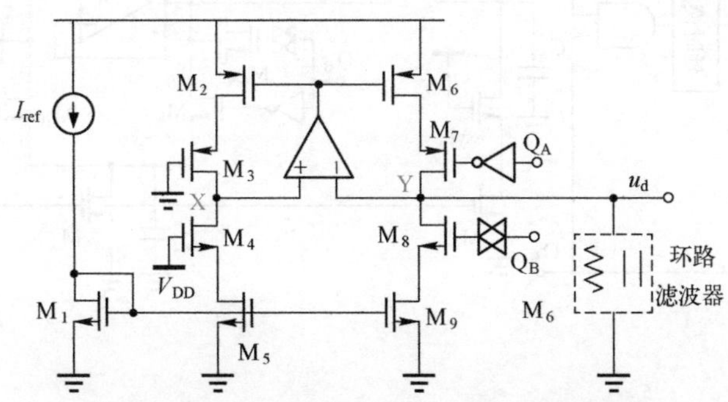


图 10-40　采用偏置拷贝环路技术的电荷泵电路结构

在设计时应该注意，Y 点应该连接运算放大器的负极性输入端口，只有这样环路的负反馈效应才有效。因为期望的是 Y 点的电压升高时，为了保证充电电流和放电电流的一致性，$M_6$ 栅极电压应该降低。

### 10.8.6　高性能鉴频鉴相器设计

如果能够有效地解决上述鉴频鉴相器的非理想效应，那么设计出来的鉴频鉴相器就会具有非常好的相位噪声性能。在每节的非理想效应分析中均提出了相应的解决办法，本节综合考虑上述各种非理想因素，给出高性能鉴频鉴相器的具体电路结构，如图 10-41 所示[3]。

死区效应的消除：在充放电脉冲产生模块中加入由偶数个反向器组成的延时电路，使置位至复位的延时足够长，保证充放电开关管的正常开启。

传输路径延时补偿：在放电脉冲传输链路中加入一个传输门，通过增加一个门延时抵消充电脉冲传输路径中的反向器门延时。

电荷共享效应的消除：利用差分电荷泵（$M_7$～$M_{10}$）实现两支路的交替性导通，差分电荷泵与充电和放电脉冲产生电路的具体连接方式可参考图 10-41，并通过基于运算放大器 $O_1$ 设计的单位增益放大器消除电荷共享效应。

电荷注入与时钟馈通效应的消除：通过在差分电荷泵中增加 Dummy 管 $M_{D1}$～$M_{D4}$，并令它们的尺寸为相邻晶体管的 1/2 来减弱此种效应。

充电电流和放电电流失配效应的消除：采用偏置拷贝环路技术，并基于运算放大器 $O_2$ 建立起的负反馈环路避免充电电流和放电电流失配效应。如果电压裕度允许，还可以采用共源共栅结构来充当充放电单元。

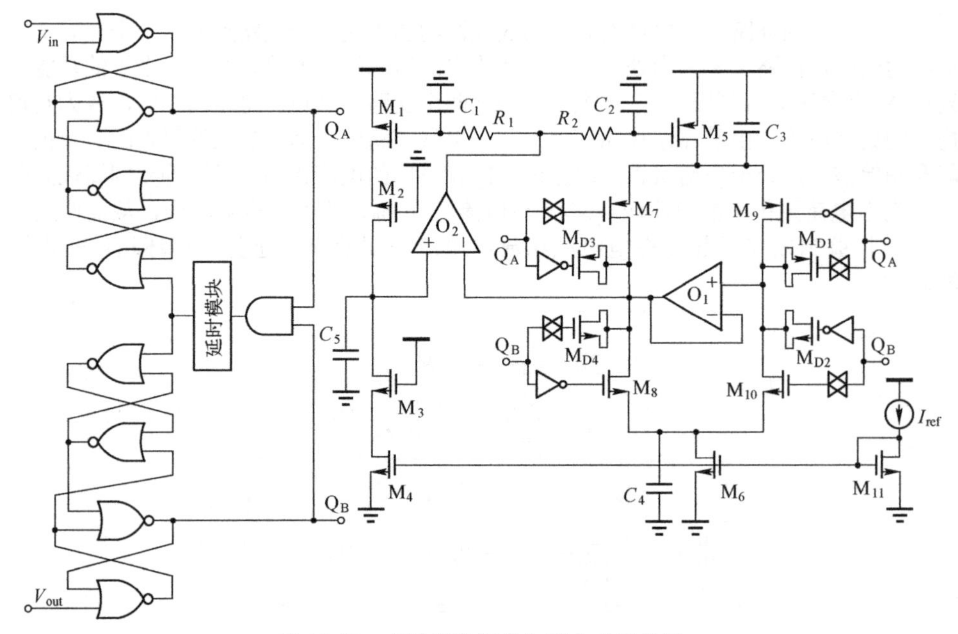


图 10-41 高性能鉴频鉴相器电路结构图

# 10.9 锁相环相位噪声性能分析

基于压控振荡器，第 9 章详细分析了相位噪声的概念及其产生机理。这种相位噪声的分析模型及定量分析结果必须在锁相环系统中进行综合考虑，才能用于射频集成电路设计中的系统指标规划。锁相环的相位噪声分析非常复杂，一方面由于锁相环路中的噪声模块较多，如鉴频鉴相器（包括时钟脉冲产生电路和电荷泵）、无源（或有源）环路滤波器、压控振荡器和分频器，需要进行综合的考虑和烦琐的计算。另一方面是锁相环中存在不同变量类型之间的转换问题。例如，鉴频鉴相器输出的是电流信号，无源滤波器输出的是电压信号，而压控振荡器和分频器输出的是相位信号，必须建立适当的模型使各不同类型变量进行统一。另外，相位噪声的定义比较适用于压控振荡器或分频器等模块的分析（输出均为单音频率信号加噪声），但是鉴频鉴相器或无源滤波器等模块却无法使用相位噪声的概念来分析。最后，锁相环是一个多频率源系统，输入参考频率和压控振荡器的输出频率有时相差非常大（分频比较大时），要求仿真的时间分辨率不能设置得过大。因此，如果通过仿真软件直接对锁相环的相位噪声进行仿真，首先会要求锁相环处于锁定且稳定的工作状态，再加上锁相环中各种非线性因素的存在，将导致仿真时间长度远远超出想象，甚至还会导致仿真结果无法收敛，无法准确预测环路的相位噪声性能。

本节主要针对上述问题，建立精确的锁相环相位噪声分析模型，并提供一种可以有效仿真锁相环相位噪声的方法，实现相位噪声的准确预测，为高性能锁相环的设计提供优化参考。

在进行锁相环相位噪声的计算之前，首先来观察一个单音调相信号所产生的相

位噪声问题，其表达式为

$$V_{\text{out}} = A_0 \sin[\omega_0 t + A_{\text{p}} \sin(\Delta\omega t)] \tag{10-83}$$

式中，$A_0$ 为振荡信号电压幅度；$A_{\text{p}}$ 为相位噪声幅度。通常情况下满足 $A_{\text{p}} \sin(\Delta\omega t) << 1$，则有

$$\begin{aligned} V_{\text{out}} &= A_0 \sin(\omega_0 t + A_{\text{p}} \sin(\Delta\omega t)) \\ &\approx A_0 \left[ A_{\text{p}} \sin(\omega_0 t) \sin(\Delta\omega t) + \cos(\omega_0 t) \right] \\ &= A_0 \left[ \cos(\omega_0 t) + \frac{A_{\text{p}}}{2} \cos(\omega_0 - \Delta\omega) t - \frac{A_{\text{p}}}{2} \cos(\omega_0 + \Delta\omega) t \right] \end{aligned} \tag{10-84}$$

根据式（10-84），可以求得单边带相位噪声为

$$L(\Delta\omega) = 10\lg \frac{A_0^2 A_{\text{p}}^2/4}{A_0^2/2} = 10\lg \frac{A_{\text{p}}^2}{2} \tag{10-85}$$

从式（10-85）可以看出，单边带相位噪声（单位为 dBc/Hz）与相位噪声功率谱直接相关。由于锁相环中各噪声成分对相位噪声的贡献均是不相关的，因此可以通过建立各噪声源节点至输出相位端的传输函数，统一至相位域并累加，便可以计算出整个锁相环系统的相位噪声（单位为 dBc/Hz）。

锁相环的噪声模型如图 10-42 所示。锁相环噪声源共来自四个模块：参考晶振、鉴频鉴相器/环路滤波器组合模块、压控振荡器和分频器。其中，参考晶振、压控振荡器和分频器分别产生相位噪声 $\phi_{\text{n,ref}}$、$\phi_{\text{n,VCO}}$ 和 $\phi_{\text{n,DIV}}$，鉴频鉴相器产生电流噪声，经过环路滤波器后变为电压噪声，同时环路滤波器中的有损元件电阻也会产生较明显的热噪声。之所以将鉴频鉴相器的电流噪声与环路滤波器的电压噪声组合起来考虑，一方面是计算简单，便于分析；另一方面，鉴频鉴相器/环路滤波器组合模块的输出电压噪声很容易通过 Cadence 工具仿真得到。根据图 10-42 可以得到各噪声源至输出相位的传输函数，其中输入参考晶振噪声源至锁相环输出端的传输函数为

$$H_{\text{n,ref}}(s) = \frac{\phi_{\text{out}}(s)}{\phi_{\text{n,ref}}(s)} = \frac{H_{\text{fw}}(s)}{1 + H_{\text{fw}}(s) H_{\text{fb}}(s)} \tag{10-86}$$

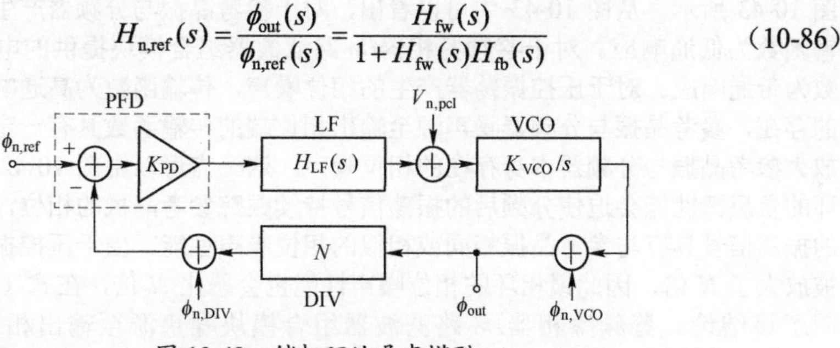


图 10-42 锁相环的噪声模型

鉴频鉴相器/环路滤波器组合模块噪声源至锁相环输出端的传输函数为

$$H_{\text{n,pcl}}(s) = \frac{\phi_{\text{out}}(s)}{V_{\text{n,pcl}}(s)} = \frac{H_{\text{n,ref}}(s)}{K_{\text{PD}} H_{\text{LF}}(s)} \tag{10-87}$$

压控振荡器噪声源至锁相环输出端的传输函数为

$$H_{\text{n,VCO}}(s) = \frac{\phi_{\text{out}}(s)}{\phi_{\text{n,VCO}}(s)} = \frac{1}{1 + H_{\text{fw}}(s) H_{\text{fb}}(s)} \tag{10-88}$$

分频器噪声源至锁相环输出端的传输函数为

$$H_{\mathrm{n,DIV}}(s)=\frac{\phi_{\mathrm{out}}(s)}{\phi_{\mathrm{n,DIV}}(s)}=-\frac{H_{\mathrm{fw}}(s)}{1+H_{\mathrm{fw}}(s)H_{\mathrm{fb}}(s)}=-H_{\mathrm{n,ref}}(s) \tag{10-89}$$

其中，环路前向链路传输函数为

$$H_{\mathrm{fw}}(s)=\frac{K_{\mathrm{PD}}K_{\mathrm{VCO}}H_{\mathrm{LF}}(s)}{s} \tag{10-90}$$

环路反馈链路传输函数为

$$H_{\mathrm{fb}}(s)=1/N \tag{10-91}$$

$\phi_{\mathrm{n,ref}}(s)$、$\phi_{\mathrm{n,VCO}}(s)$和$\phi_{\mathrm{n,DIV}}(s)$分别为输入参考信号、压控振荡器和分频器的相位谱密度；$V_{\mathrm{n,pcl}}(s)$为鉴频检相器和环路滤波器两者的电压谱密度（电荷泵模块包含在鉴频鉴相模块中）。

通过各噪声源的传输函数，可以将不同类型的噪声源依次转换为输出端的相位功率谱，相加后可得整个锁相环路输出端的相位噪声功率谱为

$$\begin{aligned}\left|\phi_{\mathrm{out,all}}(s)\right|^2&=\left|\phi_{\mathrm{out,ref}}(s)\right|^2+\left|\phi_{\mathrm{out,pcl}}(s)\right|^2+\left|\phi_{\mathrm{out,VCO}}(s)\right|^2+\left|\phi_{\mathrm{out,DIV}}(s)\right|^2\\&=\left|\phi_{\mathrm{n,ref}}(s)\right|^2\left|H_{\mathrm{n,ref}}(s)\right|^2+\left|V_{\mathrm{n,pcl}}(s)\right|^2\left|H_{\mathrm{n,pcl}}(s)\right|^2\\&\quad+\left|\phi_{\mathrm{n,VCO}}(s)\right|^2\left|H_{\mathrm{n,VCO}}(s)\right|^2+\left|\phi_{\mathrm{n,DIV}}(s)\right|^2\left|H_{\mathrm{n,DIV}}(s)\right|^2\end{aligned} \tag{10-92}$$

根据上述分析可得锁相环的相位噪声（单位为dBc/Hz）为

$$L(\Delta\omega)=L(s=\mathrm{j}\Delta\omega)=10\lg\left|\phi_{\mathrm{out,all}}(s)\right|^2=20\lg\left|\phi_{\mathrm{out,all}}(s)\right| \tag{10-93}$$

为了更加直观地分析锁相环环路带宽对环路相位噪声性能的影响，以四阶II型锁相环为例，并以例 10-2 中给定的各模块参数为设计依据，分别选取环路带宽为20kHz、50kHz 和 150kHz 三种情况进行仿真（环路带宽的大小采取将分频器输出作为锁相环输出进行计算），得出各噪声源至输出相位端的传输函数幅频响应曲线，如图 10-43 所示。从图 10-43 中可以看出，对于参考晶振与分频器产生的相位噪声，传输函数为低通响应。对于鉴频鉴相器/环路滤波器组合模块提供的电压噪声，传输函数为带通响应。对于压控振荡器产生的相位噪声，传输函数为高通响应。由于分频器的存在，参考晶振与分频器噪声源至输出相位端的传输函数具有一定的增益，会明显放大参考晶振与分频器本身存在的相位噪声。这一点可以由图 10-42 直观解释，锁相环的负反馈性能会迫使分频后的振荡信号持续跟踪参考晶振的相位，即分频器输出端的振荡信号具有与参考晶振相同或相似的相位噪声性能。由于压控振荡器输出端相位被放大了 $N$ 倍，因此锁相环的相位噪声性能也会恶化 $N$ 倍，在式（10-76）中已经证明了该结论。鉴频鉴相器/环路滤波器组合模块噪声源至输出相位端的传输函数$H_{\mathrm{n,pcl}}(s)$具有的带通特性主要是因为传输函数$H_{\mathrm{n,ref}}(s)$与环路滤波器阻抗传输函数$H_{\mathrm{LF}}(s)$具有不同的低通带宽，$H_{\mathrm{n,pcl}}(s)$幅度存在随着环路带宽的减小（增大）而逐渐增大（减小）的现象。这是因为在设计过程中环路稳定性始终保持不变，可以明显看出的是，随着环路带宽的逐渐减小（增大），环路滤波器中的容性元件值（$C_1$和$C_2$）均逐渐增大（减小），环路滤波器阻抗幅度逐渐减小（增大），由式（10-87）可知，$H_{\mathrm{n,pcl}}(s)$的幅度逐渐增大（减小）。另外，压控振荡器电压至频率增益的增大也会导致鉴频鉴相器/环路滤波器组合模块引入的相位噪声增大，由图 10-42 可以直观地得出

该结论。根据图 10-43 还可以得出如下近似结论：低通型和高通型传输函数的拐角频率近似相同，均为环路带宽的大小，且带通型传输函数的中心频率等于环路带宽的大小，还可以采用以分频器输出作为锁相环输出来定义的环路带宽作为图 10-42 所示锁相环的环路带宽，所得结论与上述相同。

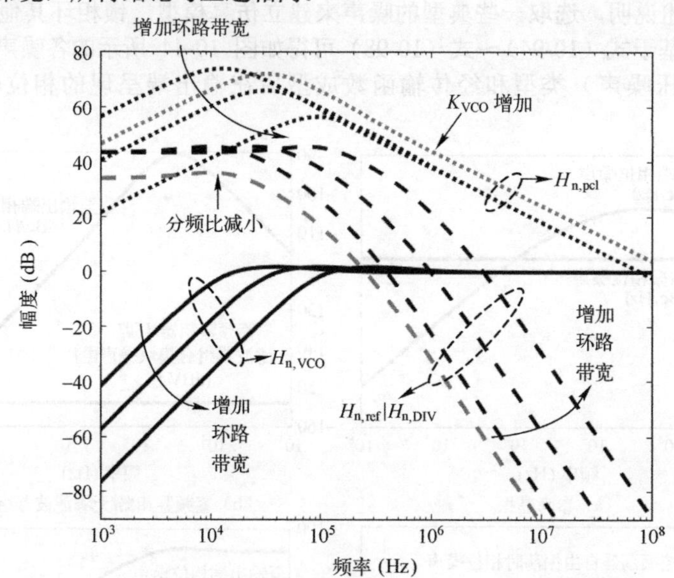


图 10-43　各噪声源至输出相位端传输函数幅频响应曲线

对于噪声源的谱线类型，可以近似按照如下模型来理解：参考晶振、分频器和鉴频鉴相器/环路滤波器模块提供的噪声谱线可以按照直线形式来建模（这种模型在低频处不够准确，但是并不影响结论的正确性），压控振荡器低频处具有 $1/\Delta\omega^3$ 的形式，高频处具有 $1/\Delta\omega^2$ 的形式。由式（10-92）可知，总的相位噪声功率谱等于各噪声源功率谱经传输函数成型后累加得到的。由式（10-85）可知，可以通过 Cadence 工具分别对分频器和压控振荡器的相位噪声（单位 dBc/Hz）进行仿真，并分别记为 $L_{\text{DIV}}(\Delta\omega)$ 和 $L_{\text{VCO}}(\Delta\omega)$。经过各自的传输函数后在锁相环输出端产生的相位噪声功率谱（单位为 dBW）为

$$P_{\text{out,DIV}}(\Delta\omega) = L_{\text{DIV}}(\Delta\omega) + 20\lg\left|H_{\text{n,DIV}}(\text{j}\Delta\omega)\right| \tag{10-94}$$

$$P_{\text{out,VCO}}(\Delta\omega) = L_{\text{VCO}}(\Delta\omega) + 20\lg\left|H_{\text{n,VCO}}(\text{j}\Delta\omega)\right| \tag{10-95}$$

可以参考相应数据手册查阅参考晶振的相位噪声性能（单位 dBc/Hz）。参考晶振在锁相环输出端产生的相位噪声功率谱（单位为 dBW）为

$$P_{\text{out,ref}}(\Delta\omega) = L_{\text{ref}}(\Delta\omega) + 20\lg\left|H_{\text{n,ref}}(\text{j}\Delta\omega)\right| \tag{10-96}$$

对于鉴频鉴相器/环路滤波器组合模块而言，不可能通过 Cadence 工具仿真其相位噪声性能（输出不是振荡信号），根据环路模型可知，只需借助 Cadence 工具仿真出其电压噪声频谱 $V_{\text{n,pcl}}(\Delta\omega)$ 即可（单位为 dBV），该电压噪声经传输函数后在锁相环输出端产生的相位噪声功率谱（单位为 dBW）为

$$P_{\text{out,pcl}}(\Delta\omega) = V_{\text{n,pcl}}(\Delta\omega) + 20\lg\left|H_{\text{n,ref}}(\text{j}\Delta\omega)\right| \tag{10-97}$$

锁相环总的相位噪声为

$$L(\Delta\omega) = 10\lg[10\wedge(P_{\text{out,DIV}}(\Delta\omega)/10) + 10\wedge(P_{\text{out,VCO}}(\Delta\omega)/10) + 10\wedge(P_{\text{out,ref}}(\Delta\omega)/10) + 10\wedge(P_{\text{out,pcl}}(\Delta\omega)/10)] \tag{10-98}$$

基于上述说明，选取一些典型的噪声来建立仿真模型，锁相环其他设计参数参考例 10-2。基于式（10-94）～式（10-98）可得如图 10-44 所示的各噪声源频谱（相位噪声和电压噪声）类型和经传输函数成型后在输出端呈现的相位噪声（单位 dBc/Hz）。

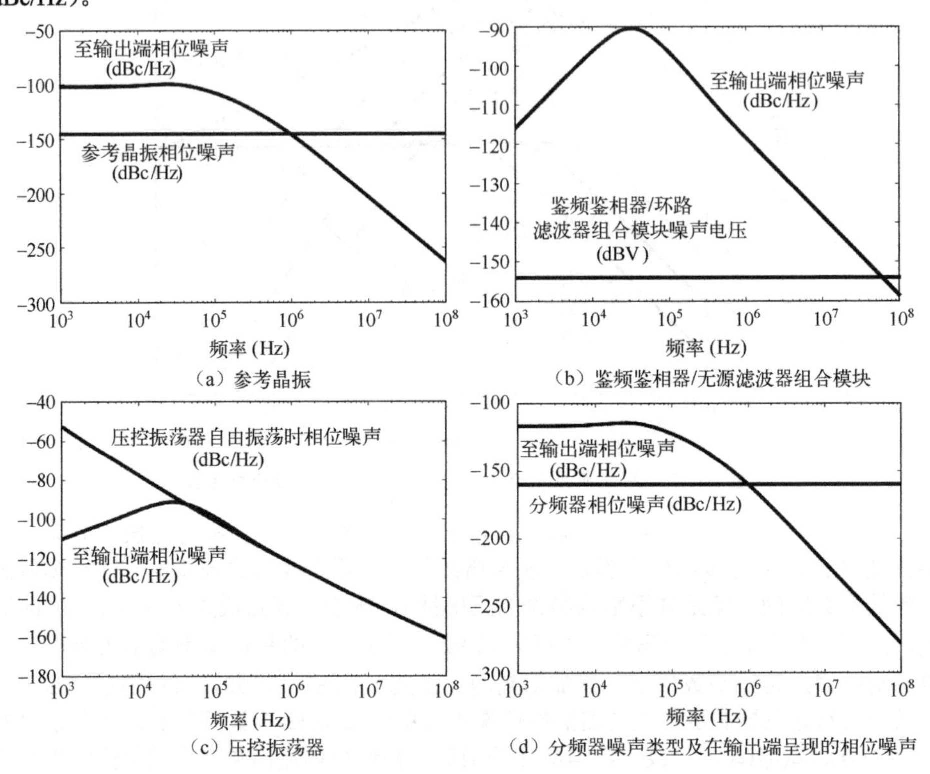


（a）参考晶振 （b）鉴频鉴相器/无源滤波器组合模块

（c）压控振荡器 （d）分频器噪声类型及在输出端呈现的相位噪声

图 10-44 各噪声源

根据图 10-44 的各种噪声源类型及对锁相环输出端的相位噪声影响，可以直观地分析环路带宽对相位噪声的影响，如图 10-45 所示。首先仅考虑传输函数为低通型的噪声源（参考晶振和分频器）和传输函数为高通型的噪声源（压控振荡器）在不同环路带宽下是如何影响环路相位噪声性能的。低通型噪声源相位噪声可近似为一条直线（图中虚线所示），经低通型传输函数放大成型后变为直线 *ABDEI*。压控振荡器相位噪声近似一条斜线（*HCDFG*），当环路带宽设定为 $\omega_{c1}$ 时，锁相环输出端总的相位噪声曲线可表示为 *ABDFG*。当环路带宽减小至 $\omega_{c2}$ 时，锁相环输出端总的相位噪声曲线变化为 *ABCDFG*。当环路带宽值增大至 $\omega_{c3}$ 时，锁相环输出端总的相位噪声曲线变化为 *ABDEFG*。相较于环路带宽为 $\omega_{c1}$ 的情况，增大或减小环路带宽均会导致锁相环相位性能恶化，这会增大锁相环相位误差的均方值，增大的积分面积分别为 $\triangle DEF$ 和 $\triangle BCD$ 的面积。另外，环路带宽的增大或减小还会导致锁相环相位噪声包络中出现突起部分（曲线 *BCD* 和曲线 *DEF*），恶化锁相环的谐波抑制能力。因此，环路带宽存在一个最优值，可以兼顾锁相环最终的相位误差抖动性能和谐波抑制能力。考虑带通型噪声源（鉴频鉴相器/无源滤波器组合模块），由于在较大环路带宽情况下，传输函数 $H_{n,pcl}(s)$提供的增益较小，因此可以忽略带通型噪声源的影响；在较小环路带宽下，由于 $H_{n,pcl}(s)$的带通特性和较大的增益，会进一步加剧锁相环相位噪声曲线的突起部分，恶化相位误差抖动性能和谐波抑制能力。因此上述结论仍然成立。

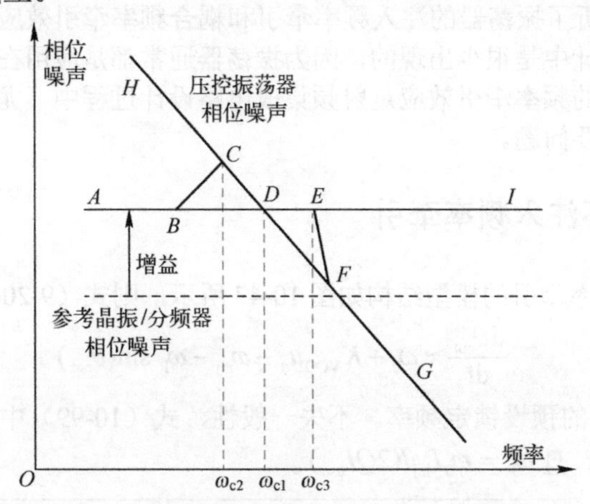


图 10-45 环路带宽对锁相环相位噪声性能的影响

图 10-46 为在不同环路带宽（20kHz、50kHz、150kHz、350kHz）条件下基于式（10-98）和图 10-44 所示的各噪声源类型仿真得到的锁相环相位噪声曲线。可以看出，锁相环的环路带宽在 150kHz 左右时具有较优的相位噪声性能，环路带宽过小或过大均会导致相位噪声曲线出现突起部分，影响总的环路相位噪声性能和谐波抑制能力。

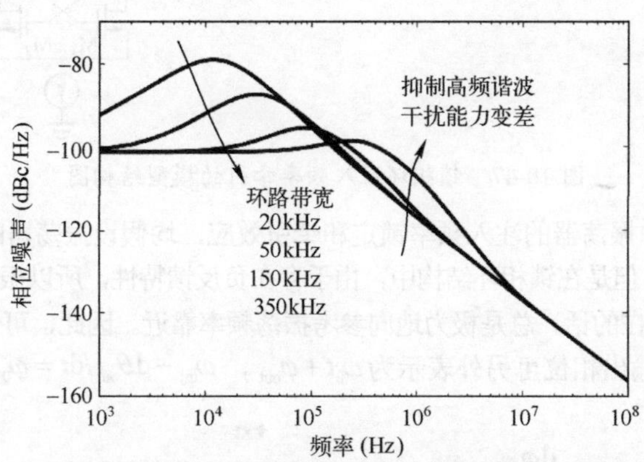


图 10-46 锁相环相位噪声性能仿真

需要说明的是，上述所有设计和计算过程均是在环路稳定性性能不变（相位裕度不变）的情况下进行的。分析至此，可以得出以下定性的结论：环路带宽是高阶锁相环设计中的一个重要参数，不但影响环路的锁定时间，也会对环路的相位噪声性能产生影响，同时在维持环路稳定性不变的情况下，还会影响锁相环的设计面积，因此必须进行折中设计。

# 10.10 锁相环的频率牵引效应

9.6 节详细分析了振荡器的注入频率牵引和耦合频率牵引效应，但是这种现象在射频集成电路的设计中是很少出现的，因为振荡器通常都是应用在锁相环中形成频率综合结构。锁相环的频率牵引效应是射频集成电路设计过程中（尤其是收发机设计）需要关注的一个重要问题。

## 10.10.1 锁相环注入频率牵引

锁相环注入频率牵引的模型结构如图 10-47 所示，则式（9-206）可以改写为

$$\frac{\mathrm{d}\theta_{\mathrm{out}}}{\mathrm{d}t} \approx \omega_0 + K_{\mathrm{VCO}}u_{\mathrm{d}} - \omega_{\mathrm{inj}} - \omega_{\mathrm{R}}\sin(\theta_{\mathrm{out}}) \tag{10-99}$$

式中，$\omega_0$ 为锁相环的预设锁定频率。不失一般性，式（10-99）中已经假设注入信号的初始相位 $\theta_{\mathrm{inj}} = 0$，且 $\omega_{\mathrm{R}} = \omega_0 I_{\mathrm{inj}}/(2QI_{\mathrm{osc}})$。

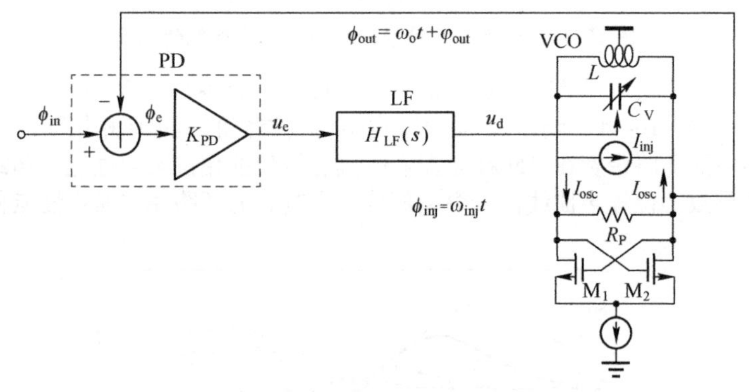


图 10-47 锁相环注入频率牵引的模型结构图

为了分析单独振荡器的注入频率锁定和牵引效应，均假设振荡器的输出相位表示为 $\omega_{\mathrm{inj}}t + \theta_{\mathrm{out}}$ 的形式。但是在锁相环结构中，由于存在负反馈特性，所以振荡器的振荡频率经过分频后（如果存在的话）总是极力地向参考振荡频率靠近。因此，可假设振荡器的锁定振荡频率为 $\omega_0$，输出相位可另外表示为 $\omega_0 t + \varphi_{\mathrm{out}}$，$\omega_{\mathrm{inj}} + \mathrm{d}\theta_{\mathrm{out}}/\mathrm{d}t = \omega_0 + \mathrm{d}\varphi_{\mathrm{out}}/\mathrm{d}t$，代入式（10-99）可得

$$\frac{\mathrm{d}\varphi_{\mathrm{out}}}{\mathrm{d}t} = K_{\mathrm{VCO}}u_{\mathrm{d}} - \omega_{\mathrm{R}}\sin[\varphi_{\mathrm{out}} - (\omega_{\mathrm{inj}} - \omega_0)t] \tag{10-100}$$

存在注入锁定时，注入干扰信号的幅度通常都要远小于锁相环输出振荡信号的振荡幅度，因此注入干扰信号对锁相环振荡性能的影响有限。另外，锁相环的负反馈特性会强制 $\varphi_{\mathrm{out}}$ 趋于参考振荡频率的初始相位（通常都是针对Ⅱ型锁相环），也就是 0（不失一般性，假定参考振荡频率的初始相位为 0）。因此，式（10-100）可另外表

示为（这是同振荡器的注入频率牵引最大的区别）

$$\frac{\mathrm{d}\varphi_{\text{out}}}{\mathrm{d}t}=K_{\text{VCO}}u_{\text{d}}+\omega_{\text{R}}\sin(\omega_0-\omega_{\text{inj}})t \tag{10-101}$$

由图 10-47 可知，$u_{\text{d}}=K_{\text{PD}}\varphi_{\text{out}}*h_{\text{LF}}(t)$，其中 $h_{\text{LF}}(t)$ 为环路滤波器的电流冲激响应，符号“*”代表卷积，代入式（10-101）并进行拉普拉斯变换可得

$$s\varphi_{\text{out}}(s)=K_{\text{PD}}K_{\text{VCO}}H_{\text{LF}}(s)\varphi_{\text{out}}(s)-\mathrm{j}\pi\omega_{\text{R}}[\delta(\omega-\Delta\omega)-\delta(\omega+\Delta\omega)] \tag{10-102}$$

式中，$\Delta\omega=\omega_0-\omega_{\text{inj}}$。可以看出，相位项 $\varphi_{\text{out}}(s)$ 只有在 $\pm\Delta\omega$ 处才不为 0，因此其在时域为一个正弦或余弦函数，频率为 $\Delta\omega$，在时域的幅度为

$$|\varphi_{\text{out}}(\mathrm{j}\Delta\omega)|=\frac{\pi\omega_{\text{R}}}{|-\mathrm{j}\Delta\omega+K_{\text{PD}}K_{\text{VCO}}H_{\text{LF}}(s)|} \tag{10-103}$$

因此，当锁相环存在注入频率干扰时，注入干扰会在锁相环的输出相位中产生一个正弦或余弦函数项，在输出电压信号频域中表现为两个毛刺信号，分别位于频率 $\omega_0+\Delta\omega$ 处和 $\omega_0-\Delta\omega$。当 $\Delta\omega\to 0$ 或 $\Delta\omega\to\pm\infty$ 时，毛刺项的幅度均趋于 0，只有在位于两者之间的某一频率处才会产生最大的毛刺干扰。这种现象符合直观判断：压控振荡器输出相位噪声的传输函数为高通滤波结构，因此低频处的谐波会很大程度上被抑制。另外，如果注入频率与振荡频率之间的频率差较大，等效于输入参考信号的相位中存在一个快速的变化量，由于输入参考相位的传输函数为一个低通结构，因此较大的频率差同样会被明显地抑制。如果注入频率与振荡频率之间的频率差在锁相环环路带宽附近，则高通滤波结构和低通滤波结构均不会对该频率差造成明显影响，注入信号在相位噪声中产生的干扰谐波幅度接近最大。

## 10.10.2 锁相环耦合频率牵引

在进行多通道收发机设计时，不同的接收中频频率需求（包括零中频）和不同的发射频率需求通常都会在收发机中集成多个锁相环结构的频率综合器，如果设计不当，极易出现锁相环之间的耦合频率牵引情况，恶化频率综合器的相位噪声性能。

锁相环的耦合频率牵引模型如图 10-48 所示。考虑锁相环中的负反馈特性，式（9-221）和式（9-222）可以重新表示为

$$\frac{\mathrm{d}\phi_{\text{out1}}}{\mathrm{d}t}=\omega_{01}+K_{\text{CP1}}K_{\text{VCO1}}(\phi_{\text{in1}}-\phi_{\text{out1}})*h_{\text{LF1}}(t)-\omega_{\text{R1}}\sin(\theta_1-\theta_2-a_1) \tag{10-104}$$

$$\frac{\mathrm{d}\phi_{\text{out2}}}{\mathrm{d}t}=\omega_{02}+K_{\text{CP2}}K_{\text{VCO2}}(\phi_{\text{in2}}-\phi_{\text{out2}})*h_{\text{LF2}}(t)-\omega_{\text{R2}}\sin(\theta_2-\theta_1-a_2) \tag{10-105}$$

式中，$\phi_{\text{out1}}$ 和 $\phi_{\text{out2}}$ 分别为两个锁相环中振荡器的瞬时振荡相位；$\omega_{01}$ 和 $\omega_{02}$ 分别为两个锁相环的预设锁定频率；$h_{\text{LF1}}(t)$ 和 $h_{\text{LF2}}(t)$ 分别为两个锁相环中环路滤波器的电流冲激响应；$a_1$ 和 $a_2$ 分别为两个锁相环彼此注入路径中的相位延迟（见图 10-77）；$\omega_{\text{R1}}$ 和 $\omega_{\text{R2}}$ 的表达式同式（9-221）和式（9-222）中的相同。令

$$\phi_{\text{out1}}=\omega_{01}t+\varphi_{\text{out1}} \tag{10-106}$$

$$\phi_{\text{out2}}=\omega_{02}t+\varphi_{\text{out2}} \tag{10-107}$$

分别代入式（10-104）和式（10-105）可得

$$\frac{\mathrm{d}\varphi_{\text{out1}}}{\mathrm{d}t}=K_{\text{CP1}}K_{\text{VCO1}}\varphi_{\text{out1}}*h_{\text{LF1}}(t)-\omega_{\text{R1}}\sin(\Delta\omega t+\varphi_{\text{out1}}-\varphi_{\text{out2}}-a_1) \quad (10\text{-}108)$$

$$\frac{\mathrm{d}\varphi_{\text{out2}}}{\mathrm{d}t}=K_{\text{CP2}}K_{\text{VCO2}}\varphi_{\text{out2}}*h_{\text{LF2}}(t)-\omega_{\text{R2}}\sin(-\Delta\omega t+\varphi_{\text{out2}}-\varphi_{\text{out1}}-a_2) \quad (10\text{-}109)$$

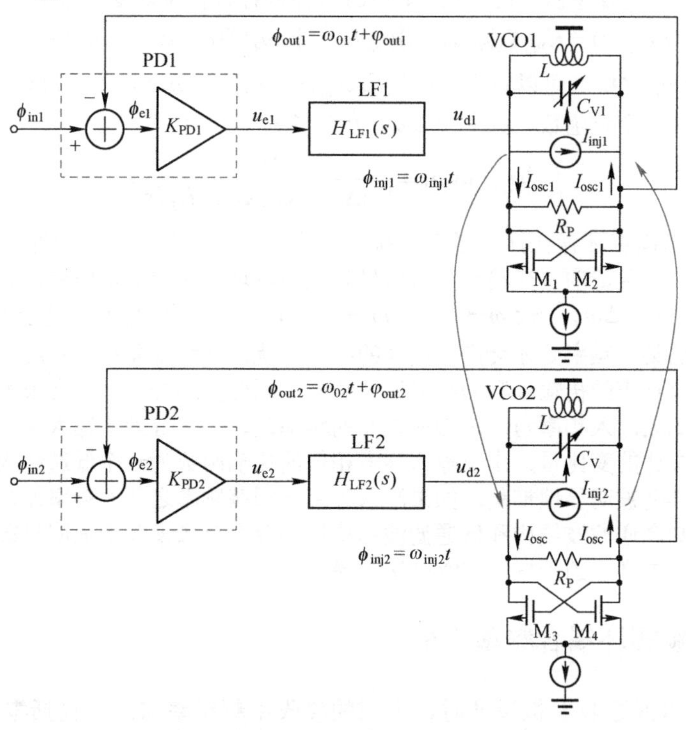


图 10-48 锁相环耦合频率牵引模型

式中，$\Delta\omega=\omega_{01}-\omega_{02}$。相较于振荡器之间的耦合干扰模型，锁相环之间的耦合干扰受负反馈特性的影响迫使下式成立：

$$\varphi_{\text{out1}}-\varphi_{\text{out2}}\approx 0 \quad (10\text{-}110)$$

如果锁相环的参考晶振频率、相位不同，或者锁相环中的分频比不同，式（10-110）可近似为一个不为 0 的常数，但该结果不影响后续的分析。式（10-108）和式（10-109）可以分别表示为

$$\frac{\mathrm{d}\varphi_{\text{out1}}}{\mathrm{d}t}=K_{\text{CP1}}K_{\text{VCO1}}\varphi_{\text{out1}}*h_{\text{LF1}}(t)-\omega_{\text{R1}}\sin(\Delta\omega t-a_1) \quad (10\text{-}111)$$

$$\frac{\mathrm{d}\varphi_{\text{out2}}}{\mathrm{d}t}=K_{\text{CP2}}K_{\text{VCO2}}\varphi_{\text{out2}}*h_{\text{LF2}}(t)-\omega_{\text{R2}}\sin(-\Delta\omega t-a_2) \quad (10\text{-}112)$$

对式（10-111）和式（10-112）分别进行拉普拉斯变换可得

$$s\varphi_{\text{out1}}(s)=K_{\text{PD1}}K_{\text{VCO1}}H_{\text{LF1}}(s)\varphi_{\text{out1}}(s)+\frac{\mathrm{j}\pi\omega_{\text{R1}}}{2}[\delta(\omega-\Delta\omega)-\delta(\omega+\Delta\omega)]\mathrm{e}^{-\mathrm{j}a_1} \quad (10\text{-}113)$$

$$s\varphi_{\text{out2}}(s)=K_{\text{PD2}}K_{\text{VCO2}}H_{\text{LF2}}(s)\varphi_{\text{out2}}(s)+\frac{\mathrm{j}\pi\omega_{\text{R2}}}{2}[\delta(\omega+\Delta\omega)-\delta(\omega-\Delta\omega)]\mathrm{e}^{-\mathrm{j}a_2} \quad (10\text{-}114)$$

因此锁相环之间的耦合频率牵引现象和锁相环的注入频率牵引相似，均只会在输出相位噪声曲线中引入两个谐波干扰成分，谐波干扰的大小同样和两个锁相环预设锁定频率的差值有关，也呈现一个带通特性。和振荡器之间的耦合频率牵引不同的是，两个锁相环之间的耦合路径相位延迟 $a_1$ 和 $a_2$ 不会改变锁相环的最终锁定频率。根据第 3 章的分析，以及式（10-113）和式（10-114）可知，耦合路径相位延迟只会改变谐波干扰项的相位谱，不会影响谐波干扰项的幅度谱。

根据本节的分析，可以得到一些抑制频率牵引的方法：

① 增大压控振荡器之间的隔离，减小彼此注入强度。例如，在布局时尽可能使压控振荡器的距离最大化，并在压控振荡器的周围增加隔离环。

② 压控振荡器应单独供电（使用单独的线性稳压器）和接地，避免彼此直接通过电源或地线互相干扰。

③ 增大 RLC 谐振网络的品质因子以降低注入强度。

④ 对于给定的锁相环频率差 $\Delta\omega$，合理设计锁相环的各项参数，使频率差位于如式（10-103）带通响应的截止带。

# 10.11 锁相环的其他应用场景

锁相环除用于频率综合器实现频率综合的功能外，还有很多其他的重要应用场合和作用，包括信号的载波跟踪功能、调制和解调功能、数据采样和传输的同步功能，以及延迟锁相环的设计。

## 10.11.1 载波跟踪

在数字信号处理中，载波跟踪是相干解调系统中必需的一个环节。通常载波跟踪均是依靠锁相环来完成的，以 QPSK 载波跟踪为例，如图 10-49 所示。锁相环中的鉴相器一般都是基于乘法器来实现的，在实现载波跟踪后，鉴相器的输出中包含差项信号（基带信号）与和项信号（2 次高频信号），经过低通滤波器后，滤除高频信号，对剩余基带信号进行位定时及判决后，便可实现原始数据的解调。

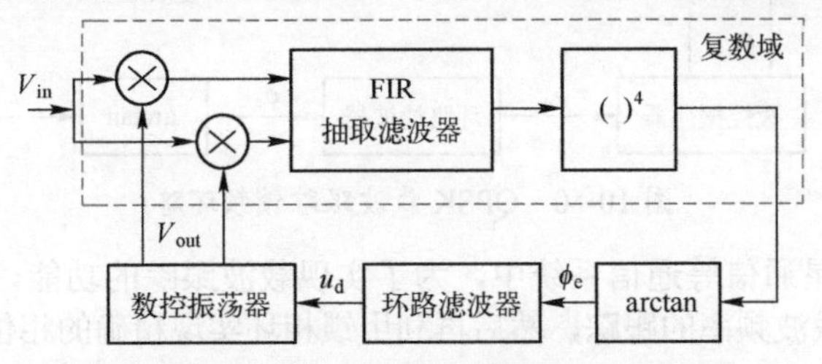


图 10-49 QPSK 载波跟踪锁相环路

鉴相器主要包括复数域乘法器、有限脉冲响应（FIR）抽取滤波器、四次方模块和基于 Cordic 算法的 Arctan 模块。乘法器模块实现输入信号的下变频功能。FIR 抽取滤波器主要用于滤除高频信号，保留基带信号，并降低数据速率。四次方模块主要用于去除相位调制信息，将信号变为单音模式。通过 Arctan 模块后，输出相位信息

（由于 Arctan 模块通常会提供一定的增益，可以理解为鉴相器鉴相增益$K_{PD}$，因此也可以将相位信号理解为电流或电压信号）。经过环路滤波器（通常在数字域实现一个带有积分器的一阶有源滤波器，如图 10-13 所示）稳压后，输出控制电压$u_d$，调整数控振荡器的输出振荡频率和相位，对输入信号进行跟踪和锁定。

但是在卫星通信等存在高速相对运动的通信系统中，输入端信号的载波通常存在多普勒频移或多普勒加速频移。在载波跟踪环路中，为了提高锁定的准确度，锁相环的环路带宽通常设计得非常小（甚至只有几 Hz）。由 10.5 节的分析可知，该种结构锁相环承受起始频率误差的范围非常小。另外，由于多普勒频移还存在一定的加速度，会导致锁定后的相位出现一定的偏差，无法实现载波跟踪的功能。

本章提及的各种Ⅱ型锁相环结构也存在此种问题。考虑这样一种情况：如果锁相环位于一个温度持续变化的环境中，可以肯定的是压控振荡器的输出振荡频率处于一种持续变化的状态（电容和电感均为温度敏感元件），即输出振荡频率存在一个加速度。这种情况等效于在恒温环境下，输入参考频率是一个存在频率加速度的信号。Ⅱ型锁相环系统必然导致鉴频鉴相器的输出存在一个固定的相位误差，如果频率加速度过大，相位误差会超过$2\pi$，从而导致锁相环失锁。

为了解决载波跟踪中由于多普勒频偏引起的过大频率误差或存在相位误差的情况，通常采用Ⅱ型锁频环结构，如图 10-50 所示。相较于图 10-49 中的锁相环，锁频环增加了一个延时相乘模块，对经过下变频、抽取滤波和四次方后的复数信号进行延时相乘，可以得到包含频率误差与延时乘积的复数域单音信号。经过 Arctan 模块后，输出频率误差与延时的乘积，即输出了输入信号载波与数控振荡器输出振荡信号之间的频率误差，又提供了一定的增益（增益大小和延时相同）。因此，图 10-50 所示环路是以频率作为负反馈因子的，所以称其为锁频环。如果将锁频环设计为Ⅱ型的，则Ⅱ型锁频环的环路传输函数和Ⅱ型锁相环的环路传输函数是相似的，锁频环结构对频率误差不敏感，即使输入端信号载波存在多普勒加速频移，也不会影响频率的锁定（感兴趣的读者可以借鉴锁相环的具体推导过程来验证此结论）。

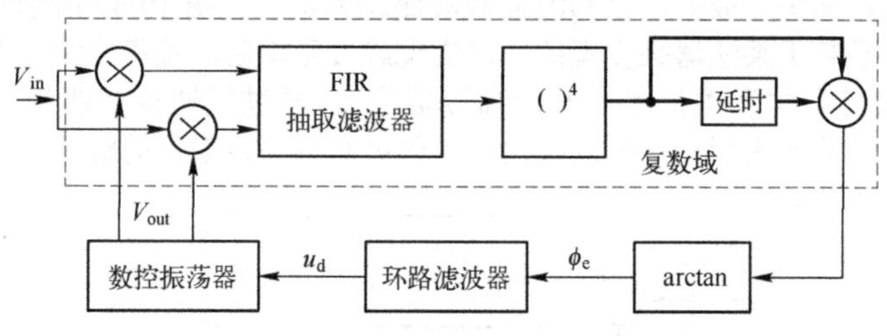


图 10-50　QPSK 载波跟踪锁频环路

因此，在卫星通信等通信系统中，为了实现载波跟踪的功能，通常都会首先使用锁频环实现对载波频率的跟踪，然后再利用锁相环实现精确的相位跟踪，以达到相干解调的目的。

### 10.11.2　调制和解调

任意压控振荡器均可作为一个调频结构单元。压控振荡器输出振荡信号与输入

控制电压之间的关系可表示为（幅度归一化）

$$V_{\text{out}} = V_{\partial} \sin\left[ \omega_0 t + K_{\text{VCO}} \int_0^t u_{\text{d}} \text{d}t + \theta_0 \right] \tag{10-115}$$

因此，如果将基带信号作为压控振荡器控制信号，便可以实现频率调制功能。但是压控振荡器中的无源元件（LC 振荡器）或有源晶体管的阈值电压均是温度敏感的，即压控振荡器的输出振荡频率还受外部温度的调制。为了避免此类现象的出现，通常采用锁相环结构来作为调频信号发生器。

如图 10-51 所示，如果在压控电压处加入一个额外的控制电压，由式（10-85）、式（10-86）、式（10-90）和式（10-91）可知

$$\frac{\phi_{\text{out}}(s)}{V_{\text{c}}(s)} = \frac{K_{\text{VCO}}/s}{1 + H_{\text{fw}}(s) H_{\text{fb}}(s)} \tag{10-116}$$

则有

$$s\phi_{\text{out}}(s) = \frac{K_{\text{VCO}} V_{\text{c}}(s)}{1 + H_{\text{fw}}(s) H_{\text{fb}}(s)} \tag{10-117}$$

式（10-117）的左边在时域表示压控振荡器的输出频率，因此整个等式意味着放大 $K_{\text{VCO}}$ 倍的压控电压 $V_{\text{c}}$ 经过高通滤波后对压控振荡器的输出频率进行调制。如果设计的锁相环环路带宽小于压控电压的频域带宽最小值，可以实现高精度的频率调制。

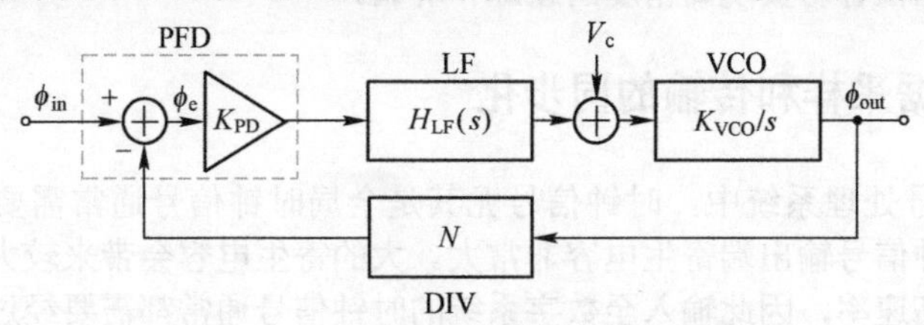


图 10-51 基于锁相环的调频信号发生器

图 10-49 中采用了专门设计的鉴相器来剥离调制信息的影响，并最终实现载波跟踪的功能。回想一下典型的Ⅱ型锁相环结构，如图 10-52 所示，当锁相环锁定后，相位误差 $\phi_{\text{e}} = 0$，这意味着振荡器输出相位分频后时刻跟随输入信号相位的变化。由于压控振荡器相当于一个积分器，因此控制电压节点处的时域电压信号等效于对压控振荡器输出相位 $\phi_{\text{out}}$ 进行微分并除以增益 $K_{\text{VCO}}$。

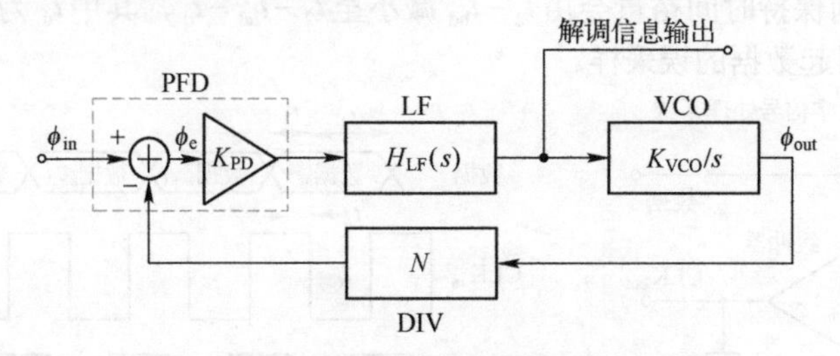


图 10-52 基于锁相环的调频信号解调器

假设输入信号的相位 $\phi_{\text{in}}$ 为

$$\phi_{\text{in}} = \omega_{\text{in}} t + \phi_{\text{mod}} \tag{10-118}$$

则锁相环输出信号相位为

$$\phi_{out} = N\omega_{in}t + N\phi_{mod} \tag{10-119}$$

调频输入信号的调制相位为

$$\phi_{mod} = K_{mod}\int_0^t V_{mod}\mathrm{d}t \tag{10-120}$$

式中，$V_{mod}$ 为输入基带信号；$K_{mod}$ 为调制增益。因此解调信息输出端的输出信号为

$$V_{demod} = \frac{\mathrm{d}\phi_{out}/\mathrm{d}t}{K_{VCO}} = \frac{N\omega_{in}}{K_{VCO}} + \frac{NK_{mod}V_{mod}}{K_{VCO}} \tag{10-121}$$

式中，$N\omega_{in}/K_{VCO}$ 为直流项；$NK_{mod}V_{mod}/K_{VCO}$ 为解调出的基带项。

需要说明的是：锁相环作为调频信号的解调器是需要一定条件的。我们知道，对于输入端信号而言，锁相环路的传输函数呈现低通滤波的特性，为了保证锁相环输出端的相位对输入端相位的精确跟踪，设计的锁相环环路带宽必须大于输入调制相位的频域带宽，其带宽等于基带信号 $V_{mod}$ 的频域带宽经 $1/\omega$ 型低通滤波器成型后的带宽。但是过大或过小的环路带宽极易造成锁相环相位噪声性能的明显恶化（见图 10-46），从而降低跟踪性能和解调性能。大多数情况下，如果调频信号的基带信号具有较窄的频带，可以考虑使用锁相环结构作为解调器，这样对锁相环相位噪声的优化会具有更大的自由度，也很容易实现高精度的跟踪和解调。

## 10.11.3 数据采样和传输的同步化

在数字信号处理系统中，时钟信号尤其是全局时钟信号通常需要驱动大量的逻辑门，导致时钟信号输出端寄生电容非常大。大的寄生电容会带来较大的时钟延迟，限制时钟的最高速率，因此输入至数字系统的时钟信号通常都需要经过一个大尺寸的缓冲器。但是，缓冲器的引入同样会引入一定的时钟延迟，时钟的延迟会造成时钟的偏斜问题，影响同步电路中寄存器的保持时间裕量，严重时会导致同步系统的紊乱。

如图 10-53 所示，数据和时钟信号同时送入数字信号处理系统中，如果不存在时钟偏斜，且 $t_1 \geqslant t_{su}$ 和 $t_2 \geqslant t_{hd}$（其中 $t_1 + t_2 = T$，$T$ 为时钟周期，$t_1$ 主要是由寄存器的传输延迟，以及数据和时钟信号在数字信号处理系统外部传输时的传输时差引入的），则满足数据采样和传输的同步化要求，数据可以无误地传输和处理。但是如果存在时钟偏斜问题，则保持时间裕量会由 $t_2 - t_{hd}$ 减小至 $t_2 - t_{hd} - t_d$，其中 $t_d$ 为时钟偏斜量，严重时很可能引起数据的误采样。

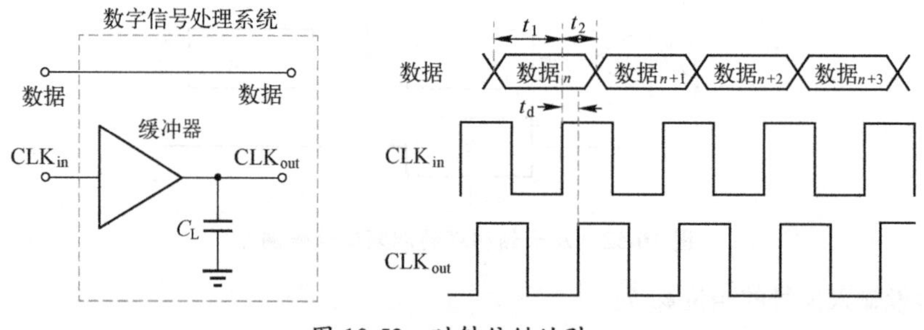


图 10-53　时钟偏斜的引入

为了减小时钟偏斜带来的同步紊乱问题，大多数数字信号处理系统中（如基于 FPGA 的数字信号处理平台）均采用基于锁相环的时钟缓冲结构，如图 10-54 所示，利用锁相环的相位跟踪功能自动完成时钟偏斜的补偿，保证同步系统的正常运行。

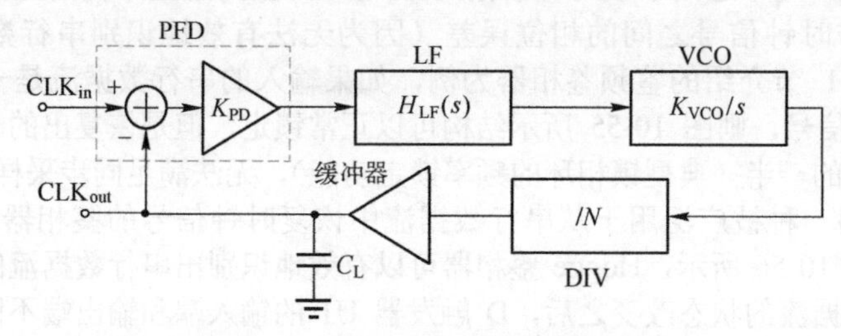


图 10-54 基于锁相环的时钟缓冲器

## 10.11.4 时钟/数据恢复

在数据的传输中，采用有线传输方式的基带数字通信有其特定的优点。双绞线、同轴电缆、光纤等信道都能有效衰减外界噪声的干扰，从而给传输的信号带来更高的信噪比。为了降低布线难度和实现较好的媒介隔离，通常都采用高速串行数据传输，也就是仅有一根数据线作为信号传输信道，因此在数据接收端必须具备时钟恢复能力，才能实现信号的同步采样和处理。另外，高速的串行数据经过有线信道的传输后会出现信号衰减、边沿抖动等问题，信号质量会明显恶化，因此接收端还必须具备数据恢复的能力。

通常采用的时钟/数据恢复电路均是基于锁相环结构的，如图 10-55 所示。鉴频鉴相器将输入的串行数据流的相位和压控振荡器的振荡信号分频后的相位进行比较，产生与相位误差成正比的脉冲误差信号。这个误差信号经过电荷泵实现对环路滤波器的积分型充放电后产生电压控制信号，调整压控振荡器的输出频率和相位。当环路锁定后，压控振荡器输出振荡信号分频后的时钟信号即为从串行数据流中恢复出来的时钟，该时钟信号再对串行数据流进行采样即可得到恢复的数据。

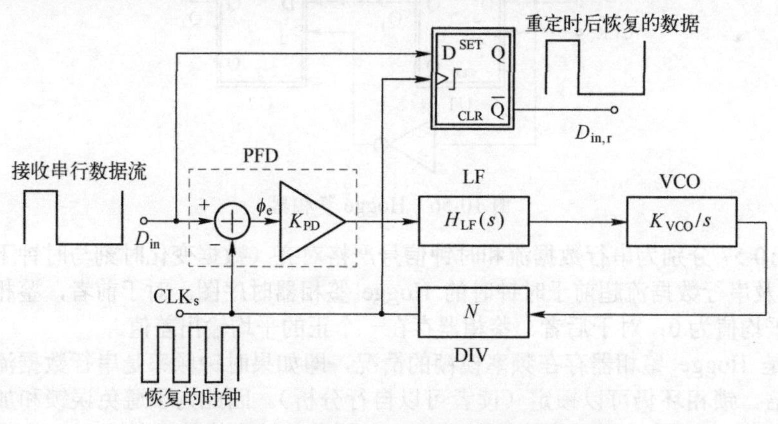


图 10-55 基于锁相环的时钟/数据恢复电路

时钟对数据的同步采样必须满足两个条件。首先，恢复的时钟信号频率必须和数据速率相等。其次，时钟信号必须在数据信号的峰值处采样才能保证较低的误码率。为了能够正确地恢复出满足上述条件的时钟和数据，本章介绍的各种鉴相器，包括鉴频鉴相器，均不适用于该时钟/数据恢复电路，因为这些结构均无法有效地给出串行数据流与时钟信号之间的相位误差（因为无法有效地识别串行数据流的下降沿）。以 10.6.1 节介绍的鉴频鉴相器为例，如果输入的串行数据流是一个占空比为50%的类时钟信号，则图 10-55 所示结构可以正常锁定，但是恢复出的时钟信号频率仅为数据速率的一半（典型锁相环的频率锁定功能），无法满足同步采样要求。

本节介绍一种被广泛用于从串行数据流中恢复时钟信号的鉴相器结构：Hogge 鉴相器。如图 10-56 所示，Hogge 鉴相器可以有效地识别出串行数据流的数据变化时刻。在串行数据流的状态改变之后，D 触发器 U1 的输入端和输出端不同，会迫使异或门 U3 的输出端 X 置高。当时钟的上升沿来到时，D 触发器 U1 的输入端和输出端相同，会迫使异或门 U3 的输出端 X 置低。此时 D 触发器 U2 的输入端和输出端不同，会迫使异或门 U4 的输出端 Y 置高。当时钟的下降沿来到时，D 触发器 U1 的输入端和输出端相同，会迫使异或门 U4 的输出端 Y 置低。如果假设时钟信号的占空比为 50%，那么对于每个数据变化，U1、U2 的输出均是一个高电平脉冲。U2 的宽度等于时钟周期的一半，U1 的宽度取决于串行数据流和时钟的相位误差，即串行数据状态变化时刻至下一周期时钟上升沿的相位误差。当串行数据流和时钟严格对齐时，U1 的高电平持续时间等于时钟周期的一半，环路完成锁定。因此，可以通过比较 $X$ 和 $Y$ 的脉冲宽度得到所需的相位误差。

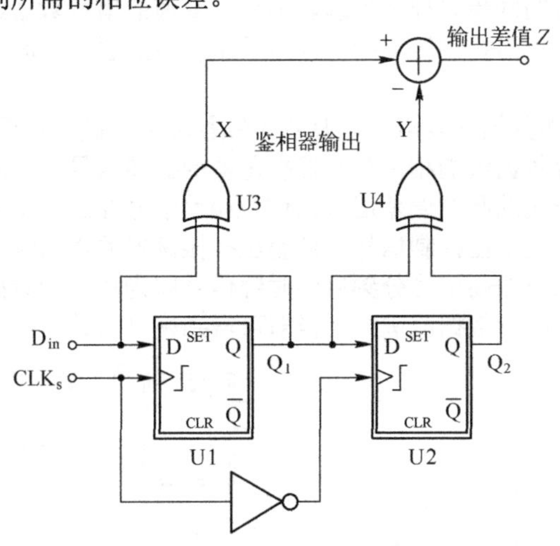


图 10-56 Hogge 鉴相器

图 10-57 分别为串行数据流和时钟信号严格对齐（数据变化时刻与时钟下降沿对齐），以及串行数据流超前于时钟时的 Hogge 鉴相器时序图。对于前者，鉴相器的输出差值平均值为 0；对于后者，鉴相器存在一个正的平均输出差值。

但是 Hogge 鉴相器存在频率模糊的情况，即如果时钟频率是串行数据流码速率的整数倍，锁相环仍可以锁定（读者可以自行分析）。因此为了避免误锁和加快锁定速度，一般会在图 10-55 的基础上增加一个频率预锁定模块（相当于一个频率综合器），如图 10-58 所示。当频率预锁定模块锁定后，锁定指示标志会通过 MUX 模块

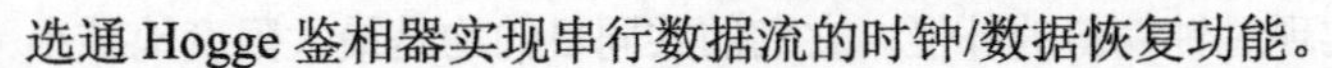

选通 Hogge 鉴相器实现串行数据流的时钟/数据恢复功能。

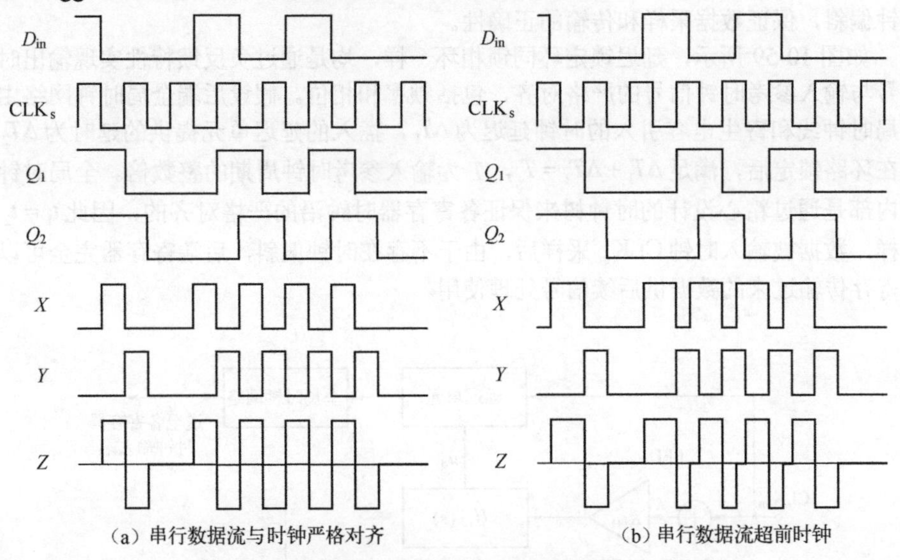


（a）串行数据流与时钟严格对齐　　（b）串行数据流超前时钟

图 10-57　Hogge 鉴相器时序图

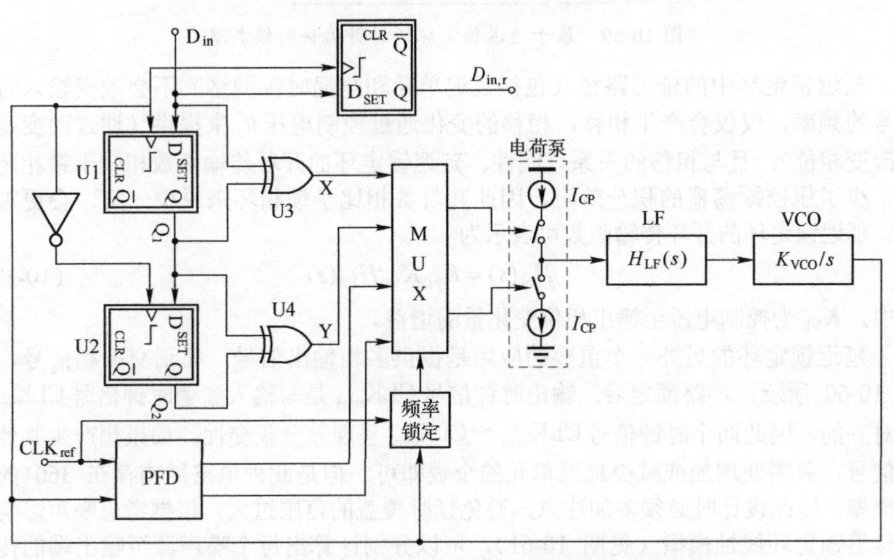


图 10-58　具有频率预锁定功能的时钟/数据恢复电路

### 10.11.5　延迟锁定环

延迟锁定环（Delay Locked-Loop，DLL）是锁相环的一种特殊应用类型，其作用和在 10.11.3 节中描述的具体锁相环应用相同，但是技术原理有所不同。前者主要是通过改变传输路径中延迟单元的延时以补偿后端全局时钟网络带来的时钟延迟（这是延迟锁定环最典型的应用，在 FPGA 中被广泛使用），后者主要是通过反馈调节压控振荡器的频率和相位来实现时钟偏斜的补偿。它们的共同目的均是最大限度地减小时钟偏斜，保证数据采样和传输的正确性。

如图 10-59 所示，延迟锁定环同锁相环一样，均是通过负反馈特性实现输出时钟信号与输入参考时钟信号的严格对齐，包括频率和相位。假设后端全局时钟网络由于全局时钟线和寄生电容引入的时钟延迟为$\Delta T_1$，插入的延迟单元提供的延时为$\Delta T_2$，则在环路锁定后，满足$\Delta T_1+\Delta T_2=T$，$T$为输入参考时钟周期的整数倍。全局时钟网络内部是通过精心设计的时钟树来保证各寄存器时钟沿的严格对齐的，因此$t_1=t_2$。这样，数据被输入时钟$CLK_{in}$采样后，由于不存在时钟偏斜，后端寄存器完全可以正确寄存传输过来的数据供后续信号处理使用。

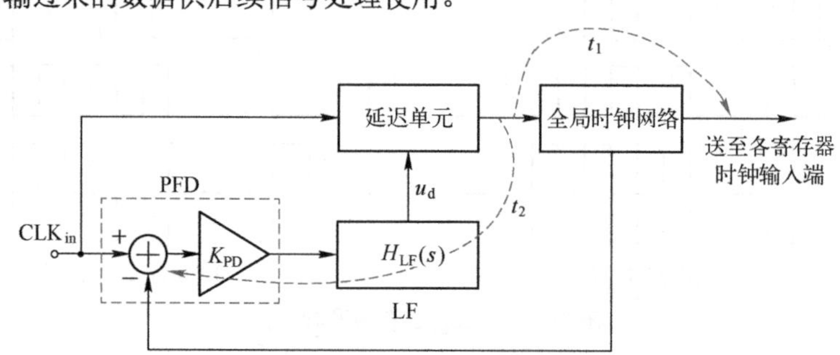


图 10-59　基于延迟锁定环的时钟偏斜补偿电路

延迟锁定环中的延迟路径（包括延迟单元和全局时钟网络）不会改变输入时钟信号的频率，仅仅会产生相移，相移的变化通过控制电压$u_d$来提供（通过改变延时来改变相位），且与相移的关系呈线性。延迟锁定环的开环传输函数相较于锁相环来说，少了压控振荡器的积分效应，因此其阶数相比于锁相环来说少一阶，会更加稳定。延迟锁定环的开环传输函数可表示为

$$H_{ol}(s)=K_{PD}K_{VP}H_{LF}(s) \tag{10-122}$$

式中，$K_{VP}$为控制电压至输出相位变化量的增益。

延迟锁定环的另外一个重要的应用是提供多相输出信号，如正交多相信号。如图 10-60 所示，环路锁定后，输出时钟信号$CLK_{out3}$是与输入参考时钟信号$CLK_{in}$严格对齐的，因此四个时钟信号$CLK_{out0}$～$CLK_{out3}$呈现差分正交性。如果想产生其他多相信号，只需要增加或减少延迟单元的个数即可。但是此种电路结构存在 360°的相位模糊，因此设计时必须多加注意，避免延时覆盖的范围过大。根据考虑噪声影响后的延迟锁定环线性模型（见图 10-61），可以分别计算出每个噪声源至输出端的传输函数，其中，$\phi_{n,VP}$为延迟单元的相位噪声谱线。

输入参考晶振噪声源至延迟锁定环输出端的传输函数为

$$H_{n,ref}(s)=\frac{\phi_{out}(s)}{\phi_{n,ref}(s)}=1 \tag{10-123}$$

鉴频鉴相器/环路滤波器组合模块噪声源至延迟锁定环输出端的传输函数为

$$H_{n,pcl}(s)=\frac{\phi_{out}(s)}{V_{n,pcl}(s)}=\frac{K_{VP}}{1+K_{PD}K_{VP}H_{LF}(s)} \tag{10-124}$$

延迟单元噪声源至延迟锁定环输出端的传输函数为

$$H_{\mathrm{n,VP}}(s)=\frac{\phi_{\mathrm{out}}(s)}{\phi_{\mathrm{n,VP}}(s)}=\frac{1}{1+K_{\mathrm{PD}}K_{\mathrm{VP}}H_{\mathrm{LF}}(s)} \tag{10-125}$$

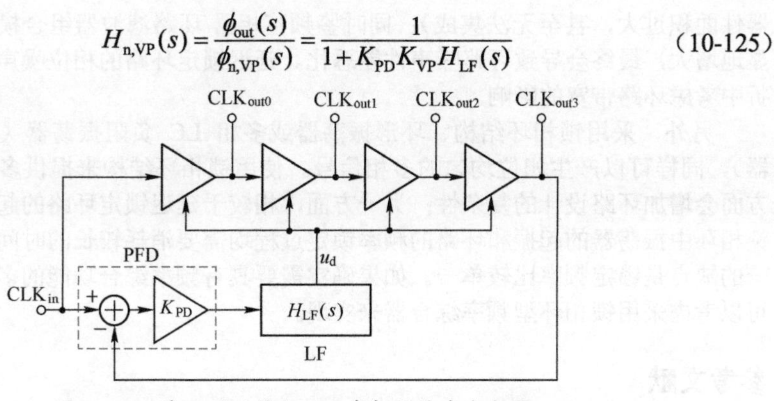


图 10-60 基于延迟锁定环的多相信号产生电路

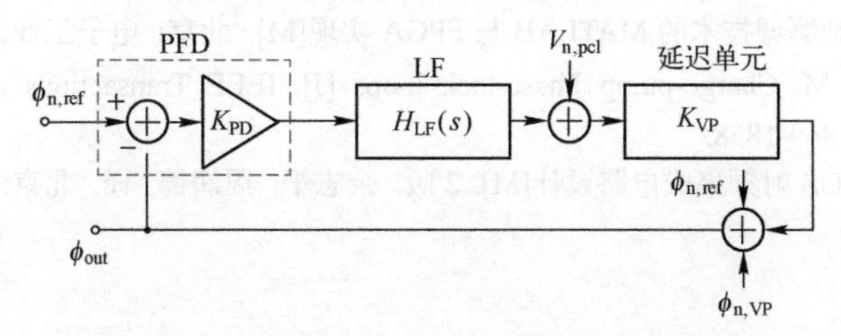


图 10-61 考虑噪声影响后的延迟锁定环线性模型

选取如图 10-24 所示的三阶无源滤波器，并选取合适的参数，保证环路具有足够的相位裕度，可得上述三个噪声源传输函数的幅频响应仿真结果如图 10-62 所示。

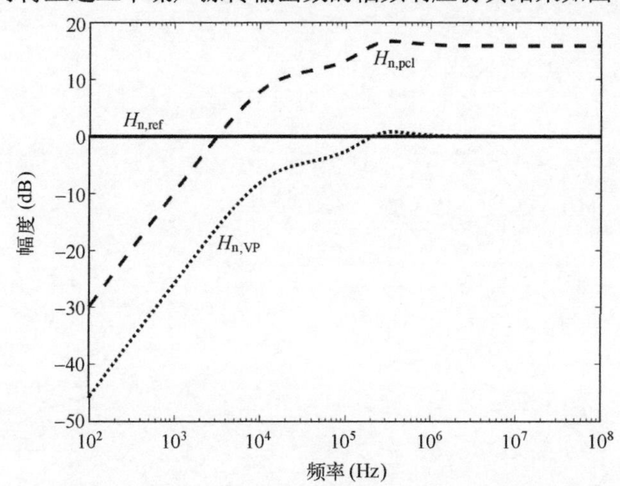


图 10-62 三个噪声源至输出相位端传输函数幅频响应曲线

由图 10-62 可知，输入参考时钟端的相位噪声是无法消除的，因此在进行延迟锁相环设计时，选取的参考时钟信号必须具有非常好的相位噪声性能。另外，对于鉴频鉴相器/环路滤波器组合模块噪声源和延迟单元噪声源来说，只需要选取足够大的环路带宽便可有效地抑制它们对环路相位噪声的贡献。环路带宽也不是越大越好，过大的环路带宽会导致无源滤波器设计的复杂化（为了维持环路的稳定性，会导致某些元器件面积过大，甚至无法集成）；同时鉴频鉴相器/环路滤波器组合模块的噪声也会明显地增大，最终会导致环路噪声性能恶化。延迟锁定环路的相位噪声最优化设计需要折中考虑环路带宽的影响。

另外，采用锁相环结构、环形振荡器或多相 LC 负阻振荡器（如正交负阻振荡器），同样可以产生相位均匀的多相信号。使用锁相环结构来提供多相信号输出，一方面会增加环路设计的复杂性；另一方面，相较于延迟锁定环路的起始零频率误差，锁相环中振荡器的起振和环路的频率锁定过程均需要消耗较长的时间。延迟锁定环唯一的缺点是锁定频率比较单一。如果确实需要具有频率综合功能的多相信号发生器，可以考虑采用锁相环型频率综合器来实现。

## 参考文献

[1] 杜勇. 数字调制解调技术的 MATLAB 与 FPGA 实现[M]. 北京：电子工业出版社, 2014.

[2] GARDNER F M. Charge-pump Phase-lock loops [J]. IEEE Transactions on Commu., 1980, COM-28(11): 1849-1858.

[3] LEE T H. CMOS 射频集成电路设计[M]. 2 版. 余志平，周润德，译. 北京：电子工业出版社, 2009.

# 第11章 频率综合器

频率综合器（Frequency Synthesizer，FS）在射频集成电路中扮演着“本振提供者”的角色，在调制端实现基带信号的上变频，在解调端实现射频信号的下变频，奠定了信号无线传输和基带处理工程可实现的基础。频率综合器是一个频率合成系统，其性能的优劣直接影响射频收发系统的外部环境适应能力，包括适应外部干扰的能力、适应温度变化的能力、适应不同外置晶振的能力和适应不同通信系统需求的能力。频率综合器具有一系列可量化考核的指标，如频率范围（包括输入参考频率范围和输出频率范围）、频率稳定度（保持稳定输出的能力）、输出信号频谱纯度（包括相位噪声和杂散）和频率锁定时间（频率切换后至重新锁定需要的时间）等。频率综合器的设计就是围绕最优化上述指标进行的。

频率综合器通常采用直接数字频率综合器（Direct Digital Synthesizer，DDS）和锁相环型频率综合器两种典型的结构来实现。直接数字频率综合器采用数字内核（内置一个波形存储结构）的形式可以快速实现不同频率之间的切换，但是数字电路的使用严重限制了其所能产生的频率绝对值和范围。锁相环型频率综合器利用模拟域的负反馈功能合成所需的输出频率，需要的频率锁定时间较长，但是压控振荡器中的 LC 谐振网络能够产生的振荡频率绝对值和范围相较于直接数字频率综合器要大得多。因此，在某些对频率锁定时间、锁定范围和输出频率具有严格要求的通信系统中（如跳频通信），经常考虑采用锁相环型频率综合器与直接数字频率综合器混合设计的方法。

本章主要介绍频率综合器的三种基本结构：直接数字频率综合器、模拟域锁相环型频率综合器和全数字锁相（频）环型频率综合器（这里所述的全数字结构并不是严格意义上的，即电路中只有与锁相或锁频功能相关的部分在数字域实现。为了保证产生的频率信号质量及范围，压控振荡器仍在模拟域实现）。

受限于输出的振荡频率高低和范围，在射频集成电路的设计中较少使用直接数字频率综合器，因此本章对其的介绍主要集中在工作原理、系统级结构和性能等方面，并提供几种优化设计方法和一些典型应用场景，最后针对其使用中的优缺点进行分析。因为第 10 章中已经对锁相环结构进行了详细的分析，所以本章对模拟域锁相环型频率综合器的介绍主要集中在分频器（整数型分频器和小数型分频器）的设计上。宽范围锁相环型频率综合器是软件定义无线电射频收发机设计中的一个必需结构，因此为了保证宽范围频率综合器的快速锁定及频率变动过程中的稳定性，本章还会重点介绍几种自动频率校准方法和稳定性校准方法，为高性能宽范围频率综合器的设计提供有益参考。因为全数字频率综合器属于一种全新的结构，所以本章对其的介绍涵盖工作原理、基本电路结构和包含仿真结果的设计实现。同时针对宽范围应用，也给出了相应的自动频率校准及稳定性校准方法。

# 11.1　直接数字频率综合器

直接数字频率综合器在数字信号处理中使用极为广泛，常用于将数字中频信号搬移至数字基带信号，或者将数字基带信号调制在数字中频子载波上，实现频谱的搬移。在卫星通信等具有大动态特性的通信系统中，直接数字频率综合器用于在基带进行多普勒频偏的补偿，同时也是载波跟踪功能中数字锁相环的必需模块。直接数字频率综合器由于结构简单，易于实现，且开环特性使其没有锁相环型频率综合器面临的稳定性问题，再加上数字电路较好的抗扰动特性和较快的频率锁定时间，在射频集成电路的设计中也是一个值得考虑的典型设计结构，尤其可以和锁相环型频率综合器混合使用以适用于某些严苛的工作环境（如跳频通信系统）。

## 11.1.1　工作原理

直接数字频率综合器的典型结构如图 11-1 所示，包括频率字寄存器、频率字累加器、相位-幅度转换表、DAC 和低通/带通滤波器。频率控制字 $W_{in}$ 主要用于控制直接数字频率综合器的输出频率高低，不同的频率控制字会产生不同的输出频率。频率字累加器用于对频率字进行累加并产生相应的相位字 $mW_{in}$ ， $m=0,1,2,3,\cdots$ ，通过相位-幅度转换表将相位字转换为离散的正弦单音信号。如图 11-2 所示，假设 $W_{in}=2$ ，且其位宽为 4，则经过累加后的输出相位字为 0000→0010→0100→0110→1000→1010→1100→1110→0000。为了进行相位-幅度转换，需要将相位字转换为相应的相位值。以相位为参考量，单音信号的周期为 $2\pi$ ，位宽为 4 的频率字可以产生 $2^4$ 个相位字。为了保证最大的无失真效果，这些相位字需要覆盖的相位范围通常为一个相位周期 $2\pi$ 。相位字与相应的相位之间的对应关系为

$$\varphi_{in}(m)=\frac{2\pi mW_{in}}{2^4},\quad m=0,1,2,3,\cdots \tag{11-1}$$

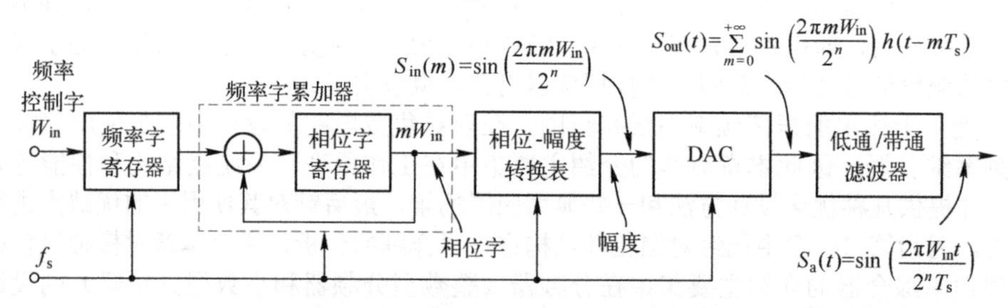


图 11-1　直接数字频率综合器结构框图

为了产生一个正弦单音信号，需要通过一个相位-幅度转换模块，实现

$$S_{\text{in}}(m)=\sin\left[\frac{2\pi m W_{\text{in}}}{2^4}\right],\quad m=0,1,2,3,\cdots \tag{11-2}$$

的功能（对幅度进行了归一化）。该功能通常都是通过查找表的形式来实现的，查找表中相位值对应的单音信号幅度 $S_{\text{in}}(m)$ 可以通过式（11-2）令 $W_{\text{in}}=1$ 并利用 MATLAB 来生成。生成的结果预先存储至 ROM 中，将相位字作为读取地址，便可以实现相位-幅度转换功能。如图 11-2 所示，存入 ROM 中的幅度为正弦信号上各点对应的幅度，具体量化位数需要根据 DAC 的输入位数和系统要求的模拟信号幅度决定。对于频率控制字 $W_{\text{in}}=2$ 的情况，根据其相位字的输出情况，可知经过相位-幅度转换表后的离散单音信号为图 11-2 中正弦信号上带实线标识的离散点的周期延拓。

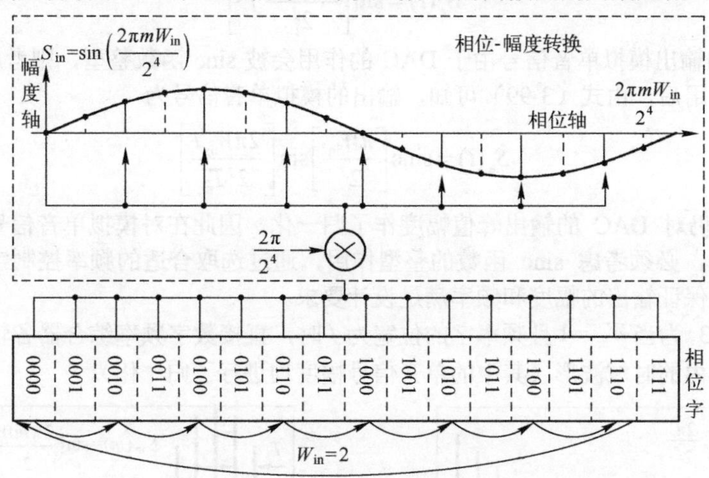


图 11-2　相位字-相位-幅度转换过程

由式（11-2）可知，在采样周期 $T_s$ 时间间隔内，相位的变化量为

$$\Delta\varphi=\frac{2\pi W_{\text{in}}}{2^4} \tag{11-3}$$

产生的离散单音信号频率为

$$\omega_0=\frac{\Delta\varphi}{T_s}=\frac{2\pi W_{\text{in}}}{2^4 T_s}=\frac{2\pi W_{\text{in}}}{2^4}f_s \tag{11-4}$$

接下来便是将离散时间域的离散信号转换为连续时间域的模拟信号。DAC 是离散域至模拟域转换的一个必需器件，其输出为一个阶梯状变化的时域模拟信号，可以近似为一个全通型滤波器，在频域仍为冲激信号的周期性延拓（幅度会被 sinc 函数整型）。如果频率控制字的位数为 $j$，则 DAC 输出时域表达式为

$$S_{\text{out}}(t)=\sum_{m=0}^{+\infty}\sin\left[\frac{2\pi m W_{\text{in}}}{2^{\text{j}}}\right]h(t-mT_s) \tag{11-5}$$

式中，$h(t)$ 为矩形脉冲函数。因此在 DAC 的输出端必须加入一个低通或带通滤波器，滤除带外谱线。如果不考虑 DAC（或将 DAC 看作理想全通型滤波器）的作用，则模拟域的低通或带通滤波器相当于一个阶数为无穷大的内插型滤波器。假设内插倍数为 $N\to+\infty$，则采样周期 $T_s'=T_s/N\to0$（$T_s$ 为离散域采样周期）。根据式（11-3）的

计算结果可知，此时在采样周期$T_s'$时间间隔内相位的变化量为（假设频率控制字的位数为$j$，输入的频率控制字为$W_{in}$）

$$\Delta\varphi' = \frac{2\pi W_{in}}{N2^j} \tag{11-6}$$

则恢复出来的模拟域单音信号的频率为

$$\omega_0' = \frac{\Delta\varphi'}{T_s'} = \frac{2\pi W_{in}}{2^j T_s} = \frac{2\pi W_{in}}{2^j} f_s \tag{11-7}$$

时域表达式为

$$S_a(t) = \sin\left[\frac{2\pi W_{in} t}{2^j} f_s\right] \tag{11-8}$$

实际的输出模拟单音信号由于 DAC 的作用会被 sinc 函数整型，则考虑 DAC 的幅度整型作用后，由式（3-99）可知，输出的模拟单音信号为

$$S_a(t) = \mathrm{sinc}\left[\frac{\pi W_{in}}{2^j}\right]\sin\left[\frac{2\pi W_{in} t}{2^j T_s}\right] \tag{11-9}$$

式（11-9）仍对 DAC 的输出峰值幅度作了归一化。因此在对模拟单音信号的输出幅度有要求时，必须考虑 sinc 函数的整型作用，通过选取合适的频率控制字和离散域采样频率来保证输出的幅度和频率满足设计要求。

图 11-3 为当$W_{in}=1$且频率字的位宽为$j$时，直接数字频率综合器各输出节点处在一个周期内的时域波形（其中的单音信号幅度均进行了归一化）。

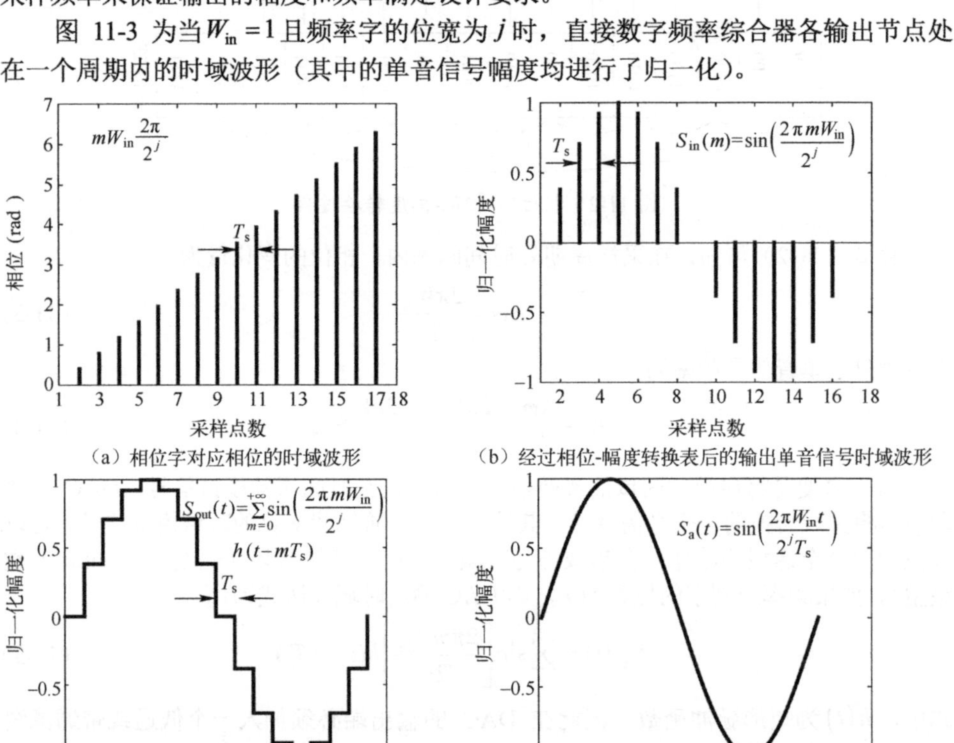


（a）相位字对应相位的时域波形　（b）经过相位-幅度转换表后的输出单音信号时域波形

（c）经过DAC后的输出单音信号时域波形　（d）经过滤波器滤除带外信号后的输出单音信号时域波形

图 11-3　直接数字频率综合器各输出节点处的时域波形

需要注意的是，根据奈奎斯特采样定理，采样频率为$f_s$时，为了避免混叠，直接数字频率综合器产生的单音信号频率不能超过$f_s/2$，也就是说$W_{in} \leqslant 2^{j-1}$。考虑到集成问题，要求模拟滤波器在阻带范围不能太窄的情况下仍能有效滤除带外谱线，因此产生的单音信号频率一般设计为低于40%$f_s$。

## 11.1.2　相位噪声性能分析

直接数字频率综合器类似于一个分频器结构，由式（11-7）可知，其输出频率与数字域的时钟频率（采样频率）之间的关系为

$$f_0' = \frac{\omega_0'}{2\pi} = \frac{f_s}{2^j / W_{in}} = \frac{f_s}{M} \tag{11-10}$$

式中，$M = 2^j / W_{in}$，为分频比。直接数字频率综合器的数字域时钟频率通常都由外部晶振直接提供或者通过锁相环型频率综合器提供。根据 10.8 节介绍的内容可知，直接数字频率综合器的输出频率信号相较于数字域时钟频率信号，相位噪声性能会得到$20\lg M$ dB 的提升。

因此，提升数字域时钟信号的相位噪声性能是改善直接数字频率综合器相位噪声性能最直接有效的方法。

## 11.1.3　杂散分析

直接数字频率综合器具有较高的相位噪声性能，但是由于数字电路的固有特性，其具有较差的杂散性能，这也是限制其在射频集成电路设计中广泛使用的主要原因之一。如图 11-4 所示，直接数字频率综合器中的噪声源包括频率字误差$\Delta W_{in}$、相位字截断误差引入的噪声$e_P$、相位-幅度转换表中存储的量化数据引入的量化噪声$e_A$、DAC 非线性引入的噪声$e_{DA}$和滤波器引入的幅相失真误差$e_F$。如果不考虑上述误差，直接数字频率综合器输出的单音信号是被 sinc 函数进行幅度整型的理想单音信号，不存在杂散成分。

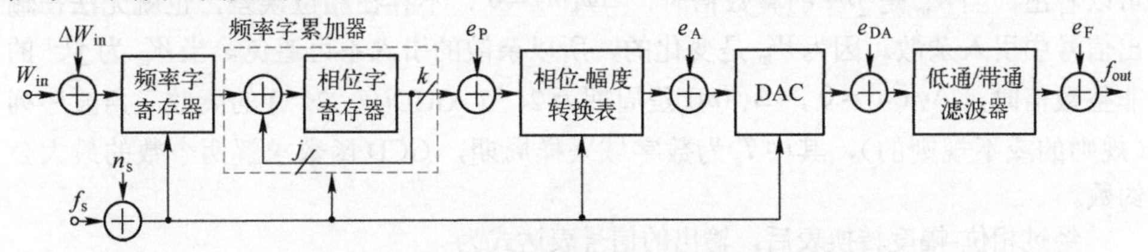


图 11-4　直接数字频率综合器各节点噪声源

频率字误差$\Delta W_{in}$是一个固定的量化误差，由式（11-10）可知，其仅在直接数字频率综合器的输出端引入一个固定的频率偏差：

$$\Delta f_0' = \frac{f_s}{2^j / (W_{in} + \Delta W_{in})} - \frac{f_s}{2^j / W_{in}} = \frac{\Delta W_{in}}{2^j} f_s \tag{11-11}$$

该频率偏差不会在输出端产生杂散成分。通常频率字误差相对于相位-幅度转换表的

存储深度均是可以忽略的，不会对电路噪声性能造成影响。

滤波器的幅相误差主要是由滤波器的带内增益波动和非线性群延时造成的。如果输出的单音信号中包含较多的杂散成分，带内的增益波动会恶化输出单音信号的杂散动态范围（恶化信号杂散比）。非线性群延时仅会导致各杂散谱线在频率轴上的旋转，不会恶化其动态范围。大多数情况下，滤波器的带内波动都会小于 0.2dB，因此滤波器的幅相误差也不会对输出信号的杂散性能造成太大的影响。

下面着重分析相位字截断误差、相位-幅度转换表量化误差和 DAC 的非线性对直接数字频率综合器输出信号带来的杂散影响。

### 1．相位字截断误差

相位字截断误差主要受限于相位-幅度转换表（通常存储于 ROM 中）的存储容量（一般受限于芯片面积和功耗需求），即相位-幅度转换表的地址位是受限的。如果频率字的位宽过大（较大的位宽对应较高的频率分辨率），那么在累加器输出端输出的相位字就必须进行截断，由此便会引入截断误差。

假定频率字的位宽为 $j$，输入的频率控制字为 $W_{\text{in}}$，截断后的相位字位宽为 $k$，则截断前的输出相位为

$$\varphi(m)=\frac{2\pi mW_{\text{in}}}{2^j},\quad m=0,1,2,3,\cdots \tag{11-12}$$

其中相位-幅度转换表需要提供 $2^j$ 的存储深度。对于 12 位的 DAC 来说，需要的存储资源为 $12\times2^j$ 位。对相位字进行截断后，相位-幅度转换表需要提供 $2^k$ 的存储深度，且 $k\leqslant j$，此时消耗的存储资源为 $12\times2^k$ 位。$j=10$、$k=8$ 时，对相位字进行截断后可以节省 75%的存储资源。截断后的输出相位为

$$\varphi_{\text{t}}(m)=\frac{2\pi\,\text{int}(mW_{\text{in}}/2^{j-k})}{2^k}=\frac{2\pi[mW_{\text{in}}-\text{mod}(mW_{\text{in}},2^{j-k})]}{2^j} \tag{11-13}$$

式中，int 代表取整操作；mod 代表取余操作。引入的相位误差为

$$\Delta\varphi(m)=\varphi(m)-\varphi_{\text{t}}(m)=\frac{2\pi\,\text{mod}(mW_{\text{in}},2^{j-k})}{2^j} \tag{11-14}$$

可以看出，当 $W_{\text{in}}$ 是 $2^{j-k}$ 的整数倍时，$\Delta\varphi(m)=0$，不存在相位误差，也就无法在输出信号中引入杂散。因为 $W_{\text{in}}$ 是变化的，所以杂散的引入不可避免。当 $W_{\text{in}}$ 为 $2^{j-k}$ 的非整数倍时，$\Delta\varphi(m)\neq0$，$\Delta\varphi(m)$ 是周期为 $2^{j-k}T_{\text{s}}/\text{GCD}(W_{\text{in}},2^{j-k})$ 的离散三角波序列（规则的或不规则的），其中 $T_{\text{s}}$ 为数字域采样周期，GCD 函数求解两个数的最大公约数。

经过相位-幅度转换表后，输出的信号表达式为

$$S_{\text{in}}(m)=\sin[\varphi(m)-\Delta\varphi(m)]=\sin\left[\frac{2\pi mW_{\text{in}}}{2^j}-\frac{2\pi e_{\text{P}}(m)}{2^j}\right] \tag{11-15}$$

式中，$e_{\text{P}}(m)=\text{mod}(mW_{\text{in}},2^{j-k})$，为相位截断误差。通常情况下，$e_{\text{P}}<<2^j$，则式（11-15）可以转化为

$$S_{\text{in}}(m)=\sin\left[\frac{2\pi mW_{\text{in}}}{2^j}\right]-\frac{2\pi e_{\text{P}}(m)}{2^j}\cos\left[\frac{2\pi mW_{\text{in}}}{2^j}\right] \tag{11-16}$$

式中，右边第一项为理想情况下直接数字频率综合器的输出信号；第二项为相位字截断引入的杂散。

当截断位为后三位，即 $j-k=3$ 时，不同输入频率控制字下相位字截断误差的时域波形如图 11-5 所示，其中虚线下离散信号为一个周期内的时域波形图。首先分析一个周期内虚线所代表的模拟三角波信号的傅里叶变换（离散域的分析仅对应模拟域的周期延拓）。由于信号均是周期的，因此傅里叶变换可以使用傅里叶级数来代替。对于图 11-5（a）、（b）、（d）、（f）、（g）所示的规则的三角波信号，根据式（3-37）求解其离散傅里叶系数，可得其在频率 $nf_{\mathrm{d}}$ 处对应的幅度为 $\dfrac{A}{n\pi}$，其傅里叶级数可展开如下（暂不考虑余弦项）：

$$e_{\mathrm{P}}(t)=\frac{A}{2}+\sum_{n=1}^{+\infty}\frac{A}{n\pi}\sin(2\pi nf_{\mathrm{d}}t) \tag{11-17}$$

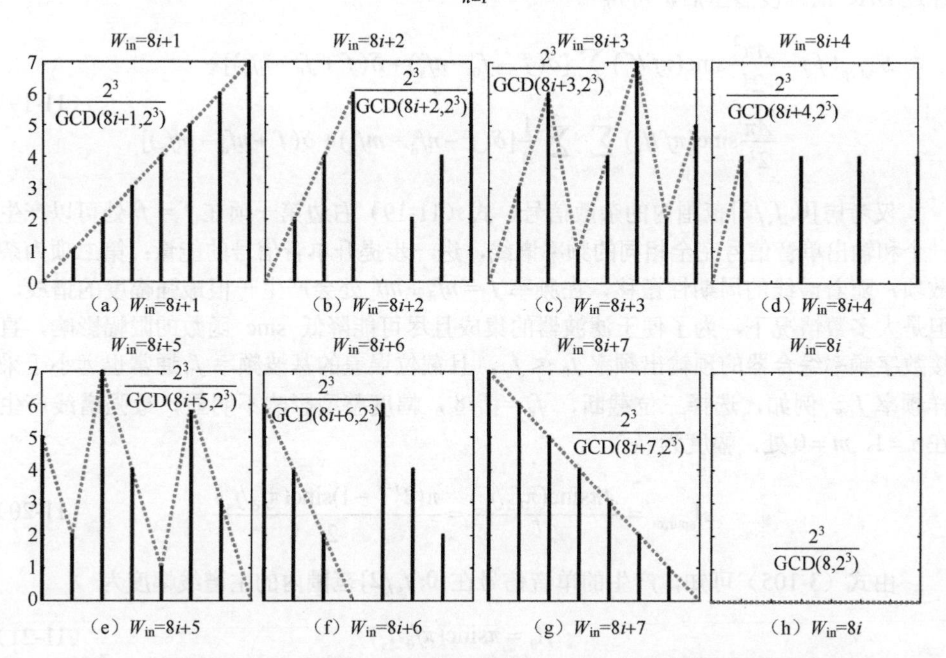


图 11-5　截断位为后三位时，不同输入频率控制字下相位字截断误差时域波形

式中，$f_{\mathrm{d}}$ 为各三角波信号的周期频率；$A$ 为三角波的最大幅度。离散时域周期信号相较于模拟域周期信号，在频域的区别仅仅是存在一个周期性的频谱搬移过程。可以看出，各谐波成分的幅度均与三角波的最大幅度有关，因此图 11-5（a）、（g）具有最大的谐波成分。另外，图 11-5（c）、（e）是两个不规则的三角波形，直接计算其傅里叶级数比较复杂，可以采用直观的方法进行分析。根据帕斯瓦尔定理：信号的时域功率等于频域傅里叶系数（频域的离散谱线）的平方和，在相同的采样时间内（8 个采样点），图 11-5（a）、（c）、（e）、（g）具有相同的信号功率（均遍历了 0～7 共 8 个离散幅度），但图（c）、（e）信号内部是非线性变动的，因此频谱会更多地向高频处扩展，致使其基波处的信号幅度小于图（a）、（g）所示情况。图（h）中的频率控制字为 8 的整数倍，因此不存在截断误差。该结论具有普适性，即对于相位字截断位为 $l$

的直接数字频率综合器，当输入频率字$W_{in}=2^l\times i\pm1$时，具有最大的谐波杂散。

下面仅针对$W_{in}=2^l\times i\pm1$的情况进行说明。式（11-16）所示的杂散项经过 DAC 后，其频率谱会被 sinc 函数整型，杂散项的频率谱是截断误差$e_P$频谱的周期性搬移，搬移的单位频率等于直接数字频率综合器的预输出信号频率。经过简单的推导，可得杂散信号的频域表达式为

$$
\begin{aligned}
S_{ep}(\omega)=&\frac{A\pi^2}{2^j}\sum_{n=-\infty}^{+\infty}[\delta(\omega-f_0-nf_s)+\delta(\omega+f_0-nf_s)]+\\
&\frac{A\pi}{2^j}\sum_{m=-\infty}^{+\infty}\sum_{n=-\infty}^{+\infty}\frac{1}{n}[\delta(\omega-nf_d-mf_s)+\delta(\omega+nf_d-mf_s)]
\end{aligned}
\tag{11-18}
$$

式中，$f_0$为直接数字频率综合器的预输出信号频率[见式（11-10）]；$f_s$为采样频率。经过 DAC 的幅度整型后，可得

$$
\begin{aligned}
S_{out,ep}(f)=&\frac{A\pi^2}{2^j}\mathrm{sinc}(\pi f/f_s)\sum_{n=-\infty}^{+\infty}[\delta(f-f_0-nf_s)+\delta(f+f_0-nf_s)]+\\
&\frac{A\pi}{2^j}\mathrm{sinc}(\pi f/f_s)\sum_{m=-\infty}^{+\infty}\sum_{n=-\infty}^{+\infty}\frac{1}{n}[\delta(f-nf_d-mf_s)+\delta(f+nf_d-mf_s)]
\end{aligned}
\tag{11-19}
$$

仅考虑$[0,f_s/2]$范围内的杂散信号，式（11-19）右边第一项在$f=f_0$处可以产生一个和输出单音信号完全相同的频率谱线，进一步提升单音信号的能量；第二项为杂散项，随着谱线的周期性搬移，在频率$f=nf_d+mf_s$处会产生一根最强幅度的谱线。但是大多数情况下，为了便于滤波器的集成且尽可能降低 sinc 函数的限幅影响，直接数字频率综合器的预输出频率$f_0\ll f_s$，且截位误差的基波频率$f_d$通常也远小于采样频率$f_s$。例如，选择三位截断，$f_d=f_s/8$，幅度整型影响不明显，最强谱线产生在$n=1$、$m=0$处，幅度为

$$
A_{spur,m}=\frac{A\pi\mathrm{sinc}(\pi f_d/f_s)}{2^j}=\frac{\pi(2^{j-k}-1)\mathrm{sinc}(\pi f_d/f_s)}{2^j}
\tag{11-20}
$$

由式（3-105）可知，产生的单音信号在$[0,f_s/2]$范围内的主谱线幅度为

$$
A_0=\pi\mathrm{sinc}(\pi f_0/f_s)
\tag{11-21}
$$

根据上述分析可得，输出单音信号的无杂散动态范围（SFDR）为

$$
\frac{A_0+A\pi^2/2^j}{A_{spur,m}}\approx\frac{A_0}{A_{spur,m}}=20\lg\left[\frac{2^j\mathrm{sinc}(\pi f_0/f_s)}{(2^{j-k}-1)\mathrm{sinc}(\pi f_d/f_s)}\right]\approx20\lg(2^k)=6.02k(\mathrm{dB})
\tag{11-22}
$$

因此为了达到至少 60dB 的无杂散动态范围，截断后保留的相位字位宽$k\geqslant10$。

### 2. 相位-幅度转换表量化误差

对于任何一个给定的相位值，经过相位-幅度转换后，理想情况下均产生一个具有无限精度的信号幅度。但是在数字域必须通过量化的形式给出信号幅度，并通过 DAC 变为一个新的模拟信号，新产生的模拟信号与相位-幅度转换器理想情况下的输出模拟信号之差便是量化误差。这里的量化误差概念类似于 ADC 中的量化误差概

念，只是该量化误差具有周期性。DAC 每个二进制数字输入均对应一个固定的模拟输出，而二进制数字输入是由相位-幅度转换表中固定相位值进行正弦或余弦操作后的量化输出，每个相位值对应的幅度量化误差均是固定的，并最终体现在 DAC 的输出中，周期和相位的重复周期一致，可表示为 $2^j T_s/\mathrm{GCD}(W_{in},2^j)$。

图 11-6 为相位-幅度转换表在 DAC 输出端引入的量化误差示意图（对输出单音信号峰值进行了归一化）。相位-幅度转换表引入的量化误差与 DAC 的精度（输入量化位数）有关。对于具有 $N$ 位量化精度的 DAC，每一个转换后的输出模拟值的量化误差都均匀分布于 $(-\Delta/2,\Delta/2)$ 范围内，量化误差的平均功率为

$$P_n=\frac{1}{\Delta}\int_{-\Delta/2}^{\Delta/2}x^2\mathrm{d}x=\frac{\Delta^2}{12} \tag{11-23}$$

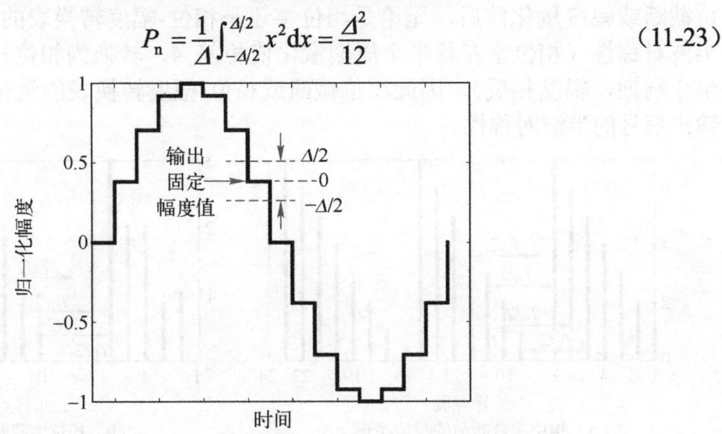


图 11-6 相位-幅度转换表在 DAC 输出端引入的量化误差示意图

如果 DAC 是全摆幅输出，则最大输出峰值为 $2^{N-1}\Delta$，输出单音信号的功率为

$$P_0=\frac{2^{2N}\Delta^2}{8} \tag{11-24}$$

由量化误差引入的信噪比为

$$\mathrm{SNR}=10\lg\frac{P_0}{P_n}=6.02N+1.76\ \ (\mathrm{dB}) \tag{11-25}$$

上式计算过程中量化噪声功率均匀分布于 $[0,f_s]$ 频率范围内，则经过低通滤波后，由量化误差引入的信噪比为

$$\mathrm{SNR}=10\lg\frac{P_0}{P_n}+10\lg\frac{f_s}{B}=6.02N+1.76+10\lg\frac{f_s}{B}(\mathrm{dB}) \tag{11-26}$$

式中，$B$ 为低通滤波器的基带带宽。因此，为了有效地降低相位-幅度转换表量化误差的影响，可以采用具有较高位宽的存储结构和较高精度的 DAC，并提升采样频率。

需要说明的是，因为量化误差的周期性和相位字的周期性相同，所以量化误差在频域的离散谱线和输出单音信号的谱线完全重叠，只是单音信号将能量集中在了一个频率点处，在其他频点处为 0 而已。

**3. DAC 的非线性**

在直接数字频率综合器中，DAC 的输出满足 $f(t)=-f(t+T_0/2)$，是一个半波对

称波形，在频域上仅包含奇次谐波谱线，其中 $T_0$ 为 DAC 输入信号的周期。对于单音信号而言，$f(t)$ 只包含基波成分（波形为正弦半波对称），在频域上表现为基波频率的周期性搬移，并被 sinc 函数整型。

接下来分析一下实际中由相位字截断和相位-幅度转换表幅度截断等引入的各种量化误差是否会改变 DAC 的半波对称性。假设相位字寄存器中的相位字长度（等于频率控制字长度）为 3 位，截断后的长度为 2 位，相位-幅度转换表按照“四舍五入”的取整方法进行量化（其他去整方法结论相同），则输出相位字、截断后相位字和截断前后相位-幅度转换表输出量化幅度的时域波形如图 11-7 所示。可以看出，相位截断或幅度量化前后，无论是相位字还是相位-幅度转换表的输出幅度信号均呈现半波对称性（相位字左移半个周期量化值相差 4，转换为相位相差π；量化幅度左移半个周期，幅度相反），因此相位截断或相位-幅度转换表的量化误差不会影响 DAC 输出信号的半波对称性。

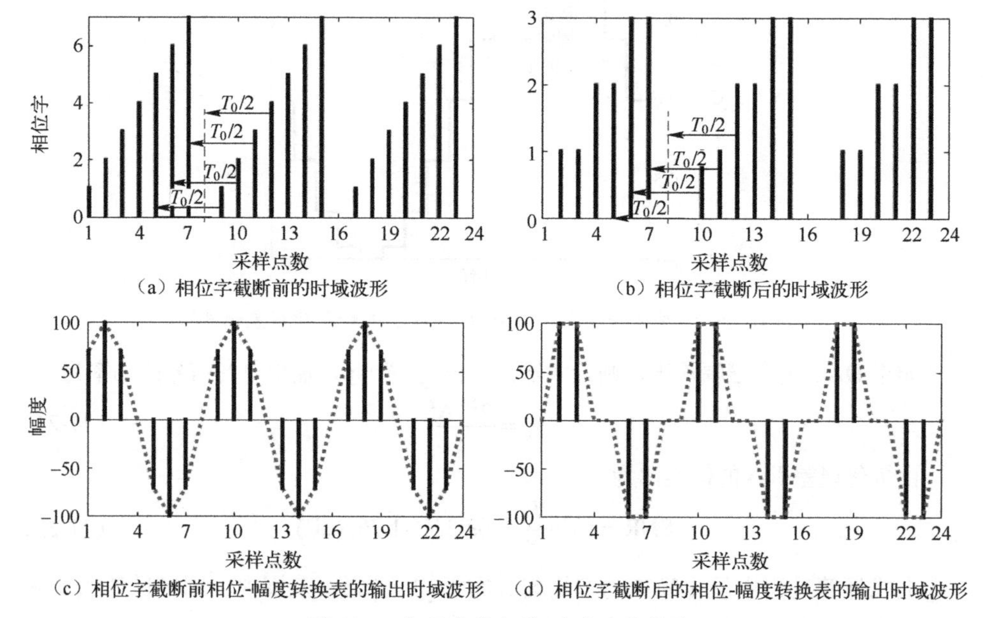

（a）相位字截断前的时域波形
（b）相位字截断后的时域波形
（c）相位字截断前相位-幅度转换表的输出时域波形
（d）相位字截断后的相位-幅度转换表的输出时域波形

图 11-7 相位字截断前/后的时域波形

DAC 自身的非线性会严重影响输出波形的半波对称性，引入偶次谐波成分，同时破坏输出波形的正弦或余弦特性，产生更高阶奇次谐波成分。高阶谐波的产生，以及 ADC 仍保留的离散属性，使得较多的杂散成分落入带内，影响信号质量。

DAC 的非线性包括微分非线性（DNL）、积分非线性（INL）、瞬间毛刺和转换速度的有限性。微分非线性衡量的是相邻两个输入码之间的输出电压差值与 ADC 分辨率电压之间的失真程度，会在输出波形中引入瞬时失真，影响正弦半波对称的效果。积分非线性衡量的是所有微分非线性代数和的积累效应，是 DAC 实际转换曲线与理想线性曲线之间的最大偏差。积分非线性的累加效应可以严重影响输出波形的正弦半波对称性，引入大量的高阶谐波，恶化系统的杂散性能。瞬间毛刺的产生主要是由于 DAC 并行输入的二进制数据存在传输时滞（不同数据位到达时间不同，同时各数据位的电流开关导通和截止时间不同步，而且在逻辑电平跳变上，正向跳变和负向跳变也存在时间差异）引起的。传输时滞差异越大，毛刺占空比越高。毛刺的幅度与DAC相邻数据转换时数据的跳变量有关：正弦信号的最大毛刺幅度发生在相位0、π处；余弦信号的最大毛刺幅度发生在π/4、3π/4处。通常情况下，瞬时毛刺不会影响输出信号的半波对称性，但是会严重破坏输出波形的正弦或余弦特性，引入高阶奇次谐波成分。另外，ADC转换速度的有限性也会产生一定的非线性，导致输出的波形并不是严格的半波对称性。

## 11.1.4 杂散抑制

杂散主要是由相位/幅度截断和DAC的非线性引入的。增加截断后的相位字位数和提高DAC的精度均可以有效改善直接数字频率综合器的杂散性能，但会带来相位-幅度转换表存储容量的急速提升。在大多数情况下，面积和功耗约束不允许使用这些方法，因此必须采用有效的设计技巧来改善杂散性能。另外，最大限度地减小数模转换的微分和积分非线性，并采用平衡电路设计技巧可以获得近似于理想的半波对称输出波形。

接下来主要讨论几种典型的提升杂散性能的设计方法。

### 1. 随机加抖

杂散的引入主要是由截断误差的周期性和离散特性决定的。离散特性是数字电路的固有属性，因此，如果可以通过某种方法打破截断误差的周期性，就能够将有规律的杂散变成随机无规律的噪声，截断误差功率会被均匀分布在$[0, f_s]$频率范围内，大大改善杂散性能。

随机加抖就是基于上述理论提出的一种有效地改善杂散性能的方法。随机加抖的应用有多种方式：对输入的频率控制字加抖、对相位-幅度转换表的寻址地址加抖（随机相位字加抖）和对DAC前的数据进行加抖（随机幅度加抖）。这些加抖在直接数字频率综合器中的具体位置如图11-8所示。

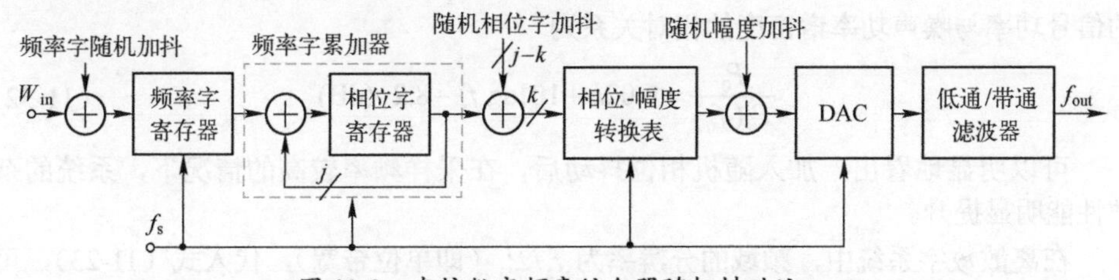


图11-8 直接数字频率综合器随机抖动注入

频率控制字加抖通常会导致对输出单音信号的瞬时频率调制，从而恶化相位噪声性能，在具体的设计过程中较少采用。随机相位字加抖和随机幅度加抖具有相似的原理。考虑到相位字截断误差通常为直接数字频率综合器杂散的主要来源，因此以下主要针对随机相位字加抖技术进行分析。

随机相位字加抖的目的是通过抖动信号的加入，随机改变截断后相位字的最小二进制位，去除截断误差的周期性，拓展截断误差功率在频域的覆盖范围，降低其功率谱密度，从而改善杂散性能。在图11-8所示的随机相位字加抖结构中，频率字累加器的输出（相位字，位宽为$j$）首先与一个随机数（位宽为$l$）相加，然后取和的

高 $k$ 位作为地址去寻址相位-幅度转换表，其中 $k=j-l$。根据式（11-13）可得寻址地址对应的相位为

$$\varphi_{\mathrm{t}}(m)=\frac{2\pi[mW_{\mathrm{in}}+\mathrm{Random}(2^l)-\mathrm{mod}(mW_{\mathrm{in}}+\mathrm{Random}(2^l),2^l)]}{2^j} \tag{11-27}$$

式中，$\mathrm{Random}(2^l)$ 为在 $[0,2^l)$ 内均匀分布的随机数。截断相位误差为

$$\Delta\varphi(m)=\frac{2\pi[\mathrm{mod}(mW_{\mathrm{in}}+\mathrm{Random}(2^l),2^l)-\mathrm{Random}(2^l)]}{2^j}=\frac{2\pi e_{\mathrm{P}}(m)}{2^j} \tag{11-28}$$

式中，$e_{\mathrm{P}}(m)=\mathrm{mod}(mW_{\mathrm{in}}+\mathrm{Random}(2^l),2^{j-k})-\mathrm{Random}(2^l)$，$e_{\mathrm{P}}(m)$ 可近似看成在 $(-2^l,2^l)$ 上的一个均匀分布。因此截断相位误差 $\Delta\varphi(m)$ 仍为一个随机序列，且相较于未加入随机抖动的相位截断误差[见式（11-14）]，加入随机抖动后的相位误差已经没有了周期性。参考式（11-15）和式（11-16），可得相位-幅度转换表的离散输出信号为

$$S_{\mathrm{in}}(m)=\sin\left[\frac{2\pi mW_{\mathrm{in}}}{2^j}\right]-\frac{2\pi e_{\mathrm{P}}(m)}{2^j}\cos\left[\frac{2\pi mW_{\mathrm{in}}}{2^j}\right] \tag{11-29}$$

式（11-29）右边第一项为期望的输出信号，第二项为截断误差引入的噪声项。考虑到 $e_{\mathrm{P}}(m)$ 的均匀分布特性，可通过式（11-23）计算得到其平均功率 $P_{\mathrm{e}}=2^{2l}/3$。经过 DAC 后的噪声功率谱为

$$P_{\mathrm{n}}(f)=\mathrm{sinc}^2(\pi f/f_{\mathrm{s}})\frac{2\pi^2}{3\times 2^{2k}\times f_{\mathrm{s}}} \tag{11-30}$$

式中，$-f_{\mathrm{s}}/2\leqslant f\leqslant f_{\mathrm{s}}/2$。根据式（11-21），期望输出单音信号在频率范围内的主功率谱线的功率为

$$P_0=\pi^2\mathrm{sinc}^2(\pi f_0/f_{\mathrm{s}}) \tag{11-31}$$

式中，$f_0$ 为直接数字频率综合器的输出频率。在频率 $f_0$ 附近，加入随机相位抖动后的信号功率与噪声功率谱密度的相对关系为

$$\frac{P_0}{P_{\mathrm{n}}(f_0)}=6.02k+10\log f_{\mathrm{s}}-8.2\ \ (\mathrm{dB}) \tag{11-32}$$

可以明显地看出，加入随机相位抖动后，在采样频率较高的情况下，系统的杂散性能明显提升。

在离散数字系统中，频域的分辨率为 $f_{\mathrm{s}}/2^j$（即单位带宽），代入式（11-23），可得在频率 $f_0$ 附近，信号功率与单位带宽内噪声功率的相对关系为

$$\frac{P_0}{P_{\mathrm{nu}}(f_0)}=6.02k+3j-8.2(\mathrm{dB}) \tag{11-33}$$

式中，$P_{\mathrm{nu}}(f_0)$ 为在频率 $f_0$ 附近单位带宽内噪声功率。

输出信号功率谱如图 11-9 所示。可以看出，随机相位字加抖技术可以明显地改善系统的杂散性能，且随着截断位的逐渐减小，随机化后的噪底逐渐降低，杂散性能进一步提升。

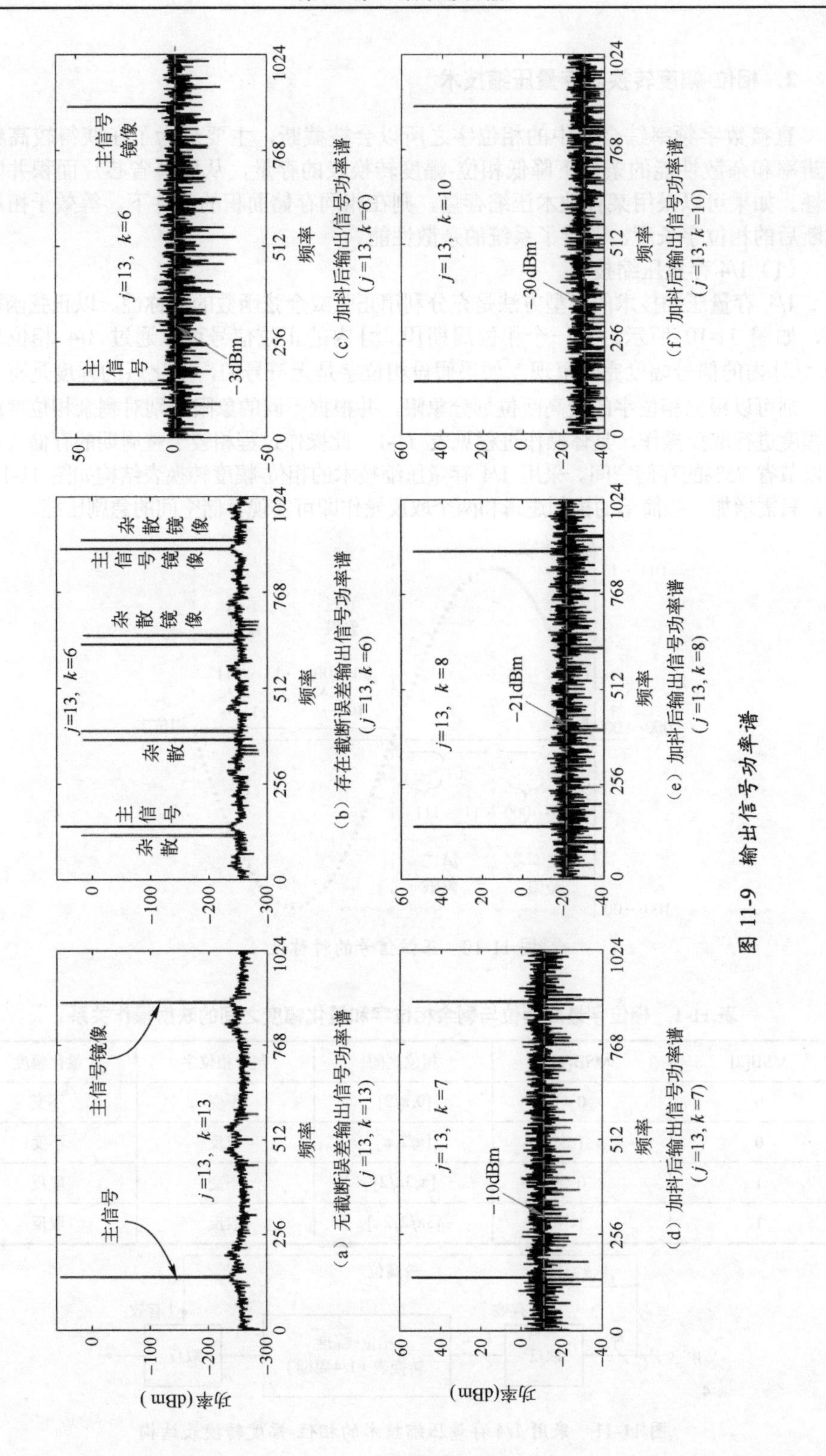


（a）无截断误差输出信号功率谱（$j$=13, $k$=13）

（b）存在截断误差输出信号功率谱（$j$=13, $k$=6）

（c）加抖后输出信号功率谱（$j$=13, $k$=6）

（d）加抖后输出信号功率谱（$j$=13, $k$=7）

（e）加抖后输出信号功率谱（$j$=13, $k$=8）

（f）加抖后输出信号功率谱（$j$=13, $k$=10）

图 11-9 输出信号功率谱

### 2．相位-幅度转换表存量压缩技术

直接数字频率综合器中的相位字之所以会被截断，主要是为了在获得较高频率分辨率和杂散性能的条件下降低相位-幅度转换表的存量，从而节省芯片面积并降低功耗。如果可以采用某种技术压缩存量，则在相同存储面积的条件下，等效于拓展了截断后的相位字长度，改善了系统的杂散性能。

（1）1/4 存量压缩技术

1/4 存量压缩技术的典型方法是充分利用正弦或余弦函数的对称性。以正弦函数为例，如图 11-10 所示，在一个相位周期$[0,2\pi]$内的正弦信号可以通过 1/4 相位周期$[0,\pi/2]$内的信号幅度完全复现。如果假设相位字是无符号的，量化后的幅度是有符号的，则可以根据相位字的最高两位划分象限，并根据不同的象限分别对剩余相位字或量化幅度进行取反操作，具体操作过程见表 11-1。此操作过程相较于整周期的存储方案，可以节省 75%的存储空间。采用 1/4 存量压缩技术的相位-幅度转换表结构如图 11-11 所示，只需增加一些简单的控制逻辑和两个取反操作即可实现存储空间的急剧压缩。

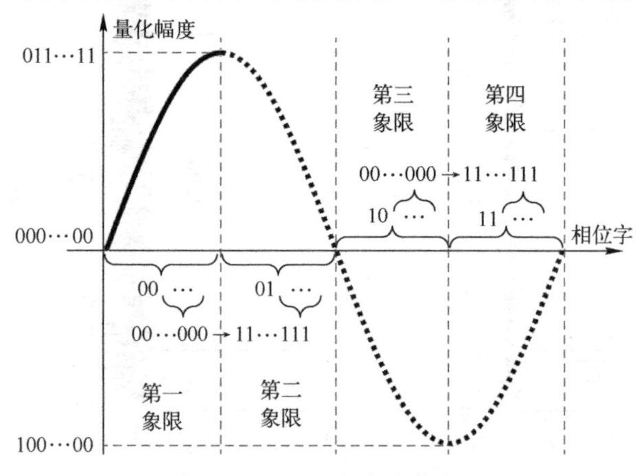


图 11-10　正弦信号的对称性

表 11-1　相位字最高两位与剩余相位字和量化幅度之间的映射操作关系

| MSB[2] | MSB[1] | 相位区间 | 剩余相位字 | 量化幅度 |
|---|---|---|---|---|
| 0 | 0 | $[0,\pi/2]$ | 不变 | 不变 |
| 0 | 1 | $[\pi/2,\pi]$ | 取反 | 不变 |
| 1 | 0 | $[\pi,3\pi/2]$ | 不变 | 取反 |
| 1 | 1 | $[3\pi/2,2\pi]$ | 取反 | 取反 |

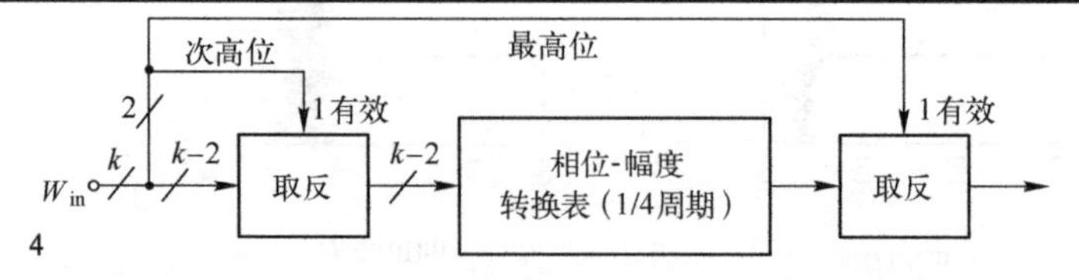


图 11-11　采用 1/4 存量压缩技术的相位-幅度转换表结构

在信号处理过程中，通常需要提供复数域处理的 I、Q 两路信号。根据上述原理，可得针对余弦信号的采用存量压缩技术的相位-幅度转换表结构。考虑到正余弦波形的对称性，在具体的工程实现时，仅需要保留 1/4 存量的正弦信号波形（或正弦和余弦各保留 1/8 存量），即可经过一定的逻辑变换同时产生 I、Q 两路振荡信号。

以正弦和余弦各保留 1/8 存量为例进行说明，如图 11-12 所示。假设相位字是无符号的，量化后的幅度是有符号的，与图 11-11 的实数域单音信号的存量压缩技术类似，可以根据相位字的最高三位划分象限，并根据不同的象限分别对剩余相位字或量化幅度进行取反操作（其中相位字的取反操作只需要根据 MSB[1]来判断，高电平有效），具体操作过程见表 11-2。此操作过程相较于正弦和余弦整周期的存储方案，可以节省 87.5%的存储空间。对应此存量压缩技术的相位-幅度转换表结构如图 11-13 所示，同样只需要根据表 11-2 增加一些简单的控制逻辑和取反操作便可以进一步实现存储空间的压缩。

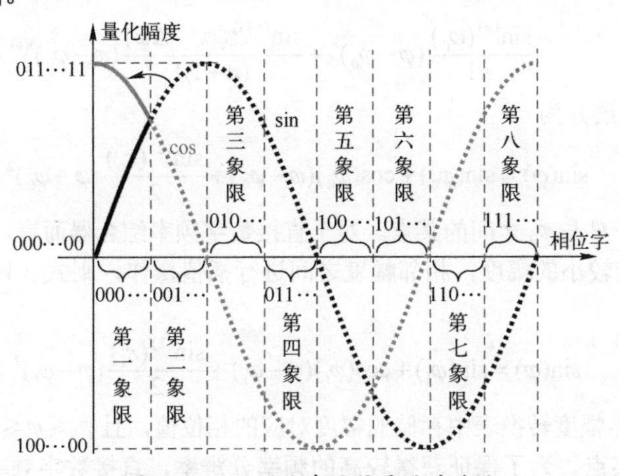


图 11-12　正弦和余弦信号的对称性

**表 11-2　相位字最高三位与剩余相位字和量化幅度之间的映射操作关系**

| MSB[3:1] | 相位区间 | cos 量化幅度 | sin 量化幅度 |
|---|---|---|---|
| 000 | [0,π/4] | cos$\varphi$，剩余相位字不变 | sin$\varphi$，剩余相位字不变 |
| 001 | [π/4,π/2,] | sin$\varphi$，剩余相位字取反 | cos$\varphi$，剩余相位字取反 |
| 010 | [π/2,3π/4] | −sin$\varphi$，剩余相位字不变 | cos$\varphi$，剩余相位字不变 |
| 011 | [3π/4,π] | −cos$\varphi$，剩余相位字取反 | sin$\varphi$，剩余相位字取反 |
| 100 | [π,5π/4] | −cos$\varphi$，剩余相位字不变 | −sin$\varphi$，剩余相位字不变 |
| 101 | [5π/4,3π/2] | −sin$\varphi$，剩余相位字取反 | −cos$\varphi$，剩余相位字取反 |
| 110 | [3π/2,7π/4,] | sin$\varphi$，剩余相位字不变 | −cos$\varphi$，剩余相位字不变 |
| 111 | [7π/4,2π] | cos$\varphi$，剩余相位字取反 | −sin$\varphi$，剩余相位字取反 |

（2）泰勒级数线性插值算法

利用泰勒级数线性插值算法还可以进一步压缩存储空间，将原先必须存储下来的数据通过运算插值的方式产生出来，插值的大小直接决定着压缩存储空间的能力。

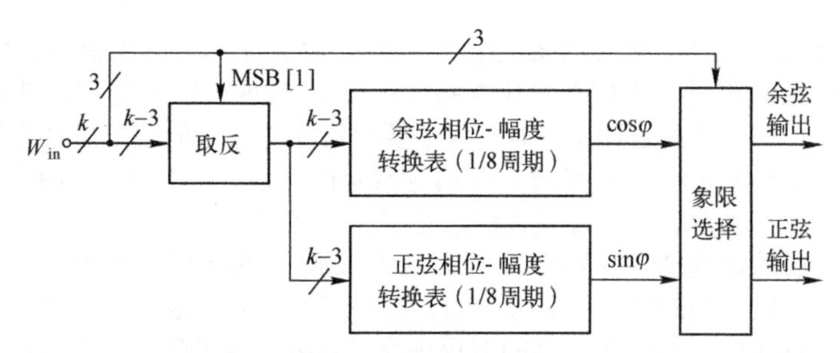


图 11-13　采用正弦和余弦 1/8 存量压缩技术的相位-幅度转换表结构

首先对一个单音正弦信号在 $\varphi=\varphi_0$ 处进行泰勒级数展开：

$$\begin{aligned}\sin(\varphi)=\sin(\varphi_0)+\cos(\varphi_0)(\varphi-\varphi_0)+\frac{\sin^{(2)}(\varphi_0)}{2}(\varphi-\varphi_0)^2+\cdots+\\ \frac{\sin^{(n)}(\varphi_0)}{n!}(\varphi-\varphi_0)^n+\frac{\sin^{(n+1)}(\varphi_0+\Delta\varphi)}{(n+1)!}(\varphi-\varphi_0)^{n+1}\end{aligned} \tag{11-34}$$

其二阶泰勒级数展开为

$$\sin(\varphi)=\sin(\varphi_0)+\cos(\varphi_0)(\varphi-\varphi_0)+\frac{\sin^{(2)}(\varepsilon_0)}{2}(\varphi-\varphi_0)^2 \tag{11-35}$$

式中，$\varepsilon_0$ 是位于 $\varphi$ 与 $\varphi_0$ 之间的某点。对于直接数字频率综合器而言，可以在相位-幅度转换表中存储较小的幅度，相邻幅度之间进行插值操作，则式（11-35）可以重新表达为

$$\sin(\varphi)=\sin(\varphi_i)+\cos(\varphi_i)(\varphi-\varphi_i)+\frac{\sin^{(2)}(\varepsilon_i)}{2}(\varphi-\varphi_i)^2 \tag{11-36}$$

式中，$\varphi_i$ 为相位-幅度转换表中存储的幅度对应的相位值，且 $\varphi_i\leqslant\varphi\leqslant\varphi_{i+1}$，$\varepsilon_i$ 是位于 $\varphi$ 与 $\varphi_i$ 之间的某点。为了保证获得较高的频率分辨率，直接数字频率综合器的相位间隔通常不会设计得太大，因此可以忽略式（11-36）中的二阶项。例如，对于覆盖周期相位 $[0,\pi/4]$ 的采用正弦和余弦 1/8 存量压缩技术的 64 点相位-幅度转换表，$(\varphi-\varphi_0)^2\leqslant(2\pi/512)^2=1.5\times10^{-4}$，$\sin^{(2)}(\varepsilon)\leqslant1$，则有效信号与二阶项之间的信噪比可达 82dB。

忽略二阶项后，单音正弦信号的泰勒级数展开式为

$$\sin(\varphi)=\sin(\varphi_i)+a_i(\varphi-\varphi_i) \tag{11-37}$$

式中，$a_i=\cos(\varphi_i)$，为正弦信号相位 $[\varphi_i,\varphi_{i+1}]$ 之间的插值系数。同理可得单音余弦信号的泰勒级数展开式为

$$\cos(\varphi)=\cos(\varphi_i)+b_i(\varphi-\varphi_i) \tag{11-38}$$

式中，$b_i=\sin(\varphi_i)$ 为余弦信号相位 $[\varphi_i,\varphi_{i+1}]$ 之间的插值系数。

根据式（11-37）和式（11-38）可得采用泰勒级数线性插值算法的相位-幅度转换表结构如图 11-14 所示。取反和象限选择控制逻辑和图 11-13 中相同。需要说明的是，通常要求位于相位字除去最高三位符号位后的次最高 $k-3-m$ 位作为相位-幅度转换表的寻址地址，为了保证二阶项的舍弃不会影响模型的准确性，要求 $k-3-m\geqslant6$。剩余的 $m$ 位在经过相位字至相位的转换后，根据式（11-37）和式（11-38）实现相邻幅度之间的内插。

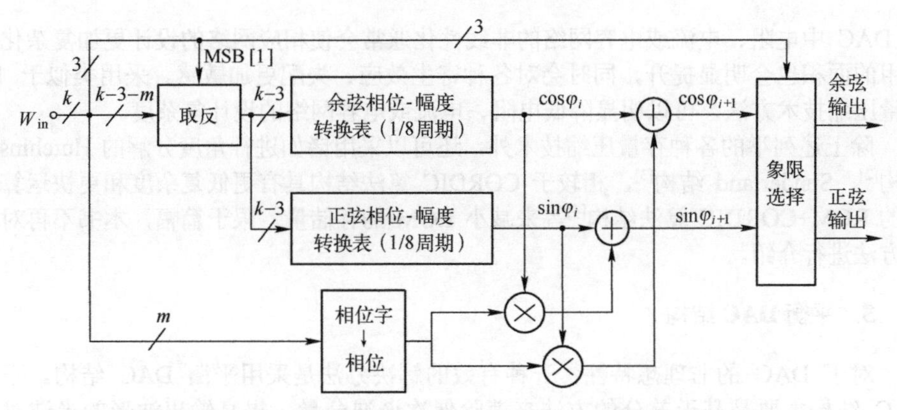


图 11-14　采用泰勒级数线性插值算法的相位-幅度转换表结构

（3）CORDIC 算法

上述两种算法均是在相位-幅度转换表的基础上进行的存量压缩，即需要一定的存储空间进行幅度量化值的存储。CORDIC（Coordinate Rotation Digital Computer）算法[1]可以通过简单的移位和加减运算实现针对输入相位的正交量化幅度输出，无须存储任何量化幅度。CORDIC 算法是一种无限逼近算法，能够处理的输入相位范围为 $[-99.88°, 99.88°]$，无法覆盖单音信号的整个周期，因此在使用 CORDIC 算法实现直接数字频率综合器时，需要对输入相位进行预处理，即对相位范围进行截断。因为 CORDIC 算法可以同时输出正交的单音信号，所以可以采用与正弦和余弦 1/8 存量压缩技术相同的控制逻辑实现方法，此时 CORDIC 算法的相位范围仅需覆盖 $[0, \pi/4]$。

采用 CORDIC 算法实现的相位-幅度转换结构如图 11-15 所示。

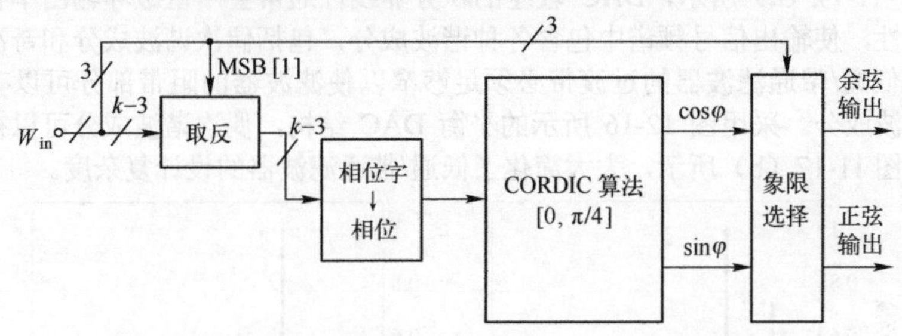


图 11-15　采用 CORDIC 算法实现的相位-幅度转换结构

（4）其他存量压缩技术

上述三种算法中均采用的是线性 DAC，也就是说 DAC 仅可以将输入量化数字信号转换为相应的模拟信号。这就要求前端电路中必须存在一个相位-幅度转换模块，或者通过预先存储的转换表来实现，或者采用 CORDIC 算法来实现。

如果对线性 DAC 进行非线性改造，即直接将相位字作为 DAC 的输入，输出端可以复现正弦或余弦单音信号，这种转换器通常被称为正弦型或余弦型 DAC。DAC 通常可以划分为电压型 DAC（通过电阻网络实现）、电流型 DAC（通过电流网络实现）和电荷型 DAC（通过电容网络实现）。可以按照相位-幅度转换表的关系分别非线性化电阻、电流或电容网络，进而实现电压型、电流型或电荷正弦型和电荷余弦型 DAC。正弦型或余弦型 DAC 可以避免相位-幅度转换器的使用，节省存储空间，但是 DAC 中电阻、电流或电容网络的非线性化通常会使相应网络的设计更加复杂化，占用的面积也会明显提升，同时会对各种寄生效应、失配更加敏感。采用类似于 1/4 存量压缩技术方法，可以明显降低电阻、电流或电容网络的设计复杂度。

除上述列举的各种存量压缩技术外，还可以采用诸如进行角度分解的 Hutchinson 结构[2]、Sunderland 结构[3]，相较于 CORDIC 算法结构具有更低复杂度和更快运算速度的 ROM+CORDIC 算法结构[4]等来减小 ROM 的存储量。限于篇幅，本书不再对这些方法进行介绍。

### 3．平衡 DAC 结构

对于 DAC 的非理想特性，一种有效的解决办法是采用平衡 DAC 结构。平衡 DAC 结构主要是基于差分的方法来消除偶次谐波分量，提高输出波形的半波对称性。如图 11-16 所示，假设相位-幅度转换表输出的量化幅度是带符号位的，则两个 DAC 的输出端等效于一个差分结构，经过差值运算后抵消偶次谐波分量，改善 DAC 的输出信号频谱，降低低通/带通滤波器的设计复杂度。

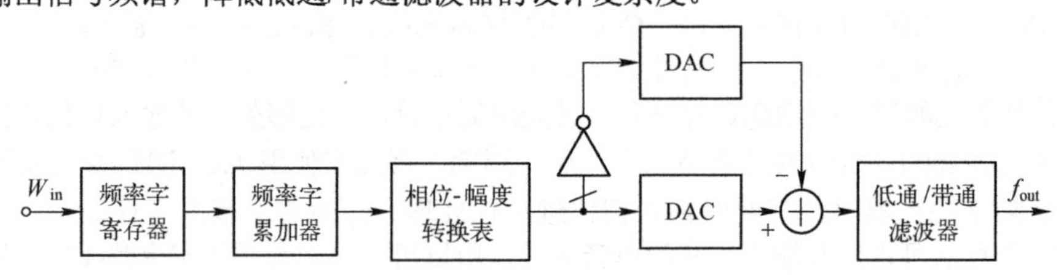


图 11-16 采用平衡 DAC 的直接数字频率综合器结构

如图 11-17（a）所示，DAC 较差的积分非线性通常会严重破坏输出单音信号的半波对称性，使输出信号频谱中包含各种谐波成分，包括偶次谐波成分和奇次谐波成分，因此低通/带通滤波器的过渡带必须足够窄以使滤波器的阻带部分可以有效地滤除二次谐波成分。采用图 12-16 所示的平衡 DAC 结构，偶次谐波成分可以被有效地抵消，如图 11-17（b）所示，大大简化了低通/带通滤波器的设计复杂度。

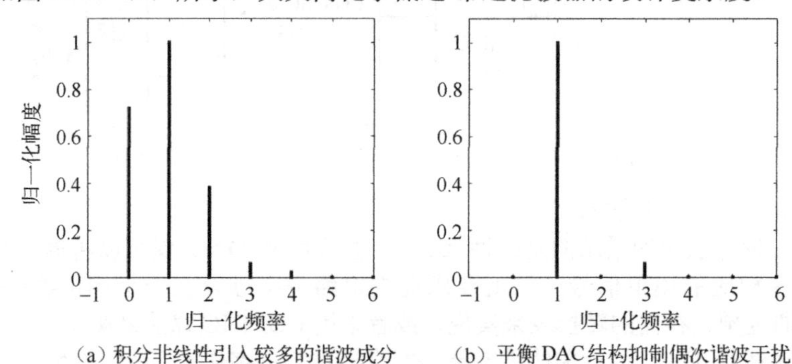


（a）积分非线性引入较多的谐波成分　（b）平衡 DAC 结构抑制偶次谐波干扰

图 11-17 积分非线性谐波干扰与抑制波形

瞬时毛刺主要是产生高阶奇次谐波。平衡 DAC 结构无法有效消除瞬时毛刺，但是瞬时毛刺产生的杂散距离基波成分较远（至少相差两个基波频率），可以通过提升滤波器的阶数有效滤除瞬时毛刺，满足系统指标需求。

### 11.1.5　直接数字频率综合器在调制解调中的应用

直接数字频率综合器是通信系统频带传输中的一个重要模块。频带传输包含基带信号的调制和解调，调制包括调频、调相和调幅，可以分别通过改变直接数字频率综合器中的频率字、相位字和输出量化幅度来实现上述三种调制方式。如图 11-18 所示，根据不同的调制方式，首先将基带码流进行串并转换（主要是为了适应多频、多相、多幅调制），并根据不同的对应频率、相位和幅度进行频率字、相位字和幅度调制系数转换，通过加法器和乘法器分别实现频率、相位和幅度的调制。

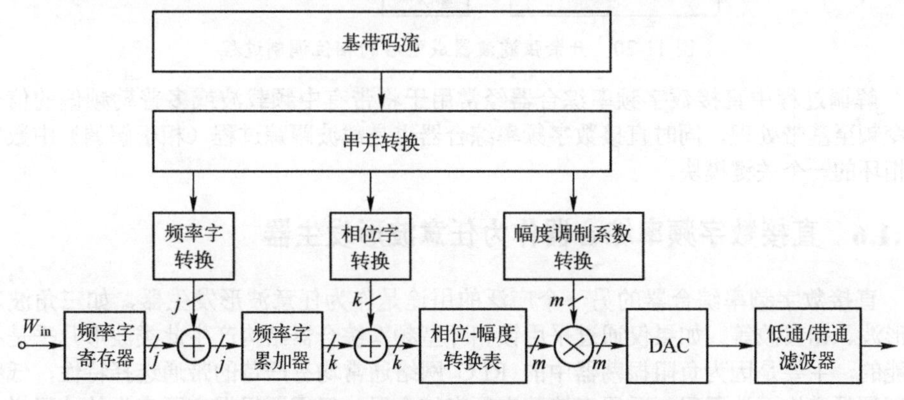


图 11-18　直接数字频率综合器实现信号的调制过程

频率、相位和幅度调制实现过程非常简单，但是也存在频率、相位和幅度的突变过程。突变过程会在输出信号频谱中引入较多的高频成分，虽然模拟域的低通/带通滤波器可以有效抑制高频频谱成分，但是会引入码间串扰，降低系统的信号调制性能。通常相位和幅度调制均采用升余弦滤波器进行成型，这样可以在充分抑制高频频谱成分的同时避免码间串扰。频率的调制通常采用高斯滤波器成型，虽然不能避免码间串扰，但是可以充分压缩信号占用的频谱资源，极大提升频谱资源利用率。对于频率调制和幅度调制，滤波器成型后的调制过程如图 11-19 所示。

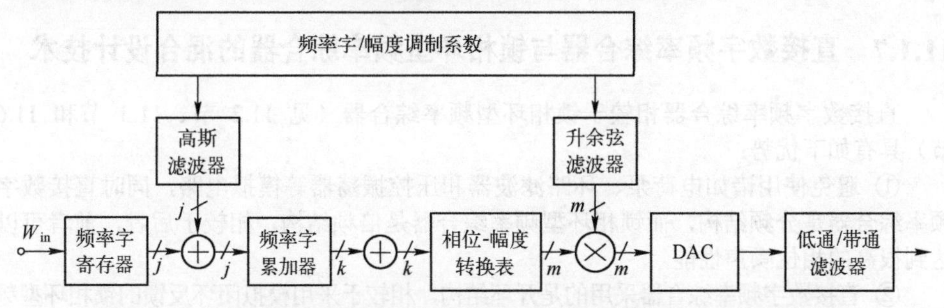


图 11-19　高斯滤波器和升余弦滤波器成型后的频率调制和幅度调制过程

如果以星座图的方式观察调相和调幅过程，可以发现调相和调幅是等价的，即调相过程完全可以通过对正交两路载波信号进行调幅的过程来实现，因此相位调制的升余弦滤波器成型过程可以通过幅度调制的成型过程实现，如图 11-20 所示。

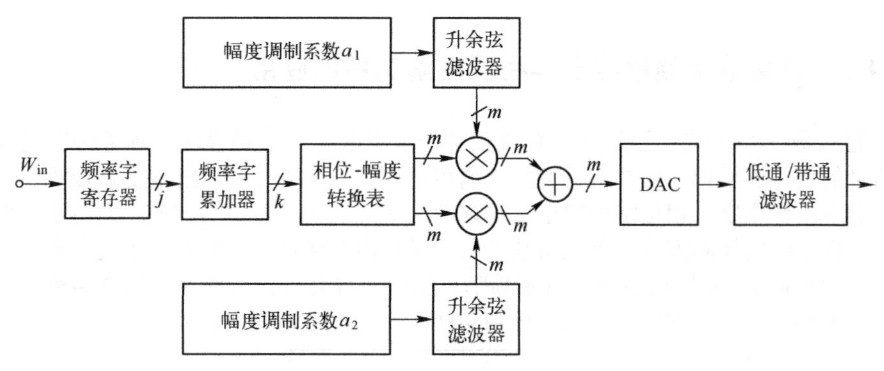


图 11-20 升余弦滤波器成型后的相位调制过程

解调过程中直接数字频率综合器经常用于将带有中频载波或多普勒频偏的信号下变频至基带处理，同时直接数字频率综合器也是载波跟踪过程（相干解调）中数字锁相环的一个关键模块。

### 11.1.6 直接数字频率综合器作为任意波形发生器

直接数字频率综合器的另一个广泛的用途是作为任意波形发生器，如三角波、矩形波、锯齿波等。如果仅通过采用锁相环型频率综合器结构产生此类波形几乎是不可能的，主要是因为负阻振荡器中的 RLC 网络通常均有严苛的带通选择特性，低频和高频频谱均无法再现。采用直接数字频率综合器，仅需要根据实际产生的波形样式和具体周期需求更新相位-幅度转换表即可。为了保证信号的频率多样性，以及避免 DAC sinc 函数引入的带内幅度增益波动，低通/带通滤波器的通带和阻带需要仔细设计，同时数字域的采样率也必须仔细选择。直接数字频率综合器作为任意波形发生器的结构如图 11-21 所示。

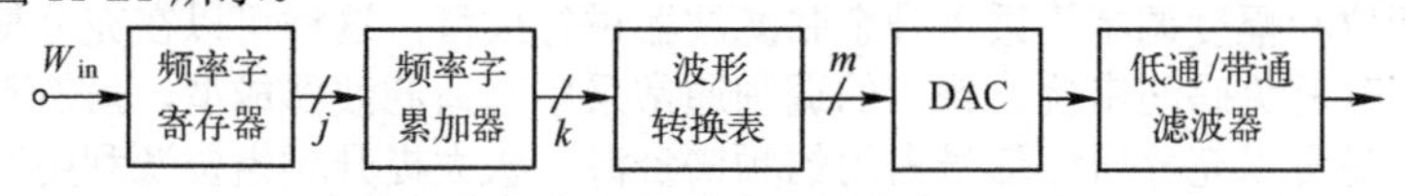


图 11-21 直接数字频率综合器作为任意波形发生器的结构图

### 11.1.7 直接数字频率综合器与锁相环型频率综合器的混合设计技术

直接数字频率综合器相较于锁相环型频率综合器（见 11.2 节、11.3 节和 11.6 节）具有如下优势：

① 避免使用诸如电荷泵、环路滤波器和压控振荡器等模拟电路，同时直接数字频率综合器是分频结构，而锁相环型频率综合器是倍频结构，相较于后者，前者可以达到很高的相位噪声性能。

② 直接数字频率综合器采用的是开环结构，相较于采用模拟闭环反馈的锁相环型频率综合器，前者可以实现非常快的频率切换速度，这一点正是调频通信系统最为看重的。

③ 直接数字频率综合器原理极为简单，设计容易且绝对稳定。

④ 直接数字频率综合器可以很方便地用于各种调制方案和任意波形发生器的实现过程。

直接数字频率综合器也具有非常明显的缺点：

① 虽然直接数字频率综合器可以实现非常高的频率分辨率，但是高的分辨率对应于巨大的相位-幅度转换表存储量，往往导致面积或功耗无法接受。虽然可以采用诸如 CORDIC 算法或正弦/余弦型 DAC，但是也会明显地增大电路的设计复杂度和功耗。

② 由于存在相位字和量化幅度的截断过程，因此直接数字频率综合器具有较差的杂散性能，通过随机加抖可以改善此现象，但是会额外增大背景噪声。

③ 直接数字频率综合器受限于奈奎斯特采样，无法输出较高的信号频率，即使通过提高数字域时钟频率满足了设计需求，功耗也是非常巨大的。同时，使频率字累加器、相位-幅度转换表和 DAC 工作在过高的时钟频率下还面临着非常现实的实现难题。正是由于这个原因，导致直接数字频率综合器在射频领域较少使用。

如果仅采用锁相环型频率综合器，频率切换速度基本无法满足快速跳频系统的需求，因此可以综合利用直接数字频率综合器的快速频率切换功能和锁相环型频率综合器的高频信号输出功能，采用混合设计的方法将直接频率综合器应用于射频领域，如图 11-22 所示。在采用混合设计方法时，数字域信号处理引入的瞬时噪声极易通过衬底耦合的方式干扰锁相环的正常工作，尤其影响压控振荡器的输出信号性能，因此必要的隔离手段和仔细的版图设计是必须的。

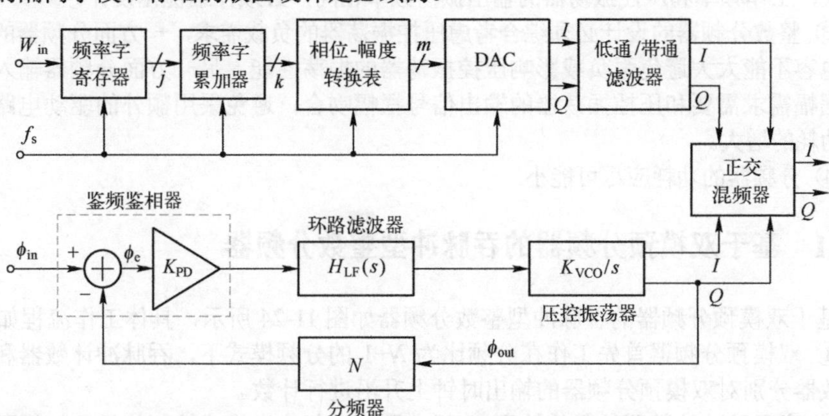


图 11-22　直接数字频率综合器与锁相环型频率综合器的混合设计技术的结构图

一般情况下，锁相环型频率综合器的输出频率较高，通常在 1GHz 以上；直接数字频率综合器的输出频率较低，通常在几百 Hz 至几十 MHz 的范围。为避免混频后带通滤波器所需的品质因子较高，通常采用正交混频的方法（单边带混频器），在复数域实现两个频率信号的相加或相减，从而有效避免产生镜像信号，大大降低滤波器的设计复杂度，更加便于集成。

# 11.2　模拟域锁相环型整数分频频率综合器

基于锁相环实现的频率综合器称为锁相环型频率综合器（见图 10-25）。如果图 10-25 中的分频器（DIV）仅能实现整数分频的话，该频率综合器便被称为锁相环型整数分频频率综合器。最简单的整数型分频器为图 9-85 所示由触发器构成的 2 分频器和 4 分频器。锁相环型整数分频频率综合器的典型应用结构如图 11-23 所示，输出信号频率 $f_{out} = Nf_{in}/M$，频率分辨率 $\Delta f = f_{in}/M$，其中 $N$、$M$ 均为整数分频比。可以看出，改变分频比 $N$、$M$ 可以实现较大的频率覆盖范围和精细的频率分辨率，因此锁相环型整数分频频率综合器具有十分广阔的应用空间。

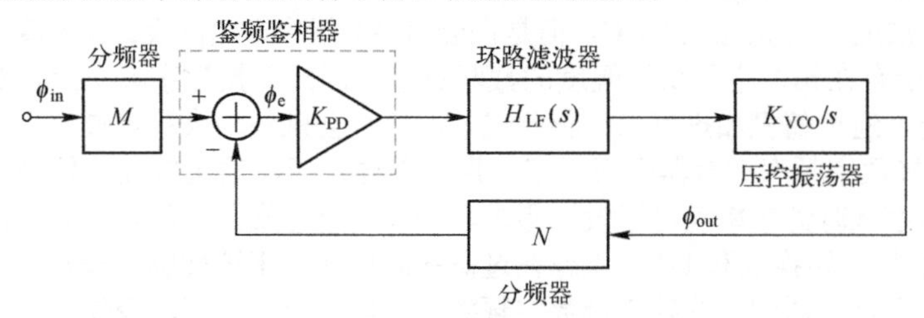


图 11-23 锁相环型整数分频频率综合器典型应用结构

第 10 章已经详细介绍了各阶各型锁相环的工作原理和相关设计方法，本章将集中讲解整数分频器的实现。整数分频器的设计需要重点关注以下问题：

① 为了保证频率调节的精细程度，整数分频器可变步进必须为 1。

② 分频器是锁相环型频率综合器中工作频率最高的模块之一，尤其是分频器的前级模块，工作频率和压控振荡器的输出振荡频率相同，必须仔细优化设计。

③ 整数分频器的设计必须综合考虑压控振荡器的负载需求，一方面分频器的输入寄生电容不能太大避免强负载影响压控振荡器的振荡性能，另一方面分频器输入端的电压摆幅需求需要和压控振荡器的输出信号摆幅吻合，避免采用额外的驱动电路带来电路功耗的增大。

④ 分频器的功耗应尽可能小。

## 11.2.1 基于双模预分频器的吞脉冲型整数分频器

基于双模预分频器的吞脉冲型整数分频器如图 11-24 所示，具体工作流程如下：

① 双模预分频器首先工作在分频比为 $N$+1 的分频模式下，吞脉冲计数器和可编程计数器分别对双模预分频器的输出时钟上升沿进行计数。

② 当吞脉冲计数器计数值达到 $S$ 后，置位（复位）模式控制信号，双模预分频器接着工作在分频比为 $N$ 的分频模式下。

③ 可编程计数器继续计数双模预分频器的输出时钟上升沿，直至计数值达到 $P$ 后，产生复位信号，复位其自身和吞脉冲计数器，并将双模预分频器的分频比置为 $N$+1，整个过程又重新开始。

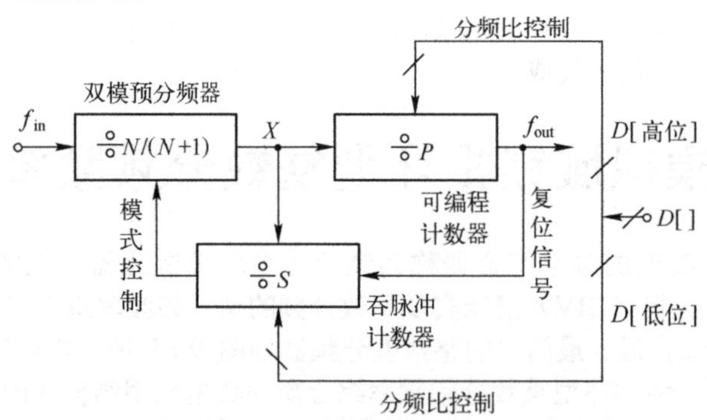


图 11-24 基于双模预分频器的吞脉冲型整数分频器

其实整数分频器可以使用一个计数器来实现，之所以将其拆分为两个计数器（吞脉冲计数器和可编程计数器）和一个双模预分频器，主要是考虑到当频率综合器的输出频率很高时，高速计数器是很难实现的，而且还会消耗很大的动态功耗。双模预分频器却可以工作在较高的输入信号频率下，经过其分频后的信号再送入计数器进行计数分频，可以极大地降低计数器的设计难度和动态功耗。

根据上述工作流程，基于双模预分频器的吞脉冲型整数分频器的分频比为

$$M=(N+1)\times S+N\times(P-S)=N\times P+S \tag{11-39}$$

可以看出，为了保证分频比 $M$ 可以无缝覆盖较大跨度（最大分频比与最小分频比之比）范围内的整数分频比（分频步进为 1），吞脉冲计数器的分频比 $S$ 需要能够在 0～$N$-1 的范围内连续变化，且可编程计数器分频比 $P$ 必须大于 $S$。例如，需要覆盖 20～200 的所有整数分频比，可以设定 $N=4$，$S$ 的变化范围为 0～3，$P$ 的可编程范围为 5～50。

对于某些分频比跨度不是很大的情况，上述设定并不需要严格成立（$S$ 可以大于 $N$）。可以将可编程计数器的分频比 $P$ 设置为固定值，只需通过改变吞脉冲计数器的分频比 $S$ 即可实现覆盖一定范围内的整数分频比。例如，需要覆盖 100～120 的所有整数分频比，可以设定 $N$=4，$P$ 固定为 25，$S$ 为 0～20。

需要注意的是，当吞脉冲计数器分频比 $S$ 设置为 0 时，模式控制信号会一直被置位（复位），双模预分频器的分频比始终为 $N$。

## 11.2.2　双模预分频器

双模预分频器工作在整个锁相环路中的最高频率处，设计难度比较大，因此设计过程中除优化时钟端的寄生电容外，还必须尽可能缩短电路中的关键路径延时。本节主要介绍几种常用的双模预分频器结构，并着重分析限制它们工作频率的关键路径和一些优化方法。

### 1. 同步双模预分频器

同步双模预分频器电路中各节点的状态切换均在同一时钟控制下完成。本节首先介绍常用的两种同步双模预分频器——2/3 双模预分频器和 3/4 双模预分频器，然后详细分析它们的时序图和工作频率限制因素，并基于此介绍其他不同分频比的同步双模预分频器。

基于触发器实现的 2 分频器和 4 分频器如图 11-25 所示。这两个分频器均是同步结构，2 分频器需要一个触发器进行实现，4 分频器需要两个触发器进行实现。2 分频器包含一个状态节点（$Q_1$），共计存在两个不同的状态。4 分频器包含两个状态节点（$Q_1$和$\overline{Q_2}$），共计存在 4 个不同的状态。因此，仅采用一个触发器结构是无法实现 3 分频的（一个状态节点仅具备两个状态，最多实现 2 分频），必须采用两个触发器的级联形式，在 3 分频器的具体实现过程中只需通过一定的电路设计技巧避免其中的一个状态出现即可。

基于图 11-25（b）所示的 4 分频器设计的 3 分频器如图 11-26 所示，与门 $A_1$ 的加入使两个节点 $Q_1$和$\overline{Q_2}$ 的转移状态无法出现“00”（否则节点 $\overline{Q_2}$ 的上一个状态必须为“0”，中间节点 $D_2$ 的上一个状态必须为“1”，由于与门的存在，此情况不会出

现），导致总的状态转移量由 4 个减少为 3 个，从而实现 3 分频。

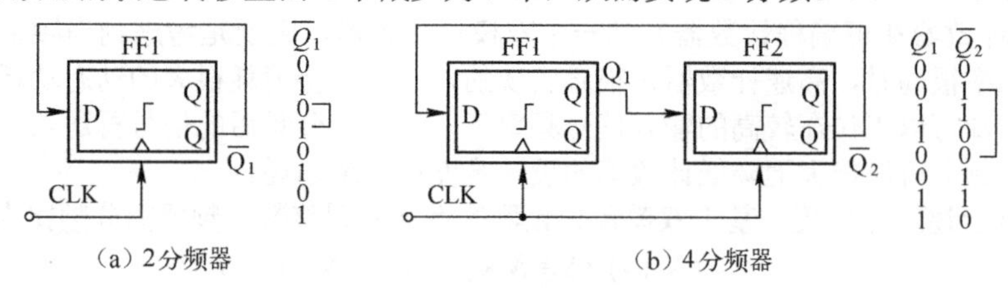

（a）2分频器（b）4分频器

图 11-25　基于触发器实现的 2 分频器和 4 分频器

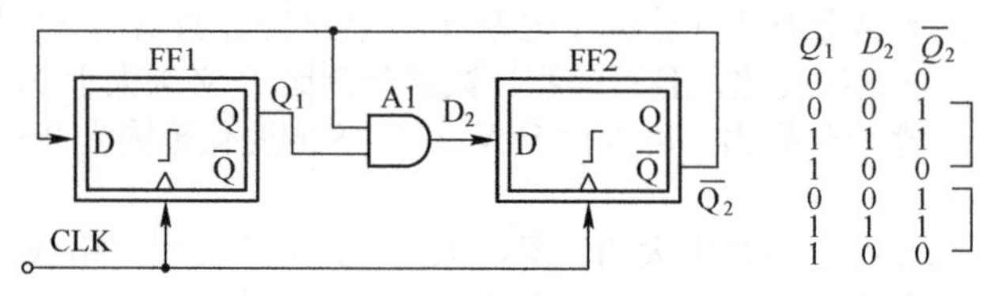

图 11-26　3 分频器

如果采用某种逻辑门阻断节点 $Q_1$ 的向下传输，则图 11-26 所示的 3 分频器就会变为一个 2 分频器。如果能够阻断节点 $\overline{Q}_2$ 通过与门的状态反馈，则 3 分频器就会变为 4 分频器。如图 11-27（a）所示，通过在节点 $Q_1$ 的传导路径上加入一个或门 O1，便可以通过改变模式控制端的输入逻辑电平实现 2/3 分频比的切换。当模式控制 MC =1 时，为 2 分频器。当模式控制 MC=0 时，为 3 分频器。如图 11-27（b）所示，通过在节点 $\overline{Q}_2$ 的反馈路径上加入一个或门 O1，可以通过改变模式控制端的输入逻辑电平实现 3/4 分频比的切换。当模式控制 MC = 1 时，为 4 分频器。当模式控制 MC=0 时，为 3 分频器。

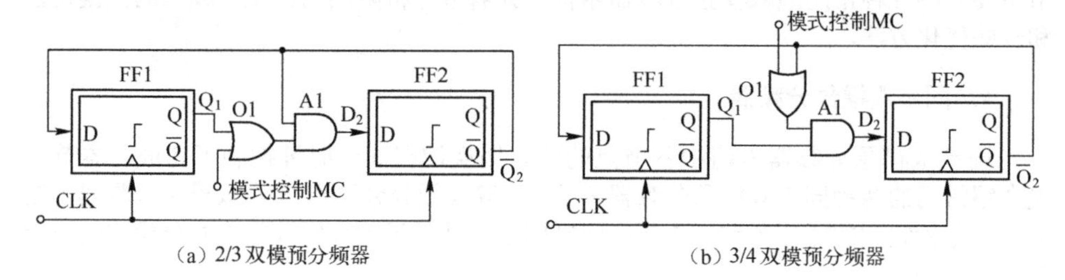

（a）2/3 双模预分频器（b）3/4 双模预分频器

图 11-27　双模预分频器

由于双模预分频器的工作频率非常高，因此对其关键路径进行分析是十分必要的。2/3 双模预分频器和 3/4 双模预分频器的关键路径如图 11-28 所示，为了避免关键路径延时过大导致分频功能失效，或门 O1、与门 A1 与两个锁存器的传输延时之和不能超过一个时钟周期（对于反相输出的锁存器，还需要增加一级反向器延时）。另外，考虑到只有在时钟信号的低电平到来之时，节点 $D_2$ 的数据才开始通过锁存器 L3 进行传输，因此为了在相邻的时钟上升沿有效地采样到该数据，锁存器 L3 的传输延时必须小于半个时钟周期。

同步双模预分频器的关键路径中包含的或门和与门均具有两个标准的门延时（或非门/与非门+反相器），因此可以通过逻辑变换将或门/与门变为或非门/与非门的形式，从而缩短路径延时。将图 11-26 所示 3 分频器中的与门转换为或非门的过程如图 11-29 所示。同图 11-26 类似，图 11-29（c）所示的基于或非门的 3 分频器同样包含两个状态节点 $Q_1$ 和 $Q_2$，由于或非门的作用，不会出现“11”这个转移状态，从而实现针对输入时钟的 3 分频。

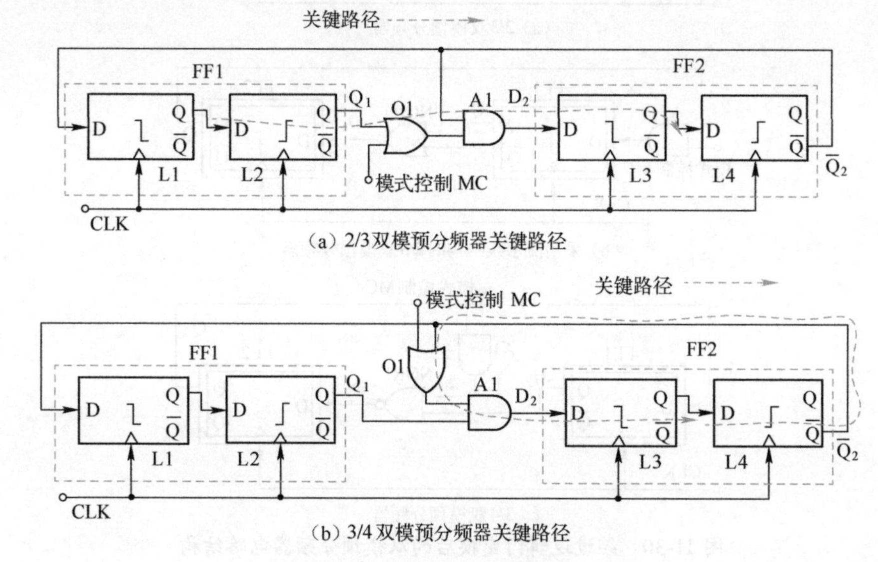


（a）2/3 双模预分频器关键路径

（b）3/4 双模预分频器关键路径

图 11-28　双模预分频器关键路径

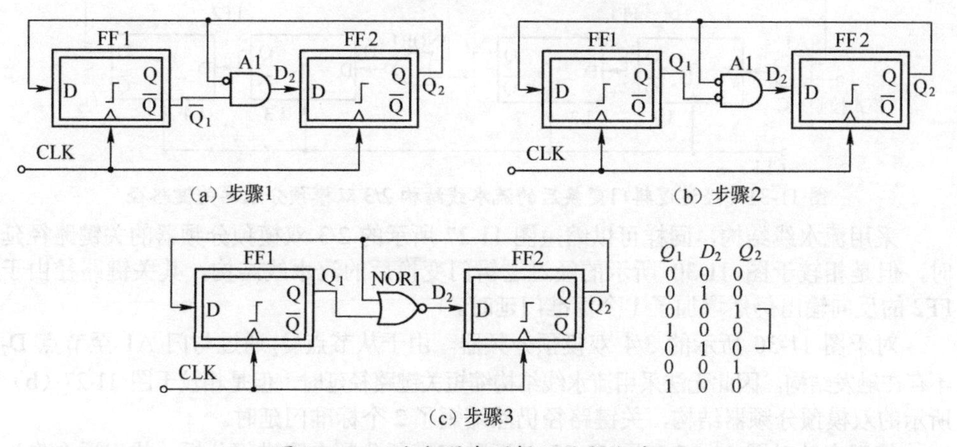


（a）步骤1　（b）步骤2

（c）步骤3

图 11-29　3 分频器中逻辑门的变换过程

经过逻辑门变换后的 2/3 双模预分频器和 3/4 双模预分频器电路结构如图 11-30 所示。或非门的使用缩短了关键路径中反相器的延时，进一步提高了双模预分频器的工作时钟频率。可采用流水线结构进一步压缩 2/3 双模预分频器关键路径延时，如图 11-30 所示（因为从节点 $Q_2$ 经节点 $Q_1$ 至节点 $D_2$ 的路径中存在一级触发结构，所以可以将该触发结构前移对组合逻辑进行拆分，缩短关键路径延时），其关键路径如图 11-31 所示。对比图 11-28 可知，采用流水线结构后，2/3 双模预分频器关键路径延时被压缩了 2 个标准门延时（包括锁存器 L4 中的输出反向器延时）。

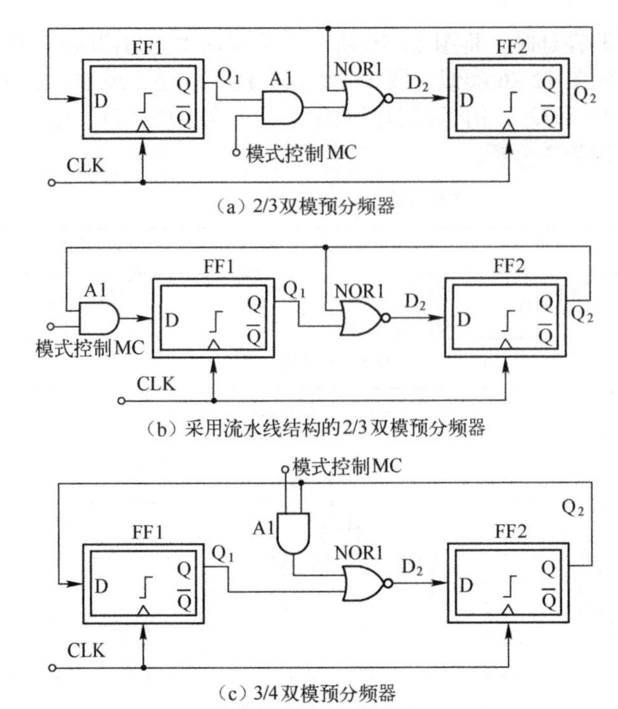


（a）2/3双模预分频器

（b）采用流水线结构的2/3双模预分频器

（c）3/4双模预分频器

图 11-30　经过逻辑门变换后的双模预分频器电路结构

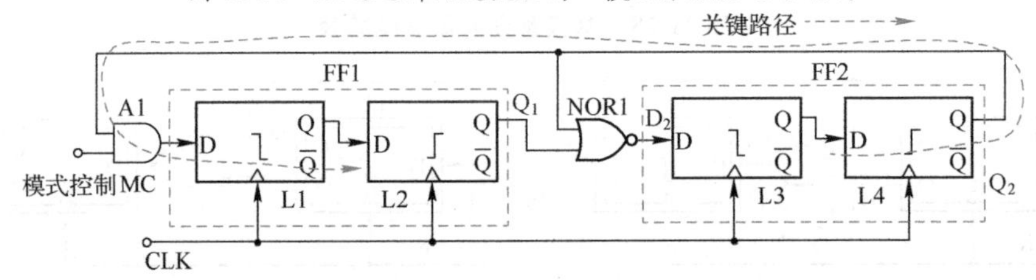


图 11-31　经过逻辑门变换后的流水线结构 2/3 双模预分频器关键路径

采用流水线结构，同样可以缩短图 11-27 所示的 2/3 双模预分频器的关键路径延时，但是相较于图 11-30 所示的经过逻辑门变换后的流水线结构，其关键路径由于 FF2 的反向输出仍然增加了 1 个标准门延时。

对于图 11-30 所示的 3/4 双模预分频器，由于从节点 $Q_2$ 通过与门 A1 至节点 $D_2$ 不存在触发结构，因此无法采用流水线结构缩短关键路径延时，但是相较于图 11-27（b）所示的双模预分频器结构，关键路径仍然缩短了 2 个标准门延时。

接下来针对图 11-27 和图 11-30 共五种双模预分频电路进行分析，找出适合作为输出端的状态节点。假设电路中所有的状态转移均是由时钟上升沿触发的，如果双模预分频器可以实现图 11-24 的整数分频功能，必须具备以下功能：时钟 CLK 上升沿到来时，复位模式控制端、双模预分频器的分频比应无缝切换，否则整数分频功能将发生紊乱。当 $N$=2、$S$=1、$P$=2 情况下的整数分频时序如图 11-32（a）所示，根据式（11-39）可得，此时的分频比为 5，双模预分频器中 2 分频和 3 分频在一个计数周期内各经历一次，满足 5 分频的设计需要。当复位模式有效时，双模预分频器无缝进入 3 分频模式；当置位模式有效时，双模预分频器无缝进入 2 分频模式。在进行 3 分频时，双模预分频器存在两种输出格式（$X_1$ 和 $X_2$），占空比分别为 1∶2 和 2∶1。

$N$=3、$S$=1、$P$=2 情况下的整数分频时序如图 11-32（b）所示，根据式（11-39）可得，此时的分频比为 7，双模预分频器中 3 分频和 4 分频在一个计数周期内各经历一次，满足 7 分频的设计需要。当复位模式有效时，双模预分频器无缝进入 3 分频模式；当置位模式有效时，双模预分频器无缝进入 4 分频模式。在进行 3 分频时，双模预分频器同样存在两种输出格式（$X_1$ 和 $X_2$），占空比分别为 1:2 和 2:1。

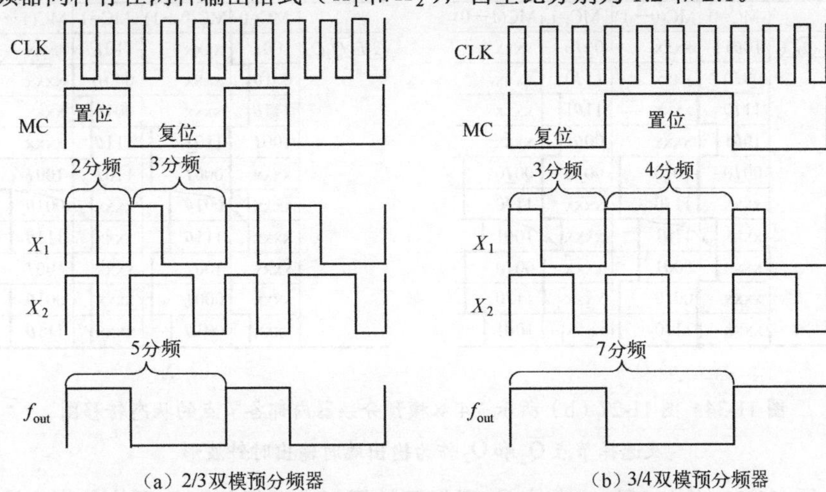

（a）2/3双模预分频器　　（b）3/4双模预分频器

图 11-32　基于双模预分频器的吞脉冲型整数分频器各节点工作时序

四种不同结构双模预分频器的内部各节点状态转移图及在选择不同节点（$\overline{Q}_2$ 和 $Q_2$）作为输出端时的输出时钟波形如图 11-33～图 11-37 所示。可以看出，对于图 11-27 和图 11-30（a）、（c）所示的双模预分频器，触发器 FF2 的两个差分输出端（$\overline{Q}_2$ 和 $Q_2$）均可作为输出端，在时钟上升沿作为触发沿的情况下，在模式控制指令由置位变为复位或由复位变为置位时，双模分频器中的不同分频比均可实现无缝切换。节点 $\overline{Q}_2$ 作为输出端时，3 分频时的占空比为 2∶1，节点 $Q_2$ 作为输出端时，3 分频时的占空比为 1:2。为了进一步提升双模预分频器的工作频率，通常选择 $Q_2$ 端作为输出端（$\overline{Q}_2$ 端还提供了反馈支路，寄生电容较大）。

| | MC=0 | MC(0→1) | MC=1 | MC(1→0) |
|---|---|---|---|---|
| $Q_1D_2\overline{Q}_2Q_2$ | 1001 | xxxx | 0110 | xxxx |
| | 0010 | xxxx | 1001 | xxxx |
| | 1110 | xxxx | 0110 | xxxx |
| | 1001 | xxxx | 1001 | xxxx |
| | 0010 | 0110 | 0110 | 0010 |
| | xxxx | 1001 | xxxx | 1110 |
| | xxxx | 0110 | xxxx | 1001 |
| | xxxx | 1001 | xxxx | 0010 |
| | xxxx | 0110 | xxxx | 1110 |
| | xxxx | 1001 | xxxx | 1001 |

（a）$\overline{Q}_2$

| | MC=0 | MC(0→1) | MC=1 | MC(1→0) |
|---|---|---|---|---|
| $Q_1D_2\overline{Q}_2Q_2$ | 1001 | xxxx | 0110 | xxxx |
| | 0010 | xxxx | 1001 | xxxx |
| | 1100 | xxxx | 0110 | xxxx |
| | 1001 | 1001 | 1001 | 1001 |
| | xxxx | 0110 | xxxx | 0010 |
| | xxxx | 1001 | xxxx | 1110 |
| | xxxx | 0110 | xxxx | 1001 |
| | xxxx | 1001 | xxxx | 0010 |
| | xxxx | 0110 | xxxx | 1110 |
| | xxxx | 1001 | xxxx | 1001 |

（b）$Q_2$

图 11-33　图 11-27（a）所示 2/3 双模预分频器内部各节点的状态转移图及选择节点 $\overline{Q}_2$ 和 $Q_2$ 作为输出端时输出时钟波形

对于图 11-30（b）所示采用流水线结构的 2/3 双模分频器来说，如果将节点$\overline{Q}_2$作为输出端，不同的分频比在模式控制变化时无法实现无缝切换，因此节点$\overline{Q}_2$无法作为有效的输出端。也就是说，采用流水线结构后，仅有一个输出端（节点$Q_2$）可以使用，且 3 分频时钟的占空比为 1∶2。

| | MC=0 | MC(0→1) | MC=1 | MC(1→0) |
|---|---|---|---|---|
| $Q_1D_2\overline{Q}_2Q_2$ | 1001 | xxxx | 0010 | xxxx |
| | 0010 | xxxx | 1110 | xxxx |
| | 1110 | xxxx | 1101 | xxxx |
| | 1001 | xxxx | 0001 | xxxx |
| | 0010 | 0010 | 0010 | 0010 |
| | xxxx | 1110 | xxxx | 1110 |
| | xxxx | 1101 | xxxx | 1001 |
| | xxxx | 0001 | xxxx | 0010 |
| | xxxx | 0010 | xxxx | 1110 |
| | xxxx | 1110 | xxxx | 1001 |

（a）$\overline{Q}_2$

| | MC=0 | MC(0→1) | MC=1 | MC(1→0) |
|---|---|---|---|---|
| $Q_1D_2\overline{Q}_2Q_2$ | 1001 | xxxx | 1101 | xxxx |
| | 0010 | xxxx | 0001 | xxxx |
| | 1110 | xxxx | 0010 | xxxx |
| | 1001 | 1101 | 1110 | xxxx |
| | xxxx | 0001 | 1101 | 1001 |
| | xxxx | 0010 | xxxx | 0010 |
| | xxxx | 1110 | xxxx | 1110 |
| | xxxx | 1001 | xxxx | 1001 |
| | xxxx | 0001 | xxxx | 0010 |
| | xxxx | 0010 | xxxx | 1110 |

（b）$Q_2$

图 11-34 图 11-27（b）所示 3/4 双模预分频器内部各节点的状态转移图及选择节点$\overline{Q}_2$和$Q_2$作为输出端时输出时钟波形

由图 11-30（b）可知，节点$Q_2$已经驱动了两个逻辑门，如果将其作为输出节点，下级电路的输入寄生电容会进一步恶化分频器的工作速度，因此可以对该电路进行一定的改造。如图 11-38 所示，将 FF2 的节点$\overline{Q}_2$作为反馈端，同时改变与门 A1 为或非门 NOR2，此时的模式控制端在实现相同功能时需要反向，即当 MC=0 时为 3 分频，MC=1 时为 2 分频。可以看出，关键路径上没有增加额外的寄生电容，虽然反馈端会额外增加一个反向器延时，但是关键路径中的或非门 NOR2 相较于与门 A1 缩短了一个标准门延时，因此此种电路结构不会影响分频器的最高工作频率。

| | MC=1 | MC(1→0) | MC=0 | MC(0→1) |
|---|---|---|---|---|
| $Q_1D_2\overline{Q}_2Q_2$ | 1010 | xxxx | 1110 | xxxx |
| | 0110 | xxxx | 0001 | xxxx |
| | 0001 | xxxx | 1110 | xxxx |
| | 1010 | 1110 | 0001 | xxxx |
| | xxxx | 0001 | 1110 | 1010 |
| | xxxx | 1110 | xxxx | 0110 |
| | xxxx | 0001 | xxxx | 0001 |
| | xxxx | 1110 | xxxx | 1010 |
| | xxxx | 0001 | xxxx | 0110 |
| | xxxx | 1110 | xxxx | 0001 |

（a）$\overline{Q}_2$

| | MC=1 | MC(1→0) | MC=0 | MC(0→1) |
|---|---|---|---|---|
| $Q_1D_2\overline{Q}_2Q_2$ | 0001 | xxxx | 0001 | xxxx |
| | 1010 | xxxx | 1110 | xxxx |
| | 0110 | xxxx | 0001 | xxxx |
| | 0001 | 0001 | 1110 | xxxx |
| | xxxx | 1110 | 0001 | 0001 |
| | xxxx | 0001 | xxxx | 1010 |
| | xxxx | 1110 | xxxx | 0110 |
| | xxxx | 0001 | xxxx | 0001 |
| | xxxx | 1110 | xxxx | 1010 |
| | xxxx | 0001 | xxxx | 0110 |

（b）$Q_2$

图 11-35 图 11-30（a）所示经过逻辑门变换后 2/3 双模预分频器内部各节点的状态转移图及选择节点$\overline{Q}_2$和$Q_2$作为输出端时输出时钟波形

2/3 双模预分频器和 3/4 双模预分频器是同步分频器中的两个基本结构，其他的同步双模预分频器均可以基于这两种结构衍生出来，且基本工作原理一致。以同步 4/5 双模预分频器和同步 5/6 双模预分频器为例，介绍同步分频器具体设计方法。一个 5 分频器的结构如图 11-39 所示，与图 11-29（c）所示结构具有相似性，在其内部按照图 11-38 和图 11-30（c）的方式增加一些逻辑门便可以实现同步 4/5 和同步 5/6 双模预分频器，如图 11-40 和图 11-41 所示。其他分频比的同步双模预分频器可以按照上述原理进行类比设计，不再赘述。

| | MC=1 | MC(1→0) | MC=0 | MC(0→1) |
|---|---|---|---|---|
| $Q_1D_2\overline{Q}_2Q_2$ | 1010 | xxxx | 1010 | xxxx |
| | 0110 | xxxx | 0110 | xxxx |
| | 0001 | xxxx | 0101 | xxxx |
| | 1010 | 1010 | 1001 | xxxx |
| | xxxx | 0110 | 1010 | 1010 |
| | xxxx | 0101 | xxxx | 0110 |
| | xxxx | 1001 | xxxx | 0001 |
| | xxxx | 1010 | xxxx | 1010 |
| | xxxx | 0110 | xxxx | 0110 |
| | xxxx | 0101 | xxxx | 0001 |

（a）$\overline{Q}_2$

| | MC=1 | MC(1→0) | MC=0 | MC(0→1) |
|---|---|---|---|---|
| $Q_1D_2\overline{Q}_2Q_2$ | 0001 | xxxx | 0101 | xxxx |
| | 1010 | xxxx | 1001 | xxxx |
| | 0110 | xxxx | 1010 | xxxx |
| | 0001 | 0101 | 0110 | xxxx |
| | xxxx | 1001 | 0101 | 0001 |
| | xxxx | 1010 | xxxx | 1010 |
| | xxxx | 0110 | xxxx | 0110 |
| | xxxx | 0101 | xxxx | 0001 |
| | xxxx | 1001 | xxxx | 1010 |
| | xxxx | 1010 | xxxx | 0110 |

（b）$Q_2$

图 11-36　图 11-30（c）所示经过逻辑门变换后 3/4 双模预分频器内部各节点的状态转移图及选择节点 $\overline{Q}_2$ 和 $Q_2$ 作为输出端时输出时钟波形

| | MC=1 | MC(1→0) | MC=0 | MC(0→1) |
|---|---|---|---|---|
| $Q_1D_2\overline{Q}_2Q_2$ | 0001 | xxxx | 0110 | xxxx |
| | 1010 | xxxx | 0001 | xxxx |
| | 0110 | xxxx | 0110 | xxxx |
| | 0001 | xxxx | 0001 | xxxx |
| | 1010 | 1010 | 0110 | 0110 |
| | xxxx | 0110 | xxxx | 0001 |
| | xxxx | 0001 | xxxx | 1010 |
| | xxxx | 0110 | xxxx | 0110 |
| | xxxx | 0001 | xxxx | 0001 |
| | xxxx | 0110 | xxxx | 1010 |

（a）$\overline{Q}_2$

| | MC=1 | MC(1→0) | MC=0 | MC(0→1) |
|---|---|---|---|---|
| $Q_1D_2\overline{Q}_2Q_2$ | 0001 | xxxx | 0001 | xxxx |
| | 1010 | xxxx | 0110 | xxxx |
| | 0110 | xxxx | 0001 | xxxx |
| | 0001 | 0001 | 0110 | xxxx |
| | xxxx | 0110 | 0001 | 0001 |
| | xxxx | 0001 | xxxx | 1010 |
| | xxxx | 0110 | xxxx | 0110 |
| | xxxx | 0001 | xxxx | 0001 |
| | xxxx | 0110 | xxxx | 1010 |
| | xxxx | 0001 | xxxx | 0110 |

（b）$Q_2$

图 11-37　图 11-30（b）所示经过逻辑门变换后采用流水线结构的 2/3 双模预分频器内部各节点的状态转移图及选择节点 $\overline{Q}_2$ 和 $Q_2$ 作为输出端时输出时钟波形

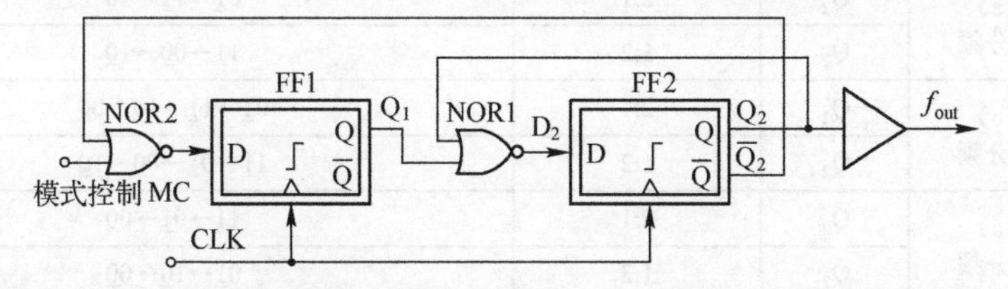


图 11-38　经过结构变换后的流水线结构 2/3 双模预分频器及其输出端

通常情况下，同步双模预分频器主要包含 2/3 双模预分频器和 3/4 双模预分频器两种。在输入频率较高时，如果仅使用同步双模预分频器，计数器仍然面临着巨大的速度压力，也就是说双模预分频器的分频比需要提高。异步双模预分频器可以给出任意相邻分频比（其中 $N=2^{n+1}$ 或 $N=2^{n+2}=1$，$n\geqslant 1$）组合的双模预分频器，它们都是在同步双模预分频器的基础上采取异步分频来实现的。上述同步 2/3 和 3/4 分频器的指标总结见表 11-3，并附上了节点的状态转移过程，其中 3 分频的节点转移状态是在 2 分频或 4 分频节点状态转移的基础上进行的状态插入或删除（深色部分），该状态转移过程对我们后续分析异步双模预分频器的工作速度限制非常有用。下面着重讲述异步双模分频器的一些设计方法。

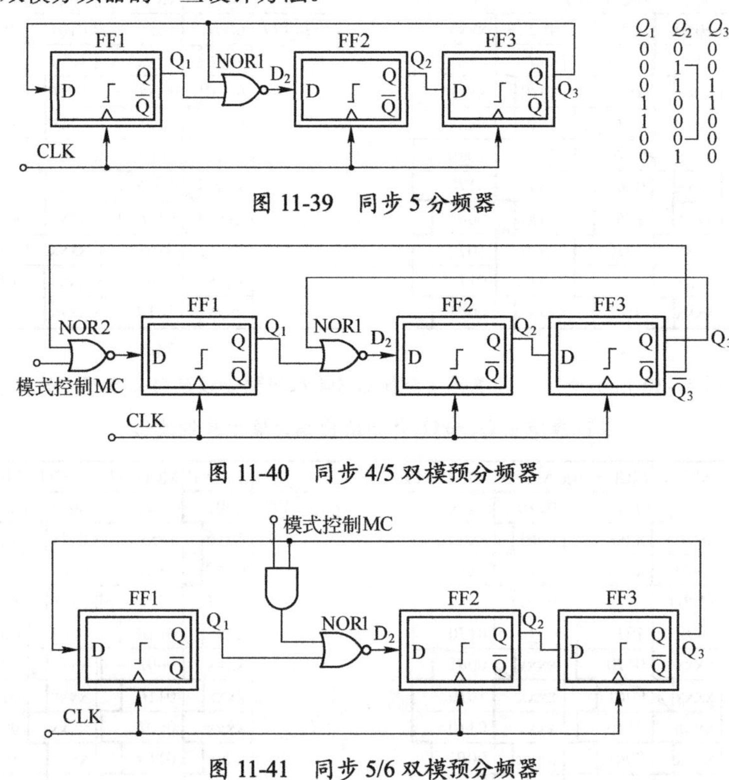


图 11-39　同步 5 分频器

图 11-40　同步 4/5 双模预分频器

图 11-41　同步 5/6 双模预分频器

**表 11-3　同步 2/3 和 3/4 双模预分频器指标总结**

| 电路结构 | 输出端 | 3 分频占空比 | 状态（$Q_1\bar{Q}_2$ 和 $Q_1Q_2$）转移过程 |
|---|---|---|---|
| 图 12-27（a）2/3 双模预分频 | $\bar{Q}_2$ | 2:1 | 01→11→10 |
| | $Q_2$ | 1:2 | 11→00→10 |
| 图 12-27（b）3/4 双模预分频 | $\bar{Q}_2$ | 2:1 | 01→11→10→00 |
| | $Q_2$ | 1:2 | 11→01→00→10 |
| 图 12-30（a）2/3 双模预分频 | $\bar{Q}_2$ | 2:1 | 11→01→00 |
| | $Q_2$ | 1:2 | 01→10→00 |
| 图 12-30（c）3/4 双模预分频 | $\bar{Q}_2$ | 2:1 | 11→01→00→10 |
| | $Q_2$ | 1:2 | 01→11→10→00 |
| 图 12-30（b）2/3 双模预分频 | $\bar{Q}_2$ | — | — |
| | $Q_2$ | 1:2 | 01→10→00 |

**2. 异步双模预分频器**

异步双模预分频器的设计是在同步双模预分频器的基础上进行异步分频实现的。相较于同步分频器，异步分频器在具有相同分频比的情况下可以节省触发器的数量，减小电路面积和功耗，尤其是在分频比较大的情况下。

一个基于流水线结构 2/3 双模预分频器实现的异步 4/5 双模预分频器如图 11-42 所示。当模式控制端 MC1=0 时，2/3 双模预分频器处于 2 分频状态，经过后端的异步 2 分频结构实现 4 分频输出。当模式控制端 MC1=1 时，如果输出端节点 $Q_3$ 为低电平，则 2/3 双模预分频器工作在 2 分频状态；如果输出端节点 $Q_3$ 为高电平，则工作在 3 分频状态。由于节点 $Q_3$ 的电平切换是由 2/3 双模预分频器的输出端节点 $Q_2$ 进行控制的（上升沿触发或下降沿触发），则可知输出端节点 $Q_3$ 低电平持续时间为 2 个时钟周期，高电平持续时间为 3 个时钟周期，从而实现 5 分频。

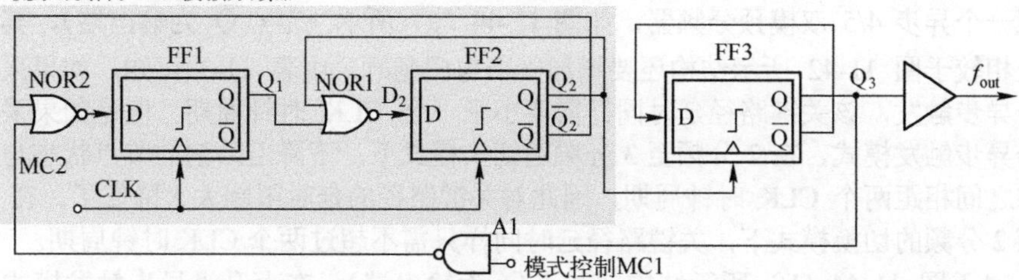


图 11-42 基于流水线结构 2/3 双模预分频器实现的异步 4/5 双模预分频器

为了进一步理解异步 4/5 双模预分频器的具体工作原理和工作速度限制因素，以图 11-24 所示的吞脉冲型整数分频器为例进行说明。假设 $S$=1、$P$=2，则此时整数分频器的分频比为 9，基于 4/5 双模预分频器的吞脉冲整数分频器的工作时序如图 11-43 所示。

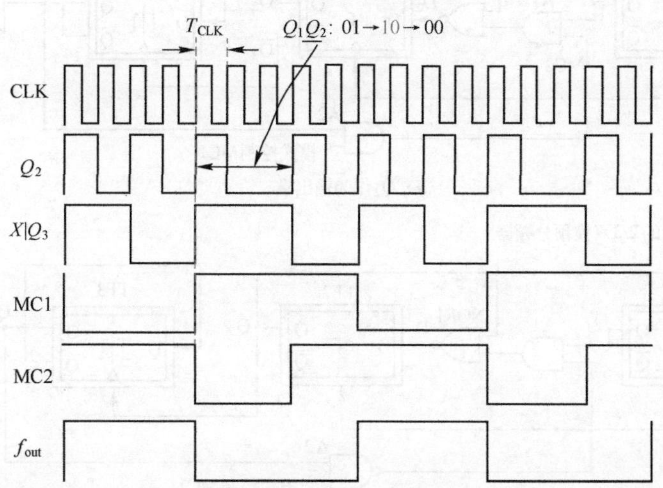


图 11-43 基于 4/5 双模预分频器的吞脉冲整数分频器的工作时序

由图 11-43 可知，在每一个分频周期中，异步 4/5 双模预分频器的两个分频比各经历一次，从而实现 9 分频。另外，当 2/3 双模预分频器从 2 分频周期进入 3 分频周期时，如图 11-37（b）和表 11-3 所示，$Q_1Q_2$ 的状态转移过程可以看作在状态“01”和“00”之间插入了一个状态“10”，从而实现 2 分频到 3 分频的转换，因此在插入状态“10”到来之前，2/3 双模预分频器的模式控制端 MC2 必须为低电平。由图 11-40 可知，节点 $Q_2$ 的上升沿是 2/3 双模预分频器分频比改变的触发条件。在下一个时钟 CLK 上升沿到来时，CLK 的上升沿至节点 $Q_2$ 数据有效所需的时间，加上数据从触发器 FF3 的输入端至输出端的传输延时、与门 A1 和或非门 NOR2 的门延时的和必须小于一个时钟周期，此路径也是该 4/5 双模预分频器的关键路径。当 2/3 双模预分频器从 3 分频周期进入 2 分频周期时，原理与上述相同。但是，该结构中的基于触发器 FF3 的异步 2 分频器可否采用下降沿触发？答案是否定的，由表 11-3 和图 11-40 可知，节点 $Q_2$ 的下降沿会直接导致插入状态的到来，没有任何预留时间留给关键路径的传输延时。

如果将采用流水线结构的 2/3 双模预分频器换为图 11-30（a）所示的形式，重新实现一个异步 4/5 双模预分频器，如图 11-44（a）所示（节点 $\overline{Q}_2$ 为输出端），其关键路径相较于图 11-42 所示结构还要增加一个与门延时。由表 11-3 可知，如果采用上升沿异步触发，该关键路径延时同样需要小于一个 CLK 时钟周期。但是如果采用下降沿异步触发模式，在 2 分频至 3 分频的切换模式下，下降沿时刻的节点状态与插入状态之间相距两个 CLK 时钟周期，因此对关键路径的延时限制大大降低了。在 3 分频至 2 分频的切换模式下，关键路径延时同样只需不超过两个 CLK 时钟周期。

对于图 11-44（b）所示结构（节点 $Q_2$ 为输出端），在上升沿异步触发模式下，关键路径延时不能超过 2 个 CLK 时钟周期，在下降沿异步触发模式下，关键路径延时不能超过 1 个 CLK 时钟周期。

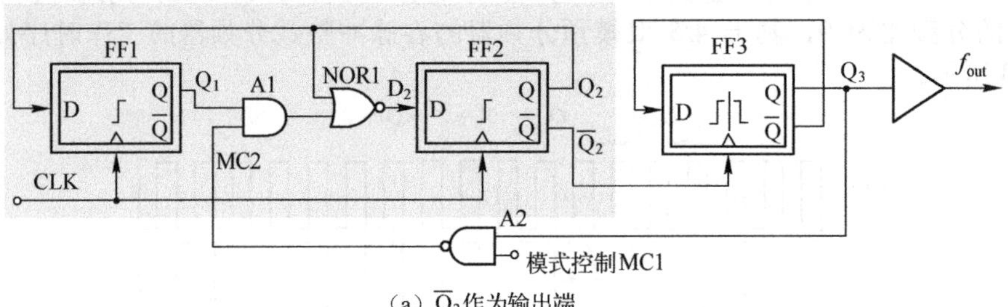

（a）$\overline{Q}_2$作为输出端

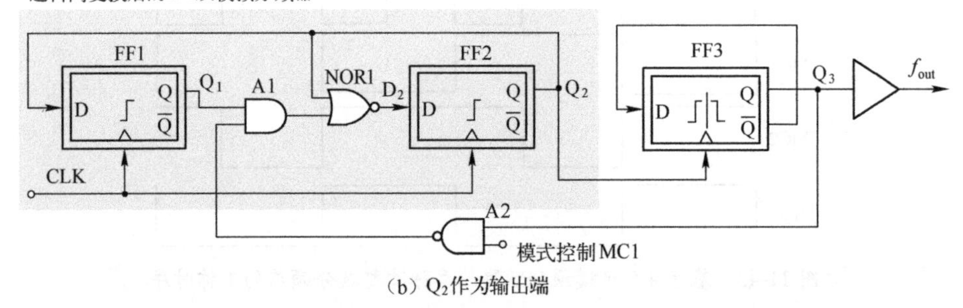

（b）$Q_2$作为输出端

图 11-44　基于逻辑门变换后的 2/3 双模预分频器实现的异步 4/5 双模预分频器

基于 2/3 双模预分频器实现的异步双模预分频器可以提供 $2^n/(1^n+1)$中所有情况的分频比，其中$n \geqslant 2$，但是实现更高分频比的异步双模分频器时，需要特别注意对关键路径延时的限制。如图 11-45 所示，一个异步 8/9 双模预分频器的关键路径相较于 4/5 双模预分频器又增加了一级触发器 FF4 延时。由于 2/3 双模预分频器给关键路径预留的时间长度最大仅为两个 CLK 时钟周期，可以预见的是，随着分频比的增大，关键路径延时也会逐渐增大，会明显地降低整数分频器的最高工作频率。如果要实现具有更大分频比的双模预分频模块，可以考虑采用同步 3/4 双模预分频器或具有更高分频比的同步双模分频器。

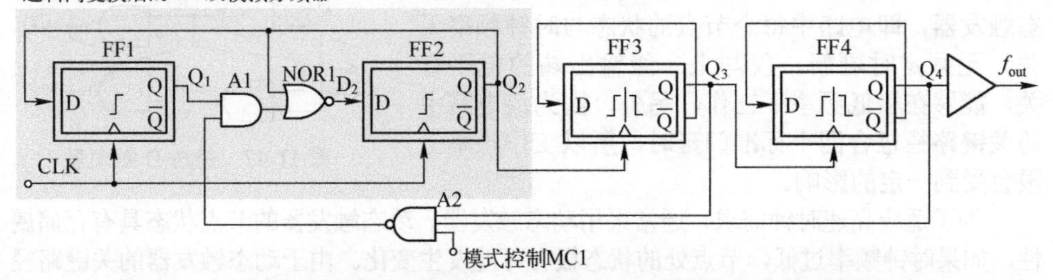


图 11-45　基于逻辑门变换后的 2/3 双模预分频器实现的 8/9 双模预分频器

基于 3/4 双模预分频器实现的异步双模预分频器提供的分频比可以覆盖$(2^{n+2}-1)/2^{n+2}$中所有的情况，其中$n \geqslant 1$。以异步 15/16 双模分频器为例进行说明，如图 11-46 所示，其关键路径的门延时与图 11-45 相同。对于 3/4 双模预分频器来说，如果采用节点$Q_2$作为输出端，由表 11-3 可知，后端异步 2 分频器需要采用下降沿触发，可以将关键路径的延时限制在 3 个 CLK 时钟周期内。相较于 2/3 双模预分频器，3/4 双模预分频器对关键路径延时的限制增加了一个 CLK 时钟周期，也就意味着提高了分频器的最高工作频率。同理，如果将节点$\overline{Q}_2$作为输出端，则后端异步 2 分频模块需要采用上升沿触发，才能保证最高的工作频率。

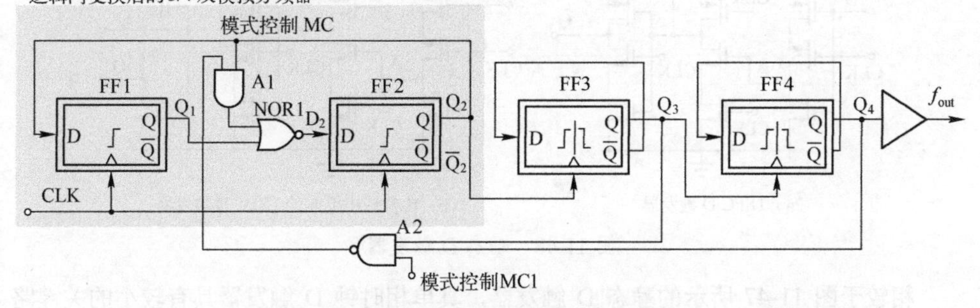


图 11-46　基于逻辑门变换后的 3/4 双模预分频器实现的 15/16 双模预分频器

总结如下：为了保证异步双模预分频器可以获得最高的工作频率，如果 2/3 双模预分频器（不包括流水线结构 2/3 双模预分频器，其只能采用节点$Q_2$作为输出端）采用节点$\overline{Q}_2$作为输出端，后端异步 2 分频器需要采用下降沿触发；如果采用节点$Q_2$作为输出端，后端异步 2 分频器需要采用上升沿触发；如果 3/4 双模预分频器采用节点$\overline{Q}_2$作为输出端，后端异步 2 分频器需要采用上升沿触发；如果采用节点$Q_2$作为输出端，后端异步 2 分频器需要采用下降沿触发。

如果进行分频的时钟频率过高，通常考虑增大同步分频的分频比，这会给关键路径预留更大的延时，使异步分频器能够适应更高的工作频率。但是同步分频器的分频比越大，需要的触发器会越多，动态功耗和面积也就会越大。

### 11.2.3 常用分频器逻辑单元

分频器中的逻辑单元主要是指 D 触发器单元。典型的 D 触发器是基于 RS 触发器实现的，如图 11-47 所示。该结构触发器属于静态触发器，即电路中每个节点的状态与时钟频率无关，无须定时刷新，仅与上一级输出端的电平有关，能够在极低频率下工作。另外，因为该电路中的关键路径包含四个标准门延时，所以工作频率上限会受到一定的影响。

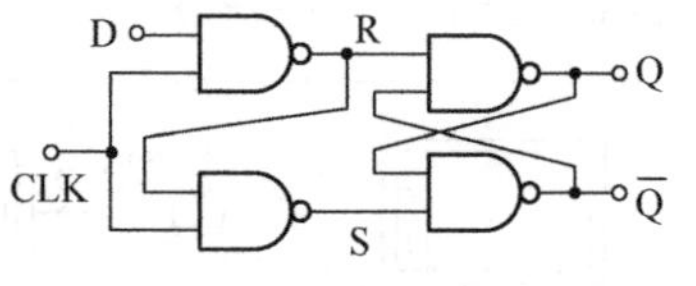


图 11-47 静态 D 触发器

为了适应高速时钟需求，通常采用动态触发器。动态触发器的节点状态具有存储属性，如果时钟频率过低，节点处的状态极有可能发生变化。由于动态触发器的关键路径延时很小，所以动态触发器可以工作在非常高的时钟频率处。如图 11-48（a）所示，当时钟 CLK 处于低电平时，第一级电路相当于一个反相器，$A=\overline{D}$，节点 Q 被充电至 $V_{DD}$；当 CLK 上升沿到来时，如果 $D$=1，则 $A$=0，此时 $Q$ =1，$\overline{Q}$=0。如果 $D$=0，则 $A$=1，此时 $Q$ = 0，$\overline{Q}$=1。在 CLK 维持高电平期间，如果 D 由高电平变为低电平，由于第一级电路的时钟管是断开的，因此节点 A 的逻辑电平维持不变，触发器状态不会发生变化。如果 D 由低电平变为高电平，节点 A 的逻辑电平变为低电平，此时第二级中由节点 A 控制的 NMOS 晶体管和时钟控制的 PMOS 晶体管处于断开状态，节点 Q 的逻辑电平仍保持不变。由于这种结构的触发器仅需要一个单相时钟进行触发，因此称为真单相时钟（True Single Phase Clock，TSPC）D 触发器[5]。

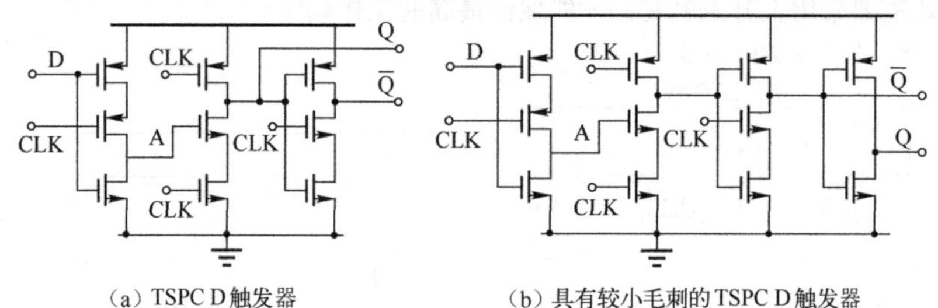


（a）TSPC D 触发器　　（b）具有较小毛刺的 TSPC D 触发器

图 11-48 动态 D 触发器

相较于图 11-47 所示的静态 D 触发器，真单相时钟 D 触发器具有较小的关键路径延时，可以工作于更高的时钟频率，但是由于其内部节点状态是动态保持的，因此时钟信号必须定期刷新，这就限制了该结构的最低工作频率。例如，对于节点 Q，当时钟处于高电平期间，且节点 A 的逻辑电平为低时，节点 Q 的状态是通过寄生电容上的电荷进行保持的，如果长时间不刷新，该节点状态会出现不定值，造成 D 触发器工作紊乱。

通常情况下，真单相时钟 D 触发器工作在分频器的前端。在分频器的后端，如果频率较低（如当锁相环的参考时钟频率仅为 1MHz 左右），可以考虑采用图 11-47 所示的静态 D 触发器结构。对于图 11-48（a）所示的情况，节点Q处容易产生明显的毛刺。当D端为0，CLK也为0时，节点Q预充电至逻辑1。此时若CKL从低电平翻转至高电平，节点 Q 的高电平仍会持续一段时间。这段时间有可能会造成节点 $\overline{Q}$ 放电，直到节点 Q 变为低电平后，节点 $\overline{Q}$ 便又被上拉到高电平。这一过程节点 $\overline{Q}$ 会出现不必要的毛刺，甚至会导致错误的输出信号，该毛刺是限制 TSPC 电路频率上限的一个典型因素。通常的做法是增大节点 Q 支路的放电速度，使其快于节点支路的放电速度，并通过增加一级驱动电路（反相器）避免毛刺显现的发生，具体电路如图 11-48（b）所示。

真单相时钟 D 触发器可以在第一级电路中嵌入逻辑门电路，如与门/与非门、或门/或非门等，进一步缩短分频电路中的关键路径延时。嵌入与门/与非门、或门/或非门逻辑门结构的真单相时钟D触发器如图 11-49 所示。这些嵌入了逻辑门的触发器结构可以直接用于双模预分频器结构，外置逻辑门的减小可以进一步减小芯片面积、功耗，以及提升工作频率。

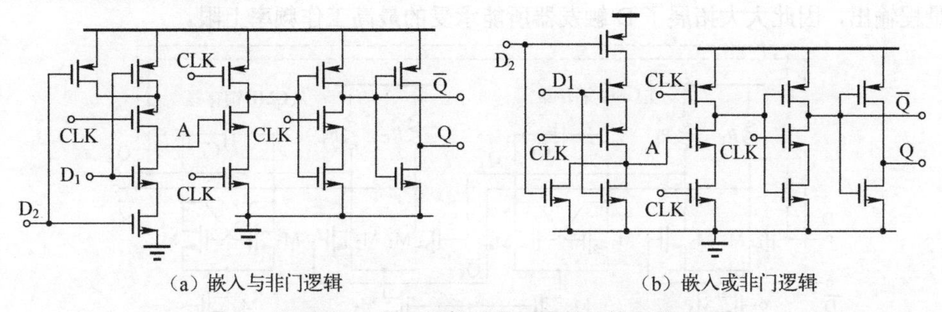


（a）嵌入与非门逻辑　　（b）嵌入或非门逻辑

图 11-49　嵌入逻辑门的 TSPC D 触发器

为了进一步加快真单相时钟 D 触发器的工作速度，通常情况下都会选择增大钟控管的尺寸，但会增大上一级电路的驱动负载，对上一级电路引入额外的延时。一种图 11-48（b）的替换结构如图 11-50 所示，只需要较少的钟控管即可实现 D 触发器功能。第一级仍相当于一个反向器，在时钟为低电平时，将输入信号反向传导至节点 A 和 B。当时钟上升沿到来时，第一级断开，第二级等同于一个反向器，并在节点 C 和 E 处复现输入信号，后两级反向器用于产生差分输出信号。之所以不采用节点 C 或 E 作为 D 触发器的输出，主要是因为这两个节点仍会产生毛刺，影响信号性能。例如，在时钟为低电平时，输入端的毛刺会直接影响节点 C 或 E 的逻辑电平情况，产生明显的毛刺，但是这种毛刺不会对节点Q和 $\overline{Q}$ 的输出逻辑电平造成影响。

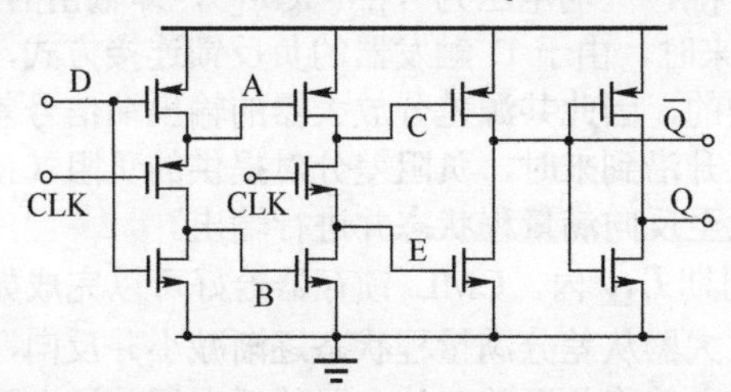


图 11-50　采用较少钟控管实现的 TSPC D 触发器

真单相时钟 D 触发器电路中各节点的工作电压摆幅均为轨到轨，最高工作频率会因此受到一定的限制，且时钟输入端仅支持单相时钟输入，因此在压控振荡器类型为负阻振荡器（差分输出，仅连接单相负载会恶化压控振荡器的相位噪声性能）或工作频率较高的情况下，不适合采用真单相时钟 D 触发器。

具有差分输入和输出，且内部各节点不需要轨到轨电压摆幅的电流导向型（Current Steering，CL）D 触发器是解决该问题的首要考虑结构。电流导向型结构又称为 CSL（Current Steering Logic）结构或 CML（Current Mode Logic）结构。基于 CML 锁存器的 D 触发器如图 11-51 所示，由两级主从 CML 锁存器构成。当时钟 CLK 为低电平时，主 CML 锁存器中的第一级差分共源放大器（$M_1$ 和 $M_2$）对输入信号进行差分放大。当时钟 CLK 的上升沿到来时，主 CML 第一级共源差分对停止工作，由负阻差分对（$M_3$ 和 $M_4$）进行正反馈放大，并从 CML 锁存器中第一级共源放大器进行差分输出，从而实现 D 触发器功能。由于在触发过程中存在正反馈（负阻差分对），因此共源放大器的输出电平无须满量程运行（此处的满量程与轨到轨的概念不同，满量程仅指电路节点处所能达到的最高或者最低电压），仅需以中等幅度进行输出（相对于满量程输出），并在时钟处于高电平阶段时由负阻差分对进行快速满量程输出，因此大大拓展了 D 触发器所能承受的最高工作频率上限。

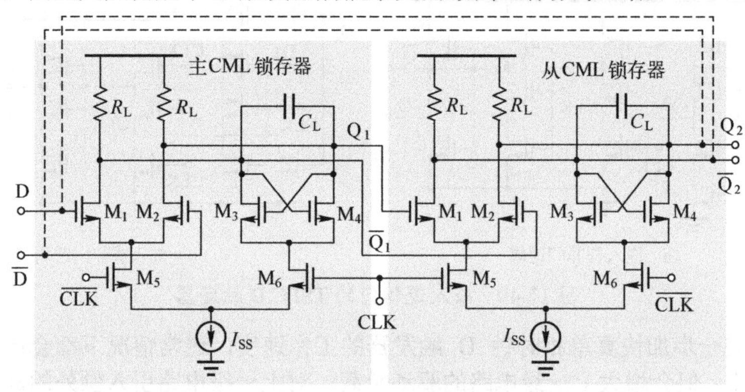


图 11-51 基于 CML 锁存器的 D 触发器

如果按照图 11-51 的虚线连接方式进行输出与输入的差分负反馈连接，便形成一个 2 分频电路。对比图 9-83（b）可知，主 CML 锁存器和从 CML 锁存器的差分输出信号呈现正交的关系，因此该结构通常直接用于压控振荡器的输出端。

接下来对 CML 锁存器的工作速度进行定量分析。以图 9-83 中的 2 分频结构为例，在一个新的触发状态开始时，CML 锁存器中共源差分放大器的输出端处于满量程状态（一端电压为 $V_{DD}$，一端电压为 $V_{DD}-I_{SS}R_L$），即输出的差分幅度为 $I_{SS}R_L$。当时钟 CLK 的下降沿到来时，由于 D 触发器的负反馈连接方式，输入端信号与上一时钟周期状态相比是反向的，因此共源差分放大器的输出端信号差分幅度也会逐渐减小并最终反向。当时钟上升沿到来时，负阻差分对提供的负阻（正反馈）导致上一级输出的反向差值快速扩大至反向满量程状态并进行输出。

假设在一个时钟周期 $T_{CLK}$ 内，CML 锁存器恰好可以完成如下操作：当时钟下降沿到来后，共源差分放大器从差分满量程状态逐渐减小并反向，在时钟上升沿到来后且在下一个下降沿到来之前将共源差分放大器的反向压差增大至 0.9 $I_{SS}R_L$，则 $T_{CLK}$ 称为 CML 锁存器的最小工作周期。假设在时钟下降沿至时钟上升沿这半个时钟周期内，共源差分放大器的差分电压由 $I_{SS}R_L$ 下降至了 $-V_0$，则下式成立：

$$I_{SS}R_L\left[2\exp\left(-\frac{0.5T_{CLK}}{R_L C_{L1}}\right)-1\right]=-V_0 \tag{11-40}$$

式中，$C_{L1}$ 为共源差分放大器的寄生电容。式（11-40）的成立基于以下事实：共源放大器属于单极点系统，充电和放电属于暂态行为，充电和放电时间由时间常数（系统极点）决定。假设共源差分放大器在起始时刻一端的电压为 $I_{SS}R_L$（共源差分放大器处于放电状态），另一端的电压为 0（共源差分放大器处于充电状态），则两端的暂态响应分别为

$$V_1 = I_{SS}R_L\exp\left(-\frac{t}{R_L C_{L1}}\right) \tag{11-41}$$

$$V_2 = I_{SS}R_L\left[1-\exp\left(-\frac{t}{R_L C_{L1}}\right)\right] \tag{11-42}$$

式（11-41）与式（11-42）相减后，令 $t=0.5T_{CLK}$ 可得式（11-40）所示的表达式。在时钟上升沿到来至下一个时钟下降沿到来时，负阻差分对继续拉大共源差分放大器的输出差值，则下式成立：

$$-V_0\exp\left[-\frac{0.5T_{CLK}}{R_{Ln}C_{L2}}\right]=-V_0\exp\left[-\frac{0.5T_{CLK}(1-g_{m3}R_L)}{R_L C_{L2}}\right]=-0.9I_{SS}R_L \tag{11-43}$$

式中，$R_{Ln}=R_L/(1-g_{m3}R_L)$，为考虑负阻差分对提供的负阻后，差分负阻放大器的负载电阻；$C_{L2}$ 为差分负阻放大器中的寄生电容。可以看出，如果满足 $g_{m3}R_L>1$ 且设计合理，负阻差分对的时间常数要远小于共源差分对的时间常数，因此负阻差分对会将较小的电压差值快速放大至满量程状态。

由于负阻差分对的存在，CML 锁存器中第一级共源差分放大器的输出电压幅度无须进行满量程的输出，因此 CML 锁存器具有相当高的工作速度。CML 锁存器还具有差分输入、差分输出的特点，且基于 CML 锁存器实现的 2 分频器可以提供两路正交信号（见图 11-50），因此当压控振荡器的工作频率过高时，通常采用 CML 分频器结构作为压控振荡器输出频率信号的第一级分频器。

CML 锁存器可以采用如下经验设计确定电路中各元器件参数：

① 根据输出幅度的满量程要求和具体功耗需求确定偏置电流源 $I_{SS}$ 和负载电阻 $R_L$，如果输出满量程要求为 0.6 V，则每个负载电阻在直流工作点状态下提供的压降为 0.3V。

② 确定共源差分对 $M_1$ 和 $M_2$ 的尺寸，且必须满足 $g_{m1}R_L>1$ 和 $g_{m2}R_L>1$。限制该条件主要是为了保证在时钟下降沿到来时共源差分放大器的两个支路可以快速地进入到充电或放电模式（一个完全导通，一个完全断开），否则由于导通支路的电流过小，会迫使偏置电流源的漏端电压降低，导致断开支路重新导通，或者使偏置电流源进入线性状态，延长输出差分电压的翻转时间。

③ 确定负阻差分对 $M_3$ 和 $M_4$ 的尺寸，且必须满足 $g_{m3}R_L>1$，确保在时钟上升沿到来时负阻差分对放大器处于正反馈状态。

④ 上述设计中，默认为输入时钟的电压摆幅为 $V_{DD}$，如果压控振荡器的输出电压摆幅不满足此要求，通常需要通过额外增加一级驱动电路来提供时钟信号。

设计过程中需要注意以下问题：

① 为了节省偏置电路，CML 锁存器在设计过程中的输入端偏置通常都由与 CML 锁存器共同组成 CML 触发器的另一个 CML 锁存器的输出端提供，连接方式如图 11-50 所示。因此在直流工作点处，CML 锁存器输入端的偏置电压为 $V_{DD}-I_{SS}R_L/2$。

② 负阻差分对的跨导值应在功耗允许的范围内尽可能设计得大些，这样可以保证负阻差分对的正反馈能力发挥到最大限度；否则负阻差分对的正反馈能力会随着输出压差的增大更快地消失，电路在后期会进入和共源差分放大器一样的充电或放电模式，降低电路的工作速度。

由式（11-40）和式（11-43）可知，如果可以进一步减小共源差分放大器和负阻差分放大器的时间常数（电路极点或带宽），则 CML 锁存器的工作速度就会得到提升。采用并联峰值（Shunt-Peaking）结构作为负载的 CML D 触发器结构如图 11-52 所示。并联峰值结构通过一个串联的电感 $L$ 引入的零点来补偿输出端负载电容（寄生电容）引起的增益下降，等同于拓展了电路的带宽，减小了时间常数。

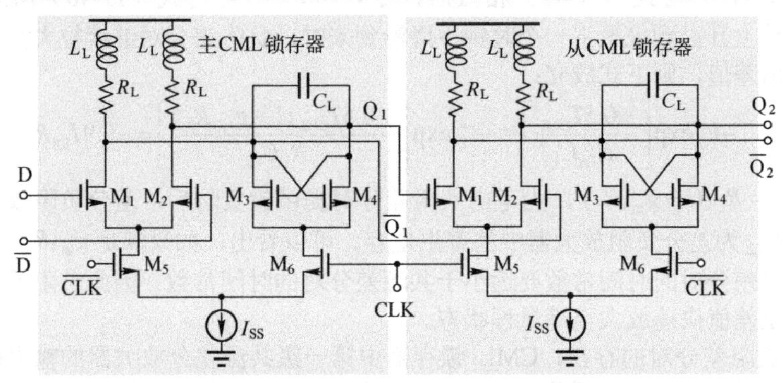


图 11-52 采用并联峰值结构作为负载的 CML D 触发器

并联峰值结构的负载阻抗为

$$Z(s)=(sL_L+R_L)\parallel\frac{1}{sC_L}=\frac{sL_L+R_L}{s^2L_LC_L+sR_LC_L+1} \tag{11-44}$$

负载阻抗中包含一个零点和两个极点，使得负载阻抗的幅频响应中出现了随频率提高而增大的部分，正是这部分的存在扩展了电路增益带宽。

令

$$\xi=\frac{R_L}{2}\sqrt{\frac{C_L}{L_L}} \tag{11-45}$$

$$\omega_n=\frac{1}{\sqrt{L_LC_L}} \tag{11-46}$$

代入式（11-44）可得

$$Z(s)=\frac{s+2\xi\omega_n}{s^2+2\xi\omega_n s+\omega_n^2}\times\frac{1}{C_L} \tag{11-47}$$

式中，$\xi$ 为阻尼因子；$\omega_n$ 为固有角频率。令

$$|Z(s)|^2 = \frac{R_L^2}{2} = \frac{2\xi^2}{\omega_n^2 C_L^2} \tag{11-48}$$

代入式（11-47），则

$$\frac{\omega_{-3dB}^2 + 4\xi^2\omega_n^2}{(\omega_{-3dB}^2 - \omega_n^2)^2 + 4\xi^2\omega_n^2\omega_{-3dB}^2} = \frac{2\xi^2}{\omega_n^2} \tag{11-49}$$

式中，$\omega_{-3dB}$ 为电路增益的 3dB 带宽，且有

$$\omega_{-3dB}^2 = \left[-2\xi^2 + 1 + \frac{1}{4\xi^2} + \sqrt{\left[-2\xi^2 + 1 + \frac{1}{4\xi^2}\right]^2 + 1}\right] \times \frac{4\xi^2}{R_L^2 C_L^2} \tag{11-50}$$

在第 10 章讲述锁相环基本原理时，我们已经清楚式（11-47）的暂态响应和阻尼因子有关，直接决定了暂态响应稳定下来所需要的时间。通常情况下为了折中暂态响应的锁定时间和振荡效应，取 $\xi = \sqrt{2}/2$，代入式（11-50）可得 $\omega_{-3dB} \approx 1.8/(R_L C_L)$，电路的带宽提升了 80%，明显减小了电路的时间常数，提升了电路的工作速度。对式（11-50）求极限，可得在 $\xi = \sqrt{3}/3$ 的情况下，电路的带宽最大，为 $\omega_{-3dB} \approx 1.85/(R_L C_L)$。

为了进一步节省电压裕量或适应低压的工作条件，可以省去 CML 锁存器中的偏置电流源，但是容易导致内部节点的满量程幅度和电路功耗无法精确控制。

CML 锁存器的典型应用除作为正交 2 分频器外，还可以用于构建双模预分频器。与 TSPC 触发器结构一样，CML 锁存器同样可以将外部逻辑门内嵌入其输入级，从而减小关键路径延时。一个内嵌与门/与非门逻辑的 CML D 触发器结构如图 11-53。将两输入或非门变换成一个两输入端均反向的与门（CML D 触发器的差分属性具有天然的反向特性），则可以根据图 11-30（b）所示结构建立基于内嵌与门 CML D 触发器的 2/3 双模预分频器，如图 11-54 所示，具体的分频原理不再赘述。图 11-54 中的内嵌与门均采用 CMOS 逻辑电平驱动，因此需要在电路中加入一个电平转换模块，实现 CML 电平至 CMOS 逻辑电平的转换。与图 11-30（b）相同，当模式控制端 MC=0 时，2/3 双模预分频器进入 2 分频状态；当 MC=1 时，进入 3 分频状态。

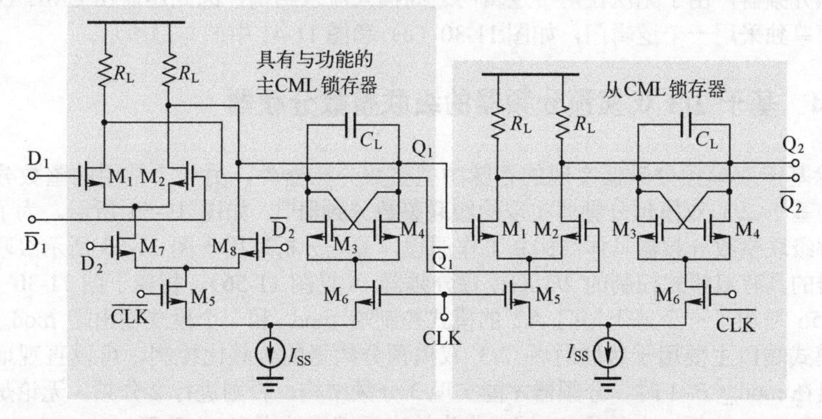


图 11-53　内嵌与门/与非门逻辑的 CML D 触发器

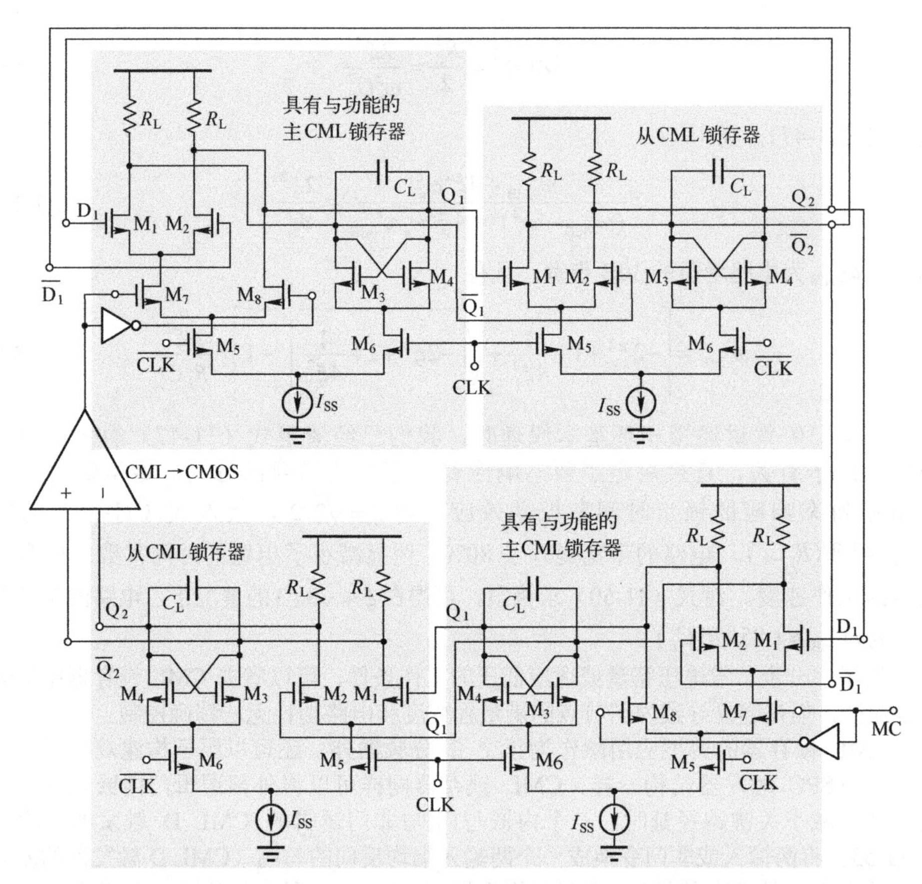


图 11-54 基于内嵌与门 CML D 触发器的 2/3 双模预分频器

基于图 11-53 所示的结构可以构建具有其他分频比的双模预分频器，如 3/4 双模预分频器、4/5 双模预分频器和 5/6 双模预分频器等。4/5 双模预分频器的分频结构和 2/3 双模预分频器结构均具有流水线结构，因此不用单独集成逻辑门。对于 3/4 和 5/6 双模预分频器，由于无法在两个逻辑门之间插入流水结构，因此还需在 CML D 触发器外部单独采用一个逻辑门，如图 11-30（c）和图 11-41 中的与门所示。

## 11.2.4 基于 2/3 双模预分频器的级联整数分频器

除基于双模预分频器实现的吞脉冲型整数分频器外，另一个常用的整数分频器结构为基于 2/3 双模预分频器实现的级联整数分频器[6]，如图 11-55 所示。为了更好地理解级联整数分频器具体结构和工作原理，首先分析适用于图 11-55 所示级联整数分频器的具有双模式控制的 2/3 双模预分频器，（见图 11-56）。相较于图 11-30（a），图 11-56 增加了一个基于与门 A2 的模式控制端 $mod_{in}$ 和一个模式输出端 $mod_{out}$，这两个模式端口主要用于级联时各 2/3 双模预分频器的分频比控制。可以直观地观察到，仅在 $mod_{in}=P=1$ 时，分频器才能实现 3 分频结构，否则进行 2 分频。无论是进行 2 分频还是 3 分频，由于是 $Q_2$ 端口作为输出反馈端，由表 11-3 可知，$mod_{in}=1$ 时，在一个输出信号周期内，$mod_{out}$ 的高电平持续时间均为一个 CLK 时钟周期，且与输出时钟高电平相差一个 CLK 时钟周期（一级流水）。

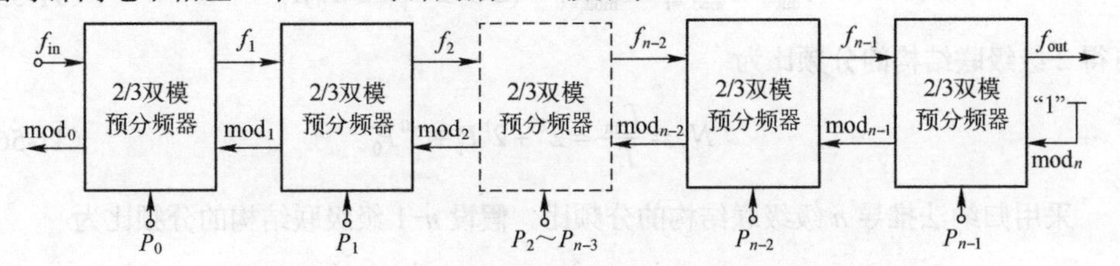


图 11-55 基于 2/3 双模预分频器的级联整数分频器

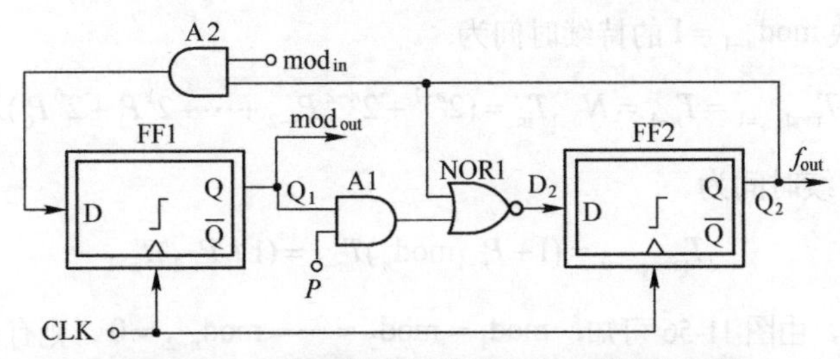


图 11-56 具有双模式控制的 2/3 双模预分频器

据此可以分析图 11-57 所示的 1 级结构和 2 级级联结构的分频比。对于 1 级结构，可以直观地得到如下等式：

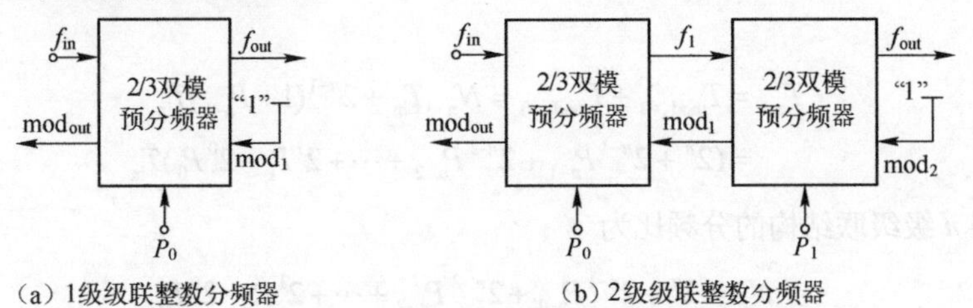


图 11-57 基于 2/3 双模预分频器的级联整数分频器

$$N_1 = \frac{f_{in}}{f_{out}} = 2 + P_0 \text{mod}_1 = 2^1 + 2^0 P_0 \tag{11-51}$$

接下来采用解析的方法计算 2 级级联结构的分频比。由于 $\text{mod}_2=1$，则对于第二级级联模块，在每一个输出时钟周期内 $\text{mod}_1$ 均存在一个持续时间为 $T_1 = 1/f_1$ 的高电平输出，或者说模式输出端 $\text{mod}_1$ 和输出信号相同，唯一的区别是相差一个时钟周期 $T_1$。由式（11-51）可知，$\text{mod}_1=1$ 的持续时间为

$$T_{\text{mod}_1=1} = (2 + P_0 \text{mod}_1) T_{in} = (2 + P_0) T_{in} \tag{11-52}$$

式中，$T_{in} = 1/f_{in}$。因为 $\text{mod}_1=1$ 仅持续一个时钟周期 $T_1$，则 $\text{mod}_1=0$ 的持续时间为

$$T_{\text{mod}_1=0} = (1 + P_1 \text{mod}_2) T_1 \tag{11-53}$$

当 $\text{mod}_1=0$ 时，$T_1 = 2T_{in}$，代入式（11-53）可得

$$T_{\text{mod}_1=0} = 2(1 + P_1 \text{mod}_2) T_{in} = 2(1 + P_1) T_{in} \tag{11-54}$$

则

$$T_{\text{out}} = T_{\text{mod}_1=1} + T_{\text{mod}_1=0} = (2^2 + 2^1 P_1 + 2^0 P_0)T_{\text{in}} \tag{11-55}$$

可得 2 级级联结构的分频比为

$$N_2 = \frac{T_{\text{out}}}{T_{\text{in}}} = 2^2 + 2^1 P_1 + 2^0 P_0 \tag{11-56}$$

采用归纳法推导 $n$ 级级联结构的分频比。假设 $n$−1 级级联结构的分频比为

$$N_{n-1} = 2^{n-1} + 2^{n-2} P_{n-2} + \cdots + 2^1 P_1 + 2^0 P_0 \tag{11-57}$$

第 $n$ 级级联模块 $\text{mod}_{n-1} = 1$ 的持续时间为

$$T_{\text{mod}_{n-1}=1} = T_{n-1} = N_{n-1} T_{\text{in}} = (2^{n-1} + 2^{n-2} P_{n-2} + \cdots + 2^1 P_1 + 2^0 P_0)T_{\text{in}} \tag{11-58}$$

$\text{mod}_{n-1} = 0$ 的持续时间为

$$T_{\text{mod}_{n-1}=0} = (1 + P_{n-1}\text{mod}_n)T_{n-1} = (1 + P_{n-1})T_{n-1} \tag{11-59}$$

当 $\text{mod}_{n-1} = 0$ 时，由图 11-56 可知，$\text{mod}_1 = \text{mod}_2 = \cdots = \text{mod}_{n-2} = 0$，则有 $T_{n-1} = 2^{n-1} T_{\text{in}}$。将 $T_{n-1} = 2^{n-1} T_{\text{in}}$ 代入式（11-59）可得

$$T_{\text{mod}_{n-1}=0} = (1 + P_{n-1}\text{mod}_n)T_{n-1} = (1 + P_{n-1})T_{\text{in}} \tag{11-60}$$

则

$$\begin{aligned} T_{\text{out}} &= T_{\text{mod}_1=1} + T_{\text{mod}_1=0} = N_{n-1} T_{\text{in}} + 2^{n-1}(1 + P_{n-1})T_{\text{in}} \\ &= (2^n + 2^{n-1} P_{n-1} + 2^{n-2} P_{n-2} + \cdots + 2^1 P_1 + 2^0 P_0)T_{\text{in}} \end{aligned} \tag{11-61}$$

可得 $n$ 级级联结构的分频比为

$$N_n = 2^n + 2^{n-1} P_{n-1} + 2^{n-2} P_{n-2} + \cdots + 2^1 P_1 + 2^0 P_0 \tag{11-62}$$

采用基于 2/3 双模预分频器的级联整数分频器具有如下优点：

① 基本分频单元结构简单，重复使用率高，使得分频器的设计过程相对简单且一致性非常好。

② 仅需控制工作的 2/3 双模预分频器的个数，便可以实现具有非常宽范围的分频比。

③ 模式控制端 $P$ 直接对应产生分频比的二进制控制字，无须复杂的译码电路。

由式（11-62）可知，$n$ 级级联结构的整数分频器最小分频比为 $2^n$。例如，对于 7 级级联结构的整数分频器，其整数分频范围为 128～255。如果要求整数分频器能够提供的分频范围仅覆盖 7 级级联结构的部分分频范围，如 50～170，就需要通过加入控制逻辑来实时改变 2/3 双模预分频模块的接入和断开。

分频比可以覆盖 50～170 的基于 2/3 双模预分频器的级联整数分频器如图 11-58 所示。从需要覆盖的分频比范围可知，2/3 双模预分频器的个数为 5～7，可以覆盖的分频范围为 32～191，因此必须加入相应的控制逻辑实现级联模块的接入和断开。表 11-4 给出了详细的设计需求，据此可以设计图 11-58 中的各种控制逻辑。

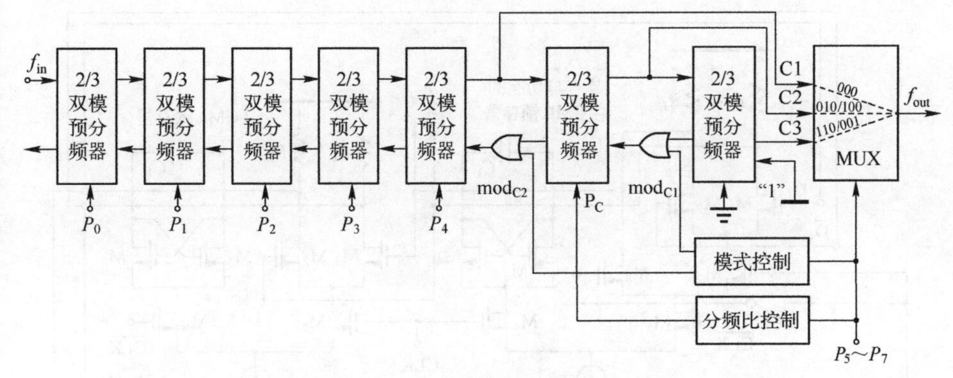


图 11-58 带有控制逻辑的级联整数分频器

**表 11-4 图 11-58 控制逻辑设计需求**

| $P_7P_6P_5$ | 分频比范围 | 通道号 | $P_c$ | $mod_{C1}/mod_{C2}$ |
|---|---|---|---|---|
| 000 | 32～63 | C1 | $x$ | $x$/1 |
| 001 | 64～95 | C2 | 0 | 1/0 |
| 010 | 96～127 | C2 | 1 | 1/0 |
| 011 | 128～159 | C3 | 0 | 0/0 |
| 100 | 160～191 | C3 | 1 | 0/0 |

分频比范围的划分以"31"为单位进行。当分频比为 32～63 时，令 $P_7P_6P_5$ = 000，仅需通过改变 $P_0$～$P_4$ 的二进制组合便可以覆盖频率范围。控制逻辑需要完成的操作为：当 $P_7P_6P_5$ = 000 时，选择通道 C1，$mod_{C2}$ 端需要置 1，其他不作要求。当分频比范围为 64～95 时，令 $P_7P_6P_5$ = 001，通过改变 $P_0$～$P_4$ 的二进制组合便可以覆盖频率范围。控制逻辑需要完成的操作为：当 $P_7P_6P_5$ = 001 时，选择通道 C2，$mod_{C2}$ 端需要置 0，$mod_{C1}$ 端需要置 1，$P_C$ 端需要置 0。其他分频范围的控制逻辑设计情况不再赘述，读者可以根据表 11-4 自行推导和设计。

基于图 11-56 可以方便地进行基于 TSPC 结构的 2/3 双模预分频器设计，但是为了应对更高的工作频率，级联结构分频器前端的若干级通常会采用 CML 结构来实现。图 11-56 所示结构可以变换为图 11-59 所示结构，将触发器结构采用锁存器来替换，基本功能保持不变。图 11-59 所示结构适合基于 CML 锁存器的双模式控制 2/3 双模预分频设计，具体电路结构如图 11-60 所示。在实际的级联过程中，$f_{out}$ 和 $mod_{out}$ 的输出端经常需要经过一级电平转换电路再送入下一级电路中。

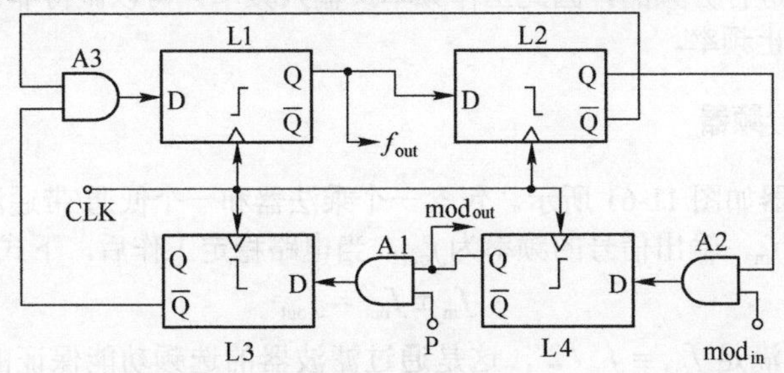


图 11-59 基于锁存器结构实现的具有双模式控制的 2/3 双模预分频器

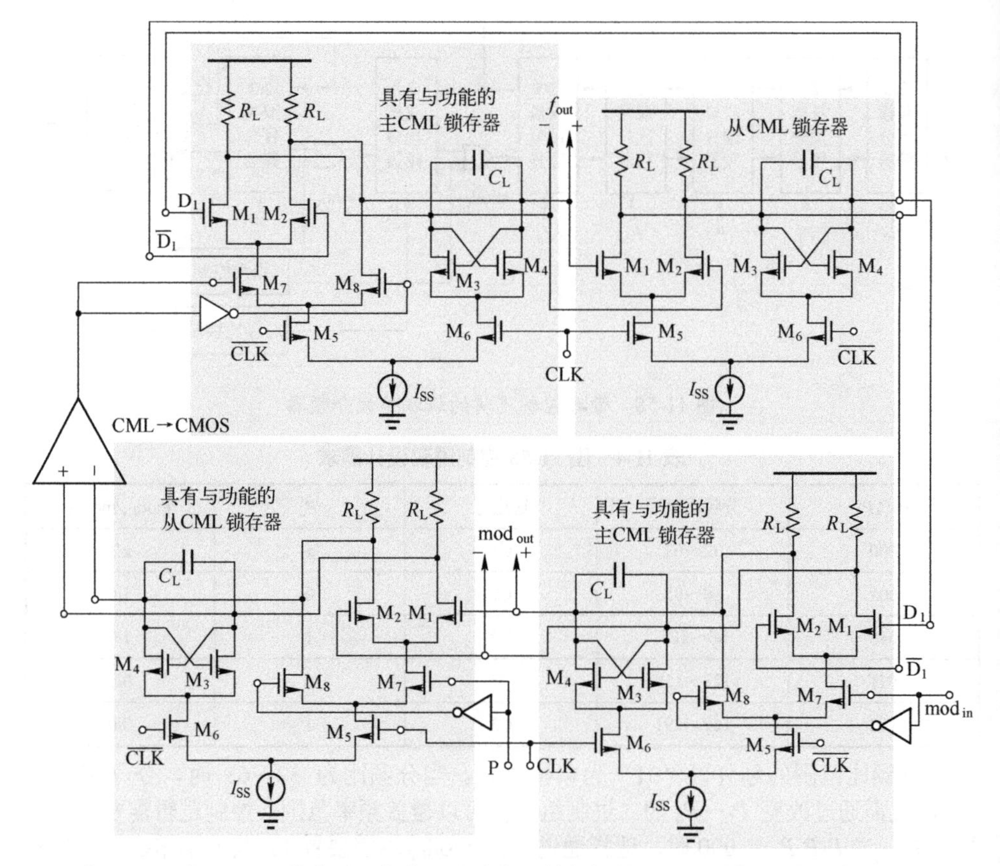


图 11-60 基于 CML 锁存器结构实现的具有双模式控制的 2/3 双模预分频器电路结构

## 11.2.5 其他分频器结构

基于双模预分频器的吞脉冲型整数分频器和基于 2/3 双模预分频器的级联整数型分频器是频率综合器中最常用的两种分频类型。由于这两种分频器均是基于时钟控制的，且相邻两个时钟沿之间存在一定的关键路径延时，因此均具有一定的局限性。当基于这两种结构设计的分频器的最高工作频率无法满足设计需求时，可以考虑采用 Miller 分频器[7]或注入锁定分频器[8]。Miller 分频器和注入锁定分频器均是基于所设计电路的固有属性进行分频的，因此工作频率（输入频率）可以做得非常高，甚至可以接近晶体管的截止频率。

### 1. Miller 分频器

Miller 分频器如图 11-61 所示。包含一个乘法器和一个低通/带通滤波器。假定输入信号的频率为$f_{in}$，输出信号的频率为$f_{out}$，当电路稳定工作后，下式成立：

$$f_{in} \pm f_{out} = f_{out} \tag{11-63}$$

设计分频器只需满足 $f_{out} = f_{in}/2$ ，这是通过滤波器的选频功能保证的。电路能够正常工作（分频）需要满足两个条件：

① 电路在起始时刻是一个环路增益大于 1 的正反馈环路。

② 电路稳定工作后，环路增益维持为单位增益。

从振荡的角度来理解的话，Miller 分频器也相当于一个振荡器，电路能够稳定振荡同样需要满足两个条件：

① 环路增益起始时刻大于 1，环路相移为$2n\pi$。

② 稳定工作后，环路增益维持为单位增益。

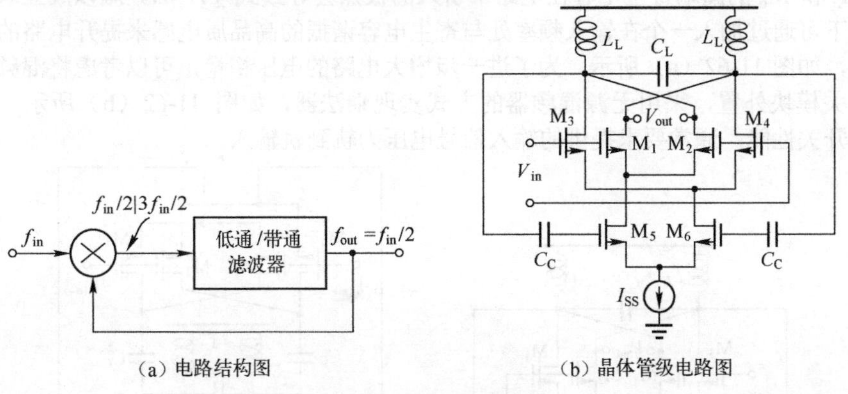

（a）电路结构图　　（b）晶体管级电路图

图 11-61　Miller 分频器

Miller 分频器中需要选频滤波器，否则加性频率会导致系统工作的紊乱。选频滤波器对减性频率具有透明性，且对加性频率的衰减程度必须足够大，以保证加性频率项不能正常起振，即加性频率项的环路增益必须足够小。通常选取的选频滤波器为 LC 网络，如图 11-61（b）所示，谐振的中心频率位于$f_{in}/2$处，且在$3f_{in}/2$频率处具有极大的衰减能力，乘法器采用 Gilbert 混频器来实现。为了保证图 11-61（b）所示的电路能够正常工作，起始时刻环路增益必须大于 1，即

$$\frac{2}{\pi}g_{m5}R_P=\frac{2}{\pi}g_{m6}R_P>1 \tag{11-64}$$

式中，$g_{m5}$和$g_{m6}$分别为晶体管$M_5$和$M_6$的跨导；$R_P$是 LC 谐振网络的并联寄生电阻。式（11-64）假设输入信号$V_{in}$具有轨到轨的输入幅度，因此可将其驱动的晶体管近似为开关管。环路会持续对信号进行放大直至晶体管$M_5$和$M_6$的等效跨导使式（11-64）的增益为 1，环路进入稳定振荡状态。另外，环路的$2n\pi$相移是通过闭环效应自动完成的。

由于采用了带通选频结构，因此 Miller 分频器具有有限的输入频率范围。当输入时钟频率的偏移量为$2\Delta\omega$时，LC 谐振网络对外呈现的阻抗幅度为

$$|Z(\omega_{osc}+\Delta\omega)|\approx\frac{R_P}{\sqrt{1+(2Q\Delta\omega/\omega_{osc})^2}} \tag{11-65}$$

式中，$\omega_{osc}$为 LC 网络谐振频率；$Q$为 LC 网络的品质因子。将阻抗幅度$|Z(\omega_{osc}+\Delta\omega)|$替换寄生电阻$R_P$，并代入式（11-64）可得

$$\Delta\omega<\frac{\omega_{osc}}{2Q}\sqrt{\left(\frac{2}{\pi}g_{m5,6}R_P\right)^2-1} \tag{11-66}$$

式（11-66）计算出的仅指频率偏移量，实际的频率偏移相对于振荡频率可正可负，分频后的频率偏移范围为$2\Delta\omega$，对于输入信号频率，则为$4\Delta\omega$。因此，对于图 11-61（b）所示的 Miller 分频器，输入端可以进行分频的频率范围为

$$\Delta\omega_{\mathrm{in}} = \frac{2\omega_{\mathrm{osc}}}{Q}\sqrt{\left(\frac{2}{\pi}g_{\mathrm{m5,6}}R_{\mathrm{P}}\right)^2 - 1} \tag{11-67}$$

在极高频率（如 20GHz 以上）下，晶体管 $M_1$～$M_4$ 的源端寄生电容，以及晶体管 $M_5$ 和 $M_6$ 的漏端寄生电容在电路中引入的极点会导致式（11-64）难以成立。通常情况下可通过加入一个在输入频率处与寄生电容谐振的高品质电感来提升电路的振荡能力，如图 11-62（a）所示。为了进一步增大电路的电压裕量，可以考虑将混频所需的开关模块外置，采用无源混频器的方式实现乘法器，如图 11-62（b）所示。为了保证开关性能，通常要求提供的输入信号电压为轨到轨输入。

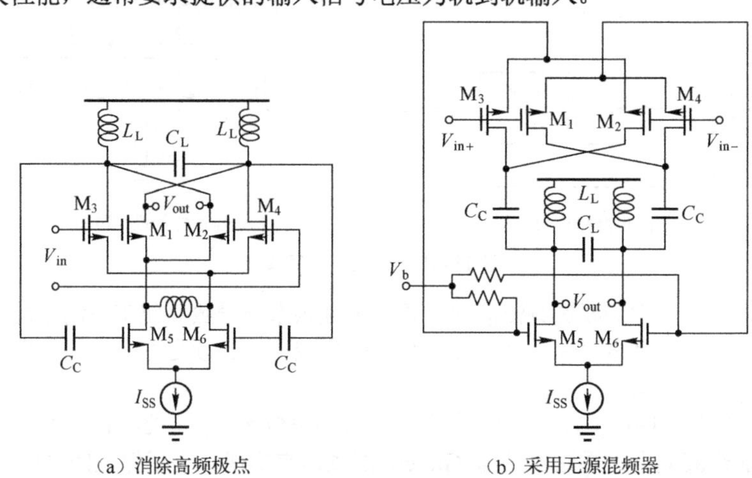


（a）消除高频极点　　（b）采用无源混频器

图 11-62　Miller 分频器

## 2. 注入锁定分频器

注入锁定分频器如图 11-63 所示，输出端频率为输入端频率的 1/2。为了避免晶体管 $M_1$ 和 $M_2$ 共源极引入的寄生电容影响电路的振荡性能（恶化输出信号的相位噪声性能），可以采用图 9-71 的形式引入电感，该电感与该点处的寄生电容在输入频率处谐振。注入锁定分频器是通过注入锁定实现分频的，因此同样存在有限的输入频率范围，输入频率范围由式（1-211）决定。

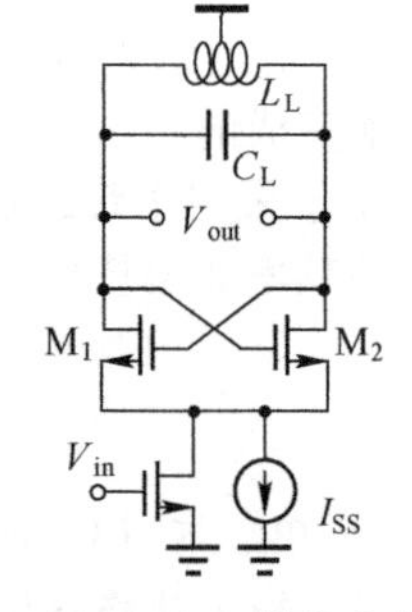


图 11-63　注入锁定分频器

如果将图 11-61（b）所示的 Miller 分频器的反馈端（晶体管 $M_5$ 和 $M_6$ 的栅极）与输入端 $V_{\mathrm{in}}$ 互换，如图 11-64 所示，Miller 分频器便会转换为注入锁定分频器。这种结构的注入锁定分频器是以差分形式的信号进行注入的，晶体管 $M_3$ 和 $M_4$ 栅极与漏极的短接形成的大负载会导致电路较难起振，且产生的信号相位噪声性能较差，消耗的功耗较大。大负载会导致 LC

网络品质因子降低，从而拓展输入分频信号的输入频率范围。

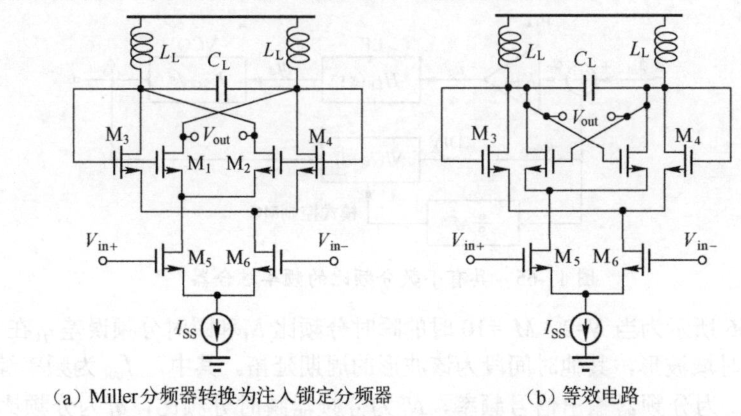


（a）Miller分频器转换为注入锁定分频器　（b）等效电路

图 11-64　Miller 分频器与注入锁定分频器之间的转换

需要注意的是，Miller 分频器和注入锁定分频器虽然可以进行 2 分频，但是却无法输出 *I*/*Q* 两路正交信号，因此压控振荡器可以直接设计成和预期的振荡频率相一致，并采用多相网络进行正交信号的输出。

# 11.3　模拟域锁相环型小数分频频率综合器

整数型频率综合器存在一个非常棘手的问题：由于分频器提供的分频比步进为 1，所以如果输入参考频率过高，会导致频率综合器的输出频率分辨率较差，甚至不能覆盖设计需求。大多数情况下会采取降低输入参考频率来获得较高的频率分辨率，但是为了保证锁相环模型的准确性，要求环路带宽必须小于输入参考频率的 1/10，此种情况会导致环路带宽过小，从而严重影响锁相环的锁定时间。

通常的做法是采用小数型频率综合器。可以想象，如果输入参考频率为 10MHz，则整数型频率综合器的频率分辨率为 10MHz，当采用小数分频后，频率分辨率受限于小数分频器的步进，如果步进设定为 0.1，则频率分辨率可以降低至 1MHz，以此类推。

怎样才能实现小数分频呢？如图 11-65 所示，对采用双模预分频器的整数型频率综合器进行一定的改造，使其模式控制端 MC 成为一个时变信号。假设当 MC=1 时，双模预分频器的分频比为 $N$+1；当 MC=0 时，双模预分频器的分频比为 $N$，且 $M$ 分频器每 $M$ 个时钟周期（这里的时钟指的是双模预分频器的输出时钟）输出一次高电平脉冲。每经过 $M$ 个时钟周期，双模预分频器的分频比就会包括 $M$−1 个 $N$ 分频和 1 个 $N$+1 分频，因此其平均分频比为 $N$+1/$M$。当 $N$=$M$ =10 时，平均分频比为 10.1。通过设置不同的 $N$ 和 $M$，可以实现不同的小数分频。这种分频模式存在两个明显的弊端：

① 无法覆盖所有的小数分频情况。

② 分频比是周期性变动的，每 $M$ 个时钟周期重复一次，这就导致分频器产生的相位噪声具有周期性，频谱成分是离散的，因此频率综合器的输出频谱中包含较多的

杂散成分。

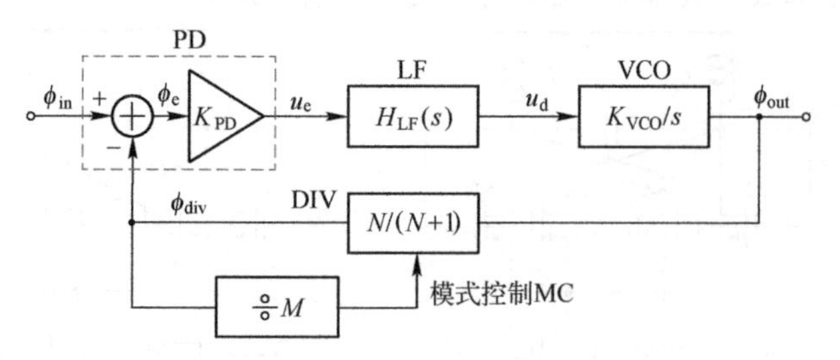


图 11-65 具有小数分频比的频率综合器

图 11-66 所示为当 $N$=2、$M$ =10 时的瞬时分频比 $N_t$ 和瞬时分频误差 $q_t$ 在 10 个时钟周期内的时域波形，其他时间段为该波形的周期延拓。其中，$f_{out}$ 为频率综合器输出频率，$f_{div}$ 为分频器输出信号频率，$N_t$ 为分频器瞬时分频比，$q_t$ 为分频比误差，则有

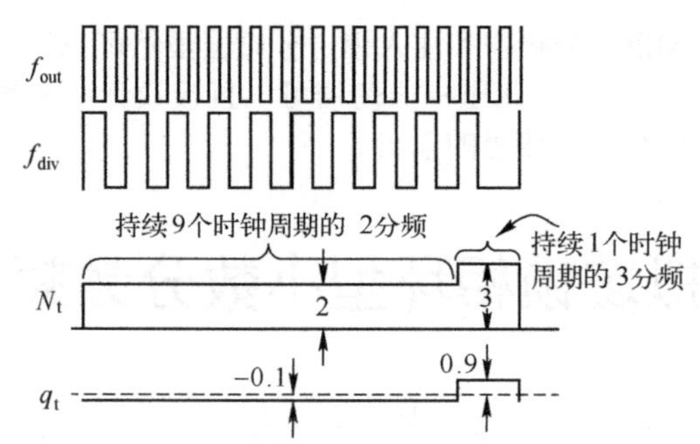


图 11-66 瞬时分频比和瞬时分频误差

$$f_{out} = \frac{d\phi_{out}}{dt} = 2.1\frac{d\phi_{in}}{dt} = 2.1 f_{in} \tag{11-68}$$

$$f_{div} = \frac{d\phi_{div}}{dt} = \frac{f_{out}}{N_t} = \frac{f_{out}}{N+1/M+q_t} = \frac{f_{out}}{2.1+q_t} \tag{11-69}$$

大多数情况下，$q_t << N+1/M$ 成立，则式（11-69）可以变换为

$$f_{div} = \frac{f_{out}}{N+1/M}\left[1-\frac{q_t}{N+1/M}\right] = \frac{f_{out}}{N+1/M} - \frac{f_{out}}{(N+1/M)^2}q_t = f_{in} - \frac{f_{in}}{2.1}q_t \tag{11-70}$$

因此

$$\phi_{div} = \int 2\pi f_{div} dt = \frac{2\pi f_{out} t}{N+1/M} - \frac{2\pi f_{out}}{(N+1/M)^2}\int q_t dt = 2\pi f_{in} t - \frac{2\pi f_{in}}{2.1}\int q_t dt \tag{11-71}$$

式（11-71）最右边等式的第二项为相位噪声项。根据图 11-66 的分频比误差波形图，可得分频比功率谱如图 11-67 所示（分频比误差是周期的，由图 11-66 可知，周期为 $21/f_{out}$，因此功率谱是离散的。3 分频占据了 3 个时钟周期，因此第 1 个过零点位于 $f_{out}/3$ 处)。相位噪声项是对分频比误差进行积分后所得（积分在频域等同于一个呈 $1/s^2$ 滚降的低通型滤波器），同时分频器引入的相位噪声在向频率综合器的输出噪声中叠加时需要经过一个低通滤波过程，因此分频比误差功率谱中的低频杂波成分在环路带宽较大的情况下会叠加进入频率综合器的输出端，明显降低频率综合器的相

位噪声性能，尤其是杂散性能。

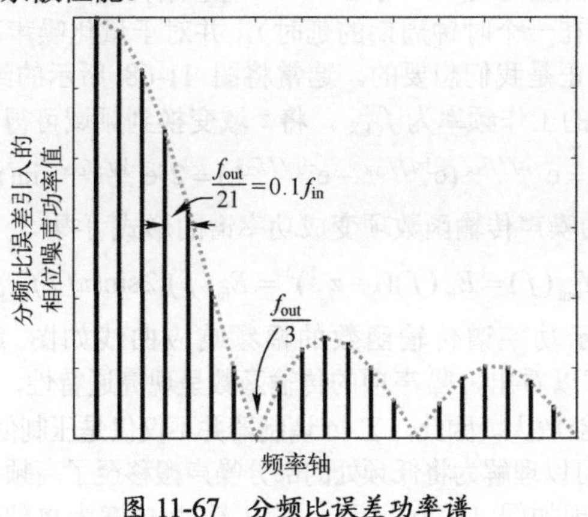


图 11-67　分频比误差功率谱

## 11.3.1　Σ-Δ 调制器

图 11-65 所示分频器虽然可以实现小数分频的功能，但是分频能力有限，且在输出信号相位噪声的低频部分会产生比较明显的杂散。解决这一问题的方法是将分频比去周期化，并对噪声整型。分频比去周期化就是将分频比尽可能随机化，通常通过随机加抖的方式来实现。随机加抖去除了分频比的周期性，因此噪声功率谱会在整个频率范围（0～$f_{out}$）内均匀分布，相位噪声的杂散性能会得到一定的提升，但是相位噪声的底噪部分会随之增大。频率综合器的输出相位噪声性能在要求严苛的系统中仍需要优化。

为了进一步提升相位噪声性能，可以采用噪声整型的方法。回忆一下第 10 章中有关锁相环相位噪声计算的内容，可以发现一个有趣的现象：压控振荡器产生的相位噪声会经过一个高通滤波过程才能叠加在频率综合器的输出相位噪声中，而这个高通滤波过程就是一个噪声整型的过程，可以大大减小低频段的噪声。将图 10-42 所示结构改进为如图 11-68 所示，新的环路去掉了环路滤波器和分频器，并将鉴相器简化为一个加法器，则针对模拟域的积分器和数字域的积分器（这里的积分器模拟的是环路中的压控振荡器），可分别得到

$$\frac{Y_{out}(s)}{X_{in}(s)}=\frac{1}{s+1},\quad \frac{Y_{out}(s)}{E_{in}(s)}=\frac{s}{s+1} \tag{11-72}$$

$$\frac{Y_{out}(z)}{X_{in}(z)}=z^{-1},\quad \frac{Y_{out}(z)}{E_{in}(z)}=1-z^{-1} \tag{11-73}$$

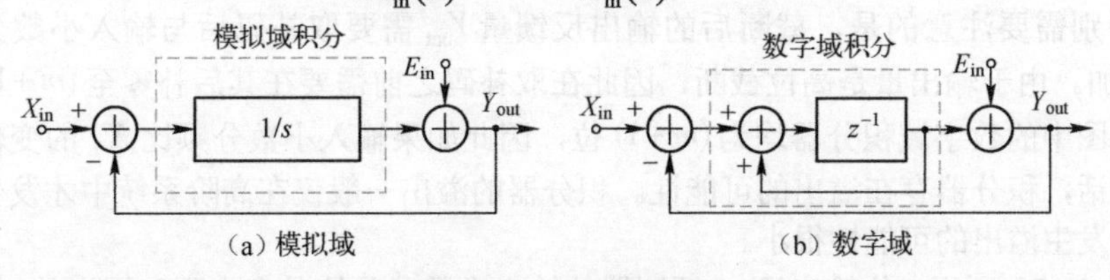


图 11-68　Σ-Δ 调制器

因此，无论在模拟域还是数字域，如果输入端 $X_{in}$ 是固定的，$E_{in}$ 代表压控振荡器相

位噪声或数字域积分器量化噪声，则图 11-68 所示结构的系统传输函数对于输入信号是全通的（数字域存在一个时钟周期的延时），并对于量化噪声可以起到一定的高通整型作用，这个结果正是我们想要的。通常将图 11-68 所示的结构称为一阶Σ-Δ调制器。假设数字系统的工作频率为$f_{\mathrm{CLK}}$，将$z$域变换到频域可得

$$1-z^{-1}=\mathrm{e}^{-\mathrm{j}\pi f/f_{\mathrm{CLK}}}(\mathrm{e}^{\mathrm{j}\pi f/f_{\mathrm{CLK}}}-\mathrm{e}^{-\mathrm{j}\pi f/f_{\mathrm{CLK}}})=2\mathrm{j}\mathrm{e}^{-\mathrm{j}\pi f/f_{\mathrm{CLK}}}\sin(\pi f/f_{\mathrm{CLK}}) \qquad (11\text{-}74)$$

将式（11-73）的噪声传输函数项变成功率谱的形式可得

$$Y_{\mathrm{out}}(f)=E_{\mathrm{in}}(f)(1-z^{-1})^2=E_{\mathrm{in}}(f)\left|2\sin(\pi f/f_{\mathrm{CLK}})\right|^2 \qquad (11\text{-}75)$$

式（11-75）所示功率谱传输函数的幅频响应曲线如图 11-69 所示（其中，$f_{\mathrm{CLK}}=f_{\mathrm{div}}\approx f_{\mathrm{in}}$）。可以看出，噪声项的传输函数呈现高通特性，低频处被压制，高频处存在一个 4 倍的增益放大。因此，Σ-Δ调制器并不仅仅是压制低频处噪声，还会对高频处噪声进行放大，可以理解为将低频处的部分噪声搬移至了高频处。图 11-68（b）所示结构的具体工程实现如图 11-70 所示，其中$X_{\mathrm{in}}$为位宽为$m$位的输入二进制值，输出端采用直接截断的方式选取其高$n$位，且有$n\leqslant m$，截断误差记为$E_{\mathrm{in}}$。

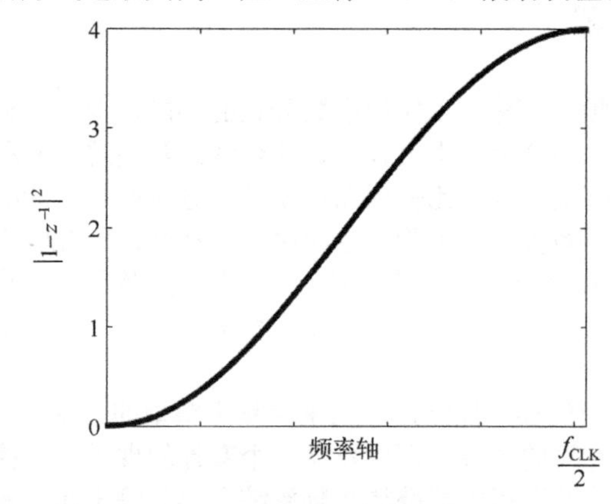


图 11-69　Σ-Δ调制器的噪声功率整型功能

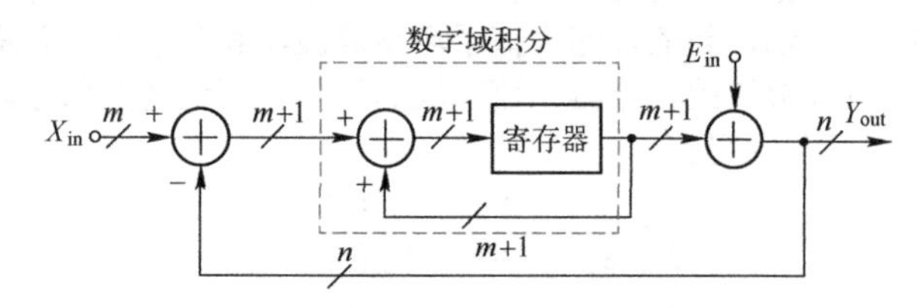


图 11-70　$n$位输出Σ-Δ调制器工程实现框图

特别需要注意的是，截断后的输出反馈量$Y_{\mathrm{out}}$需要取补码后与输入小数分频值$X_{\mathrm{in}}$相加。由于输出量是高位截断，因此在取补码之前需要在其后补零至$(m+1)$位。另外，图中的数字域积分器均为$(m+1)$位，因此如果输入小数分频比$X_{\mathrm{in}}$的变化范围较大的话，积分器存在溢出的可能性。积分器的溢出一般仅在高阶系统中才发生，低阶系统发生溢出的可能性很小。

图 11-70 所示$n$位输出Σ-Δ调制器的输出小数分频比是多少呢？因为$Y_{\mathrm{out}}$控制的是整数分频器结构，分频比的最小步进为 1，所以输出的$n$位数据必须为整数，即

图 11-70 所示结构在选取归一化因子时必须保证输出为整数。因为 $n$ 位选取的是 $(m+1)$ 位中的最高位，所以归一化因子为 $2^{m+1-n}$。对于图 11-70 所示结构，小数分频比为 $X_{\text{in}}/2^{m+1-n}$。当 $n=1$ 时，输出端仅存在 0 和 1 两种情况，小数分频比为 $X_{\text{in}}/2^{m}$。

可以利用Σ-Δ调制器具有直通信号、整型噪声的功能构建一个小数型频率综合器，如图 11-71 所示。如果 $m$ 的值选取合理的话，该小数型频率综合器可以提供任意精度的输出频率分辨率（如果要提供 $1\times10^{-6}$ 的频率分辨率，$m\approx20$），且可以实现任意的小数分频比，这是Σ-Δ调制器的优势。另外，可以看出，在 $X_{\text{in}}=0.1\times2^{m}$ 的情况下（二进制形式，$m$ 的值选取得足够大，确保近似模拟的情况），该小数型频率综合器可以实现和图 11-65 完全相同的分频情况，即每 10 个时钟周期会周期性地将双模分频器的模式控制端置 1，因此两者的相位噪声性能完全一致。

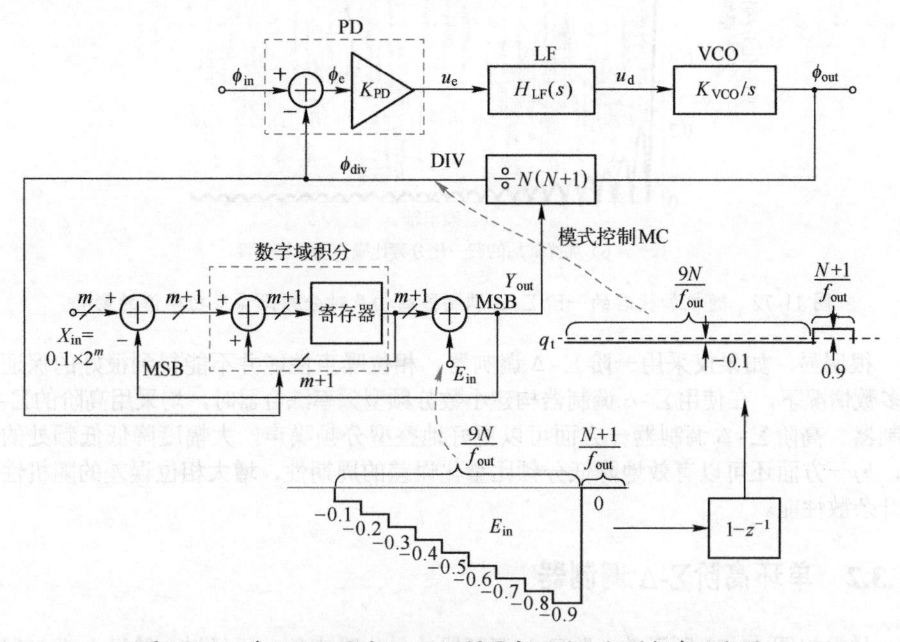


图 11-71　基于 1 位输出Σ-Δ调制器实现的小数型频率综合器

这样看来，Σ-Δ调制器的噪声整型作用并没有有效地改进相位噪声性能，杂散和低频处较高的相位噪声功率仍然存在。其实仔细观察图 11-71 不难发现，Σ-Δ调制器的量化噪声 $E_{\text{in}}$ 是一个离散阶跃型三角波，通过高通滤波器 $1-z^{-1}$ 后，得到的分频比误差与图 11-65 的分频比误差相同。因此，Σ-Δ调制器的噪声整型作用是有效的，只是噪声整型针对的是Σ-Δ调制器的量化噪声 $E_{\text{in}}$。

上述讨论的Σ-Δ调制器类型均是针对一阶的。由图 11-71 可知，一阶Σ-Δ调制器产生的相位误差（$\phi_{\text{e}}$）具有很强的周期性，呈现一个周期性的阶梯波形，导致相位噪声杂散明显。采用随机加抖的方式可以降低杂散的影响，如图 11-72（a）所示。通过加入 1 位随机码随机改变输入小数分频比 $X_{\text{in}}$ 的最低位，扰乱其周期性，拓展其功率谱，优化杂散性能，但相位噪声的底噪也会进一步提升，如图 11-72（b）所示。

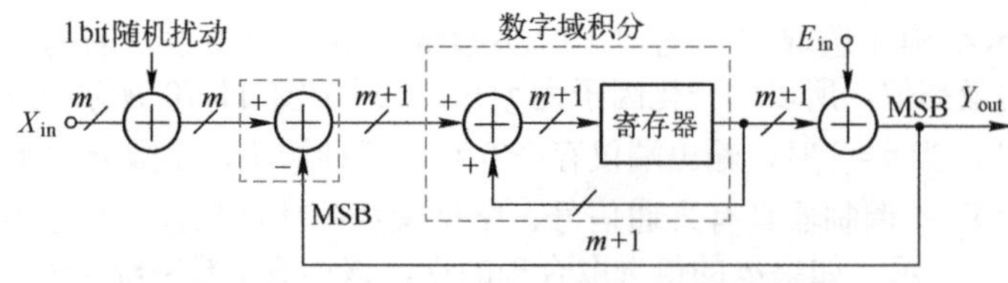


（a）随机加扰后的一阶Σ-Δ调制器结构

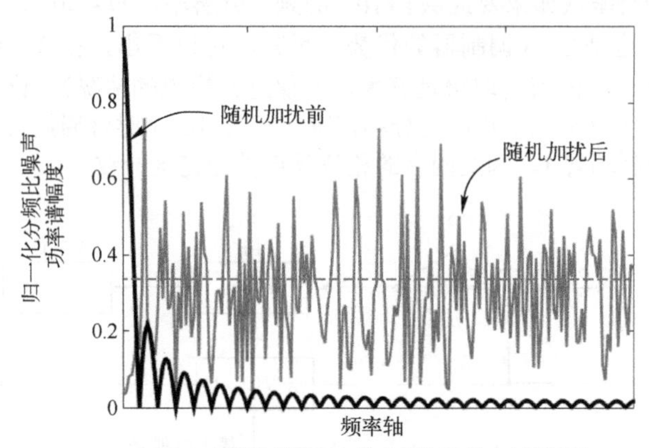


（b）加扰前后的归一化分频比噪声功率谱幅度

图 11-72 随机加扰后的一阶Σ-Δ调制器结构及对分频比噪声功率谱的影响

很明显，如果仅采用一阶Σ-Δ调制器，相位噪声性能并不能得到很好的保证。大多数情况下，在使用Σ-Δ调制器构建小数分频型频率综合器时，均采用高阶的Σ-Δ调制器。高阶Σ-Δ调制器一方面可以更好地整型分频噪声，大幅度降低低频处的功率，另一方面还可以有效地降低分频比量化误差的周期性，增大相位误差的随机性，提升杂散性能。

## 11.3.2 单环高阶Σ-Δ调制器

如果将图 11-70 所示的一阶Σ-Δ调制器的量化噪声部分再经过一阶Σ-Δ调制器进行噪声整型，便可形成一个单环二阶Σ-Δ调制器（图 11-73），其量化噪声传输函数为

$$\frac{Y_{\text{out}}(z)}{E_{\text{in}}(z)}=\frac{(1-z^{-1})^2}{z^{-2}-z^{-1}+1} \tag{11-76}$$

两个极点均位于 z 域的单位圆上，因此系统是一个非稳定性系统。将图 11-73 所示的单环二阶Σ-Δ调制器中的第一级积分器替换为非延迟积分器（见图 11-74），其噪声传输函数为

$$\frac{Y_{\text{out}}(z)}{E_{\text{in}}(z)}=(1-z^{-1})^2 \tag{11-77}$$

两个极点均位于 z 域单位圆的原点处，因此系统是稳定的。小数分频比传输函数为

$$\frac{Y_{\text{out}}(z)}{X_{\text{in}}(z)}=z^{-1} \tag{11-78}$$

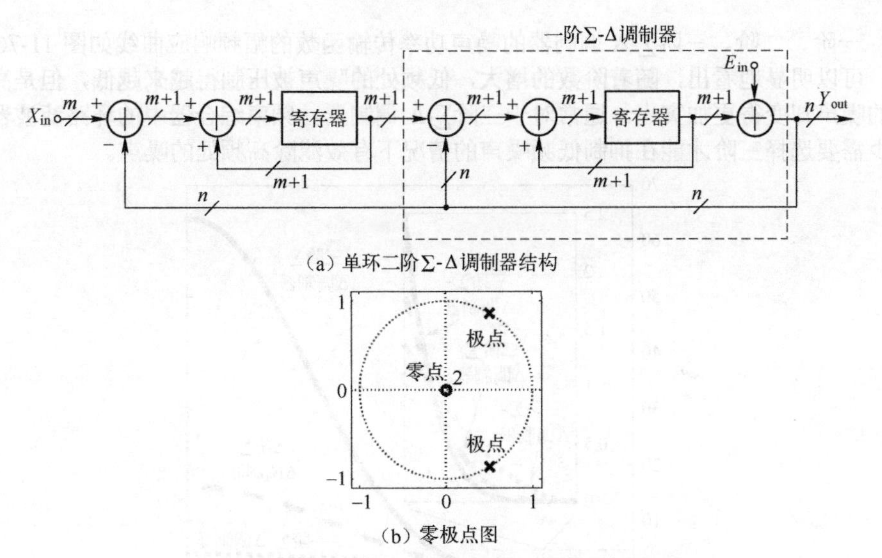


（a）单环二阶Σ-Δ调制器结构

（b）零极点图

图 11-73　单环二阶∑-Δ调制器结构及其零极点图

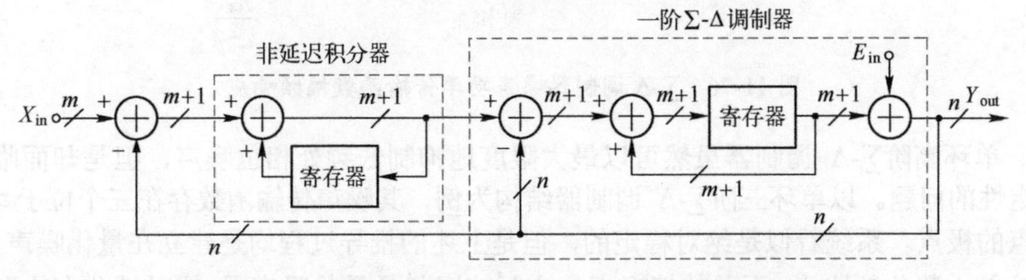


图 11-74　基于非延迟积分器的单环二阶∑-Δ调制器结构

相较于一阶∑-Δ 调制器，基于非延迟积分器的单环二阶∑-Δ 调制器对低频处的噪声抑制更加明显，但是高频处的噪声同样也会被成倍放大。因此，为了保证频率综合器在高频处的相位噪声不被明显恶化，环路滤波器的阶数必须选取得足够大，以能够对分频器在高频处产生的相位噪声进行压制。另外，可以很容易地观察到，量化噪声的周期性被近似随机化了，量化噪声形状近似趋于平坦化，低频处噪声被降低。为了进一步压制分频比低频处噪声，可以进一步提高∑-Δ 调制器的阶数。单环三阶∑-Δ 调制器的结构如图 11-75 所示，该三阶∑-Δ 调制器的噪声传输函数为

$$\frac{Y_{out}(z)}{E_{in}(z)}=(1-z^{-1})^3 \tag{11-79}$$

三个极点均位于 $z$ 域单位圆的原点处，因此系统也是稳定的。小数分频比传输函数与式（11-78）相同。

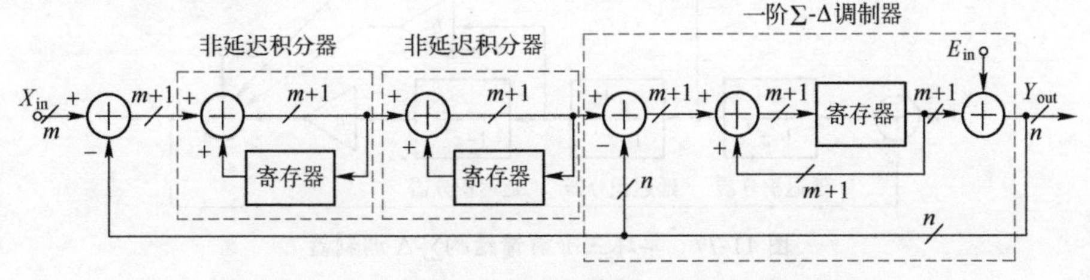


图 11-75　基于非延迟积分器的单环三阶∑-Δ 调制器结构

一阶、二阶、三阶∑-Δ 调制器的噪声功率传输函数的幅频响应曲线如图 11-76 所示。可以明显地看出，随着阶数的增大，低频处的噪声被压制得越来越低，但是高频处的噪声却变得更加突出。通常对于三阶∑-Δ 调制器，频率综合器中的环路滤波器也至少需要选择三阶才能在抑制低频噪声的情况下有效滤除高频处的噪声。

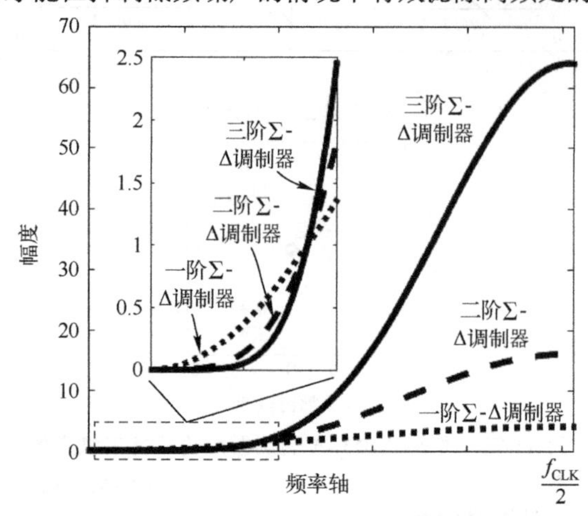


图 11-76 ∑-Δ 调制器噪声功率传输函数幅频响应

单环高阶∑-Δ 调制器虽然可以最大限度地抑制低频处相位噪声，但是却面临着稳定性的问题。以单环三阶∑-Δ 调制器结构为例，其噪声传输函数存在三个位于 $z$ 域原点的极点。系统看似是绝对稳定的，但是上述的推导过程均是建立在量化噪声 $E_{in}$ 与输入小数分频比 $X_{in}$ 无关的情况下。实际情况却是量化噪声 $E_{in}$ 或时域分布均取决于输入小数分频比 $X_{in}$，这就导致系统存在潜在的不稳定性。由图 11-75 可知，每个积分器的输入、输出和中间状态均具有相同的位数，如果输入小数分频比 $X_{in}$ 的变化范围较大，很有可能会导致积分器发生溢出状态，进而引发系统的工作紊乱。积分器溢出状态的发生通常是由于量化噪声传输函数在高频处具有的放大功能引起的，放大的倍数越高（阶数越大），不稳定性越有可能发生[9]。一般的设计原则是采用单环前馈结构来优化量化噪声的传输函数，如图 11-77 所示，噪声传输函数和小数分频比传输函数分别为

$$\frac{Y_{out}(z)}{E_{in}(z)}=\frac{(1-z^{-1})^3}{1+(a-3)z^{-1}+(b-2a+3)z^{-2}+(a-b+c-1)z^{-3}} \tag{11-80}$$

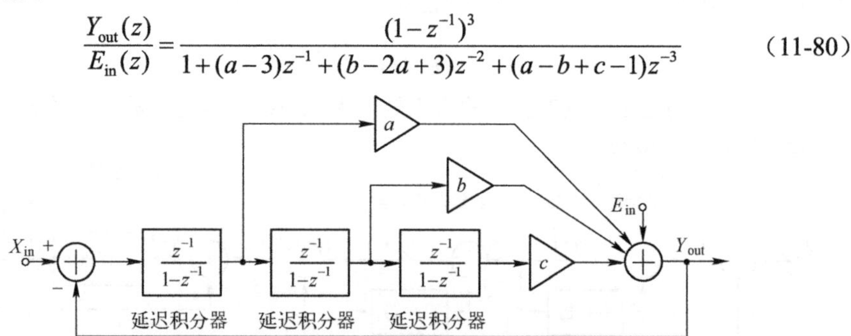


图 11-77 单环三阶前馈结构∑-Δ 调制器

$$\frac{Y_{\text{out}}(z)}{X_{\text{in}}(z)}=\frac{az^{-1}+(b-2a)z^{-2}+(a-b+c)z^{-3}}{1+(a-3)z^{-1}+(b-2a+3)z^{-2}+(a-b+c-1)z^{-3}} \tag{11-81}$$

通常情况下，小数分频比为一个固定的常数，此时的频率为 0，则 $z=1$。将 $z=1$ 代入式（11-81）可得小数分频比的传输函数为 1，小数分频比可以无损传输。优化的关键主要是针对式（11-80）所示的噪声传输函数。由于系统的不稳定性主要是由高频处的噪声放大导致的，因此只要合理地设计图 11-77 中三个参数，有效地降低噪声传输函数高频处的增益，便可建立起系统的稳定性。通常的做法是选取三阶巴特沃斯低通滤波器来改善高频处的噪声增益，如选择归一化截止频率为 0.167 的三阶巴特沃斯低通滤波器，传输函数为

$$T(z)=\frac{1}{1-0.968z^{-1}+0.578z^{-2}-0.106z^{-3}} \tag{11-82}$$

对比式（11-80）可得 $a\approx 2$、$b\approx 1.5$、$c\approx 0.5$。之所以选取这些值，主要是考虑到在数字信号处理中可以通过简单的移位相加来实现。将 $a\approx 2$、$b\approx 1.5$、$c\approx 0.5$ 分别代入式（11-80）和式（11-81），可得单环三阶前馈∑-Δ 调制器的小数分频比传输函数和噪声传输函数的幅频响应曲线如图 11-78 所示。小数分频比为无损传输，噪声在高频处的放大增益由于巴特沃斯低通滤波器的作用被明显减弱。如果此时得到的系统结构仍然不稳定，可以继续降低巴特沃斯低通滤波器的截止频率直至满足稳定性要求。

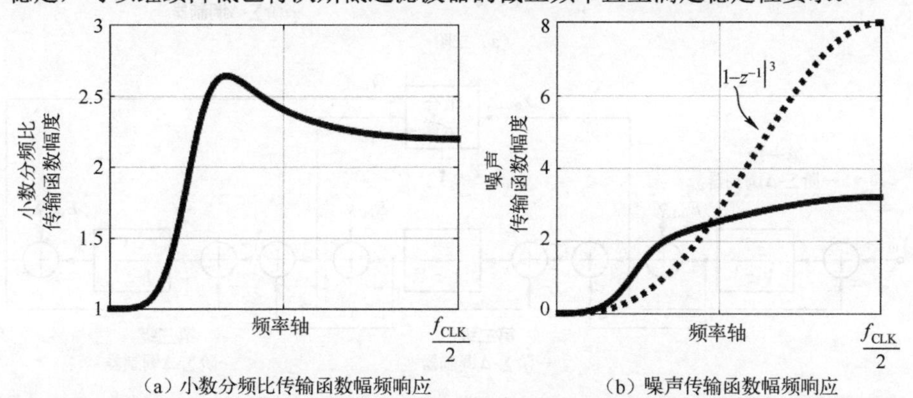


（a）小数分频比传输函数幅频响应　　（b）噪声传输函数幅频响应

图 11-78　单环三阶前馈∑-Δ 调制器的小数分频比传输函数和噪声传输函数的幅频响应曲线

当单环滤波器的输出选取为单比特输出时，输出值仅在 0 和 1 之间变化，因此分频比的变动范围较小，对锁相环的锁定时间不存在严格的要求。单环结构存在稳定性的问题，即使采用巴特沃斯低通滤波器对噪声传输函数高频处的增益进行优化，仍不能保证小数分频比的值可以完全覆盖[0, 1]。因此，单环结构的∑-Δ 调制器较少用于小数分频型频率综合器中，我们一般采用高阶级联结构来实现小数分频的功能。

### 11.3.3　高阶级联∑-Δ 调制器

级联的概念类似于级联整数分频的概念，主要是由级联的一阶∑-Δ 调制器组成。二阶/三阶级联∑-Δ 调制器如图 11-79 所示，其中第一级的输出量化噪声作为第二级∑-Δ 调制器的输入，第二级的输出量化噪声作为第三级∑-Δ 调制器的输入。因此以下各式成立：

$$Y_{\text{out1}} = z^{-1}X_{\text{in}} + (1 - z^{-1})E_{\text{in1}} \tag{11-83}$$

$$Y_{\text{out2}} = z^{-1}E_{\text{in1}} + (1 - z^{-1})E_{\text{in2}} \tag{11-84}$$

$$Y_{\text{out3}} = z^{-1}E_{\text{in2}} + (1 - z^{-1})E_{\text{in3}} \tag{11-85}$$

二阶级联∑-Δ 调制器和三阶级联∑-Δ 调制器是通过对上述三式进行组合运算完成的。对于二阶级联∑-Δ 调制器，有

$$Y_{\text{out}} = z^{-1}Y_{\text{out1}} - (1 - z^{-1})Y_{\text{out2}} = z^{-2}X_{\text{in}} - (1 - z^{-1})^2 E_{\text{in2}} \tag{11-86}$$

对于三阶级联∑-Δ 调制器，有

$$Y_{\text{out}} = z^{-2}Y_{\text{out1}} - z^{-1}(1 - z^{-1})Y_{\text{out2}} + (1 - z^{-1})^2 Y_{\text{out3}} = z^{-3}X_{\text{in}} + (1 - z^{-1})^3 E_{\text{in3}} \tag{11-87}$$

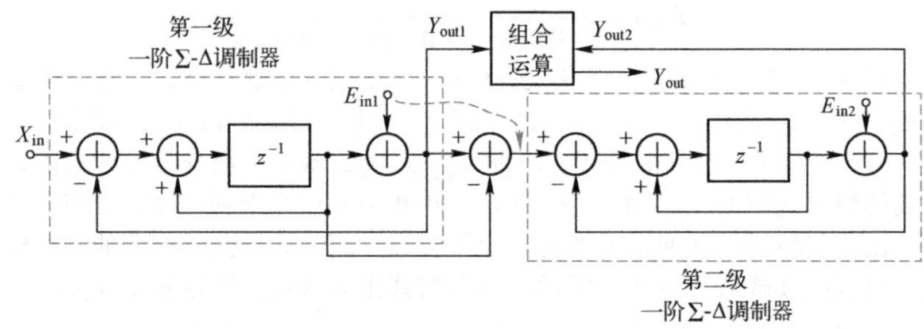


（a）二阶

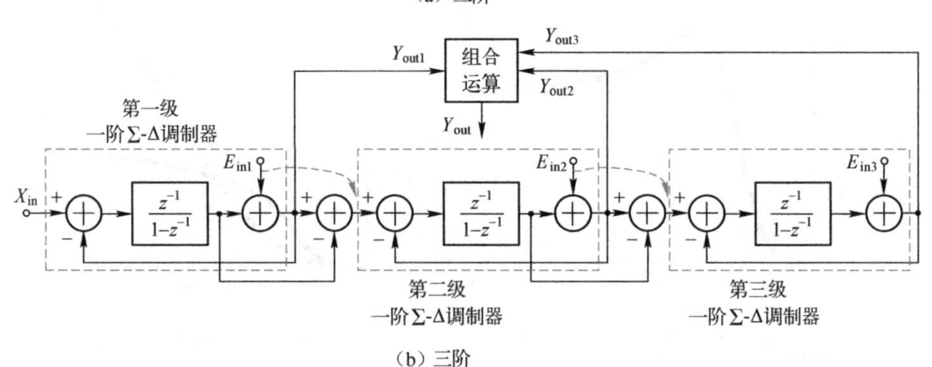


（b）三阶

图 11-79 级联∑-Δ 调制器

高阶级联∑-Δ 调制器相较于单比特输出单环高阶∑-Δ 调制器具有较高的稳定性，且可以覆盖[0, 1]范围内的任意小数分频比，但是其输出端的分频比模式较多，从而导致分频比变化较为频繁且变化范围较大，对鉴频鉴相器的线性度和环路的锁定时间均有一定的要求。当输入小数分频比 $X_{\text{in}} = 0.164$ 时，三阶级联∑-Δ 调制器的输出模式如图 11-80 所示。当输入小数分频比 $X_{\text{in}} = 0.164$ 时，三阶级联∑-Δ 调制器的输出噪声归一化功率谱如图 11-81 所示。最终噪声功率谱的形状与噪声功率谱传输函数 $|1 - z^{-1}|^6$ 归一化波形的形状相似，充分说明了高阶∑-Δ 调制器将量化噪声的周期性很好地随机化了（从图 11-80 所示输出模式中也可以看出），大大提升了小数型频率综合器相位噪声的杂散性能。

高阶级联∑-Δ 调制器结构通常也被称为多级噪声整型（Multi Stage Noise Shaping，MASH）结构，对于图 11-79（b）所示的三阶级联∑-Δ 调制器结构称为

MASH 1-1-1 结构。为了便于具体的工程实现，通常采用累加器结构来替代积分结构，如图 11-82（a）所示。基于累加器实现的一阶∑-Δ 调制器具体电路结构如图 11-82（b）所示，其中 $Y_{\text{out}}$ 为累加器的进位输出，输入量化噪声 $E_{\text{in}}$ 为累加器的输出取反。根据图 11-82（b）可得小数分频比的传输函数为

$$\frac{Y_{\text{out}}(z)}{X_{\text{in}}(z)}=1 \tag{11-88}$$

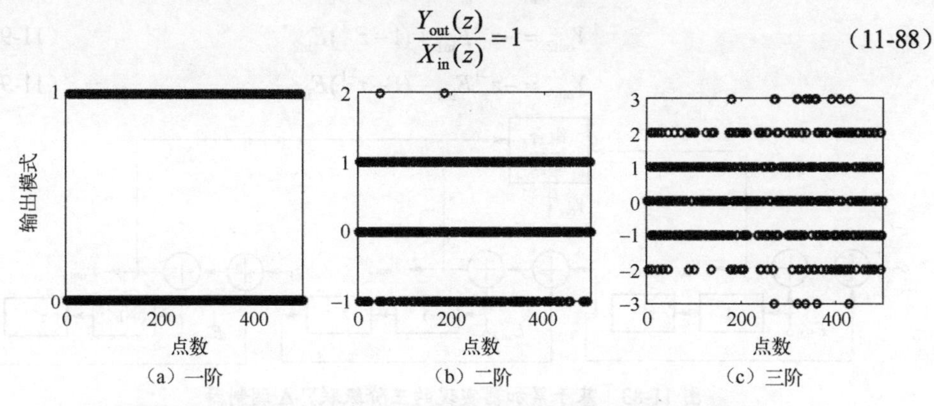


图 11-80 级联∑-Δ 调制器输出模式（输入小数分频比为 0.164）

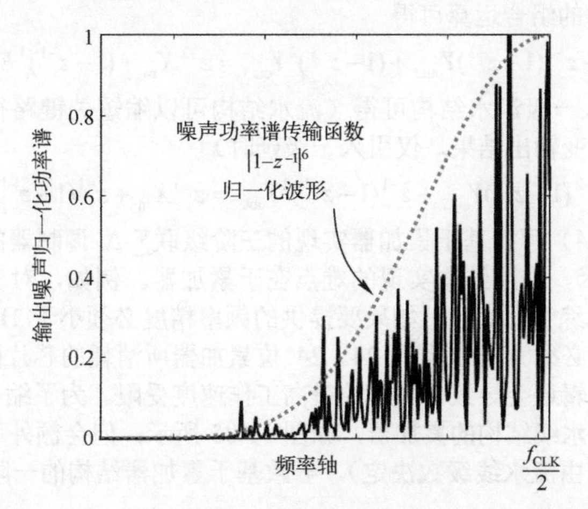


图 11-81 三阶级联∑-Δ 调制器输出噪声归一化功率谱

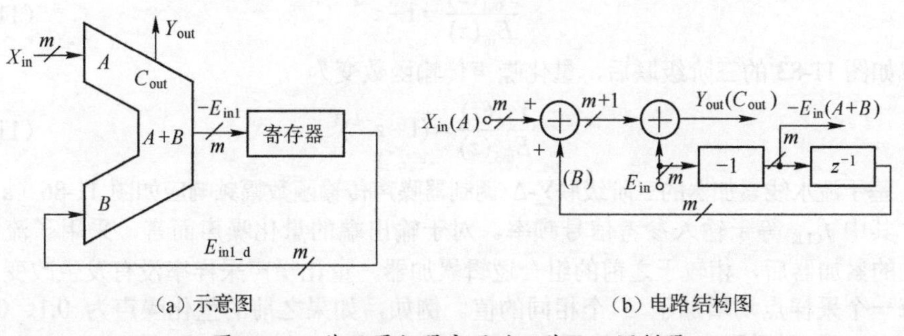


图 11-82 基于累加器实现的一阶∑-Δ 调制器

量化噪声的传输函数为

$$\frac{Y_{out}(z)}{E_{in}(z)} = 1 - z^{-1} \tag{11-89}$$

基于累加器实现的三阶级联∑-Δ 调制器如图 11-83 所示，每级的输出信号分别为

$$Y_{out1} = X_{in} + (1 - z^{-1})E_{in1} \tag{11-90}$$

$$Y_{out2} = -z^{-1}E_{in1} + (1 - z^{-1})E_{in2} \tag{11-91}$$

$$Y_{out3} = -z^{-1}E_{in2} + (1 - z^{-1})E_{in3} \tag{11-92}$$

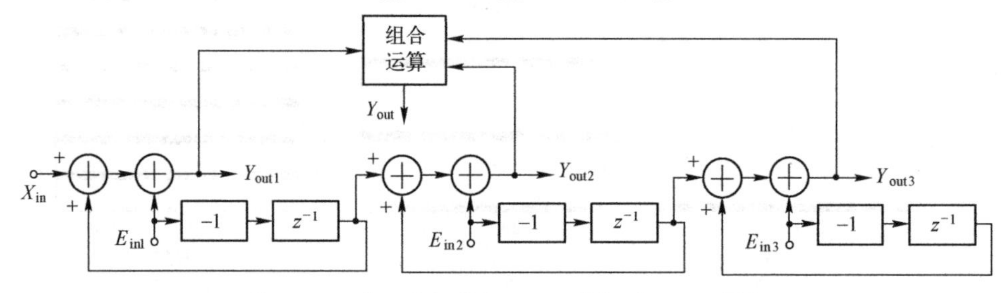


图 11-83 基于累加器实现的三阶级联∑-Δ 调制器

通过不同延时的组合运算可得

$$Y_{out} = z^{-2}Y_{out1} + z^{-1}(1 - z^{-1})Y_{out2} + (1 - z^{-1})^2 Y_{out3} = z^{-2}X_{in} + (1 - z^{-1})^3 E_{in3} \tag{11-93}$$

在输出端加入一级流水结构可得（流水结构可以缩短关键路径延时，提高电路工作速度，不会改变输出结果，仅引入一级延时）

$$z^{-1}Y_{out} = z^{-3}Y_{out1} + z^{-2}(1 - z^{-1})Y_{out2} + z^{-1}(1 - z^{-1})^2 Y_{out3} = z^{-3}X_{in} + z^{-1}(1 - z^{-1})^3 E_{in3} \tag{11-94}$$

根据式（11-94）可得基于累加器实现的三阶级联∑-Δ 调制器的具体电路实现结构如图 11-84 所示。上述结构实现的难点在于累加器。例如，对于输入参考频率为 16.368MHz 的频率综合器而言，如果要提供的频率精度必须小于 1Hz，则∑-Δ 调制器的输入分频比位数必须大于或等于 24。24 位累加器所消耗的芯片面积是非常大的，同时复杂的组合逻辑还会导致累加器的最高工作速度受限。为了缩小面积和提升工作速度，可以采用流水线结构的累加器，如图 11-85 所示，但会额外引入 3 个时钟周期的延时（延时周期由流水线级数决定），导致基于累加器结构的一阶∑-Δ 调制器的噪声传输函数变为

$$\frac{Y_{out}(z)}{E_{in}(z)} = 1 - z^{-4} \tag{11-95}$$

形成如图 11-83 的三阶级联后，量化噪声传输函数变为

$$\frac{Y_{out}(z)}{E_{in3}(z)} = (1 - z^{-4})^3 \tag{11-96}$$

基于流水线累加器的三阶级联∑-Δ 调制器噪声传输函数幅频响应如图 11-86（a）所示，其中 $f_{CLK}$ 等于输入参考信号频率。对于输出端的量化噪声而言，采用了流水线结构的累加器后，相较于之前的组合逻辑累加器，量化噪声采样率没有发生改变，但是每一个采样点均增加了 3 个相同的值。例如，如果之前的量化噪声为 0.1、0.2、0.5、0.4…，则采用流水线结构后变为 0.1、0.1、0.1、0.1、0.2、0.2、0.2、0.2、0.5、0.5、0.5、0.5、0.4、0.4、0.4、0.4…，这相当于采样频率为 $f_{CLK}/4$ 的时钟采样出的量化噪声 0.1、0.2、0.5、0.4…与一个矩形窗函数（矩形函数的窗口时间长度为

$1/4 f_{\mathrm{CLK}}$ ）进行卷积，因此输出噪声功率谱相当于在频域经过压缩（压缩为原来的 1/4）的量化噪声功率谱与等效噪声传输函数平方的乘积，其中等效噪声传输函数为

$$N_{\mathrm{eff}}(z)=\frac{Y_{\mathrm{out}}(z)}{E_{\mathrm{in}}(z)}=(1-z^{-4})^3\times\mathrm{sinc}(z) \tag{11-97}$$

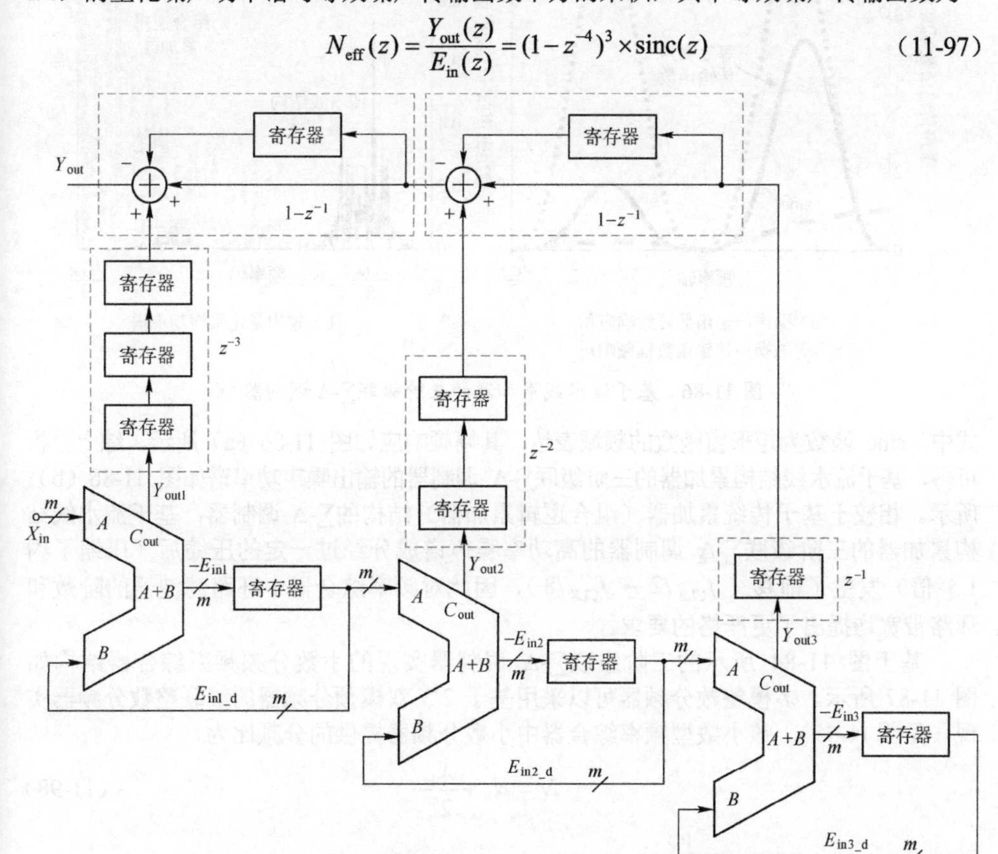


图 11-84 基于累加器实现的三阶级联∑-Δ 调制器具体电路实现结构

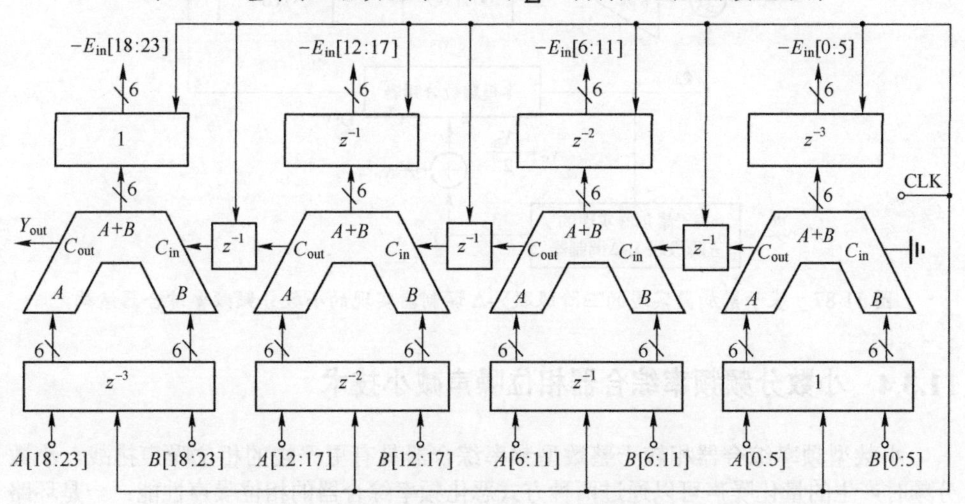


图 11-85 基于流水线结构的累加器模型（14 位）

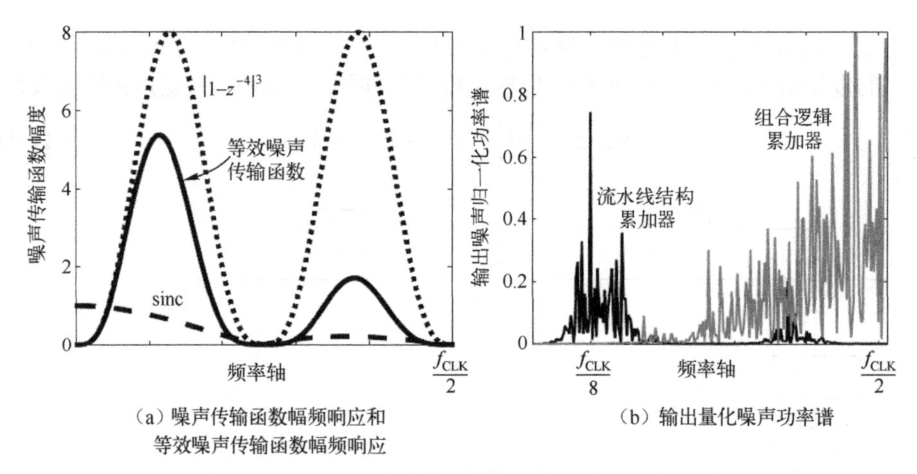


（a）噪声传输函数幅频响应和等效噪声传输函数幅频响应　（b）输出量化噪声功率谱

图 11-86　基于流水线累加器的三阶级联∑-Δ 调制器

式中，sinc 函数为矩形窗函数的频域表达，其幅频响应如图 11-86（a）所示。综上分析可得，基于流水线结构累加器的三阶级联∑-Δ 调制器的输出噪声功率谱如图 11-86（b）所示。相较于基于传统累加器（组合逻辑累加器）结构的∑-Δ 调制器，基于流水线结构累加器的三阶级联∑-Δ 调制器的高功率噪声谱成分经过一定的压缩后（压缩了约 1.5 倍）发生了前移（$f_{CLK}/2 \to f_{CLK}/8$），因此对频率综合器中环路滤波器的阶数和环路带宽均提出了更严格的要求。

基于图 11-84 所示的三阶级联∑-Δ 调制器实现的小数分频频率综合器结构如图 11-87 所示。多模整数分频器可以采用基于 2/3 双模预分频器的级联整数分频器实现（见图 11-55）。该小数型频率综合器中小数分频器提供的分频比为

$$N = N_0 + \frac{X_{in}}{2^m} \tag{11-98}$$

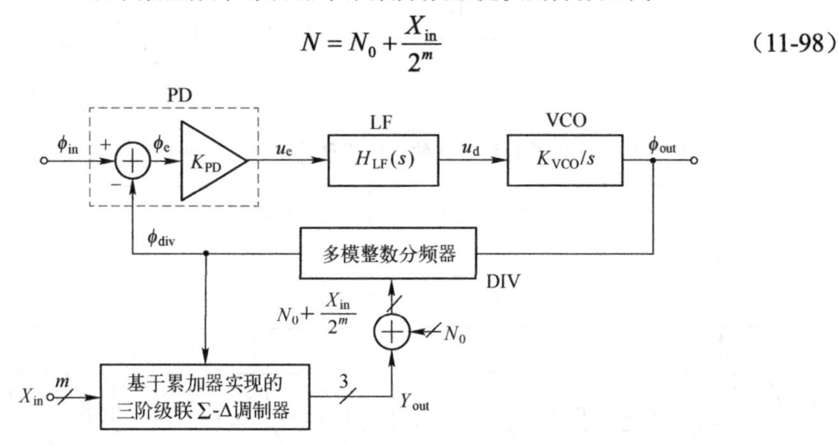


图 11-87　基于累加器实现的三阶级联∑-Δ 调制器实现的小数分频频率综合器结构

## 11.3.4　小数分频频率综合器相位噪声减小技术

小数型频率综合器相较于整数型频率综合器具有更严峻的相位噪声挑战。小数分频时产生的量化噪声可以通过两种方式恶化频率综合器的相位噪声性能：一是环路

的低通滤波能力较弱（滤波器阶数较低）导致高频处较差的相位噪声，通常可以通过提升环路滤波器的阶数或降低通带带宽来改善，但是会引起较差稳定性和较长锁定时间的问题；二是电荷泵的失配带来的非线性会导致整型后的量化噪声低频处的功率增大，恶化频率综合器的低频相位噪声性能。

### 1. 采样保持型环路滤波器

沟长调制效应会导致电荷泵中存在充电电流和放电电流的失配，即使采用了如图 10-41 所示的偏置拷贝环路技术，也无法彻底消除电流失配，仍然会导致产生图 10-39（b）所示的电压纹波，最终恶化频率综合器的相位噪声性能，尤其是杂散性能。

为了避免产生电压纹波，可以用采样保持型环路滤波器替代传统的无源环路滤波器[10-12]，以提升频率综合器的输出杂散性能，如图 11-88 所示（三阶低通滤波器）。当电荷泵处于充电或放电模式时，开关 $S_1$ 断开，电荷泵对电容 $C_A$ 进行充电或放电操作（充电或放电由相位误差的极性决定）。充电或放电完成后，开关 $S_1$ 闭合，由于运放的虚短和虚断功能，电荷泵的充电或放电带来的电容上的电荷积累或减少会全部反映至运放的输出端，并经三阶低通滤波后输出控制电压 $V_{ctrl}$。在下一个输入参考时钟沿到来时，重复上述动作。该采样保持结构在一个输入参考时钟周期内产生的控制电压与使用传统滤波结构产生的控制电压是相同的，只是一个采用的是电荷传输，一个采用的是电流传输。通过开关 $S_1$ 的断开和闭合，电容 $C_A$ 和 $C_B$ 可以实时地对电荷泵的充电或放电状态进行采样和传输，且开关 $S_1$ 断开时，电容 $C_B$ 可以对上一个电路状态进行保持，维持振荡器持续稳定地振荡。因此，通常将这种结构称为采样保持型环路滤波器。

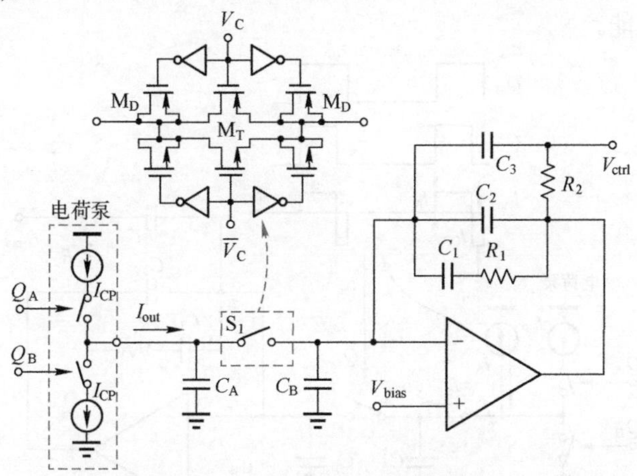


图 11-88　采样保持型环路滤波器

为了达到最佳的传输效率，开关 $S_1$ 采用传输门来实现。传输门两边分别并联接入两个 PMOS Dummy 管和 NMOS Dummy 管，Dummy 管可以有效地减小电荷注入和电荷馈通效应。为了达到最好的效果，Dummy 管的尺寸一般选取为传输门相应晶体管尺寸的一半。

为了避免开关 $S_1$ 断开期间电荷泵的充电或放电导致电荷泵输出端的电压波动过大（过大的电压波动会引入更强的沟长调制效应，增大电流源与电流沉的失配，同时还可能导致电流源或电流沉脱离饱和区引入更大的电流失配），通常都会选取足够大的电容值 $C_A$ 。采样保持型环路滤波器的具体工作原理如图 11-89 所示。在稳定锁定后，由于电荷泵充电电流和放电电流失配，控制电压中存在周期性的纹波。开关管的引入可以有效地对纹波部分进行屏蔽，保证每次的采样状态近似不变。理想情况下，开关管的引入可以完全杜绝控制电压出现纹波，使得频率综合器的相位噪声中不包含杂散成分。

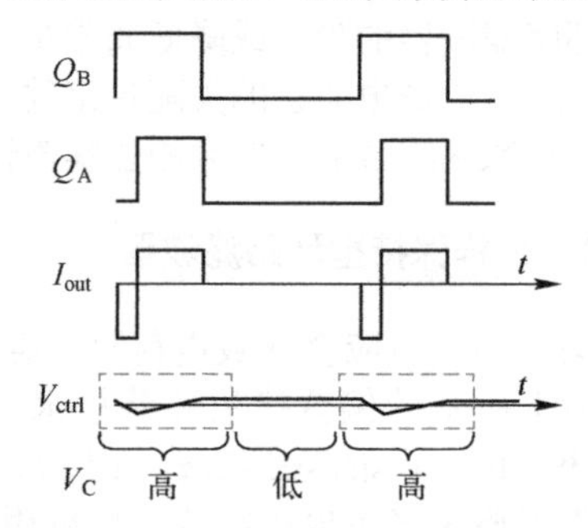

图 11-89 采样保持型环路滤波器工作原理

开关 $S_1$ 的控制电压 $V_C$ 必须能够有效地屏蔽电压纹波存在的时间段：在此时间内控制电压 $V_C$ 为高电平，开关 $S_1$ 断开，压控振荡器处于稳定振荡状态；在其他时间段内，控制电压 $V_C$ 为低电平，开关 $S_1$ 闭合，调节压控振荡器的频率实现频率综合器的闭环反馈。为了能够准确地实现这一功能，由图 11-89 可知，可以将电荷泵放电控制信号 $Q_B$ 接入控制电压 $V_C$ 节点上。在电荷泵的充电或放电阶段，控制电压为高，开关 $S_1$ 断开；在其他时间段，控制电压为低，开关 $S_1$ 闭合。图 11-89 所示情况是在假设充电电流比放电电流大的情况下得出的，而在实际芯片中，失配的极性是无法预测的，因此必须采用一些设计方法确定下来。

图 11-90 通过引入主动失配电流来固定输入的相位误差（通过增大充电电流或放电电流来实现），确保放电电流的控制信号 $Q_B$ 始终超前于充电电流的控制信号 $Q_A$ 。另外，主动失配电流的引入还可以有效地避免死区效应的产生，并且可以有效地改善电荷泵的线性性能。

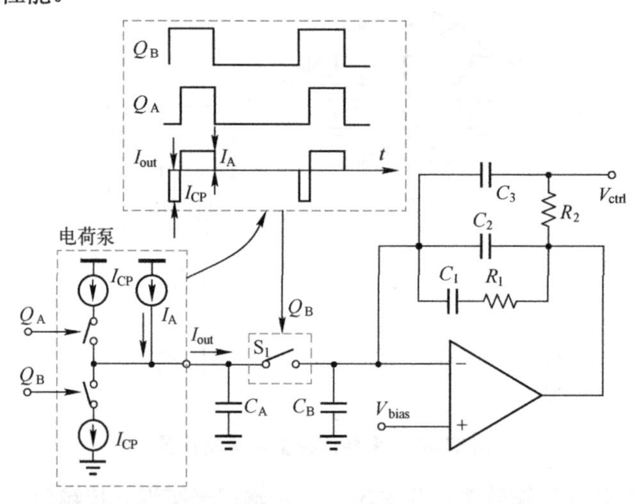

图 11-90 主动失配引入固定极性的相位误差

可以这样来理解采样保持型环路滤波器的作用：采样保持型环路滤波器近似于对输出控制电压 $V_{ctrl}$ 进行采样保持，类似于 DAC 的作用。因此，频率综合器的相位噪声相较于传统环路滤波器结构会被 sinc 函数整型[12]，同时由于采样过程中屏蔽了控制电压中的纹波成分，在频率综合器锁定后相位噪声中不存在杂散成分。

### 2. 小数分频器量化噪声补偿

由式（11-71）可知，相较于整数分频频率综合器，小数分频频率综合器会引入一个量化误差成分。该误差成分经过积分后产生的相位误差成分会实时地改变电荷泵充电或放电电流控制信号 $Q_{\mathrm{A}}$ 和 $Q_{\mathrm{B}}$ 的相位误差，进而恶化频率综合器的相位噪声性能。

对于 $n$ 阶∑-Δ 调制器而言，锁定后小数分频器引入的相位误差为

$$\Delta\phi = \phi_{\mathrm{in}} - \phi_{\mathrm{div}} = \frac{2\pi f_{\mathrm{in}}}{N_0 + a_0}\int q_{\mathrm{t}}\mathrm{d}t \tag{11-99}$$

式中，$N_0$ 为小数分频比的整数部分；$a_0$ 为小数分频比的小数部分；$q_{\mathrm{t}}$ 为分频比误差。由图 11-66 可知，式（11-99）可以转化为

$$\Delta\phi(nT_{\mathrm{in}}) = \frac{2\pi f_{\mathrm{in}}}{N_0 + a_0}\sum_{n=0}^{+\infty} q_{\mathrm{t}}(nT_{\mathrm{in}})T_{\mathrm{in}} = \frac{2\pi}{N_0 + a_0}\sum_{n=0}^{+\infty} q_{\mathrm{t}}(nT_{\mathrm{in}}) \tag{11-100}$$

环路锁定后，有

$$\mathbb{Z}[q_{\mathrm{t}}(nT_{\mathrm{in}})] = E_{\mathrm{in}}(1 - z^{-1})^{n1} \tag{11-101}$$

式中，$n1$ 为∑-Δ 调制器阶数。相位误差引入的时间误差为

$$\Delta T = \frac{\Delta\phi(nT_{\mathrm{in}})}{2\pi}T_{\mathrm{in}} \tag{11-102}$$

该误差时间内，电荷泵引入的误差电荷量为

$$\Delta Q = \frac{\Delta\phi(nT_{\mathrm{in}})}{2\pi}T_{\mathrm{in}}I_{\mathrm{CP}} = \frac{T_{\mathrm{in}}I_{\mathrm{CP}}}{N_0 + a_0}\sum_{n=0}^{+\infty} q_{\mathrm{t}}(nT_{\mathrm{in}}) \tag{11-103}$$

为了降低小数分频器量化噪声的影响，可以采用如图 11-91 所示的量化噪声补偿电路。将 $n$ 阶∑-Δ 调制器的量化噪声成分取出，经过积分后，由式（11-100）可知，得到的量化噪声为 $(N_0 + a_0)\Delta\phi(nT_{\mathrm{in}})/(2\pi)$，通过电流型 DAC 便可补偿电荷泵输出端产生的误差电荷量。上述结构需要 DAC 提供的输入位数为 $m+1$，对于较大的 $m$ 值，DAC 无法进行工程实现。如图 11-92 所示，可以采用在量化噪声的输出端增加一级∑-Δ 调制器来降低输出量化噪声的位数（会引入额外的量化噪声）。由图 11-80 可知，$p$ 阶∑-Δ 调制器的输出模数通常为 $2^p - 1$，则加入一级 $p$ 阶∑-Δ 调制器后，输出位数可由 $m+1$ 减小至 $p$。

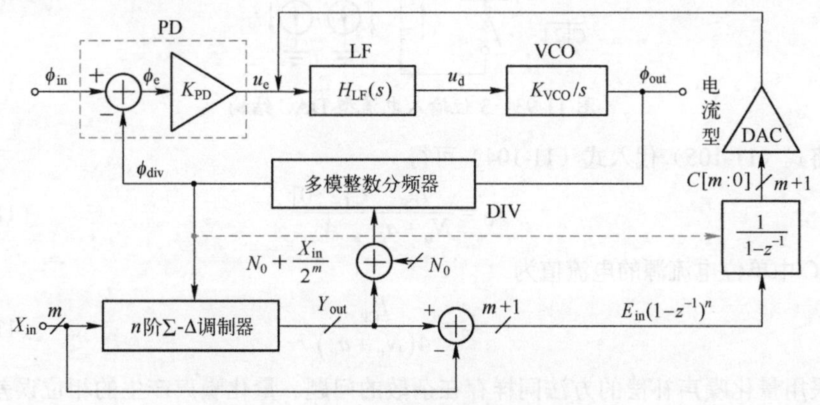


图 11-91　小数分频器量化噪声补偿电路

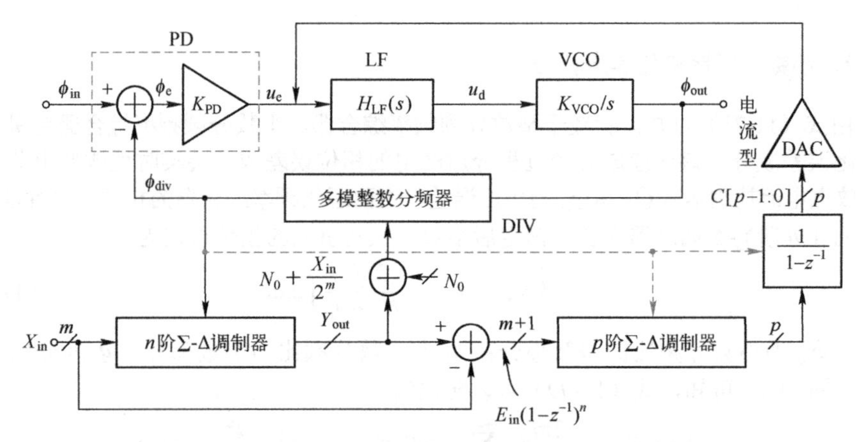


图 11-92 增加一级Σ-Δ 调制器后的小数分频器量化噪声补偿电路

令 $p=3$，接下来主要讨论各参数的设计方法。在频率综合器锁定后，经过小数分频器后的输出分频频率与输入参考频率相同，则电流型 DAC 每个输入参考时钟周期内的充电或放电时间为 $T_{in}$。由式（11-103）可知，DAC 需要提供的补偿电流值为

$$I_C=\frac{\Delta Q}{T_{in}}=\frac{I_{CP}}{N_0+a_0}\sum_{n=0}^{+\infty}q_t(nT_{in}) \tag{11-104}$$

式中，

$$\sum_{n=0}^{+\infty}q_t(nT_{in})=\frac{C[2:0]}{2^{3-1}} \tag{11-105}$$

且 $C[2:0]$ 为带符号位的二进制数。3 位输入电流型 DAC 的结构如图 11-93 所示，最高位 $C[2]$ 是选择充电或放电的控制位，低两位 $C[1:0]$ 是充电电流和放电电流大小的控制位。

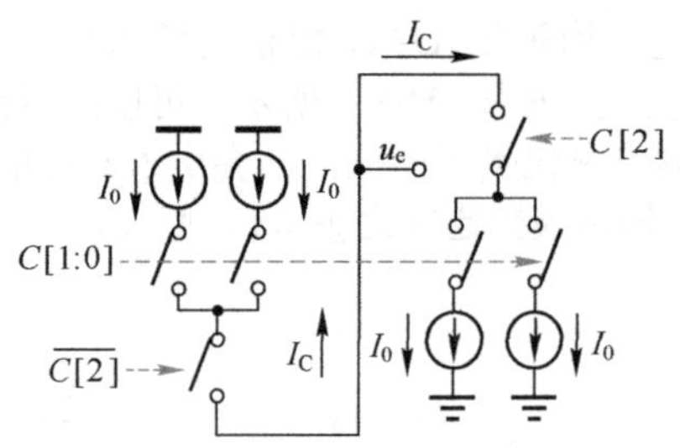


图 11-93 3 位输入电流型 DAC 结构

将式（11-105）代入式（11-104）可得

$$I_C=\frac{I_{CP}}{N_0+a_0}\frac{C[2:0]}{4} \tag{11-106}$$

则 DAC 中单位电流源的电流值为

$$I_0=\frac{I_{CP}}{4(N_0+a_0)} \tag{11-107}$$

采用量化噪声补偿的方法同样存在杂散的问题。量化噪声产生的相位误差导致的电荷泵充电或放电时间如式（11-102）所示，而补偿电流持续的时间为一个输入参

考信号周期，因此，必然导致控制电压出现纹波，在频率综合器中产生杂散成分。解决的办法仍然是采用采样保持型环路滤波器，并在电流型 DAC 的输出端增加开关管。控制时钟选取为分频时钟 $f_{\mathrm{div}}$，高电平导通，低电平断开，此时式（11-107）中的电流值应该加倍（补偿电荷量不变的情况下，补偿时间减半，电流需要加倍）。为了完全避免控制电压出现纹波，采样保持性环路滤波器中的开关控制电压也应选择分频时钟 $f_{\mathrm{div}}$（采用图 11-90 所示的主动失配结构），高电平断开，低电平导通。

### 3．电荷泵非线性效应

电荷泵的非线性效应是由电荷泵中充电电流和放电电流失配引起的，如图 11-94（a）所示。假设电荷泵中的放电电流大于充电电流，即 $I_2 > I_1$，则频率综合器锁定后的电荷泵输出净电流时域波形如图 11-94（b）所示。整数分频频率综合器不存在分频比量化噪声，因此鉴频鉴相器的输出相位误差抖动非常小，电荷泵的线性性能不受影响。但是，由于小数分频器会额外引入较大的量化噪声部分，这部分噪声会导致分频后的信号 $V_{\mathrm{div}}$ 存在较大的相位抖动。如果相位抖动引入的时间误差[见式（11-102）]大于图 11-94（b）中的时间差 $\Delta T_{\mathrm{in}}$，会导致 $Q_{\mathrm{B}}$ 随机地超前或滞后 $Q_{\mathrm{A}}$，鉴频鉴相器/电荷泵的相位-电流增益也会随机改变，从而引入非线性。

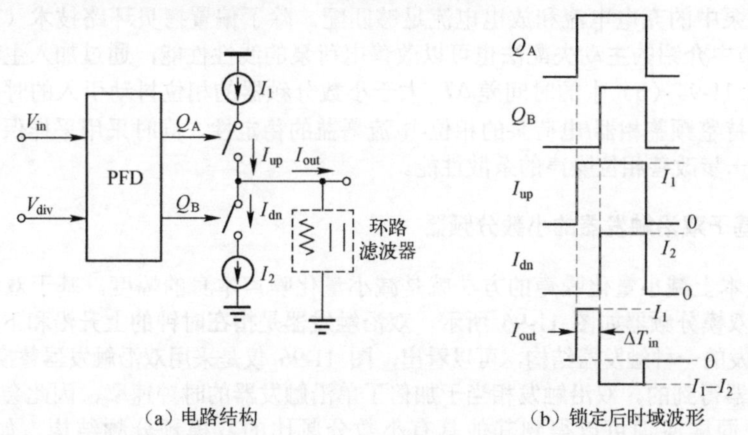

（a）电路结构　　（b）锁定后时域波形

图 11-94　鉴频鉴相器/电荷泵电路结构及锁定后时域波形（放电电流大于充电电流）

图 11-95 为由于分频比量化噪声导致的 $Q_{\mathrm{B}}$ 随机地滞后或超前 $Q_{\mathrm{A}}$ 时的时域波形图。$Q_{\mathrm{B}}$ 滞后 $Q_{\mathrm{A}}$ 时，鉴频鉴相器/电荷泵的相位-电流增益为 $I_1/(2\pi)$。$Q_{\mathrm{B}}$ 超前 $Q_{\mathrm{A}}$ 时，鉴频鉴相器/电荷泵的相位-电流增益为 $I_2/(2\pi)$。由于电荷泵电流的失配性，$I_1 \neq I_2$，因此鉴频鉴相器/电荷泵的相位-电流增益是时变和非线性的，输出电流与输入相位信号的关系为

$$I_{\mathrm{out}} = a_0 \Delta\phi_{\mathrm{in}} + a_1 \Delta\phi_{\mathrm{in}}^2 + a_2 \Delta\phi_{\mathrm{in}}^3 + \cdots \tag{11-108}$$

式中，$\Delta\phi_{\mathrm{in}}$ 为鉴频鉴相器输入相位误差，包含小数分频器产生的量化噪声成分。式（11-108）中的平方项会产生由量化噪声引入的误差电流项 $a_1 \Delta\phi^2$，其中 $\Delta\phi$ 是由分频比量化噪声引入的相位噪声[见式（11-99）]。时域相乘等同于频域的卷积，相同

频谱的卷积等效于自混频的过程，自混频过程会导致低频处信号功率明显增大，而低频处的噪声功率是无法被环路滤波器滤除的（低通特性），因此电荷泵的非线性会恶化频率综合器低频处的相位噪声。

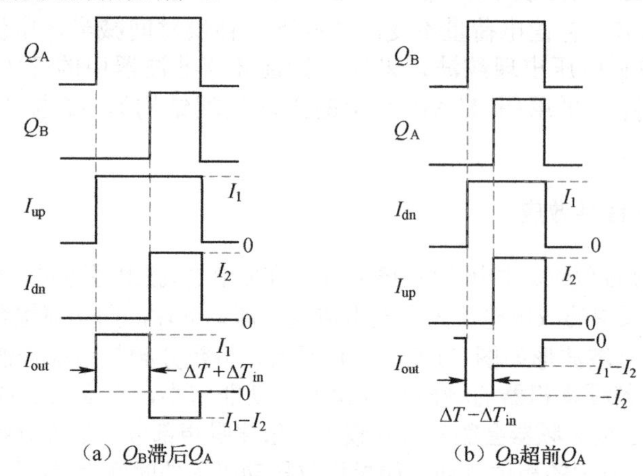


图 11-95　由于分频比量化噪声导致的 $Q_B$ 随机地滞后或超前 $Q_A$ 时的时域波形

提升电荷泵的线性性能可以改善低频处的相位噪声性能，具体的改善方法就是保证电荷泵中的充电电流和放电电流足够匹配。除了偏置拷贝环路技术（见 10.8.5 节），本节中介绍的主动失配法也可以改善电荷泵的线性性能，通过加入主动失配电流保证图 11-94（b）中的时间差 $\Delta T_{in}$ 大于小数分频器的相位抖动引入的时间误差，就可以维持鉴频鉴相器/电荷泵的相位-电流增益的稳定性，同时采用采样保持型环路滤波器进一步改善相位噪声的杂散性能。

**4．基于双沿触发器的小数分频器**

从根本上减小量化噪声的方法就是减小量化噪声本身的幅度。基于双沿触发器的 2/2.5 双模分频器如图 11-96 所示。双沿触发器是指在时钟的上升沿和下降沿均可以有效触发的一种触发器结构，可以看出，图 11-96 仅是采用双沿触发器替换图 11-40 中的触发器得到的。双沿触发相当于加倍了单沿触发器的时钟速率，因此会导致分频比减半。同样原理可以得到其他具有小数分频比的双模预分频结构，如 2.5/3、3/3.5、3.5/4 等双模预分频结构。

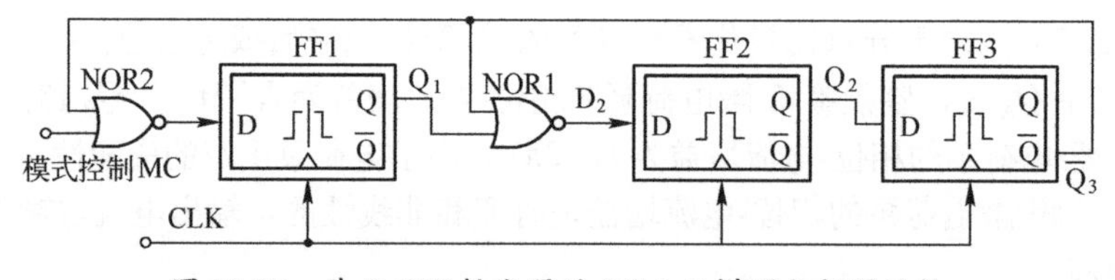


图 11-96　基于双沿触发器的 2/2.5 双模预分频器结构

具有小数分频比的双模预分频器的分频间隔为 0.5，相较于整数型双模预分频器，其幅度步进减小了 6dB，量化噪声功率也会随之降低 6dB，从而可以改善相位噪声性能。

双沿触发器的具体电路结构如图 11-97 所示。在时钟的上升沿或下降沿到来时，

输出端 $D_{out}$ 均可以复现输入端 $D_{in}$ 的值。双沿触发器同样可以采用 CML 结构来实现，如图 11-98 所示。

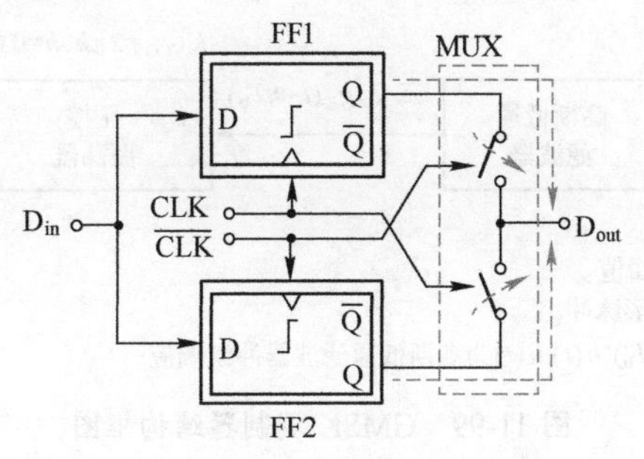


图 11-97　双沿触发器电路结构图

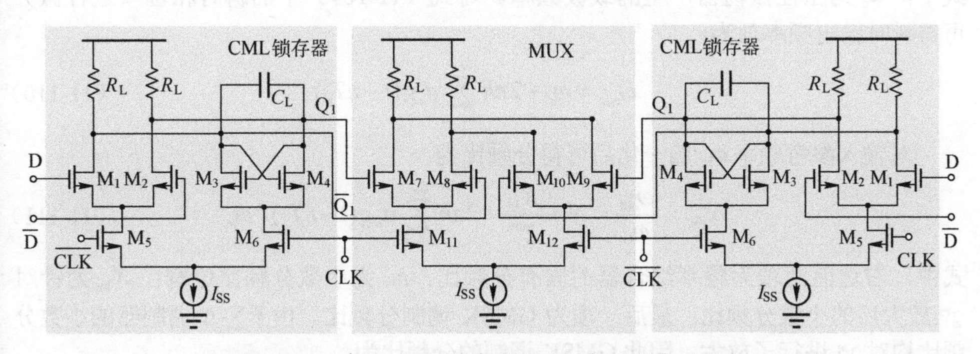


图 11-98　基于 CML 锁存器的双沿触发器电路结构

采用基于双沿触发器的小数分频器时，分频比的小数部分需要加倍。例如，实现分频比为 2.1 的小数分频，采用 2/2.5 双模预分频器，$\Sigma$-$\Delta$ 调制器的输入端需要设置为 0.2，内部的调制器同样设置为双沿触发。级联 2/3 双模预分频器的级联整数分频器采用双沿触发后，分频步进降低至 0.5，分频比设置同样为单沿触发分频器的 1/2。例如，实现 3.7 的分频比，采用双沿触发的级联 2/3 双模预分频器的整数分频比需要设置为 7，小数分频比需要设置为 0.4。

# 11.4　锁相环型小数分频频率综合器在信号调制过程中的应用

在现代通信系统中，连续相位调制（Continue Phase Modulation，CPM）[13]是一种先进的相位调制技术。它具有相位连续的特点，频谱特性优良，相比相移键控调制方式，具有更高的频带利用率。高斯最小频移键控（Gaussian Filtered Minimum Shift Keying，GMSK）是一种常用的 CPM 技术，典型的应用包括全球移动通信系统（Global System for Mobile Communications，GSM）和船舶自动识别系统（Automatic Identification System，AIS）。GMSK 调制器结构如图 11-99 所示，双极性不归零矩形脉冲序列（发送报文）经过高斯滤波器成型后，直接对输出载波频率进行调制即可实现 GMSK 调制。GMSK 信号的具体表达式为

$$s(t)=A\cos\left[\omega_{\mathrm{c}}t+2\pi h\int_{-\infty}^{t}\sum_{n=-\infty}^{+\infty}a_n g(\tau-nT_{\mathrm{b}})\mathrm{d}\tau\right] \tag{11-109}$$

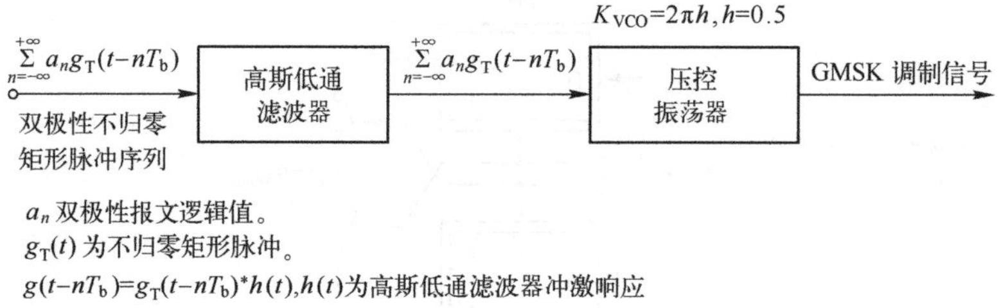

$K_{\mathrm{VCO}}=2\pi h, h=0.5$

$\sum_{n=-\infty}^{+\infty} a_n g_{\mathrm{T}}(t-nT_{\mathrm{b}})$ → 高斯低通滤波器 → $\sum_{n=-\infty}^{+\infty} a_n g_{\mathrm{T}}(t-nT_{\mathrm{b}})$ → 压控振荡器 → GMSK 调制信号

双极性不归零矩形脉冲序列

$a_n$ 双极性报文逻辑值。

$g_{\mathrm{T}}(t)$ 为不归零矩形脉冲。

$g(t-nT_{\mathrm{b}})=g_{\mathrm{T}}(t-nT_{\mathrm{b}})*h(t)$，$h(t)$为高斯低通滤波器冲激响应

图 11-99　GMSK 调制器结构框图

式中，$\omega_{\mathrm{c}}$ 为压控振荡器产生的载波频率。对式（11-109）中的瞬时相位项进行微分可得瞬时输出频率项为

$$\omega_{\mathrm{out}}=\omega_{\mathrm{c}}+2\pi h\sum_{n=-\infty}^{+\infty}a_n g(t-nT_{\mathrm{b}}) \tag{11-110}$$

对输入参考频率 $\omega_{\mathrm{in}}$ 归一化后可得分频比为

$$N_{\mathrm{div}}=\frac{\omega_{\mathrm{out}}}{\omega_{\mathrm{in}}}=N+\frac{X_{\mathrm{in}}}{2^{\mathrm{m}}}+2\pi h\sum_{n=-\infty}^{+\infty}a_n g(t-nT_{\mathrm{b}})/\omega_{\mathrm{in}} \tag{11-111}$$

式中，右边前两项为频率综合器的固有分频比；$m$ 为小数分频比位宽；$X_{\mathrm{in}}$ 为针对 $2^m$ 放大后的小数分频比；最后一项为 GMSK 调制分频比。由于∑-Δ 调制器的小数分频比均对 $2^m$ 进行了放大，因此 GMSK 调制的分频比为

$$N_{\mathrm{div\_GMSK}}=2^{m+1}\pi h\sum_{n=-\infty}^{+\infty}a_n g(t-nT_b)/\omega_{\mathrm{in}} \tag{11-112}$$

具体调制结构如图 11-100 所示，其中高斯滤波器的放大系数为

$$c_{\mathrm{g}}=2^{m+1}\pi h/\omega_{\mathrm{in}} \tag{11-113}$$

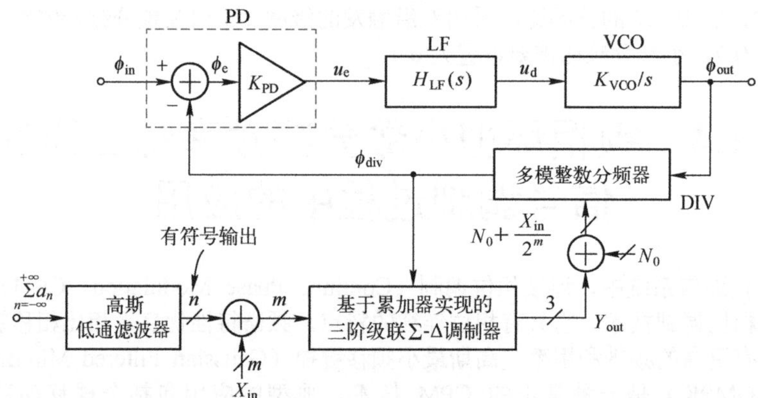


图 11-100　基于锁相环型小数分频频率综合器实现的 GMSK 调制器

由于输入的信号报文是双极性的，因此经过高斯低通滤波器后的输出必须为带符号的输出。此结构仅适用于符号速率较低的 GMSK 调制中，对于符号速率较高的通信系

统，由于环路滤波器的低通滤波效应（为了保证高频处的相位噪声性能，通常情况下，锁相环的环路带宽均在 100kHz 以内），式（11-100）提供的相位项会发生严重的失真效应，降低 GMSK 信号的调制性能。

可以通过引入补偿滤波器来抵消环路的低通滤波效应，如图 11-101 所示。补偿滤波器具有与环路低通滤波器完全相反的频率响应。由式（10-89）可知，补偿滤波器的频率响应为

$$H_{c}(s)=\frac{1}{H_{n,DIV}(s)}=-\frac{1+H_{fw}(s)H_{fb}(s)}{H_{fw}(s)} \tag{11-114}$$

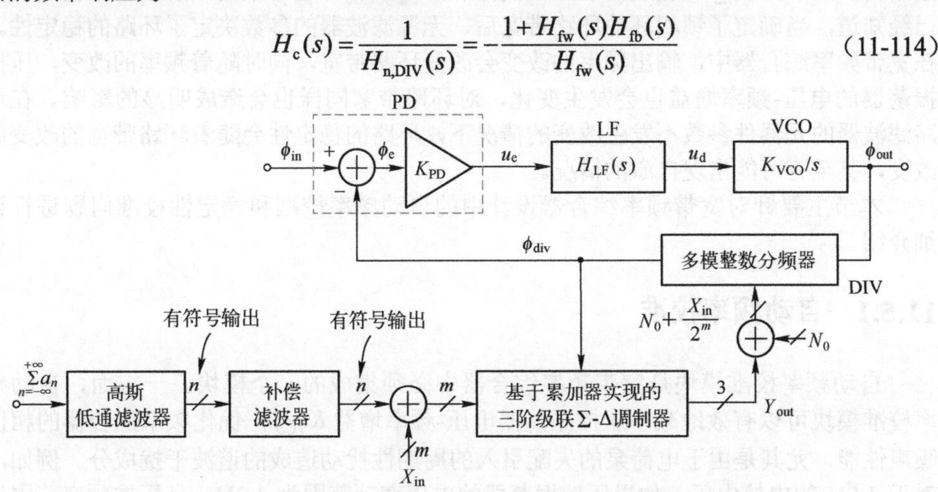


图 11-101 通过引入补偿滤波器抵消环路的低通滤波效应

通过双线性变换可得 $z$ 域的具体表达式。需要注意的是，为了保证分频比不被放大或缩小，补偿滤波器的输入端和输出端必须保证相等输入比特位数。图 11-101 所示的结构仍具有一定的局限性：环路的低通滤波性能主要是由环路滤波器中的电阻和电容决定的，工艺、电压和温度的变化引入的电阻电容偏差会随机地改变环路的低通滤波性能。另外，补偿滤波器是在数字域中实现的，提供的补偿能力是稳定的，因此模拟域滤波器和数字域滤波器的失配是限制图 11-101 性能（通信速率）的主要因素。文献[14]针对此现象提出了具体的失配补偿措施，有效地解决了问题，限于篇幅，本书不再赘述。

# 11.5 宽带频率综合器设计

在实际的工程实现中，由于提供振荡频率的压控振荡器具有工艺和温度相关性，即使对于固定本振频率的特定通信系统，频率综合器的设计频率范围也不可能或很难是窄带的。对于负阻振荡器而言，工艺偏差和温度的变化通常会导致设计的振荡频率上浮或下降 10%左右，因此设计过程中必须考虑到此种情况。对于载波频率在 2.4GHz 左右的 Wi-Fi 无线通信系统而言，工艺和温度偏差通常要求振荡器的频率覆盖范围超过 480MHz。对于宽带通信系统而言，对振荡器的输出频率范围要求更加严格。

宽带通信系统中，频率综合器的设计与窄带通信系统（包括单频点通信系统）

有很大的不同。一是宽带通信系统必须增加必要的自动频率校准（Automatic Frequency Calibration，AFC）功能。宽带通信系统中的负阻振荡器一般采用图 9-53 所示的结构，MIM 电容网络实现输出频率的粗扫描，可变电容提供输出频率的精确锁定。粗扫描过程是由自动频率控制模块来完成的，精确锁定需要通过锁相环来实现。二是必须提供稳定性校准功能。宽带频率综合器中的分频器通常会设计为小数分频结构，为了抑制∑-Δ 调制器引入的高频噪声，锁相环通常采用四阶Ⅱ型结构。我们已经知道，当确定了锁相环的环路带宽后，无源滤波器的参数决定了环路的稳定性。在宽带频率综合器中，输出频率的改变会改变环路带宽，同时随着频率的改变，压控振荡器的电压-频率增益也会发生变化，对环路带宽同样也会造成明显的影响。在环路滤波器的元器件参数不发生改变的情况下，环路的稳定性会随着环路带宽的改变而改变，甚至有可能出现自激的情况。

本节主要针对宽带频率综合器设计中的自动频率校准和稳定性校准问题进行详细介绍。

### 11.5.1 自动频率校准

自动频率校准模块是宽带频率综合器中必须集成的一个模块。一方面，自动频率校准模块可以有效地减小压控振荡器电压-频率增益 $K_{\text{VCO}}$，优化频率综合器的相位噪声性能，尤其是由于电荷泵的失配引入的周期性扰动造成的谐波干扰成分。例如，对于 1.8V 的内核电压，如果压控振荡器的电压变动范围为 1.2V，且压控频率范围为 1.2GHz，则压控振荡器对外提供的电压-频率增益 $K_{\text{VCO}} = 1.2\text{GHz/V}$，不可能进行工程实现。即使存在实现的可能性，控制电压中较小的扰动也会导致输出频率的较大变化，恶化相位噪声性能。另一方面，自动频率校准模块的加入可以极大地缩短频率综合器的频率锁定时间。频率综合器是一个闭环负反馈系统，如果仅靠锁相环的负反馈来进行频率锁定，在环路带宽较小且频率变动范围较大的情况下，完成频率锁定需要消耗较长的时间。但是，如果采用图 9-53（c）所示的粗调+精调的电路结构，并利用自动频率校准模块完成粗调过程，仅通过锁相环实现精调过程，则可以明显地节约频率综合器的频率锁定时间。

基于单锁相环的频率综合器和包含自动频率校准功能的频率综合器频率锁定过程如图 11-102 所示。以八线粗调为例（每一条子频率线代表一种 MIM 电容组合情况），假设需要锁定的频率用图中上方叉号表示，且压控振荡器在自动频率校准过程中的电压稳定在控制电压范围的中间值。采用二进制搜索算法的校准过程为“100→110→101→100”。自动频率校准过程完成后，控制码“100”对应的子线便是最终锁定的频率线，然后交由锁相环实现频率锁定的精调过程。比较图 11-102（a）与图 11-102（b）的锁定过程可知，基于单锁相环的频率综合器的锁相环锁定频率范围与包含自动频率校准过程的频率综合器的锁相环锁定频率范围相同，但是后者多了一个自动频率校准过程，所需时间甚至超出了前者。当锁定的频差偏大时（图 11-102 中方块符号所示），后者的锁相环锁定频率范围要远小于前者，自动频率校准时间通常只需要固定的几个时钟周期，后者的锁定时间要明显优于前者。

可以看出，包含自动频率校准过程的宽带频率综合器的锁定时间和两个因素相关：AFC 锁定时间和锁相环锁定时间。AFC 的锁定时间具有一定的客观性，主要与输入参考频率（晶振频率）和压控振荡器的 MIM 电容网络控制位数有关[15-16]。这两个限制因素确定以后，AFC 的校准时间基本上是固定的。锁相环的校准时间与环路带宽和锁定的频率范围有关。环路带宽在锁相环设计初期一般是要事先确定的，根据采样系统的连续性，相位噪声性能和锁定时间等选取合适的值。因此，锁定的频率范围就和锁相环的锁定时间密切相关，这也是本节要研究的主要内容。锁定的频率范围越窄，锁相环的锁定时间就会越短，反之就会越长。另外，锁定后的振荡频率点与子频带的中间频率点距离越近，锁相环的鲁棒性就会越强，对电压波动和温度变化的敏感性就会越弱（失锁范围增大了）。如何尽可能地缩小 AFC 锁定后锁相环的锁定频率范围便成了一个非常关键的问题。

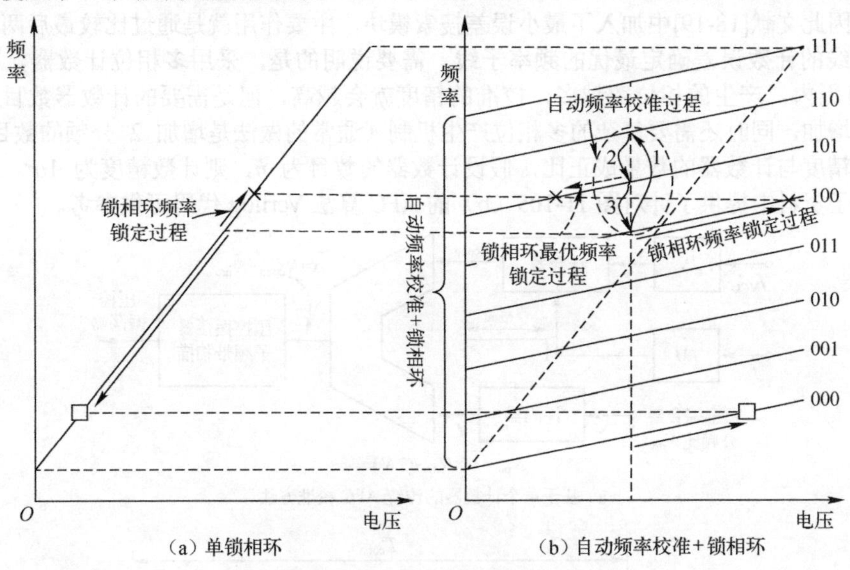


图 11-102　频率综合器频率锁定过程

上述问题涉及如何优化 AFC 算法。图 11-103（a）为一般的 AFC 算法框图[27]。压控振荡器的时钟频率对分频后的参考时钟高电平周期进行计数，随着 MIM 电容网络控制字的变化，压控振荡器的输出振荡频率也随之变化。根据计数值与预设值（所需 VCO 的振荡频率与分频后的参考时钟之间的关系是固定的）的对比结果调整二进制搜索算法的搜索方向，并最终确定 MIM 电容网络的控制字，最后交由锁相环进行频率的精调和锁定。该结构采用单个计数器来预估分频比。由于计数时钟（压控振荡器输出信号或经过分频后的信号）的第一个上升沿和最后一个时钟信号的上升沿与计数窗口（输入参考信号或分频后的信号高电平持续时间）的上升沿和下降沿无法准确对齐，因此会引入一定的计数误差。最大时可以达到 1，具体可以参考图 11-103（b）。为了便于分析，图示中均采用特殊情况进行示意。如图 11-103（b）所示，在整个计数过程中，存在漏计一个计数周期的情况，该情况会导致频率精度降低至 $1/T_{coun}$，其中 $T_{coun}$ 为参考时钟频率分频后的高电平持续时间，即频率精度为 $2f_{ref}/M$（其中，$f_{ref}$ 指频率综合器的参考频率分频后的频率）。如果在对 VCO 输出频率进行计数前进行了分频（假设分频比为 $N$），则频率精度会降低至 $2Nf_{ref}/M$。

针对上述校准方法的不足，文献[17-19]在此基础上提出了基于多相位计数器的 AFC 算法原理，如图 11-104 所示。多相位计数器可以通过计数不同相位的时钟信号来降低这一误差从而提升计数精度，可以将 AFC 的校准精度成倍提升。文献[17-18]采用了两相位（0°和 180°）的多相位计数器，压控振荡器时钟及其反向时钟分别对参考频率进行计数，计数结果相加后取平均，可以将计数精度提高至 1/2，频率精度提高至 $f_{ref}/M$，具体工作原理请参考图 11-105（a）。文献[19]采用了四相位（0°、90°、180°和 270°）多相位计数器，可以将计数精度提高至 1/4，频率精度提高至 $f_{ref}/(2M)$，具体工作原理请参考图 11-105（b）。另外，观察图 11-102（b）可以发现，控制字“101”对应的子频率线相较于控制字“100”距离压控振荡器的起始振荡频率更近。传统的二进制搜索算法仅能确定控制字“100”对应的频率子线为最终的频率线，因此文献[18-19]中加入了最小误差搜索模块，主要作用就是通过比较最后两个频率子线的计数误差确定最优的频率子线。需要说明的是，采用多相位计数器，在[0, 2π]范围内，产生的相位数越多，校准的精度就会越高，但是需要的计数器数目也会相应增加，同时还需要复杂的多相位产生机制（通常的做法是增加 2 分频的数目）。计数精度与计数器的数量成正比，假设计数器的数目为 $n$，则计数精度为 $1/n$。本书的电子资料中提供了针对图 11-105（b）的 AFC 算法 Verilog 代码可供参考。

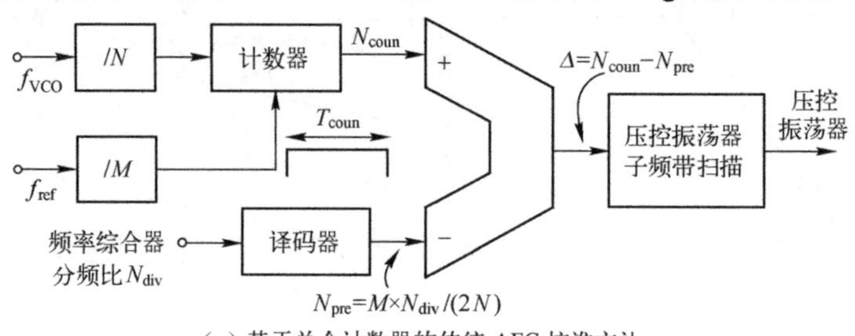


（a）基于单个计数器的传统 AFC 校准方法

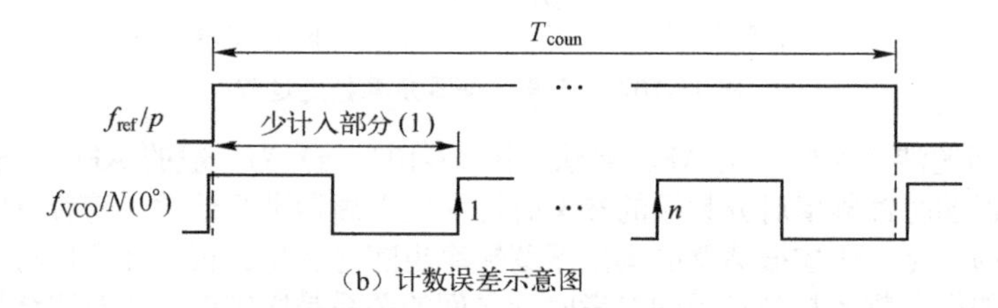


（b）计数误差示意图

图 11-103 传统 AFC 校准方法及计数器产生的计数误差

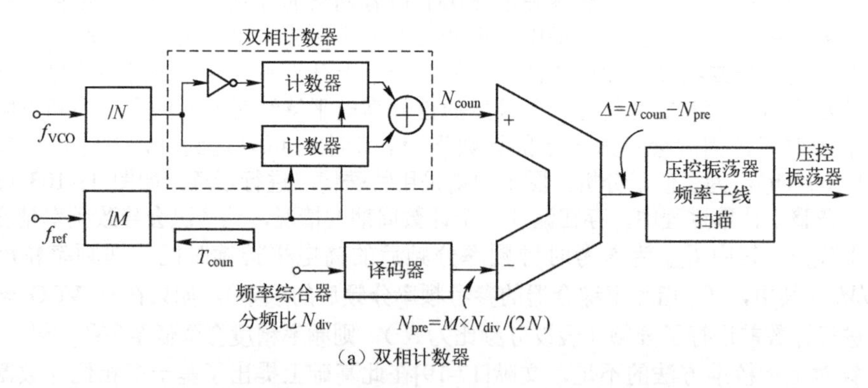


（a）双相计数器

图 11-104 基于多相位计数器的 AFC 算法框图

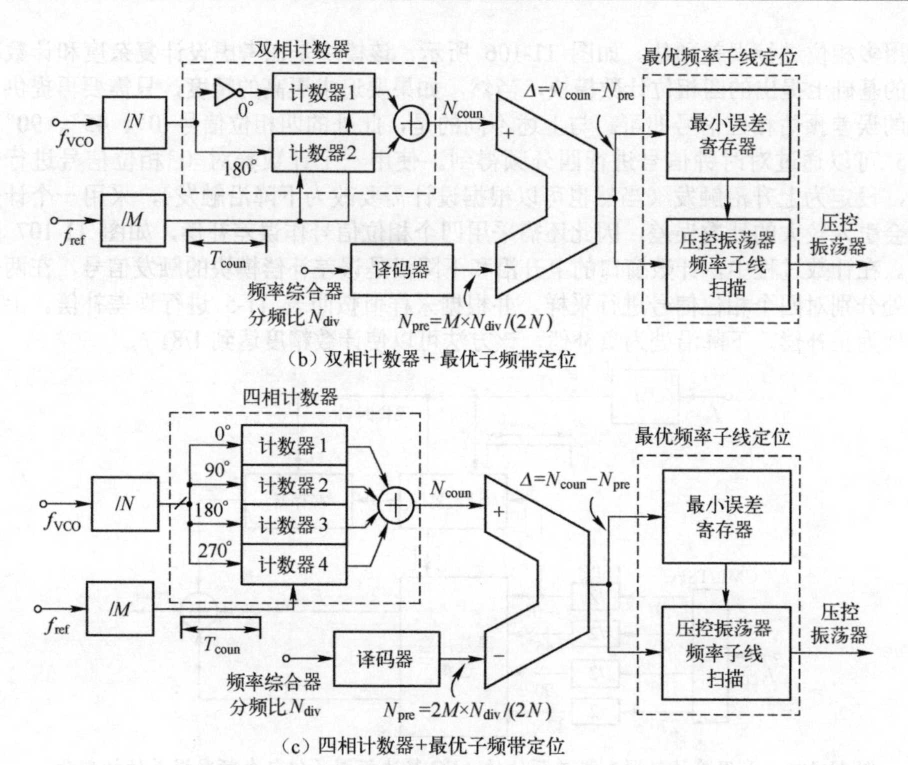


（b）双相计数器＋最优子频带定位

（c）四相计数器+最优子频带定位

图 11-104 基于多相位计数器的 AFC 算法框图（续）

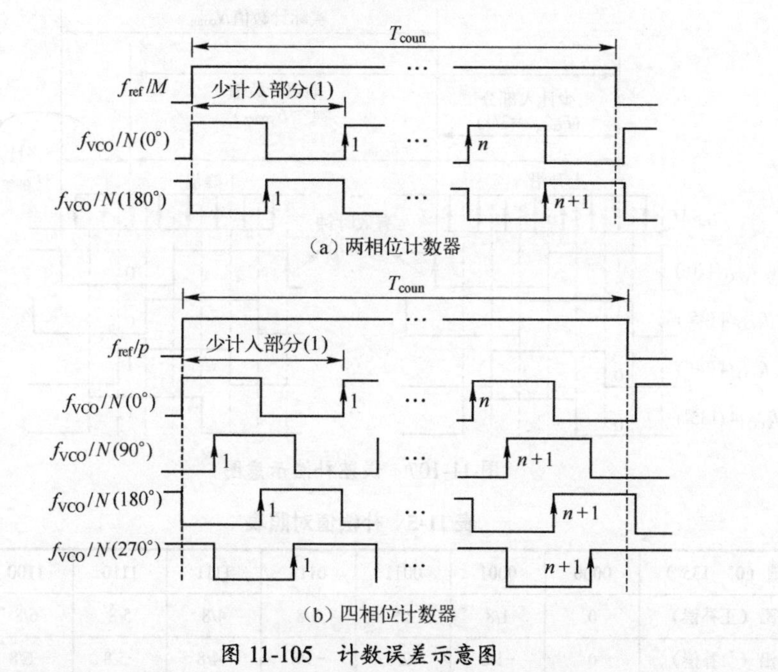


（a）两相位计数器

（b）四相位计数器

图 11-105 计数误差示意图

文献[16]在前述的基础上对计数部分进行了改进，主要包括仅使用一个计数器并采用多相位进行误差预估。如图 11-106 所示，该模块是在考虑设计复杂度和计数精度的基础上提出的四相位计数模块，当然，如果要追求更高的精度，只需要再提供更多的误差预估相位信号即可。与上述不同的是，此处的四相位信号 0°、45°、90°和 135°可以通过对时钟信号进行四分频得到。使用一个计数器对 0°相位信号进行计数，设定为上升沿触发（当然也可以根据设计需要改为下降沿触发），采用一个计数器会引入较大的计数误差，因此还需采用四个相位信号作误差补偿，如图 11-107 所示。在计数过程中，计数窗口的上升沿和下降沿是误差补偿模块的触发信号，在两个沿处分别对四个相位信号进行采样，并根据采样值按照表 11-5 进行误差补偿。上升沿处为正补偿，下降沿处为负补偿，该方法可以使计数精度达到 1/8。

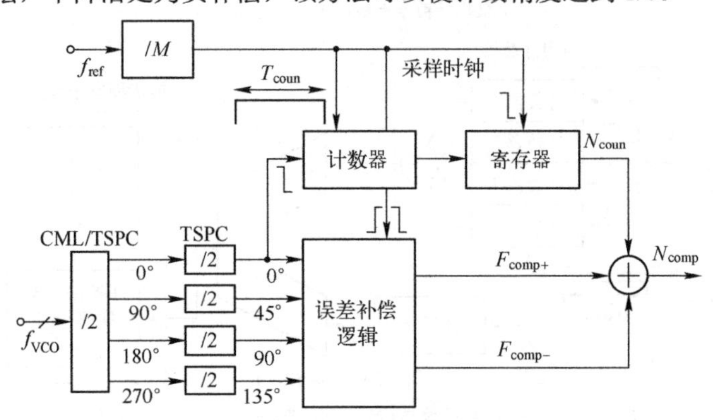


图 11-106 采用单计数器和误差预估的 AFC 算法框图（仅包含频率误差估计部分）

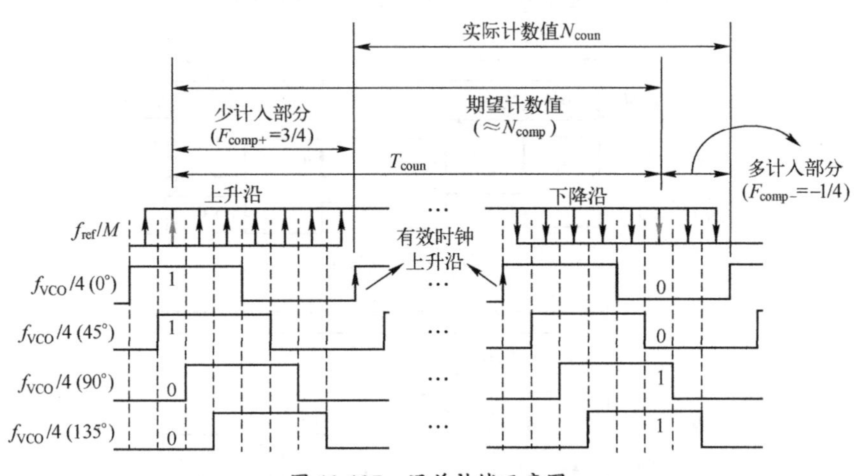


图 11-107 误差补偿示意图

**表 11-5 补偿值对照表**

| 采样值（0°～135°） | 0000 | 0001 | 0011 | 0111 | 1111 | 1110 | 1100 | 1000 |
|---|---|---|---|---|---|---|---|---|
| 上升沿（正补偿） | 0 | 1/8 | 2/8 | 3/8 | 4/8 | 5/8 | 6/8 | 7/8 |
| 下降沿（负补偿） | 0 | −1/8 | −2/8 | −3/8 | −4/8 | −5/8 | −6/8 | −7/8 |

本节对 AFC 技术总结如下：

AFC 分为开环 AFC 和闭环 AFC 两种[20]，如图 11-108 所示。开环 AFC 的锁定标记为压控振荡器的控制电压位于两个参考电压 $V_{rh}$ 和 $V_{rl}$ 之间，锁定速度较快，无须搜索完电容阵列的所有编码，仅以电压范围作为判决标准，但容易受工艺及温度偏差的影响，不易锁定最优频率调谐线。闭环 AFC 中，压控振荡器的时钟频率对分频后的参考时钟高电平周期进行计数，随着 MIM 电容网络控制字的变化，压控振荡器的输出振荡频率也随之变化。根据计数值与预设分频比的对比结果调整二进制搜索算法的搜索方向，并最终确定 MIM 电容网络的控制字。闭环结构中的计数器类型有单相（计数误差为 1）[21]、双相（计数误差为 1/2）[22]和四相（计数误差为 1/4）[20-23]等，校准精度依次提升，但是所需要的计数器也会逐渐增多，电路设计复杂度及功耗相应增大。在上述基础上，文献[20,22,23]通过引入最小误差寄存比较模块使 AFC 的最终校准结果始终落在最优点所在的调谐曲线上，进一步加快了锁相环的锁定速度，同时增大了对 PVT 变化的鲁棒性。

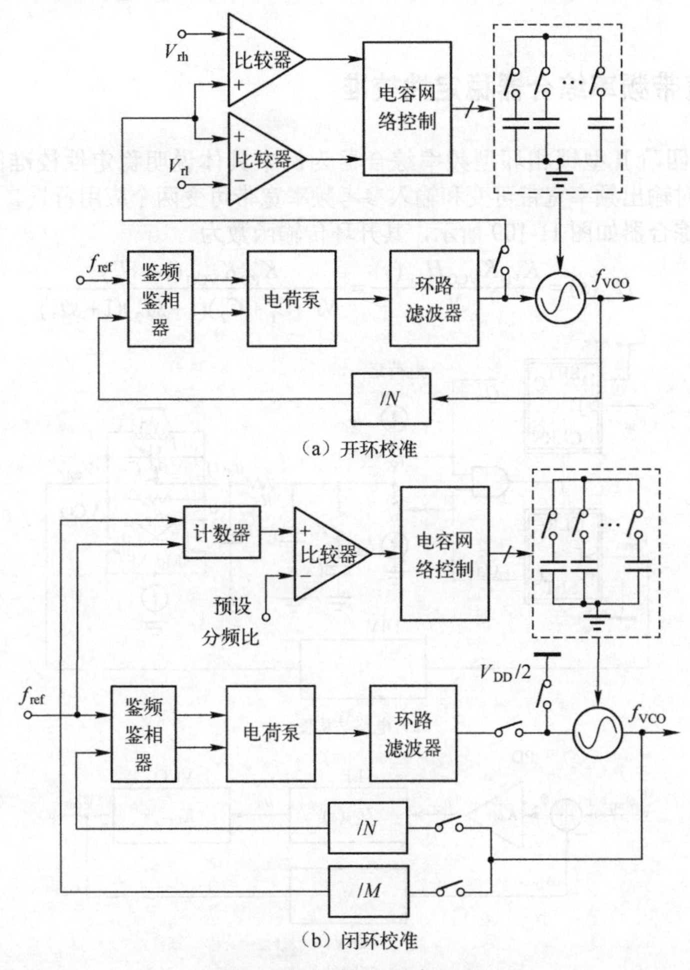


（a）开环校准

（b）闭环校准

图 11-108　AFC 校准方法

为了在减小计数器的情况下进一步提升 AFC 的锁定精度，文献[16]提出了一种仅需 1 个计数器的带有小数误差补偿逻辑的八相计数器，将计数误差减小至 1/8。为了进一步提高计数精度，在同样只需要一个计数器的情况下，文献[24]采用时间数字转换模块（TDC）取代上述的计数器功能计算 $f_{\mathrm{VCO}}$ 与 $f_{\mathrm{ref}}$ 的比值，不需要采用多相结构，以及与多相结构匹配的多个计数器精确预估上述比例的小数部分，小数部分精确的估计需要增加触发器的个数，且预估小数部分的计算过程较复杂。有关 TDC 的内容见 11.6 节。为了加快 AFC 的锁定速度，文献[25]提出了一种首先预存各频率调谐曲线对应的分频比的快速锁定方案，大大加快了 AFC 的锁定速度，但是要求输入的参考频率是固定的，不适用于软件定义无线电场景。上述校准方法的校准时序均受控于输入参考频率，文献[26]提出了一种校准时序受控于压控振荡器输出频率的校准方法，并采用计数误差自适应的方式尽可能在 VCO 高频情况下完成 AFC 过程，在没有增大复杂度的情况下大大缩短了锁定时间。

对包含多个压控振荡器的频率综合器而言[22]，在进行 AFC 锁定之前，首先需要确定选择哪一个合适的压控振荡器。压控振荡器的选择依赖于频率综合器输出频率的高低。

### 11.5.2 宽带频率综合器稳定性校准

本节以四阶 II 型锁相环型频率综合器为例来具体说明稳定性校准的过程和方法，主要针对输出频率宽带可变和输入参考频率宽带可变两个应用背景。四阶 II 型锁相环型频率综合器如图 11-109 所示，其开环传输函数为

$$H_{\mathrm{ol}}(s)=\frac{K_{\mathrm{PD}}K_{\mathrm{VCO}}H_{\mathrm{LF}}(s)}{N}=\frac{K_{\mathrm{PD}}K_{\mathrm{VCO}}(1+sT_1)}{Ns^2(C_1+C_2)(1+sT_2)(1+sT_3)} \tag{11-115}$$

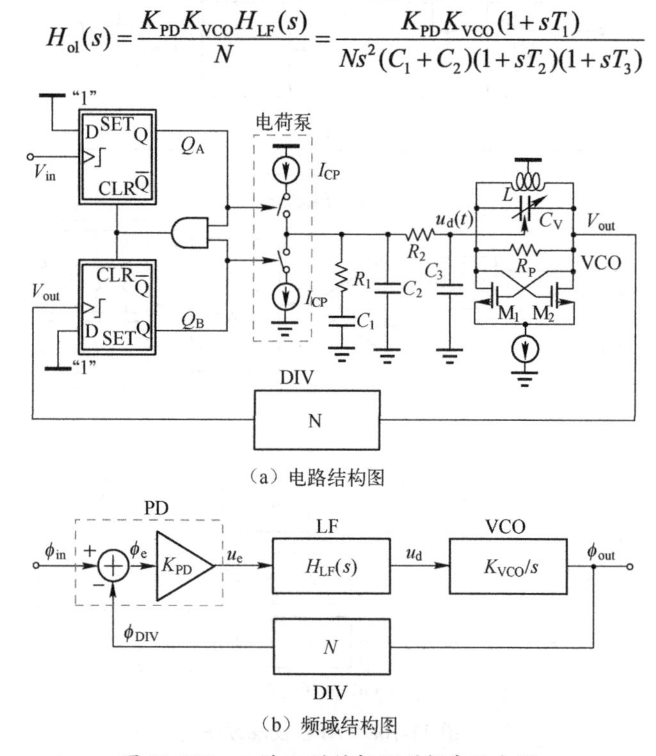

（a）电路结构图

（b）频域结构图

图 11-109 四阶 II 型锁相环型频率综合器

式中，$T_1=R_1C_1$，$T_2=R_1C_2$，$T_3=R_2C_3$。相位裕度为

$$\mathrm{PM}=\arctan(\omega_c T_1)-\arctan(\omega_c T_2)-\arctan(\omega_c T_3) \tag{11-116}$$

式中，$\omega_c$ 为锁相环闭环环路带宽，即当锁相环的开环传输函数的幅度 $|H_{ol}(s)|=1$ 时对应的频率。

$$\omega_c^2=\frac{K_{PD}K_{VCO}\sqrt{10}}{NC_1} \tag{11-117}$$

若要求环路相位裕度不低于 60°，并引入一定的设计裕量后，可得

$$\omega_c T_1 \geqslant 3,\ \ \omega_c T_2 \leqslant 1/5,\ \ \omega_c T_3 \leqslant 1/15 \tag{11-118}$$

根据式（11-117）和式（11-118）可以将锁相环的系统级设计参数一一确定下来。当然计算过程中需要确定很多未知的参数，这些值的确定很多具有随意性，但都遵循如下原则：

① 系统是否可以等效于连续时间系统。主要是对环路带宽提出限制，具体可参考图 10-21，过大的环路带宽会导致电荷泵对后级滤波器的充电或放电过程存在明显的阶跃性。

② 是否会获得更好的相位噪声。

③ 是否会缩短锁相环锁定时间。

④ 由此产生的无源元件面积是否可以接受。

上述原则是在设计锁相环时必须考虑的。在此不做过多阐述 $I_{CP}$、$K_{VCO}$ 和 $N$ 的选取，主要针对环路带宽的选取做如下说明。

为了确保环路模型的准确性，环路带宽 $\omega_c$ 的选取必须小于参考频率的 1/10；否则锁相环的分析模型就不能在线性连续时间模型下进行分析，此时的锁相环为一离散模型，并且容易引起环路的振荡。需要说明的是，1/10 的取值对于整数分频是能接受的，但是对于集成高阶∑-Δ 调制器的小数分频来说，通常是不能接受的，经验的取值一般为 1/300～1/200。当然环路带宽的选取还必须考虑锁定时间的问题和压控振荡器相位噪声的问题，因此也必须折中选取。

现举例说明如下：

假设在综合考虑了上述条件后，需要固定的各参数选取为：电荷泵电流 $I_{CP}$ 为 100μA，压控振荡器增益 $K_{VCO}$ 为 80MHz/V，分频比 $N$ 为 150，需要达到的环路带宽为 100kHz，相位裕度设定为 60°。根据（11-117）和式（11-118）可以求出 $C_1=428\mathrm{pF}$、$R_1=11\mathrm{k}\Omega$、$C_2=29\mathrm{pF}$。$R_2$ 和 $C_3$ 的选取具有较大的随意性，遵循的原则是在 $C_3$ 的面积可以接受的情况下，尽可能减小 $R_2$，避免引入过多的噪声，则可选取为 $R_2=10\mathrm{k}\Omega$、$C_3=10\mathrm{pF}$。

分析至此，可以得出如下结论：如果要设计一个单频点或窄范围的频率综合器，基于上述方法的计算是完全可以满足要求的。但是对于宽范围的频率综合器，其分频比 $N$ 和压控振荡器的增益 $K_{VCO}$ 是变化的，这必然导致环路带宽 $\omega_c$ 的改变。在环路零极点不改变的情况下（零极点位置仅和环路滤波器的参数有关），$\omega_c$ 的改变必然影响开环锁相环的相位裕度，甚至引起环路的振荡。分频比 $N$ 的变化与具体的输出频率有关，比较容易理解。下面主要介绍导致 $K_{VCO}$ 改变的原因。

在进行宽带频率综合器设计时，压控振荡器中电容的结构一般采用粗调和精调的方式来实现。粗调一般采用二进制编码的 MIM 电容来实现，细调一般采用多管的 MOS 电容来实现（见图 9-53）。压控振荡器的输出频率为

$$f_{\mathrm{VCO}}=\frac{1}{2\pi\sqrt{LC_{\mathrm{tot}}}} \tag{11-119}$$

式中，$C_{\mathrm{tot}}$为 LC 谐振网络的总有效电容，可表示为$C_{\mathrm{tot}}=nC_{\mathrm{M}}+C_{\mathrm{V}}$。压控振荡器增益$K_{\mathrm{VCO}}$为

$$K_{\mathrm{VCO}}=\frac{\partial f_{\mathrm{VCO}}}{\partial V_{\mathrm{ctrl}}}=\frac{\partial f_{\mathrm{VCO}}}{\partial C_{\mathrm{tot}}}\frac{\partial C_{\mathrm{tot}}}{\partial V_{\mathrm{ctrl}}}=-2\pi^2 Lf_{\mathrm{VCO}}^3\frac{\partial C_{\mathrm{V}}}{\partial V_{\mathrm{ctrl}}} \tag{11-120}$$

式中，$V_{\mathrm{ctrl}}$为 VCO 的输入控制电压。在计算式（11-120）时，$V_{\mathrm{ctrl}}$一般取为$V_{\mathrm{DD}}/2$。因此，压控振荡器最高子频率带的增益$K_{\mathrm{VCO,max}}$与最低子频率带的增益$K_{\mathrm{VCO,min}}$存在如下比例关系：

$$\frac{K_{\mathrm{VCO,max}}}{K_{\mathrm{VCO,min}}}=\left[\frac{f_{\mathrm{VCO,max}}}{f_{\mathrm{VCO,min}}}\right]^3 \tag{11-121}$$

对于宽范围的频率综合器而言，传统的结构在设计时存在着很大的风险：当频率综合器的输出频率提高到原来的$N_1$倍后，$K_{\mathrm{VCO}}$增大到了原来的$N_1^3$倍，因此环路带宽变为了原来的$N_1^2$倍。此时锁相环的相频响应并没有发生变化，因此随着频率综合器输出频率的提高，环路很可能进入自激状态，使锁相环失效。

上述分析最终的目的是在宽带条件下保证环路及环路带宽的稳定性。由式（11-117）可知几乎每一个设计参数都对 PLL 的环路带宽及其稳定性产生影响。为了保证环路稳定性，可以采取参数补偿参数的措施。

在输入参考频率固定的情况下：

① 恒定$K_{\mathrm{VCO}}$。

② 电荷泵电流$I_{\mathrm{CP}}$匹配分频比$N$，即保证$I_{\mathrm{CP}}/N$恒定。

在输入参考频率改变的情况下：

① 无源环路滤波器参数匹配分频比$N$，即保证$NC_1$恒定。

② 在参考频率和锁相环输入端之间增加分频模块，减小参考频率的变化对环路稳定性的影响。

上述两种情况在设计时需要顺序执行。

① 合适的参考频率（一般为最大值，可以预估无源环路滤波器中需要的无源元件的最大值），并选定合适的$K_{\mathrm{VCO}}$、$I_{\mathrm{CP}}$。根据输出频率范围计算出分频比$N$的范围，选取$N$的最小值作为设计参考值，据此计算出无源环路滤波器中的参数。上述分析存在隐含的假设条件，即$K_{\mathrm{VCO}}$恒定，分频比$N$不变。但是在宽带频率综合器中，$K_{\mathrm{VCO}}$和$N$均是变量，因此设计时需要进行补偿。采用的方法就是对$K_{\mathrm{VCO}}$进行补偿设计[19]，并采用电流源阵列的方式使$I_{\mathrm{CP}}$动态补偿$N$的变化，保证环路的稳定性。

② 考虑输入参考频率是宽范围的情况。在输出频率范围不变的情况下，输入参考频率的改变必定会引起分频比$N$的变化，进而导致环路带宽的改变。可以采用$I_{\mathrm{CP}}$跟踪分频比$N$的方法来实现这一补偿，但是这样的补偿方法很容易导致$I_{\mathrm{CP}}$的变化范围过大，不但会急剧地增大设计复杂度，还会提升整个系统的功耗。我们注意到，在式（11-117）中，还有一个参数一直没有考虑，即无源环路滤波器的参数$C_1$。可以采

取用面积换取功耗的策略，即通过改变 $C_1$ 来补偿输入参考频率的变化。特别要注意的是，环路滤波器中其他无源参数也要随着 $C_1$ 的变化而等比例地改变（维持零极点恒定），以确保开环锁相环相频响应的稳定性。同时需要说明的是，如果输入参考频率的范围非常大，如横跨了几倍的输入范围，那么有必要在输入时进行分频操作以避免环路滤波器中无源元件阵列过大增大设计的复杂度。

还有一点需要提及：在对 $I_{CP}$ 进行设计以匹配 $N$ 的变化时，不能将 $I_{CP}$ 与 $N$ 直接建立比例关系，这样就会使输入参考频率宽范围情况下的设计失去意义，采取的措施是和压控振荡器中电容阵列的配置字建立比例关系（即与输出振荡频率建立比例关系）。

对于采用图 11-110（a）所示的电容阵列的传统设计方法而言，$K_{VCO}$ 与压控振荡器输出频率的三次方成正比。参考式（11-120），文献[19]在图 11-110（a）的基础上提出了一种串联补偿的方法，具体设计方法如图 11-110（b）所示，输出频率为

$$f_{VCO}=\frac{1}{2\pi}\sqrt{\frac{C_V+C_{bank\_ser}}{LC_VC_{bank\_ser}}}\Rightarrow K_{VCO}=-\frac{1}{8\pi^2C_V^2L}\frac{1}{f_{VCO}}\frac{\partial C_V}{\partial V_{ctrl}} \tag{11-122}$$

由式（11-122）可知，采用串联电容阵列的 VCO 增益与输出频率成反比，与采用图 9-53（c）所示的并联设计方法比例特性相反。如果将两者相结合，便可以得到恒定的 $K_{VCO}$ 设计，满足宽范围应用，如图 11-110（c）所示，其输出频率为

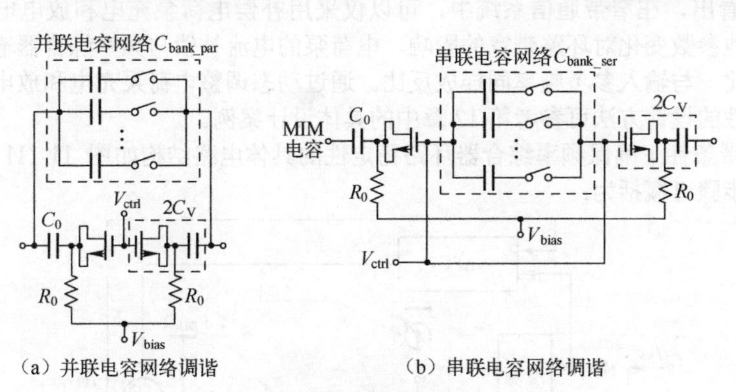


（a）并联电容网络调谐　　（b）串联电容网络调谐

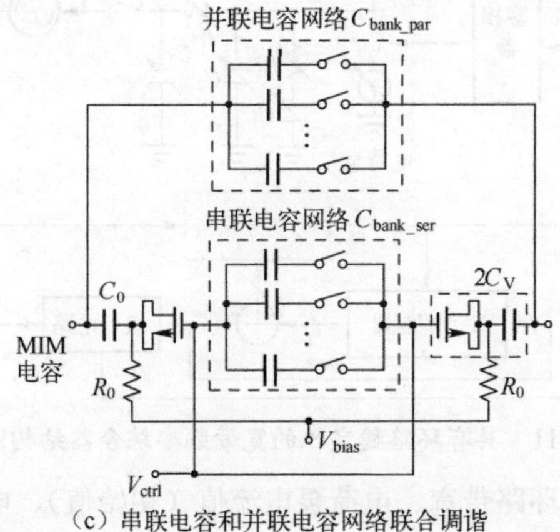


（c）串联电容和并联电容网络联合调谐

图 11-110　一种恒定 $K_{VCO}$ 的串联补偿设计方法

$$f_{\text{VCO}}=\frac{1}{2\pi\sqrt{L(C_{\text{V}}\parallel C_{\text{bank\_ser}}+C_{\text{bank\_par}})}} \tag{11-123}$$

VCO 的增益 $K_{\text{VCO}}$ 为

$$K_{\text{VCO}}=-\frac{\alpha^2 C_{\text{bank\_ser}}}{4\pi\sqrt{L(C_{\text{V}}+C_{\text{bank\_ser}})}[C_{\text{V}}(1+\alpha)+C_{\text{bank\_ser}}]^{1.5}}\frac{\partial C_{\text{V}}}{\partial C_{\text{ctrl}}} \tag{11-124}$$

式中，$\alpha=C_{\text{bank\_ser}}/C_{\text{bank\_par}}$。在设计时只需要预先确定 $K_{\text{VCO}}$，并选取合适的电感 $L$ 和合适的 $C_{\text{V}}$，设定合适的子频带步进后，根据式（11-123）和式（11-124）便可以确定每个子频带所对应的串联电容和并联电容。此种设计方法不但可以补偿 $K_{\text{VCO}}$ 的变化，同时还可以控制子频率线的步进，能够方便地控制设计的冗余度。

当然，还有其他很多种方法，如温度计编码补偿法[27,17]和分段补偿法[28,29]等。前者计算量较大，后者每个频率段之间的 $K_{\text{VCO}}$ 仍然会发生变化。读者可以参考相应的文献，在此不再赘述。

对于单频点或窄带通信系统而言，频率综合器的输出设计范围较窄，可以采用单一参数补偿的措施降低设计复杂度[30]。联立式（11-117）和式（11-120）可得

$$\frac{\omega_{\text{c}}^2}{\omega_{\text{ref}}}=\frac{I_{\text{CP}}K_{\text{VCO}}}{\omega_{\text{VCO}}}\frac{\sqrt{10}}{C_1}=-\pi LI_{\text{CP}}f_{\text{VCO}}^2\frac{\sqrt{10}}{C_1}\frac{\partial C_{\text{V}}}{\partial V_{\text{ctrl}}} \tag{11-125}$$

可以看出，在窄带通信系统中，可以仅采用补偿电荷泵充电和放电电流量的形式补偿其他参数变化对环路带宽的影响。电荷泵的电流补偿与频率综合器输出频率的平方成反比，与输入参考频率同样成反比。通过动态调整电荷泵充电和放电电流补偿环路稳定性的设计方法可参考第 12 章中的具体设计案例。

在宽带条件下确保频率综合器环路稳定性的具体电路结构如图 11-111 所示，具体的设计步骤可概括为：

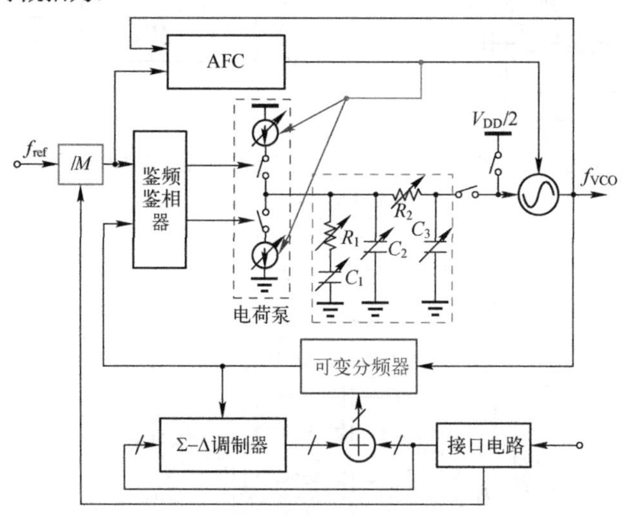


图 11-111 具有环路稳定性的宽带频率综合器结构图

① 参考频率范围、环路带宽、电荷泵电流值（初始值）、电感初始值等确定输出频率范围。

② 选取最高的输入参考频率，根据输出频率范围确定分频比 $N$。

③ 确定无源环路滤波器中各参数。

④ 设计恒定增益的 VCO。

⑤ 根据 $I_{CP}$ 匹配分频比 $N$ 的原则，确定 $I_{CP}$ 的范围。

⑥ 通过 AFC 的输出来控制 $I_{CP}$ 的变化，避免和分频比直接建立联系。如果频率综合器的子频率线偏多，也可以仅选取 AFC 输出的高比特位来控制 $I_{CP}$ 的变化。

⑦ 确定输入参考频率的降低步进（或降低倍率），根据倍率关系改变 $C_1$，并相应的调整滤波器中其他参数，以保证环路的稳定性。

⑧ 如果输入参考频率范围非常宽的话，还需要考虑加入分频或倍频模块以缓解无源环路滤波器的设计压力并降低复杂度。

本节对稳定性校准总结如下：

由于 $K_{VCO}$ 与输出频率的 3 次方成正比，为了避免 $K_{VCO}$ 的较大波动对环路稳定性造成影响，首先需要将 $K_{VCO}$ 恒定化，典型的做法有可变电容串联补偿方法[31]、分段补偿法[29]、温度计编码补偿法[17]等。完成 $K_{VCO}$ 的补偿后，通过电荷泵充电和放电电流 $I_{CP}$ 的可配置化（AFC 控制）补偿分频比 $N$ 的变化从而保证环路的稳定性[17]。在软件定义无线电应用场景中，需要兼容宽范围的输入参考频率。在输出频率保持不变的情况下，输入参考频率的变化会导致分频比 $N$ 的变化。通常的做法是首先在最高输入参考频率的情况下按照上述步骤对环路进行补偿，然后通过将环路滤波器中的各无源元件参数值等比例可配置化来补偿输入参考频率的变化[32]。结合图 11-111，校准过程可概括为：①$K_{VCO}$ 恒定化。②可配置 $I_{CP}$ 补偿分频比 $N$ 的变化。③通过可配置化输入参考频率分频器和环路滤波器补偿输入参考频率的变化。

本节所述校准过程可以支持非常宽的输出频率范围和输入参考频率范围，但是电路复杂性较高。联立式（11-117）和式（11-120）可知，环路带宽的恒定性仅与输出频率的平方成正比，因此仅通过可配置化 $I_{CP}$ 对输出频率的变化进行补偿也可以维持环路的稳定性[33]，但是也面临一个严重的问题：当输入频率范围较宽时，低频段的 $K_{VCO}$ 会被压缩得非常小，对工艺及温度变化的鲁棒性变差，极易导致失锁问题。为了解决此问题，通常的做法是通过等比例改变压控振荡器中的电感值集成多个压控振荡器，保证 $K_{VCO}$ 变化处于可接受的范围内[22]。

# 11.6　全数字频率综合器

受限于模拟电路模块较差的匹配性和非理想特性，基于电荷泵锁相环结构的模拟频率综合器对环路的稳定性具有较高的要求。随着集成电路工艺的逐渐发展，器件的参数失配性和非理想特性会变得更加明显，先进的工艺还会带来电源电压的进一步降低，会进一步压缩电路的设计裕量和压控振荡器单个子频带频率调谐范围。另外，基于模拟电路设计实现的频率综合器可移植性较差，设计复杂度较高，尤其在宽频率范围的条件下，需要折中考虑的因素较多。

解决上述问题的方法是模拟电路的数字化，即采用全数字频率综合器（All-Digital Frequency Synthesizer，ADFS）结构。ADFS 的概念最早是 2003 年由 TI 公司的 R. B. Staszewski 博士提出并设计实现的[34]，主要是为了解决深亚微米 CMOS 工艺下频率综合器所面临的一系列上述设计问题并实现频率综合器在片上系统（System on Chip，SoC）中的高效集成。这一技术的诞生大大加快了频率综合器数字化的进程。目前设计的大多数高性能 ADFS 已经可以与模拟频率综合器的性能相比拟，但是却具有更为简易的设计过程、更小的面积和更低的功耗。

### 11.6.1 全数字频率综合器基本架构

自 ADI 的第一款 ADFS 芯片面世以来，ADFS 芯片便迅速成为业界的一个研究热点。ADFS 架构以及设计理论和方法日臻完善和丰富，目前经常采用的 ADFS 设计架构可大致概括为三种典型结构：基于环路分频器的锁相环型系统架构、基于环路计数器的锁相环型系统架构和锁频环型系统架构。

#### 1. 基于环路分频器的锁相环型系统架构

基于环路分频器的锁相环型 ADFS 是通过将模拟域锁相环型频率综合器的各核心模块逐一数字化演变而来的。严格来讲，模拟域频率综合器中仅有鉴频鉴相器和用于小数分频的∑-Δ 调制器为数字模块，其他关键模块（分频器尤其是高速分频器会使用 CML/Miller 分频器/注入锁定分频器等模拟分频器，因此分频器为严格意义上的模拟电路。对于宽带频率综合器，压控振荡器中的可变 MIM 电容网络虽然是数控电路，但是锁相环的稳定工作过程是在模拟电压的控制下进行的，仍属于模拟电路）均在模拟域进行设计和实现。电路设计的复杂程度较高，而且占用面积较大（尤其是环路滤波器，有些电路设计甚至还会考虑外置），电路稳定性对电压波动、温度变化和工艺偏差较为敏感。数字化工作主要针对上述模拟域的关键电路模块进行。

基于环路分频器的 ADFS 如图 11-112 所示，采用时间-数字转换器（Time-to-Digital Converter，TDC）数字化鉴频鉴相器/电荷泵模块。鉴频鉴相器/电荷泵将分频后的输出振荡频率信号和输入参考频率信号的相位误差用充电或放电电流的时长表示出来，而 TDC 将两者的相位误差（也可以理解为时钟沿的到达时间差）转化为数字信号进行输出从而完成鉴频鉴相的数字化，相当于一个 ADC。采用数字域环路滤波器替代模拟域无源环路滤波器。数字环路滤波器的实现形式通常为比例积分（Proportional- Integral，PI）滤波器和无限脉冲响应（Infinite Impulse Response，IIR）滤波器的组合形式，其中 $\alpha$ 和 $\rho$ 代表 PI 滤波器的比例系数和积分系数，$\lambda_i, i=1,2,\cdots,n$ 代表 IIR 滤波器的滤波系数，$n$ 为 IIR 滤波器阶数。采用数控振荡器（Digital-Control Oscillator，DCO）替代压控振荡器完成振荡器输入控制信号的数字化。分频器的结构与模拟域频率综合器的分频器结构相同。ADFS 系统级工作原理与模拟域频率综合器完全相同，不再赘述。需要注意的是，DCO 中的∑-Δ 调制器主要用于提高输出频率信号的有效频率精度，与小数分频的效果是相同的，因此经过环路滤波器的输出调谐字（Output Tuning Word，OTW）通常包含整数和小数两部分。整数部分实现频率的粗锁定，方差（抖动）较大，相位噪声性能差。小数部分实现频率的精细锁定，方差较小，可以提供更好的相位噪声性能。

与模拟域频率综合器相比，ADFS 会引入两个额外的量化噪声：TDC 量化噪声和 DCO 量化噪声。两者量化噪声的引入分别是由模数转换精度的有限性和输出振荡频率的阶跃性导致的，是 ADFS 的固有属性。通常采用提升量化精度的方式降低量化噪声，如提高 TDC 的最小时间分辨率，采用∑-Δ 调制器减小 DCO 输出振荡频率的阶跃性等。

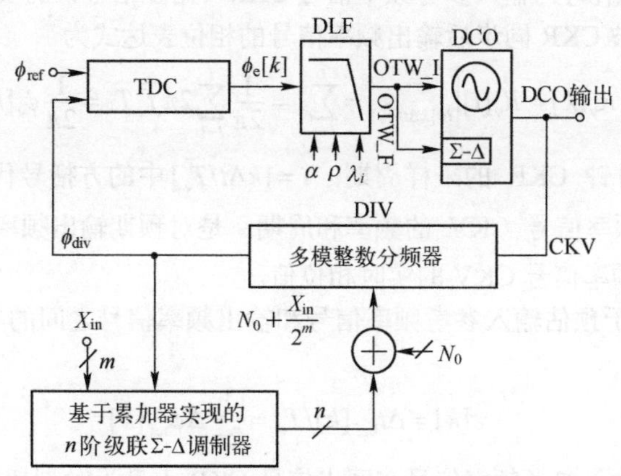


图 11-112　基于环路分频器的锁相环型 ADFS 系统架构

## 2. 基于环路计数器的锁相环型系统架构

基于环路计数器的锁相环型 ADFS 是 2003 年由 TI 公司的 R. B. Staszewski 博士提出并设计实现的，具体架构如图 11-113 所示。与图 11-112 所示的 ADFS 架构相比，不再使用基于∑-Δ 调制器的小数分频器，而是采用两个累加器：可变相位累加器（Variable Phase Accumulator，VPA）和参考相位累加器（Reference Phase Accumulator，RPA），分别对 DCO 输出频率信号和输入参考频率信号进行累加得到输出相位与输入参考相位，两者的差值就是相位误差。图 11-113 中的 TDC 用于计算出两个频率信号之间的小数相位误差，提高量化精度。

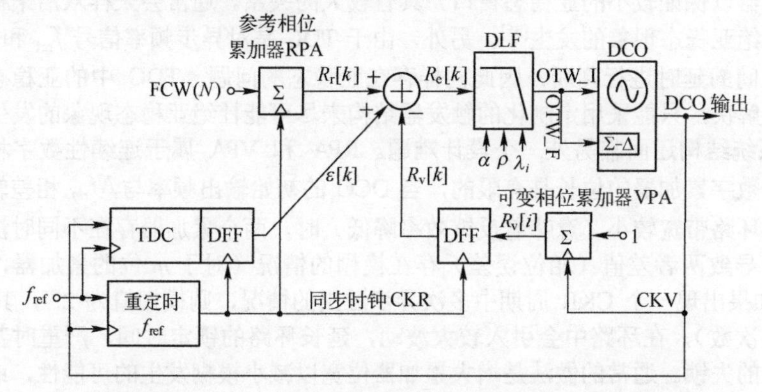


图 11-113　基于环路计数器的锁相环型 ADFS 系统架构

图 11-113 所示系统架构是一个严格的同步系统，同步时钟为经过 DCO 输出频率信号 CKV 重定时后的输入参考频率信号 CKR。在同步时钟的作用下，经过 RPA 后的输入参考频率信号的相位表达式为

$$R_r[k]=\sum_{l=1}^{k}N=\frac{N}{2\pi}\sum_{l=1}^{k}2\pi f_{ref}T_{ref}=\frac{N}{2\pi}\phi_{ref}[k] \tag{11-126}$$

式中，$N$ 为频率控制字（Frequency Control Word，FCW）；$T_{ref} \approx 1/f_{ref}$ 为同步时钟 CKR 采样周期；$\phi_{ref}[k]$ 为输入参考频率信号 CKR（同步信号）的实时相位值。

经过 VPA 并被 CKR 同步后输出频率信号的相位表达式为

$$R_v[k] = R_v[i]\Big|_{i=[k\Delta t/\widetilde{T_v}]} = \sum_{l=1}^{i} 1 = \frac{1}{2\pi}\sum_{l=1}^{i} 2\pi \widetilde{f_v}\widetilde{T_v} = \frac{1}{2\pi}\phi_v[k] \tag{11-127}$$

式中，$\Delta t$ 为同步时钟 CKR 的采样周期；$i = [k\Delta t/\widetilde{T_v}]$ 中的方括号代表取整运算；$\widetilde{f_v}$ 和 $\widetilde{T_v}$ 分别为输出频率信号 CKV 的频率和周期，是对预期输出频率 $f_v$ 和周期 $T_v$ 的预估；$\phi_v[k]$ 为输出频率信号 CKV 的实时相位值。

TDC 主要用于预估输入参考频率信号和输出频率信号之间的小数相位误差，其表达式为

$$\varepsilon[k] = \Delta t_{bef}[k]/T_v = \frac{1}{2\pi}\Delta\phi_{bef}[k] \tag{11-128}$$

式中，$\Delta t_{bef}[k]$ 为输入参考频率信号在同步信号 CKR 上升沿时刻超前输出频率信号的时间量；$\Delta\phi_{bef}[k]$ 为相应的相位超前值。

总的相位误差为

$$R_e[k] = R_{ref}[k] - R_v[k] + \varepsilon[k] \tag{11-129}$$

相位误差经过数字环路滤波器后，生成的频率控制字控制 DCO 的输出频率逐渐接近输入参考频率 $f_{ref}$ 的 $N$ 倍，并最终完成频率锁定过程。

需要注意的是，该系统架构存在两个异步的时钟源，输入参考频率信号 $f_{ref}$ 和输出频率信号 CKV，因此必须进行重定时设计，使得整个系统工作在同步状态下，尽可能杜绝亚稳态现象的发生。重定时通常采用快速时钟对慢速时钟的采样同步化操作，这种方式简单高效，但是亚稳态的发生率与采样采用的触发器结构（通常采用定制化触发器以保证较小的亚稳态窗口）具有较大的关系。通常会采样双沿采样的方式来有效杜绝亚稳态现象的发生[35]。另外，由于 TDC 是对异步频率信号 $f_{ref}$ 和 CKV 的上升沿之间的延时进行判断，因此同样存在亚稳态的问题。TDC 中的亚稳态问题无法有效地解决，只能采用定制化的触发器结构来尽可能杜绝亚稳态现象的发生。

该系统结构还面临另外一个设计难题。RPA 和 VPA 属于连续性数字相位累加器，由于数字累加器的位长是有限的，当 DCO 的初始输出频率与 $Nf_{ref}$ 相差较大，且锁相环的环路带宽较小（意味着反馈效率降低）时，两个累加器存在不同时溢出的情况。从而导致两者差值（相位误差）存在模糊的情况（对于 $m$ 位的累加器，模糊值为 $2^m$，如果出现一个 CKR 周期中多次异步溢出的情况，则模糊值为 $2^{mn}$，其中 $n$ 为异步溢出次数），在环路中会引入较大波动，延长环路的锁定时间，严重时甚至还会引起环路的失锁。通常的做法是增大累加器位宽以减小模糊发生的可能性，或者在初始锁定阶段增大环路带宽以加大反馈速度，但是前者会直接导致设计复杂度的提升和硬件资源的消耗，而后者需要仔细设计环路滤波器的滤波系数并进行多次极端情况的仿真加以验证，增大设计工作量。

**3．基于环路计数器的锁频环型系统架构**

锁频环（Frequency-Locked Loop，FLL）型 ADFS 系统架构是在锁相环的基础上

改进得到的，如图 11-114 所示。主要区别是去掉了锁相环结构中的 RPA 连续相位累加模块，利用具有累加清零功能的可变频率计数器（Variable Frequency Counter，VFC）代替 VPA 连续相位累加模块，从而实现锁频功能。由于频率综合器是一种频率锁定装置，因此可以通过将输入和输出的频率量差值作为反馈变量实现频率综合器的稳态锁定。在模拟域，设计频率综合器（如电荷泵型锁相环频率综合器）电路时，频率的提取是非常复杂的，因此通常采用相位提取的方式，见图 10-16 所示的鉴频鉴相器。在数字域，可以通过在单个参考时钟周期内对 DCO 的输出频率进行计数并与频率控制字 $N$ 相比较，便可得到相应的频率差值，实现锁频功能。基于锁频环实现的 ADFS 有效地避免了锁相环结构中 RPA 和 VPA 异步溢出的情况，使频率差的检测不存在大幅度波动的情况，锁定过程更加稳定。

经过 VFC 计数并被 CKR 同步后输出频率信号的频率表达式为（一个累加清零周期）

$$R_{\mathrm{v}}[k]=[\widetilde{f}_{\mathrm{v}}[k]/f_{\mathrm{ref}}] \tag{11-130}$$

式中，外部方括号表示取整运算。

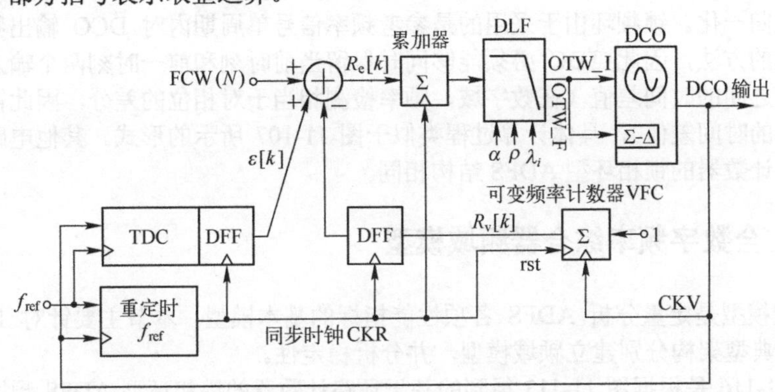


图 11-114　基于锁频环的 ADFS 系统架构

输入参考频率信号的频率表达式为

$$R_{\mathrm{r}}[k]=Nf_{\mathrm{ref}}/f_{\mathrm{ref}}=N \tag{11-131}$$

如图 11-115 所示，假设当前时刻和前一时刻输入参考频率上升沿超前 DCO 输出频率上升沿的时间分别为 $\Delta t_{\mathrm{bef}}[k]$ 和 $\Delta t_{\mathrm{bef}}[k-1]$，根据图示可知，$\Delta t_{\mathrm{bef}}[k]$ 和 $\Delta t_{\mathrm{bef}}[k-1]$ 部分分别为 VFC 在一个参考时钟频率周期内额外计入和没有计入的部分，因此需要进行补偿。由图 11-114 可知，每个计数周期结束后，TDC 预估的小数频率误差为

$$\varepsilon[k]=\frac{\Delta t_{\mathrm{bef}}[k]-\Delta t_{\mathrm{bef}}[k-1]}{T_{\mathrm{v}}} \tag{11-132}$$

其产生的误差频率具体值为 $f_{\mathrm{ref}}\varepsilon[k]$。系统总的频率误差为

$$R_{\mathrm{e}}[k]=R_{\mathrm{r}}[k]-R_{\mathrm{v}}[k]+\frac{\Delta t_{\mathrm{bef}}[k]-\Delta t_{\mathrm{bef}}[k-1]}{T_{\mathrm{v}}} \tag{11-133}$$

TDC 预估小数频率误差的过程还可以这样理解：由于瞬时频率是相位的微分，因此在数字域，TDC 对小数频率误差的估计只需对式（11-128）进行差分运算即可。与图 11-113 所示的锁相环结构相比，锁频环结构中增加了一个累加器，可以保证环路的传输函数阶数与锁相环结构相同（对于整个锁频环路而言，累加器的作用相

当于锁相环 DCO 的积分功能），维持环路的相位噪声性能保持不变。加入的累加器在频差较大且环路带宽较小时，同样存在溢出情况，可以通过简单易实现的最大最小值保持功能[35]来避免溢出情况的出现，维持环路稳定。

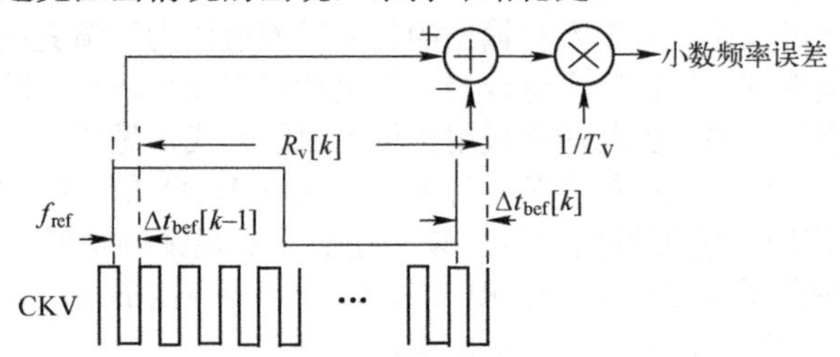


图 11-115 TDC 计算小数频率差值原理图

另外，锁频环和锁相环中 TDC 的设计存在较大区别。锁相环中的 TDC 只需检测两个输入频率信号上升沿之间的时间差值（相位检测），并对 DCO 输出频率信号周期进行归一化。锁频环由于采用的是参考频率信号单周期内对 DCO 输出频率信号进行计数的方法，因此 TDC 必须能够同时保留当前时刻和前一时刻两个输入频率信号上升沿之间的时间差值（在数字域，频率检测相当于对相位的差分，因此需要两个相邻时刻的时间差值），具体计算过程类似于图 11-107 所示的形式。其他电路模块与基于环路计数器的锁相环型 ADFS 结构相同。

## 11.6.2 全数字频率综合器频域模型

频域模型是定量分析 ADFS 各项性能指标的基本模型。本节主要针对 11.6.1 节所述三种典型架构分别建立频域模型，并分析稳定性。

图 11-116 是根据图 11-113 得到的基于环路计数器的锁相环型 ADFS 频域模型。由式（11-126）～式（11-129）可得

$$\phi_e(s) = N\phi_{ref}(s) - \phi_v(s) = 2\pi R_r(s) - 2\pi R_v(s) + 2\pi\varepsilon(s) = 2\pi R_e(s) \qquad (11\text{-}134)$$

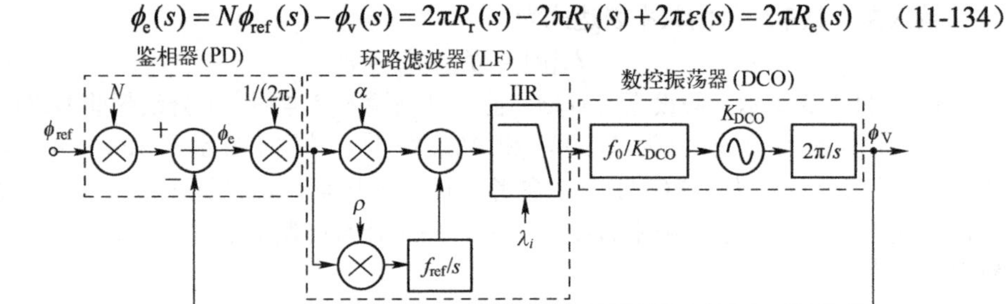


图 11-116 基于环路计数器的锁相环型 ADFS 频域模型

对 2π 进行归一化可知，图 11-116 与图 11-113 完全等价。DCO 中增加的增益模块 $f_0/K_{DCO}$ 主要用于调整 DCO 的数控增益，在宽带 ADFS 的设计中起到维持环路稳定的重要作用（见 11.6.5 节）。环路滤波器中累加器的具体电路结构可参考图 11-82（a）中的累加器结构，其 $z$ 域表达式为

$$H(z) = \frac{1}{1 - z^{-1}} \qquad (11\text{-}135)$$

在 $z$ 域中，$z^{-1}$ 代表一个采样周期的延时。根据 $s$ 域拉普拉斯变换的延时定理可

知，$z^{-1}$ 在 $s$ 域等价于 $\mathrm{e}^{-sT_{\mathrm{ref}}}$，则累加器在 $s$ 域的表达式为

$$H(s)=\frac{1}{1-\mathrm{e}^{-sT_{\mathrm{ref}}}} \tag{11-136}$$

为了保证锁相环线性模型的成立，环路带宽通常远小于参考频率（采样频率），因此下式成立：

$$\mathrm{e}^{-sT_{\mathrm{ref}}}=\mathrm{e}^{-\mathrm{j}\omega T_{\mathrm{ref}}}=\cos(\omega T_{\mathrm{ref}})-\mathrm{j}\sin(\omega T_{\mathrm{ref}})\approx 1-\mathrm{j}\omega/f_{\mathrm{ref}}=1-s/f_{\mathrm{ref}} \tag{11-137}$$

代入式（11-136）可得累加器的 $s$ 域表达式为

$$H(s)=\frac{1}{1-\mathrm{e}^{-sT_{\mathrm{ref}}}}\approx\frac{f_{\mathrm{ref}}}{s} \tag{11-138}$$

则 PI 滤波器的传输函数为

$$H_{\mathrm{PI}}(s)=\frac{\alpha s+\rho f_{\mathrm{ref}}}{s} \tag{11-139}$$

IIR 滤波器通常采用一阶级联结构来实现，主要是为了进一步提升环路阶数，压制环路噪声。一阶 IIR 滤波器的 $z$ 域电路结构如图 11-117 所示。为了设计简单，通常令 $\mu=1-\lambda$，则一阶 IIR 滤波器的 $z$ 域表达式为

$$H(z)=\frac{\lambda}{1-(1-\lambda)z^{-1}} \tag{11-140}$$

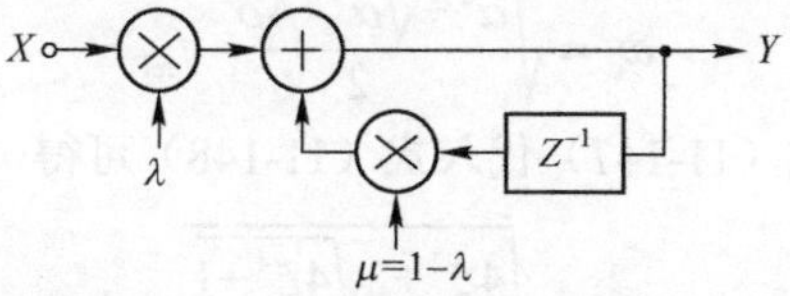

图 11-117　一阶 IIR 滤波器 $z$ 域电路结构图

由式（11-137）可知，式（11-140）在 $s$ 域的表达式为

$$H(s)=\frac{1+s/f_{\mathrm{ref}}}{1+s/(\lambda f_{\mathrm{ref}})} \tag{11-141}$$

则 $m$ 阶级联 IIR 滤波器的传输函数为

$$H_{\mathrm{IIRm}}(s)=\prod_{i=1}^{m}\frac{1+s/f_{\mathrm{ref}}}{1+s/(\lambda_i f_{\mathrm{ref}})} \tag{11-142}$$

根据式（11-139）和式（11-142）可得 ADFS 的系统开环传输函数为

$$H_{\mathrm{ol}}(s)=H_{\mathrm{PI}}(s)H_{\mathrm{IIRm}}(s)\frac{f_0}{s} \tag{11-143}$$

根据图 11-116 和式（11-143）可得 ADFS 的闭环传输函数为

$$H_{\mathrm{cl}}(s)=\frac{\phi_{\mathrm{v}}}{\phi_{\mathrm{ref}}}=N\frac{H_{\mathrm{ol}}(s)}{1+H_{\mathrm{ol}}(s)}=N\frac{\alpha f_0 H_{\mathrm{IIRm}}(s)s+\rho f_0 f_{\mathrm{ref}}H_{\mathrm{IIRm}}(s)}{s^2+\alpha f_0 H_{\mathrm{IIRm}}(s)s+\rho f_0 f_{\mathrm{ref}}H_{\mathrm{IIRm}}(s)} \tag{11-144}$$

可以看出，PI 滤波器和 IIR 滤波器中的系数 $\alpha$、$\rho$ 和 $\lambda_i$ 是决定环路是否稳定的关键设计因素。通常 IIR 滤波器的带宽设计远大于 ADFS 的环路带宽。IIR 滤波器主要用于压制带外噪声。在环路的初始锁定阶段，IIR 滤波器通常处于关闭状态，只有在 ADFS 完成了基本的锁定过程（仅保留 PI 滤波器情况下的锁定），才通过开启 IIR 滤波器进一步优化环路的相位噪声性能。

在优化 ADFS 环路稳定性的过程中，通常通过三个步骤来保证参数的优化设计：

① 断开 IIR 滤波器优化$\alpha$和$\rho$。

② 在步骤①的基础上优化$\lambda_i$的选取。

③ 迭代设计（即在结果不理想的情况下，重复步骤①和步骤②）。

在不考虑 IIR 滤波器的情况下，式（11-144）可以简化为经典的二阶Ⅱ型锁相环结构，对应的闭环传输函数为

$$H_{\text{cl}}(s)=N\frac{\alpha f_0 s+\rho f_0 f_{\text{ref}}}{s^2+\alpha f_0 s+\rho f_0 f_{\text{ref}}}=N\frac{2\xi\omega_{\text{n}}s+\omega_{\text{n}}^2}{s^2+2\xi\omega_{\text{n}}s+\omega_{\text{n}}^2} \tag{11-145}$$

其中

$$\omega_{\text{n}}=\sqrt{\rho f_0 f_{\text{ref}}} \tag{11-146}$$

$$\xi=\frac{\alpha}{2}\sqrt{\frac{f_0}{\rho f_{\text{ref}}}} \tag{11-147}$$

分别为环路的固有角频率和阻尼因子。该结构的具体工作原理可以参考 10.6 节。

在不考虑 IIR 滤波器的情况下，且令$f_0$=$f_{\text{ref}}$，由式（11-143）可得 ADFS 的环路带宽为

$$\omega_{\text{c}}=\sqrt{\frac{\alpha^2+\sqrt{\alpha^4+4\rho^2}}{2}}f_{\text{ref}} \tag{11-148}$$

将式（11-146）和式（11-147）代入式（11-148）可得

$$\omega_{\text{c}}=\sqrt{\frac{4\xi^2+2\sqrt{4\xi^4+1}}{2}}\omega_{\text{n}} \tag{11-149}$$

环路的锁定时间同样与时间常数$\xi\omega_{\text{n}}$相关，在阻尼因子固定的情况下，$\xi\omega_{\text{n}}$越大，环路带宽越大，环路的锁定速度越快。

ADFS 的锁定过程通常可以分为粗调谐、中调谐和精调谐三个顺序执行的过程。在粗调、中调全过程和精调的前半部分，为了加快锁定过程，IIR 滤波器是不工作的，且$\alpha$和$\rho$是阶梯性逐渐变化的（在粗调阶段，$\alpha$和$\rho$最大，以保证环路具有较大的环路带宽，加快锁定速度）。在精调的后半部分，环路已经基本完成了锁定过程，需要开启 IIR 滤波器优化环路的相位噪声性能，并且此时$\alpha$和$\rho$达到最小。考虑到 IIR 滤波器中引入的多个极点会对环路的稳定性造成一定影响，因此在断开 IIR 滤波器的锁定过程中，可以设置$\xi$为 0.707，保证相位裕度为 65°左右。在精调的后半部分，即最终的锁定过程中，为了避免 IIR 滤波器对环路稳定性的影响，可以设置$\xi$为 1（二阶环的相位裕度约为 75°），保证即使 IIR 滤波器处于工作状态，高阶环路的相位裕度仍不低于 60°。

**例 11-1** ADFS 的锁定过程包括四个阶梯型工作阶段：粗调、中调、精调前半部分和精调后半部分。IIR 滤波器仅工作在最后一个阶段。为了加快锁定速度，四个阶段的环路带宽分别为 1MHz、250kHz、125kHz 和 30kHz。在保证环路稳定性的前提下，分别确定各个阶段$\alpha$、$\rho$和$\lambda_i$，以及各阶段对应的波特图。

**解：** 假设$f_0=f_{\text{ref}}=26\text{MHz}$，IIR 滤波器为四级级联，前三个阶段令$\xi=0.707$，最后一个阶段令$\xi=1$。根据式（11-146）、式（11-147）和式（11-149）可以分别计算出各阶段滤波器

的参数值，见表 11-6。

**表 11-6　各阶段对应的滤波器参数值**

| | 环路带宽 | $\xi$ | $\alpha$ | $\rho$ | $\lambda_1$ | $\lambda_2$ | $\lambda_3$ | $\lambda_4$ |
|---|---|---|---|---|---|---|---|---|
| 粗调 | 1MHz | 0.707 | 0.22 | 0.024 | — | — | — | — |
| 中调 | 250kHz | 0.707 | 0.055 | 0.0015 | — | — | — | — |
| 精调 | 125kHz | 0.707 | 0.0275 | 0.000375 | — | — | — | — |
| 精调 | 30kHz | 1 | 0.00725 | $1.313\times10^{-5}$ | 0.125 | 0.125 | 0.125 | 0.0625 |

$\lambda_i$ 的确定原则是尽可能地增大带外衰减，并能够维持环路稳定。由式（11-141）可知，一阶 IIR 滤波器引入的极点为 $\lambda_i f_{\text{ref}}$。考虑到最后的锁定阶段 ADFS 的环路带宽为 30kHz，因此如果每级 IIR 滤波器引入的极点均大于 300kHz，基本不会对环路的稳定性造成影响，而且还会提供较为可观的带外抑制，提升环路相位噪声性能。根据表 11-6 中各 $\lambda_i$ 的值可计算出四级级联 IIR 滤波器提供的带宽分别为 517.5kHz、517.5kHz、517.5kHz、258.75kHz，基本满足设计要求。各阶段的仿真波特图如图 11-118 所示。

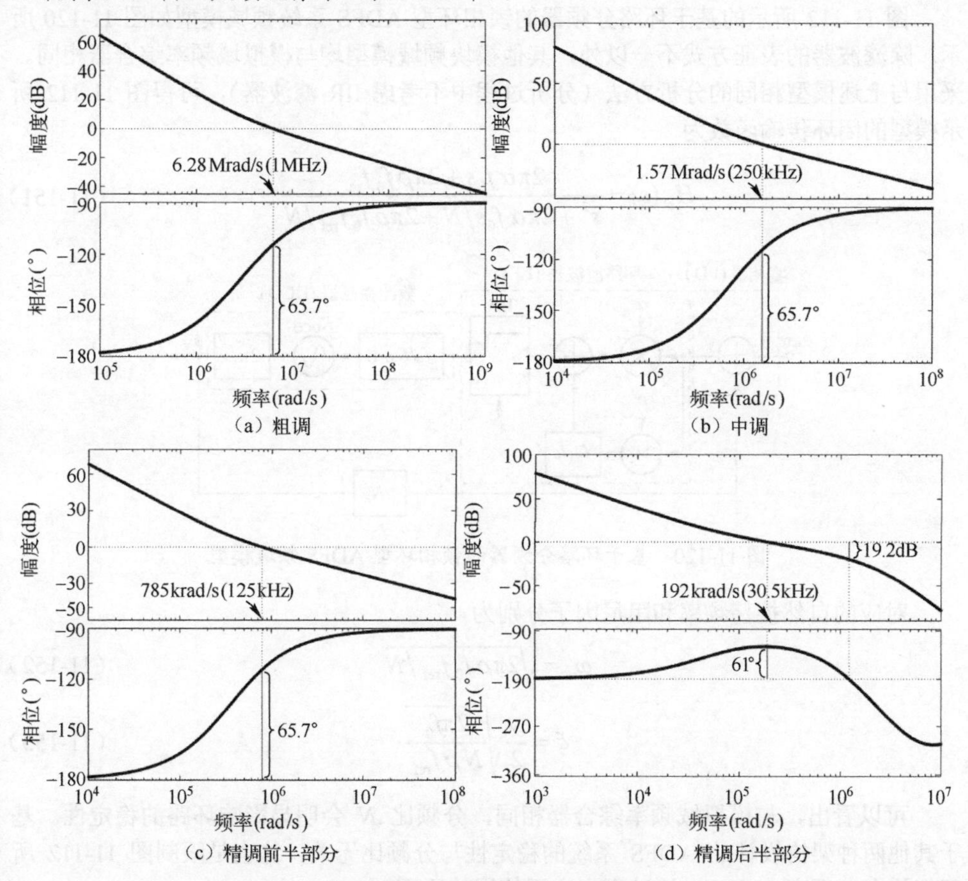


图 11-118　四阶段对应的波特图

图 11-119 是根据图 11-114 得到的基于锁频环的 ADFS 频域模型。由式（11-130）～式（11-133）可得

$$f_{\mathrm{e}}(s)=Nf_{\mathrm{ref}}-f_{\mathrm{v}}(s)=f_{\mathrm{ref}}R_{\mathrm{r}}[s]-f_{\mathrm{ref}}R_{\mathrm{v}}[s]+f_{\mathrm{ref}}\varepsilon(s)=f_{\mathrm{ref}}R_{\mathrm{e}}(s) \tag{11-150}$$

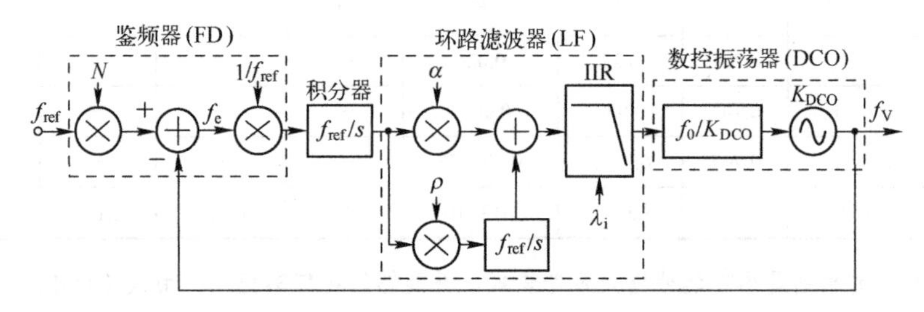


图 11-119　基于锁频环的 ADFS 频域模型

对$1/f_{\mathrm{ref}}$进行归一化可知图 11-116 与图 11-113 完全等价。可以直观地观察出，基于锁频环的 ADFS 开环传输函数与式（11-143）完全相同，因此稳定性的设计方法与模拟域频率综合器也相同，不再赘述。

图 11-112 所示的基于环路分频器的锁相环型 ADFS 系统频域模型如图 11-120 所示。除滤波器的表征方式不一以外，其他模块频域模型均与模拟域频率综合器相同。采用与上述模型相同的分析方法（分析过程中不考虑 IIR 滤波器），可得图 11-112 所示模型的闭环传输函数为

$$H_{\mathrm{cl}}(s)=\frac{2\pi\alpha f_0 s+2\pi\rho f_0 f_{\mathrm{ref}}}{s^2+2\pi\alpha f_0 s/N+2\pi\rho f_0 f_{\mathrm{ref}}/N} \tag{11-151}$$

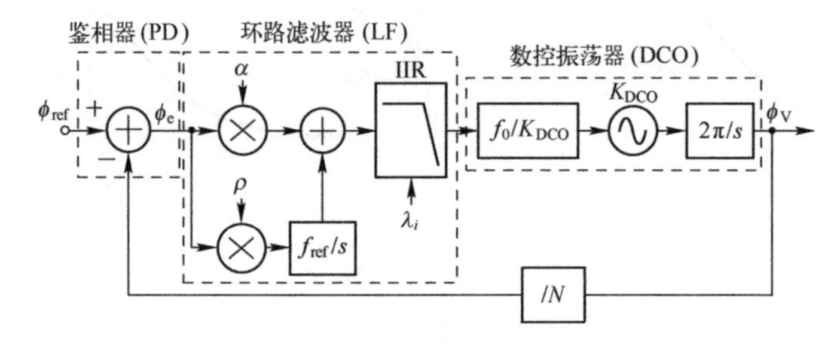


图 11-120　基于环路分频器的锁相环型 ADFS 频域模型

对应的自然振荡频率和阻尼因子分别为

$$\omega_{\mathrm{n}}=\sqrt{2\pi\rho f_0 f_{\mathrm{ref}}/N} \tag{11-152}$$

$$\xi=\frac{\alpha}{2}\sqrt{\frac{2\pi f_0}{N\rho f_{\mathrm{ref}}}} \tag{11-153}$$

可以看出，与模拟域频率综合器相同，分频比 $N$ 会明显影响环路的稳定性。基于其他两种架构设计的 ADFS 系统的稳定性与分频比无关，这也是限制图 11-112 所示架构在宽频率 ADFS 设计过程中广泛使用的原因。

## 11.6.3　全数字频率综合器主要模块

ADFS 中的主要模块包括 TDC、高速计数器、数字滤波器、DCO 和重定时模块。数字滤波器在 ADFS 的频域模型中已经进行了详细的讲解，本节主要围绕其他关键模块进行介绍。

**1. 时间-数字转换器（TDC）**

TDC 是 ADFS 中实现小数相位误差和小数频率误差并将其数字化的关键模块。图 11-121 为基于反相器延迟链形成的 TDC 结构，每一个反相器提供一个基本单元延迟（在典型的 55nm CMOS 工艺下，一个标准反相器单元可提供约 20ps 的延迟；在 28nm CMOS 工艺下，可以下降至 10ps 左右），延时记为 $\Delta t_d$。反相器延迟链的输入端接入 DCO 输出频率信号 CKV，每个反相器提供一路延时输出，被输入参考频率信号 $f_{ref}$ 采样后，分别在触发器的正反两端依次输出。

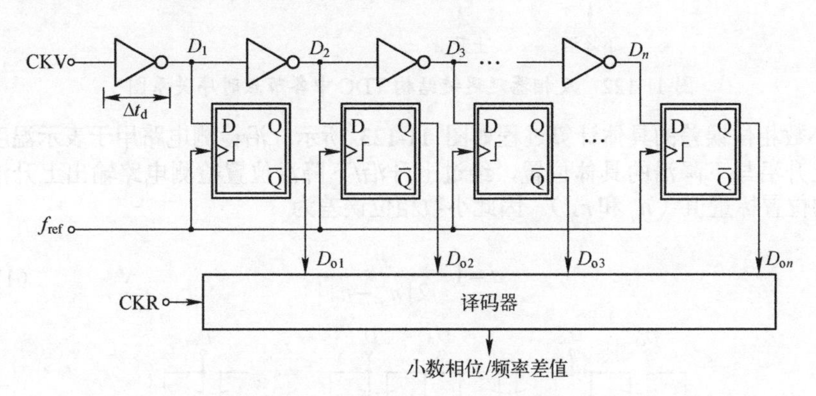


图 11-121　反相器延迟链结构 TDC

在锁相环型频率综合器中，TDC 的作用主要是预估出输入参考频率信号上升沿与 DCO 输出频率信号上升沿之间的时间差，并转换成数字信号进行输出。图 11-122 为 TDC 中各节点之间的时序关系图。可以看出，由于 $f_{ref}$ 与 CKV 的时钟上升沿没有对齐，因此 RPA 和 VPA 之间的累加相位误差存在一定的误差。图 11-122 中 VPA 对 CKV 的相位估计多计入了 $\varepsilon$ 部分，为了提升锁定精度，TDC 需要预估出 $\varepsilon$，并在相位误差的计算过程中进行补偿，如图 11-113 所示。

由图 11-121 可知，触发器的采样输出符合温度计编码，因此可以确定输入参考频率信号 $f_{ref}$ 的上升沿与采样输出的 CKV 温度编码信号上升沿分别与下降沿之间的时间差 $\Delta t_r$ 和 $\Delta t_f$。温度计编码中上升沿与下降沿之间的时间差等于 $T_v/2$，因此可以计算出 $f_{ref}$ 超前 CKV 的相位为

$$\varepsilon = 1 - \Delta t_r / T_v \tag{11-154}$$

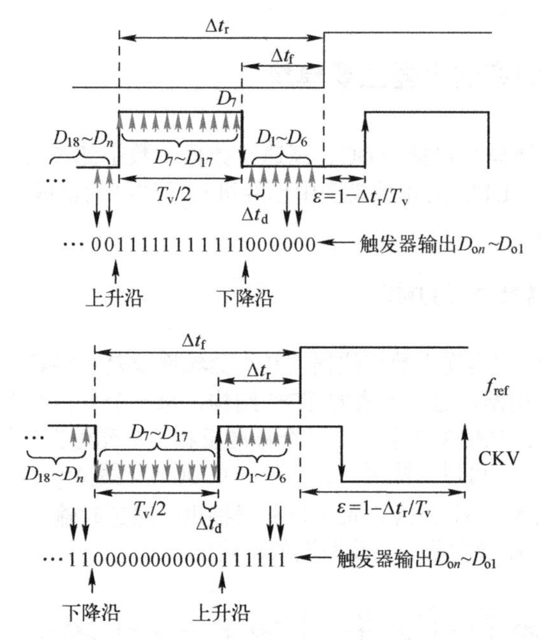


图 11-122 反相器延迟链结构 TDC 中各节点时序关系图

小数相位误差的具体计算过程如图 11-123 所示。沿检测电路用于表示温度计编码中上升沿与下降沿的具体位置，经过上升沿/下降沿位置检测电路输出上升沿与下降沿的位置标量值（$n_{ri}$ 和 $n_{fj}$）。因此小数相位误差为

$$\varepsilon = 1 - \frac{n_{ri}}{2|n_{ri} - n_{fj}|} \tag{11-155}$$

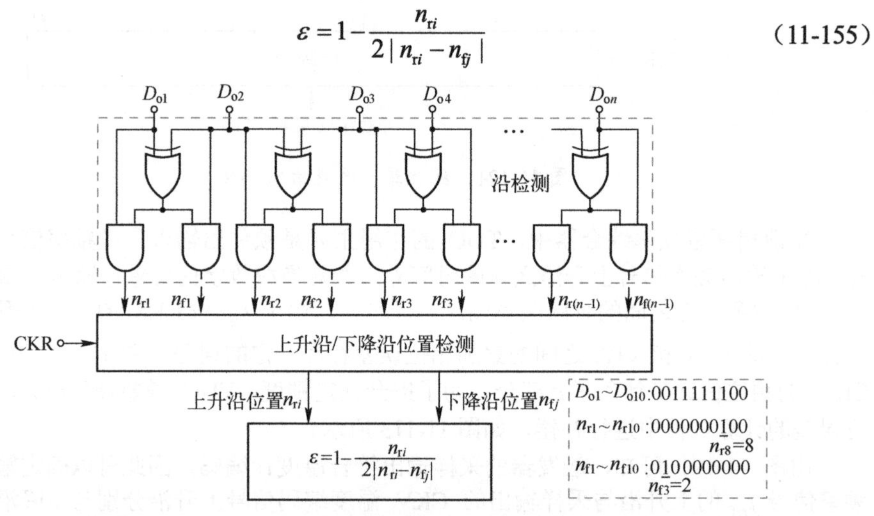


图 11-123 反相器延迟链结构 TDC 中译码器电路结构

假设数字化后的比特位数为 $m$，则输出的数字信号为

$$D_\varepsilon = 2^m - \frac{n_{ri} 2^{m-1}}{|n_{ri} - n_{fj}|} \tag{11-156}$$

式中，$2^{m-1}/|n_{ri}-n_{fj}|$ 可以通过查找表的形式来实现。由式（11-156）可知，数字化的过程仅需要一个查找表、一个乘法器和一个加法器。

对于锁频环型 ADFS，TDC 输出的小数频率为 $\varepsilon[k]-\varepsilon[k-1]$。相较于锁相环型 ADFS，需要增加一个延时单元和一个加法器。

反相器延迟结构 TDC 最大的局限性在于时间精度的有限性。有限的时间精度导致具有较大的量化噪声，影响 ADFS 的相位噪声性能。可以采用双延迟链结构 TDC 改善时间精度，如图 11-124 所示。输入参考频率信号的反相器延迟链每个反相单元的延迟时间小于 CKV 反相器延迟链中的单位延迟时间（延迟单元均采用全定制的方式实现，通过设置各延迟单元内部晶体管不同的宽长比实现），即 $\Delta t_{df}<\Delta t_{ds}$。其具体工作原理与图 11-121 所示的反相器延迟链结构 TDC 相同，只是 CKV 延迟链路的单位延迟时间变为 $\Delta t_{ds}-\Delta t_{df}$，因此明显改善了 TDC 的时间精度。

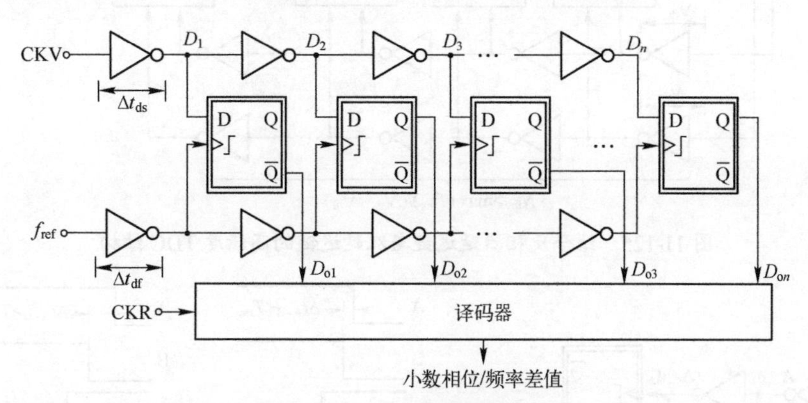


图 11-124　双延迟链结构 TDC

根据图 11-122 的分析可知，为了预估小数相位/频率误差的值，延迟链的时间覆盖范围必须超过一个 CKV 时钟周期（延迟链长度的设计必须充分考虑极端 PVT 条件），因此在保证相同功能的前提下，双延迟链结构 TDC 虽然具有较高的时间精度，但相较于反相器延迟链结构 TDC，每个延迟链路均需要提供更多的反相器单元，且双延迟链结构 TDC 需要两个延迟链，设计复杂度及功耗较高。

为了同时实现高精度、低复杂度和低功耗，可以采用两者相结合的方式实现 TDC 结构，如图 11-125 所示。译码器的上边部分与图 11-121 一致，当 $f_{ref}$ 与 CKV 的相位误差超过一个反相器延迟 $T_{inv}$ 时，功能与上述相同。当 $f_{ref}$ 与 CKV 的相位误差小于一个反相器延迟 $T_{inv}$ 时，此部分估计出的相位误差为 0，限制了 TDC 的相位估计精度。在这种情况下，译码器的下边部分由于采用了双延迟链，延迟时间的差值可以逐步放大两个时钟的相位误差。当两者之间的上升沿延迟超过一个反相器延迟时，延迟检测器可以快速检测并将输出置 1，否则置 0。延迟检测器的电路结构及其内部节点时序关系如图 11-126 所示，假设第 $i$ 个延迟检测器开始检测到两个时钟上升沿超过一个反相器的延迟差，则可以计算出 $f_{ref}$ 与 CKV 上升沿的初始延迟为

$$\Delta t_{init}=(\Delta t_{ds}-\Delta t_{df})\times(N-i) \tag{11-157}$$

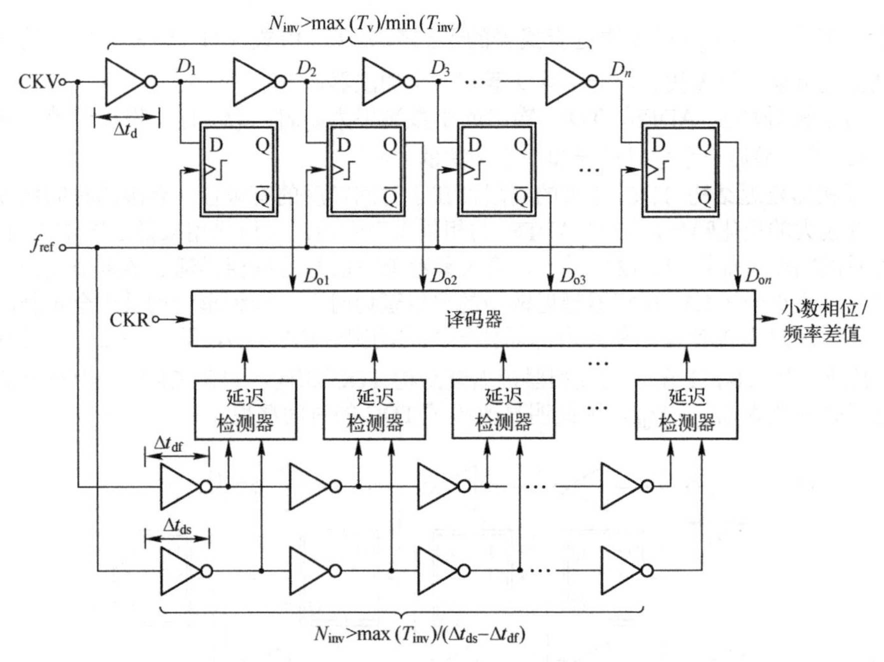


图 11-125 结合反相器延迟链与双延迟链的高精度 TDC 结构

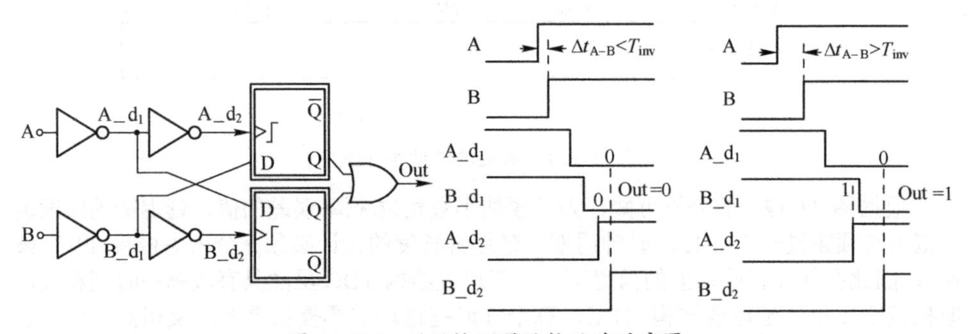


图 11-126 延迟检测器结构及其时序图

式中，$N = T_{\text{inv}}/(\Delta t_{\text{ds}} - \Delta t_{\text{df}})$ 为一个反相器延迟覆盖的双链路延时差数量。由于 $\Delta t_{\text{init}}$ 表示的是 CKV 超前 $f_{\text{ref}}$ 的时间，因此补偿后的式（11-154）可重新表示为

$$\varepsilon = 1 - (\Delta t_{\text{r}} + \Delta t_{\text{init}})/T_{\text{v}} \tag{11-158}$$

将式（11-157）代入式（11-158）可得

$$\varepsilon = 1 - \frac{n_{\text{r}i}}{2|n_{\text{r}i} - n_{\text{f}j}|} - \frac{(\Delta t_{\text{ds}} - \Delta t_{\text{df}}) \times (N-i)}{2|n_{\text{r}i} - n_{\text{f}j}|T_{\text{inv}}} = 1 - \frac{n_{\text{r}i}}{2|n_{\text{r}i} - n_{\text{f}j}|} - \frac{(N-i)}{2N|n_{\text{r}i} - n_{\text{f}j}|} \tag{11-159}$$

式（11-159）中只有 $N$ 没有明确的标定方法，因此需要在电路中加入一个自校准模块来量化 $N$ 的值。自校准的原理是将同一时钟信号（如参考频率信号）同时接入双延迟链路中，判断经过多少个反相器延迟差后会达到一个反相器延迟，并将此个数记为 $N$ 即可。

此结构对于锁频环 ADFS 同样适用。

对于图 11-112 所示的基于环路分频器的 ADFS 结构而言，其 TDC 结构必须能够提供输入时钟相位误差的极性。传统的做法是采用 ADC 结构对模拟频率综合器中电荷泵的输出进行数字化，但是为了保证较好的相位噪声性能，ADC 的位数通常较高，增大了系统的设计复杂度。为了简化设计复杂度，可以采用如图 11-127 所示的 Bang-Bang 结构 TDC。此结构的输出仅具备两个状态（因此称为 Bang-Bang），分别表示输入时钟相位误差的极性，但是该结构的锁定精度较差，一般不会直接使用。图 11-128 所示的改进型∑-Δ TDC 结构具有一阶噪声整型能力，其后半部分结构（带有积分功能的∑调制器）与 Bang-Bang 结构 TDC 相同，不同之处在于引入了反馈功能，并通过反馈的极性控制输入时钟的延迟时间（带有差分功能的Δ调制器）从而完成量化噪声的整型，优化低频处相位噪声性能。

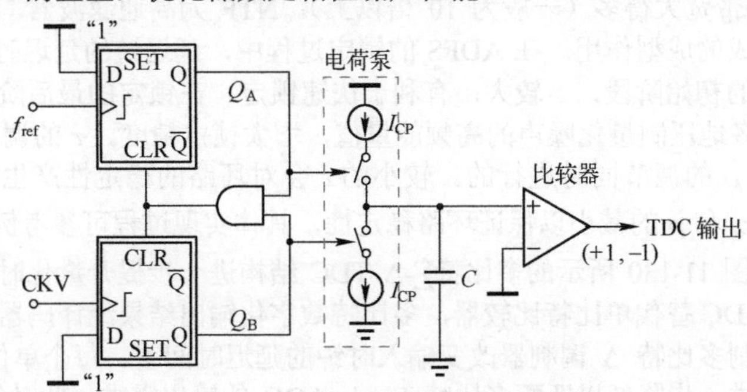


图 11-127　Bang-Bang 结构 TDC

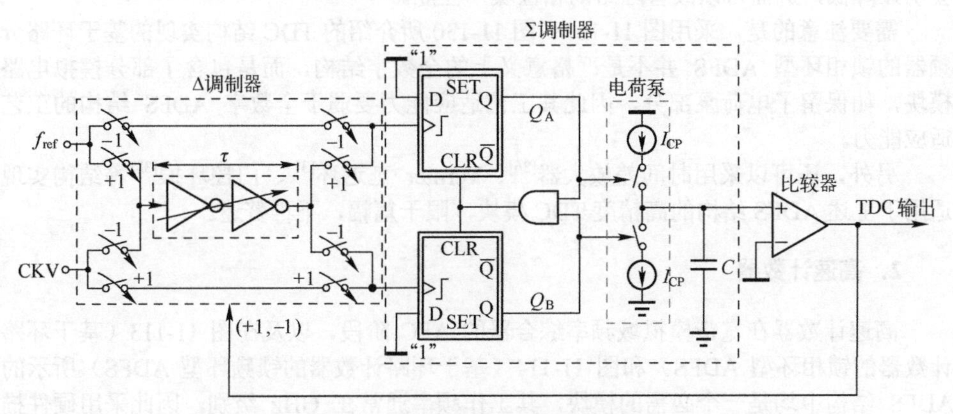


图 11-128　具有一阶噪声整型能力的单比特∑-Δ TDC 结构

Bang-Bang 结构 TDC 频域模型如图 11-129 所示，其中 $E_n$ 为量化噪声。可以分别计算出 Bang-Bang 结构 TDC 频域模型的信号传输函数（STF）和噪声传输函数（NTF）为

$$\mathrm{STF}=\frac{\phi_{\mathrm{out}}(s)}{\phi_{\mathrm{in}}(s)}=\frac{I_{\mathrm{cp}}/(2\pi C)}{s+\tau I_{\mathrm{cp}}/(CT_{\mathrm{ref}})} \tag{11-160}$$

$$\mathrm{NTF}=\frac{\phi_{\mathrm{out}}(s)}{E_{\mathrm{n}}(s)}=\frac{s}{s+\tau I_{\mathrm{cp}}/(CT_{\mathrm{ref}})} \tag{11-161}$$

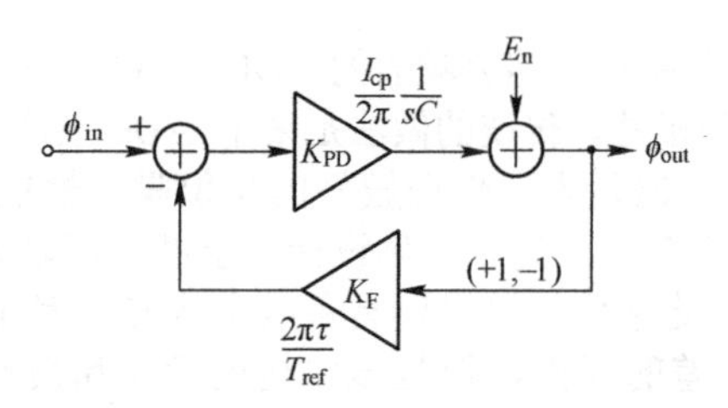


图 11-129 单比特∑-Δ TDC 结构频域模型

可以看出，STF 为低通滤波器，可以有效地滤除有效信号中的高频成分。在 ADFS 的设计中会对环路稳定性造成影响，因此应将低通滤波器中的极点频率设置得比 ADFS 环路带宽大得多（一般为 10 倍以上）。NTF 为高通滤波器，类似于∑-Δ 调制器对量化造成的成型作用。在 ADFS 的锁定过程中，延迟链的延迟时间$\tau$通常是可调的。在锁定的初始阶段，$\tau$较大，有利于快速锁定。在锁定的最后阶段，可以适当减小$\tau$，尽量多地压制量化噪声的高频能量值，增大锁定精度。$\tau$的调节是伴随着 PI 滤波器中$\alpha$和$\rho$的调节同时进行的。较小的$\tau$会对环路的稳定性产生影响，因此还需同时伴随着$\alpha$和$\rho$的减小以保证环路稳定性，具体实现过程可参考例 11-1。

可以采用图 11-130 所示的多比特∑-Δ TDC 结构进一步提升量化时间精度。采用多比特 Flash ADC 替代单比特比较器，多比特数字化输出结果经译码器转换为温度计编码形式来控制多比特 Δ 调制器改变输入时钟的延迟时间差。每个单位 Δ 调制器的时间精度可以进一步降低以匹配多比特 Flash ADC 的输出需求，此时的量化噪声$E_n$会明显降低，进而可以改善环路的相位噪声性能。

需要注意的是，采用图 11-127～图 11-130 所介绍的 TDC 结构实现的基于环路分频器的锁相环型 ADFS 并不是严格意义上的全数字结构，而是包含了部分模拟电路模块，如保留了电荷泵部分，因此其工艺适应能力要弱于全数字 ADFS 结构的工艺适应能力。

另外，还可以采用时间差放大器[36]、Vernier 延迟环[37]、门控环振[38]等结构实现适用于上述 ADFS 结构的高精度 TDC 模块，限于篇幅，不再赘述。

**2. 高速计数器**

高速计数器在宽带模拟域频率综合器的 AFC 阶段，以及在图 11-113（基于环路计数器的锁相环型 ADFS）和图 11-114（基于环路计数器的锁频环型 ADFS）所示的 ADFS 结构中均是一个必需的模块，其工作频率通常在 GHz 级别，因此采用硬件描述语言直接综合出的计数器结构很难满足工作频率需求，通常需要全定制化设计。

对于目前的深亚微米 CMOS 工艺而言，在 2GHz 的时钟频率下，最大可以保证 8 位串行进位二进制计数器正常工作，考虑到 PVT 的影响，上限会降低为 7 位。为了适应高频多比特的计数器情况，需要采用定制化的设计方法。以 $n$ 位计数器为例，为了支持超过 10GHz 的工作时钟频率，可采用如图 11-131 所示的定制化高速计数器结构。前置为 $m$ 级分频器结构，分频后的时钟频率下降为原来的 $2^{-m}$ 倍，大大缓解了对串行进位二进制计数器的速度需求。分频后的时钟每到来一次上升沿，串行进位二进制计数器便进行一次加 1 操作，最终的计数输出为 Out[0: $n$−1]。触发器结构可以采用 TSPC 结构来实现，对于更高的频率，还可以在前级触发模块采用 CML 结构来实现。

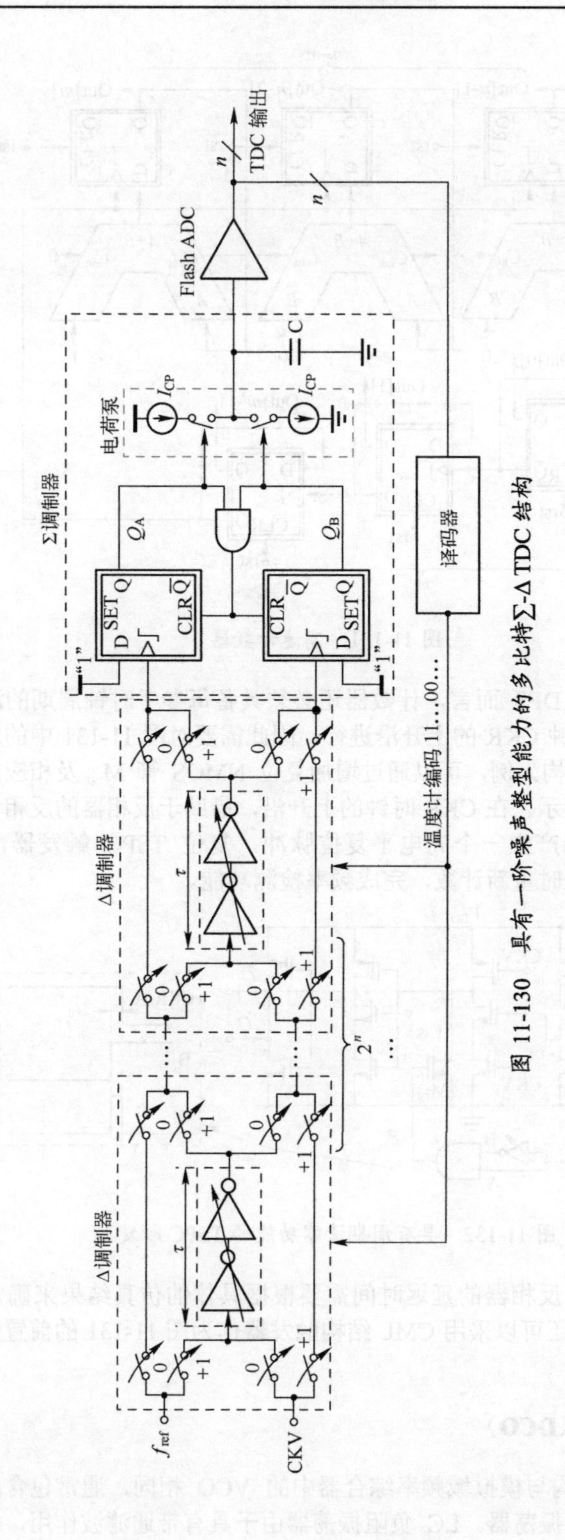


图 11-130　具有一阶噪声整型能力的多比特Σ-Δ TDC 结构

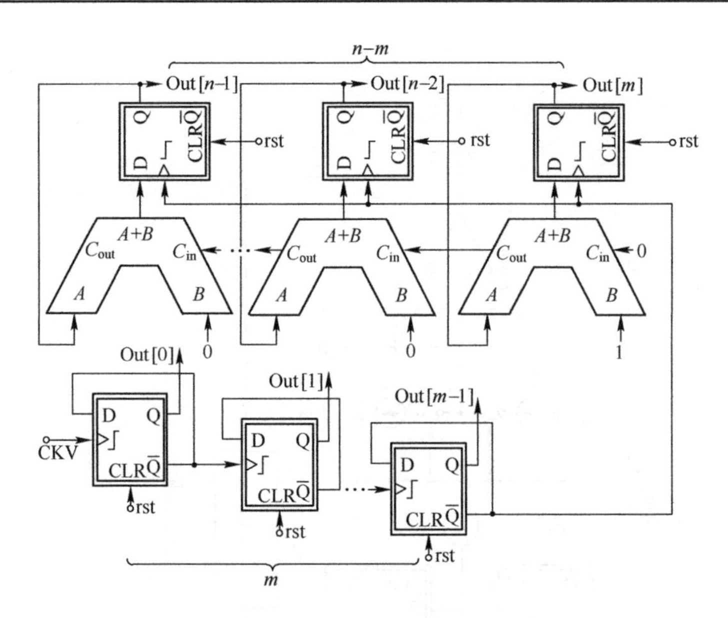


图 11-131　高速计数器

对于锁频环型 ADFS 而言，计数器还必须具备每参考时钟周期的清零操作。清零操作主要在同步时钟 CKR 的上升沿进行，因此需要对图 11-131 中的触发器结构进行改造。以 TSPC 结构为例，可以通过增加复位 NMOS 管 $M_{rst}$ 及相应的逻辑电路来实现，如图 11-132 所示。在 CKR 时钟的上升沿，借助于反相器的反相和延迟作用，可以在与门的输出端产生一个高电平复位脉冲，复位 TSPC 触发器，并在下一个 CKV 时钟上升沿到来时重新计数，完成频率检测功能。

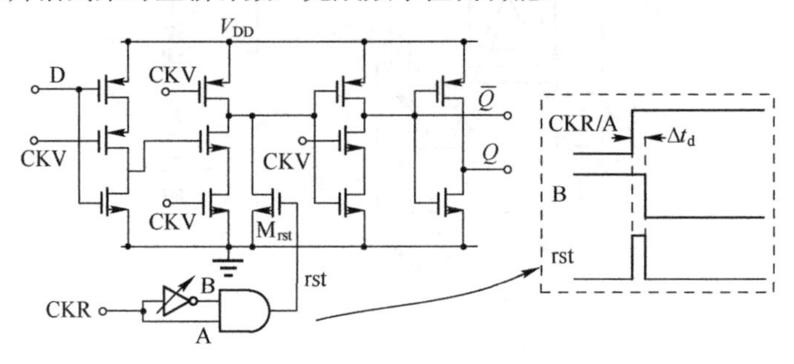


图 11-132　具有周期清零功能的 TSPC 触发器

需要注意的是，反相器的延迟时间需要根据具体的仿真结果来确定。对于更高速的时钟频率来说，还可以采用 CML 结构触发器作为图 11-131 的前置触发器来进行分频。

### 3. 数控振荡器（DCO）

DCO 的实现结构与模拟域频率综合器中的 VCO 相同，通常包含两种结构：环形振荡器和 LC 负阻振荡器。LC 负阻振荡器由于具有带通滤波作用，相位噪声性能要优于环形振荡器。本节主要针对常用于无线通信系统的 LC 负阻振荡器的数字化设计进行说明。

顾名思义，DCO 是将 VCO 的输入模拟控制电压数字化，并实现输出频率离散调节的一种振荡器结构，其具体结构如图 11-133 所示。DCO 总体结构仍是一个典型的 LC 负阻振荡器，只是电容部分由离散电容阵列组成。为了减小电容阵列的复杂度，电容阵列通常划分为三个分离部分（分离主要是指各电容阵列的工作过程是串行分时进行的）：

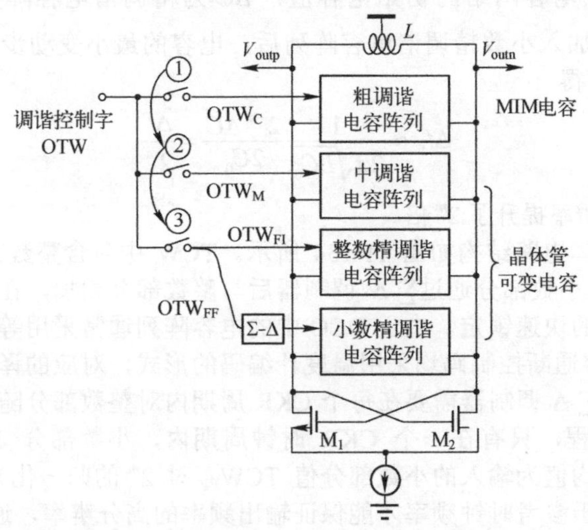


图 11-133　基于 LC 负阻振荡器的 DCO 结构

① 粗调谐电容阵列，采用 MIM 电容实现，电容容值间隔较大，用以提供最大的数控增益 $K_{DCO\_C}$，实现宽频率范围覆盖和快速锁定。

② 中调谐电容阵列，采用晶体管可变电容阵列实现，可以提供中等大小的数控增益 $K_{DCO\_M}$，其频率覆盖范围至少超过粗调谐电容阵列中最大的相邻频率间隔。

③ 精调谐电容阵列，采用晶体管可变电容阵列实现，包含整数精调谐电容阵列和小数精调谐电容阵列。整数精调谐电容阵列受控于环路滤波器的输出调谐控制字（TCW）的整数部分（$TCW_{FI}$），小数精调谐电容阵列受控于 TCW 的小数部分（$TCW_{FF}$），并通过采用∑-Δ 调制器极大地降低调谐电容阵列的频率分辨率。

三种调谐电容阵列是串行分时工作的。

① 在上电之初，粗调谐电容阵列在粗调谐控制字 $OTW_C$ 的作用下完成锁定过程，然后对 $OTW_C$ 进行锁存，并切换至中等调谐过程。

② 在中调谐控制字 $OTW_M$ 的作用下完成中等锁定过程，锁存 $OTW_M$。

③ 精调谐电容阵列开始工作，并最终以较小的抖动精确锁定至预期频率。

之所以采用小数精调谐电容阵列，主要是因为受限于目前的 CMOS 工艺。离散的晶体管可变电容，即使采用最小尺寸，也无法提供足够的频率分辨率（在 55nm CMOS 工艺下，振荡频率在 2GHz 的条件下，最小频率分辨率只能达到 20kHz），致使系统的相位噪声性能受限。∑-Δ 调制器，尤其是高阶∑-Δ 调制器，通过在一定整数范围内的随机化输出，可以直接控制小数精调谐电容阵列以更高的电容精度接入谐振网络，提供分辨率更高的谐振频率输出。例如，对于输入比特位数为 $m$ 的∑-Δ 调制器，其小数分辨率为 $2^{-m}$，假设精调谐电容阵列中单元电容的容值为 $\Delta C$，当不存在小数精调谐电容阵列时，谐振频率的最小频率分辨率为

$$\Delta f = \frac{1}{2\pi\sqrt{LC_0}} - \frac{1}{2\pi\sqrt{L(C_0+\Delta C)}} = \frac{1}{2\pi\sqrt{LC_0}}\left(1 - \frac{1}{\sqrt{1+\Delta C/C_0}}\right) \approx \frac{1}{2\pi\sqrt{LC_0}}\frac{\Delta C}{2C_0} \tag{11-162}$$

式中，$C_0$ 为整个电容网络的初始电容值；$\Delta C$ 为精调谐电容阵列的单元电容值（步进电容值）。加入小数精调谐电容阵列后，电容的最小变动步进为 $2^{-m}\Delta C$，代入式（11-162）可得

$$\Delta f_{\mathrm{F}} \approx \frac{1}{2\pi\sqrt{LC_0}}\frac{2^{-m}\Delta C}{2C_0} = \frac{\Delta f}{2^m} \tag{11-163}$$

因此频率分辨率提升了 $2^m$ 倍。

精调谐的具体电路结构如图 11-134 所示。TCW 中包含整数部分 $\mathrm{TCW_{FI}}$ 和小数部分 $\mathrm{TCW_{FF}}$。小数部分通过∑-Δ 调制器后与整数部分相加，在高频率分辨率的情况下实现环路的快速锁定。由于 DCO 中的电容阵列通常采用等值电容阵列，因此 DCO 中的电容通断控制码均采用温度计编码的形式，对应的译码方式为温度计译码方式。由于∑-Δ 调制器需要在每个 CKR 周期内对整数部分随机加抖（由于环路的动态锁定过程，只有在一个 CKR 时钟周期内，小数部分 $\mathrm{TCW_{FF}}$ 才是恒定的，且抖动的平均值为输入的小数部分值 $\mathrm{TCW_{FF}}$ 对 $2^m$ 的归一化），因此其工作时钟频率必须远大于参考时钟频率才能保证输出频率的高分辨率，通常采用 CKV 分频后的时钟 CKVD 作为∑-Δ 调制器的工作时钟。由于温度计译码模块需要对整数部分和经过∑-Δ 调制器的小数部分累加和进行实时译码，因此其工作时钟频率必须与∑-Δ 调制器同步。

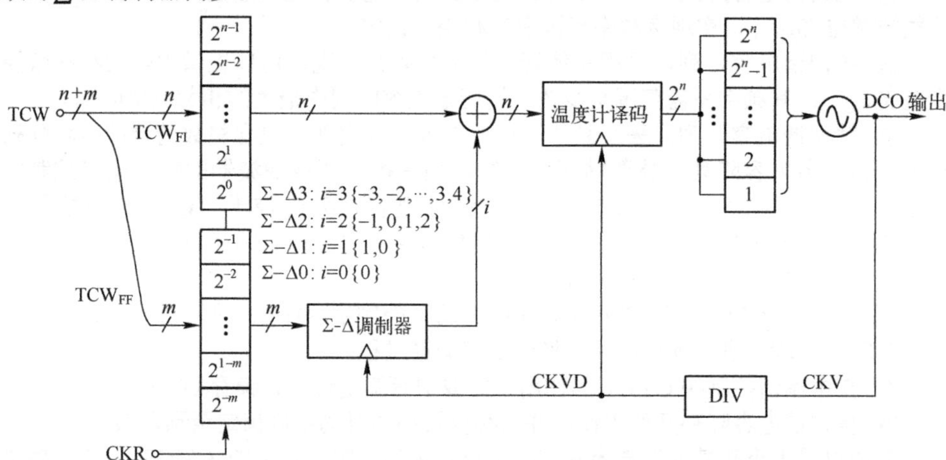


图 11-134 提升频率分辨率的精调谐电路结构

图 11-134 所示结构有三个模块（∑-Δ 调制器、加法器和温度计译码）工作在高速时钟下，因此其设计复杂度和功耗均较高。可以看到，对高速时钟有硬性需求的仅有∑-Δ 调制器一个模块，整数部分只有在每个 CKR 时钟的上升沿才改变一次，因此

完全可以在低速时钟下进行工作。可以采用下述的整数部分译码和小数部分译码分开进行的改进型结构减小高速模块的数目。

电容的并联增加和数值的累加运算是等效的，如果仅仅是对电容的通断进行控制，则采用∑-Δ 调制器和温度计译码的方式对电容的通断进行控制等效于图 11-135 所示的∑-Δ 调制器结构直接对并联电容网络进行通断控制（以三阶 1-1-1 MASH 结构为例）。

将式（11-94）重新列出并进行变换如下：

$$\begin{aligned}z^{-1}Y_{\text{out}} &= z^{-3}Y_{\text{out1}} + z^{-2}(1-z^{-1})Y_{\text{out2}} + z^{-1}(1-z^{-1})^2 Y_{\text{out3}} \\ &= z^{-3}Y_{\text{out1}} + z^{-2}Y_{\text{out2}} - z^{-3}Y_{\text{out2}} + z^{-1}Y_{\text{out3}} - 2z^{-2}Y_{\text{out3}} + z^{-3}Y_{\text{out3}} \\ &= z^{-3}Y_{\text{out1}} + z^{-2}Y_{\text{out2}} - z^{-3}(1-\overline{Y}_{\text{out2}}) + z^{-1}Y_{\text{out3}} - 2z^{-2}(1-\overline{Y}_{\text{out3}}) + z^{-3}Y_{\text{out3}} \\ &= z^{-3}Y_{\text{out1}} + z^{-2}Y_{\text{out2}} + z^{-3}\overline{Y}_{\text{out2}} + z^{-1}Y_{\text{out3}} + 2z^{-2}\overline{Y}_{\text{out3}} + z^{-3}Y_{\text{out3}} - 3\end{aligned} \tag{11-164}$$

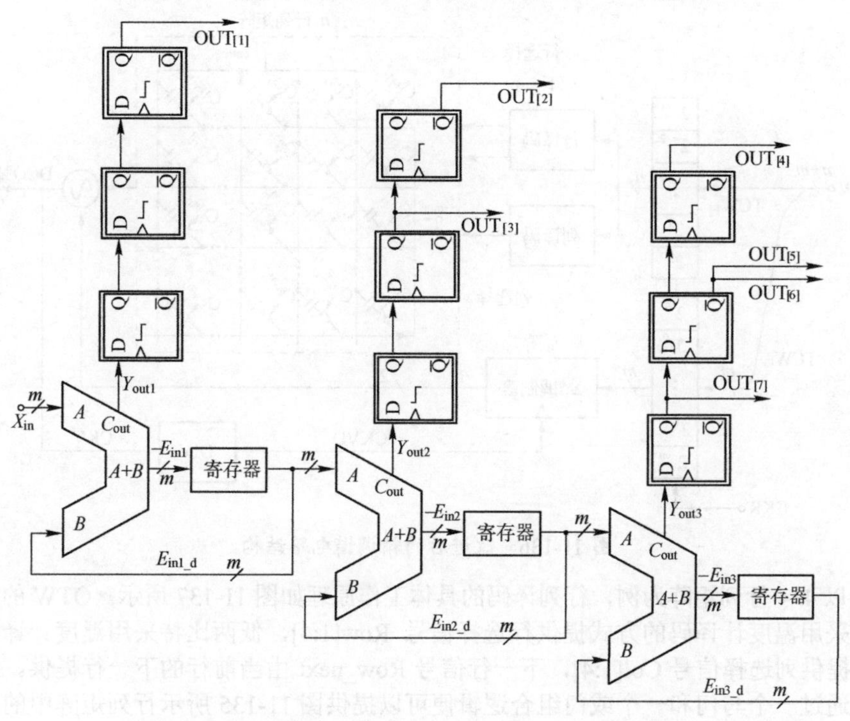


图 11-135 适用于 DCO 的三阶 1-1-1 MASH ∑-Δ 调制器

因此

$$(z^{-1}Y_{\text{out}} + 3)C_{\text{F}} = (z^{-3}Y_{\text{out1}} + z^{-2}Y_{\text{out2}} + z^{-3}\overline{Y}_{\text{out2}} + z^{-1}Y_{\text{out3}} + 2z^{-2}\overline{Y}_{\text{out3}} + z^{-3}Y_{\text{out3}})C_{\text{F}} \tag{11-165}$$

式中，$C_{\text{F}}$ 为小数精调谐电容阵列中的单元电容值。可以看出，式（11-165）右边项等效于图 11-135 对小数精调谐电容阵列的直接通断控制，唯一的区别在于采用图 11-135 所示的调制器结构会额外引入一个直流项（存在一个固定的电容接入），在设计过程中必须加以考虑。

另外，温度计译码电路均是由组合逻辑电路实现，如果温度计位数较高，则组合逻辑电路会非常庞大。为了减小整个电容阵列的纵向长度，以减小谐振腔中的相应寄生电感和寄生电容，通常采用行列译码的形式来替代温度计译码以简化设计复杂度。

综合考虑上述设计因素，可以采用图 11-136 所示的精调谐电路结构简化电路设计并提升系统性能。改进后的电路结构中仅∑-Δ 调制器工作在高速时钟下，同时采用行列译码方式替代温度计译码方式，减小了电路的设计复杂度和功耗。行列译码电路共产生三个信号来控制行列矩阵中电容的通断。行选择信号代表行译码模块输出的选通行数，列选择信号代表列译码模块输出的选通列数，下一行信号用于控制电容增量的严格单调性。如果当前行的下一行译码输出为高电平，则当前行电容和当前行的所有上行电容均处于导通状态。如果为低电平，则当前行中相应的电容是否导通需要根据行选择信号和列选择信号共同判断。

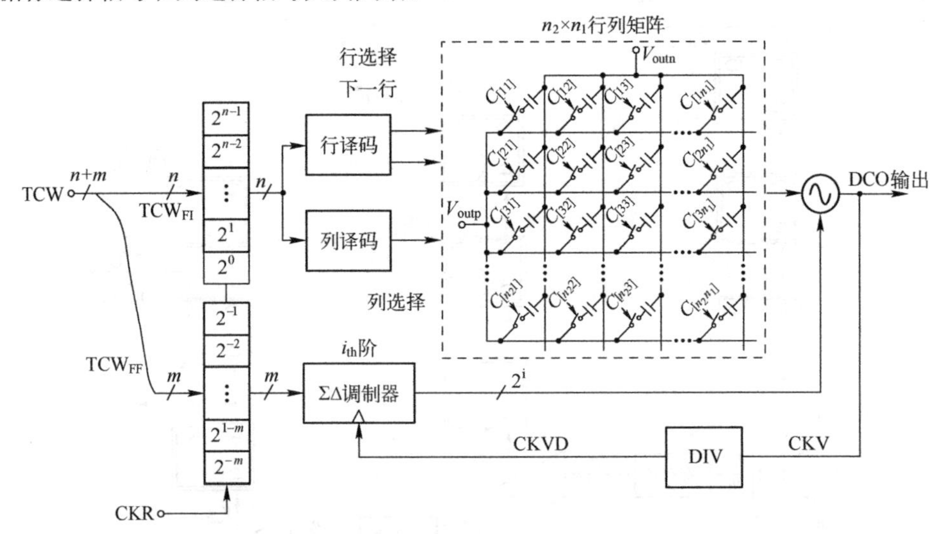


图 11-136 改进后的精调谐电路结构

以 4×4 行列矩阵为例，行列译码的具体工作原理如图 11-137 所示。OTW 的高两比特采用温度计译码的方式提供行选择信号 Row[1:4]，低两比特采用温度计译码的方式提供列选择信号 Col[1:4]，下一行信号 Row_next 由当前行的下一行提供。三个信号通过一个与门和一个或门组合逻辑便可以提供图 11-135 所示行列矩阵中的相应控制信号，实现电容的单调性通断。需要注意的是，在实际设计过程中 OTW 的值均为有符号的数字控制信号。在 OTW 的值为全 0 时，电容阵列的值必须尽可能位于中间位置（一半电容处于导通状态，一半电容处于断开状态），使电容阵列具备最大动态范围的单调增长与单调下降功能。如果采用图 11-136 的行列译码架构，送入行列译码的数字控制信号需要更改为“OTW+1000”（也就是说需要增加一个直流控制信号）。

对于 CMOS 工艺来讲，PVT 的偏移性会导致电容阵列的单调性出现差分误差和积分误差，因此会引入一定的非线性。非线性效应的存在会恶化输出频率信号的相位噪声性能，可以通过动态元素匹配（Denamic Elements Matching，DEM）的方法来对电容的失配进行优化[34]。

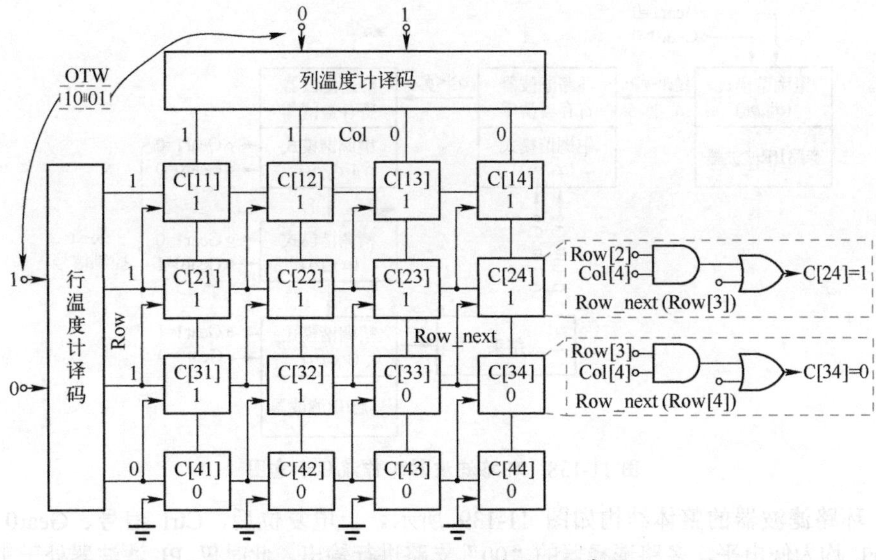


图 11-137　行列译码工作原理示意图

对于粗调和中调过程，同样可以采用类似于图 11-136 所示的行列译码形式完成调谐锁定过程。

**4. 环路滤波器**

环路滤波器的设计在介绍环路的频域模型时已经进行了基本的介绍，本节主要从细节设计上进行说明。ADFS 相较于模拟域频率综合器而言，除具有较强的可移植性和抗干扰能力外，另一个明显的优点是可以通过逐渐调整滤波器参数（改变环路带宽，进而改变锁定速度）的方法实现环路的加速锁定，如例 11-1 所讲的参数调节过程。

通常环路滤波器中各模块的工作过程可描述如下：系统上电后，IIR 滤波器处于旁路状态，粗调谐模式开始工作，比例因子 $\alpha$ 和积分因子 $\rho$ 分别设置为 $\alpha_0$ 和 $\rho_0$。当粗调谐过程锁定后（相位误差或频率误差长时间位于一个稳定的范围内），环路从粗调谐模式切换至中调谐模式，并锁存 $OTW_C$。在中调谐工作模式下，比例因子 $\alpha$ 和积分因子 $\rho$ 分别设置为 $\alpha_1$ 和 $\rho_1$，进一步压缩环路带宽。当中调谐过程锁定后（相位误差或频率误差长时间位于一个更小的稳定范围内），环路从中调谐模式切换至精调谐模式，并锁存 $OTW_M$。需要注意的是，在不同的工作模式下，OTW 的值都是需要重新锁定的，因此在不同的模式切换窗口内，需要复位 OTW 的值。在精调谐工作模式下，为了兼顾锁定速度和锁定精度，比例因子 $\alpha$ 和积分因子 $\rho$ 分同样也存在一个逐渐变化的过程，这会导致滤波器输出的 OTW 值存在一个阶跃误差，影响环路的锁定性能。通常采用换挡（Gear-Shifting，GS）技术来抵消比例因子和积分因子动态调整后产生的阶跃误差。在精调谐的最后阶段，IIR 滤波器接入电路，进一步优化环路带外相位噪声性能。

上述具体的工作过程如图 11-138 所示，换挡控制信号 Gear0/Gear1 除控制精调谐模式下 PI 滤波器中的比例因子和积分因子外，还起到补偿阶跃误差的作用。

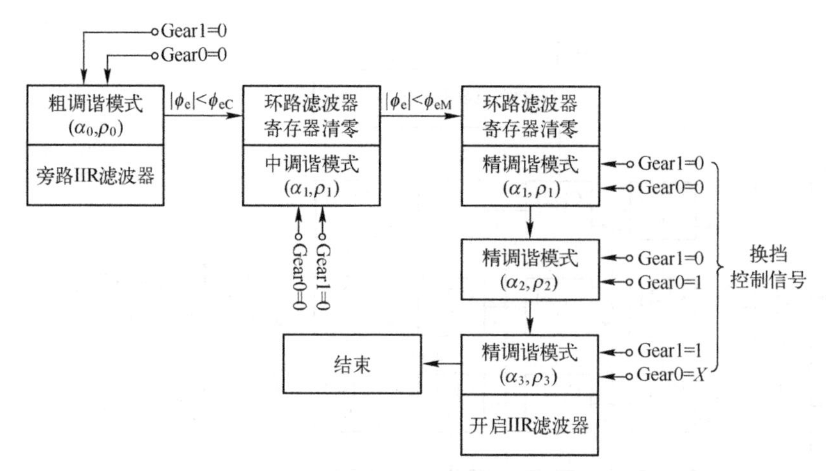


图 11-138 环路滤波器工作流程示意图

环路滤波器的整体结构如图 11-139 所示。上电复位后，Ctrl 信号、Gear0 和 Gear1 均为低电平，多路选择器的“00”支路进行输出。此时仅 PI 滤波器处于工作状态，比例因子和积分因子分别为 $\alpha_0$ 和 $\rho_0$。当粗调谐工作模式完成锁定后，环路进入中调谐工作模式。环路滤波器中的寄存器被清零（寄存器清零主要是为了保证下一阶段的锁定过程从中间频率开始），比例因子和积分因子分别变换为 $\alpha_1$ 和 $\rho_1$，Gear0 和 Gear1 仍为低电平，多路选择器的“00”支路进行输出。当中调谐工作模式完成锁定后，环路进入精调谐工作模式。环路滤波器中的寄存器再次被清零，比例因子和积分因子维持不变，仍分别为 $\alpha_1$ 和 $\rho_1$，Gear0 和 Gear1 为低电平，多路选择器的“00”支路进行输出。此时的输出结果为

$$\mathrm{OTW}_{00}=\left(\alpha_1+\frac{\rho_1}{1-z^{-1}}\right)\phi_e \tag{11-166}$$

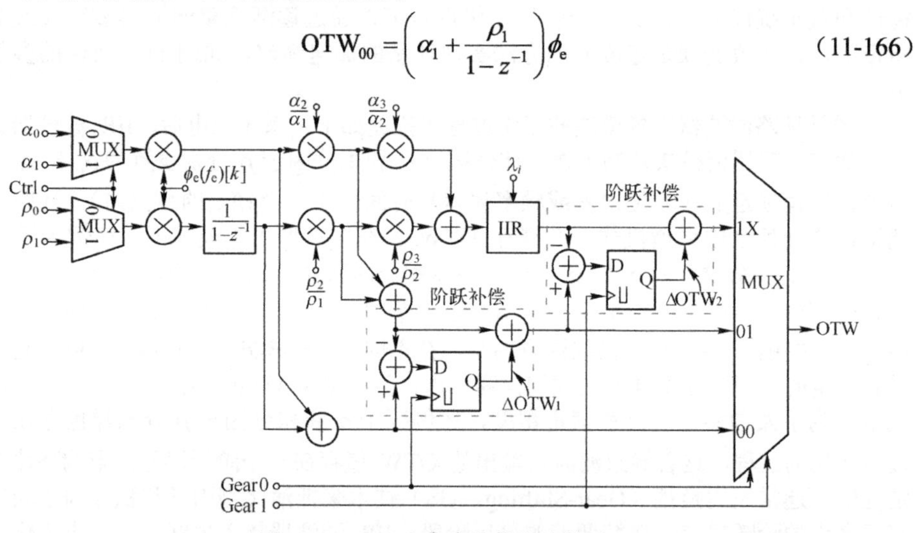


图 11-139 环路滤波器整体结构图

工作一段时间后（具体工作时长可以通过仿真决定以最优化系统锁定时间），$\Delta\mathrm{OTW}_1$ 被锁存（该锁存值是换挡技术中用于阶跃补偿的主要模块），比例因子和积分因子分别变换为 $\alpha_2$ 和 $\rho_2$，多路选择器的“01”支路进行输出。此时的输出结果为

$$\mathrm{OTW}_{01}=\Delta\mathrm{OTW}_1+\left[\alpha_2+\frac{\rho_2}{1-z^{-1}}\right]\phi_{\mathrm{e}}=\mathrm{OTW}_{00}-\left[\alpha_2+\frac{\rho_2}{1-z^{-1}}\right]\phi_{\mathrm{e}}+\left[\alpha_2+\frac{\rho_2}{1-z^{-1}}\right]\phi_{\mathrm{e}}=\mathrm{OTW}_{00} \tag{11-167}$$

可以看出，采用换挡技术后，滤波器中比例因子和积分因子的改变并不会造成阶跃误差。同理，当 Gear0/Gear1 = X/1 时，$\Delta\mathrm{OTW}_2$ 被锁存，比例因子和积分因子分别变换为 $\alpha_3$ 和 $\rho_3$，多路选择器的“1X”支路进行输出。此时的输出结果为

$$\begin{aligned}\mathrm{OTW}_{1\mathrm{X}}&=\Delta\mathrm{OTW}_2+\left[\alpha_3+\frac{\rho_3}{1-z^{-1}}\right]f_{\mathrm{IIR}}\phi_{\mathrm{e}}\\&=\mathrm{OTW}_{01}-\left[\alpha_3+\frac{\rho_3}{1-z^{-1}}\right]f_{\mathrm{IIR}}\phi_{\mathrm{e}}+\left[\alpha_3+\frac{\rho_3}{1-z^{-1}}\right]f_{\mathrm{IIR}}\phi_{\mathrm{e}}=\mathrm{OTW}_{01}\end{aligned} \tag{11-168}$$

因此，在三个连续更换比例因子和积分因子的情况下，滤波器的输出调谐字 OTW 均不存在阶跃的情况。同时该电路还支持跳跃性换挡过程，即当 Gear0/Gear1 = 0/0 跳变至 Gear0/ Gear1 = X/1 时，环路同样不存在阶跃误差，则有

$$\begin{aligned}\mathrm{OTW}_{1\mathrm{X}}&=\Delta\mathrm{OTW}_2+\left[\alpha_3+\frac{\rho_3}{1-z^{-1}}\right]f_{\mathrm{IIR}}\phi_{\mathrm{e}}\\&=\mathrm{OTW}_{01}-\left[\alpha_3+\frac{\rho_3}{1-z^{-1}}\right]f_{\mathrm{IIR}}\phi_{\mathrm{e}}+\left[\alpha_3+\frac{\rho_3}{1-z^{-1}}\right]f_{\mathrm{IIR}}\phi_{\mathrm{e}}\\&=\Delta\mathrm{OTW}_1-\left[\alpha_2+\frac{\rho_2}{1-z^{-1}}\right]\phi_{\mathrm{e}}=\mathrm{OTW}_{00}-\left[\alpha_2+\frac{\rho_2}{1-z^{-1}}\right]\phi_{\mathrm{e}}+\left[\alpha_2+\frac{\rho_2}{1-z^{-1}}\right]\phi_{\mathrm{e}}\\&=\mathrm{OTW}_{00}\end{aligned} \tag{11-169}$$

图 11-139 中环路滤波器各参数（$\alpha$、$\rho$、$\lambda_i$）的选取可以参考例 11-1，不再赘述。为了避免乘法器的过多使用造成较大的硬件资源开销，各乘法器可以近似采用移位相加的方式实现。上述模型同样适用于锁频环型 ADFS 系统，不再赘述。

### 5. 重定时结构

ADFS 系统中数据的交互均是在时钟的作用下进行的。由于 DCO 输出频率信号与输入参考频率信号之间的时序是异步的，因此在采样过程中可能出现亚稳态，导致系统功能错误。亚稳态是双稳态电路在不满足采样的建立时间和保持时间时输出端处于不确定状态的一种现象，这种不确定状态可以是双稳态中的任何一种状态，也可能是处于两者中间的一个振荡状态。

如图 11-113 和图 11-114 所示，电路中的任何两个模块之间均存在数据交互，最典型的两个异步交互为参考频率时钟采样在 CKV 时钟驱动下的 VPA/VFC 计数结果和 TDC 中参考频率时钟对 CKV 时钟的延迟链采样。本节重点解决这两个异步数据交互存在的亚稳态过程，即异步时钟的同步化问题，也称为重定时。

同步化异步时钟的最简单方式是采用直接采样模式。为了避免系统级的高功耗和设计复杂度的极大提升，ADFS 系统的同步时钟选取的是低频参考频率信号。因此，可以采用参考时钟对 CKV 时钟的直接采样模式提供同步功能（对于图 11-113 来说，意味着使用参考时钟对 VPA 计数结果直接采样）。这种重定时实现简单，且可以

通过增加采样级数来指数级降低发生亚稳态的可能性。但是仍存在一个致命的问题：亚稳态带来的计数误差（亚稳态会导致计数结果的不确定性）极容易带来 ADFS 环路的失锁，因此低速时钟对高速时钟的直接采样并不适合于 ADFS 系统（TDC 中可以采用这种模式，主要是由于其内部采用温度计编码形式，如图 11-122 所示，亚稳态只会导致上升沿或下降沿处“1”或“0”的可能性翻转，引入部分相位误差，可以通过定制触发器结构大大减小发生亚稳态的可能性）。因此，ADFS 系统中通常采用快速时钟 CKV 对低速参考频率时钟 $f_{ref}$ 进行重定时，并经重定时产生的时钟 CKR 作为系统的同步时钟使用。这种重定时模式也面临着两个比较棘手的问题：亚稳态的发生可能会导致 CKR 的上升沿滞后于参考频率时钟上升沿一个 CKV 时钟周期，因此会引入相位或频率误差，并导致 DCO 的输出频率出现波动（由于滤波器中比例因子和积分因子较小，因此该误差并不会导致失锁），影响后端接收机的解调性能，尤其是当通信码速率非常低的情况下，会导致无法正常解调。另一方面，由于采样时钟 CKV 频率较高，很有可能出现亚稳态传播时长大于采样时钟周期的情况。以图 11-113 所示的锁相环型 ADFS 为例，由于电路模块的差异性，此亚稳态很有可能触发 RPA 的输出，而无法触发 VPA 的输出，在环路中引入较大的阶跃误差，甚至导致环路失锁。

为了避免上述问题的出现，可以采用如图 11-140 所示的双沿采样重定时结构来实现。CKV 分别利用其上升沿和下降沿对参考频率信号 $f_{ref}$ 进行采样。当 CKV 上升沿与 $f_{ref}$ 上升沿距离较近时，采用下降沿对 $f_{ref}$ 进行采样，然后再利用 CKV 下一个上升沿产生同步时钟 CKR。当 CKV 上升沿与 $f_{ref}$ 下降沿距离较近时，采用上升沿对 $f_{ref}$ 进行采样并输出同步时钟 CKR。TDC 延迟链的第 $m$ 个触发器的输出可以作为边沿选择信号 Sel_Edge 用于控制 MUX 模块输出相应的边沿（CKV 上升沿或下降沿）采样信号。$m$ 的选取需要满足在此处的延迟约为 $T_{CKV}/4$，其中 $T_{CKV}$ 为 CKV 的时钟周期。从图 11-140 所示时序图可以直观地看出，当 CKV 下降沿与 $f_{ref}$ 上升沿较近时（CKV 与 $f_{ref1}$），参考频率信号采样 CKV($t-T_{CKV}/4$)的输出结果为“1”，此时选择 CKV 上升沿采样结果作为同步时钟 CKR；当 CKV 上升沿与 $f_{ref}$ 上升沿较近时（CKV 与 $f_{ref2}$），参考频率信号采样 CKV($t-T_{CKV}/4$)的输出结果为“0”，此时选择 CKV 的下降沿采样结果作为同步时钟 CKR。

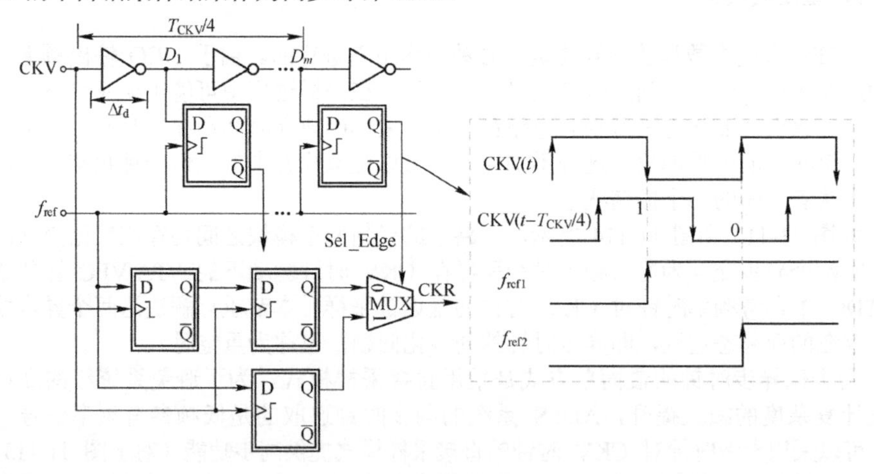


图 11-140 双沿采样重定时结构

上述介绍的重定时方式可以在很大程度上避免高速时钟 CKV 在采样低速时钟 $f_{ref}$ 的过程中产生亚稳态现象。需要注意的是，由于边沿选择信号 Sel_Edge 是在异步采样过程中产生的，同样存在亚稳态现象，因此图 11-140 并不能完全杜绝亚稳态现象。幸运的是，即使 Sel_Edge 的输出存在亚稳态现象，如果亚稳态的传播时间小于采样时钟周期（采用两级采样时为一个 $f_{ref}$ 周期），那么不管 Sel_Edge 的值最终是多少，均不会导致 CKR 的误输出。这是因为如果 Sel_Edge 是 $f_{ref}$ 对 CKV 延迟的采样，Sel_Edge 存在亚稳态，那么不论是 CKV 上升沿还是下降沿，对 $f_{ref}$ 的采样均具有足够的建立和保持时间。

对于一个触发器而言，其亚稳态传播时间小于一个采样时钟周期的平均时间间隔为[40]（以图 11-140 中 TDC 的触发器为例）

$$T_{av} = \frac{\exp(t_r / \tau)}{T_0 f_{ref} f_{CKV}} \tag{11-170}$$

式中，$t_r$ 为亚稳态解析时间（一个采样时钟周期窗口）；$f_{ref}$ 和 $f_{CKV}$ 分别为采样时钟频率和采样数据的工作频率；$T_0$ 为亚稳态时间窗口；$\tau$ 为亚稳态衰退系数（一个与触发器从亚稳态转移到稳态的速度相关的经验时间常数）。$T_0$ 和 $\tau$ 是与触发器的结构、PVT 等参数密切相关的常数。$T_{av}$ 通常也称为平均无障碍时间（Mean Time Between Failure，MTBF），是衡量触发器亚稳态性能的一个重要指标。时间越长，该触发器的亚稳态行为导致系统紊乱的可能性就越小。

$T_0$ 与触发器的建立时间 $t_{su}$ 和保持时间 $t_h$ 有直接的关系。如图 11-141 所示，当采样时钟至数据变化时刻的延迟小于触发器的建立时间（$|CLK-D|<t_{su}$），或者数据变化时刻至采样时钟的延迟小于触发器的保持时间（$|CLK-D|<t_h$）时，触发器进入亚稳态，数据的输出至采样时钟的延迟（|CLK-Q|）逐渐上升。理想情况下，当两者完全同步（|CLK-D|=0）时，甚至会出现振荡情况（延迟为无穷大）。对于一个门电路而言，由于上升沿与下降沿相对应的分别是放电和充电过程，因此上升沿的数据变化与下降沿的数据变化对应的亚稳态时间窗口存在一定的差异性。这种差异性等效于放大了触发器的亚稳态窗口，恶化触发器的 MTBF。

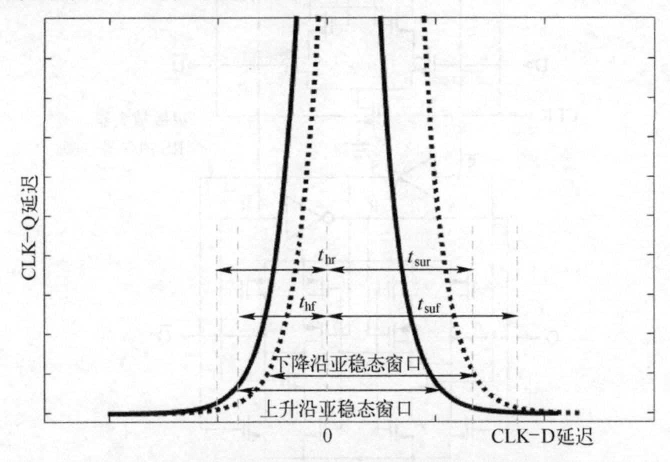


图 11-141　触发器对应的亚稳态时间窗口

$t_r$ 通常和采样时钟的周期直接相关。在采样时钟固定的情况下，$t_r$ 可以等效为一个时间常数。除 PVT 的影响外，触发器所采用的具体结构对参数 $\tau$ 的影响是非常重要的，一个优良的触发器结构设计可以极大地增大触发器的 MTBF。

标准单元库中的典型触发器单元结构如图 11-142 所示。该标准单元存在两个问题：一是反相器门电路中的不对称性会导致数据上升沿与下降沿对应的亚稳态窗口不重合，出现如图 11-141 所示的情况，恶化触发器的 MTBF；二是两个正反馈环路仅用于状态的锁存，在状态转换阶段（尤其是进入亚稳态窗口后）不起作用，而且还会引入额外的电容负载，延长亚稳态衰退时间。TSPC 触发器结构简单，工作速度较快，但是在亚稳态性能方面与典型触发器单元具有一定的相似性，导致 MTBF 性能受限。

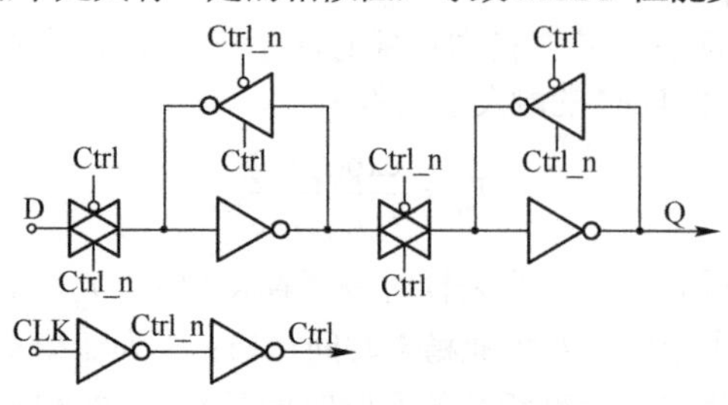


图 11-142 标准单元库中的典型触发器结构

综合考虑上述因素后的一种改进型触发器结构如图 11-143 所示。该结构是在图 11-47 的基础上进行的改进，主要是将单端结构改为差分结构以有效地补偿上升沿与下降沿的失配性，减小亚稳态时间窗口，并在触发链路中加入了基于正反馈单元的灵敏放大器和 RS 锁存器加快触发时间。该触发器分为主从两级。当时钟的上升沿到来时，第一级的灵敏放大器在预充电之后对输入端进行采样，采样结果被第二级的 RS 锁存器进行快速锁存。由于主从两级均采用正反馈结构，因此采样响应时间非常快，并能够快速锁定至稳定状态。该触发器的衰退系数非常小，且其建立时间和保持时间也可以得到有效的压缩。

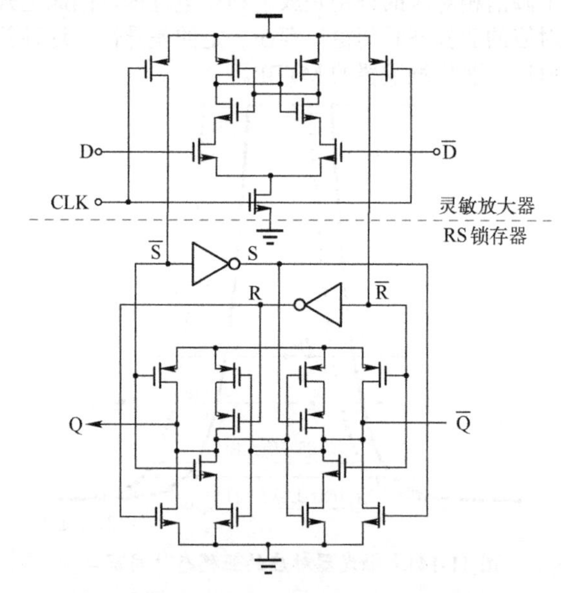


图 11-143 基于灵敏放大器和 RS 锁存器的改进型触发器电路结构

采用图 11-143 所示的改进型差分触发器实现的 TDC 结构如图 11-144 所示，该 TDC 结构采用边沿对齐模块实现差分时钟上升沿与下降沿的对齐以压缩触发器的亚稳态时间窗口。图 11-140 中的边沿选择模块同样可以采用图 11-143 所示的差分触发器结构。在差分信号的作用下，多路选择模块可以采用如图 11-145 所示的电路结构来实现，图示中的灰色晶体管作为 Dummy 管用以抵消无效支路的载波泄漏。

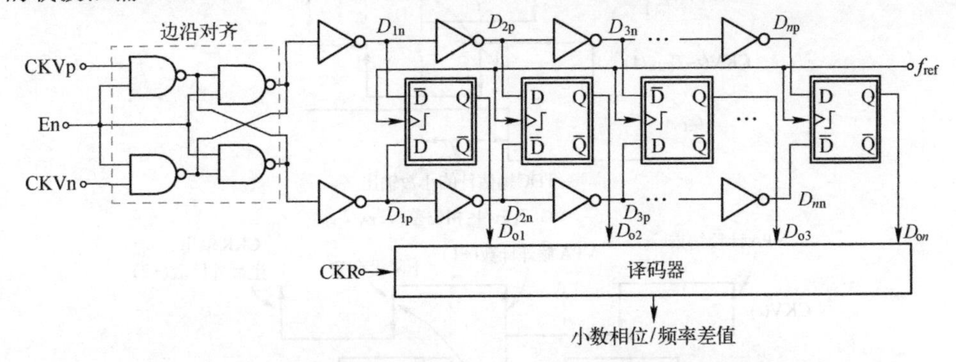


图 11-144　基于边沿对齐与改进型触差分触发器的 TDC 结构

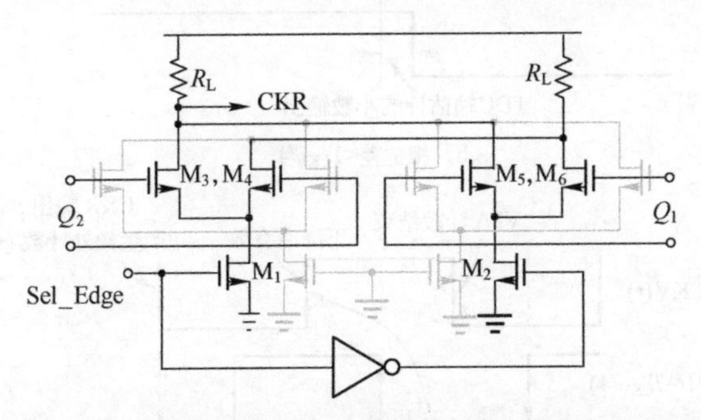


图 11-145　具有较高泄漏抑制性能的多路选择器电路结构

需要注意的是，图 11-144 中的边沿对齐电路会对 CKV 信号引入一定的延时。假设延时为 $\Delta t$，则在环路的频域模型中，根据拉普拉斯变换延迟定理，等效于在开环传输函数中增加了 $e^{-j\omega\Delta t}$ 部分。因为 ADFS 系统的环路带宽通常在百 kHz 量级，所以 $\omega \ll 1/\Delta t$，由式（11-37）可知，会在环路中引入一个右半平面的零点。由于此零点频率非常高，因此对环路稳定性的影响可以忽略不计。

另外，上述重定时结构虽然可以有效地解决亚稳态问题，但是也会引入一定的计数误差。图 11-146 分别为参考时钟 $f_{ref}$ 与滞后紧邻 CKV 上升沿之间不同相位差的计数误差产生情况。由于 TDC 预估的小数计数误差为参考时钟上升沿与滞后紧邻 CKV 上升沿的时间差，因此 VPA 或 VFC 的计数结束时刻应该为紧邻参考时钟上升沿的超前 CKV 上升沿处。对于图 11-146（a）所示的情况，边沿选择信号为高电平，因此 CKV 上升沿采样的参考时钟信号为同步时钟信号 CKR。当 CKR 上升沿有效时，VPA 或 VFC 的计数结果额外增加了 1，需要在 TDC 中进行+1 补偿。对于图 11-146（b）所示的情况，边沿选择信号为低电平，因此 CKV 下降沿采样的参考时钟信号再经 CKV 上升沿采样输出后为同步时钟信号 CKR。当 CKR 上升沿有效时，VPA 或 VFC 的计数结果额外增加了 2，需要在 TDC 中进行+2 补偿。同理，其他两种情况也需要进行+1 补偿。从图 11-146（b）中可以直观地看出，当边沿选择电平为低且满足 $\varepsilon[k]<1/4$ 时需要进行+2 补偿，其他情况均为+1 补偿。

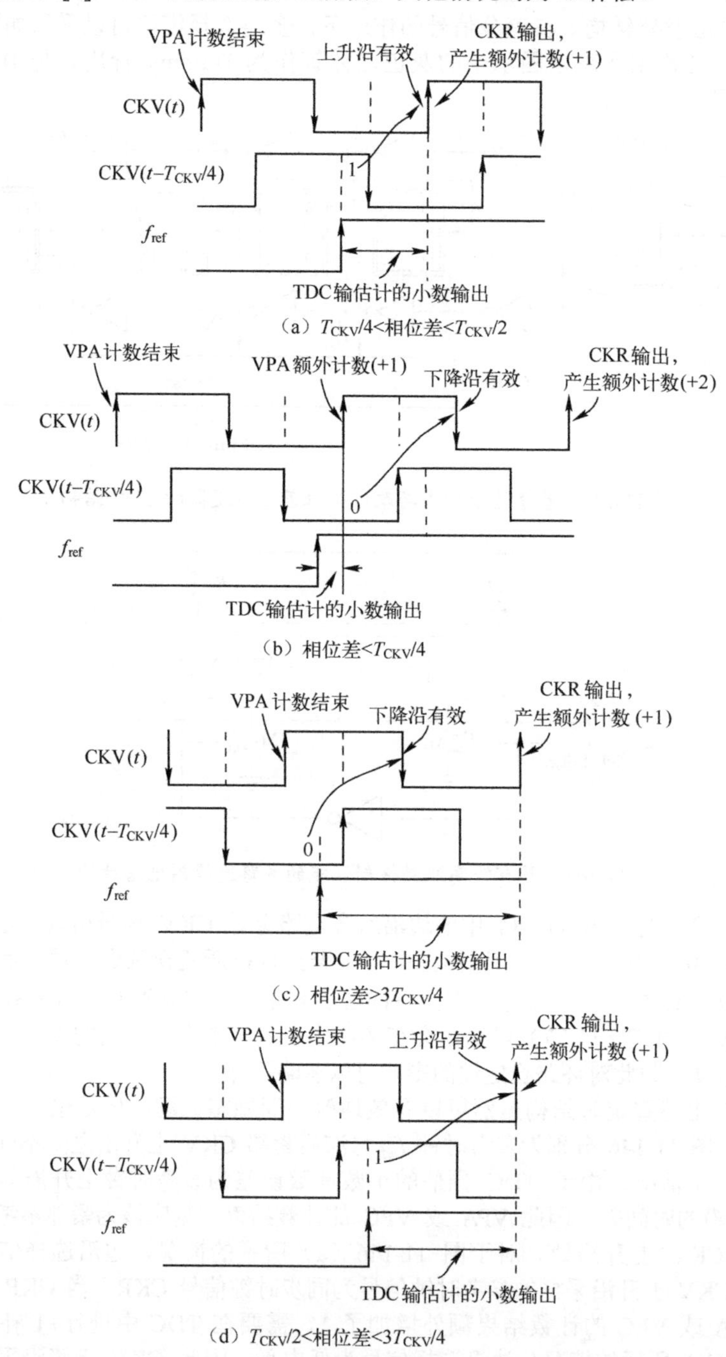


图 11-146　重定时结构产生计数误差的时序图

## 11.6.4　全数字频率综合器相位噪声模型

ADFS 系统共包含 5 种噪声类型：参考时钟相位噪声、TDC 时间量化噪声、∑-Δ 调制器量化噪声、DCO 频率量化噪声和 DCO 相位噪声。本节主要针对 TDC 时间量化噪声、∑-Δ 调制器引入的量化噪声和 DCO 频率量化相位噪声三个不同于模拟域频率综合器的噪声源进行分析，其他两个可参考第 10 章对锁相环相位噪声性能的分析。

### 1. ADFS 相位噪声模型

图 11-147 为 ADFS 系统的噪声源模型（以锁相环型 ADFS 为例说明），其中 $\phi_{\text{n,ref}}$ 为参考时钟信号 $f_{\text{ref}}$ 的相位噪声，$\phi_{\text{n,TDC}}$ 为 TDC 的输出时间量化相位噪声，$\phi_{\text{n},\Sigma\text{-}\Delta}$ 为∑-Δ 调制器的输出量化相位噪声，$\phi_{\text{n,DCO}}$ 包含 DCO 的频率量化相位噪声和 DCO 的输出相位噪声两部分。相较于模拟域频率综合器的噪声源（见图 10-42），ADFS 中增加了 $\phi_{\text{n,TDC}}$、$\phi_{\text{n},\Sigma\text{-}\Delta}$ 和 $\phi_{\text{n,DCO}}$ 中频率量化相位噪声三种噪声源，但是环路滤波器、分频器和用于小数分频的∑-Δ 调制器引入的噪声源不存在了。

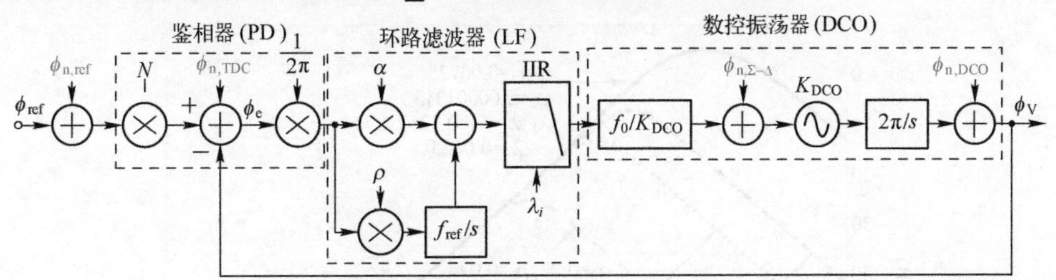


图 11-147　ADFS 相位域噪声源模型

根据 10.9 节对锁相环相位噪声的分析可知，$\phi_{\text{n,TDC}}$、$\phi_{\text{n},\Sigma\text{-}\Delta}$ 和 $\phi_{\text{n,DCO}}$ 中频率量化相位噪声对 ADFS 系统相位噪声的贡献与模拟域锁相环中 $\phi_{\text{n,ref}}$、$\phi_{\text{n,pcl}}$ 和 $\phi_{\text{n,VCO}}$ 对锁相环相位噪声的贡献相似，即它们对应的传输函数相似，分别呈现低通、带通和高通特性，表示如下：

$$H_{\text{n,TDC}}(s)=\frac{\phi_{\text{v}}(s)}{\phi_{\text{n,TDC}}(s)}=\frac{H_{\text{ol}}(s)}{1+H_{\text{ol}}(s)} \tag{11-171}$$

$$H_{\text{n},\Sigma\Delta}(s)=\frac{\phi_{\text{v}}(s)}{\phi_{\text{n},\Sigma\text{-}\Delta}(s)}=\frac{2\pi K_{\text{DCO}}}{s}=\frac{1}{1+H_{\text{ol}}(s)} \tag{11-172}$$

$$H_{\text{n,DCO}}(s)=\frac{\phi_{\text{out}}(s)}{\phi_{\text{n,DCO}}(s)}=\frac{1}{1+H_{\text{ol}}(s)} \tag{11-173}$$

开环传输函数 $H_{\text{ol}}(s)$ 的表达式可参考式（11-143）。需要说明的是，此处 $K_{\text{DCO}}$ 的单位为 Hz/bit。

以例 11-1 所示的各阶段滤波器参数为例分析上述各传输函数的幅频响应曲线，其中仍满足 $f_0=f_{\text{ref}}=26\text{MHz}$，并假设最终的精调谐过程 DCO 增益为

$K_{DCO} = 50\text{kHz/bit}$。在不同的滤波器参数设置情况下，三种传输函数对应的幅频响应曲线分别如图 11-148、图 11-149 和图 11-150 所示。

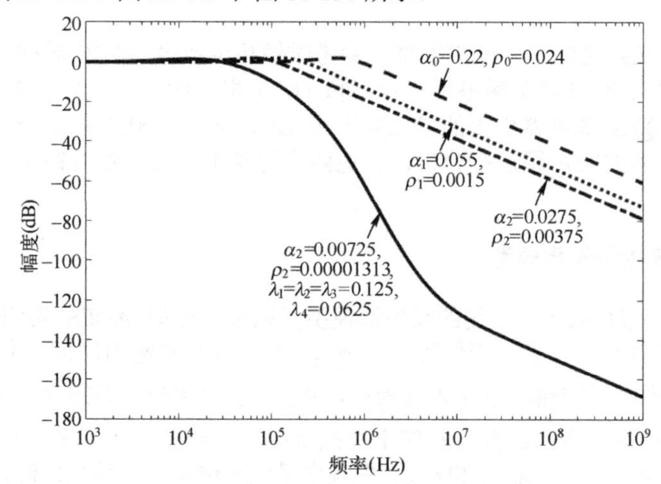


图 11-148 TDC 量化相位噪声至 ADFS 输出的幅频响应曲线

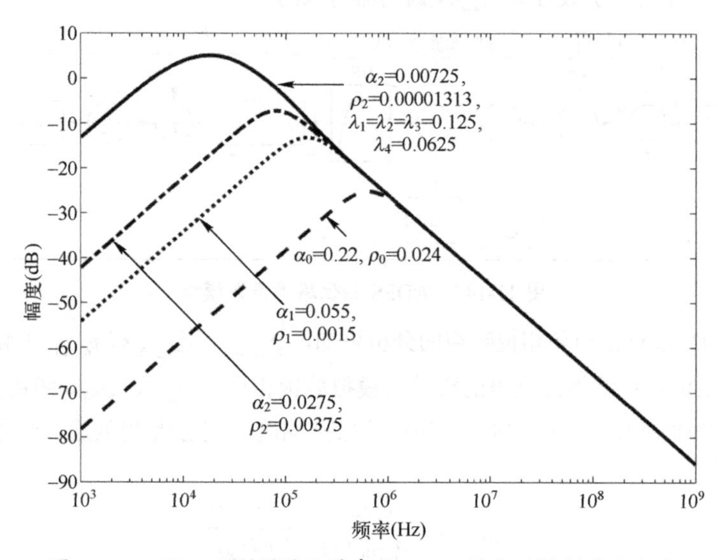


图 11-149 ∑-Δ 调制器量化噪声至 ADFS 输出的幅频响应曲线

从三个幅频响应曲线中可以直观地看出，逐渐减小比例因子和积分因子，系统的环路带宽也随之减小。TDC 量化相位噪声对系统相位噪声的贡献被逐渐压制，尤其当 IIR 滤波器开始工作后，TDC 的带外相位噪声基本被完全压制。随着比例因子和积分因子的减小，∑-Δ 调制器量化噪声和 DCO 的频率量化相位噪声在低频处对系统的相位噪声贡献逐渐增大。因此 PI 滤波器中，最终比例因子和积分因子的选取不能太随意（不能过大，否则系统高频处相位噪声太大；也不能太小，否则系统的低频处相位噪声性能过大），必须在不能过大损失系统相位噪声性能的前提下进行优化选择。

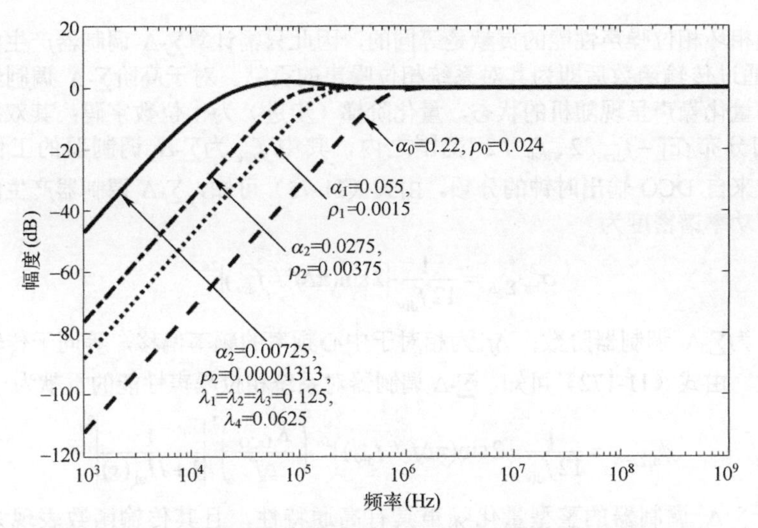


图 11-150　DCO 频率量化相位噪声至 ADFS 输出的幅频响应曲线

**2．TDC 时间量化相位噪声对系统相位噪声的贡献**

TDC 中的量化噪声产生机制与 ADC 中的量化噪声产生机制完全相同，均是由于分辨率的有限性导致的。区别在于 ADC 是对信号幅度进行量化，而 TDC 是对时间（利用时间表征相位）进行量化。因此 TDC 的输出时间量化噪声功率为

$$\sigma_{\mathrm{t,TDC}}^2=\frac{\Delta t_{\mathrm{d}}^2}{12} \tag{11-174}$$

式中，$\Delta t_{\mathrm{d}}$ 为 TDC 的时间分辨率。进一步将其转换成时间量化相位噪声功率为

$$\sigma_{\mathrm{f,TDC}}^2=\left[2\pi\frac{\sigma_{\mathrm{t,TDC}}}{T_{\mathrm{v}}}\right]^2 \tag{11-175}$$

由于 TDC 是在参考时钟 $f_{\mathrm{ref}}$ 的作用下进行周期性的输出，所示其双边带时间量化相位噪声功率均匀分布在$[-f_{\mathrm{ref}}/2, f_{\mathrm{ref}}/2]$。根据式（11-171）可得 TDC 时间量化相位噪声对系统相位噪声性能的贡献为

$$\phi_{\mathrm{n,TDC}}\frac{\sigma_{\mathrm{f,TDC}}^2}{f_{\mathrm{ref}}}=\frac{(2\pi)^2}{12f_{\mathrm{ref}}}\left(\frac{\Delta t_{\mathrm{d}}}{T_{\mathrm{v}}}\right)\left|\frac{H_{\mathrm{ol}}(s)}{1+H_{\mathrm{ol}}(s)}\right|^2 \tag{11-176}$$

由图 11-148 可知，TDC 时间量化相位噪声至 ADFS 输出的传输函数幅频响应为一个低通滤波器，因此在环路带宽内，尽可能提高 TDC 的时间分辨率是有效提升系统相位噪声性能的一个有效手段。当 $\Delta t_{\mathrm{d}}=20\mathrm{ps}$，参考时钟频率 $f_{\mathrm{ref}}=26\mathrm{MHz}$，ADFS 输出振荡信号的频率为 4GHz，代入式（11-176）可知，TDC 对系统带内相位噪声的贡献为−91dBC/Hz，可以满足大多数通信系统的严格要求。

**3．∑-Δ 调制器量化噪声对系统相位噪声的贡献**

∑-Δ 调制器对系统相位噪声的贡献与模拟域锁相环中环路滤波器处输出的噪声

电压对锁相环相位噪声性能的贡献是等同的，因此只需计算∑-Δ 调制器产生的“噪声电压”，通过传输函数后即为其对系统相位噪声的贡献。对于高阶∑-Δ 调制器而言，其引入的量化噪声呈现随机的状态，量化阶梯（步进）为 1 位数字码；其双边带量化噪声均匀分布在$[-f_{\text{div}}/2, f_{\text{div}}/2]$范围之内，其中 $f_{\text{div}}$ 为∑-Δ 调制器的工作时钟频率，通常来自 DCO 输出时钟的分频。由式（11-75）可知，∑-Δ 调制器产生的双边带量化噪声功率谱密度为

$$\sigma^2_{\text{bit},\Sigma\text{-}\Delta} = \frac{1}{12 f_{\text{div}}} \left| 2\sin(\pi \Delta f / f_{\text{div}}) \right|^{2n} \tag{11-177}$$

式中，$n$ 为∑-Δ 调制器阶数；$\Delta f$ 为相对于中心频率的频率偏移，等同于传输函数中的频率量。由式（11-172）可知，∑-Δ 调制器对系统相位噪声性能的贡献为

$$\phi_{\text{n},\Sigma-\Delta} = \frac{1}{12 f_{\text{div}}} \left| 2\sin(\pi \Delta f / f_{\text{div}}) \right|^{2n} \left( \frac{K_{\text{DCO}}}{\Delta f} \right)^2 \left| \frac{1}{1+H_{\text{ol}}(s)} \right|^2 \tag{11-178}$$

由于∑-Δ 调制器的整型量化噪声具有高通特性，且其传输函数表现为带通特性，如图 11-149 所示，在环路带宽处具有最大幅度响应，因此需要仔细设计 PI 滤波器中比例因子和积分因子的值，避免在环路带宽处出现相位噪声曲线的鼓包。另外，还可以通过两种典型方式抑制∑-Δ 调制器对系统相位噪声的贡献：一是在∑-Δ 调制器的输出端增加一个低通滤波器抑制高频处的量化噪声，二是尽可能提高∑-Δ 调制器的工作时钟频率 $f_{\text{div}}$。这两种典型方式的设计是以牺牲复杂度和功耗为代价的。

#### 4．DCO 频率量化相位噪声对系统相位噪声的贡献

DCO 的频率量化噪声指的是经过∑-Δ 调制后的量化频率噪声。假设在精调谐阶段 DCO 的频率分辨率为 50kHz，∑-Δ 调制器的有效输入位数为 10 位，由式（11-163）可知，经过∑-Δ 调制后，频率分辨率为 48.8Hz/bit。经过∑-Δ 调制后的 DCO 频率量化噪声功率为

$$\sigma^2_{\text{f,DCO}} = \frac{(2\pi \Delta f_{\text{res}})^2}{12} \tag{11-179}$$

式中，$\Delta f_{\text{res}}$ 为经过∑-Δ 调制后 DCO 的频率分辨率。频率至相位的转换是一个积分过程，因此 DCO 的双边带频率量化相位噪声功率为

$$\sigma^2_{\text{n,DCO}} = \frac{1}{12} \left[ \frac{\Delta f_{\text{res}}}{\Delta f} \right]^2 \tag{11-180}$$

且均匀分布在$[-f_{\text{res}}/2, f_{\text{res}}/2]$。考虑到 DCO 的输出具有零阶保持功能（类似于 ADC 的功能），因此根据式（11-173）可得 DCO 频率量化相位噪声对系统相位噪声性能的贡献为

$$\phi_{\text{n,DCO}} = \frac{1}{12 f_{\text{ref}}} \left( \frac{\Delta f_{\text{res}}}{\Delta f} \right)^2 \text{sinc}^2(\pi \Delta f / f_{\text{ref}}) \left| \frac{1}{1+H_{\text{ol}}(s)} \right|^2 [\lg(1-D(x))] \tag{11-181}$$

DCO 频率量化相位噪声对系统相位噪声的贡献与 DCO 经过∑-Δ 调制器后的频率量化精度密切相关。通常只要选取合适的∑-Δ 调制器有效输入位数，DCO 的频率量化相位噪声对系统的贡献通常可以忽略。例如，如果 DCO 中的最小电容单元产生的频率分辨

率为 50kHz，当∑-Δ 调制器的有效输入位数为 8，参考时钟频率 $f_{\text{ref}}=26\text{MHz}$ 时，在 500kHz 频偏处（选取例 11-1 中的最后一个滤波器参数配置），DCO 频率量化相位噪声对 ADFS 系统贡献的相位噪声约为-153dBc/Hz，几乎可以忽略不计。

前述三种噪声源对系统相位噪声总的贡献为

$$\phi_{\text{n,total}}=\phi_{\text{n,TDC}}+\phi_{\text{n},\Sigma\text{-}\Delta}+\phi_{\text{n,DCO}} \tag{11-182}$$

由于基于锁频环的 ADFS 系统在计算出的频率差值后紧随着一个积分器，相当于输出的是相位误差，因此基于锁频环的 ADFS 系统与基于锁相环的 ADFS 系统具有相同的相位噪声性能。

**例 11-2** 假设如下参数成立：$f_{\text{ref}}=26\text{MHz}$，分频比 $N=80$，DCO 中最小电容单元产生的频率分辨率 $K_{\text{dco}}=30\text{kHz}$，TDC 的时间分辨率 $\Delta t_{\text{d}}=10\text{ps}$，∑-Δ 调制器的工作时钟频率 $f_{\text{div}}=Nf_{\text{ref}}/4=520\text{MHz}$，输入有效位数为 7，PI 滤波器中比例因子 $\alpha=2^{-5}$，积分因子 $\rho=2^{-12}$。由式（11-147）可知阻尼因子 $\xi=1$，由式（11-146）和式（11-149）可知，系统环路带宽 $f_{\text{c}}\approx135\text{kHz}$，IIR 滤波器中 $\lambda_1=\lambda_2=2^{-2}$，$\lambda_3=\lambda_4=2^{-3}$。试根据上述分析分别画出本节介绍的三种噪声源对系统相位噪声的贡献和总的相位噪声贡献。

**解：** 与模拟域仿真锁相环相位噪声有很大的不同，除 DCO 的相位噪声需要通过 EDA 软件仿真提取之外，其他噪声源和总的噪声源的提取均可以通过如式（11-176）、式（11-178）、式（11-181）和式（11-182）等解析方程式直接表达出来。利用上述四个公式，在 Matlab 中建模各噪声源，得到如图 11-151 所示的仿真结果。

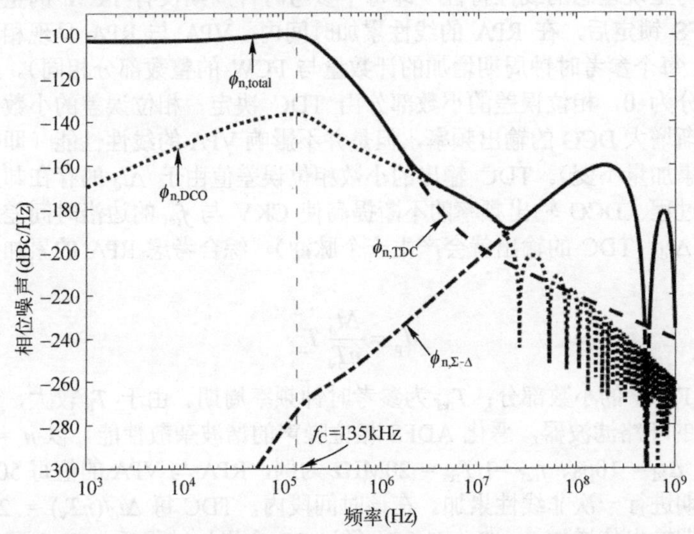


图 11-151 三种噪声源分别对应的相位噪声曲线及总的相位噪声曲线

可以看出，按照例 11-2 设计的 ADFS 系统具有非常优良的相位噪声性能。即使加入 DCO 的相位噪声和参考频率信号的相位噪声，经过参数的优化，也可以比较容易地将总的带内相位噪声性能设计控制在-90dBc/Hz 以内，可以满足绝大多数通信系统的设计需要。

FCW 的小数部分通常是通过累加器进行累加后输出其进位部分与 FCW 的整数部分相加后送入 RPA 进行累加的，因此也会引入一定的量化噪声成分。该量化噪声主要是由 FCW 小数部分的累加引入的。由上述分析可知，累加器等同于一阶∑-Δ 调制器，其量化噪声表达式可以参考式（11-75）。根据式（11-134）将量化噪声转化为相应的相位噪声，经过环路低通滤波后产生累加于式（11-182）的系统相位噪声，具体计算过程不再赘述。

需要特别注意的是，在分析或仿真 TDC 时间量化噪声源时，并没有考虑输出时间误差的周期性。该周期性是 ADFS 系统产生频率杂散的主要原因，导致相位噪声曲线中存在奇异点（存在脉冲形式的谱线），严重影响无线通信系统的抗干扰性能。输出时间误差的周期性原理类似于模拟域频率综合器中小数分频器的周期性分频比输出。例如，在稳定锁定情况下，假设预设的分频比为 79.9，VPA 在每个参考频率周期内的计数值为 80，则 TDC 的输出小数部分依次为 0.1、0.2、0.3、…、0.8、0.9。当 TDC 的输出小数部分为 1 时，VPA 在该周期内的计数值增加至 81，相当于重新复位了 TDC 的计数过程。因此，TDC 的小数误差预估过程存在周期性，必然在输出的振荡频率中引入谐波杂散成分。因为重复周期较小，这种谐波杂散成分对环路的相位噪声性能影响较小。以上述分析为例，TDC 产生谐波杂散的基波频率为 $f_{\mathrm{ref}}/10$，而 ADFS 的环路带宽通常小于参考频率的 1/100，在最终的锁定过程，甚至小于参考频率的 1/500。因此，该谐波杂散成分会被 ADFS 的环路滤波器极大地压制。当 FCW 的小数部分足够小时，即该小数值远远小于 TDC 的单位延时 $\Delta t_{\mathrm{d}}$ 与 CKV 周期 $T_{\mathrm{v}}$ 之比，考虑到 FCW 的小数部分通常是通过累加器（或一阶$\Sigma$-$\Delta$ 调制器）的进位输出与 FCW 的整数部分相加后送入 RPA 累加提取参考相位的，因此 RPA 的累加结果在很长一段时间内呈现理想的线性特性（即每个参考时钟周期仅有 FCW 的整数部分参与累加）。ADFS 锁定后，在 RPA 的线性累加时间内，VPA 与 RPA 呈现相同的线性特性（即 VPA 每个参考时钟周期增加的计数量与 FCW 的整数部分相同）。此时相位误差的整数部分为 0，相位误差的小数部分由 TDC 决定。相位误差的小数部分通过环路的反馈逐渐增大 DCO 的输出频率，但是并不影响 VPA 的线性性能（即每参考频率时钟周期的累加量不变）。TDC 输出的小数相位误差值由于 $\Delta t_{\mathrm{d}}$ 的存在却呈现周期性的脉冲累加过程（DCO 输出频率的不断提高使 CKV 与 $f_{\mathrm{ref}}$ 的边沿时间差逐渐增大，每超过一个 $\Delta t_{\mathrm{d}}$，TDC 的输出就会产生一个脉冲）。综合考虑 RPA 的累加效果，累加周期为

$$T_{\mathrm{p}}=\frac{\Delta t_{\mathrm{d}}}{nT_{\mathrm{v}}}T_{\mathrm{ref}} \tag{11-183}$$

式中，$n$ 为 FCW 的小数部分；$T_{\mathrm{ref}}$ 为参考时钟频率周期。由于 $T_{\mathrm{p}}$ 较大，误差会无损通过 ADFS 的环路滤波器，恶化 ADFS 相位噪声的谐波杂散性能。以 $n$ = 0.00002、$T_{\mathrm{v}}$ = 200ps、$\Delta t_{\mathrm{d}}$ = 10ps、$f_{\mathrm{ref}}=1/T_{\mathrm{ref}}$ = 20MHz 为例，RPA 与 VPA 的值每 50000 个参考频率时钟周期进行一次非线性累加。在该时间段内，TDC 每 $\Delta t_{\mathrm{d}}/(nT_{\mathrm{v}})$ = 2500 个参考频率时钟周期输出值增加 $\Delta t_{\mathrm{d}}/T_{\mathrm{v}}$ = 0.05，经过 20 个累加过程后，TDC 回到初始状态（输出值为 0），此时 RPA 和 VPA 的累加值均为[FCW]+1，其中[ ]代表取整操作。因此，与 FCW 具有较大小数分频比的情况相似，相位误差过程仍呈现一个周期性的锯齿波状态，周期为 $T_{\mathrm{ref}}/n$。此周期锯齿波无法被环路滤波器滤除，因此会对 DCO 的输出频率进行调制，使输出频率信号的相位噪声中存在较强的谐波杂散。通常可以采用在 TDC 的输出端随机加扰的方式去周期化，提升 TDC 的杂散抑制性能[40-41]。另外，也可借鉴模拟域频率综合器中小数分频器的去周期原理，即采用$\Sigma$-$\Delta$ 调制器最大化小数分频比的随机性，减小相位噪声中的低频谐波杂散。采用一阶$\Sigma$-$\Delta$ 调制器与三阶$\Sigma$-$\Delta$ 调制器分别对 FCW 的小数部分进行处理，锁定后相位误差的具体时域仿真波形如

图 11-152 所示（其中参考时钟频率为 $f_{ref}$ = 26MHz，FCW 的小数部分 $n$ = 0.01）。可以看出，采用一阶∑-Δ 调制器会导致相位误差中出现周期性的锯齿波形，和上述分析相似，该周期性的锯齿波形通过环路滤波和 DCO 的积分作用后会周期性地调制 DCO 的输出相位进而使相位噪声中出现谐波杂散。高阶的∑-Δ 调制器可以有效地增加相位误差的随机化，提升输出振荡信号相位噪声的谐波杂散性能。两者对环路相位噪声性能的影响如图 11-153 所示。

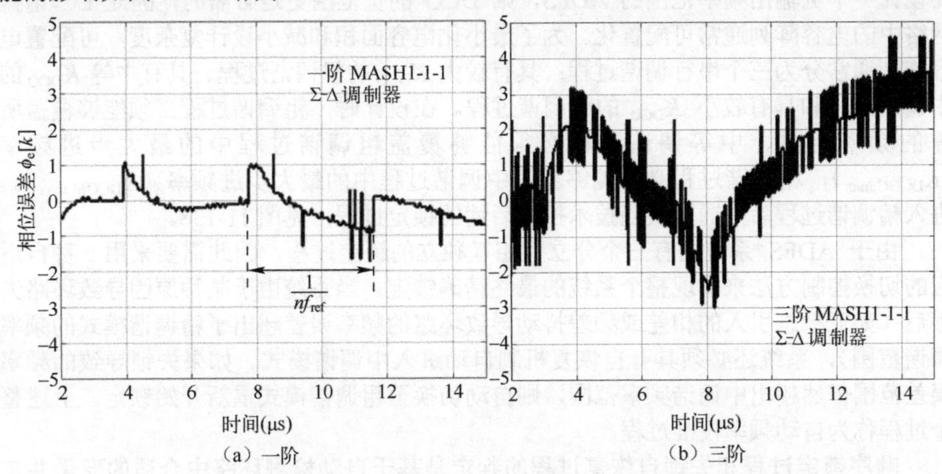


图 11-152　∑-Δ 调制器对 FCW 小数部分进行处理后相位误差时域波形

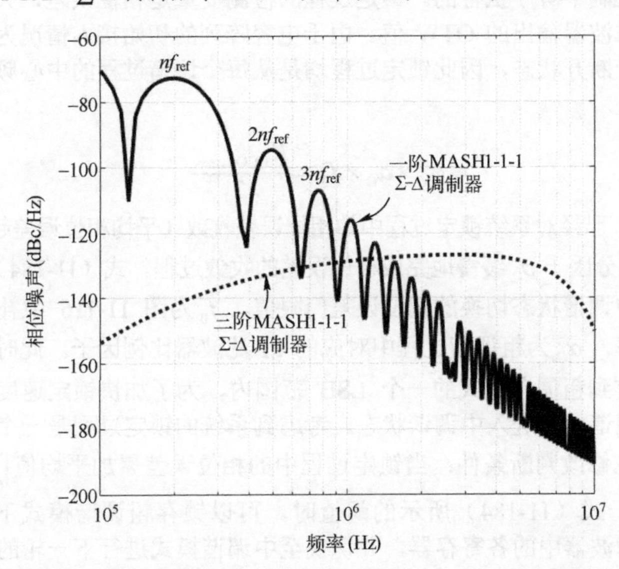


图 11-153　∑-Δ 调制器对 FCW 小数部分进行处理后相位误差的频域波形

## 11.6.5　全数字频率综合器设计

本节主要针对锁相环型 ADFS 和锁频环型 ADFS 的设计细节进行说明，包括自动频率校准、环路稳定性设计、数字电路设计中定点运算的溢出补偿等，并给出锁相环型 ADFS 与锁频环型 ADFS 的具体设计区别。

### 1. 自动频率校准过程

考虑到 PVT 对 LC 谐振频率的影响，即使在进行点频率的设计时，DCO 也需要在“tt”工艺角下提供一个较宽的输出频率范围用以补偿 PVT 带来的频率偏移。如果要设计一个宽输出频率范围的 ADFS，则 DCO 的宽范围更是必需的，因此 LC 谐振网络中的电容阵列通常可配置化。为了最小化电容面积和减小设计复杂度，可配置电容阵列通常分为三个串行调谐过程：具有较大 $K_{\rm DCO}$ 的粗调谐过程、具有中等 $K_{\rm DCO}$ 的中调谐过程和具有较小 $K_{\rm DCO}$ 的精调谐过程。在设计时，粗调谐过程必须能够覆盖所需的频率范围，中等调谐过程必须能够覆盖粗调谐过程中的最大步进频率（$K_{\rm DCOC,max}$），精调谐过程必须能够覆盖中调谐过程中的最大步进频率（$K_{\rm DCOM,max}$）。进入精调谐过程后，通过换挡技术控制后续的锁定过程，见图 11-138。

由于 ADFS 系统拥有三个分立且相互独立的锁定过程，因此需要采用一种自适应的切换控制方法来实现整个系统的最终精确锁定。当系统由于某种原因导致环路失锁后（如亚稳态引入的相差或频差抖动导致环路的频率误差超出了精调谐模式的频率调谐范围），系统还必须具有自恢复机制自动进入中调谐模式。如果失锁导致的频率误差范围仍然超出中调谐频率范围，则自动切换至粗调谐模式重新开始锁定。上述整个过程称为自动频率校准过程。

顺序锁定过程和失锁自恢复过程的判定是基于自动检测环路中合适的变量并在控制状态机的控制下有序执行的。锁定过程的检测变量是相位误差，失锁自恢复的检测变量是环路滤波器输出的 OTW 值。由于电容阵列的初始接入情况为一半处于导通状态，一半处于断开状态，因此锁定过程均是从每个调谐过程的中心频率开始。当满足$|\phi_{\rm e}|<\phi_{\rm eC}$，且

$$\phi_{\rm eC}\times\alpha_{\rm C}\times f_0=\frac{K_{\rm DCOC,max}}{2} \tag{11-184}$$

时，比例因子$\alpha_{\rm C}$已经对系统锁定过程中的相位误差收敛（平均相位误差趋于零）不起作用，需要依靠积分因子$\rho_{\rm C}$缓慢地完成相位误差的收敛过程。式（11-184）中，$\phi_{\rm eC}$为从粗调谐状态向中调谐状态切换的相位误差门限值，$f_0$为图 11-116 中补偿 DCO 数控增益的增益频率，$\alpha_{\rm C}$为粗调谐过程中对应的 PI 滤波器比例因子。此时整个系统的输出频率已经锁定到粗调谐模式的一个 LSB 范围内，为了加快锁定速度，环路状态机控制系统从粗调谐状态进入中调谐状态。考虑到系统的锁定过程是一个欠阻尼过程，因此需要适当地修改判断条件：当锁定过程中的相位误差累加平均值$\left|\sum\phi_{\rm e}\right|$连续在一段时间内均小于式（11-184）所示的阈值时，可以锁存粗调谐模式下最终的 OTW 值，清零环路滤波器中的各寄存器，并切换至中调谐模式进行下一轮的锁定。

当在一定时间范围内满足$\left|\sum\phi_{\rm e}\right|<\phi_{\rm eM}$，且

$$\phi_{\rm eM}\times\alpha_{\rm M}\times f_0=\frac{K_{\rm DCOC,max}}{2} \tag{11-185}$$

时，为了加快锁定速度，环路状态机控制系统锁存中调谐模式下最终的 OTW 值，清零环路滤波器中的各寄存器，并切换至精调谐模式进行最终的锁定。式（11-185）中，$\phi_{\rm eM}$为从中调谐状态向精调谐状态切换的相位误差门限值，$\alpha_{\rm M}$为中调谐过程中

对应的 PI 滤波器比例因子。

当某种因素导致环路产生较大的频率波动时，由于环路的负反馈作用，环路滤波器输出的 OTW 值逐渐朝着增大或减小的方向单调进行。当精调谐模式下的 OTW 值在一定的时间范围内超过或者低于阈值输出调谐字 $OTW_{F\_TH}$ 或 $OTW_{F\_TL}$ 时（OTW 为带符号数字信号，H 和 L 分别代表正阈值和负阈值），控制状态机控制环路状态进入中调谐模式，并将精调谐模式的 OTW 值置零。如果在中调谐模式下的 OTW 值在一定的时间范围内超过或者低于阈值输出调谐字 $OTW_{M\_TH}$ 或 $OTW_{M\_TL}$ 时，控制状态机控制环路状态进入粗调谐模式，并将中调谐模式的 OTW 值置零重新开始锁定过程。如果在粗调谐模式下的 OTW 值在一定的时间范围内超过或者低于阈值输出调谐字 $OTW_{C\_TH}$ 或 $OTW_{C\_TL}$ 时，则可以判定环路失锁。

ADFS 系统自动频率校准过程可概括为如图 11-154 所示的状态转移过程，图示中的变量 $k$ 和 $i$ 用于限定时间的参数。

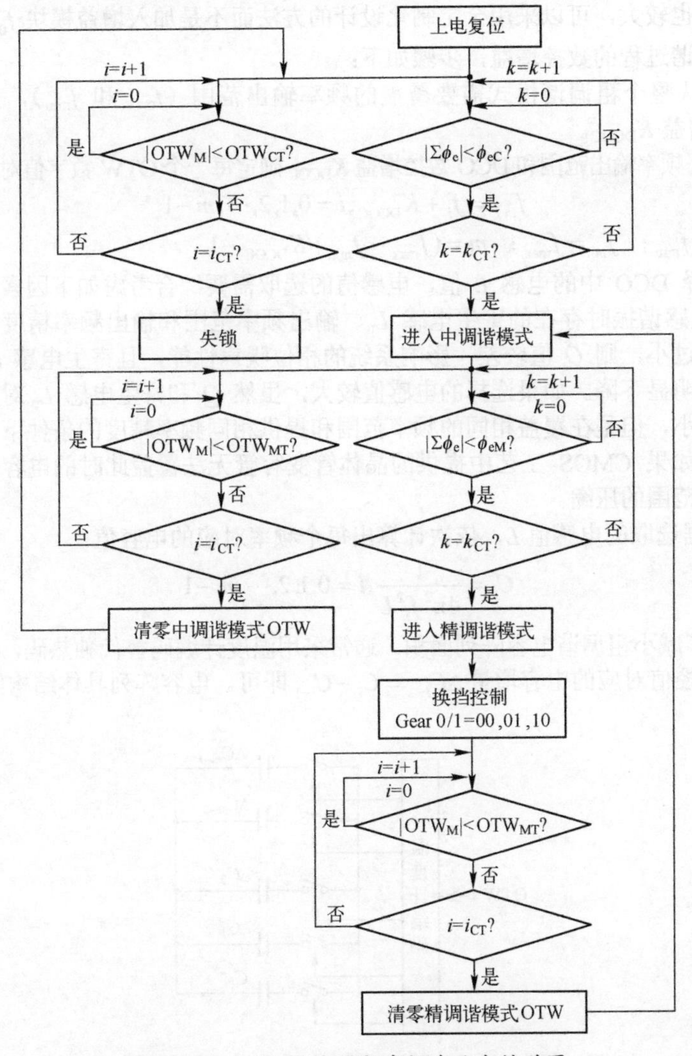


图 11-154　ADFS 自动频率校准状态转移图

### 2. 环路稳定性设计

与模拟域频率综合器相似，在设计宽输出范围 ADFS 时，系统环路同样面临着稳定性的问题。但与模拟域频率综合器不同的是，ADFS 系统的开环传输函数中并不包含分频比的值，唯一影响稳定性的是 DCO 的数控增益 $K_{DCO}$。由式（11-120）可知，$K_{DCO}$ 与输出频率的三次方成正比。由式（11-147）可知（需要将 $f_0$ 用 $K_{DCO}$ 替代），如果环路的输出频率范围足够宽，环路的阻尼因子会在较大的范围内波动，影响环路的稳定性。如图 11-116 和图 11-119 所示，可以通过加入增益模块 $f_0 / K_{DCO}$ 动态调整 DCO 的数控增益 $K_{DCO}$，使其稳定在 $f_0$，有效地确保环路的严格稳定性。

### 3. 粗调谐模式中恒定 $K_{DCO}$ 的实现

粗调谐模式主要用于覆盖所需的输出频率范围，$K_{DCO}$ 较大，因此相应电容阵列中的电容值也较大，可以采用全定制化设计的方法而不是加入增益模块 $f_0 / K_{DCO}$ 的方法恒定粗调谐过程的数控增益，步骤如下：

① 确认整个粗调谐模式需要覆盖的频率输出范围（$f_{max}$ 和 $f_{min}$），设定需要的 DCO 数控增益 $K_{DCOC}$。

② 根据频率输出范围和 DCO 数控增益 $K_{DCOC}$ 确定每一个 OTW 数字值对应的频率：

$$f_{i+1} = f_i + K_{DCOC}, i = 0,1,2,\cdots,m-1 \tag{11-186}$$

式中，$f_0 = f_{min}$；$f_m = f_{max}$；$m = (f_{max} - f_{min})/K_{DCOC} - 1$。

③ 选择 DCO 中的电感 $L$ 值，电感值的选取需要综合考虑如下因素：电感品质因子 $Q$、电感谐振时存在的寄生电感 $L_p$、输出频率范围和输出频率精度等。如果选择的电感值过小，则 $Q$ 值较差，影响系统的相位噪声性能，且寄生电感 $L_p$ 会导致振荡频率出现明显下降。如果选择的电感值较大，虽然 $Q$ 和寄生电感 $L_p$ 对系统性能的影响相对较小，但是在覆盖相同的频率范围和提供相同频率精度的条件下，需要的电容值更小。如果 CMOS 工艺中提供的晶体管变容管无法覆盖此时的电容值，则会导致输出频率范围的压缩。

④ 根据选取的电感值 $L$，依次计算出每个频率对应的电容值：

$$C_i = \frac{1}{4\pi^2 f_i^2 L}, i = 0,1,2,\cdots,m-1 \tag{11-187}$$

⑤ 为了减小粗调谐电容阵列面积，通常采用温度计编码替代独热码，因此只需计算出每个数控值对应的电容增量 $\Delta C_{i+1} = C_i - C_{i+1}$ 即可。电容阵列具体结构如图 11-155 所示。

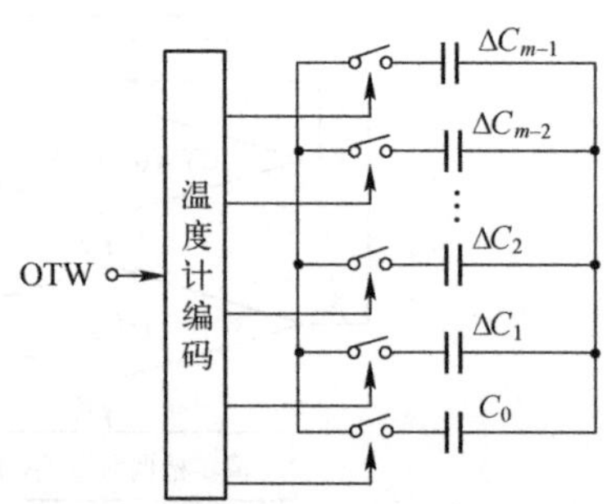


图 11-155 粗调谐过程中温度计编码电容阵列结构

### 4. 中/精调谐模式中恒定 $K_{\text{DCO}}$ 的实现

与粗调谐过程中采用定制化电容阵列不同，中/精调谐过程中的电容阵列均具有相同的值。由式（11-120）可知，此时

$$\frac{\partial C_{\text{V}}}{\partial V_{\text{ctrl}}}=\frac{\partial C_{\text{V}}}{\partial \text{LSB}}=C_{\text{M/F}} \tag{11-188}$$

式中，$C_{\text{M}}$ 和 $C_{\text{F}}$ 分别为中调和精调谐电容阵列中的单元电容值。由 $C_{\text{M}}$ 形成的中调谐电容阵列之和必须大于粗调谐电容阵列中最大的电容增量值 $\Delta C_{\text{i}}$。由 $C_{\text{F}}$ 形成的精调谐电容阵列之和必须大于中调谐电容阵列中的单元电容值 $C_{\text{M}}$。

以中调谐电容阵列为例，式（11-120）可以改写为

$$K_{\text{DCOM}i}=-2\pi^2 Lf_{\text{DCO}i}^3 C_{\text{M}}, i=1,2,3,\cdots,N \tag{11-189}$$

式中，$N$ 为划分的频率组个数；$f_{\text{DCO}i}$ 为不同的频率组的中心频率；$K_{\text{DCOM}i}$ 为不同的频率组对应的 DCO 数控增益。为了保证 DCO 数控增益的稳定性，针对不同的频率组应该加入的增益模块的增益为 $f_0/K_{\text{DCOM}i}$，此处的 $f_0$ 与粗调谐过程的 DCO 数控增益 $K_{\text{DCOC}}$ 相同。具体实现时可以通过查找表的形式，将不同的频率组对应的分频比与相应的增益模块对应的增益建立联系，实现简洁快速补偿。精调谐过程的数控增益补偿过程与中调谐过程相同，不再赘述。

### 5. 数字电路设计中定点运算的溢出补偿

数字电路中所有的运算均为定点运算，只要内部存在累加器（积分器），就难免会存在溢出的问题。对于如图 11-113 所示的锁相环型 ADFS 系统和图 11-114 所示的锁频环型 ADFS 系统，VPA、RPA、针对输出频差的累加器和数字环路滤波器中均存在累加功能，在计算过程中都会存在溢出风险，必须采取一定的补偿措施避免溢出可能导致的环路失锁。

锁相环型 ADFS 计算过程中的溢出包含两个方面。一方面是 VPA 和 RPA 的异步溢出导致计算的相位误差出现阶跃性脉冲，降低环路锁定速度，严重时甚至可以导致环路失锁。对于 $m$ 位 VPA 和 RPA 计数器，假设鉴相器的输出为$(m+1)$位有符号数，可以采用如图 11-156 所示的方法进行溢出补偿。该补偿方法存在折中的问题：如果 VPA 和 RPA 的计数累加结果之差超过了 $2^{m-1}$ 或小于$-2^{m-1}$，则此补偿方法仍会引入较大的脉冲扰动。如果进一步拓展此范围，当 VPA 和 RPA 发生异步溢出情况时，相位误差很有可能落入此范围之内，无法进行溢出补偿输出，也会引入较大的脉冲扰动。折中考虑，会将这两个临界值选在中间位置。为了尽可能减小相位误差溢出带来的模糊情况，可以通过增大输出位宽，或者在保证环路稳定性的前提下增大 PI 滤波器中比例因子和积分因子以提升反馈能力来改善。另一方面是由 PI 滤波器中的累加模块引入的。如图 11-116 所示，相位误差经过 PI 滤波器（环路滤波器中除了 IIR 滤波器的其他部分）的持续累加也可能存在翻转溢出导致环路产生较大脉冲扰动的情况，可以通过简单的限幅方式完全避免此种溢出情况。当滤波结果超过或等于设定的最大阈值后，维持最高阈值的输出；当滤波结果低于或等于设定的最小阈值后，维持最小阈值输出；当滤波结果位于两者之间时，维持正常输出。

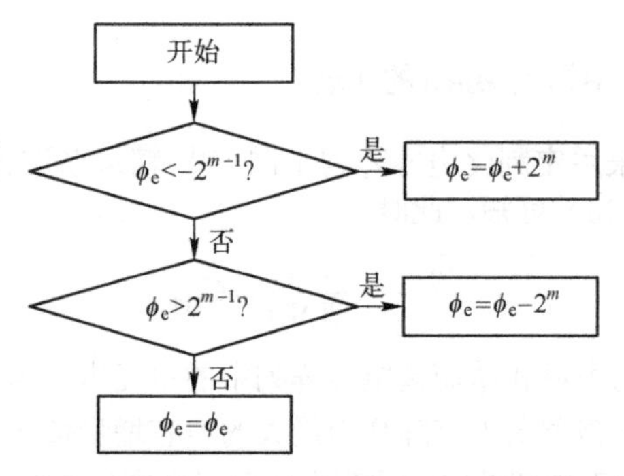


图 11-156 VPA 和 RPA 异步溢出补偿措施

锁频环型 ADFS 同样存在两种溢出情况。一种是频率差累加器的积分溢出，另一种是和锁相环型 ADFS 相同的 PI 滤波器积分溢出。这两种溢出情况均可以通过简单的限幅方式完全避免。另外，锁频环型 ADFS 不需要高比特位数的 VPA 和 RPA 两种计数器，VFC 可以根据分频比的范围选择最低的计数位数，减小电路复杂度和功耗。累加器的位数选择也无须考虑溢出情况从而选择较高的比特位数。相较于锁相环型 ADFS，锁频环型 ADFS 在具有相同性能的情况下还可以提供更加简洁和稳定的设计。

### 6. 锁相环型 ADFS 和锁频环型 ADFS 设计

本节针对锁相环型 ADFS 和锁频环型 ADFS 的完整电路结构进行说明，并给出其在特定参数下的仿真结果，直观地理解 ADFS 的具体工作过程，以及锁相环 ADFS 和锁频环 ADFS 的差异性。

基于环路计数器的锁相环型 ADFS 系统的完整电路结构如图 11-157 所示。自动频率校准模块主要采用图 11-154 所示的状态级结构进行电路不同调谐模式的切换。模糊补偿主要用于补偿 VPA 和 RPA 异步溢出引入的脉冲扰动。限幅模块可以有效地解决持续累加导致的数值翻转溢出。增益模块 $f_0/K_{\text{DCOM/F}}$ 动态地补偿中/精调谐过程中的 DCO 数控增益非线性，维持环路的稳定性。

参考例 11-1 的环路滤波器参数，系统参考频率为 $f_{\text{ref}}$ = 26MHz，粗调谐过程、中调谐过程和精调谐过程的 DCO 数控增益分别为 26MHz、1.6MHz 和 200kHz，增益模块中 $f_0$ 与参考时钟频率相等，分频比设定为 $N$ = 192.3077（系统的输出频率为 5GHz），VPA 和 RPA 的累加位数均为 10，DCO 的初始频率设置为 3GHz。使用 Matlab Simulink 工具根据上述参数对锁相环型 ADFS 进行建模，通过固定计时功能简化自动频率校准模块。其中，0～2μs 为粗调谐过程，2～3.5μs 为中调谐过程，3.5～4μs 为精调谐过程中 Gear1/0 =“00”的过程，4～5μs 为精调谐过程中 Gear1/Gear0 =“01”的过程，5～6μs 精调谐过程中 Gear0/Gear1 =“10”的过程。具体仿真结果如下。

图 11-158 为 VPA 输出计数结果 $R_v[i]$、CKR 采样后的同步计数结果 $R_v[k]$和 RPA 同步计数结果 $R_r[k]$的仿真图示。在粗调谐阶段（0～1μs）存在三个 VPA 和 RPA 累加异步溢出的情况，对应的相位误差 $R_e[k]$和经过模糊补偿后的 $R_e[k]$仿真结果如图 11-159 所示。可以看出，在 VPA/RPA 的计数位宽为 10，环路滤波器中 PI 滤波器的积分因子和比例因子见表 11-6（对应粗调谐过程的滤波器参数），按照图 11-156 进行模糊补偿，则由于 VPA 和 RPA 的异步溢出带来的相位误差的脉冲扰动经过模糊补偿可以完全去除。由于在中调谐过程和精调谐过程中，环路近似锁定，相位误差较小，异步溢出情况很少存在。

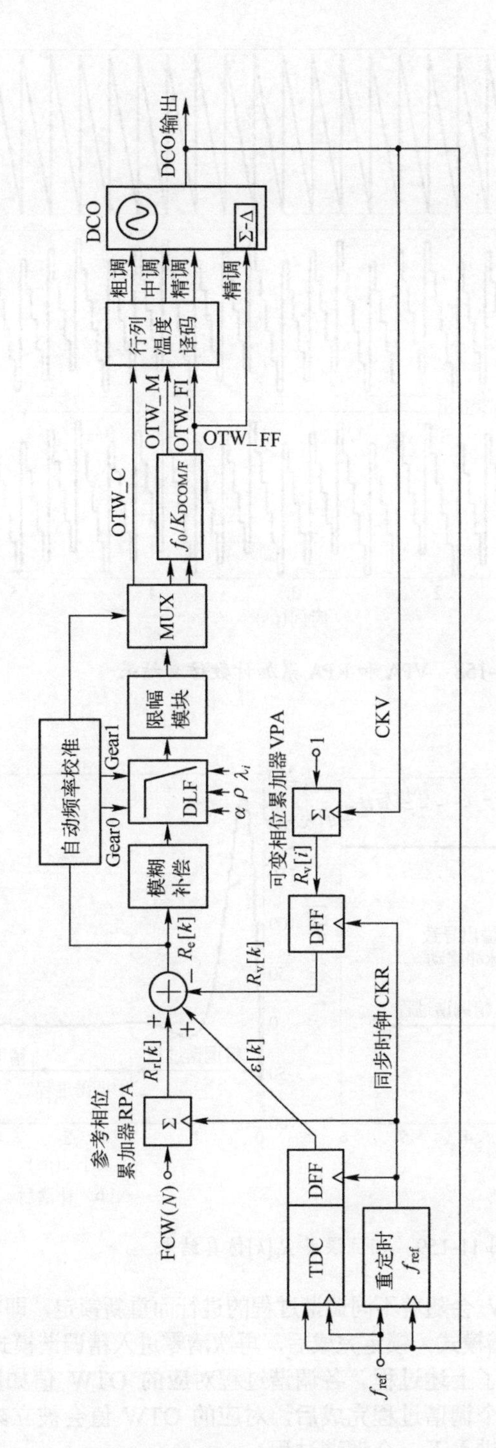


图 11-157　基于环路计数器的锁相环型 ADFS 系统的完整电路结构

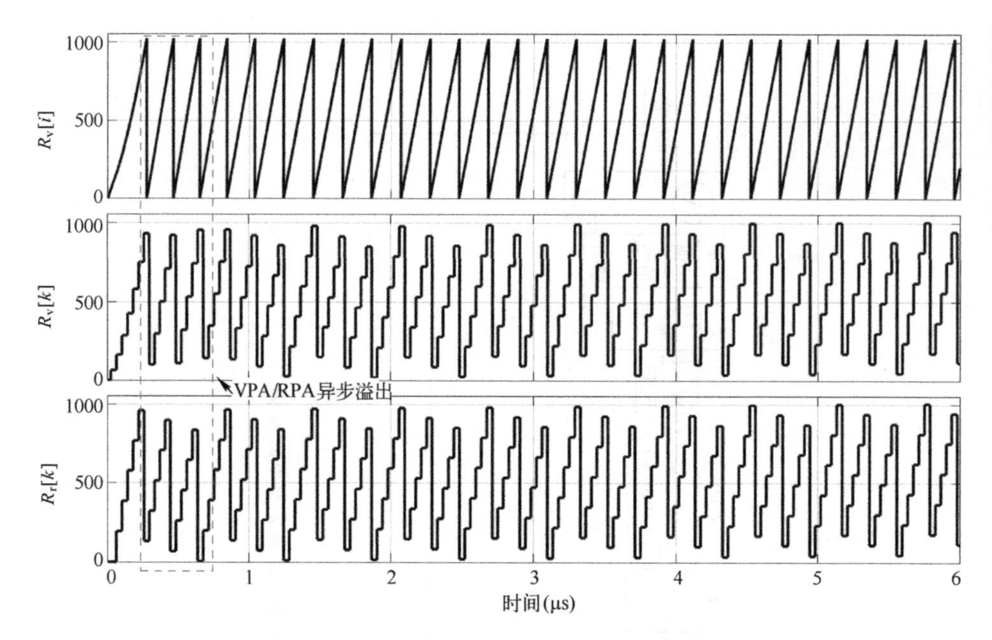


图 11-158 VPA 和 RPA 累加计数仿真结果

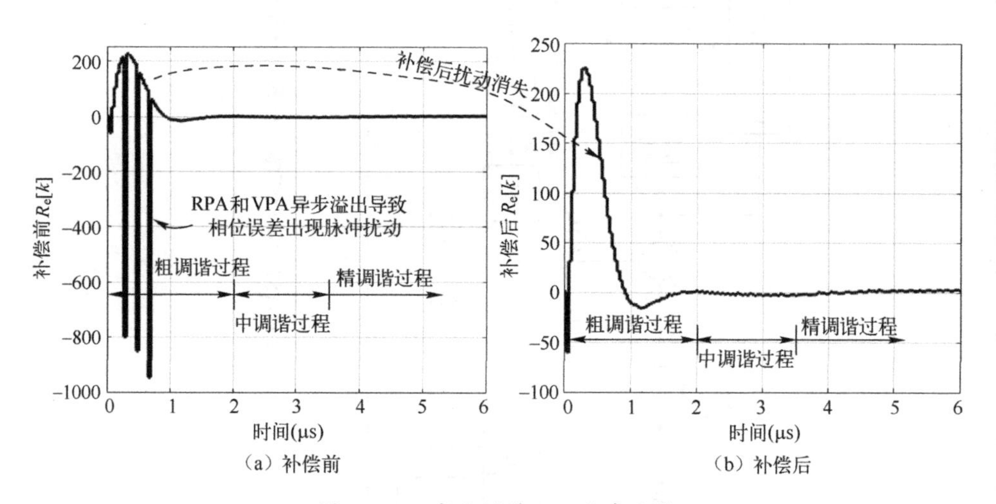


图 11-159 相位误差 $R_e[k]$仿真结果

环路滤波器输出的 OTW 会随着不同调谐过程的进行而重新锁定，即粗调谐过程锁定一个值后，清零进入中调谐模式，锁定完成后，再次清零进入精调谐模式，图 11-160 所示的仿真结果直观地呈现了上述过程。各调谐过程对应的 OTW 值如图 11-161 所示。可以明显地看出，当一个调谐过程完成后，对应的 OTW 值会被立刻锁存，清零环路滤波器的相关寄存器后进入下一个调谐过程。

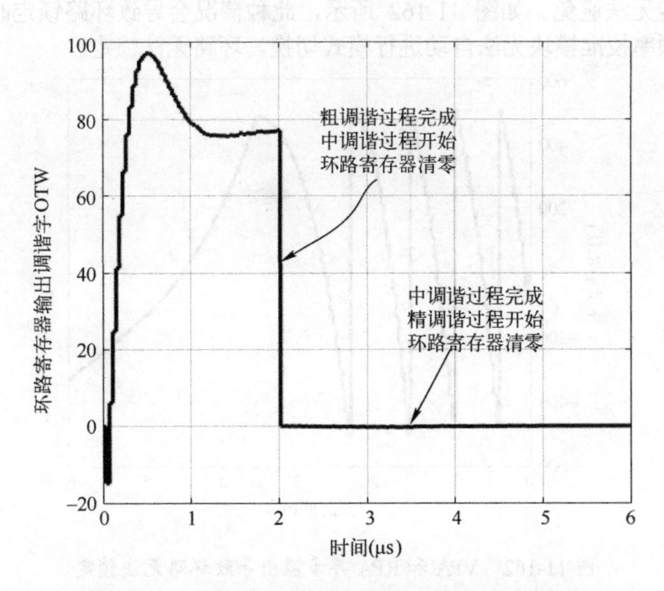


图 11-160　环路滤波器输出调谐字 OTW 仿真结果

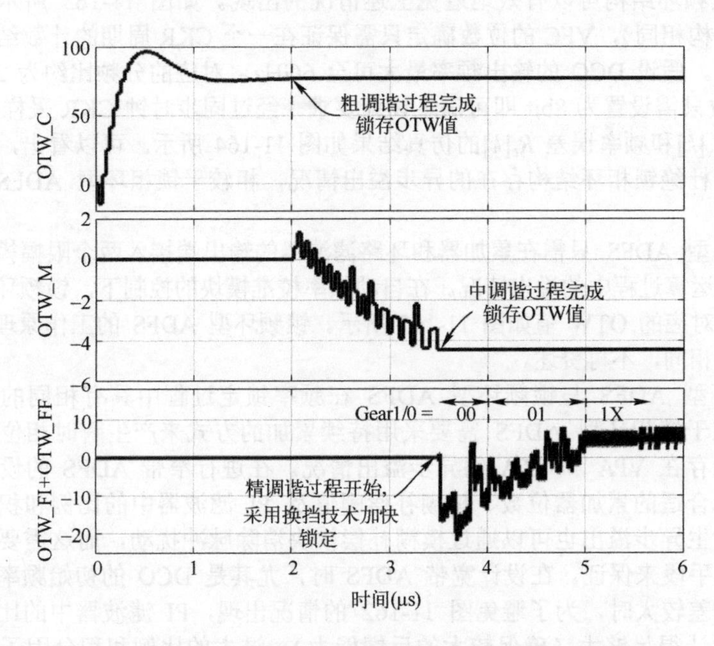


图 11-161　锁相环型 ADFS 各调谐过程 OTW 值仿真结果

压缩粗调谐过程对应的 PI 滤波器比例因子和积分因子（压缩环路带宽）至中调谐过程对应的滤波器参数，重新仿真图 11-157 所示锁相环路。由于滤波器比例因子和积分因子的减小，环路的反馈能力下降，在频差较大（2GHz）的情况下，相位误差持续增长的时间比较长，从而出现相位误差大于模糊补偿模块中两倍阈值的情况，导致溢出翻转无法避免。如图 11-162 所示，此种情况会导致环路锁定时间的延长，甚至使自动频率校准模块无法自动进行模式切换，环路无法锁定。

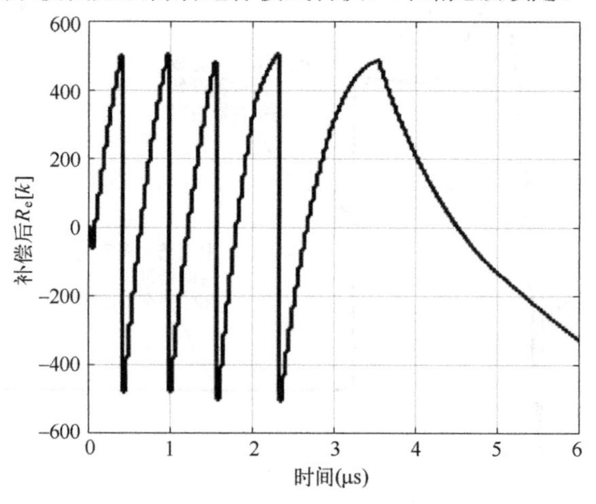


图 11-162 VPA 和 RPA 异步溢出导致环路无法锁定

采用锁频环结构可以有效地避免上述情况的出现。如图 11-163 所示（参数值与锁相环结构相同），VFC 的位数确定只需保证在一个 CKR 周期的计数结果不会发生溢出即可。假设 DCO 的输出频率最大可至 6GHz，对应的分频比约为 231，因此 VFC 的位数只需设置为 8bit 即可满足设计要求。经过同步时钟 CKR 采样后的 VFC 计数结果 $R_v[k]$和频率误差 $R_e[k]$的仿真结果如图 11-164 所示。可以看出，锁频环结构可以完全杜绝锁相环结构存在的异步溢出情况，相较于锁相环型 ADFS，可靠性更高。

锁频环型 ADFS 只需在累加器和环路滤波器的输出端接入两个限幅模块即可保证定点数值运算过程中的溢出情况。在自动频率校准模块的控制下，锁频环型 ADFS 各调谐过程对应的 OTW 值如图 11-165 所示。锁频环型 ADFS 的工作原理与锁相环型 ADFS 的相同，不再赘述。

锁相环型 ADFS 与锁频环型 ADFS 在频率锁定过程中具有相同的功能和性能，区别在于锁相环型 ADFS 需要采用持续累加的方式来产生瞬时相位变量，就不可避免地存在 VPA 和 RPA 的异步溢出情况。在进行窄带 ADFS 的设计时，可以通过选择合适的累加器位数、模糊补偿阈值及 PI 滤波器中的比例和积分因子，确保即使发生异步溢出也可以通过模糊补偿模块消除脉冲扰动，而这需要通过采用完备的仿真手段来保证。在设计宽带 ADFS 时，尤其是 DCO 的初始频率与需要锁定的频率相差较大时，为了避免图 11-162 的情况出现，PI 滤波器中的比例和积分因子必须设计得足够大（确保较大的反馈能力）。过大的比例和积分因子会导致自动频率校准模块在进行状态切换时的阈值范围较大，可能会出现过早地进入下一个状态的情况，导致剩余频率差值超过当前调谐过程覆盖的频率范围，环路无法正常锁定。

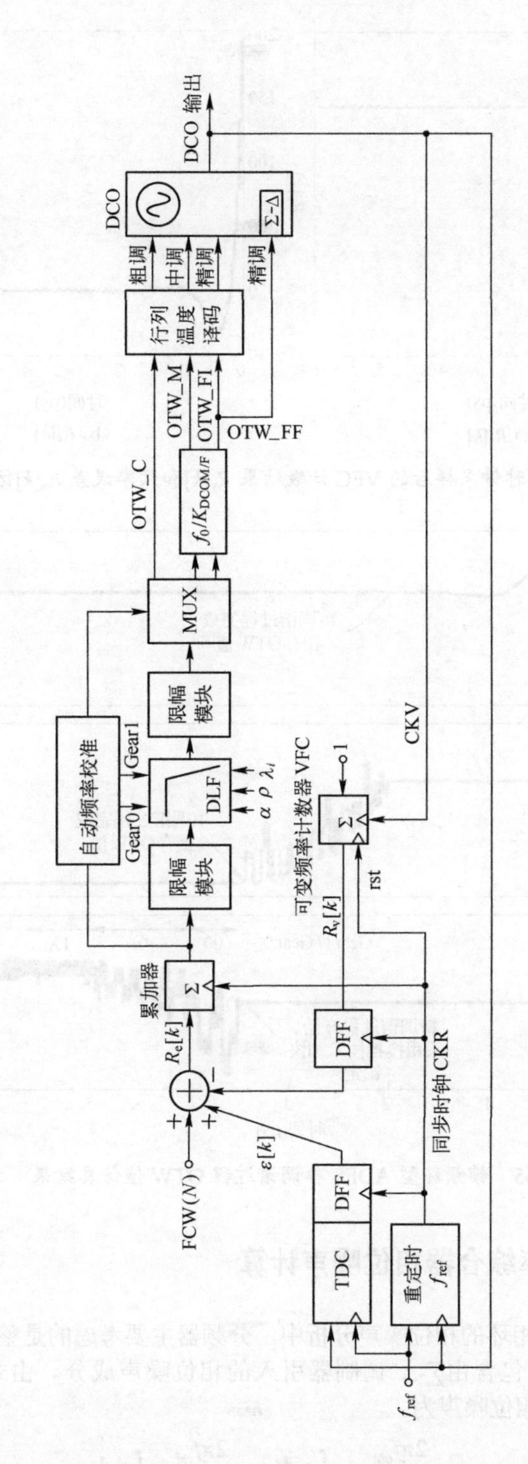


图 11-163 锁频环型 ADFS 系统完整电路结构

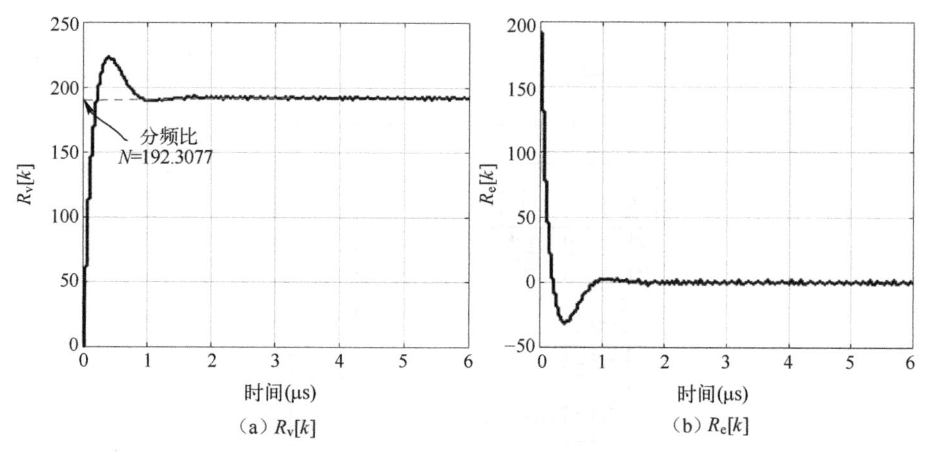


图 11-164 经同步时钟采样后的 VFC 计数结果 $R_v[k]$和频率误差 $R_e[k]$仿真结果

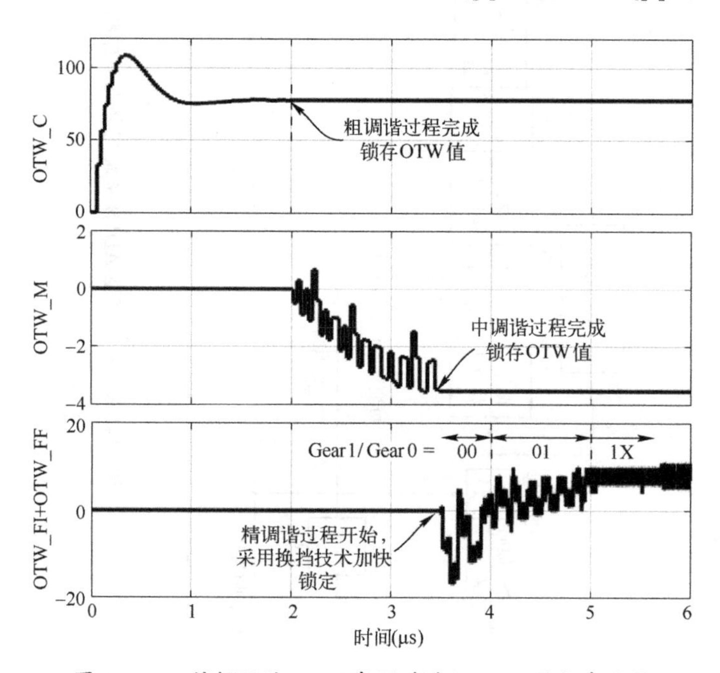


图 11-165 锁频环型 ADFS 各调谐过程 OTW 值仿真结果

# 附录 小数分频频率综合器相位噪声计算

在第 10 章中对锁相环的相位噪声分析中，分频器主要考虑的是整数分频器，因此总的相位噪声中并不包含由∑-Δ 调制器引入的相位噪声成分。由式（11-71）可知，∑-Δ 调制器引入的相位噪声为

$$\phi_{n,\Sigma\text{-}\Delta}=\frac{2\pi f_{out}}{(N+1/M)^2}\int q_t\mathrm{d}t=\frac{2\pi f_{ref}}{N+1/M}\int q_t\mathrm{d}t \tag{11-190}$$

相位噪声功率谱为

$$\left|\phi_{\mathrm{n},\Sigma\text{-}\Delta}(s)\right|^2=\left|\frac{(2\pi f_{\mathrm{ref}})^2q_{\mathrm{t}}^2(s)}{s^2(N+1/M)^2}\right|=\left|\frac{(2\pi f_{\mathrm{ref}})^2q_{\mathrm{t}}^2(s)}{(2\pi\Delta f)^2(N+1/M)^2}\right|=\left|\frac{f_{\mathrm{ref}}^2q_{\mathrm{t}}^2(s)}{\Delta f^2(N+1/M)^2}\right| \tag{11-191}$$

式中，$q_{\mathrm{t}}(s)$ 为Σ-Δ 调制器引入的量化噪声功率谱密度，其与式（11-177）相同。在频率综合器的输出端，Σ-Δ 调制器贡献的相位噪声功率为

$$p_{\mathrm{out},\Sigma\text{-}\Delta}=\left|\phi_{\mathrm{n},\Sigma\text{-}\Delta}(s)\right|^2=\left|H_{\mathrm{n,DIV}}(s)\right|^2 \tag{11-192}$$

将其与式（10-98）中的计算结果进行累加便可精确计算出小数分频频率综合器的相位噪声。

## 参考文献


[1] VOLDER J E. The CORDIC trigonometric computing technique [J]. IEEE Transactions on Electronics Computing, 1959, 8(3): 330-334.

[2] 荀力. 基于 FPGA 的高速 DDS 关键技术研究[D]. 成都: 电子科技大学, 2016.

[3] 池保勇，余志平，石秉学. CMOS 射频集成电路分析与设计[M]. 北京：清华大学出版社, 2007.

[4] BERGERON M, WILLSON A N. A 1-GHz direct digital synthesizer in an FPGA [C]. IEEE Int. Symposium on Circuits and Systems, Melbourne, 2014: 329-332.

[5] YUAN J, SVENSSON C. High-speed COMS circuit technique [J]. IEEE Journal of Solid-State Circuits, 1989, 24(1): 62-70.

[6] VAUCHER C S, FERENCIC I. A family of low-power truly modular programmable dividers in standard 0.35um CMOS technology [J]. IEEE Journal of Solid-State Circuits, 2000, 35(7): 1039-1045.

[7] RAZAVI B. 射频微电子：英文版 [M]. 2 版. 北京：电子工业出版社, 2012.

[8] RAZAVI B. A study of injection locking and pulling in oscillator [J]. IEEE Journal of Solid-State Circuits, 2004, 39(9): 1415-1424.

[9] CHAO K C, NADEEM S, LEE W L, et al. A higher order topology for interpolative modulators for oversampling A/D converters [J]. IEEE Transactions on Circuits and Systems, 1990, 37(3): 309-318.

[10] EENINGER S E, PERROTT M H. A 1-MHz bandwidth 3.6-GHz 0.18-μm CMOS fractional-N synthesizer utilizing a hybrid PFD/DAC structure for reduced broadband phase noise [J]. IEEE Journal of Solid-State Circuits, 2006, 41(4): 966-981.

[11] WANG K J, SWAMINATHAN A, GALTON I. Spurious tone suppression techniques applied to a wide-bandwidth 2.4GHz fractional-N PLL [J]. IEEE Journal of Solid-State Circuits, 2008, 43(12): 2787-2797.

[12] KIM K S, KIM K, YOO C. A $f_{\mathrm{REF}}$/5 bandwidth type-Ⅱ charge-pump phase-locked loop with dual-edge phase comparison and sampling loop filter [J]. IEEE Microwave and Wireless Components Letters, 2018, 28(9): 825-827.

[13] 周炯槃，庞沁华，续大我，等. 通信原理[M]. 4 版. 北京：北京邮电大学出版社, 2015.

[14] HUANG M, CHEN D, GUO J, et al. A CMOS delta-sigma PLL transmitter with efficient

modulation bandwidth calibration [J]. IEEE Transactions on Circuits and Systems-I: Regular papers, 2015, 62(7): 1716-1725.

[15] HUANG D, LI W, ZHOU J, et al. A frequency synthesizer with optimally coupled QVCO and harmonic-rejection SSBmixer for multi-standard wireless receiver [J]. IEEE Journal of Solid-State Circuits, 2011, 46(6): 1307-1320.

[16] LI S T, LI J C, GU X C, et al. Reconfigurable all-band RF CMOS transceiver for GPS/GLONASS/Galileo/Beidou with digitally-assisted calibration [J]. IEEE Transactions on VLSI Syst., 2015, 23(9): 1814-1827.

[17] LU L, CHEN J, YUAN L, et al. An 18-mW 1.175-2-GHz frequency synthesizer with constant bandwidth for DVB-T tuners [J]. IEEE Transactions on Microw. Theory Tech., 2009, 57(4): 928-937.

[18] LI B, FAN X, WANG Z. A wideband LC-VCO with small VCO gain variation and adaptive power control [J]. Journal of Semiconductors, 2012, 33(10): 105008(1-6).

[19] MOON Y J, ROH Y S, JEONG C Y. A 4.39-5.26GHz LC-tank CMOS voltage-controlled oscillator with small VCO-gain variation [J]. IEEE Microw. Wireless Comp. Letters, 2009, 19(8): 524-526.

[20] SHIN J, SHIN H. A fast and high-precision VCO frequency calibration technique for wideband fractional-N frequency synthesizers [J]. IEEE Transactions on Circuits and Systems-I: Regular Papers, 2010, 57(7): 1573-1582.

[21] LEE D S, JANG J H. A wide-locking-range dual injection-locked frequency divider with an automatic frequency calibration loop in 65-nm CMOS [J]. IEEE Transactions on Circuits and Systems-II: Express Briefs, 2015, 62(4): 327-331.

[22] ZHOU J, LI W, HUANG D, et al. A 0.4-0.6-GHz frequency synthesizer using dual-mode VCO for software-defined radio [J]. IEEE Transactions on Microwave Theory and Techniques, 2013, 61(2): 848-859.

[23] JAEWOOK S, HYUNCHOL S. A 1.9-3.8GHz ΔΣ fractional-N PLL frequency synthesizer with fast auto-calibration of loop bandwidth and VCO frequency [J]. IEEE Journal of Solid-State Circtuis, 2012, 47(3): 665-675.

[24] HU A, LIU D, ZHANG K, et al. A 0.045- to 2.5-GHz frequency synthesizer with TDC-based AFC and phase switching multi-modulus divider [J]. IEEE Transactions on Circuits and Systems-I: Regular Papers, 2020, 67(12): 4470-4483.

[25] DING X, WU J, CHEN C. An agile automatic frequency calibration technique for PLL [C]. IEEE International Conference Integrated Circuits, Technologies and Applications, Beijing, 2018: 32-33.

[26] RYU H, SUNG E T. Fast automatic frequency calibrator using an adaptive frequency search algorithm [J]. IEEE Transactions on Very Large Scale Integration (VLSI) Systems, 2017, 25(4): 1490-1496.

[27] 卢磊. 射频接收机中分数分频频率综合器的研究与设计[D]. 上海: 复旦大学, 2009.

[28] LIN T Y, YU T Y, KE L W, et al. A low-noise VCO with a constant KVCO for GSM/GPRS/EDGE applications [C]. IEEE Radio Frequency Integrated Circuits, Atalanta, 2008: 387-390.

[29] LIU X L, ZHANG L, ZHANG L, et al. A 3.01-3.82GHz CMOS LC voltage-controlled oscillator

with 6.29% VCO-gain varation for WLAN applications [J]. Journal of Semiconductors, 2014, 35(7): 075002(1-7).

[30] WU T, HANUMOLU P K, MAYARAM K, et al. Method for a constant loop bandwidth in LC-VCO PLL frequency synthesizers [J]. IEEE Journal of Solid-State Circuits, 2009, 44(2): 427-435.

[31] MOON Y J, ROH Y S, JEONG C Y, et al. A 4.39-5.26GHz LC-tank CMOS voltage-controlled oscillator with small VCO-gain variation [J]. IEEE Microwave and Wireless Components Letters, 2009, 19(8): 524-526.

[32] 李松亭. CMOS 射频接收集成电路关键技术研究与设计实现[D]. 长沙: 国防科学技术大学, 2015.

[33] WU T, HANUMOLU P K, MAYARAM K, et al. Method for a constant loop bandwidth in LC-VCO PLL frequency synthesizers [J]. IEEE Journal of Solid-State Circuits, 2009, 44(2): 427-435.

[34] STASZEWSKI R B, LEIPOLD D, MUHAMMAD K, et al., Digitally controlled oscillator (DCO)-based architecture for RF frequency synthesis in a deep-submicrometer CMOS process [J]. IEEE Journal of Solid-State Cictuits, 2003, 50(11): 815-828.

[35] 俞思辰. 无线射频领域中宽带全数字频率综合器的研究与设计[D]. 上海: 复旦大学, 2014.

[36] LEE M, HEIDARI M E, ABIDI A A. A low-noise wideband digital phase locked loop based on a coarse-fine time-to-digital converter with subpicosecond resolution [J]. IEEE Journal of Solid-State Circuits, 2009, 44(10): 2808-2816.

[37] YU J, DAI F F JAEGER R C. A 12-bit Vernier ring time-to-digital converter in 0.13μm CMOS technology [J]. IEEE Journal of Solid-State Circuits, 2010, 45(4): 830-842.

[38] STRAAYER M Z, PERROTT M H. A multi-path gated ring oscillator TDC with first-order noise shaping [J]. IEEE Journal of Solid-State Circuits, 2009, 44(4): 1089-1098.

[39] MYERS C J. Asynchronous Circuit Design [M]. New York: John Wiley & Sons, Inc., 2001.

[40] TEMPORITI E, WU C W, BALDI D, et al. A 3.5GHz wideband ADPLL with fractional spur suppression through TDC dithering and feedforward compensation [J]. IEEE Journal of Solid-State Circuits, 2010, 45(12): 2723-2736.

[41] WAHEED K, STASZEWSKI R B, DULGER F, et al. Spurious-free time-to-digital conversion in an ADPLL using short dithering sequences [J]. IEEE Transactions on Circuits and Systems-I: Regular paper, 2011, 58(9): 2051-2060.

# 第 12 章

# 射频收发机设计实例

为了加深对前述各章节内容的理解，本章以多模卫星导航系统射频接收机为例，详细阐述射频集成电路的一般性设计流程及方法。主要内容包括射频通信链路预算、射频集成电路架构选型及设计、射频集成电路链路预算、各主要模块设计及部分主要参数仿真方法和结果等。由于射频集成电路中存在多种数字辅助型校准电路，因此本章还会详细介绍射频接收机中的多种数字辅助校准电路功能及电路实现。同时为了帮助读者建立超宽带可重构（软件定义无线电）射频收发机的设计思路，本章还详细介绍了一款频率范围覆盖 50MHz～6GHz 的软件定义无线电射频收发机的具体设计方法。最后以一个 QPSK 全数字发射机为例，给出典型全数字极化和正交发射机的具体设计方法。为了更直观地掌握射频收发机的具体设计方法，本书还配套了辅助学习的电子资料，内含射频收发机的一个具体设计案例（包括各主要电路模块及系统级仿真激励源和仿真工程），大部分电路模块采用晶体管级设计实现，数字辅助模块均采用 Verilog-A 模型来实现以加快仿真速度，同时提供针对小数分频型频率综合器自动频率校准模块及∑-Δ 调制器的 Verilog 代码及 Vivado 工程以备读者学习。另外，电子资料中还提供了基于 Simulink 模块搭建的锁频环型和锁相环型全数字频率综合器电路模型，供读者学习。

射频收发机的设计与实现是一个极其复杂的理论结合实践的过程，一个合格的科研工作者必须具备深厚的通信与信号处理理论知识，并熟练掌握半导体物理、电路与系统、模拟/数字集成电路设计和射频集成电路设计等基础电路知识理论；同时还需要掌握各种 EDA 工具的使用方法、工艺库的使用方法、版图设计、可测性设计、遍历验证仿真方法等芯片前端设计手段，以及封装、流片、测试（小批量主要指封装后的样品测试过程，大批量包括 Chip Scope 测试与 Final Test 测试）等芯片后端应用手段。因此，本章的几个设计实例无法全部覆盖射频集成电路设计中的各种注意事项及问题，仍需要读者在后续的科学研究和工程实践中深挖理论、频繁尝试、积累经验。

## 12.1　射频集成电路设计流程

射频集成电路的设计通常遵循如图 12-1 所示的典型流程，每个过程详细说明如下：

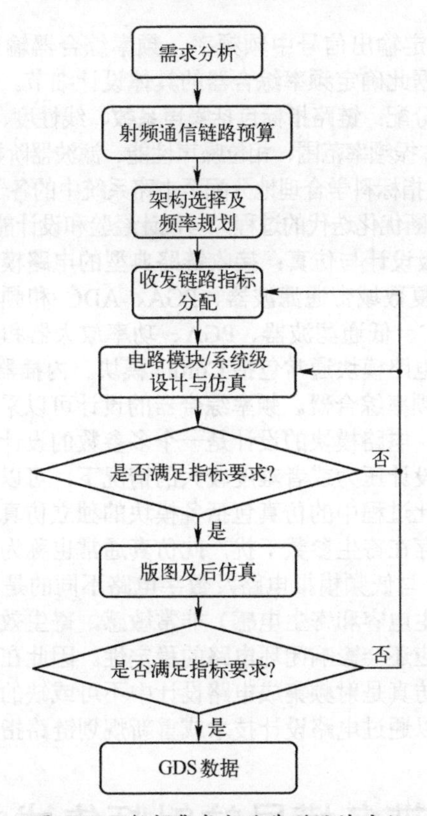


图 12-1　射频集成电路典型设计流程

① 需求分析：针对具体的通信系统，详细分析所设计射频集成电路在通信系统中所处的位置，主要关注通信码速率、调制解调方法、信号编码方式、通信距离等；另外，还需要确定所设计射频集成电路的具体工作模式和场景以确定是否需要进行低功耗设计。

② 射频通信链路预算：通信链路的预算主要是根据通信需求定量地分析或确定所设计射频集成电路的基本收发性能以保证充足的通信链路余量，主要包括接收链路的接收灵敏度和发射链路的发射功率两个指标（某些严苛的设计还需考虑通信需求中对发射带外干扰的要求）。

③ 架构选择及频率规划：超外差架构由于需要外置 SAW 滤波器提供镜像抑制性能，因此在目前的射频集成电路设计中已经较少使用（在采用分立元器件实现的高性能通信系统中，超外差架构仍是主要的选择之一）。设计阶段主要关注低中频架构和零中频架构。低中频架构和零中频架构均具有较高的集成度。在高速通信系统（一般要求信号调制后的基带带宽高于 4MHz）中，低中频架构对镜像抑制/抗混叠滤波器的设计要求更加严苛，通常需要消耗更大的功耗，因此零中频架构是更好的选择。对于低速通信系统（一般要求信号调制后的基带带宽不超过 4MHz），低频闪烁噪声导致的信噪比恶化使得低中频架构成为更佳的选择。另外，低中频架构在镜像抑制能力满足使用要求的情况下，只需输出一路信号即可完成后续的解调工作，且直流偏移校准更容易实现（模拟域校准）。零中频架构必须对外提供正交和同向两路输出，且直流偏移校准需要在数字域实现（严格来说是数模混合形式），需要严格的状态控制过程，设计复杂度较高。

频率规划主要是确定输出信号中频频率、频率综合器输出的本振频率和外部提供的参考频率范围，并据此确定频率综合器的具体设计细节。

④ 收发链路指标的分配：链路指标包括噪声系数、线性度、链路增益和动态范围，以及考虑PVT效应后的本振频率范围、相位噪声性能、滤波器阶数、发射功率和功耗等。指标的分配主要是将上述指标科学合理地分配至电路系统中的各子模块。模块指标的分配与设计实现通常是一个不断优化迭代的过程，与设计经验和设计能力有很大的关系。

⑤ 电路模块/系统级设计与仿真：接收链路典型的电路模块包括低噪声放大器、混频器、低通滤波器或复数域带通滤波器、PGA、ADC 和频率综合器。发射链路典型的电路模块包括 DAC、低通滤波器、PGA、功率放大器和频率综合器。对于全数字发射机而言，典型的电路模块通常包括 Cordic 模块、内插器、FIR 滤波器、数字相位插值器、数字 PA 和频率综合器。频率综合器的设计可以采用模拟结构或数字结构来实现。需要说明的是，电路模块的设计是一个多参数的设计折中过程，因此为了满足系统级指标需求，在设计压力或者难度较大的情况下，可以通过修改链路指标分配来重新进行指标规划。此过程中的仿真包括各模块的独立仿真和基于各模块组合而成的系统级仿真，由于不存在寄生参数干扰，此仿真通常也称为前仿真。

⑥ 版图及后仿真：与低频模拟电路及数字电路不同的是，射频信号对电路中存在的各种寄生效应（寄生电容和寄生电感）非常敏感，寄生效应会明显恶化电路的增益和带宽性能，寄生效应还会影响闭环电路的稳定性。因此在版图设计完成后抽取相关的寄生参数并进行后仿真是射频集成电路设计中不可或缺的一项重要工作。在后仿真中出现的性能降级可以通过电路设计技术或重新规划链路指标分配来优化。

# 12.2 窄带多模导航射频集成电路设计

## 12.2.1 多模导航系统射频通信链路预算

射频接收机链路主要针对 GPS 卫星导航系统（GPS-L1 信号）和北斗二代卫星导航系统（BDS-B1I 信号）进行多模兼容性设计，相关的接收信号参数见表 12-1。

**表 12-1 GPS-L1 信号与 BDS-B1I 信号主要参数**

| | GPS-L1 | BDS-B1I | 备注 |
|---|---|---|---|
| 轨道高度（km） | 20200 | 21500 | 仅考虑 MEO 卫星 |
| 载波频率（MHz） | 1575.42 | 1561.098 | |
| 有效报文码速率（bps） | 50 | 50 | |
| 扩频后码速率（Mbps） | 1.023 | 2.046 | |
| 扩频增益（dB） | 43 | 46 | |
| 调制方式 | BPSK | BPSK | |
| 发射功率值（dBm） | 54 | 49 | EIRP |
| 自由空间损耗（dB） | 182.4 | 183 | 参考式（4-131） |

由表 12-1 可知，GPS-L1 信号到达地面的功率值为-128.4dBm，输入端信噪比为 $-128.5-(-174)=45.5\text{dB}$。由于 GPS-L1 信号采用 BPSK 调制方式，且基带解调通常采用相干解调形式，由图 4-37 可知，为了在相干解调过程中获得不低于 $10^{-4}$ 的误比特率，则经过射频接收链路和模数采样后进入数字基带的 $E_b/N_0$ 必须大于 8dB，信噪比需求为 $\text{SNR}=E_b/N_0+10\lg(R_b)=25\text{dB}$，其中 $R_b=50\text{bps}$。在实际的解调过程中，由于伪码跟踪和载波跟踪的随机抖动，解调信噪比需求通常需要超过 27dB。考虑到接收机天线输入端的信噪比高达 45.5dB，在链路余量要求超过 3dB 的情况下，接收机的噪声系数只需要小于 15.5dB 即可，基本不存在设计难度。

BDS-B1I 信号到达地面的功率值为-137dBm，输入端信噪比为 $-137-(-174)=37\text{dB}$。由于 BDS-B1I 信号与 GPS-L1 信号的调制方式相同，因此在考虑解调损失的情况下，解调信噪比需求同样需要超过 27dB。接收机天线输入端的信噪比为 37dB，在链路余量要求超过 3dB 的情况下，接收机的噪声系数只需要小于 7dB 即可，同样不存在设计难度。

由上述分析可知，北斗二代导航系统对接收机的噪声性能要求更加严苛，在确定多模接收机的噪声系数指标时，以 NF = 7dB 为参考设计指标。为了保障导航信号在部分遮挡情况下仍能正常工作，噪声系数指标的选取还需要更加的严苛，甚至需要低至 2.5dB 以下。

## 12.2.2　多模导航射频接收机架构及频率规划

扩频后 GPS-L1 信号的基带带宽为 1.023MHz，BDS-B1I 信号的基带带宽为 2.046MHz，均没有超过 4MHz。为了避免闪烁噪声对信噪比的影响，适合选用低中频架构。导航系统的多模兼容考虑使用的最典型的方法是设计两个低中频接收通道和两个频率综合器，但是会明显增大电路的设计复杂度、面积和功耗，并且两个频率综合器之间还存在一定的频率牵引现象，导致本振信号相位噪声的恶化。由表 12-1 可知，GPS-L1 信号和 BDS-B1I 信号两者之间的载波频率均在 1.57GHz 左右，且相差仅有 14.322MHz，因此可以共用同一个低噪声放大器、混频器和频率综合器以减小电路设计的复杂度，节省功耗，并避免频率牵引导致的相位噪声性能恶化。

兼容 GPS-L1 信号和 BDS-B1I 信号的多模导航接收机架构如图 12-2 所示。电路模块包括低噪声放大器、射频放大器（RF Amplifier，RFA）、正交下变频混频器、复数域带通滤波器（CBPF）、PGA 和 ADC[低中频架构仅需提供一个输出支路（即 I ADC）即可，另一支路主要用于输出模拟测试信号]。校准功能包括直流偏移校准（DCOC，仅画出了一路）、自动增益控制（AGC）、滤波器带宽校准（未画出）、自动频率校准（AFC，未画出）和频率综合器稳定性校准（未画出）。

频率综合器提供频率为 1565.19MHz 的正极性正交输出本振信号，因此 GPS 的输出模拟中频信号为 10.23MHz（复数域频谱位于负频率处），BDS 的输出模拟中频信号为 4.092MHz（复数域频谱位于正频率处）。ADC 的采样率和频率综合器的输入参考时钟选取为 16.368MHz，由外部 TCXO 提供。根据带通采样定理可知，ADC 输出的 GPS-L1 数字中频信号位于 6.138MHz，BDS-B1I 的数字中频信号位于 4.092MHz。由于采用 BPSK 调制，因此无须担心由于频谱搬移的方向性导致的 I、Q 支路符号反相问题。

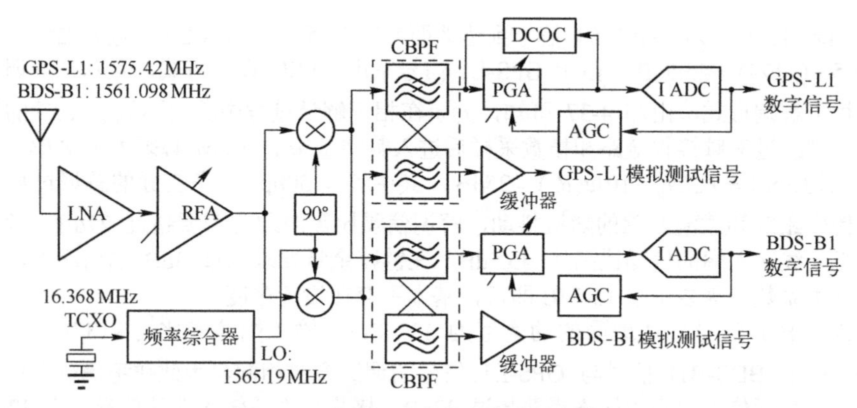


图 12-2 多模卫星导航射频接收机架构

### 12.2.3 射频接收链路预算

接收链路预算涉及的技术指标主要包括噪声系数 NF、线性度 IIP3 和 IP1dB、接收机最大增益、增益动态范围、滤波器阶数（抗混叠能力和镜像抑制能力）、频率综合器输出本振频率范围、频率综合器输出本振相位噪声等。本节主要完成上述指标在各模块的分配问题。

**1．接收机最大增益 $G_{max}$**

GPS-L1 信号和 BDS-B1I 信号到达地面的信号功率分别为-128.4dBm 和-137dBm，远低于接收机输入端（天线端）的噪声功率。GPS-L1 的噪声功率为 $-174+10\lg(2.046\times10^6)\approx -111$dBm。BDS-B1I 的噪声功率为 $-174+10\lg(4.092\times10^6)\approx -108$ dBm。因此热噪声主导着接收机的输入信号功率底线，且与信号带宽紧密相关。在进行电路设计时，最后一级 PGA 输出至 ADC 的电压转换至 50Ω 负载下的功率约为-4～0dBm。以-4dBm 为例，则 GPS-L1 接收链路最大增益 $G_{max}$ 至少为 107dB，BDS-B1I 接收链路最大增益 $G_{max}$ 至少为 104dB，考虑一定的设计裕度，接收链路增益至少需要超过 110dB。

**2．接收机增益动态范围**

引起多模导航接收机 PGA 输出的电压幅度变化的原因可以概括为三个：

① 外部天线对接收机输出幅度的影响 $\Delta G_1$。GNSS 接收机的天线包括有源和无源两种，增益差值一般不超过 30dB。

② 环境温度对 GNSS 接收机输出幅度的影响 $\Delta G_2$。考虑到接收链路的增益通常由各级的负载电阻决定，而负载电阻通常具有一定的温度系数，忽略温度系数的高阶项，则在温度变化范围为-45～85℃时，增益变化为

$$\Delta G_2 = 10\lg\left(\frac{T_{max}}{T_{min}}\right) = 10\lg\left(\frac{273+85}{273-44}\right) \approx 2\text{dB} \tag{12-1}$$

③ 工艺和电压变化对 GNSS 接收机输出幅度的影响 $\Delta G_3$。典型情况下，该值的波动范围处于-6～6dB，因此整个接收机的增益变动范围为 44dB，引入 6dB 的设计

裕度，选取为 50dB。

**3．滤波器阶数**

CBPF 提供两种功能：抗混叠滤波和镜像抑制。由于 ADC 的采样过程伴随着信号频谱的周期性搬移，搬移周期为采样频率的整数倍，导致其他频带内的噪声或干扰直接进入有效信号的频谱范围内，致使混叠现象的发生，恶化中频信号的信噪比，因此采样之前必须进行有效的抗混叠滤波。仅考虑临近白噪声混叠情况，为了避免混叠后的信噪比损失低于 0.1dB，假设混叠抑制比为 $r$，噪声功率谱为 $N_0$，则下式成立：

$$10\lg\frac{N_0+rN_0}{N_0}<0.1\text{dB} \tag{12-2}$$

因此混叠抑制比必须大于 16dB。由于 GPS-L1 信号的模拟中频频率为 10.23MHz，在采样率为 16.368MHz 的情况下，频谱混叠情况如图 12-3（a）所示。采样后的数字中频频率为 6.138MHz，为了满足上述抗混叠性能指标，则 A 点（干扰频带噪声抑制起点）至 B 点（数字中频频谱边界）处的抑制能力必须大于 16dB。因为 A、B 两点之间的频率距离为 3 倍带宽频率，三阶滤波器的 10 倍频抑制能力约为 60dB，所以下式成立：

$$\left(\frac{3}{10}\right)^3=\frac{r}{1000(60\text{dB})}\Rightarrow r=27 \tag{12-3}$$

而在上述频率规划条件下，三阶滤波器的抗混叠能力为 20lg27=28.6dB，满足应用需求。

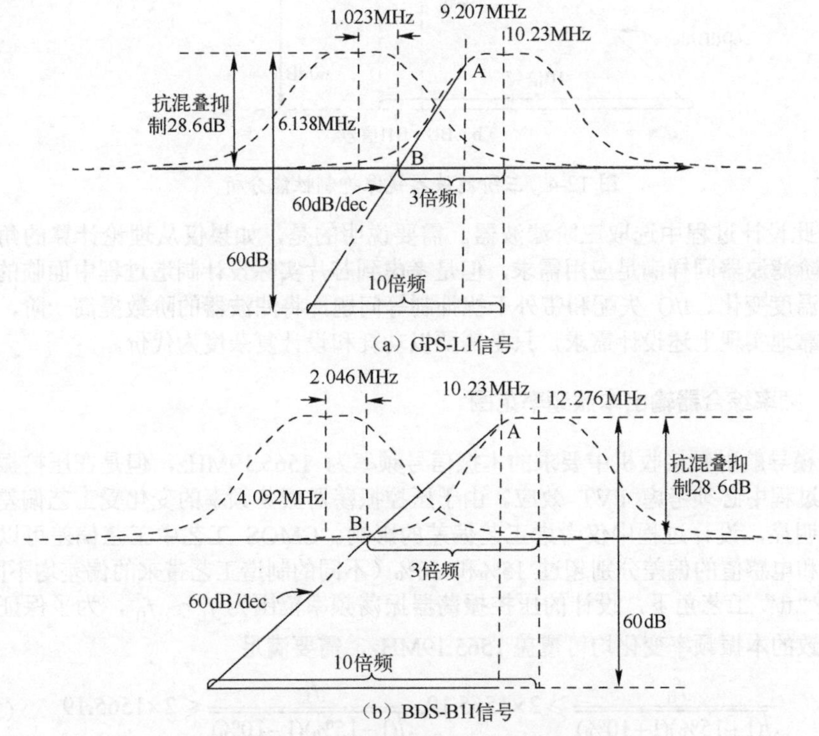


图 12-3　三阶滤波器抗混叠滤波性能分析

对于 BDS-B1I 信号而言，三阶滤波器提供的抗混叠能力同样为 28.6dB，如图 12-3（b）所示，满足应用需求。

镜像抑制能力在低中频架构中是一个复数域概念，主要衡量复数域滤波器在镜像频点处的噪声或干扰抑制能力。仅考虑白噪声情况，当滤波器的镜像抑制能力超过 16dB 时，镜像干扰对信号信噪比的损失不会超过 0.1dB。由图 12-4 可知，GPS-L1 信号和 BDS-B1I 信号镜像抑制倍频程分别为 20 倍频程和 4 倍频程。三阶滤波器的镜像抑制能力分别为 78dB 和 36dB，完全满足系统需求。

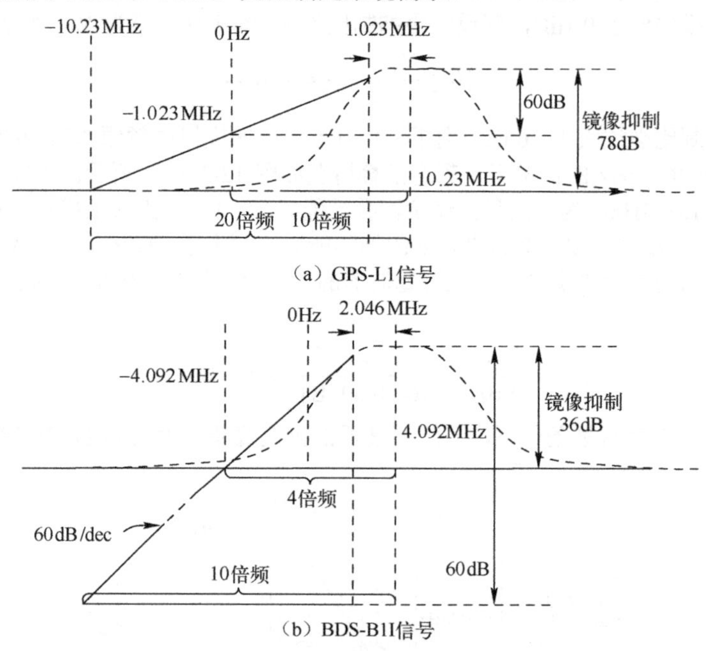


图 12-4 三阶滤波器镜像抑制性能分析

因此设计过程中选取三阶滤波器。需要说明的是，如果仅从理论计算的角度考虑，二阶滤波器同样满足应用需求，但是考虑到芯片实际设计制造过程中面临的工艺偏差、温度变化、I/Q 失配和带外干扰抑制等问题，将滤波器的阶数提高一阶，可以更加可靠地实现上述设计需求，只是需要以功耗和设计复杂度为代价。

**4. 频率综合器输出本振频率范围**

多模导航射频接收机中要求的本振信号频率为 1565.19MHz，但是在压控振荡器的设计过程中必须考虑 PVT 效应。由于压控振荡器振荡频率的变化受工艺偏差的影响最为明显，设计过程中仅考虑工艺偏差的影响。CMOS 工艺中工艺偏差可以造成电容值和电感值的偏差分别超过 15%和 10%（不同的制造工艺带来的偏差均不同）。假设在“tt”工艺角下，设计的压控振荡器振荡频率范围为 $f_{\mathrm{L}} \sim f_{\mathrm{H}}$，为了保证工艺偏差导致的本振频率变化均可覆盖 1565.19MHz，需要满足

$$\frac{f_{\mathrm{H}}}{\sqrt{(1+15\%)(1+10\%)}} \geqslant 2\times1565.19, \frac{f_{\mathrm{L}}}{\sqrt{(1-15\%)(1-10\%)}} \leqslant 2\times1565.19 \qquad (12\text{-}4)$$

式中，将本振频率倍频主要是考虑到采用 2 分频器作为正交本振信号生成器。如果采用无源多相网络或 RC-CR 串联网络，则无须倍频。由式（12-4）可知，典型工艺角下，频率综合器的输出频率范围必须覆盖 2737.96～3520.8MHz。考虑一定的设计裕量后，输出频率范围应至少覆盖 2700～3550MHz。

#### 5. 频率综合器输出本振相位噪声

本振相位噪声的存在拓展了本振信号的频谱，拓展的频谱部分将位于其他频率范围的白噪声搬移至有效中频信号频谱范围内，恶化了信噪比。

令本振信号的双边带相位噪声为 $S_{\mathrm{LO}}(\omega)$，经过混频器后在有效中频信号频带内产生的额外白噪声功率谱为

$$N_{\mathrm{A}}(\omega)=N(\omega)*S_{\mathrm{LO}}(\omega)=\int_{-\infty}^{+\infty}N(\omega')S_{\mathrm{LO}}(\omega-\omega')\mathrm{d}\omega' \tag{12-5}$$

式中，$N(\omega)$ 为白噪声功率谱密度，即 $N(\omega)=N_0$。式（12-5）可以重新表达为

$$N_{\mathrm{A}}(\omega)=2N_0\int_{0}^{+\infty}S_{\mathrm{LO}}(\omega)\mathrm{d}\omega \tag{12-6}$$

由于实际的相位噪声谱线存在 $1/f^3$ 和 $1/f^2$ 两个频率滑落区域，因此式（12-6）的计算比较复杂。为了简化计算过程，可以将相位噪声谱线近似采用一个低通滤波器模型等效，带宽为频率综合器闭环回路的环路带宽（环路带宽通常设计为 100kHz 左右，是对锁定精度、锁定时间和相位噪声性能之间的一个折中结果）。因此，式（12-6）可以简化为

$$N_{\mathrm{A}}(\omega)=2\times10^5\times N_0\overline{S_{\mathrm{LO}}(\omega)} \tag{12-7}$$

式中，$\overline{S_{\mathrm{LO}}(\omega)}$ 为本振信号的平均相位噪声。为了将相位噪声对信噪比的影响降低至 0.1dB 以下，由式（12-2）可知 $10\lg(N_{\mathrm{A}}/N_0)\leqslant-16\mathrm{dB}$，带入式（12-7）可得 $\overline{S_{\mathrm{LO}}(\omega)}\leqslant-69\mathrm{dBc/Hz}$。通常该条件是极其宽松的，在链路预算中可以不用过多考虑。

#### 6. 接收机噪声系数

多模导航射频接收机的噪声系数在进行通信链路预算时已经给出了一个初步的预估结果，即 7dB，但是考虑到实际的信号遮挡问题，系统需要更加严苛的噪声性能。在具体计算过程中，还需要考虑外接有源天线和外接无源天线两种情况。有源天线内部集成了一个低噪声放大器，噪声性能相较于无源天线会有较大改善。以 GPS-L1 信号为例，图 12-5 定量分析了两种不同天线接入后接收机各模块的噪声系数及增益分配情况，计算过程依据噪声系数级联方程，不再赘述。需要注意的是，射频前端中的增益是按照图 1-40 所示的形式进行计算的。

实际设计过程中，选取接收机的链路最大增益为 126dB。其中，射频前端为 66dB，模拟中频为 60dB，增益变化范围为 46～126dB，步进选取为 2dB。射频前端具有 20dB 的动态范围，步进为 20dB，主要为了适应有源天线的接入。模拟中频具有 60dB 的动态范围，步进为 2dB，主要是为了适应一般性的增益补偿情况。

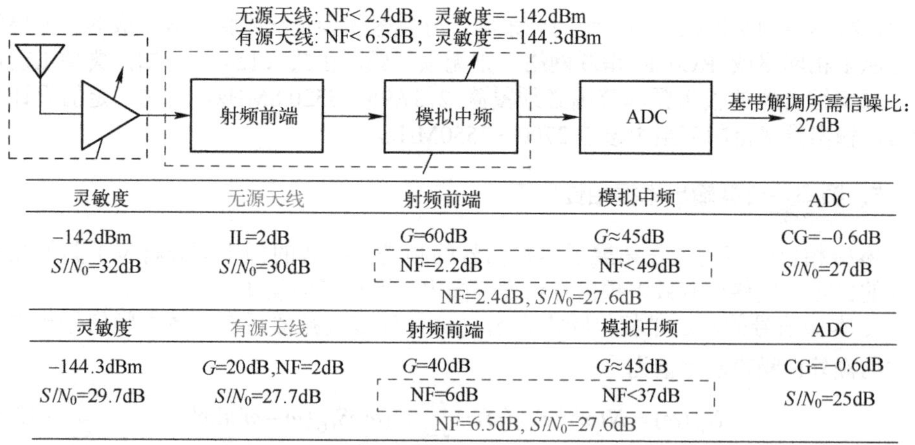


IL: 插入损耗。G: 增益。CG=转换增益。

图 12-5 不同天线类型对应的接收机噪声系数指标及各模块增益分配

接入无源天线时，接收机的噪声系数应小于 2.4dB 才能保证天线输入端达到 -142dBm 的灵敏度。接入有源天线时，接收机的噪声系数可以放宽至 6.5dB 甚至更低，此时接收机天线端的灵敏度仍可以低至-144.3dBm。图 12-5 中 ADC 采用 2 位有符号输出，由于输入和输出均可等效为高斯分布模型，当将量化幅度定义为±1 和±3 时，转换增益（ADC 的信噪比损失）仅为 0.6dB[1]。为了适应不同的外接天线情况，多模导航射频接收机在设计过程中射频前端的噪声系数不超过 2.2dB，同时模拟中频模块的噪声系数不超过 37dB。

### 7. 接收机线性性能

在正常通信情况下，多模导航接收机的输入端功率值由自然底噪决定，底噪电平在-111dBm 左右，因此对接收机的线性性能没有太大的要求。因接收机的不同应用场合，如智能手机等消费类电子设备，所以必须考虑带外干扰问题。带外干扰主要包括 5G 通信中的 sub-3GHz 频段、WLAN 802.11a（2.412～2.472GHz）频段等信号，这些干扰信号可能会导致射频前端进入增益压缩状态。假设发射的带外干扰信号经过天线和 SAW 滤波器的带外抑制后到达接收机输入端的信号幅度为-50dBm，为了保证接收机的正常工作，射频前端的 1 dB 增益压缩点@2.4GHz 必须超过-50dBm（模拟中频部分由于高阶滤波器的存在，对带外干扰的影响可以忽略不计）。由于接收机射频前端的增益为 66dB，为了满足上述较高的线性度指标，射频前端电路中必须具备带外滤波能力。另外，由于 WLAN 802.11a 采用 OFDM 调制方式，因此接收机链路中还存在二阶交调干扰。二阶交调干扰的产生主要集中在下变频混频器部分，二阶交调失真以泄漏的方式出现在混频器的输出端。已知接收机的输入底噪为-111dBm，经过射频前端的放大后为-45dBm，因此带外干扰信号经过下变频混频器后产生的二阶交调失真不应超过-45dBm。在设计过程中为了进一步抑制带外干扰信号，LNA 通常采用自校准的 LC 并联网络作为负载。假设 LC 并联网络提供的带外抑制能力为 40dB，则带外干扰信号到达下变频混频器输入端时的信号功率为-39dBm（选取下变频混频器的增益为 15dB），代入式（1-24）可得下变频混频器的带外二阶输入交调点为-18dBm（采用 SFDR 设计方法，仅考虑二阶交调项）。该指标较为宽松，设计过程中几乎不用过多考虑。

**8．ADC 的指标**

ADC 的设计指标主要在于确定模数转换的位数。位数太高会导致 ADC 的设计复杂度、面积及功耗太高，位数太低则会带来信噪比的明显损失，在干扰存在的情况下甚至会将有效信息彻底埋入噪声中。ADC 的转换位数选择由动态范围（DR）决定：$DR = 6.02n + 1.76$，其中 $n$ 为 ADC 的转换位数。ADC 的动态范围确定需要综合考虑噪声容限、ADC 输入信噪比、干扰裕量和设计裕量四个方面[2]。

① 噪声容限：主要为了限制 ADC 的量化噪声，通常要求 ADC 功率值不超过接收机热噪声功率值的 5%，即 13dB 的噪声容限。

② ADC 输入信噪比：ADC 输入信噪比是指数字基带在一定的误码率条件下能够正确解调的信号信噪比。BPSK 调制在 $10^{-4}$ 的误码率条件下，需要的最小解调信噪比为 8dB。但是由于导航信号的扩频增益为 43～46dB，因此输入至 ADC 的信噪比为 −35～−38dB，设计过程中可将该值设置为 0dB。

③ 干扰裕量：为了避免存在的强带内或带外干扰信号主导接收机的增益调整，从而导致有效信号输入至 ADC 后被量化噪声埋没，设计 ADC 时必须预留一定的干扰裕量。在导航接收机的设计过程中，不存在刻意的带内干扰，带外干扰信号经过对接收机进行合理的线性度设计及滤波处理也可以有效地被避免，因此干扰裕量也可设计为 0dB。

④ 设计裕量：设计裕量主要是为具有高峰均比的调制方式预留的。设计裕量与峰均比具有直接的关系，通常两者取相同的值。在导航接收机中，热噪声的功率可以近似等效为恒定值，峰均比为 1，因此设计裕量为 0。

综合考虑上述影响因素后，ADC 的动态范围为 13dB，计算可得对应的 ADC 转换位数为 2。由于 2 位 ADC 的量化噪声仅为接收机热噪底的 5%，所以经过 ADC 后的信噪比损失（转换增益）约为 0.2dB。图 12-5 中采用的 0.6dB 的转换增益是从概率分布的角度进行的计算，不影响采用上述方式对 ADC 转换位数的选取过程。

## 12.2.4　主要模块设计

本节主要针对多模导航射频接收机中的主要电路模块和各校准算法进行详细说明。

**1．射频前端电路设计**

接收机的射频前端电路主要包括三部分：低噪声放大器、射频放大器和下变频混频器。射频放大器主要是为射频前端提供足够高的增益以遏制后级电路的噪声，以及满足射频前端增益的动态调整以获得足够的带外线性性能，如图 12-6 所示。低噪声放大器采用差分 Cascode 结构作为输入级，采用源简并结构及外置 L 型匹配网络实现 50Ω输入阻抗匹配。负载采用 LC 并联网络，一方面可以节省电压裕度，另一方面还可以提供适当的带外抑制，提高接收机带外线性性能。在 2.5mA（每条支路 1.25mA）的功耗限制下，选取晶体管 $M_1$、$M_2$ 的过驱动电压为 0.15V，在 1.57GHz 的输入频率下，该低噪声放大器的噪声系数和增益分别为 1.2dB 和 31dB。由式（6-36）

和式（6-51）可知，窄带源简并低噪声放大器的增益和噪声均与输入共源晶体管 $M_1$ 和 $M_2$ 的跨导以及负载有关，增大跨导会同时改善增益与噪声性能，但是负载电阻的值需要在两者之间进行折中。还可以通过加入负阻电路改善负载电阻的值，但也是以牺牲功耗及噪声性能为代价的。另外，在 LC 网络中，电感和电容在流片过程中会引入较大的偏差和寄生效应，导致 LC 网络的谐振中心频率和带宽偏离预期的设计值，影响链路接收性能。在高性能电路设计中，必须考虑对 LC 网络进行校准。

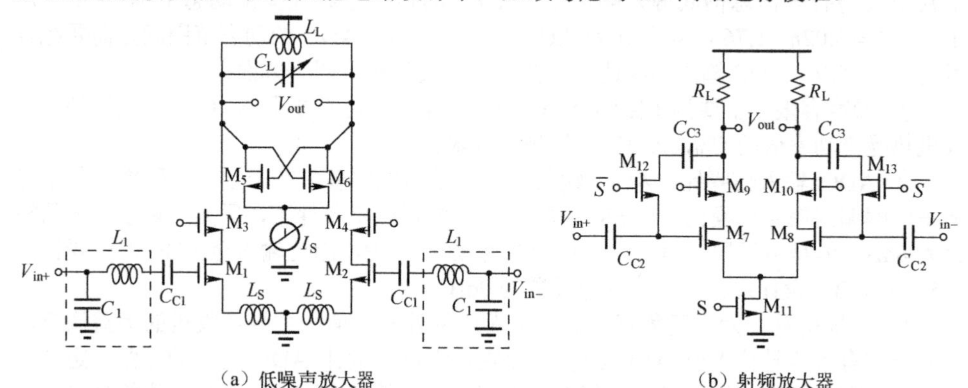


（a）低噪声放大器　　（b）射频放大器

图 12-6　低噪声放大器和射频放大器

结合图 6-3，LC 网络的校准算法可简单描述如下[3]：①增大尾电流源 $I_S$（5mA）使晶体管 $M_5$、$M_6$ 和并联 LC 网络形成一个负阻振荡器。②比较负阻振荡器产生的振荡频率与外部 TCXO 提供的参考频率，通过调整 LC 并联网络中的电容值保持比较值的稳定性。校准过程完成后，调整 $I_S$ 至合适的水平（1mA），满足电路的增益需求，并改善 LC 并联网络的 $Q$ 以提供更优的带外抑制比。

在进行低噪声放大器电路设计时，存在着很多设计变量，即自由度。一般性的设计流程为：

① 首先需要确定功耗和过驱动电压，并据此确定 $M_1$、$M_2$ 的尺寸。

② 在充分考虑各寄生效应（尤其是输入端 PAD 引入的并联寄生电容）的情况下完成匹配网络的设计。

③ 对 LC 网络及校准电路进行设计，寻找合适的增益。电路仿真结果会存在较多的设计裕度，一般是噪声性能裕度和增益裕度较大。可以适当地降低低噪声放大器的设计功耗，尤其是在 LC 校准网络加入后，增益的设计裕度会更大，需要经过多次仿真，寻找最优功耗。

射频放大器采用伪差分 Cascode 结构提供 20dB 的放大增益，且该增益可以通过开关信号 $S$ 进行调节。当接收机外部使用无源天线时，为了压制后级电路噪声以提高系统噪声系数，开关信号 $S$ 为高电平（电路提供 20dB 增益）。当使用有源天线时，开关信号 $S$ 为低电平（电路变为直通，提供 0dB 增益），以提高性能线性性能。开关信号可通过外部 SPI 接口进行控制。对噪声性能和功耗进行折中考虑，射频放大器输入晶体管的跨导设置为 15mS，输出负载 $R_L$ 设置为 670Ω，仿真显示此时 RFA 的功耗约为 1.5mA，噪声系数为 3.2dB。

如图 12-7 所示，下变频混频器采用正交有源 Gilbert 结构为后级镜像抑制提供复数中频信号。考虑到低噪声放大器和射频放大器可以提供的增益约为 51dB，因此混频器的噪声性能并不是优先考虑的设计指标，设计过程中首先保证的是功耗和增益。混频器输入级采用了电流复用结构。一方面可以减小流过开关管的直流电流，降低混频器低频闪烁噪声。另一方面，还可以提高增益（增大了 PMOS 管的跨导），减小负载电阻 $R_L$ 的电压裕量损耗。混频器的总功耗为 2.4mA，输入级晶体管提供的跨导设置为 3mS，过驱动电压设置为 0.2V。仿真结果表明，该混频器可以提供约 15dB 的增益，提供的噪声系数为 11dB。晶体管尺寸的选取可适当地放大以避免由于工艺偏差引入的失配恶化隔离性能，最终的带外 IIP2 大于 65dBm，满足系统线性指标要求。

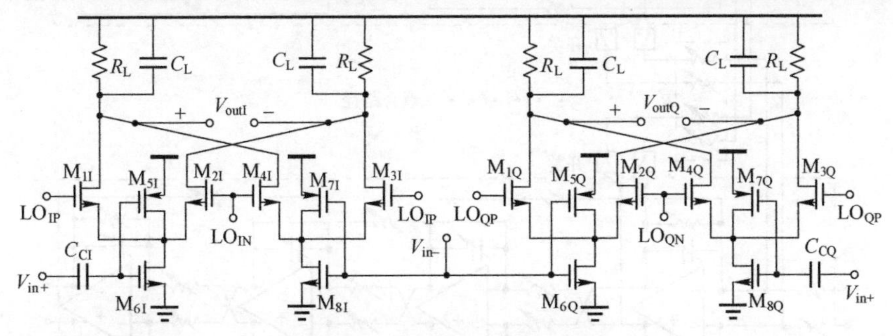


图 12-7　下变频混频器电路图

为了保证频谱的正频率方向搬移，正交本振信号 $LO_{IP}$、$LO_{QP}$、$LO_{IN}$、$LO_{QN}$ 之间的相位关系为 0°、270°、180°、90°。

**2．模拟中频电路设计**

多模导航射频接收机中，低通滤波器为四阶有源 RC 结构（三阶滤波器已经满足系统设计要求，之所以采用四阶滤波器主要是考虑对带外干扰的抑制），采用 Leapfrog 结构[4]根据信号流图[5]进行连接，带宽分别与 GPS-L1 信号和 BDS-B1I 信号扩频后的码速率相同。复数域带通滤波器的具体电路结构如图 12-8 所示，同向支路和正交支路的耦合路径连接方式见 5.4.1 节或文献[6]。由于频率综合器提供的本振信号为正极性信号，因此经过正交下变频后，GPS-L1 的中频信号仅出现在负频域，而 BDS-B1I 的中频信号仅出现在正频域。频移电阻 $R_C$ 的连接方式必须确保 GPS-L1 支路的低通滤波器频移向负方向移动，而 BDS-B1I 支路向正方向移动，频移分别为 10.23MHz 和 4.092MHz（CBPF 的频移方向可以通过图 12-8 中的开关切换进行调整，图示中为向正频率方向移动）。仿真结果显示，在消耗电流为 4mA 的情况下，对 GPS-L1 信号和 BDS-B1I 信号提供的镜象抑制能力分别为 104dB 和 48dB，远远满足系统要求的 16dB 镜像抑制指标。由式（5-60）可知，镜像抑制能力最终受限于射频前端电路的 I/Q 失配情况，典型情况下由工艺偏差导致的均值镜像抑制能力通常位于 30～35dB（相位误差 5°以内，幅度误差 5%以内）。

运算放大器的设计是有源 RC 滤波器能够正常工作的关键，必须确保运算放大器能够提供合适的增益带宽积以满足 GPS-L1 信号和 BDS-B1I 信号在中频频带内的滤波需求。通常情况下，运算放大器的增益带宽积必须大于被滤波信号增益带宽积的 10 倍才能忽略运算放大器电路中的极点对电路功能的影响。运算放大器的稳定性设计也是难点之一。仿真过程必须确保运算放大器的三个环路均处于稳定工作的状态（具体见本章附录）。

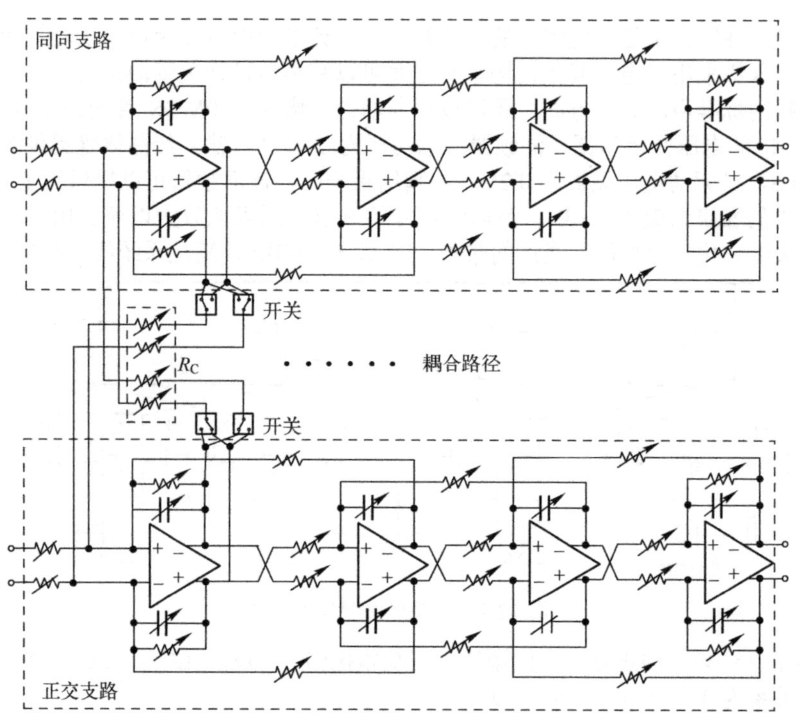


图 12-8 复数域带通滤波器电路图

运算放大器的具体电路结构如图 12-9 所示。采用两级结构，第一级采用晶体管本征电阻做负载，主要用于确保运算放大器足够的增益带宽积。第二级采用增益为 1 的具有强驱动能力的源极跟随器结构，可以有效避免后级电路的寄生参数对电路稳定性的影响。一级和二级之间外挂的负载电容主要用于调整运算放大器的主极点以获得最优的差模相位裕量。为了保证共模环路的稳定性，可以按照式（12-27）对共模环路的增益和极点进行设计，确保共模相位裕量的充足性。共模电压取值网络中 $C_{CM}$ 也必须仔细选取，$C_{CM}$ 太大会影响差模环路稳定性，$C_{CM}$ 过小又会对共模环路的稳定性带来不利影响，具体工作原理可见本章附录。单个运算放大器的功耗约为 0.5mA，能够提供的增益带宽积为 628MHz。因为一个复数域带通滤波器中包含 8 个运算放大器，所以单个复数域带通滤波器的功耗约为 4mA。

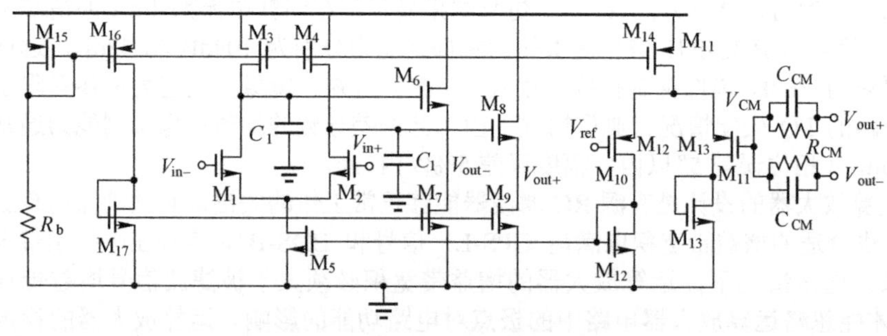


图 12-9 运算放大器电路图

通常运算放大器的实现形式包括两种：高增益低带宽和低增益高带宽。设计高增益低带宽运算放大器选取的典型结构为两级共源放大器的级联结构（具体电路结构见本章附录）。低增益高带宽选取的典型结构如图 12-9 所示，采用一级共源放大和一级源极跟随器。当滤波器的设计增益较低，且带宽需求较高时，通常选用低增益高带宽形式的运算放大器，如图 12-10（a）所示。高增益低带宽运算放大器在低频处虽然具有更大的反馈深度，但是高频时的反馈深度较小，极易导致滤波器高频处的幅频响应失真。同时低频处和高频处不同的反馈深度还会引入滤波器带内增益的波动，导致输入信号产生失真。当滤波器的设计增益较高，且带宽需求较低时，通常选用高增益低带宽形式的运算放大器，如图 12-10（b）所示。选取原因主要是低增益高带宽运算放大器通常由于反馈深度受限无法使用于此场景。

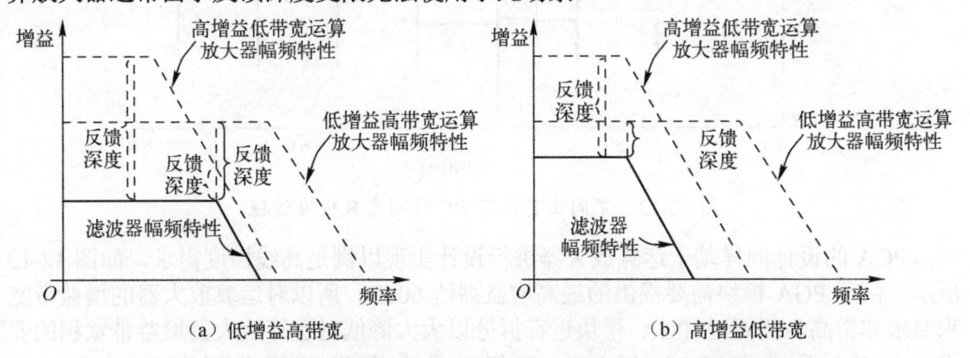


图 12-10 滤波器幅频特性对不同类型幅频特性运算放大器的需求

本例中由于滤波器的最大覆盖频率超过了 10MHz，且增益在 0dB 左右，因此适合选择低增益高带宽的运算放大器结构，如图 12-9 所示。

为了提供较高的滤波精度，该滤波器电路中加入了相应的带宽校准电路（校准电容阵列），如图 12-11 所示。通过对开关电容阵列的调整及周期性充放电确保电压 $V_T$ 逐渐向 $V_0$ 靠近，最终完成校准过程。开关电容阵列的设计需要确保在极端工艺偏差下电容网络的容值 $C_T$ 仍能够覆盖 $1/(2Rf_{ref})$，具体设计方法见例 9-14。相应的电阻和电容偏差值可以参考相应工艺的 PDK 文件。该电路结构非常经典，在此不再赘述，仅给出在不同工艺角下具体时间常数（$RC$ 乘积）的仿真校准过程，如图 12-12 所示。

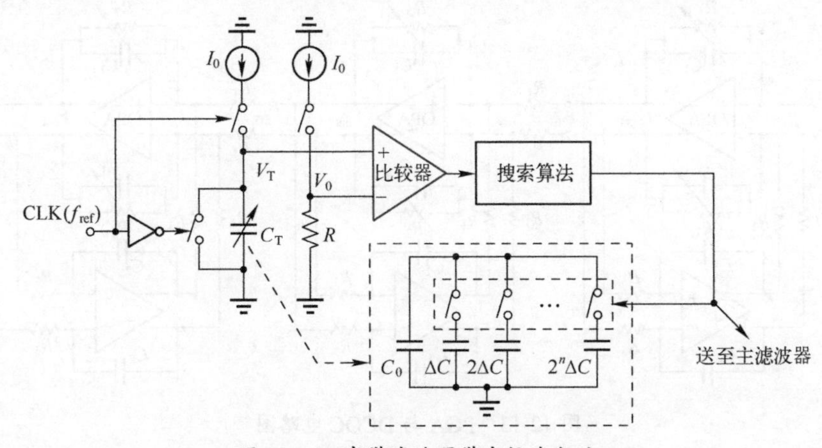


图 12-11 窄带滤波器带宽校准电路

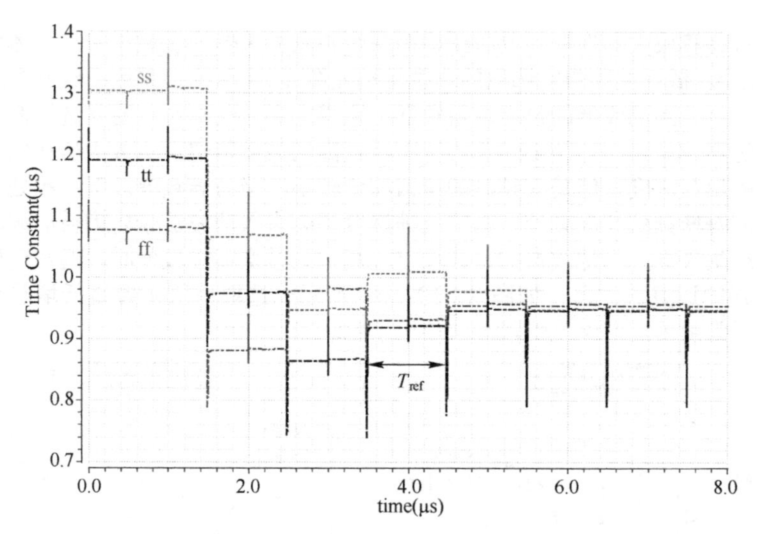


图 12-12 不同工艺角下 $RC$ 时间常数校准过程

PGA 的设计同样基于运算放大器进行设计实现以满足高线性度需求，如图 12-13 所示。由于 PGA 模块需要提供的最高增益高达 60dB，所以对运算放大器的增益带宽积要求非常高，需要对 PGA 模块进行拆分以大大降低对运算放大器增益带宽积的要求。设计过程中将 PGA 拆分为 3 级，最大增益/步进分别为 20dB/20dB、20dB/20dB、20dB/2dB。由于 BDS-B1I 信号和 GPS-L1 信号的最大增益带宽积分别为 60MHz 和 110MHz，因此运算放大器的增益带宽积需要分别超过 600MHz 和 1.1GHz。BDS-B1I 支路，采用与复数域带通滤波器中相同的运算放大器。对于 GPS-L1 支路，需要提高运算放大器的功耗以改善运算放大器的增益带宽积。由于 PGA 部分的增益高达 60dB，因此失配导致的直流偏移极有可能导致 PGA 模块的饱和，必须进行直流偏移校准。PGA 及相应的直流偏移校准电路如图 12-13 所示。直流偏移校准采用有源积分反馈环路实现以获得最优的直流偏移补偿性能。对于 GPS-L1 支路而言，高通截止频率不应超过 9MHz；对于 BDS-B1I 支路而言，高通截止频率不应超过 2MHz。具体设计过程不再赘述。

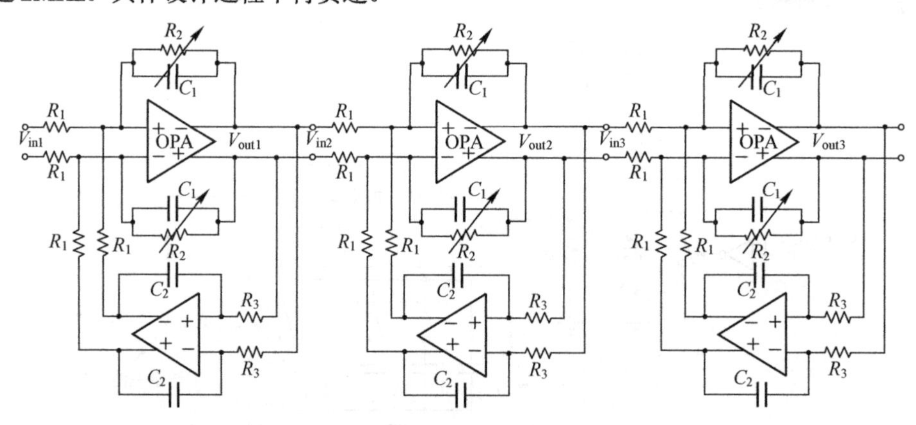


图 12-13 PGA 与 DCOC 电路图

### 3. ADC 及 AGC 环路

多模导航接收机中的 ADC 采用 2 位 Flash 结构（1 位幅度位，1 位符号位）。如果将量化阈值 $V_t$ 设定为和热噪声的均方根相等的话，对于 ADC 量化后的幅度位，高电平的概率约为 32%（热噪声幅度分布服从高斯分布，而高斯分布函数在一个方差内的概率约为 68%）。也就是说，如果我们事先设定好 ADC 的量化阈值，并在 AGC 控制算法中确保 ADC 量化幅度位的高电平出现的概率为 32%（计算时为了方便一般取 1/3），通过 AGC 环路便可以实时地调整链路增益，确保热噪声功率的恒定。

AGC 环路的具体工作原理如图 12-14 所示。计数器统计在 $n$ 个时钟周期内 ADC 幅度位输出高电平的个数，并与预设值 $N_{TH}$（$n/3$）进行比较，超过死区范围的数值送入积分器中进行累加，并通过译码器调整 PGA 的增益。死区是为了引入一定的误差区间（±1dB），避免 AGC 环路的不稳定。

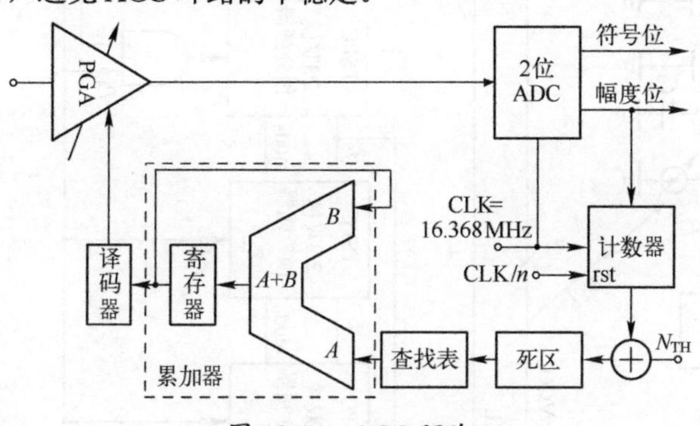


图 12-14　AGC 环路

### 4. 频率综合器

频率综合器的具体电路结构如图 12-15 所示。采用基于 20 位累加器的 MASH 1-1-1 ∑-Δ 小数分频结构和四阶 II 型（高阶数主要为了抑制∑-Δ 调制器在高频处的噪声）锁相环结构。参考频率为 16.368MHz，频率分辨率小于 16Hz。典型工艺角下，压控振荡器振荡产生的频率覆盖范围为 2.45～3.86GHz，共包含 16 根子频率线，$K_{VCO}$ 的变动范围为 40MHz/V@2.47GHz～120MHz/V@3.57GHz。由于压控振荡器需要提供的振荡频率为 2×1565.19MHz（通过 2 分频器向混频器提供极性可控的正交信号），因此分频比为 191.25。采用 7 级基于 TSPC 结构的 2/3 双模预分频器即可实现（提供的分频范围为 128～255），在此频率点处的 $K_{VCO}$ 约为 80MHz/V。由于多模导航射频接收机对频率综合器的锁定时间没有具体要求，因此环路带宽的选择是以相位噪声性能优化和确保频率综合器数学模型的正确性（环路带宽必须小于输入参考频率的 1/10）为目的的。较小的环路带宽会恶化低频段的相位噪声性能（相位噪声曲线在低频处出现鼓包），而较大的环路带宽会恶化高频段的相位噪声性能（相位噪声曲线在高频滚降处出现鼓背），最终在综合考虑相位噪声性能及锁定时间的条件下，确定频率综合器的环路带宽为 100kHz（锁相环的锁定时间位 20～30μs）。环路带宽的选取也可以采用如图 10-45 所示的直观方法，即占主导地位的低通相位噪声与高通相位噪声在频率轴上的交点处即为频率综合器的环路带宽（可兼顾低频与高频处的相位噪声性能）。

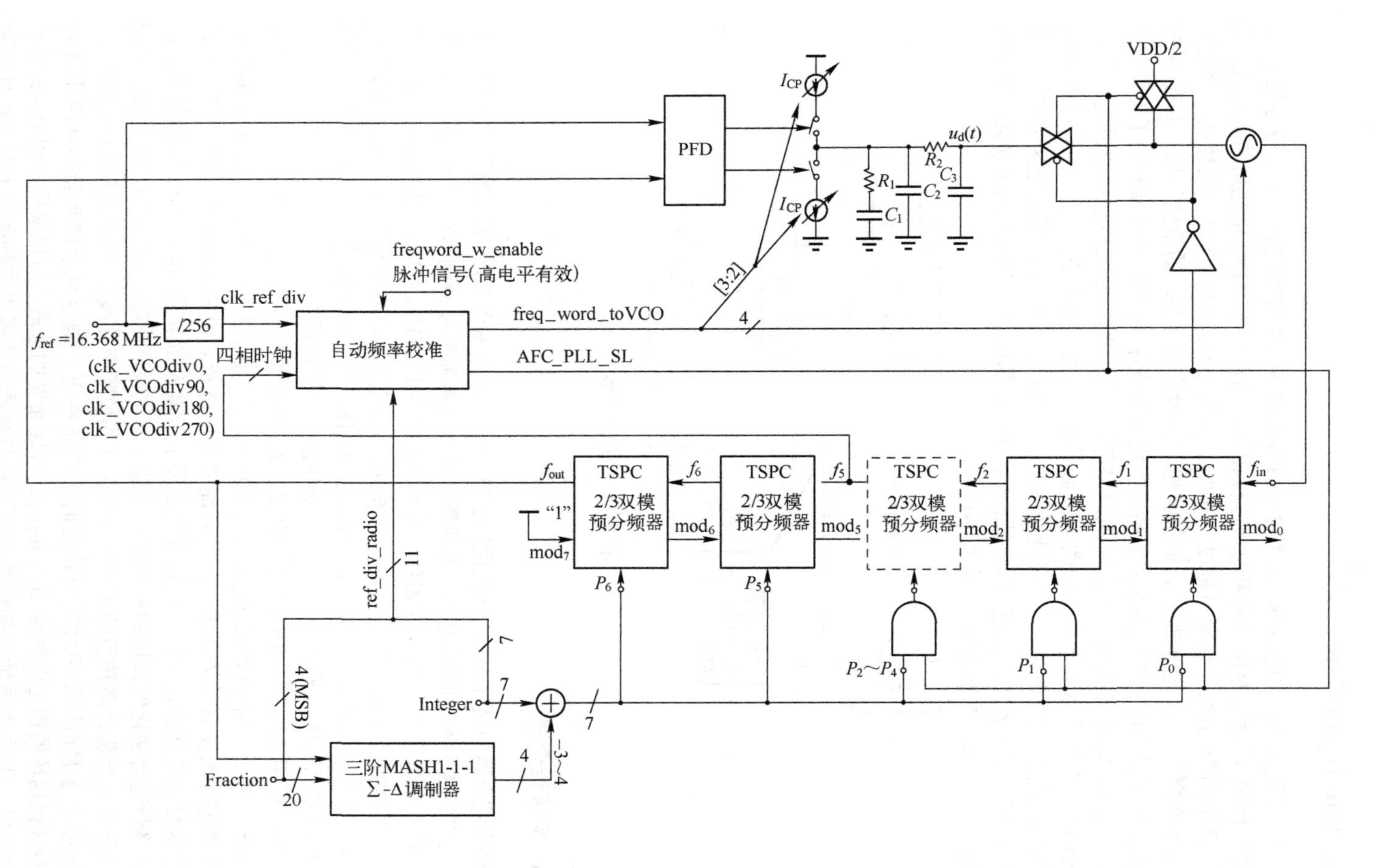


图 12-15 频率综合器电路结构

为了确定环路滤波器中各元件的参数值，需要考虑频率综合器的环路稳定性问题。四阶Ⅱ型频率综合器稳定性方程可参考式（11-115）～式（11-118），选取电荷泵充放电电流为 100μA，$K_{VCO}$ 为 80MHz/V，环路带宽为 100kHz，可得 $C_1 = 338\text{pF}$、$R_1 = 14\text{k}\Omega$、$C_2 = 23\text{pF}$、$R_2 = 100\text{k}\Omega$、$C_3 = 10\text{pF}$。虽然典型工艺角下 $K_{VCO}$ 的变动范围较大，但是由于多模导航接收机对频率综合器的需求频率是固定的，因此由式（11-120）可知，$K_{VCO}$ 的变动仅与电感和可变电容的工艺偏差有关，极端情况下会引入约30%的偏差。如果环路相位裕量设计得足够大，工艺的偏差并不会对环路稳定性造成太大影响。为了进一步提升环路的稳定性，采用 AFC 频率控制字的高两位调整电荷泵充放电电流 $I_{CP}$ 的值，对环路相位裕度进行补偿。需要说明的是，为了尽可能减小工艺偏差对环路稳定性的影响，滤波器的带宽校准电路的校准结果可以直接用于补偿环路滤波器中的 RC 工艺偏差。

相位噪声的仿真是一个比较复杂的过程。目前的 EDA 工具并不支持在频率综合器的输出端直接对输出频率信号进行相位噪声性能仿真，而是需要通过模块分解、噪声参数提取和再次拟合三个步骤完成对系统噪声系数的仿真。频率综合器内部模块可以分为 PFD+CP+LF、分频器、压控振荡器和 MASH 1-1-1 ∑-Δ 调制器。前三部分可分别借助 EDA 工具提取相位或电压噪声（PFD+CP+LF 提取的是电压噪声，剩余两个模块提取的是相位噪声），MASH 1-1-1 ∑-Δ 调制器可通过 MATLAB 进行建模，将输出的小数分频比减去预设的小数分频比后进行功率谱估计得到噪声调制功率谱。功率谱估计可以采用 MATLAB 中的“periodogram”函数，将噪声功率估计结果代入式（11-191）后得到相位噪声。最后将上述四个模块产生的噪声数据导入 MATLAB 中，分别与对应的噪声传输函数模值的平方相乘并累加后即可得到频率综合器总的相位噪声曲线。需要说明的是，输入参考频率也会引入一定的相位噪声，可通过查找数据手册得到相应的相位噪声，并导入 MATLAB 中进行拟合。仿真得到的系统级相位噪声如图 12-16 所示。

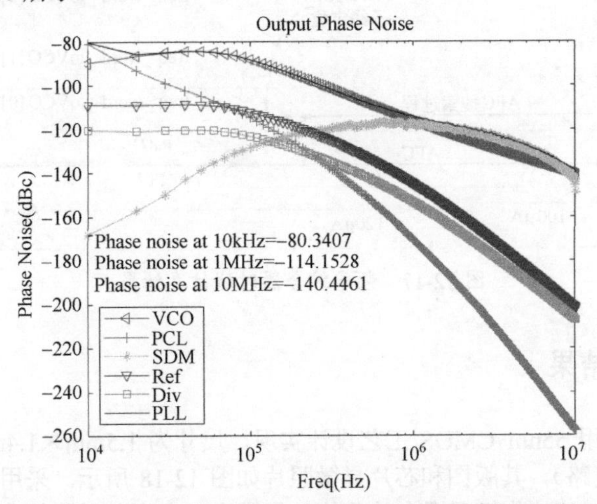


图 12-16　仿真的频率综合器各模块及系统级相位噪声曲线

频率综合器的工作过程包括两个阶段：AFC 阶段和锁相环锁定阶段。AFC 阶段的工作原理与图 11-104（c）所示的工作原理相似。上电复位后，AFC 模块首先复位

AFC_PLL_SL 信号，此时 PLL 环路被断开，压控振荡器中可变电容的压差设置为 $V_{DD}/2$。7 级 TSPC 2/3 双模预分频器的前 5 级接入 AFC 模块中，提供分频比为 32 的四相压控振荡器振荡分频信号。参考频率经 256 分频后送入 AFC 模块中作为计数参考时钟，分频比的整数部分（需要加上 128）与小数部分的最高 4 位送入 AFC 中作为参考比较值以便动态调整压控振荡器的子频率线直至达到最优（AFC 的 Verilog 程序可参考本书提供的电子资料，仿真用的 Verilog-A 程序可参考附件中的电路设计实例）。AFC 过程完成后，AFC_PLL_SL 信号置高，PLL 开始工作。PFD 和电荷泵的电路结构可参考图 10-41（晶体管级电路可参考电子资料中提供的收发机设计具体示例），为了避免稳定性问题，电荷泵中运放的设计仍采用图 12-9 所示的带有缓冲结构的单级放大电路。压控振荡器采用 NMOS LC 负阻振荡器的形式实现，消耗的电流约 5mA。由于压控振荡器的振荡频率为 3130.38MHz，因此级联 2/3 双模预分频器可以全部采用 TSPC 结构实现，避免采用 CML 结构产生较大的功耗。MASH 1-1-1 ∑-Δ 调制器的工作频率为 16.368MHz，且输入小数位数为 20，因此内部累加器无须采用流水线结构，以改善频率综合器的低频相位噪声性能。由于 MASH 1-1-1 ∑-Δ 调制器的输出范围覆盖-3～4，且采用带符号位输出，因此输出端的比特位数为 4。MASH 1-1-1 ∑-Δ 调制器的 Verilog 程序可参考本书电子资料。

另外，当需要对频率综合器的输出频率进行配置时，可以通过 SPI 配置端口向芯片中写入相应的分频比控制字，此时信号 freqword_w_enable 将产生一个高电平脉冲，复位自动频率校准模块重新进行最优频率子线的定位。

整个频率综合器的时域仿真结果如图 12-17 所示。

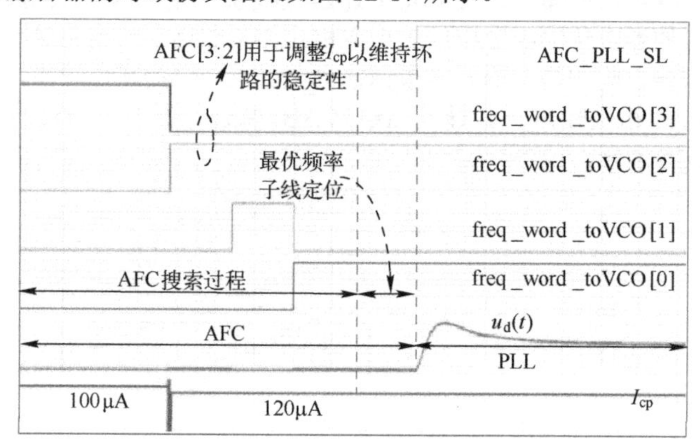


图 12-17 频率综合器时域仿真结果

## 12.2.5 测试结果

该接收机采用 55nm CMOS 工艺设计实现，尺寸为 1.5mm×1.4mm（包括 IO 接口电路和 ESD 电路），其版图和芯片显微照片如图 12-18 所示。采用 5mm×5mm 32 引脚 QFN 封装。该接收机采用全差分的工作模式（也可以采用单端输入的形式，需要将差分输入的另一端接地，但是会恶化接收机线性性能），为了隔离衬底干扰，射频前端和频率综合器中的部分 MOS 管采用 Deep-N Well 进行隔离。

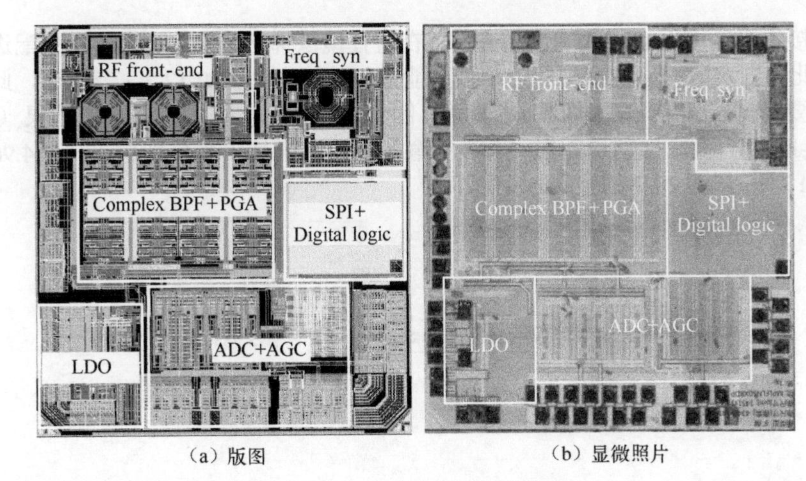


（a）版图　（b）显微照片

图 12-18　多模导航射频接收机

测试方案如图 12-19 所示。采用 LC Balun 实现单端到差分的功能（中心频率设定为 1.568GHz，实现 50Ω到 50Ω的转换，其中 $L_1$ = 6.8nH，$C_1$ = 1.5pF），匹配电路采用 L 型匹配网络（PCB 上预留π型匹配网络）。测试射频芯片时，由于射频芯片内部没有加入测试 Buffer，故采用 MAX4444 驱动芯片来充当这一功能以匹配频谱仪的 50Ω输入阻抗。

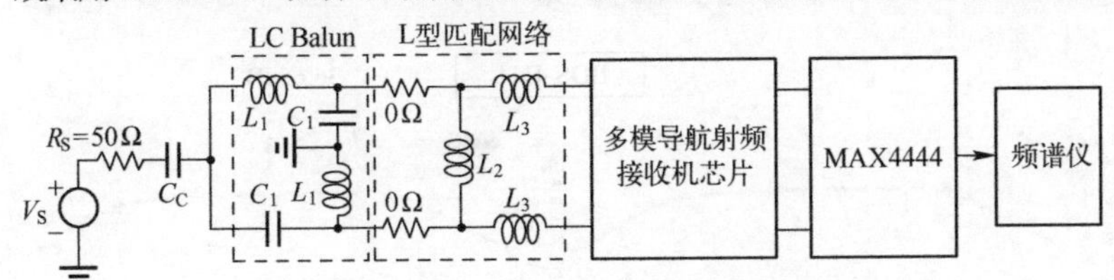


图 12-19　测试方案图

针对 GPS-L1 频点和 BDS-B1I 频点测量的 VSWR 如图 12-20（a）所示。两者测量的结果均为 1.4（$S_{11}$ = −15.6dB），匹配性能较好。图 12-20（b）给出了接收机芯片内部滤波器的幅频响应。可以看出，该接收机芯片集成的滤波器可以提供不同的中心频率（4.092MHz 和 10.23MHz）和带宽（2.046MHz 和 4.092MHz），以适应多模工作模式。

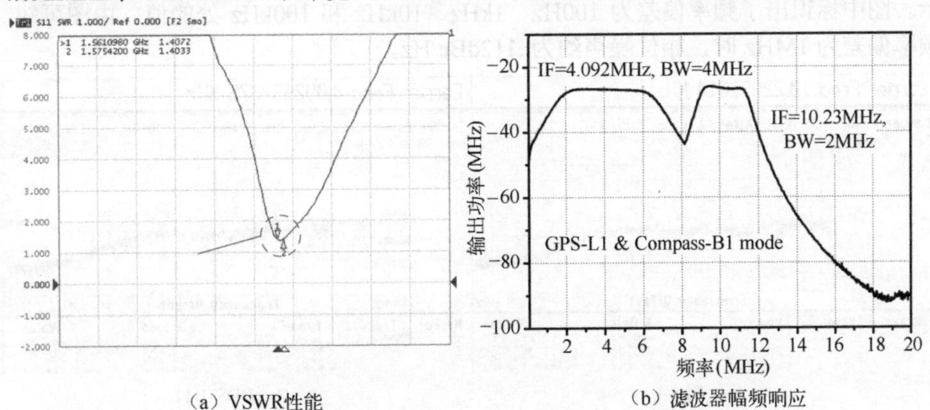


（a）VSWR性能　（b）滤波器幅频响应

图 12-20　测量的 VSWR 性能和滤波器幅频响应曲线

本接收机所采用的复数域带通滤波器在进行镜像抑制时并没有对 I/Q 失配进行校准，因此导致实际的镜像抑制能力与预期能力相差较多。正如 12.2.3 节所述，此接收机仅需要超过 16dB 的镜像抑制即可。图 12-21 为测量的镜像抑制结果（GPS-L1/BDS-B1I），镜像抑制均超过 35dB。输入的镜像信号频率分别位于 1554.96MHz（GPS-L1）和 1569.282MHz（BDS-B1I）。

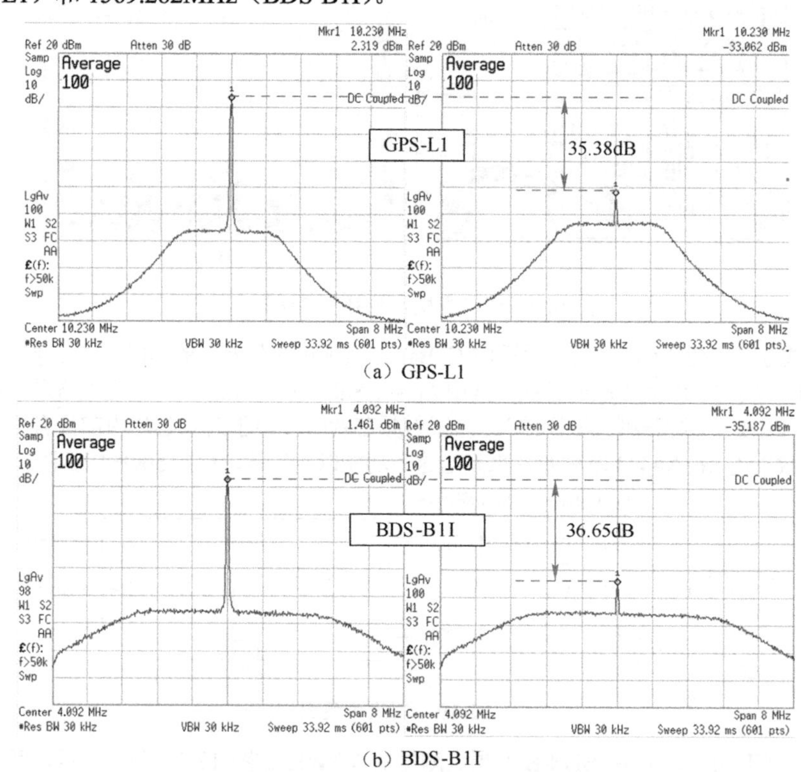


（a）GPS-L1

（b）BDS-B1I

图 12-21　测量的镜像抑制性能

针对 GPS-L1 通道和 BDS-B1I 通道测试的输出中频相位噪声性能如图 12-22 所示。图中标识出了频率偏差为 100Hz、1kHz、10kHz 和 100kHz 处的值。由图可知，频率偏差为 1MHz 时，相位噪声约为-112dBc/Hz。

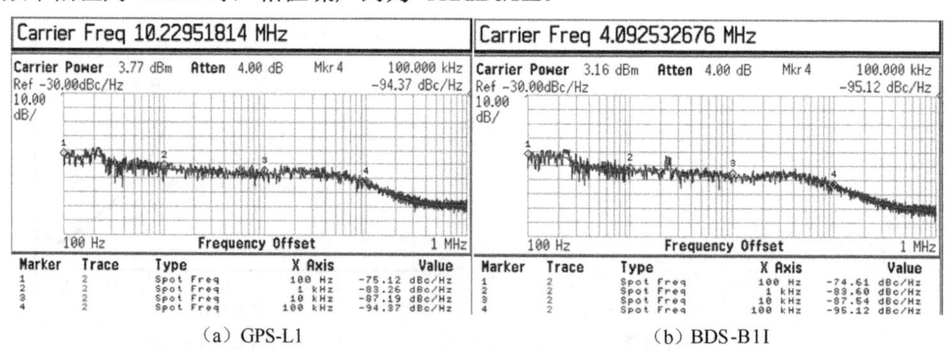


（a）GPS-L1　　　　（b）BDS-B1I

图 12-22　测量的相位噪声性能

射频接收机两个通道的中频频率响应（其中一个在射频输入端加入−94dBm 的输入正弦波，另一个不加任何输入信号）如图 12-23 所示。射频链路的增益设定为 90dB（射频前端增益为 60dB），测量的输出信号功率和噪声谱密度分别为−3.983dBm 和−80.48dBm/Hz（GPS-L1）和−4.758dBm 和−81.52dBm/Hz（BDS-B1I）。据此可以计算出两个接收机链路的噪声系数 NF。具体的计算公式如下：

$$
\begin{aligned}
\mathrm{NF} &= \mathrm{SNR_{in}} - \mathrm{SNR_{out}} - \mathrm{IL} = (P_{\mathrm{in}} - P_{\mathrm{n\_in}}) - (P_{\mathrm{out}} - P_{\mathrm{n\_out}}) - \mathrm{IL} \\
&= (P_{\mathrm{n\_out}} - P_{\mathrm{n\_in}}) - (P_{\mathrm{out}} - P_{\mathrm{in}}) - \mathrm{IL} \\
&= (P_{\mathrm{nPSD\_out}} - P_{\mathrm{nPSD\_in}}) - (P_{\mathrm{out}} - P_{\mathrm{in}}) - \mathrm{IL}
\end{aligned} \tag{12-8}
$$

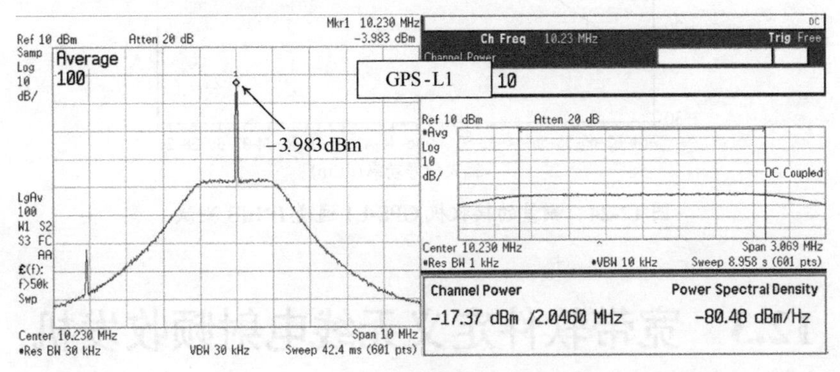


（a）GPS-L1

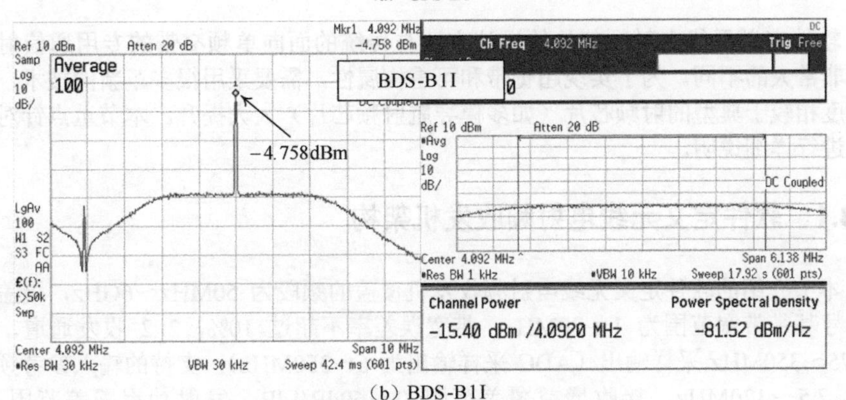


（b）BDS-B1I

图 12-23　测量的输出中频信号和噪声频谱

综上可得接收机两个通道的噪声系数分别为

$$
\mathrm{NF_{GPS}} = [-80.48-(-174)]\mathrm{dBm/Hz} - [-3.983-(-94)]\mathrm{dBm} - 1.4\mathrm{dB} = 2.103\mathrm{dB} \tag{12-9}
$$

$$
\mathrm{NF_{BDS}} = [-81.52-(-174)]\mathrm{dBm/Hz} - [-4.758-(-94)]\mathrm{dBm} - 1.4\mathrm{dB} = 1.838\mathrm{dB} \tag{12-10}
$$

针对 GPS-L1 通道的接收机 IP1dB 测试如图 12-24 所示。在无源天线情况下（射频前端增益为 66dB），测量的 IP1dB 约为−56dBm；在有源天线情况下（射频前端增益为 46dB），测量的 IP1dB 约为−36.5dBm。

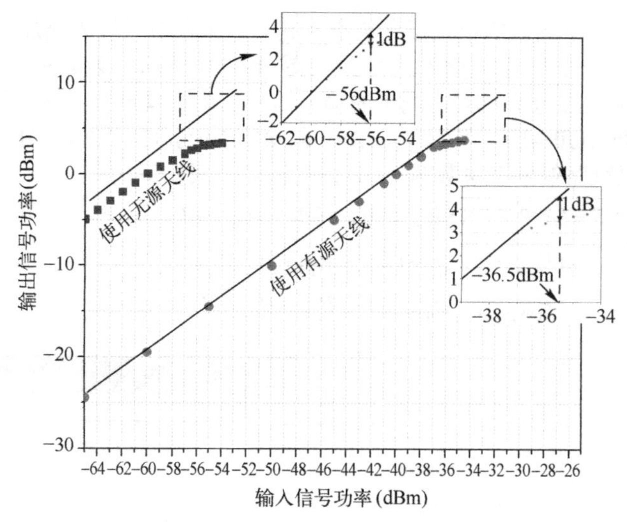


图 12-24 测量的接收机 GPS-L1 通道 IP1dB 测试

# 12.3 宽带软件定义无线电射频收发机

软件定义无线电射频芯片的设计方法与传统的面向单频窄带的专用通信射频芯片有非常大的不同。为了实现超宽带和可重构属性，需要采用很多革新的技术，设计复杂度相较于典型的射频芯片（如多模导航射频芯片）大大提升。本节重点针对这一技术进行详细说明。

## 12.3.1 软件定义无线电射频收发机架构

本节介绍的软件定义无线电射频收发机覆盖的频段为 50MHz～6GHz，覆盖的有效信号基带带宽范围为 1～30MHz，带宽误差率不超过 10%，2×2 收发通道，支持 0.1875～350MHz 采样输出（ADC 采样输出为 6～350MHz），支持的输入参考频率范围为 7.5～120MHz，接收增益覆盖范围 0～60dB/1dB，发射功率覆盖范围-20～10dBm/2dB。因此硬件平台的超宽带和可重构属性是软件定义无线电的基本要求。考虑到具体的 MIMO 应用场景，在超宽带和可重构的基础上增加了多通道功能，并引入同步信号保证射频通道和基带采样的相位同步特性。

软件定义无线电射频 2×2 收发机架构如图 12-25 所示。考虑到低码速率信号易采用低中频架构，高码速率信号易采用零中频架构，因此接收通道采用全复数域信号处理流程（可兼容低中频和零中频两种架构）。射频接收前端分两通道进行输入，每通道均包含不同结构和功能的低噪声放大器和下变频混频器，这主要基于两点考虑：①由于各类寄生效应（主要是寄生电容）的存在，很难通过单一的匹配结构覆盖 50MHz～6GHz 的输入频率范围。②在低频率范围处，下变频混频器还必须具备谐波抑制功能，否则低频率范围处的高频成分极易通过本振谐波变频至有效信号频带处，恶化信噪比。正交两支路均采用有源低通滤波器提供抗混叠滤波功能，低通滤波

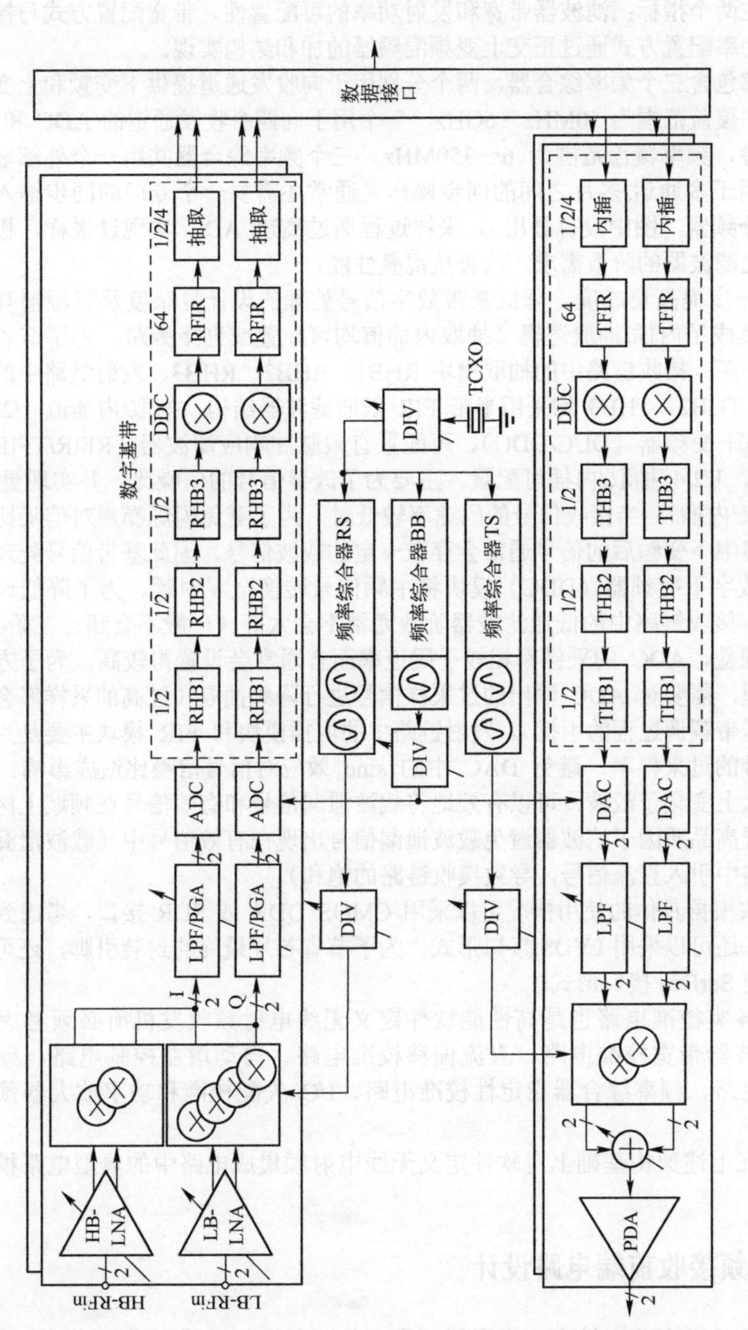


图 12-25　软件定义无线电射频 2×2 收发机架构

器的带宽可配置属性通过改变滤波器中的无源器件值来实现。PGA 提供足够的增益动态范围以满足针对不同通信系统软件定义的需求。发射机采用单边带上变频结构实现，重点关注两个指标：滤波器带宽和发射功率的可配置性。带宽配置方式与接收机相同，发射功率配置方式通过正交上变频混频器的加和结构实现。

芯片内部包含三个频率综合器，两个分别用于向收发通道提供下变频和上变频本振信号，频率覆盖范围为 50MHz～6GHz，一个用于向四个收发通道的 ADC 和 DAC 提供采样时钟，频率覆盖范围为 6～350MHz。三个频率综合器共用一个外部输入参考频率源，用于多通道/多片之间的同步操作（通常还需要一个专门的同步输入控制信号来复位分频器，图中没有画出）。采样过程通过高速 ADC 实现过采样，极大缓解对前级低通滤波器的阶数需求，改善抗混叠性能。

为了进一步提高集成度，降低基带数字信号处理的设计复杂度及资源消耗，收发链路中还集成了内插/抽取逻辑（抽取内插值均可配置或直接旁路，为了节省乘法器和累加器资源，接收链路中的抽取模块 RHB1、RHB2、RHB3，发射链路中的内插模块 THB1、THB2、THB3 均采用半带 FIR 低通滤波器结构，抽取/内插值 1/2 可配置）、数字上/下变频器（DUC/DDC）、可配置有限脉冲响应滤波器（RFIR/TFIR，系数抽头为 64，1/2/4 抽取/内插可配置，主要为了改善信号的信噪比，并实现更低/更高速率的抽取/内插）。当接收信号的码速率较低时，为了避免闪烁噪声对信噪比的影响，接收链路中下变频后的信号通常会存在一定的载波信号，因此基带信号处理中通常需要加入数字下变频器（DDC）模块将中频信号转换至零中频。为了降低设计复杂度和功耗，接收链路中的低通滤波器阶数通常不会太高（一般不会超过三阶）。为了避免采样混叠，ADC 的采样率相较于码速率而言通常会设置得较高。为了方便数字基带的处理，需要对 ADC 输出的过采样信号进行降频抽取（过高的采样率会带来时序设计及基带解调过程的困扰）。发射链路中的内插模块和 FIR 模块主要是为了进一步提升信号的过采样率，避免 DAC 中的 sinc 效应对信号信噪比造成影响。DUC 模块通过引入上变频子载波，可以有效地将载波泄漏信号和有效信号在频域上区分开来，通过外置高品质因子滤波器避免载波泄漏信号出现在有效信号中（载波泄漏信号会在解调链路中引入直流信号，导致接收链路的饱和）。

接口模块根据具体的使用情况可以采用 CMOS DDR 或 SDR 接口，考虑到传输距离的影响，还可以采用 LVDS 接口形式。为了节省芯片最终的封装引脚，还可以进一步采用高速 SerDes 接口形式。

另外，各类校准电路也是高性能软件定义无线电射频收发机所必须考虑的，主要包括滤波器带宽校准电路、直流偏移校准电路、自动增益控制电路、频率综合器 AFC 电路、频率综合器稳定性校准电路、I/Q 失配校准和功率放大器预失真电路等。

接下来在上述架构基础上对软件定义无线电射频集成电路中的典型电路模块进行说明。

### 12.3.2 射频接收前端电路设计

由于覆盖的频率范围较宽，为了保证优良的匹配性能，采取了两种不同结构的低噪声放大器分别实现低频范围阻抗匹配和高频范围阻抗匹配。低频范围的阻抗匹配主要采用共源负反馈结构实现，同时具备噪声抵消功能，如图 12-26 所示。由于共源负反馈结构输入端的寄生电容较大，在高频处阻抗匹配性能会受到一定程度的影响，因此高频范围内的阻抗匹配通过如图 12-27 所示的共栅结构实现，同时具备噪声抵消功能，其中源极负反馈采用品质因子较小的电感实现以更好地覆盖所需的高频频率范围。两个低噪声放大器（LNA）的具体工作原理见 6.4 节。两个 LNA 提供的带内增益均为 15dB，且可以通过调整晶体管的尺寸及反馈电阻在满足噪声抵消的情况下改变 LNA 的增益。

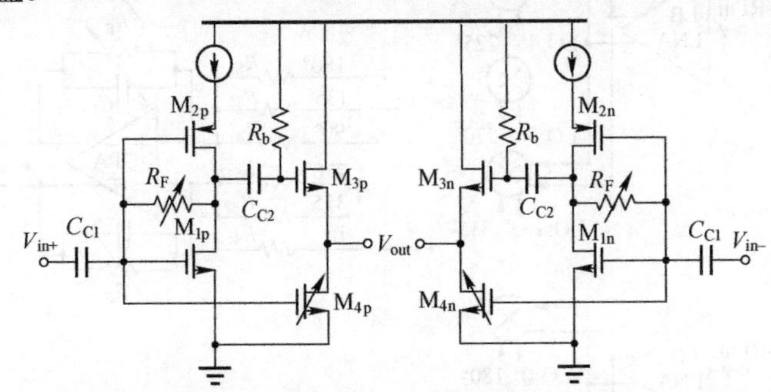


图 12-26　宽带差分电阻负反馈噪声抵消 LNA 电路结构（低频带）

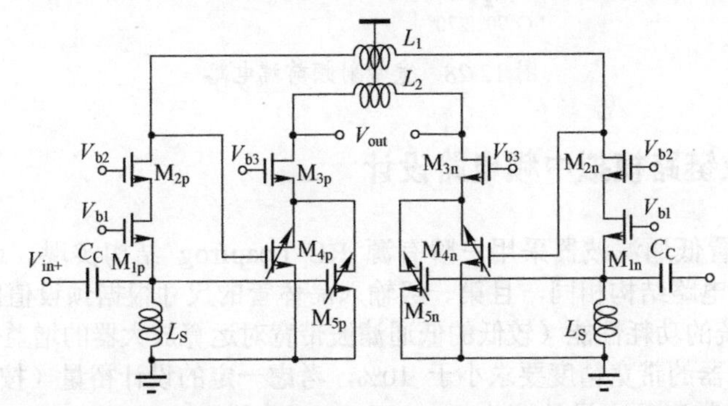


图 12-27　宽带差分共栅结构噪声抵消 LNA 电路结构（高频带）

射频前端的整体电路结构如图 12-28 所示。低频带支路（上支路）采用八相无源混频器提供三五阶谐波抑制功能，所需比例系数通过设置不同的 $R_{S1}$ 和 $R_F$ 及 $R_{S2}$ 和 $R_F$ 比值进行实现，其中 $R_{S1}:R_F=1:1$，$R_{S2}:R_F=1:\sqrt{2}$。由图 7-14（c）可知，八相采样中总会存在一对差分项的幅度为 0，因此图 12-28 中的 I 支路去掉了 135° 和 315° 两相位信号，Q 支路去掉了 45° 和 225° 两相位信号。高频带支路（下支路）仍采用典型的正交无源下变频混频器进行设计，混频器的输出端分别连接至 45° 和 225°（I 支路）、135° 和 315°（Q 支路）四条相位支路。低频带支路和高频带支路在正常工作时有且仅有一条支路处于工作状态。反馈电容 $C_F$ 随着输出中频的高低动态调节，提供一阶低通滤波功能。

图 12-28 中的无源混频器为电压模无源下变频器，因此 $R_{S1}$ 和 $R_{S2}$ 必需选取得足够大。两支路射频前端的最大增益值分别设置为 15dB，最小增益为 0dB，步进为 15dB。全频段内射频前端的噪声系数均小于 4dB（最大增益情况），功耗小于 6mA，输入 1dB 增益压缩点大于 0dBm（最小增益情况）。

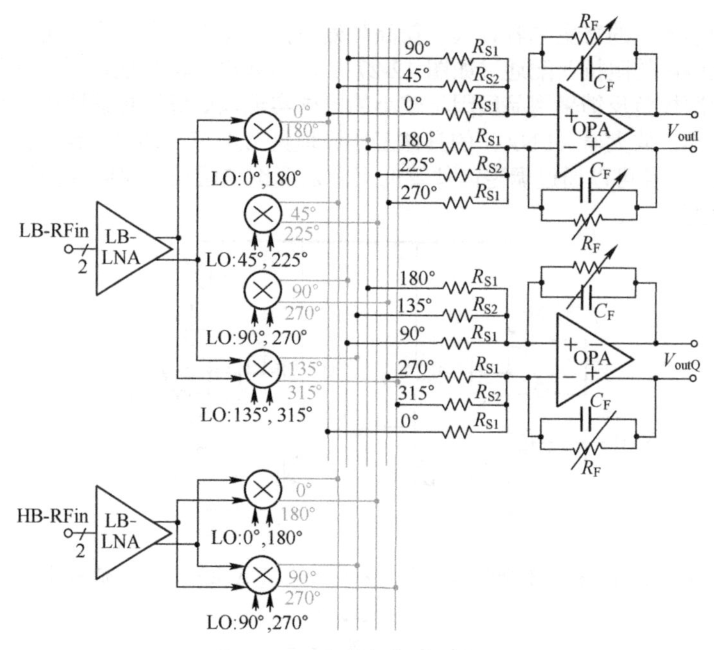


图 12-28 宽带射频前端电路

## 12.3.3 接收链路模拟中频电路设计

宽带可配置低通滤波器采用三阶有源 RC Leapfrog 结构实现。运算放大器与图 12-9 所示的电路结构相同，且第一级输入晶体管的尺寸根据预设值的带宽动态可调以最大化系统的功耗性能（较低的低通滤波带宽对运算放大器的增益带宽积需求较低）。由于滤波器的带宽精度要求小于 10%，考虑一定的设计裕量（按照 5%进行设计），滤波器的带宽频点设计应为 1～1.9MHz（步进 0.1MHz）、2～3.8MHz（步进 0.2MHz）、4～7.6MHz（步进 0.4MHz）、8～15.2MHz（步进 0.8MHz）、16～30.4MHz（步进 1.6MHz）。即使工艺和温度偏差引入的频率偏移达到 20%，带宽精度仍可以达到 6%。软件定义无线电射频收发机中滤波器的带宽校准机制与传统的带宽校准机制有很大不同。首先芯片的输入参考频率范围波动较大，其次传统的校准机制需要牺牲一个自由度来调整带宽的精度（必须有一个无源元件用来校准带宽精度）。这样会导致无源元件的数量大幅度增加（本设计实例中带宽频点的个数为 50 个，即如果采用电阻对带宽精度进行校准，则滤波器器中的每个电容必须由 50 个并联的电容网络组成以调节滤波器带宽数值），芯片的设计复杂度和面积均会明显提升，尤其是对于多通道且同时具备收发链路的软件定义射频收发机而言。

软件定义无线电射频收发机中滤波器的带宽校准机制如图 12-29 所示。校准电路中电阻网络和电容网络的组成结构与主滤波器中完全相同。电阻和电容均可用以调整滤波器的带宽（2 个自由度），通过调整控制开关，电阻网络的值可以生成 5 种情况：$8R$、$4R$、$2R$、$R$、$R/2$。每种电阻值仅需依次匹配 10 个不同的并联电容网络值便可覆盖 1～30.4MHz 的滤波器带宽。

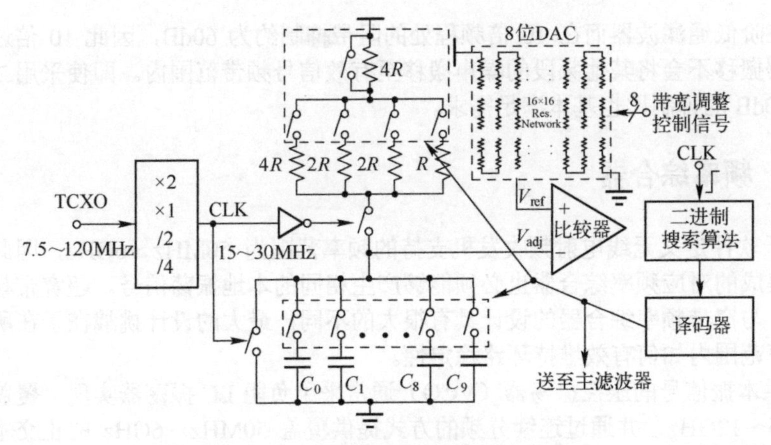


图 12-29　宽带滤波器带宽校准电路

当时钟 CLK 下降沿到来时，并联电容网络处于充电状态，充电时间常数为 $RC$，其中 $R$ 和 $C$ 分别为实际工况下电阻网络和电容网络的值。当时钟 CLK 的上升沿到来时，阻容网络的输出电压（调节电压）$V_{adj}$ 为

$$V_{adj}(t)|_{t=T/2}=V_{DD}-V_{DD}\exp(-t/RC)|_{t=T/2} \tag{12-11}$$

当 $V_{adj}$ 比预设定的参考电压 $V_{ref}$ 高时，二进制搜索算法朝着带宽频率减小的方向搜索（通过译码器调整电阻电容网络的值）。当 $V_{adj}$ 比预设定的参考电压 $V_{ref}$ 低时，二进制搜索算法朝着带宽频率增大的方向搜索。

$V_{ref}$ 的确定可以通过计算查找的方式，计算对应公式为

$$V_{ref}=V_{DD}-V_{DD}\exp(-t/R_{dom}C_{dom})|_{t=T/2} \tag{12-12}$$

式中，$R_{dom}$ 和 $C_{dom}$ 分别为典型工艺角及常温条件下电阻网络和电容网络的值。不同的带宽频率对应的 $R_{dom}$ 和 $C_{dom}$ 也不一样，通过 SPI 接口（或其他类型的芯片配置接口）产生的带宽调整控制信号经 8 位 DAC（由 256 个串联电阻网络组成，每个抽头节点均可产生一个不同的参考电压，带宽调整控制信号控制组合逻辑电路对参考电压进行输出，具体结构可参考图 5-41）产生参考电压 $V_{ref}$。时钟周期 $T$ 与外部 TCXO 晶振的振荡频率有关。由于 TCXO 的覆盖频率可达 7.5～120MHz，送入校准网络前需要经过分/倍频网络将 TCXO 频率配置在 15～30MHz（×2 倍频模块的具体电路可参考文献[7]）以避免 $V_{ref}$ 的较大波动幅度。同时分/倍频网络也是设计宽带频率综合器的一个硬性要求，否则为了保证环路的稳定性，电路的设计复杂度会明显增大。为了避免比较器本身引入的直流偏移，可以采用如图 5-38 所示的自校准比较器。

滤波器提供的增益范围为-6～0dB，步进为 6dB，因此滤波器的差分输入端口可以不用进行 DCOC 校准。为了满足 0～60dB 的增益动态范围及 1dB 的增益步进，PGA 部分提供的增益范围为 0～45dB，步进为 1dB。PGA 部分由三级级联结构组成，每级最大增益为 15dB，每级均进行 DCOC 校准，校准电路及工作原理与图 5-38 相同。需要说明的是，PGA 的 DCOC 校准过程是一个串行执行过程，即校准顺序为从前级至后级，直至校准完成为止。当 PGA 的增益配置发生变动时，DCOC 校准需要重新进行。

在对 ADC 的采样频率进行配置时，通常按照 10 倍甚至更高的过采样速率进行

设置。三阶低通滤波器而在 10 倍频程处的阻带抑制约为 60dB，因此 10 倍过采样产生的频谱搬移不会将其他频段的噪声搬移至有效信号频带范围内。即使采用二阶低通结构，40dB 的抑制比也基本满足需求。

## 12.3.4 频率综合器

由于软件定义无线电射频收发机支持的频率范围为 50MHz～6GHz，因此射频收发通道集成的对应频率综合器也必须能够产生相同的本地振荡信号。超宽带频率综合器的设计与窄带频率综合器的设计具有很大的不同，最大的设计挑战在于在所需的超宽带频率范围内如何有效维持环路稳定性。

提供本振信号的压控振荡器（VCO）通常采用负阻 LC 振荡器实现，覆盖的频率范围为 6～12GHz，并通过连续分频的方式提供覆盖 50MHz～6GHz 的正交本振频率范围。如果仅采用单个 VCO，会导致 $K_{VCO}$ 的变化范围非常大。由式（11-121）可知，$K_{VCO}$ 与输出振荡频率的三次方成正比。如果采用单个 VCO 覆盖整个频率范围，$K_{VCO}$ 的最大值是最小值的 8 倍。为了维持环路的稳定性，通常采用调整 $I_{CP}$ 的方式补偿 $K_{VCO}$ 的变化，这样会导致电荷泵的设计复杂度较高。更重要的是，在低频处，由于 $K_{VCO}$ 较小，锁定的子频率线覆盖的频率范围非常小，导致锁定鲁棒性较差。如果锁相环型频率综合器最终锁定在低频处频率子线的高频范围内，则极易因外部因素（如温度变化）的影响导致频率综合器的失锁。因此通常采用多个 VCO 的形式来改善 $K_{VCO}$ 的较大波动情况。具体电路结构如图 12-30 所示。

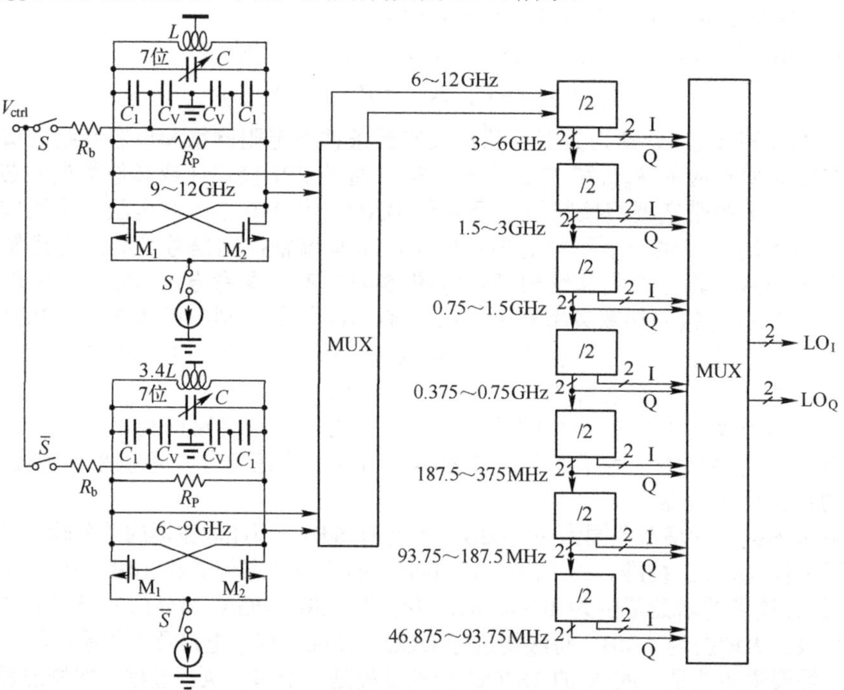


图 12-30　宽带本振频率产生方法

由于外置 TCXO 晶振通过分/倍频模块后能够提供的输入参考频率范围为 15～30MHz，VCO 的振荡频率覆盖 6～12GHz，则分频器提供的分频范围必须覆盖 200～800。因此小数分频器可以采用如图 12-31 所示的级联 2/3 双模预分频器结构实现，最小分频比需要 7 级级联，最大分频比需要 9 级级联。通过译码器和 MUX 模块对输出的相应端口进行选择，实现分频比的无缝覆盖。分频器的前两级采用转换速度较快的 CML 电路结构以避免分频波形的畸变。

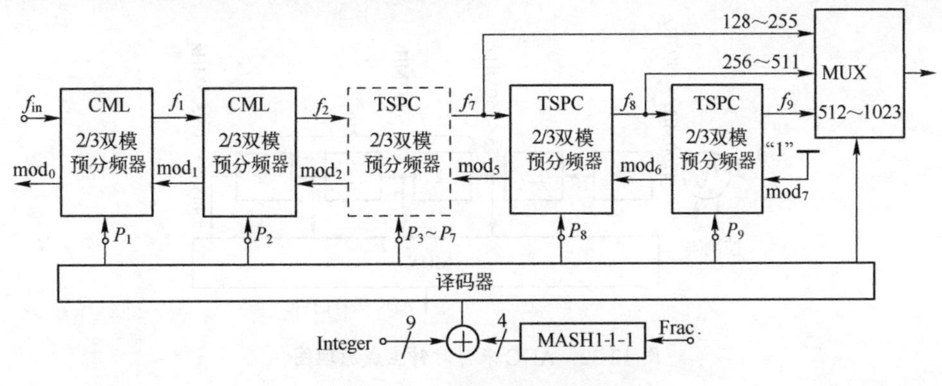


图 12-31 小数分频器电路结构

根据式（11-117）和式（11-120），重新写出频率综合器闭环环路的环路带宽公式如下：

$$\omega_c^2 = \frac{K_{PD} K_{VCO} \sqrt{10}}{NC_1} = \frac{2\sqrt{10}\pi^2 L f_{VCO}^3 \dfrac{\partial C_V}{\partial V_{ctrl}} K_{PD}}{NC_1} = \frac{2\sqrt{10}\pi^2 L f_{VCO}^2 \dfrac{\partial C_V}{\partial V_{ctrl}} K_{PD} f_{ref}}{C_1} \tag{12-13}$$

由式（12-13）可知，稳定性校准可以通过以下两种方式来实现：

① 低频带 VCO 的电感值设置为高频带的 3.4 倍（两个 VCO 输出最低频率的立方关系）以保证两个 VCO 的 $K_{VCO}$ 变化范围近似一致，保证低频带处 $K_{VCO}$ 不会明显下降。$K_{PD}$ 跟踪 $K_{VCO}$（或输出频率的三次方，3.4 倍跨度），电容 $C_1$（从而包括整个无源环路滤波器无源参数）跟踪分频比 $N$。由于分频比的分频范围覆盖 200～800，跨度非常大（4 倍跨度），因此会导致环路滤波器的设计变得比较复杂。

② 低频带 VCO 的电感值为高频带的 2.25 倍（两个 VCO 输出最低频率的平方关系），允许低频带处 $K_{VCO}$ 存在一定程度的下降。$K_{PD}$ 跟踪输出振荡信号频率的平方（4 倍跨度），电容 $C_1$（从而包括整个无源环路滤波器无源参数）跟踪参考频率 $f_{ref}$（15～30MHz，两倍跨度），设计复杂度得到明显简化。

需要说明的是，恒定 $K_{VCO}$ 的设计方法也值得参考，但是设计复杂度相较于上述两种方式会提高很多。

自动频率控制（AFC）的校准与单 VCO 频率综合器的校准机理相同，唯一有区别的地方在于 AFC 工作之前需要根据 VCO 提供的输出频率确定工作的是高频带 VCO 还是低频带 VCO。

由图 12-25 可知，收发机内部还需集成一个基带频率综合器向 ADC 和 DAC 提供采样时钟频率，基带频率综合器通常采用环形振荡器取代 LC 负阻振荡器以减小芯片的设计面积及复杂度（主要是稳定性校准方面）。环形振荡器虽然具有较差的相位噪声（时钟抖动较大），但是通常的基带电路中同步逻辑的时钟均采用时钟树等延迟传播至各寄存器中，因此时钟的抖动对后续的同步采样和信号处理不会产生影响。本设计中基带频率综合器产生的振荡频率为 700MHz～1.4GHz，用于 ADC 采样的时钟频率为 6～350MHz（较高的采样率设置主要是考虑到过采样过程可以极大缓解对前级模拟低通滤波器的阶数需求，提升抗混叠性能），分频比范围为 4～128，如图 12-32 所示。

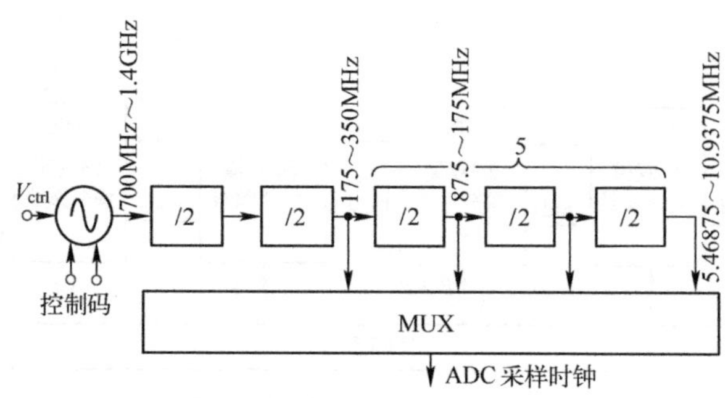


图 12-32 ADC 采样时钟生成原理图

压控环形振荡器的具体电路结构如图 12-33 所示。与压控 LC 振荡器相比，压控环形振荡器的 $K_{\mathrm{VCO}}$ 始终保持恒定。由式（12-13）可知，如果 $K_{\mathrm{PD}}$ 可以跟踪补偿分频比 $N$，基带频率综合器即可以保持优良的稳定性。压控环形振荡器的振荡主要是通过各级的充放电延时实现的，假设充电的目标电压（放电的起始电压）为 $V_{\mathrm{fix}}$，通过控制码提供的充放电电流为 $I_0$，则每级的充放电电流 $i = I_0 + g_{\mathrm{m}}V_{\mathrm{ctrl}}$，其中 $g_{\mathrm{m}} = 1/R$ 为晶体管 $M_2$ 的等效跨导（前提条件为 $g_{\mathrm{m}}R >> 1$）。因此，每级电路提供的充放电延时为

$$\frac{i}{C_n}t_{\mathrm{d}} = V_{\mathrm{fix}} \Rightarrow t_{\mathrm{d}} = \frac{C_n V_{\mathrm{fix}}}{i},\ n = 1,2,3 \tag{12-14}$$

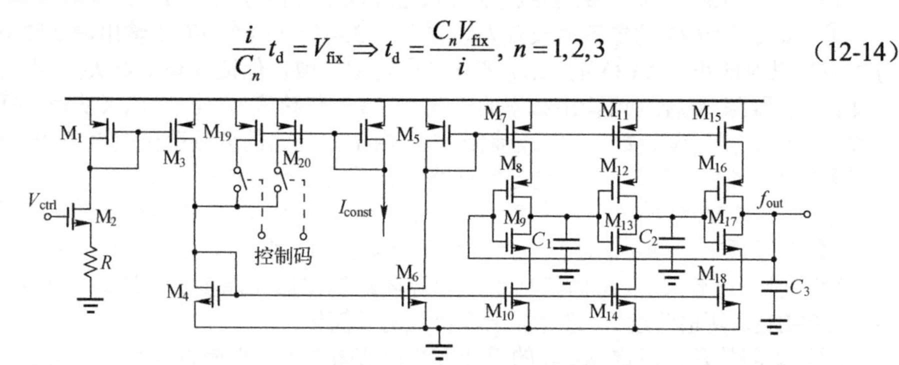


图 12-33 压控环形振荡器

令每级电路的负载电容满足 $C_1 = C_2 = C_3 = C$，则压控环形振荡器提供的输出振荡频率为

$$f_{\mathrm{out}} = \frac{1}{3t_{\mathrm{d}}} = \frac{i}{3CV_{\mathrm{fix}}} = \frac{I_0 + g_{\mathrm{m}}V_{\mathrm{ctrl}}}{3CV_{\mathrm{fix}}} \tag{12-15}$$

压控环形振荡器的电压-频率增益 $K_{\mathrm{VCO}}$ 的表达式为

$$K_{\mathrm{VCO}}=\frac{\partial f_{\mathrm{out}}}{\partial V_{\mathrm{ctrl}}}=\frac{g_{\mathrm{m}}}{3CV_{\mathrm{fix}}}=\frac{1}{3RCV_{\mathrm{fix}}} \tag{12-16}$$

因此与压控 LC 振荡器不同，压控环形振荡器的 $K_{\mathrm{VCO}}$ 是恒定的，在稳定性设计上可以简化很多。由于输入的参考频率为 15～30MHz，基带频率综合器小数分频器的分频范围为 13～67。小数分频器采用级联 TSPC 2/3 预分频器结构，具体设计原理与图 12-31 相同，不再赘述。为了维持环路的稳定性，$K_{\mathrm{PD}}$ 的变动范围至少需要覆盖 5 倍的跨度。可以采用环路滤波器阻容参数可配置的方式补偿分频比的变化，以降低电荷泵的设计复杂度。

### 12.3.5　数字基带部分

数字基带部分包括 DDC/DUC、RFIR/TFIR 和抽取/内插三个模块，工作时钟频率均由采样时钟频率提供。数字基带部分的功能均是可选择的，并不需要强制配置，可通过“忽略配置”选择将其旁路。数字基带的存在可以帮助低码速率的通信系统节省 FPGA 的基带信号处理资源。这是因为低码速率通信系统为了减小闪烁噪声对信噪比的影响，需要通过调制中频载波的形式避开闪烁噪声域（有效信号的低频处需要超过 200kHz）。而解调阶段（包括基于数字锁相环的相干解调和差分非相干解调）需要去除载波成分，因此基带信号处理模块中通常需要集成 DDC、FIR 滤波器和抽取模块（抽取过程主要是为了降低过采样速率，降低后续滤波器的阶数及基带解调过程复杂度）。对于发射链路而言，为了避免本振信号引入的载波泄漏出现在有效信号频带内，通常可通过加入子载波的形式将有效信号与载波泄漏在频域区分开，并通过外置的带通滤波器进行更进一步的抑制。内插模块主要是为了提高信号的过采样率，避免 DAC 的 sinc 效应对信号造成明显的干扰。

DDC 和 DUC 通常包含复数域乘法模块和 DDS 模块。复数域乘法功能等效于频域的频谱单向搬移功能，类似于模拟域的复数域混频器。DDS 模块共包含 32768 点，采用 1/4 存量压缩技术，需要的存储寄存器数目为 8192（通过上电初期的置位操作初始化寄存器的数值，实现 DDS 存储数据的写入）。

FIR 滤波器包括半带 FIR 低通滤波器和可配置 FIR 低通滤波器。半带 FIR 低通滤波器主要为了在节省乘法器和累加器资源的情况下实现 ADC/DAC 过采样的抽取和内插过程。三个半带 FIR 低通滤波器的通带频率范围分别为采样频率的 1/40、1/20 和 1/10，相应的半带 FIR 滤波器系数分别为[−130,0,1154,2048,1154,0,−130]、[−138,0,1161,2048,1161,0,−138]、[−10,0,69,0,−277,0,1242,2048,1242,0,−277,0,69,0,−10]。幅频响应如图 12-34 所示，抽取/内插倍数均为 2（也可选择旁路）。可配置 FIR 滤波器的系数抽头为 64（64 阶），2/4 倍抽取/内插可配置，相应的系数通过 SPI 控制接口写入。由于 FIR 滤波器的系数左右对称，因此实际需要的乘法器个数为 32 个。FIR 滤波器具体的硬件实现框图如图 12-35 所示，采用四级流水线结构以提高工作速率。如果需要的 FIR 滤波器阶数不足 64 阶，可将前级系数 $C_1$～$C_m$ 置零，其中 $m$ 为偶数，且 $m<32$。

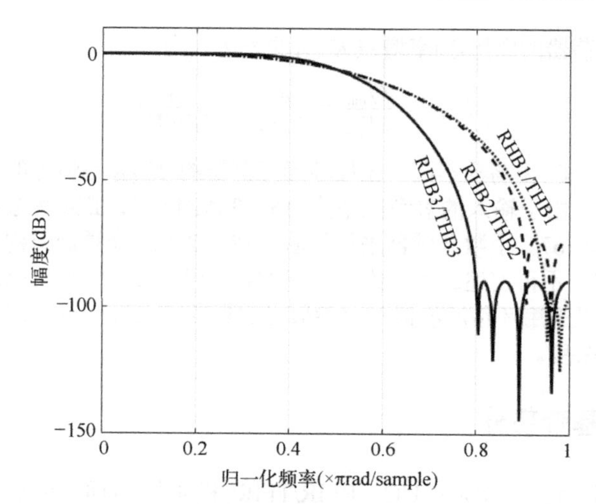


图 12-34 半带滤波器归一化频率响应曲线

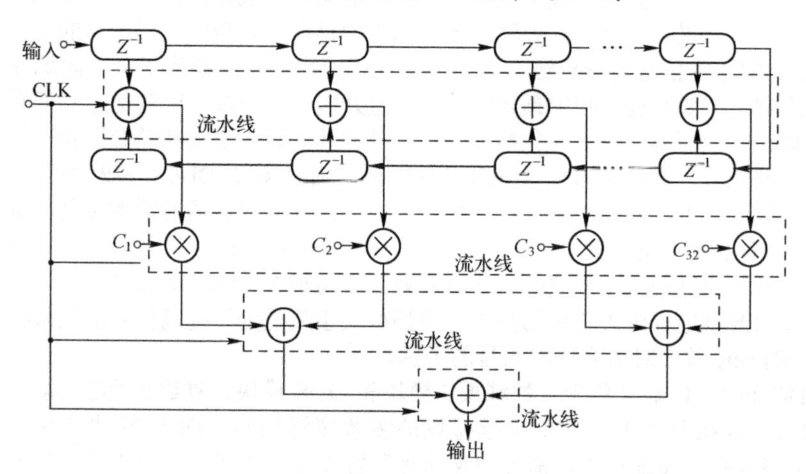


图 12-35 FIR 滤波器硬件结构框图

## 12.3.6 发射链路

发射链路的上变频混频器采用无源混频结构，如图 12-36 所示，并通过跨导模块（$M_1$～$M_4$）在电流域实现单边带上变频。功率预放大器（PDA）采用 B 类功率放大器结构实现。为了覆盖较大的频率范围，RFC 电感及用于功率匹配的变压器均采用外置的形式。在变压器匝数比 $n$=2 的情况下，B 类功率放大器的输出端等效负载阻抗为 12.5Ω。为了满足 10dBm 的输出功率，则放大器输出端的差分电压峰值为 0.5V，流经负载端的等效峰值电流为 40mA。结合图 8-21 可知，流经晶体管 $M_5$ 和 $M_6$ 的峰值电流为 80mA，根据放大器输入端的信号幅度可确定晶体管 $M_5$ 和 $M_6$ 的具体尺寸。另一种计算方式可直接参考 8.1.3 节所归纳的功率放大器线性化模型。晶体管在大信号下的等效跨导等于在小信号模式下的 1/4（B 类 PA 的导通时间为 A 类的一半，因此跨导同样也减小一半），晶体管的过驱动电压按照输入信号的幅度进行计算，负载端的电流幅度为 40mA。另外，晶体管 $M_5$ 和 $M_6$ 的尺寸是可配置的，用于调整发射链路的功率动态范围。为了更进一步改善发射链路的功率动态范围，还可通过增大滤波器的增益范围来实现，具体设计方法不再赘述。

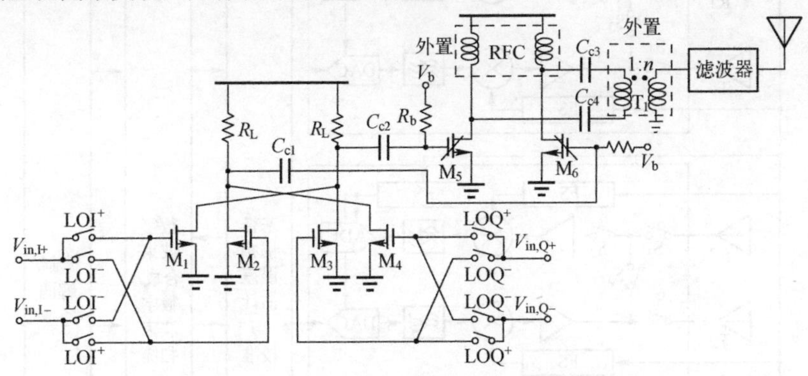


图 12-36　单边带上变频混频器与 B 类 PDA

## 12.3.7　多通道应用场景中的射频链路与基带采样同步操作

射频链路与基带采样同步是多通道应用场景中必须具备的功能，数字波束合成相控阵技术是典型的多通道应用场景。多个天线阵元波束通过数字域矢量叠加的形式形成固定（或可变）指向的天线波束，实现空域目标的空间多址接入和扫描跟踪。

数字域波束合成要求天线阵列中的每个天线单元必须接入一个射频收发通道，如图 12-37 所示。每个接收发射通道在数字域分别进行不同的加权（幅度相位调整后求和）形成多波束或具备波束扫描的能力。在进行不同收发通道的加权时，需要对各收发通道的增益及相位进行校准以确保数字域之前或数字域之后的收发通道具备相同的增益及相位延迟。为了满足上述条件，各收发通道的本振信号及 ADC/DAC 采样时钟的相位必须严格对齐，各收发通道的增益必须严格相等，且相位延迟也必须一致。

为了保证频率综合器输出本振信号相位的严格对齐，各芯片需要共用一个外部 TCXO 晶振，如图 12-37 所示。由于芯片内部的频率综合器均采用小数分频结构，因此各频率综合器的本振输出相位具有一定的随机性。例如，为了实现 100.5 的小数分频，小数分频器的分频比会在 100 和 101 之间以各 50%的占空比规律性跳转。当频率综合器锁定后，小数分频器的分频顺序可以为 100/101/100/101…，也可以为 101/100/101/100…。两种分频情况会导致本振信号分别超前或滞后输入参考 TCXO 时钟，致使本振信号之间存在一定的相位差，且该相位差是随机的，随着分频比的变化而变化。为了保证小数分频频率综合器输出本振信号相位的严格对齐，需要对小数分频结构及环路外部分频器进行复位操作，如图 12-38 所示。芯片上电复位后，当频率综合器处于锁定工作状态时，通过外部基带处理模块发送一个同步信号 Sync_in 至各芯片同步输入端。同步信号经过采样模块进行同步采样（采样时钟为 TCXO 晶振时钟 REFCLK）后，对小数分频模块（MASH 1-1-1 ∑-Δ 调制器）进行复位，复位后小数分频器产生的瞬时分频值趋于一致。当频率综合器再次锁定时，基带处理模块再次发送一个同步信号复位频率综合器的外部分频器，以保证输出本振信号相位的严格对齐。

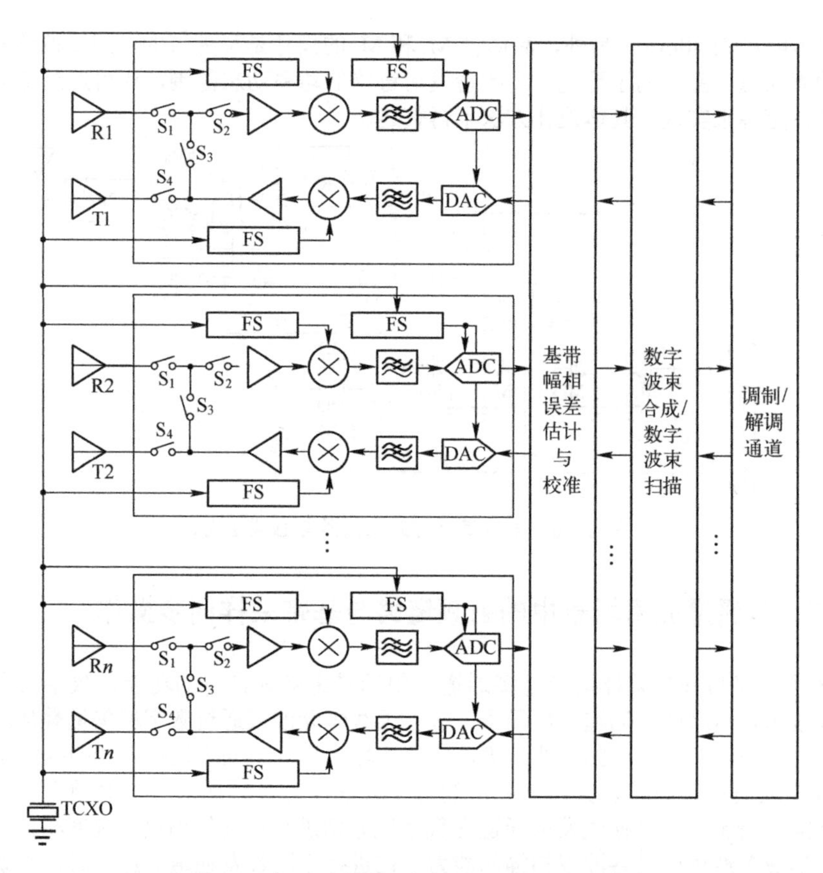


图 12-37 基于数字域波束合成/扫描的相控阵方案

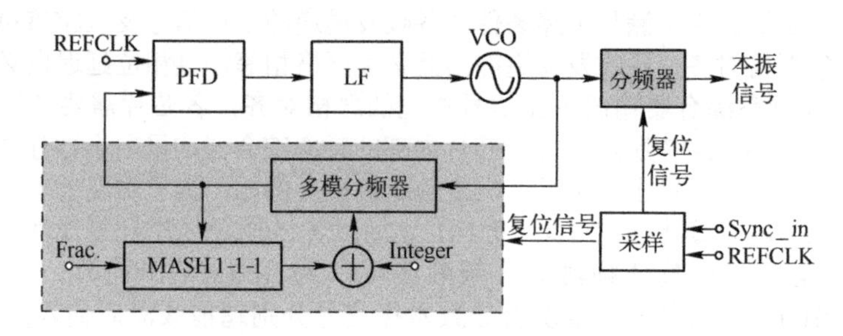


图 12-38 多芯片本振同步原理图

完成了频率综合器输出本振信号的相位校准后，接着需要对收发通道的幅/相差值进行校准。通道的校准需要借助于外部的基带信号处理模块，如图 12-37 所示。首先在外部放置一个单音发射源，选取任意接收通道为参考通道，剩余接收通道的输出依次（或同时）与该参考通道的输出进行比较（复数域相除，可以转换为归一化的乘法和叠加运算），并将比较结果依次作为各对应接收通道的幅相补偿值，具体工作原理如图 12-39 所示。完成接收通道的校准后，可以将对应的系数写入（上电置位）数字基带处理模块中，避免每次上电后均需要校准。发射通道的校准是在接收通道校准完成的基础上通过回环的方式完成的（可适当调整链路增益），校准方式与接收通道类似，不再赘述。另外，也可以采用基于 LMS 算法的自适应校准机制。预先选择参考通道，剩余通道通过 LMS 算法依次实现各通道与参考通道的增益/相位逼近（LMS 具体工作原理见 5.3.7 节）。

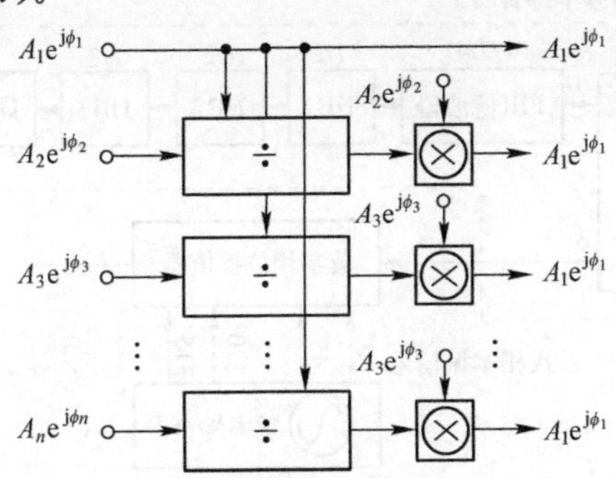


图 12-39　基带幅相误差估计与校准

具体的校准流程如图 12-40 所示。

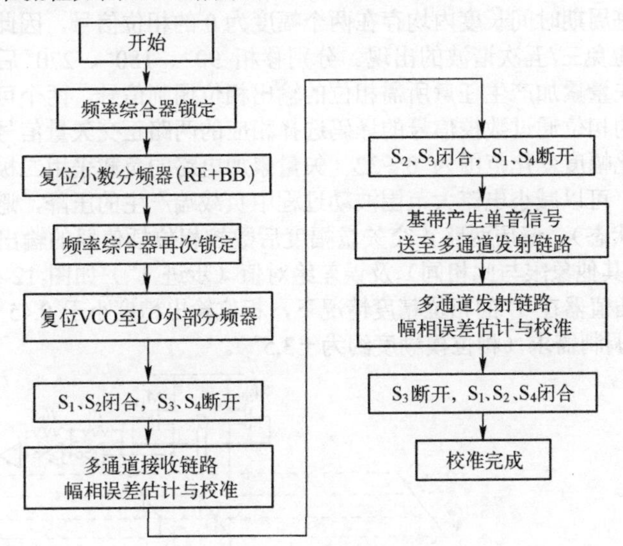


图 12-40　多片幅相校准流程

# 12.4　全数字发射机设计实例

本节以全数字发射机中的极化和正交架构为例详细阐述相应的设计方法及电路结构。最大发射功率仍不低于 10dBm，增益动态范围不小于 30dB，步进为 1dB。

数字极化发射机的具你体电路结构如图 12-41 所示。Cordic 模块用于实现正交输入信号的幅相分离。相位信号通过数字相位插值器实现对本振信号的相位调制。数字相位插值器采用八相本振信号以避免三/五次谐波对相位插值性能的影响。幅度信号经过多级内插滤波操作后，与相位调制信号通过数字 PA 实现最终的幅相极化调制。

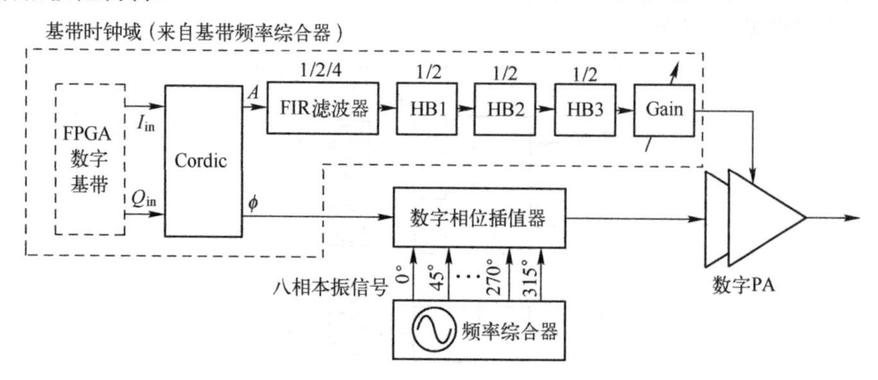


图 12-41 数字极化发射机

基于八相本振的数字相位插值器电路结构如图 12-42 所示。由图 7-14（c）可知，八相本振每周期时间长度内均存在两个幅度为 0 的相位信号，因此只需采用六相信号即可有效避免三/五次谐波的出现。分别移相 90°、180°、270°后形成四个正交矢量信号用于矢量累加产生任意所需相位的输出相位调制信号。两个可控电流源模块根据需要产生的相位通过数控信号的译码选择相应的两路正交矢量信号，每路正交矢量信号的归一化幅度变化范围为 0～32（矢量累加电路的负载采用二极管连接形式的 PMOS 管实现，可以减小电流大范围波动过程中负载端产生的压降，避免尾电流源晶体管进入线性状态）。遍历两路正交矢量幅度后数控相位插值器的输出相位仿真结果（仅第一象限，其他象限与此相同）及误差绝对值（步进 1°）如图 12-43 所示。可以看出，该相位插值器在 1°的相位精度情况下，相位输出精度小于 0.45°，至少可以满足 256QAM 的调制需求（相位模糊度约为±3.5°）。

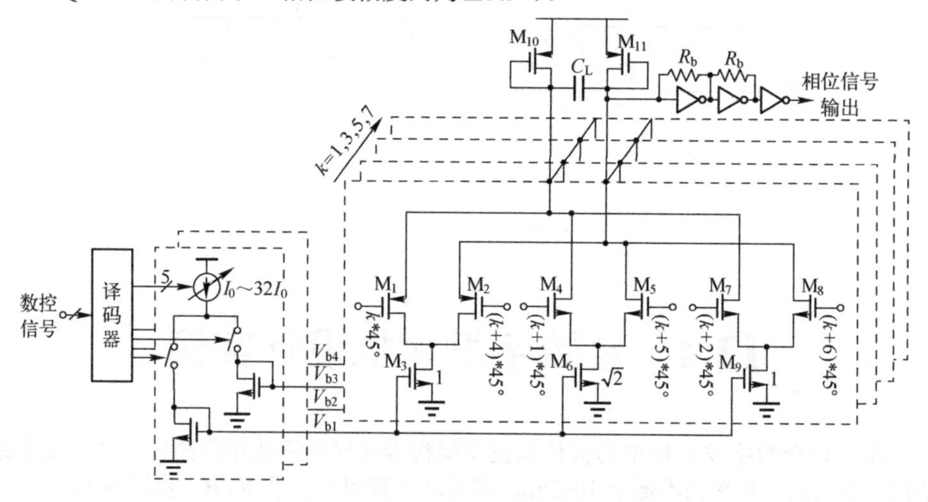


图 12-42 插值精度为 1°的数控相位插值器

需要说明的是，八相信号的产生通常通过四分频实现，因此对频率综合器的设计提出了更加严苛的要求。为了避免更高的频率设计，可以采用正交 VCO 的方式实现四相信号的生成，再通过二分频实现八相信号的产生。

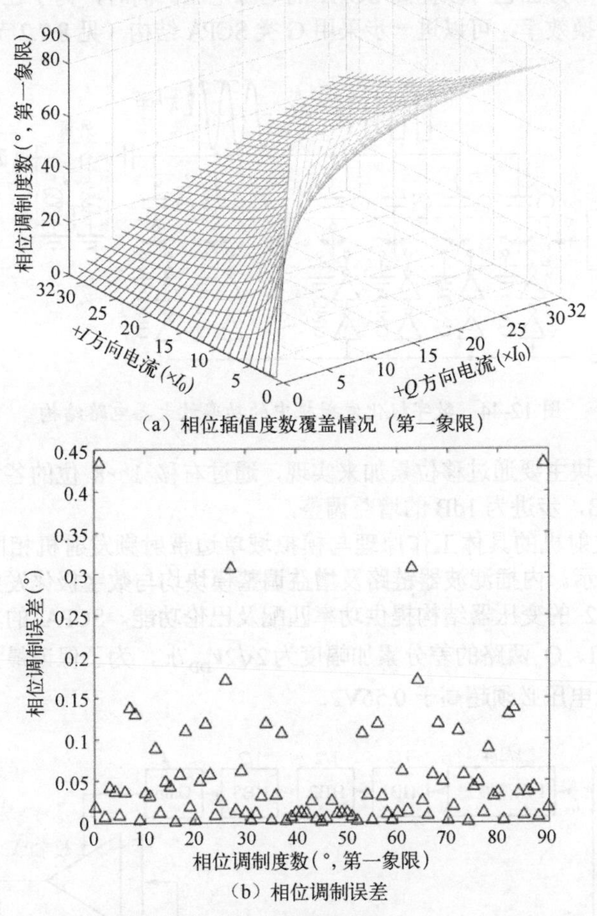


（a）相位插值度数覆盖情况（第一象限）

（b）相位调制误差

图 12-43　不同电流幅度对应的相位插值度数覆盖情况及相应的相位调制误差

FIR 滤波器及三个半带滤波器可参照图 12-37 中的设计方法（FIR 滤波器仍采用 64 阶，系数可配置，HB1、HB2、HB3 的通带带宽分别为采样频率的 1/40、1/20 和 1/10)，最大可以提供 32 倍的内插结果。通常基带调制过程中还会提供 8 倍甚至更高的内插结果，因此 256 倍的内插值足以避免数字化幅度引入的 sinc 效应对幅度频谱的影响。基带码速率比较大的通信系统可以采取旁路滤波器的形式避免幅度频谱被滤波器抑制而引入频谱失真。

功率放大器采用开关电容功率放大器（SCPA）的结构形式，如图 12-44 所示。为了满足频率覆盖范围需求，采用匝数比为 1∶2 的外置变压器 $T_1$ 作为阻抗变换器实现功率匹配。此时的负载阻抗为 12.5Ω，为了满足最大不小于 10dBm 的发射功率，有

$$\frac{(2V_{DD}/\pi)^2}{2\times 12.5} \geqslant 10\text{mW} \tag{12-17}$$

计算可得$V_{DD} \geqslant 0.785\text{V}$。为了进一步提高发射功率，一方面可以采用匝数比更大的变压器，另一方面也可以提高 SCPA 的电源电压。同时，为了在较大峰均比的情况下提高功率转换效率，可以进一步采用 G 类 SCPA 结构（见 8.7.2 节）。

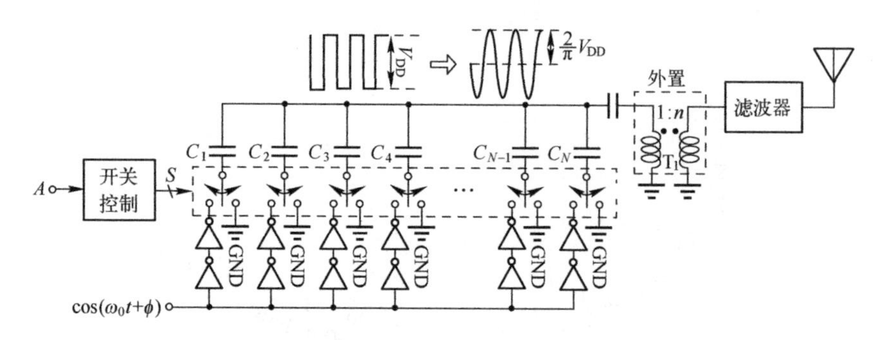


图 12-44 数字极化发射机中的功率放大器电路结构

增益调整模块主要通过移位累加来实现，通过右移 1～8 位的各种组合累加实现动态范围为 30dB，步进为 1dB 的增益调整。

数字正交发射机的具体工作原理与模拟域单边带射频发射机相同，具体实现结构如图 12-45 所示。内插滤波器链路及增益调整模块均与数字极化发射机相似，仍采用匝数比为 1∶2 的变压器结构提供功率匹配及巴伦功能。SCPA 的具体电路结构如图 12-46 所示。I、Q 两路的差分累加幅度为$2\sqrt{2}V_{DD}/\pi$，为了保证最大输出功率不小于 10dBm，电源电压必须超高于 0.56V。

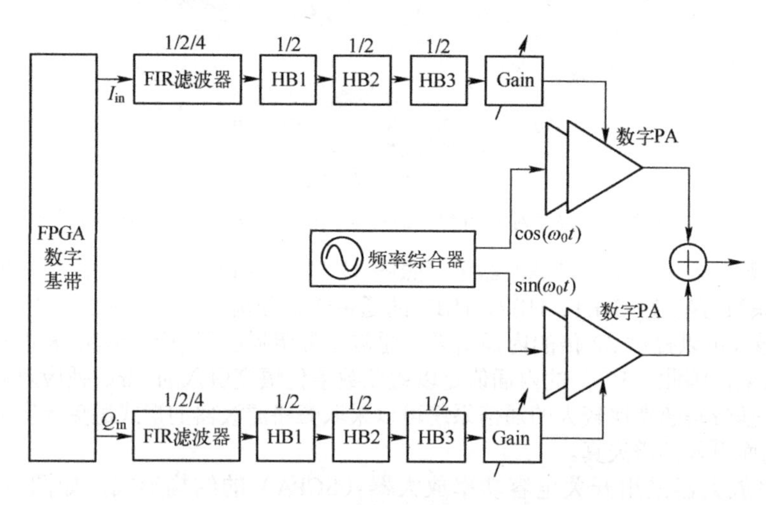


图 12-45 数字正交发射机

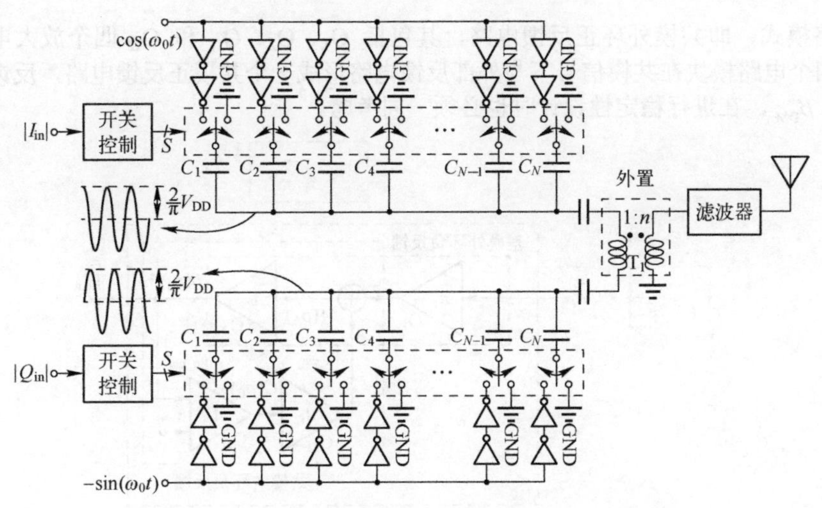


图 12-46　数字正交发射机中的功率放大器电路结构

## 附录　运算放大器设计方法

运算放大器是射频集成电路中的关键模块之一，在中频滤波器和 PGA 的设计过程中充当着基础模块。运算放大器作为一个高增益多极点模块，在闭环使用过程中极易产生振荡，使更上层电路（如有源 RC 低通滤波器等）失去基本功能，从而造成整个系统的工作紊乱。为了同时兼顾高增益与稳定性，运算放大器通常采用两级级联放大结构，其典型的闭环应用模式和闭环反馈示意图如图 12-47 所示[图 12-47（b）反馈支路中的“+”表示共模反馈，“−”代表差模负反馈]。

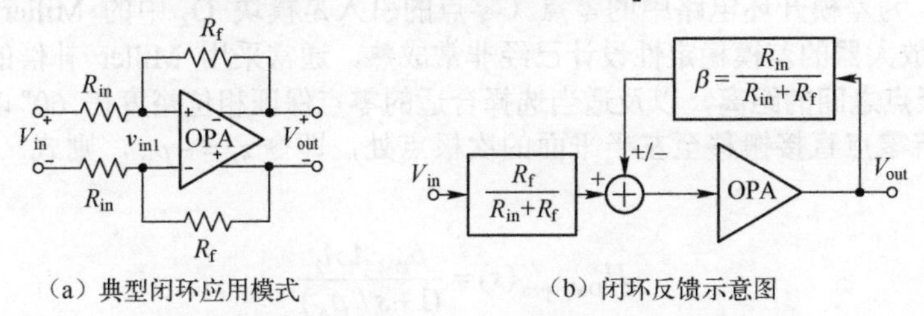


（a）典型闭环应用模式　　（b）闭环反馈示意图

图 12-47　运算放大器典型闭环模式和闭环反馈示意图

带外部反馈电路的两级级联运算放大器电路结构如图 12-48 所示。$O_1$ 和 $O_2$ 分别表示运算放大器中的两个主放大电路，直流增益分别为 $A_1$ 和 $A_2$。$O_{f1}$ 和 $O_{f2}$ 分别表示共模反馈支路中的两个共模反馈模块，直流增益分别为 $A_{f1}$ 和 $A_{f2}$。两级级联运算放大器内部通常包含两种电路：差模放大电路和共模反馈电路。差模放大电路包括 $O_1$ 和 $O_2$ 两级放大模块，与外部闭环回路形成差模负反馈电路，反馈因子 $\beta_{DM}=\beta_{in}/(\beta_{in}+\beta_f)$，因此又称差分放大电路为差模外环负反馈电路。共模反馈电路包括 $O_2$、$O_{f1}$ 和 $O_{f2}$ 三级放大电路，三个首尾相联的模块在运算放大器内部形成一个负反馈闭环回路以稳定运算放大器内部各节点的共模电压，反馈因子 $\beta_{CMFB}=1$，因此又称共模反馈电路为共模内环负反馈电路。由图 12-48 可知，闭环回路还存在第三种电路模式，即共模外环正反馈电路，其包括 $O_1$、$O_2$、$O_{f1}$ 和 $O_{f2}$ 四个放大电路模块。四个电路模块在共模信号下与外部反馈电路形成一个共模正反馈电路，反馈因子 $\beta_{CM}=\beta_{DM}$，在进行稳定性设计时也必须一同考虑。

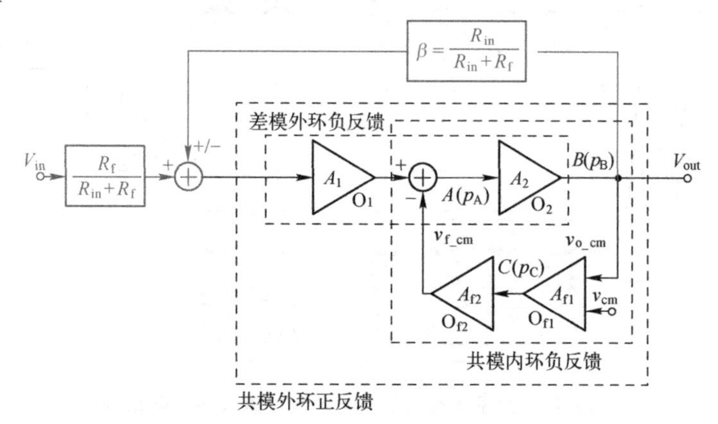


图 12-48 带闭环反馈的运算放大器内部电路结构

可以看出，运算放大器共包括三个闭环回路：差模外环负反馈电路、共模内环负反馈电路和共模外环正反馈电路。只有三个环路均处于稳定工作状态，才能保证基于运算放大器实现的上层电路模块具备正常的电路功能。

① 在差模外环负反馈电路中的任意一点处将环路断开，可得其开环传输函数为

$$H_{DM\_open}(s)=\frac{\beta_{DM}A_1A_2(1-s/z_1)}{(1+s/p_A)(1+s/p_B)} \tag{12-18}$$

式中，$p_A$ 和 $p_B$ 分别为差模开环电路中存在的两个左半平面极点，$p_A$ 为主极点，$p_B$ 为次极点；$z_1$ 为差模开环电路中的零点（零点的引入是模块 $O_2$ 中的 Miller 补偿引入的）。运算放大器的差模稳定性设计已经非常成熟，通常采用 Miller 补偿的形式合理布局主次极点之间的距离，以及适当选择合适的零点保证相位裕度在 60°以上。通常情况下会将零点直接搬移至左半平面的次极点处，即令 $z_1=-p_B$，则式（12-18）可以简化为

$$H_{DM\_open}(s)=\frac{\beta_{DM}A_1A_2}{(1+s/p_A)} \tag{12-19}$$

运算放大器的相位裕度通常在 90°左右，本节假设差模环路经过补偿已经足够稳定。

② 在共模内环负反馈电路中的任意一点处将环路断开，可得其开环传输函数为

$$H_{CMFB\_open}(s)=\frac{\beta_{CMFB}A_2A_{f1}A_{f2}(1-s/z_1)}{(1+s/p_A)(1+s/p_B)(1+s/p_C)}=\frac{\beta_{CMFB}A_2A_{f1}A_{f2}}{(1+s/p_A)(1+s/p_C)} \tag{12-20}$$

式中，$p_C$ 为共模反馈回路引入的一个额外极点。为了保证共模反馈回路的稳定性，需要在单位频率处满足以下条件：

$$\angle(1+s/p_A)(1+s/p_C)\leqslant 120° \tag{12-21}$$

③ 在共模外环正反馈电路中的任意一点处（不包括共模反馈环路内节点）将环路断开，可得其开环传输函数为

$$H_{\mathrm{CM\_open}}(s)=\frac{\beta_{\mathrm{CM}}A_1A_2(1-s/z_1)}{(1+s/p_{\mathrm{A}})(1+s/p_{\mathrm{B}})[1+H_{\mathrm{CMFB,open}}(s)]}=\frac{\beta_{\mathrm{CM}}A_1A_2(1+s/p_{\mathrm{C}})}{(1+s/p_{\mathrm{A}})(1+s/p_{\mathrm{C}})+A_2A_{\mathrm{f1}}A_{\mathrm{f2}}} \tag{12-22}$$

对于正反馈环路，如果 $H_{\mathrm{CM\_open}}(s)\leqslant 1$ 恒成立，则共模外环负反馈电路也是恒稳定的。对于式（12-22）来说，由共模负反馈环路引入的极点 $p_{\mathrm{C}}$ 通常远远大于差模放大电路中的单位增益带宽，即 $p_{\mathrm{C}}\gg A_1A_2p_{\mathrm{A}}$。因此在低频处，式（12-22）可以简化为

$$\left|H_{\mathrm{CM\_open}}(s)\right|\approx\left|\frac{\beta_{\mathrm{CM}}A_1A_2}{(1+s/p_{\mathrm{A}})+A_2A_{\mathrm{f1}}A_{\mathrm{f2}}}\right|\leqslant\left|H_{\mathrm{CM\_open}}(0)\right|=\frac{\beta_{\mathrm{CM}}A_1A_2}{1+A_2A_{\mathrm{f1}}A_{\mathrm{f2}}}\approx\frac{\beta_{\mathrm{CM}}A_1A_2}{A_2A_{\mathrm{f1}}A_{\mathrm{f2}}} \tag{12-23}$$

而在高频处，由于 $\left|1+s/p_{\mathrm{A}}\right|>\beta_{\mathrm{CM}}A_1A_2\geqslant A_2A_{\mathrm{f1}}A_{\mathrm{f2}}$，则式（12-23）可以简化为

$$\left|H_{\mathrm{CM\_open}}(s)\right|\approx\left|\frac{\beta_{\mathrm{CM}}A_1A_2(1+s/p_{\mathrm{C}})}{(1+s/p_{\mathrm{A}})+(1+s/p_{\mathrm{C}})}\right|<1 \tag{12-24}$$

因此只要满足

$$\left|H_{\mathrm{CM\_open}}(0)\right|\approx\frac{\beta_{\mathrm{CM}}A_1A_2}{A_2A_{\mathrm{f1}}A_{\mathrm{f2}}}\leqslant 1 \tag{12-25}$$

共模外环负反馈电路就是恒稳定的，因此共模外环负反馈电路恒稳定的条件为

$$\left|A_{\mathrm{f1}}A_{\mathrm{f2}}\right|\geqslant\left|\beta_{\mathrm{CM}}A_1\right| \tag{12-26}$$

差模外环负反馈电路在进行稳定性设计时，通常按照 $\beta_{\mathrm{CM}}=\beta_{\mathrm{DM}}=1$ 来进行设计，因此当通过 Miller 补偿令差模外环负反馈电路工作在稳定状态时，只需满足如下条件：

$$\begin{cases}\left|\beta_{\mathrm{CM}}A_1\right|=\left|A_1\right|\leqslant\left|A_{\mathrm{f1}}A_{\mathrm{f2}}\right|\\ \angle(1+s/p_{\mathrm{A}})(1+s/p_{\mathrm{A}})\leqslant 120^\circ\end{cases} \tag{12-27}$$

便可使闭环后的运算放大器中的三个闭环回路均工作在稳定状态。

**例 12-1**　一个典型的运算放大器电路结构如图 12-49 所示。为了保证按照图 12-47（a）所示结构闭环后，运算放大器的稳定性，试简要分析各元件参数的具体设计方法。

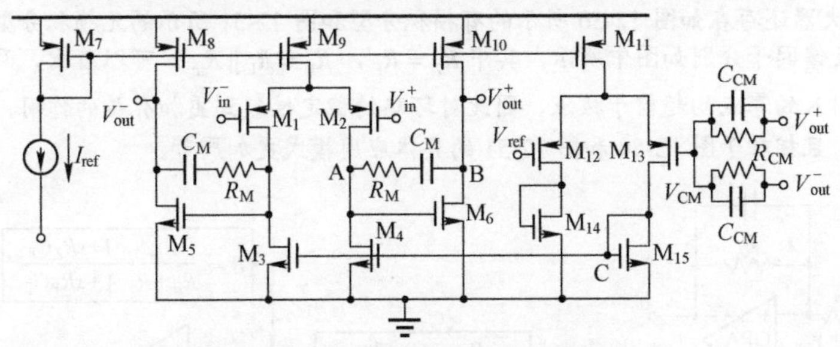


图 12-49　典型运算放大器结构

**解：** 假设差模放大器两级电路的输出节点 A 和 B 的输出阻抗分别为 $r_{01}$ 和 $r_{02}$，则经过图 12-49 所示的 Miller 补偿后的差模开环放大器存在两个左半平面极点（$p_{\mathrm{A}}$ 和 $p_{\mathrm{B}}$）和一个零点（$z_1$，通过调整补偿电阻 $R_{\mathrm{M}}$ 可以改变零点位置）：

$$p_{\mathrm{A}} \approx \frac{1}{r_{01}g_{\mathrm{m6}}r_{02}C_{\mathrm{M}}} \tag{12-28}$$

$$p_{\mathrm{B}} \approx g_{\mathrm{m6}} / C_{\mathrm{L}} \tag{12-29}$$

$$z_1 \approx \frac{1}{C_{\mathrm{M}}(g_{\mathrm{m6}}^{-1} - R_{\mathrm{M}})} \tag{12-30}$$

可以看出，$p_{\mathrm{A}}$为放大器的主极点，差模开环放大器的单位增益带宽，即增益带宽积为

$$\omega_{\mathrm{U}} \approx g_{\mathrm{m2}}r_{01}g_{\mathrm{m6}}r_{02}p_{\mathrm{A}} = g_{\mathrm{m2}} / C_{\mathrm{M}} \tag{12-31}$$

差模开环放大器的开环传输函数为

$$H_{\mathrm{DM\_loop}} = \frac{g_{\mathrm{m2}}r_{01}g_{\mathrm{m6}}r_{02}(1 - s / z_1)}{(1 + s / p_{\mathrm{A}})(1 + s / p_{\mathrm{B}})} \tag{12-32}$$

为了保证运算放大器差模放大良好的稳定性，通常令$z_1 = -p_{\mathrm{B}}$以抵消第二个非主极点。由于$\omega_{\mathrm{U}} / p_{\mathrm{A}} = g_{\mathrm{m2}}r_{01}g_{\mathrm{m6}}r_{02} \gg 1$，因此在单位增益带宽处，极点$p_{\mathrm{A}}$引入的相位偏移量约为-90°，运算放大器差模放大环路的相位裕量约为90°。为了保证其余两个共模环路的稳定性，需要满足式（12-27）的设计要求。由图 12-49 可知，$A_1 = -g_{\mathrm{m2}}r_{01}$、$A_{\mathrm{f1}}A_{\mathrm{f2}} = g_{\mathrm{m13}}g_{\mathrm{m4}}r_{01} / g_{\mathrm{m15}}$，在设计过程中，令$g_{\mathrm{m13}} = g_{\mathrm{m15}}$、$g_{\mathrm{m2}} = g_{\mathrm{m4}}$，则式（12-27）中的第一个条件可以得到满足。另外，共模反馈回路会在 C 点额外引入一个极点$p_{\mathrm{C}} = g_{\mathrm{m12}} / C_{\mathrm{C}}$由式（12-27）的第二项可知需要满足$p_{\mathrm{C}} \geqslant 3\omega_{\mathrm{U}}$（共模负反馈与差模负反馈的增益带宽积近似相等）。

上述的设计方法只是从理论上阐述了如何设计一款足够稳定的运算放大器，实际的设计工作中大部分的参数均需要通过仿真反复的迭代设计。需要说明的是，输出共模电压的取值电路通过一个并联的电阻电容（$R_{\mathrm{CM}}$和$C_{\mathrm{CM}}$）网络实现，电容$C_{\mathrm{CM}}$主要作用是在共模反馈网络中引入一个高频零点，补偿高频时晶体管 $\mathrm{M}_{13}$的栅端寄生电容造成的共模取值的减小，避免高频处共模反馈增益的减小，由图 12-49 可知，此时输出共模电压$V_{\mathrm{out}}$与通过并联电阻电容取值网络取出的共模电压$V_{\mathrm{CM}}$之间的关系为

$$V_{\mathrm{CM}} = \frac{1 + sR_{\mathrm{CM}}C_{\mathrm{CM}}}{1 + sR_{\mathrm{CM}}(C_{\mathrm{CM}} + C_{\mathrm{M13}})} \tag{12-33}$$

式中，$C_{\mathrm{M13}}$为晶体管 $\mathrm{M}_{13}$的栅极寄生电容。当满足$C_{\mathrm{CM}} \gg C_{\mathrm{M13}}$时，共模反馈环路的增益与频率无关。否则在高频时容易使$|A_{\mathrm{f1}}A_{\mathrm{f2}}| < |\beta_{\mathrm{CM}}A_1|$，不满足式（12-27）中的第一项，从而导致共模外环回路发生振荡。

运算放大器还存在如图 12-50 所示的有损积分型和图 12-51 所示的无损积分型典型应用模式，它们的反馈因子分别如图中所示，其中$R_{\mathrm{Z}} = R_{\mathrm{F}}$，$R_{\mathrm{P}} = R_{\mathrm{F}} \parallel R_{\mathrm{in}}$。可以看出，两种闭环模式中反馈系数引入的零点均超前于极点，因此对环路的稳定性起到更加有益的作用，上述的设计流程仍适用，且相对于图 12-50 和图 12-51 的具体应用模式更加严苛。

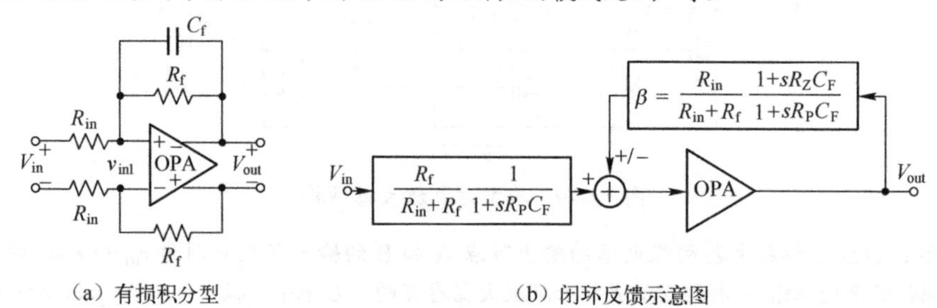


（a）有损积分型　　（b）闭环反馈示意图

图 12-50　运算放大器闭环应用

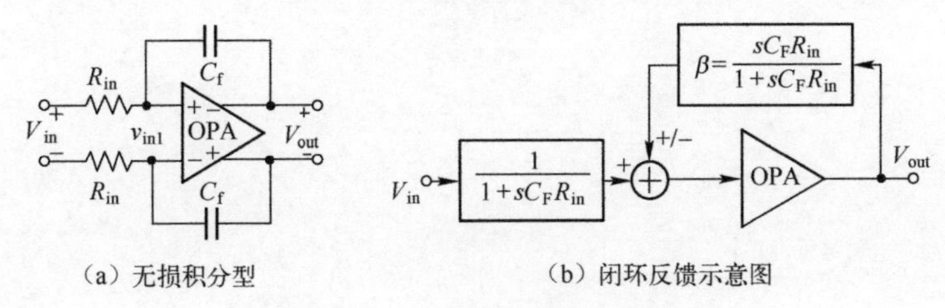


（a）无损积分型　　（b）闭环反馈示意图

图 12-51　运算放大器闭环应用

# 参考文献


[1] AMOROSO F. Adaptive A/D converter to suppress CW interference in DSPN spread-spectrum communications [J]. IEEE Transactions on Communications, 1983, COM-31(10): 1117-1123.

[2] 廖怀林. 硅基射频集成电路和系统 [M]. 北京: 科学出版社, 2020.

[3] LI S T, LI J C, GU X C, et al. Dual-band RF receiver for GPS-L1 and Compass-B1 in a 55-nm CMOS [J]. Journal of Semiconductors, 2014, 35(2): 025002(1-10).

[4] 李松亭. CMOS 射频接收集成电路关键技术研究与设计实现 [D]. 长沙: 国防科技大学, 2015.

[5] 王淑艳. 全集成连续时间有源滤波器的设计 [D]. 天津: 天津大学, 2005.

[6] MARTIN K W. Complex signal processing is not complex [J]. IEEE Transactions on Circuits and Systems-I: Regular Papers, 2004, 51(9): 1823-1836.

[7] LI S T, CHEN L H, ZHAO Y. One-channel zero-IF multi-mode GNSS receiver with self-adaptive digitally-assisted calibration [C]. IEEE Int. Conference ASIC, 2019: 1-4.